“十二五”国家重点图书出版规划项目

电力电子新技术系列图书

PWM 整流器及其控制

张 兴 张崇巍 编著

机 械 工 业 出 版 社

PWM 整流器以其优良的性能和潜在的优势正在广泛地应用，已成为电力电子技术研究的热点。本书以电压型 PWM 整流器为主，兼顾电流型 PWM 整流器，对 PWM 整流器的基本原理、数学建模、特性分析、控制策略和系统设计等进行了系统阐述，同时结合现代控制理论对 PWM 整流器在若干领域中的具体应用进行了介绍。

本书可供电力电子技术、自动控制技术及电工电能新技术应用领域的工程技术人员和研究人员阅读和参考，也可作为大专院校有关专业教师、研究生和学生的参考书。

图书在版编目（CIP）数据

PWM 整流器及其控制/张兴，张崇巍编著 .—北京：机械工业出版社，2012.2（2024.10 重印）

“十二五”国家重点图书出版规划项目

（电力电子新技术系列图书）

ISBN 978-7-111-36822-9

Ⅰ.①P…　Ⅱ.①张…②张…　Ⅲ.①整流器　Ⅳ.①TM461

中国版本图书馆 CIP 数据核字（2011）第 263231 号

机械工业出版社（北京市百万庄大街 22 号　邮政编码 100037）

责任编辑：孙流芳　罗　莉　责任校对：申春香

封面设计：马精明　　　　　责任印制：邓　博

北京盛通数码印刷有限公司印刷

2024 年 10 月第 1 版第 11 次印刷

169mm×239mm · 32.5 印张 · 633 千字

标准书号：ISBN 978-7-111-36822-9

定价：69.80 元

电话服务　　　　　　　　网络服务

客服电话：010-88361066　　机　工　官　网：www.cmpbook.com

010-88379833　　机　工　官　博：weibo.com/cmp1952

010-68326294　　金　　书　　网：www.golden-book.com

封底无防伪标均为盗版　　机工教育服务网：www.cmpedu.com

电力电子新技术系列图书
序　言

电力电子技术诞生近半个世纪以来，使电气工程、电子技术、自动化技术等领域发生了深刻的变化，同时也给人们的生活带来了巨大的影响。

目前，电力电子技术仍以迅猛的速度发展着，新的电力电子器件层出不穷，新的技术不断涌现，其应用范围也不断扩展。不论在全世界还是在我国，电力电子技术都已造就了一个很大的产业群，如果再考虑到与电力电子技术相关的上游产业和下游产业，这个产业群就更加庞大了。与之相应，在电力电子技术领域工作的工程技术和科研人员的数量也相当庞大，且与日俱增。因此，组织出版有关电力电子新技术及其应用的系列书籍，以供广大从事电力电子技术的工程师和高等学校教师和研究生在工程实践中使用和参考，成为眼下的迫切需要。

在20世纪80年代，电力电子学会曾和机械工业出版社合作，出版过一套电力电子技术丛书，那套丛书对推动电力电子技术的发展起过积极的作用。最近，电力电子学会经过认真考虑，认为有必要以“电力电子新技术系列图书”的名义出版一系列著作。为此，成立了专门的编辑委员会，负责确定书目、组稿和审稿工作，向机械工业出版社推荐，仍由机械工业出版社出版。

本系列图书有如下特色：

1. 本系列图书属专题论著性质，选题新颖，力求反映电力电子技术的新成就和新经验，以适应我国经济迅速发展的需要。

2. 理论联系实际，以应用技术为主。

3. 本系列图书组稿和评审过程严格，作者都是在电力电子技术第一线工作的专家，且有丰富的写作经验。内容力求深入浅出，条理清晰，语言通俗，文笔流畅，便于阅读学习。

本系列图书编委会中，既有一大批国内资深的电力电子专家，也有不少已崭露头角的青年学者，其组成人员在国内具有较强的代表性。

希望广大读者对本系列图书的编辑、出版和发行给予支持和帮助，并欢迎对其中的问题和错误给予批评指正。

电力电子新技术系列图书
编辑委员会

前　言

电力电子技术是现代电工技术中最活跃的领域，并且在电力系统中得到日益广泛的应用。电力电子技术根据用电场合而改变电能的应用方式，即所谓“变流”，使得电能的应用更好地满足人们的需求，并通过功能和性能的提高，产生经济效益和社会效益。因此，电力电子技术又被认为是电能应用的优化技术。

除了线性功率放大的场合，电力电子装置中的功率器件大多工作于开关状态，这种电力电子装置不加控制的扩大应用，带来的一个副作用就是电网的“污染”。例如传统的二极管整流器和晶闸管相控整流器，其运行过程中，网侧电流均含有大量谐波，且总的功率因数较低，大量应用所导致的电磁兼容问题可能会造成严重的后果，因此必须加以限制。

环保意识的提高，促使人们在电力电子技术的发展中探索一条“绿色”之路。对变流装置而言，“绿色”的内涵应包括电网无谐波污染、单位功率因数，以及功率控制系统的高性能、高稳定性、高效率等传统变流装置所不具备的优越性能。

“绿色”电能变换的需求呼唤着电力电子技术的发展，而电力电子技术的发展又促进了“绿色”电能变换的实现。PWM 整流器作为各种电力电子应用系统与电网的接口，其发展方向是将变流技术与微电子技术和自动控制技术相融合，已成为电力电子技术发展中的热点和亮点。

PWM 控制技术的应用与发展为整流器性能的改进提供了变革性的思路和手段，结合了 PWM 控制技术的新型整流器称为 PWM 整流器。经过多年的研究与探索，PWM 控制技术已成功应用于整流器的设计中，使整流器获得了前所未有的优良性能。

与传统的整流器相比，PWM 整流器不仅获得了可控的 AC/DC 变换性能，而且可实现网侧单位功率因数和正弦波电流控制，甚至能使电能双向传输。一般称电能可双向传输的 PWM 整流器为可逆 PWM 整流器。由于可逆 PWM 整流器不仅体现出 PWM AC/DC 变流特性（整流），而且还可呈现出 PWM DC/AC 变流特性（有源逆变），因而确切地说，可逆 PWM 整流器实际上是一种新型的可四象限运行的变流器。本书的研究对象即为可逆 PWM 整流器，简称为 PWM 整流器。

随着 PWM 控制技术的发展，如空间矢量 PWM（SVPWM）、滞环电流 PWM 控制等方案的提出，以及现代控制理论和智能控制技术的发展和应用，PWM 整流器的性能得到了不断提高，功能也不断扩展。PWM 整流器网侧独特的受控电流源特性，使得 PWM 整流器作为核心被广泛应用于各类电力电子应用系统中，这些应用系统主要有：

（1）功率因数校正（Power Factor Corrector—PFC）；

（2）静止无功补偿（Static Var Compensator—SVC）；

（3）有源电力滤波（Active Power Filter—APF）；

（4）统一潮流控制器（Unified Power Flow Controller—UPFC）；

（5）超导储能（Superconducting Magnetic Energy Storage—SMES）；

（6）高压直流输电（High Voltage Direct Current Transmission—HVDC）；

（7）可再生能源并网发电；

（8）交直流电气传动。

PWM 整流器及其控制技术以其广泛而重要的应用前景，近年来备受学术界的关注，已有大量的研究报告陆续发表。这些研究报告从各方面对 PWM 整流技术展开研究，从而有力推动了 PWM 整流器应用技术的发展。为了便于相关学科和科研技术人员了解和参与这一领域的研究和掌握 PWM 整流技术，本书作者在多年从事电力电子与电气传动技术基础上，参阅了大量的国内外相关文献，特别是总结了作者近年来从事 PWM 整流器及其控制技术研究的科研成果及心得体会，编写了这本《PWM 整流器及其控制》，目的在于抛砖引玉，促进 PWM 整流器技术在我国的发展。

本书较为系统和全面地论述了电压型、电流型 PWM 整流器的拓扑结构、工作原理、数学建模、控制系统设计等。另外，本书还特别将现代控制理论（如最优控制、滑模控制、非线性解耦控制等）与实际的应用相结合，介绍了 PWM 整流器技术在电力电子各相关领域的应用。

本书由合肥工业大学张兴教授、张崇巍教授合作编著。其中，张兴教授编写了全书大纲、前言以及第 3 章 ~ 第 9 章，张崇巍教授编写了第 1 章、第 2 章和第 10 章，全书由张兴教授、张崇巍教授统稿。

在本书的编写过程中，得到了西安交通大学王兆安教授，阳光电源股份有限公司董事长曹仁贤研究员，合肥工业大学丁明教授、杜少武教授，中国科学院合肥物质研究院等离子所刘正之研究员的关心与指导；也得到了合肥工业大学李维华副教授、杨淑英副教授、谢震副教授、王付胜副教授和刘芳博士以及阳光电源股份有限公司屠运武研究员、赵为博士、余勇博士、张友全经理等的大力协助，他们以读者的视觉提出了很多宝贵意见和建议，并提供了大量有价值的参考文献和相关资料。另外，研究生刘淳、余畅舟、李飞、朱德斌、鲁力、郝木凯、董文杰、卢磊、金晨璐、乔彩霞、石荣亮、陈晓静、施洋洋等参与了文献整理、文档修订与绘图等工作，在此一并向他们表示衷心的感谢。在本书的编写过程中，我们参阅了大量的论著与文献，主要部分已列入了参考文献中，在此也对参考文献的作者表示衷心的感谢。

与本书有关的研究工作得到了以下课题的支持：

(1) 科技部西部新能源行动专项（030403B2）：大功率太阳能光伏并网发电系统；

(2) 科技部“十五”科技攻关（2004BA410A18）：并网光伏发电用系列逆变器的产业化开发；

(3) 安徽省省科技攻关（0601202020A）：大型光伏并网发电系统及关键技术；

(4) 国家自然科学基金重点项目（50837001）：分布式发电微网系统运行控制与保护关键技术研究；

(5) 国家863高技术基金项目（2007AA05Z240）：多能互补微型电网的并网、控制和能量管理技术；

(6) 国家863高技术基金项目（2008AA05Z409）：中小功率风机并网变流器及控制技术；

(7) 国家“十一五”科技支撑项目（2006BAA01A20）：大功率直驱式风电机组控制系统及变流器的研制；

(8) 国家“十一五”科技支撑项目（2006BAA01A18）：双馈式风电机组大功率双向变流器及控制技术开发；

(9) 自然基金面上项目（51077034）：风机变流器电网适应性的实验室模拟与控制；

(10) 自然基金青年基金项目（51107025）双馈型风电变流器低电压穿越柔性拓扑及控制策略的研究。

在此一并向上述项目的资助单位致以衷心的谢意。

感谢电力电子新技术系列图书编委会和机械工业出版社对本书写作的指导和支持。

由于作者水平有限，疏漏甚至谬误在所难免，敬请读者不吝指教。

作　者

目　录

第1章 绪　论

1.1 PWM 整流器概述

随着电力电子技术的发展，电力半导体开关器件性能不断提高，已从早期广泛使用的半控型电力半导体开关器件，如普通晶闸管（SCR）㊀发展到如今性能各异且类型诸多的全控型电力半导体开关器件，如双极型晶体管（BJT）、门极关断（GTO）晶闸管、绝缘栅双极型晶体管（IGBT）、集成门极换向晶闸管（IGCT）、电力场效应晶体管（MOSFET）以及场控晶闸管（MCT）等。而20世纪90年代发展起来的智能功率模块（IPM）则开创了电力半导体开关器件新的发展方向。电力半导体开关器件技术的进步，促进了电力电子变流装置技术的迅速发展，出现了以脉宽调制（PWM）控制为基础的各类变流装置，如变频器、逆变电源、高频开关电源以及各类特种变流器等，这些变流装置在国民经济各个领域中取得了广泛的应用。但是，目前这些变流装置很大一部分需要整流环节，以获得直流电压，由于常规整流环节广泛采用了二极管不控整流电路或晶闸管相控整流电路，因而对电网注入了大量谐波及无功功率，造成了严重的电网“污染”。治理这种电网“污染”最根本的措施就是，要求变流装置实现网侧电流正弦化，且运行于单位功率因数。因此，作为电网主要“污染”源的整流器，首先受到了学术界的关注，并开展了大量研究工作[1,2]。其主要思路就是，将PWM技术引入整流器的控制之中，使整流器网侧电流正弦化，且可运行于单位功率因数。根据能量是否可双向流动，派生出两类不同拓扑结构的PWM整流器，即可逆PWM整流器和不可逆PWM整流器。本书只讨论能量可双向流动的可逆PWM整流器及其控制策略，以下所称PWM整流器均指可逆PWM整流器。

能量可双向流动的PWM整流器不仅体现出AC/DC变流特性（整流），而且还可呈现出DC/AC变流特性（有源逆变），因而确切地说，这类PWM整流器实际上是一种新型的可逆PWM变流器。

经过几十年的研究与发展，PWM整流器技术已日趋成熟。PWM整流器主电路已从早期的半控型器件桥路发展到如今的全控型器件桥路；其拓扑结构已从单

㊀ SCR为硅可控整流器，是1957年美国通用电气公司命名的，后来国际电工委员会（IEC）将其正式定名为晶闸管（Thyristor），为方便起见，本书仍沿用SCR代表普通晶闸管。

相、三相电路发展到多相组合及多电平拓扑电路；PWM 开关控制由单纯的硬开关调制发展到软开关调制；功率等级从千瓦级发展到兆瓦级，而在主电路类型上，既有电压型整流器（Voltage Source Rectifier——VSR），也有电流型整流器（Current Source Rectifier——CSR），并且两者在工业上均成功地投入了应用。

由于 PWM 整流器实现了网侧电流正弦化，且运行于单位功率因数，甚至能量可双向传输，因而真正实现了“绿色电能变换”。由于 PWM 整流器网侧呈现出受控电流源特性，因而这一特性使 PWM 整流器及其控制技术获得进一步的发展和拓宽，并取得了更为广泛和更为重要的应用，如静止无功发生器（SVG）、有源电力滤波（APF）、统一潮流控制器（UPFC）、超导储能（SMES）、高压直流输电（HVDC）、电气传动（ED）、新型不间断电源（UPS）以及太阳能、风能等可再生能源的并网发电等，现分别简述如下。

1. 有源电力滤波（APF）及静止无功发生器（SVG）

图 1-1 示出了与 *LC* 滤波器混合的并联型有源电力滤波器主电路拓扑结构。它主要由无源 *LC* 环节和基于 PWM 整流器拓扑结构的有源滤波环节组成。

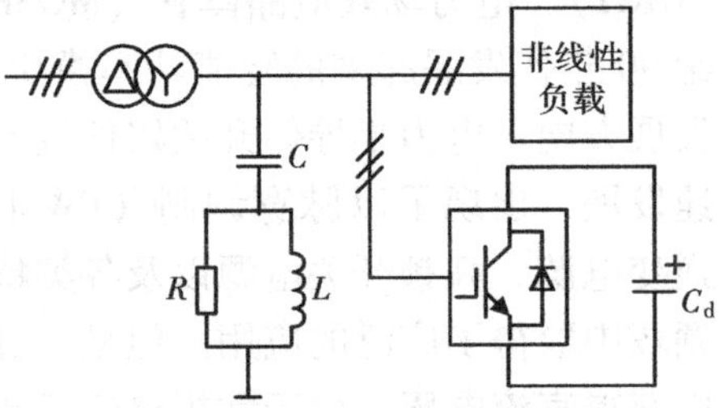

图 1-1　混合并联型有源电力滤波器（APF）拓扑结构

这种混合并联型有源电力滤波器利用 *LC* 滤波器以及有源滤波器共同起到电网的谐波抑制及无功补偿作用，从而有利于提高系统性能价格比。一般而言，希望 *LC* 滤波器承担大部分谐波和无功补偿的任务，而利用有源电力滤波器的作用改善系统性能，这样可在满足补偿要求的同时，大大降低了有源电力滤波器的容量，从而减少系统造价。

并联型有源电力滤波器网侧实质上可以看成一个等效的可控电流源。它产生一个与被补偿量（谐波电流及无功电流）的量值相等，且相位相反的补偿电流，并注入电网，这样电网电流即获得所需功率因数角的正弦波电流，以达到有源滤波及无功补偿的目的。此时，系统既实现了对电网的有源滤波，同时也补偿了无功。

实际上，当基于 PWM 整流器拓扑结构的有源环节只向电网注入无功电流而不补偿谐波电流时，该有源环节相当于一个静止无功发生器（SVG）。

2. 统一潮流控制器（UPFC）

统一潮流控制器（UPFC）是柔性交流输电系统（FACTS）技术中最引人注目、最有应用前景的一种电力补偿装置。UPFC 用于输电网，主要起控制有功潮流和吞吐无功功率的作用，其主电路拓扑结构如图 1-2 所示。UPFC 主电路主要由串联变流器和并联变流器组合而成，其串联变流器通过变压器向电力网引入一个幅值可变、相位可任意调节的电压源，从而能对线路的有功、无功功率进行控制；而并联变流器则采用了PWM整流器拓扑结构，它通过变压器向电力网引入一个幅值可变、相位可任意调节的电流源，从而具有快速吞吐无功功率的能力，并联变流器的另一个主要作用是提供一个稳定的直流电压，以确保串、并联变流器的正常运行。

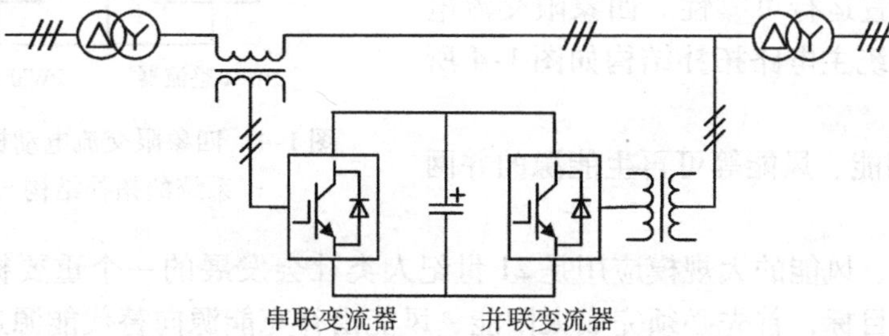

图1-2　统一潮流控制器（UPFC）的拓扑结构

3. 超导储能（SMES）

随着超导材料及应用技术的发展，超导储能的研究与应用引起了工程与学术界的关注。超导储能主要用于电力网的调峰控制以及其他需要短时补偿电能的场合。在电网用电量正常时，电网中的电能通过变流装置的超导线圈存储足够的能量，而当用电量很大（用电高峰）时，超导线圈中的能量则通过变流装置向电网馈能，从而起到调峰作用。超导储能（SMES）系统主电路拓扑结构如图1-3所示。

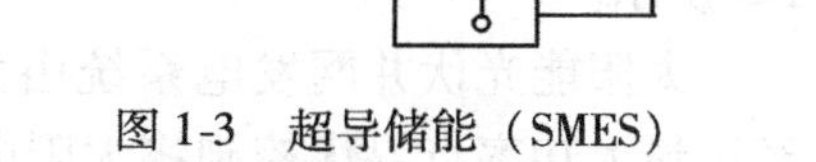

图1-3　超导储能（SMES）系统主电路拓扑结构

一般而言，SMES主电路常由电流型PWM整流器组成，将损耗极小的超导线圈串人PWM整流器直流侧，使其既是电流型PWM整流器的直流缓冲电感，又是其直流侧的负载线圈，这种设计简化了电流型PWM整流器主电路结构，并克服了常规电流型变流器损耗大的不足。

SMES中的PWM整流器在使电能双向传输的同时，还可以利用其快速的电流响应解决电力系统中的一些问题，如切换低功率因数负载所引起的电压冲击和短时间的供电失败等。

4. 四象限交流电动机拖动系统

在常规的由电压型逆变器组成的交流电动机拖动系统中，为实现电动机的四象限运行，必须在逆变器直流侧加装耗能或馈能装置，这主要是由于常规的电压型逆变器交流电动机拖动系统采用了交－直－交拓扑结构，而整流环节大都采用二极管整流器，因而无法实现电能回馈，并且将给电网造成一定的谐波“污染”。若将 PWM 整流器取代二极管整流器，不仅可实现交流电动机的四象限运行，以及网侧单位功率因数正弦波电流控制，还可使直流侧获得足够高且稳定的直流电压，从而改善了电动机的拖动性能。另一方面，通过引入适当的控制策略，还可以大大减少直流侧电容的电容量，提高装置运行可靠性。四象限交流电动机拖动系统主电路拓扑结构如图 1-4 所示。

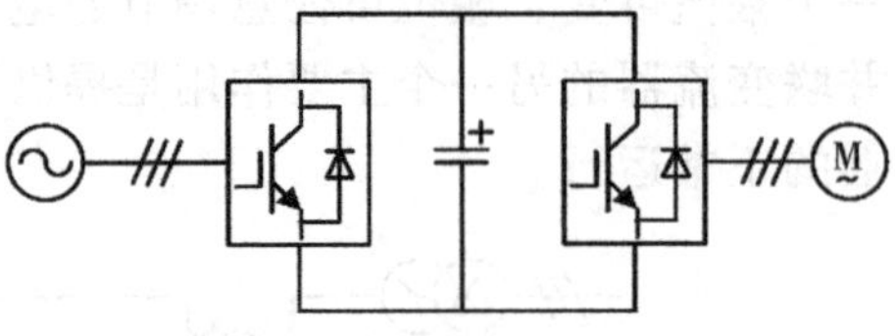

图 1-4　四象限交流电动机拖动系统的拓扑结构

5. 太阳能、风能等可再生能源的并网发电

太阳能、风能的大规模应用是 21 世纪人类社会发展的一个重要标志。然而要实现这一目标，首先必须完成太阳能、风能由补充能源向替代能源过渡，使太阳能、风能的利用由边远无电地区向有电地区的常规供电方向发展。这就要求开发性能优越的并网发电系统。

太阳能光伏并网发电将主要用于调峰电站以及屋顶光伏系统。目前美、日、德等发达国家已推出相应的屋顶光伏计划，仅美国预计 10 年内安装容量约为 3000MW。太阳能光伏并网发电系统拓扑结构如图 1-5 所示。

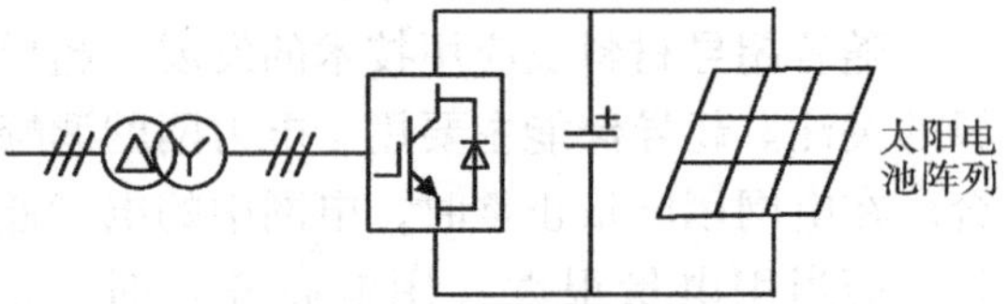

图 1-5　太阳能光伏并网发电系统的拓扑结构

太阳能光伏并网发电系统由太阳电池以及 PWM 整流器组成，PWM 整流器经过最大功率点寻优控制将太阳电池电能并入电网，并实现网侧单位功率因数正弦波控制。

风力发电机的并网发电，传统上常采用同步或异步发电机并网发电系统。同步发电系统需一套结构复杂的调速机构，以稳定发电机转子转速；而异步发电系统在发电的同时，需向电网吸取无功功率，或由自备电容器提供无功电能，并且发电机转速变化范围较小。若采用交－直－交型风力发电机并网发电系统，就能较好地克服同步、异步发电系统的不足，其拓扑结构如图 1-6 所示，图中采用了双 PWM 整流器结构。其中，风力发电机侧的 PWM 整流器控制风力发电机运行，且输出电流为正弦波，从而提高了风力发电机的运行效率。同时，通过发电机转矩的调节，以满足风力机的最大功率点运行；而网侧的 PWM 整流器则完成向电网的馈电控制，并实现网侧单位功率因数正弦波电流控制。

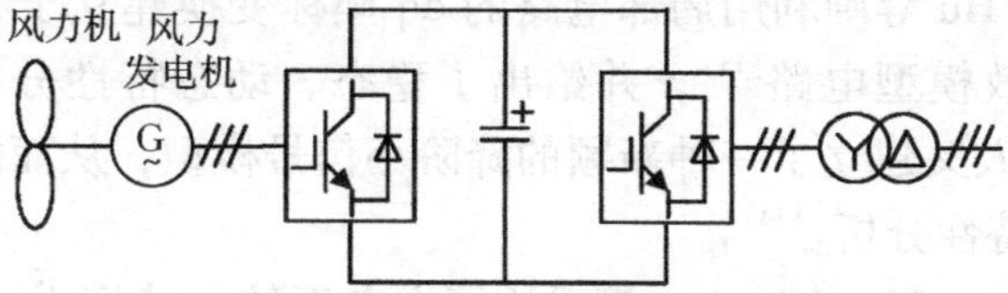

图1-6 风力发电机并网发电系统的拓扑结构

1.2 PWM整流器研究概况

PWM整流器的研究始于20世纪80年代，这一时期由于自关断器件的日趋成熟及应用，推动了PWM技术的应用与研究。1982年Busse Alfred、Holtz Joachim首先提出了基于可关断器件的三相全桥PWM整流器拓扑结构及其网侧电流幅相控制策略[3]，并实现了电流型PWM整流器网侧单位功率因数正弦波电流控制。1984年Akagi Hirofumi等提出了基于PWM整流器拓扑结构的无功补偿器控制策略[4]，这实际上就是电压型PWM整流器早期设计思想。到20世纪80年代末，随着A. W. Green等人提出了基于坐标变换的PWM整流器连续、离散动态数学模型及控制策略，PWM整流器的研究发展到一个新的高度[5]。

自20世纪90年代以来，PWM整流器一直是学术界关注和研究的热点。随着研究的深入，基于PWM整流器拓扑结构及控制的拓展，相关的应用研究也发展起来，如有源电力滤波器[6]、超导储能[7]、交流传动[8]、高压直流输电[9]以及统一潮流控制器[10]等。这些应用技术的研究，又促进了PWM整流器及其控制技术的进步和完善。

这一时期PWM整流器的研究主要集中于以下几个方面：

1）PWM整流器的建模与分析；

2）电压型PWM整流器的电流控制；

3）主电路拓扑结构研究；

4）系统控制策略研究；

5）电流型PWM整流器研究。

具体简述如下：

1. 关于PWM整流器的建模研究

PWM整流器数学模型的研究是PWM整流器及其控制技术研究的基础。自A. W. Green等提出了基于坐标变换的PWM整流器连续、离散动态数学模型之后，各国学者以不同方法从各方面对PWM整流器的数学模型进行了深入仔细的研究，其中R. Wu、S. B. Dewan[11,12]等较为系统地建立了PWM整流器的时域模型，并将时域模型分解成高频、低频模型，且给出了相应的时域解。而Chun

T. Rim 和 Dong Y. Hu 等则利用局部电路的 dq 坐标变换建立了 PWM 整流器基于变压器的低频等效模型电路[13]，并给出了稳态、动态特性分析。在此基础上，Hengchun Mao 等人又建立了一种新颖的降阶小信号模型，从而简化了 PWM 整流器的数学模型及特性分析。[14]

另外，Ma Hao、Mao Xingyun 等采用了混杂系统的建模[15]，实现了 PWM 整流器的准确描述，并引入线性切换系统的稳定性判定法则，对 PWM 整流器的开关切换过程的稳定性进行了系统分析。

2. 关于电压型 PWM 整流器的电流控制策略研究

为了使电压型 PWM 整流器网侧呈现受控电流源特性，其网侧电流控制策略的研究显得十分重要。在 PWM 整流器技术发展过程中，电压型 PWM 整流器网侧电流控制策略主要分成两类：一类是由 J. W. Dixon 和 B. T. Ooi 首先提出的“间接电流控制”策略[16]；另一类就是目前占主导地位的“直接电流控制”策略[17,18]。“间接电流控制”实际上就是所谓的“幅相”电流控制，即通过控制电压型 PWM 整流器的交流侧电压基波幅值、相位，进而间接控制其网侧电流。由于“间接电流控制”其网侧电流的动态响应慢，且对系统参数变化灵敏，因此这种控制策略已逐步被“直接电流控制”策略所取代。“直接电流控制”策略以其快速的电流响应和鲁棒性受到了学术界的关注，并先后研究出各种不同的控制方案[12,18,19]，主要包括以固定开关频率且采用电网电动势前馈的 SPWM 控制[20]，以及以快速电流跟踪为特征的滞环电流控制[21,22]等。为了提高电压利用率并降低损耗，基于空间矢量的 PWM 控制在电压型 PWM 整流器电流控制中取得了广泛应用，并先后提出了多种控制方案[19,23,24]。目前，电压型 PWM 整流器网侧电流控制有将固定开关频率、滞环及空间矢量控制相结合的趋势[25]，以使其在大功率有源滤波等需快速电流响应场合获得优越的性能。此外，在具体的控制策略上还相继提出了状态反馈控制[17]等。

3. 关于 PWM 整流器拓扑结构的研究

就 PWM 整流器拓扑结构而言，可分为电流型和电压型两大类。而对于不同功率等级以及不同的用途，人们研究了各种不同的 PWM 整流器拓扑结构。在小功率应用场合，PWM 整流器拓扑结构的研究主要集中在减少功率开关管和改进直流输出性能上。J. J. Shieh 等对四开关三相电压型 PWM 整流器进行了建模与分析，并阐述了这类电路的工作特点[26]。然而，一般的电压型 PWM 整流器为 Boost（升压）型变换器，正常工作时，其直流侧电压须高于交流侧电压峰值，那么如何利用电压型 PWM 整流器输出相对较低的直流电压呢？Ching－Tsai Pan 等学者对一般的 PWM 整流器拓扑结构进行改进，并取得了一定结果[27,28]。对于大功率 PWM 整流器，其拓扑结构的研究主要集中在多电平拓扑结构[29,30]、变流器组合[31]以及软开关技术上[32]。多电平拓扑结构的 PWM 整流器主要应用于高压大容量场合。而对大电流应用场合，常采用变流器组合拓扑结构，即将独立的电流型 PWM 整流器进行并联组合。与普通并联不同的是，每个并联的 PWM 整流器中的 PWM 信号发生采用移相 PWM 控制技术[33]，从而以较低的开关频率获得了等效的高开关频率控制，即在降低功率损耗的同时，有效地提高了 PWM 整流器的电流、电压波形品质。与此相似，也可将独立的电压型 PWM 整流器进行串联移相组合，以适应高压大容量的应用场合。此外，在大功率 PWM 整流器设计上，还研究了基于软开关［零电压开关（ZVS）、零电流开关（ZCS）］控制的拓扑结构和相应的控制策略，然而这一技术还有待进一步完善和改进。

4. PWM 整流器系统控制策略的研究

随着 PWM 整流器及其控制策略研究的深入，研究人员相继提出了一些较为新颖的系统控制策略，分述如下：

（1）无电网电动势传感器及无网侧电流传感器控制　为进一步简化电压型 PWM 整流器的信号检测，Toshi Hiko Noguchi 等学者提出了一种无电网电动势传感器的 PWM 整流器控制策略。随后 B. H. Kwon 等人也提出了类似的研究报告[34,35]。这一研究主要包括两类电网电动势的重构方案：其一是通过复功率的估计来重构电网电动势；其二是基于网侧电流偏差调节的电网电动势重构。前者是一种开环估计算法，因而准确度不高，并且在复功率估计算法中，由于含有微分项，因而容易引入干扰；而后者则是一种闭环估计算法，它采用网侧电流偏差的 PI 调节来控制电网电动势的重构误差，因而准确度较高。另外，M. Riese 则通过直流侧电流的检测来重构电压型逆变器的交流侧电流，从而为无交流电流传感器的 PWM 整流器研究奠定了基础[36]。

（2）基于 Lyapunov 稳定性理论的 PWM 整流器控制　针对具有非线性多变量耦合特性的电压型 PWM 整流器模型，常规的控制策略及其控制器设计一般采用稳态工作点小信号扰动线性化整定方案，这种方案不足之处在于无法保证控制系统大范围扰动的稳定性。为此，Hasan Komürcügil 等学者提出了基于 Lyapunov 稳定性理论的控制策略[37]。这一新颖的控制方案以电感、电容储能的定量关系建立了 Lyapunov 函数，并由三相 PWM 整流器的 dq 模型以及相应的空间矢量 PWM 约束条件，推导出相关的控制算法。从相关实验结果来看，这一方案较好地解决了 PWM 整流器的大范围稳定控制问题。随后，Hasan Komürcügil 等又针对单相电压型 PWM 整流器的 Lyapunov 控制方案进行了系统研究[38]。

（3）PWM 整流器的时间最优控制　常规的基于 dq 模型的电压型 PWM 整流器控制，一般通过前馈解耦控制，并采用两个独立的 PI 调节器，分别控制相应的有功、无功分量。而有功、无功分量间的动态耦合和 PWM 电压利用率的约束，影响了电压型 PWM 整流器有功分量（直流电压）的动态响应。针对这一问题，Jong－Woo choi 等学者利用最优控制理论，提出了确保直流电压响应的时间最优控制[38]。其基本思路就是，根据时间最优控制算法求解出跟踪指令电流所需的最优控制电压，并在动态过程中降低相应无功分量的响应速度，从而有效地提高了有功分量（直流电压）的动态响应速度，实现了三相电压型 PWM 整流器直流电压的时间最优控制。

（4）电网不平衡条件下的 PWM 整流器控制　在三相 PWM 整流器控制策略研究过程中，一般均假设三相电网是平衡的。而实际上，三相电网常处于不平衡状态，即三相电网电压的幅值、相位不对称。一旦电网不平衡，以三相电网平衡为约束所设计的 PWM 整流器就会出现不正常的运行状态，主要表现在：PWM 整流器直流侧电压和网侧电流的低次谐波幅值增大，且产生非特征谐波，同时损耗相应增大；PWM 整流器网侧电流亦不平衡，严重时可使 PWM 整流器发生故障，甚至烧坏装置。

为了使 PWM 整流器在电网不平衡条件下仍能正常运行，必须提出相应的控制策略。Luis Morán 等学者于 1992 年提出研究报告，分析并推导了三相电压型 PWM 整流器在三相电网不平衡条件下，网侧电流以及直流电压时域表达式[39]。Luis Moran 等通过理论分析认为，电网负序分量是导致网侧电流畸变的原因；同时指出，电网不平衡条件下，常规的控制方案将使直流侧产生偶次谐波分量，且通过 PWM 控制，PWM 整流器交流侧会产生相应的奇次谐波，从而导致网侧电流畸变。然而，Luis Moran 并没有从控制策略上改进设计，而只是提出了电网不平衡条件下，电压型 PWM 整流器网侧电感、直流侧电容的设计准则。为此，D. Vincenti 等人较为系统地提出了正序 dq 坐标系中的前馈控制策略，即通过负序分量的前馈控制来抑制电网负序分量对 PWM 整流器控制的影响[40]。但这一方案使正序 dq 坐标系中的负序基波分量呈现出 2 次谐波形式，显然，采用 PI 调节器无法获得负序基波分量的无静差控制，因此不能完全消除负序基波分量的影响。作为改进研究，Hong - Seok Song 等学者提出了一种采用正序、负序两套同步旋转坐标系的独立控制方案[41]，该方案在各自的同步旋转坐标系中，将正序、负序基波分量均转换成直流分量，从而通过 PI 调节器即可实现无静差控制，因此这是一个理论上较为完善的控制方案。

该方法的主要不足在于当电网含有谐波时，为抑制电网电压谐波对其中锁相环信号的扰动，一般要设置低通滤波器，从而会减小系统控制带宽，影响其响应快速性。另外，上述方法一般均忽略了 PWM 整流器交流输出滤波电感消耗的瞬时功率，从而无法完全消除直流侧电压的 2 次谐波，为此 Suh 等分析了 PWM 整流器交流输出滤波电感上瞬时功率对输出电流指令计算的影响，提出了基于桥臂侧瞬时功率的指令电流计算方案[42]。然而，由于桥臂侧瞬时功率的计算需要求解一组非线性方程，运算量较大，为此作为改进研究，Suh 等又提出了桥臂侧瞬时功率由电压调制波指令及并网电流进行计算的方法[43]，并为改善动态响应，取消了对电流的分序，采用了比例积分加谐振调节器（PI+R）的控制器结构，有效地抑制了电流脉动。另外，Bo Yin 等从输出功率出发，提出了新的输出功率控制策略，但其方法对滤波器参数敏感，并且在简化电流指令计算的同时，会使并网功率因数有所降低[44]。

（5）基于 *LCL* 滤波器的 PWM 整流器控制　在大功率 PWM 整流器的应用中，开关频率通常较低，若输出滤波采用单一电感的 *L* 滤波器设计，则需要较大的滤波电感设计才能满足 PWM 整流器网侧电流总畸变率指标要求，这不仅增加了滤波器的体积和成本，而且降低了电流环的响应速度，因此在大功率 PWM 整流器输出滤波器设计中，通常采用 *LCL* 滤波器设计。然而，由于 *LCL* 滤波器的频率特性中可能存在谐振峰，因此可能导致 PWM 整流器的不稳定。为了抑制 *LCL* 滤波器的谐振特性、提高系统的稳定性，比较简单的方案是在 *LCL* 滤波器的回路中串入电阻来增加系统的阻尼，这就是所谓的无源阻尼法[45,46]。虽然无源阻尼法实现简单、可靠，但阻尼电阻的增加，一方面在一定程度上会影响其滤波性能，另一方面也会增加系统损耗，降低系统效率，尤其是在大功率场合，阻尼电阻发热严重。因此以控制算法增加系统阻尼的有源阻尼控制策略引起了学术界的关注。Pekik Argo Dahono 首先提出了以"虚拟电阻"控制算法来替代实际阻尼电阻[47]的有源阻尼控制，即虚拟电阻法。其基本思想就是将无源阻尼控制结构进行等效近似变换，并以控制算法代替实际的无源阻尼电阻。然而该方法不仅需要额外的传感器，而且其中的微分环节容易引入干扰，为此 V. Blasko 等提出了基于超前-滞后（Lead－Lag）的滤波电容电压反馈有源阻尼方法[48]。其原理还是在控制系统中构造一个具有负谐振峰特性的环节，并以此抵消 *LCL* 滤波器产生的正谐振峰。另外，Marco Liserre 等提出了采用二阶或四阶滤波器补偿抵消谐振峰的有源阻尼方法[49,50]，虽然该方法不需要额外的传感器，但其控制性能对于 *LCL* 滤波器参数的依赖性较强。为省去电容电压传感器，Malinowski 等提出了一种基于电压估计的有源阻尼方法[51]，该方法在有源阻尼算法上采用了超前滞后法，其滤波电容电压的估计则通过电感电流微分再配合占空比计算来完成，由于估计采用了微分环节，因此控制对噪声较敏感。为不增加传感器，Marco Liserre 等采用遗传算法来实现系统有源阻尼控制[52]，然而其控制算法较为复杂。为了提高基于 *LCL* 滤波器的 PWM 整流器控制性能，Erika Twining 和 Donald Holmes 等提出了三闭环的控制策略[53]，该方法外环采用传统的电压外环控制方式，而电流内环则采用了电容电流和网侧电流双内环的控制结构，这不仅使系统具有较好的谐振抑制能力，而且具有入网电流直接可控的优点，其主要不足是所需的传感器较多。

（6）关于电压型 PWM 整流器的并网控制　针对 PWM 整流器的并网控制，D. N. Zmood 等在 2001 年采用了基于 d－q 轴同步速旋转坐标系的电压矢量控制方案（VOC）[54]，但该方案在电网电压含有谐波时，会直接影响VOC方案矢量定向的准确性及控制性能。为此，T. Noguchi等提出了基于电压定向的直接功率控制（V-DPC）[55,56]，与VOC方案相比，V-DPC方案具有鲁棒性好、控制结构简单等优点，但是对于电网电压存在谐波、畸变和不平衡条件等情况时，会影响电压定向的准确度，致使V-DPC控制性能下降，甚至导致系统振荡。为了克服电网电压波动对控制的影响，J. L. Duarte等提出了基于虚拟磁链定向的矢量控制（VFOC）[57,58]，而Mariusz Malinowski等则提出了基于虚拟磁链定向的直接功率控制（VF-DPC）[59]，虚拟磁链是采用类似于交流电动机磁链观测的方法构造一个虚拟电网磁链，并以此代替电网电压作为定向矢量，显然由于磁链是对电网电压的积分，因而其磁链矢量定向对电网电压谐波不敏感，但这种磁链矢量定向算法必须克服积分漂移问题。

（7）抑制电网谐波对并网电流的影响　为了抑制电网谐波对并网电流的影响，S. Y. Park、C. L. Chen等采用了一种导纳补偿的前馈控制方案[60]，但是这种控制方法对电网电压存在高次谐波时，控制性能不佳。而Xuehua Wang、Xinbo Ruan等则采用了一种全前馈的控制方法[61]，即在电网电压含有不同次数的谐波含量时，采用不同的前馈控制方案，从而有效地抑制了电网电压谐波对并网电流的影响。

5. 关于电流型PWM整流器的研究

虽然，Busse Alfred等率先提出了电流型PWM整流器网侧电流幅相控制策略，但长期以来，电压型PWM整流器以其简单的结构、较低的损耗、方便的控制等一系列优点，一直成为PWM整流器研究的重点。而电流型PWM整流器由于需较大的直流储能电感，以及交流侧*LC*滤波环节所导致的电流畸变、振荡等问题，使其结构和控制相对复杂化，从而制约了电流型PWM整流器的应用与研究，但是随着超导技术的应用与发展，电流型PWM整流器在超导储能中取得了成功应用[7,36]。由于超导线圈损耗极低，并且可直接作为电流型PWM整流器直流侧储能电感，因此这类应用克服了电流型PWM整流器原有的不足。由于在超导储能变流环节中应用的电流型PWM整流器无需另加直流电感，并且具有良好的电流保护性能，因此与电压型PWM整流器相比，电流型PWM整流器更为合适。

目前，电流型PWM整流器主电路所用的大功率器件主要有门极关断（GTO）晶闸管和集成门极换流晶闸管（IGCT），并且IGCT的应用已成主流趋势。电流型PWM整流器的应用主要集中在诸如高压直流输电、大功率电动机拖动、风力发电等兆瓦级工程应用场合，而在中小功率场合，由于器件和直流电感的体积与损耗等问题，一般较少应用。经过多年的发展，电流型PWM整流器也得到了发展，其研究主要研究集中在以下几个方面：

（1）调制方式的优化设计 电流型 PWM 整流器的调制方式主要包括选择性谐波消除（SHE）、梯形 PWM（T－PWM）以及空间矢量调制（SVM）[62]三种方式。在一个典型的电流源四象限电动机拖动系统中，通常采用背靠背变流器结构。其中，网侧的电流型 PWM 整流器，当开关频率较低时，一般采用 SHE 调制方式，而电动机侧变流器则采用 SHE、T－PWM、SVM 组合的调制方式[63-65]。优化后的 SHE 调制方式由于具有良好的低次谐波消除特性，因而得到了广泛应用。实际上，SVM 方式在电压型 PWM 整流器和矩阵变流器中早已得到广泛应用，电流型 PWM 整流器的 SVM 方式则是基于电流矢量的合成控制[65]，而如何消除低次谐波也是其重点的研究内容[66]。

（2）网侧电流的有源阻尼控制 电流型 PWM 整流器的控制思路和电压型 PWM 整流器的控制思路有相似之处，但由于电流型 PWM 整流器的开关频率低，容易产生谐振，因此电流型 PWM 整流器的有源阻尼控制也受到学术界的关注[67]。

（3）中压大功率风力发电和电机拖动中的应用 一般来说，由于 IGCT 的电压、电流定额相对较大，因而电流型变流器被较广泛地应用于大功率（兆瓦级）中压四象限电机传动系统中[68]。随着风力发电机单机容量的扩大，兆瓦级中压风力发电机将成为应用的主流，而中压背靠背电流型风力发电变流器也得到广泛的关注[69,70]。目前已经得到商业应用的电流型变流器，其电压等级为 2.4～6.6kV，功率范围为 0.15～25.4MVA。

1.3 本书内容概述

PWM 整流器从电路拓扑结构及功能上类属 AC/DC 变换器，一般而言，PWM 整流器可分为不可逆与可逆两大类。可逆 PWM 整流器由于能量可双向传输及其优良的控制性能，近年来在电力电子装置中获得了广泛应用，并受到学术界的关注，因而本书只讨论可逆 PWM 整流器及其控制。

自 20 世纪 80 年代以来，国内外已发表了大量研究报告，并从不同方面对可逆 PWM 整流器技术作了深入而全面的研究，经过 20 多年的发展，可逆 PWM 整流器技术日趋成熟。一些文献中也常将可逆 PWM 整流器称为 PWM 可逆变流器或高功率因数变流器等。本书将可逆 PWM 整流器简称为 PWM 整流器，并着重从以下三个方面系统论述可逆 PWM 整流器及其控制策略。

1）电压型 PWM 整流器及其控制；

2）电流型 PWM 整流器及其控制；

3）PWM 整流器技术应用。

以下分章概述本书主要内容：

第 1 章简述了 PWM 整流器及研究状况，并介绍了 PWM 整流器的典型应用。

第 2 章叙述了 PWM 整流器的基本原理及分类，并且重点讨论了电压型、电流型 PWM 整流器的瞬态换相过程及相应的定量关系。

第 3 章以三相电压型 PWM 整流器为例，详述了电压型 PWM 整流器的一般数学模型及 dq 模型的建立，同时引入等效变压器模型电路对其 dq 模型进行了动、静态分析。另外，第 3 章还分别研究了电压型 PWM 整流器电流内环、电压外环控制系统设计。最后讨论了电压型 PWM 整流器主电路参数设计问题，主要包括交流侧电感及直流侧电容参数设计等。

第 4 章系统阐述了电压型 PWM 整流器的电流控制策略。首先深入浅出地描述了间接电流控制策略，主要包括静态间接电流控制和动态间接电流控制。针对间接电流控制的不足，讨论了直接电流控制策略，如固定开关频率 PWM 电流控制和滞环 PWM 电流跟踪控制，尤其是对滞环 PWM 电流跟踪控制作了较为详细的论述。

第 5 章专题研究了三相电压型 PWM 整流器空间矢量 PWM（SVPWM）控制。首先讨论了 SVPWM 控制的一般问题，主要包括空间电压矢量的分布、合成以及 SVPWM 与 SPWM 控制的比较，在此基础上，给出了空间电压矢量的几何描述。在阐述基于 SVPWM 的电流控制策略时，主要研究了两类控制：一类是将空间电压矢量逼近其参考电压矢量的电流控制策略；另一类则是基于滞环的 SVPWM 电流控制策略，并分别详述了不定频、定频滞环 SVPWM 控制。

第 6 章在直接电流控制前提下，研究了 VSR 并网控制策略。首先讨论了基于电压定向的矢量控制（VOC），该控制策略实现了并网有功、无功电流的解耦控制。实际上，为实现 VSR 有功、无功功率的直接控制，本章阐述了在电压定向基础上 VSR 的直接功率控制（DPC），一般称为基于电压定向的直接功率控制（V－DPC）。上述 VOC 和 V－DPC 两种并网逆变器控制策略中均采用了电压定向方法，其主要不足在于矢量定向对电网电压谐波的敏感性，使得基波电压定向出现偏差，从而降低了系统有功、无功的控制性能。为解决这一问题，本节介绍了一种采用虚拟磁链进行定向的方法，讨论并研究了基于虚拟磁链定向的矢量控制（VFOC）和基于虚拟磁链定向的直接功率控制（VF－DPC）两种 VSR 并网控制策略。由于虚拟磁链实际上是电网电压的积分，而积分的低通特性则对电网电压中的谐波分量有一定的抑制作用，从而有效克服了电网电压谐波对矢量定向准确度的影响。最后，针对 *LCL* 滤波器的 VSR 控制振荡问题，还介绍了针对基于 *LCL* 滤波器的 PWM 整流器有源阻尼控制策略，并讨论了 *LCL* 滤波器的参数设计。

第 7 章讨论了学术界较为关注的无传感器以及电网不平衡时的 VSR 控制策略。无传感器控制策略包括无电网电动势传感器及无电网电流传感器两类，并详细研究了无传感器时的相关量的复现问题。针对电网不平衡状态，本章定量分析了电网不平衡对 VSR 控制的相关影响，并研究了降低 VSR 网侧电流谐波和降低 VSR 直流侧电压谐波两类控制策略，最后简要分析了三相 VSR 不平衡控制时的线性控制范围问题。

第 8 章以三相电流型 PWM 整流器为例，探讨了电流型 PWM 整流器的一般数学模型及 dq 模型的建立，并且以等效变压器模型电路为基础分析了电流型 PWM 整流器的动、静态特性；随之，重点介绍了适用于电流型 PWM 整流器的三值逻辑 PWM 信号发生技术；特别是提出了有利于大功率电流型 PWM 整流器应用的低电压应力 PWM 方案，从而提高了大功率电流型 PWM 整流器运行效率及可靠性；最后叙述了电流型 PWM 整流器的控制策略及控制器设计，并讨论了主电路参数设计问题。

第 9 章详细讨论了 PWM 整流器的关键控制环节——锁相环。首先给出了锁相环的基本定义，并阐述了锁相环的基本控制原理，在此基础上详细研究和分析了三相锁相环技术，并依据不同的技术性能介绍几种典型的基于软件实现的三相锁相环方案，主要内容包括单同步坐标系软件锁相环（SSRF－SPLL）方案、基于对称分量法的 SSRF－SPLL 方案、基于双同步坐标系下的解耦软件锁相环（DDSRF－SPLL）方案以及基于双二阶广义积分器的软件锁相（DSOGI－PLL）方案。其中 DSOGI－PLL 方案不仅能在三相不平衡电网中快速准确地获取电网正序分量的频率和相位信息，而且还可以抑制谐波对系统输出的影响，并且具有良好的频率自适应特性。最后，介绍了单相锁相环技术。

第 10 章结合相关的控制策略，介绍了 PWM 整流器技术的几种典型应用，主要包括以下方面：

1）高功率因数整流器（最优控制策略）；

2）静止无功发生器（非线性解耦控制策略）；

3）有源电力滤波器（滑模变结构控制策略）；

4）统一潮流控制器（前馈解耦及模糊控制策略）；

5）可再生能源并网发电技术（最佳功率跟踪及无差拍控制策略）。

第2章 PWM整流器的拓扑结构及原理

2.1 基本原理及分类

2.1.1 PWM整流器原理概述

从电力电子技术发展来看，整流器是较早应用的一种AC/DC变换装置。整流器的发展经历了由不控整流器（二极管整流器）、相控整流器（晶闸管整流器）到PWM整流器（门极关断功率开关管）的发展历程。传统的相控整流器，虽应用时间较长，技术也较成熟，且被广泛使用，但仍然存在以下问题：

1）晶闸管换相引起网侧电压波形畸变。

2）网侧谐波电流对电网产生谐波“污染”。

3）深控时网侧功率因数降低。

4）闭环控制时动态响应相对较慢。

虽然二极管整流器，改善了整流器网侧功率因数，但仍会产生网侧谐波电流而“污染”电网；另外二极管整流器的不足还在于其直流电压的不可控性。针对上述不足，PWM整流器已对传统的相控及二极管整流器进行了全面改进。其关键性的改进在于用全控型功率开关管取代了半控型功率开关管或二极管，以PWM控制整流取代了相控整流或不控整流。因此，PWM整流器可以取得以下优良性能：

1）网侧电流为正弦波。

2）网侧功率因数控制（如单位功率因数控制）。

3）电能双向传输。

4）较快的动态控制响应。

显然，PWM整流器已不是一般传统意义上的AC/DC变换器。由于电能的双向传输，当PWM整流器从电网吸取电能时，其运行于整流工作状态；而当PWM整流器向电网传输电能时，其运行于有源逆变工作状态。所谓单位功率因数是指：当PWM整流器运行于整流状态时，网侧电压、电流同相（正阻特性）；当PWM整流器运行于有源逆变状态时，其网侧电压、电流反相（负阻特性）。进一步研究表明，由于PWM整流器其网侧电流及功率因数均可控，因而可被推广应用于有源电力滤波及无功补偿等非整流器应用场合。

综上可知，PWM整流器实际上是一个其交、直流侧可控的四象限运行的变流装置。为便于理解，以下首先从模型电路阐述PWM整流器的基本原理。

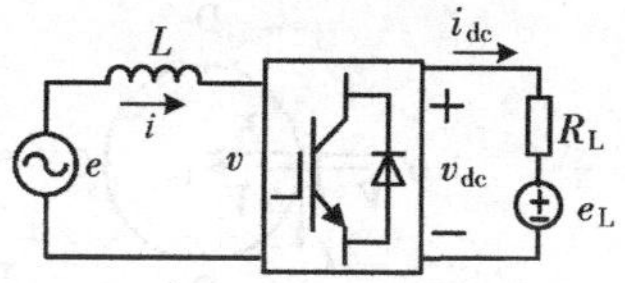

图 2-1　PWM 整流器模型电路

图 2-1 为 PWM 整流器模型电路。从图 2-1 可以看出：PWM 整流器模型电路由交流回路、功率开关管桥路以及直流回路组成。其中交流回路包括交流电动势 e 以及网侧电感 L 等；直流回路包括负载电阻 R_L 及负载电动势 e_L 等；功率开关管桥路可由电压型或电流型桥路组成。

当不计功率开关管桥路损耗时，由交、直流侧功率平衡关系得

$$iv = i_{dc}v_{dc} \tag{2-1}$$

式中　v、i——模型电路交流侧电压、电流；

v_{dc}、i_{dc}——模型电路直流侧电压、电流。

由式（2-1）不难理解：通过模型电路交流侧的控制，就可以控制其直流侧，反之亦然。以下着重从模型电路交流侧入手，分析 PWM 整流器的运行状态和控制原理。

稳态条件下，PWM 整流器交流侧矢量关系如图 2-2 所示。

为简化分析，对于 PWM 整流器模型电路，只考虑基波分量而忽略 PWM 谐波分量，并且不计交流侧电阻。这样可从图 2-2 分析：当以电网电动势矢量为参考时，通过控制交流电压矢量 $\boldsymbol{V}$ 即可实现 PWM 整流器的四象限运行。若假设 $|\boldsymbol{I}|$ 不变，因此 $|\boldsymbol{V}_L| = \omega L|\boldsymbol{I}|$ 也固定不变，在这种情况下，PWM 整流器交流电压矢量 $\boldsymbol{V}$ 端点运动轨迹构成了一个以 $|\boldsymbol{V}_L|$ 为半径的圆。当电压矢量 $\boldsymbol{V}$ 端点位于圆轨迹 A 点时，电流矢量 $\boldsymbol{I}$ 比电动势矢量 $\boldsymbol{E}$ 滞后 90°，此时 PWM 整流器网侧呈现纯电感特性，如图 2-2a 所示；当电压矢量 $\boldsymbol{V}$ 端点运动至圆轨迹 B 点时，电流矢量 $\boldsymbol{I}$ 与电动势矢量 $\boldsymbol{E}$ 平行且同向，此时 PWM 整流器网侧呈现正电阻特性，如图 2-2b 所示；当电压矢量 $\boldsymbol{V}$ 端点运动至圆轨迹 C 点时，电流矢量 $\boldsymbol{I}$ 比电动势矢量 $\boldsymbol{E}$ 超前 90°，此时 PWM 整流器网侧呈现纯电容特性，如图 2-2c 所示；当电压矢量 $\boldsymbol{V}$ 端点运动至圆轨迹 D 点时，电流矢量 $\boldsymbol{I}$ 与电动势矢量 $\boldsymbol{E}$ 平行且反向，此时 PWM 整流器网侧呈现负电阻特性，如图 2-2d 所示。以上，A、B、C、D 四点是 PWM 整流器四象限运行的四个特殊工作状态点，进一步分析，可得 PWM 整流器四象限运行规律如下：

1）电压矢量 $\boldsymbol{V}$ 端点在圆轨迹 $\overset{\frown}{AB}$ 上运动时，PWM 整流器运行于整流状态。此时，PWM 整流器需从电网吸收有功及感性无功功率，电能将通过 PWM 整流器由电网传输至直流负载。值得注意的是，当 PWM 整流器运行在 B 点时，则实现单位功率因数整流控制；而在 A 点运行时，PWM 整流器则不从电网吸收有功功率，而只从电网吸收感性无功功率。

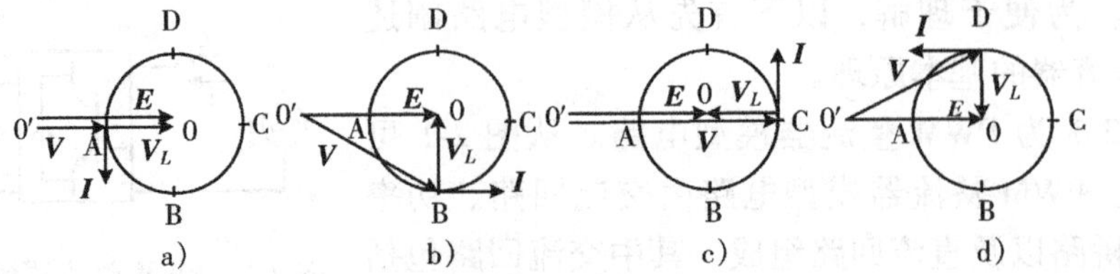

图 2-2　PWM 整流器交流侧稳态矢量关系

a）纯电感特性运行　b）正电阻特性运行　c）纯电容特性运行　d）负电阻特性运行

E—交流电网电动势矢量　***V***—交流侧电压矢量　$\boldsymbol{V}_L$—交流侧电感电压矢量　***I***—交流侧电流矢量

2）当电压矢量 ***V*** 端点在圆轨迹 $\overset{\frown}{BC}$ 上运动时，PWM 整流器运行于整流状态。此时，PWM 整流器需从电网吸收有功及容性无功功率，电能将通过 PWM 整流器由电网传输至直流负载。当 PWM 整流器运行至 C 点时，PWM 整流器将不从电网吸收有功功率，而只从电网吸收容性无功功率。

3）当电压矢量 ***V*** 端点在圆轨迹 $\overset{\frown}{CD}$ 上运动时，PWM 整流器运行于有源逆变状态。此时 PWM 整流器向电网传输有功及容性无功功率，电能将从 PWM 整流器直流侧传输至电网。当 PWM 整流器运行至 D 点时，便可实现单位功率因数有源逆变控制。

4）当电压矢量 ***V*** 端点在圆轨迹 $\overset{\frown}{DA}$ 上运动时，PWM 整流器运行于有源逆变状态。此时，PWM 整流器向电网传输有功及感性无功功率，电能将从 PWM 整流器直流侧传输至电网。

显然，要实现 PWM 整流器的四象限运行，关键在于网侧电流的控制。一方面，可以通过控制 PWM 整流器交流侧电压，间接控制其网侧电流；另一方面，也可通过网侧电流的闭环控制，直接控制 PWM 整流器的网侧电流。

2.1.2　PWM 整流器的分类及拓扑结构

2.1.2.1　PWM 整流器分类

随着 PWM 整流器技术的发展，已设计出多种 PWM 整流器，并可分类如下：

- PWM 整流器
  - 按直流储能形式分类
    - 电压型
    - 电流型
  - 按电网相数分类
    - 单相电路
    - 三相电路
    - 多相电路
  - 按 PWM 开关调制分类
    - 硬开关调制
    - 软开关调制
  - 按桥路结构分类
    - 半桥电路
    - 全桥电路
  - 按调制电平分类
    - 两电平电路
    - 三电平电路
    - 多电平电路

尽管分类方法多种多样，但最基本的分类方法就是将 PWM 整流器分类成电压型和电流型两大类，这主要是因为电压型、电流型 PWM 整流器，无论是在主电路结构、PWM 信号发生以及控制策略等方面均有各自的特点，并且两者间存在电路上的对偶性。其他分类方法就主电路拓扑结构而言，均可归类于电流型或电压型 PWM 整流器之列。

2.1.2.2 电压型 PWM 整流器拓扑结构

电压型 PWM 整流器（Voltage Source PWM Rectifer——VSR）最显著拓扑特征就是直流侧采用电容进行直流储能，从而使 VSR 直流侧呈低阻抗的电压源特性。以下介绍几种常见的拓扑结构：

1. 单相半桥、全桥 VSR 拓扑结构

图 2-3 分别示出了 VSR 单相半桥和单相全桥主电路拓扑结构。两者交流侧具有相同的电路结构，其中交流侧电感主要用以滤除网侧电流谐波。

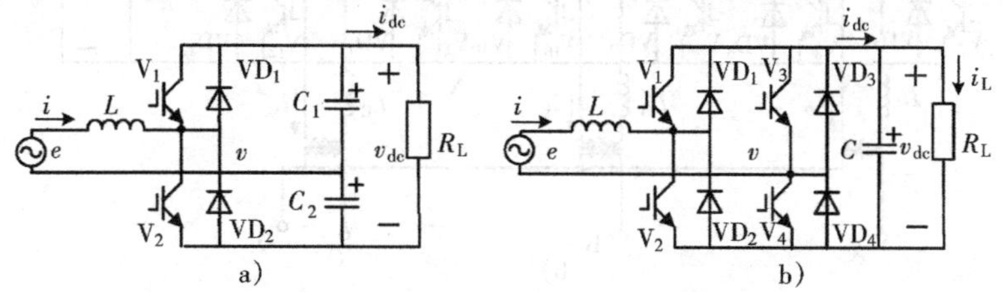

图 2-3　单相半桥、全桥 VSR 拓扑结构

a）半桥　b）全桥

由图 2-3a 可看出，单相半桥 VSR 拓扑结构只有一个桥臂采用了功率开关管，另一桥臂则由两个电容串联组成，同时串联电容又兼作直流侧储能电容；而单相全桥 VSR 拓扑结构则如图 2-3b 所示，它采用了具有四个功率开关管的 H 桥结构。值得注意的是，VSR 主电路功率开关管必须反并联一个续流二极管，以缓冲 PWM 过程中的无功电能。比较两者，显然半桥电路具有较简单的主电路结构，且功率开关管数只有全桥电路的一半，因而造价相对较低，常用于低成本、小功率应用场合。进一步研究表明，在相同的交流侧电路参数条件下，要使单相半桥 VSR 以及单相全桥 VSR 获得同样的交流侧电流控制特性，半桥电路直流电压应是全桥电路直流电压的两倍，因此功率开关管耐压要求相对提高。另外，为使半桥电路中电容中点电位基本不变，还需引入电容均压控制，可见单相半桥 VSR 的控制相对复杂。

2. 三相半桥、全桥 VSR 拓扑结构

图 2-4 分别给出了三相半桥和三相全桥 VSR 主电路拓扑结构。

图 2-4a 为三相半桥 VSR 拓扑结构。其交流侧采用三相对称的无中线连接方

式，并采用六个功率开关管，这是一种最常用的三相 PWM 整流器，通常所谓的三相桥式电路即指三相半桥电路。

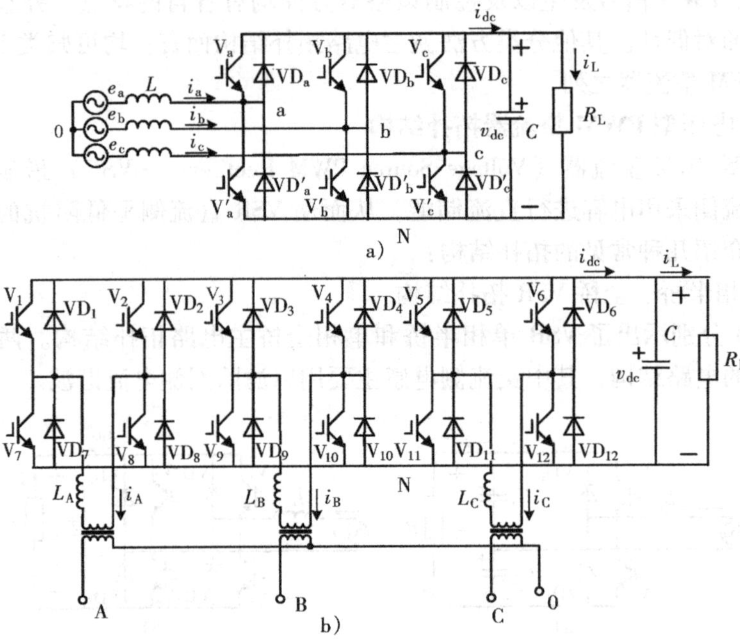

图 2-4　三相半桥、全桥 VSR 拓扑结构

a）半桥　b）全桥

三相半桥 VSR 较适用于三相电网平衡系统。当三相电网不平衡时，其控制性能将恶化，甚至使其发生故障。为克服这一不足，可采用三相全桥 VSR 设计，其拓扑结构如图 2-4b 所示。其特点是：公共直流母线上连接了三个独立控制的单相全桥 VSR，并通过变压器连接至三相四线制电网。因此，三相全桥 VSR 实际上是由三个独立的单相全桥 VSR 组合而成的，当电网不平衡时，不会严重影响 PWM 整流器控制性能，由于三相全桥电路所需的功率开关管是三相半桥电路时的一倍，因而三相全桥电路一般较少采用。

3. 三电平 VSR 拓扑结构

以上所述的 VSR 拓扑结构属常规的两电平拓扑结构。这种拓扑结构的不足之处在于，当其应用于高压场合时，需使用高反压的功率开关管或将多个功率开关管串联使用。此外，由于 VSR 交流侧输出电压总在两电平上切换，当开关频率不高时，将导致谐波含量相对较大。为解决这些问题，设计了具有中点钳位的三电平 VSR 拓扑结构，这种拓扑结构中，由多个功率开关管串联使用，并采用二极管钳位，以获得交流输出电压的三电平调制。显然，三电平 VSR 在提高耐压等级的同时，有效地降低了交流谐波电压、电流，从而改善了其网侧波形品质。图 2-5 为三相三电平 VSR 主电路拓扑结构，可见，三电平电路所需功率开关管与两电平电路时相比成倍增加，并且控制也相对复杂，这是这种电路的不足之处。另外，为了更好地适应高压大功率应用，并降低交流输出电压谐波，近年来还设计出采用多个二极管钳位的多电平 VSR 拓扑结构[71]。

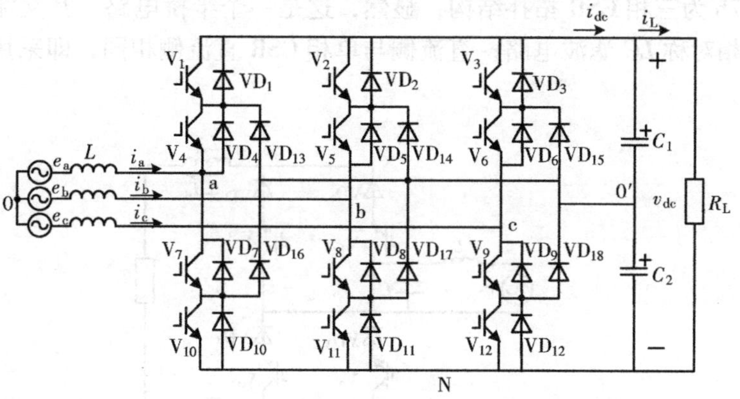

图 2-5　三相三电平 VSR 拓扑结构

4. 基于软开关调制的 VSR 拓扑结构

图 2-6 为三相软开关 VSR 拓扑结构。图中，桥式并联谐振网络由谐振电感 L_r、谐振电容 C_r、功率开关管 V_7 以及续流二极管 VD_7、VD_8 组成；V_9 和 VD_9 为直流侧开关管，其主要作用是将直流侧与谐振网络和交流侧隔离。在一定条件下，L_r、C_r 产生谐振，并使 C_r 两端产生零电压，此时对三相桥功率开关管进行切换，便可实现软开关 PWM 控制。

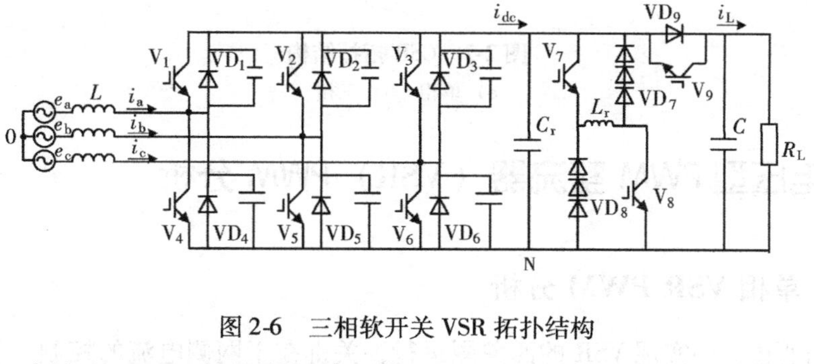

图 2-6　三相软开关 VSR 拓扑结构

2.1.2.3　电流型 PWM 整流器拓扑结构

电流型 PWM 整流器（Current Source PWM Rectifer——CSR）拓扑结构最显著特征就是直流侧采用电感进行直流储能，从而使 CSR 直流侧呈高阻抗的电流源特性。常采用的 CSR 拓扑结构有单相、三相两种，如图 2-7 所示。

图 2-7a 为单相 CSR 拓扑结构。除直流储能电感以外，与单相 VSR 相比，其交流侧增加了一个滤波电容，其作用与网侧电感一起组成 *LC* 滤波器，以滤除 CSR 网侧谐波电流，并抑制 CSR 交流侧谐波电压。另外，一般需在 CSR 功率开关管支路上顺向串联二极管，其主要目的是阻断反向电流（因为一般功率开关管大都集成有反并联二极管），并提高功率开关管的耐反压能力。

图 2-7b 为三相 CSR 拓扑结构，显然，这是一个半桥电路，其交流侧是一无中线的三相对称 *LC* 滤波电路；直流侧与单相 CSR 直流侧相同，即采用电感进行储能。

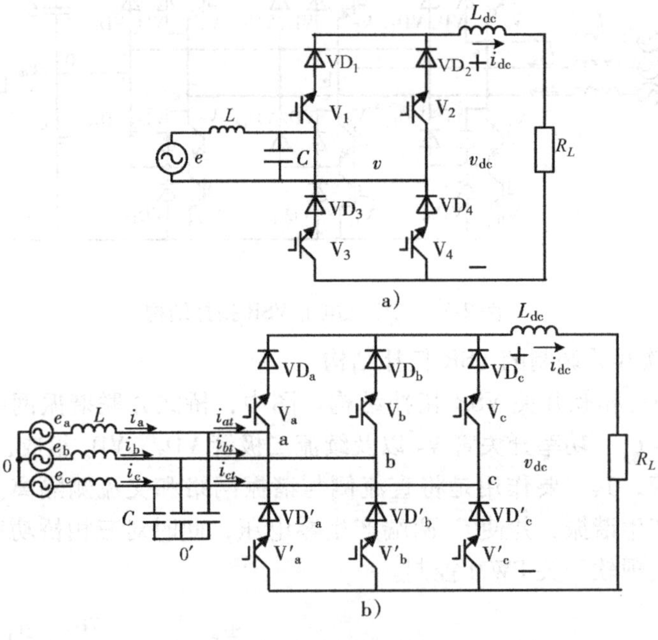

图 2-7　CSR 拓扑结构

a）单相　b）三相

2.2　电压型 PWM 整流器（VSR）PWM 分析

2.2.1　单相 VSR PWM 分析

如前所述，要实现 VSR 的四象限运行，关键在于网侧电流的控制。而网侧电流控制，可以通过控制 VSR 交流侧基波电压的幅值、相位来实现。对于单相 VSR 而言，其交流侧基波电压控制有两种 PWM 控制方式，即双极性调制和单极性调制。以下将根据这两种 PWM 控制方式，分别分析单相 VSR PWM 过程。

2.2.1.1 双极性调制及波形分析

1. 开关模式

针对图 2-3b 所示的单相全桥 VSR 主电路拓扑结构，当采用双极性调制时，其 VSR 交流侧电压 $v(t)$ 将在 V_{dc}与 $-V_{dc}$间切换，以实现交流侧电压的 PWM 控制。因此双极型调制时，单相 VSR PWM 过程只存在两种开关模式，并可以用双极性二值逻辑开关函数 p 进行描述，即

$$p=\begin{cases}1 & V_1(VD_1)、V_4(VD_4)\text{ 导通}\\ -1 & V_2(VD_2)、V_3(VD_3)\text{ 导通}\end{cases} \tag{2-2}$$

两种开关模式见表 2-1。

表 2-1　单相 VSR 双极性调制开关模式

开关模式	1	2
导通器件	V_1（VD_1） V_4（VD_4）	V_2（VD_2） V_3（VD_3）
开关函数	$p=1$	$p=-1$

值得注意的是，当网侧电流 $i(t)$ 方向不同时，同一开关模式将存在不同的电流回路。单相 VSR 双极性调制不同开关模式时的电流回路如图 2-8 所示。

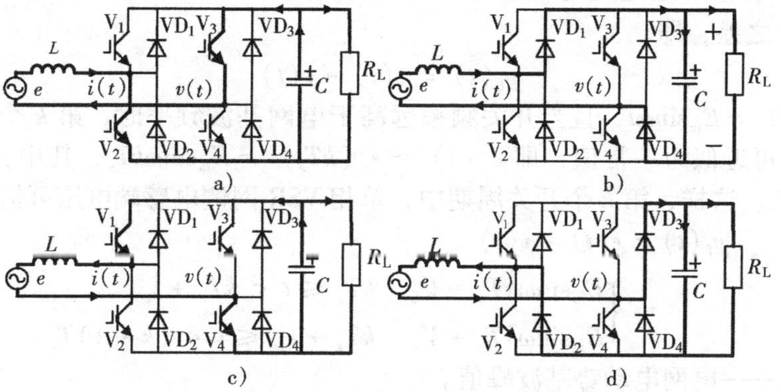

图 2-8　单相 VSR 双极性调制不同开关模式时的电流回路

a）模式 2，且 $i(t)>0$　b）模式 1，且 $i(t)>0$

c）模式 1，且 $i(t)<0$　d）模式 2，且 $i(t)<0$

2. 波形分析

为讨论方便，以下主要研究分析 PWM 稳态过程中第 k 个开关周期中的单相 VSR 相关波形及其变化规律。

（1）交流侧电压 $v(t)$　若单相 VSR 直流侧电容足够大，则在 PWM 过程中可近似认为其直流侧电压为一定值，即 $v_{dc}(t)=V_{dc}$ 。这样当采用双极性调制时，

单相 VSR 交流侧电压 $v(t)$ 波形为幅值在 V_{dc}、$-V_{dc}$ 间切换的 PWM 波形。对于第 k 个开关周期中的交流侧电压 $v(t)$，可描述如下：

$$v(t)=v_{dc}p(t)=\begin{cases}V_{dc} & kT_s\leqslant t<kT_s+t_{on}\\ -V_{dc} & kT_s+t_{on}\leqslant t<(k+1)T_s\end{cases}\tag{2-3}$$

式中　T_s——PWM 开关周期。

若忽略 PWM 谐波分量，即只考虑单相 VSR 交流电压 $v(t)$ 及开关函数 $p(t)$ 的基波分量，即 $v(t)\approx V_m\sin(\omega t+\varphi_1)$、$p(t)\approx m\sin(\omega t+\varphi_1)$。其中，$V_m$ 为 $v(t)$ 的基波峰值；m 为 PWM 的调制比，φ_1 为 $p(t)$ 的基波初始相位角。将 $p(t)$、$v(t)$ 的基波关系式代入式（2-3）得：$V_{dc}\approx V_m/m$。由于 $m\leqslant 1$，因而单相 VSR 交流侧到直流侧的变换呈现 Boost 型变换器特性。

第 k 个开关周期中，$v(t)$ 波形如图2-9所示。

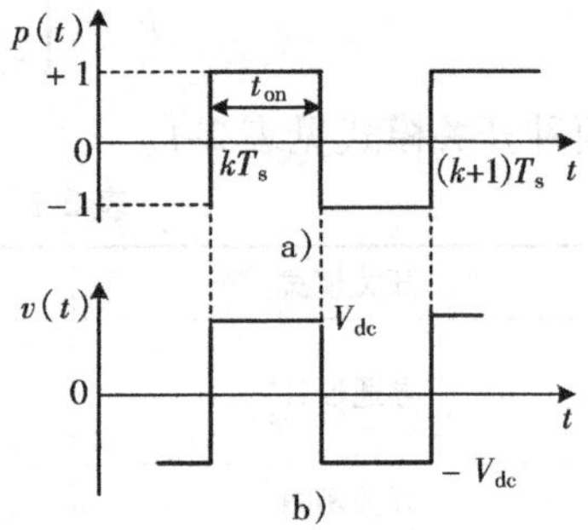

图 2-9　第 k 个开关周期开关函数 $p(t)$ 及交流电压 $v(t)$ 波形
a) $p(t)$ 波形　b) $v(t)$ 波形

（2）电感端电压 $v_L(t)$　单相 VSR 网侧电感端电压 $v_L(t)$ 等于电网电动势 $e(t)$ 与其交流侧电压 $v(t)$ 之差，即

$$v_L(t)=e(t)-v(t)\tag{2-4}$$

若令 $e(t)=E_m\sin\omega t$，且当开关频率远高于电网基波频率时，第 k 个开关周期中 $e(t)$ 可近似为一常值，即 $e(t)\approx e(kT_s)=E_m\sin\omega kT_s$，其中，$kT_s\leqslant t\leqslant(k+1)T_s$。这样，第 k 个开关周期中，单相 VSR 网侧电感端电压可描述如下：

$$\begin{aligned}v_L(t)&=e(t)-v(t)\\&\approx\begin{cases}E_m\sin\omega kT_s-V_{dc} & kT_s\leqslant t<kT_s+t_{on}\\ E_m\sin\omega kT_s+V_{dc} & kT_s+t_{on}\leqslant t<(k+1)T_s\end{cases}\end{aligned}\tag{2-5}$$

式中　E_m——电网电动势基波峰值。

若 $V_{dc}>E_m$，则第 k 个开关周期中，$v_L(t)$ 波形如图 2-10 所示。

（3）网侧电流 $i(t)$　若忽略单相 VSR 网侧电阻，则网侧电流 $i(t)$ 为

$$i(t)=\frac{1}{L}\int v_L(t)\mathrm{d}t=\frac{1}{L}\int[e(t)-v(t)]\mathrm{d}t\tag{2-6}$$

考虑第 k 个开关周期，并进行坐标平移，如图 2-11 所示。图中，令 $t'=t-kT_s$、$t''=t-(kT_s+t_{on})$，显然 t'、t''坐标下的 AB 段、BC 段网侧电流表达式为

$$\begin{cases}i(t')=\dfrac{1}{L}\displaystyle\int(E_m\sin\omega kT_s-V_{dc})\mathrm{d}t' & (0\leqslant t'<t_{on})\\ i(t'')=\dfrac{1}{L}\displaystyle\int(E_m\sin\omega kT_s+V_{dc})\mathrm{d}t'' & (0\leqslant t''<T_s-t_{on})\end{cases}\tag{2-7}$$

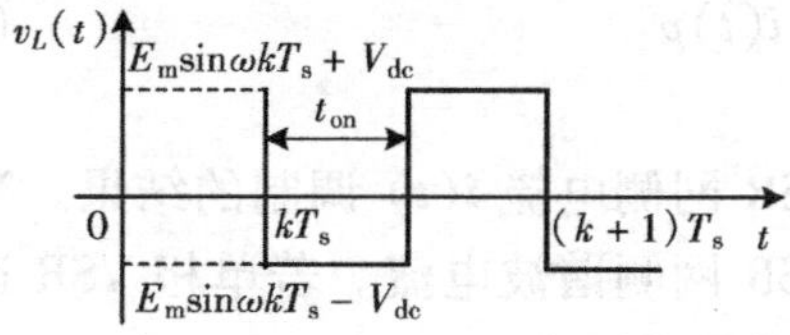

图 2-10　第 k 个开关周期电感端电压 $v_L(t)$ 波形

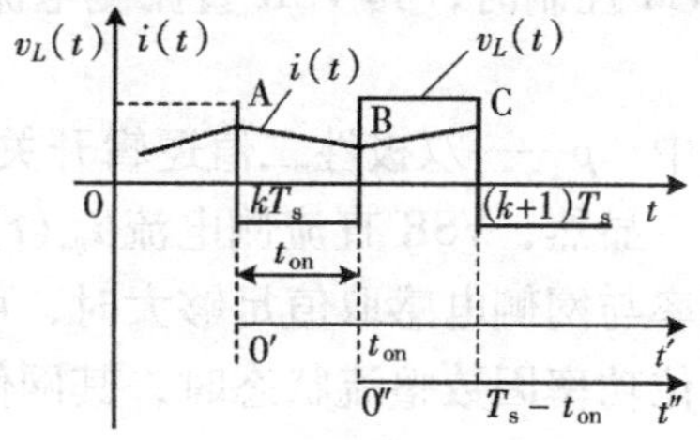

图 2-11　第 k 个开关周期网侧电流 $i(t)$ 及坐标平移

求解式（2-7），得第 k 个开关周期网侧电流表达式为

$$\begin{cases} i(t') = \dfrac{1}{L}(E_m\sin\omega kT_s - V_{dc})t' + i(t'=0) & (0 \leqslant t' < t_{on}) \\ i(t'') = \dfrac{1}{L}(E_m\sin\omega kT_s + V_{dc})t'' + i(t''=0) & (0 \leqslant t'' < T_s - t_{on}) \end{cases} \tag{2-8}$$

当开关频率足够高，且在稳态条件下，各区间电流初始条件满足

$$\begin{cases} i(t'=0) = i(t''=t_s - t_{on}) \\ i(t'=t_{on}) = i(t''=0) \end{cases} \tag{2-9}$$

因此，求得第 k 个开关周期中，VSR 网侧电流脉动峰峰值为

$$\begin{aligned} \Delta i_{km} &= i(t'=0) - i(t'=t_{on}) \\ &= \frac{V_{dc} - E_m\sin\omega kT_s}{L}t_{on} \qquad (V_{dc} > E_m) \end{aligned} \tag{2-10}$$

由于采用双极性 PWM 控制，第 k 个开关周期中的 PWM 占空比 D_k 为

$$D_k = \frac{2t_{on} - T_s}{T_s} \tag{2-11}$$

联立式（2-10）、式（2-11），得

$$\Delta i_{km} = \frac{T_s}{2L}(V_{dc} - E_m\sin\omega kT_s)(1 + D_k) \tag{2-12}$$

实际上，当 $i(t)>0$，且 $kT_s \leqslant t < kT_s + t_{on}$（$p=1$）时，回路电流经二极管 VD_1、VD_4 续流。若 $e(t)$、$i(t)$ 同相，则网侧电感端电压 $v_L(t) = e(t) - v_{dc} = L\mathrm{d}i(t)/\mathrm{d}t < 0$，因此，这时电网电动势与网侧电感共同向 VSR 直流侧电容充电，网侧电感磁能减小，从而使网侧电流衰减；当 $i(t)>0$，且 $kT_s + t_{on} \leqslant t \leqslant (k+1)T_s$（$p=-1$）时，电流流经功率开关管 V_2、V_3，若 $e(t)$、$i(t)$ 同相，则网侧电感端电压 $v_L(t) = e(t) + v_{dc} = L\mathrm{d}i(t)/\mathrm{d}t > 0$，这时电网电动势和直流侧电容共同使电感磁能增大，从而使网侧电流增加。类似可分析 $i(t)<0$ 时的情况。

（4）直流侧电流 $i_{dc}(t)$　针对单相 VSR 主电路拓扑结构，当采用双极性

PWM 控制时，其 VSR 直流侧电流 $i_{dc}(t)$ 与网侧电流 $i(t)$ 间的关系为

$$i_{dc}(t) = i(t)p \tag{2-13}$$

式中　p——双极性二值逻辑开关函数。

显然，VSR 直流侧电流 $i_{dc}(t)$ 是对 VSR 网侧电流 $i(t)$ 调制的结果。当开关频率与网侧电感取值足够大时，可忽略 VSR 网侧谐波电流。若单相 VSR 运行于单位功率因数整流状态时，其网侧电流可近似描述为

$$i(t) \approx I_m \sin\omega t \tag{2-14}$$

式中　I_m——网侧电流基波峰值。

考虑到第 k 个开关周期中，$i(t)$ 的瞬时值近似不变，因而单相 VSR 双极性调制时直流侧电流第 k 个开关周期表达式为

$$i_{dc}(t) \approx I_m \sin(\omega t)p = \begin{cases} I_m \sin\omega kT_s & kT_s \leqslant t < kT_s + t_{on} \\ -I_m \sin\omega kT_s & kT_s + t_{on} \leqslant t < (k+1)T_s \end{cases} \tag{2-15}$$

$i_{dc}(t)$ 波形如图 2-12 所示。

（5）直流侧电压 $v_{dc}(t)$　以上分析均假设 VSR 直流侧电压为一定值。实际上，由于直流侧电流 $i_{dc}(t)$ 波形为 PWM 波形，因此当直流侧电容量有限时，$v_{dc}(t)$ 一定是脉动的。而直流侧电容一方面旁路了 $i_{dc}(t)$ 的谐波分量，另一方面抑制了直流电压的波动。

单相 VSR 直流回路方程为

$$i_{dc}(t) - C\frac{\mathrm{d}v_{dc}(t)}{\mathrm{d}t} = \frac{v_{dc}(t)}{R_L} \tag{2-16}$$

式中　C——直流侧电容；

　　R_L——直流负载电阻。

显然，VSR 直流电流 $i_{dc}(t)$ 到直流电压 $v_{dc}(t)$ 的传递环节为一阶惯性环节。$v_{dc}(t)$、$i_{dc}(t)$ 波形如图 2-12 所示。图中，采用坐标平移，以简化分析，且令 $t' = t - kT_s$、$t'' = t - (kT_s + t_{on})$。在不同坐标下的各区间直流电压方程为

$$\begin{cases} I_m \sin\omega kT_s = \dfrac{1}{R_L}v_{dc}(t') + C\dfrac{\mathrm{d}v_{dc}(t')}{\mathrm{d}t} \\ 0 \leqslant t' < t_{on} \\ -I_m \sin\omega kT_s = \dfrac{1}{R_L}v_{dc}(t'') + C\dfrac{\mathrm{d}v_{dc}(t'')}{\mathrm{d}t} \\ 0 \leqslant t'' < (T_s - t_{on}) \end{cases} \tag{2-17}$$

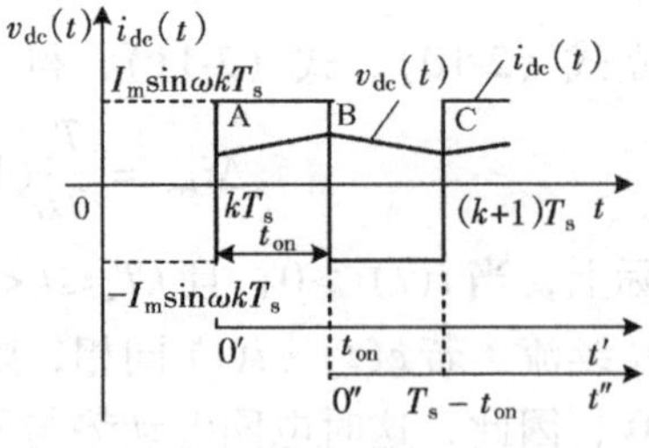

图 2-12　第 k 个开关周期中 $v_{dc}(t)$、$i_{dc}(t)$ 波形

考虑到稳态条件下各方程初始条件应满足

$$\begin{cases} v_{dc}(t'=0)=v_{dc}(t''=T_s-t_{on}) \\ v_{dc}(t''=0)=v_{dc}(t'=t_{on}) \end{cases} \tag{2-18}$$

联立式（2-17）、式（2-18），易解得各区间直流电压表达式为

$$\begin{cases} v_{dc}(t')=R_LI_m\sin(\omega kT_s)-2R_LI_m\sin(\omega kT_s)\times \\ \qquad\left(\dfrac{1-e^{-(T_s-t_{on})/(R_LC)}}{1-e^{-T_s/(R_LC)}}\right)e^{-t'/(R_LC)} \quad (0\leqslant t'<t_{on}) \\ v_{dc}(t'')=2R_LI_m\sin(\omega kT_s)\left(\dfrac{1-e^{-t_{on}/(R_LC)}}{1-e^{-T_s/(R_LC)}}\right)e^{-t''/(R_LC)}- \\ \qquad R_LI_m\sin(\omega kT_s) \quad (0\leqslant t''<T_s-t_{on}) \end{cases} \tag{2-19}$$

容易求得第 k 个开关周期中直流侧电压脉动峰峰值 Δv_{dckm} 为

$$\begin{aligned} \Delta v_{dckm} &= v_{dc}(t'=t_{on})-v_{dc}(t'=0) \\ &= 2R_LI_m\sin(\omega kT_s)\left[\frac{(1-e^{-t_{on}/(R_LC)})(1-e^{-(T_s-t_{on})/(R_LC)})}{1-e^{-T_s/(R_LC)}}\right] \end{aligned} \tag{2-20}$$

当 $R_LC\gg T_s$ 时，利用 $e^{-x}\approx 1-x$（x 很小时）化简得

$$\Delta v_{dckm}\approx\frac{2t_{on}(T_s-t_{on})}{T_sC}I_m\sin\omega kT_s \tag{2-21}$$

联立式（2-11）、式（2-21），则得

$$\Delta v_{dckm}\approx\frac{T_s}{2C}(1-D_k^2)I_m\sin\omega kT_s \tag{2-22}$$

图 2-13 给出了稳态条件下，一个正弦周期中单相 VSR 双极性调制时的相关波形，为清晰起见，图中 PWM 载波比 $N=f_s/f_1=18$（f_s——载波频率；f_1——调制波频率）。

2.2.1.2 单极性调制及波形分析

1. 开关模式

对于图 2-3b 所示的单相全桥 VSR 主电路拓扑结构，若采用单极性调制，其 VSR 交流侧电压 $v(t)$ 将在 V_{dc} 、0 或 0、$-V_{dc}$ 间切换。其中，在交流侧基波电压正半周，$v(t)$ 将在 V_{dc}、0 间切换；而在交流侧基波负半周，$v(t)$ 将在 0、$-V_{dc}$ 间切换。因此，单极性调制时，单相 VSR 工作过程存在四种开关模式，且可采用三值逻辑开关函数 σ 描述，即

$$\sigma=\begin{cases} 1 & V_1(VD_1)、V_4(VD_4)\text{ 导通} \\ 0 & V_1(VD_1)、VD_3(V_3)\text{ 或 }V_2(VD_2)、VD_4(V_4)\text{ 导通} \\ -1 & V_2(VD_2)、V_3(VD_3)\text{ 导通} \end{cases} \tag{2-23}$$

四种开关模式见表 2-2。

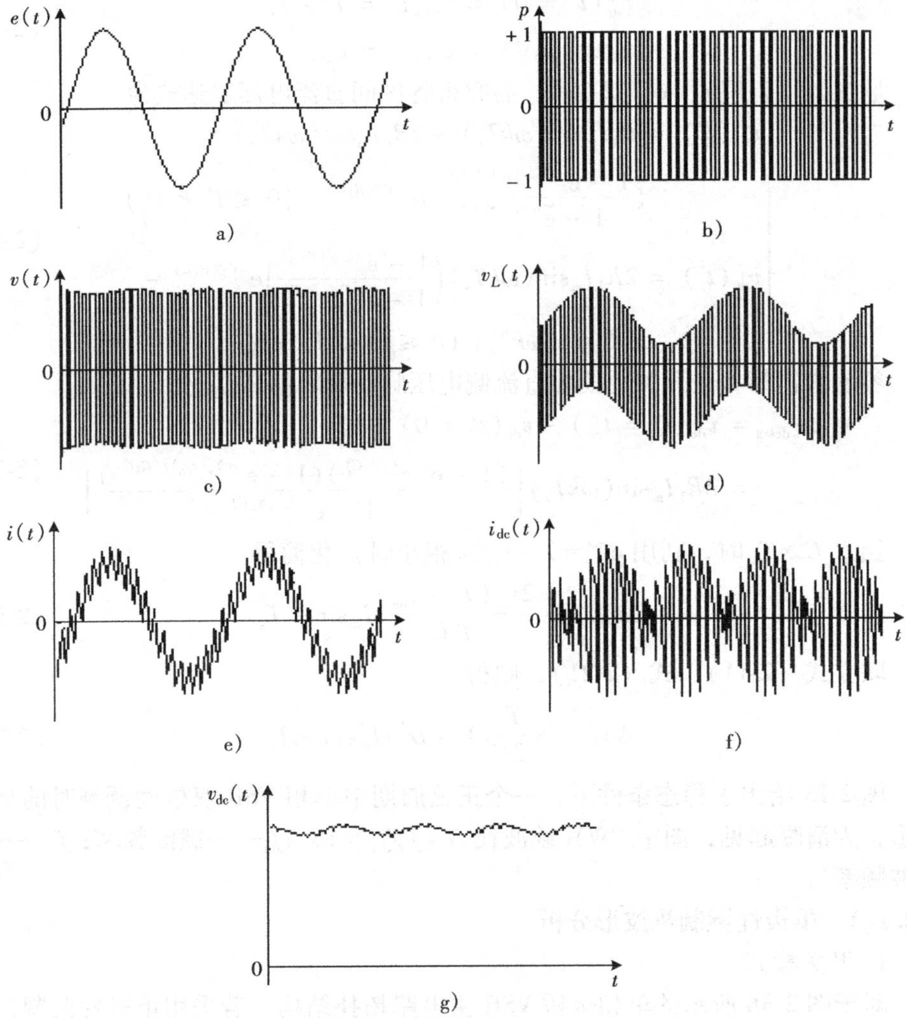

图 2-13　单相 VSR 双极性调制时的相关波形

a）电网电动势 $e(t)$　b）PWM 及开关函数 p　c）交流侧电压 $v(t)$

d）电感端电压 $v_L(t)$　e）网侧电流 $i(t)$　f）直流侧电流 $i_{dc}(t)$　g）直流侧电压 $v_{dc}(t)$

表 2-2　单相 VSR 单极性调制开关模式

开关模式	1	2	3	4
导通器件	V_1（VD_1） V_4（VD_4）	V_2（VD_2） V_3（VD_3）	V_1（VD_1） VD_3（V_3）	V_2（VD_2） VD_4（V_4）
开关函数	$\sigma=1$	$\sigma=-1$	$\sigma=0$	$\sigma=0$

其中，由于模式 3、模式 4 使单相 VSR 交流侧电压为零，因而称为“零模

式”。与双极性调制类似，当网侧电流 $i(t)$ 方向不同时，同一开关模式仍存在不同的电流回路。单相 VSR 单极性调制不同开关模式时的电流回路如图 2-14 所示。

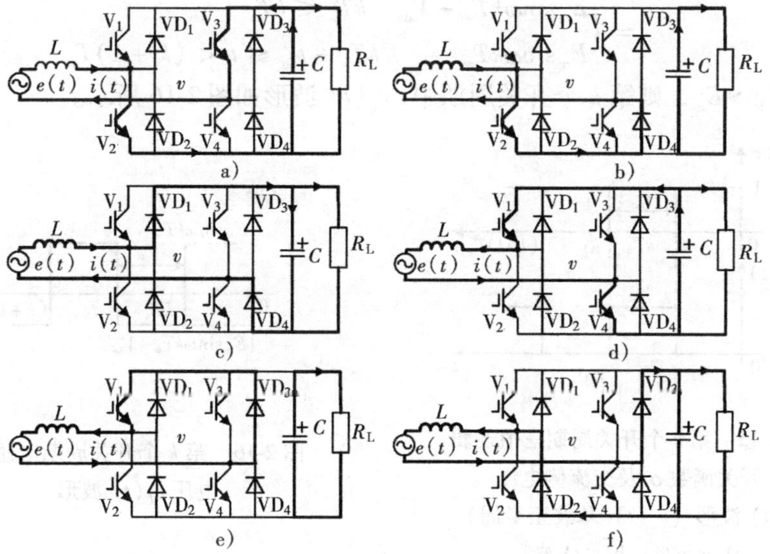

图 2-14　单相 VSR 单极性调制不同开关模式时的电流回路

a）模式 2，且 $i(t)>0$　b）模式 4，且 $i(t)>0$　c）模式 1，且 $i(t)>0$

d）模式 1，且 $i(t)<0$　e）模式 3，且 $i(t)<0$　f）模式 2，且 $i(t)<0$

2. 波形分析

与双极性调制波形分析类似，以下主要研究分析单极性 PWM 稳态过程第 k 个开关周期中的单相 VSR 相关波形及变化规律：

（1）交流侧电压 $v(t)$　当单相 VSR 直流电容足够大时，直流侧电压可近似为一定值，且 $v_{dc}(t)=V_{dc}$。为简化分析，只讨论 VSR 交流侧基波电压正半周时 PWM 控制。此时，单相 VSR 交流侧电压 $v(t)$ 的波形为幅值在 V_{dc}、0 间切换的 PWM 波形。第 k 个开关周期中，交流侧电压 $v(t)$ 可用三值逻辑开关函数 σ 描述为

$$v(t)=V_{dc}\sigma=\begin{cases}V_{dc} & kT_s\leqslant t<kT_s+t_{on}\\0 & kT_s+t_{on}\leqslant t<(k+1)T_s\end{cases}\quad (v(t)\text{ 基波正半周})\qquad(2\text{-}24)$$

第 k 个开关周期中，三值逻辑开关函数 σ 和 VSR 交流侧电压 $v(t)$ 波形如图2-15 所示。

（2）电感端电压 $v_L(t)$　令 $e(t)=E_m\sin\omega t$，且当开关频率足够高时，第 k 个开关周期中 $e(t)$ 可近似为一常值，即 $e(t)\approx e(kT_s)=E_m\sin\omega kT_s$　$(kT_s\leqslant t\leqslant$

$(k+1)T_s$）。

这样，第 k 个开关周期中，单相 VSR 网侧电感端电压可描述如下：

$$v_L(t) = e(t) - v(t)$$
$$= \begin{cases} E_m\sin\omega kT_s - V_{dc} & kT_s \leqslant kT_s + t_{on} \\ E_m\sin\omega kT_s & kT_s + t_{on} \leqslant t < (k+1)T_s \end{cases} \tag{2-25}$$

若 $V_{dc} > E_m$，则第 k 个开关周期中，$v_L(t)$ 波形如图 2-16 所示。

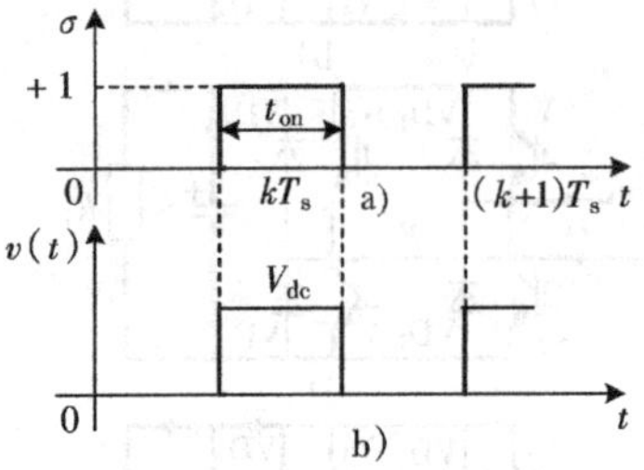

图 2-15　第 k 个开关周期三值逻辑开关函数 σ 及交流侧电压 $v(t)$ 波形（$v(t)$ 基波正半周）

a）σ 波形　b）$v(t)$ 波形

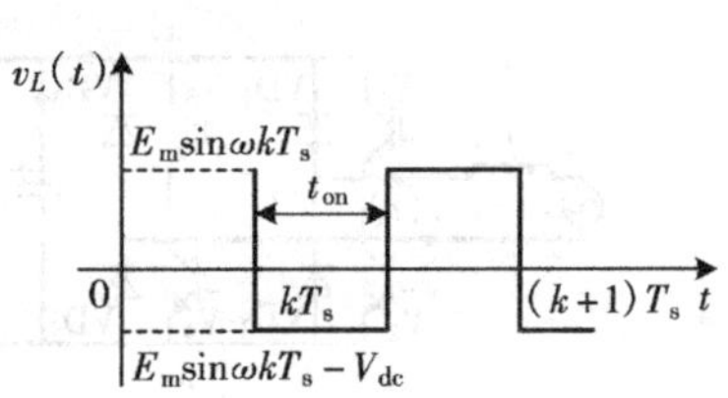

图 2-16　第 k 个开关周期电感端电压 $v_L(t)$ 波形

（3）网侧电流 $i(t)$　若忽略单相 VSR 网侧电阻，则其网侧电流 $i(t)$ 为

$$i(t) = \frac{1}{L}\int v_L(t)\mathrm{d}t = \frac{1}{L}\int [e(t) - v(t)]\mathrm{d}t \tag{2-26}$$

如图 2-17 所示，考虑第 k 个开关周期，并进行坐标平移，即令 $t' = t - kT_s$、$t'' = t - (kT_s + t_{on})$，显然在 t'、t''坐标下，图中 AB 及 BC 段电流表达式为

$$\begin{cases} i(t') = \dfrac{1}{L}\displaystyle\int(E_m\sin\omega kT_s - V_{dc})\mathrm{d}t' \\ (0 \leqslant t' < t_{on}) \\ i(t'') = \dfrac{1}{L}\displaystyle\int(E_m\sin\omega kT_s)\mathrm{d}t'' \\ (0 \leqslant t'' < T_s - t_{on}) \end{cases} \tag{2-27}$$

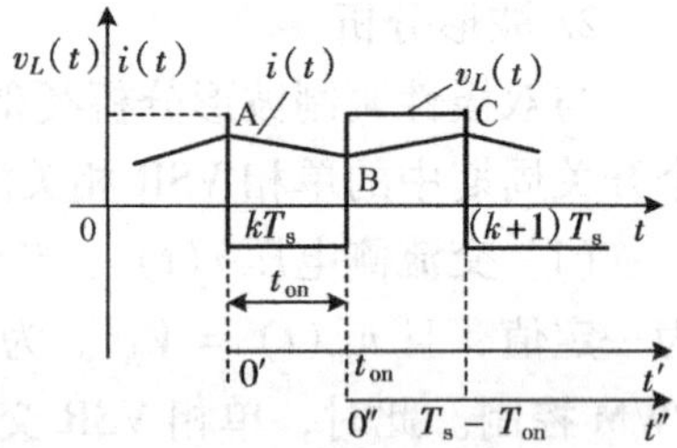

图 2-17　第 k 个开关周期网侧电流 $i(t)$ 及坐标平移

求解式（2-27），得第 k 个开关周期网侧电流表达式为

$$\begin{cases} i(t') = \dfrac{1}{L}(E_m\sin\omega kT_s - V_{dc})t' + i(t'=0) & (0 \leqslant t' < t_{on}) \\ i(t'') = \dfrac{1}{L}(E_m\sin\omega kT_s)t'' + i(t''=0) & (0 \leqslant t'' < T_s - t_{on}) \end{cases} \tag{2-28}$$

显然，网侧电流 $i(t)$ 瞬时值是脉动的。当开关频率足够高，且在稳态条件下，各区间电流初始条件满足

$$\begin{cases} i(t'=0)=i(t''=T_s-t_{on}) \\ i(t'=t_{on})=i(t''=0) \end{cases} \tag{2-29}$$

由此可解得第 k 个开关周期中，网侧电流脉动的峰峰值 Δi_{km} 为

$$\begin{aligned} \Delta i_{km} &= i(t'=0)-i(t'=t_{on}) \\ &= \frac{V_{dc}-E_m\sin\omega kT_s}{L}t_{on} \quad (V_{dc}>E_m) \end{aligned} \tag{2-30}$$

由于采用单极性 PWM 控制，第 k 个开关周期 PWM 占空比 D_k 为

$$D_k=\frac{t_{on}}{T_s} \tag{2-31}$$

联立式（2-30）、式（2-31），得

$$\Delta i_{km}=\frac{V_{dc}-E_m\sin\omega kT_s}{L}D_kT_s \tag{2-32}$$

比较式（2-12）、式（2-32），并考虑 $D_k\leqslant 1$ 可知，在同一 PWM 占空比 D_k 条件下，双极性调制时的网侧电流脉动峰峰值大于单极性调制时的网侧电流脉动峰峰值。

由图 2-17 可看出，当 $i(t)>0$ 且 $kT_s\leqslant t<kT_s+t_{on}(\sigma=1)$ 时，单相 VSR 回路电流经二极管 VD_1、VD_4 续流，若 $e(t)$、$i(t)$ 同相，则网侧电感端电压 $v_L(t)=e(t)-V_{dc}=L\mathrm{d}i(t)/\mathrm{d}t<0$。因此，这时电网电动势与网侧电感共同对 VSR 直流侧电容充电，网侧电感磁能减小，从而使网侧电流衰减；当 $i(t)>0$，且 $kT_s+t_{on}\leqslant t\leqslant(k+1)T_s(\sigma=0)$ 时，回路电流流经 V_2、VD_4，若 $e(t)$、$i(t)$ 同相，则网侧电感端电压 $v_L(t)=e(t)=L\mathrm{d}i(t)/\mathrm{d}t>0$。此时，电网电动势使电感磁能增加，从而使网侧电流增大。类似可分析 $i(t)<0$ 时的情况。

（4）直流侧电流 $i_{dc}(t)$　与单相 VSR 双极性调制相似，采用单极性调制的单相 VSR 直流侧电流 $i_{dc}(t)$，亦可用开关函数描述，即

$$i_{dc}(t)=i(t)\sigma \tag{2-33}$$

式中　$i(t)$——网侧电流；

　　σ——三值逻辑开关函数。

当开关频率与网侧电感取值足够大时，可忽略 VSR 网侧谐波电流。若网侧电流 $i(t)$ 与电网电动势 $e(t)$ 同相，则其网侧电流可近似为

$$i(t)\approx I_m\sin\omega t \tag{2-34}$$

式中　I_m——网侧电流基波峰值。

仍考虑交流侧电压 $v(t)$ 基波正半周第 k 个开关周期中的情况。此时 σ 取值为 0、1，且认为一个开关周期中 $i(t)$ 的瞬时值近似不变。这样单相 VSR 单极性

调制时，直流侧电流 $i_{dc}(t)$ 第 k 个开关周期表达式为

$$i_{dc}(t) \approx I_m \sin(\omega t)\sigma = \begin{cases} I_m \sin\omega kT_s & (kT_s \leqslant t < kT_s + t_{on}) \\ 0 & (kT_s + t_{on} \leqslant t < (k+1)T_s) \end{cases} \tag{2-35}$$

$i_{dc}(t)$ 波形如图 2-18 所示。

（5）直流侧电压 $v_{dc}(t)$　与双极性调制类似，单极性调制时的单相 VSR 直流侧电压 $v_{dc}(t)$ 是脉动的。根据单相 VSR 直流回路方程不难看出，$i_{dc}(t)$ 到 $v_{dc}(t)$ 的传递过程为一阶惯性传递过程，即

$$i_{dc}(t) - C\frac{dv_{dc}(t)}{dt} = \frac{v_{dc}(t)}{R_L} \tag{2-36}$$

式中　C——直流侧电容；

R_L——直流负载电阻。

第 k 个开关周期中 VSR 的直流侧电压 $v_{dc}(t)$ 脉动波形如图 2-18 所示。

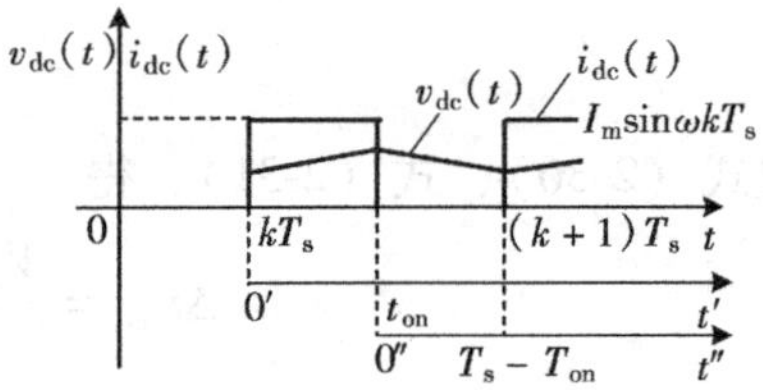

图 2-18　第 k 个开关周期中直流侧电压 $v_{dc}(t)$、直流侧电流 $i_{dc}(t)$ 波形

图 2-18 中，利用坐标平移，且令 $t' = t - kT_s$、$t'' = t - (kT_s + t_{on})$，则不同坐标下的各区间 VSR 直流侧电流方程为

$$\begin{cases} I_m \sin\omega kT_s = \dfrac{v_{dc}(t')}{R_L} + C\dfrac{dv_{dc}(t')}{dt} & (0 \leqslant t' < t_{on}) \\ 0 = \dfrac{v_{dc}(t'')}{R_L} + C\dfrac{dv_{dc}(t'')}{dt} & (0 \leqslant t'' < T_s - t_{on}) \end{cases} \tag{2-37}$$

考虑到稳态条件下各方程初始条件应满足

$$\begin{cases} v_{dc}(t'=0) = v_{dc}(t''=T_s - t_{on}) \\ v_{dc}(t''=0) = v_{dc}(t'=t_{on}) \end{cases} \tag{2-38}$$

联立式（2-37）、式（2-38），易得各区间直流电压表达式为

$$\begin{cases} v_{dc}(t') = R_L I_m \sin(\omega kT_s)\left[1 - \dfrac{1 - e^{-(T_s - t_{on})/(R_L C)}}{1 - e^{-T_s/(R_L C)}} e^{-t'/(R_L C)}\right] \\ \qquad (0 \leqslant t' < t_{on}) \\ v_{dc}(t'') = R_L I_m \sin(\omega kT_s)\left[\dfrac{1 - e^{t_{on}/(R_L C)}}{1 - e^{-T_s/(R_L C)}} e^{-t''/(R_L C)}\right] \\ \qquad (0 \leqslant t'' < T_s - t_{on}) \end{cases} \tag{2-39}$$

容易求得第 k 个开关周期中直流侧电压脉动峰峰值 Δv_{dckm} 为

$$\begin{aligned} \Delta v_{dckm} &= v_{dc}(t' = t_{on}) - v_{dc}(t' = 0) \\ &= R_L I_m \sin(\omega kT_s)\left[\frac{(1 - e^{-t_{on}/(R_L C)})(1 - e^{-(T_s - t_{on})/(R_L C)})}{1 - e^{-T_s/(R_L C)}}\right] \end{aligned} \tag{2-40}$$

若 $R_L C \gg T_s$，利用 $e^{-x} \approx 1 - x$（x 很小时）化简式（2-40），得

$$\Delta v_{dckm} \approx I_m \sin(\omega k T_s)[t_{on}(T_s - t_{on})/T_s] \tag{2-41}$$

当采用单极性 PWM 控制时，将 $D_k = t_{on}/T_s$ 代入式（2-41），得

$$\Delta v_{dckm} \approx I_m \sin(\omega k T_s)\left[\frac{D_k(1 - D_k)T_s}{C}\right] \tag{2-42}$$

比较式（2-42）、式（2-22）发现，当 PWM 占空比 D_k 相等（$D_k \leqslant 1$）时，单极性调制时的 VSR 直流电压脉动峰峰值小于双极性调制时的直流电压脉动峰峰值。

图 2-19 给出了一个正弦周期中，单相 VSR 单极性调制时的相关波形，图中载波比 $N = f_s/f_1 = 9$　（f_s——载波频率；f_1——调制波频率）。值得注意的是，单极性调制时的三值逻辑开关函数 σ 波形则是由两桥臂相位差为 180°的调制波所对应的 PWM 双极性二值逻辑开关函数 p 相减限幅（±1）而成，如图 2-19b 所示。

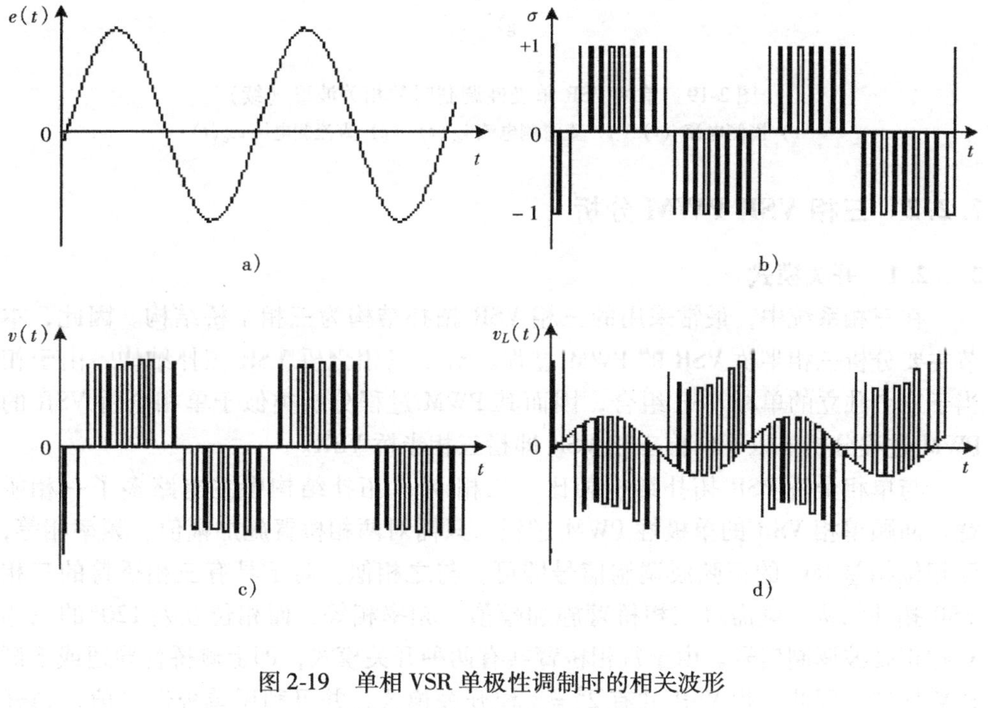

图 2-19　单相 VSR 单极性调制时的相关波形

a）电网电动势 $e(t)$　b）开关函数 σ

c）交流侧电压 $v(t)$　d）电感端电压 $v_L(t)$

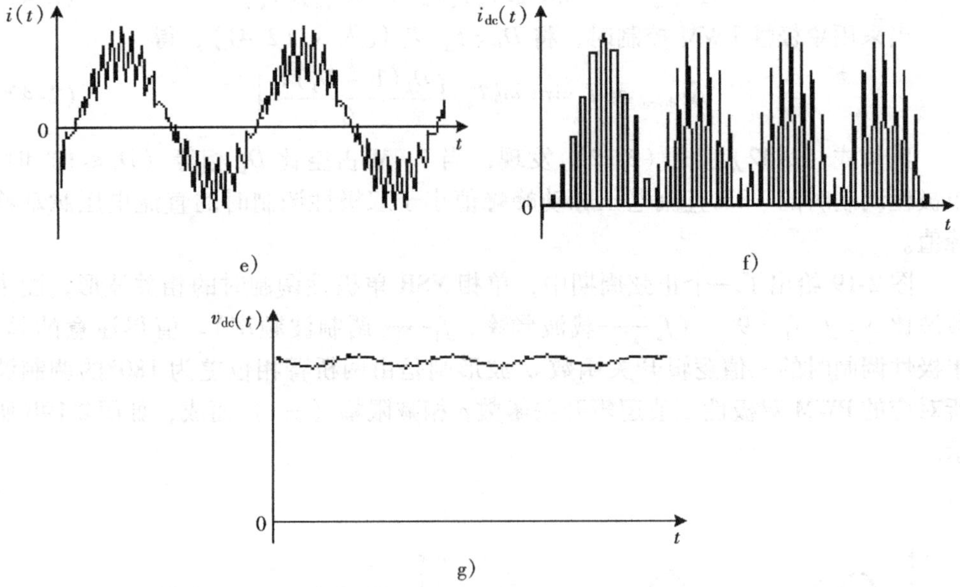

图 2-19　单相 VSR 单极性调制时的相关波形（续）
e）网侧电流 $i(t)$　f）直流侧电流 $i_{dc}(t)$　g）直流侧电压 $v_{dc}(t)$

2.2.2　三相 VSR PWM 分析

2.2.2.1　开关模式

在三相系统中，最常采用的三相 VSR 拓扑结构为三相半桥结构。因此，本节主要分析三相半桥 VSR 的 PWM 过程。对于三相全桥 VSR 拓扑结构，由于相当于三个独立的单相 VSR 组合，因而其 PWM 过程分析类似于单相全桥 VSR 的 PWM 过程分析。以下所称三相 VSR 即指三相半桥 VSR。

与单相全桥 VSR 拓扑结构相比，三相 VSR 拓扑结构中主电路多了一相桥臂。回顾单相 VSR 的单极性 PWM 过程，只需对两相桥臂施加幅值、频率相等，而相位相差 180°的正弦波调制信号即可。与之相似，对于具有三相桥臂的三相 VSR 拓扑结构，则需对三相桥臂施加幅值、频率相等，而相位互差 120°的三相对称正弦波调制信号。由于每相桥臂共有两种开关模式，即上侧桥臂导通或下侧桥臂导通，因此三相 VSR 共有 $2^3=8$ 种开关模式，并可利用单极性二值逻辑开关函数 $s_j(j=a,b,c)$ 描述，即

$$s_j=\begin{cases}1 & V_j、VD_j\text{ 导通}\\0 & V'_j、VD'_j\text{ 导通}\end{cases}\quad(j=a,b,c)\tag{2-43}$$

式中，V_j、VD_j（j=a，b，c）表示上桥臂功率开关管及续流二极管；V'_j、VD'_j（j=a，b，c）则表示下桥臂功率开关管及续流二极管。三相 VSR 8 种开关模式见表 2-3。

表 2-3　三相 VSR PWM 开关模式

开关模式	1	2	3	4	5	6	7	8
导通器件	V_a (VD_a) V'_b (VD'_b) V'_c (VD'_c)	V'_a (VD'_a) V_b (VD_b) V'_c (VD'_c)	V_a (VD_a) V_b (VD_b) V'_c (VD'_c)	V'_a (VD'_a) V'_b (VD'_b) V_c (VD_c)	V_a (VD_a) V'_b (VD'_b) V_c (VD_c)	V'_a (VD'_a) V_b (VD_b) V_c (VD_c)	V_a (VD_a) V_b (VD_b) V_c (VD_c)	V'_a (VD'_a) V'_b (VD'_b) V'_c (VD'_c)
开关函数 $s_c s_b s_a$	001	010	011	100	101	110	111	000

至于三相 VSR 开关模式对应的电流回路，由于不同的网侧电流瞬时方向对应不同的电流回路，因而较单相 VSR 电流回路复杂。图 2-20 示出了三相网侧电流 $i_a>0$、$i_b<0$、$i_c>0$ 时与 PWM 控制对应的 8 种开关模式的电流回路。

其中，由于开关模式 7、开关模式 8 使 VSR 交流侧三相线电压为零，因而称为“零模式”，一般以功率开关管切换次数最少原则来选择“零模式”。

与此类似可分析不同电流方向组合时的三相 VSR 电流回路。

2.2.2.2　波形分析

与电流回路分析对应，仍然分析三相 VSR 在 $i_a>0$、$i_b<0$、$i_c>0$ 时的 PWM 相关波形。为简化分析，只研究三相 VSR 单位功率因数整流工作状态时的 a 相 PWM 相关波形，此时网侧电流 $i_j(t)$ 与电动势 $e_j(t)(j=a,b,c)$ 同相。

1. 交流侧电压 $v_{a0}(t)$

针对图 2-4a 所示的三相 VSR 主电路拓扑结构，其 a 相电压方程为

$$v_{a0}(t)=v_{aN}(t)+v_{N0}(t) \tag{2-44}$$

由电压型逆变桥三相平衡关系易推得[72]

$$v_{N0}(t)=-\frac{v_{aN}(t)+v_{bN}(t)+v_{cN}(t)}{3} \tag{2-45}$$

当采用单极性二值逻辑开关函数描述时

$$v_{jN}(t)=s_j v_{dc}\quad(j=a,b,c) \tag{2-46}$$

式中　s_j——单极性二值逻辑开关函数。

联立式（2-44）～式（2-46），得三相 VSR a 相交流侧电压 $v_{a0}(t)$ 的开关函数表达式为

$$v_{a0}(t)=\frac{2s_a-s_b-s_c}{3}v_{dc} \tag{2-47}$$

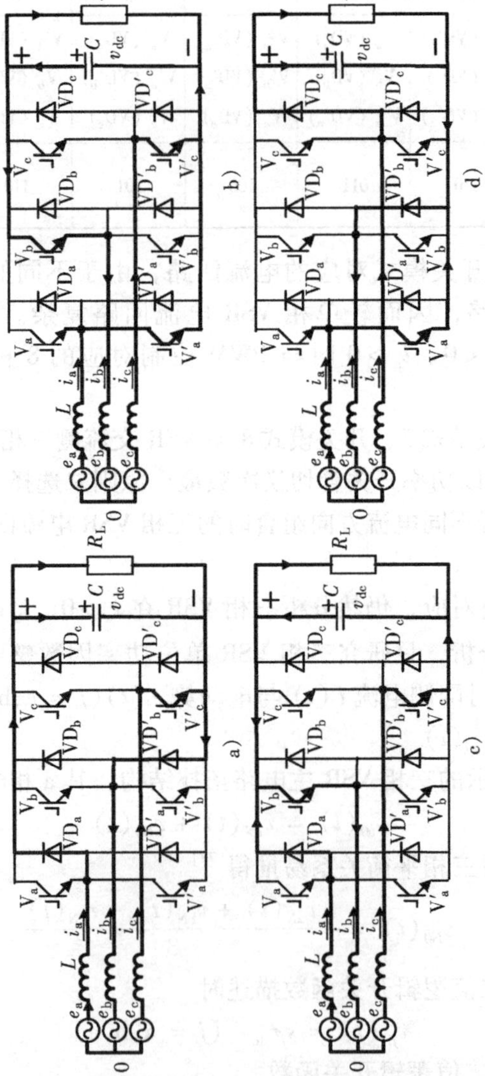
a)
b)
c)
d)
e_a e_b e_c
L
i_a i_b i_c
V_a V_b V_c
V'_a V'_b V'_c
VD_a VD_b VD_c
VD'_a VD'_b VD'_c
C
v_{dc}
R_L
0

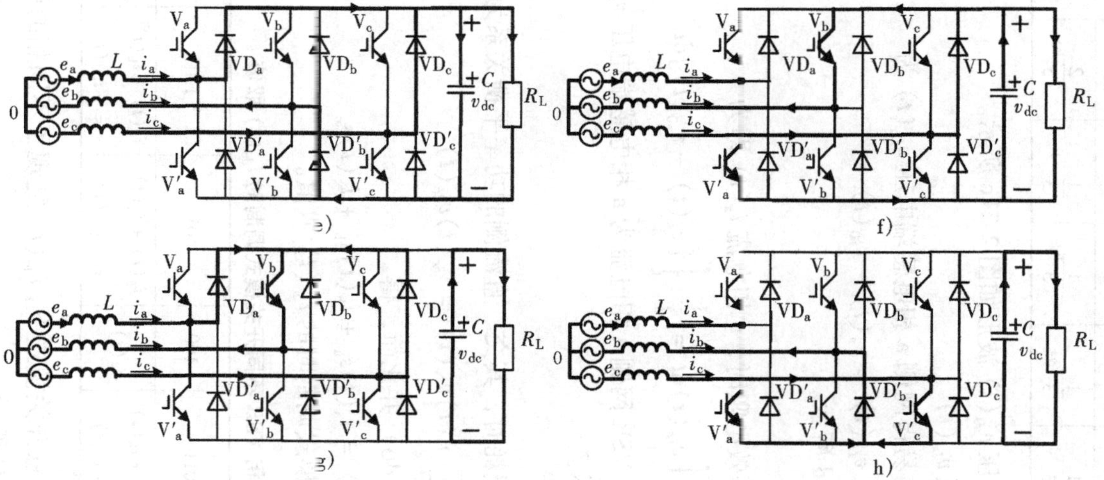

图2-20 三相 VSR PWM 不同开关模式时的电流回路

（i_a>0、i_b<0、i_c>0）

a）模式1 b）模式2 c）模式3 d）模式4

e）模式5 f）模式6 g）模式7 h）模式8

表 2-4 给出了不同开关模式调制时的 $v_{a0}(t)$ 值。从表中可看出，三相 VSR 交流侧电压在调制过程中只取值 $\pm v_{dc}/3$、$\pm 2v_{dc}/3$、0。

表 2-4　三相 VSR 不同开关模式调制时的交流侧电压 $v_{a0}(t)$ 取值

开关模式 $s_c\, s_b\, s_a$	001	010	011	100	101	110	111	000
$v_{a0}(t)$	$\frac{2}{3}v_{dc}$	$-\frac{1}{3}v_{dc}$	$\frac{1}{3}v_{dc}$	$-\frac{1}{3}v_{dc}$	$\frac{1}{3}v_{dc}$	$-\frac{2}{3}v_{dc}$	0	0

三相 VSR a 相交流侧电压 $v_{a0}(t)$ 波形如图 2-21c 所示。

2. 网侧 a 相电感端电压 $v_{La}(t)$

由三相 VSR 交流侧回路易得网侧 a 相电感端电压 $v_{La}(t)$ 为

$$v_{La}(t) = e_a(t) - v_{a0}(t) \tag{2-48}$$

其 $v_{La}(t)$ 波形如图 2-21d 所示。

3. 网侧 a 相电流 $i_a(t)$

当忽略 VSR 网侧 a 相等效电阻时，a 相电流 $i_a(t)$ 即为

$$i_a(t) = \frac{1}{L}\int v_{La}(t)\mathrm{d}t = \frac{1}{L}\int [e_a(t) - v_{a0}(t)]\mathrm{d}t \tag{2-49}$$

式（2-49）表明，三相 VSR 网侧 a 相电流为 a 相电感端电压 $v_{La}(t)$ 的积分，其 $i_a(t)$ 波形如图 2-21e 所示。

4. 直流侧电流 $i_{dc}(t)$

当忽略三相 VSR 桥路损耗时，其交、直流侧的功率平衡关系为

$$\sum_{j=a,b,c} i_j(t)v_{jN}(t) = i_{dc}(t)v_{dc}(t) \tag{2-50}$$

联立式（2-50）、式（2-46）并化简，得

$$i_{dc}(t) = i_a(t)s_a + i_b(t)s_b + i_c(t)s_c \tag{2-51}$$

表 2-5 给出了不同开关模式调制时的 $i_{dc}(t)$ 取值。

表 2-5　三相 VSR 不同开关模式调制时 $i_{dc}(t)$ 取值

开关模式 $s_c\, s_b\, s_a$	001	010	011	100	101	110	111	000
$i_{dc}(t)$	$i_a(t)$	$i_b(t)$	$i_a(t)+i_b(t)$ $=-i_c(t)$	$i_c(t)$	$i_c(t)+i_a(t)$ $=-i_b(t)$	$i_c(t)+i_b(t)$ $=-i_a(t)$	0	0

从表 2-5 中分析，在任意开关模式下，$i_{dc}(t)$ 复现了不同相的网侧电流或其相反值。$i_{dc}(t)$ 波形如图 2-21f 所示。

5. 直流侧电压 $v_{dc}(t)$

由于 $i_{dc}(t)$ 波形为 PWM 波形，因而三相 VSR 直流侧电压必然脉动，其分析过程与单相 VSR 时完全相同，即直流侧电流到直流电压的传递环节为一阶惯性环节，且满足

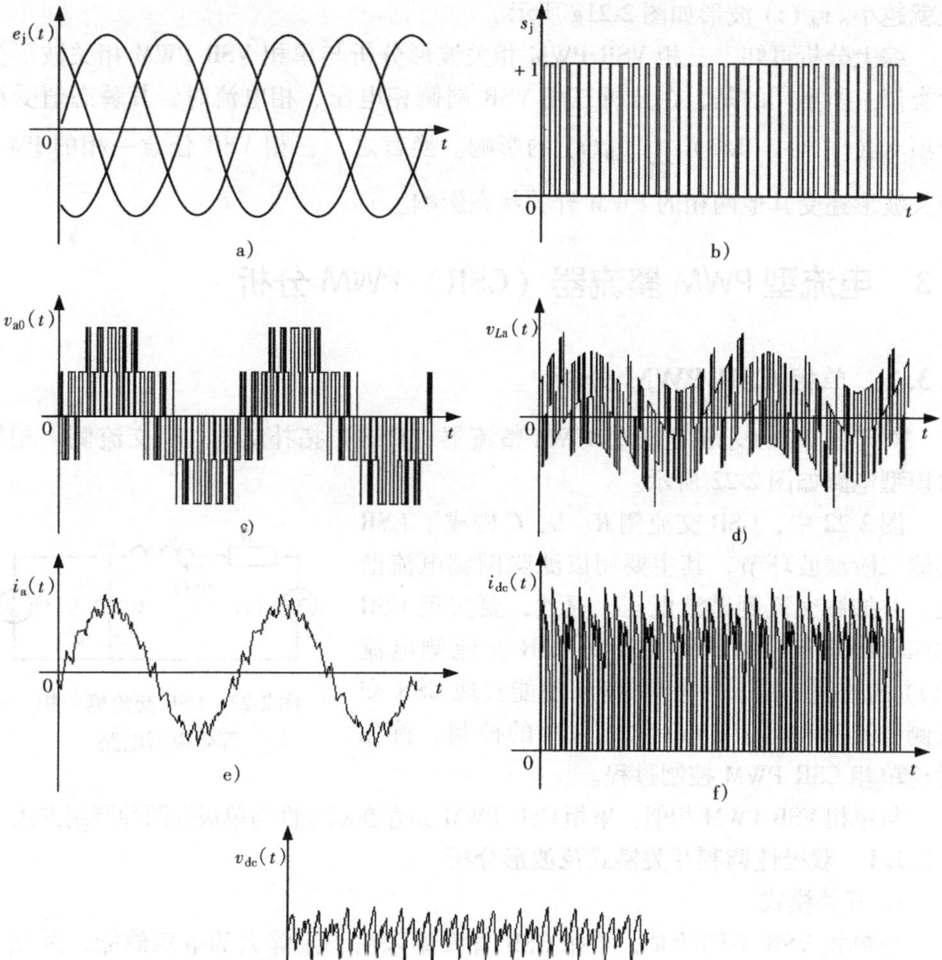

图 2-21　三相 VSR PWM 相关波形

a）三相电网 a 相电动势 $e_a(t)$　b）a 相开关函数 s_a

c）交流侧 a 相电压 $v_{a0}(t)$　d）网侧 a 相电感端电压 $v_{La}(t)$

e）网侧 a 相电流 $i_a(t)$　f）直流侧电流 $i_{dc}(t)$　g）直流侧电压 $v_{dc}(t)$

$$V_{dc}(s) = \frac{R_L}{1 + R_L Cs} I_{dc}(s) \tag{2-52}$$

式中　$V_{dc}(s)$、$I_{dc}(s)$——$v_{dc}(t)$、$i_{dc}(t)$ 的拉氏变换量。

可见，当惯性时间常数 $\tau(=R_L C)$ 取值越大，其直流侧电压 $v_{dc}(t)$ 的脉动幅值就越小。$v_{dc}(t)$ 波形如图 2-21g 所示。

综上分析可知，三相 VSR PWM 相关波形分析与单相 VSR PWM 相关波形分析类似。所不同的是，在分析三相 VSR 网侧相电压、相电流时，其瞬态值受耦合项 $v_{N0}(t) = -(1/3)\sum_{j=a,b,c} v_{jN}(t)$ 的影响。换言之，三相 VSR 任意一相的 PWM 相关波形还受其他两相的 PWM 开关状态影响。

2.3 电流型 PWM 整流器（CSR）PWM 分析

2.3.1 单相 CSR PWM 分析

对于图 2-7 所示的电流型 PWM 整流器（CSR）拓扑结构，其交流侧一相等效模型电路如图 2-22 所示。

图 2-22 中，CSR 交流侧 R、L、C 构成了 CSR 网侧二阶滤波环节，其主要用以滤除网侧电流谐波，并抑制交流侧谐波电压。显然，要实现 CSR 的四象限运行，其关键在于对 CSR 交流侧电流 $i_{jt}(t)$ 的控制。而采用电流 PWM 便能实现 CSR 交流侧电流基波幅值 $i_{jt}(t)$ 和相位角的控制。首先讨论单相 CSR PWM 控制过程。

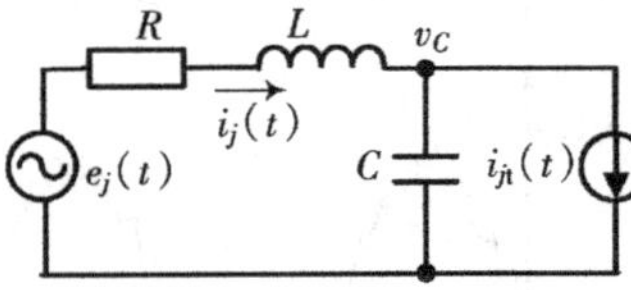

图 2-22 CSR 交流侧一相等效模型电路

与单相 VSR PWM 相似，单相 CSR PWM 亦存在双极性与单极性两种调制方式。

2.3.1.1 双极性调制开关模式及波形分析

1. 开关模式

与单相 VSR 不同的是，单相 CSR 直流侧采用了足够大的电感储能，因此当开关频率足够高时，可近似认为在 PWM 控制过程中，单相 CSR 直流侧电流不变，即 $i_{dc}(t) = I_{dc}$。

当采用双极性调制时，单相 CSR 交流侧电流 $i_t(t)$ 将在 I_{dc}、$-I_{dc}$间切换，以实现交流侧电流的 PWM 控制。这种调制过程仍可用双极性二值逻辑开关函数 p 描述，即

$$p = \begin{cases} 1 & V_1、VD_1、V_4、VD_4 \text{ 导通} \\ -1 & V_2、VD_2、V_3、VD_3 \text{ 导通} \end{cases} \tag{2-53}$$

因此，单相 CSR 双极性调制时，只存在两种开关模式，见表 2-6。

表 2-6 单相 CSR 双极性调制开关模式

开关模式	1	2
导通器件	V_1、VD_1、V_4、VD_4	V_2、VD_2、V_3、VD_3
开关函数	$p=1$	$p=-1$

图 2-23 给出了单相 CSR 双极性调制、不同开关模式时的电流回路。

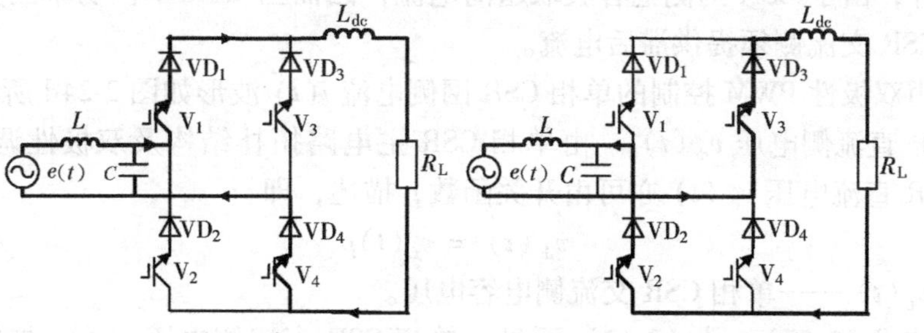

a)　　　　　　　　　　　　b)

图 2-23　单相 CSR 双极性调制、不同开关模式时的电流回路

a）模式 1　b）模式 2

2. 波形分析

（1）交流侧电流 $i_t(t)$　采用双极性调制时，单相 CSR 交流侧电流 $i_t(t)$ 波形为幅值在 I_{dc}、$-I_{dc}$间切换的 PWM 波形，且可以用开关函数 p 加以描述，即

$$i_t(t) = i_{dc}(t)p \approx I_{dc}p \tag{2-54}$$

比较式（2-54）、式（2-3）可发现，单相 CSR 交流侧电流 $i_t(t)$ 与单相 VSR 交流侧电压 $v(t)$ 具有对偶性。

图 2-24c 给出了单相 CSR 双极性调制时的交流侧电流波形。

（2）网侧电流 $i(t)$　由于 CSR 网侧具有二阶滤波环节，相对于 VSR 网侧一阶滤波环节而言，其分析相对复杂。由单相 CSR 交流侧回路，不难推得网侧电流频域表达式为

$$I(s) = \frac{Cs}{LCs^2 + RCs + 1}E(s) + \frac{1}{LCs^2 + RC + 1}I_t(s) \tag{2-55}$$

式中　$I(s)$、$E(s)$、$I_t(s)$——网侧电流 $i(t)$、电网电动势 $e(t)$、交流侧电流 $i_t(t)$ 的拉氏变换量。

显然，$I(s)$ 在受 $I_t(s)$ 控制的同时，还受 $E(s)$ 扰动影响，且传递环节呈现二阶特性。而表征其时域动态特性的无阻尼自然振荡频率 ω_n、阻尼比 ξ 分别为

$$\begin{cases} \omega_n = \dfrac{1}{\sqrt{LC}} \\ \xi = \dfrac{R}{2}\sqrt{\dfrac{C}{L}} \end{cases} \tag{2-56}$$

式中　R、L、C——CSR 网侧滤波环节的电阻、电感及电容。

为了取得较为理想的网侧电流滤波特性，须以式（2-56）为依据，合理设计滤波参数 R、L、C。有关 CSR 网侧滤波特性及参数选择，在以后的章节中将详

细讨论。

另外，由于 CSR 网侧电容吸取超前电流，因而当 CSR 单位功率因数整流运行时，CSR 交流侧须提供滞后电流。

采用双极性 PWM 控制的单相 CSR 网侧电流 $i(t)$ 波形如图 2-24d 所示。

(3) 直流侧电压 $v_{dc}(t)$　由单相 CSR 主电路拓扑结构及双极性调制原理，单相 CSR 直流电压 $v_{dc}(t)$ 亦可由开关函数 p 描述，即

$$v_{dc}(t) = v_C(t)p \tag{2-57}$$

式中　$v_C(t)$——单相 CSR 交流侧电容电压。

比较式 (2-57)、式 (2-13) 可见，单相 CSR 直流侧电压 $v_{dc}(t)$ 与单相 VSR 直流侧电流 $i_{dc}(t)$ 具有对偶性，而单相 CSR 交流侧电容电压 $v_C(t)$ 与单相 VSR 网侧电流 $i(t)$ 亦具有对偶性。

当忽略 PWM 谐波分量，即只考虑稳态条件下单相 CSR 交流侧电容电压 $v_C(t)$ 和开关函数 $p(t)$ 的基波分量时，令

$$\begin{cases} v_C(t) \approx V_{Cm}\sin(\omega t + \varphi_2) \\ p(t) \approx m\sin(\omega t + \varphi_1) \end{cases} \tag{2-58}$$

式中　V_{Cm}——交流侧电容基波电压峰值；

m——PWM 的调制比；

φ_1、φ_2——$v_C(t)$、$p(t)$ 基波初始相角。

将式 (2-58) 代入式 (2-57) 中，得单相 CSR 直流侧电压 $v_{dc}(t)$ 的低频表达式为

$$\begin{aligned} v_{dc}(t) &\approx mV_{Cm}\sin(\omega t + \varphi_2)\sin(\omega t + \varphi_1) \\ &= \frac{mV_{Cm}}{2}[\cos(\varphi_2 - \varphi_1) - \cos(2\omega t + \varphi_1 + \varphi_2)] \end{aligned} \tag{2-59}$$

式 (2-59) 表明：当 $m \leqslant 1$ 时，单相 CSR 交流侧到直流侧的变换具有 Buck 变换器特性，且直流侧电压 $v_{dc}(t)$ 中含有 2 次谐波分量。

单相 CSR 双极性调制时的直流侧电压 $v_{dc}(t)$ 波形如图 2-24e 所示。

(4) 直流侧电流 $i_{dc}(t)$　单相 CSR 直流回路方程为

$$v_{dc}(t) = L_{dc}\frac{di_{dc}(t)}{dt} + R_L i_{dc}(t) \tag{2-60}$$

式中　L_{dc}——直流侧储能电感；

R_L——直流负载电阻。

显然，当 L_{dc} 有限时，由于 $v_{dc}(t)$ 波形为 PWM 波形，其 CSR 直流侧电流 $i_{dc}(t)$ 波形必定脉动。

将式 (2-60) 与式 (2-16) 相对比不难发现，就直流回路而言，单相 CSR 直流电压 $v_{dc}(t)$ 与单相 VSR 直流电流 $i_{dc}(t)$ 具有对偶性，而单相 CSR 直流侧电流 $i_{dc}(t)$

与单相 VSR 直流 $v_{dc}(t)$ 亦具有对偶性。因此，有关单相 CSR 直流电流 $i_{dc}(t)$ 波形分析与单相 VSR 直流电压 $v_{dc}(t)$ 波形分析相类似。另外，由式（2-60）易得

$$I_{dc}(s)=\frac{1/R_L}{1+(L_{dc}/R_L)s}V_{dc}(s) \tag{2-61}$$

式中　$I_{dc}(s)$、$V_{dc}(s)$——单相 CSR 直流电流 $i_{dc}(t)$、直流电压 $v_{dc}(t)$ 的拉氏变换量。

显然，单相 CSR 直流电压 $v_{dc}(s)$ 到直流电流 $i_{dc}(t)$ 的传递环节呈现一阶惯性特性，因此 L_{dc} 越大，其直流电流脉动就越小。单相 CSR 双极性调制时，其直流侧电流 $i_{dc}(t)$ 波形如图 2-24f 所示。

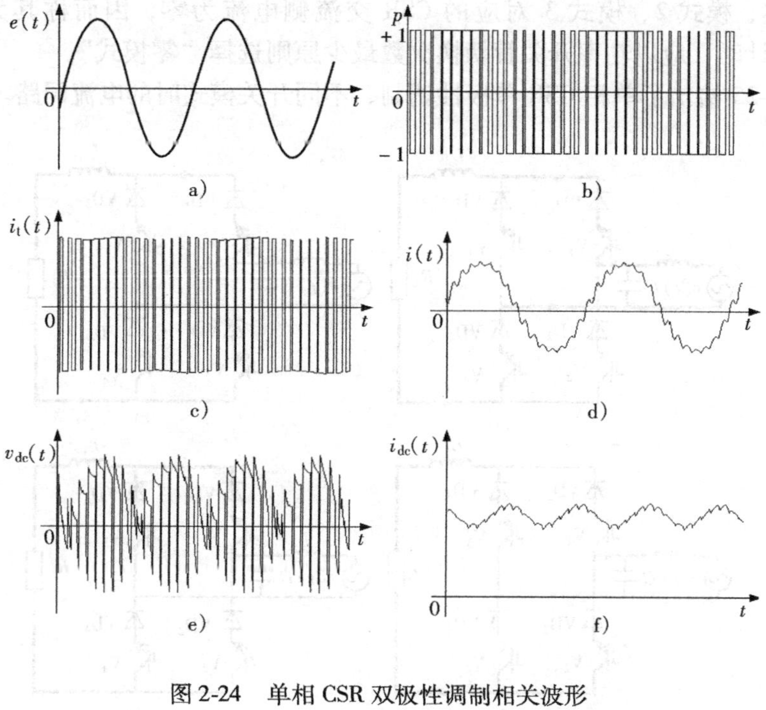

图 2-24　单相 CSR 双极性调制相关波形

a）电网电动势 $e(t)$　b）开关函数 p　c）交流侧电流 $i_t(t)$

d）网侧电流 $i(t)$　e）直流侧电压 $v_{dc}(t)$　f）直流侧电流 $i_{dc}(t)$

2.3.1.2　单极性调制开关模式及波形分析

1. 开关模式

若采用单极性调制，单相 CSR 交流侧电流 $i_t(t)$ 将在 I_{dc}、0 或 0、$-I_{dc}$ 间切换。其中，在单相 CSR 交流侧电流基波正半周，$i_t(t)$ 只在 I_{dc}、0 间切换，而在交流侧电流基波负半周，则 $i_t(t)$ 只在 0、$-I_{dc}$ 间切换。因此单极性调制时，单相 CSR 开关过程可由三值逻辑开关函数 σ 描述，即

$$\sigma = \begin{cases} 1 & V_1、VD_1、V_4、VD_4 \text{ 导通} \\ 0 & V_1、VD_1、V_2、VD_2 \text{ 或 } V_3、VD_3、V_4、VD_4 \text{ 导通} \\ -1 & V_3、VD_3、V_2、VD_2 \text{ 导通} \end{cases} \tag{2-62}$$

可见，单相 CSR 开关过程共存在 4 种开关模式，见表 2-7。

表 2-7　单相 CSR 单极性调制开关模式

开关模式	1	2	3	4
导通器件	V_1、VD_1、V_4、VD_4	V_1、VD_1、V_2、VD_2	V_3、VD_3、V_4、VD_4	V_3、VD_3、V_2、VD_2
开关函数	$\sigma=1$	$\sigma=0$	$\sigma=0$	$\sigma=-1$

显然，模式 2、模式 3 对应的 CSR 交流侧电流为零，因而称其为“零模式”。设计时，应以功率开关管切换次数最少原则选择“零模式”。

图 2-25 给出了单相 CSR 单极性调制、不同开关模式时的电流回路。

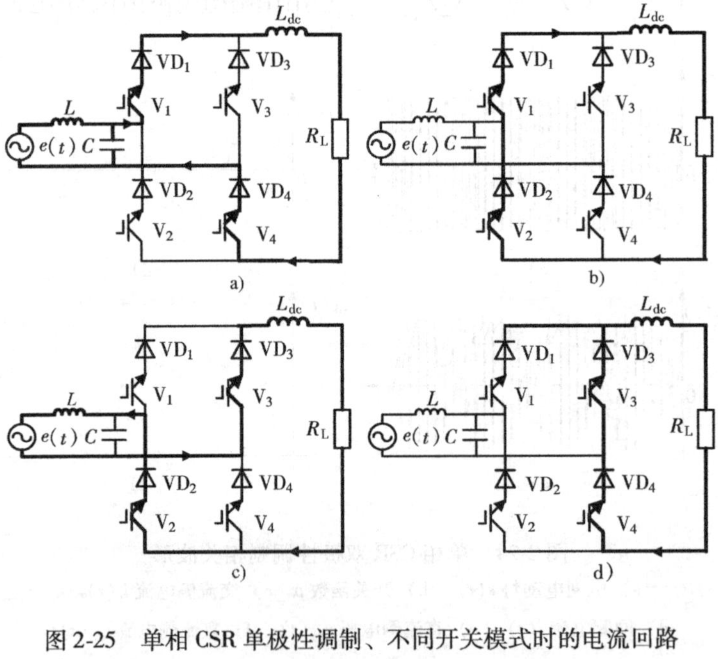

图 2-25　单相 CSR 单极性调制、不同开关模式时的电流回路

a）模式 1　b）模式 2　c）模式 3　d）模式 4

2. 波形分析

（1）交流侧电流 $i_t(t)$　对于单极性调制，单相 CSR 交流侧电流 $i_t(t)$ 可以用三值逻辑开关函数 σ 描述，即

$$i_t(t) = i_{dc}(t) \approx I_{dc}\sigma \tag{2-63}$$

将式（2-63）与式（2-24）相比，显然，单相 CSR 单极性调制时，其交流侧

电流 $i_t(t)$ 与单相 VSR 单极性调制时的交流侧电压 $v(t)$ 具有对偶性。$i_t(t)$ 波形如图 2-26c 所示。

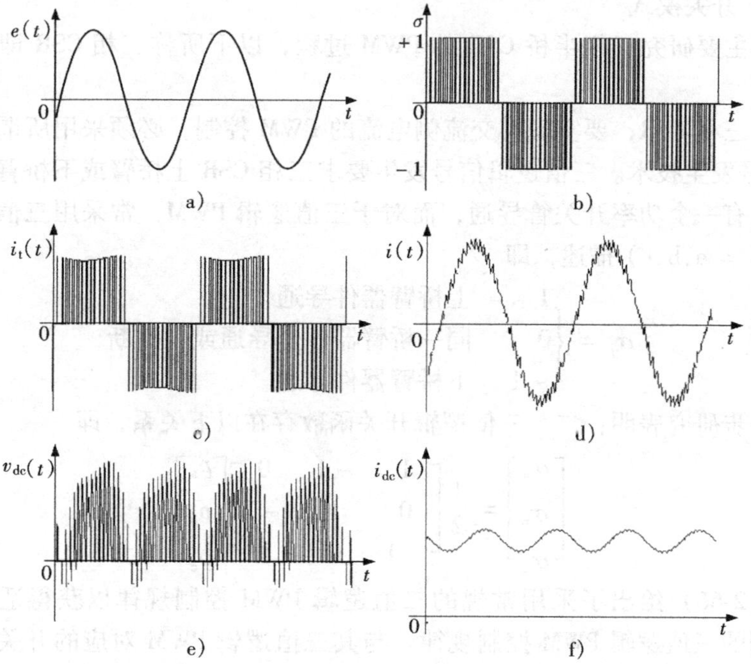

图 2-26 单相 CSR 单极性调制时相关波形

a) 电网电动势 $e(t)$ b) 开关函数 σ c) 交流侧电流 $i_t(t)$

d) 网侧电流 $i(t)$ e) 直流侧电压 $v_{dc}(t)$ f) 直流侧电流 $i_{dc}(t)$

(2) 网侧电流 $i(t)$ 单相 CSR 交流侧电流 $i_t(t)$ 经二阶滤波环节滤波后，即得其网侧电流 $i(t)$，其分析过程参见对单相 CSR 双极性调制时的网侧电流的分析。单相 CSR 单极性调制时，网侧电流 $i(t)$ 波形如图 2-26d 所示。

(3) 直流侧电压 $v_{dc}(t)$ 单相 CSR 单极性调制时，其直流侧电压 $v_{dc}(t)$ 可采用三值逻辑开关函数 σ 描述，即

$$v_{dc}(t) = v_C(t)\sigma \tag{2-64}$$

式中 v_C——单相 CSR 交流侧电容电压。

比较式 (2-64)、式 (2-33) 发现，单相 CSR 单极性调制时，其直流侧电压 $v_{dc}(t)$ 与单相 VSR 单极性调制时的直流侧电流 $i_{dc}(t)$ 具有对偶性。与单相 CSR 双极性调制类似，单相 CSR 单极性调制时，其直流侧电压中仍含有 2 次谐波分量。$v_{dc}(t)$ 波形如图 2-26e 所示。

(4) 直流侧电流 $i_{dc}(t)$ 单相 CSR 单极性调制时，其直流侧电流 $i_{dc}(t)$ 与单相 VSR 单极性调制时的直流侧电压 $v_{dc}(t)$ 具有对偶性。$i_{dc}(t)$ 波形如图 2-26f 所示。

2.3.2 三相 CSR PWM 分析

2.3.2.1 开关模式

本节主要研究三相半桥 CSR 的 PWM 过程，以下所称三相 CSR 即指三相半桥 CSR。

对于三相 CSR，要实现其交流侧电流的 PWM 控制，必须采用所谓三值逻辑 PWM 信号发生技术。三值逻辑信号发生要求三相 CSR 上桥臂或下桥臂任意开关过程中只有一个功率开关管导通，而对于三值逻辑 PWM，常采用三值逻辑开关函数 $\sigma_j(j = \mathrm{a,b,c})$ 描述，即

$$\sigma_j = \begin{cases} 1 & \text{上桥臂器件导通} \\ 0 & \text{同一桥臂器件全导通或全关断} \\ -1 & \text{下桥臂器件导通} \end{cases} \tag{2-65}$$

进一步研究表明：二、三值逻辑开关函数存在以下关系，即

$$\begin{bmatrix} \sigma_{\mathrm{a}} \\ \sigma_{\mathrm{b}} \\ \sigma_{\mathrm{c}} \end{bmatrix} = \frac{1}{2}\begin{bmatrix} 1 & -1 & 0 \\ 0 & 1 & -1 \\ -1 & 0 & 1 \end{bmatrix}\begin{bmatrix} p_{\mathrm{a}} \\ p_{\mathrm{b}} \\ p_{\mathrm{c}} \end{bmatrix} \tag{2-66}$$

式（2-66）给出了采用常规的二值逻辑 PWM 控制规律以获得适用于三相 CSR 调制的三值逻辑 PWM 控制规律。与其三值逻辑 PWM 对应的开关函数波形如图 2-27 所示。

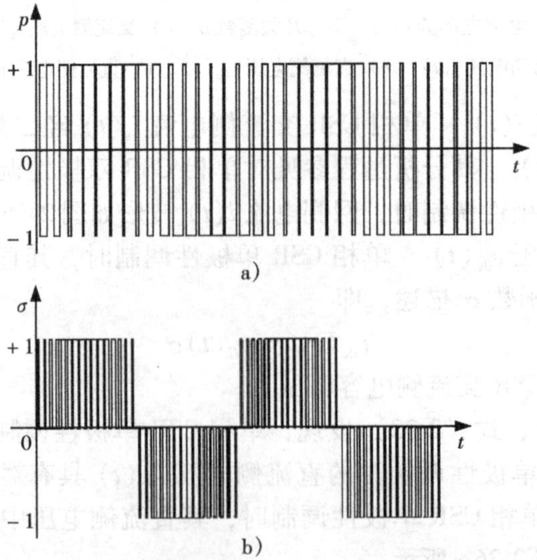

图 2-27　二、三值逻辑 CSR 调制的开关函数波形

a）二值逻辑开关函数 p　b）三逻辑开关函数 σ

根据三相 CSR PWM 三值逻辑开关函数波形发生规律，三相 CSR PWM 过程共存在 9 种开关模式，见表 2-8。

表 2-8　三相 CSR PWM 开关模式

开关模式	1	2	3	4	5	6	7	8	9
导通器件	V_a、VD_a V'_b、VD'_b	V'_a、VD'_a V_b、VD_b	V_b、VD_b V'_c、VD'_c	V'_b、VD'_b V_c、VD_c	V'_a、VD'_a V_c、VD_c	V_a、VD_a V'_c、VD'_c	V_a、VD_a V'_a、VD'_a	V_b、VD_b V'_b、VD'_b	V_c、VD_c V'_c、VD'_c
开关函数 $\sigma_c\sigma_b\sigma_a$	0 -11	01 -1	-110	1 -10	10 -1	-101	000	000	000

从表 2-8 可看出，任何开关过程，三相 CSR 上、下桥臂必须也只许各有一个功率开关管导通。这是因为在实现三相 CSR 交流侧电流 PWM 的同时，须确保直流侧电感电流回路不开路。由于模式 7 ~ 模式 9 使三相 CSR 交流侧电流为零，因而也称其为“零模式”。与三相 VSR PWM “零模式” 相似，虽然就桥路输出特性而言，“零模式” 可任意选用，但是从开关损耗角度出发，应以功率开关切换次数最少为“零模式” 选择准则。图 2-28 给出了不同开关模式时的三相 CSR 电流回路

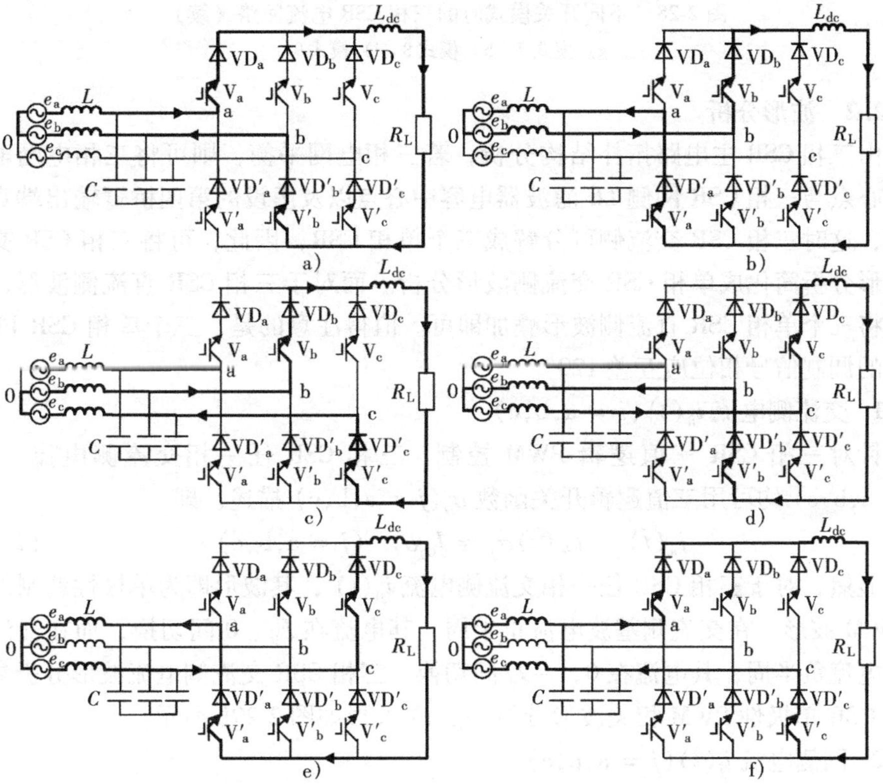

图 2-28　不同开关模式时的三相 CSR 电流回路

a）模式 1　b）模式 2　c）模式 3　d）模式 4　e）模式 5　f）模式 6

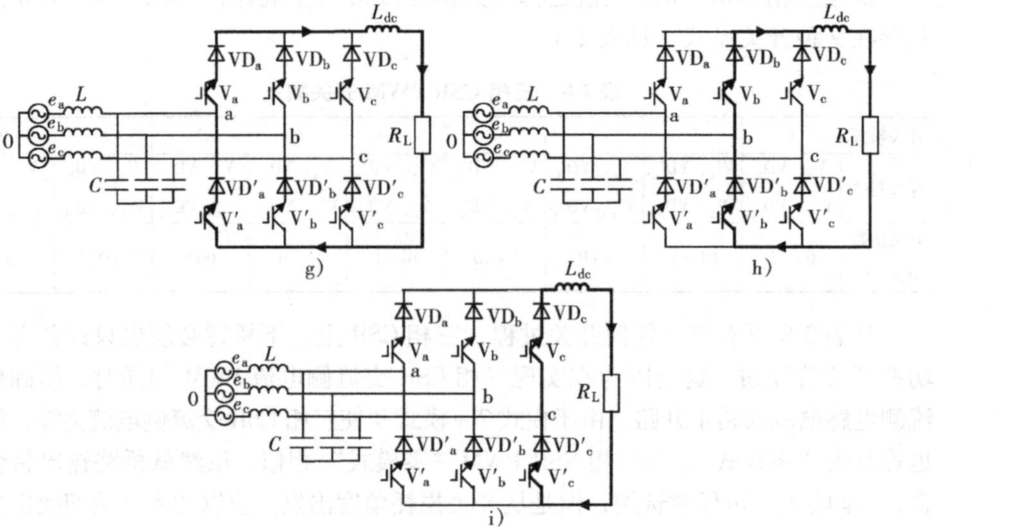

图 2-28　不同开关模式时的三相 CSR 电流回路（续）

g）模式 7　h）模式 8　i）模式 9

2.3.2.2　波形分析

由三相 CSR 主电路拓扑结构分析，若三相电网平衡，则可将三相电网电动势中心点与三相 CSR 网侧 *LC* 滤波器电容中心点以及虚设的第四桥臂输出端直接相连，这时三相 CSR 交流侧可分解成三个单相 CSR，因此，可将三相 CSR 交流侧波形分析简化成单相 CSR 交流侧波形分析。而对于三相 CSR 直流侧波形，则只需将三个单相 CSR 直流侧波形叠加即可。值得注意的是，三个单相 CSR PWM 各自的调制信号相位应互差 120°。

1. 交流侧电流 $i_{jt}(t)(j=\mathrm{a,b,c})$

针对三相 CSR 三值逻辑 PWM 控制，三相 CSR 任一相交流侧电流 $i_{jt}(t)$ $(j=\mathrm{a,b,c})$ 均可用三值逻辑开关函数 $\sigma_j(j=\mathrm{a,b,c})$ 描述，即

$$i_{jt}(t)=i_{dc}(t)\sigma_j\approx I_{dc}\sigma_j\quad(j=\mathrm{a,b,c})\tag{2-67}$$

显然，对于三相 CSR 任一相交流侧电流 $i_{jt}(t)$，其波形即为单极性调制的电流 PWM 波形。在交流侧基波电流正半周，其电流在 I_{dc}、0 间切换，而在交流侧基波电流负半周，其电流在 0、$-I_{dc}$ 间切换。三相 CSR 交流侧电流波形分析参见单相 CSR 单极性 PWM 相关波形分析。$i_{at}(t)$ 波形如图 2-29b 所示。

2. 网侧电流 $i_j(t)(j=\mathrm{a,b,c})$

三相 CSR 交流侧电流 $i_{jt}(t)$ 经 *LC* 滤波即得网侧电流 $i_j(t)(j=\mathrm{a,b,c})$。其分析参见对单相 CSR 单极性调制相关波形的分析，$i_a(t)$ 波形如图 2-29c 所示。

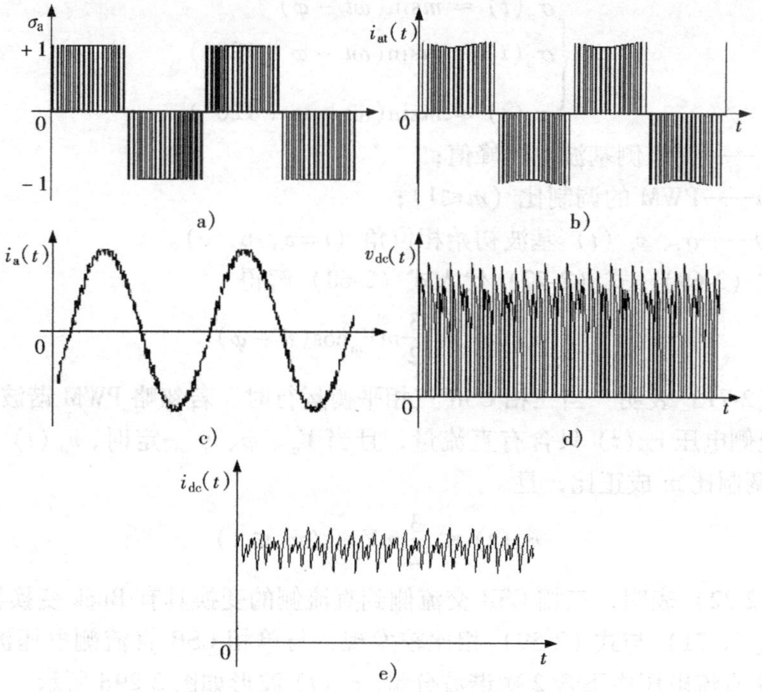

图 2-29　三相 CSR PWM 相关波形

a）三值逻辑开关函数 σ_a　b）交流侧电流 $i_{at}(t)$　c）网侧电流 $i_a(t)$

d）直流侧电压 $v_{dc}(t)$　e）直流侧电流 $i_{dc}(t)$

3. 直流侧电压 $v_{dc}(t)$

由于三相 CSR 直流侧电压 $v_{dc}(t)$ 可以认为是三个相位差互为 120°的单相单桥臂 CSR 直流侧电压叠加而成，因此由三值逻辑开关函数 $\sigma_j(j = a,b,c)$ 描述的三相 CSR 直流侧电压应为

$$v_{dc}(t) = \sum_{j=a,b,c} v_j(t)\sigma_j \quad (j = a,b,c) \tag{2-68}$$

式中　$v_j(t)$——三相 CSR 交流侧相电压（j=a，b，c）。

可见，三相 CSR 直流侧电压 $v_{dc}(t)$ 是对其交流侧电压 $v_j(t)$ 调制的结果。

当开关频率足够高，且 CSR 网侧 LC 滤波器截止频率足够低时，可忽略交流侧电压 $v_j(t)$ 及开关函数 σ_j 中谐波分量，即令

$$\begin{cases} v_a(t) \approx V_m\sin(\omega t - \theta) \\ v_b(t) \approx V_m\sin(\omega t - \theta - 120°) \\ v_c(t) \approx V_m\sin(\omega t - \theta + 120°) \end{cases} \tag{2-69}$$

$$\begin{cases}\sigma_a(t) \approx m\sin(\omega t - \varphi) \\ \sigma_b(t) \approx m\sin(\omega t - \varphi - 120°) \\ \sigma_c(t) \approx m\sin(\omega t - \varphi + 120°)\end{cases} \tag{2-70}$$

式中　V_m——交流侧基波电压峰值；

m——PWM 的调制比（$m \leqslant 1$）；

φ、θ——σ_j、v_j（t）基波初始相位角（$j=a$，b，c）。

将式（2-69）、式（2-70）代入式（2-68）解得

$$v_{dc}(t) \approx \frac{3}{2}mV_m\cos(\theta - \varphi) \tag{2-71}$$

式（2-71）表明，当三相 CSR 三相平衡运行时，若忽略 PWM 谐波分量，则三相直流侧电压 $v_{dc}(t)$ 只含有直流量，且当 V_m、φ、θ 一定时，$v_{dc}(t)$ 的幅值与 PWM 的调制比 m 成正比，且

$$v_{dc}(t) \leqslant \frac{3}{2}mV_m \quad (m \leqslant 1) \tag{2-72}$$

式（2-72）表明，三相 CSR 交流侧到直流侧的变换具有 Buck 变换器特性。

将式（2-71）与式（2-59）相比较发现，与单相 CSR 直流侧电压波形不同，三相 CSR 直流电压中不含 2 次谐波分量。$v_{dc}(t)$ 波形如图 2-29d 所示。

4. 直流侧电流 $i_{dc}(t)$

对于三相 CSR 拓扑结构，其直流侧电压 $v_{dc}(t)$ 经一阶惯性环节（惯性时间常数为 L_{dc}/R_L）传递后，即得三相 CSR 直流侧电流 $i_{dc}(t)$。当三相电网平衡时，由于三相 CSR 直流侧电压 $v_{dc}(t)$ 中不含 2 次谐波分量，因此同样的直流侧电感 L_{dc}条件下，相对于单相 CSR，三相 CSR 直流侧电流 $i_{dc}(t)$ 的低频脉动幅值较小。三相 CSR 直流侧电流波形如图 2-29e 所示。

第3章 电压型PWM整流器（VSR）

3.1 三相VSR的建模及动、静态分析

3.1.1 三相VSR一般数学模型[11]

所谓三相VSR一般数学模型就是根据三相VSR拓扑结构，在三相静止坐标系（a，b，c）中，利用电路基本定律（基尔霍夫电压、电流定律）对VSR所建立的一般数学描述。三相VSR拓扑结构如图3-1所示。

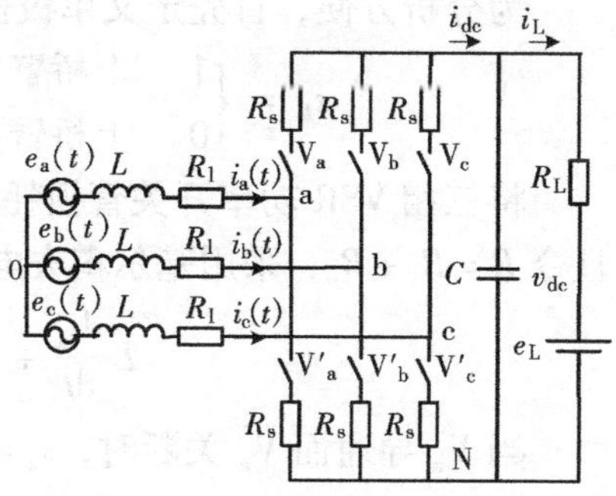

图3-1 三相VSR拓扑结构

针对三相VSR一般数学模型的建立，通常作以下假设：

1）电网电动势为三相平稳的纯正弦波电动势（e_a，e_b，e_c）。

2）网侧滤波电感L是线性的，且不考虑饱和。

3）功率开关管损耗以电阻R_s表示，即实际的功率开关管可由理想开关与损耗电阻R_s串联等效表示。

4）为描述VSR能量的双向传输，三相VSR其直流侧负载由电阻R_L和直流电动势e_L串联表示。

根据三相VSR特性分析需要，三相VSR一般数学模型的建立可采用以下两种形式：

1）采用开关函数描述的一般数学模型。

2）采用占空比描述的一般数学模型。

采用开关函数描述的一般数学模型是对VSR开关过程的准确描述，较适合于VSR的波形仿真。然而，采用开关函数描述的VSR一般数学模型由于包括了其开关过程的高频分量，因而很难用于指导控制器设计。当VSR开关频率远高于电网基波频率时，为简化VSR的一般数学描述，可忽略VSR开关函数描述模型中的高频分量，即只考虑其中的低频分量，从而获得采用占空比描述的低频数学模型。这种采用占空比描述的VSR低频数学模型非常适合于控制系统分析，并可直接用于控制器设计。但是，由于这类模型略去了开关过程的高频分量，因

而不能进行准确的动态波形仿真。总之，采用开关函数描述的以及采用占空比描述的 VSR 一般数学模型，在 VSR 控制系统设计和系统仿真中各自起着重要作用。常用后者对 VSR 控制系统进行设计，然后再用前者对 VSR 控制系统进行仿真，从而校验控制系统设计的性能指标。

3.1.1.1 采用开关函数描述的 VSR 一般数学模型

以三相 VSR 拓扑结构为例，建立采用开关函数描述的 VSR 一般数学模型。

如图 3-1 所示，当直流电动势 $e_L=0$ 时，直流侧为纯电阻负载，此时三相 VSR 只能运行于整流模式；当 $e_L>v_{dc}$ 时，三相 VSR 既可运行于整流模式，又可运行于有源逆变模式，当运行于有源逆变模式时，三相 VSR 将 e_L 所发电能向电网侧输送，有时也称这种模式为再生发电模式；当 $e_L<v_{dc}$ 时，三相 VSR 则运行于整流模式。

为分析方便，首先定义单极性二值逻辑开关函数 s_k 为

$$s_k=\begin{cases}1 & \text{上桥臂导通,下桥臂关断}\\ 0 & \text{上桥臂关断,下桥臂导通}\end{cases}\quad (k=\mathrm{a,b,c}) \tag{3-1}$$

将三相 VSR 功率开关管损耗等效电阻 R_s 同交流滤波电感等效电阻 R_l 合并，且令 $R=R_l+R_s$，采用基尔霍夫电压定律建立三相 VSR a 相回路方程为

$$L\frac{\mathrm{d}i_a}{\mathrm{d}t}+Ri_a=e_a-(v_{aN}+v_{N0}) \tag{3-2}$$

当 V_a 导通而 V_a' 关断时，$s_a=1$，且 $v_{aN}=v_{dc}$；当 V_a 关断而 V_a' 导通时，开关函数 $s_a=0$，且 $v_{aN}=0$。由于 $v_{aN}=v_{dc}s_a$，式（3-2）可改写成

$$L\frac{\mathrm{d}i_a}{\mathrm{d}t}+Ri_a=e_a-(v_{dc}s_a+v_{N0}) \tag{3-3}$$

同理，可得 b 相、c 相方程如下：

$$L\frac{\mathrm{d}i_b}{\mathrm{d}t}+Ri_b=e_b-(v_{dc}s_b+v_{N0}) \tag{3-4}$$

$$L\frac{\mathrm{d}i_c}{\mathrm{d}t}+Ri_c=e_c-(v_{dc}s_c+v_{N0}) \tag{3-5}$$

考虑三相对称系统，则

$$e_a+e_b+e_c=0 \qquad i_a+i_b+i_c=0 \tag{3-6}$$

联立式（3-3）~式（3-6），得

$$v_{N0}=-\frac{v_{dc}}{3}\sum_{k=\mathrm{a,b,c}}s_k \tag{3-7}$$

在图 3-1 中，任何瞬间总有三个开关管导通，其开关模式共有 $2^3=8$ 种，因此，直流侧电流 i_{dc} 可描述为

$$i_{dc}=i_as_a\bar{s}_b\bar{s}_c+i_bs_b\bar{s}_c\bar{s}_a+i_cs_c\bar{s}_b\bar{s}_a+(i_a+i_b)s_as_b\bar{s}_c+$$

$$
\begin{aligned}
&(i_a + i_c)s_a s_c \bar{s}_b + (i_b + i_c)s_b s_c \bar{s}_a + (i_a + i_b + i_c)s_a s_b s_c \\
&= i_a s_a + i_b s_b + i_c s_c
\end{aligned}
\tag{3-8}
$$

另外，对直流侧电容正极节点处应用基尔霍夫电流定律，得

$$
C\frac{\mathrm{d}v_{dc}}{\mathrm{d}t} = i_a s_a + i_b s_b + i_c s_c - \frac{v_{dc} - e_L}{R_L}
\tag{3-9}
$$

联立式(3-3)~式(3-9)，并考虑引入状态变量$\boldsymbol{X}$，且$\boldsymbol{X} = [i_a, i_b, i_c, v_{dc}]^T$，则采用单极性二值逻辑开关函数描述的三相VSR一般数学模型的状态变量表达式为

$$
\boldsymbol{Z}\dot{\boldsymbol{X}} = \boldsymbol{AX} + \boldsymbol{BE}
\tag{3-10}
$$

式中

$$
\boldsymbol{A} = \begin{bmatrix}
-R & 0 & 0 & -\left(s_a - \frac{1}{3}\sum\limits_{k=a,b,c} s_k\right) \\
0 & -R & 0 & -\left(s_b - \frac{1}{3}\sum\limits_{k=a,b,c} s_k\right) \\
0 & 0 & -R & -\left(s_c - \frac{1}{3}\sum\limits_{k=a,b,c} s_k\right) \\
s_a & s_b & s_c & -1/R_L
\end{bmatrix}
\tag{3-11}
$$

$$
\boldsymbol{Z} = \begin{bmatrix}
L & 0 & 0 & 0 \\
0 & L & 0 & 0 \\
0 & 0 & L & 0 \\
0 & 0 & 0 & C
\end{bmatrix}
\tag{3-12}
$$

$$
\boldsymbol{B} = \begin{bmatrix}
1 & 0 & 0 & 0 \\
0 & 1 & 0 & 0 \\
0 & 0 & 1 & 0 \\
0 & 0 & 0 & \frac{1}{R_L}
\end{bmatrix}
\tag{3-13}
$$

$$
\boldsymbol{E} = [e_a, e_b, e_c, e_L]^T
\tag{3-14}
$$

3.1.1.2 采用占空比描述的VSR一般数学模型

为消除开关函数描述的VSR一般数学模型中的高频分量，在开关函数模型中引入傅里叶变换，任一周期函数的傅里叶展开式如下：

$$
f(\omega t) = a_0 + \sum_{n=1}^{\infty} a_n \sin(n\omega t) + \sum_{n=1}^{\infty} b_n \cos(n\omega t)
\tag{3-15}
$$

若三相VSR采用三角载波PWM控制，当以自然采样法生成PWM信号时，PWM开关函数波形如图3-2a所示，可见在一个开关周期内，PWM波形不对称。但当开关频率远高于电网频率时，可用规则采样法[73]代替自然采样法。此时，

在一个开关周期内，PWM 开关函数波形如图 3-2b 所示，显然波形是对称的。

图 3-2 中，$\omega_s = 2\pi f_s$，其中，f_s 为 PWM 开关频率；d_k 为对应相的 PWM 占空比，且 $d_k \leqslant 1$。

如图 3-2b 所示，开关函数 s_k 及占空比 $d_k(k = a,b,c)$ 间的关系为

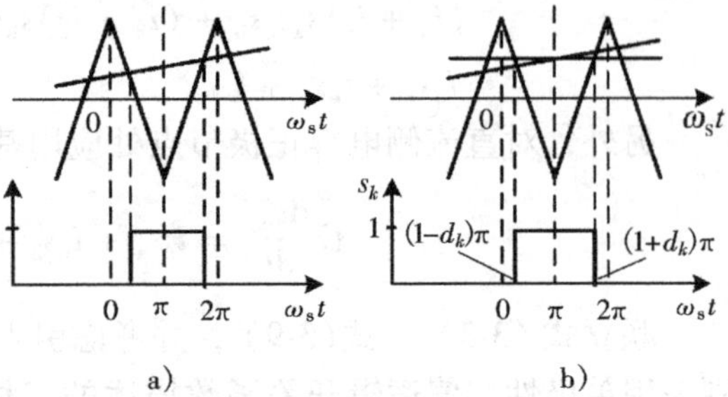

图 3-2　PWM 及开关函数波形

a）自然采样法　b）规则采样法

$$s_k = 0 \qquad \begin{cases} 0 \leqslant \omega_s t < (1 - d_k)\pi \\ (1 + d_k)\pi < \omega_s t \leqslant 2\pi \end{cases} \qquad (k = a,b,c) \tag{3-16}$$

$$s_k = 1 \quad (1 - d_k)\pi \leqslant \omega_s t \leqslant (1 + d_k)\pi \ (k = a,b,c) \tag{3-17}$$

由图 3-2 及以上关系式表明，PWM 占空比 d_k 实际上是一个开关周期上开关函数 s_k 的平均值，故

$$a_0 = \frac{1}{2\pi}\int_{(1-d_k)\pi}^{(1+d_k)\pi} s_k \mathrm{d}(\omega_s t) = d_k \tag{3-18}$$

$$\begin{cases} a_n = 0 \\ b_n = (-1)^n \dfrac{2}{n\pi}\sin(n d_k \pi) \end{cases} \tag{3-19}$$

$$s_k = d_k + \sum_{n=1}^{\infty}(-1)^n \frac{2}{n\pi}\sin(n d_k \pi)\cos(n\omega_s t) \tag{3-20}$$

显然

$$\sum_{k=a,b,c} s_k = \sum_{k=a,b,c} d_k + \sum_{n=1}^{\infty}\left[\sum_{k=a,b,c}(-1)^n \frac{2}{n\pi}\sin(n d_k \pi)\right]\cos(n\omega_s t) \tag{3-21}$$

将式（3-20）、式（3-21）代入式（3-11），得

$$\boldsymbol{A} = \boldsymbol{A}_1 + \boldsymbol{A}_h \tag{3-22}$$

式中　$\boldsymbol{A}_1$——矩阵 $\boldsymbol{A}$ 中的低频分量，即

$$\boldsymbol{A}_1 = \begin{bmatrix} -R & 0 & 0 & -\left(d_a - \dfrac{1}{3}\sum\limits_{d_k=a,b,c} d_k\right) \\ 0 & -R & 0 & -\left(d_b - \dfrac{1}{3}\sum\limits_{k=a,b,c} d_k\right) \\ 0 & 0 & -R & -\left(d_c - \dfrac{1}{3}\sum\limits_{k=a,b,c} d_k\right) \\ d_a & d_b & d_c & -(1/R_L) \end{bmatrix} \tag{3-23}$$

$\boldsymbol{A}_{\mathrm{h}}$——矩阵 $\boldsymbol{A}$ 中的高频分量，即

$$\boldsymbol{A}_{\mathrm{h}}=\begin{bmatrix}0 & 0 & 0 & A_{\mathrm{a4}}\\0 & 0 & 0 & A_{\mathrm{b4}}\\0 & 0 & 0 & A_{\mathrm{c4}}\\A_{\mathrm{4a}} & A_{\mathrm{4b}} & A_{\mathrm{4c}} & 0\end{bmatrix} \tag{3-24}$$

其中

$$A_{k4}=-\sum_{n=1}^{\infty}\left\{(-1)^{n}\frac{2}{n\pi}\left[\sin(nd_{k}\pi)-\frac{1}{3}\sum_{k=\mathrm{a,b,c}}\sin(nd_{k}\pi)\right]\cos(n\omega_{\mathrm{s}}t)\right\} \tag{3-25}$$

$$A_{4k}=-\sum_{n=1}^{\infty}\left[(-1)^{n}\frac{2}{n\pi}\sin(nd_{k}\pi)(\cos n\omega_{\mathrm{s}}t)\right]\quad(k=\mathrm{a,b,c}) \tag{3-26}$$

与 $\boldsymbol{A}=\boldsymbol{A}_{\mathrm{l}}+\boldsymbol{A}_{\mathrm{h}}$ 相对应，状态变量 $\boldsymbol{X}$ 可分解为高频分量 $\boldsymbol{X}_{\mathrm{h}}$ 和低频分量 $\boldsymbol{X}_{\mathrm{l}}$，即

$$\boldsymbol{X}=\boldsymbol{X}_{\mathrm{l}}+\boldsymbol{X}_{\mathrm{h}} \tag{3-27}$$

由式（3-10）得基于占空比描述的三相 VSR 一般数学模型为

$$\boldsymbol{Z}(\dot{\boldsymbol{X}}_{\mathrm{l}}+\dot{\boldsymbol{X}}_{\mathrm{h}})=(\boldsymbol{A}_{\mathrm{l}}+\boldsymbol{A}_{\mathrm{h}})(\boldsymbol{X}_{\mathrm{l}}+\boldsymbol{X}_{\mathrm{h}})+\boldsymbol{BE} \tag{3-28}$$

其中，低频数学模型为

$$\boldsymbol{Z}\dot{\boldsymbol{X}}_{\mathrm{l}}=\boldsymbol{A}_{\mathrm{l}}\boldsymbol{X}_{\mathrm{l}}+\boldsymbol{BE} \tag{3-29}$$

高频数学模型为

$$\boldsymbol{Z}\dot{\boldsymbol{X}}_{\mathrm{h}}=\boldsymbol{A}_{\mathrm{h}}\boldsymbol{X}_{\mathrm{l}}+\boldsymbol{A}_{\mathrm{l}}\boldsymbol{X}_{\mathrm{h}}+\boldsymbol{A}_{\mathrm{h}}\boldsymbol{X}_{\mathrm{h}} \tag{3-30}$$

显然，若忽略式（3-28）模型中的高频分量，就可获得采用占空比描述的三相 VSR 低频数学模型。显然，这一低频数学模型将有助于简化三相 VSR 控制系统的分析及设计。

3.1.2 三相 VSR dq 模型的建立

前面对三相静止对称坐标系（a，b，c）中的 VSR 一般数学模型进行了研究分析。这种 VSR 一般数学模型具有物理意义清晰、直观等特点。但在这种数学模型中，VSR 交流侧均为时变交流量，因而不利于控制系统设计。为此，可以通过坐标变换将三相对称静止坐标系（a，b，c）转换成以电网基波频率同步旋转的（d，q）坐标系[74]。这样，经坐标旋转变换后，三相对称静止坐标系中的基波正弦变量将转化成同步旋转坐标系中的直流变量，从而简化了控制系统设计。三相对称静止坐标系中的三相 VSR 一般数学模型经同步旋转坐标变换后，即转换成三相 VSR dq 模型。

3.1.2.1 关于坐标变换

在三相 VSR dq 模型建立过程中，常用到两类坐标变换：一类是将三相静止对称坐标系（a，b，c）变换成两相垂直静止坐标系（D，Q）；另一类是将三相

静止对称坐标系（a，b，c）变换成两相同步旋转坐标系（d，q），或是将两相静止垂直坐标系（D，Q）变换成两相同步旋转坐标系（d，q）。

上述坐标变换又分成“等量”变换和“等功率”变换两种，而坐标变换又是通用矢量分解等效的结果。因此，首先讨论关于通用矢量的概念。

1. 三相物理量的通用矢量描述

所谓通用矢量描述，是指三相物理量可以用一个空间旋转矢量在三个静止对称轴（a，b，c）上的投影来表示，这个表示三相对称物理量的矢量即称为通用矢量。在电路系统中，三相物理量既可以是三相电流、三相电压，也可以是三相功率等。首先讨论三相对称物理量，以三相对称电路系统中的三相电流为例进行具体分析，图3-3为三相电流 i_a、i_b、i_c 及其通用矢量 $\boldsymbol{I}$ 示意。

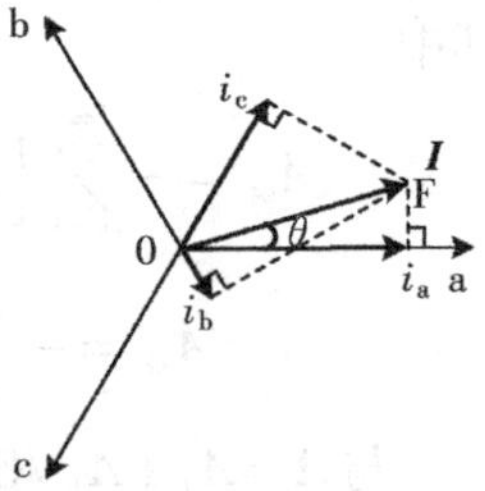

图3-3　三相电流及其通用矢量示意

设三相电流瞬时值分别为 i_a、i_b、i_c，若 $i_a+i_b+i_c=0$，则总可以找到一通用电流矢量 $\boldsymbol{I}$ 来表示三相电流 i_a、i_b、i_c。当通用矢量 $\boldsymbol{I}$ 在a、b、c三相轴上的投影恰好等于各相坐标轴电流的瞬时值时，则 i_a、i_b、i_c 可用通用矢量 $\boldsymbol{I}$ 描述，并且 $\boldsymbol{I}$ 可由垂直投影法求取。在a轴上过 i_a 端点作a轴垂线，同时在b轴上过 i_b 端点作b轴垂线，上述两垂线的交点为F。连接0F，那么0F对应的矢量 $\boldsymbol{I}$ 是否为通用矢量呢？这只需证明 $\boldsymbol{I}$ 在c轴上的投影就是 i_c 即可。实际上，$\boldsymbol{I}$ 在a、b、c三个轴上的投影分别为 $I_m\cos\theta$、$I_m\cos(\theta-120°)$、$I_m\cos(\theta+120°)$，其中 I_m 为 $\boldsymbol{I}$ 矢量的模，将三轴投影相加得

$$I_m\cos\theta+I_m\cos(\theta-120°)+I_m\cos(\theta+120°)=0 \tag{3-31}$$

又由于

$$i_a+i_b+i_c=I_m\cos\theta+I_m\cos(\theta-120°)+i_c=0 \tag{3-32}$$

显然，$I_m\cos(\theta+120°)=i_c$，$\boldsymbol{I}$ 即为 i_a、i_b、i_c 的通用矢量。

上述通用矢量描述了三相对称物理量，如电流矢量 $\boldsymbol{I}$，且满足 $i_a+i_b+i_c=0$。实际上，通用矢量也可描述三相不对称物理量。仍以三相电流量为例，如果 $i_a+i_b+i_c\neq0$，总可以找到相关的三相对称电流 i_a'、i_b'、i_c'，并使其满足 $i_a'+i_b'+i_c'=0$，且令

$$\begin{cases} i_a'=i_a-i_0 \\ i_b'=i_b-i_0 \\ i_c'=i_c-i_0 \end{cases} \tag{3-33}$$

式中　i_0——零轴电流分量。

由于 i_a'、i_b'、i_c' 对称，故仍可以用通用矢量表示，并由对称条件求得零轴电流分量为

$$i_0 = \frac{1}{3}(i_a + i_b + i_c) \tag{3-34}$$

显然，通过通用矢量$\boldsymbol{I}$对i'_a、i'_b、i'_c的描述，并考虑零轴电流i_0的取值，即可研究i_a、i_b、i_c。

值得注意的是，对于任意三相物理量，均可用一个通用矢量来描述。然而通用矢量并不一定恒速转动，并且其矢量长度也可以变化。当用通用矢量描述三相对称正弦量时，其相应通用矢量端点轨迹是一个圆；如果三相正弦量不对称，则相应通用矢量端点轨迹是一个椭圆。以下将通用矢量均简称为“矢量”。

2. “等量”坐标变换

所谓“等量”坐标变换，是指在某一坐标系中的通用矢量与变换后的另一坐标系中的通用矢量相等的坐标变换。下面仍以电流矢量$\boldsymbol{I}$为例，分别讨论两类坐标变换：

（1）三相静止坐标系（a，b，c）到两相静止垂直坐标系（D，Q）的变换　图3-4表示了三相静止坐标系（a，b，c）与两相静止垂直坐标系（D，Q）的空间位置关系。其中Q轴与a轴重合，而D轴滞后a轴90°相位角。

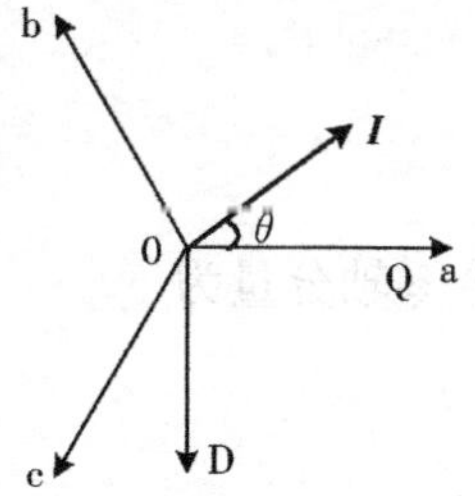

图3-4　坐标系(D，Q)与坐标系(a，b，c)

若$\boldsymbol{I}$与Q轴间相位角为θ，则$\boldsymbol{I}$在Q、D轴上投影满足

$$\begin{cases} i_Q = I_m\cos\theta \\ i_D = -I_m\sin\theta \\ I_m = \sqrt{i_Q^2 + i_D^2} \end{cases} \tag{3-35}$$

另外，$\boldsymbol{I}$在a、b、c三轴上的投影为

$$\begin{cases} i_a = I_m\cos\theta \\ i_b = I_m\cos(\theta - 120°) \\ i_c = I_m\cos(\theta + 120°) \end{cases} \tag{3-36}$$

由三角函数关式推得

$$\begin{cases} \cos\theta = \frac{2}{3}[\cos\theta + \cos(\theta - 120°)\cos(-120°) + \cos(\theta + 120°)\cos120°] \\ \quad = \frac{2}{3}[\cos\theta - \frac{1}{2}\cos(\theta - 120°) - \frac{1}{2}\cos(\theta + 120°)] \\ -\sin\theta = \frac{2}{3}[\cos(\theta - 120°)\sin(-120°) + \cos(\theta + 120°)\sin120°] \\ \quad = \frac{2}{3}[-\frac{\sqrt{3}}{2}\cos(\theta - 120°) + \frac{\sqrt{3}}{2}\cos(\theta + 120°)] \end{cases} \tag{3-37}$$

联立式（3-35）~式（3-37）得

$$
\begin{cases}
i_Q = \dfrac{2}{3}\left[I_m\cos\theta - \dfrac{1}{2}I_m\cos(\theta - 120°) - \dfrac{1}{2}I_m\cos(\theta + 120°)\right] \\
\quad = \dfrac{2}{3}\left(i_a - \dfrac{1}{2}i_b - \dfrac{1}{2}i_c\right) \\
i_D = \dfrac{2}{3}\left[-\dfrac{\sqrt{3}}{2}I_m\cos(\theta - 120°) + \dfrac{\sqrt{3}}{2}I_m\cos(\theta + 120°)\right] \\
\quad = \dfrac{2}{3}\left[-\dfrac{\sqrt{3}}{2}i_b + \dfrac{\sqrt{3}}{2}i_c\right]
\end{cases}
\tag{3-38}
$$

写成矩阵形式为

$$
\begin{bmatrix} i_Q \\ i_D \end{bmatrix} = \frac{2}{3}\begin{bmatrix} 1 & -\dfrac{1}{2} & -\dfrac{1}{2} \\ 0 & -\dfrac{\sqrt{3}}{2} & \dfrac{\sqrt{3}}{2} \end{bmatrix}\begin{bmatrix} i_a \\ i_b \\ i_c \end{bmatrix}
\tag{3-39}
$$

令零轴分量为

$$
i_0 = \frac{1}{3}(i_a + i_b + i_c)
\tag{3-40}
$$

联立式（3-39）、式（3-40），并写成矩阵形式为

$$
\begin{bmatrix} i_Q \\ i_D \\ i_0 \end{bmatrix} = \frac{2}{3}\begin{bmatrix} 1 & -\dfrac{1}{2} & -\dfrac{1}{2} \\ 0 & -\dfrac{\sqrt{3}}{2} & \dfrac{\sqrt{3}}{2} \\ \dfrac{1}{2} & \dfrac{1}{2} & \dfrac{1}{2} \end{bmatrix}\begin{bmatrix} i_a \\ i_b \\ i_c \end{bmatrix} = \boldsymbol{M}\begin{bmatrix} i_a \\ i_b \\ i_c \end{bmatrix}
\tag{3-41}
$$

式中　$\boldsymbol{M}$——坐标系(a，b，c)到坐标系(Q，D，0)的变换矩阵，即

$$
\boldsymbol{M} = \frac{2}{3}\begin{bmatrix} 1 & -\dfrac{1}{2} & -\dfrac{1}{2} \\ 0 & -\dfrac{\sqrt{3}}{2} & \dfrac{\sqrt{3}}{2} \\ \dfrac{1}{2} & \dfrac{1}{2} & \dfrac{1}{2} \end{bmatrix}
\tag{3-42}
$$

若记 $\boldsymbol{I}_{QD0} = [i_Q, i_D, i_0]^T$ 、$\boldsymbol{I}_{abc} = [i_a,\ i_b,\ i_c]^T$，则　(3-43)

$$
\boldsymbol{I}_{QD0} = \boldsymbol{M}\boldsymbol{I}_{abc}
\tag{3-44}
$$

由式（3-44）也可求其逆变换，即

$$I_{abc} = M^{-1} I_{QD0} \tag{3-45}$$

式中

$$M^{-1} = \begin{bmatrix} 1 & 0 & \frac{1}{2} \\ -\frac{1}{2} & -\frac{\sqrt{3}}{2} & \frac{1}{2} \\ -\frac{1}{2} & \frac{\sqrt{3}}{2} & \frac{1}{2} \end{bmatrix} \tag{3-46}$$

（2）三相静止坐标系（a，b，c）到两相同步旋转坐标系（d，q）的变换　三相静止坐标系（a，b，c）到两相同步旋转坐标系（d，q）变换的最突出优点是将坐标系（a，b，c）中的基波正弦变量变换成坐标系（d，q）中的直流变量。为此，必须首先确定坐标系（d，q）的空间位置。众所周知：在三相电路中，两相同步旋转坐标系（d，q）中的q轴分量常表示有功分量，而d轴分量则常用以表示无功分量，如图3-5所示。

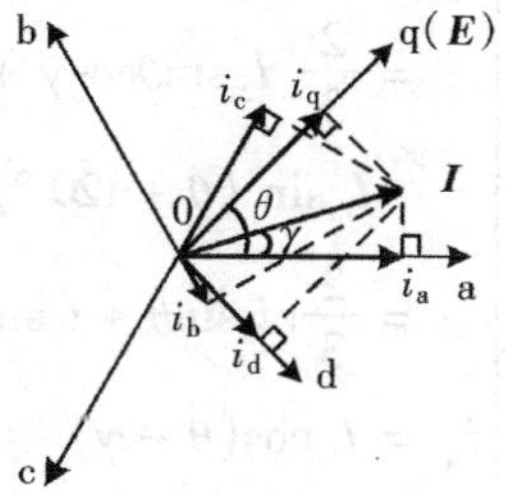

图3-5　坐标系(d，q)、坐标系（a，b，c）及矢量分解

在三相静止对称坐标系（a，b，c）中，$\boldsymbol{E}$、$\boldsymbol{I}$分别表示三相电网电动势矢量和电流矢量，并且$\boldsymbol{E}$、$\boldsymbol{I}$以电网基波角频率ω逆时针旋转。根据瞬时无功功率理论[75]，在描述三相电量时，为简化分析，将两相旋转坐标系（d，q）中q轴与电网电动势矢量$\boldsymbol{E}$同轴。即q轴按矢量$\boldsymbol{E}$定向，矢量$\boldsymbol{E}$（q轴）方向的电流分量i_q定义为有功电流，而比矢量$\boldsymbol{E}$滞后90°相位角的轴（d轴）方向电流分量i_d定义为无功电流。另外，初始条件下，令q轴与a轴重合。

在坐标系（d，q）定义基础上，即可分析三相静止对称坐标系（a，b，c）与两相旋转坐标系（d，q）间的变换关系。仍以电流矢量$\boldsymbol{I}$为例加以研究。

如图3-5所示，若令矢量$\boldsymbol{I}$与a轴的相位角为γ，q轴与a轴相位角为θ，显然

$$\begin{cases} i_d = I_m \sin(\theta - \gamma) \\ i_q = I_m \cos(\theta - \gamma) \\ I_m = \sqrt{i_d^2 + i_q^2} \end{cases} \tag{3-47}$$

矢量$\boldsymbol{I}$在a、b、c三相静止坐标轴的投影i_a、i_b、i_c为

$$\begin{cases} i_a = I_m \cos\gamma \\ i_b = I_m \cos(\gamma - 120°) \\ i_c = I_m \cos(\gamma + 120°) \end{cases} \tag{3-48}$$

由三角函数关系推得

$$
\begin{cases}
\cos(\theta-\gamma) = \dfrac{2}{3}[\cos\theta\cos\gamma + \cos(\theta-120°)\cos(\gamma-120°) + \\
\qquad \cos(\theta+120°)\cos(\gamma+120°)] \\
\sin(\theta-\gamma) = \dfrac{2}{3}[\sin\theta\cos\gamma + \sin(\theta-120°)\cos(\gamma-120°) + \\
\qquad \sin(\theta+120°)\cos(\gamma+120°)]
\end{cases}
\tag{3-49}
$$

将式（3-49）代入式（3-47），并考虑式（3-48），得 i_d、i_q 关系式为

$$
\begin{cases}
i_d = I_m\sin(\theta-\gamma) \\
\quad = \dfrac{2}{3}[I_m\sin\theta\cos\gamma + I_m\sin(\theta-120°)\cos(\gamma-120°) + \\
\quad I_m\sin(\theta+120°)\cos(\gamma+120°)] \\
\quad = \dfrac{2}{3}[i_a\sin\theta + i_b\sin(\theta-120°) + i_c\sin(\theta+120°)] \\
i_q = I_m\cos(\theta-\gamma) \\
\quad = \dfrac{2}{3}[I_m\cos\theta\cos\gamma + I_m\cos(\theta-120°)\cos(\gamma-120°) + \\
\quad I_m\cos(\theta+120°)\cos(\gamma+120°)] \\
\quad = \dfrac{2}{3}[i_a\cos\theta + i_b\cos(\theta-120°) + i_c\cos(\theta+120°)]
\end{cases}
\tag{3-50}
$$

为用方阵表示坐标变换，可定义零轴分量，为

$$
i_0 = \frac{1}{3}(i_a + i_b + i_c) \tag{3-51}
$$

联立式（3-50）、式（3-51），得

$$
\begin{bmatrix} i_q \\ i_d \\ i_0 \end{bmatrix} = \boldsymbol{R}(\theta) \begin{bmatrix} i_a \\ i_b \\ i_c \end{bmatrix} \tag{3-52}
$$

式中 $\boldsymbol{R}(\theta)$——静止坐标系(a，b，c)到旋转坐标系(q，d，0)的变换矩阵，即

$$
\boldsymbol{R}(\theta) = \frac{2}{3}\begin{bmatrix} \cos\theta & \cos(\theta-120°) & \cos(\theta+120°) \\ \sin\theta & \sin(\theta-120°) & \sin(\theta+120°) \\ \dfrac{1}{2} & \dfrac{1}{2} & \dfrac{1}{2} \end{bmatrix} \tag{3-53}
$$

式（3-52）表示出三相静止对称坐标系（a，b，c）中的三相电流 i_a、i_b、i_c 与两相同步旋转坐标系（d，q）中两相电流 i_q、i_d 及零轴电流 i_0 间的“等量”变换关系。

若令 $\boldsymbol{I}_{qd0} = [i_q, i_d, i_0]^T$、$\boldsymbol{I}_{abc} = [i_a, i_b, i_c]^T$，则式（3-52）简记为

$$
\boldsymbol{I}_{qd0} = \boldsymbol{R}(\theta)\boldsymbol{I}_{abc} \tag{3-54}
$$

由式（3-54）易求出逆变换

$$I_{abc} = R^{-1}(\theta) I_{qd0} \tag{3-55}$$

式中

$$R^{-1}(\theta) = \begin{bmatrix} \cos\theta & \sin\theta & 1/2 \\ \cos(\theta - 120°) & \sin(\theta - 120°) & 1/2 \\ \cos(\theta + 120°) & \sin(\theta + 120°) & 1/2 \end{bmatrix} \tag{3-56}$$

上述分析表明，若已知矩阵 $R(\theta)$ 或 $R^{-1}(\theta)$，即可实现矢量 I_{abc}、I_{qd0} 间的相互变换。

另外，由于 $R^{-1}(\theta) \neq R^{T}(\theta)$、$M^{-1} \neq M^{T}$，因此变换矩阵 $R(\theta)$、$R^{-1}(\theta)$ 以及 M、M^{-1} 均不是正交变换矩阵，这会对一些矩阵运算造成相应的困难，为此可采用下面所述的“等功率”正交坐标变换。

3. “等功率”正交坐标变换

所谓“等功率”正交坐标变换，是指坐标变换前后功率相等的坐标变换。如果设某坐标系下系统的电压、电流矢量分别为 V、I，那么变换后新坐标系下的电压和电流矢量分别为 V'、I'，其中

$$V = [v_1\ v_2 \cdots v_n]^{T} \qquad I = [i_1\ i_2 \cdots i_n] \tag{3-57}$$

$$V' = [v_1'\ v_2' \cdots v_n']^{T} \qquad I' = [i_1'\ i_2' \cdots i_n'] \tag{3-58}$$

令电压、电流变换矩阵分别为 C_v、C_i，则

$$V = C_v V' \qquad I = C_i I' \tag{3-59}$$

当坐标变换满足“等功率”变换条件时，则有

$$I^{T} V = I'^{T} V' \tag{3-60}$$

将式（3-59）代入式（3-60）中，得

$$I^{T} V = (C_i I')^{T} C_v V' = I'^{T} C_i^{T} C_v V' = I'^{T} V' \tag{3-61}$$

显然

$$C_i^{T} C_v = E \tag{3-62}$$

式中　E——单位矩阵。

由于电流、电压矩阵描述同一电路拓扑结构，则

$$C_i = C_v = C \tag{3-63}$$

因此，$C^{T}C = E$ 或 $C^{T} = C^{-1}$，显然 C 为正交变换矩阵。

上述关系表明，当采用“等功率”坐标变换时，其变换矩阵 C 为正交矩阵，因而“等功率”坐标变换属正交变换。

那么如何建立“等量”变换与“等功率”变换间的关系呢？实际上，只需将“等量”坐标变换中的非正交变换矩阵 M、$R(\theta)$ 改造成正交矩阵，即可获得“等功率”坐标变换矩阵。

首先讨论矩阵 M 的改造。令矩阵 M 的正交化改造矩阵为 C_{32}，再对式（3-

42）进行改造，且设

$$C_{32}=k_1\begin{bmatrix}1 & -\frac{1}{2} & -\frac{1}{2}\\ 0 & -\frac{\sqrt{3}}{2} & \frac{\sqrt{3}}{2}\\ k_2 & k_2 & k_2\end{bmatrix} \tag{3-64}$$

式中　k_1、k_2——待定系数。

由于C_{32}为正交矩阵，则

$$C_{32}^{-1}=C_{32}^{\mathrm{T}} \tag{3-65}$$

因此　　　$C_{32}C_{32}^{-1}=C_{32}C_{32}^{\mathrm{T}}$

$$=k_1^2\begin{bmatrix}1 & -\frac{1}{2} & -\frac{1}{2}\\ 0 & -\frac{\sqrt{3}}{2} & \frac{\sqrt{3}}{2}\\ k_2 & k_2 & k_2\end{bmatrix}\begin{bmatrix}1 & 0 & k_2\\ -\frac{1}{2} & -\frac{\sqrt{3}}{2} & k_2\\ -\frac{1}{2} & \frac{\sqrt{3}}{2} & k_2\end{bmatrix}$$

$$=k_1^2\begin{bmatrix}\frac{3}{2} & 0 & 0\\ 0 & \frac{3}{2} & 0\\ 0 & 0 & 3k_2^2\end{bmatrix}=E \tag{3-66}$$

由于E为单位矩阵，则

$$k_1=\sqrt{\frac{2}{3}}\qquad k_2=\frac{1}{\sqrt{2}} \tag{3-67}$$

这样，在“等功率”坐标变换条件下，三相静止对称坐标系（a，b，c）到静止垂直坐标系（D，Q，0）间的变换矩阵C_{32}为

$$C_{32}=\sqrt{\frac{2}{3}}\begin{bmatrix}1 & -\frac{1}{2} & -\frac{1}{2}\\ 0 & -\frac{\sqrt{3}}{2} & \frac{\sqrt{3}}{2}\\ \frac{1}{\sqrt{2}} & \frac{1}{\sqrt{2}} & \frac{1}{\sqrt{2}}\end{bmatrix} \tag{3-68}$$

其逆变换阵C_{23}为

$$C_{23}=C_{32}^{-1}=C_{32}^{\mathrm{T}}$$

$$= \sqrt{\frac{2}{3}}\begin{bmatrix} 1 & 0 & \frac{1}{\sqrt{2}} \\ -\frac{1}{2} & -\frac{\sqrt{3}}{2} & \frac{1}{\sqrt{2}} \\ -\frac{1}{2} & \frac{\sqrt{3}}{2} & \frac{1}{\sqrt{2}} \end{bmatrix} \tag{3-69}$$

同理，可对 $\boldsymbol{R}$（θ）变换矩阵进行改造，可得在“等功率”坐标变换条件下，三相静止对称坐标系（a，b，c）到同步旋转坐标系（d，q，0）间的变换阵 $\boldsymbol{C}_{3s2r}$ 为

$$\boldsymbol{C}_{3s2r} = \sqrt{\frac{2}{3}}\begin{bmatrix} \cos\theta & \cos(\theta-120°) & \cos(\theta+120°) \\ \sin\theta & \sin(\theta-120°) & \sin(\theta+120°) \\ \frac{1}{\sqrt{2}} & \frac{1}{\sqrt{2}} & \frac{1}{\sqrt{2}} \end{bmatrix} \tag{3-70}$$

其逆变换阵 $\boldsymbol{C}_{2r3s}$ 为

$$\boldsymbol{C}_{2r3s} = \boldsymbol{C}_{3s2r}^{-1} = \boldsymbol{C}_{3s2r}^{\mathrm{T}}$$

$$= \sqrt{\frac{2}{3}}\begin{bmatrix} \cos\theta & \sin\theta & \frac{1}{\sqrt{2}} \\ \cos(\theta-120°) & \sin(\theta-120°) & \frac{1}{\sqrt{2}} \\ \cos(\theta+120°) & \sin(\theta+120°) & \frac{1}{\sqrt{2}} \end{bmatrix} \tag{3-71}$$

在实际应用时，可根据具体要求任意选用以上两种坐标变换，一般情况下，常选用“等量”坐标变换，而在需矩阵逆运算时，常选“等功率”坐标变换。

3.1.2.2 三相 VSR dq 模型

由式（3-3）~式（3-9）不难得出，在三相静止对称坐标系（a，b，c）中，三相 VSR 开关函数模型为

$$\begin{cases} C\dfrac{\mathrm{d}v_{\mathrm{dc}}}{\mathrm{d}t} = \sum\limits_{k=\mathrm{a,b,c}} i_k s_k - i_{\mathrm{L}} \\ L\dfrac{\mathrm{d}i_k}{\mathrm{d}t} + Ri_k = e_k - v_{\mathrm{dc}}\left(s_k - \dfrac{1}{3}\sum\limits_{j=\mathrm{a,b,c}} s_j\right) \\ \sum\limits_{k=\mathrm{a,b,c}} e_k = \sum\limits_{k=\mathrm{a,b,c}} i_k = 0 \end{cases} \tag{3-72}$$

式中 s_k——单极性二值逻辑开关函数（k=a，b，c）；

i_{L}——VSR 直流侧负载电流。

其模型结构如图 3-6 所示。

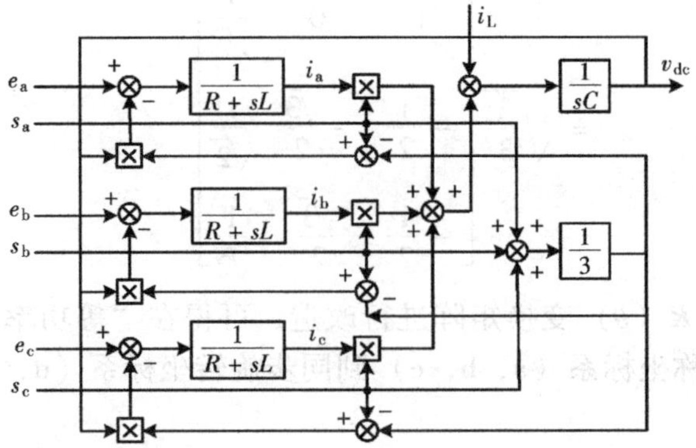

图 3-6　三相静止坐标系（a，b，c）中三相 VSR 开关函数模型结构

为使三相静止坐标系（a，b，c）转换成同步旋转坐标系（d，q），首先可将三相静止坐标系（a，b，c）转换成两相静止坐标系（D，Q），如图 3-7 所示。

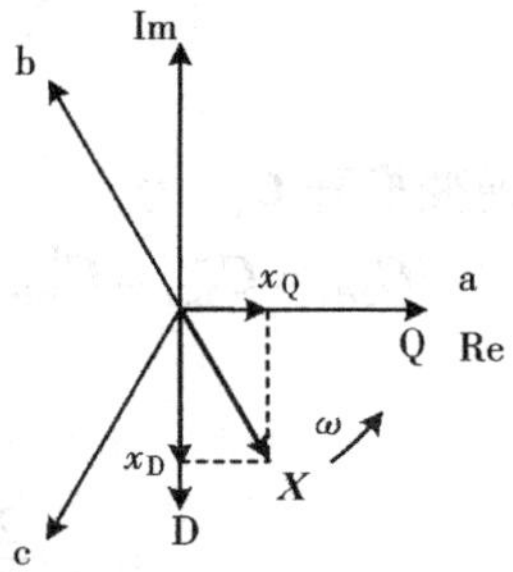

图 3-7　坐标系（a，b，c）、坐标系（D，Q）及矢量分解

考虑通用矢量 $\boldsymbol{X}$，由前面有关坐标变换的讨论，这里选择“等量”坐标变换，则 $\boldsymbol{X}$ 在 Q、D 轴上投影为 x_Q、x_D，而 $\boldsymbol{X}$ 在 a、b、c 轴上投影为 x_a、x_b、x_c，显然有

$$\begin{bmatrix} x_Q \\ x_D \end{bmatrix} = \frac{2}{3}\begin{bmatrix} 1 & -\frac{1}{2} & -\frac{1}{2} \\ 0 & -\frac{\sqrt{3}}{2} & \frac{\sqrt{3}}{2} \end{bmatrix}\begin{bmatrix} x_a \\ x_b \\ x_c \end{bmatrix} \tag{3-73}$$

或

$$\begin{bmatrix} x_a \\ x_b \\ x_c \end{bmatrix} = \begin{bmatrix} 1 & 0 \\ -\frac{1}{2} & -\frac{\sqrt{3}}{2} \\ -\frac{1}{2} & \frac{\sqrt{3}}{2} \end{bmatrix}\begin{bmatrix} x_Q \\ x_D \end{bmatrix} \tag{3-74}$$

以上式中，若针对三相 VSR 讨论，则有

$$\begin{cases} x_k \in \{e_k, i_k, s_k\} & (k = \mathrm{a,b,c}) \\ x_l \in \{e_l, i_l, s_l\} & (l = \mathrm{D,Q}) \end{cases} \tag{3-75}$$

将式（3-74）代入式（3-72）中并化简，得两相静止坐标系（D，Q）中的三相 VSR 开关函数模型为

$$\begin{cases}C\dfrac{\mathrm{d}v_{\mathrm{dc}}}{\mathrm{d}t}=\dfrac{3}{2}(i_{\mathrm{Q}}s_{\mathrm{Q}}+i_{\mathrm{D}}s_{\mathrm{D}})-i_{\mathrm{L}}\\ L\dfrac{\mathrm{d}i_{\mathrm{Q}}}{\mathrm{d}t}+Ri_{\mathrm{Q}}=e_{\mathrm{Q}}-v_{\mathrm{dc}}s_{\mathrm{Q}}\\ L\dfrac{\mathrm{d}i_{\mathrm{D}}}{\mathrm{d}t}+Ri_{\mathrm{D}}=e_{\mathrm{D}}-v_{\mathrm{dc}}s_{\mathrm{D}}\end{cases}\tag{3-76}$$

式中　s_{Q}、s_{D}——坐标系（D，Q）中单极性二值逻辑开关函数。

为将两相静止坐标系（D，Q）中的数学模型进一步变换成两相同步旋转坐标系（d，q）中的数学模型，可以在复平面上构造一复矢量，且令

$$\begin{gathered}\boldsymbol{X}_{\mathrm{DQ}}=x_{\mathrm{Q}}-\mathrm{j}x_{\mathrm{D}}\\ \boldsymbol{X}_{\mathrm{DQ}}\in\{\boldsymbol{E}_{\mathrm{DQ}}、\boldsymbol{I}_{\mathrm{DQ}},\boldsymbol{S}_{\mathrm{DQ}}\}\end{gathered}\tag{3-77}$$

式中　$\boldsymbol{E}_{\mathrm{DQ}}$——三相电网电动势复矢量；

$\boldsymbol{I}_{\mathrm{DQ}}$——三相 VSR 网侧电流复矢量；

$\boldsymbol{S}_{\mathrm{DQ}}$——开关函数复矢量。

将式（3-76）写成复矢量形式，即

$$\begin{cases}C\dfrac{\mathrm{d}v_{\mathrm{dc}}}{\mathrm{d}t}=\dfrac{3}{2}\mathrm{Re}\{\boldsymbol{I}_{\mathrm{DQ}}\bar{\boldsymbol{S}}_{\mathrm{DQ}}\}-i_{\mathrm{L}}\\ L\dfrac{\mathrm{d}\boldsymbol{I}_{\mathrm{DQ}}}{\mathrm{d}t}+R\boldsymbol{I}_{\mathrm{DQ}}=\boldsymbol{E}_{\mathrm{DQ}}-v_{\mathrm{dc}}\boldsymbol{S}_{\mathrm{DQ}}\end{cases}\tag{3-78}$$

式中　$\bar{\boldsymbol{S}}_{\mathrm{DQ}}$——$\boldsymbol{S}_{\mathrm{DQ}}$的共轭复矢量。

假设初始状态下，坐标系（D，Q）与坐标系（d，q）重合，且 q 轴与 Q 轴重合。当坐标系（d，q）以电网基波角频率 ω 同步旋转时，若引入旋转因子 $\mathrm{e}^{\mathrm{j}\theta}$（逆时针旋转），则同步旋转坐标系（d，q）中的通用复矢量可表达为

$$\mathrm{e}^{\mathrm{j}\theta}\boldsymbol{X}_{\mathrm{dq}}=\boldsymbol{X}_{\mathrm{DQ}}\quad\theta=\int\omega\mathrm{d}t\qquad\omega=2\pi f\tag{3-79}$$

将式（3-79）代入式（3-78），得三相 VSR 坐标系（d，q）复矢量方程为

$$\begin{cases}C\dfrac{\mathrm{d}v_{\mathrm{dc}}}{\mathrm{d}t}=\dfrac{3}{2}\mathrm{Re}\{\boldsymbol{I}_{\mathrm{dq}}\bar{\boldsymbol{S}}_{\mathrm{dq}}\}-i_{\mathrm{L}}\\ L\dfrac{\mathrm{d}\boldsymbol{I}_{\mathrm{dq}}}{\mathrm{d}t}+\mathrm{j}\omega L\boldsymbol{I}_{\mathrm{dq}}+R\boldsymbol{I}_{\mathrm{dq}}=\boldsymbol{E}_{\mathrm{dq}}-v_{\mathrm{dc}}\boldsymbol{S}_{\mathrm{dq}}\end{cases}\tag{3-80}$$

式中

$$\begin{cases}\boldsymbol{I}_{\mathrm{dq}}=i_{\mathrm{q}}-\mathrm{j}i_{\mathrm{d}}\\ \boldsymbol{S}_{\mathrm{dq}}=s_{\mathrm{q}}-\mathrm{j}s_{\mathrm{d}}\\ \boldsymbol{E}_{\mathrm{dq}}=e_{\mathrm{q}}-\mathrm{j}e_{\mathrm{d}}\\ \bar{\boldsymbol{S}}_{\mathrm{dq}}=s_{\mathrm{q}}+\mathrm{j}s_{\mathrm{d}}\end{cases}\tag{3-81}$$

将式（3-81）代入式（3-80），并分解成 d、q 分量，可得三相 VSR 在两相同步旋转坐标系（d，q）中的数学模型为

$$\begin{cases} C\dfrac{\mathrm{d}v_{\mathrm{dc}}}{\mathrm{d}t} = \dfrac{3}{2}(i_{\mathrm{q}}s_{\mathrm{q}} + i_{\mathrm{d}}s_{\mathrm{d}}) - i_{\mathrm{L}} \\ L\dfrac{\mathrm{d}i_{\mathrm{q}}}{\mathrm{d}t} + \omega L i_{\mathrm{d}} + R i_{\mathrm{q}} = e_{\mathrm{q}} - v_{\mathrm{dc}}s_{\mathrm{q}} \\ L\dfrac{\mathrm{d}i_{\mathrm{d}}}{\mathrm{d}t} - \omega L i_{\mathrm{q}} + R i_{\mathrm{d}} = e_{\mathrm{d}} - v_{\mathrm{dc}}s_{\mathrm{d}} \end{cases} \tag{3-82}$$

其模型结构如图 3-8 所示。

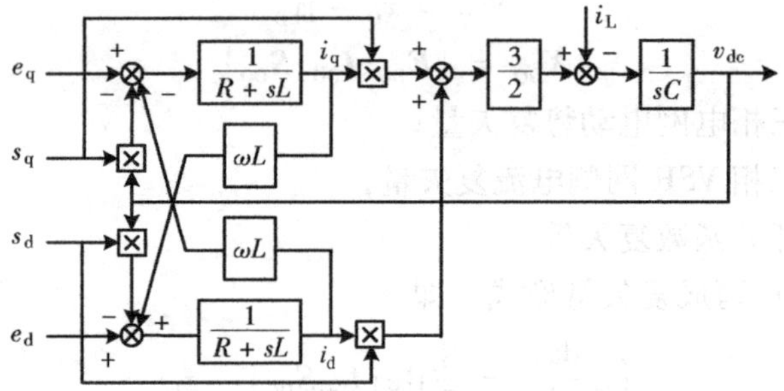

图 3-8　两相同步旋转坐标系（d，q）中三相 VSR 开关函数模型结构

3.1.2.3　三相 VSR dq 模型的改进

在上述两相同步旋转坐标系（d，q）中，三相 VSR 开关函数模型表达式存在两个变量的乘积（$i_{\mathrm{q}}s_{\mathrm{q}}$，$i_{\mathrm{d}}s_{\mathrm{d}}$），因而其模型具有典型的非线性特性，为此常需对三相 VSR dq 模型线性化。

实际上，当忽略三相 VSR 桥路自身损耗，则三相 VSR 交流侧有功功率 p_{ac} 应与桥路直流侧功率 p_{dc} 相平衡，即

$$p_{\mathrm{ac}} = p_{\mathrm{dc}} \tag{3-83}$$

若采用等量坐标变换，则

$$p_{\mathrm{ac}} = \frac{3}{2}e_{\mathrm{d}}i_{\mathrm{d}} + \frac{3}{2}e_{\mathrm{q}}i_{\mathrm{q}} \tag{3-84}$$

$$p_{\mathrm{dc}} = v_{\mathrm{dc}}i_{\mathrm{dc}} = v_{\mathrm{dc}}C\frac{\mathrm{d}v_{\mathrm{dc}}}{\mathrm{d}t} + \frac{v_{\mathrm{dc}}^2}{R_{\mathrm{L}}} \tag{3-85}$$

联立式（3-83）~式（3-85），得

$$v_{\mathrm{dc}}C\frac{\mathrm{d}v_{\mathrm{dc}}}{\mathrm{d}t} + \frac{v_{\mathrm{dc}}^2}{R_{\mathrm{L}}} = \frac{3}{2}e_{\mathrm{d}}i_{\mathrm{d}} + \frac{3}{2}e_{\mathrm{q}}i_{\mathrm{q}} \tag{3-86}$$

进一步化简，得

$$\frac{\mathrm{d}}{\mathrm{d}t}v_{\mathrm{dc}}^2 = -\frac{2}{R_L C}v_{\mathrm{dc}}^2 + \frac{3}{C}e_{\mathrm{d}}i_{\mathrm{d}} + \frac{3}{C}e_{\mathrm{q}}i_{\mathrm{q}} \tag{3-87}$$

上述分析忽略了交流侧电感及桥路损耗，当需考虑损耗时，可适当减小直流侧负载电阻 R_L 进行等效。式（3-87）表明，i_d、i_q 与 v_{dc}之间也存在非线性关系，因而不利于控制系统设计，为此可定义新变量 u，且令

$$u = v_{dc}^2 \tag{3-88}$$

另外，三相 VSR 交流侧输出电压的 d、q 分量 v_d、v_q 为

$$v_d = s_d v_{dc} \quad v_q = s_q v_{dc} \tag{3-89}$$

为获得线性描述，可定义新变量 u_d、u_q，且令

$$\begin{cases} u_d = e_d - v_{dc}s_d = e_d - v_d \\ u_q = e_q - v_{dc}s_q = e_q - v_q \end{cases} \tag{3-90}$$

将式（3-88）、式（3-90）代入式（3-82）、式（3-87），得三相 VSR 坐标系（d，q）中改进的数学模型为

$$\begin{cases} \dfrac{du}{dt} = -\dfrac{2}{R_L C}u + \dfrac{3}{C}e_d i_d + \dfrac{3}{C}e_q i_q \\ \dfrac{di_d}{dt} = -\dfrac{R}{L}i_d + \omega i_q + \dfrac{1}{L}u_d \\ \dfrac{di_q}{dt} = -\omega i_q - \dfrac{R}{L}i_q + \dfrac{1}{L}u_q \end{cases} \tag{3-91}$$

显然，对于新变量 u、u_d、u_q，式（3-91）为一组线性微分方程，因而有利于三相 VSR 控制系统设计。

3.1.3 三相 VSR dq 模型的动、静态分析[13,14,76]

3.1.3.1 开关电路的等效变压器描述

由于三相 VSR 采用 PWM 控制，因而这类 PWM AC/DC 变换器是一个强非线性、时变的耦合系统，对其动、静态特性的分析难度较大。1976 年美国加里福尼亚理工学院 R. D. Middlebrook 和 Slobodan Cuk 在前人基础上提出了状态空间平均法[76]，较好地解决了 PWM DC/DC 变换器的稳态和动态低频小信号的分析问题。此后，又相继提出了电流注入电路法、等效受控源法[76]等，从而推动了 PWM 整流器动、静态分析方法的进一步研究。在三相 VSR dq 模型的动、静态分析中，关键在于动态等效电路的建立，这里介绍一种利用等效变压器替代 PWM 整流器中功率开关管的等效描述方法。

为简化分析，以 Buck 型 DC/DC 变换器为例，引入等效变压器描述法。如图 3-9a 所示，当 V_1 导通时，开关函数 $s(t) = 1$，此时 V'_1 断开，开关函数 $s'(t) = 0$；反之当 V'_1 导通时，开关函数 $s'(t) = 1$，此时 V_1 断开，开关函数 $s(t) = 0$，显然 $s(t) + s'(t) = 1$。进一步研究 V_1、V'_1 交替工作过程发现，用自耦变压器来替代 V_1、V'_1，则两者可完全等效，如图 3-9b 所示。在所示的等效变压器等效

电路中，自耦变压器的匝比 $n(t)/n'(t)$ 是时变的，且能以开关函数 $s(t)$、$s'(t)$ 直接描述。显然，在上述 Buck 型变换器中，$n(t)=s'(t)$、$n'(t)=s(t)$、$n(t)+n'(t)=1$。为进一步简化分析，当开关频率足够高时，忽略 PWM 谐波分量，并以一个开关周期中 $s(t)$、$s'(t)$ 变化的平均值——PWM 占空比 d、d' 来替代时变匝比，即 $n(t)=d'$、$n'(t)=d$，从而获得等效变压器描述的 Buck 型变换器平均模型，如图 3-9c 所示。

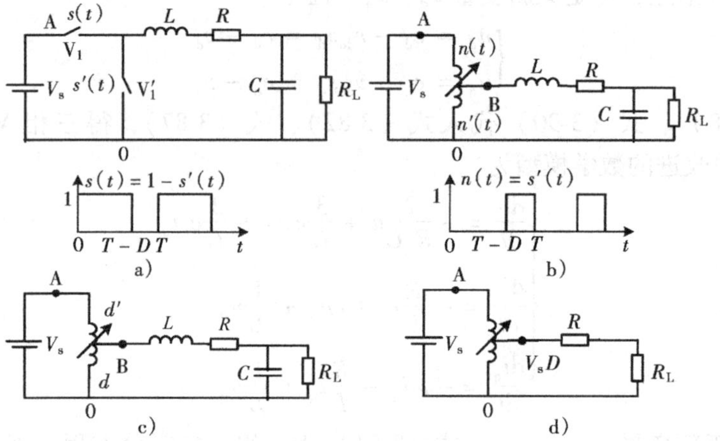

图 3-9　Buck 型 DC/DC 变换器等效变压器电路

a）原理电路　b）等效变压器电路

c）等效变压器平均模型电路　d）等效变压器直流模型电路

为分析 Buck 型 DC/DC 变换器的静态特性，只需在平均模型电路基础上，将电感 L 短路、电容 C 开路，且变压器二次电压以 V_sD 代之，其中 D 为稳态时 V_1 的 PWM 占空比，如图 3-9d 所示。同理分析，可获得 Boost 型 DC/DC 变换器的等效变压器模型电路，如图 3-10 所示。

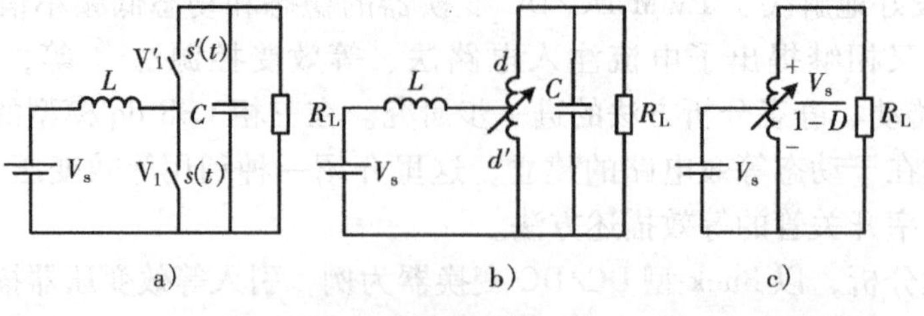

图 3-10　Boost 型 DC/DC 变换器的等效变压器模型电路

a）原理电路　b）等效变压器平均模型　c）等效变压器直流模型

对于 PWM DC/AC（AC/DC）变换器，同样也可以用等效变压器替换桥路中的功率开关管，图 3-11 示出了电压型 PWM DC/AC 变换器的等效变压器模型电路，图中 $d_a \sim d_c$，$d'_a \sim d'_c$ 为对应功率开关管的 PWM 占空比。

要证明电压型 PWM DC/AC 变换器的等效变压器模型电路与原理电路等效，只需证明其外特性等效即可。由图 3-11a 并考虑原理电路的低频特性，得

$$i_{dc} = i_a d_a + i_b d_b + i_c d_c \tag{3-92}$$

$$v_a = v_{dc} d_a \tag{3-93}$$

$$v_b = v_{dc} d_b \tag{3-94}$$

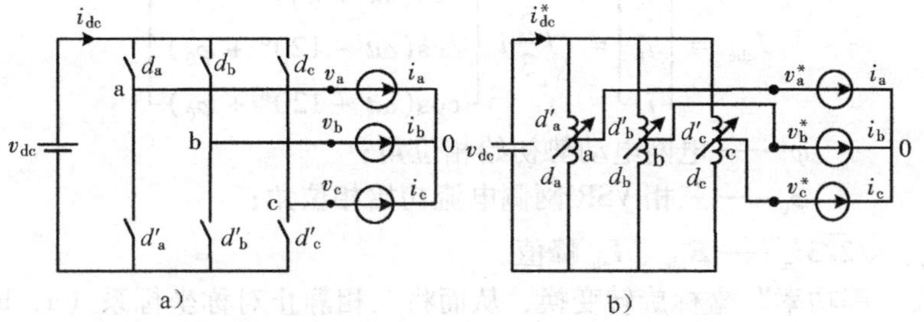

图 3-11　电压型 PWM DC/AC 变换器的等效变压器模型电路

a）原理电路　b）等效变压器模型电路

$$v_c = v_{dc} d_c \tag{3-95}$$

而从图 3-11b 易得

$$i^*_{dc} = i_a d_a + i_b d_b + i_c d_c \tag{3-96}$$

$$v^*_a = v_{dc} d_a \tag{3-97}$$

$$v^*_b = v_{dc} d_b \tag{3-98}$$

$$v^*_c = v_{dc} d_c \tag{3-99}$$

显然，两者描述完全等效。

3.1.3.2　三相 VSR 等效变压器 dq 模型电路

1. 三相 VSR 子电路的划分

图 3-12 示出了三相 VSR 原理电路及子电路的划分。

为获得坐标系（d，q）中三相 VSR 等效变压器模型电路，可将三相 VSR 原理电路分成 A ~ E 五个子电路进行分析。如果能求得各子电路 dq 等效电路，则只需将各子电路的 dq 等效电路适当连接起来，就可以建立三相 VSR 等效变压器 dq 模型电路。

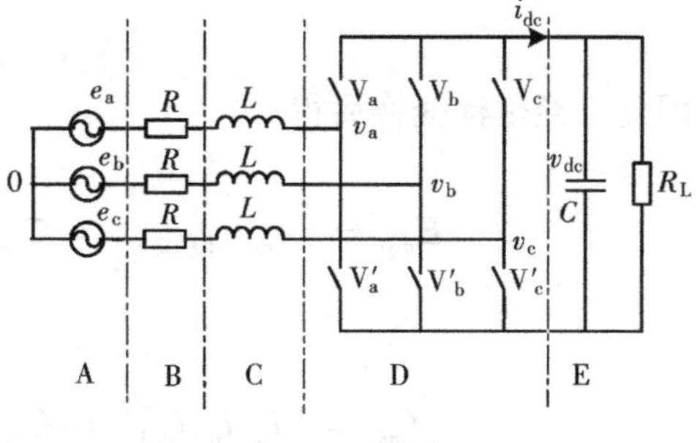

图 3-12　三相 VSR 原理电路及子电路划分

2. 各子电路 dq 等效变换

（1）三相电动势源子电路——子电路 A 的 dq 变换　设三相 VSR 交流电动势 $\boldsymbol{E}_{abc}$、电流 $\boldsymbol{I}_{abc}$ 分别为

$$\boldsymbol{E}_{abc}=\begin{bmatrix}e_a\\e_b\\e_c\end{bmatrix}=\sqrt{\frac{2}{3}}e_m\begin{bmatrix}\cos(\omega t+\varphi_1)\\\cos(\omega t-120°+\varphi_1)\\\cos(\omega t+120°+\varphi_1)\end{bmatrix}\tag{3-100}$$

$$\boldsymbol{I}_{abc}=\begin{bmatrix}i_a\\i_b\\i_c\end{bmatrix}=\sqrt{\frac{2}{3}}i_m\begin{bmatrix}\cos(\omega t+\varphi_0)\\\cos(\omega t-120°+\varphi_0)\\\cos(\omega t+120°+\varphi_0)\end{bmatrix}\tag{3-101}$$

式中　φ_1——电网电动势初始相位角；

φ_0——三相 VSR 网侧电流初始相位角；

$\sqrt{2/3}e_m$、$\sqrt{2/3}i_m$——$\boldsymbol{E}_{abc}$、$\boldsymbol{I}_{abc}$ 峰值。

引入“等功率”坐标旋转变换，从而将三相静止对称坐标系（a，b，c）变换成同步旋转坐标系（d，q，0）。若旋转坐标系 q 轴与静止坐标系 a 轴间初始相位角为 φ，则正交旋转变换矩阵 $\boldsymbol{C}_{3s2r}$ 为

$$\boldsymbol{C}_{3s2r}=\sqrt{\frac{2}{3}}\times\begin{bmatrix}\cos(\omega t+\varphi) & \cos(\omega t-120°+\varphi) & \cos(\omega t+120°+\varphi)\\\sin(\omega t+\varphi) & \sin(\omega t-120°+\varphi) & \sin(\omega t+120°+\varphi)\\\frac{1}{\sqrt{2}} & \frac{1}{\sqrt{2}} & \frac{1}{\sqrt{2}}\end{bmatrix}\tag{3-102}$$

由于 $\boldsymbol{C}_{3s2r}$ 是正交变换矩阵，则

$$\boldsymbol{C}_{3s2r}^{-1}=\boldsymbol{C}_{3s2r}^{T}=\sqrt{\frac{2}{3}}\times\begin{bmatrix}\cos(\omega t+\varphi) & \sin(\omega t+\varphi) & \frac{1}{\sqrt{2}}\\\cos(\omega t-120°+\varphi) & \sin(\omega t-120°+\varphi) & \frac{1}{\sqrt{2}}\\\cos(\omega t+120°+\varphi) & \sin(\omega t+120°+\varphi) & \frac{1}{\sqrt{2}}\end{bmatrix}\tag{3-103}$$

因此，经坐标变换后得

$$\boldsymbol{E}_{dq0}=[e_q,e_d,e_0]^T=\boldsymbol{C}_{3s2r}\boldsymbol{E}_{abc}=e_m\begin{bmatrix}\cos(\varphi_1-\varphi)\\-\sin(\varphi_1-\varphi)\\0\end{bmatrix}\tag{3-104}$$

$$\boldsymbol{I}_{dq0}=[i_q,i_d,i_0]^T=\boldsymbol{C}_{3s2r}\boldsymbol{I}_{abc}=i_m\begin{bmatrix}\cos(\varphi_0-\varphi)\\-\sin(\varphi_0-\varphi)\\0\end{bmatrix}\tag{3-105}$$

式中　e_m、i_m——$\boldsymbol{E}_{dq0}$、$\boldsymbol{I}_{dq0}$峰值；

e_0、i_0——三相电动势、电流零轴分量。

三相电动势源子电路 dq 变换等效电路如图 3-13b 所示。

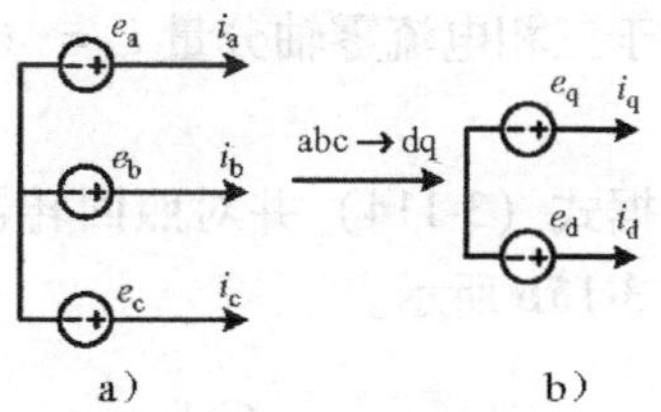

图 3-13　三相电动势源子电路的 dq 变换

a）三相电动势源子电路

b）电动势源子电路 dq 变换等效电路

（2）三相电阻子电路——子电路 B 的 dq 变换　设三相静止对称坐标系（a，b，c）中的三相对称电路电阻电压为

$$\boldsymbol{V}_{Rabc} = [v_{Ra}, v_{Rb}, v_{Rc}]^{T} \tag{3-106}$$

经过坐标变换后，同步旋转坐标系（d，q，0）中的电阻电压为

$$\begin{aligned}\boldsymbol{V}_{Rdq0} &= [v_{Rq}, v_{Rd}, v_{R0}]^{T} = \boldsymbol{C}_{3s2r}\boldsymbol{V}_{Rabc} \\ &= \boldsymbol{C}_{3s2r}R\boldsymbol{I}_{abc} = R\boldsymbol{I}_{dq0}\end{aligned} \tag{3-107}$$

式中　v_{R0}——三相电阻电压的零轴分量。

因此，三相电阻子电路的 dq 变换等效电路如图 3-14b 所示。

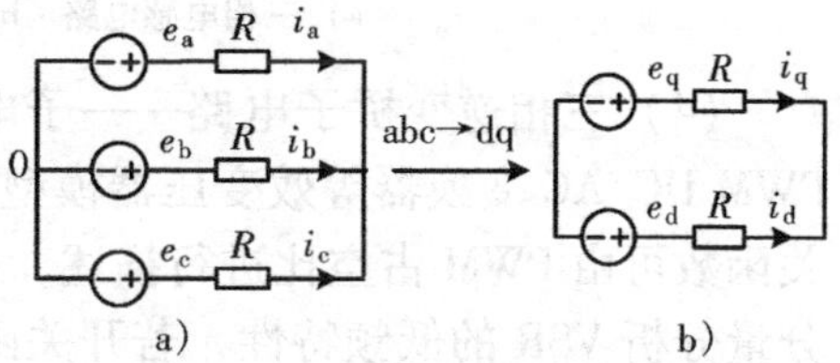

图 3-14　三相电阻子电路的 dq 变换

a）三相电阻电路

b）电阻子电路 dq 变换等效电路

（3）三相电感子电路——子电路 C 的 dq 变换　设三相静止对称坐标系（a，b，c）中，三相对称电感电压为

$$\boldsymbol{V}_{Labc} = [v_{La}, v_{Lb}, v_{Lc}]^{T} \tag{3-108}$$

经过坐标变换后，同步旋转坐标系（d，q，0）中的电感电压为

$$\boldsymbol{V}_{Ldq0} = [v_{Lq}, v_{Ld}, v_{L0}]^{T} \tag{3-109}$$

式中　v_{L0}——三相电感电压的零轴分量。

由

$$L(\boldsymbol{I}_{abc})' = \boldsymbol{V}_{Labc} \tag{3-110}$$

引入旋转坐标变换，则

$$\boldsymbol{I}_{abc} = \boldsymbol{C}_{3s2r}^{-1}\boldsymbol{I}_{dq0} \tag{3-111}$$

将式（3-111）代入式（3-110），得

$$L[(\boldsymbol{C}_{3s2r}^{-1})'\boldsymbol{I}_{dq0} + \boldsymbol{C}_{3s2r}^{-1}(\boldsymbol{I}_{dq0})'] = \boldsymbol{V}_{Labc} \tag{3-112}$$

化简式（3-112），得

$$\begin{aligned}L(\boldsymbol{I}_{dq0})' &= -L\boldsymbol{C}_{3s2r}(\boldsymbol{C}_{3s2r}^{-1})'\boldsymbol{I}_{dq0} + \boldsymbol{C}_{3s2r}\boldsymbol{V}_{abc} \\ &= -L\omega\begin{bmatrix} 0 & 1 & 0 \\ -1 & 0 & 0 \\ 0 & 0 & 0 \end{bmatrix}\boldsymbol{I}_{dq0} + \boldsymbol{V}_{Ldq0}\end{aligned} \tag{3-113}$$

写成 d、q 分量形式为

$$\begin{cases}L(i_q)' = -\omega L i_d + v_{Lq} \\ L(i_d)' = \omega L i_q + v_{Ld}\end{cases} \tag{3-114}$$

由于三相电流零轴分量 $i_0 = (i_a + i_b + i_c)/3 = 0$，故

$$L(i_0)' = v_{L0} = 0 \tag{3-115}$$

根据式（3-114）并对照回转器特性，即可获得三相电感的dq变换等效电路，如图3-15b所示。

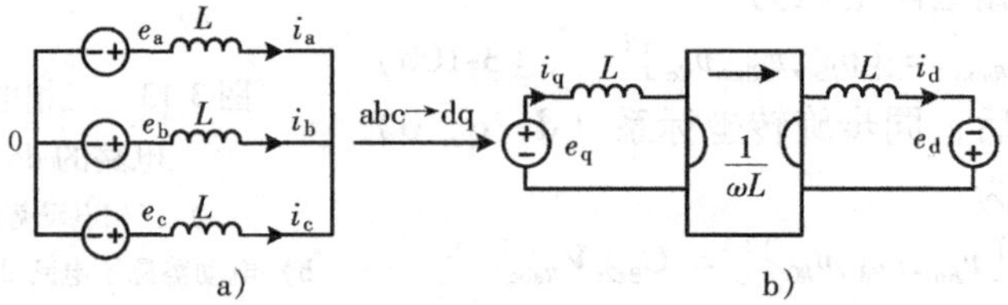

图3-15　三相电感子电路的dq变换

a）三相电感电路　b）电感子电路dq变换等效电路

（4）三相逆变桥子电路——子电路D的dq变换　依据前面研究的电压型PWM DC/AC变换器等效变压器模型电路（见图3-11b），其开关函数模型中的开关函数可由PWM占空比进行描述，对于三相对称系统，可采用开关函数的基波分量分析VSR的低频特性，若开关函数基波矩阵为 $\boldsymbol{D} = [d_a,\ d_b,\ d_c]^T$，且设

$$\boldsymbol{D} = \begin{bmatrix} d_a \\ d_b \\ d_c \end{bmatrix} = \sqrt{\frac{2}{3}} d_m \begin{bmatrix} \cos(\omega t + \varphi_2) \\ \cos(\omega t - 120° + \varphi_2) \\ \cos(\omega t + 120° + \varphi_2) \end{bmatrix} \tag{3-116}$$

式中　φ_2——开关函数基波分量初始相位角；

$\sqrt{2/3}d_m$——开关函数基波峰值。

再由电压型逆变桥PWM的调制原理得

$$\boldsymbol{V}_{abc} = v_{dc}\boldsymbol{D} \quad i_{dc} = \boldsymbol{D}^T\boldsymbol{I}_{abc} \tag{3-117}$$

引入旋转坐标变换后，式（3-117）变为

$$\boldsymbol{C}_{3s2r}\boldsymbol{V}_{abc} = v_{dc}(\boldsymbol{C}_{3s2r}\boldsymbol{D}) = \boldsymbol{V}_{dq0} \tag{3-118}$$

$$i_{dc} = \boldsymbol{D}^T\boldsymbol{I}_{abc} = \boldsymbol{D}^T\boldsymbol{C}_{3s2r}^{-1}\boldsymbol{I}_{dq0} = [\boldsymbol{C}_{3s2r}\boldsymbol{D}]^T\boldsymbol{I}_{dq0} \tag{3-119}$$

式中　$\boldsymbol{V}_{abc} = [v_a\ v_b\ v_c]^T$；

$\boldsymbol{V}_{dq0} = [v_q,\ v_d,\ v_0]^T$。

将式（3-102）、式（3-116）代入式（3-118）、式（3-119）解得同步旋转坐标系（d，q，0）中的电压型逆变桥交流侧电压 v_q、v_d 及直流侧电流 i_{dc} 为

$$\begin{cases}v_q = d_m\cos(\varphi_2 - \varphi)v_{dc} \\ v_d = -d_m\sin(\varphi_2 - \varphi)v_{dc} \\ i_{dc} = d_m\cos(\varphi_2 - \varphi)i_q - d_m\sin(\varphi_2 - \varphi)i_d\end{cases} \tag{3-120}$$

由式（3-120）不难建立三相电压型 PWM 逆变桥 dq 坐标系等效变压器模型电路，如图 3-16b 所示。

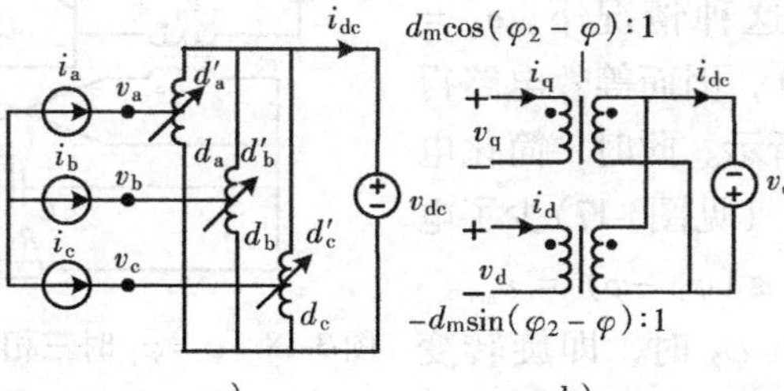

图 3-16　三相电压型逆变桥的 dq 变换

a）三相电压型逆变桥坐标系（a，b，c）等效变压器模型电路

b）三相电压型逆变桥坐标系（d，q）等效变压器模型电路

（5）R_LC 直流子电路——子电路 E 的 dq 变换　由于 R_LC 直流子电路已是直流回路，因而无需进行 dq 变换，这样，直流子电路拓扑结构及参数保持不变。

3. 三相 VSR 的 dq 变换等效电路重构

将上述分解的三相 VSR 子电路 A ~ E，依据电流、电压等效原则进行适当连接，从而获得三相 VSR 等效变压器 dq 变换模型电路，如图 3-17 所示。

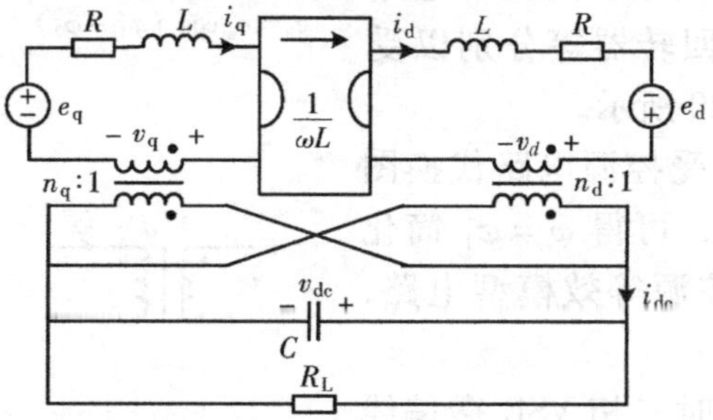

图 3-17　三相 VSR 等效变压器 dq 变换模型电路

$e_q=e_m\cos\ (\varphi_1-\varphi)\qquad e_d=-e_m\sin\ (\varphi_1-\varphi)$

$n_q=d_m\cos\ (\varphi_2-\varphi)\qquad n_d=-d_m\sin\ (\varphi_2-\varphi)$

值得注意的是，以上三相 VSR 等效变压器 dq 变换模型电路只考虑了开关函数的基波分量，因而只是一种低频等效模型电路。

3.1.3.3　三相 VSR 动静态特性分析

1. 关于三相 VSR 等效变压器 dq 模型电路的简化

对于三相 VSR 等效变压器 dq 模型电路，有两种简化方法，这两种简化方法均取决于旋转变换矩阵 C_{3s2r} 中初始相位角 φ 的选择。

（1）当选择 $\varphi=\varphi_1$ 时，即旋转变换矩阵 $\boldsymbol{C}_{3s2r}$ 中初始相位角与电网电动势初始相位角相等。在这种情况下，$e_d=-e_m\sin(\varphi_1-\varphi)=0$，因而等效电路得到简化，如图 3-18 所示。此时，简化电路比原等效模型电路（见图3-17）少了电动势 e_d，且 $e_q=e_m\cos(\varphi_1-\varphi)=e_m$。

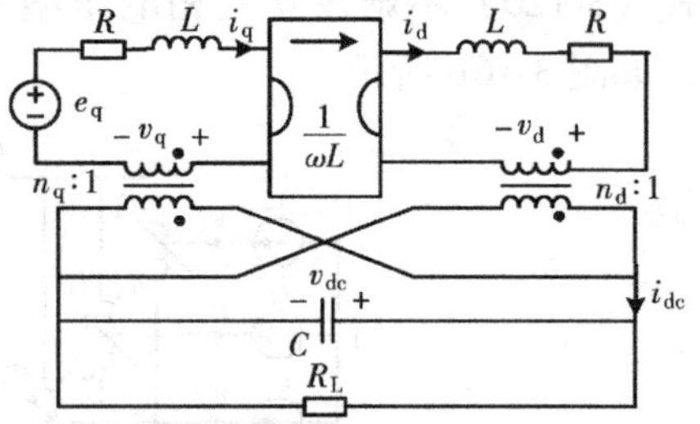

图 3-18　$\varphi=\varphi_1$ 时三相 VSR 简化等效变压器 dq 变换模型电路

$n_q=d_m\cos(\varphi_2-\varphi_1)$　　$n_d=-d_m\sin(\varphi_2-\varphi_1)$

（2）当选择 $\varphi=\varphi_2$ 时，即旋转变换矩阵 $\boldsymbol{C}_{3s2r}$ 中初始相位角与三相 VSR 交流侧基波电压初始相位角相等。在这种情况下，由于 $-d_m\sin(\varphi_2-\varphi)=0$，因而等效电路得到简化，如图 3-19 所示。此时简化电路比原等效电路（见图 3-17）少了一个等效变压器。

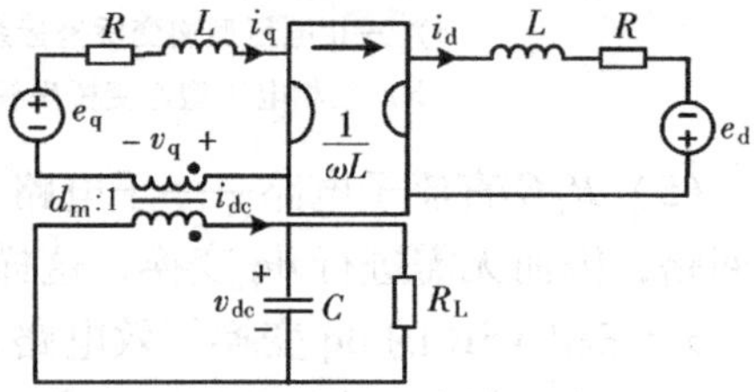

图 3-19　$\varphi=\varphi_2$ 时三相 VSR 简化等效变压器 dq 变换模型电路

$e_q=e_m\cos(\varphi_1-\varphi_2)$　　$e_d=-e_m\sin(\varphi_1-\varphi_2)$

2. $\varphi=\varphi_1$ 简化时三相 VSR 等效受控源模型电路构成

当 $\varphi=\varphi_1$ 时，三相 VSR 简化等效模型电路如图 3-18 所示。为便于电路分析，将变压器、回转器等分别以受控源等效，如图 3-20 所示。

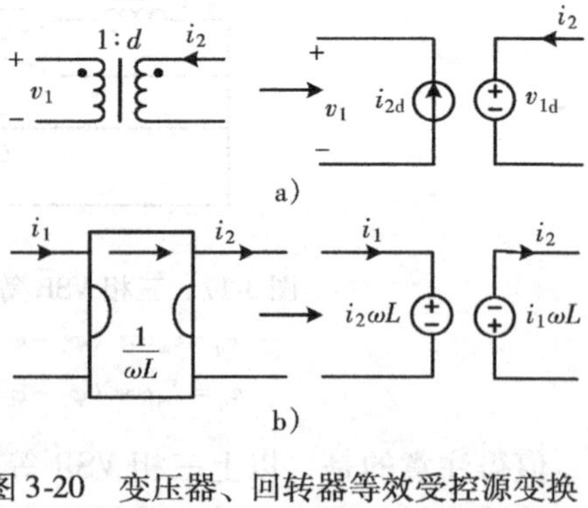

图 3-20　变压器、回转器等效受控源变换

a）理想变压器变换　b）回转器变换

将图 3-20 等效受控源电路代换图 3-18 中的相应部分，可得 $\varphi=\varphi_1$ 简化时的三相 VSR 受控源等效模型电路，如图 3-21 所示。

3. $\varphi=\varphi_1$ 简化时三相 VSR 微偏线性化等效受控源模型电路

由图 3-21 可以看出，当 $\varphi=\varphi_1$ 时，三相 VSR 受控源等效模型电路中，由于含有变量乘积，因而呈现明显的非线性特性，这给控制系统动态分析造成困难。为此，可以采用微偏线性化方法对模型进行线性化。由于微偏线性化方法主要是讨论稳态工作点附近微偏扰动时的系统线性特性，因此必须先求出稳态工作点微偏扰动时的三相 VSR 受控源线性等效模型电路。为简化分析，这里暂不考虑电路元件参数的扰动。设三相 VSR 稳态工作点 $\bar{x}\in(\bar{\omega},\bar{d}_m,\bar{e}_m,\Delta\bar{\varphi},\bar{v}_{dc})$，稳态工作点微偏扰动值 $\hat{x}\in(\hat{\omega},$

$\hat{d}_{m}$，$\hat{e}_{m}$，$\Delta\hat{\varphi}$，$\hat{v}_{dc}$），其中 $\Delta\varphi=\varphi_2-\varphi_1$。下面分别研究图 3-21 中各受控源微偏线性等效模型。

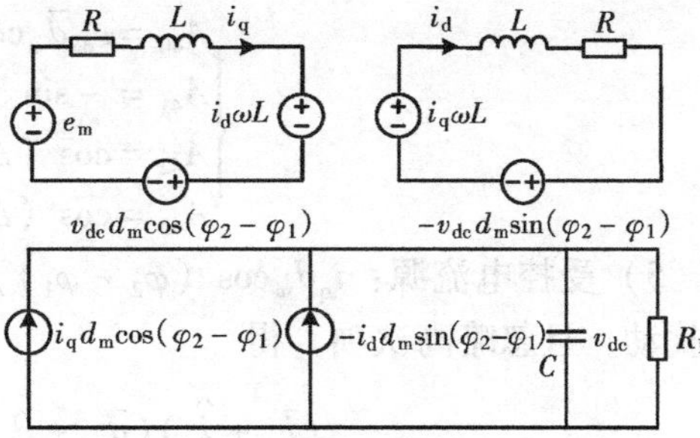

图 3-21　$\varphi=\varphi_1$ 简化时三相 VSR 等效受控源模型电路

1）受控电压源：$i_d\omega L$，考虑 i_d、ω 两变量扰动，即

$$(\bar{i}_d+\hat{i}_d)(\bar{\omega}L+\hat{\omega}L)=(\bar{i}_d\bar{\omega}+\bar{i}_d\hat{\omega}+\hat{i}_d\bar{\omega}+\hat{i}_d\hat{\omega})L$$

忽略高次项 $\hat{i}_d\hat{\omega}$，则

$$\begin{aligned}(\bar{i}_d+\hat{i}_d)(\bar{\omega}L+\hat{\omega}L)&\approx\bar{i}_d\bar{\omega}L+\bar{i}_d\hat{\omega}L+\hat{i}_d\bar{\omega}L\\&=A_{10}+A_{11}\hat{\omega}+A_{12}\hat{i}_d\end{aligned}\tag{3-121}$$

式中

$$\begin{cases}A_{10}=\bar{i}_d\bar{\omega}L\\A_{11}=\bar{i}_dL\\A_{12}=\bar{\omega}L\end{cases}\tag{3-122}$$

2）受控电压源：$i_q\omega L$，考虑 i_q、ω 两变量扰动，并忽略高次项，得

$$(\bar{i}_q+\hat{i}_q)(\bar{\omega}L+\hat{\omega}L)\approx A_{20}+A_{21}\hat{\omega}+A_{22}\hat{i}_q\tag{3-123}$$

式中

$$\begin{cases}A_{20}=\bar{i}_q\bar{\omega}L\\A_{21}=\bar{i}_qL\\A_{22}=\bar{\omega}L\end{cases}\tag{3-124}$$

3）受控电压源：$-v_{dc}d_m\sin(\varphi_2-\varphi_1)$，令 $\Delta\varphi=\varphi_2-\varphi_1$，考虑 v_{dc}、d_m、$\Delta\varphi$ 变量扰动，且忽略高次项，得

$$\begin{aligned}&-(\bar{v}_{dc}+\hat{v}_{dc})(\bar{d}_m+\hat{d}_m)\sin(\Delta\bar{\varphi}+\Delta\hat{\varphi})\\&\approx A_{30}+A_{31}\Delta\hat{\varphi}+A_{32}\hat{d}_m+A_{33}\hat{v}_{dc}\end{aligned}\tag{3-125}$$

式中

$$\begin{cases}A_{30}=-\bar{v}_{dc}\bar{d}_m\sin(\Delta\bar{\varphi})\\A_{31}=-\bar{d}_m\bar{v}_{dc}\cos(\Delta\bar{\varphi})\\A_{32}=-\bar{v}_{dc}\sin(\Delta\bar{\varphi})\\A_{33}=-\bar{d}_m\sin(\Delta\bar{\varphi})\end{cases}\tag{3-126}$$

4）受控电压源：$v_{dc}d_m\cos(\varphi_2-\varphi_1)$，令 $\Delta\varphi=\varphi_2-\varphi_1$，考虑 v_{dc}、d_m、$\Delta\varphi$ 变量扰动，且忽略高次项，得

$$\begin{aligned}&(\bar{v}_{dc}+\hat{v}_{dc})(\bar{d}_m+\hat{d}_m)\cos(\Delta\bar{\varphi}+\Delta\hat{\varphi})\\&\approx A_{40}+A_{41}\Delta\hat{\varphi}+A_{42}\hat{d}_m+A_{43}\hat{v}_{dc}\end{aligned}\tag{3-127}$$

式中

$$\begin{cases}A_{40}=\bar{v}_{dc}\bar{d}_m\cos(\Delta\bar{\varphi})\\A_{41}=-\sin(\Delta\bar{\varphi})\bar{v}_{dc}\bar{d}_m\\A_{42}=\cos(\Delta\bar{\varphi})\bar{v}_{dc}\\A_{43}=\cos(\Delta\bar{\varphi})\bar{d}_m\end{cases}\tag{3-128}$$

5）受控电流源：$i_q d_m\cos(\varphi_2-\varphi_1)$，令 $\Delta\varphi=\varphi_2-\varphi_1$，考虑 i_q、d_m、$\Delta\varphi$ 变量扰动，且忽略高次项，得

$$(\bar{i}_q+\hat{i}_q)(\bar{d}_m+\hat{d}_m)\cos(\Delta\bar{\varphi}+\Delta\hat{\varphi})\approx A_{50}+A_{51}\Delta\hat{\varphi}+A_{52}\hat{d}_m+A_{53}\hat{i}_q\tag{3-129}$$

式中

$$\begin{cases}A_{50}=\bar{i}_q\bar{d}_m\cos(\Delta\bar{\varphi})\\A_{51}=-\sin(\Delta\bar{\varphi})\bar{i}_q\bar{d}_m\\A_{52}=\bar{i}_q\cos(\Delta\bar{\varphi})\\A_{53}=\cos(\Delta\bar{\varphi})\bar{d}_m\end{cases}\tag{3-130}$$

6）受控电流源：$-i_d d_m\sin(\varphi_2-\varphi_1)$，令 $\Delta\varphi=\varphi_2-\varphi_1$，考虑 i_d、d_m、$\Delta\varphi$ 变量扰动，且忽略高次项，得

$$-(\bar{i}_d+\hat{i}_d)(\bar{d}_m+\hat{d}_m)\sin(\Delta\bar{\varphi}+\Delta\hat{\varphi})\approx A_{60}+A_{61}\Delta\hat{\varphi}+A_{62}\hat{d}_m+A_{63}\hat{i}_d\tag{3-131}$$

式中

$$\begin{cases}A_{60}=-\bar{i}_d\bar{d}_m\sin(\Delta\bar{\varphi})\\A_{61}=-\cos(\Delta\bar{\varphi})\bar{i}_d\bar{d}_m\\A_{62}=-\bar{i}_d\sin(\Delta\bar{\varphi})\\A_{63}=-\sin(\Delta\bar{\varphi})\bar{d}_m\end{cases}\tag{3-132}$$

7）电动势源：$e_d=e_m$，考虑 e_m 扰动，则

$$e_d=\bar{e}_m+\hat{e}_m\tag{3-133}$$

根据以上计算，可得 $\varphi=\varphi_1$ 简化时的三相 VSR 微偏线性化等效受控源模型电路，如图3-22所示。

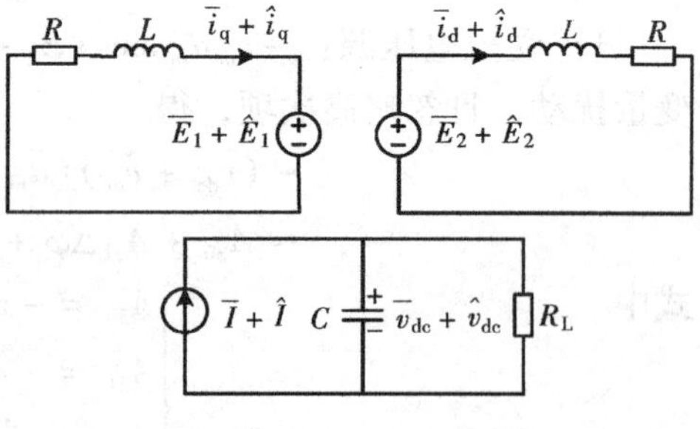

图 3-22　$\varphi=\varphi_1$ 简化时三相 VSR 微偏线性化等效受控源模型电路

$$\hat{E}_1=-\hat{e}_m+A_{11}\hat{\omega}+A_{12}\hat{i}_d+A_{41}\Delta\hat{\varphi}+A_{42}\hat{d}_m+A_{43}\hat{v}_{dc}\tag{3-134}$$

$$\hat{E}_2=A_{21}\hat{\omega}+A_{22}\hat{i}_q-A_{31}\Delta\hat{\varphi}-A_{32}\hat{d}_m-A_{33}\hat{v}_{dc}\tag{3-135}$$

$$\hat{I}=(A_{51}+A_{61})\Delta\hat{\varphi}+(A_{52}+A_{62})\hat{d}_m+A_{53}\hat{i}_q+A_{63}\hat{i}_d\tag{3-136}$$

$$\bar{E}_1=-\bar{e}_m+A_{40}+A_{10}\tag{3-137}$$

$$\bar{E}_2 = A_{20} - A_{30} \tag{3-138}$$

$$\bar{I} = A_{50} + A_{60} \tag{3-139}$$

4. $\varphi=\varphi_1$ 简化时三相 VSR 动态特性分析

要分析三相 VSR 动态特性（以直流电压特性为例），需考虑三相 VSR 稳态工作点处，各变量微偏扰动对三相 VSR 直流输出电压 v_{dc}的影响。因此，根据线性叠加原理，令 $\bar{E}_1=\bar{E}_2=\bar{I}=0$，即可建立 $\varphi=\varphi_1$ 简化时的三相 VSR 动态等效电路，如图3-23所示。

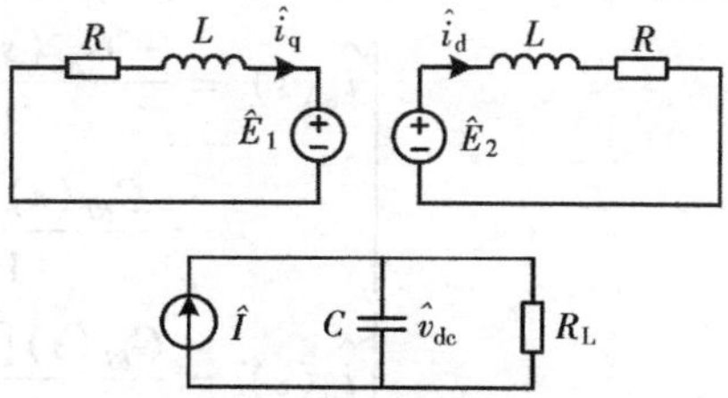

图 3-23　$\varphi=\varphi_1$ 简化时三相 VSR 动态等效电路

若要求取 VSR 直流侧电压的动态特性，必须先求取各扰动量 $\hat{x}\in$（$\hat{\omega}$、$\hat{e}_m$、$\Delta\hat{\varphi}$、$\hat{d}_m$）对直流电压 $\hat{v}_{dc}$的传递函数。在求取某一扰动传递函数时，其余扰动量均可令其为零。

(1) $G_{\hat{\omega}}(s) = \left.\dfrac{\hat{v}_{dc}(s)}{\hat{\omega}(s)}\right|_{\Delta\hat{\varphi} = \hat{d}_m = \hat{e}_m = 0}$

将 $\Delta\hat{\varphi}=\hat{d}_m=\hat{e}_m=0$ 代入式（3-134）~式（3-136），得

$$\hat{E}_1(s) = A_{11}\hat{\omega}(s) + A_{12}\hat{i}_d(s) + A_{43}\hat{v}_{dc}(s) \tag{3-140}$$

$$\hat{E}_2(s) = A_{21}\hat{\omega}(s) + A_{22}\hat{i}_q(s) - A_{33}\hat{v}_{dc}(s) \tag{3-141}$$

$$\hat{I}(s) = A_{53}\hat{i}_q(s) + A_{63}\hat{i}_d(s) \tag{3-142}$$

由图 3-23 知

$$\begin{cases}\hat{v}_{dc}(s) = \hat{I}(s)G_{RC}(s)\\ G_{RC}(s) = \dfrac{R_L}{R_L Cs + 1}\end{cases} \tag{3-143}$$

将式（3-142）代入式（3-143），得

$$\hat{v}_{dc}(s) = A_{53}G_{RC}(s)\hat{i}_q(s) + A_{63}G_{RC}(s)\hat{i}_d(s) \tag{3-144}$$

另一方面

$$\hat{i}_q(s) = -G_{RL}(s)\hat{E}_1(s) \tag{3-145}$$

$$\hat{i}_d(s) = G_{RL}(s)\hat{E}_2(s) \tag{3-146}$$

式中　$G_{RL}(s) = 1/(R+Ls)$。

将式（3-140）代入式（3-145），得

$$\hat{i}_q(s) = -G_{RL}(s)A_{11}\hat{\omega}(s) - G_{RL}(s)A_{12}\hat{i}_d(s) - G_{RL}(s)A_{43}\hat{v}_{dc}(s) \tag{3-147}$$

将式（3-141）代入式（3-146），化简得

$$\hat{i}_{\mathrm{d}}(s) = G_{RL}(s)A_{21}\hat{\omega}(s) + G_{RL}(s)A_{22}\hat{i}_{\mathrm{q}}(s) - G_{RL}(s)A_{33}\hat{v}_{\mathrm{dc}}(s) \tag{3-148}$$

联立式（3-147）、式（3-148），并计算得

$$\begin{cases} \hat{i}_{\mathrm{q}}(s) = \dfrac{-G_{RL}(s)[A_{11} + G_{RL}(s)A_{21}A_{12}]}{1 + G_{RL}^2(s)A_{12}A_{22}}\hat{\omega}(s) + \\ \qquad \dfrac{G_{RL}(s)[G_{RL}(s)A_{12}A_{33} - A_{43}]}{1 + G_{RL}^2(s)A_{12}A_{22}}\hat{v}_{\mathrm{dc}}(s) \\ \hat{i}_{\mathrm{d}}(s) = \dfrac{G_{RL}(s)[A_{21} - G_{RL}(s)A_{22}A_{11}]}{1 + G_{RL}^2(s)A_{12}A_{22}}\hat{\omega}(s) - \\ \qquad \dfrac{G_{RL}(s)[G_{RL}(s)A_{22}A_{43} + A_{33}]}{1 + G_{RL}^2(s)A_{12}A_{22}}\hat{v}_{\mathrm{dc}}(s) \end{cases} \tag{3-149}$$

将式（3-149）代入式（3-144），并化简得

$$G_{\hat{\omega}}(s) = \frac{\hat{v}_{\mathrm{dc}}(s)}{\hat{\omega}(s)}\bigg|_{\Delta\hat{\varphi} = \hat{d}_{\mathrm{m}} = \hat{e}_{\mathrm{m}} = 0}$$

$$= \frac{G_{RL}(s)[A_{53}\alpha_{11}(s) + A_{63}\alpha_{13}(s)]}{1 - G_{RC}(s)\ [A_{53}\alpha_{12}(s) - A_{63}\alpha_{14}(s)]} \tag{3-150}$$

式中

$$\begin{cases} \alpha_{11}(s) = \dfrac{-G_{RL}(s)[A_{11} + G_{RL}(s)A_{21}A_{12}]}{1 + G_{RL}^2(s)A_{12}A_{22}} \\ \alpha_{12}(s) = \dfrac{G_{RL}(s)[G_{RL}(s)A_{12}A_{33} - A_{43}]}{1 + G_{RL}^2(s)A_{12}A_{22}} \\ \alpha_{13}(s) = \dfrac{G_{RL}(s)[A_{21} - G_{RL}(s)A_{22}A_{11}]}{1 + G_{RL}^2(s)A_{12}A_{22}} \\ \alpha_{14}(s) = \dfrac{-G_{RL}(s)[G_{RL}(s)A_{22}A_{43} + A_{33}]}{1 + G_{RL}^2(s)A_{12}A_{22}} \end{cases} \tag{3-151}$$

（2）$G_{\Delta\hat{\varphi}}(s) = \dfrac{\hat{v}_{\mathrm{dc}}(s)}{\Delta\hat{\varphi}(s)}\bigg|_{\hat{\omega} = \hat{d}_{\mathrm{m}} = \hat{e}_{\mathrm{m}} = 0}$

将 $\hat{\omega} = \hat{d}_{\mathrm{m}} = \hat{e}_{\mathrm{m}} = 0$ 代入式（3-134）～式（3-136），得

$$\hat{E}_1(s) = A_{12}\hat{i}_{\mathrm{d}}(s) + A_{41}\Delta\hat{\varphi}(s) + A_{43}\hat{v}_{\mathrm{dc}}(s) \tag{3-152}$$

$$\hat{E}_2(s) = A_{22}\hat{i}_{\mathrm{q}}(s) - A_{31}\Delta\hat{\varphi}(s) - A_{33}\hat{v}_{\mathrm{dc}}(s) \tag{3-153}$$

$$\hat{I}(s) = (A_{51} + A_{61})\Delta\hat{\varphi}(s) + A_{53}\hat{i}_{\mathrm{q}}(s) + A_{63}\hat{i}_{\mathrm{d}}(s) \tag{3-154}$$

将式（3-154）代入式（3-143），得

$$\hat{v}_{\mathrm{dc}}(s) = G_{RC}(s)(A_{51} + A_{61})\Delta\hat{\varphi}(s) +$$

$$G_{RC}(s)A_{53}\hat{i}_q(s)+G_{RC}(s)A_{63}\hat{i}_d(s) \tag{3-155}$$

将式（3-152）、式（3-153）分别代入式（3-145）、式（3-146），并计算得

$$\begin{cases} \hat{i}_q(s)=\dfrac{G_{RL}(s)[G_{RL}(s)A_{31}A_{12}-A_{41}]}{1+G_{RL}^2(s)A_{12}A_{22}}\Delta\hat{\varphi}(s)+ \\ \qquad \dfrac{G_{RL}(s)[G_{RL}(s)A_{12}A_{33}-A_{43}]}{1+G_{RL}^2(s)A_{12}A_{22}}\hat{v}_{dc}(s) \\ \hat{i}_d(s)=\dfrac{-G_{RL}(s)[G_{RL}(s)A_{22}A_{41}+A_{31}]}{1+G_{RL}^2(s)A_{12}A_{22}}\Delta\hat{\varphi}- \\ \qquad \dfrac{G_{RL}(s)[G_{RL}(s)A_{22}A_{43}+A_{33}]}{1+G_{RL}^2(s)A_{12}A_{22}}\hat{v}_{dc}(s) \end{cases} \tag{3-156}$$

将式（3-156）代入式（3-155），并化简得

$$\begin{aligned} G_{\Delta\hat{\varphi}}(s) &= \left.\frac{\hat{v}_{dc}(s)}{\Delta\hat{\varphi}(s)}\right|_{\hat{\omega}=\hat{d}_m=\hat{e}_m=0} \\ &= \frac{G_{RC}(s)[A_{51}+A_{61}+A_{53}\alpha_{21}(s)+A_{63}\alpha_{23}(s)]}{1-G_{RC}(s)[A_{53}\alpha_{22}(s)+A_{63}\alpha_{24}(s)]} \end{aligned} \tag{3-157}$$

式中

$$\begin{cases} \alpha_{21}(s)=\dfrac{G_{RL}(s)[G_{RL}(s)A_{31}A_{12}-A_{41}]}{1+G_{RL}^2(s)A_{12}A_{22}} \\ \alpha_{22}(s)=\dfrac{G_{RL}(s)[G_{RL}(s)A_{12}A_{33}-A_{43}]}{1+G_{RL}^2(s)A_{12}A_{22}} \\ \alpha_{23}(s)=\dfrac{-G_{RL}(s)[G_{RL}(s)A_{22}A_{41}+A_{31}]}{1+G_{RL}^2(s)A_{12}A_{22}} \\ \alpha_{24}(s)=\dfrac{-G_{RL}(s)[G_{RL}(s)A_{22}A_{43}+A_{33}]}{1+G_{RL}^2(s)A_{12}A_{22}} \end{cases} \tag{3-158}$$

（3） $G_{\hat{d}_m}(s)=\left.\dfrac{\hat{v}_{dc}(s)}{\hat{d}_m(s)}\right|_{\Delta\hat{\varphi}=\hat{\omega}=\hat{e}_m=0}$

将 $\Delta\hat{\varphi}=\hat{\omega}=\hat{e}_m=0$ 代入式（3-134）～式（3-136），得

$$\hat{E}_1(s)=A_{42}\hat{d}_m(s)+A_{12}\hat{i}_d(s)+A_{43}\hat{v}_{dc}(s) \tag{3-159}$$

$$\hat{E}_2(s)=-A_{32}\hat{d}_m(s)+A_{22}\hat{i}_q(s)-A_{33}\hat{v}_{dc}(s) \tag{3-160}$$

$$\hat{I}(s)=(A_{52}+A_{62})\hat{d}_m(s)+A_{53}\hat{i}_q(s)+A_{63}\hat{i}_d(s) \tag{3-161}$$

将式（3-161）代入式（3-143），得

$$\hat{v}_{dc}(s)=G_{RC}(s)(A_{52}+A_{62})\hat{d}_m(s)+G_{RC}(s)A_{53}\hat{i}_q(s)+$$

$$G_{RC}(s)A_{63}\hat{i}_{\rm d}(s) \tag{3-162}$$

将式（3-159）、式（3-160）分别代入式（3-145）、式（3-146），并计算得

$$\begin{cases}\hat{i}_{\rm q}(s) = \dfrac{G_{RL}(s)[G_{RL}(s)A_{12}A_{32} - A_{42}]}{1+G_{RL}^2(s)A_{12}A_{22}}\hat{d}_{\rm m}(s) + \\ \qquad \dfrac{G_{RL}(s)[G_{RL}(s)A_{12}A_{33} - A_{43}]}{1+G_{RL}^2(s)A_{12}A_{22}}\hat{v}_{\rm dc}(s) \\ \hat{i}_{\rm d}(s) = \dfrac{-G_{RL}(s)[G_{RL}(s)A_{22}A_{42} - A_{32}]}{1+G_{RL}^2(s)A_{12}A_{22}}\hat{d}_{\rm m}(s) - \\ \qquad \dfrac{G_{RL}(s)[G_{RL}(s)A_{22}A_{43} + A_{33}]}{1+G_{RL}^2(s)A_{12}A_{22}}\hat{v}_{\rm dc}(s)\end{cases} \tag{3-163}$$

将式（3-163）代入式（3-162），并化简得

$$\begin{aligned}G_{\hat{d}_{\rm m}}(s) &= \left.\frac{\hat{v}_{\rm dc}(s)}{\hat{d}_{\rm m}}\right|_{\Delta\hat{\varphi}=\hat{\omega}=\hat{e}_{\rm m}=0} \\ &= \frac{G_{RC}(s)[A_{52}+A_{62}+A_{53}\alpha_{31}(s)+A_{63}\alpha_{33}(s)]}{1-G_{RC}(s)[A_{53}\alpha_{32}(s)+A_{63}\alpha_{34}(s)]}\end{aligned} \tag{3-164}$$

式中

$$\begin{cases}\alpha_{31}(s) = \dfrac{G_{RL}(s)[G_{RL}(s)A_{12}A_{32} - A_{42}]}{1+G_{RL}^2(s)A_{12}A_{22}} \\ \alpha_{32}(s) = \dfrac{G_{RL}(s)[G_{RL}(s)A_{12}A_{33} - A_{43}]}{1+G_{RL}^2(s)A_{12}A_{22}} \\ \alpha_{33}(s) = \dfrac{-G_{RL}(s)[G_{RL}(s)A_{22}A_{42} - A_{32}]}{1+G_{RL}^2(s)A_{12}A_{22}} \\ \alpha_{34}(s) = \dfrac{-G_{RL}(s)[G_{RL}(s)A_{22}A_{43} + A_{33}]}{1+G_{RL}^2(s)A_{12}A_{22}}\end{cases} \tag{3-165}$$

（4）$G_{\hat{e}_{\rm m}}(s) = \left.\dfrac{\hat{v}_{\rm dc}(s)}{\hat{e}_{\rm m}(s)}\right|_{\Delta\hat{\varphi}=\hat{d}_{\rm m}=\hat{\omega}=0}$

将 $\Delta\hat{\varphi}=\hat{d}_{\rm m}=\hat{\omega}=0$ 代入式（3-134）～式（3-136），得

$$\hat{E}_1(s) = -\hat{e}_{\rm m}(s) + A_{12}\hat{i}_{\rm d}(s) + A_{43}\hat{v}_{\rm dc}(s) \tag{3-166}$$

$$\hat{E}_2(s) = A_{22}\hat{i}_{\rm q}(s) - A_{33}\hat{v}_{\rm dc}(s) \tag{3-167}$$

$$\hat{I}(s) = A_{53}\hat{i}_{\rm q}(s) + A_{63}\hat{i}_{\rm d}(s) \tag{3-168}$$

将式（3-168）代入式（3-143），得

$$\hat{v}_{\rm dc}(s) = G_{RC}(s)A_{53}\hat{i}_{\rm q}(s) + G_{RC}(s)A_{63}\hat{i}_{\rm d}(s) \tag{3-169}$$

将式（3-166）、式（3-167）分别入式（3-145）、式（3-146），并计算得

$$\begin{cases}\hat{i}_{\mathrm{q}}(s)=\dfrac{G_{RL}(s)}{1+G_{RL}^2(s)A_{12}A_{22}}\hat{e}_{\mathrm{m}}(s)+\\ \qquad\dfrac{G_{RL}(s)[G_{RL}(s)A_{12}A_{33}-A_{43}]}{1+G_{RL}^2(s)A_{12}A_{22}}\hat{v}_{\mathrm{dc}}(s)\\ \hat{i}_{\mathrm{d}}(s)=\dfrac{G_{RL}^2(s)A_{22}}{1+G_{RL}^2(s)A_{12}A_{22}}\hat{e}_{\mathrm{m}}(s)+\\ \qquad\dfrac{G_{RL}(s)[G_{RL}(s)A_{43}A_{22}-A_{33}]}{1+G_{RL}^2(s)A_{12}A_{22}}\hat{v}_{\mathrm{dc}}(s)\end{cases} \tag{3-170}$$

将式（3-170）代入式（3-169），并化简得

$$\begin{aligned}G_{\hat{e}_{\mathrm{m}}}(s)&=\left.\frac{\hat{v}_{\mathrm{dc}}(s)}{\hat{e}_{\mathrm{m}}(s)}\right|_{\Delta\hat{\varphi}=\hat{d}_{\mathrm{m}}=\hat{\omega}=0}\\&=\frac{G_{RC}(s)[A_{53}\alpha_{41}(s)+A_{63}\alpha_{43}(s)]}{1-G_{RC}(s)[A_{53}\alpha_{42}(s)+A_{63}\alpha_{44}(s)]}\end{aligned} \tag{3-171}$$

式中

$$\begin{cases}\alpha_{41}(s)=\dfrac{G_{RL}(s)}{1+G_{RL}^2(s)A_{12}A_{22}}\\ \alpha_{42}(s)=\dfrac{G_{RL}(s)[G_{RL}(s)A_{12}A_{33}-A_{43}]}{1+G_{RL}^2(s)A_{12}A_{22}}\\ \alpha_{43}(s)=\dfrac{G_{RL}^2(s)A_{22}}{1+G_{RL}^2(s)A_{12}A_{22}}\\ \alpha_{44}(s)=\dfrac{G_{RL}(s)[G_{RL}(s)A_{43}A_{22}-A_{33}]}{1+G_{RL}^2(s)A_{12}A_{22}}\end{cases} \tag{3-172}$$

通过上述有关变量扰动的传递函数求解，并由叠加原理就可以最终求解三相 VSR 直流输出电压微偏扰动的动态响应，即

$$\begin{aligned}\hat{v}_{\mathrm{dc}}(s)=\;&G_{\hat{\omega}}(s)\hat{\omega}(s)+G_{\Delta\hat{\varphi}}(s)\Delta\hat{\varphi}(s)+\\&G_{\hat{d}\mathrm{m}}(s)\hat{d}_{\mathrm{m}}(s)+G_{\hat{e}\mathrm{m}}(s)\hat{e}_{\mathrm{m}}(s)\end{aligned} \tag{3-173}$$

5. $\varphi=\varphi_1$ 简化时三相 VSR 静态特性分析

所谓静态特性就是指系统在稳态工作点上的传递特性。因此，$\varphi=\varphi_1$ 简化时三相 VSR 静态特性的求取，关键在于建立对应的静态等效电路。针对图 3-21 所示的三相 VSR 受控源等效电路，在稳态工作点工作时，忽略三相 VSR 网侧电阻 R，且将电感短路、电容开路，即获得 $\varphi=\varphi_1$ 简化时三相 VSR 静态等效受控源电路，如图 3-24 所示。

（1）直流电压增益 $G_v=\bar{v}_{\mathrm{dc}}/\bar{e}_{\mathrm{m}}$　由图 3-24 知

$$\bar{i}_{\mathrm{d}}=\frac{1}{\bar{\omega}L}[\bar{e}_{\mathrm{m}}-\bar{v}_{\mathrm{dc}}\bar{d}_{\mathrm{m}}\cos\Delta\bar{\varphi}] \tag{3-174}$$

$$\bar{i}_{\mathrm{q}} = -\frac{1}{\bar{\omega}L}\bar{v}_{\mathrm{dc}}\bar{d}_{\mathrm{m}}\sin\Delta\bar{\varphi} \quad (3\text{-}175)$$

$$\bar{v}_{\mathrm{dc}} = [\bar{i}_{\mathrm{q}}\bar{d}_{\mathrm{m}}\cos\Delta\bar{\varphi} - \bar{i}_{\mathrm{d}}\bar{d}_{\mathrm{m}}\sin\Delta\bar{\varphi}]R_{\mathrm{L}} \quad (3\text{-}176)$$

将式（3-174）、式（3-175）代入式（3-176），并化简得

$$G_v = \frac{\bar{v}_{\mathrm{dc}}}{\bar{e}_{\mathrm{m}}} = \frac{\sin(-\Delta\bar{\varphi})}{\bar{\omega}L}\bar{d}_{\mathrm{m}}R_{\mathrm{L}} = \frac{\sin(\bar{\varphi}_1 - \bar{\varphi}_2)}{\bar{\omega}L}\bar{d}_{\mathrm{m}}R_{\mathrm{L}} \quad (3\text{-}177)$$

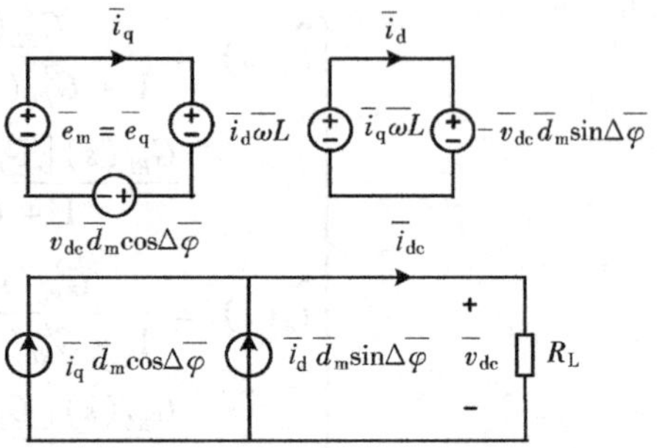

图 3-24　$\varphi=\varphi_1$ 简化时三相 VSR 静态等效受控源电路（$\Delta\bar{\varphi}=\bar{\varphi}_2-\bar{\varphi}_1$）

式（3-177）表明，对于给定的 R_{L}，只有当 L 足够小时，方可建立足够的直流电压；而当 L 一定，且 $\sin(\bar{\varphi}_1-\bar{\varphi}_2)\bar{d}_{\mathrm{m}}$ 较小时，只有当 R_{L} 足够大时，才能确保恒定直流电压 $\bar{v}_{\mathrm{dc}}$ 控制。

（2）电流源特性　由图 3-24 得

$$\bar{i}_{\mathrm{dc}} = \frac{\bar{v}_{\mathrm{dc}}}{R_{\mathrm{L}}} \quad (3\text{-}178)$$

将式（3-177）代入式（3-178），化简得

$$\bar{i}_{\mathrm{dc}} = \frac{\bar{e}_{\mathrm{m}}\sin(\bar{\varphi}_1-\bar{\varphi}_2)}{\bar{\omega}L}\bar{d}_{\mathrm{m}} \quad (3\text{-}179)$$

式（3-179）表明，三相 VSR 直流侧电流 $\bar{i}_{\mathrm{dc}}$ 与直流电压 $\bar{v}_{\mathrm{dc}}$ 及负载电阻 R_{L} 无关，$\bar{i}_{\mathrm{dc}}$ 只与电路电感 L、PWM 占空比幅值 $\bar{d}_{\mathrm{m}}$、电网电动势幅值 $\bar{e}_{\mathrm{m}}$ 有关。显然，直流侧电流 $\bar{i}_{\mathrm{dc}}$ 表现出受控电流源特性，即电流大小由 $\bar{d}_{\mathrm{m}}$、$\sin(\bar{\varphi}_1-\bar{\varphi}_2)$ 直接控制。这种情况下，三相 VSR 直流侧可简化成图 3-25 所示的静态等效电路。

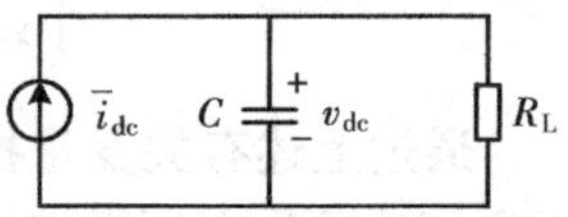

图 3-25　三相 VSR 直流侧静态等效电路

（3）输入功率 p、q 及功率因数 λ　在同步旋转坐标系（d，q）中，若采用“等功率”坐标变换，则三相 VSR 输入有功功率 p 及无功功率 q 的静态值 $\bar{p}$、$\bar{q}$ 表达式为[75]

$$\bar{p} = \bar{e}_{\mathrm{q}}\bar{i}_{\mathrm{q}} + \bar{e}_{\mathrm{d}}\bar{i}_{\mathrm{d}} \quad (3\text{-}180)$$

$$\bar{q} = \bar{e}_{\mathrm{q}}\bar{i}_{\mathrm{d}} - \bar{e}_{\mathrm{d}}\bar{i}_{\mathrm{q}} \quad (3\text{-}181)$$

当 $\varphi=\varphi_1$ 时

$$\begin{cases}\bar{e}_{\mathrm{q}} = \bar{e}_{\mathrm{m}}\cos(\varphi_1-\varphi) = \bar{e}_{\mathrm{m}} \\ \bar{e}_{\mathrm{d}} = -\bar{e}_{\mathrm{m}}\sin(\varphi_1-\varphi) = 0\end{cases} \quad (3\text{-}182)$$

将式（3-182）、式（3-174）、式（3-175）、式（3-177）代入式（3-180）、式

(3-181)，计算得

$$\begin{cases}\bar{p}=\dfrac{\bar{e}_m{}^2}{\bar{\omega} L}\alpha\sin^2(\bar{\varphi}_1-\bar{\varphi}_2)\\ \bar{q}=\dfrac{\bar{e}_m{}^2}{\bar{\omega} L}[1-\alpha\sin(\bar{\varphi}_1-\bar{\varphi}_2)\cos(\bar{\varphi}_1-\bar{\varphi}_2)]\end{cases} \tag{3-183}$$

式中

$$\alpha=\frac{\bar{d}_m^2 R_L}{\bar{\omega} L} \tag{3-184}$$

显然，三相 VSR 静态功率因数 $\bar{\lambda}$ 为

$$\begin{aligned}\bar{\lambda}&=\frac{\bar{p}}{(\bar{p}^2+\bar{q}^2)^{1/2}}\\ &=\frac{\alpha\sin^2(\bar{\varphi}_1-\bar{\varphi}_2)}{[1-\alpha\sin2(\bar{\varphi}_1-\bar{\varphi}_2)+\alpha^2\sin^2(\bar{\varphi}_1-\bar{\varphi}_2)]^{1/2}}\end{aligned} \tag{3-185}$$

式（3-183）、式（3-184）表明，通过控制参数 α、$(\bar{\varphi}_1-\bar{\varphi}_2)$ 即可控制三相 VSR 的输入有功功率和无功功率，因而三相 VSR 功率因数 $\bar{\lambda}$ 得以控制。若使三相 VSR 获得单位功率因数整流控制，则要求 $\bar{\lambda}=1$ 或 $\bar{q}=0$，这样，由式（3-183）计算得

$$1-\alpha\sin(\bar{\varphi}_1-\bar{\varphi}_2)\cos(\bar{\varphi}_1-\bar{\varphi}_2)=0$$

或

$$(\bar{\varphi}_1-\bar{\varphi}_2)=\frac{1}{2}\arcsin\left(\frac{2}{\alpha}\right) \tag{3-186}$$

要使式（3-186）成立，必须满足：$\alpha\geqslant2$。

将式（3-186）代入式（3-177），则得三相 VSR 在单位功率因数整流控制条件下的直流侧电压表达式为

$$\begin{aligned}\bar{v}_{dc}\Big|_{\bar{\lambda}=1}&=\frac{R_L}{\bar{\omega} L}\bar{e}_m\bar{d}_m\sin\left[\frac{1}{2}\arcsin\left(\frac{2\bar{\omega} L}{\bar{d}_m{}^2R_L}\right)\right]\\ &=\frac{\bar{e}_m}{\bar{d}_m}\alpha\sin\frac{1}{2}\left[\arcsin\left(\frac{2}{\alpha}\right)\right]\end{aligned} \tag{3-187}$$

当 $\alpha\gg2$ 时

$$\bar{v}_{dc}\Big|_{\bar{\lambda}=1}\approx\frac{\bar{e}_m}{\bar{d}_m} \tag{3-188}$$

上述分析说明，当 $R_L\gg\bar{\omega} L$，即当 $\alpha\gg2$ 时，若取得单位功率因数控制（$\bar{\lambda}=1$），则三相 VSR 直流侧电压 $\bar{v}_{dc}\Big|_{\bar{\lambda}=1}\approx\bar{e}_m/\bar{d}_m\geqslant\bar{e}_m$。这一结果使三相 VSR 体现出 Boost 型变换器特性，且直流侧电压 $\bar{v}_{dc}$ 对负载电阻 R_L 变化不敏感。

以上讨论要求 $\alpha \geqslant 2$，若 $\alpha < 2$，则无法实现单位功率因数控制，即 $\bar{\lambda} < 1$。为此，可寻求最大功率因数控制，即要求 $\bar{q}/\bar{p}$ 比值最小即可。由式（3-183）、式（3-184）计算得

$$\frac{\bar{q}}{\bar{p}} = \frac{1}{\alpha}[\csc^2(\bar{\varphi}_1 - \bar{\varphi}_2) - \cot(\bar{\varphi}_1 - \bar{\varphi}_2)] \tag{3-189}$$

容易计算，当 $\alpha < 2$ 且 $\bar{\varphi}_1 - \bar{\varphi}_2 = \arcsin 2/(\alpha^2+4)^{1/2}$ 时，$\bar{q}/\bar{p}$ 比值取得最小值，此时三相 VSR 取得最大功率因数控制，且满足

$$\bar{\lambda}_{\max} = \frac{4\alpha}{\alpha^2 + 4} \qquad \alpha = \frac{\bar{d}_m^2 R_L}{\bar{\omega} L} \tag{3-190}$$

当直流侧负载电阻开路，即 $R_L' \to \infty$ 时，$(\bar{\varphi}_1 - \bar{\varphi}_2) \to 0$，若不考虑桥路损耗，三相 VSR 可等效成一个无功补偿器，此时输入有功功率 $\bar{p}$ 变为

$$\bar{p} \to 0 \tag{3-191}$$

另外，当 $R_L \to \infty$、$(\bar{\varphi}_1 - \bar{\varphi}_2) \to 0$ 时，则由式（3-183）、式（3-177）可计算出此时三相 VSR 无功功率 $\bar{q}$ 为

$$\bar{q} = \frac{\bar{e}_m^2}{\omega L}(1 - b) \qquad b = \frac{\bar{d}_m \bar{v}_{dc}}{\bar{e}_m} \tag{3-192}$$

可见，通过对参数 b 的控制，就可以控制三相 VSR 的无功功率 $\bar{q}$。而当 $\bar{v}_{dc}$、$\bar{e}_m$ 恒定时，为控制 $\bar{q}$，只需控制 $\bar{d}_m$ 即可。显然，当 $b < 1$ 时，$\bar{q} > 0$，三相 VSR 网侧可等效成理想电感；而当 $b \geqslant 1$ 时，$\bar{q} \leqslant 0$，三相 VSR 网侧可等效成理想电容，即

$$\bar{q} = \begin{cases} \dfrac{\bar{e}_m^2}{\omega L_{eq}} & L_{eq} = \dfrac{L}{1 - b} \quad (b < 1) \\ -\omega C_{eq} \bar{e}_m^2 & C_{eq} = \dfrac{b - 1}{\omega^2 L} \quad (b \geqslant 1) \end{cases} \tag{3-193}$$

式中 L_{eq}——等效电感；

C_{eq}——等效电容。

6. $\varphi = \varphi_2$ 简化时三相 VSR 等效受控源电路构成

当采用 $\varphi = \varphi_2$ 简化时，即选择旋转变换矩阵 $\boldsymbol{C}_{3s2r}$ 中初始相位角与三相 VSR 交流侧基波电压初始相位角相等，此时简化电路如图 3-19 所示。为进一步进行电路分析，利用图 3-20 将图 3-19 中的变压器、回转器分别以等效受控源等效，即得 $\varphi = \varphi_2$ 简化时三相 VSR 等效受控源模型电路，如图 3-26 所示。

同 $\varphi = \varphi_1$ 简化时一样，图 3-26 实际上是 $\varphi = \varphi_2$ 简化时的三相 VSR 低频等效电路。

7. $\varphi = \varphi_2$ 简化时三相 VSR 微偏线性化等效电路构成

由图 3-26 可看出：当 $\varphi = \varphi_2$ 简化时，三相 VSR 等效受控源电路由于含有变

量乘积，因而呈现非线性特性。同 $\varphi=\varphi_1$ 简化时的三相 VSR 动态特性分析一样，仍采用稳态工作点 $\bar{x}\in(\bar{\omega}、\bar{d}_m、\bar{e}_m、\Delta\bar{\varphi}、\bar{v}_{dc})$ 的微偏扰动线性等效模型进行 $\varphi=\varphi_2$ 简化时的三相 VSR 动态特性分析，其中稳态工作点微偏扰动 $\hat{x}\in(\hat{\omega}、\hat{d}_m、\hat{e}_m、\Delta\hat{\varphi}、\hat{v}_{dc})$，且 $\Delta\varphi=\varphi_2-\varphi_1$。以下具体推算各受控源微偏线性等效模型。

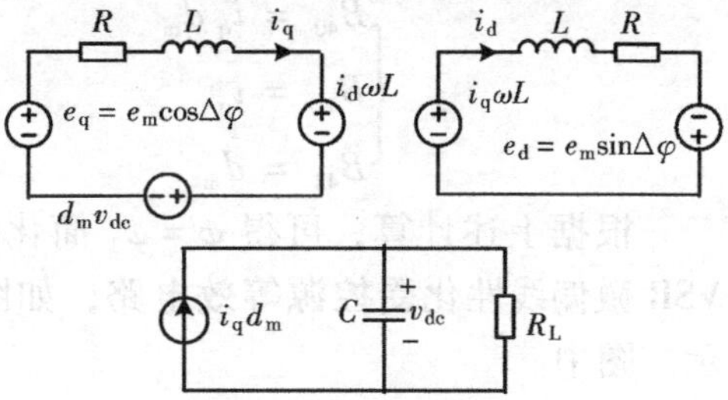

图 3-26　$\varphi=\varphi_2$ 简化时三相 VSR 等效受控源电路

(1) 受控电压源：$i_d\omega L$　参见式 (3-121)。

(2) 受控电压源：$i_q\omega L$　参见式 (3-123)。

(3) 受控电压源：$e_q=e_m\cos\Delta\varphi$　考虑 e_m、$\Delta\varphi$ 两变量扰动并忽略高次项，得

$$(\bar{e}_m+\hat{e}_m)\cos(\Delta\bar{\varphi}+\Delta\hat{\varphi})\approx\bar{e}_m\cos(\Delta\bar{\varphi})+\hat{e}_m\cos(\Delta\bar{\varphi})-\bar{e}_m\sin(\Delta\bar{\varphi})\Delta\hat{\varphi}=B_{10}+B_{11}\hat{e}_m+B_{12}\Delta\hat{\varphi} \tag{3-194}$$

式中

$$\begin{cases}B_{10}=\bar{e}_m\cos(\Delta\bar{\varphi})\\ B_{11}=\cos(\Delta\bar{\varphi})\\ B_{12}=-\bar{e}_m\sin(\Delta\bar{\varphi})\end{cases} \tag{3-195}$$

(4) 受控电压源：$e_d=e_m\sin\Delta\bar{\varphi}$　考虑 e_m、$\Delta\varphi$ 两变量扰动，并忽略高次项，得

$$(\bar{e}_m+\hat{e}_m)\sin(\Delta\bar{\varphi}+\Delta\hat{\varphi})\approx\bar{e}_m+\sin(\Delta\bar{\varphi})+\bar{e}_m\cos(\Delta\varphi)\Delta\hat{\varphi}=B_{20}+B_{21}\hat{e}+B_{22}\Delta\hat{\varphi} \tag{3-196}$$

式中

$$\begin{cases}B_{20}=\bar{e}_m\sin(\Delta\bar{\varphi})\\ B_{21}=\sin(\Delta\bar{\varphi})\\ B_{22}=e_m\cos(\Delta\varphi)\end{cases} \tag{3-197}$$

(5) 受控电压源：$d_m v_{dc}$　考虑 d_m、v_{dc} 两变量扰动，并忽略高次项，得

$$(\bar{d}_m+\hat{d}_m)(\bar{v}_{dc}+\hat{v}_{dc})\approx\bar{d}_m\bar{v}_{dc}+\bar{v}_{dc}\hat{d}_m+\bar{d}_m\hat{v}_{dc}=B_{30}+B_{31}\hat{d}_m+B_{32}\hat{v}_{dc} \tag{3-198}$$

式中

$$\begin{cases}B_{30}=\bar{d}_m\bar{v}_{dc}\\ B_{31}=\bar{v}_{dc}\\ B_{32}=\bar{d}_m\end{cases} \tag{3-199}$$

(6) 受控电流源：$i_q d_m$　考虑 i_q、d_m 两变量扰动，并忽略高次项，得

$$(\bar{i}_q+\hat{i}_q)(\bar{d}_m+\hat{d}_m)\approx\bar{i}_q\bar{d}_m+\bar{i}_q\hat{d}_m+\bar{d}_m\hat{i}_q=B_{40}+B_{41}\hat{d}_m+B_{42}\hat{i}_q \tag{3-200}$$

式中

$$\begin{cases} B_{40} = \bar{i}_{q}\bar{d}_{m} \\ B_{41} = \bar{i}_{q} \\ B_{42} = \bar{d}_{m} \end{cases} \tag{3-201}$$

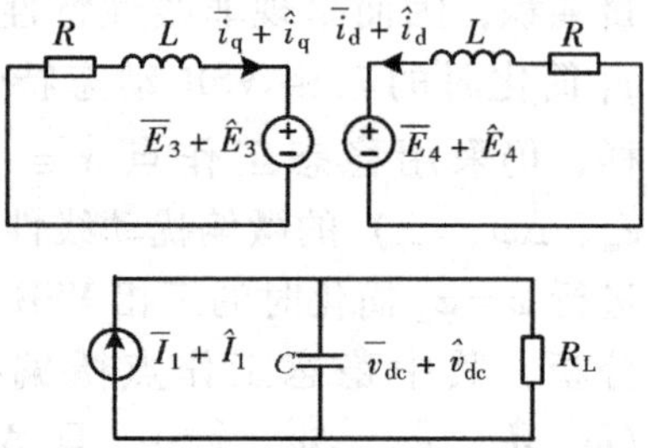

图 3-27 $\varphi=\varphi_2$ 简化时三相 VSR 微偏线性化受控源等效电路

根据上述计算，可得 $\varphi=\varphi_2$ 简化时的三相 VSR 微偏线性化受控源等效电路，如图 3-27 所示。图中

$$\hat{E}_3 = A_{11}\hat{\omega} + A_{12}\hat{i}_d + B_{31}\hat{d}_m + B_{32}\hat{v}_{dc} - B_{11}\hat{e}_m - B_{12}\Delta\hat{\varphi} \tag{3-202}$$

$$\hat{E}_4 = A_{21}\hat{\omega} + A_{22}\hat{i}_q + B_{21}\hat{e}_m + B_{22}\Delta\hat{\varphi} \tag{3-203}$$

$$\hat{I}_1 = B_{41}\hat{e}_m + B_{42}\hat{i}_q \tag{3-204}$$

$$\bar{E}_3 = A_{10} + B_{30} - B_{10} \tag{3-205}$$

$$\bar{E}_4 = A_{20} + B_{20} \tag{3-206}$$

$$\bar{I}_4 = B_{40} \tag{3-207}$$

8. $\varphi=\varphi_2$ 简化时的三相 VSR 动态特性

讨论 $\varphi=\varphi_2$ 简化时的三相 VSR 动态特性（以直流电压特性为例），需研究三相 VSR 稳态工作点处各变量微偏扰动对三相 VSR 直流输出电压v_{dc}的影响。令 $\bar{E}_3=\bar{E}_4=\bar{I}_1=0$，即可建立 $\varphi=\varphi_2$ 简化时的三相 VSR 动态等效电路，如图 3-28 所示。

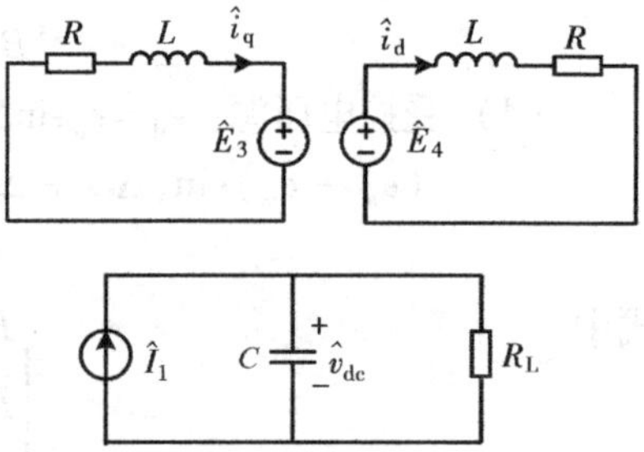

图 3-28 $\varphi=\varphi_2$ 简化时三相 VSR 动态等效电路

以下求解各扰动量 $\hat{x}\in(\hat{\omega}, \hat{e}_m, \Delta\hat{\varphi}, \hat{d}_m)$ 对直流电压 $\hat{v}_{dc}$的传递函数。

(1) $G_{\hat{\omega}}(s) = \left.\dfrac{\hat{v}_{dc}(s)}{\hat{\omega}(s)}\right|_{\Delta\hat{\varphi}=\hat{d}_m=\hat{e}_m=0}$

将 $\Delta\hat{\varphi}=\hat{d}_m=\hat{e}_m=0$ 代入式（3-202）~式（3-204），得

$$\hat{E}_3(s) = A_{11}\hat{\omega}(s) + A_{12}\hat{i}_d(s) + B_{32}\hat{v}_{dc}(s) \tag{3-208}$$

$$\hat{E}_4(s) = A_{21}\hat{\omega}(s) + A_{22}\hat{i}_q(s) \tag{3-209}$$

$$\hat{I}_1(s) = B_{42}\hat{i}_q \tag{3-210}$$

由图 3-28，得

$$\begin{cases} \hat{v}_{dc}(s) = \hat{I}_1(s)G_{RC}(s) \\ G_{RC}(s) = \dfrac{R_L}{R_L Cs + 1} \end{cases} \tag{3-211}$$

$$\begin{cases}\hat{i}_q(s) = -\hat{E}_3(s)G_{RL}(s)\\ G_{RL}(s) = \dfrac{1}{R+sL}\end{cases} \tag{3-212}$$

$$\hat{i}_d(s) = \hat{E}_4(s)G_{RL}(s) \tag{3-213}$$

联立式（3-208）、式（3-209）、式（3-211）、式（3-212），得

$$\begin{cases}-\dfrac{\hat{i}_q(s)}{G_{RL}(s)} = A_{11}\hat{\omega}(s) + A_{12}\hat{i}_d(s) + B_{32}\bar{v}_{dc}(s)\\ \dfrac{\hat{i}_d(s)}{G_{RL}(s)} = A_{21}\hat{\omega}(s) + A_{22}\hat{i}_q(s)\end{cases} \tag{3-214}$$

解得

$$\hat{i}_q(s) = -\frac{[A_{11} + A_{12}A_{21}G_{RL}(s)]G_{RL}(s)\hat{\omega}(s) + B_{32}G_{RL}(s)\bar{v}_{dc}(s)}{1 + A_{12}A_{22}G_{RL}^2(s)} \tag{3-215}$$

将 $\hat{v}_{dc}(s) = \hat{I}_1(s)\ G_{RC}(s) = B_{42}G_{RC}(s)\ \hat{i}_q(s)$ 代入式（3-215），并化简得

$$\begin{aligned}G_{\hat{\omega}}(s) &= \left.\frac{\hat{v}_{dc}(s)}{\hat{\omega}(s)}\right|_{\Delta\hat{\varphi} = \hat{d}_m = \hat{e}_m = 0}\\ &= -\frac{B_{42}G_{RC}(s)[A_{11} + A_{12}A_{21}G_{RL}(s)]G_{RL}(s)}{1 + A_{12}A_{22}G_{RL}^2(s) + B_{42}G_{RC}(s)B_{32}G_{RL}(s)}\end{aligned} \tag{3-216}$$

（2）$G_{\Delta\hat{\varphi}}(s) = \left.\dfrac{\hat{v}_{dc}(s)}{\Delta\hat{\varphi}(s)}\right|_{\hat{\omega} = \hat{d}_m = \hat{e}_m = 0}$

将 $\hat{\omega} = \hat{d}_m = \hat{e}_m = 0$ 代入式（3-202）~式（3-204），得

$$\hat{E}_3(s) = A_{12}\hat{i}_d(s) + B_{32}\hat{v}_{dc}(s) - B_{12}\Delta\hat{\varphi}(s) \tag{3-217}$$

$$\hat{E}_4(s) = A_{22}\hat{i}_q(s) + B_{32}\Delta\hat{\varphi}(s) \tag{3-218}$$

$$\hat{I}_1(s) = B_{42}\hat{i}_q(s) \tag{3-219}$$

联立式（3-217）、式（3-218）、式（3-212）、式（3-213），得

$$\begin{cases}-\dfrac{\hat{i}_q(s)}{G_{RL}(s)} = A_{12}\hat{i}_d(s) + B_{32}\bar{v}_{dc}(s) - B_{12}\Delta\hat{\varphi}(s)\\ \dfrac{\hat{i}_d(s)}{G_{RL}(s)} = A_{22}\hat{i}_q(s) + B_{22}\Delta\hat{\varphi}\end{cases} \tag{3-220}$$

解得

$$\hat{i}_q(s) = -\frac{[-A_{12}B_{22}G_{RL}(s) + B_{12}]G_{RL}(s)\Delta\hat{\varphi} - B_{32}G_{RL}(s)\hat{v}_{dc}(s)}{1 + A_{12}A_{22}G_{RL}^2(s)} \tag{3-221}$$

另外

$$\hat{v}_{dc}(s) = \hat{I}_1(s)G_{RC}(s) = B_{42}\hat{i}_q(s)G_{RC}(s) \tag{3-222}$$

将式（3-221）代入式（3-222），并化简得

$$\begin{aligned} G_{\Delta\hat{\varphi}}(s) &= \frac{\hat{v}_{dc}(s)}{\Delta\hat{\varphi}(s)}\bigg|_{\hat{\omega} = \hat{d}_m = \hat{e}_m = 0} \\ &= \frac{B_{42}G_{RC}(s)[-A_{12}B_{22}G_{RL}(s) + B_{12}]G_{RL}(s)}{1 + A_{12}A_{21}G_{RL}^2(s) + B_{42}G_{RC}(s)G_{RL}(s)B_{32}} \end{aligned} \tag{3-223}$$

（3）$G_{\hat{d}_m} = \dfrac{\hat{v}_{dc}(s)}{\hat{d}_m(s)}\bigg|_{\hat{\omega} = \Delta\hat{\varphi} = \hat{e}_m = 0}$

将 $\hat{\omega} = \Delta\hat{\varphi} = \hat{e}_m = 0$ 代入式（3-202）~式（3-204），得

$$\hat{E}_3(s) = A_{12}\hat{i}_d(s) + B_{31}\hat{d}_m + B_{32}\hat{v}_{dc}(s) \tag{3-224}$$

$$\hat{E}_4(s) = A_{22}\hat{i}_q(s) \tag{3-225}$$

$$\hat{I}_1(s) = B_{41}\hat{d}_m(s) + B_{42}\hat{i}_q(s) \tag{3-226}$$

联立式（3-224）、式（3-225）、式（3-212）、式（3-213），得

$$\begin{cases} -\dfrac{\hat{i}_q(s)}{G_{RL}(s)} = A_{12}\hat{i}_d(s) + B_{31}\hat{d}_m + B_{32}\hat{v}_{dc}(s) \\ \dfrac{\hat{i}_d(s)}{G_{RL}(s)} = A_{22}\hat{i}_q(s) \end{cases} \tag{3-227}$$

解得

$$\hat{i}_q(s) = \frac{-B_{31}G_{RL}(s)\hat{d}_m(s) - B_{32}G_{RL}(s)\hat{v}_{dc}(s)}{1 + A_{12}A_{22}G_{RL}^2(s)} \tag{3-228}$$

另外

$$\hat{v}_{dc}(s) = \hat{I}_1(s)G_{RC}(s) = B_{41}G_{RC}(s)\hat{d}_m(s) + B_{42}G_{RC}(s)\hat{i}_q(s) \tag{3-229}$$

将式（3-229）代入式（3-228），并化简得

$$\begin{aligned} G_{\hat{d}_m}(s) &= \frac{\hat{v}_{dc}(s)}{\hat{d}_m(s)}\bigg|_{\hat{\omega} = \Delta\hat{\varphi} = \hat{e}_m = 0} \\ &= \frac{[1 + A_{12}A_{22}G_{RL}^2(s)]B_{41}G_{RC}(s) - B_{42}B_{31}G_{RC}(s)G_{RL}(s)}{[1 + A_{12}A_{22}G_{RL}^2(s)] + B_{42}B_{32}G_{RC}(s)G_{RL}(s)} \end{aligned} \tag{3-230}$$

（4）$G_{\hat{e}_m}(s) = \dfrac{\hat{v}_{dc}(s)}{\hat{e}_m(s)}\bigg|_{\hat{\omega} = \hat{d}_m = \Delta\hat{\varphi} = 0}$

将 $\hat{\omega} = \hat{d}_m = \Delta\hat{\varphi} = 0$ 代入式（3-202）~式（3-204），得

$$\hat{E}_3(s) = A_{12}\hat{i}_d(s) + B_{32}\hat{v}_{dc}(s) - B_{11}\hat{e}_m(s) \tag{3-231}$$

$$\hat{E}_4(s) = A_{22}\hat{i}_q(s) + B_{21}\hat{e}_m(s) \tag{3-232}$$

$$\hat{I}_1(s) = B_{42}\hat{i}_q(s) \tag{3-233}$$

联立式（3-231）、式（3-232）、式（3-212）、式（3-213），得

$$\begin{cases} -\dfrac{\hat{i}_q(s)}{G_{RL}(s)} = A_{12}\hat{i}_d(s) + B_{32}\hat{v}_{dc}(s) - B_{11}\hat{e}_m(s) \\ \dfrac{\hat{i}_d(s)}{G_{RL}(s)} = A_{22}\hat{i}_q(s) + B_{21}\hat{e}_m(s) \end{cases} \tag{3-234}$$

解得

$$\hat{i}_q(s) = \frac{-G_{RL}(s)B_{32}\hat{v}_{dc}(s) + G_{RL}(s)[-G_{RL}(s)B_{21}A_{12} + B_{11}]\hat{e}_m(s)}{1 + A_{12}A_{22}G_{RL}^2(s)} \tag{3-235}$$

另外

$$\hat{v}_{dc}(s) = \hat{I}_1(s)G_{RC}(s) = B_{42}\hat{i}_q(s)G_{RC}(s) \tag{3-236}$$

将式（3-235）代入式（3-236），并化简得

$$\begin{aligned} G_{\hat{e}_m}(s) &= \left.\frac{\hat{v}_{dc}(s)}{\hat{e}_m(s)}\right|_{\hat{\omega} = \hat{d}_m = \Delta\hat{\varphi} = 0} \\ &= \frac{G_{RL}(s)[-G_{RL}(s)B_{21}A_{12} + B_{11}]B_{42}G_{RC}(s)}{1 + A_{12}A_{22}G_{RL}^2(s) + B_{42}G_{RC}(s)G_{RL}(s)B_{32}} \end{aligned} \tag{3-237}$$

通过以上有关变量扰动的传递函数求解，并根据叠加原理，即可求解出三相 VSR 直流输出电压微偏扰动时的动态响应，即

$$\hat{v}_{dc}(s) = G_{\hat{\omega}}(s)\hat{\omega}(s) + G_{\Delta\hat{\varphi}}(s)\Delta\hat{\varphi}(s) + G_{\hat{d}_m}(s)\hat{d}_m(s) + G_{\hat{e}_m}(s)\hat{e}_m \tag{3-238}$$

9. $\varphi=\varphi_2$ 简化时三相 VSR 静态特性

类似 $\varphi=\varphi_1$ 简化时的静态特性分析，首先确立与稳态工作点 $\bar{x}\in(\bar{\omega}, \bar{d}_m, \bar{e}_m, \Delta\bar{\varphi}, \bar{v}_{dc})$ 对应的静态等效电路。针对图 3-26 所示的三相 VSR 等效受控源电路，若忽略三相 VSR 网侧电阻 R，并将电感短路、电容开路，且电路工作于稳态工作点 $\bar{x}\in(\bar{\omega}, \bar{d}_m, \bar{e}_m, \Delta\bar{\varphi}, \bar{v}_{dc})$，则 $\varphi=\varphi_2$ 简化时的三相 VSR 静态等效电路如图 3-29 所示。

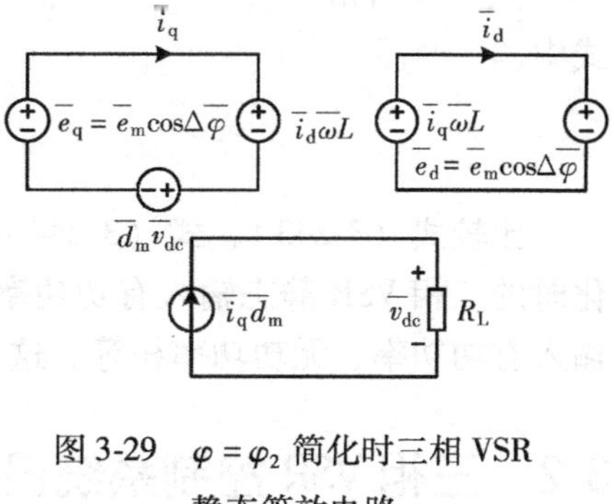

图 3-29　$\varphi=\varphi_2$ 简化时三相 VSR 静态等效电路

（1）直流电压增益 $G_v=\bar{v}_{dc}/(\bar{e}_m)$　由图 3-30，有

$$\bar{i}_d = \frac{1}{\bar{\omega}L}(\bar{e}_m\cos\Delta\bar{\varphi} - \bar{d}_m\bar{v}_{dc}) \tag{3-239}$$

$$\bar{i}_q = -\frac{1}{\omega L}\bar{e}_m\sin\Delta\bar{\varphi} \tag{3-240}$$

$$\bar{v}_{dc} = \bar{i}_q\,\bar{d}_m R_L \tag{3-241}$$

由式（3-240）、式（3-241）计算得

$$\begin{aligned} G_v &= \frac{\bar{v}_{dc}}{\bar{e}_m} \\ &= -\frac{\sin\Delta\bar{\varphi}}{\omega L}\bar{d}_m R_L = \frac{\sin(\bar{\varphi}_1-\bar{\varphi}_2)}{\omega L}\bar{d}_m R_L \end{aligned} \tag{3-242}$$

对比式（3-242）与式（3-177）可知，$\varphi=\varphi_2$ 简化时的静态电压增益与 $\varphi=\varphi_1$ 简化时的静态增益相同。

（2）关于静态输入有功功率 $\bar{p}$、无功功率 $\bar{q}$　由式（3-180）、式（3-181），且联立式（3-239）～式（3-242），得三相 VSR 静态输入有功功率 $\bar{p}$ 无功功率 $\bar{q}$ 为

$$\begin{aligned} \bar{p} &= \bar{e}_q\bar{i}_q+\bar{e}_d\bar{i}_d \\ &= \bar{e}_m\cos\bar{\varphi}\left[-\frac{1}{\omega L}\bar{e}_m\sin\Delta\bar{\varphi}\right]+\bar{e}_m\sin\Delta\bar{\varphi}\left[\frac{1}{\omega L}(\bar{e}_m\cos\bar{\varphi}-\bar{d}_m\bar{v}_{dc})\right] \\ &= \frac{\bar{e}_m^2}{\omega L}\alpha\sin^2(\bar{\varphi}_1-\bar{\varphi}_2) \end{aligned} \tag{3-243}$$

$$\begin{aligned} \bar{q} &= \bar{e}_q\bar{i}_d-\bar{e}_d\bar{i}_q \\ &= \bar{e}_m\cos\bar{\varphi}\left[\frac{1}{\omega L}(\bar{e}_m\cos\Delta\bar{\varphi}-\bar{d}_m\bar{v}_{dc})\right]-\bar{e}_m\sin\Delta\bar{\varphi}\left[-\frac{1}{\omega L}\bar{e}_m\sin\Delta\bar{\varphi}\right] \\ &= \frac{\bar{e}_m^2}{\omega L}\left[1-\alpha\sin(\bar{\varphi}_1-\bar{\varphi}_2)\cos(\bar{\varphi}_1-\bar{\varphi}_2)\right] \end{aligned} \tag{3-244}$$

式中

$$\alpha = \frac{\bar{d}_m^2 R_L}{\omega L} \tag{3-245}$$

比较式（3-243）、式（3-244）、式（3-183）、式（3-184）发现，$\varphi=\bar{\varphi}_2$ 简化时的三相 VSR 静态输入有功功率、无功功率与 $\varphi=\bar{\varphi}_1$ 简化时的三相 VSR 静态输入有功功率、无功功率相等。这一结果的正确性是显然的。

3.2　三相 VSR 控制系统设计

以上讨论了三相 VSR 的 dq 模型建立，对于三相交流对称系统，若只考虑交流基波分量，则稳态时 dq 模型的 d、q 分量均为直流变量；另一方面，适当选取同步旋转坐标系（d，q）的初始参考轴方向，如 q 轴与电网电动势矢量 $\boldsymbol{E}_{dq}$ 重

合，则 q 轴表示有功分量参考轴，而 d 轴表示无功分量参考轴，从而有利于三相 VSR 网侧有功、无功分量的独立控制。在三相 VSR 控制系统设计中，一般采用双环控制，即电压外环和电流内环。电压外环的作用主要是控制三相 VSR 直流侧电压，而电流内环的作用主要是按电压外环输出的电流指令进行电流控制，如实现单位功率因数正弦波电流控制。

3.2.1 电流内环控制系统设计

3.2.1.1 电流内环的简化

如图 3-1 所示，三相坐标系 VSR（d，q）中，其 dq 模型可描述为

$$\begin{bmatrix} e_d \\ e_q \end{bmatrix} = \begin{bmatrix} Lp + R & -\omega L \\ \omega L & Lp + R \end{bmatrix} \begin{bmatrix} i_d \\ i_q \end{bmatrix} + \begin{bmatrix} v_d \\ v_q \end{bmatrix} \tag{3-246}$$

$$\frac{3}{2}(v_d i_d + v_q i_q) = v_{dc} i_{dc} \tag{3-247}$$

式中　e_d、e_q——电网电动势矢量 $\boldsymbol{E}_{dq}$ 的 d、q 分量；

v_d、v_q——三相 VSR 交流侧电压矢量 $\boldsymbol{V}_{dq}$ 的 d、q 分量；

i_d、i_q——三相 VSR 交流侧电流矢量 $\boldsymbol{I}_{dq}$ 的 d、q 分量；

p——微分算子。

设 dq 坐标系中 q 轴与电网电动势矢量 $\boldsymbol{E}_{dq}$ 重合，则电网电动势矢量 d 轴分量 $e_d = 0$。

从三相 VSR dq 模型方程式（3-246）可看出，由于 VSR d、q 轴变量相互耦合，因而给控制器设计造成一定困难。为此，可采用前馈解耦控制策略[74]，当电流调节器采用 PI 调节器时，则 v_d、v_q 的控制方程如下：

$$v_q = -\left(K_{iP} + \frac{K_{iI}}{s}\right)(i_q^* - i_q) - \omega L i_d + e_q \tag{3-248}$$

$$v_d = -\left(K_{iP} + \frac{K_{iI}}{s}\right)(i_d^* - i_d) + \omega L i_q + e_d \tag{3-249}$$

式中　K_{iP}、K_{iI}——电流内环比例调节增益和积分调节增益；

i_q^*、i_d^*——i_q、i_d 电流指令值。

将式（3-248）、式（3-249）代入式（3-246），并化简得

$$p\begin{bmatrix} i_d \\ i_q \end{bmatrix} = \begin{bmatrix} -\left[R + \left(K_{iP} + \frac{K_{iI}}{s}\right)\right]/L & 0 \\ 0 & -\left[R + \left(K_{iP} + \frac{K_{iI}}{s}\right)\right]/L \end{bmatrix} \begin{bmatrix} i_d \\ i_q \end{bmatrix} + \frac{1}{L}\left(K_{iP} + \frac{K_{iI}}{s}\right)\begin{bmatrix} i_d^* \\ i_q^* \end{bmatrix} \tag{3-250}$$

显然，式（3-250）表明，基于前馈的控制算法式（3-248）、式（3-249）使三相VSR电流内环（i_d，i_q）实现了解耦控制，如图3-30所示。由于两电流内环的对称性，因而下面以i_q控制为例讨论电流调节器的设计。考虑电流内环信号采样的延迟和PWM控制的小惯性特性，已解耦的i_q电流内环结构如图3-31所示。

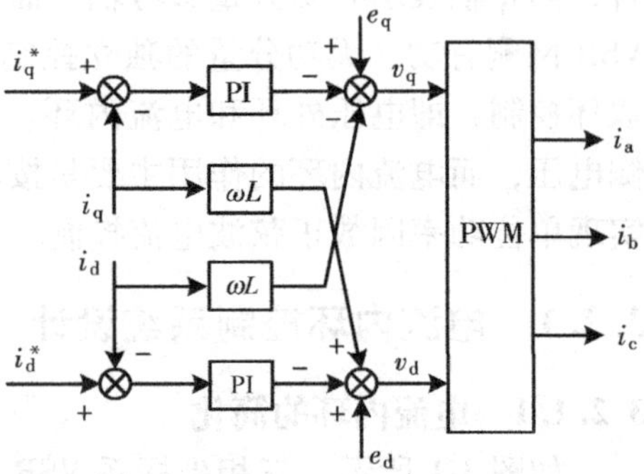

图3-30 三相VSR电流内环解耦控制结构

图3-31中，T_s为电流内环电流采样周期（即亦为PWM开关周期），K_{PWM}为桥路PWM等效增益。为简化分析，暂不考虑e_q的扰动，且将PI调节器传递函数写成零极点形式，即

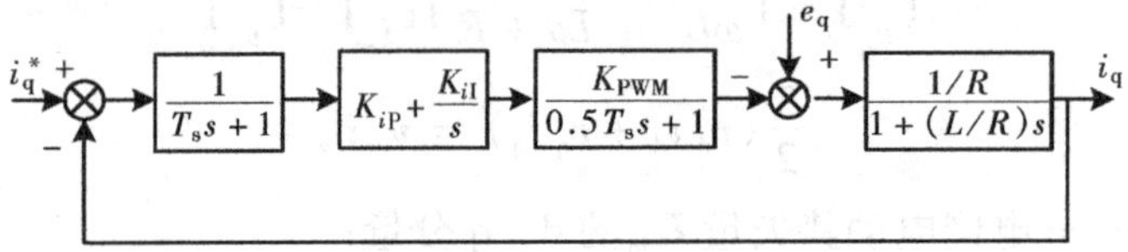

图3-31 i_q电流环结构

$$K_{iP}+\frac{K_{iI}}{s}=K_{iP}\frac{\tau_i s+1}{\tau_i s}\qquad K_{iI}=\frac{K_{iP}}{\tau_i}\tag{3-251}$$

将小时间常数$T_s/2$、T_s合并，得简化的电流内环结构，如图3-32所示。

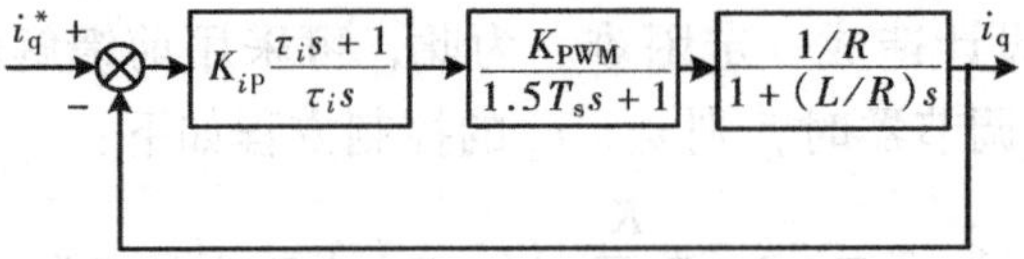

图3-32 无e_q扰动时的i_q电流内环简化结构

3.2.1.2 电流调节器设计

以下讨论两种电流调节器设计方案

1. 设计方案1——按典型Ⅰ型系统设计电流调节器

当考虑电流内环需获得较快的电流跟随性能时，可按典型Ⅰ型系统设计电流调节器，从图3-32可看出，只需以PI调节器零点抵消电流控制对象传递函数的极点即可，即$\tau_i=L/R$。校正后，电流内环的开环传递函数为

$$W_{oi}(s)=\frac{K_{iP}K_{PWM}}{R\tau_i s(1.5T_s s+1)}\tag{3-252}$$

由典型Ⅰ型系统参数整定关系[47]，当取系统阻尼比$\xi=0.707$时，有

$$\frac{1.5T_s K_{iP}K_{PWM}}{R\tau_i}=\frac{1}{2}\tag{3-253}$$

求解得

$$K_{iP}=\frac{R\tau_i}{3T_sK_{PWM}} \tag{3-254}$$

$$K_{iI}=\frac{K_{iP}}{\tau_i}=\frac{R}{3T_sK_{PWM}} \tag{3-255}$$

式（3-254）、式（3-255）即为电流内环 PI 调节器控制参数计算公式。

另外，电流内环闭环传递函数为

$$W_{ci}(s)=\frac{1}{1+\frac{R\tau_i}{K_{iP}K_{PWM}}s+\frac{1.5T_sR\tau_i}{K_{iP}\,K_{PWM}}s^2} \tag{3-256}$$

当开关频率足够高，即 T_s 足够小时，由于 s^2 项系数远小于 s 项系数，因此 s^2 项可以忽略，则 W_{ci} 可简化成

$$W_{ci}(s)\approx\frac{1}{1+\frac{R\tau_i}{K_{iP}K_{PWM}}s} \tag{3-257}$$

将式（3-254）代入式（3-257），得电流内环简化等效传递函数为

$$W_{ci}(s)=\frac{1}{1+3T_ss} \tag{3-258}$$

式（3-258）表明，当电流内环按典型Ⅰ型系统设计时，电流内环可近似等效成一个惯性环节，其惯性时间常数为 $3T_s$。显然，当开关频率足够高时，电流内环具有较快的动态响应。

当闭环控制系统的闭环增益减少至 -3dB 或其相位移为 -45°时，该点频率可定义为闭环系统频带宽度 f_b。实际上，除一阶惯性系统外，控制系统 -3dB 和相位移 -45°频率点并非在一个频率点上，这时频带宽度应取两频率点中较低者。对于按典型Ⅰ型系统设计的三相 VSR 电流内环系统，由于该电流内环可等效成一阶惯性环节，因而电流内环频带宽度 f_{bi} 为

$$f_{bi}=\frac{1}{2\pi(3T_s)}=\frac{1}{6\pi T_s}\approx\frac{1}{20T_s}=\frac{1}{20}f_s \tag{3-259}$$

式中　f_s——电流内环 PWM 开关调制频率。

对于阻尼比 $\xi=0.707$ 的典型Ⅰ型系统，其主要动态指标见表 3-1。

表 3-1　典型Ⅰ型系统动态指标

阻尼比	$\xi=0.707$
超调量	$\sigma=4.3\%$
上升时间	$t_r=4.72\tau$
相位裕度	$\gamma=65.5°$
截止频率	$\omega_c=0.455/\tau$

表3-1中，τ 为与典型Ⅰ型系统开环传递函数极点对应的时间常数，且 $\tau=1.5T_s$。显然，电流内环具有良好的跟随性。

上述电流内环设计时，并没有考虑电网电动势 e_q 扰动对输出的影响，当考虑 e_q 扰动时，i_q 电流内环简化结构如图3-33所示。

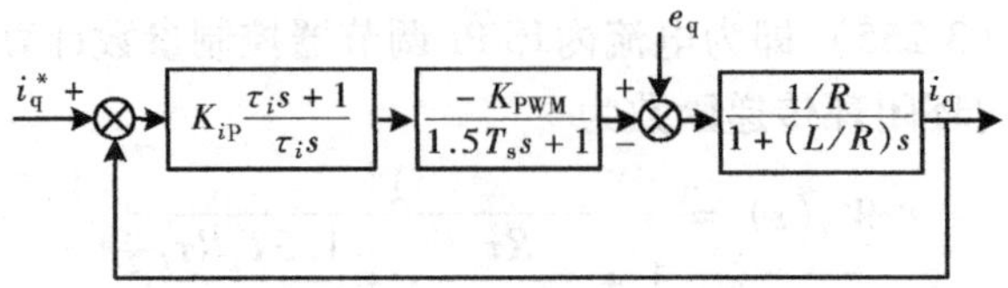

图3-33　e_q 扰动时 i_q 电流内环简化结构

为讨论电流内环的抗扰性能，令 $i_q^*=0$，则由图3-33可知，在扰动 e_q 的作用下，其输出电流变化量为

$$\Delta i_q(s)=e_q(s)\frac{\tau_i s(1.5T_s s+1)}{K_{iP}(\tau_i s+1)K_{PWM}}W_{ci}(s) \tag{3-260}$$

式中　$W_{ci}(s)$——电流内环等效闭环传递函数。

考虑阶跃扰动，则

$$e_q(s)=\frac{E_{qm}}{s} \tag{3-261}$$

式中　E_{qm}——阶跃扰动幅值。

将式（3-256）、式（3-261）代入式（3-260），且令阻尼比 $\xi=0.707$，即 $[K_{iP}K_{PWM}/(R\tau_i)]\ 1.5T_s=0.5$，这样

$$\Delta i_q(s)=\frac{2E_{qm}(1.5T_s s+1)1.5T_s}{(\frac{L}{R}s+1)[2(1.5T_s)^2s^2+3T_s s+1]R} \tag{3-262}$$

利用部分分式法分解式（3-262），再求拉氏反变换，可得阶跃扰动时，输出变化量 $\Delta i_q(t)$ 的时域表达式，即

$$\Delta i_q(t)=\frac{2E_{qm}m}{R(2m^2-2m+1)}\Big[(1-m)e^{-t/(3T)_s}-(1-m)e^{-t/(3T)_s}\cos\frac{t}{3T_s}+me^{-t/(3T)_s}\sin\frac{t}{3T_s}\Big] \tag{3-263}$$

式中　m——电流内环结构中，e_q 扰动点两边传递函数中的时间常数之比，即 $m=1.5T_s/\tau_i$ （$\tau_i=L/R$）。

显然，$\tau_i=L/R>1.5T_s$，即 $m<1$。若以 $\Delta i_{qb}=E_m/(2R)$ 为基准值，计算出 $\Delta i_{qmax}/\Delta i_{qb}$，其主要结果见表3-2。

表 3-2　$\xi=0.707$ 时电流内环抗扰性指标

$m=\dfrac{1.5T_s}{L/R}$	$\dfrac{1}{5}$	$\dfrac{1}{10}$	$\dfrac{1}{20}$	$\dfrac{1}{30}$
$\Delta i_{qmax}/\Delta i_{qb}$	55.5%	33.2%	18.5%	12.9%
$t_m/1.5T_s$	2.8	3.4	3.8	4.0
$t_v/1.5T_s$	14.7	21.7	28.7	30.4

注：t_m—扰动输出最大降落时间；t_v—误差带为 ±5% Δi_{qb}时的扰动输出恢复时间。

从表 3-2 中数值可看出，当电流内环结构中 e_q 扰动点两侧对象时间常数相差较大时，动态降落减小，但恢复时间拖长。三相 VSR 电流内环控制正属于这种情况，因此电流内环按典型 Ⅰ 型系统设计时，虽然电流控制具有较好的跟随性能，但系统抗扰能力较差，为了改善电流内环的抗扰性能，可以考虑采用典型Ⅱ型系统设计。

2. 设计方案Ⅱ——按典型Ⅱ型系统设计

以上电流内环抗扰性不理想的主要原因是，当按典型 Ⅰ 型系统设计时，与电流内环 PI 调节器中零点对应的时间常数 $\tau_i=L/R$ 和与典型 Ⅰ 型系统开环传递函数极点对应的时间常数 $1.5T_s$ 相比，其比值 $\tau_i/(1.5T_s)$（中频宽）过大。为提高电流内环系统的抗扰性能，应适当减小 $\tau_i/(1.5T_s)$ 比值（中频宽）。

为近似确定这种设计中的 PI 调节器参数，当 $\omega_c L \gg R$ 时（ω_c 为电流环截止频率），可令 $(1/R)/[(L/R)s+1] \approx 1/Ls$，即忽略 VSR 交流侧电阻 R 时的电流内环控制结构如图 3-34 所示。

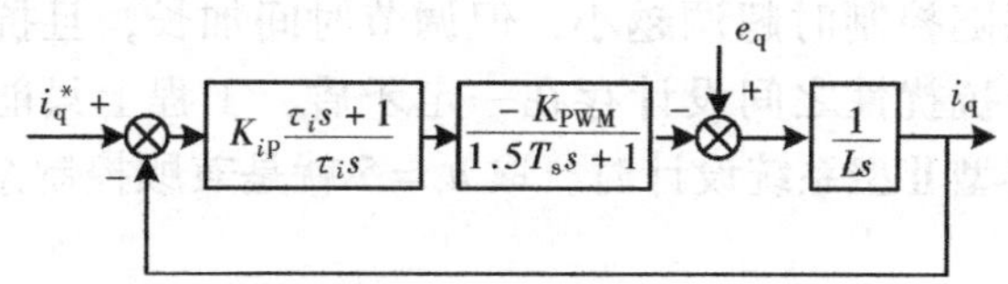

图 3-34　忽略 R 时近似的电流内环结构

由此可按典型Ⅱ型系统设计电流内环调节器，从图 3-34 得电流内环开环传递函数为

$$W_{oi}(s)=\frac{K_{iP}K_{PWM}}{\tau_i L}\frac{\tau_i s+1}{s^2(1.5T_s s+1)} \tag{3-264}$$

为尽量提高电流响应的快速性，对典型Ⅱ型系统而言，可设计适当的中频带宽 h_i [$h_i=\tau_i/(1.5T_s)$]，工程上常取 $h_i=\tau_i/1.5T_s=5$。按典型Ⅱ型系统参数设计关系[77]，得

$$\frac{K_{iP}K_{PWM}}{\tau_i L}=\frac{h_i+1}{2\tau_i^{\,2}} \tag{3-265}$$

解得

$$K_{iP}=\frac{(h_i+1)L}{2\tau_i K_{PWM}}=\frac{6L}{15T_s K_{PWM}} \tag{3-266}$$

$$K_{iI}=\frac{K_{iP}}{\tau_i}=\frac{6L}{112.5T_s^2 K_{PWM}} \tag{3-267}$$

当按典型Ⅱ型系统设计电流内环 PI 调节器参数时，中频带宽 h_i 与跟随性指标以及与电流内环抗扰性指标均有对应的关系，见表 3-3、表 3-4。

表 3-3　典型Ⅱ型系统阶跃输入跟随性指标

h_i (h_v)	3	5	7	9	10
σ%	52.6%	37.6%	29.8%	25.0%	23.3%
t_r/ ($1.5T_s$)	2.4	2.85	3.1	3.3	3.35
t_s/ ($1.5T_s$)	12.15	9.55	11.30	13.25	14.20
k	3	2	1	1	1

注：t_r—上升时间；t_s—调节时间；k—振荡次数。

表 3-4　典型Ⅱ型系统动态抗扰性指标

h_i (h_v)	3	5	7	9	10
$\Delta i_q/\Delta i_{qb}$	72.2%	81.2%	86.3%	89.6%	90.8%
$t_m/(1.5T_s)$	2.45	2.85	3.15	3.30	3.40
$t_v/(1.5T_s)$	13.60	8.80	16.85	22.80	25.85

注：t_m—最大降落时间；t_v—恢复时间。

从表 3-3、表 3-4 所列关系分析，当按典型Ⅱ型系统设计控制器时，中频带宽 h 越大，系统跟随控制时超调越小，但调节时间加长，且抗扰性能变弱。因此，系统跟随性与抗扰性之间设计存在一定矛盾，工程上只能相互兼顾。实际上，电流内环按典型Ⅱ型系统设计时，取 $h_i=5$ 就是兼顾控制系统跟随性、抗扰性的具体体现。

值得注意的是，上述典型Ⅱ型系统设计是一种近似设计，因为实际的电流控制对象是一惯性环节 $(1/R)/[(L/R)s+1]$，将其近似成一个积分环节，往往带来设计误差，当电流采样频率，即 PWM 开关频率 f_s 足够高时，可以忽略电流内环等效小时间常数（$1.5T_s$）影响。此时，若电流内环仍采用 PI 调节器控制，其近似结构如图3-35所示。

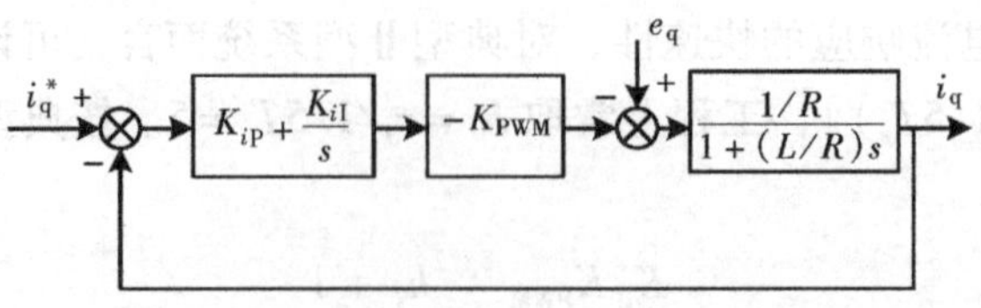

图 3-35　忽略小时间常数近似时的电流内环结构

若不考虑 e_q 扰动，则由图 3-35 可求解电流内环闭环传递函数为

$$W_{ci}(s)=\frac{i_q(s)}{i_q^*(s)}=\frac{K_P}{L}\frac{s+K_I/K_P}{s^2+\frac{R+K_P}{L}s+\frac{K_I}{L}} \tag{3-268}$$

式中

$$K_P=K_{PWM}K_{iP}\qquad K_I=K_{PWM}K_{iI} \tag{3-269}$$

由式（3-268）算得电流内环阻尼比 ξ 和自然振荡频率 ω_n 为

$$\begin{cases}\xi=\dfrac{(R+K_P)/L}{2\sqrt{\dfrac{K_I}{L}}}\\ \omega_n=\sqrt{\dfrac{K_I}{L}}\end{cases} \tag{3-270}$$

联立式（3-269）、式（3-270），计算得

$$\begin{cases}K_{iP}=\dfrac{2\xi\omega_n L-R}{K_{PWM}}\\ K_{iI}=\dfrac{L\omega_n^2}{K_{PWM}}\end{cases} \tag{3-271}$$

前面研究表明，当电流内环近似成一阶惯性环节时，电流内环频带宽度 $f_{bi}\approx f_s/20$，因此工程上可取电流内环自然振荡频率 $\omega_n\leqslant 2\pi f_s/20$，阻尼比 $\xi=0.707$。将 ω_n、ξ 参考值代入式（3-271），即可设计出电流内环 PI 调节器参数 K_{iP}、K_{iI}。

图 3-36 分别表示了以上两种电流调节器设计方案（典型Ⅰ型设计、典型Ⅱ型设计）时的阶跃响应对比。

从图 3-36 中明显可看出，当按方案Ⅰ（典型Ⅰ型系统设计）设计电流调节器时，电流 i_q 具有良好的跟随性能。但一旦出现 e_q 扰动时，i_q 抗扰动恢复时间较长；而按方案Ⅱ（典型Ⅱ型系统设计）设计电流调节器时，虽在跟随电流阶跃指令时超调增大，但此时电流内环在 e_q 扰动时，具有相对较快的抗扰恢复能力。

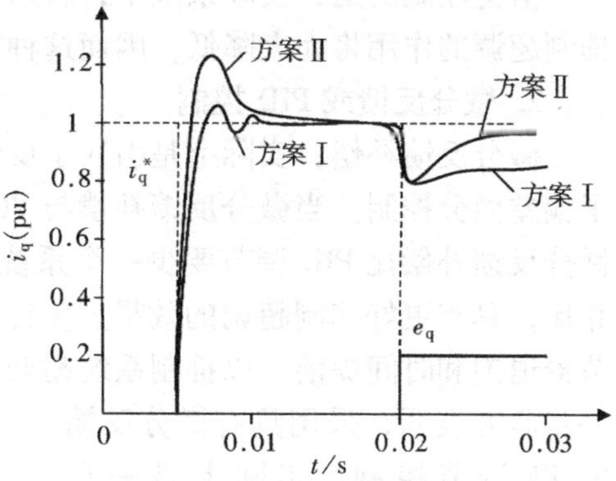

图 3-36 两种电流调节器设计方案阶跃响应对比

注：方案Ⅰ为典型Ⅰ型系统设计；方案Ⅱ为典型Ⅱ型系统设计。

3.2.1.3 电流超调抑制

上述电流内环调节器设计时，由于考虑增强电流内环抗扰能力，因而采用了近似的典型Ⅱ型系统设计方案，该方案在使电流响应具有较快的抗扰恢复能力

的同时，增大了电流超调，为此须进一步改进，以抑制电流超调。

一般而言，可以采用多种方法抑制系统跟随阶跃指令时的响应超调，即增设给定滤波器、微分反馈，或采用 PID 调节器、复合控制等。

1. 给定滤波器设置

设原系统为典型Ⅱ型系统，设置给定滤波器抑制超调的电流内环结构如图 3-37 所示。

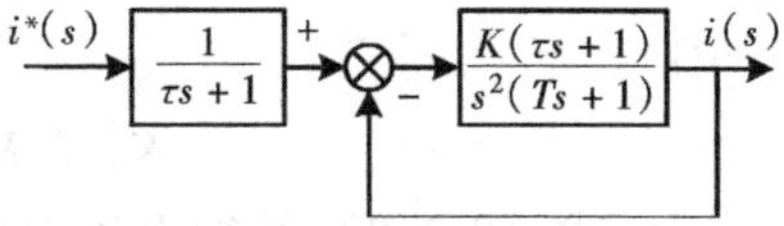

图 3-37 设置给定滤波器抑制超调的电流内环结构

图 3-37 中，原闭环系统传递函数为

$$W_c(s) = \frac{K(\tau s+1)}{Ts^3+s^2+K\tau s+K} \tag{3-272}$$

若以三阶最佳整定参数时[77]，其参数为 $\tau=4T$、$K=1/(8T^2)$，将其代入式（3-272），得整定后的系统闭环传递函数为

$$W_c(s) = \frac{4Ts+1}{8T^3s^3+8T^2s^2+4Ts+1} \tag{3-273}$$

此时，系统超调 $\sigma\%=43.4\%$，上升时间 $t_r=3.1T$，显然超调过大。为此，可增设给定滤波环节，并使

$$\frac{1}{\tau s+1} = \frac{1}{4Ts+1} \tag{3-274}$$

这样，给定滤波环节上的极点正好抵消原闭环系统传递函数上的零点，因而使超调降低，同时使过渡过程时间增加。加入上述给定滤波器后，超调量 $\sigma\%=8.1\%$，上升时间 $t_r=7.6T$，显然超调量得到抑制。

值得注意的是，实际系统中，若系统在阶跃响应中调节器饱和则给定滤波器抑制超调的作用将大大降低，因而这种方案并不理想。

2. 微分反馈或 PID 控制

微分反馈补偿，实际上是引入了反馈量的预测值，而 PID 调节器设计则引入了偏差微分控制。当微分反馈补偿与 PID 调节具有相同系统特征方程的条件下，微分反馈补偿比 PID 调节要少一个系统零点[78]，因而微分反馈补偿与 PID 调节相比，具有更好抑制超调的效果。实际上，微分反馈补偿的引入，不仅使 PI 调节器退饱和时间提前，以抑制系统超调，而且还可以大大降低扰动输出降落。进一步研究表明，采用具有微分反馈的 PI 调节控制，实际上是一种“全状态反馈最优控制”，因而可获得最优的动态性能。[79,80]系统设计时，为抑制噪声，常采用加入小时间常数滤波的微分反馈补偿，其电流内环结构如图 3-38 所示。

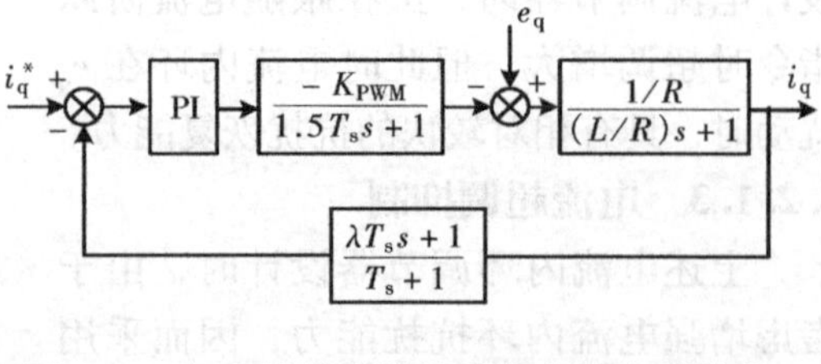

图 3-38 加入微分反馈补偿的电流内环结构

3. 复合补偿控制

以上分析说明，当采用典型Ⅱ型系统设计使系统抗扰性能增强时，其跟随性能就有降低趋势。为进一步提高控制系统性能，可以采取复合控制策略，即采用前馈补偿以抑制扰动，而电流内环控制器采用跟随性较好的典型Ⅰ型系统设计。这样在提高系统跟随性的同时，也增强了系统抗扰性。其复合控制结构如图3-39所示。

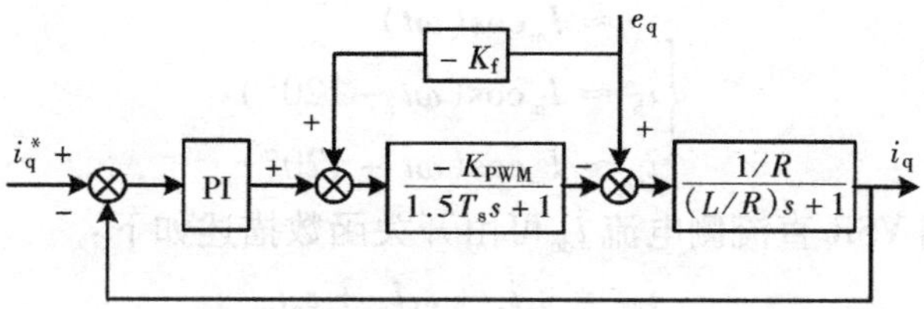

图3-39　电流内环的复合控制结构

在实际系统设计时，常采用静态前馈补偿，以简化控制系统设计，图3-39中，K_f 为静态前馈增益。当取 $K_f=1/K_{PWM}$ 时，e_q 扰动将得到抵消，图3-40表示了电流内环调节器按典型Ⅰ型系统设计时，有、无 e_q 前馈补偿时的 i_q 阶跃响应。

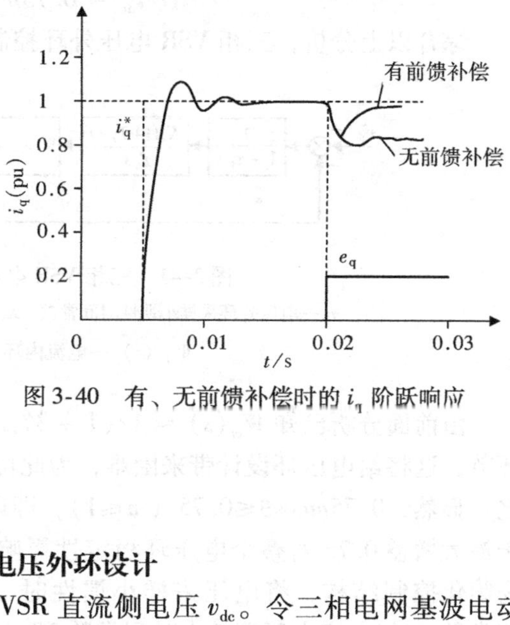

图3-40　有、无前馈补偿时的 i_q 阶跃响应

从图3-40中可看出，这种复合控制设计，在增强系统抗扰性能的同时，提高了系统跟随性能。

3.2.2　电压外环控制系统设计

3.2.2.1　基于VSR一般低频模型的电压外环设计

电压外环控制的目的是为了稳定VSR直流侧电压 v_{dc}。令三相电网基波电动势为

$$\begin{cases} e_a = E_m\cos(\omega t) \\ e_b = E_m\cos(\omega t-120°) \\ e_c = E_m\cos(\omega t+120°) \end{cases} \tag{3-275}$$

为简化控制系统设计，当开关频率远高于电网电动势基波频率时，可忽略PWM谐波分量，即只考虑开关函数 s_k（k=a，b，c）的低频分量，则

$$\begin{cases} s_a \approx 0.5m\cos(\omega t - \theta) + 0.5 \\ s_b \approx 0.5m\cos(\omega t - \theta - 120°) + 0.5 \\ s_c \approx 0.5m\cos(\omega t - \theta + 120°) + 0.5 \end{cases} \tag{3-276}$$

式中　θ——开关函数基波初始相位角；

m——PWM 的调制比（$m \leqslant 1$）。

对于单位功率因数正弦波电流控制，三相 VSR 网侧电流为

$$\begin{cases} i_a \approx I_m\cos(\omega t) \\ i_b \approx I_m\cos(\omega t - 120°) \\ i_c \approx I_m\cos(\omega t + 120°) \end{cases} \tag{3-277}$$

另外，三相 VSR 直流侧电流 i_{dc} 可由开关函数描述如下：

$$i_{dc} = s_a i_a + s_b i_b + s_c i_c \tag{3-278}$$

将式（3-276）、式（3-277）代入式（3-278），化简得

$$i_{dc} \approx 0.75mI_m\cos\theta \tag{3-279}$$

综合以上分析，三相 VSR 电压外环控制结构如图 3-41 所示。

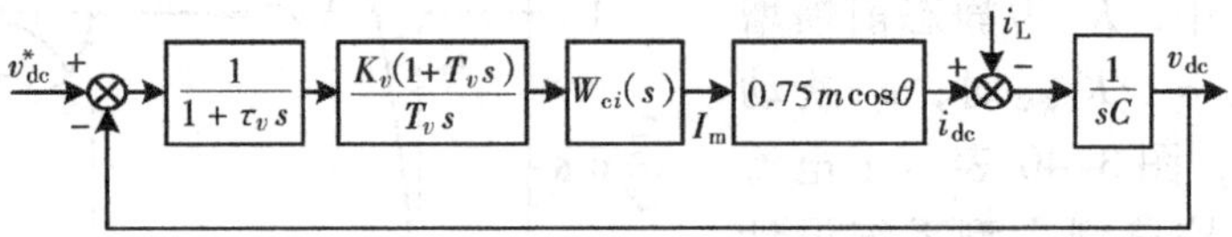

图 3-41　三相 VSR 电压外环控制结构

τ_v—电压外环采样小惯性时间常数　K_v、T_v—电压外环 PI 调节器参数

W_{ci}（s）—电流内环等效传递函数

由前面分析已知 $W_{ci}(s) \approx 1/(1+3T_s s)$。图 3-41 中，$0.75m\cos\theta$ 是一时变环节，这将给电压环设计带来困难，为此可考虑以该环节的最大比例增益取值代之。显然，$0.75m\cos\theta \leqslant 0.75$（$m \leqslant 1$），即以比例增益 0.75 取代该时变环节。由于最大增益 0.75 对整个电压环稳定性影响最大，因此这种近似处理是合理的。为简化控制结构，将电压采样小惯性时间常数 τ_v 与电流内环等效小时间常数 $3T_s$ 合并，即 $T_{ev} = \tau_v + 3T_s$，且不考虑负载电流 i_L 扰动，经简化的电压环控制结构如图 3-42 所示。

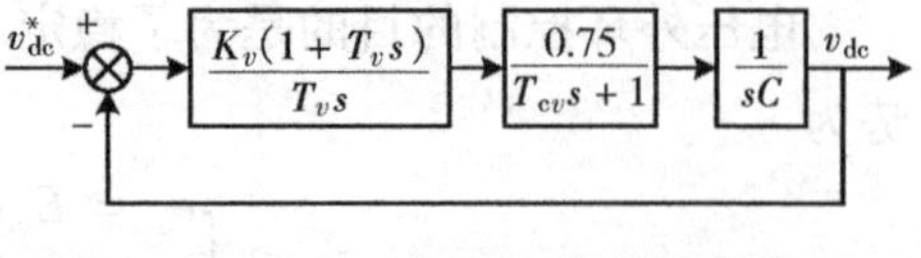

图 3-42　三相 VSR 电压环简化结构

由于电压外环的主要控制作用是稳定三相 VSR 直流电压，故对其控制系统整定时，应着重考虑电压环的抗扰性能。显然，可按典型Ⅱ型系统设计电压调节器，由图 3-42 得电压环开环传递函数为

$$W_{ov}(s) = \frac{0.75K_v(T_v s + 1)}{CT_v s^2(T_{ev}s + 1)} \tag{3-280}$$

由此，得电压环中频带宽 h_v 为

$$h_v = \frac{T_v}{T_{ev}} \tag{3-281}$$

由典型Ⅱ型系统控制器参数整定关系[77]得

$$\frac{0.75K_v}{CT_v} = \frac{h_v + 1}{2h_v^2 T_{ev}^2} \tag{3-282}$$

综合考虑电压环控制系统的抗扰性及跟随性，工程上一般取中频带宽 $h_v = T_v/T_{ev} = 5$，将 $h_v = 5$ 代入式（3-282），计算得电压环PI调节器参数为

$$\begin{cases} T_v = 5T_{ev} = 5(\tau_v + 3T_s) \\ K_v = \dfrac{4C}{(\tau_v + 3T_s)} \end{cases} \tag{3-283}$$

按上述参数设计电压环PI调节器时，电压环控制系统主要动态指标见表3-3、表3-4。

另一方面，当采用典型Ⅱ型系统设计电压环时，电压环控制系统截止频率 ω_c 为

$$\omega_c = \frac{1}{2}\left(\frac{1}{T_v} + \frac{1}{T_{ev}}\right) \tag{3-284}$$

当取 $\tau_v = T_s$ 时

$$T_v = h_v T_{ev} = 5(\tau_v + 3T_s) = 20T_s \tag{3-285}$$

将式（3-285）代入式（3-284），得

$$\omega_c = \frac{1}{2}\left(\frac{1}{20T_s} + \frac{1}{4T_s}\right) = \frac{3}{20T_s} \tag{3-286}$$

则电压环控制系统频带宽度 f_{bv} 为

$$f_{bv} \approx \frac{\omega_c}{2\pi} = \frac{3}{20T_s \times 2\pi} \approx 0.024f_s \tag{3-287}$$

式中　f_s——PWM开关频率。

3.2.2.2　基于VSR dq模型的电压外环设计[81]

1. 线性二阶电压控制系统设计

为简化控制系统设计，在两相同步旋转坐标系（d，q）中，令q轴以电网电动势矢量 $\boldsymbol{E}$ 定向，并假设三相VSR为单位功率因数正弦波电流控制，此时 $i_d = 0$，且三相VSR dq模型方程式（3-246）、式（3-247）可简化成

$$(Lp + R)i_q = e_q - v_q \tag{3-288}$$

$$v_q i_q = \frac{2}{3}v_{dc}i_{dc} \tag{3-289}$$

$$pv_{dc} = \frac{(i_{dc} - i_L)}{C} \tag{3-290}$$

式中 p——微分算子。

令 $v=2v_{dc}/3$、$C_1=3C/2$，则式（3-289）、式（3-290）可改写成

$$v_q i_q = v i_{dc} \tag{3-291}$$

$$pv = \frac{(i_{dc} - i_L)}{C_1} \tag{3-292}$$

由式（3-291）得

$$i_{dc} = \frac{v_q}{v} i_q \tag{3-293}$$

对式（3-293）两边微分，则

$$pi_{dc} = i_q p\left(\frac{v_q}{v}\right) + \left(\frac{v_q}{v}\right) pi_q \tag{3-294}$$

由式（3-288）得

$$pi_q = \left(\frac{e_q - v_q - Ri_q}{L}\right) \tag{3-295}$$

联立式（3-291）、式（3-292），得

$$i_q = \left(\frac{v}{v_q}\right) i_{dc} = \frac{v}{v_q}(C_1 pv + i_L) \tag{3-296}$$

将式（3-296）代入式（3-295）得

$$pi_q = \frac{e_q - v_q}{L} - \frac{R}{L}\frac{v}{v_q}(C_1 pv + i_L) \tag{3-297}$$

考虑到

$$p\left[\frac{(i_{dc} - i_L)}{C_1}\right] = \frac{1}{C_1}(pi_{dc} - pi_L) \tag{3-298}$$

并将式（3-296）、式（3-297）代入式（3-294），化简得三相 VSR 坐标系（d，q）中控制系统状态方程为

$$p\begin{bmatrix} v \\ \dfrac{(i_{dc} - i_L)}{C_1} \end{bmatrix} = \begin{bmatrix} 0 & 1 \\ 0 & \dfrac{v}{v_q} p\left(\dfrac{v_q}{v}\right) - \dfrac{R}{L} \end{bmatrix} \begin{bmatrix} v \\ \dfrac{(i_{dc} - i_L)}{C_1} \end{bmatrix} + \begin{bmatrix} 0 \\ \dfrac{1}{LC_1}\dfrac{v_q}{v}(e_q - v_q) - \dfrac{1}{C_1}\left[p + \dfrac{R}{L} - \dfrac{v}{v_q} p\left(\dfrac{v_q}{v}\right)\right] i_L \end{bmatrix} \tag{3-299}$$

由该状态方程不难理解，通过控制 v_q 就可以控制 v，进而控制直流电压 v_{dc}。但这一复杂的状态方程模型中，由于包含变量间的乘积，如$(v/v_q)p(v_q/v)$，因而具有非线性特性。为此，引入线性化控制规律

$$v_q = kv \tag{3-300}$$

将式（3-300）代入式（3-299），可得线性化状态方程为

$$p\begin{bmatrix} v \\ \dfrac{(i_{dc} - i_L)}{C_1} \end{bmatrix} = \begin{bmatrix} 0 & 1 \\ -\dfrac{k^2}{LC_1} & -\dfrac{R}{L} \end{bmatrix} \begin{bmatrix} v \\ \dfrac{(i_{dc} - i_L)}{C_1} \end{bmatrix} + \begin{bmatrix} 0 \\ k\dfrac{e_q}{LC_1} - \dfrac{1}{C_1}\left(p + \dfrac{R}{L}\right)i_L \end{bmatrix} \tag{3-301}$$

由于状态方程式（3-301）为能控标准型，因而频域中的控制系统特征方程为

$$s^2 + \frac{R}{L}s + \frac{k^2}{LC_1} = 0 \tag{3-302}$$

控制系统自然振荡频率 ω_n 和阻尼比 ξ 分别为

$$\omega_n = \frac{k}{\sqrt{LC_1}} \tag{3-303}$$

$$\xi = \frac{R}{2k}\sqrt{\frac{C_1}{L}} \tag{3-304}$$

这样，利用式（3-303）、式（3-304）即可进行控制系统参数整定。若某一三相 VSR 系统参数为 $f_s = 1.98\text{kHz}$（开关频率）、$L = 0.5\text{mH}$、$R = 10\mu\Omega$、$C_1 = 10\mu\text{F}$，当选定 $\omega_n = 256\ \text{rad/s}$ 时，$k = 1/1.75$，将相关参数代入式（3-304），算得 $\xi = 0.0391$，显然，系统阻尼太小而使系统振荡。若 ω_n 取值不变，改变 C_1、L 选值，如 $L = 0.05\text{mH}$、$C_1 = 100\mu\text{F}$，同样选 $k = 1/1.75$ 时，则 $\xi = 0.391$，这时控制系统阻尼明显增大，系统振荡得到抑制。需要注意的是，当进一步减小 L 且增大 C_1 时，虽系统阻尼比 ξ 仍可增加，但 L 过小，将引起三相 VSR 交流侧谐波电流增大。为此，必须增加 PWM 开关频率 f_s，以抑制由于 L 减小所导致谐波电流增加的趋势。

2. 线性三阶电压控制系统设计

为了取得直流电压 v_{dc} 的无静差控制，在上述二阶电压控制系统状态方程基础上，引入直流电压积分项，从而构造出三相 VSR 线性三阶控制系统能控标准型状态方程为

$$p\begin{bmatrix} \dfrac{v}{p} \\ v \\ \dfrac{(i_{dc} - i_L)}{C_1} \end{bmatrix} = \begin{bmatrix} 0 & 1 & 0 \\ 0 & 0 & 1 \\ -a_0 & -a_1 & -a_2 \end{bmatrix} \begin{bmatrix} \dfrac{v}{p} \\ v \\ \dfrac{(i_{dc} - i_L)}{C_1} \end{bmatrix} +$$

$$\begin{bmatrix} 0 \\ 0 \\ a_0\dfrac{v^*}{p}+a_1v^* \end{bmatrix} \tag{3-305}$$

式中　v^*——直流电压 v（$v=2v_{dc}/3$）的指令值；

a_0、a_1、a_2——系统待定系数。

比较式（3-299）、式（3-305），得

$$\begin{aligned}\frac{p(i_{dc}-i_L)}{C_1}=&\left[\frac{v}{v_q}p\left(\frac{v_q}{v}\right)-\frac{R}{L}\right]\left[\left(\frac{i_{dc}-i_L}{C_1}\right)\right]+\frac{1}{LC_1}\frac{v_q}{v}(e_q-v_q)-\\&\left[p+\frac{R}{L}-\frac{v}{v_q}p\left(\frac{v_q}{v}\right)\right]\left(\frac{i_L}{C_1}\right)\\=&-a_0\frac{v}{p}-a_1v-a_2\frac{i_{dc}-i_L}{C_1}+a_0\frac{v^*}{p}+a_1v^*\end{aligned} \tag{3-306}$$

进一步化简，即可求得 v_q 的控制规律为

$$\begin{aligned}v_q=&\frac{LC_1v}{v_q}\left\{\left(\frac{a_0}{p}+a_1\right)(v-v^*)+\left[a_2-\frac{R}{L}+\frac{v}{v_q}p\left(\frac{v_q}{v}\right)\right]\times\right.\\&\left.\left(\frac{i_{dc}-i_L}{C_1}\right)-\left[p+\frac{R}{L}-\frac{v}{v_2}p\left(\frac{v_q}{v}\right)\right]\left[\frac{i_L}{C_1}\right]\right\}+e_q\end{aligned} \tag{3-307}$$

式（3-307）给出了三相 VSR 直流电压闭环控制算法。但该算法由于含有微分项［如 $p(v_q/v)$］，因而实现较困难。为此，必须加以简化。首先，忽略三相 VSR 交流侧电阻 R，并取消微分项控制，这样经简化后的三相 VSR 直流电压闭环控制算法为

$$v_q=\frac{LC_1v}{v_q}\left[\left(\frac{a_0}{p}+a_1\right)(v-v^*)+a_2\left(\frac{i_{dc}-i_L}{C_1}\right)\right]+e_q \tag{3-308}$$

显然，这一简化算法包括了直流电压的 PI 调节、直流电流 i_{dc} 的负反馈控制，以及负载电流 i_L 的前馈控制，因而，这是一种复合控制算法。实际上，$a_2(i_{dc}-i_L)/C_1$ 表示了三相 VSR 直流侧电容电流，因此，该项实质上体现了对直流侧电压的微分反馈控制。

令电压环 PI 调节器传递函数为

$$R_v=K_v\left(1+\frac{1}{Tp}\right) \tag{3-309}$$

式中　K_v——电压控制器比例增益；

T——电压控制器积分时间常数；

p——微分算子。

若设电流控制增益为 K_i，则

$$a_0 = \frac{K_i K_v}{T} \quad a_1 = K_i K_v \quad a_2 = \frac{K_i}{L} \tag{3-310}$$

将简化的控制算法式（3-308）代入式（3-299），且令 $R=0$，不难推证得

$$\frac{p(i_{dc}-i_L)}{C_1} = -a_0\frac{v}{p} - a_1 v - a_2\frac{(i_{dc}-i_L)}{C_1} + \frac{v}{v_q}p\left(\frac{v_q}{v}\right)\times$$
$$(i_{dc}-i_L) + a_0\frac{v^*}{p} + a_1 v^* - \left[p - \frac{v}{v_q}p\left(\frac{v_q}{v}\right)\right]\left(\frac{i_L}{C_1}\right) \tag{3-311}$$

对照式（3-305），从而获得对应上述控制算法的三阶系统状态方程为

$$p\begin{bmatrix} \dfrac{v}{p} \\ v \\ \dfrac{(i_{dc}-i_L)}{C_1} \end{bmatrix} = \begin{bmatrix} 0 & 1 & 0 \\ 0 & 0 & 1 \\ -a_0 & -a_1 & -a_2 + \dfrac{v}{v_q}p(\dfrac{v_q}{v}) \end{bmatrix}\begin{bmatrix} \dfrac{v}{p} \\ v \\ \dfrac{(i_{dc}-i_L)}{C_1} \end{bmatrix} +$$
$$\begin{bmatrix} 0 \\ 0 \\ a_0\dfrac{v^*}{p} + a_1 v^* - \left[p + \dfrac{v_q}{v}p\left(\dfrac{v}{v_q}\right)\right]\left(\dfrac{i_L}{C_1}\right) \end{bmatrix} \tag{3-312}$$

由于上述三阶系统状态方程呈现非线性特征，因而必须进行线性化处理，以下分两种情况加以讨论：

（1）具有 i_L 前馈的线性化控制设计　考虑采用微偏线性化方法对式（3-312）所表示的三相 VSR 三阶电压控制系统进行线性化处理，且令

$$\begin{cases} v^* = \bar{v}^* + \hat{v}^* \\ v = \bar{v} + \hat{v} \\ e_q = \bar{e}_q + \hat{e}_q \\ v_q = \bar{v}_q + \hat{v}_q \\ i_{dc} = \bar{i}_{dc} + \hat{i}_{dc} \\ i_L = \bar{i}_L + \hat{i}_L \end{cases} \tag{3-313}$$

式中，$\bar{x} \in (\bar{v}^*, \bar{v}, \bar{e}_q, \bar{v}_q, \bar{i}_{dc}, \bar{i}_L)$ 表示稳态工作点值，而 $\hat{x} \in (\hat{v}^*, \hat{v}_0, \hat{e}_q, \hat{v}_q, \hat{i}_{dc}, \hat{i}_L)$ 表示稳态工作点附近微偏扰动变量。不难理解，当三相 VSR 稳态运行时有

$$\bar{i}_{dc} = \bar{i}_L \quad \bar{v}_q = \bar{e}_q \tag{3-314}$$

若要对式（3-312）进行微偏线性化，必须首先化简如下：

$$\frac{v}{v_q}p\left(\frac{v_q}{v}\right)\frac{i_{dc}}{C_1} = \frac{v}{v_q}\left(\frac{pv_q}{v} - \frac{v_q}{v^2}pv\right)\frac{i_{dc}}{C_1} = \left(\frac{pv_q}{v_q} - \frac{pv}{v}\right)\frac{i_{dc}}{C_1} \tag{3-315}$$

式（3-315）的工作点微偏算式可表达为

$$\frac{\bar{i}_{dc}}{C_1\bar{v}_q}p\bar{v}_q-\frac{\bar{i}_{dc}}{C_1\bar{v}}p\bar{v}=\frac{\bar{i}_L}{C\bar{v}_q}p\hat{v}_q-\frac{\bar{i}_L}{C\bar{v}}p\bar{v} \tag{3-316}$$

参照式（3-316），并对式（3-312）进行微偏线性化，即得

$$\frac{p(\hat{i}_{dc}-\hat{i}_L)}{C_1}+a_2\frac{(\hat{i}_{dc}-\hat{i}_L)}{C_1}+a_1v+a_0\frac{\hat{v}}{p}$$

$$=a_0\frac{\hat{v}^*}{p}+a_1\hat{v}^*-\frac{p\hat{i}_L}{C_1}-\frac{\bar{i}_L}{C\bar{v}}p\hat{v}+\frac{\bar{i}_L}{C_1\bar{v}_q}p\hat{v}_q \tag{3-317}$$

$$p\,\hat{v}=\frac{\hat{i}_{dc}-\hat{i}_L}{C_1} \tag{3-318}$$

$$p\,\hat{v}_q=\frac{LC_1\bar{v}}{\bar{v}_q}\left[a_0(\hat{v}^*-\hat{v})+a_1p(\hat{v}^*-\hat{v})+a_2p(\hat{i}_{dc}-\hat{i}_L)\frac{1}{C_1}\right]+p\hat{e}_q \tag{3-319}$$

联立式（3-317）~式（3-319），得

$$\frac{p(\hat{i}_{dc}-\hat{i}_L)}{C_1}+\frac{a_2}{a_3}\left(1+\frac{\bar{i}_L}{a_2C_1\bar{v}}-\frac{a_1L\bar{v}\bar{i}_L}{\bar{v}_q^2}\right)\left(\frac{\hat{i}_{dc}-\hat{i}_L}{C_1}\right)+$$

$$\frac{a_1}{a_3}\left(1-\frac{a_0L\bar{v}\bar{i}_L}{a_1\bar{v}_q^2}\right)\hat{v}+\frac{a_0}{a_3}\frac{\hat{v}}{p}$$

$$=-\frac{1}{a_3}\frac{p\hat{i}_L}{C_1}-\frac{a_1}{a_3}\frac{L\bar{v}\bar{i}_L}{\bar{v}_q^2}p\hat{v}^*+\frac{1}{a_3}\left(a_1-\frac{a_0L\bar{v}\bar{i}_L}{\bar{v}_q^2}\right)\hat{v}^*+$$

$$\frac{a_0}{a_3}\frac{\hat{v}^*}{p}+\frac{1}{a_3}\frac{\bar{i}_L}{C_1\bar{v}_q}p\hat{e}_q \tag{3-320}$$

式中

$$a_3=1-\frac{a_2L\bar{v}\bar{i}_L}{\bar{v}_q^2} \tag{3-321}$$

联立式（3-318）、式（3-320），得三阶电压控制系统频域特征方程为

$$s^3+\frac{a_2}{a_3}\left(1+\frac{\bar{i}_L}{a_2C_1\bar{v}}-\frac{a_1L\bar{v}\bar{i}_L}{a_2\bar{v}_q^2}\right)s^2+\frac{a_1}{a_3}\left(1-\frac{a_0L\bar{v}\bar{i}_L}{a_1\bar{v}_q^2}\right)s+\frac{a_0}{a_3}=0 \tag{3-322}$$

显然，依据 Routh 稳定判据，容易确定相关系统参数。

从上述特征方程可分析，由于三相 VSR 电压外环的稳压控制，因此直流电压稳态值 $\bar{v}_0$ 不变。另外，当电网电动势恒定时，由于 $\bar{v}_q=e_q$，因此 $\bar{v}_q$ 也不变。这样，特征方程系数主要受负载波动影响，为获得电压环控制系统良好的动静态特性，可以采用参数自适应控制算法，使控制系统参数自动满足负载电流变化的

需要。

（2）无负载电流 i_L 前馈的电压控制系统设计　当无负载电流 i_L 前馈控制时，可以采用基于电流 i_q 负反馈控制的三相 VSR 直流电压 PI 调节算法，即

$$v_q = LC_1\left[\left(\frac{a_0}{p}+a_1\right)(v-v^*)+\frac{a_2 i_q}{C_1}\right]+e_q \tag{3-323}$$

将式（3-323）与式（3-312）联立，并进行稳态工作点微偏线性化，从而获得控制系统微分方程为

$$\frac{p(\hat{i}_{dc}-\hat{i}_L)}{C_1}+a_2\left(1+\frac{\bar{i}_L}{a_2C_1\bar{v}}-\frac{a_1L\bar{i}_L}{a_2\bar{v}_q}\right)\left(\frac{\hat{i}_{dc}-\hat{i}_L}{C_1}\right)+a_1\frac{\bar{v}_q}{\bar{v}}\times$$

$$\left[1+\frac{a_2\bar{i}_L}{a_1C\bar{v}_q}-\frac{a_0L\bar{v}\bar{i}_L}{a_1\bar{v}_q^2}\right]\hat{v}+a_0\frac{\bar{v}_q}{\bar{v}}\frac{\hat{v}}{p}=-(p+a_2)\frac{\hat{i}_L}{C_1}-a_1L\frac{\bar{i}_L}{\bar{v}_q}\times$$

$$p\hat{v}^*+a_1\frac{\bar{v}_q}{\bar{v}}\times\left(1-\frac{a_0L\bar{v}\bar{i}_L}{a_1\bar{v}_q^2}\right)\hat{v}^*+a_0\frac{\bar{v}_q}{\bar{v}}\frac{\hat{v}}{p}+(p+a_2)\frac{\bar{i}_L}{c_1\bar{v}_q}\hat{e}_q$$

从而无 i_L 前馈的三阶电压控制系统频域特征方程为

$$s^3+a_2\left(1+\frac{\bar{i}_L}{a_2C_1\bar{v}}-\frac{a_1L\bar{i}_L}{a_2\bar{v}_q}\right)s^2+$$

$$a_1\frac{\bar{v}_q}{\bar{v}}\left(1+\frac{a_2\bar{i}_L}{a_1C_1\bar{v}_q}-\frac{a_0L\bar{v}\bar{i}_L}{a_1\bar{v}_q^2}\right)s+a_0\frac{\bar{v}_q}{\bar{v}}=0 \tag{3-324}$$

同样，可由 Routh 稳定判据确定相关参数。

图 3-43 分别示出了有、无负载电流前馈控制时，某一具体参数条件下，三相 VSR 三阶电压控制系统根轨迹。

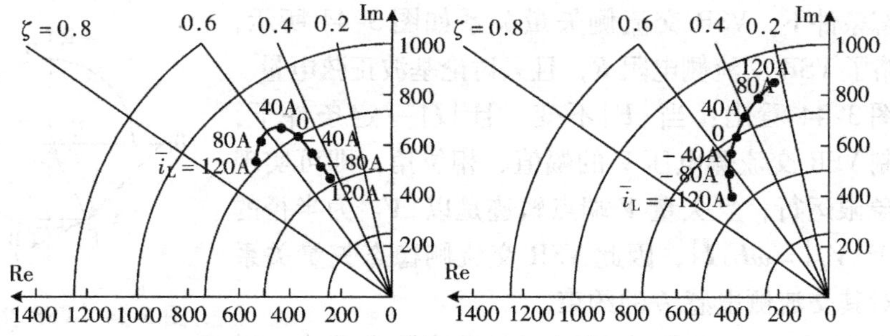

图 3-43　三阶电压控制系统根轨迹

a）有负载电流前馈　b）无负载电流前馈

显然，有负载流 i_L 前馈的电压控制系统，在负载电流大范围扰动时，控制系统具有更好的稳定性。

3.2.3　VSR 交流侧电感的设计

在 VSR 系统设计中，其交流侧电感的设计至关重要。这是因为 VSR 交流侧电感的取值不仅影响到电流环的动、静态响应，而且还制约着 VSR 输出功率、功率因数以及直流电压。进一步分析研究，可将 VSR 交流侧电感的主要作用归结如下：

1）隔离电网电动势与 VSR 交流侧电压。通过 VSR 交流侧电压幅值、相位的 PWM 控制，或通过 VSR 交流侧电流幅值、相位的 PWM 控制均可实现 VSR 四象限运行。

2）滤除 VSR 交流侧 PWM 谐波电流，从而实现 VSR 交流侧正弦波电流或一定频带范围内的任意电流波形控制。

3）使 VSR 具有 Boost 型 PWM AC/DC 变换性能以及直流侧受控电流源特性。

4）使 VSR 获得良好电流波形的同时，还可向电网传输无功功率，甚至实现网侧纯电感、纯电容运行特性。

5）使 VSR 控制系统获得了一定的阻尼特性，从而有利于控制系统的稳定运行。

可见，VSR 交流侧电感对 VSR 系统的影响和作用是综合的。以下将从稳态条件下满足 VSR 输出有功（无功）功率以及电流波形品质指标两方面讨论 VSR 交流侧电感的设计。

3.2.3.1　满足 VSR 有功（无功）功率指标时电感的设计

1. VSR 交流电感设计的一般关系式

稳态条件下，VSR 交流侧矢量关系如图 3-44 所示，图中忽略了 VSR 交流侧电阻 R，且只讨论基波正弦电量。

由图 3-44 看出：当 $|\boldsymbol{E}|$ 不变，且 $|\boldsymbol{I}|$ 一定条件下，通过控制 VSR 交流侧电压 $\boldsymbol{V}$ 的幅值、相位角，即可实现 VSR 四象限运行，且矢量 $\boldsymbol{V}$ 端点轨迹是以 $|\boldsymbol{V}_L|$ 为半径的圆。由于 $|\boldsymbol{V}_L| = \omega L|\boldsymbol{I}|$，因此 VSR 交流侧稳态矢量关系体现了对其交流侧电感 L 的约束。

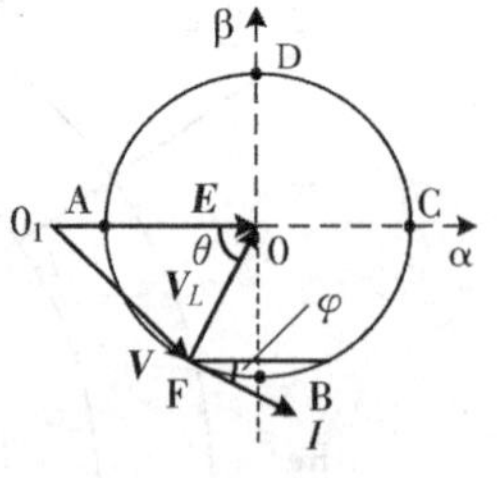

图 3-44　VSR 交流侧稳态矢量关系

$\boldsymbol{E}$—交流电网电动势矢量
$\boldsymbol{V}$—VSR 交流侧相电压矢量
$\boldsymbol{V}_L$—VSR 交流侧电感电压矢量
$\boldsymbol{I}$—VSR 交流侧相电流矢量

图 3-44 中，B、D 点为 VSR 单位功率因数整流、逆变状态运行点，A、C 点为 VSR 纯电感、纯电容特性运行点，并且通过 α、β 坐标轴将 VSR 运行状态分为四个运行象限。当 VSR 直流侧电压 v_{dc} 确定后，VSR 交流侧电压最大峰值也得以确定，即

$$|\boldsymbol{V}|_{\max} = Mv_{\mathrm{dc}} \tag{3-325}$$

式中　M——PWM 相电压最大利用率（与 PWM 控制方式相关）。

换言之，一旦 PWM 控制方式确定后，一定的直流电压条件下，$|\boldsymbol{V}|_{\max}$即为定值。

由图 3-44 中的三角形 $0_1 0F$ 的变化可以看出，为使 VSR 获得四象限运行特性，F 点应可处于圆轨迹任一点上，为此必须确保 VSR 能输出足够大的$|\boldsymbol{V}|$。但由于$|\boldsymbol{V}| \leqslant Mv_{\mathrm{dc}}$，因此必须限制 VSR 交流侧电感，使$|\boldsymbol{V}_L|$足够小（$|\boldsymbol{V}_L| = \omega L |\boldsymbol{I}|$），方能使 VSR 四象限运行，且可以输出足够大的交流电流。

不失一般性，令矢量 $\boldsymbol{V}$ 端点处于圆轨迹 F 点处，此时设 VSR 交流侧功率因数角为 φ，针对图 3-44 中三角形 $0_1 0F$，则 $\theta = 90° - \varphi$，利用余弦定理得

$$\begin{aligned} |\boldsymbol{V}|^2 &= |\boldsymbol{E}|^2 + |\boldsymbol{V}_L|^2 - 2|\boldsymbol{E}||\boldsymbol{V}_L|\cos\theta \\ &= |\boldsymbol{E}|^2 + |\boldsymbol{V}_L|^2 - 2|\boldsymbol{E}||\boldsymbol{V}_L|\sin\varphi \end{aligned} \tag{3-326}$$

将$|\boldsymbol{V}_L| = \omega L |\boldsymbol{I}|$代入式（3-326），并化简得

$$\omega^2 |\boldsymbol{I}|^2 L^2 - 2|\boldsymbol{E}||\boldsymbol{I}|\omega L\sin\varphi + |\boldsymbol{E}|^2 - |\boldsymbol{V}|^2 = 0 \tag{3-327}$$

求解式（3-327）中以 L 为变量的二次方程，得

$$\begin{aligned} L &= \frac{|\boldsymbol{E}|\sin\varphi + \sqrt{|\boldsymbol{E}|^2\sin^2\varphi + |\boldsymbol{V}|^2 - |\boldsymbol{E}|^2}}{\omega|\boldsymbol{I}|} \\ &= \frac{E_{\mathrm{m}}\sin\varphi + \sqrt{E_{\mathrm{m}}^2\sin^2\varphi + V_{\mathrm{m}}^2 - E_{\mathrm{m}}^2}}{\omega I_{\mathrm{m}}} \end{aligned} \tag{3-328}$$

式中　E_{m}——电网相电动势峰值；

I_{m}——VSR 交流侧基波相电流峰值；

V_{m}——VSR 交流侧基波相电压峰值。

由式（3-325）知

$$V_{\mathrm{m}} \leqslant Mv_{\mathrm{dc}} \tag{3-329}$$

将式（3-329）代入式（3-328），得 VSR 交流电感取值为

$$L \leqslant \frac{E_{\mathrm{m}}\sin\varphi + \sqrt{E_{\mathrm{m}}^2\sin^2\varphi + M^2 v_{\mathrm{dc}}^2 - E_{\mathrm{m}}^2}}{\omega I_{\mathrm{m}}} \tag{3-330}$$

显然，$E_{\mathrm{m}}\sin\varphi + \sqrt{E_{\mathrm{m}}^2\sin^2\varphi + M^2 v_{\mathrm{dc}}^2 - E_{\mathrm{m}}^2} > 0$，即

$$v_{\mathrm{dc}} > \frac{E_{\mathrm{m}}}{M} \tag{3-331}$$

式（3-331）体现了实现 VSR 四象限运行时其直流侧电压 v_{dc}取值的下限值。

2. 单相双桥臂 VSR 电感设计

对于单相双桥臂 VSR，若采用三角载波 SPWM 控制，且忽略 VSR 桥路损耗，则

$$
\begin{cases}
p = \dfrac{1}{2}E_{\mathrm{m}}I_{\mathrm{m}}\cos\varphi \\
q = \dfrac{1}{2}E_{\mathrm{m}}I_{\mathrm{m}}\sin\varphi \\
M = 1
\end{cases}
\tag{3-332}
$$

式中 p——单相 VSR 交流侧有功功率；

q——单相 VSR 交流侧无功功率。

将式（3-332）代入式（3-330），得

$$
L \leqslant \frac{E_{\mathrm{m}}^2\sin\varphi\cos\varphi + E_{\mathrm{m}}\cos\varphi\sqrt{E_{\mathrm{m}}^2\sin^2\varphi + v_{\mathrm{dc}}^2 - E_{\mathrm{m}}^2}}{2\omega|p|}
\tag{3-333}
$$

或

$$
L \leqslant \frac{(E_{\mathrm{m}}\sin\varphi)^2 + E_{\mathrm{m}}\sin\varphi\sqrt{E_{\mathrm{m}}^2\sin^2\varphi + v_{\mathrm{dc}}^2 - E_{\mathrm{m}}^2}}{2\omega|q|}
\tag{3-334}
$$

式(3-333)、式（3-334）表示出在一定的电网电动势 E_{m}、直流侧电压 v_{dc}、功率因数角 φ 条件下，满足单相 VSR 交流侧有功功率 p 或无功功率 q 指标时的单相 VSR 交流侧电感上限值。

表 3-5 给出了单相 VSR 交流侧电压矢量端点处于图 3-44 中 A、B、C、D 4 个特殊工作点时的电感上限值。

表 3-5 特殊工作点（A、B、C、D）的单相 VSR 电感上限值（$v_{\mathrm{dc}} \geqslant E_{\mathrm{m}}$）

特殊工作点	A	B	C	D
φ	90°	0°	−90°	−180°
p、q 取值及 状态	$p=0$ $q>0$ 纯电感特性	$p>0$ $q=0$ 单位功率 因数整流	$p=0$ $q<0$ 纯电容特性	$p<0$ $q=0$ 单位功率 因数逆变
$L\leqslant$	$\dfrac{E_{\mathrm{m}}^2+E_{\mathrm{m}}v_{\mathrm{dc}}}{2q\omega}$ 或 $\dfrac{E_{\mathrm{m}}+v_{\mathrm{dc}}}{I_{\mathrm{m}}\omega}$	$\dfrac{E_{\mathrm{m}}\sqrt{v_{\mathrm{dc}}^2-E_{\mathrm{m}}^2}}{2p\omega}$ 或 $\dfrac{\sqrt{v_{\mathrm{dc}}^2-E_{\mathrm{m}}^2}}{I_{\mathrm{m}}\omega}$	$\dfrac{E_{\mathrm{m}}v_{\mathrm{dc}}-E_{\mathrm{m}}^2}{2(-q)\omega}$ 或 $\dfrac{v_{\mathrm{dc}}-E_{\mathrm{m}}}{I_{\mathrm{m}}\omega}$	$\dfrac{E_{\mathrm{m}}\sqrt{v_{\mathrm{dc}}^2-E_{\mathrm{m}}^2}}{2(-p)\omega}$ 或 $\dfrac{\sqrt{v_{\mathrm{dc}}^2-E_{\mathrm{m}}^2}}{I_{\mathrm{m}}\omega}$

显然，当单相 VSR 运行于 C 点（纯电容特性）时，电感上限值最小；而运行于 A 点（纯电感特性）时，电感上限值最大。值得注意的是，VSR 直流电压应足够大，即满足 $v_{\mathrm{dc}} \geqslant E_{\mathrm{m}}$。

3. 三相 VSR 交流电感设计

对于三相 VSR，若采用三角载波 SPWM 控制，则 $M=1/2$，而采用空间矢量

PWM（SVPWM）控制时，则 $M=\sqrt{3}/3$。

设三相 VSR 采用 SPWM 控制，且忽略 VSR 损耗，则

$$\begin{cases} p = \dfrac{3}{2}E_mI_m\cos\varphi \\ q = \dfrac{3}{2}E_mI_m\sin\varphi \\ M = \dfrac{1}{2} \end{cases} \tag{3-335}$$

式中 p——三相 VSR 交流侧有功功率；

q——三相 VSR 交流侧无功功率。

将式（3-335）代入式（3-330），得

$$L \leqslant \frac{E_m^2\sin\varphi\cos\varphi + E_m\cos\varphi\sqrt{E_m^2\sin^2\varphi + \frac{1}{4}V_{dc}^2 - E_m^2}}{2p\omega/3} \tag{3-336}$$

或

$$L \leqslant \frac{(E_m\sin\varphi)^2 + E_m\sin\varphi\sqrt{E_m^2\sin^2\varphi + \frac{1}{4}V_{dc}^2 - E_m^2}}{2q\omega/3} \tag{3-337}$$

式（3-336）、式（3-337）表示在一定的电网电动势 E_m、直流侧电压 v_{dc} 条件下，满足三相 VSR 交流侧有功功率 p 或无功功率 q 指标时的交流侧电感上限值。

表 3-6 给出了三相 VSR 交流侧电压矢量端点处于图 3-44 中 A、B、C、D 4 个特殊工作点时的电感上限值。

表 3-6　特殊工作点（A、B、C、D）三相 VSR 电感上限值（$v_{dc}>2E_m$）

特殊工作点	A	B	C	D
φ	90°	0°	$\varphi=-90°$	$\varphi=-180°$
p、q 取值及状态	$p=0$ $q>0$ 纯电感特性	$p>0$ $q=0$ 单位功率因数整流	$p=0$ $q<0$ 纯电容特性	$p<0$ $q=0$ 单位功率因数逆变
$L\leqslant$	$\dfrac{6E_m^2+3E_mv_{dc}}{4q\omega}$ 或 $\dfrac{2E_m+v_{dc}}{2I_m\omega}$	$\dfrac{3E_m\sqrt{v_{dc}^2-4E_m^2}}{4p\omega}$ 或 $\dfrac{\sqrt{v_{dc}^2-4E_m^2}}{2I_m\omega}$	$\dfrac{3E_mv_{dc}-6E_m^2}{4(-q)\omega}$ 或 $\dfrac{v_{dc}-2E_m}{2I_m\omega}$	$\dfrac{3E_m\sqrt{v_{dc}^2-4E_m^2}}{4(-p)\omega}$ 或 $\dfrac{\sqrt{v_{dc}^2-4E_m^2}}{2I_m\omega}$

显然，当三相 VSR 运行于 C 点时，电感上限值最小；而运行于 A 点时，电

感上限值最大。与单相 VSR 类似，三相 VSR 直流电压应足够大，即满足 $v_{dc} \geqslant 2E_m$。

4. VSR 交流侧电阻对电感上限值的影响

以上分析均忽略了 VSR 交流侧电阻，若考虑交流侧电阻时，VSR 交流侧电感设计将受何影响？以下分析这一问题。

不失一般性，分别讨论 VSR 四象限运行时，其交流侧电阻对电感取值的影响。图 3-45 分别表示出四象限运行时，VSR 交流侧矢量关系。图中，将是否考虑 VSR 交流侧电阻两种情况作了对比，其中虚线矢量为不考虑电阻影响时的 VSR 交流电压矢量 $\boldsymbol{V}'$，而实线矢量则是考虑电阻影响时的 VSR 交流电压矢量 $\boldsymbol{V}$。

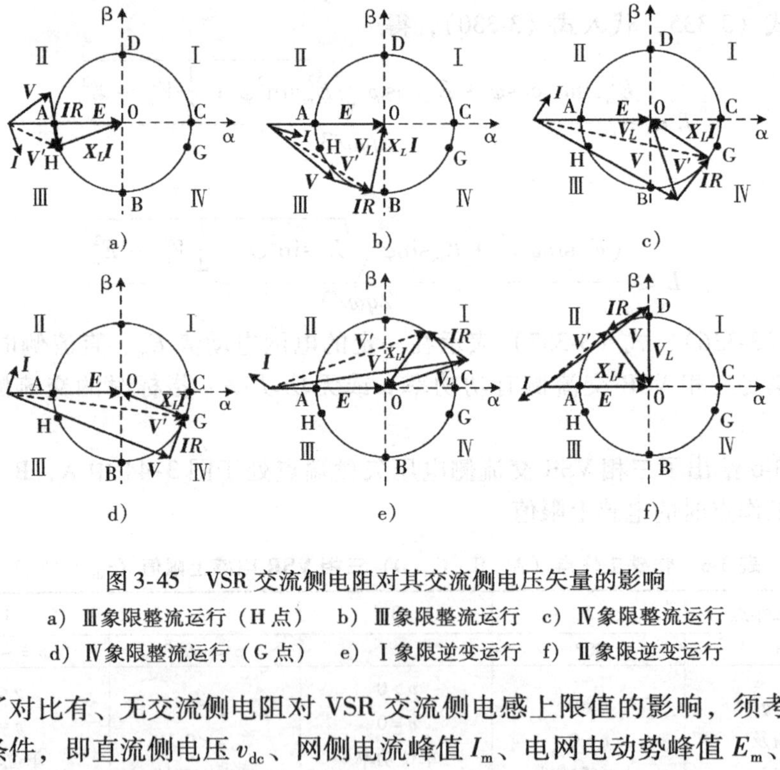

图 3-45　VSR 交流侧电阻对其交流侧电压矢量的影响

a）Ⅲ象限整流运行（H 点）　b）Ⅲ象限整流运行　c）Ⅳ象限整流运行

d）Ⅳ象限整流运行（G 点）　e）Ⅰ象限逆变运行　f）Ⅱ象限逆变运行

为了对比有、无交流侧电阻对 VSR 交流侧电感上限值的影响，须考虑相同的运行条件，即直流侧电压 v_{dc}、网侧电流峰值 I_m、电网电动势峰值 E_m、交流侧电感 L、网侧功率因数 φ 均相同。

观察图 3-45，当矢量 $\boldsymbol{V}'$端点运行于 αβ 平面Ⅲ象限中的 H 点和Ⅳ象限中的 G 点（见图 3-45a、d）时，VSR 运行于整流状态。此时，由于 $|\boldsymbol{V}'| = |\boldsymbol{V}|$，因此是否考虑 VSR 交流侧电阻并不影响 VSR 交流侧电感上限值，当矢量 $\boldsymbol{V}'$端点运行于 αβ 平面Ⅲ、Ⅳ象限中的 $\overset{\frown}{HG}$ 区间（见图 3-45b、c）时，VSR 运行于整流状态。此时，由于 $|\boldsymbol{V}'| > |\boldsymbol{V}|$，因此当考虑 VSR 交流侧电阻影响时，VSR 交流侧基波电压幅值有所减小，这样在相同条件运行时，VSR 交流侧电感上限值可相

应增大；当矢量 V'端点运行于 αβ 平面Ⅲ象限中的$\overset{\frown}{AH}$区间、Ⅳ象限中的$\overset{\frown}{GC}$区间以及Ⅰ、Ⅱ象限（见图 3-45a、d、e、f）时，由于$|V'|<|V|$，则当考虑 VSR 交流侧电阻影响时，VSR 交流侧基波电压幅值有所增大。这样，在相同条件运行时，VSR 交流侧电感上限值应相应减小。值得注意的是，在$\overset{\frown}{AH}$、$\overset{\frown}{GC}$区间，VSR 运行于整流状态；而在Ⅰ、Ⅱ象限区域，VSR 则运行于逆变状态。

以上从稳态条件下满足 VSR 有功功率 p 或无功率 q 指标角度讨论了 VSR 交流电感的取值问题。显然，为了使 VSR 输入一定的有功（无功）功率，VSR 交流电感取值不能太大，这实际上给出了 VSR 交流电感的上限值。值得注意的是，若考虑 VSR 交流侧电阻的影响，当 VSR 运行于$\overset{\frown}{HADCG}$区间时，在相同的行条件下，VSR 交流电感取值上限将相应减小。

3.2.3.2 满足 VSR 输出电流总谐波畸变率指标时的电感设计

以上讨论表明，VSR 交流侧电感的设计应满足一定的上限值，以使 VSR 能满足既定的有功（无功）功率稳态指标。实际上，考虑到 VSR 交流侧电感的电流滤波作用，VSR 交流侧电感的设计还应满足一定的下限值，以使 VSR 能满足既定的输出电流总谐波畸变率指标。以下以单相 VSR 为例讨论满足 VSR 输出电流总谐波畸变率指标时电感的设计问题。

对于采用 PWM 控制的单相 VSR，若忽略 VSR 交流侧等效电阻，其交流侧等效电路如图 3-46a 所示。图中，e_s 为电网电压；v_{ab} 为 VSR 桥臂输出电压；i_s 为 VSR 网侧电流；L 为 VSR 交流侧电感。对于单相 VSR，可采用单极性或双极性 PWM 控制，不同控制方式下的单相 VSR 及交流侧波形如图 3-46 所示。

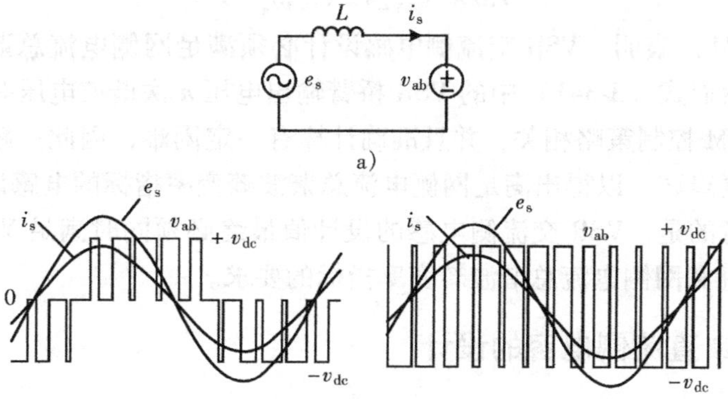

b）　　c）

图 3-46　单相 VSR 及交流侧波形

a）单相 VSR 交流侧等效电路　b）单极性调制 PWM 波形　c）双极性调制 PWM 波形

从图 3-46 不难看出，无论采用单极性还是双极性 PWM 控制，单相 VSR 桥

臂输出电压 v_{ab} 中含有 PWM 谐波，显然，当 VSR 交流侧电感足够大时，则 VSR 网侧电流谐波将足够小，即可以满足 VSR 输出电流总谐波畸变率指标。

假设电网电压不含谐波，若只分析 VSR 桥臂输出电压 v_{ab} 中 PWM 谐波电压对 VSR 网侧电流谐波的影响，此时可将图 3-46a 中的电网电压 e_s 短路，则 VSR 网侧 n 次谐波电流有效值 $I_a(n)$ 可表示为

$$I_a(n) = \frac{V_{ab}(n)}{\omega_n L} \tag{3-338}$$

式中 $V_{ab}(n)$ ——VSR 桥臂输出电压中 n 次谐波电压有效值；

ω_n ——n 次谐波角频率。

考虑电流总谐波畸变率 THD_i 的定义：

$$THD_i = \frac{1}{I_1}\left[\sum_{n=2,3\cdots}^{\infty} I_n^2\right]^{1/2} \tag{3-339}$$

式中 I_1 ——基波电流有效值；

I_n ——n 次谐波电流有效值。

针对式（3-338），考虑式（3-339）可得单相 VSR 交流侧电感为 L 时的 VSR 网侧电流总谐波畸变率 THD_i 为

$$THD_i = \frac{1}{I_1}\left[\sum_{n=2,3\cdots}^{\infty}\left(\frac{V_{ab}(n)}{\omega_n L}\right)^2\right]^{1/2} = \frac{1}{I_1 L}\left[\sum_{n=2,3\cdots}^{\infty}\left(\frac{V_{ab}(n)}{\omega_n}\right)^2\right]^{1/2} \tag{3-340}$$

若要确保 VSR 网侧电流总谐波畸变率满足 $THD_i \leqslant \delta\%$ 的要求，则 VSR 交流侧电感应满足

$$L \geqslant \frac{1}{I_1 \delta\%}\left[\sum_{n=2,3\cdots}^{\infty}\left(\frac{V_{ab}(n)}{\omega_n}\right)^2\right]^{1/2} \tag{3-341}$$

式（3-341）表明，VSR 交流侧电感设计必须满足网侧电流总谐波畸变率的指标要求。然而式（3-341）中的 VSR 桥臂输出电压 n 次谐波电压有效值 $V_{ab}(n)$ 与具体的 PWM 控制策略相关，并且准确计算有一定困难，因此一般可利用 VSR 仿真系统反复凑试，以得出满足网侧电流总谐波畸变率指标的电感设计准确值。

值得注意的是，VSR 交流侧电感的设计值最终必须同时满足 VSR 有功（无功）功率指标和网侧电流总谐波畸变率指标的要求。

3.2.4 VSR 直流侧电容的设计

在 VSR 主电路参数设计中，除交流侧电感参数设计外，另一个重要参数设计便是 VSR 直流侧电容设计，VSR 直流侧电容主要有以下作用：

1）缓冲 VSR 交流侧与直流负载间的能量交换，且稳定 VSR 直流侧电压。

2）抑制直流侧谐波电压。

一般而言，从满足电压环控制的跟随性指标看，VSR 直流侧电容应尽量小，

以确保 VSR 直流侧电压的快速跟踪控制；而从满足电压环控制的抗扰性指标分析，VSR 直流侧电容应尽量大，以限制负载扰动时的直流电压动态降落。以下以三相 VSR 为例，分别进行定量讨论。

3.2.4.1 满足 VSR 直流电压跟随性指标时的电容设计

这里讨论三相 VSR 从直流电压稳态最低值跃变到直流电压额定值的动态过程。

所谓三相 VSR 直流电压最低值，是指三相 VSR 交流侧接入电网且功率管不调制时，由于功率管中续流二极管的作用，此时三相 VSR 相当于一个三相二极管整流器，其整流电压平均值 V_{d0} 为

$$V_{d0} = 1.35V_1 \tag{3-342}$$

式中 V_1——三相 VSR 网侧线电压有效值。

而所谓三相 VSR 额定直流电压，是指额定直流负载条件下，VSR 直流侧输出额定功率时的直流电压，即

$$V_{de} = \sqrt{p_e R_{Le}} \tag{3-343}$$

式中 p_e——VSR 直流侧额定输出功率；

R_{Le}——额定直流负载电阻；

V_{de}——VSR 额定直流电压。

当三相 VSR 直流电压指令阶跃给定为额定直流电压指令值时，若电压调节器采用 PI 调节器，则在三相 VSR 实际直流电压未超过指令值前，电压调节器输出一直饱和。由于电压调节器输出表示三相 VSR 交流侧电流幅值指令，因此若忽略电流内环的惯性，则此时三相 VSR 直流侧将以最大电流 I_{dm} 对直流电容及负载充电，从而使三相 VSR 直流电压以最快速度上升。这一动态过程等效电路如图 3-47 所示。

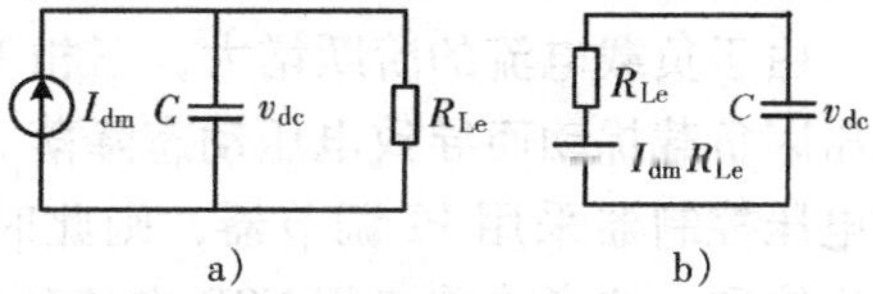

图 3-47 VSR 直流电压跃变时动态等效电路
a）恒流源 b）恒压源

图 3-47a 为恒流源等效电路，而图 3-47b 为恒压源等效电路，若考虑直流电压初始值为 V_{d0}，则由图 3-47b 易得

$$v_{dc} - V_{d0} = (I_{dm}R_{Le} - V_{d0})(1 - e^{-\frac{t}{\tau_1}}) \qquad \tau_1 = R_{Le}C \tag{3-344}$$

令 $v_{dc} = V_{de}$，并将其代入式（3-344），化简得

$$e^{-\frac{t}{\tau_1}} = \frac{I_{dm}R_{Le} - V_{de}}{I_{dm}R_{Le} - V_{d0}} \tag{3-345}$$

求解式（3-345），得

$$t = \tau_1 \ln \frac{I_{dm}R_{Le} - V_{d0}}{I_{dm}R_{Le} - V_{de}} \qquad \tau_1 = R_{Le}C \tag{3-346}$$

由跟随性能指标，若要求三相 VSR 直流电压以初始值 V_{d0} 跃变到额定直流电压 V_{de} 时的上升时间不大于 t_r^*，则

$$R_{Le}C\ln\frac{I_{dm}R_{Le}-V_{d0}}{I_{dm}R_{Le}-V_{de}}\leqslant t_r^* \tag{3-347}$$

由于 $V_{de}>V_{d0}$，显然

$$C\leqslant\frac{t_r^*}{R_{Le}\ln\dfrac{I_{dm}R_{Le}-V_{d0}}{I_{dm}R_{Le}-V_{de}}} \tag{3-348}$$

一般情况下，工程上常取

$$\begin{cases}I_{dm}=1.2\dfrac{V_{de}}{R_{Le}}\\V_{de}=3V_x=\sqrt{3}V_l\end{cases} \tag{3-349}$$

式中 V_x——三相 VSR 网侧相电压有效值。

将式（3-342）、式（3-349）代入式（3-348），并化简得

$$C\leqslant\frac{t_r^*}{0.74R_{Le}} \tag{3-350}$$

可见，由三相 VSR 直流电压控制的跟随性指标，可求出直流侧电容的上限值。

3.2.4.2 满足 VSR 直流电压抗扰性指标时电容设计

考虑三相 VSR 直流电压由空载到满载扰动时的动态过程。这一过程实际上是直流负载电流从零到额定电流的三相 VSR 负载扰动过程。

由于负载电流的阶跃增大，三相 VSR 直流侧电压因负载扰动而导致电压动态降落。若 VSR 直流电压控制器采用 PI 调节器，则此时 PI 调节器输出饱和，这意味着三相 VSR 电流环将跟踪最大幅值电流。但是，由于电流环存在惯性，此时三相 VSR 直流电流无法突变，只能渐变至最大电流 I_{dm}，如图 3-48 所示。图中，将电流环等效成一时间常数为 T_i 的一阶惯性环节，其等效传递函数 $W_{ci}(s)$ 为

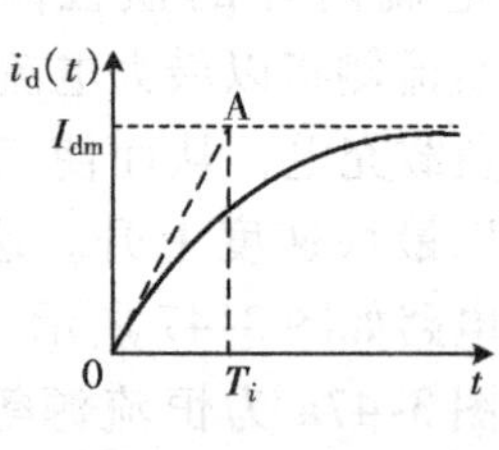

图 3-48 VSR 直流电流阶跃响应

$$W_{ci}(s)=\frac{1}{1+T_is} \tag{3-351}$$

式中 T_i——电流环等效时间常数。

为简化分析，可以用直线段 0A 近似替代原指数响应曲线。图 3-48 中，若电流沿直线段 0A 上升，经一个电流环等效时间常数 T_i，电流将上升至 I_{dm}。而实际上，此时实际电流才升至 $0.632I_{dm}$。由于采用斜坡函数来描述电流的上升过程，

从而使计算简化，即

$$i_{\mathrm{d}}(t) \approx \frac{I_{\mathrm{dm}}}{T_i}t = kt \qquad (0 \leqslant t \leqslant T_i) \tag{3-352}$$

式中　$k = I_{\mathrm{dm}}/T_i$。

若三相 VSR 初始直流电压为 V_{de}，则负载扰动过程中，其动态等效电路可分解成充电、放电两个子回路，如图 3-49 所示。

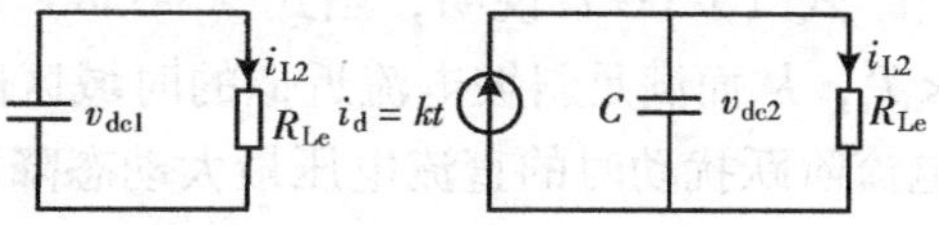

a)　　　　　　b)

图 3-49　突加负载时的 VSR 直流侧动态等效电路

a）放电子回路　b）充电子回路

图 3-49a 表示初始电容电压为 V_{de} 以及负载电阻为 R_{Le} 的 RC 放电过程，图 3-49b 表示初始电容电压为零以及负载电阻为 R_{Le} 的电流源（$i_{\mathrm{d}} = kt$）RC 充电过程。分析图 3-49，易得

$$\begin{cases} R_{\mathrm{Le}}C\dfrac{E(d)v_{\mathrm{dc1}}}{E(d)t} + v_{\mathrm{dc1}} = 0 \\ R_{\mathrm{Le}}C\dfrac{E(d)v_{\mathrm{dc2}}}{E(d)t} + v_{\mathrm{dc2}} = R_{\mathrm{Le}}kt \qquad (0 < t \leqslant T_i) \end{cases} \tag{3-353}$$

求解式（3-353）得

$$\begin{cases} v_{\mathrm{dc1}}(t) = V_{\mathrm{de}}\mathrm{e}^{-\frac{t}{\tau_1}} \\ v_{\mathrm{dc2}}(t) = kR_{\mathrm{Le}}(t - \tau_1) + kR_{\mathrm{Le}}\tau_1\mathrm{e}^{-\frac{t}{\tau_1}} \quad (0 < t \leqslant T_i) \end{cases} \tag{3-354}$$

式中　τ_1——直流负载侧时间常数，且 $\tau_1 = R_{\mathrm{Le}}C$。

利用叠加原理，得三相 VSR 负载阶跃扰动时的直流电压时域表达式，即

$$\begin{aligned} v_{\mathrm{dc}}(t) &= v_{\mathrm{dc1}}(t) + v_{\mathrm{dc2}}(t) \\ &= kR_{\mathrm{Le}}(t - \tau_1) + (V_{\mathrm{de}} + kR_{\mathrm{Le}}\tau_1)\mathrm{e}^{-\frac{t}{\tau_1}} \end{aligned} \tag{3-355}$$

为求解 $v_{\mathrm{dc}}(t)$ 的最小值，令 $\mathrm{d}v_{\mathrm{dc}}(t)/\mathrm{d}t = 0$，并代入式（3-355），求解得当 $t = t_{\mathrm{n}}$ 时，$v_{\mathrm{dc}}(t)$ 取得最小值 v_{dcmin}，即

$$t_{\mathrm{n}} = \tau_1\ln\left(\frac{V_{\mathrm{de}}}{kR_{\mathrm{Le}}\tau_1} + 1\right) \tag{3-356}$$

$$v_{\mathrm{dcmin}} = kR_{\mathrm{Le}}(t_{\mathrm{n}} - \tau_1) + (V_{\mathrm{de}} + kR_{\mathrm{Le}}\tau_1)\mathrm{e}^{-\frac{t}{\tau_1}} \tag{3-357}$$

考查式（3-357），若工程上取

$$\begin{cases} I_{\mathrm{dm}}R_{\mathrm{Le}} = 1.2V_{\mathrm{de}} \\ \tau_1 = R_{\mathrm{Le}}C > 10T_i \end{cases} \tag{3-358}$$

则

$$t_{\mathrm{n}} = \tau_1\ln\left[\frac{V_{\mathrm{de}}}{kR_{\mathrm{Le}}\tau_1} + 1\right]$$

$$= \tau_1 \ln\left[\frac{V_{de} T_i}{I_{dm} R_{Le} \tau_1} + 1\right]$$

$$\approx \tau_1 \left(0.83 \frac{T_i}{\tau_1}\right) = 0.83 T_i < T_i \tag{3-359}$$

式（3-359）说明，当式（3-358）成立时，直流电压最小值v_{dcmin}发生时刻t_n $< T_i$，从而满足斜坡电流近似的时域区间要求。由式（3-357）得三相 VSR 负载电流阶跃扰动时的直流电压最大动态降落 ΔV_{max}为

$$\Delta V_{max} = V_{de} - v_{dcmin} \tag{3-360}$$

联立式（3-356）、式（3-357）、式（3-360），解得

$$\Delta V_{max} = V_{de} - kR_{Le}\tau_1 \ln\left[\frac{V_{de}}{kR_{Le}\tau_1} + 1\right] \tag{3-361}$$

整理式（3-361），得

$$\frac{V_{de}}{kR_{Le}\tau_1} = \exp\left[\frac{V_{de} - \Delta V_{max}}{kR_{Le}\tau_1}\right] - 1 \tag{3-362}$$

当式（3-358）条件满足时

$$\exp\left[\frac{V_{de} - \Delta V_{max}}{kR_{Le}\tau_1}\right] \approx 1 + \frac{V_{de} - \Delta V_{max}}{kR_{Le}\tau_1} + \frac{1}{2}\left(\frac{V_{de} - \Delta V_{max}}{kR_{Le}\tau_1}\right)^2 \tag{3-363}$$

将式（3-363）代入式（3-362），并化简得

$$C = \frac{(V_{de} - \Delta V_{max})^2}{2\Delta V_{max} I_m R_{Le}^2} \approx \frac{V_{de}^2}{2\Delta V_{max} I_m R_{Le}^2} \tag{3-364}$$

取 $I_{dm} R_{Le} = 1.2 V_{de}$，则

$$C = \frac{V_{de}}{2\Delta V_{max} R_{Le}} = \frac{1}{2\Delta V_m^* R_{Le}} \tag{3-365}$$

式中　ΔV_m^*——VSR 直流电压最大动态降落相对值，且

$$\Delta V_m^* = \frac{\Delta V_{max}}{V_{de}}$$

显然，若要求三相 VSR 满足负载阶跃扰动时的抗扰性能指标 ΔV_m^*，则 VSR 直流侧电容应足够大，其电容量下限值为

$$C > \frac{1}{2\Delta V_m^* R_{Le}} \tag{3-366}$$

对比式（3-350）、式（3-366）得电容上、下限取值之比 λ_C 为

$$\lambda_C = \frac{t_r^* / (0.74 R_{Le})}{1/(2\Delta V_m^* R_{Le})} = \frac{2\Delta V_m^* t_r^*}{0.74} \tag{3-367}$$

显然，要使 VSR 直流侧电容取值同时满足直流电压跟随性、抗扰性控制性能指标，则 λ_C 必须满足

$$\lambda_C = \frac{2\Delta V_m^* t_r^*}{0.74} > 1 \tag{3-368}$$

或

$$\Delta V_m^* t_r^* > 0.37 \tag{3-369}$$

实际上，式（3-369）条件常不能满足，这表明，若按式（3-350）设计 VSR 直流侧电容，虽然满足直流电压跟随性指标，但未必满足直流电压抗扰性能指标，反之亦然。这就要求在三相 VSR 电容参数设计过程中，根据实际需要，并综合考虑直流电压跟随性及抗扰性性能指标要求。

第4章 VSR电流控制技术

VSR建模及控制系统分析研究表明，VSR工作时，能在稳定直流侧电压的同时，实现其交流侧在受控功率因数（如单位功率因数）条件下的正弦波电流控制。另一方面，常规的VSR控制系统一般采用双闭环控制，即电压外环和电流内环控制。在VSR双闭环控制设计中，电流控制动态性能直接影响VSR电压外环控制性能。目前，VSR电流控制技术主要分为两大类，即间接电流控制和直接电流控制。间接电流控制主要以相幅控制（Phase and Amplitude Control——PAC）[16,82]为代表。间接电流控制的优点在于控制简单，一般无需电流反馈控制。另外，间接电流控制还可分为稳态间接电流控制和动态间接电流控制。间接电流控制的主要问题在于，VSR电流动态响应不够快，甚至交流侧电流中含有直流分量，且对系统参数波动较敏感，因而常适合于对VSR动态响应要求不高且控制结构要求简单的应用场合。相对于间接电流控制，直接电流控制以快速电流反馈控制为特征，如滞环电流控制[21,22]（Hysteresis Current Control——HCC）、固定开关频率电流控制[12]（Current Control with Fixed Switching Frequency——CCFF）、空间矢量电流控制[19]（Space Vecter Current Control——SVCC）等。这类直接电流控制可以获得较高品质的电流响应，但控制结构和算法较间接电流控制复杂。

本章首先介绍间接电流控制技术；然后主要讨论目前运用较广的直接电流控制技术，如固定开关频率电流控制及滞环电流控制等；最后对影响电流控制的几点要素进行分析与讨论。

4.1 VSR间接电流控制

间接电流控制技术实质上是，通过PWM控制，在VSR桥路交流侧生成幅值、相位受控的正弦波PWM电压。该PWM电压与电网电动势共同作用于VSR交流侧，并在VSR交流侧形成正弦基波电流，而谐波电流则由VSR交流侧电感滤除。由于这种VSR电流控制方案通过直接控制VSR交流侧电压进而达到控制VSR交流侧电流的目的，因而是一种间接电流控制方式。这种间接电流控制由于无须设置交流电流传感器以构成电流闭环控制，因而是一种VSR简单控制方案。从控制方式上，VSR间接电流控制又分为静态间接电流控制和动态间接电流控制。

4.1.1 三相 VSR 静态间接电流控制[11,16]

4.1.1.1 基本原理

三相 VSR 静态间接电流控制，主要依据三相交流侧基波电流、电压矢量的静态关系，求解相应的控制算法。图 4-1 表示出复平面上三相 VSR 交流侧基波电压矢量 $\boldsymbol{V}$、电感基波电压矢量 $\boldsymbol{V}_L$、电流矢量 $\boldsymbol{I}$ 及电网电动势矢量 $\boldsymbol{E}$ 的静态关系。

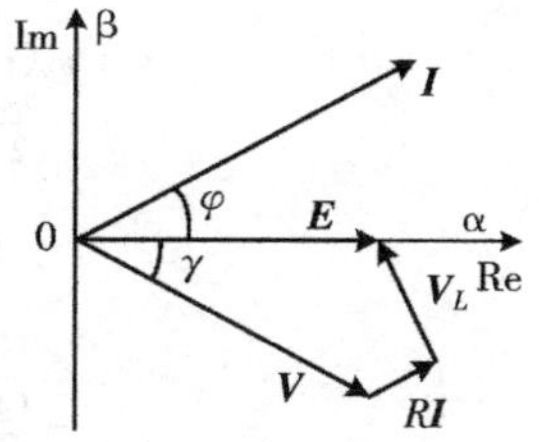

图 4-1 三相 VSR 交流侧静态矢量关系

图 4-1 中，矢量 $\boldsymbol{I}$ 与 $\boldsymbol{E}$ 间相角为 φ；矢量 $\boldsymbol{V}$ 与 $\boldsymbol{E}$ 间相角为 γ。由图 4-1，并根据基尔霍夫电压定律，得

$$\boldsymbol{V} = \boldsymbol{E} - \boldsymbol{V}_L - R\boldsymbol{I} \tag{4-1}$$

由图 4-1 三相 VSR 静态矢量关系，且以 a 相电网电动势为参考，易得三相 VSR 交流电网 a 相电动势 $e_a(t)$、交流侧 a 相基波电压 $v_a(t)$、交流侧 a 相基波电流 $i_a(t)$ 时域表达式

$$\begin{cases} e_a(t) = E_m\sin\omega t \\ v_a(t) = V_m\sin(\omega t - \gamma) = V_m(\cos\gamma\sin\omega t - \sin\gamma\cos\omega t) \\ i_a(t) = I_m\sin(\omega t + \varphi) \end{cases} \tag{4-2}$$

式中 E_m——三相电网电动势峰值；

V_m——三相 VSR 交流侧基波电压峰值；

I_m——三相 VSR 交流侧基波电流峰值。

再由式（4-1）得三相 VSR 交流侧电压矢量 $\boldsymbol{V}$ 在 α、β 轴上投影为

$$v_\alpha = V_m\cos\gamma = E_m + (R\cos\varphi - X\sin\varphi)I_m \tag{4-3}$$

$$v_\beta = V_m\sin\gamma = (X\cos\varphi + R\sin\varphi)I_m \tag{4-4}$$

式中 X——三相 VSR 交流侧每相感抗。

式（4-3）、式（4-4）表明，当三相 VSR 交流侧参数（R、X、E_m）已知时，可根据所要求的三相 VSR 网侧电流峰值 I_m 及相位角 φ，计算出三相 VSR 交流侧基波电压矢量 $\boldsymbol{V}$ 的 α、β 分量 v_α、v_β，从而获得三相 VSR 静态间接电流控制时的矢量 $\boldsymbol{V}$ 控制算法，最终通过 PWM 控制，实现三相 VSR 间接电流控制。三相 VSR PWM 控制波形如图 4-2 所示。

图 4-2 中，$u_T(t)$、$u_{ma}(t)$分别表示 PWM 三角载波和 a 相正弦波调制信号。图 4-2b 表示三相 VSR a 相交流侧相对直流电压中点的相电压 PWM 波形，其 PWM 脉冲波幅值为 $\pm 0.5v_{dc}$（v_{dc}为直流侧电压）。当 PWM 开关频率足够高时，可忽略 VSR 交流侧 PWM 谐波电压，而 VSR 交流侧电压的基波分量就是静态间接电流控制的直接控制量。设与 a 相 PWM 对应的正弦波调制信号为

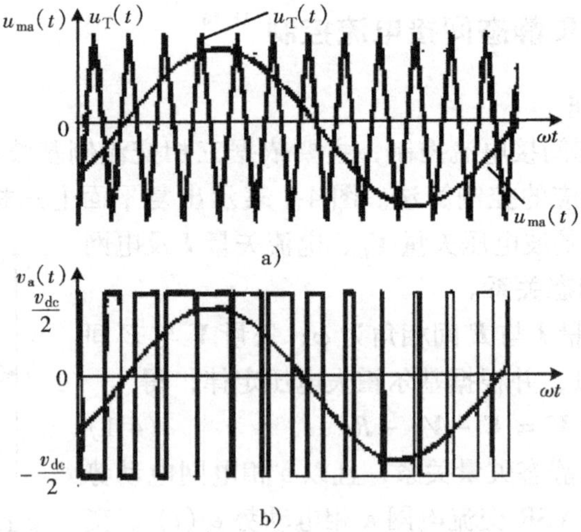

图 4-2　三相 VSR 间接电流 PWM 控制波形

a）脉宽调制波形　b）a 相交流侧电压波形

$$u_{ma}(t) = U_m\sin(\omega t - \gamma) = U_m[\cos\gamma\sin\omega t - \sin\gamma\cos\omega t] \tag{4-5}$$

则与 a 相 VSR 交流侧对应的基波电压表达式为

$$v_a(t) = \frac{1}{2}\frac{U_m}{U_T}v_{dc}\sin(\omega t - \gamma) = \frac{1}{2}\frac{U_m}{U_T}v_{dc}[\cos\gamma\sin\omega t - \sin\gamma\cos\omega t] \tag{4-6}$$

式中　U_m——正弦波调制信号峰值；

U_T——PWM 三角载波信号峰值（$U_T \geqslant U_m$）。

显然，a 相调制信号时域表达式为

$$u_{ma}(t) = U_m\sin(\omega t - \gamma) = \frac{2v_a(t)U_T}{v_{dc}} \tag{4-7}$$

类似计算亦可求出 b、c 相 PWM 信号 $u_{mb}(t)$、$u_{mc}(t)$ 表达式。

以上分析表明：若能从三相 VSR 交流侧静态矢量关系中，求出各相 PWM 信号时域表达式，并进行 PWM 控制，就可以实现三相 VSR 静态间接电流控制。

4.1.1.2　控制系统构成

由式（4-6），并比较式（4-3）、式（4-4），得

$$v_a(t) = v_\alpha\sin\omega t - v_\beta\cos\omega t \tag{4-8}$$

$$v_\alpha = \frac{1}{2}\frac{U_m}{U_T}v_{dc}\cos\gamma \tag{4-9}$$

$$v_\beta = \frac{1}{2}\frac{U_m}{U_T}v_{dc}\sin\gamma \tag{4-10}$$

显然，式（4-8）、式（4-9）给出了三相 VSR a 相交流基波电压的控制算法。

从以上讨论分析，要实现三相 VSR 静态间接电流控制，关键在于由三相 VSR 交流电流矢量指令 $\boldsymbol{I}^*(I_m^*、\varphi^*)$ 并通过简单的控制运算，获得三相 PWM 的调制信号 u_{ma}、u_{mb}、u_{mc}。

那么如何产生电流指令信号呢？显然，可通过三相 VSR 直流电压反馈控制产生所需的电流指令信号。一般而言，三相 VSR 直流电压调节器采用 PI 调节器，其调节器输出直接给出电流幅值指令 I_m^*，再由同步环节设定所需的电流相位角指令 φ^*，这样就给出了三相 VSR 交流电流矢量指令 $\boldsymbol{I}^*(I_m^*、\varphi^*)$。为实现三相 VSR 静态间接电流控制，式（4-6）中 $\sin\omega t$、$\cos\omega t$ 变量可以采用同步变压器二次侧信号获得。令三相同步变压器二次侧检出信号 $e_{as}(t)$、$e_{bs}(t)$、$e_{cs}(t)$ 为

$$\begin{cases} e_{as}(t) = E_{sm}\sin\omega t \\ e_{bs}(t) = E_{sm}\sin\left(\omega t - \dfrac{2\pi}{3}\right) \\ e_{cs}(t) = E_{sm}\sin\left(\omega t + \dfrac{2\pi}{3}\right) \end{cases} \tag{4-11}$$

式中　E_{sm}——同步变压器二次侧检出信号峰值。

运算式（4-11）得

$$\frac{1}{\sqrt{3}}[e_{cs}(t) - e_{bs}(t)] = E_{sm}\cos\omega t \tag{4-12}$$

比较式（4-6）、式（4-3）、式（4-4）、式（4-11）、式（4-12），可令

$$U_m\cos\gamma\sin\omega t = (K_1 + K_2 I_m)e_{as}(t) = E_{sm}(K_1 + K_2 I_m)\sin\omega t \tag{4-13}$$

$$U_m\sin\gamma\mathrm{con}\omega t = \frac{1}{\sqrt{3}}K_3 I_m[e_{cs}(t) - e_{bs}(t)] = E_{sm}K_3 I_m\cos\omega t \tag{4-14}$$

式中　K_1、K_2、K_3——待定比例系数。

将式（4-13）、式（4-14）代入式（4-6），则三相 VSR 交流侧 a 相电压基波分量时域表达式为

$$v_a(t) = \frac{1}{2}\frac{E_{sm}}{U_T}v_{dc}[(K_1 + K_2 I_m)\sin\omega t - K_3 I_m\cos\omega t] \tag{4-15}$$

综合上述计算，并比较式（4-15）、式（4-3）、式（4-4），可求得待定比例系数 K_1、K_2、K_3 为

$$K_1 = \frac{2U_T E_m}{E_{sm}v_{dc}} \tag{4-16}$$

$$K_2 = \frac{2U_T(R\cos\varphi - X\sin\varphi)}{E_{sm}v_{dc}} \tag{4-17}$$

$$K_3 = -\frac{2U_T(X\cos\varphi + R\sin\varphi)}{E_{sm}v_{dc}} \tag{4-18}$$

上述比例系数 $K_1 \sim K_3$ 就是实现三相 VSR 静态间接电流控制时的相关控制参数，但这些参数均与 v_{dc} 有关，为避免 v_{dc} 波动对 $K_1 \sim K_3$ 的影响，可控制三角载波峰值 U_T 跟随 v_{dc} 而变化，即可令

$$\frac{U_T}{v_{dc}} = K_4 = 常数 \tag{4-19}$$

将式（4-19）代入式（4-16）~式（4-18），得

$$K_1 = \frac{2K_4E_m}{E_{sm}} \tag{4-20}$$

$$K_2 = \frac{2K_4(R\cos\varphi - X\sin\varphi)}{E_{sm}} \tag{4-21}$$

$$K_3 = -\frac{2K_4(X\cos\varphi + R\sin\varphi)}{E_{sm}} \tag{4-22}$$

联立式（4-7）、式（4-11）、式（4-12）、式（4-15）易得 a 相调制信号时域表达式为

$$u_{ma}(t) = (K_1 + K_2I_m)e_{as}(t) - K_3I_m[e_{cs}(t) - e_{bs}(t)]/\sqrt{3} \tag{4-23}$$

考虑 a 相 PWM 控制算法的三相 VSR 静态间接电流控制系统结构如图 4-3 所示。图中，以式（4-23）并结合式（4-20）~式（4-22）构成了三相 VSR 间接电流控制系统。

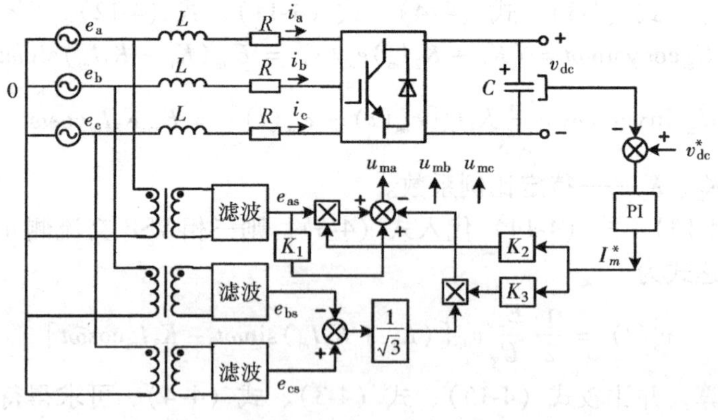

图 4-3　三相 VSR 静态间接电流控制系统结构

u_{ma}、u_{mb}、u_{mc}—三相 PWM 控制信号

图 4-3 中，为实现三相 VSR 直流侧电压无静差控制，电压调节器采用比例积分（PI）调节器。电压调节器输出为三相 VSR 交流侧电流峰值指令信号 I_m^*，再通过控制运算，最终输出三相 PWM 正弦调制波信号 $u_{ma}(t)$、$u_{mb}(t)$、$u_{mc}(t)$，从而实现了三相 VSR 静态间接电流控制，并且稳定了三相 VSR 直流侧

电压 v_{dc}。然而，上述控制参数 $K_2 \sim K_3$ 均与电路参数 X、R 有关，当 X、R 变动时，将引起控制偏差。这便是这种静态间接电流控制不足之处。另一个不足之处在于，由于这些控制参数及控制算法均建立在静态基础上，因而无法取得快速的动态电流响应。在实际的三相 VSR 控制系统中，常要求实现单位功率因数正弦波控制，即要求 $\cos\varphi = 1$ 或 $\sin\varphi = 0$，这样，三相 VSR 间接电流控制算法可进一步得以简化，即

$$\begin{cases} K_2 = \dfrac{2K_4R}{E_{sm}} \\ K_3 = -\dfrac{2K_4X}{E_{sm}} \end{cases} \tag{4-24}$$

尽管这种三相 VSR 静态间接电流控制存在电流响应慢，且控制响应对系统参数较灵敏等不足，但是这种控制算法实现简单，并且可采用固定开关频率 PWM 控制，因而有利于降低三相 VSR 功率开关管损耗和应力。另外，固定开关频率 PWM 控制也有利于三相 VSR 交流电感的设计。

4.1.1.3 三相 VSR 静态间接电流控制分析

1. 静态 PWM 低频控制规律

针对三相 VSR 静态间接电流控制，当 PWM 开关频率足够高时，可近似采用低频模型方程对三相 VSR 控制性能进行分析。研究表明，只需将三相 VSR 一般数学模型方程中的开关函数 $s_k(k = a,b,c)$ 以相应的 PWM 占空比 $d_k(k = a,b,c)$ 取而代之，即获得三相 VSR 低频模型方程，且描述如下：

$$\begin{bmatrix} L & 0 & 0 & 0 \\ 0 & L & 0 & 0 \\ 0 & 0 & L & 0 \\ 0 & 0 & 0 & C \end{bmatrix}\begin{bmatrix} pi_a \\ pi_b \\ pi_c \\ pv_{dc} \end{bmatrix} = \begin{bmatrix} -R & 0 & 0 & -d_a \\ 0 & -R & 0 & -d_b \\ 0 & 0 & -R & -d_c \\ d_a & d_b & d_c & -\dfrac{1}{R_L} \end{bmatrix}\begin{bmatrix} i_a \\ i_b \\ i_c \\ v_{dc} \end{bmatrix} + \begin{bmatrix} e_a \\ e_b \\ e_c \\ 0 \end{bmatrix} - \begin{bmatrix} 1 \\ 1 \\ 1 \\ 0 \end{bmatrix} v_{N0} \tag{4-25}$$

式中　v_{N0}——三相 VSR 直流负母线与三相电网电动势中点间电压；

d_a、d_b、d_c——三相 VSR 各桥臂上侧开关 PWM 占空比；

p——微分因子。

考虑三相平衡条件 $i_a + i_b + i_c = e_a + e_b = e_c = 0$，则

$$v_{N0} = -\frac{1}{3}\Big(\sum_{k=a,b,c} d_k\Big)v_{dc} \tag{4-26}$$

对于三相 VSR PWM 控制，令

$$d_a = \frac{1}{2} + \frac{x}{2} \qquad d_b = \frac{1}{2} + \frac{y}{2} \qquad d_c = \frac{1}{2} + \frac{z}{2} \tag{4-27}$$

显然，x、y、z 表示 d_a、d_b、d_c 的可控变量，且

$$|x| < 1 \qquad |y| < 1 \qquad |z| < 1 \qquad x + y + z = 0 \tag{4-28}$$

由于三相 VSR 桥路同一桥臂的互补 PWM 开关模式，相应三相桥臂下侧开关 PWM 占空比 d_a'、d_b'、d_c' 分别为

$$\begin{cases} d_a' = 1 - d_a = \dfrac{1}{2} - \dfrac{x}{2} \\ d_b' = 1 - d_b = \dfrac{1}{2} - \dfrac{y}{2} \\ d_c' = 1 - d_c = \dfrac{1}{2} - \dfrac{z}{2} \end{cases} \tag{4-29}$$

将式（4-26）、式（4-27）代入式（4-25）得

$$p\begin{bmatrix} i_a \\ i_b \\ i_c \\ v_{dc} \end{bmatrix} = \begin{bmatrix} -\dfrac{R}{L} & 0 & 0 & -\dfrac{x}{2L} \\ 0 & -\dfrac{R}{L} & 0 & -\dfrac{y}{2L} \\ 0 & 0 & -\dfrac{R}{L} & -\dfrac{z}{2L} \\ \dfrac{d_a}{C} & \dfrac{d_b}{C} & \dfrac{d_c}{C} & -\dfrac{1}{R_L C} \end{bmatrix} \begin{bmatrix} i_a \\ i_b \\ i_c \\ v_{dc} \end{bmatrix} + \begin{bmatrix} \dfrac{e_a}{L} \\ \dfrac{e_b}{L} \\ \dfrac{e_c}{L} \\ 0 \end{bmatrix} \tag{4-30}$$

静态条件下，令三相 VSR 电网电动势和网侧三相电流均为基波正弦量，且

$$\begin{cases} e_a = E_m \sin(\omega t) \\ e_b = E_m \sin\left(\omega t - \dfrac{2\pi}{3}\right) \\ e_c = E_m \sin\left(\omega t + \dfrac{2\pi}{3}\right) \end{cases} \tag{4-31}$$

$$\begin{cases} i_a = I_m \sin(\omega t - \varphi) \\ i_b = I_m \sin\left(\omega t - \dfrac{2\pi}{3} - \varphi\right) \\ i_c = I_m \sin\left(\omega t + \dfrac{2\pi}{3} - \varphi\right) \end{cases} \tag{4-32}$$

式中 E_m——电网电动势基波峰值；

I_m——三相 VSR 网侧基波电流峰值；

φ——三相 VSR 网侧电流与电网电动势间的相位角。

将式（4-31）、式（4-32）代入式（4-30），求解并化简得

$$\frac{x}{2}=\frac{1}{v_{dc}}[E_m\sin(\omega t)-RI_m\sin(\omega t-\varphi)-\omega LI_m\cos(\omega t-\varphi)] \tag{4-33}$$

$$\frac{y}{2}=\frac{1}{v_{dc}}\left[E_m\sin\left(\omega t-\frac{2\pi}{3}\right)-RI_m\sin\left(\omega t-\frac{2\pi}{3}-\varphi\right)-\omega LI_m\cos\left(\omega t-\frac{2\pi}{3}-\varphi\right)\right] \tag{4-34}$$

$$\frac{z}{2}=\frac{1}{v_{dc}}\left[E_m\sin\left(\omega t+\frac{2\pi}{3}\right)-RI_m\sin\left(\omega t+\frac{2\pi}{3}-\varphi\right)-\omega LI_m\cos\left(\omega t+\frac{2\pi}{3}-\varphi\right)\right] \tag{4-35}$$

联立式（4-27）、式（4-33）~式（4-35），并将其代入式（4-30）最后一行，计算得

$$C\frac{dv_{dc}}{dt}=\frac{3I_m}{2v_{dc}}[E_m\cos\varphi-RI_m]-\frac{v_{dc}}{R_L} \tag{4-36}$$

静态时，$Cdv_{dc}/dt=0$，则由式（4-36）化简得三相 VSR 静态间接电流控制时的直流电压表达式为

$$v_{dc}=\sqrt{\frac{3}{2}I_mR_L(E_m\cos\varphi-RI_m)} \tag{4-37}$$

式（4-37）表明，理论上，当三相平衡时，三相 VSR 静态间接电流控制能实现直流侧电压 v_{dc}的无纹波控制。

另一方面，由于三相 VSR 静态间接电流控制并不检测三相 VSR 网侧电流，因此将 $I_m=I_m^*$、$\varphi=\varphi^*$代入式（4-33）~式（4-35）即得三相 VSR PWM 低频控制规律为

$$\frac{x}{2}=\frac{1}{v_{dc}}[E_m\sin(\omega t)-RI_m^*\sin(\omega t-\varphi^*)-\omega LI_m^*\cos(\omega t-\varphi^*)] \tag{4-38}$$

$$\frac{y}{2}=\frac{1}{v_{dc}}\left[E_m\sin\left(\omega t-\frac{2\pi}{3}\right)-RI_m^*\sin\left(\omega t-\frac{2\pi}{3}-\varphi^*\right)-\omega LI_m^*\cos\left(\omega t-\frac{2\pi}{3}-\varphi^*\right)\right] \tag{4-39}$$

$$\frac{z}{2}=\frac{1}{v_{dc}}\left[E_m\sin\left(\omega t+\frac{2\pi}{3}\right)-RI_m^*\sin\left(\omega t+\frac{2\pi}{3}-\varphi^*\right)-\omega LI_m^*\cos\left(\omega t+\frac{2\pi}{3}-\varphi^*\right)\right] \tag{4-40}$$

式中　I_m^*、φ^*——三相 VSR 网侧电流峰值、相位角指令。

式（4-38）~式（4-40）说明，当三相 VSR 主电路参数固定时，若 PWM 占空比按式（4-27）、式（4-38）~式（4-40）控制，则三相 VSR 网侧电流为正弦波，且电流峰值为 I_m^*，相位角为 φ^*。

2. 三相 VSR 网侧电流谐波分析

为分析三相 VSR 静态间接电流控制时的网侧谐波电流，必须考虑三相 VSR PWM 的高频分量。由于三相 VSR 的对称性，现以 a 相为例进行研究。为获得三相 VSR PWM 的高频特性，将开关函数 $s_k(k=a,b,c)$ 取代 PWM 占空比 d_k $(k=a,b,c)$ 并由式（4-30）第一行求解得

$$L\frac{\mathrm{d}i_a}{\mathrm{d}t}=-Ri_a+\left(\frac{1}{2}-s_a\right)v_{dc}+e_a \tag{4-41}$$

采用傅里叶分析，即开关函数 s_a 由低频分量和高频分量组成，且

$$s_a=\underbrace{d_a}_{\text{低频分量}}+\underbrace{\sum_{n=1}^{\infty}\frac{1}{n\pi}\sqrt{[1-2\cos(2n\pi d_a)]}\sin(n\omega_s t+\theta_{n1})}_{\text{高频分量}} \tag{4-42}$$

式中　ω_s——PWM 开关调制角频率，$\omega_s=2\pi/T_s$。

$$\theta_{n1}=\arctan\frac{\sin(2n\pi d_a)}{1-\cos(2n\pi d_a)} \tag{4-43}$$

将式（4-42）代入式（4-41），得

$$L\frac{\mathrm{d}i_a}{\mathrm{d}t}=-Ri_a-\frac{x}{2}v_{dc}-\sum_{n=1}^{\infty}\frac{v_{dc}}{n\pi}\sqrt{[1-2\cos(2n\pi d_a)]}\times\sin(n\omega_s t+\theta_{n1})+E_m\sin(\omega t) \tag{4-44}$$

若将 i_a 分解成低频分量 i_{al} 和高频分量 i_{ah}，即

$$i_a=i_{al}+i_{ah} \tag{4-45}$$

将式（4-45）代入式（4-44），并只取高频分量

$$L\frac{\mathrm{d}i_{ah}}{\mathrm{d}t}=-Ri_{ah}-\sum_{n=1}^{\infty}\frac{v_{dc}}{n\pi}\sqrt{[1-2\cos(2n\pi d_a)]}\sin(n\omega_s t+\theta_{n1}) \tag{4-46}$$

求解上述微分方程，并忽略三相 VSR 网侧电阻 R，得三相 VSR 静态间接电流控制时的网侧 a 相高频电流分量为

$$i_{ah}\approx\sum_{n=1}^{\infty}\frac{v_{dc}}{n^2L\pi\omega_s}\sqrt{[1-2\cos(2n\pi d_a)]}\cos(n\omega_s t+\theta_{n1}) \tag{4-47}$$

同理可求出 b、c 相高频电流分量为

$$i_{bh}\approx\sum_{n=1}^{\infty}\frac{v_{dc}}{n^2L\pi\omega_s}\sqrt{[1-2\cos(2n\pi d_b)]}\cos(n\omega_s t+\theta_{n2}) \tag{4-48}$$

$$i_{ch}\approx\sum_{n=1}^{\infty}\frac{v_{dc}}{n^2L\pi\omega_s}\sqrt{[1-2\cos(2n\pi d_c)]}\cos(n\omega_s t+\theta_{n3}) \tag{4-49}$$

式中

$$\begin{cases}\theta_{n2}=\arctan\dfrac{\sin(2n\pi d_b)}{1-\cos(2n\pi d_b)}\\[2ex]\theta_{n3}=\arctan\dfrac{\sin(2n\pi d_c)}{1-\cos(2n\pi d_c)}\end{cases} \tag{4-50}$$

由式（4-47）~式（4-49）可看出，静态间接电流控制时，三相 VSR 网侧高频电流分量谐波幅值与直流电压 v_{dc} 成正比，与开关角频率 ω_s、网侧电感 L 和与谐波次数二次方 n^2 成反比。因此，适当增大网侧电感 L 及提高开关频率，均有利于抑制三相 VSR 网侧电流谐波。

3. 直流侧电压谐波分析

由式（4-37）可知，若只考虑三相 VSR 低频模型，其直流侧电压为一恒定直流量。由于 PWM 谐波分量的存在，其三相 VSR 直流电压也相应含有谐波电压。

同电流谐波分析类似，将开关函数 $s_k(k = a,b,c)$ 取代低频模型方程式（4-30）最后一行中的 PWM 占空比 $d_k(k = a,b,c)$，得

$$C\frac{\mathrm{d}v_{dc}}{\mathrm{d}t} = s_a i_a + s_b i_b + s_c i_c - \frac{v_{dc}}{R_L} \tag{4-51}$$

将 v_{dc} 分解成直流平均分量 $\bar{v}_{dc}$ 和谐波分量 $\tilde{v}_{dc}$，即

$$v_{dc} = \bar{v}_{dc} + \tilde{v}_{dc} \tag{4-52}$$

将式（4-52）代入式（4-51），并考虑式（4-42），计算求解得

$$\begin{aligned}C\frac{\mathrm{d}\tilde{v}_{dc}}{\mathrm{d}t} \approx &\left\{\sum_{n=1}^{\infty}\frac{1}{n\pi}\sqrt{[1-2\cos(2n\pi d_a)]}\sin(n\omega_s t + \theta_{n1})\right\}i_a + \\ &\left\{\sum_{n=1}^{\infty}\frac{1}{n\pi}\sqrt{[1-2\cos(2n\pi d_b)]}\sin(n\omega_s t + \theta_{n2})\right\}i_b + \\ &\left\{\sum_{n=1}^{\infty}\frac{1}{n\pi}\sqrt{[1-2\cos(2n\pi d_c)]}\sin(n\omega_s t + \theta_{n3})\right\}i_c - \frac{\bar{v}_{dc}}{R_L}\end{aligned} \tag{4-53}$$

由式（4-38）~式（4-40），并考虑式（4-27），得

$$\begin{cases} d_a = \dfrac{1}{2} + \dfrac{E_m'}{\bar{v}_{dc}}\sin(\omega t - \varphi') \\ d_b = \dfrac{1}{2} + \dfrac{E_m'}{\bar{v}_{dc}}\sin\left(\omega t - \varphi' - \dfrac{2\pi}{3}\right) \\ d_c = \dfrac{1}{2} + \dfrac{E_m'}{\bar{v}_{dc}}\sin\left(\omega t - \varphi' + \dfrac{2\pi}{3}\right) \end{cases} \tag{4-54}$$

式中

$$\begin{cases} E_m' = \sqrt{(E_m - RI_m\cos\varphi - \omega LI_m\sin\varphi)^2 + (RI_m\sin\varphi - \omega LI_m\cos\varphi)^2} \\ \varphi' = \arctan\dfrac{RI_m\sin\varphi - \omega LI_m\cos\varphi}{E_m - RI_m\cos\varphi - \omega LI_m\sin\varphi} \end{cases} \tag{4-55}$$

将式（4-54）、式（4-55）代入式（4-53），计算得

$$C\frac{\mathrm{d}\tilde{v}_{dc}}{\mathrm{d}t} \approx \sum_{i=1}^{3}\sum_{n=1}^{\infty}\frac{1}{n\pi} \times \sqrt{\left\{1 - (-1)^n 2\cos\left[2n\pi\frac{E_m'}{\bar{v}_{dc}}\sin\left(\omega t - \varphi' - (i-1)\frac{2\pi}{3}\right]\right\}} \times$$

$$\sin(n\omega_s t+\theta_{ni})I_m\sin\left[\omega t-\varphi-(i-1)\frac{2\pi}{3}\right]-\frac{\tilde{v}_{dc}}{R_L} \tag{4-56}$$

求解式（4-56）微分方程，得稳态时的三相 VSR 直流电压谐波为

$$\tilde{v}_{dc}\approx\sum_{i=1}^{3}\sum_{n=1}^{\infty}\frac{RI_m}{n\pi\sqrt{[1+(n\omega_s RC)^2]}}\times$$
$$\sqrt{\left\{1-(-1)^n 2\cos\left[2n\pi\frac{E_m'}{v_{dc}}\sin\left(\omega t-\varphi'-(i-1)\frac{2\pi}{3}\right)\right]\right\}}\times$$
$$\sin\left[\omega t-\varphi-(i-1)\frac{2\pi}{3}\right]\sin(n\omega_s t+\theta_{ni}) \tag{4-57}$$

4.1.2 三相 VSR 动态间接电流控制[53]

以上讨论了 VSR 静态间接电流控制，虽然这种方案控制简单，但控制算法设计依据了 VSR 电流、电压间的静态关系，因而无法获得快速的动态电流响应。为克服这一不足，在间接电流控制算法设计时，若以 VSR 电流、电压间的动态关系为依据，从而使 VSR 获得尽可能快的动态电流响应，这种控制设计思路就是 VSR 动态间接电流控制策略。

4.1.2.1 动态关系的建立

由图 3-1 所示的三相 VSR 主电路，容易求得

$$L\frac{\mathrm{d}\boldsymbol{I}}{\mathrm{d}t}+R\boldsymbol{I}=\boldsymbol{E}-\boldsymbol{V} \tag{4-58}$$

式中

$$\begin{aligned}\boldsymbol{E}&=[e_a,e_b,e_c]^T\\ \boldsymbol{I}&=[i_a,i_b,i_c]^T\\ \boldsymbol{V}&=[v_a,v_b,v_c]^T\end{aligned} \tag{4-59}$$

定义 PWM 双极性二值逻辑开关函数 p_j 为

$$p_j=\begin{cases}1 & V_j\text{通}\\ -1 & V'_j\text{断}\end{cases}\quad(j=a,b,c) \tag{4-60}$$

对于所定义的双极性二值逻辑开关函数 p_j，三相 VSR 桥路交流输出端对直流负母线的电压为

$$v_{jN}=\frac{1}{2}(1+p_j)v_{dc}\qquad(j=a,b,c) \tag{4-61}$$

当以双极性二值逻辑开关函数 p_j 描述三相 VSR 交流侧电压时，有

$$\begin{bmatrix}v_a\\v_b\\v_c\end{bmatrix}=\frac{1}{6}v_{dc}\begin{bmatrix}2&-1&-1\\-1&2&-1\\-1&-1&2\end{bmatrix}\begin{bmatrix}p_a\\p_b\\p_c\end{bmatrix} \tag{4-62}$$

令 $\boldsymbol{a}=\mathrm{e}^{\mathrm{j}2\pi/3}$，且定义三相 VSR 交流侧电压矢量 $\boldsymbol{V}$ 为

$$\boldsymbol{V}=\frac{2}{3}(v_{\mathrm{a}}+\boldsymbol{a}v_{\mathrm{b}}+\boldsymbol{a}^{2}v_{\mathrm{c}}) \tag{4-63}$$

定义双极性二值逻辑开关函数矢量 $\boldsymbol{P}$ 为

$$\boldsymbol{P}=\frac{2}{3}(p_{\mathrm{a}}+\boldsymbol{a}p_{\mathrm{b}}+\boldsymbol{a}^{2}p_{\mathrm{c}}) \tag{4-64}$$

联立式（4-62）~式（4-64），得

$$\boldsymbol{V}=\frac{1}{2}\boldsymbol{P}v_{\mathrm{dc}} \tag{4-65}$$

定义三相 VSR 交流侧电流矢量为

$$\boldsymbol{I}=\frac{2}{3}(i_{\mathrm{a}}+\boldsymbol{a}i_{\mathrm{b}}+\boldsymbol{a}^{2}i_{\mathrm{c}}) \tag{4-66}$$

则式（4-58）变为

$$L\frac{\mathrm{d}\boldsymbol{I}}{\mathrm{d}t}+R\boldsymbol{I}=\boldsymbol{E}-\frac{1}{2}\boldsymbol{P}v_{\mathrm{dc}} \tag{4-67}$$

式中　$\boldsymbol{E}$——三相交流电动势矢量

$$\boldsymbol{E}=E_{\mathrm{m}}\mathrm{e}^{\mathrm{j}\omega t} \tag{4-68}$$

为了使三相 VSR 获得单位功率因数正弦波电流控制，令三相 VSR 交流侧电流矢量指令 $\boldsymbol{I}^{*}$ 为

$$\boldsymbol{I}^{*}=I_{\mathrm{m}}^{*}(t)\mathrm{e}^{\mathrm{j}\omega t} \tag{4-69}$$

式中　$I_{\mathrm{m}}^{*}(t)$——三相 VSR 交流电流幅值指令。

$I_{\mathrm{m}}^{*}(t)$ 由直流电压调节器输出获得。

进一步分析表明，直流侧电流 i_{dc} 可由双极性二值逻辑开关函数矢量 $\boldsymbol{P}$ 和 VSR 交流电流矢量 $\boldsymbol{I}$ 描述，即

$$i_{\mathrm{dc}}=\frac{3}{8}(\bar{\boldsymbol{P}}\boldsymbol{I}+\boldsymbol{P}\bar{\boldsymbol{I}}) \tag{4-70}$$

式中　$\bar{\boldsymbol{P}}$、$\bar{\boldsymbol{I}}$——$\boldsymbol{P}$、$\boldsymbol{I}$ 的共轭复矢量。

以上用矢量表达式描述了三相 VSR 电压、电流间的动态关系，这为设计三相 VSR 动态间接电流控制奠定了基础。

4.1.2.2　动态控制算法设计

如果三相 VSR 动态间接电流控制满足电流指令控制要求，则将 $\boldsymbol{I}=\boldsymbol{I}^{*}$ 代入式（4-67），可得开关函数矢量 $\boldsymbol{P}$ 的动态描述为

$$\boldsymbol{P}=\frac{2}{v_{\mathrm{dc}}}\left(\boldsymbol{E}-R\boldsymbol{I}^{*}-L\frac{\mathrm{d}\boldsymbol{I}^{*}}{\mathrm{d}t}\right) \tag{4-71}$$

考虑式（4-69），并对两边求导，得

$$\frac{\mathrm{d}\boldsymbol{I}^{*}}{\mathrm{d}t}=\mathrm{e}^{\mathrm{j}\omega t}\frac{\mathrm{d}I_{\mathrm{m}}^{*}(t)}{\mathrm{d}t}+\mathrm{j}\omega I_{\mathrm{m}}^{*}(t)\mathrm{e}^{\mathrm{j}\omega t} \tag{4-72}$$

将式（4-69）代入式（4-71）、式（4-72），并化简得

$$\boldsymbol{P}=\frac{2}{v_{\mathrm{dc}}}\left[E_{\mathrm{m}}-RI_{\mathrm{m}}^{*}(t)-\mathrm{j}\omega LI_{\mathrm{m}}^{*}(t)-L\frac{\mathrm{d}}{\mathrm{d}t}I_{\mathrm{m}}^{*}(t)\right]\mathrm{e}^{\mathrm{j}\omega t}\tag{4-73}$$

式（4-73）表述了三相 VSR 动态间接电流控制时开关函数矢量 **P** 的控制算法。为简化控制，将开关函数矢量 **P** 定义在两相静止坐标系（α，β）所表示的复平面上，即

$$\boldsymbol{P}=p_{\alpha}+\mathrm{j}p_{\beta}\tag{4-74}$$

将式（4-74）代入式（4-73），并分解 α、β 分量得

$$p_{\alpha}=\frac{2}{v_{\mathrm{dc}}}\left\{\left[E_{\mathrm{m}}-RI_{\mathrm{m}}^{*}(t)-L\frac{\mathrm{d}}{\mathrm{d}t}I_{\mathrm{m}}^{*}(t)\right]\cos(\omega t)+\omega LI_{\mathrm{m}}^{*}(t)\sin(\omega t)\right\}\tag{4-75}$$

$$p_{\beta}=\frac{2}{v_{\mathrm{dc}}}\left\{\left[E_{\mathrm{m}}-RI_{\mathrm{m}}^{*}(t)-L\frac{\mathrm{d}}{\mathrm{d}t}I_{\mathrm{m}}^{*}(t)\right]\sin(\omega t)-\omega LI_{m}^{*}(t)\cos(\omega t)\right\}\tag{4-76}$$

如果电流矢量 $\boldsymbol{I}^{*}$ 的幅值 $I_{\mathrm{m}}^{*}(t)$ 由三相 VSR 直流电压外环调节器输出给定，当采用 PI 调节器控制时，有

$$I_{\mathrm{m}}^{*}(t)=K_{v\mathrm{P}}(v_{\mathrm{dc}}^{*}-v_{\mathrm{dc}})+K_{v\mathrm{I}}\int(v_{\mathrm{dc}}^{*}-v_{\mathrm{dc}})\mathrm{d}t\tag{4-77}$$

式中 $K_{v\mathrm{P}}$、$K_{v\mathrm{I}}$——电压环 PI 调节器比例、积分增益；

v_{dc}^{*}——直流电压指令值。

将式（4-77）两边对时间微分

$$\frac{\mathrm{d}}{\mathrm{d}t}I_{\mathrm{m}}^{*}(t)=K_{v\mathrm{I}}(v_{\mathrm{dc}}^{*}-v_{\mathrm{dc}})-K_{v\mathrm{P}}\frac{\mathrm{d}}{\mathrm{d}t}v_{\mathrm{dc}}\tag{4-78}$$

再将式（4-78）代入式（4-75）、式（4-76），得

$$p_{\alpha}=\frac{2}{v_{\mathrm{dc}}}\left\{[E_{\mathrm{m}}-RI_{\mathrm{m}}^{*}(t)-K_{v\mathrm{I}}Lv_{\mathrm{dc}}^{*}+K_{v\mathrm{I}}Lv_{\mathrm{dc}}+K_{v\mathrm{P}}L\frac{\mathrm{d}}{\mathrm{d}t}v_{\mathrm{dc}}]\cos(\omega t)+\omega LI_{\mathrm{m}}^{*}(t)\sin(\omega t)\right\}\tag{4-79}$$

$$p_{\beta}=\frac{2}{v_{\mathrm{dc}}}\left\{[E_{\mathrm{m}}-RI_{\mathrm{m}}^{*}(t)-K_{v\mathrm{I}}Lv_{\mathrm{dc}}^{*}+K_{v\mathrm{I}}Lv_{\mathrm{dc}}+K_{v\mathrm{P}}L\frac{\mathrm{d}}{\mathrm{d}t}v_{\mathrm{dc}}]\sin(\omega t)-\omega LI_{\mathrm{m}}^{*}(t)\cos(\omega t)\right\}\tag{4-80}$$

上述控制算法中，v_{dc}可直接检测，且

$$\frac{\mathrm{d}}{\mathrm{d}t}v_{\mathrm{dc}}=\frac{1}{C}(i_{\mathrm{dc}}-i_{\mathrm{L}})\tag{4-81}$$

式中 i_{L}——负载电流。

联立式（4-70）、式（4-71），解得

$$i_{\mathrm{dc}}=\frac{3I_{\mathrm{m}}^{*}(t)}{2v_{\mathrm{dc}}}\left[E_{\mathrm{m}}-L\frac{\mathrm{d}}{\mathrm{d}t}I_{\mathrm{m}}^{*}(t)-RI_{\mathrm{m}}^{*}(t)\right]\tag{4-82}$$

将式（4-81）与式（4-82）联立，解得三相 VSR 直流电压闭环控制系统微分方程为

$$\frac{\mathrm{d}}{\mathrm{d}t}v_{\mathrm{dc}} = \frac{3I_{\mathrm{m}}^{*}(t)}{2Cv_{\mathrm{dc}}}\left[E_{\mathrm{m}} - L\frac{\mathrm{d}}{\mathrm{d}t}I_{\mathrm{m}}^{*}(t) - RI_{\mathrm{m}}^{*}(t)\right] - \frac{i_{\mathrm{L}}}{C} \tag{4-83}$$

稳态时

$$\frac{\mathrm{d}}{\mathrm{d}t}v_{\mathrm{dc}} = \frac{\mathrm{d}}{\mathrm{d}t}I_{\mathrm{m}}^{*}(t) = 0 \qquad I_{\mathrm{m}}^{*} = I_{\mathrm{m}}^{*}(t) \qquad v_{\mathrm{dc}}^{*} = v_{\mathrm{dc}}$$

化简式（4-83）得

$$\frac{3I_{\mathrm{m}}^{*}}{2v_{\mathrm{dc}}^{*}}(E_{\mathrm{m}} - RI_{\mathrm{m}}^{*}) - i_{\mathrm{L}} = 0 \tag{4-84}$$

式中　I_{m}^{*}、v_{dc}^{*}——三相 VSR 交流侧电流幅值指令、直流电压指令稳态值。

求解方程式（4-84），得

$$I_{\mathrm{m}}^{*} = \frac{1}{2}\left[\frac{E_{\mathrm{m}}}{R} - \sqrt{\left(\frac{E_{\mathrm{m}}}{R}\right)^{2} - \frac{8i_{\mathrm{L}}v_{\mathrm{dc}}^{*}}{3R}}\right] \tag{4-85}$$

4.1.2.3　直流电压闭环系统稳定性分析

首先定义状态变量为

$$x_1 = I_{\mathrm{m}}(t) - I_{\mathrm{m}}^{*} \tag{4-86}$$

$$x_2 = v_{\mathrm{dc}} - v_{\mathrm{dc}}^{*} \tag{4-87}$$

考虑式（4-78）、式（4-83），易得控制系统状态方程为

$$\dot{x}_1 = -K_{v\mathrm{I}}x_2 - K_{v\mathrm{P}}\dot{x}_2 \tag{4-88}$$

$$\dot{x}_2 = \frac{3L}{[2Cv_{\mathrm{dc}} - 3LK_{v\mathrm{P}}I_{\mathrm{m}}(t)]}\left\{\frac{1}{L}E_{\mathrm{m}}I_{\mathrm{m}}(t) + K_{v\mathrm{I}}I_{\mathrm{m}}(t)x_2 - \frac{R}{L}I_{\mathrm{m}}^{2}(t)\right\} - \frac{2v_{\mathrm{dc}}i_{\mathrm{L}}}{[2Cv_{\mathrm{dc}} - 3LK_{v\mathrm{P}}I_{\mathrm{m}}(t)]} \tag{4-89}$$

显然，上述状态方程呈现出非线性特性，若对上述状态方程进行稳态工作点（I_{m}^{*}，v_{dc}^{*}）微偏线性化，得

$$\begin{bmatrix}\dot{x}_1\\ \dot{x}_2\end{bmatrix} = \begin{bmatrix}-K_{v\mathrm{P}}a_{21} & -(K_{v\mathrm{I}} + K_{v\mathrm{P}}a_{22})\\ a_{21} & a_{22}\end{bmatrix}\begin{bmatrix}x_1\\ x_2\end{bmatrix} \tag{4-90}$$

式中

$$\begin{cases} a_{21} = \dfrac{3(E_{\mathrm{m}} - 2RI_{\mathrm{m}}^{*})}{2Cv_{\mathrm{dc}}^{*} - 3LK_{v\mathrm{P}}I_{\mathrm{m}}^{*}} \\ a_{22} = \dfrac{3LK_{v\mathrm{I}}I_{\mathrm{m}}^{*} - 2i_{\mathrm{L}}}{2Cv_{\mathrm{dc}}^{*} - 3LK_{v\mathrm{P}}I_{\mathrm{m}}^{*}} \end{cases} \tag{4-91}$$

另外，与上述状态方程对应的系统特征方程为

$$\det(s\boldsymbol{I} - \boldsymbol{A}) = [s^{2} - (K_{v\mathrm{P}}a_{21} - a_{22})s + K_{v\mathrm{I}}a_{21}] = 0 \tag{4-92}$$

式中

$$\begin{cases} \boldsymbol{A} = \begin{bmatrix} -K_{vp}a_{21} & -(K_{vI}+K_{vp}a_{22}) \\ a_{21} & a_{22} \end{bmatrix} \\ \boldsymbol{I} = \begin{bmatrix} 1 & 0 \\ 0 & 1 \end{bmatrix} \end{cases} \tag{4-93}$$

利用 Routh 稳定性判据，容易确定 K_{vI}、K_{vP} 取值范围，如图 4-4 所示，其斜线部分表示 K_{vI}、K_{vP}的稳定性区域。

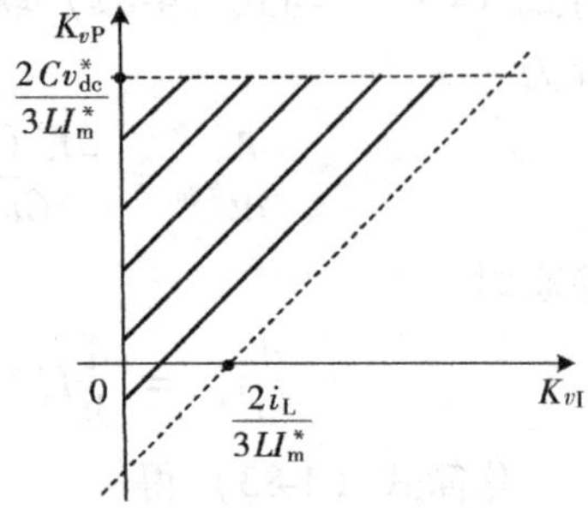

图 4-4　直流电压闭环系统电压调节器参数 K_{vI}、K_{vP} 稳定性取值区域

从图 4-4 中分析：K_{vI}、K_{vP}稳定区域的选择取决于工作点参数 I_m^*、v_{dc}^*及负载电流 i_L。当 I_m^*、v_{dc}^*、L、C 确定时，K_{vI}、K_{vP}稳定区域的选择只取决于负载电流 i_L。

4.2　VSR 直接电流控制

VSR 直接电流控制是针对 VSR 间接电流控制不足（动态响应慢、对参数敏感）而提出来的。这种直接电流控制与间接电流控制在结构上的主要差别在于，前者具有网侧电流闭环控制，而后者则无网侧电流闭环控制。由于采用网侧电流闭环控制，使 VSR 网侧电流动、静态性能得到了提高，同时也使网侧电流控制对系统参数不敏感，从而增强了电流控制系统的鲁棒性。

由于 VSR 电流内环性能不仅影响直流侧电压响应，而且当 VSR 应用于诸如有源电力滤波器（APF）等领域时，其网侧电流的控制性能便决定了系统性能指标的优劣，因而 VSR 直接电流控制策略的研究引起了学术界广泛关注[21,84]，先后提出了固定开关频率 PWM 电流控制[12]、滞环 PWM 电流控制[21]等。这些电流控制方案各有其优缺点。其中，固定开关频率 PWM 电流控制的算法简便，物理意义清晰，且实现较为方便。另外，由于开关频率固定，因而网侧变压器及滤波电感设计较容易，并且有利于限制功率开关管损耗。但该方案的主要缺点是，在开关频率不高条件下，电流动态响应相对较慢，且电流动态偏差随电流变化率而相应地变化。相比之下，滞环 PWM 电流控制则具有较快的电流响应，且电流跟踪动态偏差由滞环宽度确定，而不随电流变化率变化而变动。但该方案主要不足就是，开关频率随电流变化率变化而波动，造成网侧滤波电感设计困难，功率模块应力及开关损耗增大，因而在大功率变流领域难以应用，为此提出了基于固定开关频率的滞环 PWM 电流控制策略。本节将主要研究固定开关频率 PWM 电流控制和滞环 PWM 电流控制策略。

4.2.1 固定开关频率 PWM 电流控制

4.2.1.1 基本原理及控制算法

所谓固定开关频率 PWM 电流控制，一般是指 PWM 载波（如三角波）频率固定不变，而以电流偏差调节信号作为调制波的 PWM 控制方法，其电流环控制结构如图 4-5 所示。

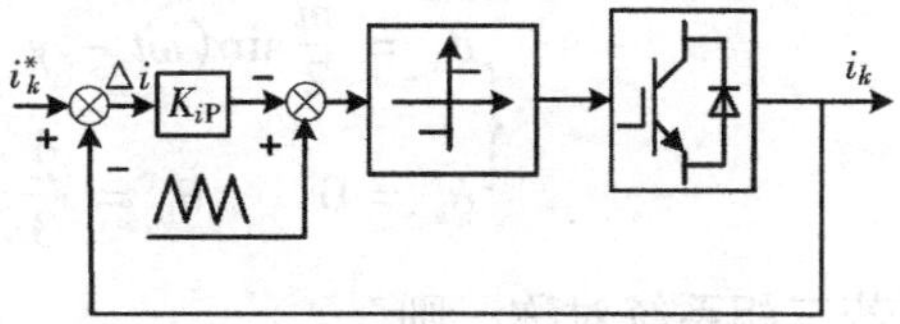

图 4-5 固定开关频率 PWM 电流控制闭环结构

根据 3.1 节中式（3-72），得三相 VSR 网侧电压回路方程为

$$L\frac{\mathrm{d}i_k}{\mathrm{d}t}+Ri_k=e_k-v_{\mathrm{dc}}(s_k-\frac{1}{3}\sum_{k=\mathrm{a,b,c}}s_k)\qquad(k=\mathrm{a,b,c})\tag{4-94}$$

式中 s_k（k=a，b，c）——单极性二值逻辑开关函数。

根据对开关函数的傅里叶变换，有

$$s_k=d_k+\sum_{n=1}^{\infty}(-1)^n\frac{2}{n\pi}\sin(nd_k\pi)\cos(n\omega_{\mathrm{s}}t)\qquad(k=\mathrm{a,b,c})\tag{4-95}$$

式中 d_k——PWM 占空比；

ω_{s}——PWM 开关角频率。

令 PWM 开关角频率远高于电网角频率，则可忽略式（4-95）中 s_k 的谐波项，即

$$s_k\approx d_k\tag{4-96}$$

将式（4-96）代入式（4-94），得

$$L\frac{\mathrm{d}i_k}{\mathrm{d}t}+Ri_k=e_k-v_{\mathrm{dc}}\left(d_k-\frac{1}{3}\sum_{k=\mathrm{a,b,c}}d_k\right)\tag{4-97}$$

若把固定开关频率 PWM 电流控制环节看作时间常数为 T_{s}（T_{s} 为 PWM 开关周期）的一阶惯性环节，并使三相 VSR 网侧电流 i_k 跟踪网侧电流指令 i_k^*（k = a，b，c），则 i_k^*、i_k 满足

$$i_k^*=i_k+T_{\mathrm{s}}\frac{\mathrm{d}i_k}{\mathrm{d}t}\qquad(k=\mathrm{a,b,c})\tag{4-98}$$

或

$$\frac{\mathrm{d}i_k}{\mathrm{d}t}=\frac{1}{T_{\mathrm{s}}}(i_k^*-i_k)\qquad(k=\mathrm{a,b,c})\tag{4-99}$$

将式（4-99）代入式（4-97），得

$$d_k=\frac{1}{v_{\mathrm{dc}}}\left[e_k-\left(R-\frac{L}{T_{\mathrm{s}}}\right)i_k-\frac{L}{T_{\mathrm{s}}}i_k^*\right]+\frac{1}{3}\sum_{k=\mathrm{a,b,c}}d_k\tag{4-100}$$

稳态时，若 PWM 的调制波为正弦波，且与电网电动势 e_k（k = a，b，c）间相位角为 γ，调制比为 m，则占空比 d_k 可描述为

$$\begin{cases} d_k = \dfrac{m}{2}\sin(\omega t - \gamma - \theta_k) + \dfrac{1}{2} \qquad (k = \mathrm{a,b,c}) \\ \theta_{\mathrm{a}} = 0 \quad \theta_{\mathrm{b}} = \dfrac{2}{3}\pi \quad \theta_{\mathrm{c}} = -\dfrac{2}{3}\pi \end{cases} \tag{4-101}$$

若三相系统对称，则

$$\sum_{k=\mathrm{a,b,c}} e_k = 0 \qquad \sum_{k=\mathrm{a,b,c}} i_k = 0 \qquad \sum_{k=\mathrm{a,b,c}} i_k^* = 0 \tag{4-102}$$

$$\sum_{k=\mathrm{a,b,c}} d_k = \sum_{k=\mathrm{a,b,c}} \frac{m}{2}\sin(\omega t - \gamma - \theta_k) + \frac{3}{2} = \frac{3}{2} \tag{4-103}$$

将式（4-103）代入式（4-100），得

$$d_k = \frac{1}{v_{\mathrm{dc}}}\left[e_k - \left(R - \frac{L}{T_{\mathrm{s}}}\right)i_k - \frac{L}{T_{\mathrm{s}}}i_k^*\right] + \frac{1}{2} \tag{4-104}$$

令三角载波峰峰值为 $2U_{\mathrm{T}}$，调制波指令为 $u_{\mathrm{m}k}^*$（k = a，b，c），则

$$d_k = \frac{t_{\mathrm{on}}}{T} = \frac{u_{\mathrm{m}k}^*}{2U_{\mathrm{T}}} + \frac{1}{2} \qquad (k = \mathrm{a,b,c}) \tag{4-105}$$

式中　t_{on}——一个开关周期中的功率开关管导通时间。

对比式（4-105）、式（4-104），得三相 VSR 调制波指令为

$$u_{\mathrm{m}k}^* = \frac{2U_{\mathrm{T}}}{v_{\mathrm{dc}}}\left[e_k - \left(R - \frac{L}{T_{\mathrm{s}}}\right)i_k - \frac{L}{T_{\mathrm{s}}}i_k^*\right] \tag{4-106}$$

若不计三相 VSR 网侧等效电阻 R，则式（4-106）变为

$$u_{\mathrm{m}k}^* \approx \frac{2U_{\mathrm{T}}}{v_{\mathrm{dc}}}\left[e_k - \frac{L}{T_{\mathrm{s}}}(i_k^* - i_k)\right] \qquad (k = \mathrm{a,b,c}) \tag{4-107}$$

令比例增益 K_{F}、K_{P} 为

$$K_{\mathrm{F}} = 2U_{\mathrm{T}} \qquad K_{i\mathrm{P}} = \frac{2U_{\mathrm{T}}L}{T_{\mathrm{s}}} \tag{4-108}$$

将式（4-108）代入式（4-107），得

$$u_{\mathrm{m}k}^* = \frac{1}{v_{\mathrm{dc}}}\left[K_{\mathrm{F}}e_k - K_{i\mathrm{P}}(i_k^* - i_k)\right] \qquad (k = \mathrm{a,b,c}) \tag{4-109}$$

式（4-109）就是三相 VSR 固定开关频率 PWM 电流控制算法表达式。显然，该控制算法体现了网侧电流反馈（$K_{i\mathrm{P}}$）以及电网电动势前馈（K_{F}）控制。

4.2.1.2　控制系统实现及控制器设计

1. 控制系统实现

按式（4-109）设计的三相 VSR 电流控制系统结构如图 4-6 所示。图中，控制系统可由微处理器实现。而电流内环指令 $i_k^*(k = \mathrm{a,b,c})$ 由电压外环 PI 调节

器输出与同步信号合成而得。

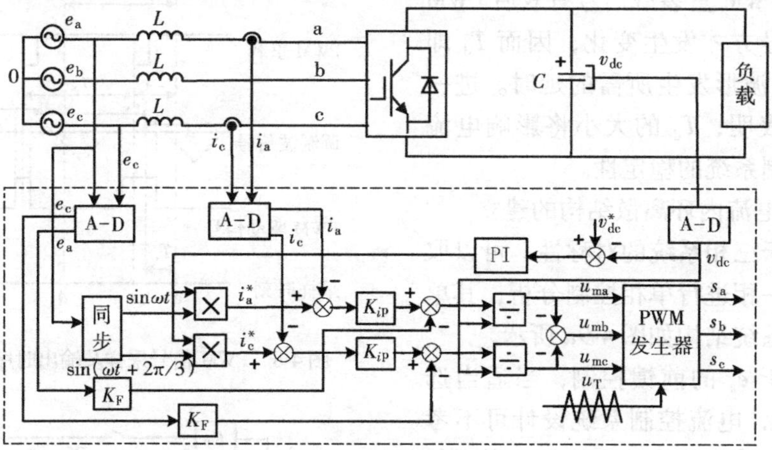

图 4-6　三相 VSR 固定开关频率 PWM 电流控制结构

实际上，控制算法式（4-109）具有明确的物理意义，即 K_{iP} 表示电流内环比例增益，K_F 则表示电网电动势前馈控制增益。前馈控制的目的是消除电网电动势扰动，而图 4-6 中除法器的作用是用于补偿直流电压 v_{dc} 波动对控制响应的影响。

当采用微处理器实现上述运算和 PWM 信号发生时，由于控制系统总是以一定时序进行离散采样及控制的，因而从信号采样到 PWM 信号发生总会产生延时。图 4-7 表示了电流控制算法程序框图，图 4-8 表示了 PWM 信号采样及输出时序图。显然，电流控制过程由中断进行采样、控制，其中中断周期即为 PWM 开关周期 T_s。若以 T_s 周期上升沿为起始点（图 4-8 中 a 点），并记电流内环控制信号运算延时为 T_c（图 4-8 中 b 点），当由微处理器发生 PWM 信号时，常以重装载信号进行同步，重装载同步脉冲延时为 T_d（图 4-8 中 c 点）。

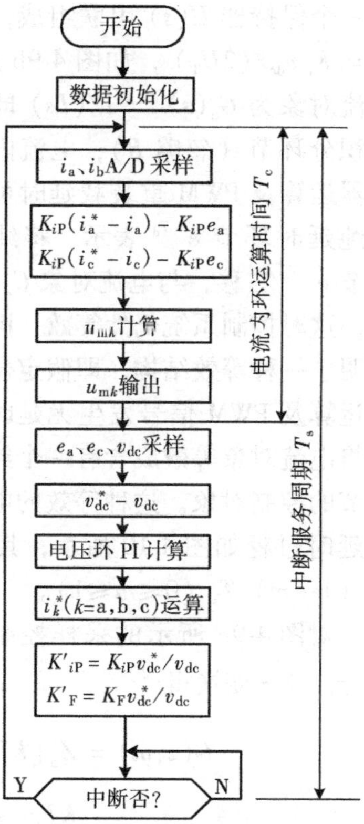

图 4-7　电流控制程序框图

由图 4-8 可看出，$T_c<T_d<T_s$。即当电流内环运算完毕，并生成调制波信号时，

PWM 驱动信号并不立即生成，而是要等到 PWM 重装载信号有效后 PWM 驱动信号方才发生变化，因而 T_d 即为 PWM 波形发生所需的延时。进一步分析表明，T_d 的大小将影响电流内环控制系统的稳定性。

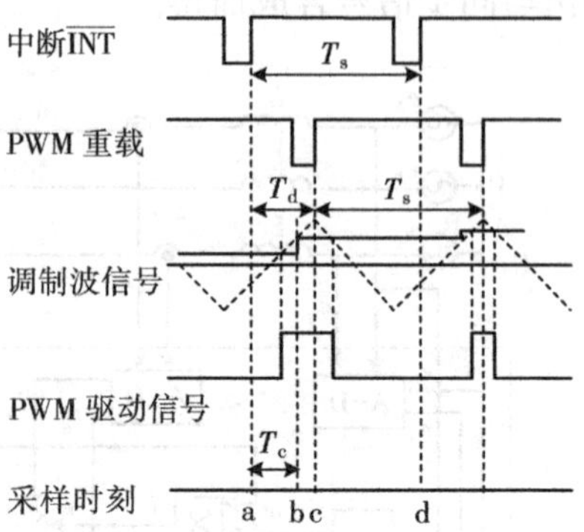

图 4-8　PWM 信号采样及输出时序

2. 电流内环离散结构的建立

由于三相系统的对称性，可以取其中的一相进行单相控制分析，其单相采样系统结构如图 4-9a 所示。

由于 e_k 的前馈控制，当适当选取 K_F 时，电流控制系统设计可不考虑电网电动势的扰动作用。这样，若考虑单位反馈，则 PWM 桥路的传递环节可看成一个增益为 K 的比例环节和一个保持器 $H(s)$ 串联组成，其中 $K = K_{ct}v_{dc}/(2U_T)$，如图 4-9b 所示；电流对象为 $G_a(s) = 1/(Ls)$ 即为一个积分环节（忽略 R）；电流内环调节器运算及 PWM 重装载延时可用一个纯延时环节 $e^{-T_d s}$ 表示。将纯延时环节 $e^{-T_d s}$ 右移，与电流对象 $G_a(s)$ 串联，这时控制系统仍然等效。图 4-9c 表明了一种等效结构，即假定微处理器运算及 PWM 信号发生无延时，可以将电流对象等效成含有一个纯延时环节的控制对象。这种等效的电流信号延时过程如图 4-10 所示，其中 $T_d = (1-m)T_s$ $(0 \leqslant m \leqslant 1)$。

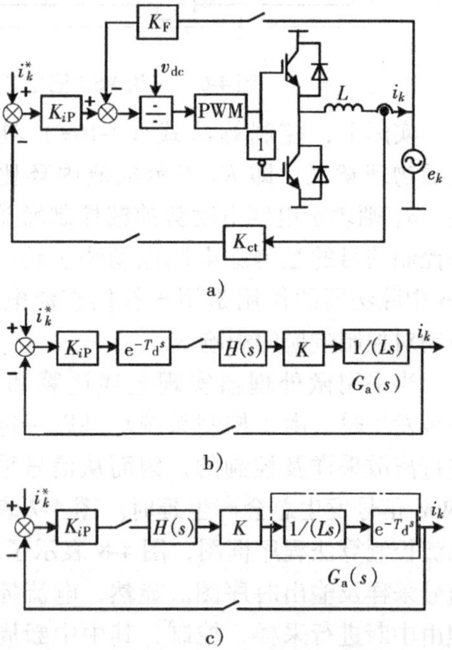

图 4-9　三相 VSR 采样系统一相结构
a）一相采样结构　b）采样系统传递结构 1
c）采样系统传递结构 2

对图 4-9c 所示的采样控制系统进行广义 z 变换得[85]

$$G(z,m) = Z_m[KH(s)G_a(s)] = K(1-z)Z_m\left[\frac{G_a(s)}{s}\right]$$

$$= \frac{KT_s}{L} \cdot \frac{m(z-1)+1}{z(z-1)} \tag{4-110}$$

式中，$0 \leqslant m \leqslant 1$。显然，$m=1$ 时，无延时；而 $m=0$ 时，延时为 T_s。

3. 电流控制器参数设计

对于电流内环，由于其主要目的就是在确保稳定条件下，加速电流响应，因而一般只需采用比例调节器。这样，电流控制时，一定存在稳态误差，而稳态误差应限定在一定范围内。

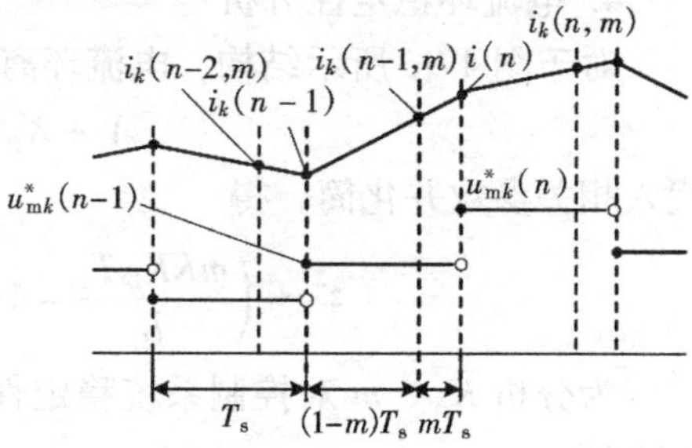

图 4-10　输出电流延时示意（$k=$a，b，c）

为使电流内环具有快速的电流跟踪能力，可以考查正弦波电流过零处的电流跟踪情况，该处电流变化率最大。为简化讨论，可以考虑电流内环跟踪正弦波过零处外切斜坡电流指令时的情况。

设需跟踪的正弦波电流指令为

$$i^* = I_m \sin\omega t \tag{4-111}$$

则正弦波过零处外切斜坡电流指令为

$$i_T^* = \begin{cases} I_m\omega t & \left(\dfrac{-\pi}{2} < \omega t < \dfrac{\pi}{2}\right) \\ -I_m\omega t & \left(\dfrac{\pi}{2} < \omega t < \dfrac{3\pi}{2}\right) \end{cases} \tag{4-112}$$

若跟踪该斜坡电流指令时，电流环的电流稳态误差能满足稳态误差指标，则跟踪正弦波电流时，必然也能满足稳态误差指标。由终值定理，电流内环控制时的稳态误差 ε 为

$$\begin{aligned}\varepsilon &= \lim_{z\to 1}\frac{z-1}{z}\cdot\frac{i_T^*(z)}{1+G(z,m)K_{iP}} \\ &= \lim_{z\to 1}\frac{z-1}{z}\frac{1}{1+G(z,m)K_{iP}}\frac{I_m\omega T_s z}{(z-1)^2}\end{aligned} \tag{4-113}$$

式中　K_{iP}——电流调节器比例增益。

将式（4-110）代入式（4-113），得

$$\varepsilon = \frac{I_m\omega L}{K_{iP}K} \tag{4-114}$$

对于给定的稳态误差指标 ε^*，则电流调节比例增益 K_{iP} 为

$$K_{iP} \geqslant \frac{I_m\omega L}{K\varepsilon^*} \tag{4-115}$$

式（4-115）表明，增大电流比例调节增益 K_{iP}，将有助于减小稳态误差，但 K_{iP} 过大，则可能导致系统不稳定。

4. 电流环稳定性分析

对于图 4-9c 所示结构，电流环离散系统特征方程为

$$1 + K_{iP}G(z,m) = 0 \tag{4-116}$$

代入相关参数并化简，得

$$z^2 + \left(\frac{mKK_{iP}T_s}{L} - 1\right)z + \frac{(1-m)T_sKK_{iP}}{L} = 0 \tag{4-117}$$

为分析 K_{iP}、m 对控制系统稳定性的影响，可以作出 z 平面的根轨迹，如图 4-11 所示。

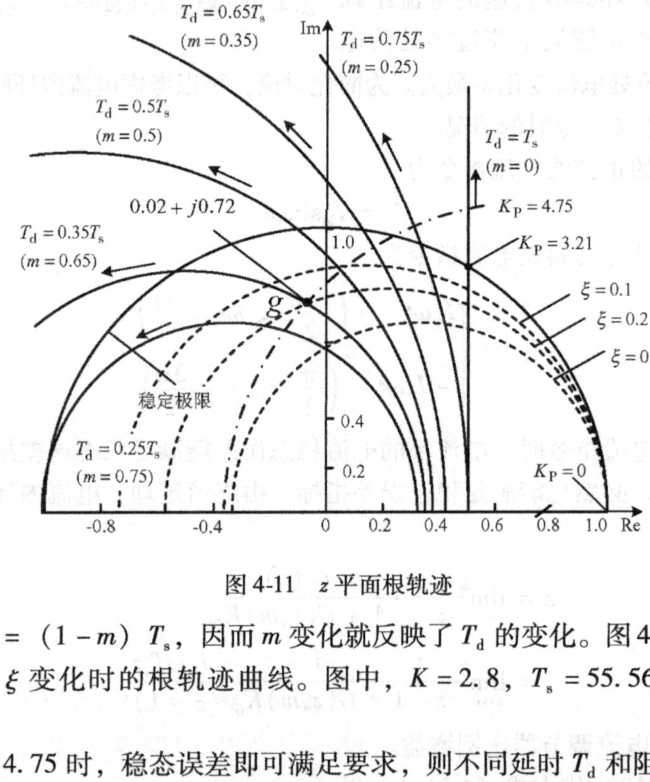

图 4-11　z 平面根轨迹

由于 $T_d =(1-m)T_s$，因而 m 变化就反映了 T_d 的变化。图 4-11 表示了 T_d、K_{iP}和阻尼比 ξ 变化时的根轨迹曲线。图中，$K=2.8$，$T_s=55.56\ \mu s$，且 $K_{iP}=4.75$。

当 $K_{iP}=4.75$ 时，稳态误差即可满足要求，则不同延时 T_d 和阻尼比 ξ 曲线与恒 K_{iP}曲线（图中虚线）交点就是给定条件下特征根的位置。显然，当 $T_d=T_s$ 或 $m=0$ 时，若要求系统稳定，则必须使 $K_{iP} \leqslant 3.21$，此时稳态误差指标无法得到满足。从式（4-117）易推出 K_{iP}的稳定性约束条件为

$$K_{iP} < \frac{L}{T_sK(1-m)} \quad (m = 0 \sim 0.75) \tag{4-118}$$

$$K_{iP} < \frac{2L}{T_sK(2m-1)} \quad (m = 0.75 \sim 1) \tag{4-119}$$

为了求取满足稳态误差指标下的 T_d 值，考虑较小的阻尼比 $\xi=0.2$，从图 4-

11 可看出，$K_{iP}=4.75$ 的恒 K_{iP} 曲线与 $\xi=0.2$ 的恒 ξ 曲线和恒 T_s 曲线相交于单位圆内，且特征根为 $0.02+j0.72$，显然，系统是稳定的。

由于阻尼比 ξ 取值很小，因而上述参数选值实际上使系统处于欠阻尼状态。实际上，考虑参数的时变性，控制系统阻尼比 ξ 选值可大一些，这样控制系统就有一定的稳定裕度。上述分析表明，当电流调节器设计满足稳态误差指标及定阻尼比 ξ 条件时，T_d 对系统稳定性有直接影响。从 z 平面根轨迹图可看出，当 K_{iP}、ξ 一定时，T_d 越小，对提高系统稳定性越有利，因而应尽量减少电流环的控制延时 T_d。图 4-12 给出了三相 VSR 采样控制系统不同 T_d 时的电流跟踪波形。

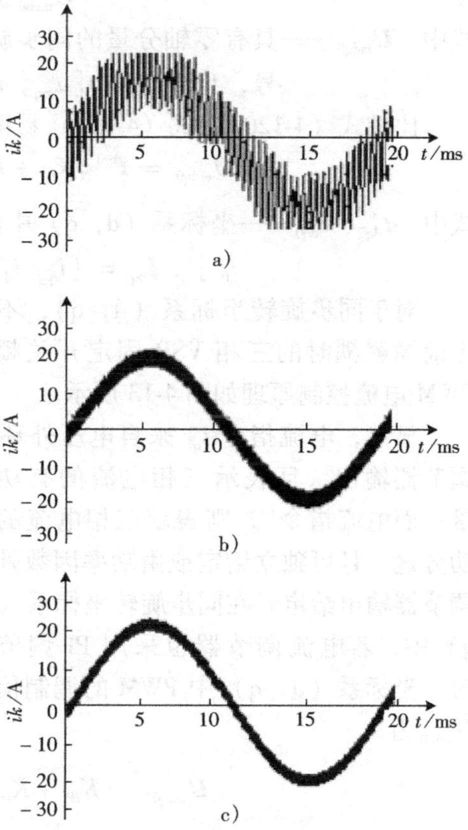

图 4-12　不同 T_d 时电流跟踪波形

a) $T_d=T_s$ ($m=0$)　b) $T_d=0.65T_s$ ($m=0.35$)　c) $T_d=0.35T_s$ ($m=0.65$)

4.2.1.3　固定开关频率 PWM 电流控制方式的几点比较

1. 静止及旋转坐标系电流控制方案的比较

前面 4.2.1.2 节介绍的三相 VSR 固定开关频率 PWM 电流控制方案（见图 4-6），实际上就是三相对称静止坐标系（a，b，c）中的一种固定开关频率 PWM 电流控制方案。该方案中，电流内环的稳态电流指令是一个时变信号（正弦波信号），其电流指令的幅值信号来源于直流电压调节器输出，而电流指令的频率及相位信号来源于电网同步单元。为取得单位功率因数控制，电流指令的频率及相位应等于电网电动势的频率及相位（或相位差为 180°）。若电流内环调节器采用普通的 PI 调节器，且不考虑前馈补偿，则三相 VSR PWM 的调制信号为

$$\boldsymbol{U}_{\mathrm{mabc}}=\left(K_{iP}+K_{iI}\int \mathrm{d}t\right)\left(\boldsymbol{I}_{\mathrm{abc}}^{*}-\boldsymbol{I}_{\mathrm{abc}}\right) \tag{4-120}$$

式中　$\boldsymbol{U}_{\mathrm{mabc}}$——三相 PWM 的调制波信号，$\boldsymbol{U}_{\mathrm{mabc}}=[u_{\mathrm{ma}},\ u_{\mathrm{mb}},\ u_{\mathrm{mc}}]^{\mathrm{T}}$；

$\boldsymbol{I}_{\mathrm{abc}}^{*}$——三相电流指令，$\boldsymbol{I}_{\mathrm{abc}}^{*}=[i_a^*,\ i_b^*,\ i_c^*]^{\mathrm{T}}$；

$\boldsymbol{I}_{\mathrm{abc}}$——三相电流反馈信号，$\boldsymbol{I}_{\mathrm{abc}}=[i_a,\ i_b,\ i_c]^{\mathrm{T}}$；

K_{iP}、K_{iI}——电流环 PI 调节器比例、积分增益。

为方便比较，引入旋转变换矩阵 $\boldsymbol{T}$，使得

$$\boldsymbol{U}_{\text{mabc}} = \boldsymbol{T}\boldsymbol{U}_{\text{mdq0}} \tag{4-121}$$

式中 $\boldsymbol{U}_{\text{mdq0}}$——具有零轴分量的同步旋转坐标系（d，q）中 PWM 的调制波信号，且 $\boldsymbol{U}_{\text{mdq0}} = [u_{\text{mq}}, u_{\text{md}}, u_{\text{m0}}]^{\text{T}}$。

比较式（4-120）、式（4-121）易得

$$\boldsymbol{U}_{\text{mdq0}} = \boldsymbol{T}^{-1}(K_{iP} + K_{iI}\int \text{d}t)\boldsymbol{T}(\boldsymbol{I}^*_{\text{dq0}} - \boldsymbol{I}_{\text{dq0}}) \tag{4-122}$$

式中 $\boldsymbol{I}^*_{\text{dq0}}$、$\boldsymbol{I}_{\text{dq0}}$——坐标系（d，q）中的指令电流及反馈电流，$\boldsymbol{I}^*_{\text{dq0}} = [i^*_{\text{q}}, i^*_{\text{d}}, i^*_0]^{\text{T}}$，$\boldsymbol{I}_{\text{dq0}} = [i_{\text{q}}, i_{\text{d}}, i_0]^{\text{T}}$。

对于同步旋转坐标系（d，q），不考虑前馈解耦时的三相 VSR 固定开关频率 PWM 电流控制原理如图 4-13 所示。

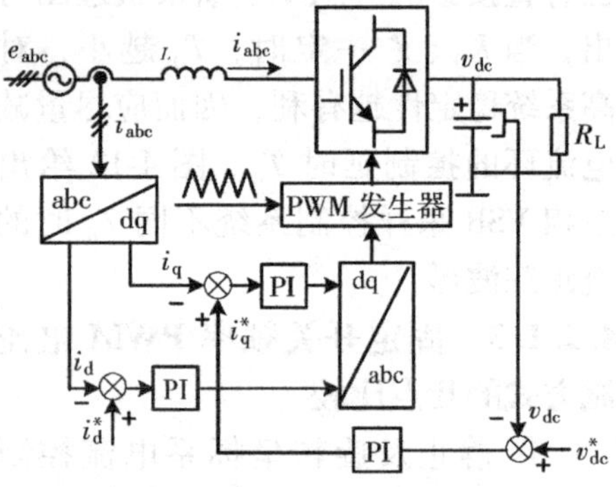

图 4-13 坐标系（d，q）中三相 VSR 固定开关频率 PWM 电流控制原理

显然，电流指令 i^*_{q} 来自电压外环 PI 调节器输出，且表示三相电流的有功分量；而电流指令 i^*_{d} 则表示三相电流的无功分量，且可独立给定或由功率因数外环调节器输出给定。在同步旋转坐标系（d，q）中，若电流调节器也采用 PI 调节器时，坐标系（d，q）中 PWM 的调制信号 $\boldsymbol{U}_{\text{mdq0}}$ 为

$$\begin{aligned}\boldsymbol{U}_{\text{mdq0}} &= (K_{iP} + K_{iI}\int \text{d}t)(\boldsymbol{I}^*_{\text{dq0}} - \boldsymbol{T}^{-1}\boldsymbol{I}_{\text{abc}}) \\ &= (K_{iP} + K_{iI}\int \text{d}t)(\boldsymbol{I}^*_{\text{dq0}} - \boldsymbol{I}_{\text{dq0}})\end{aligned} \tag{4-123}$$

综上比较两种方案可得出以下结论：

1）比较式（4-122）、式（4-123）发现，当两种坐标系中的电流内环调节器采用比例调节器（$K_{iI}=0$）时，则

$$\begin{aligned}\boldsymbol{U}_{\text{mdq0}} &= K_{iP}(\boldsymbol{I}^*_{\text{dq0}} - \boldsymbol{I}_{\text{dq0}}) = \boldsymbol{T}^{-1}K_{iP}\boldsymbol{T}(\boldsymbol{I}^*_{\text{dq0}} - \boldsymbol{I}_{\text{dq0}}) \\ &= \boldsymbol{T}^{-1}[K_{iP}(\boldsymbol{I}^*_{\text{abc}} - \boldsymbol{I}_{\text{abc}})]\end{aligned} \tag{4-124}$$

式（4-124）表明，采用比例调节器（$K_{iI}=0$）时，两种坐标系中的电流调节器是相同的，且均为有差调节。

2）稳态时，三相静止坐标系（a，b，c）中的指令电流为具有一定频率、幅值和相位角的正弦波时变信号；而相应的两相同步旋转坐标系（d，q）中的指令电流为直流时不变信号。

3）当电流内环均采用 PI 调节器时，三相静止坐标系（a，b，c）中的 PI 电

流调节器无法实现电流无静差控制；而相应的两相同步旋转坐标系（d，q）中的 PI 电流调节器则可实现电流无静差控制。显然，同步旋转坐标系下的电流控制方案具有更好的稳态性能。

4）在两相同步旋转坐标系（d，q）中，更易于有功电流 i_q^*、无功电流 i_d^* 的独立控制，而在三相静止坐标系（a，b，c）中，则不易于有功电流、无功电流的独立控制。换言之，同步旋转坐标系中的电流控制方案易于有功、无功电流的解耦控制。

显然，对于动静态性能要求较高的三相 VSR PWM 电流控制，一般优先采用同步旋转坐标系中的固定开关频率 PWM 电流控制方案。

2. 三相静止坐标系中有、无前馈控制的电流控制方案比较

由三相 VSR 模型不难得出三相静止坐标系中电流内环的控制结构，如图 4-14 所示。

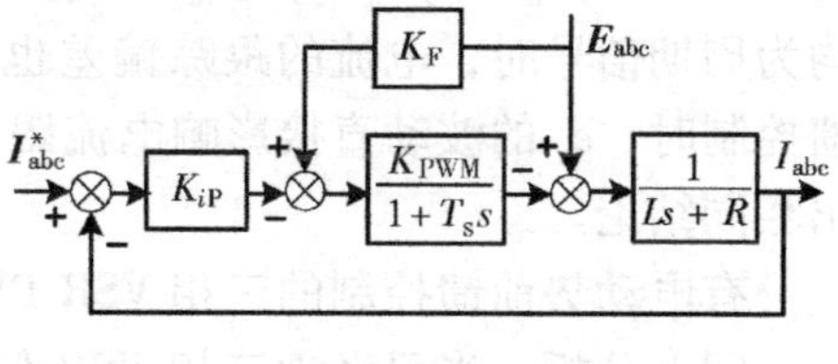

图 4-14　坐标系（a，b，c）中三相 VSR 电流内环结构

图 4-14 中，电流调节器采用比例调节器（K_{iP}），为了克服电网电动势 $\boldsymbol{E}_{abc}$ 扰动，有必要加入 $\boldsymbol{E}_{abc}$ 的前馈控制，K_F 为前馈控制增益，适当选择 K_F，$\boldsymbol{E}_{abc}$ 的扰动将因前馈控制而得以消除。图 4-6 所示方案，实际上就是具有 $\boldsymbol{E}_{abc}$ 前馈控制的三相 VSR 电流控制方案。下面具体讨论有、无 $\boldsymbol{E}_{abc}$ 前馈控制时，两种电流控制方案的性能比较。图 4-15 表示三相 VSR a 相电流内环有、无前馈控制时的固定开关频率 PWM 电流控制结构示意。

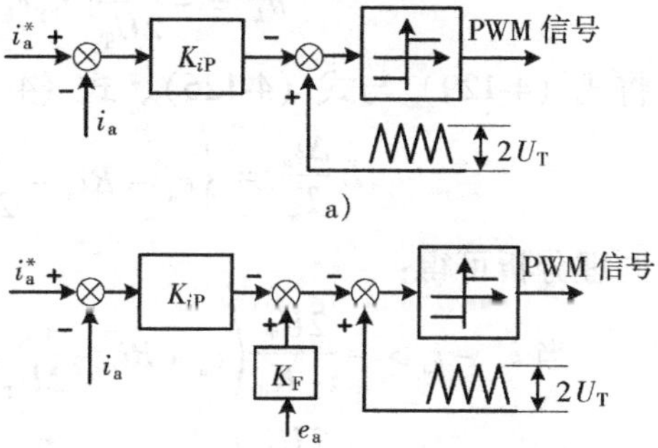

图 4-15　有、无电动势前馈控制的 PWM 电流控制结构

a）无电动势前馈控制方案

b）有电动势前馈控制方案

图 4-15 中，PWM 三角载波峰峰幅值为 $2U_T$，周期为 T_s，电流调节器比数增益为 K_{iP}，电动势前馈增益为 K_F。

当三角载波频率足够高时，可忽略三相 VSR 一般数学模型中的谐波项，这样 PWM 的调制信号可由占空比 d_k（k = a，b，c）加以描述。

对于无电动势前馈 PWM 电流控制方案（见图 4-15a），有

$$d_k = -\frac{1}{2U_T}K_{iP}(i_k^* - i_k) + \frac{1}{2} \qquad (k = a,b,c) \tag{4-125}$$

当考虑 a 相时，由式（4-97）得

$$L\frac{\mathrm{d}i_{\mathrm{a}}}{\mathrm{d}t}+Ri_{\mathrm{a}}=e_{\mathrm{a}}-v_{\mathrm{dc}}\left(d_{\mathrm{a}}-\frac{1}{3}\sum_{k=\mathrm{a,b,c}}d_k\right) \tag{4-126}$$

当开关频率足够高，即 T_{s} 足够小时，有

$$L\frac{\mathrm{d}i_{\mathrm{a}}}{\mathrm{d}t}\approx L\frac{\Delta i_{\mathrm{a}}}{T_{\mathrm{s}}} \tag{4-127}$$

联立式（4-125）~式（4-127），并化简得

$$L\frac{\Delta i_{\mathrm{a}}}{T_{\mathrm{s}}}\approx\left[e_{\mathrm{a}}-Ri_{\mathrm{a}}-\frac{v_{\mathrm{dc}}K_{i\mathrm{P}}(i_{\mathrm{a}}^{*}-i_{\mathrm{a}})}{2U_{\mathrm{T}}}\right] \tag{4-128}$$

式中　Δi_{a}——三相 VSR a 相电流一个调制周期中的变化量。

由式（4-128）进一步分析，当 $i_{\mathrm{a}}^{*}-i_{\mathrm{a}}>2U_{\mathrm{T}}(e_{\mathrm{a}}-Ri_{\mathrm{a}})/(v_{\mathrm{dc}}K_{i\mathrm{P}})$ 时，$\Delta i_{\mathrm{a}}/T_{\mathrm{s}}<0$；而当 $i_{\mathrm{a}}^{*}-i_{\mathrm{a}}<2U_{\mathrm{T}}(e_{\mathrm{a}}-Ri_{\mathrm{a}})/(v_{\mathrm{dc}}K_{i\mathrm{P}})$ 时，$\Delta i_{\mathrm{a}}/T_{\mathrm{s}}>0$。显然，当 e_{a}、i_{a} 均为周期信号时，电流的跟踪偏差也是周期信号。这样，当没有电动势 e_{a} 的前馈控制时，e_{a} 的波动直接影响电流跟踪偏差的大小。同理分析 b、c 相，可以得出相同结论。

有电动势前馈控制的三相 VSR PWM 电流控制结构如图4-15b所示。

同上分析，当只考虑三相 VSR 低频模型时，PWM 的调制信号可由占空比描述，即

$$d_k=-\frac{1}{2U_{\mathrm{T}}}\left[K_{\mathrm{F}}e_k-K_{i\mathrm{P}}(i_k^{*}-i_k)\right]+\frac{1}{2} \tag{4-129}$$

将式（4-129）与式（4-126）、式（4-127）联立，并化简得

$$L\frac{\Delta i_{\mathrm{a}}}{T_{\mathrm{s}}}=\left\{e_{\mathrm{a}}-Ri_{\mathrm{a}}-\frac{v_{\mathrm{dc}}}{2U_{\mathrm{T}}}\left[K_{\mathrm{F}}e_{\mathrm{a}}-K_{i\mathrm{P}}(i_{\mathrm{a}}^{*}-i_{\mathrm{a}})\right]\right\} \tag{4-130}$$

同理分析可得：

当 $i_{\mathrm{a}}^{*}-i_{\mathrm{a}}>-\dfrac{2U_{\mathrm{T}}}{v_{\mathrm{dc}}K_{i\mathrm{P}}}\left(e_{\mathrm{a}}-Ri_{\mathrm{a}}-\dfrac{v_{\mathrm{dc}}}{2U_{\mathrm{T}}}K_{\mathrm{F}}e_{\mathrm{a}}\right)$时，$\Delta i_{\mathrm{a}}/T_{\mathrm{s}}>0$

当 $i_{\mathrm{a}}^{*}-i_{\mathrm{a}}<-\dfrac{2U_{\mathrm{T}}}{v_{\mathrm{dc}}K_{i\mathrm{P}}}\left(e_{\mathrm{a}}-Ri_{\mathrm{a}}-\dfrac{v_{\mathrm{dc}}}{2U_{\mathrm{T}}}K_{\mathrm{F}}e_{\mathrm{a}}\right)$时，$\Delta i_{\mathrm{a}}/T_{\mathrm{s}}<0$

考虑正弦波电流峰值处 $\Delta i_{\mathrm{a}}/T_{\mathrm{s}}\approx\mathrm{d}i/\mathrm{d}t=0$，若为单位功率因数，这时的电流跟踪偏差最大。当令 $\Delta i_{\mathrm{a}}/T_{\mathrm{s}}=0$ 时，电流跟踪偏差表达式为

$$\delta_{\mathrm{a}}=i_{\mathrm{a}}^{*}-i_{\mathrm{a}}=-\frac{2U_{\mathrm{T}}}{v_{\mathrm{dc}}K_{i\mathrm{P}}}\left(e_{\mathrm{a}}-Ri_{\mathrm{a}}-\frac{v_{\mathrm{dc}}}{2U_{\mathrm{T}}}K_{\mathrm{F}}e_{\mathrm{a}}\right) \tag{4-131}$$

调整电动势前馈增益 K_{F}，使 $K_{\mathrm{F}}=2U_{\mathrm{T}}/v_{\mathrm{dc}}$，此时有

$$\delta_{\mathrm{a}}=\frac{2U_{\mathrm{T}}i_{\mathrm{a}}}{v_{\mathrm{dc}}K_{i\mathrm{P}}}R \tag{4-132}$$

式（4-132）表明，当 $R\to0$ 时，$\delta_{\mathrm{a}}\to0$，即电流跟踪偏差可忽略。显然，这是一种近似的电流无偏差跟踪方案。

另一方面，由图 4-15b 可以看出，当 $K_F=2U_T/v_{dc}$时，$\delta_a\approx0$，这时 K_Fe_a 的峰值必须小于三角波的幅值，即

$$K_FE_m < U_T \text{ 或 } v_{dc} > 2E_m \tag{4-133}$$

式中　E_m——三相交流电动势峰值。

式（4-133）表示，当采用电动势前馈控制的三相 VSR PWM 电流控制方案时，为实现近似无偏差电流跟踪控制，三相 VSR 直流电压必须满足式（4-133）的低限约束条件。

4.2.2　滞环 PWM 电流控制

以上分析了 VSR 固定开关频率 PWM 电流控制，与无电流内环的间接电流控制相比，这种控制方案加速了电流的响应，并且由于电流内环对电压外环控制对象的改造作用，从而改善了电压外环的动态性能。然而，固定开关频率 PWM 电流控制对系统参数以及负载波动仍较敏感。进一步研究表明[18]，对于三相 VSR 电流控制，当三相 VSR 交流侧电压峰值 V_m 波动时，若 PWM 开关频率固定，则电流跟踪偏差大小也发生波动，如图 4-16a 所示；然而，当三相 VSR 交流侧电压峰值 V_m 波动，但 PWM 开关频率也适当相应波动时，则电流跟踪偏差几乎不变，如图 4-16b 所示。

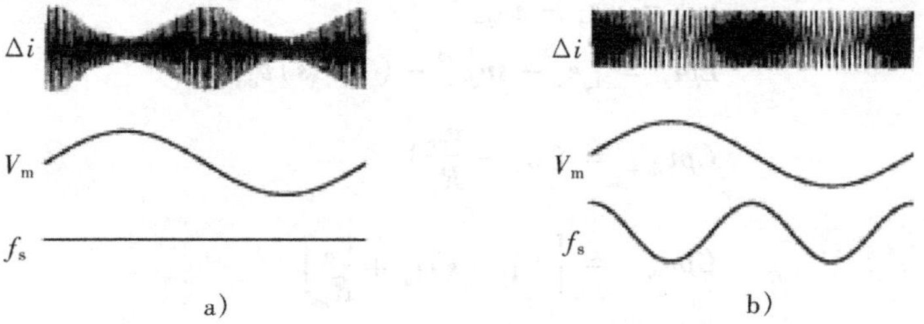

图 4-16　PWM 开关频率 f_s 对电流跟踪偏差的影响

a）开关频率 f_s 固定时的情况　b）开关频率 f_s 波动时的情况

显然，当开关频率 f_s 按一定规律变化时，电流跟踪性能将得以改善，电流偏差将在某一限定值内基本不变，这对要求电流跟踪准确度较高的控制系统十分重要。而滞环 PWM 电流控制则可以实现上述要求，其基本结构如图 4-17 所示。这种电流控制结构中无传统的电流调节器（如 P、PI 调节器等），取而代之的是一个非线性环节——滞环。当电流偏差

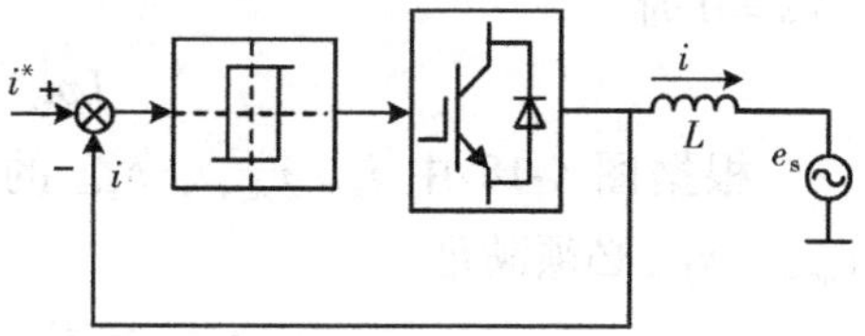

图 4-17　滞环 PWM 电流控制示意

超越滞环宽度时，主电路功率开关管切换，并迫使电流偏差减小，显然这是一种典型的非线性控制。

研究表明，滞环 PWM 电流控制系统具有较好的系统稳定性和快速性[86]。

4.2.2.1 单桥臂 VSR 滞环 PWM 电流控制

1. 基本原理

为简化滞环 PWM 电流控制原理分析，首先讨论单桥臂 VSR 滞环 PWM 电流控制，其原理如图 4-18 所示。从图中可看出，单桥臂 VSR 实际上是一种只用两个功率开关管组成的单相 VSR，另一支路采用电容中心点引出的串联结构，由于要求直流侧稳压和低纹波控制，因而电容量应足够大。

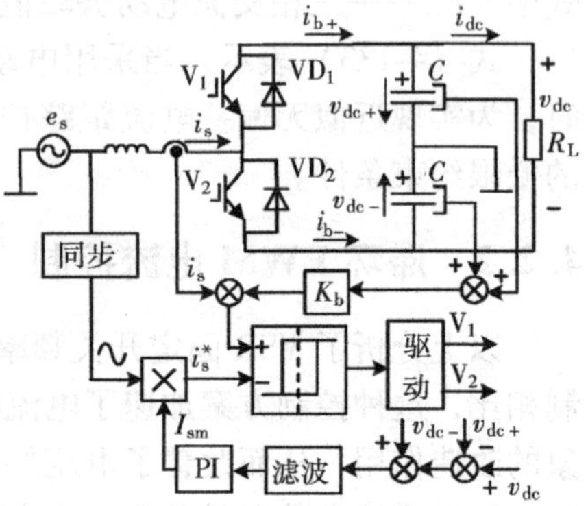

图 4-18 单桥臂 VSR 滞环 PWM 电流控制原理

为分析简便，引入单极性二值逻辑开关函数

$$s=\begin{cases}1 & (V_1、VD_1\text{ 导通})\\0 & (V_2、VD_2\text{ 导通})\end{cases} \tag{4-134}$$

针对图 4-18 易推得以下关系：

$$v_{dc}=v_{dc+}-v_{dc-} \tag{4-135}$$

$$Lpi_s=[e_s-sv_{dc+}-(1-s)v_{dc-}] \tag{4-136}$$

$$Cpv_{dc+}=(si_s-\frac{v_{dc}}{R_L}) \tag{4-137}$$

$$Cpv_{dc-}=\left[(1-s)i_s+\frac{v_{dc}}{R_L}\right] \tag{4-138}$$

式中 p——微分算子。

由式（4-136）分析，当 $s=1$ 时

$$Lpi_s=e_s-v_{dc+} \tag{4-139}$$

当 $s=0$ 时

$$Lpi_s=e_s-v_{dc-} \tag{4-140}$$

根据图 4-18 中 i_s、v_{dc+}、v_{dc-} 的参考方向，要实现滞环 PWM 电流控制，v_{dc+}、v_{dc-} 必须满足

$$v_{dc+}>E_{sm} \qquad |v_{dc-}|>E_{sm} \tag{4-141}$$

式中 E_{sm}——电网电动势 e_s 的峰值。

依据图 4-18 中的 i_s 参考方向分析，当 V_1、VD_1 导通时，$pi_s<0$，电流衰减；当 V_2、VD_2 导通时，$pi_s>0$，电流增大。

值得注意的是，当 V_2 导通，则电流 i_s 增加。若 i_s 增大并超过电流滞环上限时，则关断 V_2，此时由于电感的续流作用，迫使 VD_1 导通，即电流开始衰减。如果 i_s 为正弦电流正半波值时，即使 V_1 的驱动信号有效，V_1 也无法导通，此时只有 VD_1 导通；而当 i_s 为正弦电流负半波值时，V_1 才可能导通。然而，若忽略 VD_1、V_1 导通压降，则 VD_1 或 V_1 导通对桥臂交流端电位的影响是等效的。同理分析 VD_2、V_2 的换相过程，可以得出类似的结论。滞环 PWM 电流控制时的电流波形如图 4-19 所示。

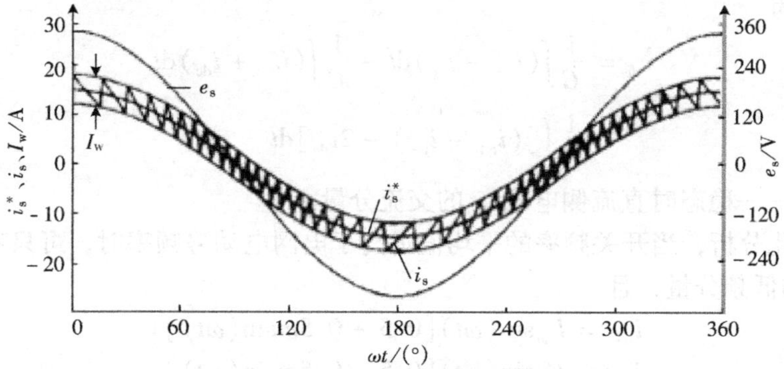

图 4-19　滞环 PWM 电流控制电流波形

从电流跟踪波形可明显看出，滞环 PWM 电流控制过程其 PWM 开关频率是一变量。该变量实际上是滞环宽度、电感值和直流侧电压的函数。在滞环宽度、电感值一定的条件下，开关过程中可施加的直流侧电压越高，PWM 开关频率就越高，反之开关频率就降低；当电感值、直流侧电压一定时，滞环宽度越小，开关频率就越高，反之，开关频率就降低。在开关频率足够高时，电流能否跟踪电流指令，则完全取决于 VSR 交流侧电感值和直流侧电压。适当降低电感值或提高直流侧电压值，均有利于电流的快速跟踪。显然，对于一个给定开关频率上限值的单桥臂 VSR 滞环 PWM 电流控制，电感值 L 以及直流电压 v_{dc+}、v_{dc-} 值的确定十分重要。

另一方面，由于这种单桥臂 VSR 交流侧一端从两串联电容支路中点引出，因此须确保两串联电容的均压。首先，两电容电容量的差别会引起不均压，另一方面，V_1、V_2 的开关过程也会引起串联电容的不均压，因此必须在控制系统设计时，引入电容均压控制，如图 4-18 所示。这种电容均压控制原理主要是依据 v_{dc+}、v_{dc-} 之间的差值进行补偿控制，当 v_{dc+} 较大时，应适当补偿电流反馈值，以增加 V_1 导通时间，从而迫使上侧电容放电量增加，以导致 v_{dc+} 降低。同理，可分析降低 v_{dc-} 的补偿控制过程。

图 4-18 中，控制系统由电压外环、滞环 PWM 电流内环和电容均压前馈补偿

等环节组成。电压外环通过 PI 调节后，经同步环节输出电流跟踪指令信号。

2. 直流电压纹波及其影响

对于有限电容量的直流侧电容支路，由于桥臂功率开关管的滞环 PWM 电流控制，直流母线上、下侧电容在电网电动势正、负半周交替充放电，因而单相 VSR 直流电压会产生谐波分量，讨论如下。

对于图 4-18 所示的 v_{dc+}、v_{dc-} 参考方向，定义了上、下直流母线电流 i_{b+}、i_{b-} 及其参考方向，令直流侧电流为 i_{dc}，其参考方向如图 4-18 所示。由串联电容支路分析得

$$\begin{aligned}\tilde{v}_{dc} &= \frac{1}{C}\int(i_{b+} - i_{dc})\mathrm{d}t - \frac{1}{C}\int(i_{b-} + i_{dc})\mathrm{d}t \\ &= \frac{1}{C}\int[(i_{b+} - i_{b-}) - 2i_{dc}]\mathrm{d}t\end{aligned} \tag{4-142}$$

式中　$\tilde{v}_{dc}$——稳态时直流侧电压 v_{dc} 的交流分量。

为简化分析，当开关频率的平均值远高于电网电动势频率时，可只考虑电流 i_{b+}、i_{b-} 的低频分量，且

$$i_{b+} = I_{sm}\sin(\omega t)[0.5 + 0.5m\sin(\omega t)] \tag{4-143}$$

$$i_{b-} = I_{sm}\sin(\omega t)[0.5 - 0.5m\sin(\omega t)] \tag{4-144}$$

式中　I_{sm}——交流电流峰值；

m——PWM 的调制比。

忽略交流侧电感压降，则

$$m = \frac{2E_{sm}}{v_{dc}} \tag{4-145}$$

运算以上算式得

$$\begin{aligned}i_{b+} - i_{b-} &= \frac{2I_{sm}E_{sm}}{v_{dc}}\sin^2(\omega t) = \frac{I_{sm}E_{sm}}{v_{dc}}[1 - \cos(2\omega t)] \\ &= 2i_{dc}[1 - \cos(2\omega t)]\end{aligned} \tag{4-146}$$

将式（4-146）代入式（4-142），易得

$$\begin{aligned}\tilde{v}_{dc} &= -\frac{1}{C}\int 2i_{dc}\cos(2\omega t)\mathrm{d}t \\ &= -\frac{i_{dc}}{\omega C}\sin(2\omega t)\end{aligned} \tag{4-147}$$

式（4-147）说明，当单桥臂 VSR 采用滞环 PWM 电流控制时，其直流侧电压含有 2 次谐波。

若图 4-18 中的电压环采用比例调节器控制，且忽略滤波环节时，参考电流指令计算如下：

$$i_s^* = K_{vP}(v_{dc}^* - v_{dc})\sin(\omega t) = K_{vP}[v_{dc}^* - (\bar{v}_{dc} + \tilde{v}_{dc})]\sin(\omega t) \tag{4-148}$$

将式（4-147）代入式（4-148），得

$$i_s^* = K_{vP}(v_{dc}^* - \bar{v}_{dc})\sin(\omega t) - \frac{K_{vP}i_{dc}}{2\omega C}[\cos(3\omega t) - \cos(\omega t)] \quad (4\text{-}149)$$

式中　K_{vP}——电压调节器比例增益；

$\bar{v}_{dc}$——直流侧电压平均分量。

显然，这时指令电流中含有基波和3次谐波电流外，同时还引入了无功电流分量。这种不利影响会随比例调节器 K_{vP} 的增大而变得严重起来。为此，有必要在电压环调节通道中加入低通滤波器，以克服上述电流控制的不利影响，低通滤波器主要衰减偏差电压中的2次谐波，设计时通常将低通滤波器的截止频率定在1/2基波频率以下。

3. 开关频率 f_s、滞环宽度 I_w、直流电压 v_{dc} 及其定量关系

为进一步讨论滞环宽度 I_w、直流电压 v_{dc} 和开关频率 f_s 间的关系，可以分析一个开关周期中的电流跟踪特性。当开关频率足够高时，一个开关周期中，参考电流指令近似不变，且电流近似按线性规律变化，如图4-20所示。

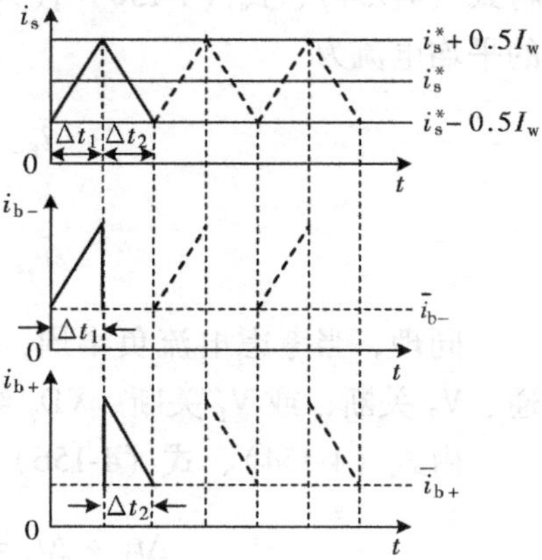

图4-20　滞环PWM电流控制开关周期中 i_{b+}，i_{b-} 波形

从图4-20可看出，考虑电流正半周的情况，即 $i_s > 0$ 时，若 V_2 导通，则交流侧电流 i_s 由 $i_s^* - 0.5I_w$ 上升至 $i_s^* + 0.5I_w$；而当 V_2 关断、VD_1 续流时，交流侧电流 i_s 由 $i_s^* + 0.5I_w$ 下降至 $i_s^* - 0.5I_w$。设 i_s 上升时间为 Δt_1，而下降时间为 Δt_2，则 $\Delta t_1 + \Delta t_2$ 周期中 i_{b+}、i_{b-} 的平均值为 $\bar{i}_{b+}$、$\bar{i}_{b-}$，则

$$\bar{i}_{b-} = \frac{\int_0^{\Delta t_1} i_s \mathrm{d}t}{\Delta t_1 + \Delta t_2} \approx \frac{i_s^* \Delta t_1}{\Delta t_1 + \Delta t_2} \quad (4\text{-}150)$$

$$\bar{i}_{b+} = \frac{\int_0^{\Delta t_2} i_s \mathrm{d}t}{\Delta t_1 + \Delta t_2} \approx \frac{i_s^* \Delta t_2}{\Delta t_1 + \Delta t_2} \quad (4\text{-}151)$$

其中，Δt 时段上，$i_{b-} = i_s$，而 $i_{b+} = 0$；Δt_2 时段上，$i_{b+} = i_s$，而 $i_{b-} = 0$。

若不考虑电容中心点电压的波动，稳态时直流电压 $v_{dc} = v_{dc}^*$，则

$$|v_{dc+}| = |v_{dc-}| = 0.5v_{dc}^* \quad (4\text{-}152)$$

当 V_2 导通（Δt_1 时段）时

$$L\frac{\mathrm{d}i_s}{\mathrm{d}t} = e_s + 0.5v_{dc}^* \quad (4\text{-}153)$$

由于 Δt_1 时段内电流 i_s 由 $i_s^* - 0.5I_w$ 上升至 $i_s^* + 0.5I_w$，故式（4-153）近似为

$$\Delta t_1 \approx \frac{LI_w}{e_s + 0.5v_{dc}^*} \tag{4-154}$$

当 V_2 关断、VD_1 续流（Δt_2 时段）时

$$L\frac{di_s}{dt} = e_s - 0.5v_{dc}^* \tag{4-155}$$

由于 Δt_2 时段内电流 i_s 由 $i_s^* + 0.5I_w$ 下降至 $i_s^* - 0.5I_w$，故式（4-155）近似为

$$\Delta t_2 \approx \frac{LI_w}{0.5v_{dc} - e_s} \tag{4-156}$$

将式（4-154）、式（4-156）代入式（4-150）、式（4-151），得一个开关周期内的平均电流为

$$\bar{i}_{b-} = \frac{(0.5v_{dc}^* - e_s)}{v_{dc}^*}i_s^* \tag{4-157}$$

$$\bar{i}_{b+} = \frac{(0.5v_{dc}^* + e_s)}{v_{dc}^*}i_s^* \tag{4-158}$$

同理，当考虑电流负半周，即 $i_s < 0$ 时，上述关系仍然成立。此时，V_1 导通、V_2 关断；或 V_1 关断、VD_2 续流。

由式（4-154）、式（4-156）得滞环 PWM 开关周期为

$$\begin{aligned}\Delta t_1 + \Delta t_2 &= \frac{LI_w}{0.5v_{dc}^* - e_s} + \frac{LI_w}{0.5v_{dc}^* + e_s} \\ &= \frac{LI_w\, v_{dc}^*}{0.25v_{dc}^2 - e_s^2}\end{aligned} \tag{4-159}$$

将 $e_s = E_{sm}\sin(\omega t)$ 代入式（4-159），并化简得

$$\Delta t_1 + \Delta t_2 = \frac{LI_w\, v_{dc}^*}{0.25v_{dc}^2 - 0.5E_{sm}^2 + 0.5E_{sm}^2\cos(2\omega t)} \tag{4-160}$$

由于 PWM 开关频率 $f_s = 1/(\Delta t_1 + \Delta t_2)$，将式（4-160）代入，并化简得

$$f_s = \frac{v_{dc}^*}{4LI_w} - \frac{E_{sm}^2}{2LI_w\, v_{dc}} + \frac{E_{sm}^2}{2LI_w\, v_{dc}}\cos(2\omega t) \tag{4-161}$$

对于一定的 E_{sm}，选取 v_{dc}^*，使 $v_{dc}^* = \lambda E_{sm}$，并代入式（4-161），得

$$\begin{aligned}f_s &= \frac{v_{dc}^*}{4LI_w}\left(1 - \frac{2}{\lambda^2}\right) + \frac{2\, v_{dc}^*}{4LI_w\lambda^2}\cos(2\omega t) \\ &\approx \bar{f}_s + \tilde{f}_s\end{aligned} \tag{4-162}$$

式中 $\bar{f}_s$——滞环 PWM 平均开关频率；

$\tilde{f}_s$——滞环 PWM 开关频率波动量。

显然，由式（4-162）即得

$$\bar{f}_s = \frac{v_{dc}^*}{4LI_w}\left(1 - \frac{2}{\lambda^2}\right) \tag{4-163}$$

$$\tilde{f}_s = \frac{2v_{dc}^*}{4LI_w\lambda^2}\cos(2\omega t) \tag{4-164}$$

进一步分析可知，单桥臂 VSR 滞环 PWM 电流控制时，最高开关频率 f_{smax}、最低开关频率 f_{smin} 分别为

$$f_{smax} = \frac{v_{dc}^*}{4LI_w} \tag{4-165}$$

$$f_{smin} = \frac{v_{dc}^*}{4LI_w}\left(1 - \frac{4}{\lambda^2}\right) \tag{4-166}$$

总之，单桥臂 VSR 采用滞环 PWM 电流控制时，其开关频率是波动的，并且开关频率中包含了平均开关频率 $\bar{f}_s$ 及开关频率波动量 $\tilde{f}_s$，而 $\tilde{f}_s$ 具有 2 次谐波特征。就功率开关管损耗而言，主要由平均开关频率 $\bar{f}_s$ 决定；而开关频率波动量 $\tilde{f}_s$ 主要影响开关频率的上、下限值。

由式（4-163）可分析得出：

当 E_{sm}、λ 一定时，平均开关频率 $\bar{f}_s$ 与进线电感 L 和滞环宽度 I_w 成反比，因而 L、I_w 均不能太小，以免平均开关频率过高；

当 E_{sm}、L、I_w 一定时，若直流电压 v_{dc}^* 上升，即 λ 变大，此时平均开关频率也会变大；

当 E_{sm}、L、λ 一定时，若平均开关频率 $\bar{f}_s$ 变大，则滞环宽度 I_w 就变小，理论上，当 $\bar{f}_s \to \infty$ 时，$I_w \to 0$，此时无动态跟踪偏差。换言之，当开关频率足够高时，滞环电流跟踪偏差就足够小，从而可获得较好的电流跟踪特性。

另一方面，由式（4-159）分析，要使 $\Delta t_1 + \Delta t_2 > 0$ 成立，必须使

$$0.5v_{dc}^* - E_{sm} > 0 \text{ 或 } v_{dc}^* > 2E_m \tag{4-167}$$

显然，$\lambda = v_{dc}^*/E_m > 2$，这就给出了单桥臂 VSR 滞环 PWM 电流控制对直流侧电压定值的基本约束，即直流电压不低于 2 倍电网电动势峰值。

4. 控制系统设计

对于图 4-18 所示的控制系统，若电容均压控制能完全补偿电容中心电压的波动，则稳态时，$|v_{dc+}| = |v_{dc-}| = v_{dc}/2$。当不考虑 VSR 桥路损耗，且系统运行于单位功率因数整流状态时，则桥路输入输出功率平衡方程式为

$$E_s I_s = \frac{1}{4} C \frac{\mathrm{d}}{\mathrm{d}t} v_{dc}^2 + \frac{v_{dc}^2}{R_L} \tag{4-168}$$

式中　E_s——电网电动势有效值；

I_s——网侧电流有效值。

在工作点稳态运行时，则式（4-168）可近似化成

$$\frac{2E_s I_s}{C v_{dc}^*} - \frac{2v_{dc}}{R_L C} = \frac{\mathrm{d}v_{dc}}{\mathrm{d}t} \tag{4-169}$$

若 E_s 不变，则对式（4-169）进行拉氏变换，得

$$\begin{cases} \dfrac{V_{dc}(s)}{I_s(s)} = \dfrac{R_L C K_s}{2\left(1 + \dfrac{R_L C}{2} s\right)} \\ K_s = \dfrac{2E_s}{C v_{dc}^*} \end{cases} \tag{4-170}$$

若电流内环滞环 PWM 开关频率足够高，则电流内环可由一个小惯性环节代替，即

$$W_i(s) = \frac{1}{1 + T_i s} \tag{4-171}$$

式中　T_i——电流内环等效时间常数。

为了滤除直流电压偏差中的二次纹波，可设计一个低通滤波器，若采用简单的一阶低通滤波器，则截止频率（$f_c = 1/T_c$）一般选在 1/2 基波频率以下，即滤波器传递函数为

$$G_{LF}(s) = \frac{1}{1 + T_c s} \tag{4-172}$$

这样，滞环 PWM 电流控制的单桥臂 VSR 系统结构如图 4-21 所示。图中 $R_v(s)$ 为电压调节器传递函数。显然，由于 $T_i \ll T_c$、$T_i \ll R_L C/2$，因而电流内环等效小惯性环节可以忽略不计。

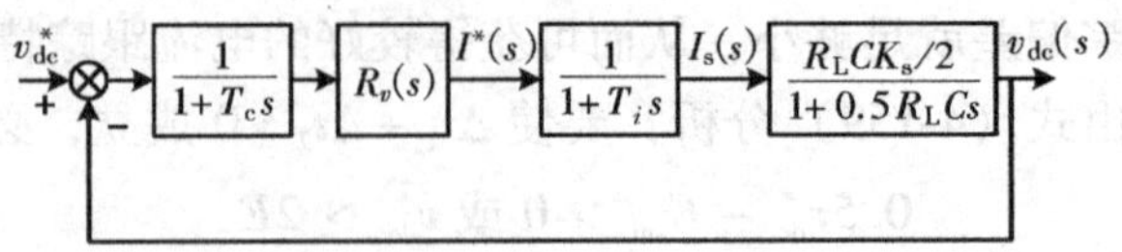

图 4-21　单桥臂 VSR 滞环 PWM 电流控制系统结构

若采用 PI 调节器，且调节器传递函数 $R_v(s)$ 为

$$R_v(s) = K_I \frac{\tau_1 s + 1}{\tau_1 s} \tag{4-173}$$

由此，可得控制系统开环传递函数 $W_{vo}(s)$ 为

$$W_{vo}(s)=\frac{K_1K_sR_L(\tau_1s+1)}{2\tau_1s(1+T_cs)(1+\frac{R_LC}{2}s)}\tag{4-174}$$

对应的闭环传递函数 $W_{vc}(s)$ 为

$$W_{vc}(s)=\frac{K_1K_sR_LC_1\tau_1s+K_1K_sR_LC}{\tau_1T_cR_LCs^3+(2\tau_1T_c+\tau_1R_LC)s^2+(2+K_1K_sR_LC)\tau_1s+K_1K_sR_LC}\tag{4-175}$$

利用三阶对称最佳整定，可以确定控制器参数 τ_1、K_1[77]。

若 $T_c \gg 1/\omega_c$（ω_c 为截止角频率），则式(4-174)可进一步化简为

$$W_{vo}(s)=\frac{K_1K_sR_LC(\tau_1s+1)}{2\tau_1T_cs^2(1+\frac{R_LC}{2}s)}\tag{4-176}$$

显然，这是一典型Ⅱ型系统，若取中频带宽 $h=5$，则

$$\tau_1=\frac{5R_LC}{2}\tag{4-177}$$

根据典型Ⅱ型系统参数整定关系，易得[77]

$$\frac{K_1K_sR_LC}{2\tau_1T_c}=\frac{h+1}{2h^2\left(\frac{R_LC}{2}\right)}=\frac{6}{25R_LC}\tag{4-178}$$

$$K_1=\frac{12\tau_1T_c}{25K_sR_L^2C^2}=\frac{6\ T_c}{5K_sR_LC}\tag{4-179}$$

至于电容均压前馈增益 K_b 的确定，需进一步分析电容充放电过程。考虑电流 i_s 正半周情况，当 $|v_{dc+}|>|v_{dc-}|$时，下一开关周期 PWM 控制时，应使上侧电容呈放电状态，即应使

$$i_{b+}(k)-i_{dc}(k)=\Delta i_{ch}<0\tag{4-180}$$

式中 Δi_{ch}——充电电流；

k——第 k 个开关周期。

若设$|v_{dc+}|-|v_{dc-}|=\Delta v$，当需 n 个开关周期获得完全补偿时

$$C\frac{\Delta v}{nT_s}=|\Delta i_{ch}|$$

或

$$\frac{|\Delta i_{ch}|}{\Delta v}=\frac{C}{nT_s}=k_b\tag{4-181}$$

同理，可分析$|v_{dc}|>|v_{dc+}|$时的情况，结论相同。

4.2.2.2 三相 VSR 滞环 PWM 电流控制

1. 具有中线的三相 VSR 分析

具有中线的三相 VSR 结构，实际上相当于三个单桥臂 VSR 的并联组合，其

主电路结构如图 4-22 所示。

为分析方便，直流侧采用两恒定直流电动势（$0.5v_{dc}$）串联结构。若只考虑基波分量，即

$$\begin{cases} e_a = E_m\sin(\omega t) \\ e_b = E_m\sin(\omega t - 120°) \\ e_c = E_m\sin(\omega t - 240°) \\ i_a = I_m\sin(\omega t + \varphi) \\ i_b = I_m\sin(\omega t + \varphi - 120°) \\ i_c = I_m\sin(\omega t + \varphi - 240°) \end{cases} \tag{4-182}$$

式中 φ——相电流 i_x 与相电动势 e_x 间的相位角（x=a，b，c）；

E_m、I_m——相电动势、相电流峰值。

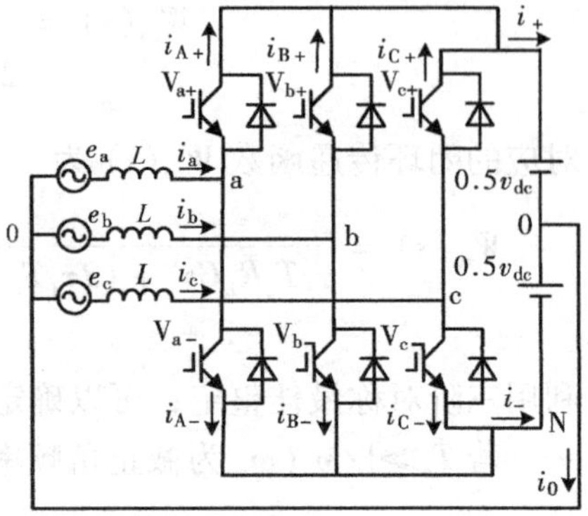

图 4-22 具有中线的三相 VSR 主电路结构

首先考虑 a 相，由单桥臂 VSR 滞环 PWM 电流控制分析易得

$$i_{A_+} = \frac{(0.5v_{dc} + e_a)}{v_{dc}} i_a \tag{4-183}$$

将式（4-181）、式（4-182）代入式（4-183），解得 a 相上桥臂电流 i_{A_+} 为

$$i_{A_+} = \frac{I_m}{2}\sin(\omega t + \varphi) + \frac{I_m E_m}{2v_{dc}}[\cos\varphi - \cos(2\omega t + \varphi)] \tag{4-184}$$

同理，得 b、c 相上桥臂电流 i_{B+}、i_{C+} 为

$$i_{B_+} = \frac{I_m}{2}\sin(\omega t + \varphi - 120°) + \frac{I_m E_m}{2v_{dc}}[\cos\varphi - \cos(2\omega t + \varphi - 240°)] \tag{4-185}$$

$$i_{C_+} = \frac{I_m}{2}\sin(\omega t + \varphi - 240°) + \frac{I_m E_m}{2v_{dc}}[\cos\varphi - \cos(2\omega t + \varphi - 480°)] \tag{4-186}$$

考虑三相对称系统，则

$$\begin{aligned} &\sin(\omega t + \varphi) + \sin(\omega t + \varphi - 120°) + \sin(\omega t + \varphi - 240°) \\ &= \cos(\omega t + \varphi) + \cos(\omega t + \varphi - 120°) + \cos(\omega t + \varphi - 240°) \\ &= 0 \end{aligned} \tag{4-187}$$

联立式（4-184）~式（4-186）易得直流侧电流为

$$i_+ = i_{A_+} + i_{B_+} + i_{C_+} = \frac{3}{2} \cdot \frac{E_m I_m}{v_{dc}}\cos\varphi \tag{4-188}$$

类似可求出

$$i_- = i_{A_-} + i_{B_-} + i_{C_-} = -\frac{3}{2} \cdot \frac{E_m I_m}{v_{dc}}\cos\varphi \tag{4-189}$$

式（4-188）、式（4-189）说明，三相对称有中线的 VSR 直流电流不存在 2 次谐波。另外，考虑交直流侧的功率传递，有

$$p_{\mathrm{dc}} = 0.5v_{\mathrm{dc}}(i_{+} - i_{-}) = \frac{3}{2}E_{\mathrm{m}}I_{\mathrm{m}}\cos\varphi \tag{4-190}$$

$$p_{\mathrm{ac}} = e_{\mathrm{a}}i_{\mathrm{a}} + e_{\mathrm{b}}i_{\mathrm{b}} + e_{\mathrm{c}}i_{\mathrm{c}} = \frac{3}{2}E_{\mathrm{m}}I_{\mathrm{m}}\cos\varphi \tag{4-191}$$

式中　p_{dc}、p_{ac}——VSR直流侧、交流侧功率。

显然$p_{\mathrm{dc}} = p_{\mathrm{ac}}$，这表明，当不考虑VSR桥路损耗时，交流侧有功功率将等效传递至VSR直流侧。

当三相VSR运行于$\varphi = 270°$时，由于$\cos\varphi = \cos 270° = 0$，则三相VSR只吸入无功功率，而有功功率$p_{\mathrm{ac}} = 0$。另外，直流侧电流$i_{+}$、$i_{-}$为

$$i_{+} = \frac{3}{2}\frac{E_{\mathrm{m}}I_{\mathrm{m}}}{v_{\mathrm{dc}}}\cos\varphi = \frac{3}{2}\cdot\frac{E_{\mathrm{m}}I_{\mathrm{m}}}{v_{\mathrm{dc}}}\cos 270° = i_{-} = 0 \tag{4-192}$$

显然，由于直流侧电流$i_{+} = i_{-} = 0$，故直流侧不吸收功率，而无功功率将在交流侧桥臂间交换。需注意的是，虽然此时直流侧电流为零，但桥臂支路电流则不为零，如a相上桥臂电流$i_{\mathrm{A+}}$为

$$i_{\mathrm{A+}} = \frac{I_{\mathrm{m}}}{2}\sin(\omega t + 270°) - \frac{E_{\mathrm{m}}I_{\mathrm{m}}}{2v_{\mathrm{dc}}}\cos(2\omega t + 270°) \tag{4-193}$$

上式表明，当$\varphi = 270°$时，VSR桥臂支路电流中存在基波分量和2次谐波分量。由于对称性，三相支路的合成电流必为零，即此时支路电流只流经功率开关管而不流经直流侧。换言之，三相对称有中线VSR交流侧无功能量不通过直流侧电容交换。

2. 三相对称无中线VSR分析

对于三相对称有中线VSR，当只考虑网侧基波电流而忽略PWM谐波电流时，由于中线电流$i_0 = i_{\mathrm{a}} + i_{\mathrm{b}} + i_{\mathrm{c}} = i_{+} + i_{-} = 0$，显然将中线断开，则不会影响上述关于电流$i_{+}$、$i_{-}$的稳态规律描述。

但是，当考虑滞环PWM电流控制开关瞬态过程时，由于在调制过程中，三相对称无中线VSR直流侧中点与三相交流电动势中性点之间存在瞬时电压，因而在讨论三相无中线VSR滞环PWM电流控制时，不能像有中线三相VSR那样独立研究每相特性，而必须考虑桥臂间开关调制的相互影响。

首先，讨论三相VSR开关函数模型，对于3.1.1节中定义的开关函数s_k（$k = $ a，b，c），并忽略三相VSR交流侧电阻R，则

$$L\frac{\mathrm{d}i_k}{\mathrm{d}t} = e_k - \left(v_{\mathrm{dc}}s_k - \frac{v_{\mathrm{dc}}}{3}\sum_{k=\mathrm{a,b,c}} s_k\right) \quad (k = \mathrm{a,b,c}) \tag{4-194}$$

式（4-194）表明，三相VSR直流侧负母线与交流电动势中性点间的电压为

$$v_{\mathrm{N0}} = -\frac{v_{\mathrm{dc}}}{3}\sum_{k=\mathrm{a,b,c}} s_k \tag{4-195}$$

另外，考虑到$C\mathrm{d}v_{\mathrm{dc}}/\mathrm{d}t = i_{\mathrm{a}}s_{\mathrm{a}} + i_{\mathrm{b}}s_{\mathrm{b}} + i_{\mathrm{c}}s_{\mathrm{c}} - v_{\mathrm{dc}}/R_{\mathrm{L}}$，并综合式（4-194），得以

下矩阵方程：

$$Lp\begin{bmatrix} i_a \\ i_b \\ v_{dc} \end{bmatrix} = \begin{bmatrix} 0 & 0 & A \\ 0 & 0 & B \\ D & E & F \end{bmatrix}\begin{bmatrix} i_a \\ i_b \\ v_{dc} \end{bmatrix} + \begin{bmatrix} 1 & 0 \\ 0 & 1 \\ 0 & 0 \end{bmatrix}\begin{bmatrix} e_a \\ e_b \end{bmatrix} \tag{4-196}$$

式中　p——微分算子；

$$\begin{cases} A = \dfrac{1}{3}(s_c - 2s_a + s_b) \\ B = \dfrac{1}{3}(s_c - 2s_b + s_a) \\ D = \dfrac{L}{C}(s_a - s_c) \\ E = \dfrac{L}{C}(s_b - s_c) \\ F = -\dfrac{L}{R_L C} \\ i_a + i_b = -i_c \end{cases} \tag{4-197}$$

同单桥臂 VSR 滞环 PWM 电流控制一样，当分析三相无中线 VSR 滞环 PWM 电流控制时，亦可进行每相分析。若考虑整流状态时的单位功率因数控制，在交流电流正半周，当实际相电流大于相电流指令时，该相对应桥臂的下侧功率开关管关断，反之则导通。然而与单桥臂 VSR 滞环 PWM 电流控制有所不同的是，功率开关管切换时，相电流的变化率除受本相桥臂功率开关管开关状态影响外，还受相邻桥臂功率开关管开关状态的影响，为此，必须讨论各种功率开关管开关状态组合对桥臂交流端电压的影响。

由式（4-194）分析，可得三相 VSR 交流输出相电压 $v_k = [s_k - (\sum_{k=a,b,c} s_k)/3]\ v_{dc}$ （k=a，b，c）。令 $v_k = \mu_k v_{dc}$，其中，电压系数 $\mu_k = [s_k - (\sum_{k=a,b,c} s_k)/3](k = a,b,c)$。三相 VSR 电压系数 $\mu_k(k = a,b,c)$ 与开关函数 $s_k(k = a,b,c)$ 间各种组合见表 4-1。

表 4-1　开关函数 s_k 与电压系数 μ_k 组合

s_a	s_b	s_c	μ_a	μ_b	μ_c
0	0	0	0	0	0
0	0	1	−1/3	−1/3	2/3
0	1	0	−1/3	2/3	−1/3
0	1	1	−2/3	1/3	1/3
1	0	0	2/3	−1/3	−1/3
1	0	1	1/3	−2/3	1/3
1	1	0	1/3	1/3	−2/3
1	1	1	0	0	0

由于三相对称，即

$$\mu_a + \mu_b = -\mu_c \tag{4-198}$$

从表 4-1 可看出，就表中列出的所有八种开关模式组合所对应的各种系数分析，实际上，只存在两类基本组合，即零状态组合和非零状态组合。零状态组合相当于三相 VSR 各桥臂交流端被短接，即无法利用直流电压进行电流跟踪控制；而非零状态组合，则可利用直流电压对相电流进行电流跟踪控制。另外，可由表 4-1 分析出非零状态基本特征是：其中两相具有相同状态，另一不同状态相的电压系数则等于相同状态相电压系数的 -2 倍，而非零状态组合中的电压系数只取 ±1/3 或 ±2/3。

在非零状态组合时，由于要利用 VSR 直流电压 v_{dc} 对其相电流进行滞环电流跟踪控制，因此与非零状态组合对应的三相 VSR 交流侧相电压（桥臂输出端相对三相电动势中点电压）的绝对值必须大于相电动势峰值。若考虑最严重情况，即相电压系数为 ±1/3，此时上述 VSR 交流侧相电压绝对值为 $|\pm v_{dc}/3|$。

要利用直流电压 v_{dc} 进行电流跟踪控制，则要求

$$\left|\pm \frac{1}{3} v_{dc}\right| > E_m \tag{4-199}$$

例如，当相电动势峰值为 $E_m = 220\sqrt{2}\text{V} = 311\text{V}$ 时，三相 VSR 直流电压应设计在 $v_{dc} > 3 \times 311\text{V} = 933\text{V}$，如选 $v_{dc} = 1000\text{V}$。然而，直流侧电压过高，会增加桥臂功率开关管耐压及系统损耗，因而可以考虑按下式来确定直流侧电压值：

$$\left|\pm \frac{2}{3} v_{dc}\right| > E_m \tag{4-200}$$

这是因为，当采用式（4-200）来确定直流电压时，对于电压系数为 ±1/3 的桥臂相，可能因电压较低而无法强迫相电流跟踪电流指令，但电压系数为 ±2/3 的桥臂相，则能强迫相电流跟踪电流指令。然而，由于 PWM 开关频率足够高，随着功率开关管开关状态组合的快速变化，原来瞬间可能不能强迫相电流跟踪的桥臂，转而能快速进行相电流的跟踪控制。由表 4-1 可看出，每个 PWM 开关周期中，至少有一个桥臂可以进行电流跟踪控制，而可能不能进行电流控制的桥臂至多经过两个 PWM 开关周期就能进行电流跟踪控制。若相电动势峰值仍为 $E_m = 220\sqrt{2}\text{V} = 311\text{V}$，则直流侧电压应为 $v_{dc} > (3/2) \times 311\text{V} = 466.5\text{V}$，如选 $v_{dc} = 500\text{V}$。

另一方面，由于三相 VSR 直流电压最低限值应大于交流电网线电动势的峰值，即

$$v_{dc} > \sqrt{3}E_m \tag{4-201}$$

否则，三相 VSR 桥路中反并联续流二极管在无功率开关管导通状态下即被正向导通，因而无法进行电流跟踪。由于 $3E_m/2 < \sqrt{3}E_m$，因而必须按式（4-201）

设计三相 VSR 直流电压低限值。设计时，考虑到电网波动和线性控制范围等因素，直流电压常取

$$v_{dc} > 3\frac{E_m}{\sqrt{2}} \tag{4-202}$$

图 4-23 表示了三相对称无中线 VSR 滞环 PWM 电流控制结构。

与单桥臂单相 VSR 滞环 PWM 电流控制相比，三相电流指令值仍由直流电压外环给出，电流内环由三个结构对称的滞环 PWM 电流控制环组成，由于无中线连接，因而无需电容均压前馈控制。

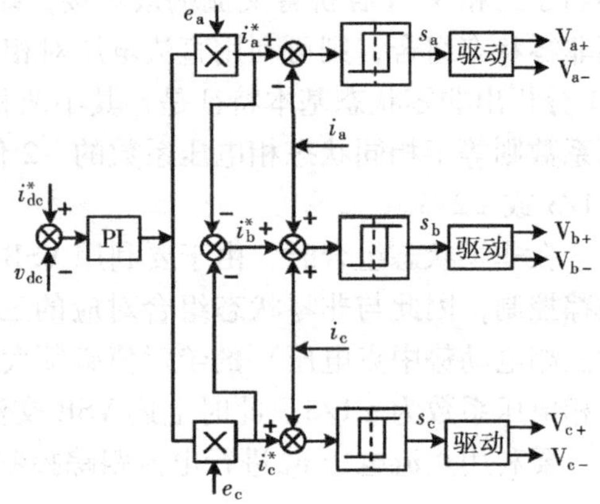

图 4-23　三相 VSR 滞环 PWM 电流控制结构

图 4-24 对比了三相 VSR 滞环电流控制和间接电流控制在 VSR 运行状态切换时的动态响应。显然，前者在整流到逆变的状态切换中，电流响应迅速且平稳，而后者则出现了直流电流分量，且响应缓慢。

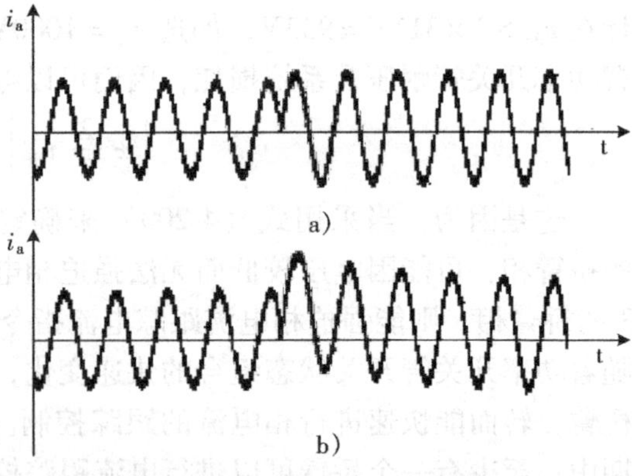

图 4-24　三相 VSR 运行状态切换时（整流到逆变）的电流响应对比
a）滞环电流控制　b）间接电流控制

上述 VSR 滞环 PWM 电流控制虽然取得了快速电流响应，但是在 PWM 控制过程中，因开关频率变化较大，从而导致了开关损耗的增加。以一台直流电压为 600V 的 9kW 三相 VSR 为例，当选择电流滞环宽度 I_w = 0.3A 时，其总损耗共为 360W，其中开关损耗约为 300W。可见，要在大功率 VSR 装置中采用滞环 PWM 电流控制策略，必须设法降低开关损耗。对此，国内外一些学者相继提出了一些限制开关频率以降低开关损耗的滞环 PWM 电流控制方案[84,86]。

3. 开关频率闭环的滞环 PWM 电流控制

针对 VSR 滞环 PWM 电流控制开关频率变化大，以及固定开关频率 PWM 控制电流响应慢等缺点，一些学者提出了一种采用开关频率闭环的滞环 PWM 电流控制策略。这种控制策略实际上是在原有滞环 PWM 电流控制基础上，设计一个开关频

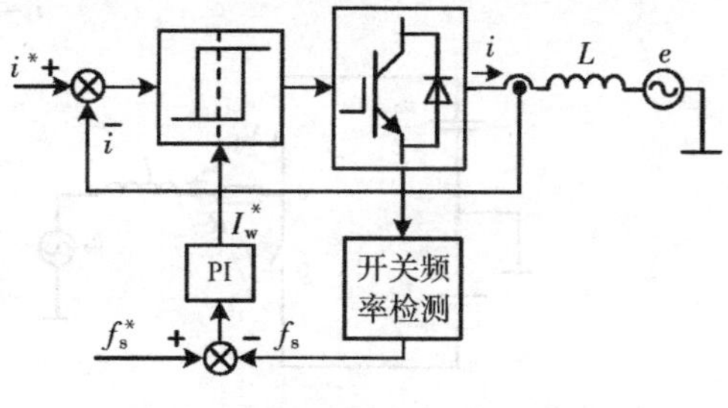

图 4-25　开关频率闭环的滞环 PWM 电流控制结构

率控制环节，通过动态调整滞环宽度来控制滞环电流 PWM 平均开关频率，而每个开关周期并不要求严格相等，即当减小滞环宽度时，平均开关频率就会变高；而增大滞环宽度时，平均开关频率就会变低。这样，通过限制平均开关频率，即控制了 VSR 桥路的开关损耗，提高了 VSR 运行效率。显然，这种滞环 PWM 电流控制可在适当降低开关频率条件下，加速电流响应速度，并降低开关损耗，其控制结构如图 4-25 所示。

为了能调整开关频率，必须采用滞环宽度 I_w 可调的滞环比较电路，一般可采用两种可变滞环宽度的滞环比较器，如图 4-26 所示。

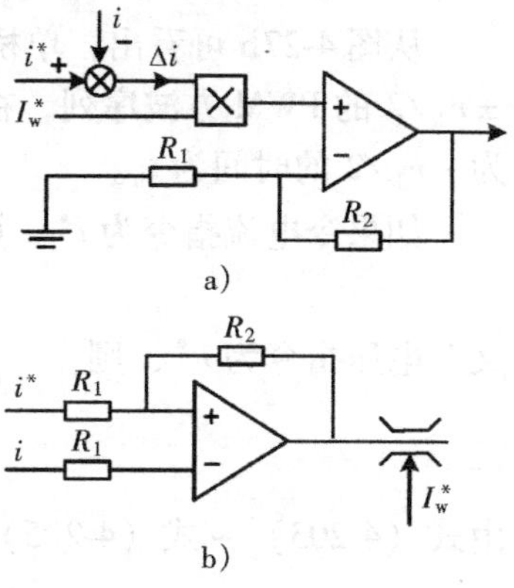

图 4-26　可变滞环宽度 I_w 的滞环比较电路

a）乘法器电路　b）变限幅电路

图 4-26a 中将电流偏差信号 Δi 与滞环宽度给定信号 I_w^* 相乘后再进行滞环比较，这样 I_w^* 越大，开关频率越高。

图 4-26b 是直接通过改变滞环比较器的输出限幅值来改变滞环宽度，显然，I_w^* 越大，开关频率越低。

值得注意的是，在上述两种方案中，I_w^* 对开关频率的控制作用极性相反，因此需相应地调整开关频率调节器的极性，才能使系统构成开关频率负反馈。为了不影响电流环的稳定性，开关频率环的调节速度必须相对较慢，即频率环与电流环的截止频率尽可能拉开一些。这样，即使增加了开关频率控制环后，电流控制系统的稳定性、快速性基本不受影响。

4.2.2.3　固定开关频率滞环 PWM 电流控制（CFHCC）

以上研究的基于开关频率闭环的滞环 PWM 电流控制策略，其实际上是一种平均开关频率固定的滞环 PWM 电流控制方案。这种方案并不严格地固定 VSR 的开关频率，同时也没有深入研究三相 VSR 动态电流控制特性及桥路相间开关状态对电流控制的影响。为此，有必要研究一种动态性能优良的固定开关频率滞环 PWM 电流控制（CFHCC）策略。

1. 单桥臂 VSR CFHCC

考虑单桥臂 VSR 拓扑结构，如图 4-27 所示。从图中不难分析桥路输出电压为

$$v = Ri + L\frac{\mathrm{d}i}{\mathrm{d}t} + e \tag{4-203}$$

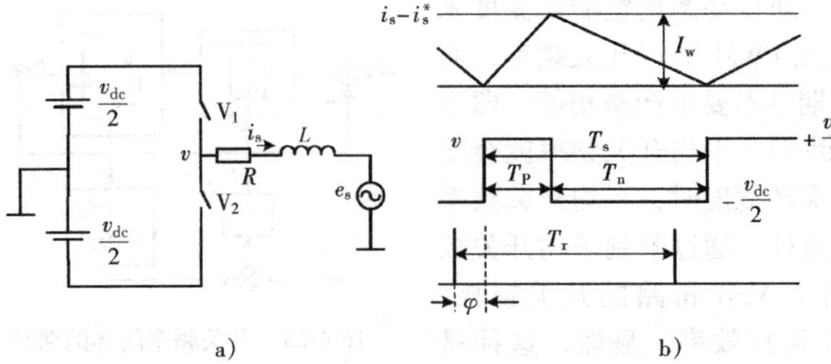

图 4-27　单桥臂 VSR 结构及 PWM 波形

a）主电路结构　b）PWM 波形

从图 4-27b 可看出，单桥臂 VSR 桥路输出电压波形为一周期为 T_s、幅值为 $\pm v_{dc}/2$ 的 PWM 方波序列，在一个开关周期中，幅值为 $v_{dc}/2$ 的时间为 T_p，幅值为 $-v_{dc}/2$ 的时间为 t_n。

如果令电流指令为 i^*，则瞬时电流误差为

$$\delta = i_s - i_s^* \tag{4-204}$$

又令电压指令为 v^*，则

$$v^* = Ri_s^* + L\frac{di_s^*}{dt} + e_s \tag{4-205}$$

由式（4-203）~式（4-205）可推导出

$$L\frac{d\delta}{dt} + R\delta = v - v^* \tag{4-206}$$

滞环 PWM 电流控制的目的就是要将电流误差控制在 $\pm I_w/2$ 以内（I_w 为滞环宽度）。一般情况下，忽略 VSR 交流侧电阻 R，且开关频率足够高时，可近似认为一个开关周期中电网电动势 e_s 恒定不变，这样电流误差 δ 按线性规律变化（见图 4-27b）。若令 e_s 的标幺值 e_n 为

$$e_n = \frac{e_s}{v_{dc}/2} \tag{4-207}$$

则从图 4-27b 不难推导得

$$T_s = \frac{4I_w L}{v_{dc}(1 - e_n^2)} \tag{4-208}$$

$$T_p = T_s\frac{1 + e_n}{2} \qquad T_n = T_s\frac{1 - e_n}{2} \tag{4-209}$$

由式（4-208）分析，若滞环宽 I_w 恒定，而 e_n 变化，则 PWM 开关周期 T_s 一定变化，因此开关频率不可能固定。为了使开关频率固定不变，则调制周期必须不变，令 $T_s = T_r$ = 恒值，这样

$$I_w = \frac{v_{dc}T_r}{4L}(1 - e_n^2) \tag{4-210}$$

显然，控制 I_w，则可以保持 $T_s = T_r$。由于 e_n 变化，为保持 $T_s = T_r$，可以引入闭环控制，如设计一个跟踪给定频率时钟的锁相环（PLL）控制系统，就能达到固定频率控制的要求。其控制系统结构组成如图 4-28 所示。

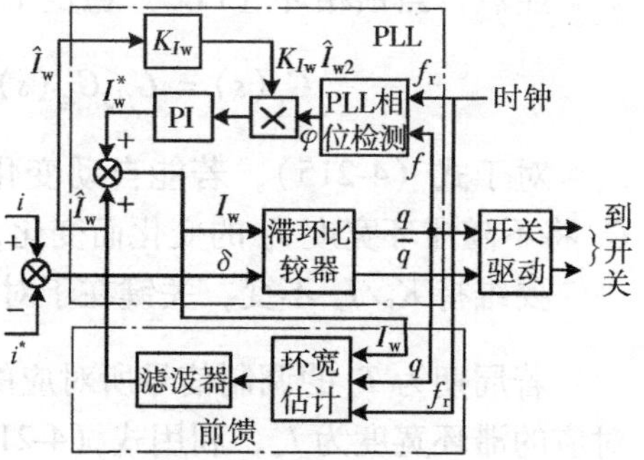

图 4-28　固定开关频率控制中的锁相环（PLL）结构

当给定一个固定频率的时钟信号时，锁相环（PLL）控制不仅确保了固定开关频率控制，而且控制了输出电压脉冲序列与时钟脉冲序列间的相位差，从而使输出电压脉冲序列能跟随时钟脉冲序列，并使两者相位差最小，但这种跟随控制准确度取决于 PLL 控制增益的大小。

对于具有非线性特征的滞环 PWM 电流控制，可以采用微偏线性化方法进行系统分析。

对于式（4-208），开关频率 $f_s = 1/T_s$，则

$$f_s = \frac{E(1 - e_n^2)}{4I_w L} \tag{4-211}$$

考虑式（4-209）～式（4-211），开关频率 f_s 对滞环环宽 I_w 之间微偏增益为

$$G_{fI_w} \approx \frac{\Delta f}{\Delta I_w} \approx -\frac{E}{4L{I_w}^2}(1 - e_n^2) \tag{4-212a}$$

当锁相环稳定控制时，若开关频率被锁定在 $f_s = f_r = 1/T_r$ = 恒值时，式（4-212a）变为

$$G_{fI_w} = -\frac{f_r}{I_w} \tag{4-212b}$$

式（4-212b）说明，当开关频率被 PLL 锁定后，增益 G_{fI_w} 将随 I_w 的变化而变化，这将对 PLL 控制的稳定性不利，为此必须进行改进。改进的方法之一就是设法补偿滞环宽度 I_w 变化所造成的增益 G_{fI_w} 变化。下面先讨论 PLL 系统增益 G_P。

在锁相环（PLL）控制系统中，相位检测环节可看成一个积分环节，其传递函数可表示成

$$G_{\varphi f}(s) = \frac{d\varphi}{df} = \frac{2\pi}{s} \tag{4-213}$$

若相位调节器采用 PI 调节器，即

$$G_{\varphi}(s) = K_P\frac{1 + \tau s}{\tau s} \tag{4-214}$$

式中 K_P——比例增益；

τ——超前时间常数。

显然，当锁相环（PLL）稳定工作时，其PLL系统增益为

$$G_P(s) = G_{fI_w}G_{\varphi f}(s)G_{\varphi}(s) = 2\pi K_P \frac{1+\tau s}{\tau s^2} \cdot \frac{f_r}{I_w} \tag{4-215}$$

对于式（4-215），若能自动变化 K_P，使 K_P/I_w 维持不变，则PLL系统增益 G_P 将不随滞环宽度 I_w 的变化而变化，这将有利于系统的稳定运行。

要维持 K_P/I_w 不变，关键在于对滞环宽度 I_w 的估计。

若周期为 T_r 的调制信号所对应的滞环宽度为 $\hat{I}_w$，而周期为 T 的调制信号所对应的滞环宽度为 I_w，利用式（4-210）易得

$$\hat{I}_w = I_w \frac{T_r}{T} = I_w \frac{f}{f_r} = \frac{I_w}{K}\frac{KT_r}{T} \tag{4-216}$$

式（4-216）可以利用图4-29来实现。图中，单稳振荡器（Mono Stable MultiVibrator，MMV）由PWM开关信号进行触发，单稳脉宽由 KT_r 调节，其中，K 为滞环宽度 I_w 检测增益的倒数。

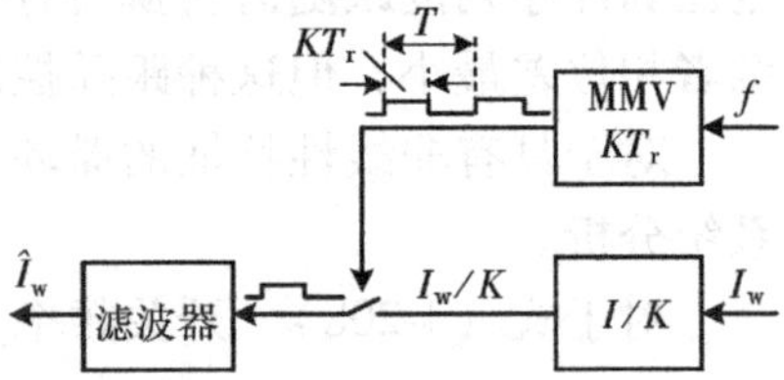

图4-29 滞环宽度估计

若使PI调节器中 K_P 随 $\hat{I}_w$ 变化，即

$$K_P = \bar{K}_P K_{I_w} \hat{I}_w \tag{4-217}$$

当 $\hat{I}_w$ 估计准确度足够高时，将 $\hat{I}_w = I_w$ 代入式（4-215），得

$$G_P^*(s) = 2\pi \bar{K}_P \frac{1+\tau s}{\tau s^2} f_r K_{Iw} \tag{4-218}$$

式中，$\bar{K}_P$、K_{I_w} 均为定值，因而锁相环（PLL）控制增益将不随滞环宽度 I_w 的变化而变化，这种增益补偿控制可以采用模拟开关来实现，如图4-30所示。

图4-30中，$+V_{I_w}$、$-V_{I_w}$ 正比于 I_w。显然，当 I_w 波动时，PLL系统增益通过模拟开关及变动的 $\pm V_{Iw}$ 而自动补偿。

为增加非线性控制系统大范围工作时的稳定性，图4-28中采用了滞环宽度的前馈补偿控制，实际上，若滞环宽度估计准确度足够高时，$\hat{I}_w = I_w$，则 $I_w^* \approx 0$，这时无需PI调节控制，系统就能实现稳态无差控制。显然，I_w 的前馈补偿在不影响系统稳定性条件下，加速了系统动态响应，实际上 I_w^* 只在很小范围内变化，以自动补偿由于参数变化、控制延

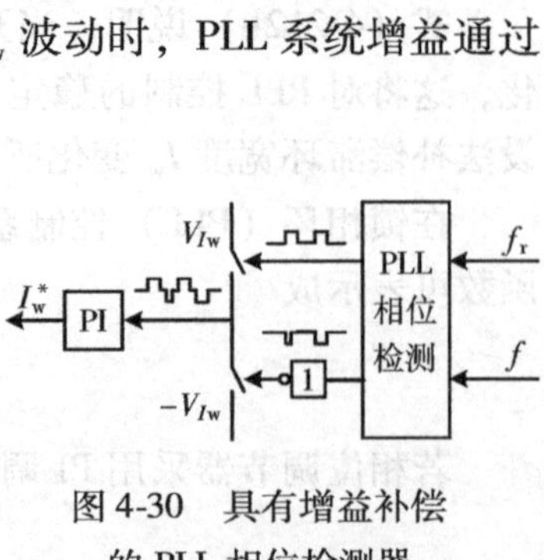

图4-30 具有增益补偿的PLL相位检测器

时等造成的 I_w 前馈误差。针对 PLL 控制的滞环 PWM 电流控制系统非线性特性，由于 I_w^* 只在小范围内波动，因而可按微偏线性化方法对系统进行线性化，并整定 PI 调节器参数。

图 4-31 分别表示了 PLL 控制有、无增益补偿和有、无前馈补偿时的相位误差曲线，该图说明了 PLL 增益补偿和前馈补偿对减小 PLL 相位误差有着十分明显的作用。图中，m 为调制比，FF 表示有前馈补偿。

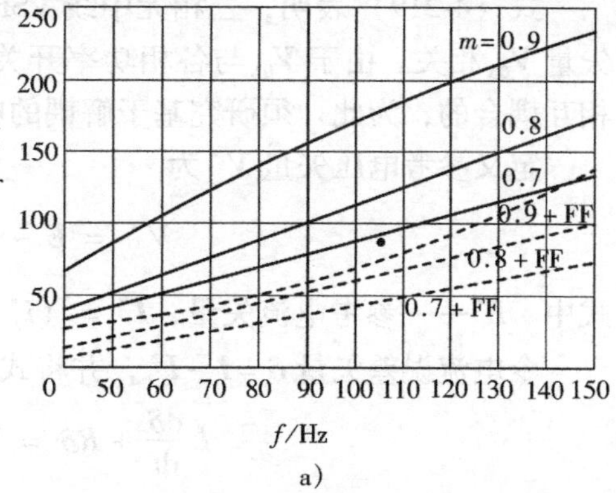

a)

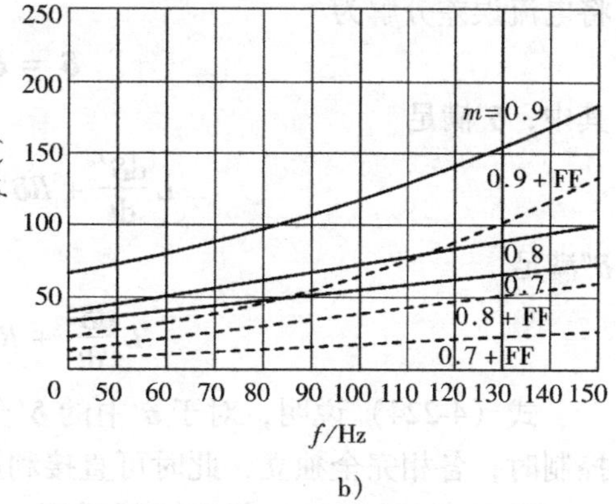

b)

图 4-31　相位误差曲线

a）无 PLL 增益补偿时有（虚线）、无（实线）前馈补偿时相位误差曲线

b）有 PLL 增益补偿时有（虚线）、无（实线）前馈补偿时相位误差曲线

2. 三相 VSR CFHCC

就三相有中线 VSR 而言，由于每相的独立控制特性，因而各相开关状态的变化互不影响，从而上述单桥臂 VSR CFHCC 方案可直接加以利用。

对于三相无中线 VSR，由于 VSR 交流侧三相电动势中性点与 VSR 直流电压中点间的电压随各相功率开关管开关状态变化而变化，因而每相电流控制受其他两相功率开关管开关状态影响，这样，单桥臂 VSR CFHCC 方案不能直接加以利用。对于三相无中线 VSR 拓扑结构，其相应的系统电路方程为

$$\boldsymbol{V}_{j\mathrm{N}} = \boldsymbol{E} - R\boldsymbol{I} - L\frac{\mathrm{d}\boldsymbol{I}}{\mathrm{d}t} + \boldsymbol{V}_{0\mathrm{N}} \tag{4-219}$$

式中

$$\begin{cases} \boldsymbol{I} = [i_a, i_b, i_c]^T \\ \boldsymbol{V}_{j\mathrm{N}} = [v_{a\mathrm{N}}, v_{b\mathrm{N}}, v_{c\mathrm{N}}]^T \\ \boldsymbol{E} = [e_a, e_b, e_c]^T \\ \boldsymbol{V}_{0\mathrm{N}} = [v_{0\mathrm{N}}, v_{0\mathrm{N}}, v_{0\mathrm{N}}]^T \\ v_\mathrm{N} = \left(\dfrac{s_a + s_b + s_c}{3}\right) v_{dc} \\ s_k = \begin{cases} 1 & \text{上侧管导通} \\ 0 & \text{下侧管导通} \end{cases} \quad k = (a, b, c) \end{cases} \tag{4-220}$$

式（4-219）表明，三相无中线 VSR 交流侧桥臂电压矢量 $\boldsymbol{V}j_{\mathrm{N}}$ 与中性点电压矢量 $\boldsymbol{V}_{0\mathrm{N}}$ 相关。由于 $\boldsymbol{V}_{0\mathrm{N}}$ 与各相功率开关管开关状态相关，因而每相电流控制是相互耦合的，为此，须研究基于解耦的电流控制方案。

定义参考电压矢量 $\boldsymbol{V}^*$ 为

$$\boldsymbol{V}^* = \boldsymbol{E} - R\boldsymbol{I}^* - L\frac{\mathrm{d}\boldsymbol{I}^*}{\mathrm{d}t} \tag{4-221}$$

式中　$\boldsymbol{I}^*$——参考电流矢量，$\boldsymbol{I}^* = (i_{\mathrm{a}}^*,\ i_{\mathrm{b}}^*,\ i_{\mathrm{b}}^*)^{\mathrm{T}}$。

令电流误差矢量 $\boldsymbol{\delta} = \boldsymbol{I} - \boldsymbol{I}^*$，并将式（4-221）减式（4-219），得

$$L\frac{\mathrm{d}\boldsymbol{\delta}}{\mathrm{d}t} + R\boldsymbol{\delta} = \boldsymbol{V}^* - \boldsymbol{V}_{j\mathrm{N}} - \boldsymbol{V}_{0\mathrm{N}} \tag{4-222}$$

将电流误差分解为

$$\boldsymbol{\delta} = \boldsymbol{\delta}' + \boldsymbol{\delta}'' \tag{4-223}$$

其中，$\boldsymbol{\delta}'$ 满足

$$L\frac{\mathrm{d}\boldsymbol{\delta}'}{\mathrm{d}t} + R\boldsymbol{\delta}' = \boldsymbol{V}^* - \boldsymbol{V}_{j\mathrm{N}} \tag{4-224}$$

$\boldsymbol{\delta}''$ 满足

$$L\frac{\mathrm{d}\boldsymbol{\delta}''}{\mathrm{d}t} + R\boldsymbol{\delta}'' = -\boldsymbol{V}_{0\mathrm{N}} \tag{4-225}$$

式（4-224）说明，对于 $\boldsymbol{\delta}$ 中的 $\boldsymbol{\delta}'$ 分量，由于方程中无 $\boldsymbol{V}_{0\mathrm{N}}$ 项，因而相电流控制时，各相完全独立，此时可直接利用单相 VSR CFHCC 方案进行电流控制。

对于式（4-225），任意控制瞬间，$\boldsymbol{V}_{0\mathrm{N}}$ 均为已知量，显然，将 $\boldsymbol{V}_{0\mathrm{N}}$ 通过一阶惯性环节运算就可直接获得 $\boldsymbol{\delta}''$，这表明 $\boldsymbol{\delta}''$ 也是已知量。换言之，在三相无中线 VSR CFHCC 方案设计中，只需对给定的电流误差 $\boldsymbol{\delta}$ 加以修正，即 $\boldsymbol{\delta}' = \boldsymbol{\delta} - \boldsymbol{\delta}''$ 就可以解除三相无中线 VSR 相间电流控制的耦合，并可直接采用单相 VSR CFHCC 方案进行电流跟踪控制。

在三相平衡系统中，$\boldsymbol{\delta}$ 在坐标轴（a，b，c）的投影满足

$$\delta_{\mathrm{a}} + \delta_{\mathrm{b}} + \delta_{\mathrm{c}} = (i_{\mathrm{a}} - i_{\mathrm{a}}^*) + (i_{\mathrm{b}} - i_{\mathrm{b}}^*) + (i_{\mathrm{c}} - i_{\mathrm{c}}^*) = 0 \tag{4-226}$$

考虑式（4-223）、式（4-225）、式（4-226），易推得 $\boldsymbol{\delta}''$ 在坐标轴（a、b、c）的投影满足

$$\delta''_{\mathrm{a}} = \delta''_{\mathrm{b}} = \delta''_{\mathrm{c}} = -(\delta'_{\mathrm{a}} + \delta'_{\mathrm{b}} + \delta'_{\mathrm{c}})/3 \tag{4-227}$$

这表明，如果将 $\boldsymbol{\delta}'$ 控制在一定范围内，则 $\boldsymbol{\delta}''$ 和 $\boldsymbol{\delta}$ 也将自动控制在一定范围内，而 $\boldsymbol{\delta}'$ 的控制则是一种相间电流的解耦控制。因此，上述方案克服了三相无中线 VSR 中性点电压波动对相电流控制的影响。

三相无中线 VSR CFHCC 结构如图 4-32 所示。该方案与单相 CFHCC 方案类似，均采用了具有 PLL 增益补偿及 I_{w} 前馈的控制方案，所不同的只是加入了一个 $\boldsymbol{\delta}''$ 的补偿控制。这种基于 $\boldsymbol{\delta}''$ 的补偿控制，由于实现了相间电流解耦，因而相

电流跟踪控制与单相 CFHCC 方案具有相同的控制性能。

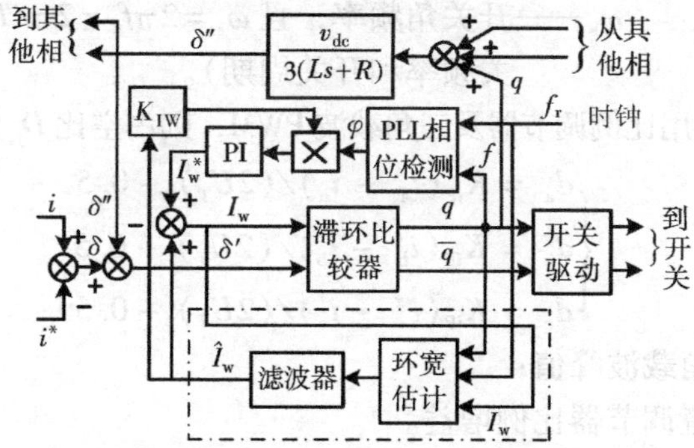

图 4-32 三相无中线 VSR CFHCC 结构

4.3 影响三相 VSR 电流控制要素分析

上述研究表明，三相 VSR 电流控制是整个 VSR 控制的关键，除不同控制策略对电流控制品质有不同影响以外，还存在影响三相 VSR 电流控制的一些共同因素，如开关频率、交流侧电感、直流侧电压、开关死区等，以下简要进行分析。

4.3.1 三相 VSR 网侧电流的时域描述

基于开关函数 s_j（j=a，b，c）的三相 VSR 模型方程为

$$\begin{cases} L\dfrac{\mathrm{d}i_a}{\mathrm{d}t} = e_a - Ri_a - \left[s_a - \dfrac{s_a + s_b + s_c}{3}\right]v_{dc} \\ L\dfrac{\mathrm{d}i_b}{\mathrm{d}t} = e_b - Ri_b - \left[s_b - \dfrac{s_a + s_b + s_c}{3}\right]v_{dc} \\ L\dfrac{\mathrm{d}i_c}{\mathrm{d}t} = e_c - Ri_c - \left[s_c - \dfrac{s_a + s_b + s_c}{3}\right]v_{dc} \\ C\dfrac{\mathrm{d}v_{dc}}{\mathrm{d}t} = s_a i_a + s_b i_b + s_c i_c - \dfrac{v_{dc}}{R_L} \end{cases} \tag{4-228}$$

将开关函数 s_j（j=a，b，c）以傅里叶级数表示为

$$\begin{cases} s_a = d_a + \sum\limits_{n=1}^{\infty}\left[\dfrac{1}{n\pi}\sin 2nd_a\pi\cos n\omega_s t + \dfrac{1}{n\pi}(1-\cos 2nd_a\pi)\sin n\omega_s t\right] \\ s_b = d_b + \sum\limits_{n=1}^{\infty}\left[\dfrac{1}{n\pi}\sin 2nd_b\pi\cos n\omega_s t + \dfrac{1}{n\pi}(1-\cos 2nd_b\pi)\sin n\omega_s t\right] \\ s_c = d_c + \sum\limits_{n=1}^{\infty}\left[\dfrac{1}{n\pi}\sin 2nd_c\pi\cos n\omega_s t + \dfrac{1}{n\pi}(1-\cos 2nd_c\pi)\sin n\omega_s t\right] \end{cases} \tag{4-229}$$

式中　d_j (j=a，b，c) ——PWM 占空比；

ω_s——开关角频率，且 $\omega_s=2\pi f_s=2\pi/T_s$（$f_s$、$T_s$ 分别为开关频率和开关周期）。

如果电流环采用比例调节器及三角载波 PWM，则占空比 D_j 为

$$\begin{cases} d_a = K_{iP}(i_a^* - i_a)/(2U_T) + 0.5 \\ d_b = K_{iP}(i_b^* - i_b)/(2U_T) + 0.5 \\ d_c = K_{iP}(i_c^* - i_c)/(2U_T) + 0.5 \end{cases} \tag{4-230}$$

式中　U_T——三角载波峰值；

K_{iP}——电流调节器比例增益。

令 $e_a=E_m\sin\omega t$，$i_a^*=I_m\sin(\omega t+\gamma)$，并将式（4-229）代入式（4-228），并求解相应微分方程，得 a 相电流时域表达式为

$$\begin{cases} i_a = i_{a1} + i_{an} \\ i_{a1} = A[E_m\sin(\omega t - \arctan\lambda_1) + B\sin(\omega t + \gamma - \arctan\lambda_1)] \\ i_{an} = \sum\limits_{n=1}^{\infty} \dfrac{v_{dc}\sqrt{A_{an}^2 + B_{an}^2}}{3n^2\pi\omega_s L\sqrt{1+\lambda_2^2}}\sin\left(n\omega_s t + \arctan\dfrac{A_{an}}{B_{an}} - \tan\dfrac{1}{\lambda_2}\right) \\ A_{an} = 2\sin2\pi nd_a - \sin2\pi d_b - 2\sin2\pi nd_c \\ B_{an} = \cos2\pi nd_c + \cos2\pi d_b - 2\cos2\pi nd_a \\ A = \dfrac{1}{L\sqrt{\omega^2 + \left(\dfrac{K_{iP}v_{dc}}{2U_T L}\right)^2}} \\ B = \dfrac{K_{iP}v_{dc}}{2U_T} \\ \lambda_1 = \dfrac{2U_T L\omega}{K_{iP}v_{dc}} \\ \lambda_2 = \dfrac{K_{iP}v_{dc}}{2n\omega_s U_T L} \end{cases} \tag{4-231}$$

式中　i_{a1}、i_{an}——i_a 的基波和谐波分量。

用类似方法也可求出 i_b、i_c。

式（4-231）表明，当 v_{dc} 恒定时，开关频率谐波为输入电流的主要谐波，且谐波幅值随 L、ω_s 的增大而减小。换言之，适当增大电感 L 和开关频率 ω_s 将有助于减小电流谐波。

另外，直流电压大小不仅影响基波电流，而且也影响谐波电流。值得一提的是，与开关函数 s_j（j=a，b，c）对应的 PWM 占空比 d_j（j=a，b，c）也会影响谐波电流。那么三相 VSR PWM 开关死区将何如影响三相 VSR 的电流波形呢？下面将研究这一问题。

4.3.2 PWM 开关死区的效应及影响[24,87,88]

在 VSR PWM 控制过程中，由于功率开关管固有开关时间的影响，开通时间 t_{on}往往小于关断时间 t_{off}，因此在上下桥臂互补控制时，容易发生同臂两个功率开关管同时导通的短路故障。为防止 VSR 同一桥臂两个功率开关管的直通，在 PWM 控制信号中，必须设定“先断后通” PWM 开关死区。尽管对于快速的功率开关管，所设定的开关死区时间很短，但高频开关动作次数的累积，使死区引起输出误差电压，并导致三相 VSR 交流输出电压波形发生畸变，进而影响三相 VSR 交流电流波形。那么 PWM 开关死区如何使三相 VSR 交流侧输出电压发生畸变呢？为分析方便，首先分析单桥臂 VSR 电压波形，如图 4-33 所示。

当不加入开关死区时，V_1、V_2 将加上理想的互补驱动信号，并输出无波形损失的电压波形，如图 4-33b 所示。当加入“先断后通”开关死区时，其 V_1、V_2 驱动信号各上升沿将延迟 t_d 时间，这时，输出电压波形根据输出电流极性不同而受到不同的影响。

当 $i_a>0$ 时，i_a 只能流经 V_1 或 VD_2。当 V_1 从导通切换成关断状态时，若忽略二极管 VD_2 的电流建立时间，此时 a 端电压将瞬时由 $v_{dc}/2$ 切换成 $-v_{dc}/2$，因而输出波形在 V_1 驱动信号下降沿不会产生波形偏差。但若 $i_a>0$ 时，当 V_1 从关断切换成导通状态时，由于先前 VD_2 导通（续流），则在 V_2 信号下降沿即输出电压上升沿被迫滞

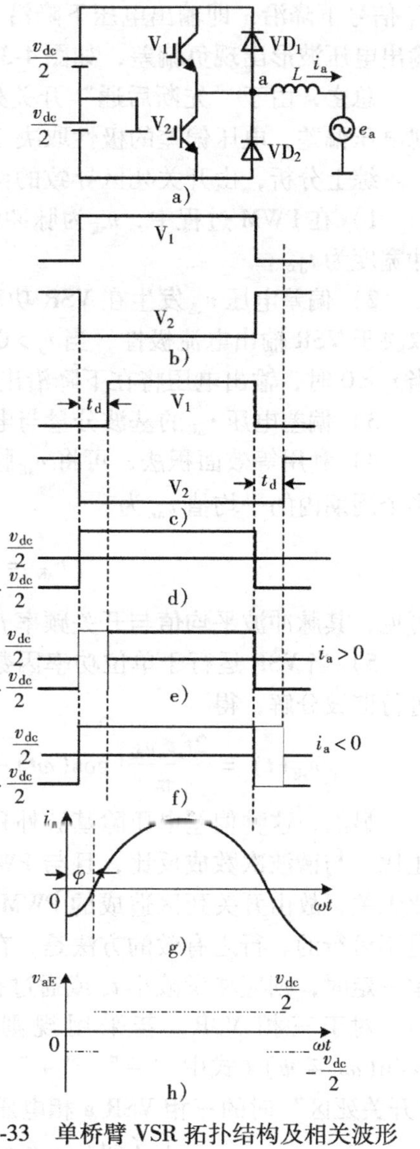

图 4-33 单桥臂 VSR 拓扑结构及相关波形

a）单桥臂 VSR 拓扑结构 b）理想时的驱动信号 c）加入死区时的驱动信号 d）理想时的输出电压 e）$i_a>0$ 有死区的输出电压 f）$i_a<0$ 有死区的输出电压 g）电流波形 h）电压偏差

后时间 t_d 才跳变，因而输出电压波形出现正偏差（这里定义电压偏差 $v_{aE}=v_a^*-v_a$，其中 v_a^* 为理想输出电压，v_a 为实际输出电压），如图4-33e所示。

同理可分析，当 $i_a<0$ 时，V_2 信号下降沿，即输出电压上升沿无延时，而在 V_1 信号下降沿，即输出电压下降沿，则输出电压被迫滞后时间 t_d 才跳变，因而输出电压波形出现负偏差，如图4-33f所示。

总之，由于“先断后通”开关死区延时 t_d 的加入，将导致输出电压波形出现电压偏差，电压偏差的极性取决于电流极性，如图4-33g所示。

综上分析，由开关死区导致的偏差电压 v_{aE} 有以下特点：

1）在PWM过程中，v_{aE} 为脉冲电压，其幅值等于直流电压 $v_{dc}/2$，且每个脉冲宽度为 t_d。

2）偏差电压 v_{aE} 发生在VSR功率开关管换相瞬间，且偏差电压 v_{aE} 脉冲极性取决于VSR输出电流极性，当 $i_a>0$ 时，输出电压上升沿出现偏差电压脉冲 v_{aE}；当 $i_a<0$ 时，输出电压将在下降沿出现偏差电压脉冲 v_{aE}。

3）偏差电压 v_{aE} 的基波分量与电流 i_a 基波分量同相。

4）利用等效面积法，可将 v_{aE} 脉冲波等效成方波，如图4-33h所示，其方波半个周期内的平均值 $\bar{v}_{aE}$ 为

$$\bar{v}_{aE}=\operatorname{sign}(i_a)f_s t_d\frac{v_{dc}}{2} \tag{4-232}$$

可见，其脉冲波平均值与开关频率 f_s、死区时间 t_d 及直流电压 v_{dc} 成正比。

5）当VSR运行于单位功率因数时，可利用傅里叶级数对等效方波 $\bar{v}_{aE}(t)$ 进行谐波分解，得

$$\bar{v}_{aE}(t)=\frac{2f_s t_d v_{dc}}{\pi}\left[\cos(\omega t)-\frac{1}{3}\cos(3\omega t)+\frac{1}{5}\cos(5\omega t)+\cdots\right] \tag{4-233}$$

显然，这种偏差电压除基波外只产生奇次谐波，其谐波幅值与 f_s、t_d、v_{dc} 成正比，与谐波次数成反比，且与PWM的调制比无关。正是由于与PWM的调制比无关，故由开关死区造成的PWM波形畸变靠改变PWM的调制比来进行补偿是不可行的。行之有效的方法是，在 v_{dc} 一定时，尽量降低 f_s、t_d 值；而当开关频率一定时，则应尽量减小 t_d 或通过补偿控制消除 t_d 的影响。

对于三相VSR，若采用规则采样PWM，且令a相调制波 $u_{ma}(\omega t)=m\sin(\omega t\mp\psi)$（式中“-”“+”分别对应整流和逆变状态），则可求出存在“开关死区”时的三相VSR a相电压基波时域值[89]

$$\begin{cases}v_{a1}(\omega t)=A_1\sin(\omega t\mp\psi')\\ A_1=v_{dc}\sqrt{\dfrac{m^2}{4}+\left(\dfrac{4f_s t_d}{\pi}\right)^2\mp\dfrac{4f_s t_d m}{\pi}\cos\psi}\\ \psi'=\arctan\left[\dfrac{m}{2}\sin\psi\Big/\left(\dfrac{m}{2}\cos\psi\mp\dfrac{4f_s t_d}{\pi}\right)\right]\end{cases} \tag{4-234}$$

式中 m——PWM 的调制比；

ψ——三相 VSR 调制信号初始相位。

由于偏差电压 $v_{aE}=v_a^*-v_a$ 的存在，故实际输出电压 $v_a=v_a^*-v_{aE}$。当三相 VSR 运行于不同状态（整流、逆变）时，偏差电压对三相 VSR 交流输出电压的影响是不同的，如图 4-34 所示。

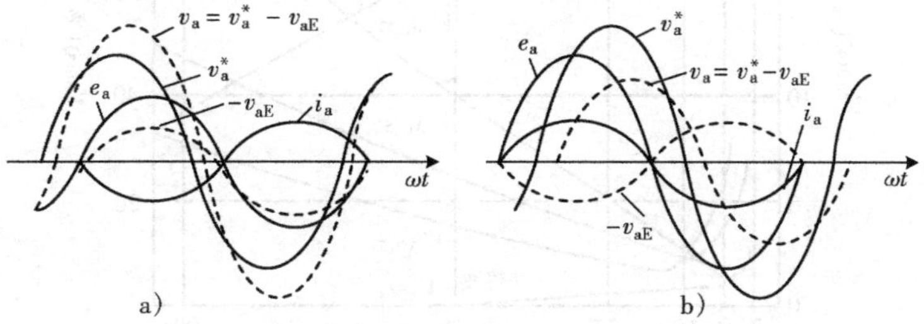

图 4-34 偏差电压基波 v_{aE1} 对三相 VSR 交流输出电压 v_a 的影响（单位功率因数运行）
a）逆变状态 b）整流状态

从图 4-34 分析，当三相 VSR 工作于单位功率因数逆变状态时，其交流侧输出电流 i_a 应与相电动势 e_a 反相，且三相 VSR 交流输出电压指令值 v_a^* 应超前电网 a 相电动势 e_a。此时，由于 PWM 开关死区导致的偏差电压基波分量的负值 $-v_{aE}$ 与 e_a 同相，故实际电压 v_a 将增大，且相位滞后于 v_a^*。同理，当三相 VSR 工作于单位功率因数整流状态时，v_a 将减小，且相位滞后于 v_a^*。从 v_a 的增减与三相 VSR 运行状态对应分析可得出，由于 v_{aE} 与 i_a 同相，则 PWM 开关死区对三相 VSR 交流输出电压的影响可理解为在其交流侧串入了一等效非线性电阻。

准确的偏差脉冲谐波分析表明[87]，开关死区偏差电压所产生的奇次谐波（为 5、7、…），一部分谐波分量随载波比 N（$N=f_s/f$）的增大而上升，而另一部分谐波分量将随载波比 N 的增大而减小。这样，随着载波比 N 的增加，开关死区偏差电压谐波呈现出先减小而后增大的变化趋势，其中间必存在某一最佳载波比 N_{opt}，使偏差电压谐波含量最小。图 4-35 表示了 SPWM 的载波比 N 与变流器输出电压基波及谐波含量间的正确关系，显然，载波比 N 过低，低次谐波幅值仍会增加。

以上分析了 PWM 开关死区时间 t_d 对 VSR 输出电压波形的影响。由于当 $i_k>0$（$k=a$，b，c）时，对应相的输出电压偏差发生在上升沿，而当 $i_k<0$（$k=a$，b，c）时，对应相的输出电压偏差发生在下降沿，因此针对偏差电压发生规律，可以对 PWM 开关死区效应进行补偿，具体补偿方法如图 4-36 所示。

为了补偿偏差电压，当 $i_k>0$ 时，应使理想驱动信号上升沿超前 t_d，从而正

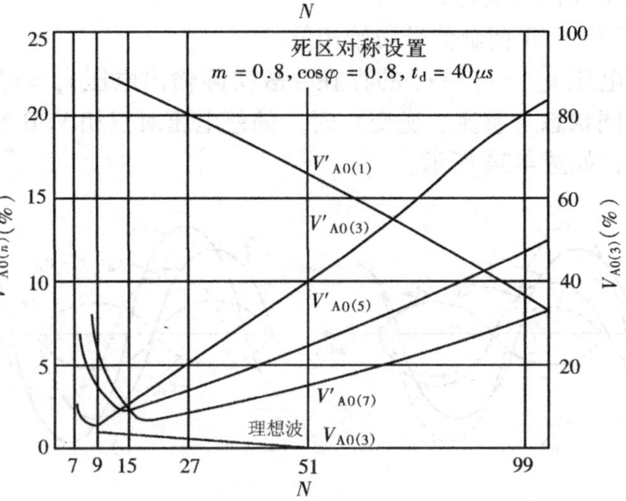

图 4-35　SPWM 载波比 N 对输出电压基波及谐波的影响

$V'_{A0(n)}$—有死区的 PWM 电压信号（$n=1, 3, 5, 7$）

$V_{A0(3)}$—理想的 PWM 3 次谐波电压信号

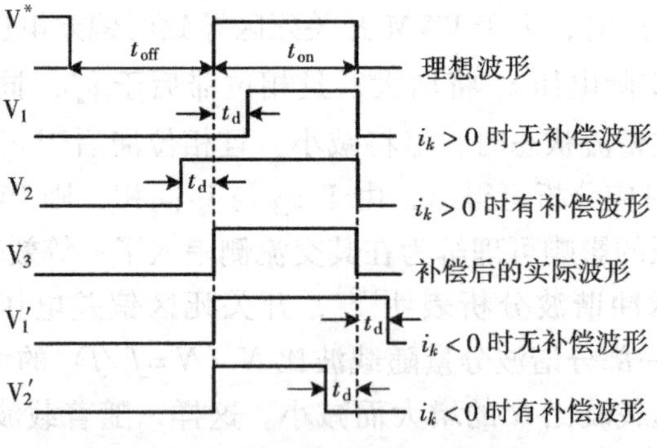

图 4-36　开关死区效应补偿波形

好补偿死区时间。同理，当 $i_k<0$ 时，应使理想驱动信号下降沿超前 t_d。

4.3.3　三相 VSR 直流电压对网侧电流波形的影响

三相 VSR a 相开关函数电压方程为

$$L\frac{\mathrm{d}i_a}{\mathrm{d}t} = e_a - Ri_a - \left[s_a - \frac{s_a + s_b + s_c}{3}\right]v_{dc} \tag{4-235}$$

从式（4-235）可看出，三相 VSR 直流电压直接影响其网侧电流。当 v_{dc} 含有谐波分量时，交流侧通过 PWM 也会产生谐波电流。这里不妨假设直流电压 v_{dc} 不含谐波分量，而专门讨论一下直流电压幅值大小对三相 VSR 网侧电流波形的影响。

为简化分析，仍假设三相 VSR 运行于单位功率因数状态，且交流电流为正弦波电流。

将式（4-235）改写成

$$L\frac{\mathrm{d}i_{\mathrm{a}}}{\mathrm{d}t}=e_{\mathrm{a}}-Ri_{\mathrm{a}}-\frac{1}{3}[(s_{\mathrm{a}}-s_{\mathrm{b}})-(s_{\mathrm{c}}-s_{\mathrm{a}})]v_{\mathrm{dc}}$$

$$=e_{\mathrm{a}}-Ri_{\mathrm{a}}-\frac{1}{3}(v_{\mathrm{ab}}-v_{\mathrm{ca}}) \tag{4-236}$$

式（4-236）说明，当三相 VSR 输出线电压 v_{ab}、v_{ca}为正弦波电压时，i_{a}一定为正弦波电流。但实际上，v_{ab}、v_{ca}为 PWM 脉冲电压，且 $v_{\mathrm{ab}}=(s_{\mathrm{a}}-s_{\mathrm{b}})v_{\mathrm{dc}}$、$v_{\mathrm{ca}}=(s_{\mathrm{c}}-s_{\mathrm{a}})v_{\mathrm{dc}}$。根据正弦波 PWM（SPWM）谐波频谱分布，当开关频率足够高，且调制比 $m<1$ 时，其 PWM 谐波分量主要分布于开关频率及其整数倍频率附近，且幅值相对较小。若直流电压 v_{dc}不含低次谐波，则 PWM 输出基本不含低次谐波。这样，当开关频率足够高及交流侧电感足够大时，三相 VSR 网侧电流基本接近正弦波。而一旦 VSR 交流侧电压含有低次谐波，则可能引起三相 VSR 网侧电流畸变。

根据 SPWM 规律，若要使 VSR 线电压 v_{ab}、v_{ca}中不含低次谐波，则 VSR 直流电压幅值 v_{dc}必须大于线电压基波最大峰值 V_{1m}即

$$v_{\mathrm{dc}}>V_{\mathrm{1m}} \tag{4-237}$$

若三相 VSR 交流输出最大相电压基波有效值为 $V_{1x\mathrm{m}}$，则

$$v_{\mathrm{dc}}>\sqrt{6}V_{1x\mathrm{m}} \tag{4-238}$$

实际上，当三相 VSR 运行于不同状态（整流、逆变）时，其 PWM 控制对交流输出最大相电压基波有效值 $V_{1x\mathrm{m}}$的大小要求不同，一旦式（4-238）条件不满足，则必然导致三相 VSR 线电压波形含有低次谐波，这将使三相 VSR 网侧电流波形发生畸变，并产生相移，因而无法确保 VSR 网侧单位功率因数正弦波电流控制。

下面分析三相 VSR 单位功率因数整流、逆变运行时，其 VSR 交流输出相电压和直流电压间的关系。图 4-37 表示了三相 VSR 相电压矢量关系。

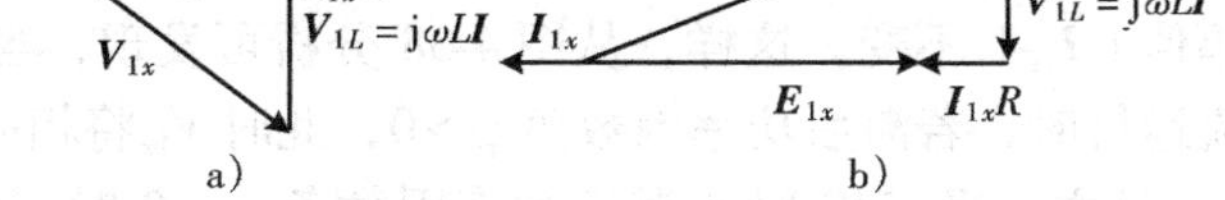

图 4-37　三相 VSR 相电压矢量图（x＝a，b，c）

a）整流运行　b）逆变运行

从电压矢量关系不难分析，当三相 VSR 运行于单位功率因数整流或逆变状态时，下列等式成立：

整流 $$V_{1x}^2 = (E_{1x} - I_{1x}R)^2 + (\omega L I_{1x})^2 \tag{4-239}$$

逆变 $$V_{1x}^2 = (E_{1x} + I_{1x}R)^2 + (\omega L I_{1x})^2 \tag{4-240}$$

式中 V_{1x}、E_{1x}、I_{1x}（x = a，b，c）——三相 VSR 交流侧相电压基波、相电动势基波、相电流基波有效值。

显然，在同样网侧电流条件下，三相 VSR 逆变时的相电压基波有效值要大于其整流时的相电压基波有效值。

对于上述所要求的基波相电压有效值 V_{1x}，若三相 VSR 直流电压 v_{dc} 满足 $v_{dc} > \sqrt{6}V_{1x}$，则其网侧电流波形不会发生畸变，否则电流波形将发生畸变。为此，当直流电流 v_{dc} 一定时，为避免网侧电流畸变，应要求三相 VSR PWM 具有较高的电压利用率。显然，在一定的直流电压条件下，不同的 PWM 方案将获得不同的最大基波线电压峰值 V_{lm}，其中

SPWM（正弦波 PWM） $$V_{lm} = \frac{\sqrt{3}}{2}v_{dc} \tag{4-241}$$

SVPWM（空间矢量 PWM） $$V_{lm} = v_{dc} \tag{4-242}$$

式（4-241）、式（4-242）表明，由于 SVPWM 比 SPWM 电压利用率提高了近 15.5%，因此同样运行条件下，采用 SVPWM 方案时，三相 VSR 相电流发生畸变时的直流电压下限值要比采用 SPWM 方案时的直流电压下限值低 15.5%。显然，相同运行条件下，SPWM 比 SVPWM 更容易使三相 VSR 相电流发生畸变。

如果三相 VSR 运行于单位功率因数，由式（4-239）、式（4-240）可看出，相同电流条件下，逆变状态比整流状态具有更大的相电压基波有效值。这样，若三相 VSR 整流状态运行，相电流不畸变，而切换至逆变运行状态运行时，则相电流有可能畸变。那么这种情况下如何进行畸变电流校正呢？

由式（4-238）可知，提高直流电压幅值或降低三相 VSR 相电压基波有效值均可校正畸变电流。采用提高直流电压幅值校正畸变电流方案仍可使三相 VSR 运行于单位功率因数状态；而采用降低三相 VSR 相电压基波有效值校正畸变电流方案时，则必须降低三相 VSR 运行时的功率因数，分析如下。

图 4-38 示出了三相 VSR 整流、逆变运行状态四种非单位功率因数运行时的相电压矢量关系。为分析对比方便，令图 4-38 中三相 VSR 不同运行状态时的网侧相电流基波幅值 $|I_{1x}|$ 不变。这样，从图 4-38 分析可发现，当三相 VSR 非单位功率因数整流运行时，若滞后功率因数角 $\varphi > 0$，此时 V_{1x} 将相应减小（与单位功率因数相比）；反之，当三相 VSR 滞后功率因数角 $\varphi < 0$ 时，V_{1x} 将相应增大。而当三相 VSR 非单位功率因数逆变运行时，若滞后功率因数角 $\varphi > -180°$，则 V_{1x} 将相应增大（与单位功率因数相比），反之，若 $\varphi < -180°$ 运行时，则 V_{1x} 将相

应减少。

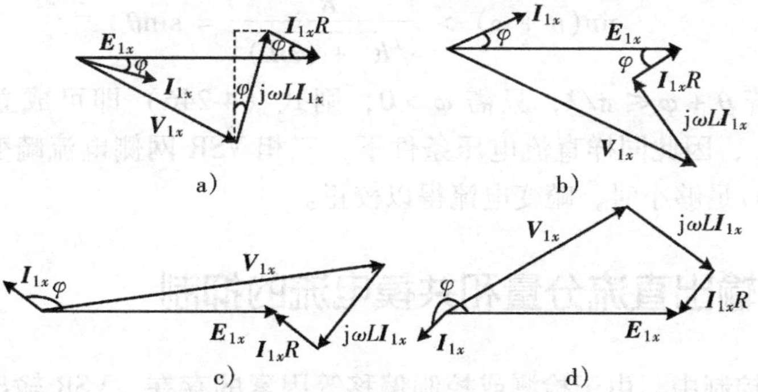

图 4-38　三相 VSR 整流、逆变非单位功率因数运行时相电压矢量图（x = a，b，c）

a）整流运行（$\varphi>0$）　b）整流运行（$\varphi<0$）

c）逆变运行（$\varphi>-180°$）　d）逆变运行（$\varphi<-180°$）

显然，上述结论表明，当三相 VSR 单位功率因数运行时，若直流电压 $v_{dc}\leqslant\sqrt{6}V_{1x}$，则会导致其网侧电流畸变。然而，当三相 VSR 整流运行，且滞后功率因数角 $\varphi>0$ 时，相电压基波有效值 V_{1x} 相应减小，这样又使 $v_{dc}\geqslant\sqrt{6}V_{1x}$，从而校正了畸变电流；如果三相 VSR 逆变运行，且滞后功率因数角 $\varphi<-180°$时，V_{1x} 也能相应减小，若使 $v_{dc}\geqslant\sqrt{6}V_{1x}$，则电流畸变得以校正。

以下以整流运行状态为例进行定量分析。由图 4-38a 矢量几何关系得

$$V_{1x}^2(\varphi)=(E_{1x}-RI_{1x}\cos\varphi-\omega LI_{1x}\sin\varphi)^2+(\omega LI_{1x}\cos\varphi-RI_{1x}\sin\varphi)^2 \tag{4-243}$$

式中　V_{1x}（φ）——非单位功率因数运行时，三相 VSR 交流侧基波相电压有效值；

I_{1x}——三相 VSR 网侧基波相电流有效值；

E_{1x}——电网相电动势基波有效值。

与单功率因数整流运行状态相比，若相电流相等，则式（4-243）与式（4-239）相减得

$$V_{1x}^2(\varphi)-V_{1x}^2=2E_{1x}I_{1x}(R-R\cos\varphi-\omega L\sin\varphi)-(I_{1x}R\sin\varphi-\omega LI_{1x}\cos\varphi)^2 \tag{4-244}$$

令 $\tan\theta=R/\omega L$，则式（4-244）化简为

$$V_{1x}^2(\varphi)-V_{1x}^2=\{2E_{1x}I_{1x}[R-\sqrt{R^2+(\omega L)^2}\sin(\theta+\varphi)]-(I_{1x}R\sin\varphi-\omega LI_{1x}\cos\varphi)^2\} \tag{4-245}$$

若要校正畸变电流，则必须满足 V_{1x}^2（φ） $-V_{1x}^2<0$，即

$$\sin(\theta+\varphi) > \frac{R}{\sqrt{R^2+(\omega L)^2}} = \sin\theta \tag{4-246}$$

显然，若 $\theta+\varphi\leqslant\pi/2$，只需 $\varphi>0$，则式（4-246）即可成立。此时由于 $V_{1x}(\varphi) < V_{1x}$，因此同样直流电压条件下，三相 VSR 网侧电流畸变率将有所减小，当 $V_{1x}(\varphi)$足够小时，畸变电流得以校正。

4.4 VSR 输出直流分量和共模电流的抑制

在 VSR 控制中，由于检测或控制偏移等因素的存在，VSR 输出电流中可能存在直流分量，而对于输出无隔离变压器的 VSR 而言，其输出电流的直流分量会注入电网，严重时会对电网设备产生不良的影响，如引发变压器或互感器饱和、变电所接地网腐蚀等问题；另外，当 VSR 不通过变压器而直接并网时，若 VSR 直流侧对地存在寄生电容（如光伏并网系统中的光伏阵列），使得系统在一定条件下能够产生较大的共模泄漏电流，从而增加了系统的传导损耗，降低了电磁兼容性，同时也会向电网中注入谐波，并会产生安全问题。

本节就上述无输出隔离变压器的 VSR 存在的两个问题分别加以研究。

4.4.1 VSR 输出直流分量的抑制

理论上，VSR 只向电网注入交流电流，然而在实际应用中，由于检测和控制等的偏移往往使并网电流中含有直流分量。在无隔离变压器的并网系统中，VSR 输出的直流电流分量直接注入电网，并对电网设备产生不良的影响，如引发变压器或互感器饱和、变电所接地网腐蚀等问题。因此，必须重视 VSR 的直流分量问题，并应严格控制并网电流中的直流分量。

1. 直流分量的产生原因[90,91]

直流分量产生的最根本原因是 VSR 输出的高频 SPWM 波中含有一定的直流分量。VSR 输出脉宽调制波中含有直流分量的原因可以归结为以下几点：

（1）给定正弦信号波中含有直流分量　这种情况多发生在模拟控制的 VSR 中，正弦波给定信号由模拟器件产生，因为所用元器件特性的差异，给定正弦波信号本身就含有很小的直流分量。采用闭环波形反馈控制，输出电流波形和给定波形基本一致，从而导致输出交流电流中也含有一定程度的直流分量。

（2）控制系统反馈通道的零点漂移引起的直流分量　控制系统反馈通道主要包括检测元件和 A-D 转换器，这两者的零点漂移统一归结为反馈通道的零点漂移，并且是造成输出电流直流分量的主要因素。

1）检测元件的零点漂移：VSR 引入输出反馈控制，不可避免地要采用各种

检测元件，最常用的是电压、电流霍尔传感器。这些霍尔元件一般都存在零点漂移，由于检测元件的零点漂移，使得输出电流中含有直流分量。虽然零点漂移量的绝对值非常小，但由于反馈系数一般来说也很小，因此该直流分量不可忽视，这是造成输出电流中包含直流分量的重要因素之一。

2）A-D 转换器的零点漂移：在全数字控制的 VSR 中，霍尔元件检测到的输出电流还需经过 A-D 转换器把模拟量转化为数字量，并由处理器按一定的控制规律进行运算。同检测元件一样，A-D 转换器也存在零点漂移，同样会造成输出交流电流中含有直流分量。

（3）脉冲分配及死区形成电路引起的直流分量　控制系统产生的 SPWM 信号需经过脉冲分配及死区形成电路分相、设置死区，再经驱动电路隔离、放大后驱动开关管。其中元器件参数的分散性会引起死区时间不等，即各管每次导通时间中的损失不一致，从而 VSR 输出中包含直流分量。

（4）开关管特性不一致　即使控制电路产生的脉宽调制波完全对称，由于主电路中功率开关管特性的差异，如导通时饱和压降不同及关断时存储时间的不一致等，这些均会造成输出 SPWM 波正负的不对称，从而导致输出电流中含有直流分量。

以上几种因素中，前两种因素的可能性和实际影响最大，因为在控制系统中的反馈通道及调制信号发生等环节易形成直流分量，且被逆变桥放大。而在后两种因素中，电路处理的是 SPWM 开关信号，只要设计合理，并匹配恰当，影响一般较小。

2. 直流分量的抑制方法

（1）软件直流分量抑制[91]　在数字化 PWM 控制 VSR 中，由于数字电路的输出脉宽一般也是通过调制波与三角波的数字比较而得到的，因此可以通过检测算出一个工频周期内 PWM 输出电压（包括正负脉冲）的积分，若该积分为零，则认为控制器发出的调制波脉宽是对称的，否则输出电流中就会产生直流分量，对此可以采用软件补偿的办法来消除相应的直流分量。

以单相全桥 VSR 为例，若采用调制波反相的单极性倍频调制方式，则单相全桥 VSR 的两桥臂分别由调制波信号 v_c、$-v_c$ 和载波信号的比较来进行控制。

若令全桥 VSR 的输出电压为 v_{ab}、两桥臂对直流负母线的电压为 v_{a0}、v_{b0}，则全桥的 PWM 输出电压在一个工频周期 T 的积分为

$$\int_0^T v_{ab}\mathrm{d}t = \int_0^T (v_{a0} - v_{b0})\mathrm{d}t = 0 \tag{4-247}$$

假设 SPWM 为理想调制方式，则

$$\int_0^T K[v_c - (-v_c)]\mathrm{d}t = 2K\int_0^T v_c = 0 \tag{4-248}$$

式中　K——理想调制的增益（等于直流母线电压）。

由式（4-248）可看出，实际上只要保证在一个工频周期内 v_c 对时间的积分等于零，就可以使 VSR 输出的 PWM 波形直流分量为零。实际应用时，由于数字控制器是每隔一定的时间采样一次，因此只要把一个工频周期的调制波 v_c 在每个工频周期累加，并保证它等于零，就保证了控制系统中无直流分量。如果累加之和不为零，就把该累加值作为下一个工频周期调制量 v_c 的补偿值，从而可以确保一个工频周期 PWM 波形的直流分量为零。

（2）硬件直流分量的抑制[91-93]　当驱动电路不对称以及功率开关管饱和压降不相等等硬件因素引起直流分量时，可以通过适时检测并网电流的直流分量，并通过一系列的数字算法，以补偿逆变桥的输出脉宽，从而抵消并网电流中的直流分量。

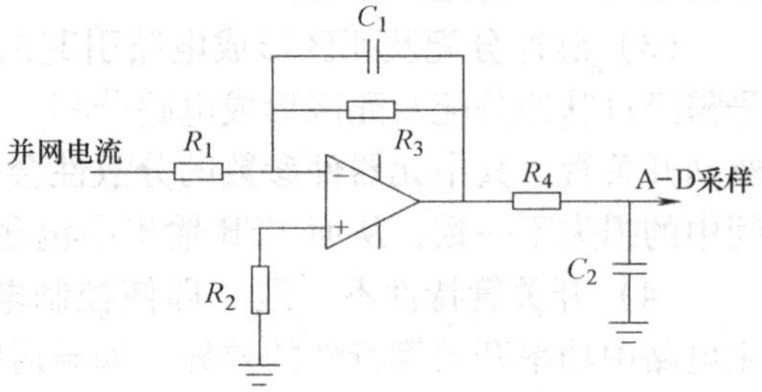

图 4-39　直流分量检测电路

并网电流中除有直流分量外，还含有 50Hz 的交流分量，用电流传感器检测并网电流时，若通过图 4-39 所示的直流分量检测电路，即可抽出其中的直流分量。

分析图 4-39 直流分量检测电路，其传递函数为

$$G(s) = \frac{R_3/R_1}{1 + sR_3C_1}\frac{1}{1 + sR_4C_2} \tag{4-249}$$

从式（4-249）可看出，图 4-39 所示的直流分量检测电路实际上是两个低通滤波器的串联，从而利于直流成分传输。一方面，通过设定适当的 R_3/R_1，可让直流成分有一定的放大；另一方面，若将滤波时间常数 $\tau_1 = R_3C_1$ 和 $\tau_2 = R_4C_2$ 设定在 0.2s 以上，则可基本上滤除 50Hz 的交流分量。这样，输入 A-D 采样通道的电压信号便可认为是直流分量的检测值。由于并网电流中的直流分量的检测值可正可负，需要用一双极性 A-D 转换器对它进行采样，该采样值就是并网电流中直流分量的数字表示形式。

检测到直流分量后，可以通过闭环调节使得直流分量为零。由于 PWM 控制 VSR 采用全数字化控制，因此采用数字 PI 调节最简单，其控制结构如图 4-40 所

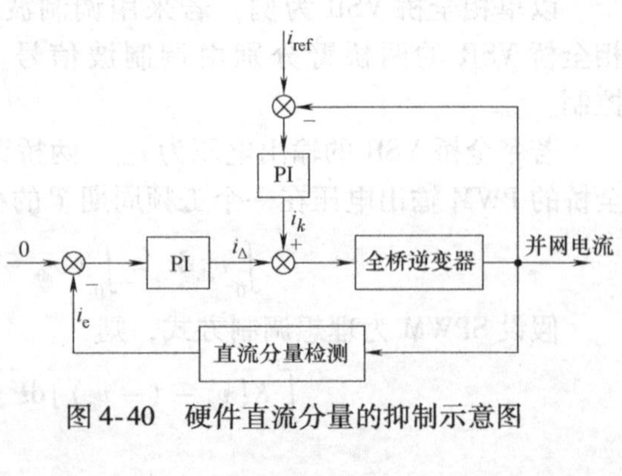

图 4-40　硬件直流分量的抑制示意图

示。图中，i_e为直流分量检测量，将i_e和0比较后经PI调节后得到抑制直流分量所需要的修正脉宽量i_Δ，i_Δ与i_k相叠加，以驱动逆变桥的功率开关管，从而消除并网电流中的直流分量。这一方案能有效地解决一般全桥VSR中死区、电路参数不对称以及波形校正等引起的脉冲宽度不对称，从而抑制了并网电流中直流分量。

显然，上述硬件直流分量的抑制效果主要取决于直流分量检测与A-D采样的准确度。

（3）基于虚拟电容控制的直流分量抑制方法[94]　上述直流分量抑制方法是通过对输出直流分量的采样并经A-D转换成数字信号，再送入微处理器进行闭环控制处理的，从而达到消除输出直流分量的作用。利用数字控制的方法，电路简单，便于控制，但是由于直流分量相对交流输出而言，幅值要小得多，很难保证准确采样，因此会大大影响直流分量的消除效果。

实际上，可以利用电容所具有的隔直特性，将电容串联在逆变输出的主电路中，使直流分量完全降落在电容上，这样就可以从根本上消除并网电流中的直流分量。然而，为了减小基波电压在隔直电容器上的损失，应使其基波交流阻抗非常小，因此隔直电容的电容量必须选得非常大，这样不仅大大增加了成本、体积和重量，而且也降低了功率传输效率，影响了VSR的动态特性。因此这种方法仅适用于高频VSR以及某些中频电源系统，在工频正弦波VSR中很难应用。

针对上述不足，参考文献［94］提出了基于虚拟电容概念的直流抑制方法：即采用控制方法代替输出串联电容，这不仅使VSR实现零直流注入，而且又可实现隔直电容的零损耗。以单相VSR为例，对应输出串联隔直电容的原理电路如图4-41所示。先考察图4-42给出的VSR电流环结构的系统线性模型，如果改变电容电压反馈节点的位置，便可得到等效的VSR电流环结构的系统线性模型，如图4-43所示。因此，图4-41中的隔直电容C可由图4-43所示的控制策略所替代，这就是基于虚拟电容控制的直流抑制方案的基本思路。

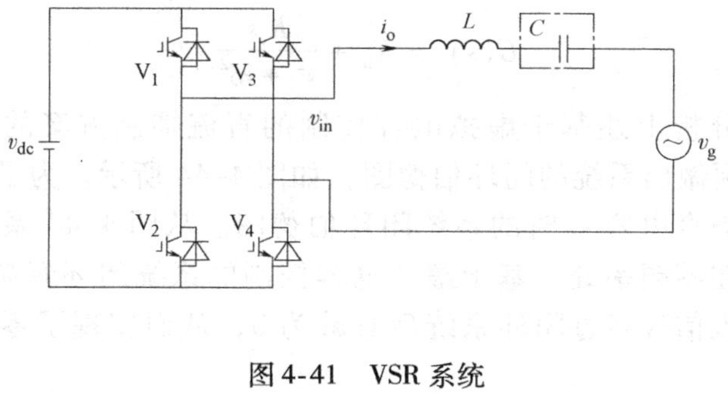

图4-41　VSR系统

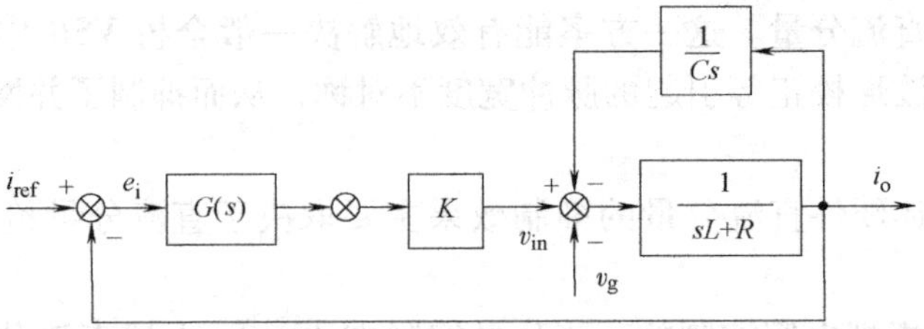

图 4-42　VSR 电流环系统线性模型

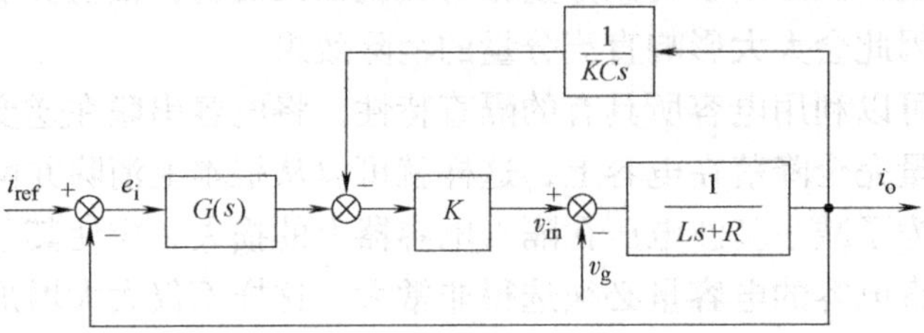

图 4-43　VSR 电流环系统的等效线性模型

由图 4-42 或图 4-43 可得如下所示系统传递函数：

$$i_o(s)=\frac{KG(s)}{Ls+R+KG(s)+\frac{1}{Cs}}i_{ref}(s)-\frac{1}{Ls+R+KG(s)+\frac{1}{Cs}}V_g(s) \tag{4-250}$$

式中　$G(s)$ ——电流调节器传递函数，对于单相 VSR，为实现对正弦波电流的无静差控制，电流调节器 $G(s)$ 可采用比例谐振调节器，其传递函数为

$$G(s)=K_p+\frac{K_i s}{s^2+\omega^2} \tag{4-251}$$

另外，为分析上述基于虚拟电容控制的直流抑制方案的特性，根据式(4-250) 第一项做出系统的闭环伯德图，如图 4-44 所示。为了便于比较，同时给出了不加隔直电容 C 时的系统闭环伯德图。从图 4-44 系统闭环伯德图分析可看出，在零频率处，基于虚拟电容控制的系统闭环幅频特性为 0，这意味着直流输入信号经过闭环系统后衰减为 0，从而实现了零稳态直流电流的注入。

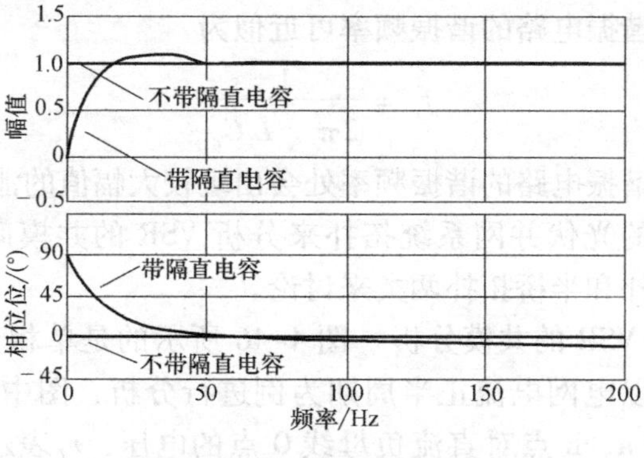

图 4-44　系统闭环伯德图

4.4.2　非隔离型 VSR 中共模电流的抑制

1. 共模电流产生原理[95,96]

在非隔离的 VSR 并网系统中，当直流侧存在对地的寄生电容时，这一寄生电容会与 VSR 输出滤波元件以及电网阻抗组成共模谐振电路。下面以光伏并网逆变系统为例进行分析。光伏阵列和接地外壳之间存在对地的寄生电容，如图 4-45 所示。当 VSR 的功率开关管动作时，会引起寄生电容上电压的变化，而寄生电容上变化的共模电压能够激励这个谐振电路，从而产生共模电流。共模电流的出现，增加了系统的传导损耗，降低了电磁兼容性，并产生安全问题。

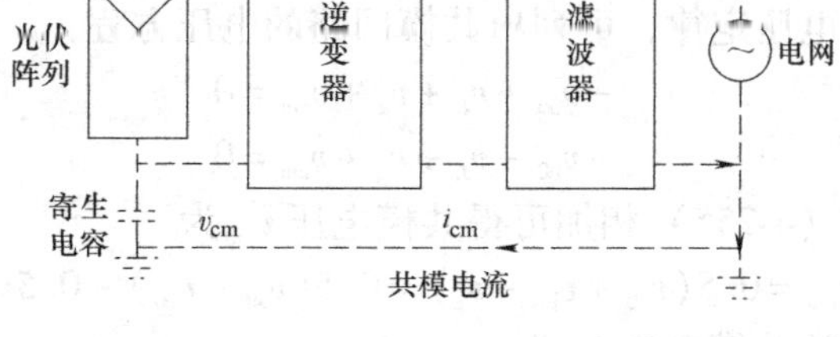

图 4-45　非隔离型光伏并网系统中的寄生电容和共模电流

寄生电容的大小和直流（输入电源）及环境因素有关。在光伏系统中，一般光伏组件对地的寄生电容变化范围为纳法到毫法。

根据 $i_{cm}=2\pi fC_p v_{cm}$ 这一寄生电容上共模电压 v_{cm} 和共模电流 i_{cm} 之间存在的关系，光伏阵列对地的寄生电容值可用下式来估计：

$$C_p = \frac{1}{2\pi f}\frac{i_{cm}}{v_{cm}} \tag{4-252}$$

假设电网内部电感 L 远小于滤波电感 L_f，滤波器的截止频率远小于谐振电路的谐振频率，共模谐振电路的谐振频率可近似为

$$f_r = \frac{1}{2\pi\sqrt{L_f C_p}} \tag{4-253}$$

显然，在共模谐振电路的谐振频率处会出现较大幅值的泄漏电流。

下面针对具体的光伏并网系统拓扑来分析 VSR 的共模问题，为方便分析，以下分单相全桥拓扑和半桥拓扑两类来讨论。

（1）单相全桥 VSR 的共模分析　图 4-46 所示的是单相全桥 VSR 及其共模电压的分析电路。以电网电流正半周期为例进行分析，图中：v_{a0}、v_{b0} 表示单相全桥 VSR 交流输出 a、b 点对直流负母线 0 点的电压，v_L 表示电感上的电压降，v_g 表示电网电压，v_{cm} 表示寄生电容上的共模电压，i_{cm} 表示共模谐振回路中的共模电流。

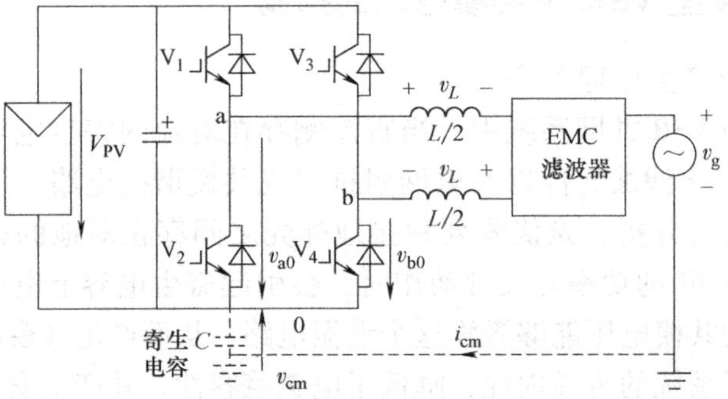

图 4-46　全桥 VSR 及其共模电压分析电路

根据基尔霍夫电压定律，可列出共模回路的电压方程：

$$-v_{a0} + v_L + v_g + v_{cm} = 0 \tag{4-254}$$

$$-v_{b0} - v_L + v_g + v_{cm} = 0 \tag{4-255}$$

由式（4-254）、式（4-255）相加可得共模电压 v_{cm} 为

$$v_{cm} = 0.5(v_{a0} + v_{b0} - v_g) = 0.5(v_{a0} + v_{b0}) - 0.5v_g \tag{4-256}$$

而流过寄生电容中的共模电流 i_{cm} 为

$$i_{cm} = C\frac{dv_{cm}}{dt} \tag{4-257}$$

可见，共模电流与共模电压的变化率成正比。由于工频电网电压 v_g，则由 v_g 在寄生电容中产生的共模电流一般可忽略，而 v_{a0}、v_{b0} 为 PWM 高频脉冲电压，共模电流主要由此激励产生。因此，工程上单相全桥 VSR 的共模电压可近似表示为

$$v_{cm} \approx 0.5(v_{a0} + v_{b0}) \tag{4-258}$$

为了抑制共模电流，应尽量降低 v_{cm} 的频率，而开关频率的降低，则带来系统性能的下降。但若能使 v_{cm} 为一定值，则能够基本消除共模电流，即功率开关管所采用的 PWM 开关序列应使得 a、b 点对 0 点的电压之和满足

$$v_{a0}+v_{b0}=\text{定值} \tag{4-259}$$

对于单相全桥拓扑，通常可以采用两种 PWM 控制策略来形成 PWM 开关序列，即单极性调制和双极性调制。不同的控制策略对共模电流的抑制效果相差很大，以下分别进行讨论。

1）单极性调制：对于图 4-46 所示的单相全桥 VSR 拓扑，若采用单极性调制，在电网电流正半周期，V_4 一直导通，而 V_1、V_2 则采用互补通断的 PWM 控制；而在电网电流负半周期，V_3 一直导通，而 V_1、V_2 则采用互补通断的 PWM 控制。考虑到电流正、负半周期开关调制的类似性，以下只分析电网电流正半周期开关调制时的 VSR 共模电压：

当 V_2 关断，V_1、V_4 导通时，共模电压为

$$v_{cm}=0.5(v_{a0}+v_{b0})=0.5(V_{PV}+0)=0.5V_{PV} \tag{4-260}$$

当 V_1 关断，V_2、V_4 导通时，共模电压为

$$v_{cm}=0.5(v_{a0}+v_{b0})=0.5(0+0)=0 \tag{4-261}$$

可见，采用单极性调制的全桥 VSR 拓扑产生的共模电压其幅值在 0 与 $V_{PV}/2$ 之间变化，且频率为开关频率的 PWM 高频脉冲电压。此共模电压激励共模谐振回路产生共模电流，其数值可达到数安，并随着开关频率的增大而线性地增加。

2）双极性调制：对于图 4-46 所示的单相全桥 VSR 拓扑，若采用双极性调制，桥臂开关对角互补通断，即要么 V_1、V_4 导通，V_2、V_3 关断，要么 V_2、V_3 导通，V_1、V_4 关断，以下分析双极性调制时的 VSR 共模电压：

当 V_1、V_4 导通，而 V_2、V_3 关断时

$$v_{cm}=0.5(v_{a0}+v_{b0})=0.5(V_{PV}+0)=0.5V_{PV} \tag{4-262}$$

当 V_1、V_4 关断，而 V_2、V_3 导通时

$$v_{cm}=0.5(v_{a0}+v_{b0})=0.5(0+V_{PV})=0.5V_{PV} \tag{4-263}$$

由式（4-262）、式（4-263）不难看出：对于单相全桥 VSR，若采用双极性调制，在开关过程中，$v_{cm}=0.5V_{PV}$，由于稳态时 V_{PV} 近似不变，因而 v_{cm} 近似为定值，由此所激励的共模电流近似为零。显然，对于单相全桥 VSR 而言，若采用双极性调制则能够有效地抑制共模电流。

和单极性调制相比，虽然双极性调制能够有效地抑制共模电流，但也存在着明显的不足：在整个电网周期中，由于双极性调制时，4 个功率开关管都以开关频率工作，而单极性调制时只有两个功率开关管可以开关频率工作，因此所产生的开关损耗是单极性调制时的 2 倍；另外，双极性调制时，其 VSR 交流侧的输出电压在 V_{PV} 和 $-V_{PV}$ 之间变化，而单极性调制时，其 VSR 交流侧的输出电压则

在 V_{PV}和0或 $-V_{PV}$和0之间变化，因此双极性调制时其VSR输出的电流纹波幅值是单极性调制时的2倍。

显然，采用双极性调制以抑制VSR共模的方案，使逆变器输出电流谐波和开关损耗均有所增加。

(2) 半桥VSR的共模分析　仍以光伏并网逆变系统为例进行分析，图4-47所示的是半桥VSR拓扑结构。从图中可以看出，半桥VSR拓扑中，寄生电容上的共模电压与开关频率无关，为半桥均压电容上的电压 v_{b0}。若电容 C_1、C_2 相等且电容量足够大，则 v_{b0}的幅值为 $0.5V_{PV}$，且在功率开关管开关过程中基本不变。因此，半桥VSR拓扑基本不产生共模电流。但对于半桥VSR拓扑，由于电压利用率低，直流侧需要的输入电压较高，前级可能需要Boost型变换器，从而影响了半桥拓扑的效率。

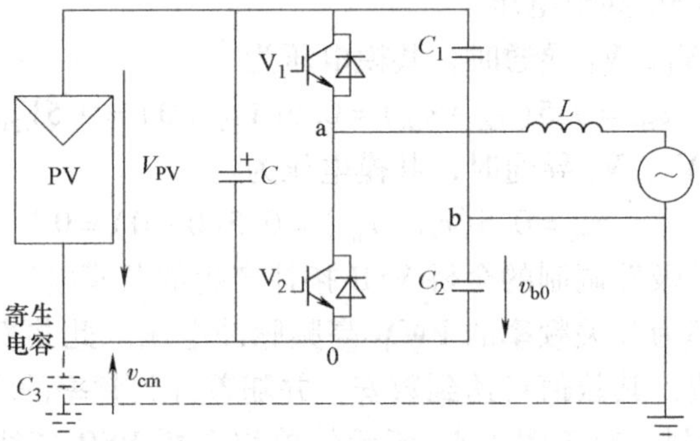

图4-47　半桥VSR

2. 共模电流抑制的实用拓扑[97-100]

从半桥和全桥VSR的共模电压分析中可看出，拓扑结构以及调制方法的不同所产生的共模电压存在差异。虽然半桥VSR拓扑和双极性调制时的全桥VSR拓扑没有共模电流问题，但是都存在相应的不足。因此，在考虑电路效率条件下，可以适当改进VSR的拓扑结构来抑制共模电流。以下仍以单相光伏并网逆变系统为例分析几种能够抑制共模电流的实用拓扑结构。

(1) 带交流旁路的全桥拓扑　能够抑制共模电流的带交流旁路的全桥VSR拓扑如图4-48所示。虽然采用双极性调制的全桥VSR拓扑能够抑制共模电流，但双极性调制将导致功率开关管应力以及电流谐波的增加。为此，若在全桥VSR拓扑的交流侧增加一个由两个逆导型功率开关管组成的双向续流支路，使得续流回路与直流侧断开，从而使该拓扑不仅抑制了共模电流，而且还使交流侧的输出电压和单极性调制时相同，因此提高了VSR的效率。下面以电网电流正半周期为例，对图4-48所示的带交流旁路的全桥VSR拓扑的共模电压进行分析。

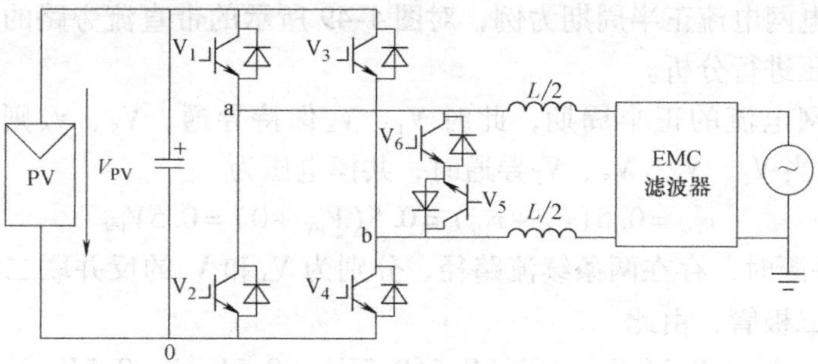

图 4-48　带交流旁路的全桥 VSR 拓扑

在电网电流正半周期，V_5 始终导通而 V_6 始终关断。当 V_1、V_4 导通时

$$v_{cm}=0.5(v_{a0}+v_{b0})=0.5(V_{PV}+0)=0.5V_{PV} \tag{4-264}$$

当 V_1、V_4 关断时，电流经 V_5、V_6 的反并联二极管续流，此时

$$v_{cm}=0.5(v_{a0}+v_{b0})=0.5(0.5V_{PV}+0.5V_{PV})=0.5V_{PV} \tag{4-265}$$

显然，由式（4-264）、式（4-265）不难看出，当 V_{PV} 不变时，则共模电压始终保持恒定，因此共模电流得以消除。负半周期的换流过程及共模电压分析与正半周期时的结论类似，和采用双极性调制的单相全桥 VSR 拓扑相比，该拓扑中桥臂中流过电流的调制开关的正向电压由 V_{PV} 降低为 $0.5V_{PV}$，从而降低了开关损耗。另一方面，由于增加了一个新的续流通路，该拓扑的交流侧输出电压和单极性调制时的输出电压相同，从而有效地降低了输出电流的纹波，减小了滤波电感中的损耗。

（2）带直流旁路的全桥 VSR 拓扑　图 4-48 所示的拓扑是在单相全桥 VSR 拓扑的交流侧增加以双向功率开关管构成的续流支路，以使续流回路与直流侧断开。然而也可以在直流母线中增加功率开关管使续流回路与直流侧断开，这种能够抑制共模电流的带直流旁路的全桥 VSR 拓扑如图 4-49 所示。该拓扑由 6 个功率开关管和 2 个二极管组成。其中，V_1 ~ V_4 工作在工频调制模式，一般可忽略其开关损耗，而 V_5、V_6 则采用高频的 PWM 控制。

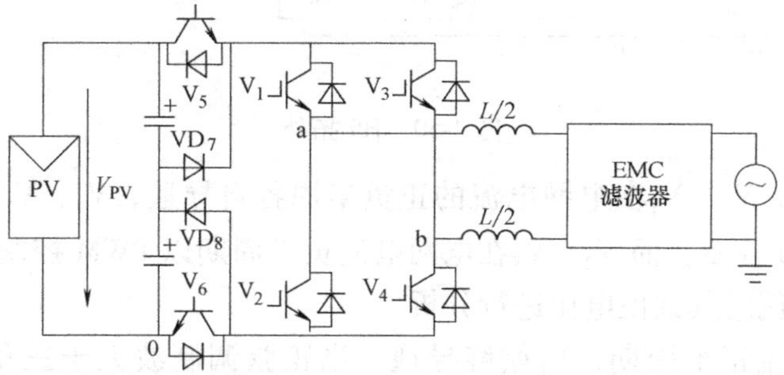

图 4-49　带直流旁路的全桥 VSR 拓扑

下面以电网电流正半周期为例，对图 4-49 所示的带直流旁路的全桥 VSR 拓扑的共模电压进行分析。

考虑电网电流的正半周期，此时 V_1、V_4保持导通，V_5、V_6则采用高频的 PWM 控制。当 V_1、V_4、V_5、V_6导通时，共模电压为

$$v_{cm}=0.5(v_{a0}+v_{b0})=0.5(V_{PV}+0)=0.5V_{PV} \tag{4-266}$$

当 V_5、V_6 关断时，存在两条续流路径，分别为 V_1和 V_3的反并联二极管及 V_4和 V_2的反并联二极管，由此

$$v_{cm}=0.5(v_{a0}+v_{b0})=0.5(0.5V_{PV}+0.5V_{PV})=0.5V_{PV} \tag{4-267}$$

电网电流负半周期的换流过程及共模电压分析与正半周期时类似。显然，在开关过程中，若 V_{PV}保持不变，则共模电压恒定，从而抑制了共模电流；另外由于调制开关管 V_5、V_6的正向电压降为 $0.5V_{PV}$，因而开关损耗得到降低，且交流侧输出电压与单极性调制时的交流侧输出电压相同，因而电流纹波小，降低了输出滤波电感中的损耗。由于全桥 VSR 桥臂上的开关管采用了工频调制，因而带直流旁路全桥 VSR 拓扑的工作效率要比带交流旁路全桥 VSR 拓扑的工作效率高。

（3）H5 拓扑　在图 4-49 所示的带直流旁路的全桥拓扑中，V_4、V_2采用工频调制，即在电网电流的正负半周分别始终导通，而 V_6始终采用 PWM 控制。若将 V_4、V_2和 V_6合并，即 V_4、V_2在电网电流的正负半周分别以开关频率进行调制，从而省略 V_6，即可得到图 4-50 所示的 H5 拓扑。该拓扑是由德国 SMA 公司提出，且已申请了技术专利。

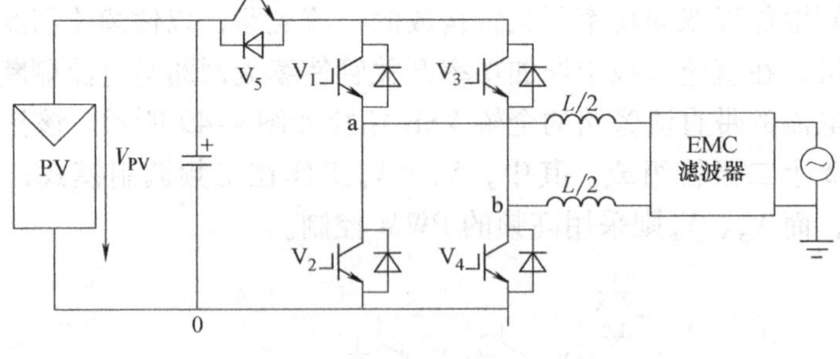

图 4-50　H5 拓扑

该拓扑中，V_1、V_3在电网电流的正负半周各自导通，V_4、V_5在电网电流正半周期以 PWM 控制，而 V_2、V_5在电网电流负半周期以 PWM 控制。现以电网电流正半周期为例对其共模电压进行分析。

在电网电流正半周期，V_1始终导通，当正弦调制波大于三角载波时，V_5、V_4导通，共模电压 v_{cm}为

$$v_{cm}=0.5(v_{a0}+v_{b0})=0.5(V_{PV}+0)=0.5V_{PV} \tag{4-268}$$

当正弦调制波小于三角载波时，V_5、V_4关断，电流经V_3的反并联二极管以及V_1续流。当V_2、V_4、V_5关断后，由于其关断阻抗很高，共模电流很小，阻断了寄生电容的放电，v_{a0}、v_{b0}近似保持原寄生电容的充电电压$0.5V_{PV}$，因此

$$v_{cm}=0.5(v_{a0}+v_{b0})=0.5(0.5V_{PV}+0.5V_{PV})=0.5V_{PV} \tag{4-269}$$

负半周期的换流过程及共模电压分析与正半周期时类似。可见，在开关过程中，若V_{PV}保持不变，则共模电压恒定，从而抑制了共模电流，并且交流侧输出电压也与单极性调制时的交流侧输出电压相同。

与前两种抑制共模的VSR拓扑相比，由于减少了功率开关管，并采用了独特的调制方式，这种H5拓扑具有相对较高的工作效率，德国SMA公司的Sunny Mini Central系列光伏并网逆变器就是采用这种拓扑结构。

第5章　VSR 空间矢量 PWM（SVPWM）控制

空间矢量 PWM（SVPWM）控制策略是依据变流器空间电压（电流）矢量切换来控制变流器的一种新颖思路的控制策略。本章主要讨论三相 VSR 空间电压矢量控制。

空间矢量 PWM 控制策略早期由日本学者在 20 世纪 80 年代初针对交流电动机变频驱动而提出的[101]，其主要思路在于抛弃了原有的正弦波脉宽调制（SPWM），而是采用逆变器空间电压矢量的切换以获得准圆形旋转磁场，从而在不高的开关频率（1 ~ 3kHz）条件下，使交流电动机获得了较 SPWM 控制更好的性能，主要表现在：SVPWM 提高了电压型逆变器的电压利用率和电动机的动态响应性能，同时还减小了电动机的转矩脉动等。另外，简单的矢量模式切换更易于单片微处理的实现。

这种 SVPWM 控制之所以能改进 SPWM 驱动交流电动机时的不足，其关键在于 SVPWM 更加直接地控制了交流电动机的旋转磁场，虽然 SVPWM 不输出三相平衡 PWM 波形，但它不仅在静态，甚至在暂态期间都能形成准圆形旋转磁场。然而，常规的 SPWM 则将控制重点集中在波形的改进上，以至在不高的开关频率条件下，难以产生较为完善的正弦波[102]电压，即使开关频率较高，由于电压型变流器固有的开关死区延时，从而降低了电压利用率，甚至使波形畸变[87,88]，因而难以获得更为满意的交流电动机驱动性能。

将 SVPWM 应用于 VSR 控制之中，主要继承了 SVPWM 电压利用率高、动态响应快等优点，目前应用于 VSR 直流电流控制中的 SVPWM 技术主要分成两类：其一是基于固定开关频率的 SVPWM 电流控制，即利用同步旋转坐标系（d，q）中电流调节器输出的空间电压矢量指令，再采用 SVPWM 使 VSR 的空间电压矢量跟踪电压矢量指令，从而达到电流控制的目的；其二是利用基于滞环电流控制的 SVPWM，即利用电流偏差矢量或电流偏差变化率矢量空间分布给出最佳的电压矢量切换，使电流偏差控制在滞环宽度以内，这实际上是一种变开关频率的 SVPWM。近年来，基于定频滞环的 SVPWM 研究，使空间矢量控制策略具有了更完善的性能。

空间矢量 PWM 控制目前已成为 VSR 控制研究的热点，相应的新方案、新思路不断涌现。本章首先就 SVPWM 基本问题加以展开，然后进一步讨论三相 VSR 固定开关频率和非固定开关频率的 SVPWM 控制。

5.1 SVPWM 一般问题讨论

5.1.1 三相 VSR 空间电压矢量分布

三相 VSR 空间电压矢量描述了三相 VSR 交流侧相电压（v_{a0}、v_{b0}、v_{c0}）在复平面上的空间分布，由式（3-3）~式（3-7）易得

$$v_{a0} = \left[s_a - \frac{1}{3}(s_a + s_b + s_c)\right]v_{dc} \tag{5-1}$$

$$v_{b0} = \left[s_b - \frac{1}{3}(s_a + s_b + s_c)\right]v_{dc} \tag{5-2}$$

$$v_{c0} = \left[s_c - \frac{1}{3}(s_a + s_b + s_c)\right]v_{dc} \tag{5-3}$$

式中 s_a、s_b、s_c——三相单极性二值逻辑开关函数。

将 $2^3=8$ 种开关函数组合代入式（5-1）~式（5-3），即得到相应的三相 VSR 交流侧电压值，见表 5-1。

表 5-1 不同开关组合时的电压值

s_a	s_b	s_c	v_{a0}	v_{b0}	v_{c0}	V_k
0	0	0	0	0	0	$\boldsymbol{V}_0$
0	0	1	$-\frac{1}{3}v_{dc}$	$-\frac{1}{3}v_{dc}$	$\frac{2}{3}v_{dc}$	$\boldsymbol{V}_5$
0	1	0	$-\frac{1}{3}v_{dc}$	$\frac{2}{3}v_{dc}$	$-\frac{1}{3}v_{dc}$	$\boldsymbol{V}_3$
0	1	1	$-\frac{2}{3}v_{dc}$	$\frac{1}{3}v_{dc}$	$\frac{1}{3}v_{dc}$	$\boldsymbol{V}_4$
1	0	0	$\frac{2}{3}v_{dc}$	$-\frac{1}{3}v_{dc}$	$-\frac{1}{3}v_{dc}$	$\boldsymbol{V}_1$
1	0	1	$\frac{1}{3}v_{dc}$	$-\frac{2}{3}v_{dc}$	$\frac{1}{3}v_{dc}$	$\boldsymbol{V}_6$
1	1	0	$\frac{1}{3}v_{dc}$	$\frac{1}{3}v_{dc}$	$-\frac{2}{3}v_{dc}$	$\boldsymbol{V}_2$
1	1	1	0	0	0	$\boldsymbol{V}_7$

分析表 5-1 不难发现，三相 VSR 不同开关组合时的交流侧电压可以用一个模为 $2v_{dc}/3$ 的空间电压矢量在复平面上表示出来，由于三相 VSR 开关的有限组合，因而其空间电压矢量只有 $2^3=8$ 条，如图 5-1 所示。其中，$\boldsymbol{V}_0(0\ 0\ 0)$、$\boldsymbol{V}_7(1\ 1\ 1)$ 由于模为零而称为零矢量。

显然，某一开关组合就对应一条空间矢量，该开关组合时的 v_{a0}、v_{b0}、v_{c0} 即

为该空间矢量在三轴（a，b，c）上的投影。

上述分析表明，复平面上三相 VSR 空间电压矢量 $\boldsymbol{V}_k$ 可定义为

$$\begin{cases} \boldsymbol{V}_k = \dfrac{2}{3}v_{dc}e^{j(k-1)\pi/3} & (k=1,\cdots,6) \\ \boldsymbol{V}_{0、7} = 0 \end{cases} \tag{5-4}$$

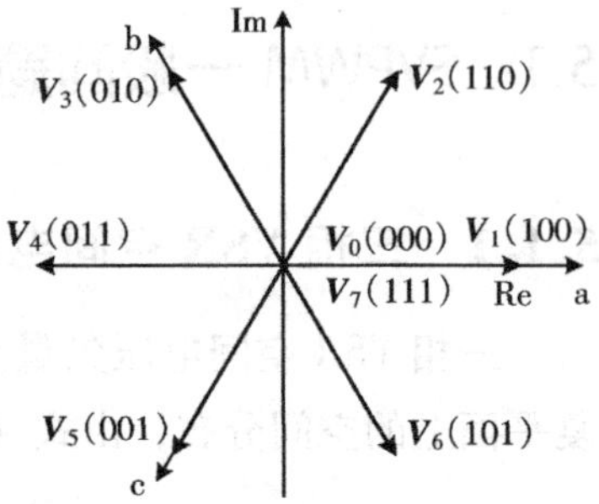

图 5-1　三相 VSR 空间电压矢量分布

上式可表达成开关函数形式，即

$$\boldsymbol{V}_j = \frac{2}{3}v_{dc}(s_a + s_b e^{j2\pi/3} + s_c e^{-j2\pi/3}) \quad (j=0,\cdots,7) \tag{5-5}$$

对于任意给定的三相基波电压瞬时值 v_{a0}、v_{b0}、v_{c0}，若考虑三相为平衡系统，即 $v_{a0}+v_{b0}+v_{c0}=0$，则可在复平面内定义电压空间矢量为

$$\boldsymbol{V} = \frac{2}{3}(v_{a0} + v_{b0}e^{j2\pi/3} + v_{c0}e^{-j2\pi/3}) \tag{5-6}$$

式（5-6）表明，如果 v_{a0}、v_{b0}、v_{c0} 是角频率为 ω 的三相对称正弦波电压，那么矢量 $\boldsymbol{V}$ 即为模为相电压峰值，且以角频率 ω 按逆时针方向匀速旋转的空间矢量，而空间矢量 $\boldsymbol{V}$ 在三相坐标轴（a，b，c）上的投影就是对称的三相正弦量。

实际上，对于对称的三相 VSR 拓扑结构，有

$$\begin{aligned} \boldsymbol{V} &= \frac{2}{3}(v_{a0} + v_{b0}e^{j2\pi/3} + v_{c0}e^{-j2\pi/3}) \\ &= \frac{2}{3}[(v_{aN} - v_{N0}) + (v_{bN} - v_{N0})e^{j2\pi/3} + (v_{cN} - v_{N0})e^{-j2\pi/3}] \\ &= \frac{2}{3}[v_{aN} + v_{bN}e^{j2\pi/3} + v_{cN}e^{-j2\pi/3}] \end{aligned} \tag{5-7}$$

可见，三相 VSR 空间电压矢量控制与相电压参考点（见图 3-1 中的 0 或 N 点）的选择无关[103]。

5.1.2　空间电压矢量的合成

上述分析表明，三相 *VSR* 空间电压矢量共有 8 条，除 2 条零矢量外，其余 6 条非零矢量对称均匀分布在复平面上。对于任一给定的空间电压矢量 $\boldsymbol{V}^*$，均可由 8 条三相 VSR 空间电压矢量合成，如图 5-2 所示。

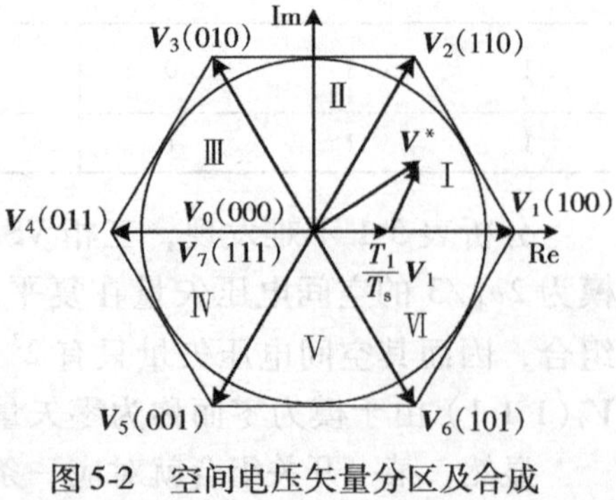

图 5-2　空间电压矢量分区及合成

图 5-2 中，6 条模为 $2v_{dc}/3$ 的空间电压

矢量将复平面均分成六个扇形区域Ⅰ～Ⅵ，对于任一扇形区域中的电压矢量$\boldsymbol{V}^*$，均可由该扇形区两边的VSR空间电压矢量来合成。如果$\boldsymbol{V}^*$在复平面上匀速旋转，就对应得到了三相对称的正弦量。实际上，由于开关频率和矢量组合的限制，$\boldsymbol{V}^*$的合成矢量只能以某一步进速度旋转，从而使矢量端点运动轨迹为一多边形准圆轨迹。显然，PWM开关频率越高，多边形准圆轨迹就越接近圆。

图5-2中，若$\boldsymbol{V}^*$在Ⅰ区时，则$\boldsymbol{V}^*$可由$\boldsymbol{V}_1$、$\boldsymbol{V}_2$和$\boldsymbol{V}_{0,7}$合成，依据平行四边形法则，有

$$\frac{T_1}{T_s}\boldsymbol{V}_1+\frac{T_2}{T_s}\boldsymbol{V}_2=\boldsymbol{V}^* \tag{5-8}$$

式中　T_1、T_2——矢量$\boldsymbol{V}_1$、$\boldsymbol{V}_2$在一个开关周期中的持续时间；

T_s——PWM开关周期。

令零矢量$\boldsymbol{V}_{0,7}$的持续时间为$T_{0,7}$，则

$$T_1+T_2+T_{0,7}=T_s \tag{5-9}$$

令$\boldsymbol{V}^*$与$\boldsymbol{V}_1$间的夹角为θ，由正弦定律算得

$$\frac{|\boldsymbol{V}^*|}{\sin\frac{2\pi}{3}}=\frac{\left|\frac{T_2}{T_s}\boldsymbol{V}_2\right|}{\sin\theta}=\frac{\left|\frac{T_1}{T_s}\boldsymbol{V}_1\right|}{\sin\left(\frac{\pi}{3}-\theta\right)} \tag{5-10}$$

又因为$|\boldsymbol{V}_1|=|\boldsymbol{V}_2|=2v_{dc}/3$，则联立式（5-9）、式（5-10），易得

$$\begin{cases}T_1=mT_s\sin\left(\frac{\pi}{3}-\theta\right)\\T_2=mT_s\sin\theta\\T_{0,7}=T_s-T_1-T_2\end{cases} \tag{5-11}$$

式中　m——SVPWM的调制系数，并且

$$m=\frac{\sqrt{3}}{v_{dc}}|\boldsymbol{V}^*| \tag{5-12}$$

对于零矢量的选择，主要考虑选择$\boldsymbol{V}_0$或$\boldsymbol{V}_7$应使开关状态变化尽可能少，以降低开关损耗。在一个开关周期中，令零矢量插入时间为$T_{0,7}$，若其中插入$\boldsymbol{V}_0$的时间为$T_0=kT_{0,7}$，则插入$\boldsymbol{V}_7$的时间则为$T_7=(1-k)T_{0,7}$，其中$0\leqslant k\leqslant1$。

实际上，对于三相VSR某一给定的电压空间矢量$\boldsymbol{V}^*$，常有几种合成方法[104]，以下讨论均考虑$\boldsymbol{V}^*$在VSR空间矢量Ⅰ区域的合成。

方法一：该方法将零矢量$\boldsymbol{V}_0$均匀地分布在矢量$\boldsymbol{V}^*$的起、终点上，然后依次由$\boldsymbol{V}_1$、$\boldsymbol{V}_2$按三角形方法合成，如图5-3a所示。另外，再从该合成法的开关函数波形（见图5-3b）分析，一个开关周期中，VSR上桥臂功率开关管共开关4次，由于开关函数波形不对称，因此PWM谐波分量主要集中在开关频率f_s及$2f_s$

上，其频谱分布如图 5-3c 所示。显然，在频率 f_s 处的谐波幅值较大。

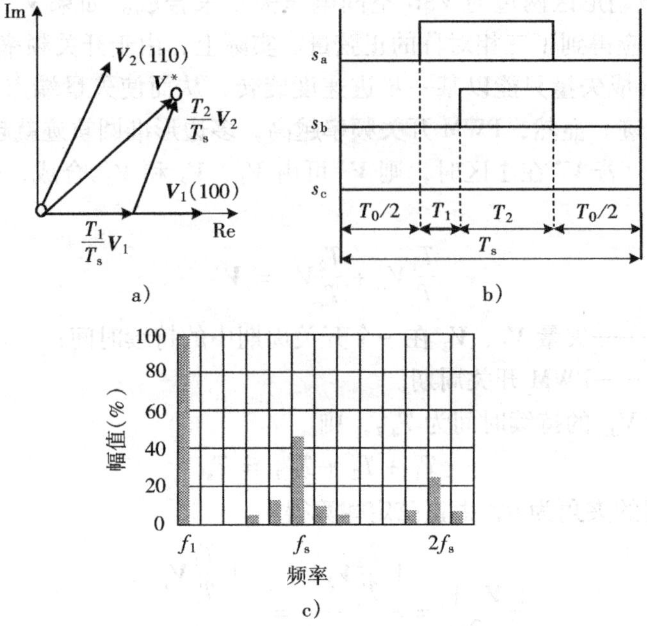

图 5-3　V^* 合成方法一

a) V^* 合成　b) 开关函数波形　c) 频谱分布

方法二：方法二的矢量合成仍然将零矢量 V_0 均匀地分布在矢量 V^* 的起、终点上。但与方法一不同的是，除零矢量外，V^* 依次由 V_1、V_2、V_1 合成，并从矢量 V^* 中点截出两个三角形，如图 5-4a 所示。另外，由图 5-4b 的 PWM 开关函数波形分析，一个开关周期中 VSR 上桥臂功率开关管共开关 4 次，且波形对称，因而其 PWM 谐波分量仍主要分布在开关频率的整数倍频率附近，谐波幅值显然比方法一有所降低，其频谱分布如图 5-4c 所示。

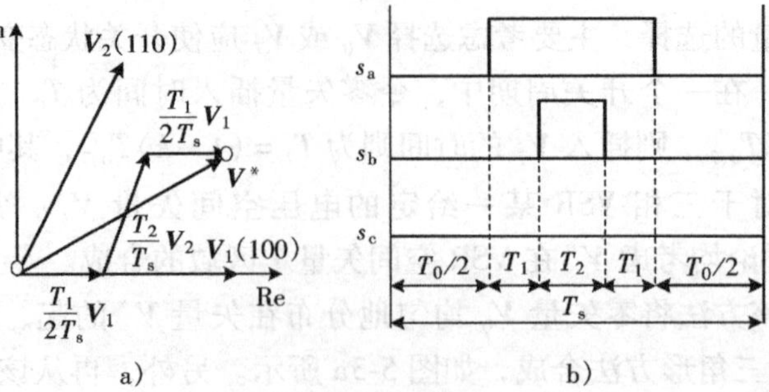

图 5-4　V^* 合成方法二

a) V^* 合成　b) 开关函数波形

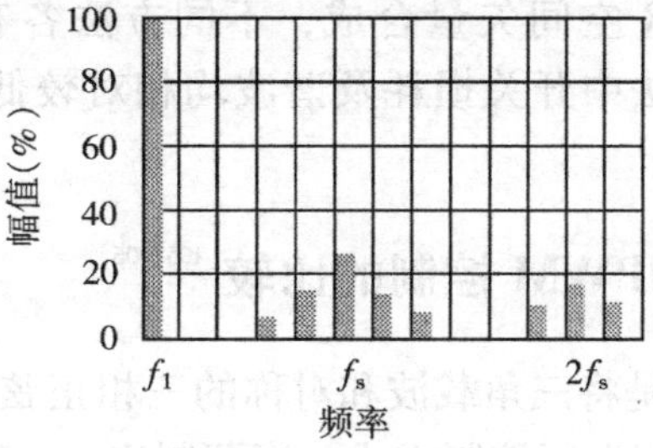

c)

图 5-4　$\boldsymbol{V}^*$ 合成方法二（续）

c）频谱分布

方法三：方法三将零矢量周期分成三段，其中矢量 $\boldsymbol{V}^*$ 的起、终点上均匀地分布矢量 $\boldsymbol{V}_0$，而在矢量 $\boldsymbol{V}^*$ 中点处分布矢量 $\boldsymbol{V}_7$，且 $T_7=T_0$。除零矢量外，矢量 $\boldsymbol{V}^*$ 的合成与方法二类似，即均以矢量 $\boldsymbol{V}^*$ 中点截出两个三角形，$\boldsymbol{V}^*$ 的合成矢量如图 5-5a 所示。从开关函数波形（见图 5-5b）可看出，在一个 PWM 开关周期，该方法使 VSR 桥臂功率开关管开关 6 次，且波形对称，其 PWM 谐波仍主要分布在开关频率的整数倍频率附近。显然，在频率 f_s 附近处的谐波幅值降低十分明显，其频谱分布如图 5-5c 所示。

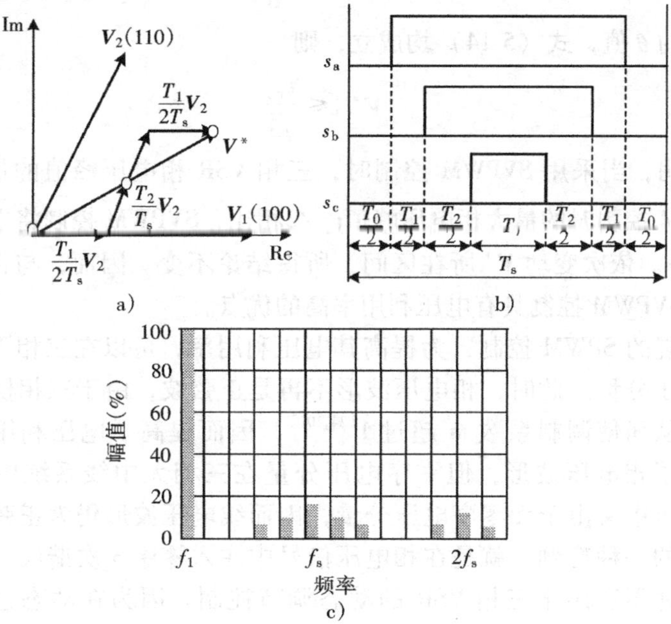

图 5-5　$\boldsymbol{V}^*$ 合成方法三

a）$\boldsymbol{V}^*$ 合成　b）开关函数波形　c）频谱分布

上述分析表明，VSR 空间矢量合成，不同方法各有其优缺点。综合来看，第二种方法较好，该方法中开关损耗及谐波均相对较低；但从算法的简单性上看，第一种方法较好。

5.1.3 SVPWM 与 SPWM 控制的比较[105,106]

常规的 SPWM 控制是将三角载波和对称的三相正弦调制波比较且生成 PWM 波形，这实际上是一种相电压控制方式。当调制比 $m=1$ 时，三相 VSR 相电压峰值为 $v_{dc}/2$，而线电压峰值为$\sqrt{3}v_{dc}/2$。显然，常规的 SPWM 的直流电压利用率不高。

对于三相 VSR 空间电压矢量 PWM（SVPWM）控制，当参考矢量 $\boldsymbol{V}^*$ 位于 I 区间时，由式（5-11）、式（5-12）分析易得 SVPWM 的线性调制时的约束条件为

$$T_1 + T_2 \leqslant T_s \tag{5-13}$$

将式（5-11）、式（5-12）代入式（5-13），得

$$|\boldsymbol{V}^*| \leqslant \frac{v_{dc}}{\sqrt{3}\cos\left(\frac{\pi}{6}-\theta\right)} \tag{5-14}$$

若对于任意的 θ 值，式（5-14）均成立，则

$$|\boldsymbol{V}^*| \leqslant \frac{v_{dc}}{\sqrt{3}} \tag{5-15}$$

上式说明，当采用 SVPWM 控制时，三相 VSR 相电压峰值的最大值为 $v_{dc}/\sqrt{3}$，与 SPWM 控制时的最大相电压峰值$v_{dc}/2$相比，SVPWM 控制将电压利用率提高了 15.47%。依次变动 $\boldsymbol{V}^*$ 所在区间，所得结论不变。因而，与常规的 SPWM 控制相比，SVPWM 控制具有电压利用率高的优点。

对于常规的 SPWM 控制，为提高其电压利用率，可以在三相无中线系统中注入零序电压分量。此时，相电压波形不再是正弦波，由于三相桥路中点电位发生浮动，从而使调制系数 m 超过 1[24,107]，因而提高了电压利用率。这种方案虽然改变了相电压波形，但零序电压分量在三相无中线系统中无法形成电流，而线电压中又由于无零序电压分量，因而线电压波形仍为正弦波。注入零序电压分量的一种特例，就是在相电压信号中注入零序 3 次谐波。然而，这种谐波注入法并不适用于三相 VSR 的动态调节控制。因为在动态过程中，调制波的相位在变化，甚至调制波都不是正弦波，这时如何确定注入 3 次谐波的相位有很大困难，参考文献［105，106］提出了一种与空间矢量 PWM 等效控制的三角载波比较调制方法。

将空间矢量 PWM 与等效的三角载波 PWM 相对照，如图 5-6 所示。图 5-6a 中仍讨论 V^* 在Ⅰ区间时的空间矢量调制，图 5-6b 中 u_{ma}、u_{mb}、u_{mc} 为等效空间电压矢量调制的三角载波 PWM 调制波信号，当调制频率足够高时，相邻开关周期中 u_{ma}、u_{mb}、u_{mc} 可近似不变，U_T 为三相角载波峰值。为讨论更一般的情况，矢量 V^* 合成中的零矢量分布时间分别为 $(1-k_0)T_0/2$、$k_0T_0/2$、$k_0T_0/2$、$(1-k_0)T_0/2$。

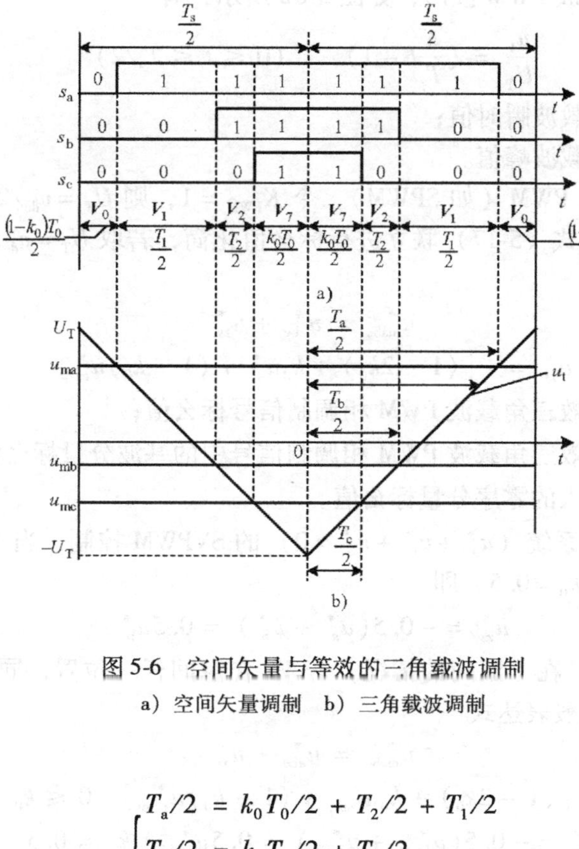

图 5-6　空间矢量与等效的三角载波调制

a）空间矢量调制　b）三角载波调制

图 5-6b 中

$$\begin{cases} T_a/2 = k_0T_0/2 + T_2/2 + T_1/2 \\ T_b/2 = k_0T_0/2 + T_2/2 \\ T_c/2 = k_0T_0/2 \end{cases} \tag{5-16}$$

式中　T_0、T_1、T_2——矢量 V_0（V_7）、V_1、V_2 的合成时间。

从图 5-6a 可明显看出：若令 PWM 放大增益 $K_{PWM}=1$，则在 T_1、T_2 时间段上，$u_{mab}=v_{dc}$、$u_{mbc}=v_{dc}$，且考虑开关周期 T_s 上的脉宽调制，则

$$\begin{cases} T_1v_{dc} = u_{mab}T_s \\ T_2v_{dc} = u_{mbc}T_s \\ T_0 = T_s - T_1 - T_2 \end{cases} \tag{5-17}$$

式中

$$u_{mab} = u_a - u_b \qquad u_{mbc} = u_b - u_c \tag{5-18}$$

其中 u_a、u_b、u_c——等效基波正弦相调制信号。

为了将空间电压矢量 PWM 与三角载波 PWM 进行等效，必须求得三角载波 PWM 所对应的调制信号 u_{ma}、u_{mb}、u_{mc}，简记为 u_{mabc}，而 u_{mabc}不一定是正弦信号（如注入零序电压）。

再分析三角载波 PWM 波形，如图 5-6b 所示，有

$$\frac{u_t}{U_T} = \left(\frac{4}{T_s}t - 1\right) \qquad (0 \leqslant t \leqslant T_s/2) \tag{5-19}$$

式中 u_t——三角载波瞬时值；

U_T——三角载波峰值。

对于三角载波 PWM（如 SPWM），令 $K_{PWM} = 1$，则 $U_T = v_{dc}/2$，联立式（5-16）、式（5-19）、式（5-17）联立进行标幺值化简，若取 $U_T = v_{dc}/2$ 为标幺值基底，这样

$$u_{mabc}^* = u_{abc}^* + u_{zs}^* \tag{5-20}$$

$$u_{zs}^* = -\left[(1 - 2k_0) + k_0 u_a^* + (1 - k_0) u_c^*\right] \tag{5-21}$$

式中 u_{mabc}^*——等效三角载波 PWM 相调制信号标幺值；

u_{abc}^*——等效三角载波 PWM 相调制信号中的基波分量标幺值；

u_{zs}^*——注入的零序分量标幺值。

对于三相平衡系统（$u_a^* + u_b^* + u_c^* = 0$）的 SVPWM 控制，当 $\boldsymbol{V}^*$ 采用波形对称的合成方法时，$k_0 = 0.5$，即

$$u_{zs}^* = -0.5(u_a^* + u_b^*) = 0.5u_b^* \tag{5-22}$$

以上分析了 $\boldsymbol{V}^*$ 在 Ⅰ 区间的情况，若 $\boldsymbol{V}^*$ 在空间任一位置，同理分析可得调制信号标幺值的一般表达式

$$u_{mabc}^* = u_{abc}^* + u_{zs}^* \tag{5-23}$$

$$u_{zs}^* = -\left[(1 - 2k_0) + k_0 u_{1max}^* + (1 - k_0) u_{1min}^*\right] \quad 0 \leqslant k_0 \leqslant 1 \tag{5-24}$$

$$u_{zs}^* = -0.5(u_{1max}^* + u_{1min}^*) = 0.5u_{1mid}^* \quad k_0 = 0.5 \tag{5-25}$$

式中 u_{1min}^*、u_{1mid}^*、u_{1max}^*——基波正弦分量标么值的最小值、中等值、最大值。

式（5-24）、式（5-25）说明，SVPWM 实质上是对 SPWM 的一种改进，即在正弦波调制信号上注入式（5-24）所表示的零序分量。换言之，SVPWM 可由典型的三角载波 SPWM 来等效实现，图 5-7 为按式（5-23）、式（5-24）实现的一种等效三角载波 SVPWM 控制结构。

5.1.4 VSR 空间电压矢量的几何描述[108]

以上讨论了空间电压矢量的分布、合成等基本问题，主要针对的是三相三桥

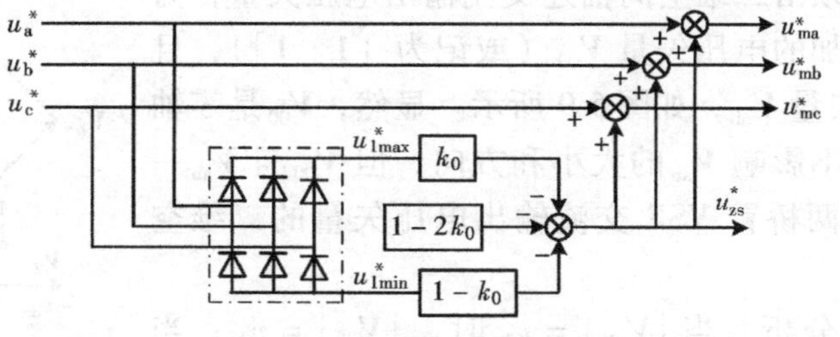

图 5-7　SVPWM 的等效实现

臂 VSR 拓扑结构，那么对于两桥臂甚至四桥臂的 VSR 拓扑结构，其空间电压矢量如何定义？以下研究 VSR 空间电压矢量的几何描述问题。

1. 两桥臂 VSR 空间电压矢量的几何描述

两桥臂 VSR 拓扑结构如图5-8所示。

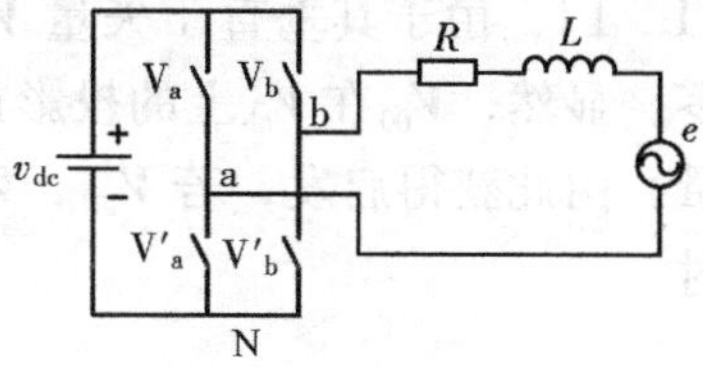

图 5-8　单相两桥臂 VSR 拓扑结构

这是一个两桥臂的单相 VSR 拓扑结构，每个桥臂对直流电压参考点 N 的输出电压矢量 $\boldsymbol{V}_{aN}$、$\boldsymbol{V}_{bN}$均有两种电压值，即 v_{dc}、0。因而，单相两桥臂 VSR 交流侧输出电压矢量为

$$\boldsymbol{V}_{ab} = \boldsymbol{V}_{aN} - \boldsymbol{V}_{bN} \tag{5-26}$$

若引入单极性二值逻辑开关函数

$$s_j = \begin{cases} 1 & \text{上侧管导通} \\ 0 & \text{下侧管导通} \end{cases} \quad (j = \mathrm{a,b}) \tag{5-27}$$

则单相两桥臂 VSR 所有开关函数组合（$2^2=4$）对应的电压状态见表 5-2。

表 5-2　两桥臂 VSR 开关函数及电压组合

s_a	s_b	$\boldsymbol{V}_{aN}$	$\boldsymbol{V}_{bN}$	$\boldsymbol{V}_{ab}$	$\boldsymbol{V}_k$
0	0	0	0	0	$\boldsymbol{V}_0$
0	1	0	v_{dc}	$-v_{dc}$	$\boldsymbol{V}_2$
1	0	v_{dc}	0	$+v_{dc}$	$\boldsymbol{V}_1$
1	1	v_{dc}	v_{dc}	0	$\boldsymbol{V}_3$

从表 5-2 分析，对应于不同开关函数，桥臂电压和交流输出电压均取不同的值。

首先考虑桥臂电压矢量的几何描述，桥臂电压矢量 $\boldsymbol{V}_{aN}$、$\boldsymbol{V}_{bN}$可由二维空间进行描述。从 $\boldsymbol{V}_{aN}$、$\boldsymbol{V}_{bN}$的取值来看，在二维空间中，矢量 $\boldsymbol{V}_{aN}$与矢量 $\boldsymbol{V}_{bN}$垂直，如图 5-9 所示。另一方面，从交流输出电压矢量 $\boldsymbol{V}_{ab}$来看，交流输出电压矢量 $\boldsymbol{V}_{ab}$可由一维空间加以描述。为了实现桥臂电压矢量空间到交流输出电压矢量空间的线性变换，必须由二维空间描述交流输出电压矢量，为此构造一个附加的电压矢量 $\boldsymbol{V}_{00}$（或记为［1　1］），且矢量 $\boldsymbol{V}_{00}$ 垂直矢量 $\boldsymbol{V}_{ab}$，如图5-9所示。显然，$\boldsymbol{V}_{00}$ 是零轴矢量，因而并不影响 $\boldsymbol{V}_{ab}$ 的大小和方向，但 $\boldsymbol{V}_{00}$ 与 $\boldsymbol{V}_{ab}$ 一起构成了单相两桥臂 VSR 交流输出电压矢量的二维空间。

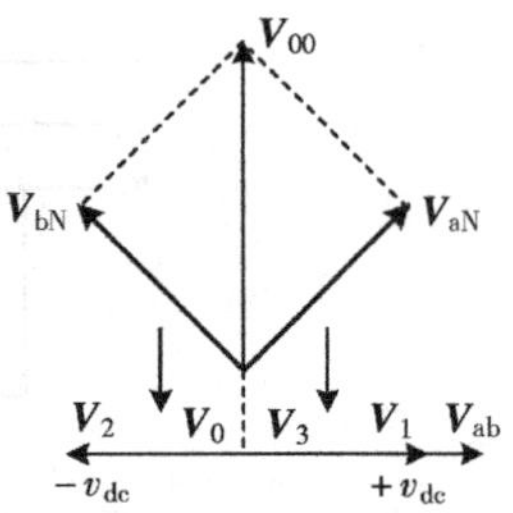

图5-9　单相两桥臂 VSR 电压矢量的空间描述

从表5-2分析，当 $|\boldsymbol{V}_{aN}| = v_{dc}$ 时，$|\boldsymbol{V}_{ab}| = v_{dc}$；当 $|\boldsymbol{V}_{bN}| = v_{dc}$ 时，$|\boldsymbol{V}_{ab}| = |-v_{dc}|$；而当 $|\boldsymbol{V}_{aN}| = |\boldsymbol{V}_{bN}| = v_{dc}$ 时，$|\boldsymbol{V}_{ab}| = 0$。从空间投影角度看，对构造的矢量 $\boldsymbol{V}_{00}$［1　1］，由于其垂直于矢量 $\boldsymbol{V}_{ab}$，因而矢量 $\boldsymbol{V}_{00}$［1　1］在矢量 $\boldsymbol{V}_{ab}$ 上的投影为零。显然，$\boldsymbol{V}_{00}$ 在 $\boldsymbol{V}_{ab}$ 上的投影正好描述了 $|\boldsymbol{V}_{aN}| = |\boldsymbol{V}_{bN}|$ 时的交流输出电压矢量，由此获得启发，若 $\boldsymbol{V}_{aN}$、$\boldsymbol{V}_{bN}$ 两矢量之和为矢量 $\boldsymbol{V}_{00}$，即能满足上述关系，此时

$$\boldsymbol{V}_{00} = \boldsymbol{V}_{aN} + \boldsymbol{V}_{bN} \tag{5-28}$$

从图5-9可清楚看出，单相两桥臂 VSR 交流输出电压矢量的空间位置，实际上可由对应的桥臂电压矢量在 $\boldsymbol{V}_{ab}$ 轴向的投影确定，且分别为矢量 $\boldsymbol{V}_1$、$\boldsymbol{V}_2$；当 $|\boldsymbol{V}_{aN}| = |\boldsymbol{V}_{bN}| = 0$ 或 $|\boldsymbol{V}_{aN}| = |\boldsymbol{V}_{bN}| = v_{dc}$ 时，其向 $\boldsymbol{V}_{ab}$ 轴向投影分别为矢量 $\boldsymbol{V}_0$、$\boldsymbol{V}_3$，因 $\boldsymbol{V}_0$、$\boldsymbol{V}_3$ 的模为零，故统称为零矢量。因此，单相两桥臂 VSR 空间电压矢量的几何描述完全反映了表5-2中的电压状态。

实际上，若已知桥臂电压矢量 $\boldsymbol{V}_{aN}$、$\boldsymbol{V}_{bN}$，则可通过空间的线性变换求得交流输出电压 $\boldsymbol{V}_{ab}$ 和构造矢量 $\boldsymbol{V}_{00}$。由式（5-26）、式（5-28）得

$$\begin{bmatrix} \boldsymbol{V}_{ab} \\ \boldsymbol{V}_{00} \end{bmatrix} = \begin{bmatrix} 1 & -1 \\ 1 & 1 \end{bmatrix} \begin{bmatrix} \boldsymbol{V}_{aN} \\ \boldsymbol{V}_{bN} \end{bmatrix} = \boldsymbol{T}_{ab} \begin{bmatrix} \boldsymbol{V}_{aN} \\ \boldsymbol{V}_{bN} \end{bmatrix} \qquad \boldsymbol{T}_{ab} = \begin{bmatrix} 1 & -1 \\ 1 & 1 \end{bmatrix} \tag{5-29}$$

通过式（5-29），可求出反变换

$$\begin{bmatrix} \boldsymbol{V}_{aN} \\ \boldsymbol{V}_{bN} \end{bmatrix} = \boldsymbol{T}_{ab}^{-1} \begin{bmatrix} \boldsymbol{V}_{ab} \\ \boldsymbol{V}_{00} \end{bmatrix} = \begin{bmatrix} \dfrac{1}{2} & \dfrac{1}{2} \\ -\dfrac{1}{2} & \dfrac{1}{2} \end{bmatrix} \begin{bmatrix} \boldsymbol{V}_{ab} \\ \boldsymbol{V}_{00} \end{bmatrix} \tag{5-30}$$

式（5-30）变换中，$|\boldsymbol{V}_{00}|$ 取一常值，如 $|\boldsymbol{V}_{00}| = v_{dc}$。

对以上变换可总结如下：

1）变换矩阵 $\boldsymbol{T}_{ab}$ 中行列矢量组成了一个正交系。矢量间相互垂直构成了桥臂电压矢量空间的基底。这种正交系由基底矢量的点积为零来验证：［1　−1］·［1　1］=0。

2）桥臂电压矢量［$\boldsymbol{V}_{aN}$　$\boldsymbol{V}_{bN}$］^{T} 与任何平行于矢量 $\boldsymbol{V}_{00}$［1　1］的合成矢量都可变换成相同的输出电压矢量 $\boldsymbol{V}_{ab}$。

3）如果将变换矩阵表达成

$$T_{ab} = \begin{bmatrix} \boldsymbol{a} & \boldsymbol{b} \\ 1 & 1 \end{bmatrix}$$

则 $\boldsymbol{a}$ = ［1］、$\boldsymbol{b}$ = ［−1］分别与主矢量 $\boldsymbol{V}_1$、$\boldsymbol{V}_2$ 平行，因而在交流输出电压空间

$$\boldsymbol{V}_1 = \boldsymbol{a}v_{dc} \qquad \boldsymbol{V}_2 = \boldsymbol{b}v_{dc} \tag{5-31}$$

2. 三桥臂 VSR 空间电压矢量的几何描述

三桥臂 VSR 拓扑结构如图 5-10 所示。

这实际上是无中线三相 VSR 拓扑结构，其桥臂电压矢量为 $\boldsymbol{V}_{aN}$、$\boldsymbol{V}_{bN}$、$\boldsymbol{V}_{cN}$，交流输出电压矢量为 $\boldsymbol{V}_{a0}$、$\boldsymbol{V}_{b0}$、$\boldsymbol{V}_{c0}$，中点电压矢量为 $\boldsymbol{V}_{0N}$。定义三相单极性二值逻辑开关函数 s_j 为

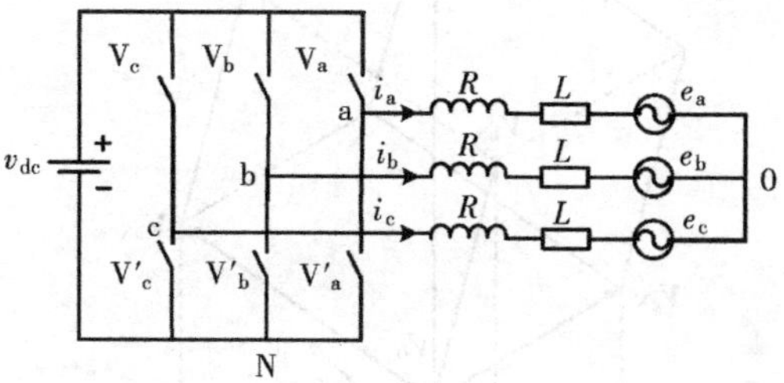

图 5-10　三桥臂 VSR 拓扑结构

$$s_j = \begin{cases} 1 & 上侧管导通 \\ 0 & 下侧管导通 \end{cases} \qquad (j = \mathrm{a,b,c}) \tag{5-32}$$

开关函数（s_a，s_b，s_c）的不同组合（2^3 = 8）与各电压取值见表 5-3。

表 5-3　三桥臂 VSR 开关函数及电压组合

s_a	s_b	s_c	$\boldsymbol{V}_{aN}$	$\boldsymbol{V}_{bN}$	$\boldsymbol{V}_{cN}$	$\boldsymbol{V}_{0N}$	$\boldsymbol{V}_{a0}$	$\boldsymbol{V}_{b0}$	$\boldsymbol{V}_{c0}$	$\boldsymbol{V}_k$
0	0	0	0	0	0	0	0	0	0	$\boldsymbol{V}_0$
1	0	0	v_{dc}	0	0	$v_{dc}/3$	$2v_{dc}/3$	$-v_{dc}/3$	$-v_{dc}/3$	$\boldsymbol{V}_1$
1	1	0	v_{dc}	v_{dc}	0	$2v_{dc}/3$	$v_{dc}/3$	$v_{dc}/3$	$-2v_{dc}/3$	$\boldsymbol{V}_2$
0	1	0	0	v_{dc}	0	$v_{dc}/3$	$-v_{dc}/3$	$2v_{dc}/3$	$v_{dc}/3$	$\boldsymbol{V}_3$
0	1	1	0	v_{dc}	v_{dc}	$2v_{dc}/3$	$-2v_{dc}/3$	$v_{dc}/3$	$v_{dc}/3$	$\boldsymbol{V}_4$
0	0	1	0	0	v_{dc}	$v_{dc}/3$	$-v_{dc}/3$	$-v_{dc}/3$	$2v_{dc}/3$	$\boldsymbol{V}_5$
1	0	1	v_{dc}	0	v_{dc}	$2v_{dc}/3$	$v_{dc}/3$	$-2v_{dc}/3$	$v_{dc}/3$	$\boldsymbol{V}_6$
1	1	1	v_{dc}	v_{dc}	v_{dc}	v_{dc}	0	0	0	$\boldsymbol{V}_7$

同单桥臂 VSR 空间电压矢量的几何描述类似，三桥臂 VSR 的桥臂电压矢量 $\boldsymbol{V}_{aN}$、$\boldsymbol{V}_{bN}$、$\boldsymbol{V}_{cN}$ 可由三维空间描述；而交流输出线电压 $\boldsymbol{V}_{ab}$、$\boldsymbol{V}_{bc}$、$\boldsymbol{V}_{ca}$ 中只有两个独立量，故交流输出电压矢量可由二维空间描述。此时，中点电压随桥臂电压的变化而浮动，即

$$\boldsymbol{V}_{0N} = \frac{(\boldsymbol{V}_{aN} + \boldsymbol{V}_{bN} + \boldsymbol{V}_{cN})}{3} \tag{5-33}$$

在桥臂电压矢量空间中，$\boldsymbol{V}_{aN}$、$\boldsymbol{V}_{bN}$、$\boldsymbol{V}_{cN}$ 相互正交，构成了一个正六面体空间结构，如图 5-11 上部所示。

显然，在二维平面上，其交流输出电压矢量 $\boldsymbol{V}_{a0}$、$\boldsymbol{V}_{b0}$、$\boldsymbol{V}_{c0}$的相位互差 120°，且分布如图 5-12 所示。

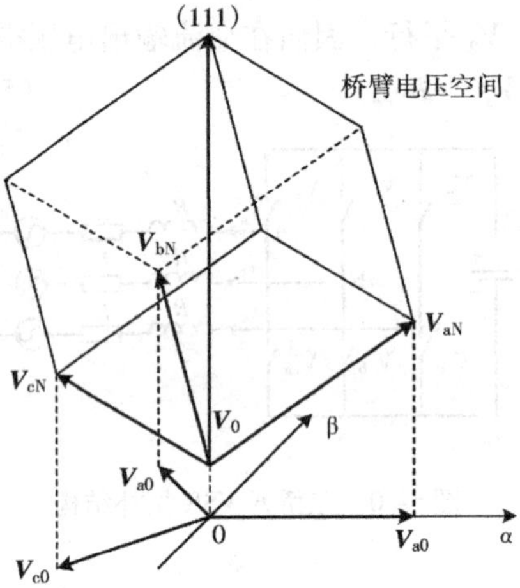

图 5-11　三桥臂 VSR 电压矢量的空间描述

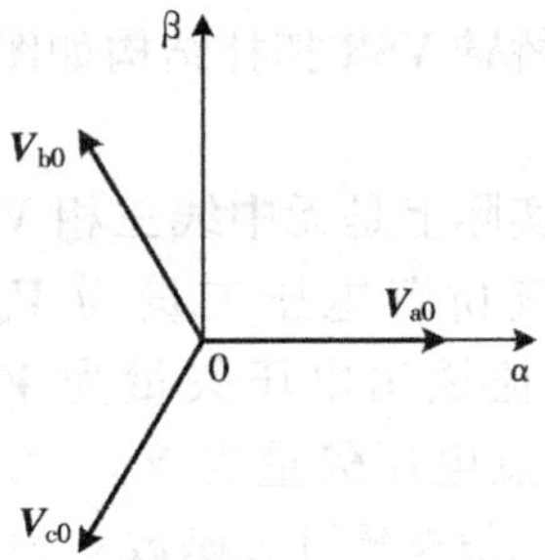

图 5-12　三桥臂 VSR 交流输出电压矢量的二维平面（α、β）分布

为了实现桥臂电压矢量空间与交流输出电压矢量空间之间的线性变换，有必要构造一附加矢量，记为 $\boldsymbol{V}_{00}$ [1　1　1]。该矢量与交流输出电压矢量的二维平面垂直，从而与这二维平面一起构成一个交流输出电压矢量的三维空间。$\boldsymbol{V}_{00}$实际上是零轴矢量，它并不影响二维平面上交流输出电压矢量的大小和分布。由于 $\boldsymbol{V}_{00}$在交流输出电压矢量的二维平面投影矢量的模为零，因而在三维桥臂电压矢量空间，$\boldsymbol{V}_{00}$实际上表示了零矢量（$\boldsymbol{V}_0$，$\boldsymbol{V}_7$）的空间位置，此时$|\boldsymbol{V}_{aN}|=|\boldsymbol{V}_{bN}|=|\boldsymbol{V}_{cN}|=0$ 或$|\boldsymbol{V}_{aN}|=|\boldsymbol{V}_{bN}|=|\boldsymbol{V}_{cN}|=v_{dc}$。这样矢量 $\boldsymbol{V}_{00}$就将桥臂电压矢量空间与交流输出矢量空间联系在一起。

三相 VSR 桥臂电压矢量由其空间对应的正六面体底角（对应零矢量 $\boldsymbol{V}_0$ [0　0　0]）出发，指向其余的正六面体角 [其中另一零矢量 $\boldsymbol{V}_7$(1　1　1) 指向正六面体顶角]，从而确定了三桥臂 VSR 8 条桥臂矢量的空间分布。而桥臂电压矢量在交流输出电压矢量二维平面上的投影矢量则确定了交流输出电压矢量的平面分布，如图 5-11 下部所示。综合上述分析及表 5-3 得出如下变换关系：

$$\begin{cases}\begin{bmatrix}\boldsymbol{V}_{a0}\\ \boldsymbol{V}_{b0}\\ \boldsymbol{V}_{c0}\end{bmatrix}=\dfrac{1}{3}\begin{bmatrix}2 & -1 & -1\\ -1 & 2 & -1\\ -1 & -1 & 2\end{bmatrix}\begin{bmatrix}\boldsymbol{V}_{aN}\\ \boldsymbol{V}_{bN}\\ \boldsymbol{V}_{cN}\end{bmatrix}=\boldsymbol{T}_{b3}\begin{bmatrix}\boldsymbol{V}_{aN}\\ \boldsymbol{V}_{bN}\\ \boldsymbol{V}_{cN}\end{bmatrix}\\ \boldsymbol{T}_{b3}=\dfrac{1}{3}\begin{bmatrix}2 & -1 & -1\\ -1 & 2 & -1\\ -1 & -1 & 2\end{bmatrix}\end{cases}\tag{5-34}$$

式（5-34）表明，若已知桥臂电压矢量，则可通过空间的线性变换矩阵 $\boldsymbol{T}_{b3}$ 获得交流输出电压矢量。当然，还可以将三相对称坐标系（a，b，c）中的交流输出电压矢量变换成两相垂直坐标系（α，β）中的交流输出电压矢量，即

$$\begin{cases}\begin{bmatrix}\boldsymbol{V}_{\alpha}\\ \boldsymbol{V}_{\beta}\\ \boldsymbol{V}_{00}\end{bmatrix}=\dfrac{2}{3}\begin{bmatrix}1 & -\dfrac{1}{2} & -\dfrac{1}{2}\\ 0 & \dfrac{\sqrt{3}}{2} & -\dfrac{\sqrt{3}}{2}\\ \dfrac{1}{\sqrt{2}} & \dfrac{1}{\sqrt{2}} & \dfrac{1}{\sqrt{2}}\end{bmatrix}\begin{bmatrix}\boldsymbol{V}_{a0}\\ \boldsymbol{V}_{b0}\\ \boldsymbol{V}_{c0}\end{bmatrix}=\boldsymbol{T}_{\alpha\beta0}\begin{bmatrix}\boldsymbol{V}_{a0}\\ \boldsymbol{V}_{b0}\\ \boldsymbol{V}_{c0}\end{bmatrix}\\ \boldsymbol{T}_{\alpha\beta0}=\dfrac{2}{3}\begin{bmatrix}1 & -\dfrac{1}{2} & -\dfrac{1}{2}\\ 0 & \dfrac{\sqrt{3}}{2} & -\dfrac{\sqrt{3}}{2}\\ \dfrac{1}{\sqrt{2}} & \dfrac{1}{\sqrt{2}} & \dfrac{1}{\sqrt{2}}\end{bmatrix}\end{cases} \tag{5-35}$$

式中　$\boldsymbol{V}_{00}$——零轴矢量。

实际上，$\boldsymbol{T}_{\alpha\beta0}$ 可表示成

$$\boldsymbol{T}_{\alpha\beta0}=\frac{2}{3}\begin{bmatrix}\boldsymbol{a} & \boldsymbol{b} & \boldsymbol{c}\\ \dfrac{1}{\sqrt{2}} & \dfrac{1}{\sqrt{2}} & \dfrac{1}{\sqrt{2}}\end{bmatrix} \tag{5-36}$$

式中

$$\begin{cases}\boldsymbol{a}=[1,0]^{\mathrm{T}}\\ \boldsymbol{b}=[-\dfrac{1}{2},\dfrac{\sqrt{3}}{2}]^{\mathrm{T}}\\ \boldsymbol{c}=[-\dfrac{1}{2},-\dfrac{\sqrt{3}}{2}]^{\mathrm{T}}\end{cases} \tag{5-37}$$

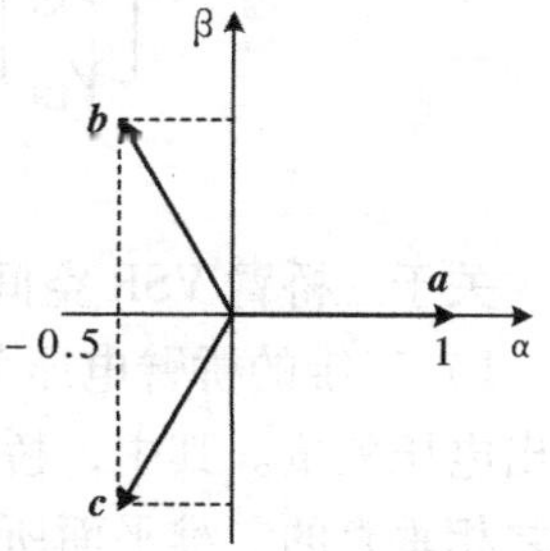

图 5-13　矢量 $\boldsymbol{a}$、$\boldsymbol{b}$、$\boldsymbol{c}$ 分布

矢量 $\boldsymbol{a}$、$\boldsymbol{b}$、$\boldsymbol{c}$ 在（α，β）坐标系中的分布如图 5-13 所示。

可见矢量 $\boldsymbol{a}$、$\boldsymbol{b}$、$\boldsymbol{c}$ 模相等，并在 αβ 平面上互差 120°相位角分布，且

$$\boldsymbol{a}+\boldsymbol{b}+\boldsymbol{c}=[0,0]^{\mathrm{T}} \tag{5-38}$$

综合式（5-34）、式（5-35），得

$$\begin{cases}\begin{bmatrix}\boldsymbol{V}_{\alpha}\\\boldsymbol{V}_{\beta}\\\boldsymbol{V}_{00}\end{bmatrix}=\boldsymbol{T}_{\alpha\beta0}\boldsymbol{T}_{b3}\begin{bmatrix}\boldsymbol{V}_{aN}\\\boldsymbol{V}_{bN}\\\boldsymbol{V}_{cN}\end{bmatrix}=\dfrac{2}{3}\begin{bmatrix}1&-\dfrac{1}{2}&-\dfrac{1}{2}\\0&\dfrac{\sqrt{3}}{2}&-\dfrac{\sqrt{3}}{2}\\0&0&0\end{bmatrix}\begin{bmatrix}\boldsymbol{V}_{aN}\\\boldsymbol{V}_{bN}\\\boldsymbol{V}_{cN}\end{bmatrix}\\=\dfrac{2}{3}\begin{bmatrix}\boldsymbol{a}&\boldsymbol{b}&\boldsymbol{c}\\0&0&0\end{bmatrix}\begin{bmatrix}\boldsymbol{V}_{aN}\\\boldsymbol{V}_{bN}\\\boldsymbol{V}_{cN}\end{bmatrix}=\boldsymbol{T}_{e3}\begin{bmatrix}\boldsymbol{V}_{aN}\\\boldsymbol{V}_{bN}\\\boldsymbol{V}_{cN}\end{bmatrix}\\\boldsymbol{T}_{e3}=\dfrac{2}{3}\begin{bmatrix}1&-\dfrac{1}{2}&-\dfrac{1}{2}\\0&\dfrac{\sqrt{3}}{2}&-\dfrac{\sqrt{3}}{2}\\0&0&0\end{bmatrix}\end{cases}\tag{5-39}$$

式（5-39）表示了直接将桥臂电压矢量变换为坐标系（α，β，0）下的交流输出电压矢量。以上分析表明，任一输出电压矢量均可由矢量 $\boldsymbol{a}$、$\boldsymbol{b}$、$\boldsymbol{c}$ 线性组合而成。

当然，若已知交流输出电压矢量 $[\boldsymbol{V}_{\alpha},\ \boldsymbol{V}_{\beta},\ \boldsymbol{V}_{00}]^{T}$ 也可通过逆变换来获得对应的桥臂电压矢量 $[\boldsymbol{V}_{aN},\ \boldsymbol{V}_{bN},\ \boldsymbol{V}_{cN}]^{T}$，即

$$\begin{bmatrix}\boldsymbol{V}_{aN}\\\boldsymbol{V}_{bN}\\\boldsymbol{V}_{cN}\end{bmatrix}=\boldsymbol{T}_{e3}^{-1}\begin{bmatrix}\boldsymbol{V}_{\alpha}\\\boldsymbol{V}_{\beta}\\\boldsymbol{V}_{0}\end{bmatrix}=\begin{bmatrix}1&0&\dfrac{1}{2}\\-\dfrac{1}{2}&\dfrac{\sqrt{3}}{2}&\dfrac{1}{\sqrt{2}}\\-\dfrac{1}{2}&\dfrac{\sqrt{3}}{2}&\dfrac{1}{\sqrt{2}}\end{bmatrix}\begin{bmatrix}\boldsymbol{V}_{\alpha}\\\boldsymbol{V}_{\beta}\\\boldsymbol{V}_{0}\end{bmatrix}\tag{5-40}$$

关于三桥臂 VSR 空间电压矢量的几何描述，可归纳以下几点：

1）三维的桥臂电压矢量通过 $\boldsymbol{T}_{b3}$ 线性变换后获得三相对称坐标系下的交流输出电压矢量。其中，桥臂电压矢量均匀地分布于由矢量 $\boldsymbol{V}_{00}$ [1　1　1] 以及与之相垂直的二维平面所构成的三维空间中。

2）可将三相对称坐标系（a，b，c）中的交流输出电压矢量变换成两相垂直坐标系（α，β）中的交流输出电压矢量，其中 $\boldsymbol{T}_{\alpha\beta0}$ 中的行、列矢量构成了一个正交系，并组成了三维桥臂电压矢量空间基底。

3）$\boldsymbol{T}_{\alpha\beta0}=\dfrac{2}{3}\begin{bmatrix}\boldsymbol{a}&\boldsymbol{b}&\boldsymbol{c}\\\dfrac{1}{\sqrt{2}}&\dfrac{1}{\sqrt{2}}&\dfrac{1}{\sqrt{2}}\end{bmatrix}$ 中的 $\boldsymbol{a}$、$\boldsymbol{b}$、$\boldsymbol{c}$ 构成了输出电压矢量空间一组矢量，即任一输出电压矢量均可由矢量 $\boldsymbol{a}$、$\boldsymbol{b}$、$\boldsymbol{c}$ 线性组合而成，且 $\boldsymbol{a}+\boldsymbol{b}+\boldsymbol{c}=[0\quad 0]^{T}$。

3. 四桥臂 VSR 空间电压矢量的几何描述

四桥臂 VSR 拓扑结构如图 5-14 所示。

从四桥臂 VSR 拓扑结构可看出，三相交流电动势的中性点直接接入第四桥臂，因而可以独立输出三相电压，其桥臂电压矢量为 $\boldsymbol{V}_{aN}$、$\boldsymbol{V}_{bN}$、$\boldsymbol{V}_{cN}$、$\boldsymbol{V}_{0N}$，交流输出电压矢量为 $\boldsymbol{V}_{a0}$、$\boldsymbol{V}_{b0}$、$\boldsymbol{V}_{c0}$。定义四相单极性二值逻辑开关函数 s_j 为

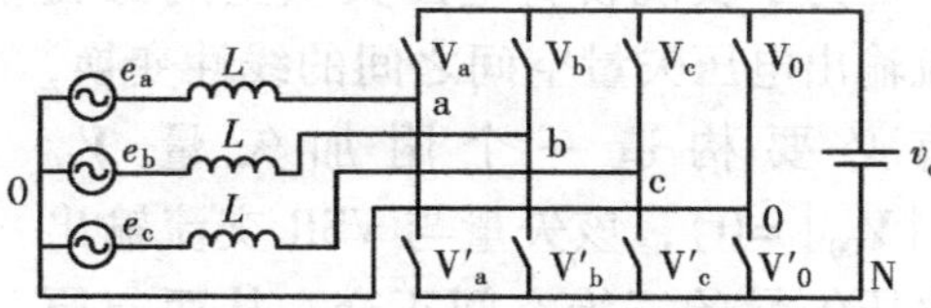

图 5-14 四桥臂 VSR 拓扑结构

$$s_j = \begin{cases} 1 & \text{上侧管导通} \\ 0 & \text{下侧管导通} \end{cases} \quad (j = a,b,c,0) \tag{5-41}$$

开关函数（s_a，s_b，s_c，s_0）的不同组合（$2^4=16$）与各电压取值见表 5-4。

表 5-4 四桥臂 VSR 开关函数及电压组合

s_a	s_b	s_c	s_0	$\boldsymbol{V}_{aN}$	$\boldsymbol{V}_{bN}$	$\boldsymbol{V}_{cN}$	$\boldsymbol{V}_{0N}$	$\boldsymbol{V}_{a0}$	$\boldsymbol{V}_{b0}$	$\boldsymbol{V}_{c0}$	$\boldsymbol{V}_k$
0	0	0	0	0	0	0	0	0	0	0	$\boldsymbol{V}_0$
0	0	0	1	0	0	0	v_{dc}	$-v_{dc}$	$-v_{dc}$	$-v_{dc}$	$\boldsymbol{V}_1$
0	0	1	0	0	0	v_{dc}	0	0	0	v_{dc}	$\boldsymbol{V}_2$
0	0	1	1	0	0	v_{d0}	v_{dc}	$-v_{dc}$	$-v_{dc}$	0	$\boldsymbol{V}_3$
0	1	0	0	0	v_{dc}	0	0	0	v_{dc}	0	$\boldsymbol{V}_4$
0	1	0	1	0	v_{dc}	0	v_{dc}	$-v_{dc}$	0	$-v_{dc}$	$\boldsymbol{V}_5$
0	1	1	0	0	v_{dc}	v_{dc}	0	0	v_{dc}	v_{dc}	$\boldsymbol{V}_6$
0	1	1	1	0	v_{dc}	v_{dc}	v_{dc}	$-v_{dc}$	0	0	$\boldsymbol{V}_7$
1	0	0	0	v_{dc}	0	0	0	v_{dc}	0	0	$\boldsymbol{V}_8$
1	0	0	1	v_{dc}	0	0	v_{dc}	0	$-v_{dc}$	$-v_{dc}$	$\boldsymbol{V}_9$
1	0	1	0	v_{dc}	0	v_{dc}	0	v_{dc}	0	v_{dc}	$\boldsymbol{V}_{10}$
1	0	1	1	v_{dc}	0	v_{dc}	v_{d0}	0	$-v_{dc}$	0	$\boldsymbol{V}_{11}$
1	1	0	0	v_{dc}	v_{dc}	0	0	v_{dc}	v_{dc}	0	$\boldsymbol{V}_{12}$
1	1	0	1	v_{dc}	v_{dc}	0	v_{dc}	0	0	$-v_{dc}$	$\boldsymbol{V}_{13}$
1	1	1	0	v_{dc}	v_{dc}	v_{dc}	0	v_{dc}	v_{dc}	v_{dc}	$\boldsymbol{V}_{14}$
1	1	1	1	v_{dc}	v_{dc}	v_{dc}	v_{dc}	0	0	0	$\boldsymbol{V}_{15}$

显然，桥臂电压矢量（$\boldsymbol{V}_{aN}$、$\boldsymbol{V}_{bN}$、$\boldsymbol{V}_{cN}$、$\boldsymbol{V}_{0N}$）可由四维空间描述，而交流输出电压矢量（$\boldsymbol{V}_{a0}$、$\boldsymbol{V}_{b0}$、$\boldsymbol{V}_{c0}$）由三维空间描述。

在桥臂电压矢量空间中，$\boldsymbol{V}_{aN}$、$\boldsymbol{V}_{bN}$、$\boldsymbol{V}_{cN}$、$\boldsymbol{V}_{0N}$ 相互正交，且共有 16 条矢量构成，并均匀地分布在图 5-15 所表示的四维空间之中。

对于三维空间描述的交流输出电压矢量 $\boldsymbol{V}_{a0}$、$\boldsymbol{V}_{b0}$、$\boldsymbol{V}_{c0}$，显然应在三维空间

中构成一个正交系，并均匀地分布在图 5-16 所表示的三维空间中。

为了实现桥臂电压矢量空间与交流输出电压矢量空间之间的线性变换，有必要构造一个附加矢量 $\boldsymbol{V}_{00}$（$|\boldsymbol{V}_{00}|=0$），该矢量与 VSR 交流输出电压矢量的三维空间正交，从而与原三维空间一起构成一个 VSR 交流输出电压矢量的四维空间，由于 $\boldsymbol{V}_{00}$ 是零轴矢量，因而并不影响三维空间上交流输出电压矢量的大小和分布。另外 $\boldsymbol{V}_{00}$ 与原三维交流输出电压矢量空间正交，因而 $\boldsymbol{V}_{00}$ 实际上表示了零矢量（$\boldsymbol{V}_{15}$，$\boldsymbol{V}_{0}$）的空间位置，此时 $|\boldsymbol{V}_{aN}|=|\boldsymbol{V}_{bN}|=|\boldsymbol{V}_{cN}|=|\boldsymbol{V}_{0N}|=0$ 或 $|\boldsymbol{V}_{aN}|=|\boldsymbol{V}_{bN}|=|\boldsymbol{V}_{cN}|=|\boldsymbol{V}_{0N}|=v_{dc}$。这样，矢量 $\boldsymbol{V}_{00}$ 就将桥臂电压矢量空间与交流输出电压矢量空间联系在一起。

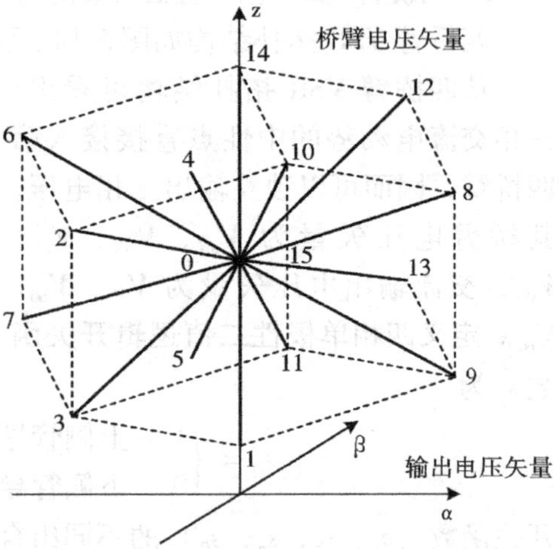

图 5-15　四桥臂 VSR 桥臂电压矢量的空间描述

桥臂电压矢量由四维空间中的矢量 $\boldsymbol{V}_{00}$（$|\boldsymbol{V}_{00}|=0$）出发，并均匀地分布在四维桥臂电压空间中，从而确定了四桥臂 VSR 16 条桥臂电压矢量的空间分布。而桥臂电压矢量在交流输出电压矢量三维空间上的投影矢量，便确定了交流输出电压矢量的空间分布。综合上述分析及表 5-4，得出如下变换关系：

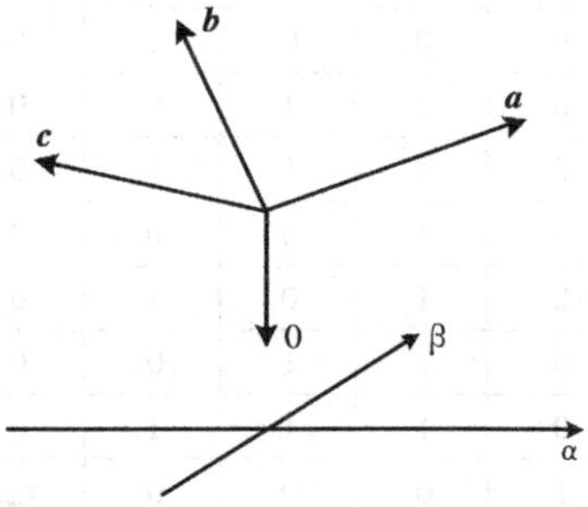

图 5-16　四桥臂 VSR 交流输出电压矢量空间

$$
\begin{cases}
\begin{bmatrix} \boldsymbol{V}_{a0} \\ \boldsymbol{V}_{b0} \\ \boldsymbol{V}_{c0} \\ \boldsymbol{V}_{00} \end{bmatrix} = \begin{bmatrix} 1 & 0 & 0 & -1 \\ 0 & 1 & 0 & -1 \\ 0 & 0 & 1 & -1 \\ 0 & 0 & 0 & 0 \end{bmatrix} \begin{bmatrix} \boldsymbol{V}_{aN} \\ \boldsymbol{V}_{bN} \\ \boldsymbol{V}_{cN} \\ \boldsymbol{V}_{0N} \end{bmatrix} = \boldsymbol{T}_{b4} \begin{bmatrix} \boldsymbol{V}_{aN} \\ \boldsymbol{V}_{bN} \\ \boldsymbol{V}_{cN} \\ \boldsymbol{V}_{0N} \end{bmatrix} \\
\boldsymbol{T}_{b4} = \begin{bmatrix} 1 & 0 & 0 & -1 \\ 0 & 1 & 0 & -1 \\ 0 & 0 & 1 & -1 \\ 0 & 0 & 0 & 0 \end{bmatrix}
\end{cases}
\tag{5-42}
$$

式（5-42）表明，若已知桥臂电压矢量，则可通过空间的线性变换矩阵

$\boldsymbol{T}_{b4}$，获得交流输出电压矢量。当然，还可以进一步进行坐标变换，将上述四维空间变为坐标系（α、β、0、z）下的四维空间。其中 z 为附加坐标轴，并与坐标系（α、β、0）正交，因而有

$$\begin{cases} \begin{bmatrix} \boldsymbol{V}_\alpha \\ \boldsymbol{V}_\beta \\ \boldsymbol{V}_0 \\ \boldsymbol{V}_z \end{bmatrix} = \dfrac{2}{3}\begin{bmatrix} 1 & -\dfrac{1}{2} & -\dfrac{1}{2} & 0 \\ 0 & \dfrac{\sqrt{3}}{2} & -\dfrac{\sqrt{3}}{2} & 0 \\ \dfrac{1}{2\sqrt{2}} & \dfrac{1}{2\sqrt{2}} & \dfrac{1}{2\sqrt{2}} & -\dfrac{3}{2\sqrt{2}} \\ \dfrac{\sqrt{3}}{2\sqrt{2}} & \dfrac{\sqrt{3}}{2\sqrt{2}} & \dfrac{\sqrt{3}}{2\sqrt{2}} & \dfrac{\sqrt{3}}{2\sqrt{2}} \end{bmatrix}\begin{bmatrix} \boldsymbol{V}_{a0} \\ \boldsymbol{V}_{b0} \\ \boldsymbol{V}_{c0} \\ \boldsymbol{V}_{00} \end{bmatrix} = \boldsymbol{T}_{\alpha\beta0z}\begin{bmatrix} \boldsymbol{V}_{a0} \\ \boldsymbol{V}_{b0} \\ \boldsymbol{V}_{c0} \\ \boldsymbol{V}_{00} \end{bmatrix} \\ \boldsymbol{T}_{\alpha\beta0z} = \dfrac{2}{3}\begin{bmatrix} 1 & -\dfrac{1}{2} & -\dfrac{1}{2} & 0 \\ 0 & \dfrac{\sqrt{3}}{2} & -\dfrac{\sqrt{3}}{2} & 0 \\ \dfrac{1}{2\sqrt{2}} & \dfrac{1}{2\sqrt{2}} & \dfrac{1}{2\sqrt{2}} & -\dfrac{3}{2\sqrt{2}} \\ \dfrac{\sqrt{3}}{2\sqrt{2}} & \dfrac{\sqrt{3}}{2\sqrt{2}} & \dfrac{\sqrt{3}}{2\sqrt{2}} & \dfrac{\sqrt{3}}{2\sqrt{2}} \end{bmatrix} \end{cases} \tag{5-43}$$

将 $\boldsymbol{T}_{\alpha\beta0z}$ 记为

$$\boldsymbol{T}_{\alpha\beta0z} = \frac{2}{3}\begin{bmatrix} \boldsymbol{a} & \boldsymbol{b} & \boldsymbol{c} & \boldsymbol{0} \\ \dfrac{\sqrt{3}}{2\sqrt{2}} & \dfrac{\sqrt{3}}{2\sqrt{2}} & \dfrac{\sqrt{3}}{2\sqrt{2}} & \dfrac{\sqrt{3}}{2\sqrt{2}} \end{bmatrix} \tag{5-44}$$

式中

$$\boldsymbol{a} = \begin{bmatrix} 1 & 0 & \dfrac{1}{2\sqrt{2}} \end{bmatrix}^{\mathrm{T}} \quad \boldsymbol{b} = \begin{bmatrix} -\dfrac{1}{2} & \dfrac{\sqrt{3}}{2} & \dfrac{1}{2\sqrt{2}} \end{bmatrix}^{\mathrm{T}}$$

$$\boldsymbol{c} = \begin{bmatrix} -\dfrac{1}{2} & -\dfrac{\sqrt{3}}{2} & \dfrac{1}{2\sqrt{2}} \end{bmatrix}^{\mathrm{T}} \quad \boldsymbol{0} = \begin{bmatrix} 0 & 0 & -\dfrac{3}{2\sqrt{2}} \end{bmatrix}^{\mathrm{T}} \tag{5-45}$$

显然

$$\boldsymbol{a}+\boldsymbol{b}+\boldsymbol{c}+\boldsymbol{0} = \begin{bmatrix} 1 \\ 0 \\ \dfrac{1}{2\sqrt{2}} \end{bmatrix} + \begin{bmatrix} -\dfrac{1}{2} \\ \dfrac{\sqrt{3}}{2} \\ \dfrac{1}{2\sqrt{2}} \end{bmatrix} + \begin{bmatrix} -\dfrac{1}{2} \\ -\dfrac{\sqrt{3}}{2} \\ \dfrac{1}{2\sqrt{2}} \end{bmatrix} + \begin{bmatrix} 0 \\ 0 \\ -\dfrac{3}{2\sqrt{2}} \end{bmatrix} = \begin{bmatrix} 0 \\ 0 \\ 0 \end{bmatrix} \tag{5-46}$$

结合式（5-42）、式（5-43），得

$$\begin{cases}[\boldsymbol{V}_{\alpha}\ \boldsymbol{V}_{\beta}\ \boldsymbol{V}_{0}\ \boldsymbol{V}_{z}]^{\mathrm{T}}=\boldsymbol{T}_{\alpha\beta0z}\boldsymbol{T}_{b4}[\boldsymbol{V}_{aN}\ \boldsymbol{V}_{bN}\ \boldsymbol{V}_{cN}\ \boldsymbol{V}_{0N}]^{\mathrm{T}}\\ =\dfrac{2}{3}\begin{bmatrix}1 & -\dfrac{1}{2} & -\dfrac{1}{2} & 0\\ 0 & \dfrac{\sqrt{3}}{2} & -\dfrac{\sqrt{3}}{2} & 0\\ \dfrac{1}{2\sqrt{2}} & \dfrac{1}{2\sqrt{2}} & \dfrac{1}{2\sqrt{2}} & -\dfrac{3}{2\sqrt{2}}\\ \dfrac{\sqrt{3}}{2\sqrt{2}} & \dfrac{\sqrt{3}}{2\sqrt{2}} & \dfrac{\sqrt{3}}{2\sqrt{2}} & -\dfrac{\sqrt{3}}{2\sqrt{2}}\end{bmatrix}\begin{bmatrix}\boldsymbol{V}_{aN}\\ \boldsymbol{V}_{bN}\\ \boldsymbol{V}_{cN}\\ \boldsymbol{V}_{0N}\end{bmatrix}\\ =\dfrac{2}{3}\begin{bmatrix}\boldsymbol{a} & \boldsymbol{b} & \boldsymbol{c} & \boldsymbol{0}\\ \dfrac{\sqrt{3}}{2\sqrt{2}} & \dfrac{\sqrt{3}}{2\sqrt{2}} & \dfrac{\sqrt{3}}{2\sqrt{2}} & -\dfrac{\sqrt{3}}{2\sqrt{2}}\end{bmatrix}\begin{bmatrix}\boldsymbol{V}_{aN}\\ \boldsymbol{V}_{bN}\\ \boldsymbol{V}_{cN}\\ \boldsymbol{V}_{0N}\end{bmatrix}=\boldsymbol{T}_{e4}\begin{bmatrix}\boldsymbol{V}_{aN}\\ \boldsymbol{V}_{bN}\\ \boldsymbol{V}_{cN}\\ \boldsymbol{V}_{0N}\end{bmatrix}\\ \boldsymbol{T}_{e4}=\dfrac{2}{3}\begin{bmatrix}\boldsymbol{a} & \boldsymbol{b} & \boldsymbol{c} & \boldsymbol{0}\\ \dfrac{\sqrt{3}}{2\sqrt{2}} & \dfrac{\sqrt{3}}{2\sqrt{2}} & \dfrac{\sqrt{3}}{2\sqrt{2}} & -\dfrac{\sqrt{3}}{2\sqrt{2}}\end{bmatrix}\end{cases} \tag{5-47}$$

以上变换说明，对于αβ0z空间的任一输出电压矢量，均可由桥臂电压矢量空间经$\boldsymbol{T}_{e4}$线性变换而获得；而矢量$\boldsymbol{V}_{\alpha}$、$\boldsymbol{V}_{\beta}$、$\boldsymbol{V}_{0}$可由矢量$\boldsymbol{a}$、$\boldsymbol{b}$、$\boldsymbol{c}$、$\boldsymbol{0}$的线性组合获得，并且16条桥臂电压矢量中的$\boldsymbol{V}_{8}$、$\boldsymbol{V}_{4}$、$\boldsymbol{V}_{2}$、$\boldsymbol{V}_{1}$与矢量$\boldsymbol{a}$、$\boldsymbol{b}$、$\boldsymbol{c}$、$\boldsymbol{0}$空间位置相同。换言之，矢量$\boldsymbol{V}_{8}$、$\boldsymbol{V}_{4}$、$\boldsymbol{V}_{2}$、$\boldsymbol{V}_{1}$的线性组合可生成其他12条矢量，如利用式（5-47）和表5-2易得

$$\boldsymbol{V}_{8}+\boldsymbol{V}_{4}=\left[\left(\frac{2}{3}v_{dc}\right)\boldsymbol{a}\right]+\left[\left(\frac{2}{3}v_{dc}\right)\boldsymbol{b}\right]=\left(\frac{2}{3}v_{dc}\right)\left[\frac{1}{2}\ \frac{\sqrt{3}}{2}\ \frac{1}{\sqrt{2}}\right]^{\mathrm{T}}=\boldsymbol{V}_{12} \tag{5-48}$$

显然，$\boldsymbol{a}$、$\boldsymbol{b}$、$\boldsymbol{c}$、$\boldsymbol{0}$为四桥臂VSR交流输出电压矢量空间的一组矢量。$\boldsymbol{a}$、$\boldsymbol{b}$、$\boldsymbol{c}$、$\boldsymbol{0}$在αβ0三维空间中构成了如图5-16所示的一对称四面体空间。若已知$[\boldsymbol{V}_{\alpha},\ \boldsymbol{V}_{\beta},\ \boldsymbol{V}_{0},\ \boldsymbol{V}_{z}]^{\mathrm{T}}$，则存在逆变换，使得下式成立：

$$[\boldsymbol{V}_{aN}\ \boldsymbol{V}_{bN}\ \boldsymbol{V}_{cN}\ \boldsymbol{V}_{0N}]^{\mathrm{T}}=\boldsymbol{T}_{e4}^{-1}[\boldsymbol{V}_{\alpha}\ \boldsymbol{V}_{\beta}\ \boldsymbol{V}_{0}\ \boldsymbol{V}_{z}]^{\mathrm{T}}$$

$$\boldsymbol{T}_{e4}^{-1}=\begin{bmatrix}1 & 0 & \dfrac{1}{2\sqrt{2}} & \dfrac{\sqrt{3}}{2\sqrt{2}}\\ -\dfrac{1}{2} & \dfrac{\sqrt{3}}{2} & \dfrac{1}{2\sqrt{2}} & \dfrac{\sqrt{3}}{2\sqrt{2}}\\ -\dfrac{1}{2} & -\dfrac{\sqrt{3}}{2} & \dfrac{1}{2\sqrt{2}} & \dfrac{\sqrt{3}}{2\sqrt{2}}\\ 0 & 0 & -\dfrac{3}{2\sqrt{2}} & -\dfrac{\sqrt{3}}{2\sqrt{2}}\end{bmatrix} \tag{5-49}$$

5.2 三相 VSR 空间电压矢量 PWM（SVPWM）控制

以上讨论了 VSR 空间电压矢量的共性问题，与普通的SPWM控制相比，基于 SVPWM 的三相 VSR 控制则有下列突出优点：

1）与 SPWM 控制相比，其三相 VSR 直流电压利用率提高了 15.4%。由于直流电压利用率的提高，相同直流电压条件下，可提高三相 VSR 网侧电压设计，因而相对减少了三相 VSR 网侧电流，降低了 VSR 网侧及功率开关管通态损耗，提高了 VSR 运行效率。

2）与 SPWM 控制相比，相同的波形品质条件下，SVPWM 控制具有较低的开关频率，且平均约降低 30%[109]，从而有效地降低了功率开关管的开关损耗。

3）与 SPWM 控制相比，SVPWM 控制具有更好的动态性能。当采用 SVPWM 进行 VSR 电流控制时，可以根据被跟踪的电流矢量，优化选择三相 VSR 空间电压矢量进行 PWM 电流跟踪控制，从而在相对低的开关频率条件下较好地跟踪电流指令。

就三相 VSR SVPWM 电流控制而言，主要分成两大类：一类是通过三相 VSR 电流环运算获得空间指令电压矢量，然后通过 VSR 空间电压矢量的合成，使实际的空间电压矢量逼近指令电压矢量，以达到电流控制的目的；另一类则是将滞环控制与 SVPWM 控制相结合，通过 VSR 空间电压矢量的实时切换，使电流误差被限制在一个给定滞环内，从而获得电流的高品质控制。与滞环 PWM 电流控制方案类似，基于滞环的 SVPWM 电流控制也可分为定频与不定频 PWM 控制。

第一类 SVPWM 电流控制方案，一般用于动态电流响应要求不高的正弦波电流跟踪控制场合，如高功率因数整流器、无功补偿装置等。这主要是由于其指令电压矢量受 VSR 系统及控制滞后扰动的影响，因而不易取得十分理想的动态电流响应。

第二类 SVPWM 电流控制方案，因其快速的电流响应和较好的系统鲁棒性，常用于诸如有源滤波器等要求快速电流响应控制的系统中。这类控制方案将滞环控制与 SVPWM 控制有机地结合起来，在取得快速电流响应的同时，降低了开关频率，提高了系统运行效率。

以下将重点介绍第二类 SVPWM 电流控制方案，首先讨论基于不定频滞环的 SVPWM 电流控制策略；然后详述基于定频滞环的 SVPWM 电流控制策略；最后简述第一类 SVPWM 电流控制原理。

5.2.1 基于不定频滞环的 SVPWM 电流控制[19,23]

1. 控制原理

对于图 5-10 所示的三相无中线 VSR 拓扑结构，若忽略 VSR 交流侧电阻，可

得 VSR 电压矢量方程为

$$\boldsymbol{V}=\boldsymbol{E}+L\frac{\mathrm{d}\boldsymbol{I}}{\mathrm{d}t} \tag{5-50}$$

式中　$\boldsymbol{V}$——三相 VSR 交流侧输出电压矢量；

$\boldsymbol{E}$——三相电网电动势矢量；

$\boldsymbol{I}$——三相 VSR 交流侧电流矢量。

若指令电流矢量为 $\boldsymbol{I}^*$，则实际的误差电流矢量为

$$\Delta\boldsymbol{I}=\boldsymbol{I}^*-\boldsymbol{I} \tag{5-51}$$

将式（5-51）代入式（5-50），化简得

$$L\frac{\mathrm{d}\Delta\boldsymbol{I}}{\mathrm{d}t}=\boldsymbol{E}+L\frac{\mathrm{d}\boldsymbol{I}^*}{\mathrm{d}t}-\boldsymbol{V} \tag{5-52}$$

式（5-52）表明，误差电流矢量的变化率受三相 VSR 输出电压矢量 $\boldsymbol{V}$、电网电动势矢量 $\boldsymbol{E}$ 和指令电流矢量 $\boldsymbol{I}^*$ 变化率的影响。若要获得零误差电流响应，则三相 VSR 输出指令电压矢量 $\boldsymbol{V}^*$ 应满足

$$\boldsymbol{V}^*=L\frac{\mathrm{d}\boldsymbol{I}^*}{\mathrm{d}t}+\boldsymbol{E} \tag{5-53}$$

然而，对于三相 VSR，共有 8 条空间电压矢量 $\boldsymbol{V}_k$（$k=0$，…，7）可以选择。显然，式（5-52）可变为

$$L\frac{\mathrm{d}\Delta\boldsymbol{I}}{\mathrm{d}t}=\boldsymbol{E}+L\frac{\mathrm{d}\boldsymbol{I}^*}{\mathrm{d}t}-\boldsymbol{V}_k \quad (k=0,\cdots,7) \tag{5-54}$$

将式（5-53）代入式（5-54），得

$$L\frac{\mathrm{d}\Delta\boldsymbol{I}}{\mathrm{d}t}=\boldsymbol{V}^*-\boldsymbol{V}_k \quad (k=0,\cdots,7) \tag{5-55}$$

式（5-55）说明，对于给定的具有零误差电流响应的参考电压矢量 $\boldsymbol{V}^*$，可以选择合适的三相 VSR 空间电压矢量 $\boldsymbol{V}_k$（$k=0$，…，7），以控制误差电流矢量的变化率 $\mathrm{d}\Delta\boldsymbol{I}/\mathrm{d}t$，从而控制误差电流矢量 $\Delta\boldsymbol{I}$。

基于不定频滞环的三相 VSR SVPWM 电流控制原理如图 5-17 所示。这种控制策略是将指令电流 i_a^*、i_b^*、i_c^* 与反馈电流 i_a、i_b、i_c 通过定环宽的滞环比较单元，输出相应的比较状态值 B_a、B_b、B_c，并通过对指令电压矢量 $\boldsymbol{V}^*$ 的区域判别，最终由空间电压矢量选择逻辑，输出一个合适的 $\boldsymbol{V}_k$（$k=0$，…，7），从而使三相 VSR 电流跟踪指令电流。因为采用了固定环宽的滞环比较控制，所以这种控制策略属于不定频滞环 SVPWM 控制策略。以下详细讨论 $\boldsymbol{V}_k$ 的

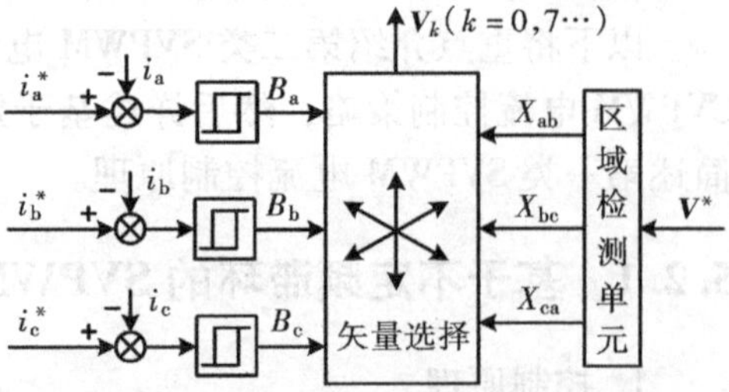

图 5-17　不定频滞环 SVPWM 控制原理

选择原则。

2. 关于 V^*、ΔI 区域的划分

为研究方便，先对参考电压矢量 V^* 以及误差电流矢量 ΔI 在三相 VSR 电压矢量空间进行区域划分，以便确定 V^* 及 ΔI 的空间位置。

由于三相 VSR 空间电压矢量将矢量空间自然划分成六个三角形区域，故亦可将 V^* 所在空间区域划分为六个三角形区域，并记为Ⅰ~Ⅵ区，（见图 5-18a），其对应的三相对称坐标轴为（a，b，c）。另外，考虑到 ΔI 空间区域划分应有利于 Δi_a、Δi_b、Δi_c 的正、负极性判别，因而可将 V^* 空间坐标轴系（a，b，c）顺时针旋转 π/6，即可获得 ΔI 空间的区域划分，如图 5-18b 所示。显然，ΔI 空间区域亦可划分为六个三角形区域，并记为①~⑥区，其对应的三相对称坐标轴为（X，Y，Z），且滞环宽度为 I_w。

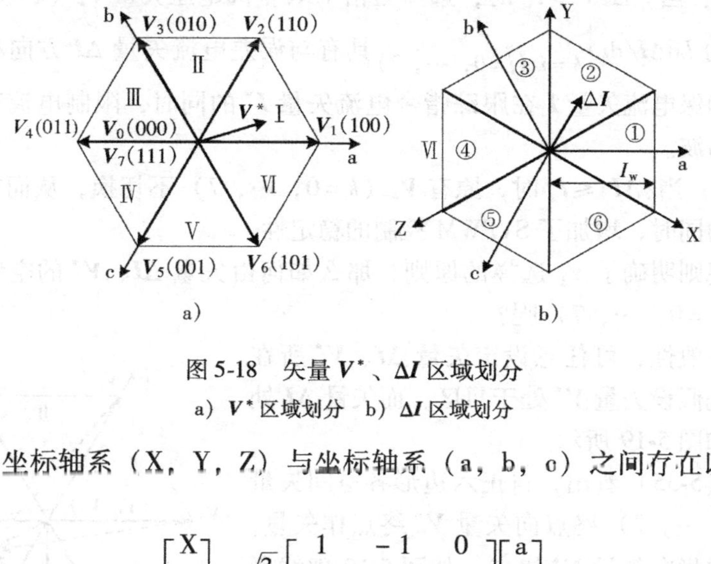

图 5-18　矢量 V^*、ΔI 区域划分

a）V^* 区域划分　b）ΔI 区域划分

显然，坐标轴系（X，Y，Z）与坐标轴系（a，b，c）之间存在以下线性变换：

$$\begin{bmatrix} X \\ Y \\ Z \end{bmatrix} = \frac{\sqrt{3}}{2} \begin{bmatrix} 1 & -1 & 0 \\ 0 & 1 & -1 \\ -1 & 0 & 1 \end{bmatrix} \begin{bmatrix} a \\ b \\ c \end{bmatrix} \tag{5-56}$$

3. 控制规则与 V_k（$k=0$，…，7）的选择

定义了指令电压矢量 V^* 以及误差电流矢量 ΔI 的区域分布后，如何选择 V_k（$k=0$，…，7）以实现基于不定频滞环的 SVPWM 电流跟踪控制，则需进一步加以探讨。

由式（5-55）分析，一旦指令电压矢量 V^* 及误差电流矢量 ΔI 确定之后，两矢量空间的区域位置也随之确定，为实现电流跟踪控制，则必须选择一个合适的三相空间电压矢量 V_k（$k=0$，…，7），使误差电流变化率矢量 $\mathrm{d}\Delta I/\mathrm{d}t$ 与误差电流矢量 ΔI 的方向始终相反，当开关频率足够高时，误差电流矢量的模 $|\Delta I|$ 就

被限制在一定的滞环宽度以内，从而实现了三相 VSR 电流跟踪控制。进一步研究表明，当矢量 $\Delta\boldsymbol{I}$、$\boldsymbol{V}^*$ 在空间的区域确定后，可能选择多条 $\boldsymbol{V}_k$ 满足上述要求，那么究竟取哪条 $\boldsymbol{V}_k$ 更为合理呢？若选取的 $\boldsymbol{V}_k$ 使其对应的误差电流变化率矢量的模 $|\mathrm{d}\Delta\boldsymbol{I}i/\mathrm{d}t|$ 越大，其电流跟踪速度越快，若采用固定的滞环宽度，则开关频率也会增加；反之，当选取的 $\boldsymbol{V}_k$ 使其对应的误差电流变化率矢量的模 $|\mathrm{d}\Delta\boldsymbol{I}i/\mathrm{d}t|$ 越小，其电流跟踪速度越慢，相应的开关频率会降低。为了限制不定频滞环 SVPWM 电流控制时的电流变化率，应选择 $\boldsymbol{V}_k$，使其对应的误差电流变化率矢量的模 $|\mathrm{d}\Delta\boldsymbol{I}/\mathrm{d}t|$ 最小。实际上，限制三相 VSR 不定频滞环 SVPWM 电流控制时的开关频率，还有利于抑制电流谐波，特别当指令电流矢量 $\boldsymbol{I}^*$ 变化率较低时，电流谐波更为明显。若设滞环宽度为 I_w，则对三相 VSR 不定频滞环 SVPWM 电流控制规则总结如下。

规则 1：当 $|\Delta\boldsymbol{I}| > I_w$ 时，选择三相 VSR 空间电压矢量 $\boldsymbol{V}_k$（$k=0, \cdots, 7$），使其对应的 $L\mathrm{d}\Delta\boldsymbol{I}/\mathrm{d}t\Big|_{k=j\ (j=0,\ \cdots,\ 7)}$ 具有与误差电流矢量 $\Delta\boldsymbol{I}$ 方向相反的最小分量，以确保电流矢量 $\boldsymbol{I}$ 在跟踪指令电流矢量 $\boldsymbol{I}^*$ 的同时，限制电流变化率，以抑制电流谐波。

规则 2：当 $|\Delta\boldsymbol{I}| \leqslant I_w$ 时，原有 $\boldsymbol{V}_k$（$k=0, \cdots, 7$）不切换，从而在限制平均开关频率的同时，增加了 SVPWM 控制的稳定性。

以上规则明确了 $\boldsymbol{V}_k$ 选择的原则，那么如何由矢量 $\Delta\boldsymbol{I}$、$\boldsymbol{V}^*$ 的空间区域具体选择 $\boldsymbol{V}_k$（$k=0, \cdots, 7$）呢？

不失一般性，可任意设定矢量 $\Delta\boldsymbol{I}$、$\boldsymbol{V}^*$ 所在区域，若先假设矢量 $\boldsymbol{V}^*$ 处于Ⅵ区，而矢量 $\Delta\boldsymbol{I}$ 处于⑥区，如图 5-19 所示。

由式（5-55）看出，自正六边形各空间矢量 $\boldsymbol{V}_k$（$k=0, \cdots, 7$）终点向矢量 $\boldsymbol{V}^*$ 终点作矢量，且矢量方向指向矢量 $\boldsymbol{V}^*$ 终点，如图 5-19 虚线所示，这些虚线所表示的矢量即为 $\boldsymbol{V}_k$（$k=0, \cdots, 7$）所对应的矢量 $L\mathrm{d}\Delta\boldsymbol{I}/\mathrm{d}t$。若设 $|\Delta\boldsymbol{I}| > I_w$，则按规则 1 选择 $\boldsymbol{V}_k$（$k=0, \cdots, 7$）时，首先应优先考虑 $L\mathrm{d}\Delta\boldsymbol{I}/\mathrm{d}t\Big|_{k=j\ (j=0,\ \cdots,\ 7)}$ 模值较小矢量对应的 $\boldsymbol{V}_k$（$k=0, \cdots, 7$），显然矢量 $\boldsymbol{V}^*$ 区域对应的三角形边界矢量满足这一条件，如图 5-19 中的 $\boldsymbol{V}_1$、$\boldsymbol{V}_6$、$\boldsymbol{V}_0$、$\boldsymbol{V}_7$。另外，选定的 $\boldsymbol{V}_k$（$k=0, \cdots, 7$）所对应的矢量 $L\mathrm{d}\Delta\boldsymbol{I}/\mathrm{d}t$ 必须始终与矢量 $\Delta\boldsymbol{I}$ 方向相反。从图 5-19 可看出，当矢量 $\Delta\boldsymbol{I}$ 处于⑥区时，则只能选择矢量 $\boldsymbol{V}_6$，因为此时只有矢量 $\boldsymbol{V}_6$ 对应的 $L\mathrm{d}\Delta\boldsymbol{I}/\mathrm{d}t\Big|_{j=6}$ 其方

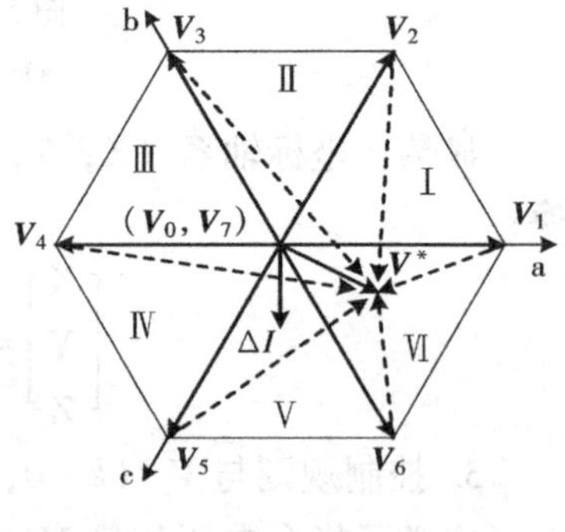

图 5-19 $L\dfrac{\mathrm{d}\Delta\boldsymbol{I}}{\mathrm{d}t}$、$\boldsymbol{V}^*$、$\Delta\boldsymbol{I}$ 分布

向无论 V^* 在Ⅵ区任何位置，均可始终与矢量 ΔI 方向相反，从而确保了电流的跟踪控制，而 V_1、V_0、V_7 则不满足这一条件。依次变动矢量 ΔI、V^* 所处区域，同理可分析得出规则 2 的控制模式，见表 5-5。

表 5-5 ΔI、V^* 区域与 V_k 的选择

V^* 区域	ΔI 区域					
	①	②	③	④	⑤	⑥
Ⅰ	V_1	V_2	V_2	$V_{0、7}$	$V_{0、7}$	V_1
Ⅱ	V_2	V_2	V_3	V_3	$V_{0、7}$	$V_{0、7}$
Ⅲ	$V_{0、7}$	V_3	V_3	V_4	V_4	$V_{0、7}$
Ⅳ	$V_{0、7}$	$V_{0、7}$	V_4	V_4	V_5	V_5
Ⅴ	V_6	$V_{0、7}$	$V_{0、7}$	V_5	V_5	V_6
Ⅵ	V_1	V_1	$V_{0、7}$	$V_{0、7}$	V_6	V_6

实际上，若将 V^* 区域与 ΔI 区域叠加在一起，更容易理解表 5-5 的结论，如图 5-20 所示。从图中可看出，当 V^* 在Ⅰ区时，可能选择的电压矢量为 V_1、V_2、V_0、V_7。再由 ΔI 区域与 V^* 区域的相对几何关系分析，当 ΔI 位于①、⑥区域构成的平行四边形区域时，应选择 V_1；当 ΔI 位于②、③区域构成的平行四边形区域时，应选择 V_2；当 ΔI 位于④、⑤区域构成的平行四边形区域时，应选择 V_0、V_7。

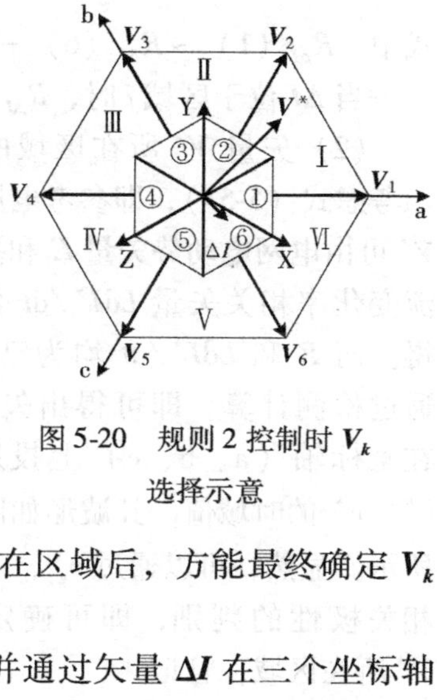

图 5-20 规则 2 控制时 V_k 选择示意

4. 矢量 ΔI、V^* 区域检测及 V_k 选择的逻辑运算

上述分析表明，只有首先确定矢量 ΔI、V^* 所在区域后，方能最终确定 V_k（$k=0, \cdots, 7$）。

（1）矢量 ΔI 区域的检测　由图 5-18b 观察，并通过矢量 ΔI 在三个坐标轴（a、b、c）上分量 Δi_a、Δi_b、Δi_c 的正负极性判别，容易确定矢量 ΔI 所在区域。例如当 $\Delta i_a>0$、$\Delta i_b<0$、$\Delta i_c<0$ 时，矢量 ΔI 一定处于①区，依次同理类推，即得有关 ΔI 区域检测判据，见表 5-6。

表 5-6 ΔI 区域检测判据

Δi_a	+	+	−	−	−	+
Δi_b	−	+	+	+	−	−
Δi_c	−	−	−	+	+	+
ΔI 区域	①	②	③	④	⑤	⑥

注："+"—$\Delta i_j>0$；"−"—$\Delta i_j\leqslant 0$　（$j=$a，b，c）。

分析上述规律可得知，矢量$\Delta \boldsymbol{I}$区域实际上可从VSR三相电流（i_a，i_b，i_c）滞环比较器输出逻辑直接判定。设Δi_a、Δi_b、Δi_c滞环比较器的输出逻辑变量分别为B_a、B_b、B_c，且滞环宽度为I_w（$I_w>0$），则记为

$$B_j = \mathrm{sign}(\Delta i_j) = \begin{cases} 1 & \Delta i_j > I_\omega \\ 0 & \Delta i_j < -I_\omega \end{cases} \quad (j = a,b,c) \tag{5-57}$$

由表5-6和式（5-57）直接得到$\Delta \boldsymbol{I}$区域判定的逻辑关系为

$$\begin{cases} R_{\Delta I}(1) = B_a \cdot \overline{B}_b \cdot \overline{B}_c \\ R_{\Delta I}(2) = B_a \cdot B_b \cdot \overline{B}_c \\ R_{\Delta I}(3) = \overline{B}_a \cdot B_b \cdot \overline{B}_c \\ R_{\Delta I}(4) = \overline{B}_a \cdot B_b \cdot B_c \\ R_{\Delta I}(5) = \overline{B}_a \cdot \overline{B}_b \cdot B_c \\ R_{\Delta I}(6) = B_a \cdot \overline{B}_b \cdot B_c \end{cases} \tag{5-58}$$

式中　$R_{\Delta I}$（1）～$R_{\Delta I}$（6）——$\Delta \boldsymbol{I}$区域①～⑥对应的逻辑变量。

当$\Delta \boldsymbol{I}$位于区域j时，$R_{\Delta I}$（j）=1，否则$R_{\Delta I}$（j）=0，$j\in$（1，…，6）。

（2）矢量$\boldsymbol{V}^*$所在区域的检测

考虑式（5-53），即参考电压矢量$\boldsymbol{V}^*$可由电网电动势矢量$\boldsymbol{E}$和指令电流变化率相关矢量$L\mathrm{d}\boldsymbol{I}^*/\mathrm{d}t$合成求得。而$\boldsymbol{E}$和$L\mathrm{d}\boldsymbol{I}^*/\mathrm{d}t$均为已知量，通过检测计算，即可得出矢量$\boldsymbol{V}^*$在坐标轴（a、b、c）上投影$v_a^*$、$v_b^*$、$v_c^*$的时域值，其波形如图5-21所示。显然，可以通过$v_a^*$、$v_b^*$、$v_c^*$相关极性的判别，即可确定矢量$\boldsymbol{V}^*$所在区域，且记

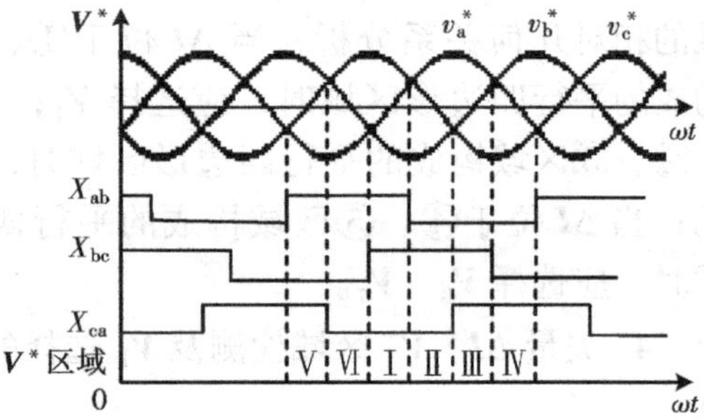

图5-21　$\boldsymbol{V}^*$区域检测及判定

$$\begin{cases} X_{ab} = \mathrm{sign}(v_a^* - v_b^*) \\ X_{bc} = \mathrm{sign}(v_b^* - v_c^*) \\ X_{ca} = \mathrm{sign}(v_c^* - v_a^*) \end{cases} \tag{5-59}$$

式中

$$\mathrm{sign}(x) = \begin{cases} 1 & (x > 0) \\ 0 & (x < 0) \end{cases} \tag{5-60}$$

结合图5-21与式（5-59），容易获得$\boldsymbol{V}^*$区域判别的逻辑运算关系：

$$
\begin{cases}
R_{V*}(\mathrm{I}) = X_{ab} \cdot X_{bc} \cdot \overline{X}_{ca} \\
R_{V*}(\mathrm{II}) = \overline{X}_{ab} \cdot X_{bc} \cdot \overline{X}_{ca} \\
R_{V*}(\mathrm{III}) = \overline{X}_{ab} \cdot X_{bc} \cdot X_{ca} \\
R_{V*}(\mathrm{IV}) = \overline{X}_{ab} \cdot \overline{X}_{bc} \cdot X_{ca} \\
R_{V*}(\mathrm{V}) = X_{ab} \cdot \overline{X}_{bc} \cdot X_{ca} \\
R_{V*}(\mathrm{VI}) = X_{ab} \cdot \overline{X}_{bc} \cdot \overline{X}_{ca}
\end{cases}
\tag{5-61}
$$

式中　R_{V^*}（Ⅰ）~R_{V^*}（Ⅵ）——V^*区域Ⅰ~Ⅵ的逻辑变量。

若V^*位于i区域时，R_{V^*}（i）=1，否则R_{V^*}（i）=0，其中$i\in$［Ⅰ~Ⅵ］。

（3）V_k（$k=0$，…，7）选择的逻辑运算　以上通过相关的逻辑运算，确定了矢量ΔI、V^*所处区域，根据矢量V^*、ΔI所处区域的逻辑变量，则可以得出V_k（$k=0$，…，7）选择的逻辑运算关系。

为描述V_k（$k=0$，…，7）选择的逻辑变量关系，可用三相VSR开关函数s_a、s_b、s_c的组合来描述V_k，见表5-7。

表5-7　V_k的开关函数描述

s_a	s_b	s_c	V_k
1	0	0	V_1
1	1	0	V_2
0	1	0	V_3
0	1	1	V_4
0	0	1	V_5
1	0	1	V_6
0	0	0	V_0
1	1	1	V_7

要选定V_k（$k=0$，…，7），实际上只要确定开关函数s_a、s_b、s_c的状态值即可。观察表5-7即知，当一定的电压矢量V_k选定后，若不考虑V_7，则开关函数必有如下对应关系：

$$
\begin{cases}
s_a = 1 & (\text{当 } V_k = V_1、V_2、V_6) \\
s_b = 1 & (\text{当 } V_k = V_2、V_3、V_4) \\
s_c = 1 & (\text{当 } V_k = V_4、V_5、V_6)
\end{cases}
\tag{5-62}
$$

由表5-5、式（5-62）并综合以上有关V_k选择的分析，可推得三相VSR基于不定频滞环SVPWM电流控制的开关函数逻辑变量算式为

$$
\begin{aligned}
s_{\mathrm{a}} &= R_{\mathbf{V}*}(\mathrm{I})\cdot[R_{\Delta I}(1)+R_{\Delta I}(2)+R_{\Delta I}(3)+R_{\Delta I}(6)]+R_{\mathbf{V}*}(\mathrm{II})\\
&\quad [R_{\Delta I}(1)+R_{\Delta I}(2)]+R_{\mathbf{V}*}(\mathrm{V})\cdot[R_{\Delta I}(6)+R_{\Delta I}(1)]+R_{\mathbf{V}*}(\mathrm{VI})\cdot\\
&\quad [R_{\Delta I}(1)+R_{\Delta I}(2)+R_{\Delta I}(5)+R_{\Delta I}(6)]\\
s_{\mathrm{b}} &= R_{\mathbf{V}*}(\mathrm{I})\cdot[R_{\Delta I}(2)+R_{\Delta I}(3)]+R_{\mathbf{V}*}(\mathrm{II})\cdot[R_{\Delta I}(1)+R_{\Delta I}(2)+\\
&\quad R_{\Delta I}(3)+R_{\Delta I}(4)]+R_{\mathbf{V}*}(\mathrm{III})\cdot[R_{\Delta I}(2)+R_{\Delta I}(3)+R_{\Delta I}(4)+\\
&\quad R_{\Delta I}(5)]+R_{\mathbf{V}*}(\mathrm{IV})\cdot[R_{\Delta I}(3)+R_{\Delta I}(4)]\\
s_{\mathrm{c}} &= R_{\mathbf{V}*}(\mathrm{III})\cdot[R_{\Delta I}(4)+R_{\Delta I}(5)]+R_{\mathbf{V}*}(\mathrm{IV})\cdot[R_{\Delta I}(3)+R_{\Delta I}(4)+\\
&\quad R_{\Delta I}(5)+R_{\Delta I}(6)]+R_{\mathbf{V}*}(\mathrm{V})\cdot[R_{\Delta I}(1)+R_{\Delta I}(4)+R_{\Delta I}(5)+\\
&\quad R_{\Delta I}(6)]+R_{\mathbf{V}*}(\mathrm{VI})\cdot[R_{\Delta I}(5)+R_{\Delta I}(6)]
\end{aligned}
\tag{5-63}
$$

以上算式不包括 $\boldsymbol{V}_7$ 的选择，从控制角度，矢量 $\boldsymbol{V}_7$ 与 $\boldsymbol{V}_0$ 是等效的，因而 $\boldsymbol{V}_7$ 可以取代 $\boldsymbol{V}_0$。但 $\boldsymbol{V}_7$、$\boldsymbol{V}_0$ 的选择须遵循功率开关管切换次数最小原则。

5. 不定频滞环优化 SVPWM 电流控制

前面讨论了不定频滞环 SVPWM 电流控制策略，这种控制策略的基本出发点就是选定一合适的 $\boldsymbol{V}_k$（$k=0$，…，7），使其对应的矢量 $L\mathrm{d}\Delta\boldsymbol{I}/\mathrm{d}t$ 与矢量 $\Delta\boldsymbol{I}$ 方向始终相反，并使 $|L\mathrm{d}\Delta\boldsymbol{I}/\mathrm{d}t|$ 最小，从而在确保电流矢量 $\boldsymbol{I}$ 跟踪参考电流矢量 $\boldsymbol{I}^*$ 的同时，限制了电流变化率，从而抑制了电流谐波。然而，当 $\mathrm{d}\boldsymbol{I}^*/\mathrm{d}t$ 较大时，由于所选 $\boldsymbol{V}_k$ 对应的矢量 $L\mathrm{d}\Delta\boldsymbol{I}/\mathrm{d}t$ 的模值较小，因而无法快速跟踪 $\mathrm{d}\boldsymbol{I}^*/\mathrm{d}t$ 较大的矢量 $\boldsymbol{I}^*$，为此必须加以改进。

改进的思路在于，设计一种不定频滞环优化的 SVPWM 电流控制策略，即当 $|\Delta\boldsymbol{I}|$ 值过大时，采用响应最快的 SVPWM 电流控制规则，以进行快速电流跟踪控制；而当 $|\Delta\boldsymbol{I}|$ 值相对较小时，即保持原有的控制规则，以限制开关频率，并抑制电流谐波。显然，这是一种双滞环的 SVPWM 电流控制，如图 5-22 所示。

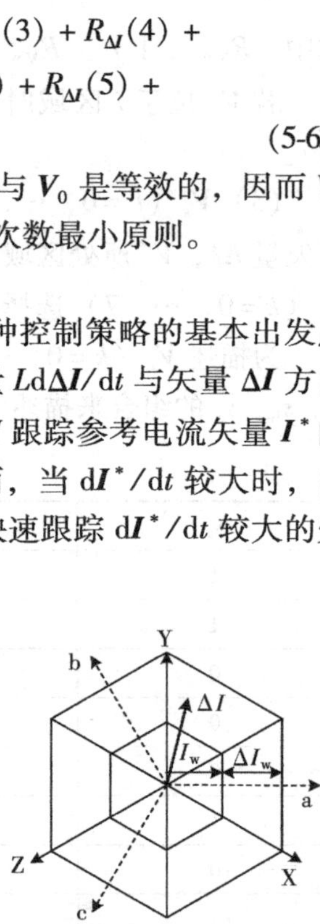

图 5-22　双滞环 $\Delta\boldsymbol{I}$ 分区

图 5-22 中，内滞环宽度为 I_{w}，而外滞环宽度为 $I_{\mathrm{w}}+\Delta I_{\mathrm{w}}$。这种优化的不定频滞环 SVPWM 控制规则如下：

规则 1：　当 $|\Delta\boldsymbol{I}|>I_{\mathrm{w}}+\Delta I_{\mathrm{w}}$ 时，选择 $\boldsymbol{V}_k$（$k=0$，…，7），使其对应的 $L\mathrm{d}\Delta\boldsymbol{I}/\mathrm{d}t$ 具有与 $\Delta\boldsymbol{I}$ 方向相反的最大分量，从而使 $\boldsymbol{I}$ 以最快速度跟踪 $\boldsymbol{I}^*$。

规则 2：　当 $I_{\mathrm{w}}\leqslant|\Delta\boldsymbol{I}|\leqslant I_{\mathrm{w}}+\Delta I_{\mathrm{w}}$ 时，选择 $\boldsymbol{V}_k$（$k=0$，…，7），使其对应的 $L\mathrm{d}\Delta\boldsymbol{I}/\mathrm{d}t$ 具有与 $\Delta\boldsymbol{I}$ 方向相反的最小分量，从而使 $\boldsymbol{I}$ 在跟踪 $\boldsymbol{I}^*$ 的同时，限制电流变化率，以抑制电流谐波。

规则 3：当 $|\Delta\boldsymbol{I}|\leqslant I_{\mathrm{w}}$ 时，原有 $\boldsymbol{V}_k$（$k=0$，…，7）不切换，从而限制功率开关管的开关频率，增加电流控制的稳定性。

显然，除规则1以外，规则2、3实际上就是原有的单滞环SVPWM电流控制规则。下面着重分析规则1中$\boldsymbol{V}_k$（$k=0,\cdots,7$）的选择规律。不失一般性，仍令$\boldsymbol{V}^*$在Ⅵ区，而$\Delta\boldsymbol{I}$处于⑥区，如图5-19所示。由于需获得与$\Delta\boldsymbol{I}$方向相反的最大$Ld\Delta\boldsymbol{I}/dt$分量，则应优先考虑$|Ld\Delta\boldsymbol{I}/dt|$值较大矢量对应的$\boldsymbol{V}_k$。从几何关系分析，此时应选择$\boldsymbol{V}_6$，因为$\boldsymbol{V}_6$对应的$Ld\Delta\boldsymbol{I}/dt$取得了与$\Delta\boldsymbol{I}$方向相反的最大分量。依次变动$\boldsymbol{V}^*$所处的区域发现：无论$\boldsymbol{V}^*$处何区域，只要$\Delta I$处于⑥区，则一定选择矢量$V_6$。这表明，按规则1选择$V_k$，只与$\Delta\boldsymbol{I}$所处区域有关，而与矢量$\boldsymbol{V}^*$所处区域无关。实际上，由图5-20不难看出，无论$\boldsymbol{V}^*$在何区域，$\Delta\boldsymbol{I}$所在区域包含的$\boldsymbol{V}_k$对应的$Ld\Delta\boldsymbol{I}/dt$与矢量$-\Delta\boldsymbol{I}$夹角始终最小，从而使得$Ld\Delta\boldsymbol{I}/dt$在$-\Delta\boldsymbol{I}$方向具有最大分量。依次变动$\Delta\boldsymbol{I}$，即可得出优化控制规则1中$\boldsymbol{V}_k$选择的判定准则，见表5-8。

表5-8　优化控制规则1中的V_k选择

Δi	①	②	③	④	⑤	⑥
V_k	V_1	V_2	V_3	V_4	V_5	V_6

5.2.2　基于定频滞环的SVPWM电流控制[25,109]

针对大功率VSR控制，由于电流大、电压高，系统及功率开关管工作的安全性、可靠性和运行效率等关键问题备受关注。这就要求在大功率VSR设计中，应尽可能保持VSR功率开关管的开关频率固定，以减少功率开关管应力及开关损耗。另一方面，由于VSR为Boost型AC/DC变换器，因而在直流电压一定的条件下，较低的交流网侧电压设计，将导致装置损耗增大。因此，应尽量提高VSR电压利用率，从而相对提高交流网侧电压设计，以降低大功率VSR损耗。显然，针对一些电流响应要求高的大功率VSR，可以采用开关频率固定的滞环SVPWM电流控制。虽然上节讨论的一种优化SVPWM电流控制也有限制开关频率的作用，但这类方法的开关频率仍有波动，因此有必要研究一种既保持开关频率固定，又具有电压利用率高、电流响应快的SVPWM电流控制策略。特别是VSR在大功率有源滤波技术中的应用，其高速电流响应和固定开关频率控制已成为VSR控制研究的热点问题[25,109,110]。而将定频滞环PWM与SVPWM相结合，即可形成一种性能优越的定频滞环SVPWM电流控制策略。

1. 关于定频滞环及SVPWM电流控制

前面已研究过三相VSR定频滞环电流控制策略。对于单相VSR或四桥臂三相VSR，由于每相的独立性，因而实现定频滞环电流控制较为容易。而对于一般的三相无中线VSR，由于交流中性点电压受各相开关状态的影响，因而三相电流控制存在耦合。为此，可采用电流解耦控制方案，即将误差电流$\boldsymbol{\delta}=\boldsymbol{I}-\boldsymbol{I}^*$

分解成$\boldsymbol{\delta}=\boldsymbol{\delta}'+\boldsymbol{\delta}''$，其中$\boldsymbol{\delta}'$分量为可独立进行定频滞环电流控制的电流误差项，而$\boldsymbol{\delta}''$分量为受交流中性点电压扰动而不易定频滞环电流控制的电流误差项。但考虑三相对称系统时$\delta''_a=\delta''_b=\delta''_c=-(\delta'_a+\delta_b+\delta'_c)/3$，因而当$\boldsymbol{\delta}'$控制在一定范围内，则$\boldsymbol{\delta}''$和$\boldsymbol{\delta}$也将自动控制在一定范围内，从而获得三相无中性线 VSR 定频滞环电流解耦控制。但是这种方案的最大缺点就是在计算$\boldsymbol{\delta}''$时，其准确度依赖于三相 VSR 交流侧电感L及电阻R参数，因而难以获得理想的电流控制性能。

另一方面，对于三相 VSR SVPWM 电流控制，当参考电压矢量$\boldsymbol{V}^*$处于三相 VSR 空间电压矢量$\boldsymbol{V}_k$（$k=0$，…，7）围成的六边形区域时，无论误差电流矢量$\Delta\boldsymbol{I}$位于何区域，都可选择适当的$\boldsymbol{V}_k$（$k=0$，…，7）使$\Delta\boldsymbol{I}$减小，如图 5-23 所示。显然，只要保证参考电压矢量$\boldsymbol{V}^*$在六边形内部，则$\Delta\boldsymbol{I}$即为可控。将定频滞环电流控制与三相 VSR SVPWM 电流控制相结合，可获得基于$\boldsymbol{\delta}''$补偿的三相 VSR 定频滞环SVPWM电流解耦控制。因此与单桥臂 VSR 类似，要保持对$\Delta\boldsymbol{I}$的可控性，必须满足

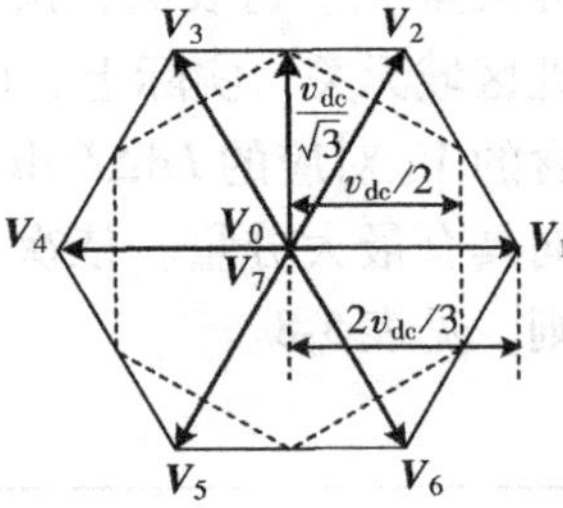

图 5-23　SVPWM 电流可控区域

$$|\boldsymbol{V}|<\frac{v_{dc}}{2} \tag{5-64}$$

式中　$\boldsymbol{V}$——三相 VSR 交流侧电压矢量。

显然，满足上述条件时，$\Delta\boldsymbol{I}$可控的 V 区域将变为图 5-23 中的虚线六边形区域，其最大调制时，相电压峰值为$v_{dc}/2$。可见，这种控制方案其电压利用率与 SPWM 控制电压利用率相同，显然降低了 SVPWM 控制的电压利用率。因此，当将这种定频滞环 PWM 控制与 SVPWM 控制结合时，为取得与常规 SVPWM 同样$\Delta\boldsymbol{I}$控制区域，其直流电压须有所提高，因而增加了VSR功率损耗。

上述分析表明，为取得三相 VSR 高性能电流控制，简单地将定频滞环与 SVPWM 电流控制方案相结合，必然存在电压利用低、损耗大等缺点，为此，必须进一步改进研究。

2. 定频滞环 SVPWM 电流控制策略的改进

以上讨论的三相 VSR SVPWM 电流控制是以相电流为控制目标的，如果将控制目标定为相间电流（i_{ab}、i_{bc}、i_{ca}）控制，则将获得新的解耦控制方法，并可以提高三相 VSR 的电压利用率。

对于三相 VSR，相间电流分别为$i_{ab}=i_a-i_b$，$i_{bc}=i_b-i_c$，$i_{ca}=i_c-i_a$。就$i_{ab}=i_a-i_b$而言，只有三相 VSR a 相和 b 相的桥臂功率开关管状态对其变化有影响，c 相功率开关管状态与其无关，即 c 相功率开关管与i_{ab}控制解耦；同理分析，a 相功率开关管与i_{bc}控制解耦，b 相功率开关管与i_{ca}控制解耦。另外，三相 VSR

相间电流控制虽同时与两相功率开关管状态相关，但当其中一相功率开关管处于适当状态时，仅用一相功率开关管就可以控制相间电流，显然，此时要求三相VSR直流电压应足够高。

先考虑相间指令电压 $v_{ab}^* > 0$ 且 $v_{bc}^* < 0$ 时的情况，当 $v_{ab}^* > 0$ 且 $v_{bc}^* < 0$ 时，三相 VSR b 相下桥臂功率开关管应始终导通，则 b 相功率开关管函数 $s_b = 0$，此时三相 VSR a、b 相间电压为

$$v_{ab} = (s_a - s_b)v_{dc} = s_a v_{dc} \tag{5-65}$$

若令 a、b 相间电流误差 $\Delta i_{ab} = i_{ab}^* - i_{ab}$，则由式（5-55）易得 a、b 相间电流误差方程为

$$L\frac{d\Delta i_{ab}}{dt} = v_{ab}^* - s_a v_{dc} \tag{5-66}$$

由于此时对相间电流误差 Δi_{ab} 的控制不受 c 相功率开关管状态的影响，因而 Δi_{ab} 的控制与单桥臂 VSR 滞环控制类似，即在 $s_b = 0$ 条件下，可独立对 a 相进行定频滞环电流控制，其控制方程如下：

$s_b = 0$ 时，有

$$\begin{cases} s_a = 1 & \text{当 } v_{dc} > |v_{ab}^*| \text{ 时，} \dfrac{d\Delta i_{ab}}{dt} < 0 \rightarrow i_{ab}\uparrow \\ s_a = 0 & \dfrac{d\Delta i_{ab}}{dt} > 0 \rightarrow i_{ab}\downarrow \end{cases} \tag{5-67}$$

另一方面，当 $s_b = 0$ 且 $v_{bc}^* < 0$ 时，b 相下桥臂功率开关管仍始终导通，c 相功率开关管便可独立控制相间电流 i_{bc}，此时三相 VSR b、c 相间电压及电流误差方程为

$$\begin{cases} v_{bc} = (s_b - s_c)v_{dc} = -s_c v_{dc} \\ L\dfrac{d\Delta i_{bc}}{dt} = v_{bc}^* + s_c v_{dc} \end{cases} \tag{5-68}$$

这样，在 $s_b = 0$ 条件下，可独立对 c 相进行定频滞环电流控制，其控制方程如下：$s_b = 0$ 时，有

$$\begin{cases} s_c = 1 & \text{当 } v_{dc} > |v_{bc}^*| \text{ 时，} \dfrac{d\Delta i_{bc}}{dt} > 0 \rightarrow i_{bc}\downarrow \\ s_c = 0 & \dfrac{d\Delta i_{bc}}{dt} < 0 \rightarrow i_{bc}\uparrow \end{cases} \tag{5-69}$$

从上述分析可得出结论，当 $s_b = 0$，即 b 相下桥臂功率开关管始终导通时，在 $v_{ab}^* > 0$、$v_{bc}^* < 0$ 条件下，可通过 a 相或 c 相功率开关管的定频滞环控制，分别控制相间电流 i_{ab} 或 i_{bc}，此时 v_{dc} 必须足够高，即满足 $v_{dc} > |v_{ab}^*|$、$v_{dc} > |v_{bc}^*|$。由式（5-15）不难理解，采用基于相间电流解耦的 SVPWM 电流控制，只需要参考电

压矢量 $\boldsymbol{V}^*$ 处于三相 VSR 空间电压矢量 $\boldsymbol{V}_k$（$k=0$，…，7）所围成的正六边形之中即可。

虽然，这种相间电流的解耦控制与前述的定频滞环解耦控制一样，均可获得电流的独立控制，但前者无需估计 VSR 交流侧阻抗参数 L、R，因而具有较高的电流控制精度。

同理，当 $v_{bc}^*>0$、$v_{ca}^*<0$ 时，三相 VSR c 相下桥臂功率开关管始终导通，即 $s_c=0$，此时通过 b 相或 a 相功率开关管的定频滞环控制，可独立控制相间电流 i_{bc} 或 i_{ca}。相关的相间电流误差及控制方程为

$$\begin{cases} L\dfrac{d\Delta i_{bc}}{dt}=v_{bc}^*-s_b v_{dc} \\ L\dfrac{d\Delta i_{ca}}{dt}=v_{ca}^*+s_a v_{dc} \end{cases} \tag{5-70}$$

$s_c=0$ 时，有

$$\begin{cases} s_b=1 & 当\ v_{dc}>|v_{bc}^*|时,\dfrac{d\Delta i_{bc}}{dt}<0\rightarrow i_{bc}\uparrow \\ s_b=0 & \dfrac{d\Delta i_{bc}}{dt}>0\rightarrow i_{bc}\downarrow \end{cases} \tag{5-71}$$

和

$$\begin{cases} s_a=1 & 当\ v_{dc}>|v_{ac}^*|时,\dfrac{d\Delta i_{ca}}{dt}>0\rightarrow i_{ca}\downarrow \\ s_a=0 & \dfrac{d\Delta i_{ca}}{dt}<0\rightarrow i_{ca}\uparrow \end{cases} \tag{5-72}$$

另外，当 $v_{ca}^*>0$、$v_{ab}^*<0$ 时，三相 VSR a 相下桥臂功率开关管始终导通，即 $s_a=0$，此时通过 b 相或 c 相功率开关管的定频滞环控制，可独立控制相间电流 i_{ab} 或 i_{ca}，相关的相间电流误差及控制方程为

$$\begin{cases} L\dfrac{d\Delta i_{ca}}{dt}=v_{ca}^*-s_c v_{dc} \\ L\dfrac{d\Delta i_{ab}}{dt}=v_{ab}^*+s_b v_{dc} \end{cases} \tag{5-73}$$

$s_a=0$ 时，有

$$\begin{cases} s_c=1 & 当\ v_{dc}>|v_{ca}^*|时,\dfrac{d\Delta i_{ca}}{dt}<0\rightarrow i_{ca}\uparrow \\ s_c=0 & \dfrac{d\Delta i_{ca}}{dt}>0\rightarrow i_{ca}\downarrow \end{cases} \tag{5-74}$$

和

$$
\begin{cases}
s_b = 1 & \text{当 } v_{dc} > |v_{ab}^*| \text{时}, \dfrac{d\Delta i_{ab}}{dt} > 0 \rightarrow i_{ab} \downarrow \\
s_b = 0 & \dfrac{d\Delta i_{ab}}{dt} < 0 \rightarrow i_{ab} \uparrow
\end{cases} \tag{5-75}
$$

那么，如何把上述控制思路与 SVPWM 控制相结合，并提高电压利用率呢？实际上，对于上述相间电流的定频滞环控制，可将指令电压矢量分成了三个区域，即

$$
\begin{cases}
v_{ab}^* > 0 & v_{bc}^* < 0 \\
v_{bc}^* > 0 & v_{ca}^* < 0 \\
v_{ca}^* > 0 & v_{ab}^* < 0
\end{cases} \tag{5-76}
$$

针对三相 VSR 空间电压矢量分布，在原有坐标系（a，b，c）基础上，引入坐标系（ab，bc，ca），如图 5-24 所示。坐标系（ab，bc，ca）由坐标系（a，b，c）在空间顺时针旋转 30°而得。

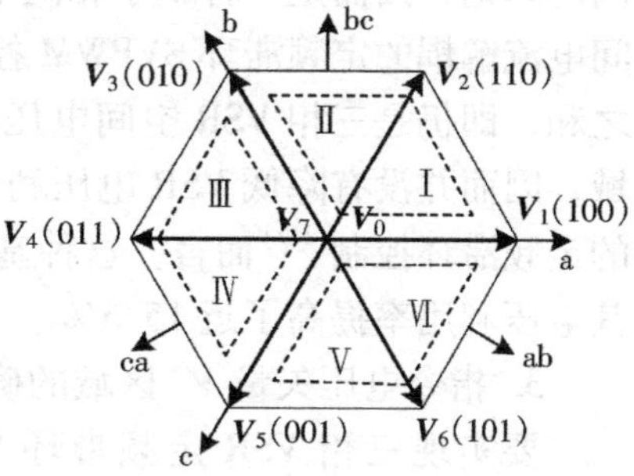

图 5-24　V^* 区域分布

可见，式（5-76）将指令电压矢量所分成的三个区域表示为三个平行四边形区域：Ⅴ—Ⅵ、Ⅰ—Ⅱ、Ⅲ—Ⅳ。对于Ⅴ—Ⅵ平行四边形区域中的四个电压矢量 V_1（100）、V_0（000）、V_5（001）、V_6（101）［这里暂不考虑 V_7（111）］，其功率开关管状态中，始终有 $s_b=0$，即 b 相桥臂下侧功率开关管始终导通。当 a 相功率开关管动作时，电压矢量在 V_1、V_0 或 V_6、V_5 之间相互切换，从而使 Δi_{ab} 得以控制，此时，由于三相 VSR 相间输出电压 v_{bc} 不变，则相间电流误差 Δi_{bc} 不受任何影响。同理，当 c 相功率开关管动作时，电压矢量在 V_0、V_5 或 V_1、V_6 之间相互切换，使 Δi_{bc} 得以控制，此时，由于三相 VSR 相间输出电压 v_{ab} 不变，因而相间电流误差 Δi_{ab} 不受任何影响。

类似分析表明，当 $v_{bc}^*>0$、$v_{ca}^*<0$ 时，三相 VSR 指令电压矢量 V^* 位于区域Ⅰ—Ⅱ构成的平行四边形中，此时 c 相下侧功率开关管始终导通，可用电压矢量集 $V_k \in$（V_0，V_1，V_2，V_3）独立控制 Δi_{bc}、Δi_{ca}；而当 $v_{ca}^*>0$、$v_{ab}^*<0$ 时，三相 VSR 参考电压矢量 V^* 位于区域Ⅲ－Ⅳ构成的平行四边形中，此时 a 相下侧功率开关管始终导通，且可用电压矢量集 $V_k \in$（V_0，V_3，V_4，V_5）独立控制 Δi_{ca}、Δi_{ab}。另外，当指令电压矢量位于三相 VSR 空间电压矢量所围成的某个三角形区域时，利用该三角形的三个顶点所对应的三个矢量（包括零矢量 V_0），不仅可控制电流误差矢量 $\Delta \boldsymbol{I}$，且控制准确度最高，该三角形三顶点对应的三个电压矢量构成了最优矢量集，而与该三角形相邻的两侧电压矢量虽可控制误差电流 $\Delta \boldsymbol{I}$，

但其控制准确度将低于最优电压矢量控制准确度，因而其构成了准最优矢量集[25,111]。如当 $\boldsymbol{V}^*$ 位于区域Ⅰ时，$\boldsymbol{V}_k \in$（$\boldsymbol{V}_2$，$\boldsymbol{V}_1$，$\boldsymbol{V}_0$）构成了 $\Delta\boldsymbol{I}$ 控制的最优矢量集，而 $\boldsymbol{V}_3$、$\boldsymbol{V}_6$ 构成了 $\Delta\boldsymbol{I}$ 控制的准最优矢量集。

当 $v_{ab}^*>0$、$v_{bc}^*<0$ 时，$\boldsymbol{V}^*$ 位于区域Ⅴ—Ⅵ中，如图 5-24 所示。此时，电压矢量 $\boldsymbol{V}_1$、$\boldsymbol{V}_0$、$\boldsymbol{V}_5$、$\boldsymbol{V}_6$ 指向区域Ⅴ、Ⅵ的顶点，显然，$\boldsymbol{V}_k \in$（$\boldsymbol{V}_1$，$\boldsymbol{V}_0$，$\boldsymbol{V}_5$，$\boldsymbol{V}_6$），并构成了相间电流偏差（Δi_{ab}、Δi_{bc}）控制的最优和准最优矢量集。观察区域Ⅴ-Ⅵ构成的平行四边形，此时 b 相下侧功率开关管始终导通，因而可用电压矢量集 $\boldsymbol{V}_k \in$（$\boldsymbol{V}_0$，$\boldsymbol{V}_1$，$\boldsymbol{V}_5$，$\boldsymbol{V}_6$）独立控制 Δi_{ab}、Δi_{bc}。

显然，上述 SVPWM 控制中所用的 4 个电压矢量中，其中 3 个为最优电压矢量，而一个为准最优电压矢量，并且得到了与前述相间电流定频解耦滞环控制相同的结论，因而是一种基于相间电流解耦的定频滞环 SVPWM 控制。这种基于相间电流解耦的定频滞环 SVPWM 控制方法，其电流的可控区域为 3 个平行四边形之和，即仍是三相 VSR 空间电压矢量 $\boldsymbol{V}_k$（$k=0$，…，7）所构成的正六边形区域，因而并没有降低 VSR 电压利用率。显然，相对基于 $\boldsymbol{\delta}''$补偿的三相 VSR 解耦的定频滞环控制[112]而言，这种基于相间电流解耦的定频滞环 SVPWM 控制策略，其电压利用率提高了近 15.5%。

3. 指令电压矢量 $\boldsymbol{V}^*$ 区域的确定及控制

要实现三相 VSR 定频带环 SVPWM 电流控制，其指令电压矢量 $\boldsymbol{V}^*$ 所在区域的确定极为重要。而 $\boldsymbol{V}^*$ 区域的确定，则依赖于对三相 VSR 相间电流偏差的检测，为此可设立双滞环比较单元，如图 5-25 所示。

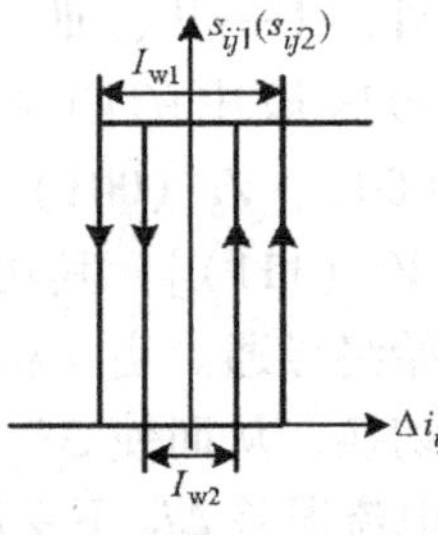

图 5-25　双滞环电流比较特性

$ij=$ ab，bc，ca

图 5-25 中，s_{ij1} 为外滞环比较单元输出状态值，而 s_{ij2} 为内滞环比较单元输出状态。外、内滞环宽度分为 I_{w1}、I_{w2}，且 $I_{w1}>I_{w2}$。

外滞环比较单元的作用是根据其输出状态 s_{ij1} 确定参考电压矢量 $\boldsymbol{V}^*$ 所在的平行四边形区域（见图 5-24），而内滞环比较单元则根据其输出状态 s_{ij2} 最终确定具体采用的控制电压矢量。现分述如下。

首先分析外滞环比较单元的工作原理。针对外滞环比较单元的输出状态 $s_{ij1}(s_{ab1},s_{bc1},s_{ca1})$，若 $s_{ab1}=1$，对于 $\Delta i_{ab}=i_{ab}^*-i_{ab}$，则表明应施加指令电压矢量控制，并使 $i_{ab}\uparrow$；与此同时，若 $s_{bc1}=0$，对于 $\Delta i_{bc}=i_{bc}^*-i_{bc}$，则表明应施加指令电压矢量控制，并使 $i_{bc}\downarrow$。显然，对于 $s_{ab1}=1$、$s_{bc1}=0$ 的情况，则必须使 $v_{ab}^*>0$、$v_{bc}^*<0$，故 $\boldsymbol{V}^*$ 应在图 5-24 中的Ⅴ—Ⅵ区域。推而广之，若 $s_{ij1}=1$，则 $v_{ij}^*>0$，反之当 $s_{ij1}=0$，则 $v_{ij}^*<0$，而由 v_{ij}^* 的极性即可判定 $\boldsymbol{V}^*$ 应在区域，其中 $ij\in$（ab， bc，ca）。表5-9表示了s_{ij1}与$\boldsymbol{V}^*$所在区域的关系。

表5-9　$\boldsymbol{V}^*$区域与s_{ij1}的关系

s_{ab1}	s_{bc1}	s_{ca1}	$\boldsymbol{V}^*$所在区域	开关函数s_a、s_b、s_c状态
1	0	×	Ⅴ　Ⅵ	$s_b=0$，且s_a、s_c可调
×	1	0	Ⅰ　Ⅱ	$s_c=0$，且s_a、s_b可调
0	×	1	Ⅲ　Ⅳ	$s_a=0$，且s_b、s_c可调

注：“×”表示s_{ij1}可任意取值。

当指令电压矢量$\boldsymbol{V}^*$所在平行四边形区域确定以后，则必须对该平行四边形四个顶点对应的四条空间电压矢量作出选择，以控制电流误差矢量$\Delta\boldsymbol{I}$，而内滞环比较单元则能实现对具体控制电压矢量的选择。下面结合表5-9讨论三相VSR开关函数s_a、s_b、s_c的取值，以选定控制电压矢量$\boldsymbol{V}_k$（$k=0\cdots7$）。

首先讨论$\boldsymbol{V}^*$在Ⅴ—Ⅵ区域时的情况，当$\boldsymbol{V}^*$处于Ⅴ—Ⅵ区域时，$s_{ab1}=1$、$s_{bc1}=0$、$s_b=0$，且s_a、s_c可调。这表明，此时$v_{ab}^*>0$、$v_{bc}^*<0$，且b相下桥臂功率开关管始终导通，若使$s_a=1$则$i_{ab}\uparrow$；而若使$s_c=1$，则$i_{bc}\downarrow$。换言之，当内滞环比较单元输出状态$s_{ab2}=1$时，表明此时i_{ab}过小，应使$s_a=1$，以控制$i_{ab}\uparrow$；而当内滞环比较单元输出状态$s_{bc2}=0$时，表明i_{bc}过大，应使$s_c=1$，以控制$i_{bc}\downarrow$。这样便可得出$\boldsymbol{V}^*$在Ⅴ—Ⅵ区域中的开关函数逻辑关系式为

$$\begin{cases} s_a = s_{ab1}\cdot\overline{s_{bc1}}\cdot s_{ab2} \\ s_b = 0 \\ s_c = s_{ab1}\cdot\overline{s_{bc1}}\cdot\overline{s_{bc2}} \end{cases} \tag{5-77}$$

同理，可得出$\boldsymbol{V}^*$在Ⅰ—Ⅱ区域和$\boldsymbol{V}^*$在Ⅲ—Ⅳ区域时的开关函数逻辑关系式为

$$\begin{cases} s_a = s_{bc1}\cdot\overline{s_{ca1}}\cdot\overline{s_{ca2}} \\ s_b = s_{bc1}\cdot\overline{s_{ca1}}\cdot s_{bc2} \\ s_c = 0 \end{cases} \tag{5-78}$$

$$\begin{cases} s_a = 0 \\ s_b = s_{ca1}\cdot\overline{s_{ab1}}\cdot\overline{s_{ab2}} \\ s_c = s_{ca1}\cdot\overline{s_{ab1}}\cdot s_{ca2} \end{cases} \tag{5-79}$$

将式（5-77）~式（5-79）进行逻辑运算，便可导出$\boldsymbol{V}^*$在任一区域时的三相VSR开关函数逻辑关系式为

$$\begin{cases} s_a = s_{bc1}\cdot\overline{s_{ca1}}\cdot\overline{s_{ca2}} + s_{ab1}\cdot\overline{s_{bc1}}\cdot s_{ab2} \\ s_b = s_{ca1}\cdot\overline{s_{ab1}}\cdot\overline{s_{ab2}} + s_{bc1}\cdot\overline{s_{ca1}}\cdot s_{bc2} \\ s_c = s_{ab1}\cdot\overline{s_{bc1}}\cdot\overline{s_{bc2}} + s_{ca1}\cdot\overline{s_{ab1}}\cdot s_{ca2} \end{cases} \tag{5-80}$$

显然，通过外滞环比较单元和内滞环比较单元的双滞环比较控制，最终确定了三相 VSR 开关函数的取值，也就选定了三相 VSR 控制电压矢量 $\boldsymbol{V}_k(k=0,\cdots,7)$。

4. 定频滞环 SVPWM 电流控制的实现

同常规的定频滞环电流控制类似，可引入锁相环控制，以动态调整内、外滞环宽度，从而获得定频滞环 SVPWM 电流控制，其控制结构如图 5-26 所示。值得注意的是，当外滞环比较单元判定指令电压矢量 $\boldsymbol{V}^*$ 所在的平行四边形区域时，实际上只有两个相间电流误差可以独立控制。如 $\boldsymbol{V}^*$ 处于Ⅲ—Ⅳ区域时，Δi_{bc}、Δi_{ca} 可独立控制，而第三个相间电流误差则为 $\Delta i_{ab}=-(\Delta i_{bc}+\Delta i_{ca})$。因此，为提高第三个相间电流控制精度，应使 Δi_{bc}、Δi_{ca} 大小接近，且方向相反。对于定频滞环电流控制，由于电流误差的峰值点时刻与滞环比较器的翻转点时刻相同，即电流误差信号的相位与比较器的输出信号相位一致，因此要使两独立控制的相间电流误差方向相反，只需使相应的内滞环比较器的输出信号相位反相即可，如图 5-27 所示。

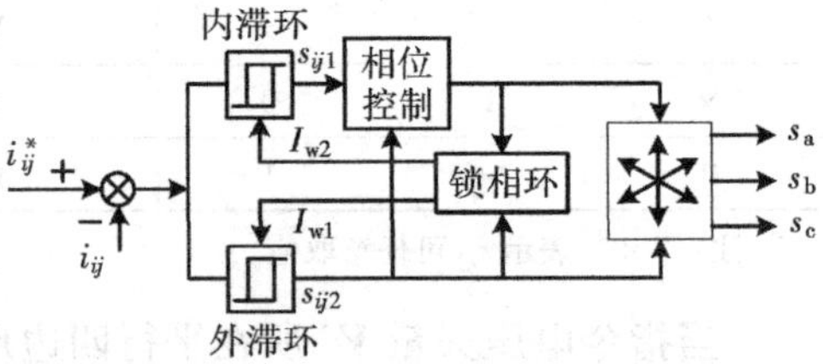

图 5-26　定频滞环 SVPWM 电流控制

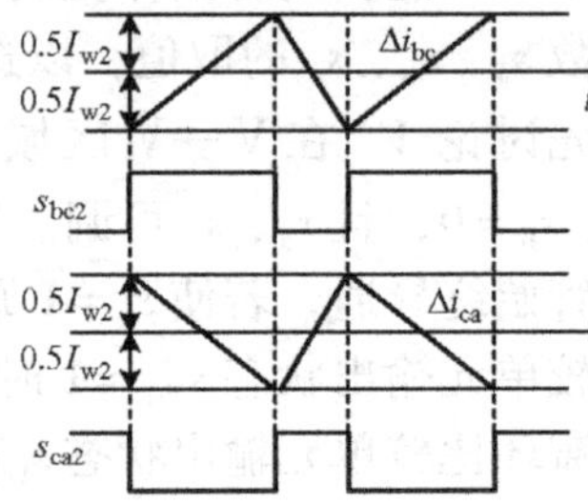

图 5-27　Δi_{bc}，Δi_{ca} 的反相控制

当采用锁相环进行定频控制时，对两个相应的受控相间电流比较器，应使其中一个比较器输出信号与锁相环定频同步信号同相，而另一个比较器输出信号应与锁相环定频同步信号反相。表 5-10 给出了内滞环比较器输出信号与锁相环定频同步信号间的相位关系。

表 5-10　内滞环比较器输出信号相位关系

s_{ab1}	s_{bc1}	s_{ca1}	与定频同步信号相位关系		
			s_{ab2}	s_{bc2}	s_{ca2}
1	0	×	同相	反相	×
×	1	0	×	同相	反相
0	×	1	反相	×	同相

注：“×”表示任意取值或无需同步。

进一步研究表 5-9 可发现，采用上述定频滞环 SVPWM 电流控制时，当 $\boldsymbol{V}^*$ 在空间旋转一周时，a、b、c 三个桥臂各有 1/3 周期不调制，这就降低了开关损耗。这类a、b、c三桥臂1/3周期不调制的PWM控制，相当于在每相调制信号中加入了零序调制分量，由于零序调制分量在提高三相无中线VSR电压利用率的同时，并不会影响其相间电流的跟踪控制，因而这种定频滞环SVPWM电流控制是一种优化的电流控制方案。该方案将基于相间电流的定频滞环控制与SVP-WM相结合，在获得快速电流响应的同时，降低了功率开关管损耗及开关应力。

5.2.3 跟踪指令电压矢量的SVPWM电流控制

以上重点研究了VSR基于滞环的SVPWM电流控制，这种控制策略实际上是根据指令电压矢量 $\boldsymbol{V}^*$ 和误差电流矢量 $\Delta\boldsymbol{I}$ 区域的判定来进行电压矢量的动态切换，因而具有较快的动态电流响应和较强的系统鲁棒性。然而，对于一些只需跟踪正弦波电流指令，且对电流动静态响应要求并不太高的VSR控制，则可以采用较为简单的跟踪指令电压矢量 $\boldsymbol{V}^*$ 的SVPWM电流控制策略。这种控制策略是通过电流调节环的运算获得指令电压矢量 $\boldsymbol{V}^*$，并通过矢量 $\boldsymbol{V}_k$（$k=0, \cdots, 7$）的合成实现对矢量 $\boldsymbol{V}^*$ 的跟踪控制，从而进行VSR电流控制。

1. 指令电压矢量 $\boldsymbol{V}^*$ 的生成

考虑两相同步旋转坐标系（d，q）中三相VSR模型

$$\begin{bmatrix} e_d \\ e_q \end{bmatrix} = \begin{bmatrix} Lp+R & -\omega L \\ \omega L & Lp+R \end{bmatrix} \begin{bmatrix} i_d \\ i_q \end{bmatrix} + \begin{bmatrix} v_d \\ v_q \end{bmatrix} \tag{5-81}$$

由式（5-81）简化得

$$\begin{cases} v_d = e_d + \omega L i_q - (Lp+R) i_d \\ v_q = e_q - \omega L i_d - (Lp+R) i_q \end{cases} \tag{5-82}$$

显然，式（5-82）说明，三相VSR d、q轴电流分量 i_d、i_q 相互耦合，这给电流控制器设计带来不便。为此，引入 i_d、i_q 的前馈解耦控制，且 i_d、i_q 电流环均采用PI调节控制。由此，可得三相同步旋转坐标系（d，q）下三相VSR电流控制时的电压指令为

$$\begin{cases} v_q^* = \left(K_{iP} + \dfrac{K_{iI}}{s}\right)(i_q^* - i_q) - \omega L i_d + e_q \\ v_d^* = \left(K_{iP} + \dfrac{K_{iI}}{s}\right)(i_d^* - i_d) + \omega L i_q + e_d \end{cases} \tag{5-83}$$

式中 v_d^*、v_q^*——坐标系（d，q）中的三相VSR指令电压；

i_d^*、i_q^*——坐标系（d，q）中三相VSR网侧指令电流。

显然，这种电流前馈控制算法实现了 i_q、i_d 的解耦控制，并且通过PI调节运算获得了三相VSR交流侧指令电压矢量 $\boldsymbol{V}^*$（v_q^*，v_d^*）。

另一方面，若需跟踪的电流指令为与电网电动势同频率的三相对称正弦波电流，则 i_q^*、i_d^* 在同步坐标系（d，q）中均为直流量，因而采用PI调节器均可实

现 i_q、i_d 的无静差调节。显然，跟踪式（5-83）所给定的三相 VSR 交流侧指令电压矢量 $\boldsymbol{V}^*$（v_q^*，v_d^*）即能实现三相 VSR 电流跟踪控制。

为简化分析，令同步坐标系（d，q）的 q 轴与电网电动势矢量 $\boldsymbol{E}$ 重合，则电网电动势矢量 $\boldsymbol{E}$ 的 d 轴分量 $e_d=0$，而三相 VSR 交流侧指令电压矢量 $\boldsymbol{V}^*$ 的坐标系（d，q）分解如图 5-28 所示。

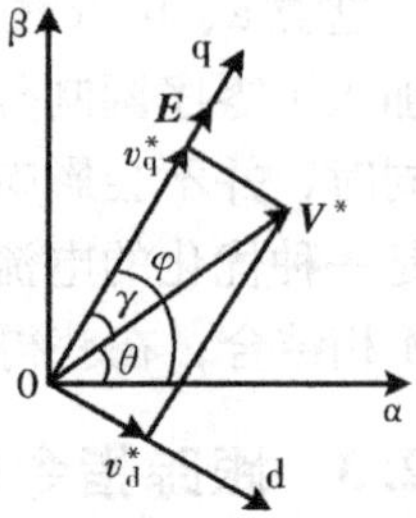

图 5-28　三相 VSR 坐标系（d，q）及矢量 $\boldsymbol{V}^*$ 的分解

图 5-28 中，（α，β）为两相垂直静止坐标系。$t=0$ 时刻，q 轴与 α 轴重合，而坐标系（d，q）则以电网电动势角频率 ω 逆时针旋转。设：矢量 $\boldsymbol{V}^*$ 的 dq 分矢量为 v_d^*、v_q^*、$\boldsymbol{V}^*$ 与 $\boldsymbol{E}$ 两矢量夹角为 γ；矢量 $\boldsymbol{V}^*$ 与 α 轴夹角为 θ；q 轴与 α 轴夹角为 φ，则

$$\begin{cases} \varphi = \int \omega \mathrm{d}t \\ \theta = \int \omega \mathrm{d}t - \gamma \\ |\boldsymbol{V}^*| = \sqrt{v_q^{*2} + v_d^{*2}} \\ \gamma = \arctan \dfrac{v_d^*}{v_q^*} \end{cases} \tag{5-84}$$

2. 矢量 $\boldsymbol{V}^*$ 的合成

当 v_q^*、v_d^* 由三相 VSR 电流环调节运算确定后，实际上三相 VSR 电流跟踪控制的指令电压矢量 $\boldsymbol{V}^*$ 即被确定，这就可以利用三相 VSR 空间电压矢量 $\boldsymbol{V}_k$（$k=0$，…，7）来合成 $\boldsymbol{V}^*$，以实现 VSR 电流控制。

为讨论方便，设矢量 $\boldsymbol{V}^*$ 位于Ⅰ区，如图 5-29 所示。

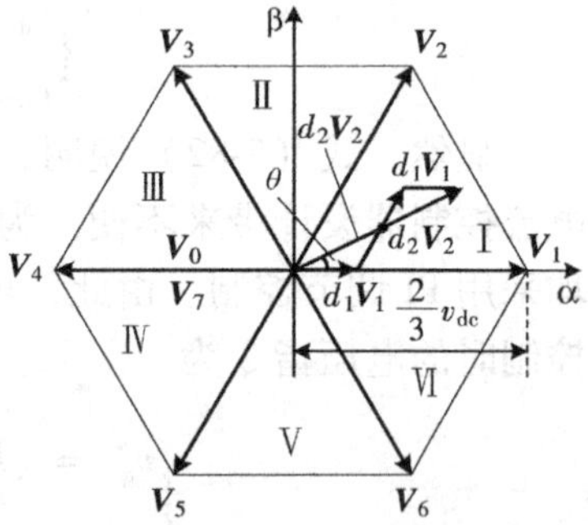

图 5-29　$\boldsymbol{V}^*$ 矢量的合成

为保证较高的矢量 $\boldsymbol{V}^*$ 合成准确度，可采用双三角形合成方案，即利用矢量 $\boldsymbol{V}^*$ 所在三角形区域两相邻的空间电压矢量（见图 5-29 中的 $\boldsymbol{V}_1$，$\boldsymbol{V}_2$）进行双三角形合成，并令各三角形中矢量 $\boldsymbol{V}_1$、$\boldsymbol{V}_2$ 的占空比为 d_1、d_2，且零矢量均匀分布于矢量 $\boldsymbol{V}^*$ 的两端及中心点上，由图 5-29 中三角几何关系得

$$\begin{cases} d_1|\boldsymbol{V}_1| + d_2|\boldsymbol{V}_2|\cos 60° = \dfrac{1}{2}|\boldsymbol{V}^*|\cos\theta \\ d_2|\boldsymbol{V}_2|\sin 60° = \dfrac{1}{2}|\boldsymbol{V}^*|\sin\theta \end{cases} \tag{5-85}$$

若设一个调制周期 T_s 中的矢量 $\boldsymbol{V}_1$、$\boldsymbol{V}_2$ 施加时间分为 T_1、T_2，而零矢量（$\boldsymbol{V}_0$，$\boldsymbol{V}_7$）施加时间为 T_0，对于图 5-29，显然有

$$\begin{cases} d_1 = \dfrac{T_1}{2T_s} \\ d_2 = \dfrac{T_2}{2T_s} \\ T_1 + T_2 + T_0 = T_s \end{cases} \tag{5-86}$$

将式（5-86）代入式（5-85）化简，并考虑到 $|\boldsymbol{V}_1| = |\boldsymbol{V}_2| = 2v_{dc}/3$，且令 $\hat{\boldsymbol{V}}^* = \boldsymbol{V}^* / (2v_{dc}/3)$，则

$$\begin{cases} T_1 = T_s|\hat{\boldsymbol{V}}^*|\cos\theta - \dfrac{1}{\sqrt{3}}T_s|\hat{\boldsymbol{V}}^*|\sin\theta \\ T_2 = \dfrac{2}{\sqrt{3}}T_s|\hat{\boldsymbol{V}}^*|\sin\theta \\ T_0 = T_s - T_1 - T_2 \end{cases} \tag{5-87}$$

考虑零矢量（$\boldsymbol{V}_0$、$\boldsymbol{V}_7$）分布的对称性，即在矢量 $\boldsymbol{V}^*$ 中心点施加矢量 $\boldsymbol{V}_7$，且时间为 $T_0/2$；而在矢量 $\boldsymbol{V}^*$ 两端施加矢量 $\boldsymbol{V}_0$，且时间各为 $T_0/4$。若 $\boldsymbol{V}^*$ 处于Ⅰ区时，对应三相的 PWM 开关函数波形如图 5-30 所示。

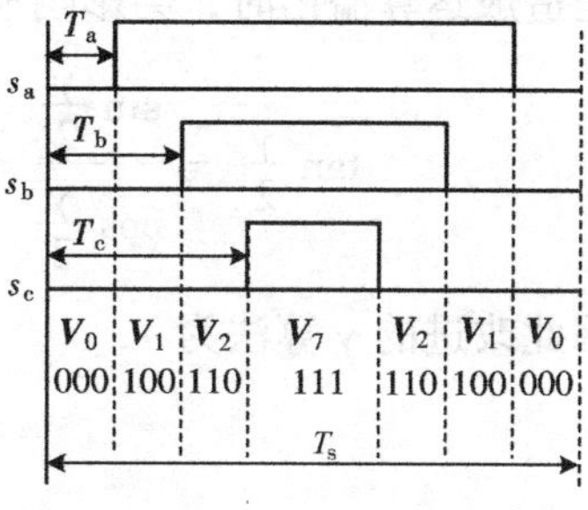

图 5-30　$\boldsymbol{V}^*$ 合成的 PWM 开关函数波形（V^* 在Ⅰ区时）

从图 5-30 分析，得出

$$\begin{cases} T_a = \dfrac{1}{4}T_0 \\ T_b = \dfrac{1}{4}T_0 + \dfrac{1}{2}T_1 \\ T_c = \dfrac{1}{4}T_0 + \dfrac{1}{2}T_1 + \dfrac{1}{2}T_2 \end{cases} \tag{5-88}$$

联立式（5-87）、式（5-88），即可求得 T_a、T_b、T_c。从图 5-30 中可看出，这种双三角形矢量 $\boldsymbol{V}^*$ 合成所对应的三相 PWM 开关函数波形为对称波形，因而通过微处理器软件定时中断便可进行 PWM 信号发生。可见，这种 SVPWM 电流控制其 PWM 信号发生较为简便。另外，由于 PWM 波形的对称性，从而有效地降低了 PWM 谐波分量。

另外，当矢量 $\boldsymbol{V}^*$ 处于三相 VSR 电压矢量空间任一区域时，若矢量 $\boldsymbol{V}^*$ 与 α 轴夹角为 θ（$0 \leqslant \theta < 360°$），矢量 $\boldsymbol{V}^*$ 与所在三角形区域起始边界矢量 $\boldsymbol{V}_k$($k = 1,\cdots,6$) 的夹角为 α，则 α、θ、k 间的关系为

$$\begin{cases} k = \text{INT}\left[\dfrac{\theta}{60°} + 1\right] \\ \alpha = \theta - [k-1] \times 60° \\ k = 1, \cdots, 6 \end{cases} \tag{5-89}$$

此时，矢量 $\boldsymbol{V}^*$ 可由 $\boldsymbol{V}_k$ 和 $\boldsymbol{V}_{k+1}$ 两矢量合成，若 $\boldsymbol{V}_k$，$\boldsymbol{V}_{k+1}$ 两矢量施加时间分别如 T_k，T_{k+1}，则

$$\begin{cases} T_k = T_s \mid \hat{\boldsymbol{V}}^* \mid \cos\alpha - \dfrac{1}{\sqrt{3}} T_s \mid \hat{\boldsymbol{V}}^* \mid \sin\alpha \\ T_{k+1} = \dfrac{2}{\sqrt{3}} T_s \mid \hat{\boldsymbol{V}}^* \mid \sin\alpha \\ T_0 = T_s - T_k - T_{k+1} \end{cases} \tag{5-90}$$

联立式（5-89）、式（5-90）、式（5-84）便可最终求解 T_k，T_{k+1}，T_0（$k=1$，…，6）。

值得注意的是，若按 $\gamma = \arctan(v_d^*/v_q^*)$ 计算 γ 角时，当 v_d^*/v_q^* 很大，甚至造成运算溢出时，会影响 γ 计算准确度，因此须改进 γ 的求解方法，实际上有

$$\tan\frac{\gamma}{2} = \frac{\sin\dfrac{\gamma}{2}}{\cos\dfrac{\gamma}{2}} = \frac{\sin\dfrac{\gamma}{2}\left(\cos\dfrac{\gamma}{2}\right)}{\cos\dfrac{\gamma}{2}\left(\cos\dfrac{\gamma}{2}\right)} = \frac{\sin\gamma}{1+\cos\gamma} = \frac{v_d^*}{v_q^* + v_d^*} \tag{5-91}$$

因此改进的 γ 算法为

$$\gamma = 2\arctan\frac{v_d^*}{v_q^* + v_d^*} \tag{5-92}$$

由于 $v_d^*/(v_q^* + v_d^*) \leqslant 1$，这就避免了求解 γ 过程中发生的数值溢出。

3. 关于三相 VSR 电流预测 SVPWM 控制

三相 VSR 电流预测 SVPWM 控制是一种电流响应较快的基于电压矢量合成的 PWM 电流控制策略。与采用 PI 调节器生成指令电压矢量方案不同的是，这种电流预测 SVPWM 控制，其指令电压矢量采用电流预测算法求得。下面简单讨论电流预测原理及三相 VSR 指令电压矢量算法。

对于基于数字控制的三相 VSR PWM 电流控制，由于电流采样周期及 PWM 控制延时的存在，使三相 VSR 交流电流控制存在滞后，这将影响电流跟踪控制的动态性能。对于三相 VSR PWM 控制，其电流控制最小延时也需一个 PWM 开关周期，因此，电流预测控制就是要求只经过一个 PWM 开关周期，使三相 VSR 实际电流与指令电流相等。

令 $I(t_n)$、$\boldsymbol{I}^*(t_n)$ 分别为 $\boldsymbol{t_n}$ 采样时刻三相 VSR 实际电流矢量及指令电流矢量，且定义

$$\begin{cases}\Delta \boldsymbol{I}^*(t_n) = \boldsymbol{I}^*(t_n) - \boldsymbol{I}(t_n) \\ \Delta \boldsymbol{I}(t_n) = \boldsymbol{I}(t_n + T_s) - \boldsymbol{I}(t_n)\end{cases} \tag{5-93}$$

式中　T_s——PWM 开关周期。

根据电流预测控制要求，任一 PWM 开关周期（t_n、t_n+T_s）内，电流控制必须满足

$$\boldsymbol{I}(t_n+T_s) = \boldsymbol{I}^*(t_n) \text{ 或 } \Delta\boldsymbol{I}(t_n) = \Delta\boldsymbol{I}^*(t_n) \tag{5-94}$$

考虑三相 VSR 交流侧相关矢量 $\boldsymbol{E}$、$\boldsymbol{I}$、$\boldsymbol{I}^*$、$\Delta\boldsymbol{I}$、$\Delta\boldsymbol{I}^*$，尽管在两相静止坐标系（α、β）中，这些相关矢量均为旋转矢量，但当 PWM 开关频率足够高，且在任一开关周期（t_n、t_n+T_s）内研究矢量间的定量关系时，上述矢量均可看成坐标系（α，β）中位置固定的矢量，且

$$\boldsymbol{X} = \boldsymbol{X}(t_n) \qquad \boldsymbol{X} \in (\boldsymbol{E}, \boldsymbol{I}, \boldsymbol{I}^*, \Delta\boldsymbol{I}, \Delta\boldsymbol{I}^*) \tag{5-95}$$

若忽略三相 VSR 网侧电阻，为实现三相 VSR 电流预测控制，须使$\boldsymbol{I}(t_n+T_s) = \boldsymbol{I}^*(t_n)$，则三相 VSR 指令电压矢量为

$$\boldsymbol{V}^*(t_n) = \boldsymbol{E}(t_n) - \frac{L}{T_s}\Delta\boldsymbol{I}^*(t_n) \tag{5-96}$$

为计算方便，只讨论三相 VSR 单位功率因数控制，其相关矢量空间关系如图 5-31 所示。

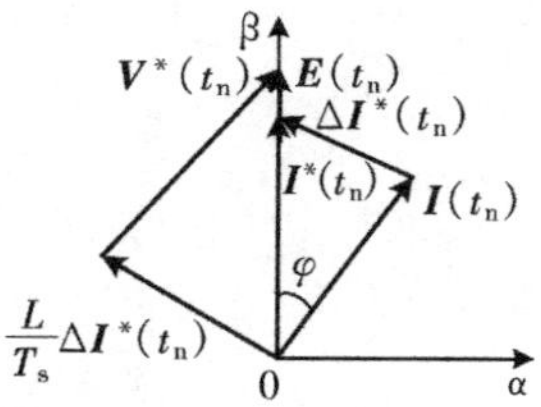

图 5-31　单位功率因数控制时三相 VSR 矢量关系

当开关频率足够高时，由图 5-31 中几何关系，得

$$\begin{aligned}|\Delta\boldsymbol{I}^*(t_n)| &= 2|\boldsymbol{I}^*(t_n)|\sin\left(\frac{\varphi}{2}\right) \\ &\approx 2|\boldsymbol{I}^*(t_n)|\left(\frac{\varphi}{2}\right)\end{aligned} \tag{5-97}$$

另外，若经一个 PWM 开关周期，三相 VSR 网侧电流已跟踪指令电流时，有

$$\varphi = \frac{2\pi f_1}{f_s} \tag{5-98}$$

将式（5-98）代入式（5-97），得

$$|\Delta\boldsymbol{I}^*(t_n)| \approx \frac{2\pi|\boldsymbol{I}^*(t_n)|f_1}{f_s} \tag{5-99}$$

式中　f_s——PWM 开关频率；

　　f_1——电网基波频率。

由矢量几何关系，并利用余弦定理求解，得

$$|\boldsymbol{V}^*(t_n)| = \sqrt{\left(\frac{L}{T_s}|\Delta\boldsymbol{I}^*(t_n)|\right)^2 + |\boldsymbol{E}(t_n)|^2 - \frac{2L}{T_s}|\Delta\boldsymbol{I}^*(t_n)||\boldsymbol{E}(t_n)|\cos\left(\frac{\pi}{2}-\varphi\right)} \tag{5-100}$$

当开关频率足够高时，$\varphi \to 0$，则三相 VSR 电流预测控制指令电压矢量幅值关系为

$$|\boldsymbol{V}^*| \approx \sqrt{\left(L\frac{|\Delta \boldsymbol{I}^*|}{T_s}\right)^2 + |\boldsymbol{E}|^2} \tag{5-101}$$

当求出三相 VSR 指令电压矢量 $\boldsymbol{V}^*$ 后，即可利用前述的电压矢量合成控制，使三相 VSR 电压矢量 $\boldsymbol{V}$ 跟踪指令电压矢量 $\boldsymbol{V}^*$，以实现三相 VSR 电流预测控制。

第6章 VSR并网控制策略

6.1 VSR并网控制概述

并网控制是PWM整流器控制的基本要求，其并网控制性能的优劣直接影响到PWM整流器的应用。前面介绍了VSR的电流控制策略，一般而言，PWM整流器的并网控制主要研究PWM整流器网侧的有功、无功功率控制，本章仍以电压型PWM整流器（VSR）为例进行论证。

对于三相VSR而言，在直接电流控制前提下，如果以电网电压矢量进行定向，通过控制VSR输出电流矢量的幅值和相位（相对于电网电压矢量），即可控制VSR的有功和无功功率，以此实现VSR的并网控制。由于是相对于电网电压矢量位置的电流矢量控制，因而称其为基于电压定向的矢量控制（VOC）。

可见，VOC是在电压定向基础上，通过输出电流矢量的控制，实现三相VSR输出有功和无功功率的控制。实际上，如果在电压定向基础上，不对输出电流进行控制，而是对三相VSR的有功和无功功率进行直接控制，也可以实现VSR的并网控制。这种在电压定向基础上的VSR直接功率控制（DPC）一般称为基于电压定向的直接功率控制（V-DPC）。

上述VOC和V-DPC两种三相VSR并网控制策略的控制性能均取决于电网电压矢量位置的准确获得，获得电网电压矢量位置的一般方法是：首先检测电网电压瞬时值e_a、e_b、e_c，再由三相静止坐标系（abc）到两相静止坐标系（αβ）的坐标变换，获得其在αβ坐标系下的表达式e_α、e_β，从而获得电压矢量的位置角γ，即

$$\begin{cases} \sin\gamma = \dfrac{e_\beta}{\sqrt{{e_\alpha}^2 + {e_\beta}^2}} \\ \cos\gamma = \dfrac{e_\alpha}{\sqrt{{e_\alpha}^2 + {e_\beta}^2}} \end{cases} \tag{6-1}$$

上述电压定向方法的不足之处在于，由于实际的电网电压并非是理想的正弦波电压，即电网电压除基波分量外还含有丰富的谐波分量，因此使得电网电压的检测值中除基波分量外还包含谐波分量，这样就使得基波电压定向出现偏差，从而降低了系统有功、无功功率的控制性能。

解决以上不足的方法有两种：一种可行的解决方法是加入基于电网电压基波的锁相环（PLL）技术，以期实现对电网电压基波分量进行定向，但这需要对锁相环进行动态响应与稳定性的折中设计，定向性能取决于锁相环的设计性能；另一种简单的解决方法是，采用虚拟磁链进行定向，由于虚拟磁链实际上是电网电压的积分，而积分的低通特性则对电网电压中的谐波分量有一定的抑制作用，从而有效克服了电网电压谐波对矢量定向准确度的影响。

总之，根据矢量定向和控制变量的不同，三相 VSR 的并网控制策略可以归纳成如下四类：①基于电压定向的矢量控制（VOC）；②基于电压定向的直接功率控制（V-DPC）；③基于虚拟磁链定向的矢量控制（VFOC）；④基于虚拟磁链定向的直接功率控制（VF-DPC）。

三相 VSR 并网控制策略的分类关系如图 6-1 所示。

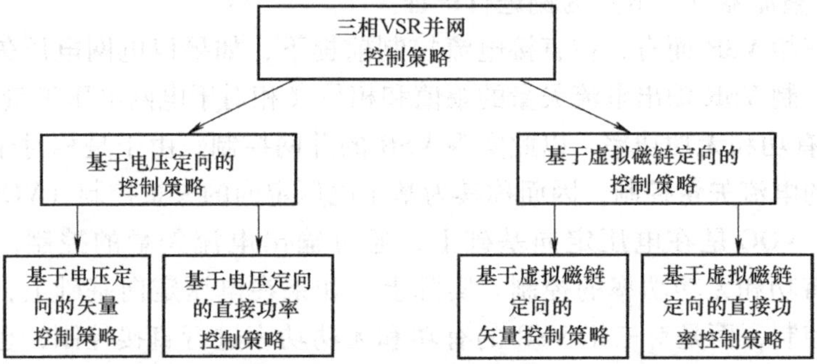

图 6-1　三相 VSR 控制策略的分类关系

由于基于电压定向的矢量控制（VOC）和基于虚拟磁链定向的矢量控制（VFOC）都是基于电流闭环的控制策略，而基于电压定向的直接功率控制（V-DPC）和基于虚拟磁链定向的直接功率控制（VF-DPC）则都是基于功率闭环的控制策略，因而本章将对上述四种三相 VSR 并网控制策略分为基于电流闭环的矢量控制和基于功率闭环的直接功率控制两大类进行介绍。

另外，在 VSR 系统中，对并网电流的谐波有严格的限制要求，即要求并网电流的总谐波畸变率 *THD* 足够小（一般要求并网电流的 $THD \leqslant 5\%$），因此 VSR 的输出滤波器的设计就极为关键，对于小功率 VSR，由于开关频率较高，一般常采用 *L* 或 *LC* 滤波器设计，而对于大功率 VSR，由于开关频率不高，为有效降低滤波器的体积和损耗，则常采用 *LCL* 滤波器设计。然而，这种采用 *LCL* 滤波器设计，减小了系统阻尼，甚至会导致 VSR 的振荡，为有效解决这一问题，改善 VSR 并网控制的动态性能，本章还介绍了针对基于 *LCL* 滤波器的三相 VSR 的无源阻尼和有源阻尼两类控制策略。由于单相 VSR 控制的特殊性，最后本章简单介绍了单相 VSR 的并网控制策略。

6.2 基于电流闭环的矢量控制策略[113,114]

6.2.1 概述

针对三相 VSR 的并网控制，基于电流闭环的矢量控制策略按其矢量定向的不同，主要包括基于电网电压定向的矢量控制（VOC）和基于虚拟磁链定向的矢量控制（VFOC）两种控制策略。

采用基于电流闭环的矢量控制策略时，为了实现 VSR 输出交流电流的无静差控制，根据参考坐标系选择的不同，其控制设计主要分为基于同步旋转坐标系以及基于静止坐标系的两种结构的控制设计。值得注意的是，其中的同步旋转坐标系是与选定的定向矢量同步旋转的。对于基于同步旋转坐标系的控制设计而言，主要是利用坐标变换将静止坐标系中的交流量变换成同步坐标系下的直流量，从而采用典型的 PI 调节器设计即可实现交流电流的无静差控制；而对于基于静止坐标系的控制设计而言，采用典型的 PI 调节器设计则无法实现交流电流的无静差控制，为此可采用比例谐振（PR）调节器，PR 调节器的传递函数 $G_{PR}(s)$ 由比例项和二阶无阻尼振荡项组成，即

$$G_{PR}(s)=K_p+\frac{K_i s}{s^2+\omega_0{}^2} \tag{6-2}$$

式中 ω_0——基波角频率；

K_p——比例增益；

K_i——振荡项增益。

由式（6-2）不难看出，由于 PR 调节器在基波频率处增益无穷大，因此可实现对基波正弦电流的无静差控制，另外通过进一步研究表明，在 VSR 控制设计中，采用 PR 调节器还可以有效抑制电网基波电压的扰动。

对于单相 VSR 的并网控制而言，一般不方便进行坐标旋转变换，虽然可以增设虚拟相来实现坐标旋转变换，但增加了复杂度，因此可采用基于静止坐标系的 PR 调节器设计，以实现 VSR 输出交流电流的无静差控制。

对于三相 VSR 的并网控制而言，采用基于同步旋转坐标系的控制设计十分方便，并且相对 PR 调节器而言，PI 调节器的设计与整定比较容易。另外，相对静止坐标系下的并网控制而言，基于同步旋转坐标系的控制设计具有有功分量和无功分量的解耦控制特性。

由于基于电网电压定向的矢量控制（VOC）和基于虚拟磁链定向的矢量控制（VFOC）均是在同步坐标系基础上进行控制系统设计的，两者主要只是在同步坐标系 d 轴方向的变量选取上有所不同，以下分别讨论 VOC 和 VFOC 两种

VSR 并网控制策略。

6.2.2 基于电网电压定向的矢量控制（VOC）

若同步旋转坐标系与电网电压矢量 E 同步旋转，且同步旋转坐标系的 d 轴与电网电压矢量 E 重合，则称该同步旋转坐标系为基于电网电压矢量定向的同步旋转坐标系。而基于电网电压定向的三相 VSR 输出电流矢量图如图 6-2 所示。

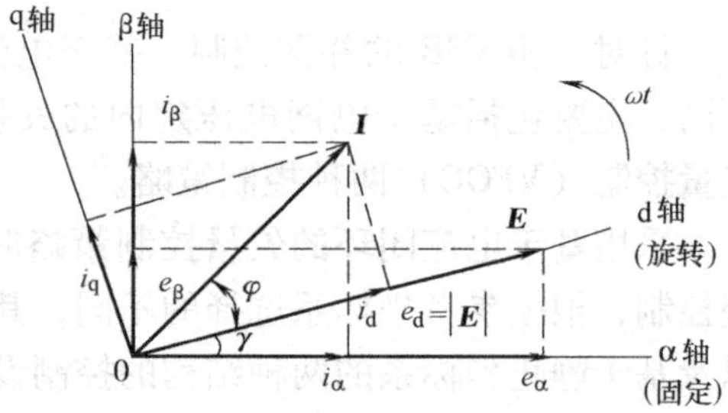

图 6-2 基于电网电压定向的三相 VSR 输出电流矢量图

显然，在电网电压定向的同步旋转坐标系中，有 $e_d=|E|$，$e_q=0$。

根据瞬时功率理论（见 6.3.1.1 节），系统的瞬时有功功率 p、无功功率 q 分别为

$$\begin{cases} p=\dfrac{3}{2}(e_d i_d+e_q i_q) \\ q=\dfrac{3}{2}(e_d i_q-e_q i_d) \end{cases} \tag{6-3}$$

由于基于电网电压定向时，$e_q=0$，则式（6-3）可简化为

$$\begin{cases} p=\dfrac{3}{2}e_d i_d \\ q=\dfrac{3}{2}e_d i_q \end{cases} \tag{6-4}$$

若不考虑电网电压的波动，即 e_d为一定值，因此由式（6-4）表示的 VSR 的瞬时有功功率 p 和无功功率 q 仅与 VSR 输出电流的 d、q 轴分量 i_d、i_q成正比。这表明，如果电网电压不变，则通过 i_d、i_q的控制就可以分别控制并网逆变器的有功、无功功率。

在三相 VSR 中，直流侧输入有功功率的瞬时值为 $p=i_{dc}u_{dc}$，若不考虑逆变器的损耗，则由式（6-4）可知：$i_{dc}v_{dc}=p=3e_d i_d/2$。可见，当电网电压不变且忽略逆变器自身的损耗时，VSR 的直流侧电压 v_{dc}与 VSR 输出电流的 d 轴分量 i_d成正比，而 VSR 的有功功率 p 又与 i_d成正比，因此 VSR 直流侧电压 v_{dc}的控制可通过有功功率 p 即 i_d的控制来实现。

基于电网电压定向的 VSR 的控制结构如图 6-3 所示。

控制系统由直流电压外环和有功、无功电流内环组成。直流电压外环的作用是为了稳定或调节直流电压。显然，引入直流电压反馈并通过一个 PI 调节器即可实现直流电压的无静差控制。由于直流电压的控制可通过 i_d的控制来实现，因

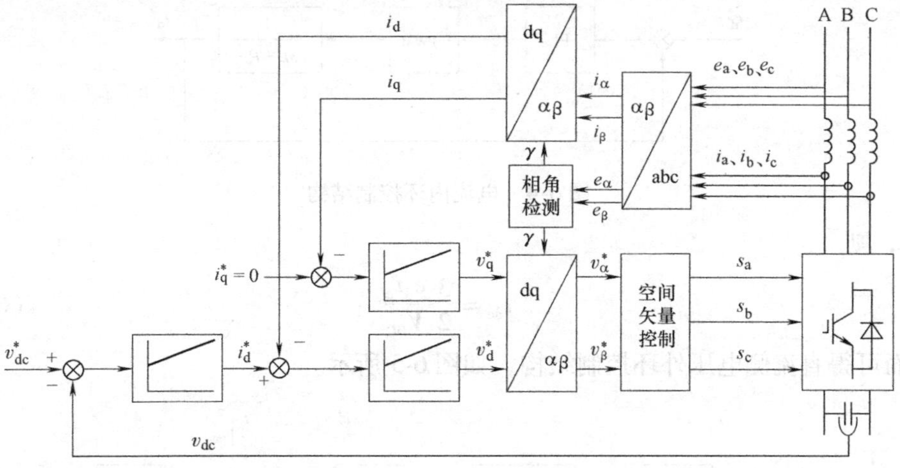

图 6-3　基于电压定向的矢量控制系统（VOC）示意图

此直流电压外环 PI 调节器的输出量即为有功电流内环的电流参考值 i_d^*，从而对 VSR 输出的有功功率进行调节。无功电流内环的电流参考值 i_q^* 则是根据需向电网输送的无功功率参考值 q^*（由 $q^*=e_d i_q^*$ 运算）而得，当令 $i_q^*=0$ 时，VSR 运行于单位功率因数状态，即仅向电网输送有功功率。

电流内环是在 dq 坐标系中实现控制的，即 VSR 输出电流的检测值 i_a、i_b、i_c 经过 abc/αβ/dq 的坐标变换转换为同步旋转 dq 坐标系下的直流量 i_d、i_q，将其与电流内环的电流参考值 i_d^*、i_q^* 进行比较，并通过相应的 PI 调节器控制分别实现对 i_d、i_q 的无静差控制。电流内环 PI 调节器的输出信号经过 dq/αβ 逆变换后，即可通过空间矢量脉宽调制（SVPWM）得到 VSR 相应的开关驱动信号 s_a、s_b、s_c，从而实现 VSR 的并网控制。

另外，图 6-3 中的坐标变换的相位角信息 γ 是通过式（6-1）计算得到的，其中的 e_α、e_β 值是通过检测电网电压（e_a，e_b，e_c）并经 abc/αβ 的坐标变换运算得到的。

若采用前馈解耦控制，且采用电网电压的前馈控制以补偿电网电压变化对系统控制的影响，解耦后的电流 i_d 内环控制结构如图 6-4 所示（i_q 电流环与 i_d 电流环相同）。当开关频率足够高时，其逆变桥的放大特性可由比例增益 K_{PWM} 近似表示。

上面的分析表明，VSR 的直流电压是通过 VSR 的有功功率 p 即有功电流 i_d 进行控制的，而又由 VSR 主电路直流侧分析易得：$C\mathrm{d}v_{dc}/\mathrm{d}t=i_c$，$i_c=i_{dc}-i_i$。因此要构建 VSR 的直流电压外环，关键在于求得电流内环的输出 i_d 与逆变桥直流输入电流 i_{dc} 之间的传递关系。

实际上，由 $p=i_{dc}v_{dc}=3e_d i_d/2$，可得 $i_{dc}=3e_d i_d/(2v_{dc})$，若令稳态时 $v_{dc}=$

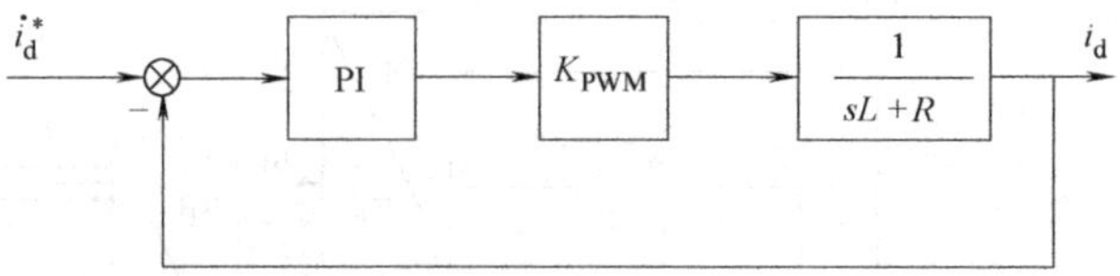

图 6-4　电流内环控制结构

V_{DC}，则

$$i_{dc}=\frac{3}{2}\frac{e_d i_d}{V_{DC}} \tag{6-5}$$

从而可得直流侧电压外环控制结构，如图 6-5 所示。

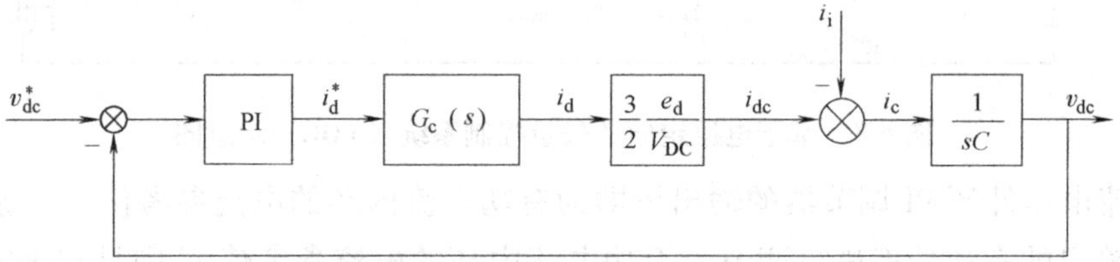

图 6-5　直流侧电压外环控制结构

图 6-5 中，$G_c(s)$表示电流内环的闭环传递函数。

6.2.3　基于虚拟磁链定向的矢量控制（VFOC）[114,115]

6.2.3.1　虚拟磁链的定向及 VFOC

基于虚拟磁链定向的矢量控制（VFOC）是在基于电网电压定向的矢量控制（VOC）基础上发展出来的，是对 VOC 方案的一种改进。VOC 方案的问题在于：当电网电压含有谐波等干扰时，就会直接影响电网电压基波矢量相位角的检测，从而影响 VOC 方案的矢量定向的准确度及控制性能，甚至使控制系统振荡。为抑制电网电压对矢量定向及控制性能的影响，应当寻求能克服电网电压谐波影响的定向矢量，即可考虑采用基于虚拟磁链定向的矢量控制（VFOC）。

虚拟磁链定向的基本出发点是将 VSR 的交流侧（包括滤波环节和电网）等效成一个虚拟的交流电动机，如图 6-6 所示。其中，R_s、L 可分别看作是该交流电动机的定子电阻和定子漏感，三相电网电压矢量 $\boldsymbol{E}$ 经过积分后所得的矢量$\boldsymbol{\Psi}=\int \boldsymbol{E}\mathrm{d}t$ 便可认为是该虚拟交流电动机的气隙磁链 $\boldsymbol{\Psi}$。显然，由于积分的低通滤波特性，因此可以有效克服电网电压谐波对磁链 $\boldsymbol{\Psi}$ 的影响，从而确保了矢量定向的准确度。基于虚拟磁链定向的矢量控制（VFOC）的矢量图如图6-7所示，令磁链矢量 $\boldsymbol{\Psi}$ 与同步旋转坐标系的 d 轴重合，由于虚拟磁链矢量 $\boldsymbol{\Psi}$ 比电网电压矢量 $\boldsymbol{E}$ 滞后 90°，因而当采用 VFOC 方案时，若控制 VSR 运行于单位功率因数状态

时，需满足：$e_d=0$、$e_q=|\boldsymbol{E}|$，这样 VSR 的输出瞬时功率即为

$$\begin{cases}p=e_q i_q\\q=-e_q i_d\end{cases} \tag{6-6}$$

可见，通过控制与磁链矢量 $\boldsymbol{\Psi}$ 相重合的 d 轴电流分量 i_d 即可控制 VSR 输出的无功功率，而控制与磁链矢量 $\boldsymbol{\Psi}$ 相垂直的 q 轴电流分量 i_q 即可控制 VSR 输出的有功功率。显然，这与 VOC 方案中的 d、q 轴电流分量的有功、无功定义正好相反。

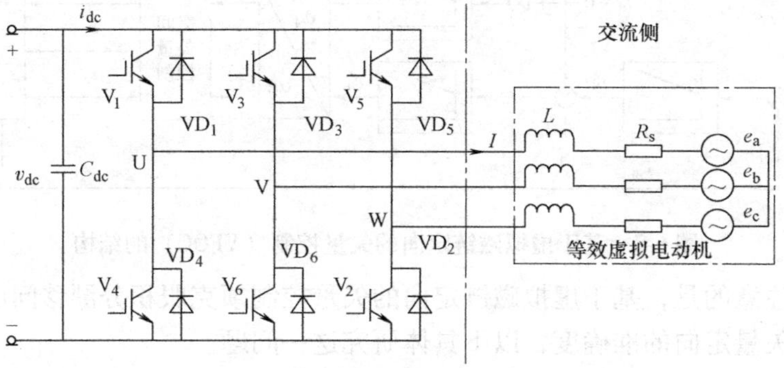

图 6-6　交流侧等效虚拟电动机

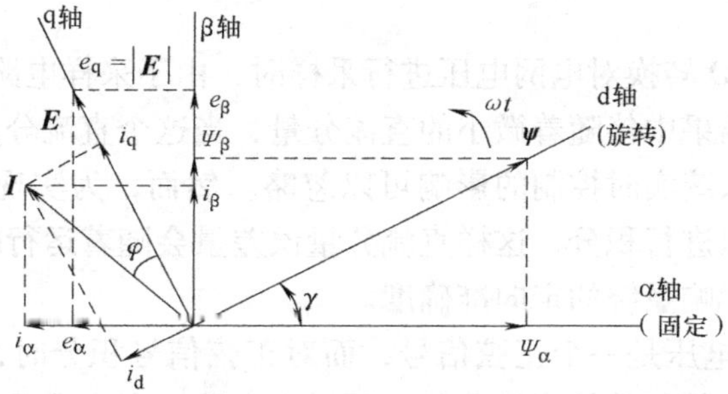

图 6-7　基于虚拟磁链定向的矢量控制（VFOC）的矢量图

基于虚拟磁链定向的矢量控制（VFOC）的结构如图 6-8 所示，由于 VFOC 方案和 VOC 方案的被控对象没有改变，仅是定向矢量和 dq 轴变量性质有所不同，因而两者的控制结构是相似的。由于采用磁链矢量 $\boldsymbol{\Psi}$ 定向，其磁链矢量 $\boldsymbol{\Psi}$ 的位置角 γ 由 αβ 坐标系下电网电压 α、β 轴分量 e_α、e_β 积分所得的磁链分量 Ψ_α 和 Ψ_β 计算而得，即

$$\begin{cases}\sin\gamma=\dfrac{\Psi_\beta}{\sqrt{\Psi_\alpha^{\ 2}+\Psi_\beta^{\ 2}}}\\[2ex]\cos\gamma=\dfrac{\Psi_\alpha}{\sqrt{\Psi_\alpha^{\ 2}+\Psi_\beta^{\ 2}}}\end{cases} \tag{6-7}$$

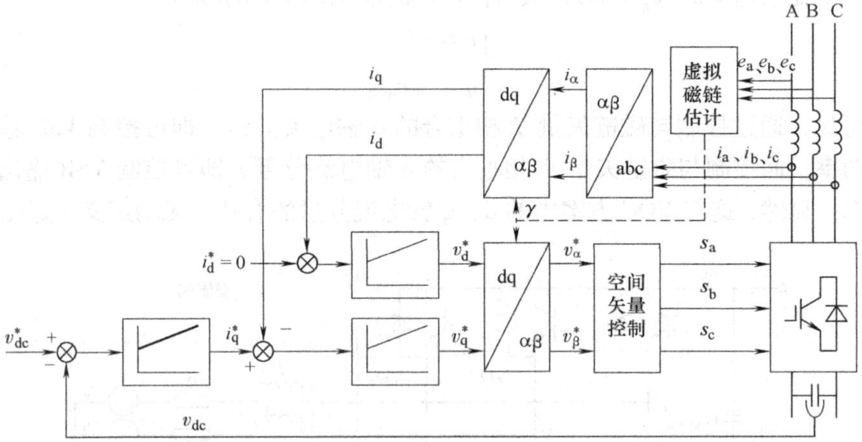

图 6-8　基于虚拟磁链定向的矢量控制（VFOC）的结构

值得注意的是，基于虚拟磁链定向的矢量控制须克服积分漂移问题，否则将同样影响矢量定向的准确度，以下具体研究这一问题。

6.2.3.2　虚拟磁链定向时积分漂移的克服[116,117]

当利用电网电压积分以进行虚拟磁链定向时，存在积分漂移问题，主要体现在以下两个方面：

1）当通过 A-D 转换对电网电压进行采样时，由于采样电路中点电压的漂移，通常会导致采样结果中伴随着微小的直流分量，当这个直流分量控制在误差允许的范围内时，对系统实时控制的影响可以忽略。然而，为实现虚拟磁链的定向，则必须对电网电压进行积分，这样直流分量误差量会随着运行时间的增加而越来越大，最终严重影响系统的定向准确度。

2）由于电网电压是一个正弦信号，而对正弦信号积分时，其积分结果中会出现一个和积分初值相关的直流分量，同样也会造成定向误差，即

$$\int_0^t A\sin(\omega t + \gamma_0)\,\mathrm{d}t = -\frac{A}{\omega}\cos(\omega t + \gamma_0)\Big|_0^t = -\frac{A}{\omega}\cos(\omega t + \gamma_0) + \frac{A}{\omega}\cos(\gamma_0) \tag{6-8}$$

式中　$A\sin(\omega t+\gamma_0)$——电网电压信号，其中 A 表示其幅值，ω 表示其角频率，γ_0表示积分开始时电网电压的初始相位角。

可见，只有当 $\gamma_0 = \pm\pi/2$ 时，积分结果中才不会出现这个直流分量。即使控制积分时刻，而从 $\gamma_0 = \pm\pi/2$ 这两个初始相位角开始进行积分，但由于实际电网频率的微小偏移也会造成积分起始时刻的偏移，从而同样无法消除这个直流分量误差，于是也可以导致虚拟磁链的定向误差。

为了能克服上述的两个问题，通常可采用低通滤波器（LPF）的 $W_{LPF}(s)=$

$1/(s+\omega_c)$ 取代积分器，由于消除了积分运算，因而初始时刻引起的直流分量的积分效应被完全抑制，如图 6-9 所示。

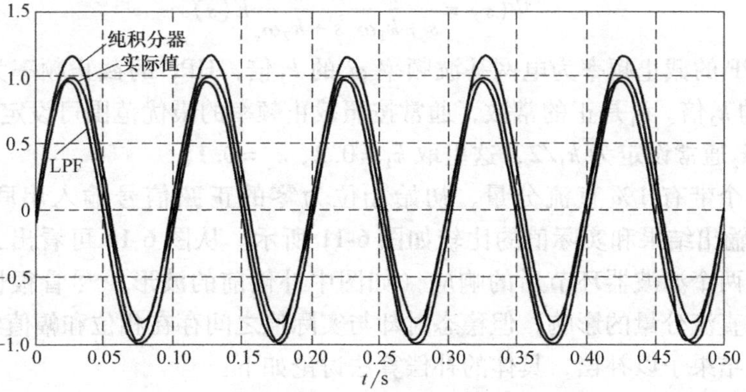

图 6-9 纯积分与低通滤波器运算的对比

假设输入为纯直流信号，经纯积分环节 $1/s$ 和 LPF 环节 $1/(s+\omega_c)$ 的输出曲线分别如图 6-10a、b 所示。可见：若采用纯积分环节，微小的直流分量都将使积分器饱和，如图 6-10a 所示；而采用 LPF 环节替换之后，可以消除饱和现象，然而直流分量仍然存在，只能将直流分量降到原有的 $1/\omega_c$。

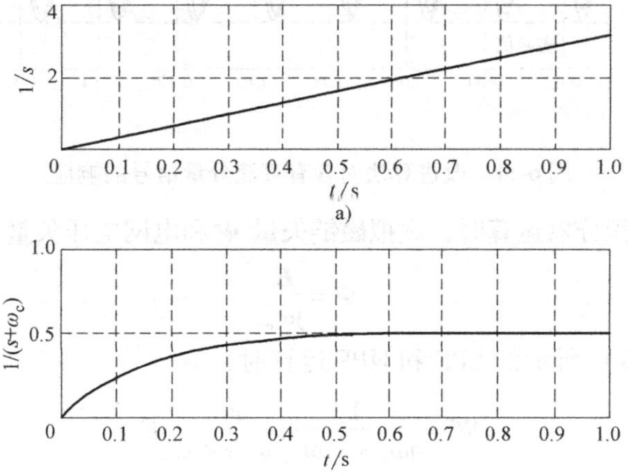

图 6-10 两种算法对直流信号的响应

a）纯积分算法 b）低通滤波器算法

为了能彻底消除直流分量引起的误差，可采用改进的虚拟磁链观测模型[116]，这样不仅能解决初始相位问题，又能彻底消除直流分量带来的影响。这种改进的虚拟磁链观测模型的基本思路是将电网电压 E 经过低通滤波器（LPF）之后再经过高通滤波器（HPF）进行补偿，其传递函数为

$$\Psi(s)=\frac{1}{s+k_1\omega_e}\frac{s}{s+k_2\omega_e}E(s) \tag{6-9}$$

其中，LPF 的截止频率为电网基波频率 ω_e 的 k_1 倍，HPF 的截止频率为电网基波频率 ω_e 的 k_2 倍。k_1 是正的常数，通常按照截止频率的最优范围可设定 k_1 为 0.2～0.3，而 k_2 通常设定为 $k_1/2$，这里取 $k_1=0.2$，$k_2=0.1$。

将一个带有 1% 直流分量、初始相位为零的正弦信号输入串联的 LPF 和 HPF，其输出结果和实际值的比较如图 6-11 所示。从图 6-11 可看出，电网电压波形经过两个滤波器环节后的响应（如图中补偿前的波形）尽管很快消除了初值误差和直流分量的影响，但稳态时却与实际值之间存在相位和幅值偏差，为此需要对此结果予以补偿，具体的补偿算法讨论如下：

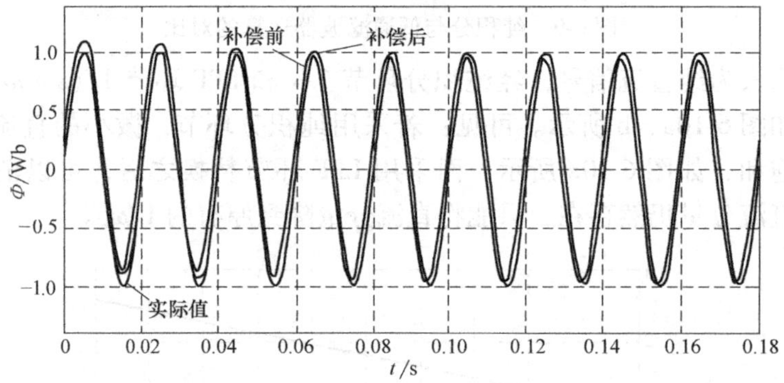

图 6-11　改进算法对含有直流分量信号的响应

当采用理想积分器运算时，虚拟磁链矢量 $\boldsymbol{\Psi}$ 和电网电压矢量 $\boldsymbol{E}$ 之间的关系是

$$\boldsymbol{\Psi}=\frac{\boldsymbol{E}}{\mathrm{j}\omega_e} \tag{6-10}$$

而当采用式（6-9）所示的 LPF 和 HPF 运算时，有

$$\boldsymbol{\Psi}'=\frac{1}{\mathrm{j}\omega_e+k_1\omega_e}\frac{\mathrm{j}\omega_e}{\mathrm{j}\omega_e+k_2\omega_e}E \tag{6-11}$$

比较式（6-10）和式（6-11）得

$$\boldsymbol{\Psi}=\boldsymbol{\Psi}'(1-\mathrm{j}k_1)(1-\mathrm{j}k_2)=(\boldsymbol{\Psi}'_\alpha+\mathrm{j}\boldsymbol{\Psi}'_\beta)(1-\mathrm{j}k_1)(1-\mathrm{j}k_2)=\boldsymbol{\Psi}_\alpha+\mathrm{j}\boldsymbol{\Psi}_\beta \tag{6-12}$$

因而

$$\begin{cases}\boldsymbol{\Psi}_\alpha=(1-k_1k_2)\boldsymbol{\Psi}'_\alpha-\mathrm{j}(k_1+k_2)\boldsymbol{\Psi}'_\alpha\\ \boldsymbol{\Psi}_\beta=(1-k_1k_2)\boldsymbol{\Psi}'_\beta-\mathrm{j}(k_1+k_2)\boldsymbol{\Psi}'_\beta\end{cases} \tag{6-13}$$

从而可得到根据式（6-13）改进的虚拟磁链获取框图，如图 6-12 所示。

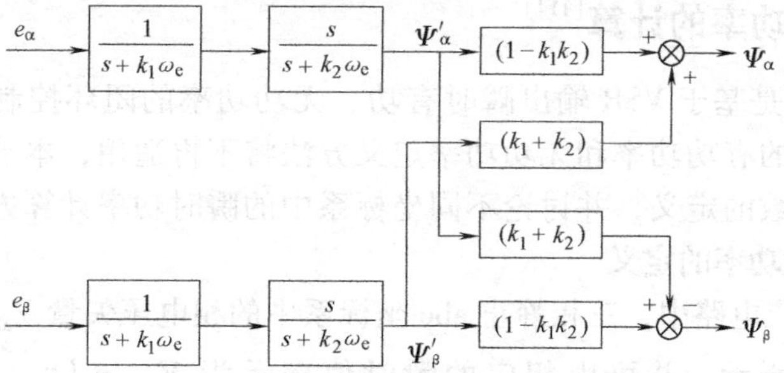

图 6-12　改进算法的框图

改进后的响应如图 6-11 所示的补偿后的响应波形，基本消除了稳态时与实际值之间存在相位和幅值偏差。

6.3　直接功率控制（DPC）

上述 VOC 与 VFOC 两种 VSR 的并网控制策略中，其 VSR 的有功、无功功率实际上是通过 dq 坐标系中的相关电流的闭环控制来间接实现的。为了取得功率的快速控制响应，可以借鉴交流电动机驱动控制中的直接转矩控制（DTC）的基本思路，即采用直接功率控制（DPC）。与基于电流闭环的矢量定向控制不同，DPC 无需将功率变量换算成相应的电流变量来进行控制，而是将 VSR 输出的瞬时有功功率和无功功率作为被控量进行功率的直接闭环控制。基本的控制思路是：首先对 VSR 输出的瞬时有功、无功功率进行检测运算，再将其检测值与给定的瞬时功率的偏差送入两个相应的滞环比较器中，根据滞环比较器的输出以及电网电压矢量位置的判断运算，确定驱动功率开关管的开关状态。

根据 DPC 中定向矢量的不同，DPC 又可分为基于电压定向的直接功率控制（V-DPC）以及基于虚拟磁链定向的直接功率控制（VF-DPC）。与基于矢量定向的电流控制相同，VF-DPC 方案中，矢量定向的准确度对电网谐波不敏感。

与基于矢量定向的电流控制相比，针对 VSR 的功率控制，DPC 具有鲁棒性好、控制结构简单等优点。由于 DPC 是基于瞬时有功功率和无功功率进行控制的，因而以下首先介绍瞬时功率的定义以及不同坐标系中瞬时功率的计算方法；讨论 VSR DPC 中无电网电压传感器时的瞬时功率估计和电网电压估计方法；接下来对基于电网电压定向和基于虚拟磁链定向的两种 DPC 方案进行了阐述；为了克服 DPC 采用滞环控制时所导致的开关频率不固定的不足（这对输出滤波器的设计是个挑战），本节还将介绍一种基于固定开关频率的 DPC 策略，即基于空间矢量调制的直接功率控制（SVM-DPC）策略。

6.3.1 瞬时功率的计算[114]

由于 DPC 是基于 VSR 输出瞬时有功、无功功率的闭环控制，因而一般基于平均值定义的有功功率和无功功率定义方法将不再适用，本节介绍瞬时功率和瞬时功率因数的定义，并讨论不同坐标系中的瞬时功率计算方法。

6.3.1.1 瞬时功率的定义

在三相交流电路中，三相静止 abc 坐标系中的相电压矢量 $\boldsymbol{V}_{abc}$ 和相电流矢量 $\boldsymbol{I}_{abc}$ 如图 6-13 所示，并可由相应的瞬时值表示为 $\boldsymbol{V}_{abc}=[v_a \quad v_b \quad v_c]$ 和 $\boldsymbol{I}_{abc}=[i_a \quad i_b \quad i_c]$。

在图 6-13 中，若以电压矢量 $\boldsymbol{V}_{abc}$ 定向，则电流矢量 $\boldsymbol{I}_{abc}$ 可分解为相应的有功电流分量 i_p（与电压矢量 $\boldsymbol{V}_{abc}$ 同向）和无功电流分量 i_q（与电压矢量 $\boldsymbol{V}_{abc}$ 垂直），其中电压矢量 $\boldsymbol{V}_{abc}$ 和电流矢量 $\boldsymbol{I}_{abc}$ 的模分别为 $|\boldsymbol{V}_{abc}|=\sqrt{v_a^2+v_b^2+v_c^2}$ 和 $|\boldsymbol{I}_{abc}|=\sqrt{i_a^2+i_b^2+i_c^2}$。

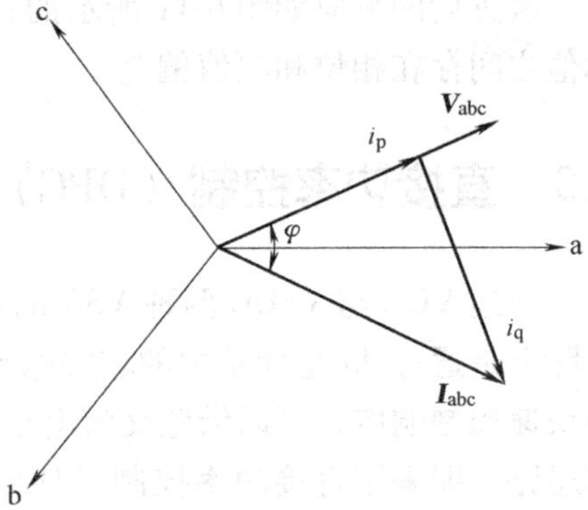

图 6-13 电流矢量 $\boldsymbol{I}_{abc}$ 的有功、无功电流分量 i_p 和 i_q

图 6-13 所示的矢量定向，瞬时有功功率 p 定义为相电压矢量 $\boldsymbol{V}_{abc}$ 与相电流矢量 $\boldsymbol{I}_{abc}$ 的标量积，而瞬时无功功率 q 则定义为相电压矢量 $\boldsymbol{V}_{abc}$ 与相电流矢量 $\boldsymbol{I}_{abc}$ 矢量积的模，即

$$\begin{cases} p=\boldsymbol{V}_{abc}\cdot\boldsymbol{I}_{abc}=v_a i_a+v_b i_b+v_c i_c=|\boldsymbol{V}_{abc}||\boldsymbol{I}_{abc}|\cos\varphi=|\boldsymbol{V}_{abc}||i_p| \\ q=|\boldsymbol{V}_{abc}\times\boldsymbol{I}_{abc}|=v_a^* i_a+v_b^* i_b+v_c^* i_c=|\boldsymbol{V}_{abc}||\boldsymbol{I}_{abc}|\sin\varphi=|\boldsymbol{V}_{abc}||i_q| \end{cases} \tag{6-14}$$

针对图 6-13 中的瞬时功率定义，参照三相正弦交流电路中功率因数的定义，相应的瞬时功率因数也可以定义为 $\lambda=\cos\varphi$，其中 φ 为图 6-13 所示的电压矢量 $\boldsymbol{V}_{abc}$ 与电流矢量 $\boldsymbol{I}$ 的相位差，显然

$$\lambda=\frac{p}{\sqrt{p^2+q^2}} \tag{6-15}$$

6.3.1.2 三相静止 abc 坐标系下瞬时功率的计算

根据式（6-14）、式（6-15），三相静止坐标系下的瞬时有功功率 p 和瞬时无功功率 q 也可写成

$$\begin{bmatrix} p \\ q \end{bmatrix}=\begin{bmatrix} v_a & v_b & v_c \\ v_a^* & v_b^* & v_c^* \end{bmatrix}\begin{bmatrix} i_a \\ i_b \\ i_c \end{bmatrix} \tag{6-16}$$

式中，v_a^*、v_b^*、v_c^*满足

$$\begin{bmatrix} v_a^* \\ v_b^* \\ v_c^* \end{bmatrix} = \frac{1}{\sqrt{3}} \begin{bmatrix} v_b - v_c \\ v_c - v_a \\ v_a - v_b \end{bmatrix} = \frac{1}{\sqrt{3}} \begin{bmatrix} v_{bc} \\ v_{ca} \\ v_{ab} \end{bmatrix} \tag{6-17}$$

另外，由于相电压矢量$\boldsymbol{V}_{abc}$与相电流矢量$\boldsymbol{I}_{abc}$的矢量积仍然为矢量，显然瞬时无功功率也可由三相静止坐标系下的无功矢量$\boldsymbol{Q}_{abc}$表示为

$$\boldsymbol{Q}_{abc} = \begin{bmatrix} q_a \\ q_b \\ q_c \end{bmatrix} = \begin{bmatrix} \begin{vmatrix} v_b & v_c \\ i_b & i_c \end{vmatrix} \\ \begin{vmatrix} v_c & v_a \\ i_c & i_a \end{vmatrix} \\ \begin{vmatrix} v_a & v_b \\ i_a & i_b \end{vmatrix} \end{bmatrix} \tag{6-18}$$

由此，可得瞬时无功功率q为

$$q = |\boldsymbol{Q}_{abc}| = \sqrt{q_a^2 + q_b^2 + q_c^2} \tag{6-19}$$

实际上，瞬时有功功率和瞬时无功功率可由定义在复平面上的复功率$\boldsymbol{S}$获得，而复功率$\boldsymbol{S}$为电压矢量$\boldsymbol{V}_{abc}$和电流共扼矢量$\boldsymbol{I}_{abc}^*$的标量积，即

$$\begin{aligned} \boldsymbol{S} &= \boldsymbol{V}_{abc} \cdot \boldsymbol{I}_{abc}^* = \mathrm{Re}[\boldsymbol{S}] + \mathrm{Im}[\boldsymbol{S}] = p + \mathrm{j}q \\ &= [v_a i_a + v_b i_b + v_c i_c] + \mathrm{j}\left\{\frac{1}{\sqrt{3}}[(v_b - v_c)i_a + (v_c - v_a)i_b + (v_a - v_b)i_c]\right\} \end{aligned} \tag{6-20}$$

可见，从复平面角度看，瞬时有功功率p实际上是瞬时复功率$\boldsymbol{S}$在实轴上的投影，而瞬时无功功率q则是瞬时复功率$\boldsymbol{S}$在虚轴上的投影。换言之，瞬时复功率$\boldsymbol{S}$的实轴分量即为有功分量，而瞬时复功率$\boldsymbol{S}$的虚轴分量即为无功分量，显然有功分量比无功分量超前90°。

6.3.1.3 两相静止αβ坐标系下瞬时功率的计算

设三相静止abc坐标系到两相静止αβ坐标系的“等功率”变换矩阵为$\boldsymbol{T}_{abc/\alpha\beta}$，则

$$\boldsymbol{T}_{abc/\alpha\beta} = \sqrt{\frac{2}{3}} \begin{pmatrix} 1 & -\frac{1}{2} & -\frac{1}{2} \\ 0 & \frac{\sqrt{3}}{2} & -\frac{\sqrt{3}}{2} \\ \frac{1}{\sqrt{2}} & \frac{1}{\sqrt{2}} & \frac{1}{\sqrt{2}} \end{pmatrix} \tag{6-21}$$

将三相坐标系中的矢量$\boldsymbol{V}_{abc}$、$\boldsymbol{I}_{abc}$经$\boldsymbol{T}_{abc/\alpha\beta}$变换后，得在αβ坐标系中电压、电流矢量$\boldsymbol{V}_{\alpha\beta}$、$\boldsymbol{I}_{\alpha\beta}$的表达式为

$$\boldsymbol{V}_{\alpha\beta}=\begin{bmatrix}v_{\alpha}\\ v_{\beta}\\ v_{0}\end{bmatrix}\qquad \boldsymbol{I}_{\alpha\beta}=\begin{bmatrix}i_{\alpha}\\ i_{\beta}\\ i_{0}\end{bmatrix}\tag{6-22}$$

式中　i_0、v_0——零序电流、电压分量。

若为三相三线制连接，即没有零序电流分量，即 $i_0=\sqrt{2/3}(i_a+i_b+i_c)=0$；又由于在三相三线制中，相电压的零序分量不起作用，可令 $v_0=0$。

这样，基于αβ坐标系的瞬时有功功率 p 的计算式为

$$p=\boldsymbol{V}_{\alpha\beta}\cdot\boldsymbol{I}_{\alpha\beta}=v_{\alpha}i_{\alpha}+v_{\beta}i_{\beta}\tag{6-23}$$

同理，瞬时无功功率也可由两相静止αβ坐标系下的无功矢量 $\boldsymbol{Q}_{\alpha\beta}$ 表示为

$$\boldsymbol{Q}_{\alpha\beta}=\boldsymbol{V}_{\alpha\beta}\times\boldsymbol{I}_{\alpha\beta}=(v_{\alpha}i_{\beta}-v_{\beta}i_{\alpha})\boldsymbol{K}\tag{6-24}$$

式中　$\boldsymbol{K}$——垂直于αβ坐标系的单位矢量。

显然，$\boldsymbol{Q}_{\alpha\beta}$ 的模值 $|\boldsymbol{Q}_{\alpha\beta}|$ 即为瞬时无功功率 q，观察式（6-23）不难得出基于αβ坐标系的瞬时无功功率 q 的计算式为

$$q=v_{\alpha}i_{\beta}-v_{\beta}i_{\alpha}\tag{6-25}$$

则瞬时功率可用矩阵形式表示为

$$\begin{bmatrix}p\\ q\end{bmatrix}=\begin{pmatrix}v_{\alpha} & v_{\beta}\\ -v_{\beta} & v_{\alpha}\end{pmatrix}\begin{bmatrix}i_{\alpha}\\ i_{\beta}\end{bmatrix}\tag{6-26}$$

6.3.1.4　两相旋转dq坐标系下瞬时功率计算

设三相静止abc坐标系到两相同步旋转dq坐标系的变换矩阵为 $\boldsymbol{T}_{abc/dq}$，则

$$\boldsymbol{T}_{abc/dq}=\sqrt{\frac{2}{3}}\begin{bmatrix}\cos\omega t & \cos(\omega t-120°) & \cos(\omega t+120°)\\ \sin\omega t & \sin(\omega t-120°) & \sin(\omega t+120°)\end{bmatrix}\tag{6-27}$$

将三相静止abc坐标系中的矢量 $\boldsymbol{V}_{abc}$ 和 $\boldsymbol{I}_{abc}$ 变换到两相旋转dq坐标系后，得在dq坐标系下 $\boldsymbol{V}_{dq}$ 和 $\boldsymbol{I}_{dq}$ 表达式为

$$\boldsymbol{V}_{dq}=\begin{bmatrix}v_{d}\\ v_{q}\end{bmatrix}\qquad \boldsymbol{I}_{dq}=\begin{bmatrix}i_{d}\\ i_{q}\end{bmatrix}\tag{6-28}$$

考虑到瞬时有功功率和瞬时无功功率的定义，则基于dq坐标系的瞬时有功功率 p 和瞬时无功功率 q 的计算式分别为

$$p=\boldsymbol{V}_{dq}\cdot\boldsymbol{I}_{dq}=v_{d}i_{d}+v_{q}i_{q}\tag{6-29}$$

$$q=|\boldsymbol{V}_{dq}\times\boldsymbol{I}_{dq}|=v_{q}i_{d}-v_{d}i_{q}\tag{6-30}$$

6.3.2　基于电压定向的直接功率控制（V-DPC）[114,118,119]

6.3.2.1　VSR DPC中瞬时功率的计算

1. 有电网电压传感器时的瞬时功率的计算

在VSR的DPC中，需要计算网侧的瞬时功率，因此只需要将上述瞬时功率

计算中的电压矢量 $\boldsymbol{V}$ 以电网电压矢量 $\boldsymbol{E}$ 代之即可。一般情况下，VSR 的控制均采用电网电压传感器以检测电网电压，例如当采用基于两相静止 αβ 坐标系的瞬时功率计算时，仅需将检测得到的三相电压 e_a、e_b、e_c 和电流 i_a、i_b、i_c 通过 $\boldsymbol{T}_{abc/\alpha\beta}$ 变换得到 e_α、e_β 和 i_α、i_β，再由式（6-23）和式（6-25）即可计算得到相应的瞬时有功功率和瞬时无功功率。

2. 无电网电压传感器时的瞬时功率计算

在 VSR 的控制中，一般情况下，共用到了三种传感器：①交流电流传感器；②直流电压传感器；③电网电压传感器。实际应用中，由于系统控制和系统保护（输出侧过电流保护和直流母线过电压保护）的需求，交流电流传感器、直流电压传感器是必不可少的。而针对电网电压传感器，为降低成本和提高系统的可靠性，有时则可能被省略，为此必须通过算法可以对电网电压值进行估计。以下介绍无电网电压传感器时的瞬时功率计算和电网电压估算方法。

首先，由式（6-20）可得 VSR 的瞬时复功率表达式为

$$\begin{aligned}\boldsymbol{S} &= \boldsymbol{E}\boldsymbol{I}^* = p + \mathrm{j}q \\ &= e_a i_a + e_b i_b + e_c i_c + \mathrm{j}\frac{1}{\sqrt{3}}[(e_b - e_c)i_a + (e_c - e_a)i_b + (e_a - e_b)i_c]\end{aligned} \tag{6-31}$$

其中，并网输出电流的瞬时值 i_a、i_b、i_c 是直接由传感器检测得到的，但由于没有电网电压传感器，因此电网电压的瞬时值 e_a、e_b、e_c 为未知量。实际上，电网电压可以通过基于瞬时功率的电网电压估算方法进行估算，其主要思想是：将 VSR 瞬时功率表达式中的电网电压用所检测的 VSR 输出电流和直流侧电压进行描述，进而通过 VSR 回路的电压方程运算获得电网电压的估算值。采用这种方法先运算出瞬时有功、无功功率的估算值，再得出电网电压的估算值，而瞬时有功、无功功率的估算值可作为直接功率控制器的反馈信号。对此具体讨论如下：

由式（6-31），VSR 输出的瞬时无功功率 q 为

$$q = \frac{1}{\sqrt{3}}(e_{bc} i_a + e_{ca} i_b + e_{ab} i_c) \tag{6-32}$$

式中　$e_{bc} = e_b - e_c$。

设 VSR 开关调制时，a、b、c 各相的开关函数分别为 s_a、s_b、s_c。这里，当上桥开关管导通时，令 $s_x(x = \mathrm{a、b、c}) = 1$，而当下桥开关管导通时，令 $s_x(x = \mathrm{a、b、c}) = 0$。如果忽略 VSR 输出回路中电阻的影响，则可得 VSR 中的电网电压表达式为

$$\begin{cases} e_a = L\dfrac{\mathrm{d}i_a}{\mathrm{d}t} + \left(v_{dc}s_a - \dfrac{v_{dc}}{3}\sum\limits_{j=a,b,c} s_j\right) \\ e_b = L\dfrac{\mathrm{d}i_b}{\mathrm{d}t} + \left(v_{dc}s_b - \dfrac{v_{dc}}{3}\sum\limits_{j=a,b,c} s_j\right) \\ e_c = L\dfrac{\mathrm{d}i_c}{\mathrm{d}t} + \left(v_{dc}s_c - \dfrac{v_{dc}}{3}\sum\limits_{j=a,b,c} s_j\right) \end{cases} \tag{6-33}$$

对应的线电压形式为

$$\begin{cases} e_{bc} = L\dfrac{di_b}{dt} - L\dfrac{di_c}{dt} - s_c v_{dc} + s_b v_{dc} \\ e_{ca} = L\dfrac{di_c}{dt} - L\dfrac{di_a}{dt} - s_a v_{dc} + s_c v_{dc} \\ e_{ab} = L\dfrac{di_a}{dt} - L\dfrac{di_b}{dt} - s_b v_{dc} + s_a v_{dc} \end{cases} \tag{6-34}$$

联立式（6-33）和式（6-31），可得瞬时有功和无功功率的估算值 $\hat{p}$、$\hat{q}$ 分别为

$$\hat{p} = L\left(\frac{di_a}{dt}i_a + \frac{di_b}{dt}i_b + \frac{di_c}{dt}i_c\right) + v_{dc}(s_a i_a + s_b i_b + s_c i_c) \tag{6-35}$$

$$\hat{q} = \frac{1}{\sqrt{3}}\left\{3L\left(\frac{di_a}{dt}i_c - \frac{di_c}{dt}i_a\right) - v_{dc}[s_a(i_b - i_c) + s_b(i_c - i_a) + s_c(i_a - i_b)]\right\} \tag{6-36}$$

由式（6-35）和式（6-36）可看出：瞬时有功和无功功率的估算值 $\hat{p}$、$\hat{q}$ 不仅与 VSR 的开关状态有关，而且与滤波电感参数有关。可见 VSR 瞬时有功和无功功率估算的准确度取决于电感参数的准确度。

从式（6-35）、式（6-36）可看出，功率估算中存在电流微分的运算，然而实际计算时微分运算由差分运算来代替。为了使电流的差分运算尽可能准确，应当尽量避免电流尖峰的影响。为此，一方面要求交流侧采用尽量大的电感进行滤波；另一方面，由于估计值与开关状态有关，因而采样及估算时应当避开开关动作的时刻，以减小误差。

获得瞬时有功和无功功率的估算值 $\hat{p}$、$\hat{q}$ 后，再由 $\hat{S} = \hat{p} + j\hat{q}$ 并根据关系式 $\boldsymbol{S} = \boldsymbol{E}\boldsymbol{I}^*$ 得

$$\boldsymbol{S}\boldsymbol{I} = \boldsymbol{E}\boldsymbol{I}^*\boldsymbol{I} = \boldsymbol{E}|\boldsymbol{I}|^2 \tag{6-37}$$

从而估算的电网电压矢量 $\hat{\boldsymbol{E}}$ 为

$$\hat{\boldsymbol{E}} = \frac{\boldsymbol{I}}{|\boldsymbol{I}|^2}\hat{S} \tag{6-38}$$

将式（6-38）写成基于 αβ 坐标系的矩阵形式，即

$$\begin{bmatrix} \hat{e}_\alpha \\ \hat{e}_\beta \end{bmatrix} = \frac{1}{i_\alpha^2 + i_\beta^2}\begin{bmatrix} i_\alpha & -i_\beta \\ i_\beta & i_\alpha \end{bmatrix}\begin{bmatrix} \hat{p} \\ \hat{q} \end{bmatrix} \tag{6-39}$$

可见，通过检测 VSR 的输出电流 i_a、i_b、i_c，并经过坐标变换运算，即得 αβ 坐标系下的输出电流（i_α，i_β），将 i_α、i_β 以及由式（6-35）、式（6-36）得到的瞬时有功、无功功率的估算值 $\hat{p}$、$\hat{q}$ 代入式（6-39），即可得到基于 αβ 坐标系的电网电压的估算值 $\hat{e}_\alpha$、$\hat{e}_\beta$，从而可由式（6-1）求得电网电压矢量的位置角估算值 $\hat{\gamma}$。

6.3.2.2　无电网电压传感器的 V-DPC 结构

基于电网电压定向的直接功率控制（V-DPC）是 DPC 基本的控制策略，一般可采用有电网电压传感器的 V-DPC，但也可以利用上述电网电压的估算来实现无电网电压传感器的 V-DPC，其控制系统结构如图 6-14 所示（图中略去了输出滤波器等效电阻的影响），其基本的控制思路为：

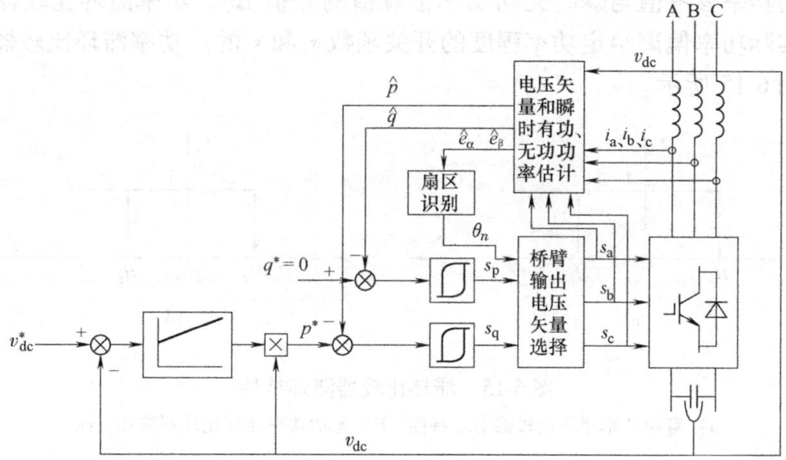

图 6-14　无电网电压传感器的 V-DPC 结构

功率和电压估算单元根据 VSR 的开关函数（s_a、s_b、s_c）、输出电流检测值（i_a、i_b、i_c），以及直流侧电压检测值 v_{dc} 经过式（6-35）、式（6-36）以及式（6-39）计算，得到瞬时有功、无功功率的估计值 $\hat{p}$、$\hat{q}$ 以及三相电网电压在 αβ 坐标系下的估计值 $\hat{e}_\alpha$、$\hat{e}_\beta$；$\hat{p}$、$\hat{q}$ 与瞬时有功、无功功率参考值 p^* 和 q^* 比较后送入滞环比较器，得到相应的 s_p、s_q 信号；瞬时有功功率参考值 p^* 由直流电压外环调节器输出给定，而瞬时无功功率参考值 q^* 则由系统的无功指令给定，若使 VSR 在单位功率因数下运行，则 $q^*=0$；由式（6-1）及 e_α、e_β 可算出电网电压矢量的位置角估算值 $\hat{\gamma}$，从而可判断出电网电压矢量所处扇区的信息 θ_n；最后根据 s_p、s_q 和 θ_n 通过既定开关表的查表获得所需输出电压的开关函数 s_a、s_b、s_c，以驱动逆变器的开关管调制，同时将此开关状态信号反馈给功率和电压估算单元，以便功率和电压的估计。

关于 VSR 输出瞬时有功、无功功率的估计，以上已经作了介绍。而在图 6-14 所示的 V-DPC 结构中，其控制的关键在于：将瞬时功率的参考值与瞬时功率的估算值比较后，其差值输入到功率滞环比较器中，并根据功率滞环比较器的输出和电压矢量位置查相应的开关表，以获得开关状态输出。另外，对于 DPC 而言，功率管开关频率的限定控制也较为关键。以下将研究功率滞环比较器、开关表以及开关频率的限定控制等。

6.3.2.3 功率滞环比较器

功率滞环比较器是DPC控制器的关键环节，主要包括有功功率滞环比较器和无功功率滞环比较器。在无电网电压传感器的V-DPC系统中，功率滞环比较器的输入分别为：瞬时有功功率参考值与瞬时有功功率估算值的差值Δp，以及瞬时无功功率参考值与瞬时无功功率估算值的差值Δq。功率滞环比较器的输出是反映实际功率偏离给定功率程度的开关函数s_p和s_q的。功率滞环比较器的滞环特性如图6-15所示。

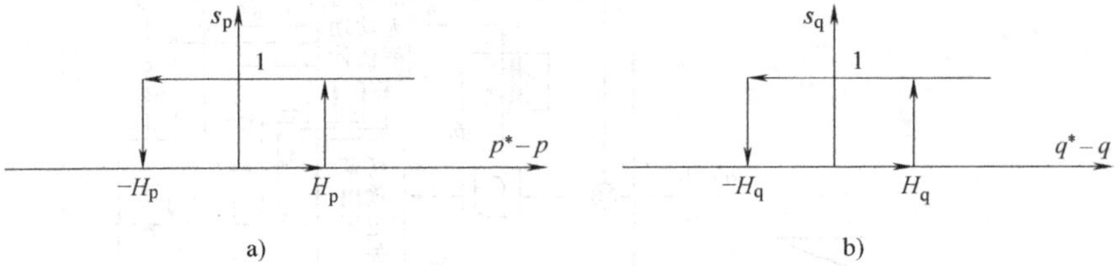

图6-15　滞环比较器滞环特性

a）有功功率滞环比较器滞环特性　b）无功功率滞环比较器滞环特性

图6-15中：s_p和s_q只有1或0两种状态。

针对图6-15a所示的有功功率滞环比较器特性，其输入输出判据为：

当$\Delta p > H_p$时，$s_p=1$；当$-H_p<\Delta p<H_p$时，$\mathrm{d}\Delta p/\mathrm{d}t<0$，$s_p=1$；

当$\Delta p<-H_p$时，$s_p=0$；当$-H_p<\Delta p<H_p$时，$\mathrm{d}\Delta p/\mathrm{d}t>0$，$s_p=0$。

其中，$\Delta p=p^*-p$；$2H_p$为有功功率滞环比较器滞环宽度。

同理，针对图6-15b所示的无功功率滞环比较器特性，其输入输出判据为：

当$\Delta q > H_q$时，$s_q=1$；当$-H_q<\Delta q<H_q$时，$\mathrm{d}\Delta q/\mathrm{d}t<0$，$s_q=1$；

当$\Delta q<-H_q$时，$s_q=0$；当$-H_q<\Delta q<H_q$时，$\mathrm{d}\Delta q/\mathrm{d}t>0$，$s_q=0$。

其中，$\Delta q=q^*-q$，$2H_q$为无功功率滞环比较器滞环宽度。

综上可得

$$s_p=\begin{cases}1 & p<p^*-H_p\\0 & p>p^*+H_p\end{cases} \tag{6-40}$$

$$s_q=\begin{cases}1 & q<q^*-H_q\\0 & q>q^*+H_q\end{cases} \tag{6-41}$$

可见，当瞬时功率偏差量的绝对值大于滞环宽度时，开关状态改变以使其偏差量减小，而在偏差量绝对值减小的过程中，则保持开关状态不变，直到其偏差量绝对值反向增大且再次超过滞环宽度时，开关状态才再次改变。

应当注意的是：滞环宽度H_p、H_q的大小将直接影响VSR输出电流的*THD*、平均开关频率和瞬时功率跟踪能力。例如，当滞环宽度增加时，VSR 的开关频率随即降低，而谐波电流则相应增大，功率跟踪能力也随之下降。

6.3.2.4　开关状态表

如图6-16 所示，三相电压型 VSR 的电压空间矢量有 8 个矢量组成，即 $\boldsymbol{V}_0$、$\boldsymbol{V}_1$、…、$\boldsymbol{V}_7$，其中，$\boldsymbol{V}_1$、…、$\boldsymbol{V}_6$ 为非零矢量，$\boldsymbol{V}_0$、$\boldsymbol{V}_7$为零矢量，电压矢量的值由 s_a、s_b、s_c和 v_{dc}决定，即 $s_a s_b s_c = 000 \sim 111$ 对应于 $\boldsymbol{V}_0 \sim \boldsymbol{V}_7$［$\boldsymbol{V}_0$（000）、$\boldsymbol{V}_1$（100）、$\boldsymbol{V}_2$(110)、$\boldsymbol{V}_3$(010)、$\boldsymbol{V}_4$(011)、$\boldsymbol{V}_5$(001)、$\boldsymbol{V}_6$(101)、$\boldsymbol{V}_7$(111)］。由于开关状态的获得不仅和滞环比较器的输出结果有关，还和电网电压矢量所在的矢量区域位置有关，这种区域位置通常采用矢量“扇区”表示。以下首先介绍矢量“扇区”的划分方法，接着介绍相关开关状态表的形成。

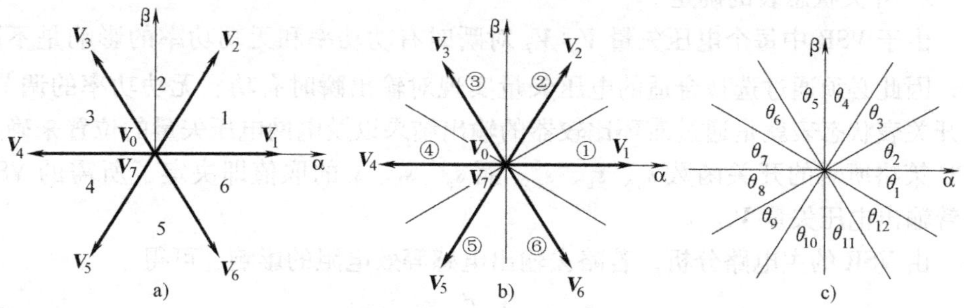

图6-16　矢量“扇区”的划分方法

a）依据电压空间矢量划分的 1 ~6 矢量“扇区”　b）以电压空间矢量为中线划分的①~⑥矢量“扇区”
c）结合 a）和 b）矢量“扇区”形成的 $\theta_1 \sim \theta_{12}$矢量“扇区”

1. 矢量“扇区”的划分

第一种矢量“扇区”的划分方法：该方法是通过电压型 VSR 输出的 6 个非零电压空间矢量将αβ 平面分成6 个独立的矢量“扇区”，如图6-16a 所示的1 ~6“扇区”。这种划分方法形成了一个正六边形，分别由 6 个非零电压空间矢量（$\boldsymbol{V}_k$，$k=1$，2，…，6）和两个零电压矢量（$\boldsymbol{V}_0$，$\boldsymbol{V}_7$）组成。这种扇区划分方法在空间矢量的调制中得到了广泛的应用，并可以通过参考电压矢量所在“扇区”的两个相邻的非零电压矢量和一个零电压矢量的合成来实现参考电压矢量的跟踪控制。然而，在直接功率控制中，瞬时功率的滞环比较代替了参考电压矢量的跟踪控制，因而空间矢量调制方法不能直接用于调节瞬时功率。

实际上，通过改变开关函数，这种“扇区”的划分仍然可以用于瞬时功率的跟踪控制，而通过控制 VSR 输出电压的幅值和相位就可以达到调节 VSR 输出功率的目的。

第二种矢量“扇区”的划分方法：该方法以电压型 VSR 的 6 个非零电压空

间矢量作为中线，将 αβ 平面分成滞后第一种矢量“扇区”30°的 6 个矢量“扇区”，即得图 6-16b 所示的①~⑥矢量“扇区”。当然，这种矢量“扇区”的划分同样可以实现瞬时功率的跟踪控制。

第三种矢量“扇区”的划分方法：该方法是将上述两种划分的矢量“扇区”重叠，从而将 αβ 平面划分成 12 个矢量“扇区”，即得图 6-16c 所示的 $\theta_1 \sim \theta_{12}$ 矢量“扇区”，12 个矢量“扇区”在 αβ 平面的相位角范围计算式为 $(n-2)\pi/6 \leqslant \theta_n \leqslant (n-1)\pi/6$，$(n=1, 2, \cdots, 12)$。

为确定电网电压矢量所处区间，由 e_α、e_β 确定矢量 $\boldsymbol{E}$ 的相位角 $\theta = \arctan(e_\beta/e_\alpha)$，再根据上述相角范围计算式确定矢量 $\boldsymbol{E}$ 所处区间。例如 $\theta = \arctan(e_\beta/e_\alpha) = -30° \sim 0°$，说明电压空间矢量 $\boldsymbol{E}$ 在 θ_1 扇区内。

2. 开关状态表的确定

由于 VSR 中每个电压矢量 $\boldsymbol{V}_0 : \boldsymbol{V}_7$ 对瞬时有功功率和无功功率的影响是不同的，因此必须通过选择合适的电压矢量实现对输出瞬时有功、无功功率的调节。而开关表状态表就是通过滞环比较器的输出结果以及电网电压矢量的位置来确定 DPC 策略所需的开关函数 s_a、s_b、s_c。而 s_a、s_b、s_c 的取值即决定了所需的 VSR 桥臂输出电压矢量 $\boldsymbol{V}_r$。

由 VSR 的主电路分析，若略去输出电感等效电阻的影响，可得

$$\boldsymbol{I} = \boldsymbol{I}(0) + \frac{1}{L}\int_0^t (\boldsymbol{E} - \boldsymbol{V}_r)\,dt \tag{6-42}$$

式中　$\boldsymbol{V}_r$——VSR 桥臂输出电压矢量。

如果考虑一个采样周期 T 的时间间隔，且在采样周期 T 中 $\boldsymbol{E} - \boldsymbol{V}_r$ 不变，并假设当前 0 时刻的电流矢量为 $\boldsymbol{I}$，而此时的参考电流矢量为 $\boldsymbol{I}^*$，则此时式(6-42) 可以改写为

$$\boldsymbol{I}^* = \boldsymbol{I} + \frac{1}{L}\int_0^T (\boldsymbol{E} - \boldsymbol{V}_r)\,dt = \boldsymbol{I} + \frac{T}{L}(\boldsymbol{E} - \boldsymbol{V}_r) \tag{6-43}$$

式 (6-43) 表明，在一个采样周期 T 中，为了使电流矢量 $\boldsymbol{I}$ 能跟踪参考电流矢量 $\boldsymbol{I}^*$，则必须使 VSR 输出合适的电压矢量 $\boldsymbol{V}_r$，使电流矢量 $\boldsymbol{I}$ 沿 $\boldsymbol{E} - \boldsymbol{V}_r$ 矢量方向跟踪参考电流矢量 $\boldsymbol{I}^*$。

如图 6-17a 所示，设 E 在 θ_1 区域，$\boldsymbol{I}^*$ 为与 p^*、q^* 相对应的电流矢量，若 $\boldsymbol{I}$ 滞后并小于 $\boldsymbol{I}^*$，此时 $p^* - p > H_p$、$q^* - q > H_q$，由式 (6-40)、式 (6-41) 得：$s_p = 1$、$s_q = 0$。这种情况下，若电流矢量 $\boldsymbol{I}$ 的模和参考电流矢量 $\boldsymbol{I}^*$ 的模相差较大，应选择逆变器输出空间电压矢量 $\boldsymbol{V}_4(011)$；若两者相差较小，应选择逆变器输出空间电压矢量 $\boldsymbol{V}_5(001)$，从而使电流矢量 $\boldsymbol{I}$ 沿 $\boldsymbol{E} - \boldsymbol{V}_5$ 或 $\boldsymbol{E} - \boldsymbol{V}_4$ 矢量方向趋近于 $\boldsymbol{I}^*$，从而使 p 趋近于 p^*，q 趋近于 q^*，从而确定 $s_a s_b s_c = 001$ 或 011。

为了进一步研究开关表的基本规律，以下分成两种情况加以研究：

1）设矢量$\boldsymbol{E}$分别在θ_2、θ_3两区域，且$p>p^*+H_p$，即$s_p=0$，如图6-17b所示。此时，若$q<q^*-H_q$，即$s_q=1$，则无论$\boldsymbol{E}$在θ_2区或θ_3区，均应选取$\boldsymbol{V}_2$(110)，以使电流矢量$\boldsymbol{I}$沿$\boldsymbol{E}-\boldsymbol{V}_2$矢量方向趋近于$\boldsymbol{I}^*$，此时$s_as_bs_c=110$；若$q>q^*+H_q$，即$s_q=0$，则无论$\boldsymbol{E}$在$\theta_2$区或$\theta_3$区，均应选取$\boldsymbol{V}_1$(100)，以使电流矢量$\boldsymbol{I}$沿$\boldsymbol{E}-\boldsymbol{V}_1$矢量方向趋近于$\boldsymbol{I}^*$，此时$s_as_bs_c=100$。

2）设矢量$\boldsymbol{E}$分别在θ_2、θ_3两区域，且$p<p^*-H_p$，即$s_p=1$，如图6-17c所示。此时，若$q<q^*-H_q$，即$s_q=1$，则无论$\boldsymbol{E}$在θ_2区或θ_3区，若电流矢量$\boldsymbol{I}$的模和参考电流矢量$\boldsymbol{I}^*$的模相差较大，应选择逆变器输出空间电压矢量$\boldsymbol{V}_4$(011)，若两者相差较小，应选择逆变器输出空间电压矢量$\boldsymbol{V}_3$(010)，以使电流矢量$\boldsymbol{I}$沿$\boldsymbol{E}-\boldsymbol{V}_4$或$\boldsymbol{E}-\boldsymbol{V}_3$矢量方向趋近于$\boldsymbol{I}^*$，此时$s_as_bs_c$=010或011；若$q>q^*+H_q$，即$s_q=0$，则无论$\boldsymbol{E}$在$\theta_2$区或$\theta_3$区，若电流矢量$\boldsymbol{I}$的模和参考电流矢量$\boldsymbol{I}^*$的模相差较大，应选择逆变器输出空间电压矢量$\boldsymbol{V}_5$(001)；若两者相差较小，应选择逆变器输出空间电压矢量$\boldsymbol{V}_6$(101)，以使电流矢量$\boldsymbol{I}$沿$\boldsymbol{E}-\boldsymbol{V}_5$或$\boldsymbol{E}-\boldsymbol{V}_6$矢量方向趋近于$\boldsymbol{I}^*$，此时$s_as_bs_c$=001或101。

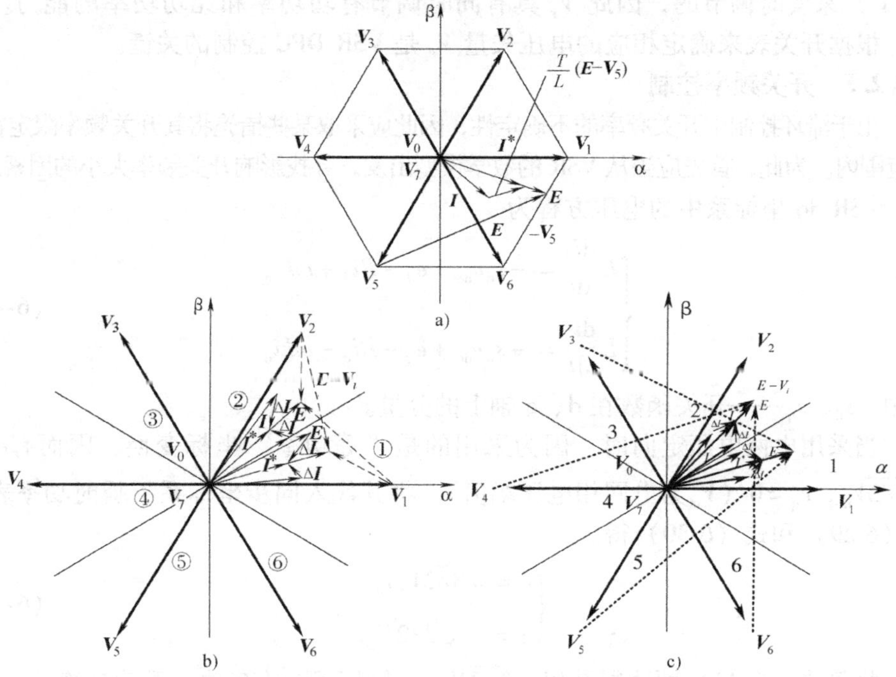

图6-17　不同s_p、s_q状态值时的矢量$\boldsymbol{V}_r$的选取规律示意

a）电流矢量跟踪和VSR空间电压矢量$\boldsymbol{V}_r$的选择　b）当$s_p=0$且s_q不同取值时，$\boldsymbol{V}_r$矢量的选取规律示意　c）当$s_p=1$且s_q不同取值时，$\boldsymbol{V}_r$矢量的选取规律示意

同样可对$\boldsymbol{E}$处于其他扇区及对应的滞环比较输出结果s_p、s_q进行分析，于是得到开关表见表6-1。

表 6-1 开关表

s_p s_q	s_a s_b s_c											
	θ_1	θ_2	θ_3	θ_4	θ_5	θ_6	θ_7	θ_8	θ_9	θ_{10}	θ_{11}	θ_{12}
1 0	011 或 001	001 或 101	001 或 101	101 或 100	101 或 100	100 或 110	100 或 110	110 或 010	110 或 010	010 或 011	010 或 011	011 或 001
1 1	010 或 110	011 或 010	011 或 010	001 或 011	001 或 011	101 或 001	101 或 001	100 或 101	100 或 101	110 或 100	110 或 100	010 或 110
0 0	101	100	100	110	110	010	010	011	011	001	001	101
0 1	100	110	110	010	010	011	011	001	001	101	101	100

从表 6-1 可以看出：在 VSR DPC 控制中，确定开关表中的开关状态即电压矢量 $\boldsymbol{V}_r$ 需要综合考虑电流矢量 $\boldsymbol{I}$ 和参考电流矢量 $\boldsymbol{I}^*$ 的模和相位的关系。因此，电压矢量 $\boldsymbol{V}_r$ 的确定并不是唯一的，其中含有一定的控制自由度。另外，由于没有使用两个零矢量（$\boldsymbol{V}_0$，$\boldsymbol{V}_7$），并且当 $|\Delta p| \leqslant H_p$ 和 $|\Delta q| < H_q$ 时，原 $\boldsymbol{V}_k (k=0, \cdots, 7)$ 不切换，从而在一定程度上降低了平均开关频率。

由于有功功率和无功功率是根据 θ_n 和 s_p、s_q 通过查开关表 6-1 选择 $\boldsymbol{V}_r$（s_a、s_b、s_c）来实时调节的，因此 $\boldsymbol{V}_r$ 具有同时调节有功功率和无功功率的能力。可见，根据开关表来确定相应的电压矢量 $\boldsymbol{V}_r$ 是 VSR DPC 控制的关键。

6.3.2.5 开关频率控制

由于滞环控制中开关频率的不确定性，因此应采取某些措施将其开关频率限定在一定范围内。为此，首先应当从 VSR 的数学模型出发，寻找影响开关频率大小的因素。

VSR dq 坐标系中的电压方程为

$$\begin{cases} L\dfrac{di_d}{dt} = -s_d v_{dc} + e_d - Ri_d + \omega L i_q \\ L\dfrac{di_q}{dt} = -s_q v_{dc} + e_q - Ri_q - \omega L i_d \end{cases} \tag{6-44}$$

式中 s_d、s_q——开关函数在 d、q 轴上的分量。

当采用电网电压定向时，因为采用的是“等功率”坐标变换，因而有 $e_d = \sqrt{3/2}V_m$、$e_q = 0$（V_m 为电网相电压幅值）。将其代入同步坐标系下瞬时功率表达式（6-29）和式（6-30）得

$$\begin{cases} p = \sqrt{3/2}V_m i_d \\ q = -\sqrt{3/2}V_m i_q \end{cases} \tag{6-45}$$

将等式（6-44）两边同乘以 $\sqrt{3/2}V_m$，可得 VSR 的有功、无功功率 p、q 为变量的功率方程：

$$\begin{cases} L\dfrac{dp}{dt} = -p_{rd} + 1.5V_m^2 - Rp - \omega L q \\ L\dfrac{dq}{dt} = q_{rq} - Rq + \omega L p \end{cases} \tag{6-46}$$

式中 $p_{rd}=\sqrt{3/2}V_m s_d v_{dc}$

$q_{rq}=\sqrt{3/2}V_m s_q v_{dc}$

若忽略输出滤波器的等效电阻 R，当 VSR 运行于单位功率因数，即 $q=0$ 时，则式（6-46）可化简为

$$\begin{cases}L\dfrac{dp}{dt}=-\sqrt{3/2}V_m v_{dc}s_d+1.5V_m^2\\L\dfrac{dq}{dt}=\sqrt{3/2}V_m v_{dc}s_q+\omega Lp\end{cases}\tag{6-47}$$

考虑到“等功率”变换中，$s_{dmax}=\sqrt{2/3}$、$s_{dmin}=-\sqrt{2/3}$、$s_{qmax}=\sqrt{2/3}$、$s_{qmin}=-\sqrt{2/3}$，因而由式（6-47）可得

$$\begin{cases}L\dfrac{dp}{dt}\Big|_{max}=1.5V_m^2+V_m v_{dc}\\L\dfrac{dp}{dt}\Big|_{min}=1.5V_m^2-V_m v_{dc}\end{cases}\tag{6-48}$$

$$\begin{cases}L\dfrac{dq}{dt}\Big|_{max}=\omega Lp_{max}+V_m v_{dc}\\L\dfrac{dq}{dt}\Big|_{min}=\omega Lp_{min}-V_m v_{dc}\end{cases}\tag{6-49}$$

若令 T 为开关频率 f_s 所对应的开关周期，则 $|dp/dt|=2H_p/T=2H_pf_s$，由式（6-48）可得

$$2LH_p(f_{smaxp}+f_{sminp})=3V_m^2\tag{6-50}$$

式中 f_{smaxp}、f_{sminp}——对应有功功率模值变化率最大和最小时的最高和最低开关频率。

从而可得有功功率滞环控制的平均开关频率 f_{savp} 表达式为

$$f_{savp}=\frac{f_{smaxp}+f_{sminp}}{2}=\frac{3V_m^2}{4LH_p}\tag{6-51}$$

同理，根据式（6-49）及 $|dq/dt|=2H_q/T=2H_qf_s$ 可得无功功率滞环控制的平均开关频率 f_{savp} 的表达式为

$$f_{savq}=\frac{f_{smaxq}+f_{sminq}}{2}=\frac{\omega L(p_{max}+p_{min})}{4H_pL}=\frac{\omega p^*}{2H_p}\tag{6-52}$$

式中 f_{smaxq}、f_{sminq}、f_{savq}——对应于无功功率 p 在 $2H_p$ 变化范围内的最高、最低和平均开关频率；

p^*——有功功率参考值。

由于利用 VSR 的输出电压空间矢量同时对相互独立的 p 和 q 进行调节，则开关频率平均值 f_{sav} 应取 f_{savp} 和 f_{savq} 的几何平均值，即

$$f_{sav} = \sqrt{f_{savp}f_{savq}} = \sqrt{\frac{3\omega p^{*}V_m^2}{8LH_qH_p}} \tag{6-53}$$

由式（6-53）可看出，当 V_m、p^* 一定时，平均开关频率 f_{sav} 的二次方与电感 L、H_qH_p 成反比，因而 H_qH_p 和 L 不能太小，以免 f_{sav} 过高。当 V_m、p^* 及 L 一定时，f_{sav} 增高，则 H_qH_p 变小，即动态跟踪偏差减小，而当 $f_{sav}\to\infty$ 时，$H_qH_p\to 0$，则无动态跟踪偏差。

事实上，由于功率开关管受其能量等级的限制，需要将开关频率限制在一定的范围之内。一种有效的方法就是使用可变滞环宽度的滞环比较器，并将开关管的平均开关频率限制在开关管所允许的范围内。对于某一确定系统，可以采用调节滞环宽度的方法限制开关管的平均开关频率，即当滞环宽度增加时，平均开关频率将降低；而当滞环宽度减小时，则平均开关频率将增高。显然，滞环控制准确度与开关频率间存在矛盾。为此，可采用以下平均开关频率的调节方法，即

1）在暂态时使用大的滞环宽度以限制开关频率，当系统进入稳态时，使滞环宽度变小，从而减小输出电流谐波。

2）通过计算半个周期内开关脉冲上升沿的数目来计算平均开关频率。如果平均开关频率过高，则使滞环宽度增加；如果平均开关频率减小，则适当减小滞环宽度。

6.3.3 基于虚拟磁链定向的直接功率控制（VF-DPC）

基于电压定向的直接功率控制（V-DPC）具有高功率因数、低 *THD*、算法及结构简单的特点，但是对于电网电压存在谐波、畸变和不平衡等情况时，会影响电压定向准确度，致使 DPC 控制器性能下降，甚至导致系统振荡。为克服电网电压对 DPC 控制器性能的影响，波兰学者 Mariusz Malinowski 提出了基于虚拟磁链定向的直接功率控制（VF-DPC）策略[120]。

VF-DPC 可以分为基于滞环比较的不固定开关频率和基于空间矢量调制（SVM）的固定开关频率两种控制策略。同样，两种控制策略均可采用无电网电压传感器的控制策略，具体讨论如下。

6.3.3.1 基于滞环比较控制的不定频 VF-DPC[114,120-112]

1. 基于虚拟磁链定向的瞬时功率估算

观测式（6-35）、式（6-36）所描述的基于电网电压定向的无电网电压传感器时的瞬时功率估算公式，不难看出，功率估算公式中的前半部分具有微分项的运算表示电感中的储存能量，而后半部分具有开关函数项的运算则表示直流侧的输入能量，并由此存在以下问题：

1）为克服微分噪声，估算器运算中需要较为平滑的电流波形，由此需要足够大的滤波电感和足够高的采样频率设计。

2）由于瞬时功率估算与开关状态有关，因此对功率和电压的估算应尽量避免开关时刻，否则会带来较大的估算误差。

然而，采用基于虚拟磁链定向的瞬时功率估算可以避免上述问题的产生，分析如下：

图6-18为基于虚拟磁链定向的VSR的矢量图，根据虚拟磁链的定义 $\boldsymbol{\Psi}=\int \boldsymbol{E}\mathrm{d}t$ 可得 $\boldsymbol{\Psi}$ 在 αβ 坐标系下的表达式为

$$\boldsymbol{\Psi}_{\beta\alpha}=\begin{bmatrix}\boldsymbol{\Psi}_\beta\\ \boldsymbol{\Psi}_\alpha\end{bmatrix}=\begin{bmatrix}\int e_\beta \mathrm{d}t\\ \int e_\alpha \mathrm{d}t\end{bmatrix} \tag{6-54}$$

则VSR交流侧电压方程可以表示为

$$\boldsymbol{V}_\mathrm{i}=R\boldsymbol{I}+\frac{\mathrm{d}}{\mathrm{d}t}(L\boldsymbol{I}+\boldsymbol{\Psi}) \tag{6-55}$$

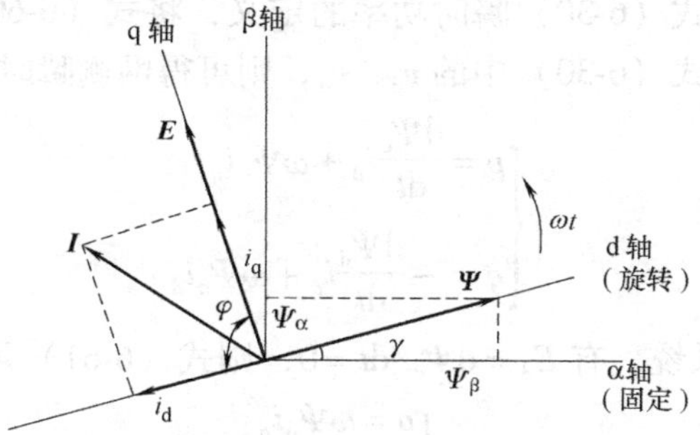

图6-18　基于虚拟磁链定向的VSR的矢量图

E—电网电压矢量　***I***—输出电流矢量

实际中，如果忽略 R，则式（6-55）可化简为

$$\boldsymbol{V}_\mathrm{i}=L\frac{\mathrm{d}\boldsymbol{I}}{\mathrm{d}t}+\frac{\mathrm{d}\boldsymbol{\Psi}}{\mathrm{d}t}=L\frac{\mathrm{d}\boldsymbol{I}}{\mathrm{d}t}+\boldsymbol{E} \tag{6-56}$$

设电网电压矢量在 αβ 坐标系下的表达式为 $\boldsymbol{E}_{\beta\alpha}=(e_\beta,\ e_\alpha)^\mathrm{T}$，则根据虚拟磁链定义可得

$$\boldsymbol{E}_{\beta\alpha}=\frac{\mathrm{d}\boldsymbol{\Psi}_{\beta\alpha}}{\mathrm{d}t} \tag{6-57}$$

再由 $\boldsymbol{X}_{\beta\alpha}=\boldsymbol{T}(\theta)\boldsymbol{X}_{qd}$，则式（6-57）可变换为dq坐标系下的关系式，即

$$T(\theta)E_{qd}=\frac{\mathrm{d}[T(\theta)\boldsymbol{\Psi}_{qd}]}{\mathrm{d}t}=\frac{\mathrm{d}T(\theta)}{\mathrm{d}t}\boldsymbol{\Psi}_{qd}+T(\theta)\frac{\mathrm{d}\boldsymbol{\Psi}_{qd}}{\mathrm{d}t} \tag{6-58}$$

式中　$\boldsymbol{E}_{qd}=(e_q,\ e_d)^\mathrm{T}$；

$\boldsymbol{\Psi}_{qd}=(\Psi_q,\ \Psi_d)^\mathrm{T}$。

考虑到$\frac{\mathrm{d}[\boldsymbol{T}(\theta)]}{\mathrm{d}t}=\boldsymbol{T}(\theta)\begin{pmatrix}0 & \omega_0\\ -\omega_0 & 0\end{pmatrix}$，并将其代入式（6-58）整理可得

$$\begin{pmatrix}e_{\mathrm{q}}\\ e_{\mathrm{d}}\end{pmatrix}=\begin{pmatrix}\frac{\mathrm{d}\Psi_{\mathrm{q}}}{\mathrm{d}t}\\ \frac{\mathrm{d}\Psi_{\mathrm{d}}}{\mathrm{d}t}\end{pmatrix}+\begin{pmatrix}0 & \omega\\ -\omega & 0\end{pmatrix}\begin{pmatrix}\Psi_{\mathrm{q}}\\ \Psi_{\mathrm{d}}\end{pmatrix} \tag{6-59}$$

式中　ω——同步旋转 dq 坐标系下的旋转角频率，即电网基波角频率。

如图6-19 所示，在 dq 坐标系中，当虚拟磁链以 d 轴定向时，若假定 VSR 运行于单位功率因数时，则有 $\Psi_{\mathrm{d}}=|\boldsymbol{\Psi}|=\Psi_{\mathrm{m}}$，$\Psi_{\mathrm{q}}=0$。此时，式（6-59）可化简为

$$\begin{cases}e_{\mathrm{q}}=\omega\Psi_{\mathrm{d}}\\ e_{\mathrm{d}}=\frac{\mathrm{d}\Psi_{\mathrm{d}}}{\mathrm{d}t}\end{cases} \tag{6-60}$$

由式（6-29）、式（6-30）瞬时功率的定义，将式（6-60）中的 e_{q}、e_{d} 关系式代入式（6-29）、式（6-30）中的 v_{d}、v_{q}，则可得网侧瞬时功率表达式为

$$\begin{cases}p=\frac{\mathrm{d}\Psi_{\mathrm{d}}}{\mathrm{d}t}i_{\mathrm{d}}+\omega\Psi_{\mathrm{d}}i_{\mathrm{q}}\\ q=-\frac{\mathrm{d}\Psi_{\mathrm{d}}}{\mathrm{d}t}i_{\mathrm{q}}+\omega\Psi_{\mathrm{d}}i_{\mathrm{d}}\end{cases} \tag{6-61}$$

对于三相平衡系统，有 $E_{\mathrm{d}}=\mathrm{d}\Psi_{\mathrm{d}}/\mathrm{d}t=0$，则式（6-61）可化简为

$$\begin{cases}p=\omega\Psi_{\mathrm{d}}i_{\mathrm{q}}\\ q=\omega\Psi_{\mathrm{d}}i_{\mathrm{d}}\end{cases} \tag{6-62}$$

然而，为了避免进行旋转坐标系的坐标变换，DPC 策略中的瞬时功率估算通常在两相静止 αβ 坐标系下进行，将电网电压矢量 $\boldsymbol{E}$ 的表达式改写成

$$\boldsymbol{E}=\frac{\mathrm{d}\boldsymbol{\Psi}}{\mathrm{d}t}=\frac{\mathrm{d}(\Psi_{\mathrm{m}}\mathrm{e}^{\mathrm{j}\omega t})}{\mathrm{d}t}=\frac{\mathrm{d}\Psi_{\mathrm{m}}}{\mathrm{d}t}\mathrm{e}^{\mathrm{j}\omega t}+\mathrm{j}\omega\Psi_{\mathrm{m}}\mathrm{e}^{\mathrm{j}\omega t}=\frac{\mathrm{d}\Psi_{\mathrm{m}}}{\mathrm{d}t}\mathrm{e}^{\mathrm{j}\omega t}+\mathrm{j}\omega\boldsymbol{\Psi} \tag{6-63}$$

式中　Ψ_{m}——虚拟磁链矢量 $\boldsymbol{\Psi}$ 的幅值。

由式（6-62）可得电网电压矢量 $\boldsymbol{E}$ 在 αβ 坐标系下的表达式为

$$\boldsymbol{E}=\left.\frac{\mathrm{d}\Psi_{\mathrm{m}}}{\mathrm{d}t}\right|_{\alpha}+\mathrm{j}\left.\frac{\mathrm{d}\Psi_{\mathrm{m}}}{\mathrm{d}t}\right|_{\beta}+\mathrm{j}\omega(\Psi_{\alpha}+\mathrm{j}\Psi_{\beta}) \tag{6-64}$$

再利用复功率矢量 $\boldsymbol{S}=\boldsymbol{E}\boldsymbol{I}^*$ 的关系，则有

$$\boldsymbol{S}=\boldsymbol{E}\boldsymbol{I}^*=\left\{\left.\frac{\mathrm{d}\Psi_{\mathrm{m}}}{\mathrm{d}t}\right|_{\alpha}+\mathrm{j}\left.\frac{\mathrm{d}\Psi_{\mathrm{m}}}{\mathrm{d}t}\right|_{\beta}+\mathrm{j}\omega(\Psi_{\alpha}+\mathrm{j}\Psi_{\beta})\right\}(i_{\alpha}-\mathrm{j}i_{\beta}) \tag{6-65}$$

从而有

$$\begin{cases}p=\left.\dfrac{\mathrm{d}\Psi_{\mathrm{m}}}{\mathrm{d}t}\right|_{\alpha}i_{\alpha}+\left.\dfrac{\mathrm{d}\Psi_{\mathrm{m}}}{\mathrm{d}t}\right|_{\beta}i_{\beta}+\omega(\Psi_{\alpha}i_{\beta}-\Psi_{\beta}i_{\alpha})\\ q=-\left.\dfrac{\mathrm{d}\Psi_{\mathrm{m}}}{\mathrm{d}t}\right|_{\alpha}i_{\beta}+\left.\dfrac{\mathrm{d}\Psi_{\mathrm{m}}}{\mathrm{d}t}\right|_{\beta}i_{\alpha}+\omega(\Psi_{\alpha}i_{\alpha}+\Psi_{\beta}i_{\beta})\end{cases}\tag{6-66}$$

对于三相平衡电网，由于相应磁链幅值的变化率为零，即 $\mathrm{d}\Psi_{\mathrm{m}}/\mathrm{d}t=0$，则式(6-66) 所示的瞬时功率表达式可简化为

$$\begin{cases}p=\omega(\Psi_{\alpha}i_{\beta}-\Psi_{\beta}i_{\alpha})\\ q=\omega(\Psi_{\alpha}i_{\alpha}+\Psi_{\beta}i_{\beta})\end{cases}\tag{6-67}$$

2. 基于无电网电压传感器的 VF-DPC 结构

基于无电网电压传感器的 VF-DPC 结构如图 6-19 所示。

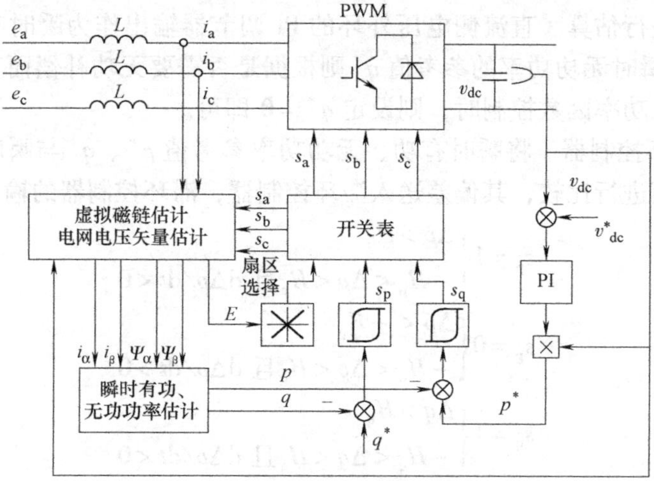

图 6-19　基于无电网电压传感器的 VF-DPC 结构

显然，与图 6-14 的 V-DPC 类似，只是图 6-19 中的 VF-DPC 采用了基于虚拟磁链定向的瞬时功率估计方案。以下就图 6-19 中几个关键环节阐述如下：

（1）虚拟磁链的估算　在 αβ 坐标系中，虚拟磁链 $\Psi_{\alpha\beta}$ 的 α、β 轴的分量可表示为

$$\begin{cases}\Psi_{\alpha}=\displaystyle\int\left(v_{\alpha}-L\frac{\mathrm{d}i_{\alpha}}{\mathrm{d}t}\right)\mathrm{d}t\\ \Psi_{\beta}=\displaystyle\int\left(v_{\beta}-L\frac{\mathrm{d}i_{\beta}}{\mathrm{d}t}\right)\mathrm{d}t\end{cases}\tag{6-68}$$

式中　v_{α}、v_{β}——VSR 输出电压矢量的 α、β 轴分量。

显然，v_{α}、v_{β} 可由 VSR 的直流侧电压 v_{dc} 和相应开关函数 s_a、s_b、s_c 调制而成，即

$$\begin{cases} v_\alpha = \dfrac{2}{3} v_{dc}\left[s_a - \dfrac{1}{2}(s_b + s_c) \right] \\ v_\beta = \dfrac{1}{\sqrt{3}} v_{dc}(s_b - s_c) \end{cases} \tag{6-69}$$

将式（6-69）代入式（6-68）即可求得 VSR 虚拟磁链 $\boldsymbol{\Psi}_{\alpha\beta}$ 的 α、β 轴分量 $\boldsymbol{\Psi}_\alpha$、$\boldsymbol{\Psi}_\beta$。虽然 v_α、v_β 与 VSR 的开关状态有关，且式（6-68）中含有微分项，但是磁链的电压积分特性则相当于一个低通滤波器，可以有效滤除电压谐波以及电流纹波对磁链观测的影响。因此采用虚拟磁链的矢量定向比采用电网电压的矢量定向具有更高的定向准确度。

（2）瞬态功率估算与功率控制　将检测得到的输出电流 i_a、i_b 和估算出的虚拟磁链 $\boldsymbol{\Psi}_\alpha$、$\boldsymbol{\Psi}_\beta$ 输入瞬态功率估算单元，并由式（6-67）对 VSR 的输出瞬时有功和无功功率进行估算。直流侧电压外环的 PI 调节器输出作为瞬时有功功率的参考值 p^*，而瞬时无功功率的参考值 q^* 则根据是否需要无功补偿而直接给定，例如要实现单位功率因数控制时，则设定 $q^*=0$ 即可。

（3）滞环控制器　将瞬时有功、无功功率参考值 p^*、q^* 与瞬时有功、无功功率的估算值进行比较，其偏差送入滞环控制器，滞环控制器的输出结果为

$$s_p = 1\begin{cases} \Delta p > H_p \\ -H_p < \Delta p < H_p \text{且 } \mathrm{d}\Delta p/\mathrm{d}t < 0 \end{cases} \tag{6-70}$$

$$s_p = 0\begin{cases} \Delta p < -H_p \\ -H_p < \Delta p < H_p \text{且 } \mathrm{d}\Delta p/\mathrm{d}t > 0 \end{cases} \tag{6-71}$$

$$s_q = 1\begin{cases} \Delta q > H_q \\ -H_q < \Delta q < H_q \text{且 } \mathrm{d}\Delta p/\mathrm{d}t < 0 \end{cases} \tag{6-72}$$

$$s_q = 0\begin{cases} \Delta q < -H_q \\ -H_q < \Delta q < H_q \text{且 } \mathrm{d}\Delta p/\mathrm{d}t > 0 \end{cases} \tag{6-73}$$

式中　H_q 和 H_p——滞环宽度；

$\Delta q = q^* - q$；

$\Delta p = p^* - p$。

（4）VF-DPC 开关状态表

与 V-DPC 开关状态表类似，磁链的位置区间被划分为 12 个区间，相邻的两个开关矢量之间被平均分成两个区间，若以区间 A 表示其中靠近矢量 $\boldsymbol{V}_A$ 的区间，而区间 B 表示靠近矢量 $\boldsymbol{V}_B$ 的区间。其中：$\boldsymbol{V}_A$、$\boldsymbol{V}_B$ 表示相邻的两个开关矢量，且当 $\boldsymbol{V}_A=\boldsymbol{V}_2$ 时，$\boldsymbol{V}_B=\boldsymbol{V}_1$；当 $\boldsymbol{V}_A=\boldsymbol{V}_1$ 时，$\boldsymbol{V}_B=\boldsymbol{V}_6$；以此类推。

由滞环比较器输出结果 s_p、s_q，以及磁链矢量位置角 $\gamma=\arctan(\boldsymbol{\Psi}_\alpha/\boldsymbol{\Psi}_\beta)$ 所确定的所处区间信息，通过查表 6-2 即可获得所需的桥臂输出电压矢量对应的开关状态。

表 6-2　VF-DPC 开关表

<table>
<tr><th>s_p</th><th>s_q</th><th>区间 A</th><th>区间 B</th></tr>
<tr><td rowspan="2">0</td><td>1</td><td>$\boldsymbol{V}_B$</td><td>$\boldsymbol{V}_0$</td></tr>
<tr><td>0</td><td colspan="2">$\boldsymbol{V}_0$</td></tr>
<tr><td rowspan="2">1</td><td>1</td><td colspan="2">$\boldsymbol{V}_B$</td></tr>
<tr><td>0</td><td colspan="2">$\boldsymbol{V}_A$</td></tr>
<tr><td colspan="4">$\boldsymbol{V}_A=\boldsymbol{V}_1$ (100), $\boldsymbol{V}_2$ (110), $\boldsymbol{V}_3$ (010), $\boldsymbol{V}_4$ (011), $\boldsymbol{V}_5$ (001), $\boldsymbol{V}_6$ (101)
$\boldsymbol{V}_B=\boldsymbol{V}_6$ (101), $\boldsymbol{V}_1$ (100), $\boldsymbol{V}_2$ (110), $\boldsymbol{V}_3$ (010), U_4 (011), $\boldsymbol{V}_5$ (001)
$\boldsymbol{V}_0=\boldsymbol{V}_0$ (000), $\boldsymbol{V}_7$ (111)</td></tr>
</table>

基于滞环控制的 VF-DPC 具有以下一些优点：

1）简单和无噪声、鲁棒性好的瞬时功率估算；

2）与传统 DPC 相比，可以采用较低的采样频率；

3）无电流控制环；

4）高动态性能解耦的有功、无功功率控制。

然而，滞环 VF-DPC 主要的不足在于：VSR 的开关频率不固定，并且一般需要高速的处理器和高准确度的 A-D 采样转换器。

6.3.3.2　基于 PI 调节的定频 VF-DPC[123-127]

滞环控制的显著缺点是开关频率的不固定，这给输出滤波器的设计带来了问题。为此，可采用基于 PI 调节的固定开关频率 VF-DPC 策略。该定频 VF-DPC 策略具有开关频率固定、算法简单、动态响应好等优点，尤其是在电网电压不理想的情况下也能实现较好的并网控制性能。其控制系统结构如图6-20所示。

由图 6-20 可看出，控制系统中其功率控制器由 PI 调节器取代了原来的滞环控制器，即瞬时有功、无功功率的误差信号 Δp、Δq 被引入 PI 调节器，通过 PI 调节从而产生并网逆变器交流输出电压在同步坐标系下的分量值 v_d 和 v_q，再通过坐标变换得到两相静止 αβ 坐标系下的分量值 v_α 和 v_β：

$$\begin{bmatrix} v_\alpha \\ v_\beta \end{bmatrix}=\begin{bmatrix} -\sin\gamma & -\cos\gamma \\ \cos\gamma & -\sin\gamma \end{bmatrix}\begin{bmatrix} v_d \\ v_q \end{bmatrix} \tag{6-74}$$

式中

$$\begin{cases} \sin\gamma=\dfrac{\Psi_\beta}{\sqrt{(\Psi_\alpha)^2+(\Psi_\beta)^2}} \\ \cos\gamma=\dfrac{\Psi_\alpha}{\sqrt{(\Psi_\alpha)^2+(\Psi_\beta)^2}} \end{cases} \tag{6-75}$$

由 v_α 和 v_β 以及矢量位置角 γ，便可以采用固定开关频率调制的空间矢量 PWM 算法获得相应的开关控制信号，以实现 VSR 的定频 VF-DPC。

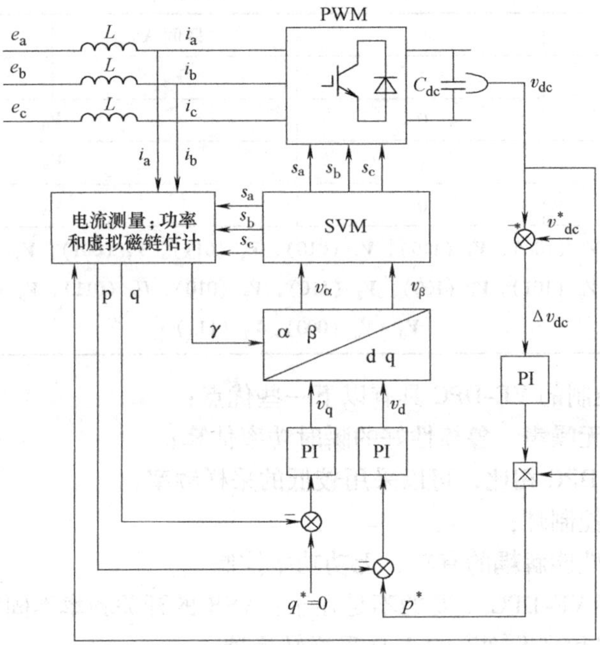

图 6-20　基于 PI 调节的定频 VF-DPC 系统结构

可见，基于 PI 调节的定频 VF-DPC 策略与相应的基于滞环控制的 VF-DPC 策略的主要区别在于，各自对功率比较误差信号处理的不同。这种基于 PI 调节的定频 VF-DPC，其开关频率固定、滤波器设计容易，但其控制的快速性与滞环控制相比有所降低。

6.4　基于 *LCL* 滤波的 VSR 控制

6.4.1　概述

随着并网逆变的发展，大功率并网发电已成为相关应用的主要趋势。在大功率并网发电系统中，VSR 的容量通常较大，为了降低开关管及其他相关损耗，同时也为降低电磁干扰，一般只能采用较低的开关频率，此时若采用传统的 *L* 滤波器进行 VSR 的输出滤波，则存在以下问题：

1）为了满足并网谐波要求，需要较大的电感值，这样不仅增加了滤波器的体积，而且增加了损耗和成本；

2）较大的滤波电感设计，增加了控制系统惯性，降低了电流内环的响应速度；

3）滤波电感的增大，将导致电感压降的增加，为了确保并网控制的实现，须适当提高 VSR 的直流侧电压，这给电路控制和设计带来了一定的困难。

因此，在大功率并网发电系统中，其大功率 VSR 通常采用 *LCL* 滤波器，其结构如图 6-21 所示。相比于 *L* 滤波器，*LCL* 滤波器一般具有三阶的低通滤波特性，因而对于同样谐波标准和较低的开关频率，可以采用相对较小的滤波电感设计，因而可以有效减小系统的体积，并降低损耗。

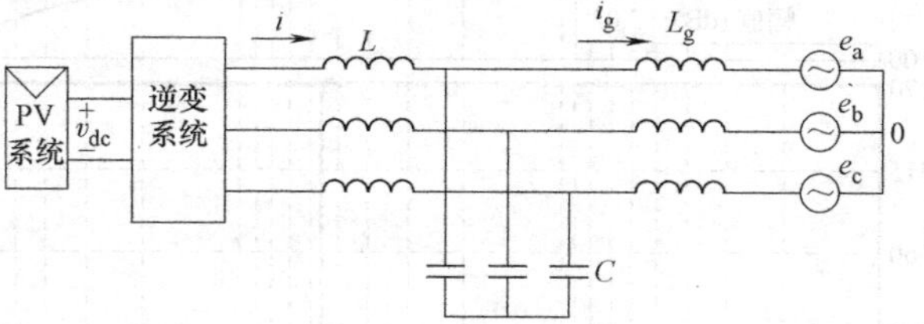

图 6-21　基于 *LCL* 滤波的 VSR 系统

然而，相比于 *L* 滤波器，*LCL* 滤波器也不可避免地存在其自身的缺陷，以下以典型的单相滤波器电路为例进行分析。

图 6-22 所示为 VSR 中采用的 *L* 滤波器和 *LCL* 滤波器电路。在 VSR 的并网控制中，对于电压型 VSR 而言，网侧电流的控制实际上是通过 VSR 桥臂侧输出电压的控制来实现的，因此首先研究滤波器输入电压对输出电流的传递特性，即

L 滤波器：
$$\frac{I_{\mathrm{g}}(s)}{V_{\mathrm{i}}(s)}=\frac{1}{sL} \tag{6-76}$$

LCL 滤波器：
$$\frac{I_{\mathrm{g}}(s)}{V_{\mathrm{i}}(s)}=\frac{1}{L_{\mathrm{g}}CLs^3+(L_{\mathrm{g}}+L)s} \tag{6-77}$$

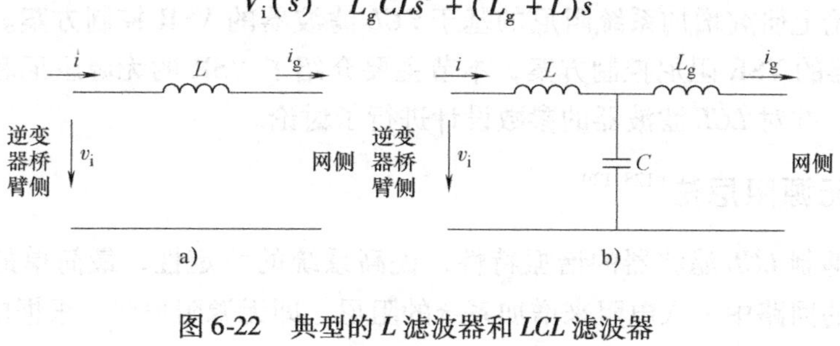

图 6-22　典型的 *L* 滤波器和 *LCL* 滤波器

可见，由于电容支路的增加，使得 VSR 的电流控制系统由一阶系统变为三阶系统，从而增加了控制系统设计的困难。*LCL* 滤波器的最严重问题是其谐振问题，根据式（6-77）可画出 *LCL* 滤波器的伯德图，如图 6-23 所示。可见，在某一频率范围内，系统将产生谐振，从而影响了系统的稳定性能。

对于三阶系统，谐振频率 ω_{res} 的具体计算公式为

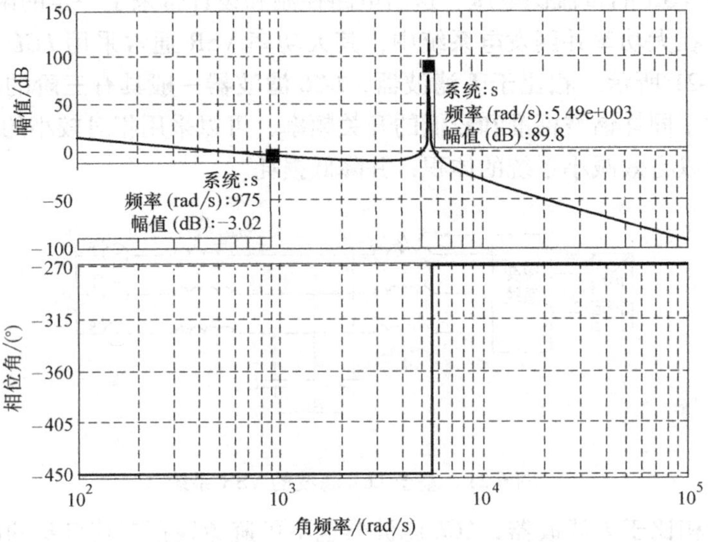

图 6-23　*LCL* 滤波器的伯德图

$$\omega_{res}=\sqrt{\frac{L+L_g}{LL_gC}} \tag{6-78}$$

从式（6-78）不难看出，*LCL* 滤波器中 3 个储能元件参数对谐振频率 ω_{res} 均有影响，因此，式（6-78）是 *LCL* 滤波器参数设计的重要依据。

实际上，*LCL* 滤波器的这种谐振特性是由于较低的系统阻尼所导致的，因此需要在理论上研究增加系统阻尼的基于 *LCL* 滤波器的 VSR 控制方案。针对基于 *LCL* 滤波器的 VSR 阻尼控制方案，本节主要介绍了 VSR 的无源阻尼和有源阻尼控制方案，并对 *LCL* 滤波器的参数设计进行了讨论。

6.4.2　无源阻尼法[128,129]

为了抑制 *LCL* 滤波器的谐振特性，提高系统的稳定性，最简单的方法就是在滤波器的回路中串入电阻来增加系统的阻尼，即无源阻尼法。根据电阻与元件连接方法的不同，可以分为如图 6-24 所示的几种采用无源阻尼方式的增阻尼方法，即网侧电感串联电阻、网侧电感并联电阻、电容支路串联电阻以及电容支路并联电阻。下面分别对 4 种无源阻尼方式进行分析。

（1）网侧电感串联电阻对系统特性的影响分析　由图 6-24 分析，当网侧电感串联电阻，即图 6-24 中 $R_2=\infty$、$R_4=\infty$、$R_3=0$、$R_1\neq0$ 时，*LCL* 滤波器的传递特性为

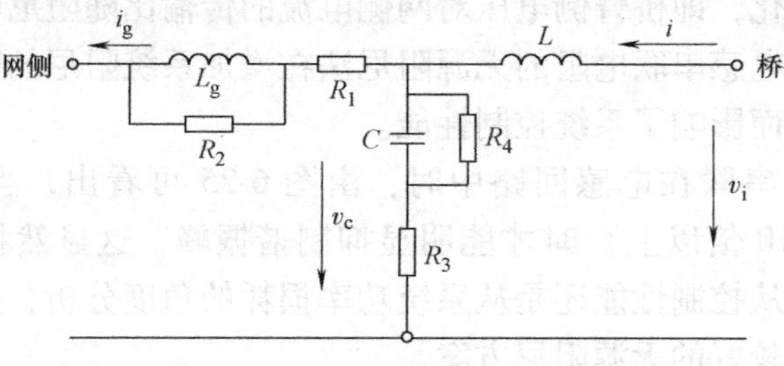

图 6-24　无源阻尼安放位置

$$\begin{cases}\dfrac{I(s)}{V(s)}=\dfrac{L_gCs^2+CR_1s+1}{L_gCLs^3+CLR_1s^2+(L_g+L)s+R_1}\\[2ex]\dfrac{I_g(s)}{V(s)}=\dfrac{1}{L_gCLs^3+CLR_1s^2+(L_g+L)s+R_1}\\[2ex]\dfrac{I_g(s)}{I(s)}=\dfrac{1}{L_gCs^2+CR_1s+1}\end{cases}\tag{6-79}$$

根据式（6-79）画出桥臂侧电压到网侧电流传递函数 $I_g(s)/V(s)$ 的伯德图，如图 6-25 所示。其中，Z_{Lg} 为网侧电感的感抗，从中可以分析阻尼电阻对系统特性的影响。

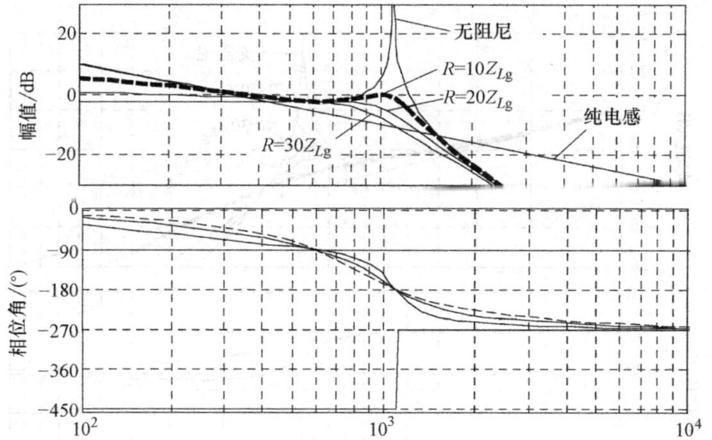

图 6-25　网侧电感串联电阻时 $I_g(s)/V(s)$ 随电感串联电阻变化的伯德图

如图 6-25 所示，从阻尼特性来说，未加入阻尼电阻时，传递函数存在谐振峰值，随着阻尼电阻的增加，衰减程度变大。从传递函数整个频率段的传递特性来看，阻尼电阻的加入，高频衰减特性虽然基本保持不变，然而，系统的低频特性发生了较大的变化，即桥臂侧电压对网侧电流的传输比随阻尼电阻值的增加而衰减；显然，网侧电感串联电阻的无源阻尼法在增加系统阻尼的同时，影响了其低频传输特性，从而影响了系统控制性能。

另外，当电阻串联在电感回路中时，由图 6-25 可看出，当阻尼电阻较大（如为网侧感抗的 10 倍以上）时才能明显抑制谐振峰，这显然将导致损耗的增加。因此，无论是从控制性能还是从系统功率损耗的角度分析，这种网侧电感串联电阻方法并不是较好的无源阻尼方案。

（2）网侧电感并联电阻对系统特性的影响分析　由图 6-24 分析，当网侧电感并联电阻，即图 6-24 中 $R_2 \neq \infty$、$R_4 = \infty$、$R_3 = 0$、$R_1 = 0$ 时，LCL 滤波器的传递特性为

$$\begin{cases} \dfrac{I(s)}{V(s)} = \dfrac{L_g C R_2 s^2 + L_g s + R_2}{L_g C L R_2 s^3 + L L_g s^2 + (L_g + L) R_2 s} \\ \dfrac{I_g(s)}{V(s)} = \dfrac{L_g s + R_2}{L_g C L R_2 s^3 + L L_g s^2 + (L_g + L) R_2 s} \\ \dfrac{I_g(s)}{I(s)} = \dfrac{L_g s + R_2}{L_g C R_2 s^2 + L_g s + R_2} \end{cases} \tag{6-80}$$

根据式（6-80）画出桥臂侧电压到网侧电流传递函数 $I_g(s)/V(s)$ 的伯德图，如图 6-26 所示，从中可以分析阻尼电阻对系统特性的影响。

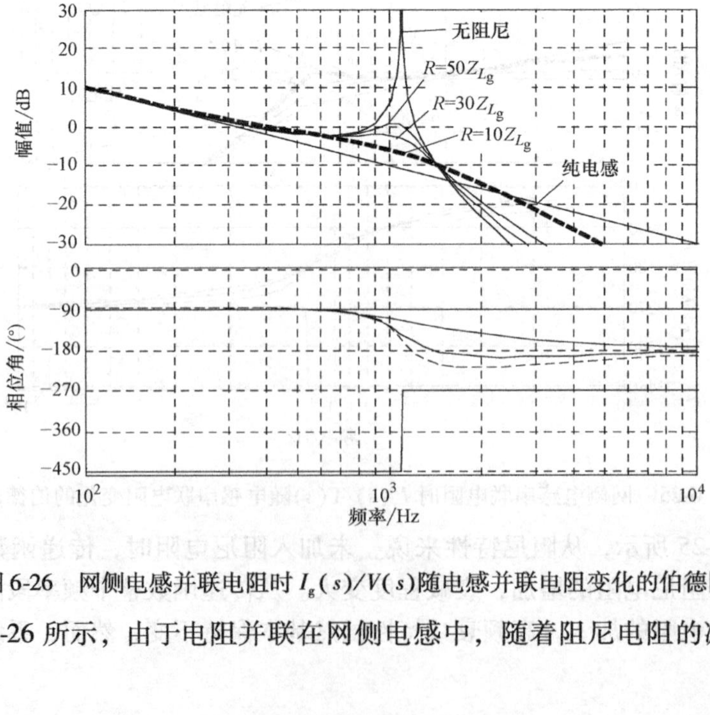

图 6-26　网侧电感并联电阻时 $I_g(s)/V(s)$ 随电感并联电阻变化的伯德图

如图 6-26 所示，由于电阻并联在网侧电感中，随着阻尼电阻的减小，谐振

峰的衰减程度增加。然而，阻尼电阻的加入却改变了其高频衰减特性，即随着阻尼电阻的减小，高频段的衰减速率变慢，从而导致滤波性能的下降。由于这种网侧电感并联电阻的无源阻尼法方案无法兼顾其阻尼和滤波特性，因此工程上很少采用。

（3）电容支路串联电阻对系统特性影响的分析　由图 6-24 分析，当电容支路串联电阻，即图中 $R_2=\infty$、$R_4=\infty$、$R_3\neq 0$、$R_1=0$ 时，LCL 滤波器的传递特性为

$$\begin{cases}\dfrac{I(s)}{V(s)}=\dfrac{L_{\mathrm{g}}Cs^2+CR_3s+1}{L_{\mathrm{g}}CLs^3+C(L_{\mathrm{g}}+L)R_3s^2+(L_{\mathrm{g}}+L)s}\\ \dfrac{I_{\mathrm{g}}(s)}{V(s)}=\dfrac{CR_3s+1}{L_{\mathrm{g}}CLs^3+C(L_{\mathrm{g}}+L)R_3s^2+(L_{\mathrm{g}}+L)s}\\ \dfrac{I_{\mathrm{g}}(s)}{I(s)}=\dfrac{CR_3s+1}{L_{\mathrm{g}}Cs^2+CR_3s+1}\end{cases}\tag{6-81}$$

根据式（6-81）画出桥臂侧电压到网侧电流的传递函数 $I_{\mathrm{g}}(s)/V(s)$ 的伯德图，如图 6-27 所示，其中 Z_C 为电容支路的电容容抗，从中可以分析阻尼电阻对系统特性的影响。

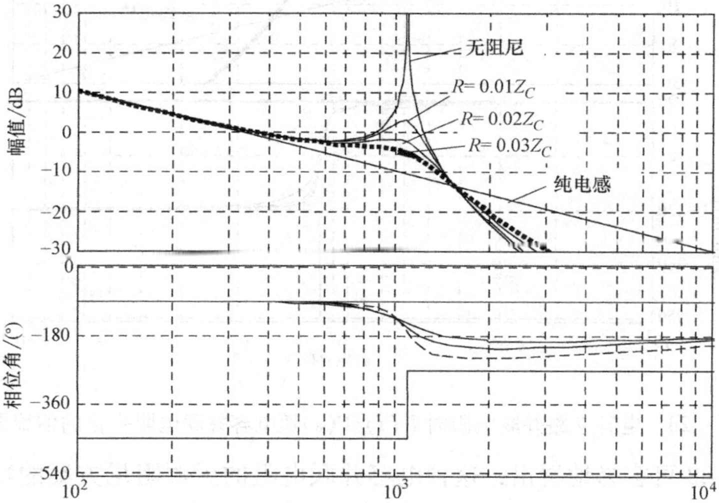

图 6-27　电容支路串联电阻时 $I_{\mathrm{g}}(s)/V(s)$ 随电容串联电阻变化的伯德图

图 6-27 中，随着阻尼电阻的增大，谐振峰的衰减程度相应增加，并且当阻尼电阻与电容容抗相比较小时，就能取得明显的阻尼效果。虽然随着阻尼电阻的增加，高频段的衰减速率会受到一定影响，然而当阻尼电阻与电容容抗相比较小时，并非显著影响其滤波性能，且阻尼电阻的功率损耗也相应较小。可见，这种

电容支路串联电阻的无源阻尼方案是一种可选的应用方案。

(4) 电容支路并联电阻对系统特性的影响分析

由图 6-24 分析，当电容支路并联电阻，即图中 $R_2=\infty$、$R_4\neq\infty$、$R_3=0$、$R_1=0$ 时，LCL 滤波器的传递特性为

$$\begin{cases}\dfrac{I(s)}{V(s)}=\dfrac{L_gCR_4s^2+L_gs+R_4}{L_gCLR_4s^3+LL_gs^2+(L_g+L)R_4s}\\\dfrac{I_g(s)}{V(s)}=\dfrac{R_4}{L_gCLR_4s^3+LL_gs^2+(L_g+L)R_4s}\\\dfrac{I_g(s)}{I(s)}=\dfrac{R_4}{L_gCR_4s^2+L_gs+R_4}\end{cases}\tag{6-82}$$

根据式 (6-82) 画出桥臂侧电压到网侧电流的传递函数 $I_g(s)/V(s)$ 的伯德图，如图 6-28 所示，从中可以分析阻尼电阻对系统特性的影响。

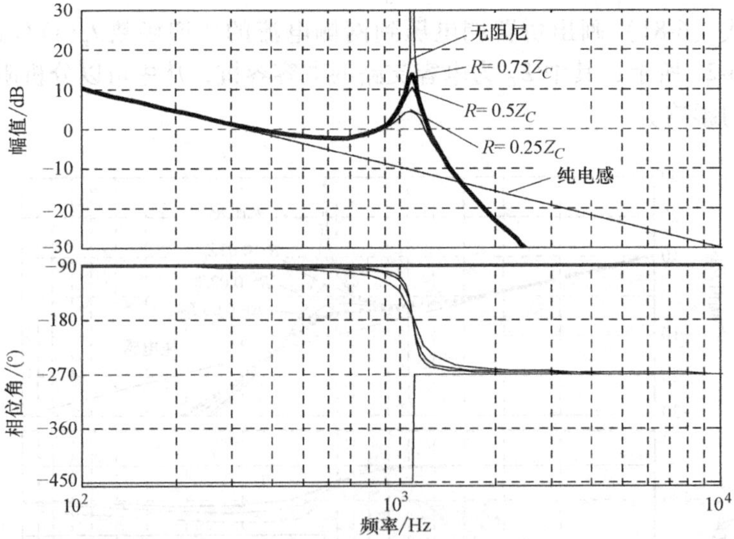

图 6-28　电容支路并联电阻时 $I_g(s)/V(s)$ 随电容并联电阻变化的伯德图

从图 6-28 可容易地看出，这种电容并联电阻的无源阻尼方案的特点就是在不改变低频和高频段频率特性的同时，能抑制中频段的谐振峰，且随着阻尼电阻的减小，谐振峰的衰减程度也相应增加。然而，图 6-28 表明，阻尼电阻的电阻值为电容容抗的 25% 时还不能完全将谐振峰衰减掉，由于阻尼电阻并联在电容两端，因此随着阻尼电阻的减小，其功率损耗也随之增加，因此这种电容并联电阻的无源阻尼方法实际上也较少采用。

综上所述，从控制特性、滤波特性、阻尼特性以及功率损耗的角度综合分

析，由于电容支路串联电阻的方案综合性能要优于其他 3 种，因此工程上一般都采用这种无源阻尼法。

6.4.3 有源阻尼法[47,130]

由上一节分析不难看出，通过增加阻尼电阻能够有效抑制 *LCL* 滤波器的谐振，有利于控制系统的稳定性，但是阻尼电阻的增加，一方面还是有可能会影响谐波的滤波性能，另一方面也会增加系统损耗，降低系统效率，尤其是在大功率场合，阻尼电阻发热严重。

为了在不增加系统损耗的前提下，有效增加系统阻尼，抑制系统谐振，并提高控制系统运行的稳定性，以控制取代实际阻尼电阻的有源阻尼控制策略引起了学术界的关注。所谓有源阻尼，就是无需实际的阻尼电阻，而是通过系统的控制算法来实现阻尼作用的方法。这种有源阻尼控制的基本思想可以从图 6-29 所示的伯德图上加以解释，即当原系统伯德图出现正谐振峰时，可以利用算法产生一个负谐振峰与之叠加，从而抵消和抑制原系统伯德图的正谐振峰，以此增加系统阻尼。

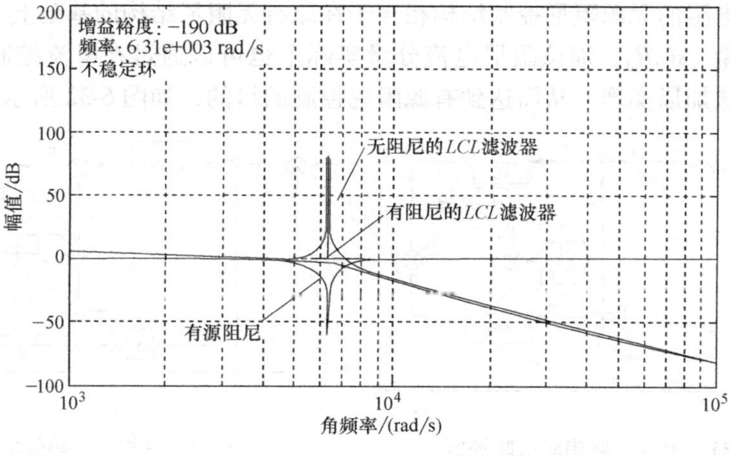

图 6-29　有源阻尼原理示意图

显然，有源阻尼控制只是通过算法增加系统阻尼，没有附加阻尼电阻，因此没有增加损耗，从而提高了系统效率。然而，有源阻尼控制一般需要增加电压或电流传感器，并且控制系统结构相对复杂，这在一定程度上限制了有源阻尼的应用。但出于提高系统效率的考虑，有源阻尼有逐步取代无源阻尼的趋势和潜力。

有源阻尼法可分为虚拟电阻法、陷波器校正法[102-104]和双带通滤波器法等[105,107]，分别讨论如下。

1. 虚拟电阻法[47,128,130]

Pekik Argo Dahono 首先提出了以“虚拟电阻”控制算法来替代实际阻尼电阻[100]的有源阻尼控制，即虚拟电阻法。其基本思想就是将无源阻尼控制结构图进行等效变换，并以控制算法代替实际的无源阻尼电阻。下面以通常应用的电容支路串联电阻的无源阻尼结构为例来导出相应的虚拟电阻法控制系统结构。电容支路串联电阻的 *LCL* 滤波的 VSR 电流环控制结构如图 6-30 所示。

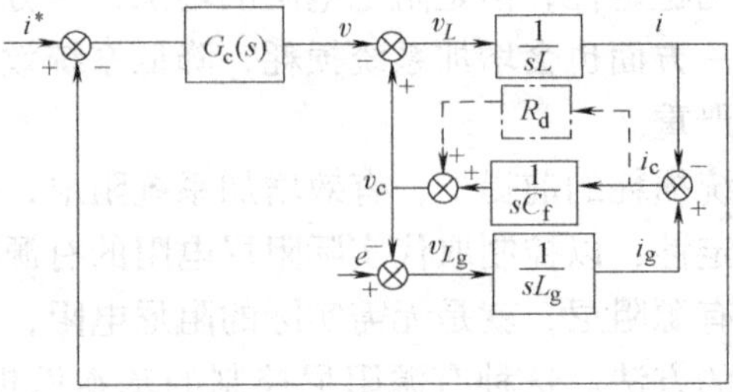

图 6-30　电容支路串联电阻的 *LCL* 滤波的 VSR 电流环控制结构

图 6-30 中，$G_c(s)$ 为电流环控制器的传递函数，根据自控原理中系统结构等效变换规则，可将图 6-30 变换成图 6-31 所示的等效结构。图 6-31 表明，电容支路串联电阻的无源阻尼控制结构相当于在原有无阻尼结构的基础上多了一个阻尼电流分量 $i_c sC_f R_d$，而该阻尼电流分量实际上也可以通过在电流控制器的输入端利用算法加以实现，从而达到有源阻尼控制的目的，如图 6-32 所示。

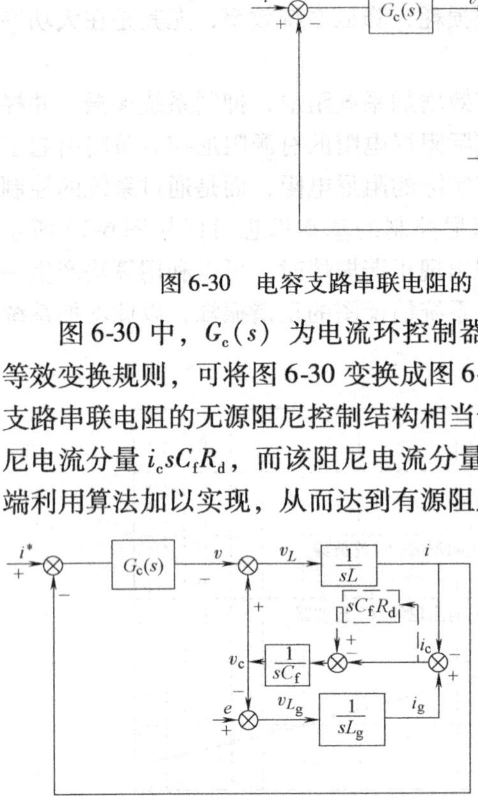

图 6-31　电容支路串联电阻控制的等效结构变换

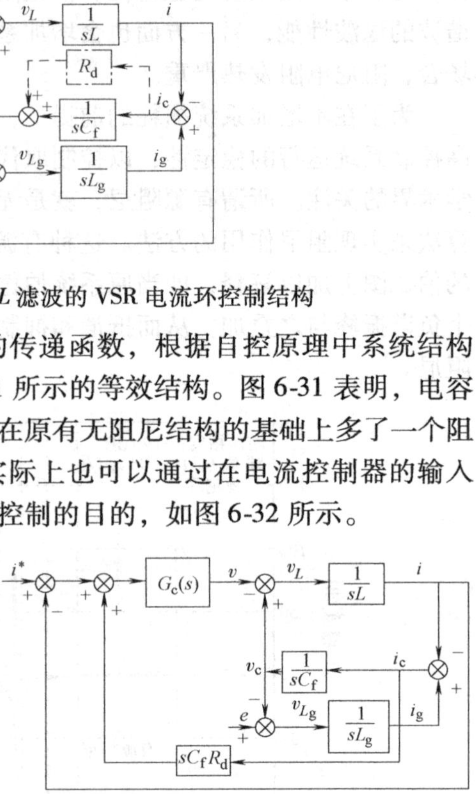

图 6-32　虚拟电阻等效的有源阻尼控制结构

根据这种思想，可以设计出基于虚拟电阻法（电容串联电阻）的 *LCL* 滤波的 VSR 有源阻尼控制结构，如图 6-33 所示。

这种控制结构的思想是检测 *LCL* 滤波器电容支路的电流 i_c，并与 sCR_d 相乘后叠加到电压外环的输出电流指令上，然后经 PI 调节器实现有源阻尼控制。

下面对上述虚拟电阻法进行频率特性分析，首先将图 6-32 所示的控制结构简化成图 6-34 所示。

图 6-34 中

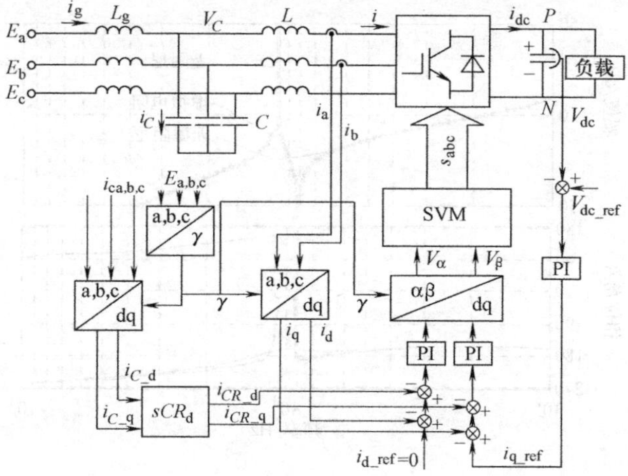

图 6-33　基于虚拟电阻法的 *LCL* 滤波的 VSR 有源阻尼控制结构

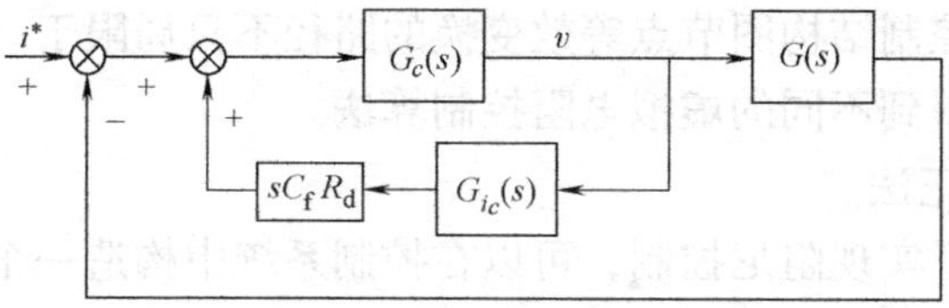

图 6-34　虚拟电阻法控制结构的简化

$$G(s) = -\frac{I(s)}{V(s)} = \frac{s^2 + \dfrac{1}{L_g C_f}}{Ls\left(s^2 + \dfrac{L_g + L}{L_g C_f L}\right)} = \frac{1}{Ls}\frac{(s^2 + Z_{LC}^2)}{(s^2 + \omega_{res}^2)} \tag{6-83}$$

式中　$Z_{LC} = \sqrt{1/\ (L_g C_f)}$　　$G_{ic}(s) = \dfrac{L_g C s}{L_g L C s^2 + (L + L_g)}$　　(6-84)

根据图 6-30 和图 6-34 以及式（6-83）、式（6-84），可以画出控制系统的开环伯德图，如图 6-35 所示。

从图 6-35 可以看出，无阻尼控制方案在谐振频率处产生一个谐振峰；当采用无源阻尼电阻控制时，原谐振频率处的谐振峰得到极大的衰减，远小于 0dB；而采用虚拟电阻法控制时，系统在谐振频率处的增益也在 0dB 之下，谐振峰也得到较大的衰减。值得一提的是，电容串联电阻的阻尼控制并不改变系统的低频和高频特性，因而系统的控制和滤波特性基本不受影响。

然而，从图 6-35 还可以看出，由于控制器结构及控制带宽的局限性，因此，从控制响应上，这种虚拟电阻的有源阻尼控制方案并不能完全等效于相应的无源

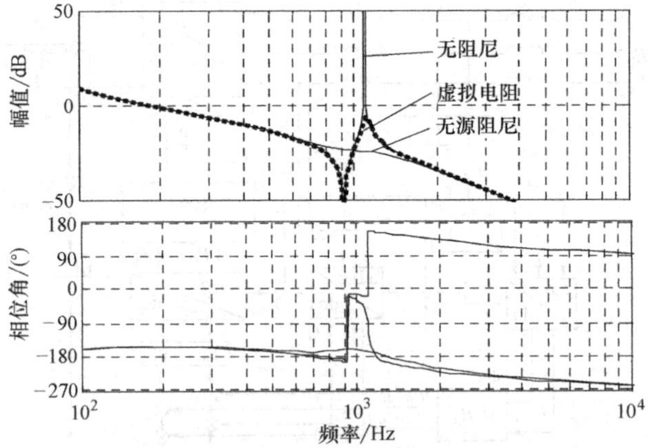

图 6-35　虚拟电阻法伯德图及其比较

阻尼方案。

另外，由于控制结构图节点等效变换的路径不只局限于一种，因此不同的等效变换方法可以得到不同的虚拟电阻控制算法。

2. 陷波器校正法

实际上，为了实现阻尼控制，可以在控制系统中构造一个具有负谐振峰特性的环节，并以此抵消 *LCL* 滤波器产生的正谐振峰。由于陷波器具有这种负谐振特性，因此可以通过控制结构的设计，将陷波器特性引入系统控制中，这便是基于陷波器校正法的有源阻尼控制策略的基本思路。那么，如何进行系统结构设计，将陷波器特性引入系统控制呢？仍从基于 *LCL* 滤波的 VSR 电流环出发进行讨论。实际上，如图 6-36 所示，可以通过电流环前向通道中引入适当的变量反馈，并将变量反馈构成的闭环环节（图 6-36 中点画线框）整定为陷波器特性，就可以实现基于陷波器校正的 *LCL* VSR 的有源阻尼控制。图 6-36 中 $D(s)$ 即为构造的陷波器有源阻尼环节。

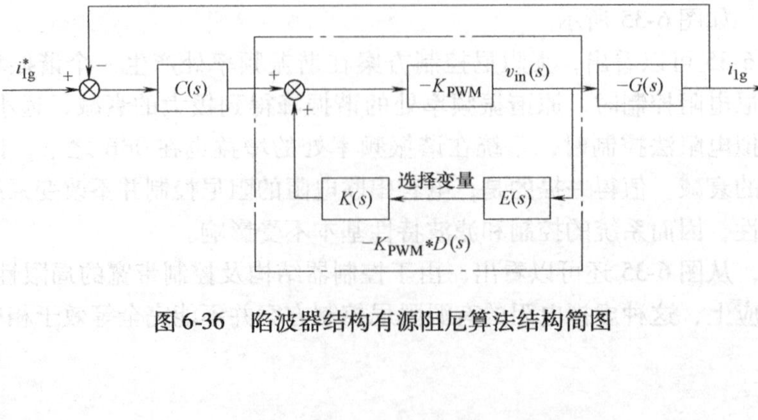

图 6-36　陷波器结构有源阻尼算法结构简图

对于基于 LCL 滤波的 VSR 而言，可以看出系统中可供选择的反馈变量有 5 个：网侧电感电压 $v_2(s)$、滤波电容电压 $v_C(s)$、滤波电容电流 $i_C(s)$、VSR 桥臂侧电感电压 $v_1(s)$、VSR 桥臂侧电感电流 $i_1(s)$。图 6-36 中 $E(s)$ 为 $v_{\text{in}}(s)$ 到所选反馈变量的传递环节，即

$$[v_2(s)\quad v_C(s)\quad i_C(s)\quad v_1(s)\quad i_1(s)]^{\text{T}}=E(s)v_{\text{in}}(s) \tag{6-85}$$

不同反馈变量选择所对应的各环节传递函数为

$$\begin{bmatrix}E(s)\\K(s)\end{bmatrix}=\begin{bmatrix}-\frac{1}{LC_{\text{f}}}\frac{1}{s^2+\omega_{\text{res}}^2} & \frac{1}{LC_{\text{f}}}\frac{1}{s^2+\omega_{\text{res}}^2} & \frac{s}{L}\frac{1}{s^2+\omega_{\text{res}}^2} & -\frac{L_{\text{g}}C_{\text{f}}s^2+1}{L_{\text{g}}C_{\text{f}}}\frac{1}{s^2+\omega_{\text{res}}^2} & -\frac{L_{\text{g}}C_{\text{f}}s^2+1}{LL_{\text{g}}C_{\text{f}}s}\frac{1}{s^2+\omega_{\text{res}}^2}\\ -Ks & Ks & K & K\frac{L_{\text{g}}C_{\text{f}}s}{L_{\text{g}}C_{\text{f}}s^2+1} & K\frac{L_{\text{g}}C_{\text{f}}s}{L_{\text{g}}C_{\text{f}}s^2+1}\end{bmatrix} \tag{6-86}$$

式中　$K(s)$ ——不同反馈变量所对应的陷波器的配置函数。

显然，为了消除图 6-36 中 $G(s)$ 位于 ω_{res}处的正谐振峰，可以将 $D(s)$ 构造成陷波器结构，使得 $D(s)$ 在谐振点 ω_{res}处产生一个负的谐振峰，因此需要构造的陷波器传递函数 $D(s)$ 如下：

$$D(s)=\frac{1}{1+K_{\text{PWM}}K(s)E(s)}=\frac{s^2+\omega_{\text{res}}^2}{s^2+Qs+\omega_{\text{res}}^2} \tag{6-87}$$

式中　Q——陷波器的品质因数。

陷波器 $D(s)$ 的伯德图如图 6-37 所示，显然，在频率 ω_{res}处，其增益为 0，而对于偏离 ω_{res}的信号，由于 $s^2+\omega_{\text{res}}^2$远大于 Qs，其增益为 1。

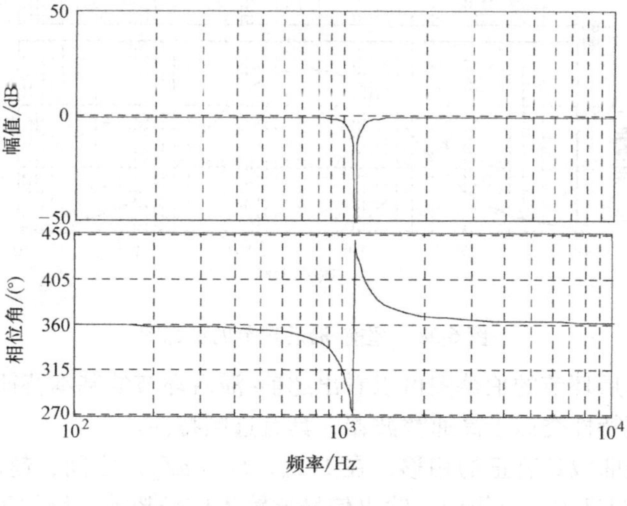

图 6-37　陷波器基本特性的伯德图

可见，图 6-36 中陷波器配置函数 $D(s)$ 的构造取决于反馈变量的选择，对

于不同的反馈变量，所需要的配置函数 $K(s)$ 也就不同。

从式（6-85）中可以看出，当选用 v_2 或者 v_C 作为反馈变量时，需要将 $K(s)$ 配置成微分环节；当选用 v_1 或者 i_1 作为反馈变量时，需要配置的 $K(s)$ 较为复杂，而且配置参数和系统参数有关；当选用 i_C 作为反馈变量时，只需要将 $K(s)$ 配置成一个比例环节，且不受系统参数影响，可以很好地实现陷波器结构的有源阻尼算法。以下分别研究以 v_C 和 i_C 为反馈变量时的陷波器校正有源阻尼法的实现。

(1) 以 v_C 为反馈变量时的陷波器校正有源阻尼法的实现　以上分析表明，当选用 v_C 作为反馈变量时，需要将 $K(s)$ 配置成微分环节。而微分环节实现困难，且易引入噪声，为此可以采用超前-滞后环节代替微分环节的实现思路。超前-滞后环节的表达式为

$$L(s) = K_d \frac{T_d s + 1}{\alpha T_d s + 1} \tag{6-88}$$

其中，$\alpha < 1$。

根据式（6-88）可以画出超前-滞后环节的伯德图，如图 6-38 所示。

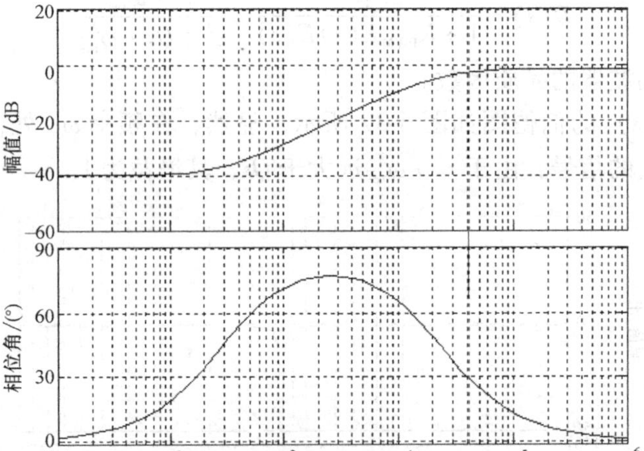

图 6-38　超前-滞后环节的伯德图

从超前-滞后环节的伯德图可以看出超前-滞后环节的基本特征[135]：

1）其幅频特性类似于高通滤波器，具有选频特性。

2）其相频曲线具有正的相移，在 $1/T_d$、$1/(\alpha T_d)$ 之间，超前-滞后环节对输入信号具有明显的微分作用，输出信号比输入信号超前，增加了系统的相位裕度，且随着 $1/\alpha$ 增大，微分效应越强，当频率 $\omega = \omega_{max} = 1/(T_d\sqrt{\alpha})$ 时，最大超前角为 $\phi_{max} = \arcsin[(1-\alpha)/(1+\alpha)]$，如图 6-39a 所示。

3）低频段的增益会下降，因而需要附加增益，以抵消低频段的增益下降。

4）超前-滞后环节具有高通特性，因而抗高频干扰的能力比较弱，所以 K_d 取值不能太大，如图 6-39b 所示。

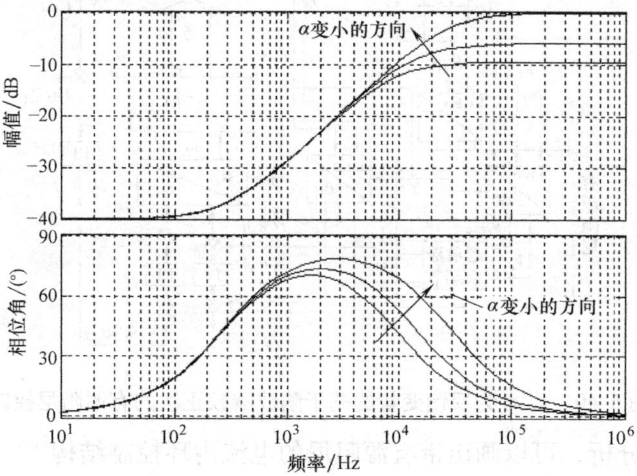

a)

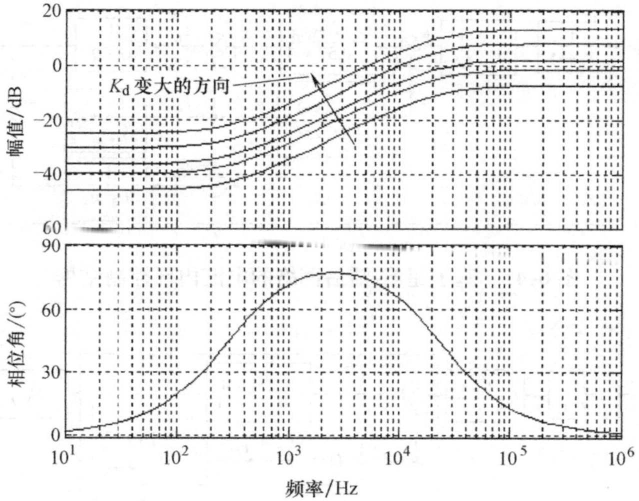

b)

图 6-39　超前-滞后环节随参数变化的对数频率特性

a）不同 α 对应的超前-滞后环节频率响应　b）不同 K_d 对应的超前-滞后环节频率响应

在本系统设计中，将超前-滞后环节串联在电容电压反馈检测通道中，然后将输出值叠加到电流调节器输出，从而实现以 v_C 为反馈变量的基于陷波器校正法的有源阻尼控制，其控制结构如图 6-40 所示。

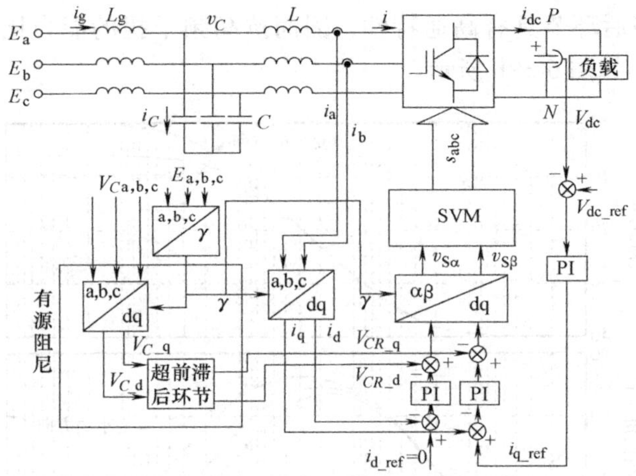

图 6-40　以 v_C 为反馈变量的基于陷波器校正法的有源阻尼控制

根据以上分析，可以画出带有源阻尼的电流内环控制结构[118]。图 6-41 可以简化为图 6-42。图中

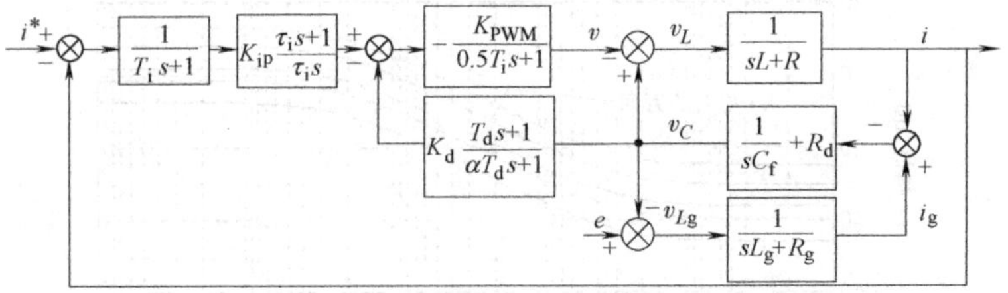

图 6-41　基于超前-滞后网络的电流内环控制结构

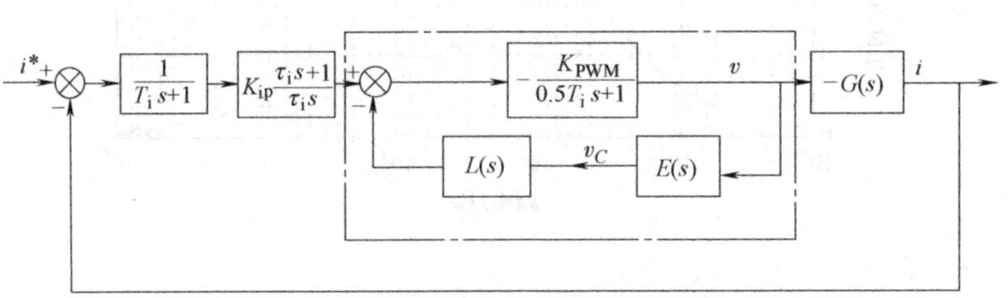

图 6-42　基于超前-滞后网络的电流内环简化控制结构

$$E(s)=\frac{V_C(s)}{V(s)}=\frac{1}{LC_f}\frac{1}{(s^2+\omega_{res}^2)} \tag{6-89}$$

$$G(s) = -\frac{I(s)}{V(s)} = \frac{s^2 + \frac{1}{L_g C_f}}{Ls\left(s^2 + \frac{L_g + L}{L_g C_f L}\right)} = \frac{1}{Ls}\frac{(s^2 + Z_{LC}^2)}{(s^2 + \omega_{res}^2)} \tag{6-90}$$

则图 6-42 中点画线框陷波器环节的表达式可以写为

$$D(s) = \frac{1}{1 - L(s)E(s)} \tag{6-91}$$

建立上述关系式，画出 $D(s)$，$G(s)$ 以及 $D(s)G(s)$ 的伯德图，如图 6-43 所示。

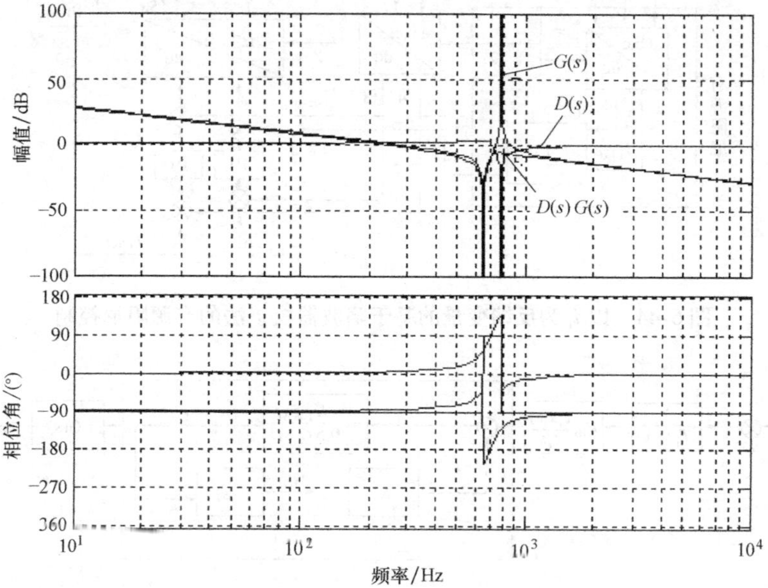

图 6-43　$D(s)$、$G(s)$、$D(s)G(s)$ 的伯德图及其对比

显然，由于超前-滞后环节的引入，使系统前向控制通道中构成了一陷波器环节 $D(s)$。这一环节由于在低频阶段和高频段满足 $D(s)=1$，因而对电流环性能没有影响，而在谐振频率附近，$D(s)$ 引入了与 $G(s)$ 的正谐振峰相抵消的负谐振峰，从而有效地增加了系统阻尼。由于需要检测电容电压，因而需要在系统中额外增加电压传感器。

（2）以 i_C为反馈变量时的陷波器校正有源阻尼法的实现　以上分析表明，当选用 i_C作为反馈变量时，只需要将 $K(s)$ 配置成一个比例环节，且不受系统参数影响，可以较方便地实现基于陷波器校正的基于 LCL 滤波的 VSR 的有源阻尼控制，系统控制结构图如图 6-44 所示。

根据图 6-44 可以得出以 i_C为反馈变量的基于陷波器校正法的有源阻尼控制

框图，如图 6-45 所示。

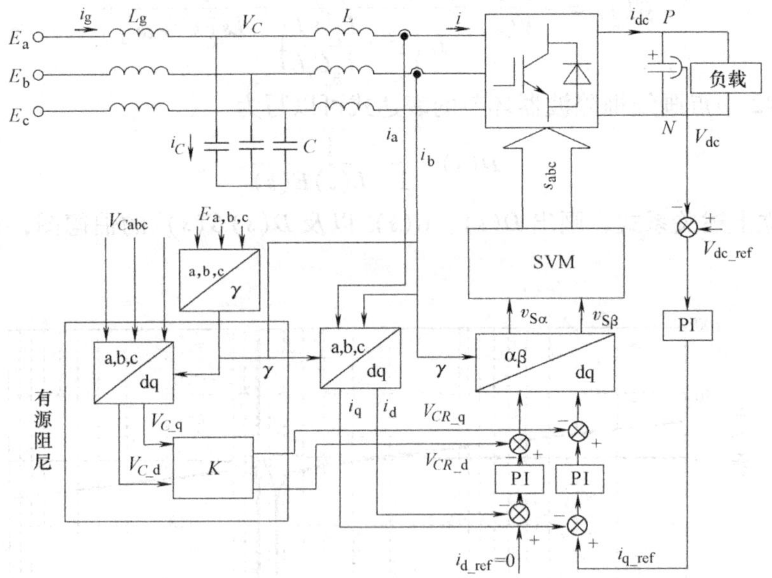

图 6-44　以 i_C 为反馈变量的基于陷波器校正法的有源阻尼控制

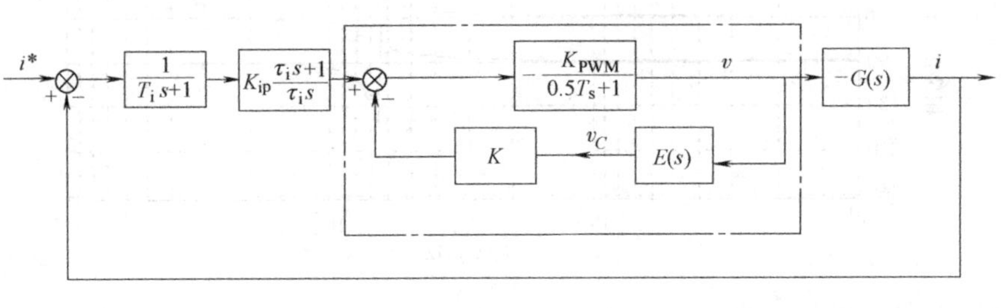

图 6-45　以 i_C 为反馈变量的基于陷波器校正法的有源阻尼控制框图

图 6-45 中，K 为比例配置系数；$E(s)=s/[L(s^2+\omega_{res}^2)]$。

根据图 6-45 可以得出系统有、无有源阻尼控制时的开环伯德图，如图 6-46 所示。

由图 6-46 可看出，基于陷波器校正的有源阻尼可以有效地抑制系统的谐振，增加系统阻尼。

3. 双带通滤波器法

以上介绍的有源阻尼方法都需要附加额外的传感器，并且通过反馈环节构建相应的陷波器环节，实际上可以在电流环控制器的输出直接通过算法增加陷波器环节，而不需要增设额外的传感器[135]。然而简单的陷波器在高频时会引入相位角偏移[107]，因而一般可以采用带通滤波器来构建陷波器，这就是所谓的基于双

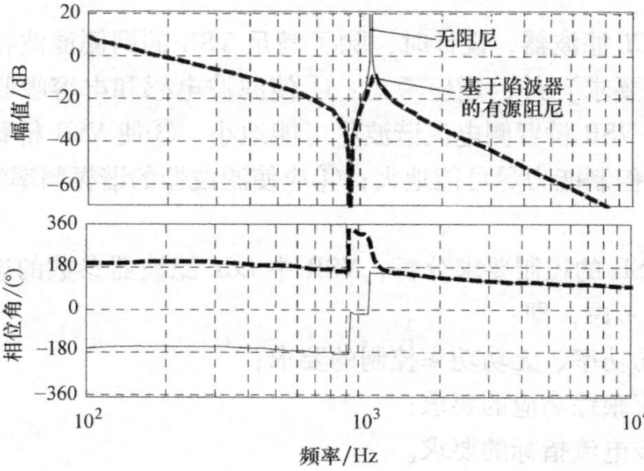

图 6-46　有、无有源阻尼控制时的电流内环开环伯德图

带通滤波器的有源阻尼控制，其控制结构如图 6-47 所示。

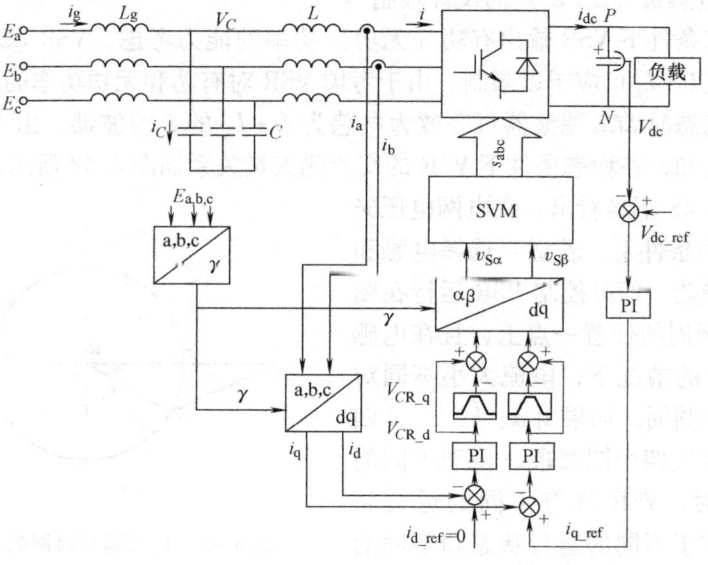

图 6-47　基于双带通滤波器的有源阻尼控制结构图

从图 6-47 可看出，基于双带通滤波器的有源阻尼控制的基本思想是将电流内环 PI 调节器输出值经过一个带通滤波器后，再与 PI 调节器的输出值相减，从而获得陷波器特性，实现了基于 *LCL* 滤波的 VSR 的有源阻尼控制。

6.4.4 基于 *LCL* 滤波的 VSR 中滤波器设计

由于采用 *LCL* 滤波器，设计时，除了满足 VSR 的网侧滤波特性（即满足网侧谐波电流含量要求）外，还应考虑：①使滤波电感和电容吸收的无功功率尽可能地小；②使 VSR 桥臂侧电流谐波尽可能地小；③使 VSR 桥臂侧输出电压对网侧基波电流的控制能力尽可能地大；④应使滤波器的谐振频率满足一定的控制要求。

总之，从 VSR 的控制要求分析，VSR 中 *LCL* 滤波器参数的选取主要可从以下三个方面进行考虑，即：

1）满足有功功率、无功功率控制的要求；

2）满足电流跟踪响应的要求；

3）满足谐波电流指标的要求。

具体讨论如下。

6.4.4.1 *LCL* 滤波器参数的设计限制[138-142]

LCL 滤波器的参数设计，有如下四个限制条件：

1. 总电感量（$L+L_g$）的设计限制

从稳态条件下 VSR 输出有功（无功）功率的能力考虑，VSR *LCL* 滤波器的总电感量（$L+L_g$）应予以限制。由于考虑 VSR 对有功和无功功率的稳态控制性能，而在稳态时 *LCL* 滤波器可等效为电感为 $L+L_g$ 的 L 滤波器。由 VSR 数学模型的分析可知，在稳态条件下 VSR 的交流侧矢量关系如图 6-48 所示。

由图 6-48 不难看出，在电网电压矢量 $\boldsymbol{E}$ 不变的条件下，若适当选择电感和直流电压参数，即可控制 VSR 运行在图 6-48 所示圆周的任意一点上，且在电感 L 取值一定的情况下，电流大小不同对应着不同的圆周。如果由 a、b、c、d 四点将圆周分成四个圆弧段，位于不同的圆弧段上时，VSR 具有不同的运行状态，而对应于不同的运行状态和不同的工作电流，对电感的设计要求也不一样。研究表明：VSR 运行于 c 点时，电感设计的上限值最小；而运行于 a 点时，电感设计的上限值最大。设计时考虑最严重的情况，即工作在 c 点的情况，若采用 SVPWM 控制，则该情况下对电感设计的上限值为

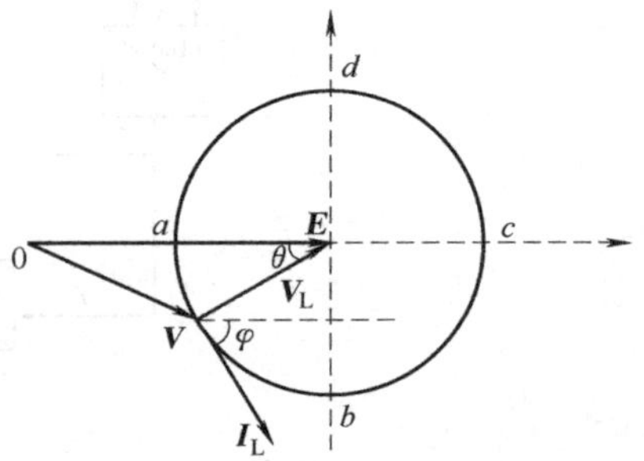

图 6-48 稳态运行时网侧矢量图

$\boldsymbol{E}$—网侧电压矢量 $\boldsymbol{V}$—交流侧电压矢量

$\boldsymbol{I}_L$—电感电流矢量 $\boldsymbol{V}_L$—电感电压矢量

$$L + L_{\mathrm{g}} \leqslant \frac{V_{\mathrm{dc}}/\sqrt{3} - E_{\mathrm{P}}}{\omega I_{LP}} \tag{6-92}$$

式中 E_{P}——网侧电压的峰值；

I_{LP}——电感电流的峰值。

2. 滤波电容 C_{f} 的设计限制

在 VSR 中，其 *LCL* 滤波器中的滤波电容值越大，产生的无功功率就越大，降低了 VSR 的功率变换能力。因此，在 VSR 中，*LCL* 滤波器的设计时，电容产生的无功功率一般被限制为不超过 5% 的系统额定功率，即有

$$3v_C^2\omega C_{\mathrm{f}} \leqslant 5\% P_{\mathrm{n}} \tag{6-93}$$

式中 v_C——电容电压；

P_{n}——VSR 的额定功率。

若网侧电感上的压降相对较小时，则电容电压 v_C 可近似为电网相电压 v_{n}，即 $v_C = v_{\mathrm{n}}$，因此有

$$C_{\mathrm{f}} \leqslant 5\% \frac{P_{\mathrm{n}}}{3 \times 2\pi f v_{\mathrm{n}}^2} \tag{6-94}$$

3. 谐振频率 f_{res} 的设计限制

对于 *LCL* 滤波器，一般要求其滤波器的谐振频率设计在 10 倍基频和 0.5 倍开关频率之间，即有

$$10 f_{\mathrm{n}} \leqslant f_{\mathrm{res}} \leqslant 0.5 f_{\mathrm{sw}} \tag{6-95}$$

式中 f_{n}——电网基频；

f_{sw}——VSR 调制的开关频率。

4. 无源阻尼电阻 R_{d} 的设计限制

当考虑 *LCL* 滤波器电容串阻尼电阻 R_{d} 时，其 VSR 桥臂侧输出电压到网侧电流的传递函数为

$$G(s) = \frac{I(s)}{V(s)} = \frac{1}{Ls} \frac{(s^2 + R_{\mathrm{d}} C_{\mathrm{f}} z_{LC}^2 s + Z_{LC}^2)}{(s^2 + R_{\mathrm{d}} C_{\mathrm{f}} \omega_{\mathrm{res}} s + \omega_{\mathrm{res}}^2)} \tag{6-96}$$

显然，增大电阻 R_{d} 可提高系统阻尼，使系统更稳定，然而增大电阻会使损耗增加，即

$$P_{\mathrm{d}} = 3R_{\mathrm{d}} \sum [i(h) - i_{\mathrm{g}}(h)]^2 \tag{6-97}$$

可见，阻尼电阻 R_{d} 的设计需要在系统阻尼和损耗之间折中考虑。在 *LCL* 滤波器参数的工程设计中，阻尼电阻一般取值为谐振角频率 ω_{res} 处滤波电容 C_{f} 容抗的 1/3，即

$$R_{\mathrm{d}} \approx \frac{1}{3\omega_{\mathrm{res}} C_{\mathrm{f}}} \tag{6-98}$$

6.4.4.2 *LCL* 滤波器桥臂侧电感 *L* 的选取

尽管 VSR 的谐波指标如 IEEE519、IEEE929、IEC61000 等所关注的是并网接

入点的电流谐波和电压谐波[143]，但就 VSR 本身的设计和控制而言，桥臂电流纹波也需要一定的限制，桥臂电流的纹波过大，不仅会使滤波元件的损耗增大，而且还使功率开关管承受较高的开关应力，同时还会影响到 VSR 的控制[139,144]。因此，VSR 采用 *LCL* 滤波时，即便网侧电流谐波满足并网要求，其桥臂侧电感的选取也不能过小，工程上通常要求把桥臂电流纹波限制在一定范围之内。以下根据 VSR 桥臂侧电流纹波含量的要求设计桥臂侧电感的参数。

实际上，VSR 桥臂侧的电感电流是随开关周期而脉动的，为了限制电感电流纹波，需要分析 VSR 输出一个工频周期中不同时段内的电感电流纹波的变化规律。为此，需利用 VSR 输出工频周期中不同时刻内的瞬态电感电流的数学关系来分析和求取电流纹波变化规律，并从中获得最大的电感电流纹波值，进而能通过电感值的设计将 VSR 桥臂侧的电流纹波幅值限制在一定范围之内。

由于不同的 VSR 电路拓扑和调制方式，其 VSR 的输出瞬态电压波形也不尽相同。而对于基于 *LCL* 滤波的 VSR 而言，其桥臂侧电感 L 较网侧电感 L_g 大，为简化分析，可以等效为单一的 L 滤波进行设计。因此，为分析问题方便，以下以图 6-6 所示的基于 L 滤波的 SPWM 控制的三相半桥无中线 VSR 拓扑为例进行分析。

首先定义二值逻辑开关函数 s_k 为

$$s_k=\begin{cases}1 & \text{上桥臂开关管导通,下桥臂开关管关断}\\0 & \text{上桥臂开关管关断,下桥臂开关管导通}\end{cases}\quad (k=a,b,c) \tag{6-99}$$

以 a 相为例，其逆变器桥臂开关管通、断时的回路方程为

$$\text{上桥臂开关管开通时：}v_{dc}=L\frac{di_a}{dt}+v_a+\frac{v_{dc}}{3}(1+s_b+s_c) \tag{6-100a}$$

$$\text{上桥臂开关管关断时：}0=L\frac{di_a}{dt}+v_a+\frac{v_{dc}}{3}(s_b+s_c) \tag{6-100b}$$

式中 v_{dc}——直流侧电压；

i_a——a 相并网电流；

v_a——a 相电网电压；

L——桥臂侧电感。

根据式（6-100）可知，a 相电流的变化不仅取决于本相电网电压和开关状态的变化，还取决于 b 相和 c 相开关状态的变化。为此，将式（6-100）依据不同的开关状态分解得

$$v_{dc}=L\frac{di_a}{dt}+v_a+\frac{v_{dc}}{3}(1+s_b+s_c)\rightarrow\begin{cases}s_b+s_c=0\rightarrow\frac{2}{3}v_{dc}=L\frac{di_a}{dt}+v_a\\s_b+s_c=1\rightarrow\frac{1}{3}v_{dc}=L\frac{di_a}{dt}+v_a\\s_b+s_c=2\rightarrow 0=L\frac{di_a}{dt}+v_a\end{cases} \tag{6-101a}$$

$$0=L\frac{\mathrm{d}i_{\mathrm{a}}}{\mathrm{d}t}+v_{\mathrm{a}}+\frac{v_{\mathrm{dc}}}{3}(s_{\mathrm{b}}+s_{\mathrm{c}})\rightarrow\begin{cases}s_{\mathrm{b}}+s_{\mathrm{c}}=0\rightarrow 0=L\dfrac{\mathrm{d}i_{\mathrm{a}}}{\mathrm{d}t}+v_{\mathrm{a}}\\ s_{\mathrm{b}}+s_{\mathrm{c}}=1\rightarrow -\dfrac{1}{3}v_{\mathrm{dc}}=L\dfrac{\mathrm{d}i_{\mathrm{a}}}{\mathrm{d}t}+v_{\mathrm{a}}\\ s_{\mathrm{b}}+s_{\mathrm{c}}=2\rightarrow -\dfrac{2}{3}v_{\mathrm{dc}}=L\dfrac{\mathrm{d}i_{\mathrm{a}}}{\mathrm{d}t}+v_{\mathrm{a}}\end{cases}\quad(6\text{-}101\mathrm{b})$$

根据式（6-101）可以得出电感电流的瞬时变化规律，以 VSR 桥臂侧电流的基波分量过零处和峰值处为例，可得图 6-49 所示的电流波形。

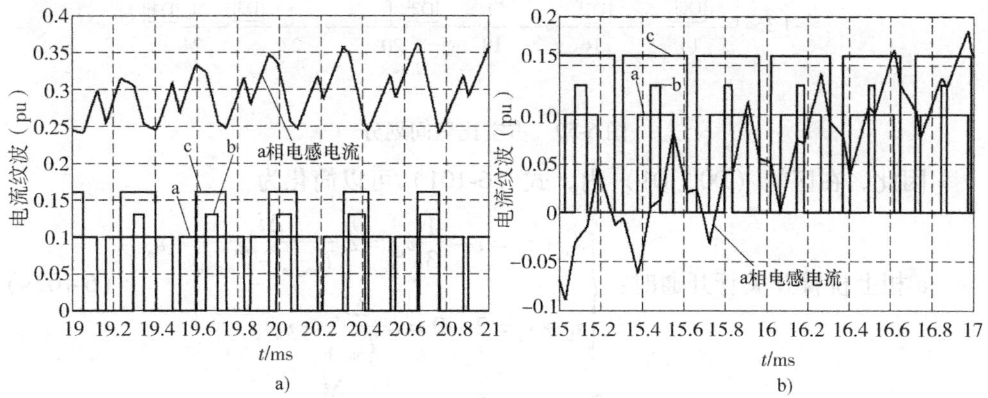

图 6-49　不同占空比对应的电流纹波变化规律

a）桥臂输出基波电流峰值附近的电流纹波　b）桥臂输出基波电流过零附近的电流纹波

注：为了清楚地比较分析 a、b、c 三相的开关占空比变化，图中，对 a、b、c 三相的占空比的幅值分别进行了不同尺度的描绘。

观察图 6-49 可知，在 SPWM 控制方式下，同一工频周期中的不同时段内，三相开关占空比变化的大小关系并不是唯一的，因此式（6-101）中描述的电感电流数学表达式也不是惟一的。为此，根据其占空比变化规律，可以将电流变化分为以下几个区间：由于在一个工频周期内，其稳态时 VSR 输出的正负半周占空比对称，因此可以以半个周期进行区间划分，图 6-50 为其区间划分的示意图。

从图 6-50 可看出，4 个占空比变化区间，即（D0，D1）、（D1，D2）、（D2，D3）、（D3，D4）中，（D0，D1）与（D3，D4）是对称的，而（D1，D2）与（D2，D3）也是对称的，因此可以用（D0，D1）、（D1，D2）区间为例来分析计算电流纹波幅值的变化规律。

考虑（D0，D1）区间的开关占空比变化规律，即 c 相占空比最大，a 相次之，b 相最小。由此可进一步分析此区间内三相桥臂的开关状态关系，以 a 相为例：当 a 相上桥臂开关管开通时，由于 c 相占空比最大，将不存在 $s_{\mathrm{b}}+s_{\mathrm{c}}=0$ 的状态；而当 a 相下桥臂开关管开通时，将不存在 $s_{\mathrm{b}}+s_{\mathrm{c}}=2$ 的状态。

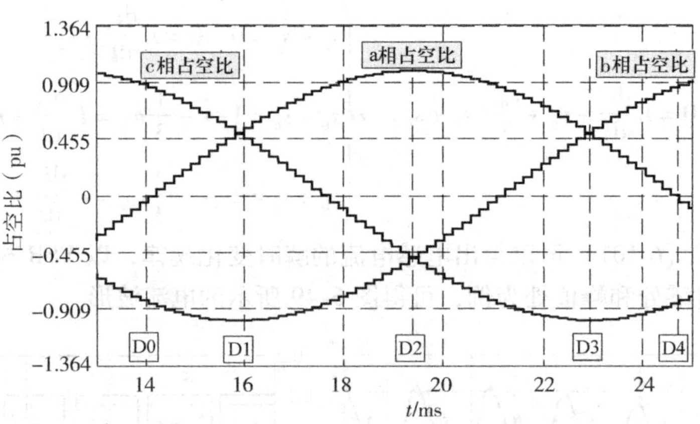

图 6-50　占空比区间划分

因此，在区间（D0，D1）内，式（6-101）可以简化为

a 相上桥臂开关管开通时：
$$\begin{cases} s_b + s_c = 1 \rightarrow \dfrac{1}{3}v_{dc} = L\dfrac{\Delta i_a}{T_{on\_a} - T_{on\_b}} + v_a \\ s_b + s_c = 2 \rightarrow 0 = L\dfrac{\Delta i_a}{T_{on\_b}} + v_a \end{cases} \tag{6-102a}$$

a 相上桥臂开关管关断时：
$$\begin{cases} s_b + s_c = 0 \rightarrow 0 = L\dfrac{\Delta i_a}{T - T_{on\_c}} + v_a \\ s_b + s_c = 1 \rightarrow -\dfrac{1}{3}v_{dc} = L\dfrac{\Delta i_a}{T_{on\_c} - T_{on\_a}} + v_a \end{cases} \tag{6-102b}$$

式中　T_{on_a}、T_{on_b}、T_{on_c}——各相开关管的开通时间。

若要求得式（6-102）描述的电流纹波变化规律，需要研究一个开关周期 T 中各相开关管的开通时间 T_{on_a}、T_{on_b}、T_{on_c} 的变化规律。显然，若三相开关占空比分别记为 D_a、D_b、D_c 时，则有 $T_{on\_a} = D_aT$、$T_{on\_b} = D_bT$、$T_{on\_c} = D_cT$。

由式（6-100）所描述的开关函数模型分析可知，三相半桥桥臂侧电压的瞬时值之和并不为零，这是由于开关函数模型反映了 VSR 的高频瞬时特性。而为了得到 VSR 开关占空比的变化规律，需要分析 VSR 的低频开关特性，当开关频率相对于工频足够高时，若忽略开关函数模型中的高频分量，则开关函数模型的低频数学模型可表示为

$$\begin{cases} s_a \approx 0.5 + 0.5m\sin\theta_a \\ s_b \approx 0.5 + 0.5m\sin\theta_b \\ s_c \approx 0.5 + 0.5m\sin\theta_c \end{cases} \tag{6-103}$$

式中　$m = 2v/v_{dc}$；

v——交流网侧电压峰值。

因此稳态时 VSR 各相开关管的占空比变化规律为

$$\begin{cases} D_a = 0.5 + 0.5m\sin\theta_a \\ D_b = 0.5 + 0.5m\sin\theta_b \\ D_c = 0.5 + 0.5m\sin\theta_c \end{cases} \tag{6-104}$$

显然，只要将开关函数模型中的开关函数以占空比取代，即可获得相应的低频模型。将式（6-103）代入式（6-100）得

$$\begin{cases} V\sin\theta_a \approx L\dfrac{di_a}{dt} + v_a \\ V\sin\theta_b \approx L\dfrac{di_b}{dt} + v_b \\ V\sin\theta_c \approx L\dfrac{di_c}{dt} + v_c \end{cases} \tag{6-105}$$

这里，由于低频情况下电感的压降 $L\mathrm{d}i/\mathrm{d}t$ 远小于电网电压 v，因此占空比函数的相位 θ_a、θ_b、θ_c 可以近似认为和各相电网电压相位角相同。值得注意的是，为了补偿这部分近似误差，最后对计算出的电感大小应留有一定的裕量。

这样，根据式（6-102）、式（6-104）和式（6-105）即可计算电流纹波幅值。取（D0，D1）区间开关周期 T 中电感电流的上升过程来计算 a 相电流的纹波幅值 Δi_a 关系，可得

$$\frac{1}{3}v_{dc} = L\frac{\Delta i_a}{T_{on\_a} - T_{on\_b}} + v_a$$

由此可推出 (6-106)

$$\frac{v}{v_{dc}}\left(\frac{1}{3}v_{dc} - v\sin\theta_a\right)(\sin\theta_a - \sin\theta_b) = L\frac{\Delta i_a}{T}$$

同理，可求得（D1，D2）区间的 a 相电流纹波幅值 Δi_a 关系为

$$0 = L\frac{\Delta i_a}{T_{on\_b}} + v_a$$

由此可推出 (6-107)

$$-V\sin\theta_a\left(0.5 + \frac{V\sin\theta_b}{V_{dc}}\right) = L\frac{\Delta i_a}{T}$$

根据式（6-106）和式（6-107）计算可得 a 相电流纹波幅值 $|\Delta i_a|$ 为

$$|\Delta i_a| = \begin{cases} \dfrac{VT}{V_{dc}L}\left(\dfrac{1}{3}V_{dc} - V\sin\theta_a\right)(\sin\theta_a - \sin(\theta_a - 120°)), \sin\theta_a \in [D0, D1] \\ \dfrac{VT}{V_{dc}L}\sin\theta_a(0.5V_{dc} + V\sin(\theta_a - 120°)), \sin\theta_a \in [D1, D2] \end{cases}$$

(6-108)

在半个工频周期内，电流纹波幅值随 θ_a 即电网电压的变化规律示意图如图6-51所示。

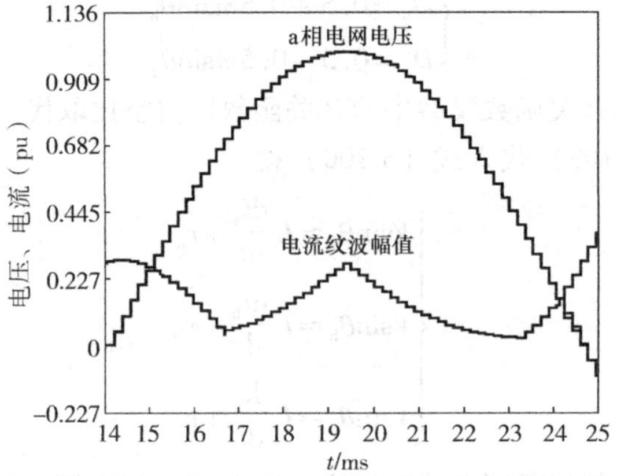

图6-51　电流纹波幅值随电网电压的变化规律

从图6-51可看出，若忽略VSR输出电感的低频压降，则在电网电压过零和峰值处，其开关电流纹波幅值最大。

在电网电压过零点处，$\theta_a=0°$，根据式（6-108）可得电流纹波的幅值关系为

$$\frac{V}{2\sqrt{3}}=L\frac{\Delta i}{T} \tag{6-109}$$

在电网电压峰值处，$\theta_a=90°$，根据式（6-108），电流纹波的幅值关系为

$$\frac{V(V_{dc}-V)}{2V_{dc}}=L\frac{\Delta i}{T} \tag{6-110}$$

针对式（6-109）和式（6-110）的讨论如下：

1. 电感参数与开关频率的关系

在其他参数不变的情况下，开关频率越高，电感越小。

2. 电感参数与交直流电压比值的关系

假定开关频率固定，当 V/V_{dc} 比值不同时，基波电流峰值处和过零处的电流纹波随 V/V_{dc} 的变化规律，如图6-52所示。

从图6-52可得出如下结论：

1）随着交直流侧电压比值的变大，电流纹波幅值逐渐变大，因此对于相同的直流侧电压，网侧电压较小时，电流纹波幅值相对较小；

2）当 $V/V_{dc}<0.42$ 时，基波电流峰值处的电流纹波幅值较大；

3）当 $V/V_{dc}\geqslant 0.42$ 时，基波电流过零处的电流纹波幅值较大；

4）当 $V/V_{dc}=0.5$ 时，电流纹波幅值最大，且最大值为 $\Delta i_{max}=V_{dc}T/(4\sqrt{3}L)$。

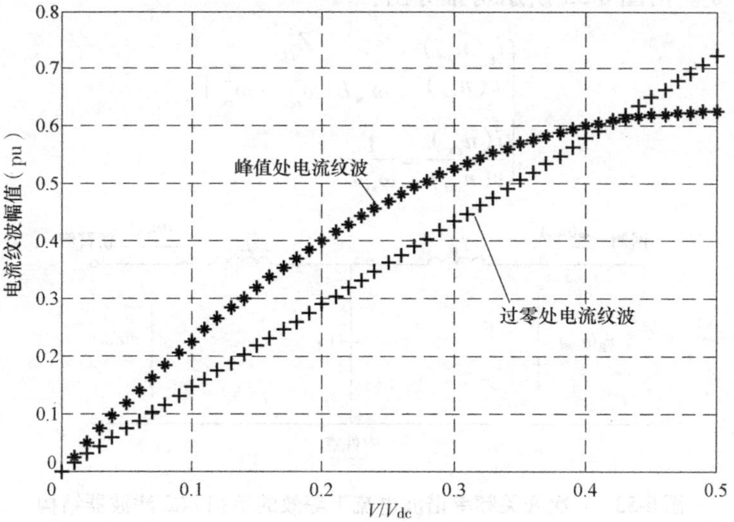

图 6-52　电流纹波随 V/V_{dc} 的变化规律

根据上述结论和 VSR 桥臂电流控制中对最大电流纹波幅值 Δi_{max} 的要求，可按照上述结论 4）中的最大电流纹波幅值设计相应的电感值，即

$$L \geqslant \frac{V_{dc} T}{4\sqrt{3}\Delta i_{max}} \tag{6-111}$$

考虑到 VSR 的运行效率和电感的成本，电感设计时应尽量小，考虑到上述近似计算所造成的偏差，因此在电感设计时其取值应留有一定的裕量。

6.4.4.3　*LCL* 滤波器网侧 *LC* 参数的选取

在初选了 VSR 桥臂侧电感 L 参数后，可令网侧电感 L_g 的大小为

$$L_g = \gamma L \tag{6-112}$$

式中　γ——网侧电感比例系数。

若令 x 为滤波电容吸收的无功功率占系统功率的百分比值，则有

$$C = xC_b \tag{6-113}$$

其中，$x \leqslant 5\%$，而标幺值 $C_b = 1/(\omega_n Z_b)$，$Z_b = 3(E_n)^2/P_n$。

设计时，先按照 5% 的百分比算出电容最大值，而电容初选值一般可选择为此最大值的一半。

在初步选定了电容值和 VSR 桥臂侧电感值后，接下来就是需要确定系数 γ 以得到网侧电感值，对此分析如下：

图 6-53 所示为 n 次开关频率谐波电流下等效的单相 *LCL* 滤波器结构，在高频状态下，VSR 是一个谐波发生器，网侧相当于短路。$i(n_{sw})$、$v(n_{sw})$ 分别表示 VSR 侧 n 次谐波电流和谐波电压，$i_g(n_{sw})$ 表示网侧 n 次谐波电流，且图中

$v_g(n_{sw})=0$。由图 6-53 所示可推导出：

$$\begin{cases}\dfrac{i_g(n_{sw})}{v(n_{sw})}=\dfrac{Z_{LC}^2}{\omega_{sw}L\,|\,\omega_{res}^2-\omega_{sw}^2\,|}\\ \dfrac{i(n_{sw})}{v(n_{sw})}\approx\dfrac{1}{\omega_{sw}L}\end{cases}\tag{6-114}$$

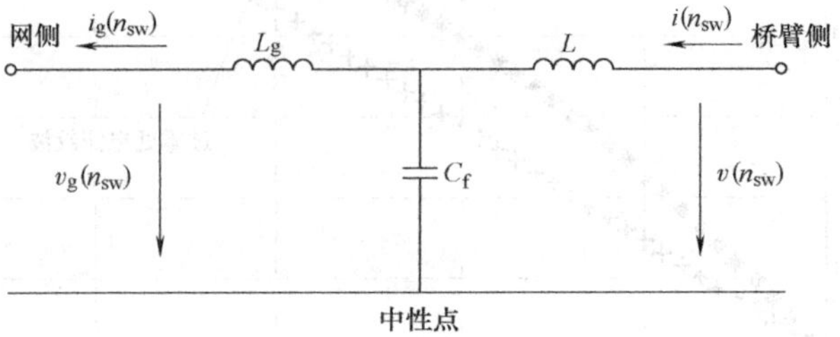

图 6-53　*n* 次开关频率谐波电流下等效的单相 *LCL* 滤波器结构

因此，从 VSR 桥臂侧到网侧的电流谐波衰减表达式为

$$\frac{i_g(n_{sw})}{i(n_{sw})}\approx\frac{Z_{LC}^2}{|\,\omega_{res}^2-\omega_{sw}^2\,|}\tag{6-115}$$

式中　$Z_{LC}^2=[L_gC_f]^{-1}$；

$\omega_{res}^2=(L_g+L)Z_{LC}^2/L$；

$\omega_{sw}^2=(2\pi f_{sw})^2$；

f_{sw}——开关频率；

n_{sw}——开关谐波次数，$n_{sw}=\omega_{sw}/\omega_n$。

联立式（6-112）~式（6-115），得到脉动电流衰减与网侧电感比例系数 γ 之间的关系式为

$$\frac{i_g(n_{sw})}{i(n_{sw})}\approx\frac{1}{|1+\gamma(1-ax)|}\tag{6-116}$$

式中，a——常值，$a=LC_b\omega_{sw}^2$。

选择 $i_g(n_{sw})/i(n_{sw})$ 的值，可确定系数 γ，从而由式（6-116）即可得网侧电感值。通常一般初选 $i_g(n_{sw})/i(n_{sw})$ 值在 20% 左右。

6.4.4.4　*LCL* 滤波器参数设计的检验与校正

1. 总电感量（$L+L_g$）的检验与校正

由上述两节内容，可依次算出基于 *LCL* 滤波的 VSR 桥臂侧电感值 L、电容值 C_f 以及网侧电感值 L_g，此时，需要代入限制条件式（6-92）即 $L+L_g\leqslant(V_{dc}/\sqrt{3}-E_P)/(\omega I_{LP})$ 检验。若不满足此条件，需另行选择脉动电流衰减值 $i_g(n_{sw})/i(n_{sw})$，从而得到新的系数 γ 以及网侧电感值 L_g。从式（6-113）可知，

重新选择滤波电容无功功率的比例值也可达到类似的效果，直至满足限制条件式（6-94）的要求，即满足 $C_f \leq 5\% P_n /(3 \times 2\pi f \times v_n^2)$。

2. 谐振频率 f_{res} 的检验与校正

由式（6-96）所示的传递函数可得到 *LCL* 滤波环节谐振角频率的表达式，即

$$\omega_{res} = \sqrt{\frac{L+L_g}{LL_gC_f}} \tag{6-117}$$

由初步得出的网侧电感值 L_g、电容值 C_f、VSR 桥臂侧电感值 L 检验得出的谐振频率 $f_{res}=\omega_{res}/(2\pi)$ 是否满足限制条件式（6-95），即 $10f_n \leq f_{res} \leq 0.5f_{sw}$。

若不满足条件，再次重新选择脉动电流衰减值或滤波电容无功功率的比例值，以得出新的 L_g、C_f 和 L 值，直至满足限制条件式（6-95）的要求。

3. 阻尼电阻的确定

阻尼电阻值一般取为谐振点电容阻抗的 1/3，即按照式（6-98），即 $R_d=1/(3\omega_{res}C_f)$ 求得即可。

6.5 单相 VSR 的控制

与三相 VSR 不同，单相 VSR 由于只有单一的交流量，一般不便于进行坐标变换，然而通过引入虚拟的正交变流，可以构成虚拟的两相正交的交流系统，因此与三相 VSR 相同，可以在静止坐标系或同步旋转坐标系中研究单相 VSR 的控制策略，分别讨论如下。

6.5.1 静止坐标系中单相 VSR 的控制

1. 基于 PI、P 调节器的双环控制策略

在中小功率单相 VSR 中，其输出 *LCL* 滤波器的电容一般较小，因此可以考虑采用较为简单的双环控制策略，其控制系统结构如图 6-54 所示。

图 6-54 中，VSR 的直流电压外环采用 PI 调节器，通过稳定直流侧电压实现 VSR 输入、输出能量的平衡；电流内环的电流幅值参考值 I_m^* 由直流电压外环调节器的输出给定，通过检测获得电网电压相位角 θ，并由 $\cos\theta$、I_m^* 的乘积获得瞬时输出电流的参考信号 i_{L1}^*，电流内环一般可采用简单的 P 调节器，以实现电流的快速控制；为了抑制电网电压扰动，采用了电网电压前馈控制，电流环的输出与电网电压的前馈信号叠加后经过 SPWM 控制后输出驱动开关管，以实现单相 VSR 的并网控制。

2. 采样基于比例谐振（PR）调节器的单相 VSR 的多环控制

上述基于 PI、P 调节器的单相 VSR 的双环控制虽然控制简单，但存在以下

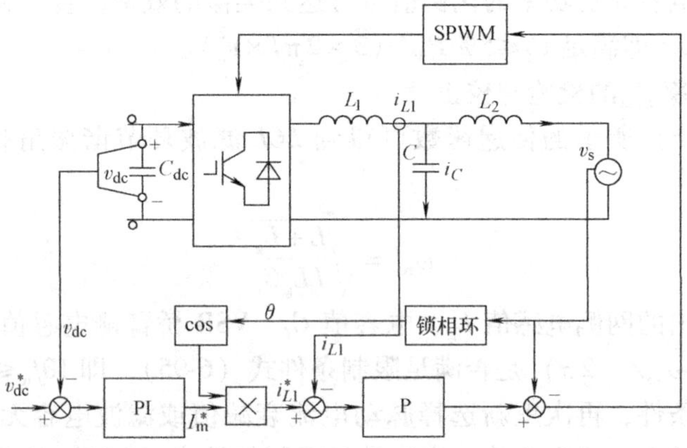

图 6-54　基于 PI、P 调节器的单相 VSR 的双环控制系统结构

不足：

1）电流环无法实现电流的无静差控制；

2）当输出滤波器的电容较大时系统可能发生振荡；

3）由于没有直接控制网侧电流，因此会降低网侧电流品质。

为克服上述不足，可以采用基于比例谐振（PR）调节器的单相 VSR 的多环控制策略。采用基于 PR 调节器的单相 VSR 的多环控制结构如图6-55所示。

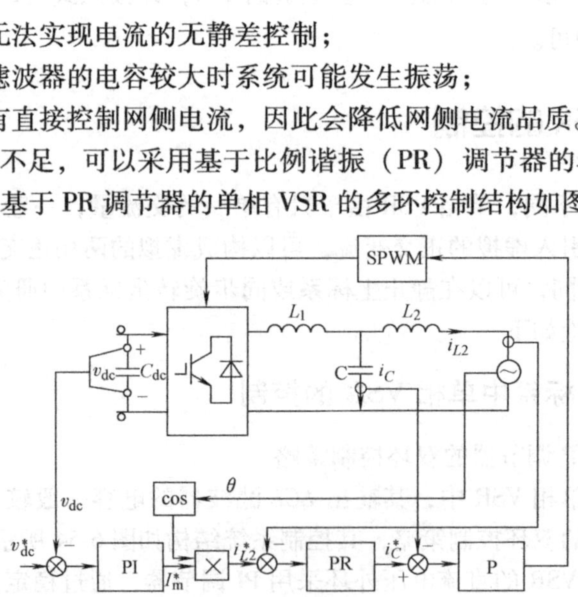

图 6-55　采用 PR 调节器的单相 VSR 控制结构

图 6-55 中，直流电压外环仍采用 PI 调节器控制，以稳定直流侧电压；电网电流环的电流幅值参考值 I_m^* 由直流电压外环调节器的输出给定，通过检测获得电网电压相位角 θ，并由 $\cos\theta$、I_m^* 的乘积获得瞬时电网电流的参考信号 i_{L2}^*，为实现电网电流的无静差控制，电网电流环可采用比例谐振（PR）调节器。为抑制 *LCL* 滤波器的振荡，图 6-55 中采用了电容电压微分即电容电流反馈控制，从而有效地增加了系统阻尼，电容电流内环采用 P 调节器控制，以保证内环控制响

应的快速性；内环调节器的输出经过 SPWM 控制后驱动开关管，以实现单相 VSR 的并网控制。

以下简单讨论比例谐振（PR）调节器的基本问题：

在静止坐标系中，若要实现正弦参考信号的无静差控制，根据内模定理，则要求在系统开环传递函数中包含正弦信号的 s 域模型，由于正弦信号可以是 cos 和 sin 两种形式表示，因此正弦信号相应的 s 域模型可由以下两种无阻尼谐振的传递函数形式，即

$$\begin{cases} G_1(s) = \dfrac{s}{s^2+{\omega_0}^2} \\ G_2(s) = \dfrac{\omega_0}{s^2+\omega_0^2} \end{cases} \tag{6-118}$$

为了比较两种传递函数特性，分别作出相应的伯德图，如图 6-56 所示。

由图 6-56 不难看出：$G_1(s)$ 和 $G_2(s)$ 在 ω_0附近都具有无穷大的开环增益，因此可实现频率为 ω_0的正弦信号的无静差控制。然而：$G_1(s)$ 的相位角变化范围为 +90° ~ −90°，而 $G_2(s)$ 的相位角变化范围为：0° ~ −180°，可见从稳定性的角度来看，$G_1(s)$ 的形式对系统稳定更有利，而 $G_2(s)$ 可能使系统的相位裕度不足，从而引起系统的振荡。

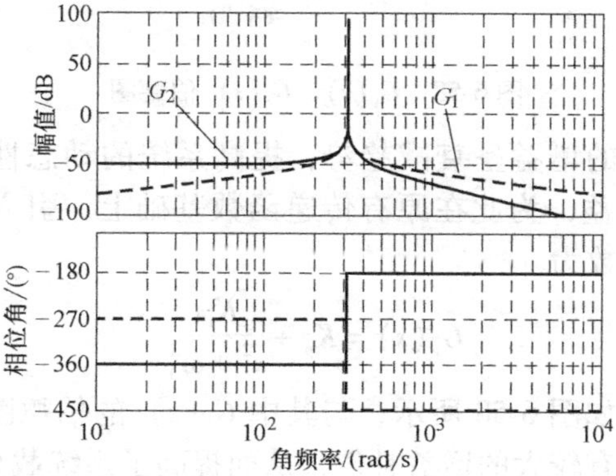

图 6-56　$G_1(s)$ 和 $G_2(s)$ 伯德图比较

上述分析表明：为实现对正弦信号的无静差控制，可以采用传递函数为 $G_1(s)=s/(s^2+\omega_0^2)$ 形式的调节器设计，其伯德图如图 6-57 所示。

另外，为了使调节器增加一个可控的自由度，以使得系统的闭环极点位置可以在根轨迹上自由配置，可在上述 $G_1(s)$ 中增加一个可调的比例系数，则调节器的传递函数变为 $G_1(s)=K_i s/(s^2+\omega_0^2)$，相应的 $G_1(s)$ 伯德图如图 6-58 所示。

从图 6-58 可看出：当调节器采用 $G_1(s)=K_i s/(s^2+{\omega_0}^2)$ 的形式后，虽然系统在 ω_0附近具有无穷大的开环增益，但在其他频率处，其增益呈衰减趋势。

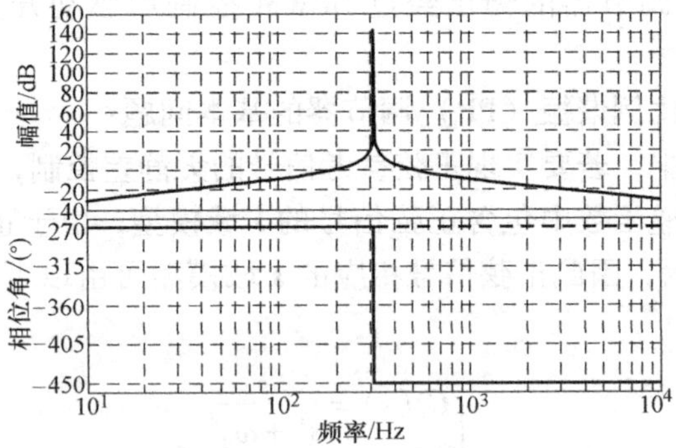

图 6-57　调节器采用 $G_1(s)$ 形式的伯德图

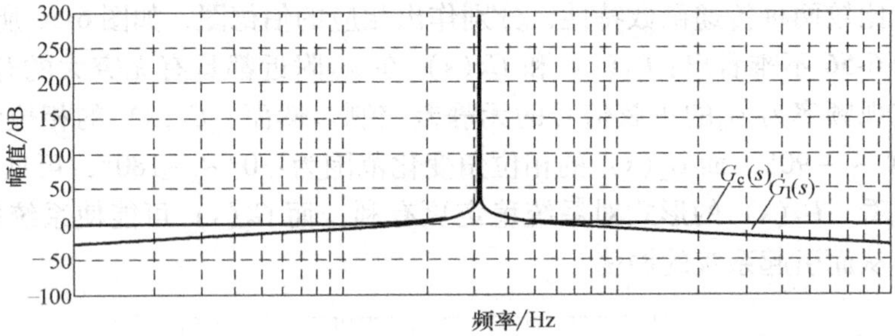

图 6-58　$G_1(s)$、$G_c(s)$ 伯德图

因而，为了补偿原有的增益呈衰减趋势，提高系统的动态性能，需要相应增大 ω_0 外频率处的开环增益，为此在原有传递函数基础上，引入比例项，即引入比例项的调节器传递函数为

$$G_c(s) = K_p + \frac{K_i s}{s^2 + \omega_0^2} \tag{6-119}$$

$G_c(s)$ 的伯德图如图 6-58 所示，与其中 $G_1(s)$ 的伯德图相比，$G_c(s)$ 的伯德图在高频段对系统有较大的增益补偿，从而提高了系统截止频率，加快了系统的响应速度。

由于 $G_c(s) = K_p + K_i s/(s^2 + \omega_0^2)$ 中既含有比例项，又含有谐振项，因此 $G_c(s)$ 形式的调节器结构被称为比例谐振（PR）调节器。

需要注意的是，因为比例谐振调节器是使系统在特定频率 ω_0 处获得无穷大的开环增益，因而其仅能无静差跟随给定信号频率 ω_0 时的正弦量，对于给定信号频率是变化量的场合是不适用的。

6.5.2　同步旋转坐标系中单相 VSR 的控制

上述单相 VSR 的 PR 调节器控制虽然实现了电流的无静差控制，然而这种基于静止坐标系的控制却不便实现有功、无功功率的独立控制。但是，在三相VSR的控制中，静止坐标系中三相对称的交流量通过坐标旋转变换即可变换成同步坐标系下的直流量，并利用简单的PI调节器控制不仅实现了电流的无静差控制，而且也实现了有功、无功功率的解耦控制。然而，要实现交流量的坐标旋转变换，至少需要具有两个自由度，例如两个正交的交流量。显然，单相系统只有一个自由度，无法直接进行坐标旋转变换，为此可虚拟出一个与单相系统实际交流量正交的交流量来满足坐标旋转变换的两个自由度条件，从而可以采用类似同步坐标系下三相VSR的PI调节器控制，以实现电流的无静差跟随控制。实际上，如图6-59所示，只要在单相系统中将实际的交流量（例如输出电流 i_o）延迟90°就可虚拟出一个正交分量 i_{Im}，而将 i_o 和虚拟出的正交分量 i_{Im} 合成实际上构成了两相静止坐标系ReIm中的虚拟矢量 I。将 i_o、i_{Im} 经同步旋转坐标系dq轴的分解，即可得到与虚拟矢量 I 相应的d轴及q轴分量。具体分析如下：

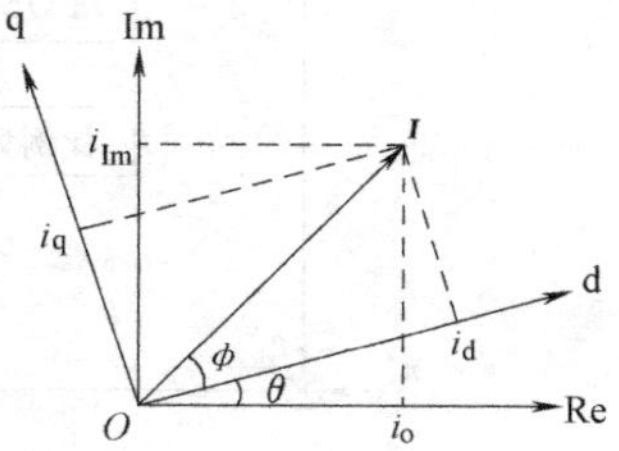

图6-59 虚拟矢量与坐标变换示意

若令单相VSR的网侧电流 i_o 为

$$i_o = I\cos(\omega_0 t + \phi) \tag{6-120}$$

式中 I——电流幅值；

ϕ——初始相位角；

ω_0——基波角频率。

由于dq坐标变换需要两个正交变量，因此可以设计一个全通滤波器将 i_o 移相90°得到一个虚拟的变量 i_{Im}，即

$$i_{Im} = I\sin(\omega_0 t + \phi) \tag{6-121}$$

将两相静止坐标系ReIm中实际及虚拟的变量 i_o、i_{Im} 经过坐标旋转变换后即可得到dq坐标系下的d、q轴变量 i_d、i_q，即

$$\begin{pmatrix} i_q \\ i_d \end{pmatrix} = T(\theta)\begin{pmatrix} i_{Im} \\ i_o \end{pmatrix} = I\begin{pmatrix} \sin\phi \\ \cos\phi \end{pmatrix} \tag{6-122}$$

式中 $T(\theta)$——ReIm-dq的坐标变换矩阵，$T(\theta)=\begin{bmatrix} \cos\theta & -\sin\theta \\ \sin\theta & \cos\theta \end{bmatrix}$。

式（6-122）表明，在dq同步旋转坐标系中，虚拟矢量 I 被分解成 i_d、i_q 分量，其中：i_q 表示有功电流分量，而 i_d 表示无功电流分量。与三相VSR控制类似，对 i_q、i_d 进行独立的PI调节器控制，即可实现VSR有功、无功功率的独立调节。

基于同步旋转坐标系的单相VSR控制结构如图6-60所示。

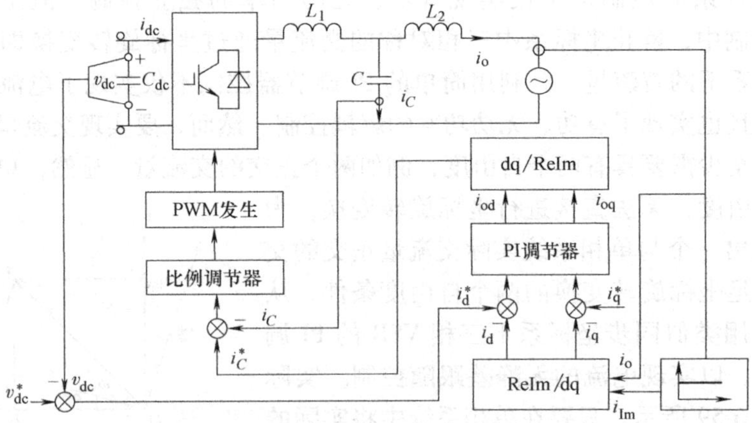

图 6-60　基于同步旋转坐标系的单相 VSR 控制结构

控制系统采用了直流电压外环、功率电流环以及电容电流内环的三环控制策略，与上述采用 PR 调节器的单相 VSR 控制方案相同，电容电流内环由于具有电容电压微分控制的特性，从而增加了控制系统的阻尼，抑制了系统振荡，提高了控制稳定性。

值得注意的是，基于同步旋转坐标系的单相 VSR 的控制，可以进行有功、无功电流 i_q、i_d 的独立控制，而 i_q、i_d 经 PI 调节器调节后相应的输出 i_{cd}、i_{cq} 还需进行相应的逆变换，即得到两相 ReIm 静止坐标系中的控制变量 i_c^*、i_{Imc} 即

$$\begin{pmatrix} i_{Imc} \\ i_c^* \end{pmatrix} = \boldsymbol{T}(\theta)^{-1} \begin{pmatrix} i_{cq} \\ i_{cd} \end{pmatrix} \tag{6-123}$$

通过 dq-ReIm 的坐标变换后，Im 轴的虚拟变量 i_{Imc} 被略去，而 Re 轴的变量 i_c^* 保留并作为电流内环反馈变量的给定量。由于电流内环无需实现无静差控制，因而只需采用 P 调节器。

第 7 章　三相 VSR 的其他控制策略

7.1　无交流电动势、电流传感器的三相 VSR 控制

众所周知，常规三相 VSR 控制系统需要三类传感器，即交流电动势传感器、交流电流传感器、直流电压传感器。

直流电压传感器用于检测直流电压，并构成直流电压外环控制，同时直流电压传感器还用于直流过、欠电压保护；交流电动势传感器用于检测网侧电动势，以构成三相同步信号源，同时还用于三相 VSR 网侧电动势前馈控制和交流过、欠电压保护；交流电流传感器用于检测网侧电流，以构成电流内环控制，使网侧电流跟踪指令电流，同时还可进行交流过载及输出短路保护。对于三相平衡系统，交流电动势传感器、交流电流传感器各需要两个，而直流电压传感器只需一个。显然，这类传感器在三相 VSR 控制系统中，均起着控制量检测及保护作用。

与普通的三相无源逆变装置相比，为数较多的传感器增加了系统成本，并降低了运行可靠性。为此，研究省略三相 VSR 交流电流、电动势传感器控制策略很有必要。以下首先介绍无交流电动势传感器的三相 VSR 控制策略，然后介绍无交流电流传感器的三相 VSR 控制策略。

7.1.1　无交流电动势传感器的三相 VSR 控制

当三相 VSR 省略交流电动势传感器时，其网侧电动势同步信号就不能直接产生，因而三相 VSR 无法进行电流控制。为此，必须研究三相 VSR 无交流电动势传感器时网侧电动势的重构问题，一旦获得网侧电动势的重构值，三相 VSR 即可按常规方案控制网侧电流。

1. 基于复功率估计的电网电动势重构

在复平面上，设三相 VSR 网侧电动势矢量为 $\boldsymbol{E}$，网侧电流矢量为 $\boldsymbol{I}$，则三相 VSR 网侧复功率矢量为

$$\boldsymbol{S} = \boldsymbol{E}\bar{\boldsymbol{I}} = p + \mathrm{j}q \tag{7-1}$$

式中　$\boldsymbol{S}$——三相 VSR 网侧复功率矢量；

$\bar{\boldsymbol{I}}$——共轭电流矢量；

p——网侧有功功率；

q——网侧无功功率。

由于有功功率 p 为电流、电动势的标量积，而无功功率 q 为电流、电动势的矢量积，因此

$$\begin{cases} p = e_a i_a + e_b i_b + e_c i_c \\ q = \dfrac{1}{\sqrt{3}}[(e_b - e_c)i_a + (e_c - e_a)i_b + (e_a - e_b)i_c] \end{cases} \tag{7-2}$$

另一方面，由式（7-1）得

$$\boldsymbol{E} = \frac{\boldsymbol{I}}{|\boldsymbol{I}|^2}\boldsymbol{S} \tag{7-3}$$

式（7-3）说明，当已知三相 VSR 网侧电流矢量 $\boldsymbol{I}$ 及网侧复功率矢量 $\boldsymbol{S}$ 时，即可求出网侧电动势矢量 $\boldsymbol{E}$。但由式（7-1）、式（7-2）可知，三相 VSR 网侧复功率求解需已知网侧电流及网侧电动势，而网侧电动势又不能直接检出。为此，必须研究一种算法，以获得三相 VSR 网侧复功率矢量的估计值 $\hat{\boldsymbol{S}}$，从而获得网侧电动势矢量的估计值 $\hat{\boldsymbol{E}}$，即

$$\hat{\boldsymbol{E}} = \frac{\boldsymbol{I}}{|\boldsymbol{I}|^2}\hat{\boldsymbol{S}} \tag{7-4}$$

这就是基于复功率估计的三相 VSR 网侧电动势重构原理。在复平面上设

$$\hat{\boldsymbol{S}} = \hat{p} + \mathrm{j}\hat{q} \qquad \hat{\boldsymbol{E}} = \hat{e}_\alpha + \mathrm{j}\hat{e}_\beta \qquad \boldsymbol{I} = i_\alpha + \mathrm{j}i_\beta \tag{7-5}$$

式（7-4）可写成矩阵形式，即

$$\begin{bmatrix} \hat{e}_\alpha \\ \hat{e}_\beta \end{bmatrix} = \frac{1}{i_\alpha^2 + i_\beta^2}\begin{bmatrix} i_\alpha & -i_\beta \\ i_\beta & i_\alpha \end{bmatrix}\begin{bmatrix} \hat{p} \\ \hat{q} \end{bmatrix} \tag{7-6}$$

式中，下标量 α 表示实轴分量；下标量 β 表示虚轴分量。根据“等功率”坐标变换，若已知三相 VSR 网侧电流 i_a、i_b、i_c，则可求得 i_α、i_β 为

$$\begin{bmatrix} i_\alpha \\ i_\beta \end{bmatrix} = \sqrt{\frac{2}{3}}\begin{bmatrix} 1 & -\dfrac{1}{2} & -\dfrac{1}{2} \\ 0 & -\dfrac{\sqrt{3}}{2} & \dfrac{\sqrt{3}}{2} \end{bmatrix}\begin{bmatrix} i_a \\ i_b \\ i_c \end{bmatrix} \tag{7-7}$$

同理，若已知 $\hat{e}_\alpha$、$\hat{e}_\beta$ 亦可求得三相 VSR 网侧电动势估计值 $\hat{e}_a$、$\hat{e}_b$、$\hat{e}_c$，即

$$\begin{bmatrix} \hat{e}_a \\ \hat{e}_b \\ \hat{e}_c \end{bmatrix} = \sqrt{\frac{2}{3}}\begin{bmatrix} 1 & 0 \\ -\dfrac{1}{2} & -\dfrac{\sqrt{3}}{2} \\ -\dfrac{1}{2} & \dfrac{\sqrt{3}}{2} \end{bmatrix}\begin{bmatrix} \hat{e}_\alpha \\ \hat{e}_\beta \end{bmatrix} \tag{7-8}$$

综合式（7-6）~式（7-8），只需求出三相 VSR 网侧有功功率估计值 $\hat{p}$ 和无功功率估计值 $\hat{q}$，即可获知三相 VSR 网侧电动势估计值 $\hat{e}_a$、$\hat{e}_b$、$\hat{e}_c$。

对于三相 VSR，若忽略交流侧等效电阻 R，则

$$\boldsymbol{E}=\boldsymbol{V}_L+\boldsymbol{V} \tag{7-9}$$

式中 $\boldsymbol{V}$——三相 VSR 交流侧输出电压矢量；

$\boldsymbol{V}_L$——三相 VSR 交流侧电感电压矢量。

$$\boldsymbol{V}_L=L\frac{\mathrm{d}\boldsymbol{I}}{\mathrm{d}t} \tag{7-10}$$

联立式（7-9）、式（7-10），得

$$\begin{cases} e_{\mathrm{a}}=L\dfrac{\mathrm{d}i_{\mathrm{a}}}{\mathrm{d}t}+v_{\mathrm{a}} \\ e_{\mathrm{b}}=L\dfrac{\mathrm{d}i_{\mathrm{b}}}{\mathrm{d}t}+v_{\mathrm{b}} \\ e_{\mathrm{c}}=L\dfrac{\mathrm{d}i_{\mathrm{c}}}{\mathrm{d}t}+v_{\mathrm{c}} \end{cases} \tag{7-11}$$

引入单极性二值逻辑开关函数

$$s_j=\begin{cases}1 & \text{上侧管导通}\\ 0 & \text{下侧管导通}\end{cases} \quad (j=\mathrm{a,b,c}) \tag{7-12}$$

则式（7-11）化成

$$\begin{cases} e_{\mathrm{a}}=L\dfrac{\mathrm{d}i_{\mathrm{a}}}{\mathrm{d}t}+\left(v_{\mathrm{dc}}s_{\mathrm{a}}-\dfrac{v_{\mathrm{dc}}}{3}\sum\limits_{j=\mathrm{a,b,c}}s_j\right) \\ e_{\mathrm{b}}=L\dfrac{\mathrm{d}i_{\mathrm{b}}}{\mathrm{d}t}+\left(v_{\mathrm{dc}}s_{\mathrm{b}}-\dfrac{v_{\mathrm{dc}}}{3}\sum\limits_{j=\mathrm{a,b,c}}s_j\right) \\ e_{\mathrm{c}}=L\dfrac{\mathrm{d}i_{\mathrm{c}}}{\mathrm{d}t}+\left(v_{\mathrm{dc}}s_{\mathrm{c}}-\dfrac{v_{\mathrm{dc}}}{3}\sum\limits_{j=\mathrm{a,b,c}}s_j\right) \end{cases} \tag{7-13}$$

式中 v_{dc}——三相 VSR 直流侧电压。

将式（7-13）代入式（7-2），并考虑三相平衡关系 $i_{\mathrm{a}}+i_{\mathrm{b}}+i_{\mathrm{c}}=0$，即得三相 VSR 网侧有功功率 p、无功功率 q 的开关函数描述如下：

$$\begin{cases} p=L\left(\dfrac{\mathrm{d}i_{\mathrm{a}}}{\mathrm{d}t}i_{\mathrm{a}}+\dfrac{\mathrm{d}i_{\mathrm{b}}}{\mathrm{d}t}i_{\mathrm{b}}+\dfrac{\mathrm{d}i_{\mathrm{c}}}{\mathrm{d}t}i_{\mathrm{c}}\right)+v_{\mathrm{dc}}(s_{\mathrm{a}}i_{\mathrm{a}}+s_{\mathrm{b}}i_{\mathrm{b}}+s_{\mathrm{c}}i_{\mathrm{c}}) \\ q=\dfrac{1}{\sqrt{3}}\left\{3L\left(\dfrac{\mathrm{d}i_{\mathrm{a}}}{\mathrm{d}t}i_{\mathrm{c}}-\dfrac{\mathrm{d}i_{\mathrm{c}}}{\mathrm{d}t}i_{\mathrm{a}}\right)-v_{\mathrm{dc}}[s_{\mathrm{a}}(i_{\mathrm{b}}-i_{\mathrm{c}})+s_{\mathrm{b}}(i_{\mathrm{c}}-i_{\mathrm{a}})+s_{\mathrm{c}}(i_{\mathrm{a}}-i_{\mathrm{b}})]\right\} \end{cases} \tag{7-14}$$

上式中，i_{a}、i_{b}、i_{c} 可直接测出，而三相 VSR 网侧电感值则只能给出估计值 $\hat{L}$，将 $\hat{L}$ 代入式（7-14），即得网侧有功功率、无功功率估计值 $\hat{p}$、$\hat{q}$ 为

$$\begin{cases} \hat{p}=\hat{L}\left(\dfrac{\mathrm{d}i_{\mathrm{a}}}{\mathrm{d}t}i_{\mathrm{a}}+\dfrac{\mathrm{d}i_{\mathrm{b}}}{\mathrm{d}t}i_{\mathrm{b}}+\dfrac{\mathrm{d}i_{\mathrm{c}}}{\mathrm{d}t}i_{\mathrm{c}}\right)+v_{\mathrm{dc}}(s_{\mathrm{a}}i_{\mathrm{a}}+s_{\mathrm{b}}i_{\mathrm{b}}+s_{\mathrm{c}}i_{\mathrm{c}}) \\ \hat{q}=\dfrac{1}{\sqrt{3}}\left\{3\hat{L}\left(\dfrac{\mathrm{d}i_{\mathrm{a}}}{\mathrm{d}t}i_{\mathrm{c}}-\dfrac{\mathrm{d}i_{\mathrm{c}}}{\mathrm{d}t}i_{\mathrm{a}}\right)-v_{\mathrm{dc}}[s_{\mathrm{a}}(i_{\mathrm{b}}-i_{\mathrm{c}})+s_{\mathrm{b}}(i_{\mathrm{c}}-i_{\mathrm{a}})+s_{\mathrm{c}}(i_{\mathrm{a}}-i_{\mathrm{b}})]\right\} \end{cases} \tag{7-15}$$

联立式（7-15）、式（7-6）、式（7-8）即可求解三相 VSR 网侧电动势估计值 $\hat{e}_a$、$\hat{e}_b$、$\hat{e}_c$。

2. 基于瞬时功率滞环的无交流电动势传感器的 VSR 控制策略

上述介绍了基于复功率估计的三相 VSR 网侧电动势的重构，从而无需三相 VSR 网侧电动势传感器亦可进行 VSR 电流控制。由式（7-15）可知，在三相 VSR 网侧电流瞬时值（i_a、i_b、i_c）直接检出的条件下，可算出三相 VSR 网侧有功功率、无功功率瞬时估计值 $\hat{p}$、$\hat{q}$。考虑两相垂直坐标系（α，β）和两相旋转坐标系（d，q），并令 q 轴按网侧电动势矢量 $\boldsymbol{E}$ 方向定向，则网侧电动势矢量 $\boldsymbol{E}$、电流矢量 $\boldsymbol{I}$ 的空间位置如图 7-1 所示。

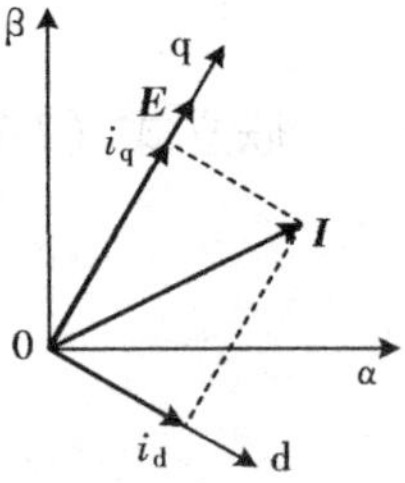

图 7-1　三相 VSR 网侧电动势矢量 $\boldsymbol{E}$ 及电流矢量 $\boldsymbol{I}$

若采用“等功率”坐标变换，由三相电路瞬时功率理论[45]，三相 VSR 网侧瞬时有功功率、无功功率分别为

$$\begin{cases} p = E_m i_q \\ q = E_m i_d \end{cases} \tag{7-16}$$

式中　E_m——网侧电动势峰值；

i_q、i_d——电流矢量的 q、d 轴分量。

若不考虑网侧电动势波动，则

$$\begin{cases} p \propto i_q \\ q \propto i_d \end{cases} \tag{7-17}$$

换言之，对 i_q、i_d 的控制，即对电流矢量 $\boldsymbol{I}$ 的控制等同于对三相 VSR 瞬时有功功率和无功功率的控制。类似于电流滞环 SVPWM 控制，可引入基于有功、无功功率滞环的 SVPWM 控制，如图 7-2 所示。

图 7-2 中，电压调节器输出瞬时有功功率指令值 p^*，而无功功率指令值 q^* 可由功率因数控制要求给定。令

$$\Delta p = p^* - \hat{p} \quad \Delta q = q^* - \hat{q} \tag{7-18}$$

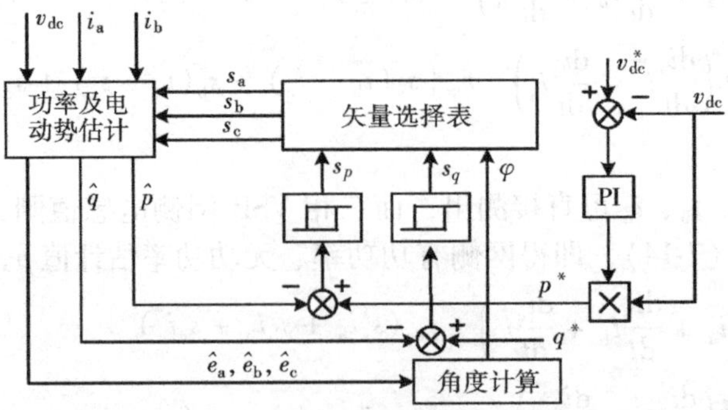

图 7-2　基于复功率估计及功率滞环的无网侧电动势传感器的三相 VSR 控制

对滞环宽度为 δ 的有功功率、无功功率滞环控制，若两滞环的输出状态分为 s_p、s_q，则

$$\begin{cases} s_p = 1 & (\text{当 } \Delta p > \delta) \\ s_p = 0 & (\text{当 } \Delta p < -\delta) \\ s_q = 1 & (\text{当 } \Delta q > \delta) \\ s_q = 0 & (\text{当 } \Delta q < -\delta) \end{cases} \tag{7-19}$$

显然，有功、无功功率滞环比较输出状态组合共有四种，见表 7-1。根据不同输出组合对应的有功、无功功率误差 Δp，Δq 的极性，就可确定与 d、q 轴对应的误差电流极性。令 $\Delta i_{\mathrm{q}} = i_{\mathrm{q}}^* - i_{\mathrm{q}}$、$\Delta i_{\mathrm{d}} = i_{\mathrm{d}}^* - i_{\mathrm{d}}$，并考虑式（7-19），易获得 s_q、s_p 不同组合时误差电流矢量 $\Delta \boldsymbol{I}$ 的空间分布，如图 7-3 所示。图 7-3 中

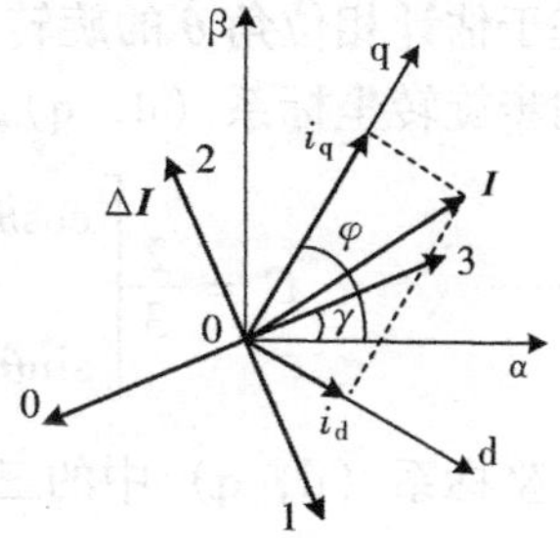

图 7-3　s_q s_p 不同组合时 $\Delta \boldsymbol{I}$ 矢量分布

$$\gamma = \varphi - 45° = \int \omega \mathrm{d}t - 45° \tag{7-20}$$

表 7-1　s_q、s_p 与 $\Delta \boldsymbol{I}$ 组合

s_q	s_p	$\Delta \boldsymbol{I}$	s_q	s_p	$\Delta \boldsymbol{I}$
0	0	0	0	1	1
1	0	2	1	1	3

显然，由滞环状态输出 s_q、s_p 即可获知误差电流矢量 $\Delta \boldsymbol{I}$ 的空间区域，参照前面讨论的优化不定频滞环 SVPWM 控制，即可实现无网侧电动势传感器的三相 VSR 电流控制，其控制结构如图 7-2 所示。

3. 基于交流电流偏差调节的网侧电动势重构

前面讨论了基于复功率估计的三相 VSR 网侧电动势重构，并设计了相应的控制系统。这种网侧电动势重构算法的最大缺点就是复功率估计算法中含有微分项，这在实际控制中会引入高频干扰，从而影响三相 VSR 网侧电动势重构准确度；另一方面，这种基于复功率估计的三相 VSR 网侧电动势重构，实际上是一种开环重构方案，其自身不能根据相应估计误差进行调节，为此有必要进一步探讨三相 VSR 网侧电动势闭环重构算法。

对于三相平衡系统，当三相 VSR 相电动势峰值为 E_{m}、角频率为 ω、初始相位角为 θ_0 时，三相电网电动势可表示为

$$\begin{bmatrix} e_a \\ e_b \\ e_c \end{bmatrix} = E_m \begin{bmatrix} \cos\theta \\ \cos\left(\theta - \frac{2}{3}\pi\right) \\ \cos\left(\theta + \frac{2}{3}\pi\right) \end{bmatrix} \tag{7-21}$$

式中

$$\theta = \omega t + \theta_0 \tag{7-22}$$

引入基于估计相位角 $\hat{\theta}$ 的旋转变换，从而将三相对称静止坐标系（a，b，c）转换成同步旋转坐标系（d，q），其变换阵为

$$C = \frac{2}{3}\begin{bmatrix} \cos\hat{\theta} & \cos(\hat{\theta} - \frac{2}{3}\pi) & \cos(\hat{\theta} + \frac{2}{3}\pi) \\ \sin\hat{\theta} & \sin(\hat{\theta} - \frac{2}{3}\pi) & \sin(\hat{\theta} + \frac{2}{3}\pi) \end{bmatrix} \tag{7-23}$$

显然，坐标系（d，q）中的三相 VSR 电压方程为

$$\begin{bmatrix} e_q \\ e_d \end{bmatrix} = \begin{bmatrix} R + pL & -\hat{\omega}L \\ \hat{\omega} & R + pL \end{bmatrix}\begin{bmatrix} i_q \\ i_d \end{bmatrix} + \begin{bmatrix} v_q \\ v_d \end{bmatrix} \tag{7-24}$$

式中　p——微分算子，且 $\hat{\omega} = p\hat{\theta}$。

将式（7-24）写成矢量形式

$$\boldsymbol{E} = R\boldsymbol{I} + \hat{\omega}L\boldsymbol{J}\boldsymbol{I} + pL\boldsymbol{I} + \boldsymbol{V} \tag{7-25}$$

式中

$$\boldsymbol{I} = \begin{bmatrix} i_q \\ i_d \end{bmatrix} \quad \boldsymbol{E} = \begin{bmatrix} e_q \\ e_d \end{bmatrix} \quad \boldsymbol{V} = \begin{bmatrix} v_q \\ v_d \end{bmatrix} \quad \boldsymbol{J} = \begin{bmatrix} 0 & -1 \\ 1 & 0 \end{bmatrix}$$

对式（7-21），采用式（7-23）进行坐标变换，得

$$\boldsymbol{e} = \begin{bmatrix} E_m\cos\Delta\theta \\ -E_m\sin\Delta\theta \end{bmatrix} \quad \Delta\theta = \theta - \hat{\theta} \tag{7-26}$$

将式（7-25）、式（7-26）离散化，并分别求得

$$\boldsymbol{E}(k-1) = R\boldsymbol{I}(k-1) + \hat{\omega}L\boldsymbol{J}\boldsymbol{I}(k-1) + \frac{L}{T_s}[\boldsymbol{I}(k) - \boldsymbol{I}(k-1)] + \boldsymbol{V}(k-1) \tag{7-27}$$

$$\boldsymbol{E}(k-1) = \begin{bmatrix} E_m\cos\Delta\theta(k-1) \\ -E_m\sin\Delta\theta(k-1) \end{bmatrix} \tag{7-28}$$

式中　T_s——PWM 采样周期。

由式（7-27）求得实际电流离散表达式为

$$\boldsymbol{I}(k) = \boldsymbol{I}(k-1) + \frac{T_s}{L}[\boldsymbol{E}(k-1) - \boldsymbol{V}(k-1) - R\boldsymbol{I}(k-1) - \hat{\omega}L\boldsymbol{J}\boldsymbol{I}(k-1)] \tag{7-29}$$

相应的电流估计离散表达式为

$$\hat{\boldsymbol{I}}(k)=\boldsymbol{I}(k-1)+\frac{T_s}{L}[\hat{\boldsymbol{E}}(k-1)-\boldsymbol{V}(k-1)-R\boldsymbol{I}(k-1)-\hat{\omega}L\boldsymbol{J}\boldsymbol{I}(k-1)] \tag{7-30}$$

若坐标系（d，q）中，q 轴按电网电动势矢量 $\boldsymbol{E}$ 定向，则

$$\hat{\boldsymbol{E}}(k-1)=\begin{bmatrix}\hat{E}_m(k-1)\\0\end{bmatrix} \tag{7-31}$$

以上式中上标“^”表示变量的估计值。以式（7-29）减去式（7-30），得

$$\Delta\boldsymbol{I}(k)=\boldsymbol{I}(k)-\hat{\boldsymbol{I}}(k)=\frac{T_s}{L}[\boldsymbol{E}(k-1)-\hat{\boldsymbol{E}}(k-1)]=\frac{T}{L}\Delta\boldsymbol{E}(k-1) \tag{7-32}$$

式（7-32）表明，三相 VSR 网侧电动势估计误差正比于电流偏差，将式（7-28）、式（7-31）代入式（7-32），得

$$\begin{bmatrix}\Delta i_q(k)\\\Delta i_d(k)\end{bmatrix}=\frac{T_s}{L}\begin{bmatrix}E_m\cos\Delta\theta(k-1)-\hat{E}_m(k-1)\\-E_m\sin\Delta\theta(k-1)\end{bmatrix} \tag{7-33}$$

若 $\Delta\theta$ 很小，则式（7-33）可简化成

$$\begin{bmatrix}\Delta i_q(k)\\\Delta i_d(k)\end{bmatrix}\approx\frac{T_s}{L}\begin{bmatrix}\Delta E_m(k-1)\\-E_m\Delta\theta(k-1)\end{bmatrix} \tag{7-34}$$

式中

$$\Delta E_m(k-1)=E_m-\hat{E}_m(k-1) \tag{7-35}$$

由式（7-34）、式（7-35）分析，为了减少网侧电动势估计误差，可以引入对电流偏差的闭环控制，若采用 PI 调节器，则网侧电动势峰值、相位角估计值的控制算法为

$$\begin{cases}\hat{E}_m(k)=K_{eP}\Delta i_q(k)+K_{eI}\sum\limits_{j=0}^{k}\Delta i_q(j)+\hat{E}(k-1)\\\hat{\theta}(k)=K_{\theta P}[-\Delta i_d(k)]+K_{\theta I}[-\sum\limits_{j=0}^{k}\Delta i_d(j)]+\hat{\theta}(k-1)+\omega T_s\end{cases} \tag{7-36}$$

式中　K_{eP}、K_{eI}、$K_{\theta P}$、$K_{\theta I}$——PI 调节器比例、积分增益。

式（7-36）表明，这类基于电流偏差调节的三相 VSR 无网侧电动势重构算法不存在微分变量，并且由于采用了闭环控制算法，从而使三相 VSR 网侧电动势估计误差也得以控制。其控制系统结构如图 7-4 所示。

7.1.2　无交流电流传感器的三相 VSR 控制

当三相 VSR 采用间接电流控制时，由于没有电流内环控制，因而无需交流电流检测反馈，故间接电流控制实际上也是一种无交流电流传感器的三相 VSR

控制。但间接电流控制，由于电流响应受系统参数影响较大，因而不适合对电流响应要求较高的一些应用场合，为此常采用电流闭环控制。下面研究具有电流闭环控制时无交流电流传感器的三相 VSR 控制策略。

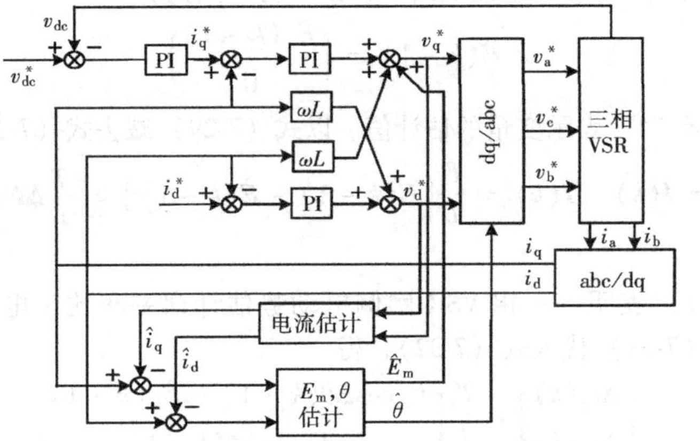

图 7-4　基于电流偏差调节的三相 VSR 无网侧电动势传感器的控制

1. 三相 VSR 直流电流 i_{dc} 与交流电流 i_a、i_b、i_c 之间关系

当三相 VSR 省略了两个交流电流传感器后，为了实现过载、短路等电流保护功能，必须在三相 VSR 直流侧加装直流电流传感器，那么如何通过直流电流 i_{dc} 的检测来重构交流电流 i_a、i_b、i_c 呢?

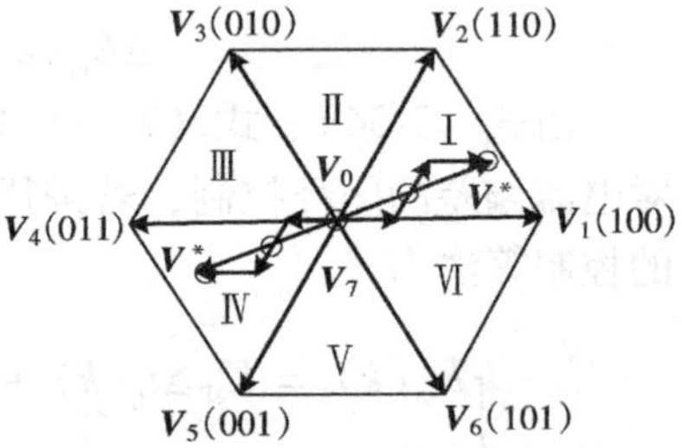

图 7-5　矢量 V^* 的合成

如果三相 VSR 采用 SVPWM 电流控制，且须合成的指令电压矢量 V^* 处于 Ⅰ 区或Ⅳ区，并按双三角形方案对称合成矢量 V^* 时，其矢量合成及相应的 PWM 波形、直流电流波形及换相过程如图 7-5 ~ 图 7-7 所示。

由图 7-6、图 7-7 分析易看出，当施加某一电压矢量控制时，直流侧电流 i_{dc} 与交流侧电流存在某种对应关系。如当施加矢量 V_1 控制时，$i_{dc}=i_a$。同理分析矢量 V^* 处于各区域时的电流对应情况，可得出表 7-2 所列结果。

这表明三相 VSR 直流电流 i_{dc} 在空间电压矢量（开关模式）确定后，便与相应的交流电流（i_a，i_b，i_c）相对应，即在一定空间电压矢量状态下检测所得的直流电流 i_{dc}，便可按表 7-2 求出三相 VSR 交流电流（i_a、i_b、i_c）。

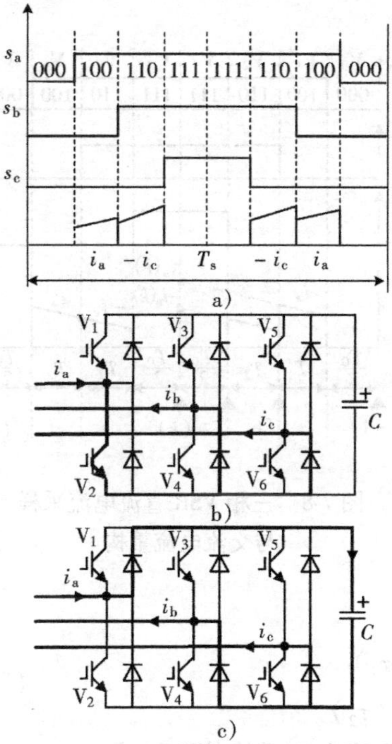

图 7-6　V^* 在Ⅰ区中换相及波形

a）开关函数及直流电流波形

b）V_0(000) 时的电流回路

c）V_1(100) 时的电流回路

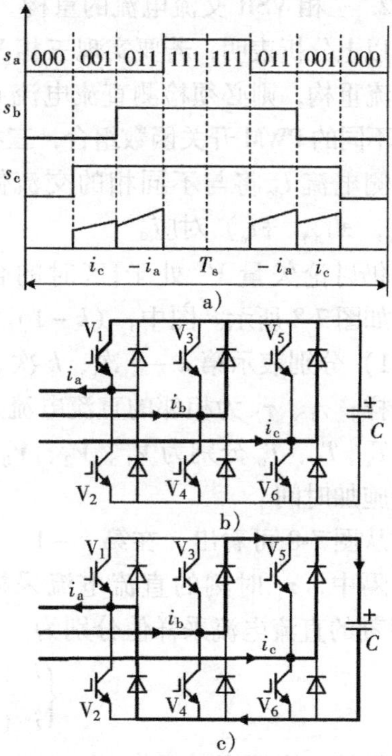

图 7-7　V^* 在Ⅳ区时换相及波形

a）开关函数及直流电流波形

b）V_7(111) 时的电流回路

c）V_4(011) 时的电流回路

表 7-2　电压矢量 V_k（$k=0, \cdots, 7$）与电流的对应关系

$V_k(k=0, \cdots, 7)$	i_{dc}	$V_k(k=0, \cdots, 7)$	i_{dc}
V_1(100)	$+i_a$	V_5(101)	$-i_b$
V_2(110)	$-i_c$	V_6(001)	$+i_c$
V_3(010)	$+i_b$	V_0(000)	0
V_4(011)	$-i_a$	V_7(111)	0

实际上，当引入三相二值逻辑开关函数 s_j（$j=a, b, c$），并考虑三相对称系统时，三相 VSR 直流电流 i_{dc} 及交流侧电流 i_a、i_b、i_c 满足下列关系：

$$\begin{cases} s_a i_a + s_b i_b + s_c i_c = i_{dc} \\ i_a + i_b + i_c = 0 \end{cases} \tag{7-37}$$

将与 SVPWM 控制对应的开关函数值代入式（7-37），亦可获得与表 7-2 同样的结果。

2. 三相 VSR 交流电流的重构

以上分析表明，若要实现三相 VSR 交流电流重构，则必须检测直流电流 i_{dc}，且对于不同的 PWM 开关函数组合，三相 VSR 直流侧电流 i_{dc} 将与不同相的交流侧电流（$\pm i_a$，$\pm i_b$，$\pm i_c$）对应。

仍讨论矢量 $\boldsymbol{V}^*$ 处于Ⅰ区时的合成情况，如图 7-8 所示。图中，$(k-1)$、(k)、$(k+1)$ 分别表示第 $k-1$ 次、k 次、$k+1$ 次采样；τ_1、τ_2 为相邻的直流电流采样时刻；T_1、T_2、T_0 分别为 $\boldsymbol{V}_1$、$\boldsymbol{V}_2$、$\boldsymbol{V}_0$（$\boldsymbol{V}_7$）矢量施加时间。

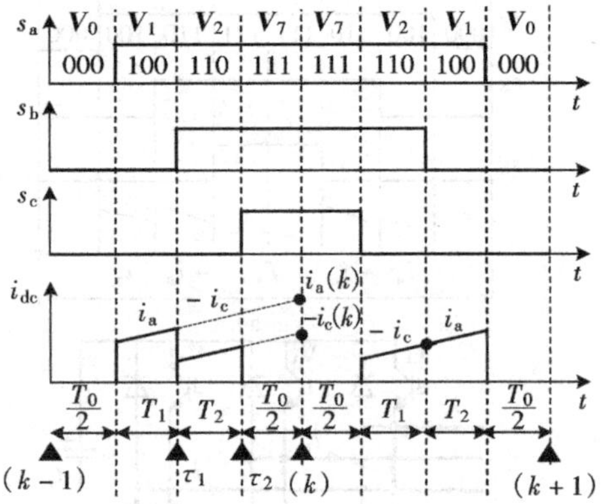

图 7-8 三相 VSR 直流电流采样与交流电流重构

从图 7-8 可看出，在第 $k-1$、k 次采样间隔中，τ_1 时刻的直流电流采样值和 τ_2 时刻的直流电流采样值分别为

$$\begin{cases} i_{dc}(\tau_1) = i_a(\tau_1) \\ i_{dc}(\tau_2) = -i_c(\tau_2) \end{cases} \tag{7-38}$$

显然，由于通过 $i_{dc}(\tau_1)$、$i_{dc}(\tau_2)$ 所得的交流电流重构值 $i_a(\tau_1)$、$-i_c(\tau_2)$ 不是同一时刻采样值，因而无法通过同一时刻采样值 i_a、i_c 并由 $i_b=-(i_a+i_c)$ 算出 i_b。为此，必须由已知第 $k-1$、k 采样间隔中的 $i_a(\tau_1)$、$-i_c(\tau_2)$ 通过预测算法来估计第 k 次采样值 $i_a(k)$、$i_c(k)$，从而由 $i_b(k)=-[i_a(k)+i_c(k)]$ 对 i_b 进行重构。

首先考虑一阶线性预测算法，并由图 7-8 分析得

$$\begin{cases} i_a(k) = i_{dc}(\tau_1) + \left(T_2 + \dfrac{T_0}{2}\right)\dfrac{\mathrm{d}i_{dc}}{\mathrm{d}t}\Bigg|_{t=\tau_1} \\ i_c(k) = -i_{dc}(\tau_2) - \left(\dfrac{T_0}{2}\right)\dfrac{\mathrm{d}i_{dc}}{\mathrm{d}t}\Bigg|_{t=\tau_2} \end{cases} \tag{7-39}$$

式中 T_2、T_0——矢量 $\boldsymbol{V}_2(110)$、$\boldsymbol{V}_7(111)$ 施加时间。

对于电流变化率，有

$$\begin{cases} \dfrac{\mathrm{d}i_{dc}}{\mathrm{d}t}\Bigg|_{t=\tau_1} = \dfrac{\mathrm{d}i_a}{\mathrm{d}t}\Bigg|_{t=\tau_1} \\ \dfrac{\mathrm{d}i_{dc}}{\mathrm{d}t}\Bigg|_{t=\tau_2} = -\dfrac{\mathrm{d}i_c}{\mathrm{d}t}\Bigg|_{t=\tau_2} \end{cases} \tag{7-40}$$

由三相 VSR 电压方程

$$\begin{cases} e_a = L\dfrac{di_a}{dt}i_a + i_aR + v_a \\ e_c = L\dfrac{di_c}{dt}i_c + i_cR + v_c \end{cases} \tag{7-41}$$

易得

$$\begin{cases} \left.\dfrac{di_a}{dt}\right|_{t=\tau_1} = \dfrac{e_a - v_a - Ri_{dc}(\tau_1)}{L} \\ \left.\dfrac{di_c}{dt}\right|_{t=\tau_2} = \dfrac{e_c - v_c + Ri_{dc}(\tau_2)}{L} \end{cases} \tag{7-42}$$

联立式（7-42）、式（7-40）、式（7-39），得

$$\begin{cases} i_a(k) = i_{dc}(\tau_1) + \dfrac{T_2 + \dfrac{T_0}{2}}{L}[e_a - v_a - Ri_{dc}(\tau_1)] \\ i_c(k) = -i_{dc}(\tau_2) + \dfrac{\dfrac{T_0}{2}}{L}[e_c - v_c + Ri_{dc}(\tau_2)] \end{cases} \tag{7-43}$$

式中，v_a、v_c 为三相 VSR 交流端输出电压，且 v_a、v_c 随 PWM 开关的切换而变化，即采用二值逻辑开关函数 $s_j(j=a, b, c)$ 描述的表达式为

$$\begin{cases} v_a = \left[s_a - \dfrac{1}{3}(s_a + s_b + s_c)\right]v_{dc} \\ v_c = \left[s_c - \dfrac{1}{3}(s_a + s_b + s_c)\right]v_{dc} \end{cases} \tag{7-44}$$

由于在第 $k-1$ 次采样与第 k 次采样间隔中，v_a、v_c 均发生变动，因而必须以第 $k-1$ 次采样至第 k 次采样间隔 $T_s/2$ 的 v_a、v_c 平均值代之，即

$$\begin{cases} v_a \approx \dfrac{T_1\left(\dfrac{2}{3}\right)v_{dc} + T_2\left(\dfrac{1}{3}\right)v_{dc}}{\dfrac{T_s}{2}} = \dfrac{2T_1 + T_2}{T_s}\left(\dfrac{2}{3}v_{dc}\right) \\ v_c \approx \dfrac{T_1\left(-\dfrac{1}{3}\right)v_{dc} + T_2\left(-\dfrac{2}{3}\right)v_{dc}}{\dfrac{T_s}{2}} = -\dfrac{T_1 + 2T_2}{T_s}\left(\dfrac{2}{3}v_{dc}\right) \end{cases} \tag{7-45}$$

联立式（7-43）～式（7-45），即可实现三相 VSR 交流侧电流 i_a、i_c 的重构，而另一相电流为 $i_b(k) = -[i_a(k) + i_c(k)]$。

上述分析解决了 $i_a(k)$、$i_b(k)$、$i_c(k)$ 的重构，但在基于微处理器的离散控制系统中，由于采样运算需要一定时间，因此第 k 次采样值 $i_a(k)$、$i_b(k)$、$i_c(k)$ 只有在第 $k+1$ 采样点方可进行控制运算，因此存在纯滞后。为消除纯滞后

对控制性能的影响，可以设计状态观测器，即通过 k 状态获得 $k+1$ 状态观测值。

考虑三相 VSR 状态变量方程

$$\begin{cases} \dot{\boldsymbol{x}} = \boldsymbol{A}\boldsymbol{x} + \boldsymbol{B}\boldsymbol{u} \\ \boldsymbol{y} = \boldsymbol{C}\boldsymbol{x} \end{cases} \tag{7-46}$$

式中

$$\boldsymbol{A} = \begin{bmatrix} -\frac{R}{L} & \omega \\ \omega & -\frac{R}{L} \end{bmatrix} \quad \boldsymbol{B} = \begin{bmatrix} \frac{1}{L} & 0 \\ 0 & \frac{1}{L} \end{bmatrix} \quad \boldsymbol{C} = \begin{bmatrix} 1 & 0 \\ 0 & 1 \end{bmatrix} \quad \boldsymbol{x} = \begin{bmatrix} i_{\mathrm{q}} \\ i_{\mathrm{d}} \end{bmatrix} \quad \boldsymbol{u} = \begin{bmatrix} e_q - v_{\mathrm{q}} \\ e_d - v_{\mathrm{d}} \end{bmatrix} \tag{7-47}$$

将状态方程离散化，即

$$\boldsymbol{x}(k+1) = \boldsymbol{F}\boldsymbol{x}(k) + \boldsymbol{G}\boldsymbol{u}(k) \tag{7-48}$$

式中

$$\boldsymbol{F} = \begin{bmatrix} \mathrm{e}^{-\frac{R}{L}T_{\mathrm{s}}} & \mathrm{e}^{-\omega T_{\mathrm{s}}} \\ \mathrm{e}^{\omega T_{\mathrm{s}}} & \mathrm{e}^{-\frac{R}{L}T_{\mathrm{s}}} \end{bmatrix}$$

$$\boldsymbol{G} = \begin{bmatrix} \frac{1}{R}(1 - \mathrm{e}^{-\frac{k}{L}T_{\mathrm{s}}}) & \frac{1}{\omega L}(1 - \mathrm{e}^{-\omega T_{\mathrm{s}}}) \\ \frac{1}{\omega L}(\mathrm{e}^{\omega T_{\mathrm{s}}} - 1) & \frac{1}{R}(1 - \mathrm{e}^{-\frac{R}{L}T_{\mathrm{s}}}) \end{bmatrix} \tag{7-49}$$

构造离散闭环状态观测器，如图 7-9 所示。由图 7-9 分析，得

$$\hat{\boldsymbol{x}}(k+1) = \boldsymbol{F}\hat{\boldsymbol{x}}(k) + \boldsymbol{G}\boldsymbol{u}(k) + K[\boldsymbol{y}(k) - \hat{\boldsymbol{y}}(k)] \tag{7-50}$$

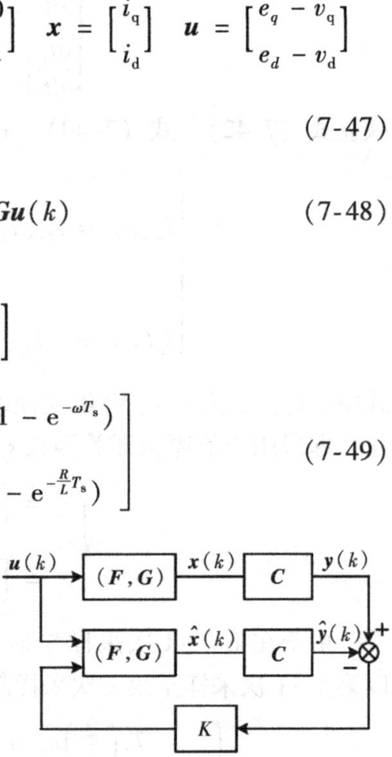

图 7-9　状态观测器闭环控制结构

式中“^”表示状态观测估计值。采用离散状态反馈（反馈增益为 K）观测器观测状态变量时，其观测误差为

$$\begin{aligned} \boldsymbol{e}_{\mathrm{r}}(k+1) &= \boldsymbol{x}(k+1) - \hat{\boldsymbol{x}}(k+1) = [\boldsymbol{F} - K\boldsymbol{C}][\boldsymbol{x}(k) - \hat{\boldsymbol{x}}(k)] \\ &= [\boldsymbol{F} - K\boldsymbol{C}]\boldsymbol{e}_{\mathrm{r}}(k) \end{aligned} \tag{7-51}$$

显然，状态观测器的观测误差只取决于观测误差初始值，而与输入变量无关，利用离散系统中李亚普诺夫方程和赛尔维斯特判据[77]，即可确定合适的 K，以使 $\boldsymbol{e}_{\mathrm{r}}(k+1) \to 0$。

3. 关于最小调制时间 $\tau_{\min}$ 的讨论

前面讨论了三相 VSR 交流电流的重构，即通过三相 VSR PWM 过程中直流侧电流 i_{dc} 的检测，求得相应的交流侧电流 i_{a}、i_{b}、i_{c}。然而，i_{dc} 的检测（包括 i_{dc} 采样及 A-D 转换）必须具有足够的时间，换言之，PWM 的脉宽必须维持足够长

的时间，以保证正确检测 i_{dc}。

因此，用上述方法重构 i_a、i_b、i_c，必须使某一开关状态（电压矢量）维持时间大于最小调制时间 τ_{min}。一般来说，τ_{min}有三个时间构成，即

$$\tau_{min} = t_d + t_s + t_c \tag{7-52}$$

式中 t_d——三相 VSR 桥臂“先断后通”死区时间；

t_s——直流侧电流建立时间，其中包括功率开关管时延；

t_c——电流采样及 A－D 转换时间。

以三相 VSR SVPWM 控制为例，何时才会出现某一电压矢量施加时间小于最小调制时间 τ_{min}呢？

以平行四边形矢量合成为例进行研究，当空间指令电压矢量 V^* 在图 7-10 所示两种情况下，会出现电压矢量施加时间小于最小调制时间 τ_{min}的情况。

图 7-10 显示了出现最小调制时间限制的两种情况。

第一种情况如图 7-10a 所示，当指令电压矢量 V^* 所在区域靠近矢量 V_k（$k = 1, \cdots, 6$）的某个条形区域时，若采用平行四边形合成法合成矢量 V^*，必有一条矢量施加时间小于最小调制时间 τ_{min}。

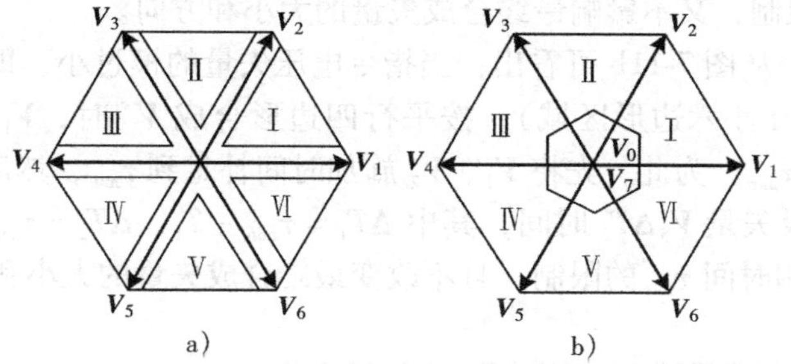

图 7-10 最小调制时间 τ_{min}对 V^* 的限制区域

a）条形区域 b）小六边形区域

第二种情况如图 7-10b 所示，当指令电压矢量 V^* 所在区域靠近矢量 V_0、V_7 的某个小六边形区域时，若采用平行四边形合成法，两条矢量施加时间均小于最小调制时间 τ_{min}。

一般来说，为了重构三相 VSR 交流电流（i_a、i_b、i_c），有两种途径来克服最小调制时间 τ_{min}的限制。一种途径是改变 PWM 周期，以确保施加电压矢量的时间[145]。这种方案的不足之处在于，当 PWM 占空比很小时，将导致过大的 PWM 周期，且整个调制过程开关频率波动较大。另一种途径则是设法采用补偿方法来克服最小调制时间 τ_{min}的限制，这种补偿方法就是先将小于最小调制时间 τ_{min}的电压矢量施加时间补充到 τ_{min}，然后再施加一定时间的一个反向电压矢量，以补

偿多施加的电压矢量时间，从而不影响合成矢量的大小和方向。图 7-11 表示出了针对图 7-10 两种情况时矢量合成的补偿方法。

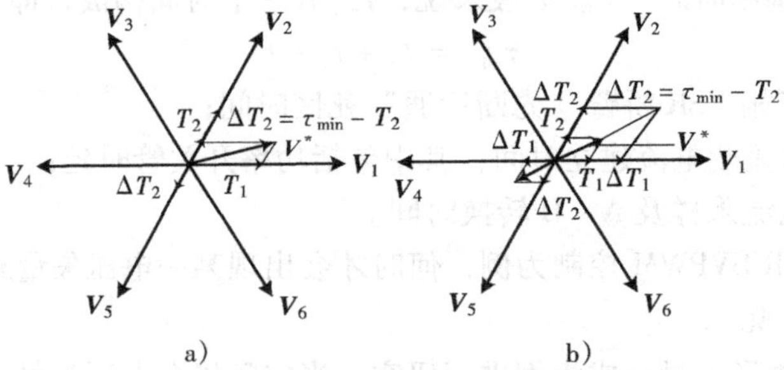

图 7-11　具有最小调制时间补偿的矢量合成

a) V^* 位于条形区域内的补偿　b) V^* 位于小六边形区域内的补偿

从图 7-11a 可看出，当指令电压矢量过分靠近矢量 V_1 时（位于条形区域），按平行四边形合成 V^* 时，V_2 施加时间 $T_2<\tau_{min}$，为此先将 V_2 施加时间补足到 τ_{min}，然后再给矢量 V_5 施加 ΔT 时间，其中 $\Delta T=\tau_{min}-T_2$，这样既克服了最小调制时间 τ_{min}的限制，又不影响最终合成矢量的大小和方向。

另一方面，从图 7-11b 可看出：当指令电压矢量的模过小，即过于靠近矢量 V_0、V_7 时（位于小六边形区域），按平行四边形合成 V^* 时，V_1、V_2 施加时间 T_1、T_2 均小于 τ_{min}。为此，先将 V_1、V_2 施加时间补足到 τ_{min}，然后分别施加矢量 $V_4\Delta T_1$ 时间以及矢量 $V_5\Delta T_2$ 时间，其中 $\Delta T_1=\tau_{min}-T_1$、$\Delta T_2=\tau_{min}-T_2$。这同样可克服最小调制时间 τ_{min}的限制，且不改变最终合成矢量的大小和方向。

7.2　电网不平衡时的三相 VSR 控制

在电力电子变流装置运行过程中，各种不平衡是难免的，而在这些变流装置设计过程中，很少考虑不平衡运行条件的影响，特别是对一些大容量变流装置（如有源滤波器、静止无功补偿装置等），若忽略实际运行时的不平衡条件，则由于产生非特征谐波，且三相电流不平衡、损耗增大等，会使变流装置运行性能下降，严重时可使变流装置发生故障保护，甚至烧坏变流装置等。

三相 VSR 运行时，通常存在两方面的不平衡：一是三相 VSR 本身参数不对称所导致的 VSR 运行不平衡，如三相电路参数不对称或驱动信号不对称等；另一类是三相电网不平衡，如电网电动势、相位或幅值不对称等。一般而言，三相 VSR 本身参数不平衡虽然存在，但并不严重，若设计合理，则不会出现严重的不平衡状况，以致影响 VSR 装置的正常运行。而电网可能出现较为严重的不平衡状况，从而影响三相 VSR 正常运行。因此，这里主要研究电网不平衡时三相

VSR 的控制策略。实际上，三相 VSR 本身参数不对称所导致的不平衡运行，某种程度上可等效成三相 VSR 装置本身参数对称而电网不平衡时的状况。因此，研究 VSR 电网不平衡运行时，总是假设三相 VSR 本身参数是对称的。一般来说，造成电网不平衡主要有以下几方面原因：[146]

1）三相电网配电时，三相负载不平衡；

2）大容量单相负载的使用；

3）不对称故障和非全相运行造成系统三相不对称；

4）非全换位输电线或紧凑型输电线造成系统不对称。

然而，在常规的三相 VSR 设计中，一般均假设三相电网平衡，这样一旦实际电网不平衡出现时，在电网平衡条件下设计的控制策略，将使三相 VSR 出现不正常运行状况，严重时会烧坏 VSR 装置。因此，有必要研究电网不平衡条件下三相 VSR 的控制问题。

7.2.1 电网不平衡时的三相 VSR 基本问题

1. 正、负序电量关系

若三相电网不平衡，且只考虑基波电动势，则电网电动势 $\boldsymbol{E}$ 可描述为正序电动势 $\boldsymbol{E}^{\mathrm{P}}$、负序电动势 $\boldsymbol{E}^{\mathrm{N}}$ 和零序电动势 $\boldsymbol{E}^{0}$ 三者的合成，即

$$\boldsymbol{E}=\boldsymbol{E}^{\mathrm{P}}+\boldsymbol{E}^{\mathrm{N}}+\boldsymbol{E}^{0} \tag{7-53}$$

$$\begin{aligned}\begin{bmatrix}e_{\mathrm{a}}\\e_{\mathrm{b}}\\e_{\mathrm{c}}\end{bmatrix}&=E_{\mathrm{m}}^{\mathrm{P}}\begin{bmatrix}\cos(\omega t+\alpha_{\mathrm{P}})\\\cos(\omega t+\alpha_{\mathrm{P}}-120^{\circ})\\\cos(\omega t+\alpha_{\mathrm{P}}+120^{\circ})\end{bmatrix}+E_{\mathrm{m}}^{\mathrm{N}}\begin{bmatrix}\cos(\omega t+\alpha_{\mathrm{N}})\\\cos(\omega t+\alpha_{\mathrm{N}}+120^{\circ})\\\cos(\omega t+\alpha_{\mathrm{N}}-120^{\circ})\end{bmatrix}\\&\quad+E_{\mathrm{m}}^{0}\begin{bmatrix}\cos(\omega t+\alpha_{0})\\\cos(\omega t+\alpha_{0})\\\cos(\omega t+\alpha_{0})\end{bmatrix}\end{aligned} \tag{7-54}$$

式中 $E_{\mathrm{m}}^{\mathrm{P}}$、$E_{\mathrm{m}}^{\mathrm{N}}$、$E_{\mathrm{m}}^{0}$——正序、负序、零序基波电动势峰值；

α_{P}、α_{N}、α_{0}——正序、负序、零序电动势的初始相位角。

对于三相无中线连接的三相 VSR，由于不存在零序电流通道，所以零序电动势对功率不产生影响，故而不考虑零序电动势的影响。

考虑图 7-12 所示的三相静止坐标系（a，b，c）和两相同步旋转坐标系（d，q），则式（7-54）可描述为

$$\begin{bmatrix}e_{\mathrm{a}}\\e_{\mathrm{b}}\\e_{\mathrm{c}}\end{bmatrix}=\boldsymbol{C}_{23}\boldsymbol{R}(\theta)\begin{bmatrix}e_{\mathrm{d}}^{\mathrm{P}}\\e_{\mathrm{q}}^{\mathrm{P}}\end{bmatrix}+\boldsymbol{C}_{23}\boldsymbol{R}(-\theta)\begin{bmatrix}e_{\mathrm{d}}^{\mathrm{N}}\\e_{\mathrm{q}}^{\mathrm{N}}\end{bmatrix} \tag{7-55}$$

式中 $\boldsymbol{C}_{23}$——静止坐标变换矩阵

$$C_{23}=\begin{bmatrix}1 & 0\\ -\frac{1}{2} & \frac{\sqrt{3}}{2}\\ -\frac{1}{2} & -\frac{\sqrt{3}}{2}\end{bmatrix}$$

$\boldsymbol{R}(\theta)$ ——正序旋转坐标变换矩阵

$$\boldsymbol{R}(\theta)=\begin{bmatrix}\cos\theta & -\sin\theta\\ \sin\theta & \cos\theta\end{bmatrix}$$

$\boldsymbol{R}(-\theta)$——负序旋转坐标变换矩阵

$$\boldsymbol{R}(-\theta)=\begin{bmatrix}\cos\theta & \sin\theta\\ -\sin\theta & \cos\theta\end{bmatrix}$$

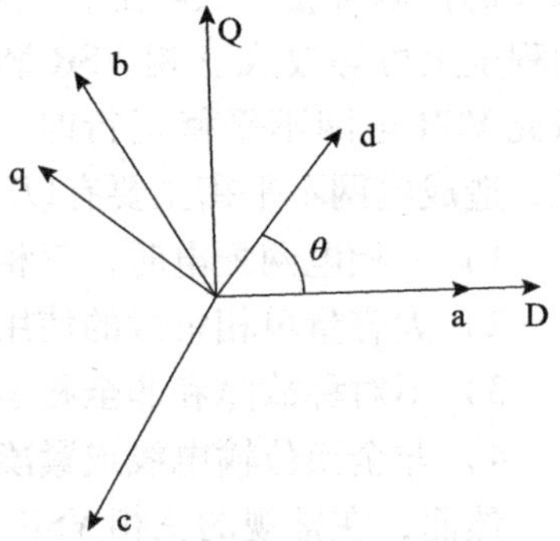

图 7-12 三相静止坐标系（abc）、两相静止坐标系（DQ）、两相同步旋转坐标系（dq）示意

e_d^P、e_q^P、e_d^N、e_q^N——三相电网基波电动势的正序、负序分量在 d、q 轴上的投影。

若考虑三相不平衡电网的各次谐波电动势，则三相电网电动势为

$$\begin{bmatrix}e_a\\ e_b\\ e_c\end{bmatrix}=\sum_{n=1}^{\infty}\left\{\boldsymbol{C}_{23}\boldsymbol{R}(n\theta)\begin{bmatrix}e_d^P(n)\\ e_q^P(n)\end{bmatrix}+\boldsymbol{C}_{23}\boldsymbol{R}(-n\theta)\begin{bmatrix}e_d^N(n)\\ e_q^N(n)\end{bmatrix}\right\}$$

$$=\sum_{\substack{n=-\infty\\ n\neq 0}}^{\infty}\left\{\boldsymbol{C}_{23}\boldsymbol{R}(n\theta)\begin{bmatrix}e_d(n)\\ e_q(n)\end{bmatrix}\right\} \tag{7-56}$$

式中 $e_d(n)$、$e_q(n)$ ——n 次谐波电动势的 d、q 分量。

为简化分析，只讨论电网正序、负序基波电动势的作用，且假设三相 VSR 交流输出端电压只含正序基波分量，则三相 VSR 交流侧等效电路可分解成正序、负序等效电路，如图 7-13 所示。

从图 7-13 分析可知，当三相 VSR 交流输出端电压只含正序分量时，正序电动势 e_a^P、e_b^P、e_c^P 与正序交流电压 v_a^P、v_b^P、v_c^P 作用，产生正序电流 i_a^P、i_b^P、i_c^P，而当 R、L 较小时，负序电动势 e_a^N、e_b^N、e_c^N 几乎被短路，从而使负序电流 i_a^N、i_b^N、i_c^N 很大，严重时，将导致三相 VSR 交流侧过电流，甚至烧坏 VSR 装置。

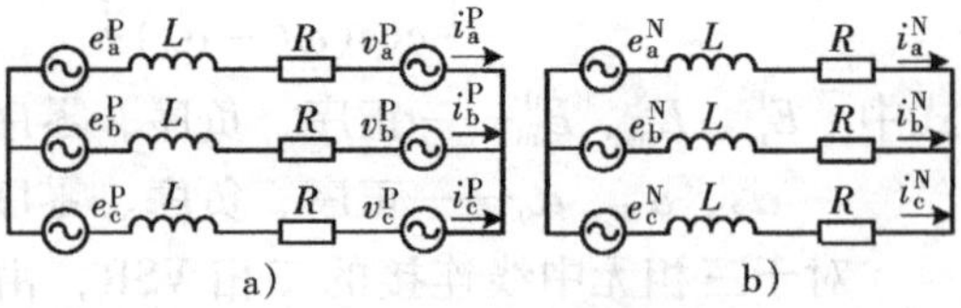

图 7-13 三相 VSR 交流侧等效电路

a）正序等效电路 b）负序等效电路

实际上，三相电网不平衡时，由于同步检测信号的不对称，从而使三相 VSR 交流端电压 v_a、v_b、v_c 也含有负序分量，即

$$\boldsymbol{V}=\boldsymbol{V}^P+\boldsymbol{V}^N \tag{7-57}$$

式中 $\boldsymbol{V}^{\mathrm{P}}=[v_{\mathrm{a}}^{\mathrm{P}},\ v_{\mathrm{b}}^{\mathrm{P}},\ v_{\mathrm{c}}^{\mathrm{P}}]^{\mathrm{T}}$；

$\boldsymbol{V}^{\mathrm{N}}=[v_{\mathrm{a}}^{\mathrm{N}},\ v_{\mathrm{b}}^{\mathrm{N}},\ v_{\mathrm{c}}^{\mathrm{N}}]^{\mathrm{T}}$；

$\boldsymbol{V}=[v_{\mathrm{a}},\ v_{\mathrm{b}},\ v_{\mathrm{c}}]^{\mathrm{T}}$。

此时，三相 VSR 交流侧电流含有正序、负序分量，并且可描述为

$$\boldsymbol{I}=[i_{\mathrm{a}},i_{\mathrm{b}},i_{\mathrm{c}}]^{\mathrm{T}}=\sum_{m=1}^{\infty}\left\{\boldsymbol{C}_{23}\boldsymbol{R}(m\theta)\begin{bmatrix}i_{\mathrm{d}}^{\mathrm{P}}(m)\\ i_{\mathrm{q}}^{\mathrm{P}}(m)\end{bmatrix}+\boldsymbol{C}_{23}\boldsymbol{R}(-m\theta)\begin{bmatrix}i_{\mathrm{d}}^{\mathrm{N}}(m)\\ i_{\mathrm{q}}^{\mathrm{N}}(m)\end{bmatrix}\right\}$$

$$=\sum_{\substack{m=-\infty\\ m\neq 0}}^{\infty}\left\{\boldsymbol{C}_{23}\boldsymbol{R}(m\theta)\begin{bmatrix}i_{\mathrm{d}}(m)\\ i_{\mathrm{q}}(m)\end{bmatrix}\right\}\tag{7-58}$$

可见，此时三相 VSR 交流侧电流含有谐波，如果不计 VSR 交流侧阻抗（R、L）损耗，并令其直流电压恒定，根据 VSR 交流侧、直流侧功率平衡原理，当电网不平衡时，三相 VSR 直流输出电流 i_{dc} 的一般时域表达式为

$$i_{\mathrm{dc}}(t)=\frac{\boldsymbol{E}^{\mathrm{T}}\boldsymbol{I}}{v_{\mathrm{dc}}}=\frac{\left[\sum\limits_{\substack{n=-\infty\\ n\neq 0}}^{n=\infty}\boldsymbol{C}_{23}\boldsymbol{R}(n\theta)\begin{bmatrix}e_{\mathrm{d}}(n)\\ e_{\mathrm{q}}(n)\end{bmatrix}\right]^{\mathrm{T}}\left[\sum\limits_{\substack{m=-\infty\\ m\neq 0}}^{m=\infty}\boldsymbol{C}_{23}\boldsymbol{R}(m\theta)\begin{bmatrix}i_{\mathrm{d}}(m)\\ i_{\mathrm{q}}(m)\end{bmatrix}\right]}{v_{dc}}$$

$$=\sum_{\substack{n=-\infty\\ n\neq 0}}^{n=\infty}\sum_{\substack{m=-\infty\\ m\neq 0}}^{m=\infty}\frac{3}{2v_{\mathrm{dc}}}\begin{bmatrix}e_{\mathrm{d}}(n)\\ e_{\mathrm{q}}(n)\end{bmatrix}^{\mathrm{T}}\boldsymbol{R}[(m-n)\theta]\begin{bmatrix}i_{\mathrm{d}}(m)\\ i_{\mathrm{q}}(m)\end{bmatrix}\tag{7-59}$$

显然，电网不平衡时，三相 VSR 直流侧电流也含有谐波，若只考虑电动势正、负序基波分量，则式（7-59）可简化为

$$i_{\mathrm{dc}}=\frac{\left[\boldsymbol{C}_{23}\boldsymbol{R}(\theta)\begin{bmatrix}e_{\mathrm{d}}^{\mathrm{P}}\\ e_{\mathrm{q}}^{\mathrm{P}}\end{bmatrix}+\boldsymbol{C}_{23}\boldsymbol{R}(-\theta)\begin{bmatrix}e_{\mathrm{d}}^{\mathrm{N}}\\ e_{\mathrm{q}}^{\mathrm{N}}\end{bmatrix}\right]^{\mathrm{T}}\left[\boldsymbol{C}_{23}\boldsymbol{R}(\theta)\begin{bmatrix}i_{\mathrm{d}}^{\mathrm{P}}\\ i_{\mathrm{q}}^{\mathrm{P}}\end{bmatrix}+\boldsymbol{C}_{23}\boldsymbol{R}(-\theta)\begin{bmatrix}i_{\mathrm{d}}^{\mathrm{N}}\\ i_{\mathrm{q}}^{\mathrm{N}}\end{bmatrix}\right]}{v_{dc}}$$

$$=\frac{3}{2}\,\frac{e_{\mathrm{d}}^{\mathrm{P}}i_{\mathrm{d}}^{\mathrm{P}}+e_{\mathrm{q}}^{\mathrm{P}}i_{\mathrm{q}}^{\mathrm{P}}+e_{\mathrm{d}}^{\mathrm{N}}i_{\mathrm{d}}^{\mathrm{N}}+e_{\mathrm{q}}^{\mathrm{N}}i_{\mathrm{q}}^{\mathrm{N}}}{v_{\mathrm{dc}}}+\frac{3}{2v_{\mathrm{dc}}}\begin{bmatrix}e_{\mathrm{d}}^{\mathrm{N}}\\ e_{\mathrm{q}}^{\mathrm{N}}\end{bmatrix}^{\mathrm{T}}\boldsymbol{R}(2\theta)\begin{bmatrix}i_{\mathrm{d}}^{\mathrm{P}}\\ i_{\mathrm{q}}^{\mathrm{P}}\end{bmatrix}+\frac{3}{2v_{\mathrm{dc}}}\begin{bmatrix}e_{\mathrm{d}}^{\mathrm{P}}\\ e_{\mathrm{q}}^{\mathrm{P}}\end{bmatrix}^{\mathrm{T}}\boldsymbol{R}(-2\theta)\begin{bmatrix}i_{\mathrm{d}}^{\mathrm{N}}\\ i_{\mathrm{q}}^{\mathrm{N}}\end{bmatrix}\tag{7-60}$$

式中 $e_{\mathrm{d}}^{\mathrm{P}}$、$e_{\mathrm{q}}^{\mathrm{P}}$、$e_{\mathrm{d}}^{\mathrm{N}}$、$e_{\mathrm{q}}^{\mathrm{N}}$、$i_{\mathrm{d}}^{\mathrm{P}}$、$i_{\mathrm{q}}^{\mathrm{P}}$、$i_{\mathrm{d}}^{\mathrm{N}}$、$i_{\mathrm{q}}^{\mathrm{N}}$——基波电动势和电流正、负序分量在 d、q 轴上的投影。

可见，当电网电动势不平衡时，若只考虑电网基波电动势，则三相 VSR 直流侧会出现 2 次谐波电流。

利用式（7-59），$i_{\mathrm{dc}}(t)$ 可分解成平均电流与谐波电流之和，即

$$i_{\mathrm{dc}}(t)=\bar{i}_{\mathrm{dc}}+\sum_{\substack{n=-\infty\\ n\neq 0}}^{n=\infty}I_{\mathrm{dc}}(n)\cos[n\omega t+\psi_{i}(n)]\tag{7-61}$$

同理，$v_{\mathrm{dc}}(t)$ 也可分解成平均电压与谐波电压之和，即

$$v_{dc}(t) = \bar{v}_{dc} + \sum_{\substack{n=-\infty \\ n\neq 0}}^{n=\infty} V_{dc}(n)\cos[n\omega t + \psi_v(n)] \tag{7-62}$$

式中　$I_{dc}(n)$、$V_{dc}(n)$——n 次直流谐波电流、电压幅值；

$\bar{i}_{dc}$、$\bar{v}_{dc}$——直流电流、电压平均值；

$\psi_i(n)$、$\psi_v(n)$——n 次直流电流、电压谐波初始相位角。

式（7-61）、式（7-62）说明，当三相电网不平衡时，三相 VSR 直流侧电流会产生 6、12、18 等次 6 的整数倍的特征谐波和 2、4、8、10 等次的非特征谐波。而直流电流谐波又导致产生三相 VSR 直流电压谐波，直流电压谐波通过 PWM 反过来又会影响三相 VSR 交流电流波形。

为简化分析三相 VSR 直流电压波动对其交流侧电压的影响，只考虑基波电网电动势，且记 a 相双极性开关函数为

$$p_a(\omega t) = \sum_{n=1}^{\infty} A_n\cos(n\omega t) \tag{7-63}$$

对于三角载波 SPWM 控制，若以直流电压中点 0′为参考地，则三相 VSR 交流侧 a 相电压 $v_{a0'}$为

$$v_{a0'}(\omega t) = \frac{1}{2}v_{dc}(t)p_a(\omega t) = \frac{1}{2}v_{dc}(t)\sum_{n=1}^{\infty} A_n\cos(n\omega t) \tag{7-64}$$

将式（7-62）代入式（7-64），计算得

$$\begin{aligned} v_{a0'}(\omega t) = &\frac{1}{2}\bar{v}_{dc}\sum_{j=1}^{\infty} A_j\cos(j\omega t) + \frac{1}{4}\sum_{n=2}^{\infty} V_{dc}(n) \\ &\times \left\{\sum_{j=1}^{\infty} A_j\cos[\omega t(n+j) + \theta_n] + \sum_{j=1}^{\infty} A_j\cos[\omega t(n-j) + \theta_n]\right\} \end{aligned} \tag{7-65}$$

如果研究直流电压 2 次谐波和正序开关函数基波的调制作用，由式（7-65）计算得三相 VSR 相交流侧谐波电压 $\tilde{v}_{a0'}$（ωt）为

$$\tilde{v}_{a0'}(\omega t) = \frac{1}{4}V_{dc}(2)A_1\cos(3\omega t + \theta_3) \tag{7-66}$$

式中　$V_{dc}(2)$——直流电压 2 次谐波幅值；

A_1——正序双极性开关函数基波幅值；

θ_3——3 次谐波电压初始相位角。

可见，三相 VSR 直流电压 2 次谐波将在三相 VSR 交流侧产生 3 次谐波电压。进一步分析表明，直流侧 n 次谐波电压经 PWM 控制后，将在三相 VSR 交流侧产生 $n+1$ 次谐波电压。

2. 电网不平衡时三相 VSR 主电路参数设计

上述研究表明，在电网不平衡条件下，三相 VSR 直流侧电压含有特征和非特征谐波，相关的2、4 次低次特征谐波电压幅值相对较大，从而增大了直流侧电压波动。另外，电网不平衡时，三相 VSR 交流侧亦产生低次谐波电流，由于电流幅值的不对称波动，甚至产生过电流。为此，可从两个方面着手克服上述不足：其一采用不平衡控制设计，从控制上抑制三相 VSR 直流谐波电压或交流谐波电流；其二是适当增大三相 VSR 直流侧电容和交流侧电感，以限制直流谐波电压和交流谐波电流。首先讨论电网不平衡时三相 VSR 直流电容和交流电感的设计问题。

当电网不平衡时，为合理设计三相 VSR 交流侧电感，引入三相 VSR 交流电流总谐波畸变率 THD_i，且定义

$$THD_i = \frac{\left\{\sum_{n=2}^{\infty} I_j^2(n)\right\}^{\frac{1}{2}}}{I_j(1)} \quad (j = a,b,c) \tag{7-67}$$

式中 $I_j(1)$ ——交流电流基波有效值；

$I_j(n)$ ——交流电流 n 次谐波电流有效值。

若只考虑电网基波电动势和三相 VSR 交流侧谐波电压的作用，三相 VSR 交流侧谐波电流为

$$I_j(n) = \frac{V_j(n)}{nX_L} \quad (j = a,b,c) \tag{7-68}$$

式中 X_L——交流侧基波感抗。

将式（7-67）代入式（7-68），得

$$X_L = \frac{1}{THD_i I_j(1)}\left\{\sum_{n=2}^{\infty}\left[\frac{V_j(n)}{n}\right]^2\right\}^{\frac{1}{2}} \quad (j = a,b,c) \tag{7-69}$$

另一方面，为设计三相 VSR 直流侧电容，引入直流电压波动因子 λ_v，且定义

$$\lambda_v = \frac{\left\{\sum_{n=2}^{\infty} V_{dc}^2(n)\right\}^{\frac{1}{2}}}{\bar{v}_{dc}} \tag{7-70}$$

式中 $\bar{v}_{dc}$——三相 VSR 直流平均电压；

$V_{dc}(n)$——三相 VSR 直流侧 n 次谐波电压有效值。

若只讨论直流侧谐波电压 $V_{dc}(n)$ 的作用，则

$$V_{dc}(n) = \frac{X_C}{n} I_{dc}(n) \tag{7-71}$$

式中 X_C——基波容抗；

$I_{dc}(n)$ ——n 次直流侧谐波电流有效值。

将式（7-70）代入式（7-71），化简得

$$X_C = \frac{\bar{v}_{dc}\lambda_v}{\left\{\sum_{n=2}^{\infty}\left(\frac{I_{dc}(n)}{n}\right)^2\right\}^{\frac{1}{2}}} \tag{7-72}$$

这样，通过给定指标值 THD_i 和 λ_v，即可求出相应的 X_L、X_C，再由 $L=X_L/\omega$、$C=1/(\omega X_C)$最终求解三相 VSR 交流电感 L 和直流电容 C。其中，ω 为基波角频率。

为进一步分析电网不平衡时 X_L、X_C 选择对 THD_i 和 λ_v 的影响，引入电网电动势不对称度 ΔV，且定义

$$\Delta V = \frac{E_m^N}{E_m^P} \times 100\% \tag{7-73}$$

这表明电网电动势不对称度 ΔV 为负序电动势峰值 E_m^N 与正序电动势峰值 E_m^P 之比。

图 7-14、图 7-15 分别描述了电网电动势不对称度ΔV与 THD_i、X_L 以及 ΔV 与 λ_v、X_C 之间的关系。图中，THD_i、X_L、λ_v、X_C 均采用标幺值。

从图 7-14 可看出，在某一不对称度 ΔV 条件下，三相 VSR 交流电感 L 越大（即 X_L 越大），交流负序电流越小，因此 THD_i 就越低。另外，从图 7-15 可看出，当 C 越大（即 X_C 越小）时，同一不对称度 ΔV 条件下，λ_v 值就越小，因而直流电压波动也就越小。

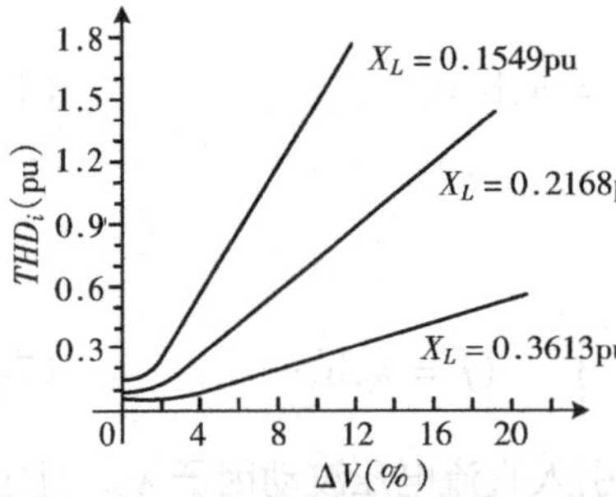

图 7-14　ΔV、X_L、THD_i 间关系

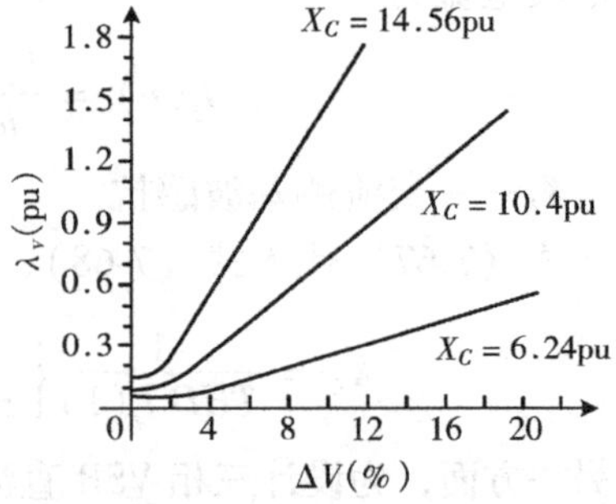

图 7-15　ΔV、X_C、λ_v 间关系

3. 电网电动势正负序分量的检测

在三相 VSR 不平衡控制中，必须检测电网不平衡电动势的正、负序分量，这里介绍几种方法。

方法一：二次谐波滤除法。

设三相 VSR 电网电动势只含基波分量，即

$$\begin{bmatrix} e_a \\ e_b \\ e_c \end{bmatrix} = \begin{bmatrix} K_a E_m \cos(\omega t + \alpha_a) \\ K_b E_m \cos(\omega t + \alpha_b - 120°) \\ K_c E_m \cos(\omega t + \alpha_c + 120°) \end{bmatrix} \tag{7-74}$$

式中　$K_j \in [0, 1]$　　$\alpha_j \in [-\pi, \pi]$　　$(j = \mathrm{a, b, c})$

由式（7-55）易求得三相不平衡电动势在两相同步旋转坐标系（d，q）中的表达式为

$$\begin{bmatrix} e_{\mathrm{d}} \\ e_{\mathrm{q}} \end{bmatrix} = \begin{bmatrix} e_{\mathrm{d}}^{\mathrm{P}} \\ e_{\mathrm{q}}^{\mathrm{P}} \end{bmatrix} + \boldsymbol{R}(-2\omega t)\begin{bmatrix} e_{\mathrm{d}}^{\mathrm{N}} \\ e_{\mathrm{q}}^{\mathrm{N}} \end{bmatrix} \tag{7-75}$$

可见，在同步旋转坐标系（d，q）中，原三相静止坐标系（a，b，c）中的正序交流电动势变换成直流电动势，而负序交流电动势则变换成2次谐波电动势。若能在坐标系（d，q）中滤除2次谐波电动势，即可获得正序电网电动势的d、q分量 $[e_{\mathrm{d}}, e_{\mathrm{q}}]^{\mathrm{T}}$，再通过两相同步旋转坐标系（d，q）到三相静止坐标系（a，b，c）的转换，即可获得三相正序电动势 $[e_{\mathrm{a}}^{\mathrm{P}}, e_{\mathrm{b}}^{\mathrm{P}}, e_{\mathrm{c}}^{\mathrm{P}}]^{\mathrm{T}}$。将电网电动势与正序电网电动势相减，即可获得三相负序电网电动势 $[e_{\mathrm{a}}^{\mathrm{N}}, e_{\mathrm{b}}^{\mathrm{N}}, e_{\mathrm{c}}^{\mathrm{N}}]^{\mathrm{T}}$，即

$$\begin{bmatrix} e_{\mathrm{a}}^{\mathrm{N}} \\ e_{\mathrm{b}}^{\mathrm{N}} \\ e_{\mathrm{c}}^{\mathrm{N}} \end{bmatrix} = \begin{bmatrix} e_{\mathrm{a}} \\ e_{\mathrm{b}} \\ e_{\mathrm{c}} \end{bmatrix} - \begin{bmatrix} e_{\mathrm{a}}^{\mathrm{P}} \\ e_{\mathrm{b}}^{\mathrm{P}} \\ e_{\mathrm{c}}^{\mathrm{P}} \end{bmatrix} \tag{7-76}$$

那么，如何滤除坐标系（d，q）中的2次谐波电动势呢？这里一般不采用低通滤波器而采用陷波器。这是因为低通滤波器频带窄，因此在滤除2次谐波电动势的同时，亦会影响控制系统动态性能；而陷波器只需将陷波角频率设计为 2ω（ω 为基波角频率），这样2次谐波电动势通过陷波器时将被滤除，而陷波器对除2次谐波频率以外的信号影响较小，这将有利于系统动态信号检测及控制。为便于实现，设计时常采用非理想陷波器，其传递函数为

$$F(s) = \frac{s^2 + \omega_0^2}{s^2 + \omega_0 s/Q + \omega_0^2} \tag{7-77}$$

式中　ω_0——陷波角频率；

Q——品质因数。

图7-16示出了三相不平衡电网电动势的检测方法一。

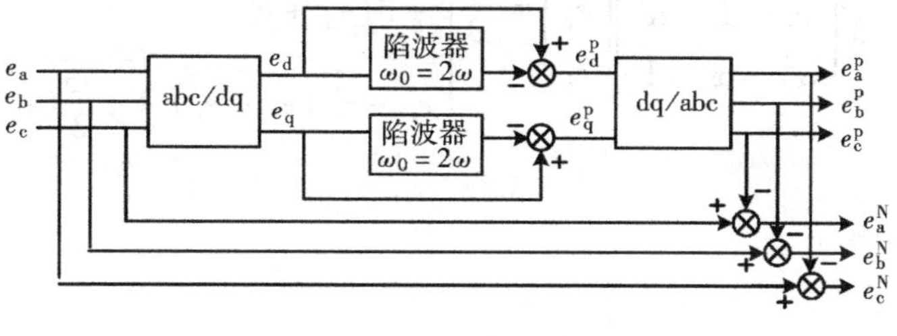

图7-16　不平衡电网电动势检测方法一

方法二：参数辨识法。

实际上，联立式（7-55）与式（7-74），并通过运算，容易求解同步旋转坐

标系（d，q）中的正、负序电动势，即

$$
\begin{cases}
e_{\mathrm{d}}^{\mathrm{P}} = \dfrac{E_{\mathrm{m}}}{3}[K_{\mathrm{a}}\cos\alpha_{\mathrm{a}} + K_{\mathrm{b}}\cos\alpha_{\mathrm{b}} + K_{\mathrm{c}}\cos\alpha_{\mathrm{c}}] \\
e_{\mathrm{q}}^{\mathrm{P}} = \dfrac{E_{\mathrm{m}}}{3}[K_{\mathrm{a}}\sin\alpha_{\mathrm{a}} + K_{\mathrm{b}}\sin\alpha_{\mathrm{b}} + K_{\mathrm{c}}\sin\alpha_{\mathrm{c}}] \\
e_{\mathrm{d}}^{\mathrm{N}} = \dfrac{E_{\mathrm{m}}}{3}[K_{\mathrm{a}}\cos\alpha_{\mathrm{a}} + K_{\mathrm{b}}\cos(\alpha_{\mathrm{a}} + 120^\circ) + K_{\mathrm{c}}\cos(\alpha_{\mathrm{c}} - 120^\circ)] \\
e_{\mathrm{q}}^{\mathrm{N}} = -\dfrac{E_{\mathrm{m}}}{3}[K_{\mathrm{a}}\sin\alpha_{\mathrm{a}} + K_{\mathrm{b}}\sin(\alpha_{\mathrm{b}} - 120^\circ) + K_{\mathrm{c}}\sin(\alpha_{\mathrm{c}} + 120^\circ)]
\end{cases}
\tag{7-78}
$$

这种不平衡电动势的检测，首先必须检测三相电动势瞬时值 e_{a}、e_{b}、e_{c}，且通过辨识相关参数 α_{a}、α_{b}、α_{c}、K_{a}、K_{b}、K_{c}、E_{m}，再经式（7-78）计算，获得坐标系（d，q）中的 $e_{\mathrm{d}}^{\mathrm{P}}$、$e_{\mathrm{q}}^{\mathrm{P}}$、$e_{\mathrm{d}}^{\mathrm{N}}$、$e_{\mathrm{q}}^{\mathrm{N}}$，最终由坐标旋转逆变换直接求出三相电动势正序、负序分量，如图 7-17 所示。

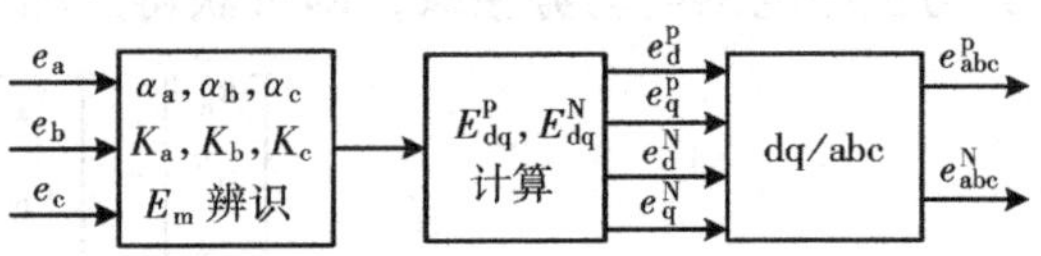

图 7-17　不平衡电动势检测方法二

方法三：公式分序法。

不考虑电网电动势谐波分量，根据对称分量法，可得电网电动势正、负序分量的表达式为

$$
\begin{bmatrix} e_{\mathrm{a}}^{\mathrm{P}} \\ e_{\mathrm{b}}^{\mathrm{P}} \\ e_{\mathrm{c}}^{\mathrm{P}} \end{bmatrix} = \frac{1}{3}\begin{bmatrix} 1 & \alpha & \alpha^2 \\ \alpha^2 & 1 & \alpha \\ \alpha & \alpha^2 & 1 \end{bmatrix}\begin{bmatrix} e_{\mathrm{a}} \\ e_{\mathrm{b}} \\ e_{\mathrm{c}} \end{bmatrix} = \frac{1}{3}\begin{bmatrix} e_{\mathrm{a}} - \dfrac{1}{2}(e_{\mathrm{b}} + e_{\mathrm{c}}) + \mathrm{j}\dfrac{\sqrt{3}}{2}(e_{\mathrm{b}} - e_{\mathrm{c}}) \\ -3(e_{\mathrm{a}}^{\mathrm{P}} + e_{\mathrm{a}}^{\mathrm{P}}) \\ e_{\mathrm{c}} - \dfrac{1}{2}(e_{\mathrm{a}} + e_{\mathrm{b}}) + \mathrm{j}\dfrac{\sqrt{3}}{2}(e_{\mathrm{a}} - e_{\mathrm{b}}) \end{bmatrix}
\tag{7-79}
$$

$$
\begin{bmatrix} e_{\mathrm{a}}^{\mathrm{N}} \\ e_{\mathrm{b}}^{\mathrm{N}} \\ e_{\mathrm{c}}^{\mathrm{N}} \end{bmatrix} = \frac{1}{3}\begin{bmatrix} 1 & \alpha^2 & \alpha \\ \alpha & 1 & \alpha^2 \\ \alpha^2 & \alpha & 1 \end{bmatrix}\begin{bmatrix} e_{\mathrm{a}} \\ e_{\mathrm{b}} \\ e_{\mathrm{c}} \end{bmatrix} = \frac{1}{3}\begin{bmatrix} e_{\mathrm{a}} - \dfrac{1}{2}(e_{\mathrm{b}} + e_{\mathrm{c}}) + \mathrm{j}\dfrac{\sqrt{3}}{2}(e_{\mathrm{c}} - e_{\mathrm{b}}) \\ -3(e_{\mathrm{a}}^{\mathrm{N}} + e_{\mathrm{c}}^{\mathrm{N}}) \\ e_{\mathrm{c}} - \dfrac{1}{2}(e_{\mathrm{a}} + e_{\mathrm{b}}) + \mathrm{j}\dfrac{\sqrt{3}}{2}(e_{\mathrm{b}} - e_{\mathrm{a}}) \end{bmatrix}
\tag{7-80}
$$

式中　$\alpha = \mathrm{e}^{\mathrm{j}2\pi/3}$；

　　　$\alpha^2 = \mathrm{e}^{\mathrm{j}4\pi/3}$。

由式（7-79）、式（7-80）可以看出，要求出正、负序电压分量，就必须对三相电网电压信号进行 90°的相角偏移，而采用二阶广义积分器，可以实现此功能（在第 9 章的锁相环章节中，将对二阶广义积分器进行详细的原理阐释，在此不再重述)。

方法四：双坐标系解耦分序法。

假设电压空间矢量中包含两个基本部分，分别以 $n\omega$ 和 $m\omega$ 的频率旋转，则电压空间矢量在两相静止坐标系下可以表示为

$$\begin{bmatrix} e_{s\alpha} \\ e_{s\beta} \end{bmatrix} = e_s^n \begin{bmatrix} \cos(n\omega t + \varphi_n) \\ \sin(n\omega t + \varphi_n) \end{bmatrix} + e_s^m \begin{bmatrix} \cos(m\omega t + \varphi_m) \\ \sin(m\omega t + \varphi_m) \end{bmatrix} \tag{7-81}$$

式中　e_s^n——频率为 $n\omega$ 分量的幅值；

φ_n——频率为 $n\omega$ 分量的初始相位角；

e_s^m——频率为 $m\omega$ 分量的幅值；

φ_m——频率为 $m\omega$ 分量的初始相位角。

考虑两个旋转坐标系 dq^n 和 dq^m，其旋转角度分别为 $n\theta$ 和 $m\theta$，其中 θ 为锁相环（PLL）检测到的相位角，则电压空间矢量在 dq^n、dq^m 旋转坐标系下的分量表达式分别为

$$\begin{bmatrix} e_{sd}^n \\ e_{sq}^n \end{bmatrix} = e_s^n \begin{bmatrix} \cos(\varphi^n) \\ \sin(\varphi^n) \end{bmatrix} + e_s^m \cos(\varphi^m) \begin{bmatrix} \cos(n-m)\omega t \\ -\sin(n-m)\omega t \end{bmatrix} + e_s^m \sin(\varphi^m) \begin{bmatrix} \sin(n-m)\omega t \\ \cos(n-m)\omega t \end{bmatrix} \tag{7-82}$$

$$\begin{bmatrix} e_{sd}^m \\ e_{sq}^m \end{bmatrix} = e_s^m \begin{bmatrix} \cos(\varphi^m) \\ \sin(\varphi^m) \end{bmatrix} + e_s^n \cos(\varphi^n) \begin{bmatrix} \cos(m-n)\omega t \\ -\sin(m-n)\omega t \end{bmatrix} + e_s^n \sin(\varphi^n) \begin{bmatrix} \sin(m-n)\omega t \\ \cos(m-n)\omega t \end{bmatrix} \tag{7-83}$$

由式（7-82）、式（7-83）可知，dq^n 坐标系下的振荡部分信号的幅值等于 dq^m 坐标系下信号的平均值；同理，dq^m 坐标系下的振荡部分信号的幅值等于 dq^n 坐标系下信号的平均值。

为了消除 dq^n 坐标系下信号的振荡部分，获得 dq^n 坐标系下信号的 d 轴和 q 轴分量，可采用图 7-18 所示的解耦运算单元。

为了得到 dq^n 坐标系下 d 轴和 q 轴分量的直流量部分，需要消除掉 d 轴和 q 轴分量中所包含的振荡频率部分，一般可采用低通滤波器来实现。这样，采用两个结构相同的解耦单元加上低通滤波器即可实现电网电压任意两个频率的分解，采用双同步坐标系法的解耦实现框图如图 7-19 所示。

考虑 $n=1$、$m=-1$，则可以在 dq^{+1} 和 dq^{-1} 坐标系下，对不平衡电网情况下的电压进行正、负序基波分量的解耦，电压空间矢量在 dq^{+1}、dq^{-1} 旋转坐标系下的分量分别为

$$\begin{bmatrix} e_{sd}^n \\ e_{sq}^n \end{bmatrix} = e_s^n \begin{bmatrix} \cos(\varphi^n) \\ \sin(\varphi^n) \end{bmatrix} + e_s^m \cos(\varphi^m) \begin{bmatrix} \cos2\omega t \\ -\sin2\omega t \end{bmatrix} + e_s^m \sin(\varphi^m) \begin{bmatrix} \sin2\omega t \\ \cos2\omega t \end{bmatrix} \tag{7-84}$$

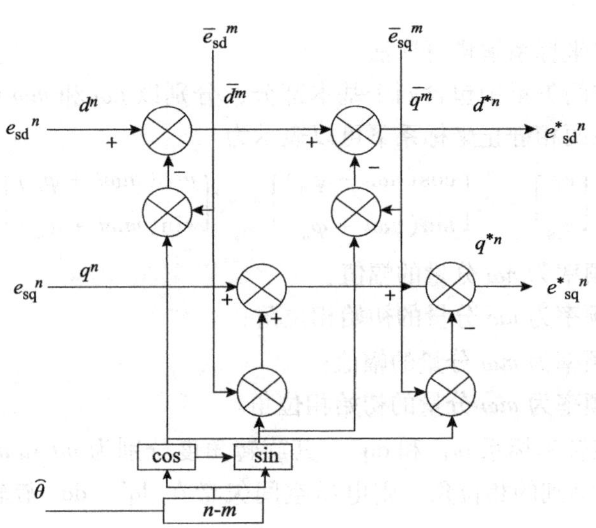

图 7-18　解耦单元结构框图

e_{sd}^{n} —电压空间矢量在 dq^n 坐标系下 d 轴上的分量

e_{sq}^{n} —电压空间矢量在 dq^n 坐标系下 q 轴上的分量

e_{sd}^{*n} —电压空间矢量 n 次频率分量在 dq^n 坐标系下 d 轴上的分量

e_{sq}^{*n} —电压空间矢量 n 次频率分量在 dq^n 坐标系下 q 轴上的分量

$\bar{e}_{sd}{}^{m}$ —电压空间矢量 m 次频率分量在 dq^m 坐标系下 d 轴上的基波分量

$\bar{e}_{sq}{}^{m}$ —电压空间矢量 m 次频率分量在 dq^m 坐标系下 q 轴上的基波分量

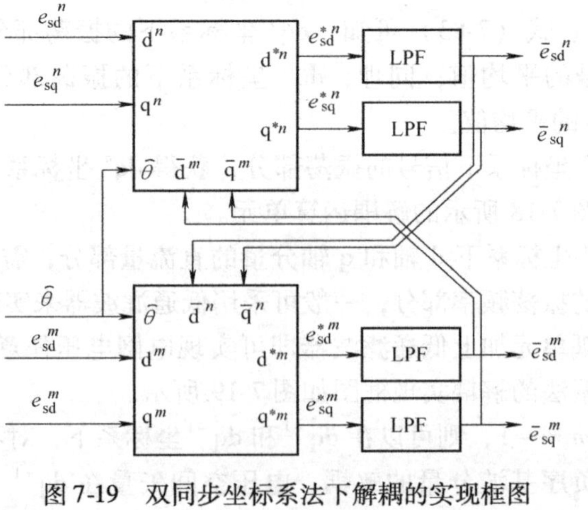

图 7-19　双同步坐标系法下解耦的实现框图

$$\begin{bmatrix} e_{sd}^{m} \\ e_{sq}^{m} \end{bmatrix} = e_{s}^{m}\begin{bmatrix} \cos(\varphi^{m}) \\ \sin(\varphi^{m}) \end{bmatrix} + e_{s}^{n}\cos(\varphi^{n})\begin{bmatrix} \cos 2\omega t \\ \sin 2\omega t \end{bmatrix} + e_{s}^{n}\sin(\varphi^{n})\begin{bmatrix} -\sin 2\omega t \\ \cos 2\omega t \end{bmatrix} \quad (7\text{-}85)$$

因此，可以利用双同步坐标系法实现电网电压正、负序基波分量的分解。

7.2.2 电网不平衡时的三相 VSR 控制

以上对三相电网不平衡条件下三相 VSR 的一般问题进行了初步研究。研究表明，当电网不平衡时，若只采取平衡条件下的三相 VSR 控制策略，将导致其交流侧产生负序电流，并在直流侧产生特征及非特征谐波电压和电流，从而响应三相 VSR 的正常运行，适当增大三相 VSR 交流侧电感和直流侧电容取值，虽然可以降低谐波幅值，但电感、电容取值过大，也会影响三相 VSR 的运行性能，如损耗增大、动态响应变慢等。为此，必须进一步探讨电网不平衡时的三相 VSR 的控制策略，以改善三相 VSR 的运行性能。

1. 电流控制指令算法

为简化电流控制指令的推导，以下讨论只考虑三相 VSR 基波分量。

在复平面两相垂直静止坐标系（α，β）中，三相 VSR 电网电动势复矢量 $\boldsymbol{E}_{\alpha\beta}$ 为

$$\boldsymbol{E}_{\alpha\beta} = \frac{2}{3}[e_a + e_b e^{j2\pi/3} + e_c e^{-j2\pi/3}] \tag{7-86}$$

若三相电网不平衡，则电网电动势复矢量存在正序、负序分量。显然，式（7-86）可改写成为同步旋转坐标系（d，q）复矢量表达式，即

$$\boldsymbol{E}_{\alpha\beta} = e^{j\omega t}\boldsymbol{E}_{dq}^{P} + e^{-j\omega t}\boldsymbol{E}_{dq}^{N} \tag{7-87}$$

式中 ω——电网电动势角频率；

$\boldsymbol{E}_{dq}^{P}$、$\boldsymbol{E}_{dq}^{N}$——坐标系（d，q）中正序、负序电动势复矢量

$$\boldsymbol{E}_{dq}^{P} = e_d^P + je_q^P \qquad \boldsymbol{E}_{dq}^{N} = e_d^N + je_q^N \tag{7-88}$$

由式（7-87）可看出，坐标系（α，β）中，电网电动势正序复矢量 $e^{j\omega t}\boldsymbol{E}_{dq}^{P}$ 是一模为 $|\boldsymbol{E}_{dq}^{P}|$ 且按逆时针方向以角频率 ω 旋转的空间矢量；而电网电动势负序复矢量 $e^{-j\omega t}\boldsymbol{E}_{dq}^{N}$ 则是模为 $|\boldsymbol{E}_{dq}^{N}|$ 且按顺时针方向以角频率 ω 旋转的空间矢量。

针对三相 VSR 拓扑结构，其坐标系（α，β）中复矢量模型方程为

$$\boldsymbol{E}_{\alpha\beta} = \boldsymbol{V}_{\alpha\beta} + L\frac{d\boldsymbol{I}_{\alpha\beta}}{dt} + R\boldsymbol{I}_{\alpha\beta} \tag{7-89}$$

$$\begin{cases} \boldsymbol{V}_{\alpha\beta} = \dfrac{2}{3}[v_a + v_b e^{j2\pi/3} + v_c e^{-j2\pi/3}] \\ \boldsymbol{I}_{\alpha\beta} = \dfrac{2}{3}[i_a + i_b e^{j2\pi/3} + i_c e^{-j2\pi/3}] \end{cases} \tag{7-90}$$

式中 $\boldsymbol{V}_{\alpha\beta}$——坐标系（α，β）中三相 VSR 交流侧电压复矢量；

$\boldsymbol{I}_{\alpha\beta}$——坐标系（α，β）中三相 VSR 交流电流复矢量。

当电网不平衡时，$\boldsymbol{V}_{\alpha\beta}$、$\boldsymbol{I}_{\alpha\beta}$ 均含有正序、负序分量，类似式（7-87）可记为

$$\begin{cases} \boldsymbol{V}_{\alpha\beta} = \boldsymbol{V}_{dq}^{P}e^{j\omega t} + \boldsymbol{V}_{dq}^{N}e^{-j\omega t} \\ \boldsymbol{I}_{\alpha\beta} = \boldsymbol{I}_{dq}^{P}e^{j\omega t} + \boldsymbol{I}_{dq}^{N}e^{-j\omega t} \end{cases} \tag{7-91}$$

式中　$\boldsymbol{V}_{dq}^{P}$、$\boldsymbol{V}_{dq}^{N}$——同步旋转坐标系（d，q）中的三相 VSR 交流侧电压侧正序、负序复矢量

$$\boldsymbol{V}_{dq}^{P}=v_{d}^{P}+jv_{q}^{P}\qquad \boldsymbol{V}_{dq}^{N}=v_{d}^{N}+jv_{q}^{N} \tag{7-92}$$

$$\boldsymbol{I}_{dq}^{P}=i_{d}^{P}+ji_{q}^{P}\qquad \boldsymbol{I}_{dq}^{N}=i_{d}^{N}+ji_{q}^{N} \tag{7-93}$$

$\boldsymbol{I}_{dq}^{P}$、$\boldsymbol{I}_{dq}^{N}$——同步旋转坐标系（d，q）中的三相 VSR 交流侧电流正序、负序复矢量

将式（7-87）与式（7-89）、式（7－91）联立，可分别求出坐标系（d，q）中三相 VSR 正序、负序复矢量模型方程为

$$\begin{cases}\boldsymbol{E}_{dq}^{P}=L\dfrac{d\boldsymbol{I}_{dq}^{P}}{dt}+R\boldsymbol{I}_{dq}^{P}+j\omega L\boldsymbol{I}_{dq}^{P}+\boldsymbol{V}_{dq}^{P}\\[2ex]\boldsymbol{E}_{dq}^{N}=L\dfrac{d\boldsymbol{I}_{dq}^{N}}{dt}+R\boldsymbol{I}_{dq}^{N}-j\omega L\boldsymbol{I}_{dq}^{N}+\boldsymbol{V}_{dq}^{N}\end{cases} \tag{7-94}$$

在三相电网不平衡条件下，三相 VSR 网侧视在复功率 $\boldsymbol{S}$ 为

$$S=p+jq=(e^{j\omega t}\boldsymbol{E}_{dq}^{P}+e^{-j\omega t}\boldsymbol{E}_{dq}^{N})\overline{(e^{j\omega t}\boldsymbol{I}_{dq}^{P}+e^{-j\omega t}\boldsymbol{I}_{dq}^{N})} \tag{7-95}$$

式中　$\overline{(e^{j\omega t}\boldsymbol{I}_{dq}^{P}+e^{-j\omega t}\boldsymbol{I}_{dq}^{N})}$——$(e^{j\omega t}\boldsymbol{I}_{dq}^{P}+e^{-j\omega t}\boldsymbol{I}_{dq}^{N})$的共轭复矢量；

p、q——三相 VSR 网侧有功功率、无功功率。

求解式（7-95），得

$$\begin{cases}p(t)=p_0+p_{c2}\cos(2\omega t)+p_{s2}\sin(2\omega t)\\q(t)=q_0+q_{c2}\cos(2\omega t)+q_{s2}\sin(2\omega t)\end{cases} \tag{7-96}$$

式中　p_0、q_0——有功、无功功率平均值；

p_{c2}、p_{s2}——2 次有功余弦、正弦项谐波峰值；

q_{c2}、q_{s2}——2 次无功余弦、正弦项谐波峰值。

显然，式（7-96）表明，当电网不平衡时，三相 VSR 网侧有功功率 $p(t)$、无功功率 $q(t)$ 均含有 2 次谐波分量，由前面的矢量关系式易推得

$$\begin{cases}p_0=1.5(e_{d}^{P}i_{d}^{P}+e_{q}^{P}i_{q}^{P}+e_{d}^{N}i_{d}^{N}+e_{q}^{N}i_{q}^{N})\\p_{c2}=1.5(e_{d}^{P}i_{d}^{N}+e_{q}^{P}i_{q}^{N}+e_{d}^{N}i_{d}^{P}+e_{q}^{N}i_{q}^{P})\\p_{s2}=1.5(e_{q}^{N}i_{d}^{P}-e_{d}^{N}i_{q}^{P}-e_{q}^{P}i_{d}^{N}+e_{d}^{P}i_{q}^{N})\\q_0=1.5(e_{q}^{P}i_{d}^{P}-e_{d}^{P}i_{q}^{P}+e_{q}^{N}i_{d}^{N}-e_{d}^{N}i_{q}^{N})\\q_{c2}=1.5(e_{q}^{P}i_{d}^{N}-e_{d}^{P}i_{q}^{N}+e_{q}^{N}i_{d}^{P}-e_{d}^{N}i_{q}^{P})\\q_{s2}=1.5(e_{d}^{P}i_{d}^{N}+e_{q}^{P}i_{q}^{N}-e_{d}^{N}i_{d}^{P}-e_{q}^{N}i_{q}^{P})\end{cases} \tag{7-97}$$

将式（7-97）简记为

$$\begin{bmatrix} p \\ q \end{bmatrix} = \boldsymbol{M}_E \begin{bmatrix} I_{\mathrm{dq}}^{\mathrm{P}} \\ I_{\mathrm{dq}}^{\mathrm{N}} \end{bmatrix} \tag{7-98}$$

式中　$\boldsymbol{M}_E$——电网电动势相关矩阵。

为抑制电网不平衡对三相 VSR 控制的影响，根据对三相 VSR 有功功率 p、无功功率 q 的不同控制要求，可以求出电网不平衡条件下三相 VSR 交流电流控制指令，若 $\boldsymbol{M}_E$ 的逆存在，则

$$\begin{bmatrix} I_{\mathrm{dq}}^{\mathrm{P}*} \\ I_{\mathrm{dq}}^{\mathrm{N}*} \end{bmatrix} = \boldsymbol{M}_E^{-1} \begin{bmatrix} p \\ q \end{bmatrix} \tag{7-99}$$

2. 抑制三相 VSR 交流负序电流的不平衡控制策略

当电网不平衡时，由于负序电流的存在，使三相 VSR 交流侧电流不对称，从而影响三相 VSR 的运行。为抑制电网不平衡条件下三相 VSR 交流负序电流，则令 $i_{\mathrm{q}}^{\mathrm{N}} = i_{\mathrm{d}}^{\mathrm{N}} = 0$，并代入式（7-97），且只考虑平均有功功率 p_0 及平均无功功率 q_0 的控制时，有

$$\begin{bmatrix} p_0 \\ q_0 \end{bmatrix} = \frac{3}{2} \begin{bmatrix} e_{\mathrm{q}}^{\mathrm{P}} & e_{\mathrm{d}}^{\mathrm{P}} \\ -e_{\mathrm{d}}^{\mathrm{P}} & e_{\mathrm{q}}^{\mathrm{P}} \end{bmatrix} \begin{bmatrix} i_{\mathrm{q}}^{\mathrm{P}} \\ i_{\mathrm{d}}^{\mathrm{P}} \end{bmatrix} \tag{7-100}$$

由式（7-100）易求得正序电流指令

$$\begin{bmatrix} i_{\mathrm{q}}^{\mathrm{P}*} \\ i_{\mathrm{d}}^{\mathrm{P}*} \end{bmatrix} = \frac{2}{3[(e_{\mathrm{q}}^{P})^2 + (e_{\mathrm{d}}^{P})^2]} \begin{bmatrix} e_{\mathrm{q}}^{\mathrm{P}} & -e_{\mathrm{d}}^{\mathrm{P}} \\ e_{\mathrm{d}}^{\mathrm{P}} & e_{\mathrm{q}}^{\mathrm{P}} \end{bmatrix} \begin{bmatrix} p_0 \\ q_0 \end{bmatrix} \tag{7-101}$$

式中　$(e_{\mathrm{q}}^{\mathrm{P}})^2 + (e_{\mathrm{d}}^{\mathrm{P}})^2 \neq 0$；

$p_0{}^*$——平均有功功率指令值；

$q_0{}^*$——平均无功功率指令值。

由于 $p_0{}^*$ 表示三相 VSR 平均有功功率指令，因而与三相 VSR 直流侧电压平均值相关，当三相 VSR 直流电压调节器采用 PI 调节器时，其调节器输出与三相 VSR 直流电流指令相对应，因此

$$p_0^* = \left[\left(K_{v\mathrm{P}} + \frac{K_{v\mathrm{I}}}{s}\right)(v_{\mathrm{dc}}^* - v_{\mathrm{dc}}) \right] v_{\mathrm{dc}}^* \tag{7-102}$$

式中　$K_{v\mathrm{P}}$，$K_{v\mathrm{I}}$——电压调节器比例、积分增益。

另外，若要取得单位功率因数控制，可令

$$q_0^* = 0 \tag{7-103}$$

然而，q_0^* 只表示平均无功功率指令值，因此 $q_0 = 0$ 时，实际上只实现了平均单位功率因数控制，即稳态时，三相 VSR 无功功率仍是波动的。

联立式（7-101）~式（7-102），即取得电网不平衡时抑制三相 VSR 交流负序电流控制时的交流电流指令 $i_{\mathrm{q}}^{\mathrm{P}*}$、$i_{\mathrm{d}}^{\mathrm{P}*}$。

当求得 $i_{\mathrm{q}}^{\mathrm{P}*}$、$i_{\mathrm{d}}^{\mathrm{P}*}$ 后，即可采用三相 VSR 坐标系（d，q）中电流的前馈解耦

控制。若电流内环调节器采用 PI 调节器，则根据前馈解耦控制规律，三相 VSR 交流侧正序电压控制指令为

$$\begin{cases} v_q^{P*} = -\left(K_{iP} + \dfrac{K_{iI}}{s}\right)(i_q^{P*} - i_q^P) - \omega L I_d^P + e_q^P \\ v_d^{P*} = -\left(K_{iP} + \dfrac{K_{iI}}{s}\right)(i_d^{P*} - i_d^P) + \omega L I_q^P + e_d^P \end{cases} \tag{7-104}$$

式中 K_{iP}、K_{iI}——电流内环 PI 调节器比例、积分增益。

为进一步改进 $i_q^N = i_d^N = 0$ 控制的动态性能，结合上述控制算法，还需加入电网负序电动势的前馈控制，以抑制电网负序电动势扰动对三相 VSR 交流侧电流控制的影响。该控制策略系统结构及相关波形如图 7-20、图 7-21 所示。

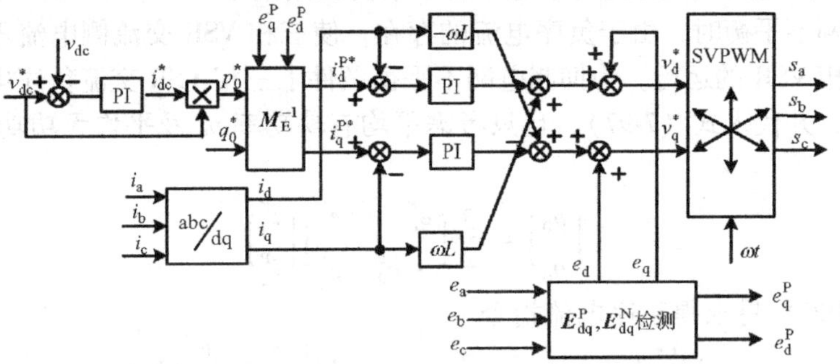

图 7-20 抑制交流侧负序电流的三相 VSR 不平衡控制系统结构

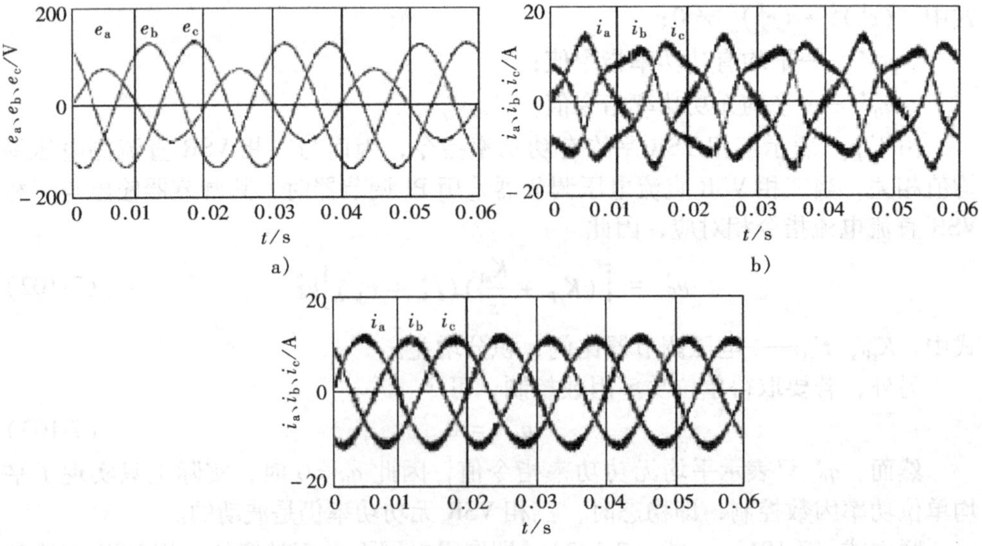

a）

b）

c）

图 7-21 抑制交流侧负序电流的三相 VSR 不平衡控制相关波形

a) 电网电动势波形 b) 常规平衡控制时电流波形 c) 采用不平衡控制时电流波形

从相关波形可看出，采用上述抑制交流侧负序电流的不平衡控制策略，改善了三相 VSR 网侧电流波形，使其三相电流基本对称（不含负序电流）。

3. 抑制三相 VSR 直流侧电压二次谐波的不平衡控制策略

以上三相 VSR 不平衡控制策略只是使三相 VSR 交流负序电流为零，即使 $i_q^N = i_d^N = 0$。然而，由于电网负序电动势的存在，三相 VSR 网侧有功功率 $p(t)$ 仍存在 2 次谐波分量，即

$$\begin{cases} p_{c2} = 1.5(e_d^N i_d^P + e_q^N i_q^P) \neq 0 \\ p_{s2} = 1.5(e_q^N i_d^P - e_d^N i_q^P) \neq 0 \end{cases} \tag{7-105}$$

因此，三相 VSR 直流侧电压因电网不平衡将存在 2 次谐波分量，当对三相 VSR 直流侧电压控制性能要求较高时，有必要对 p_{s2}、p_{c2} 加以抑制。考虑到相关的有功、无功功率指令为 p_0^*、q_0^*、p_{s2}^*、p_{c2}^*，而相关的电流指令为 i_d^{P*}、i_q^{P*}、i_d^{N*}、i_q^{N*}，并由式（7-97）易得

$$\begin{bmatrix} p_0^* \\ q_0^* \\ p_{s2}^* \\ p_{c2}^* \end{bmatrix} = \frac{3}{2}\begin{bmatrix} e_d^P & e_q^P & e_d^N & e_q^N \\ e_q^P & -e_d^P & e_q^N & -e_d^N \\ e_q^N & -e_d^N & -e_q^P & e_d^P \\ e_d^N & e_q^N & e_d^P & e_q^P \end{bmatrix}\begin{bmatrix} i_d^{P*} \\ i_q^{P*} \\ i_d^{N*} \\ i_q^{N*} \end{bmatrix} \tag{7-106}$$

令 $q_0^* = p_{s2}^* = p_{c2}^* = 0$，而 p_0^* 仍由式（7-102）计算给出。由于 $p_{s2}^* = p_{c2}^* = 0$，这使得三相 VSR 直流电压 2 次谐波得到抑制。将上述控制要求代入式（7-106），并求逆变换，即可获得抑制三相 VSR 直流侧电压波动控制时的电流控制指令为

$$\begin{bmatrix} i_d^{P*} \\ i_q^{P*} \\ i_d^{N*} \\ i_q^{N*} \end{bmatrix} = \begin{bmatrix} e_d^P & e_q^P & e_d^N & e_q^N \\ e_q^P & -e_d^P & e_q^N & -e_d^N \\ e_q^N & -e_d^N & -e_q^P & e_d^P \\ e_d^N & e_q^N & e_d^P & e_q^P \end{bmatrix}\begin{bmatrix} \frac{2}{3}p_0^* \\ 0 \\ 0 \\ 0 \end{bmatrix} = \frac{2p_0^*}{3D}\begin{bmatrix} e_d^P \\ e_q^P \\ -e_d^N \\ -e_q^N \end{bmatrix} \tag{7-107}$$

式中 $D = [(e_d^P)^2 + (e_q^P)^2] - [(e_d^N)^2 + (e_q^N)^2] \neq 0$

式（7-107）说明，当电网不平衡时，为抑制三相 VSR 直流侧电压 2 次谐波，必须使三相 VSR 交流侧电流存在一定量的负序电流。

值得注意的是，由于只有 i_d^P、i_q^P、i_d^N、i_q^N 四个控制变量，因而无法同时满足 p_0、q_0、p_{s2}、p_{c2}、q_{s2}、q_{c2} 的控制要求。换言之，无法在 p_0 受控条件下，同时满足 $p_{s2} = p_{c2} = q_{s2} = q_{c2} = 0$ 的控制要求。这样，当三相 VSR 直流侧电压 2 次谐波得以抑制时，不仅三相 VSR 交流侧会有负序电流，且瞬时无功功率仍存在 2 次谐波分量。

由式（7-107）描述的电流指令，在复平面两相静止坐标系（α，β）中，可描述为复矢量表达式，即

$$\boldsymbol{I}_{\alpha\beta}^{*} = \mathrm{e}^{\mathrm{j}\omega t}\boldsymbol{I}_{\mathrm{dq}}^{\mathrm{P}*} + \mathrm{e}^{-\mathrm{j}\omega t}\boldsymbol{I}_{\mathrm{dq}}^{\mathrm{N}*} \tag{7-108}$$

式中

$$\boldsymbol{I}_{\mathrm{dq}}^{\mathrm{P}*} = i_{\mathrm{d}}^{\mathrm{P}*} + \mathrm{j}i_{\mathrm{q}}^{\mathrm{P}*} \quad \boldsymbol{I}_{\mathrm{dq}}^{\mathrm{N}*} = i_{\mathrm{d}}^{\mathrm{N}*} + \mathrm{j}i_{\mathrm{q}}^{\mathrm{N}*} \tag{7-109}$$

若在正序同步旋转坐标（d，q）中进行控制，则由式（7-108）得

$$\boldsymbol{I}_{\mathrm{dq}}^{*}(\mathrm{P}) = \boldsymbol{I}_{\mathrm{dq}}^{\mathrm{P}*} + \boldsymbol{I}_{\mathrm{dq}}^{\mathrm{N}*}\mathrm{e}^{-\mathrm{j}2\omega t} \tag{7-110}$$

式中 $\boldsymbol{I}_{\mathrm{dq}}^{*}$（P）——正序同步旋转坐标系（d，q）中的电流控制指令

$$\boldsymbol{I}_{\mathrm{dq}}^{*}(\mathrm{P}) = i_{\mathrm{d}}^{*}(\mathrm{P}) + \mathrm{j}i_{\mathrm{q}}^{*}(\mathrm{P})$$

显然，该电流控制指令由直流分量 $\boldsymbol{I}_{\mathrm{dq}}^{\mathrm{P}*}$ 和 2 次分量 $\boldsymbol{I}_{\mathrm{dq}}^{\mathrm{N}*}\mathrm{e}^{-\mathrm{j}2\omega t}$ 组成。

同样，可在正序同步旋转坐标系中引入三相 VSR 电流的前馈解耦控制，若电流内环调节器采用 PI 调节器，则正序控制电压指令为

$$\begin{cases} v_{\mathrm{d}}^{\mathrm{P}*} = e_{\mathrm{d}}^{\mathrm{P}} - \left(K_{i\mathrm{P}} + \dfrac{K_{i\mathrm{I}}}{s}\right)\left[i_{\mathrm{d}}^{*}(\mathrm{P}) - i_{\mathrm{d}}(\mathrm{P})\right] + \omega L i_{\mathrm{q}}^{\mathrm{P}} \\ v_{\mathrm{q}}^{\mathrm{P}*} = e_{\mathrm{q}}^{\mathrm{P}} - \left(K_{i\mathrm{P}} + \dfrac{K_{i\mathrm{I}}}{s}\right)\left[i_{\mathrm{q}}^{*}(\mathrm{P}) - i_{\mathrm{q}}(\mathrm{P})\right] - \omega L i_{\mathrm{d}}^{\mathrm{P}} \end{cases} \tag{7-111}$$

式中 i_{d}（P）、i_{q}（P）——正序同步旋转坐标系（d，q）中的电流反馈值。

由于式（7-111）只对三相 VSR 交流正序电流分量进行前馈解耦控制，为抑制三相 VSR 交流负序电流对正序控制的扰动，可引入负序电流前馈控制。

由式（7-94）且忽略三相 VSR 交流侧电阻，则

$$\boldsymbol{E}_{\mathrm{dq}}^{\mathrm{N}} = L\frac{\mathrm{d}\boldsymbol{I}_{\mathrm{dq}}^{\mathrm{N}}}{\mathrm{d}t} - \mathrm{j}\omega L\boldsymbol{I}_{\mathrm{dq}}^{\mathrm{N}} + \boldsymbol{V}_{\mathrm{dq}}^{\mathrm{N}} \tag{7-112}$$

考虑静态前馈控制，故令 $\mathrm{d}\boldsymbol{I}_{\mathrm{dq}}^{\mathrm{N}}/\mathrm{d}t = 0$，则式（7-112）简化为

$$\boldsymbol{V}_{\mathrm{dq}}^{\mathrm{N}} = \boldsymbol{E}_{\mathrm{dq}}^{\mathrm{N}} + \mathrm{j}\omega L\boldsymbol{I}_{\mathrm{dq}}^{\mathrm{N}} \tag{7-113}$$

将 $\boldsymbol{V}_{\mathrm{dq}}^{\mathrm{N}} = v_{\mathrm{d}}^{\mathrm{N}} + \mathrm{j}v_{\mathrm{q}}^{\mathrm{N}}$、$\boldsymbol{E}_{\mathrm{dq}}^{\mathrm{N}} = e_{\mathrm{d}}^{\mathrm{N}} + \mathrm{j}e_{\mathrm{q}}^{\mathrm{N}}$、$\boldsymbol{I}_{\mathrm{dq}}^{\mathrm{N}} = i_{\mathrm{d}}^{\mathrm{N}} + \mathrm{j}i_{\mathrm{q}}^{\mathrm{N}}$ 代入式（7-113），并化简，即得负序电流静态前馈控制指令 $\boldsymbol{V}_{\mathrm{dq}}^{\mathrm{N}*} = v_{\mathrm{d}}^{\mathrm{N}*} + jv_{\mathrm{q}}^{\mathrm{N}*}$，且

$$\begin{cases} v_{\mathrm{d}}^{\mathrm{N}*} = e_{\mathrm{d}}^{\mathrm{N}} - \omega L i_{\mathrm{q}}^{\mathrm{N}} \\ v_{\mathrm{q}}^{\mathrm{N}*} = e_{\mathrm{q}}^{\mathrm{N}} + \omega L i_{\mathrm{d}}^{\mathrm{N}} \end{cases} \tag{7-114}$$

通过式（7-111）、式（7-114）算出正序同步旋转坐标系（d，q）中的三相 VSR 交流侧正序、负序电压控制指令 $\boldsymbol{V}_{\mathrm{dq}}^{\mathrm{P}*}$、$\boldsymbol{V}_{\mathrm{dq}}^{\mathrm{N}*}$。显然，正序同步旋转坐标系（d，q）中的三相 VSR 交流侧电压控制指令 $\boldsymbol{V}_{\mathrm{dq}}^{*}$（P）为

$$\boldsymbol{V}_{\mathrm{dq}}^{*}(\mathrm{P}) = \boldsymbol{V}_{\mathrm{dq}}^{\mathrm{P}*} + \mathrm{e}^{-\mathrm{j}2\omega t}\boldsymbol{V}_{\mathrm{dq}}^{\mathrm{N}*} = v_{\mathrm{d}}^{*}(\mathrm{P}) + jv_{\mathrm{q}}^{*}(\mathrm{P}) \tag{7-115}$$

利用式（7-115）所求电压控制指令 $\boldsymbol{V}_{\alpha\beta}^{*}$，并采用空间矢量 PWM（SVPWM）控制，即可实现抑制直流侧电压谐波的三相 VSR 不平衡控制策略，其系统结构如图 7-22 所示，相关波形如图 7-23 所示。

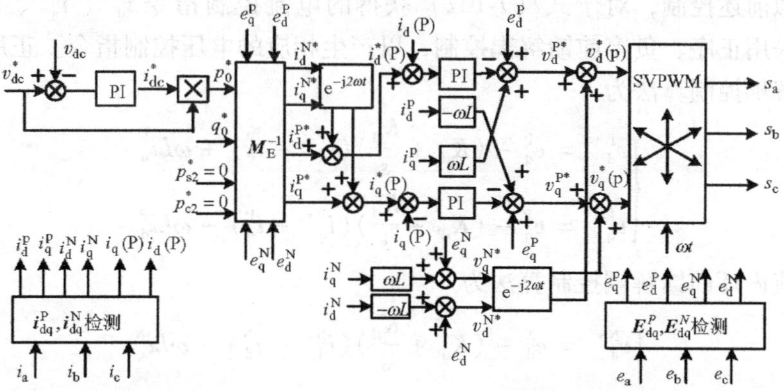

图 7-22　抑制直流电压谐波的三相 VSR 不平衡控制系统结构

由图 7-23 可看出，以上抑制直流侧电压二次谐波的三相 VSR 不平衡控制策略使直流侧电压二次谐波得到了明显的抑制，同时也使有功及无功功率 $p(\omega t)$、$q(\omega t)$ 的波动相应减小。然而，稳态时的三相 VSR 直流侧电压仍含有一定的 2 次谐波。显然，该控制策略并没有完全消除直流电压的 2 次谐波。实际上，上述控制方案中，电流控制仍采用了 PI 调节器设计，即电流指令 $\boldsymbol{I}_{dq}^{*}(\mathrm{P})$ 中除有直流分量 $\boldsymbol{I}_{dq}^{P*}$ 外，还含有 2 次谐波分量 $\boldsymbol{I}_{dq}^{N*}e^{-j2\omega t}$，在有限增益条件下，PI 调节器对 2 次谐波分量 $\boldsymbol{I}_{dq}^{N*}e^{-j2\omega t}$ 无法获得无静差控制。因此，实际上正是由于 $p_{s2}\neq 0$ 而导致了三相 VSR 直流侧电压仍含有一定幅值的 2 次谐波电压。

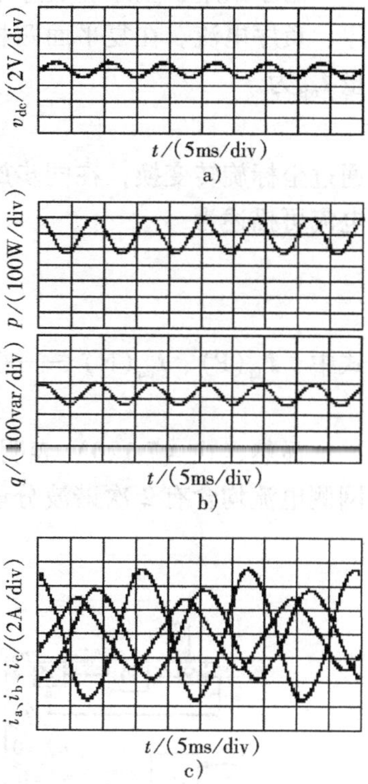

图 7-23　抑制直流电压谐波的三相 VSR 不平衡控制相关控制波形

a）直流侧电压波形　b）有功功率 p、无功功率 q 波形　c）交流侧电流波形

为了克服上述 PI 调节器控制的不足，可以引入结构完全对称的正序、负序坐标系（d，q）双电流内环控制，从而实现对正序和负序电流的独立控制。此时，其正序、负序电流控制指令均只含直流分量而不含有 2 次谐波分量，即

$$\boldsymbol{I}_{dq}^{*}(\mathrm{P})=\boldsymbol{I}_{dq}^{P*}\qquad \boldsymbol{I}_{dq}^{*}(\mathrm{N})=\boldsymbol{I}_{dq}^{N*}\tag{7-116}$$

显然，在正序、负序双电流内环结构中，若电流调节器均设计为 PI 调节器，便可实现三相 VSR 正序、负序电流的无静差控制，从而使 $P_{s2}=P_{c2}=0$。这样，即可完全抑制因电网不平衡所导致的三相 VSR 直流侧电压 2 次谐波。

类似前述控制，对于式（7-107）获得的电流控制指令 i_d^{P*}、i_q^{P*}、i_d^{N*}、i_q^{N*} 可分别采用正序、负序前馈解耦控制，以产生相应的电压控制指令。正序电流内环前馈解耦控制算法为

$$\begin{cases} v_d^{P*} = e_d^P - \left(K_{iP} + \dfrac{K_{iI}}{s}\right)(i_d^{P*} - i_d^P) + \omega L i_q^P \\ v_q^{P*} = e_q^P - \left(K_{iP} + \dfrac{K_{iI}}{s}\right)(i_q^{P*} - i_q^P) - \omega L i_d^P \end{cases} \tag{7-117}$$

负序电流内环前馈解耦控制算法为

$$\begin{cases} v_d^{N*} = e_d^N - \left(K_{iP} + \dfrac{K_{iI}}{s}\right)(i_d^{N*} - i_d^N) - \omega L i_q^N \\ v_q^{N*} = e_q^N - \left(K_{iP} + \dfrac{K_{iI}}{s}\right)(i_q^{N*} - i_q^N) + \omega L i_d^N \end{cases} \tag{7-118}$$

由于采用了正序、负序电流独立控制，因此必须分别检测三相 VSR 交流正序、负序电流。在复平面两相静止坐标系（α，β）中的三相 VSR 交流电流复矢量 $\boldsymbol{I}_{\alpha\beta}$ 为

$$\boldsymbol{I}_{\alpha\beta} = e^{j\omega t}\boldsymbol{I}_{dq}^P + e^{-j\omega t}\boldsymbol{I}_{dq}^N \tag{7-119}$$

通过坐标旋转变换，在同步旋转坐标系（d，q）中的三相 VSR 正序、负序网侧电流可描述为

$$\begin{cases} \boldsymbol{I}_{dq}(P) = \boldsymbol{I}_{dq}^P + \boldsymbol{I}_{dq}^N e^{-j2\omega t} \\ \boldsymbol{I}_{dq}(N) = \boldsymbol{I}_{dq}^N + \boldsymbol{I}_{dq}^P e^{j2\omega t} \end{cases} \tag{7-120}$$

式中　$\boldsymbol{I}_{dq}(P)$、$\boldsymbol{I}_{dq}(N)$ ——三相 VSR 在坐标系（d，q）中网侧正、负序电流复矢量。

显然，式（7-120）表明，无论正序或负序（d，q）同步旋转坐标系中，其网侧电流均含有 2 次谐波分量，控制时应加以滤除，通常采用陷波器滤除 2 次谐

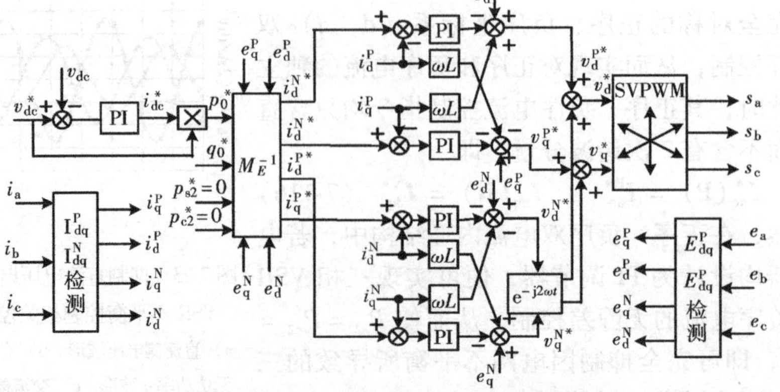

图 7-24　三相 VSR 正、负序双电流内环独立控制结构

波。这样，将两路电流检测信号经陷波器滤波后均只含有相应的直流分量，当采用 PI 调节器设计时，即可实现正、负序电流的无静差控制。其正、负序双电流内环独立控制系统结构如图 7-24 所示，相应的响应波形如图 7-25 所示。

从响应波形可看出，与单一正序电流内环控制方案（见图 7-22，图 7-23）相比，这种正、负序双电流内环独立控制策略由于使有功功率 $p(\omega t)$ 波动很小，基本消除了三相 VSR 直流电压 2 次谐波，但三相 VSR 交流侧仍含有负序电流，且无功功率 $q(\omega t)$ 依然波动。

值得关注的是，这种三相 VSR 不平衡控制方案实际上是在三相 VSR 网侧电流中加入适当负序电流，以满足直流电压的控制要求。但负序电流的加入，又使 VSR 三相网侧电流不对称，因此，从三相 VSR 功率开关管电流负载分配平衡角度分析，应使三相 VSR 网侧电流基本对称，但这样又使其直流电压含有 2 次谐波。当对三相 VSR 直流电压控制要求较高时，此时可在三相 VSR 直流侧加入 *LC* 滤波支路，以抑制直流侧 2 次谐波电压。

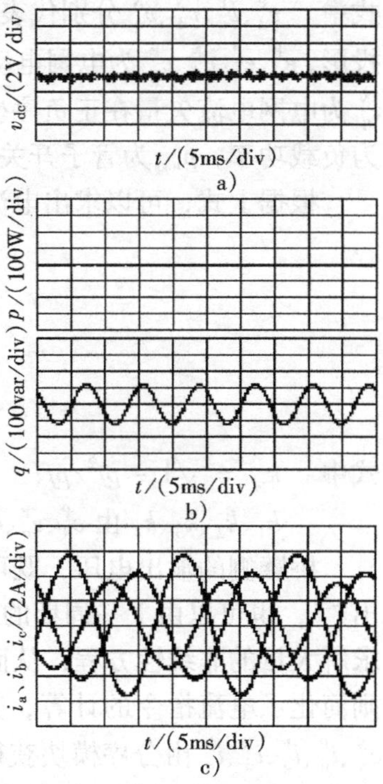

图 7-25　三相 VSR 正、负序双电流内环独立控制响应波形

a）直流电压波形

b）有功功率 p、无功功率 q 波形

c）交流电流波形

参考文献［43］中指出，滤波电感上的瞬时功率不为零，这就使得网侧瞬时有功功率和桥臂侧瞬时有功功率并不相等，因而若按照网侧瞬时功率计算则会出现偏差，使得抑制效果不明显，需按照桥臂侧瞬时功率计算。这时计算电流指令需满足的条件是：① 控制网侧有功功率平均值 p_0；② 控制网侧无功功率平均值 q_0 以实现所需要的功率因数；③ 抑制桥臂侧瞬时有功功率脉动量 p'_{c2} 和 p'_{s2} 为零，综上可得到功率方程如下：

$$\begin{cases} p_0 = \dfrac{3}{2}(e_q^P i_q^P + e_d^P i_d^P + e_q^N i_q^N + e_d^N i_d^N) = p_{load} + p_{loss} \\ q_0 = \dfrac{3}{2}(e_q^P i_d^P - e_d^P i_q^P + e_q^N i_d^N - e_d^N i_q^N) \dfrac{\sqrt{1-pf^2}}{pf} p_0 \\ p'_{s2} = \dfrac{3}{2}(-v_q^P i_d^N + v_d^P i_q^N + v_q^N i_d^P - v_d^N i_q^P) = 0 \\ p'_{c2} = \dfrac{3}{2}(v_d^P i_d^N + v_q^P i_q^N + v_d^N i_d^P + v_q^N i_q^P) = 0 \end{cases} \tag{7-121}$$

式中　v_d^P、v_q^P、v_d^N、v_q^N 分别代表桥臂侧的输出电压矢量在正负序坐标系 d、q 轴上的投影，e_d^P、e_q^P、e_d^N、e_q^N 为电网电动势矢量在正负序坐标系 d、q 轴上的投影，i_d^P、i_q^P、i_d^N、i_q^N 为电网电流矢量在正负序坐标系 d、q 轴上的投影，pf 为所需的功率因数，p_{load} 为负载功率，p_{loss} 为管子开关损耗。

根据上式，可以求出电流指令如下：

$$\begin{cases} i_d^P = -(k_1 + k_2 k_{pf})p_0 \\ i_q^P = -(k_2 - k_1 k_{pf})p_0 \\ i_d^N = (k_3 - k_4 k_{pf})p_0 \\ i_q^N = (k_4 + k_3 k_{pf})p_0 \end{cases} \tag{7-122}$$

式中　$k_{pf} = \sqrt{1 - pf^2}/pf$；

k_1、k_2、k_3、k_4 由 e_d^P、e_q^P、e_d^N、e_q^N、v_d^P、v_q^P、v_d^N、v_q^N 组成。

桥臂侧的输出电压，既可以通过电网电压、电流及滤波电感之间的关系求解出[42]，也可以由上一周期的电压调制波指令值代替[43]。前者在实现过程中需要求解大量的非线性方程，从而使得算法变得复杂，影响动态响应快速性；而后者则简化了电流指令的计算，其系统的控制结构如图 7-26 所示。其中，e_d^P、e_q^P、e_d^N、e_q^N、i_d^P、i_q^P、i_d^N、i_q^N 由分序模块获得，v_d^P、v_q^P、v_d^N、v_q^N 由上一周期的调制波指令获得，系统采用四个 PI 控制器，实现对给定电流指令的无静差控制，正负序电流控制指令则分别采用正序、负序前馈解耦控制，以产生相应的电压控制指令。

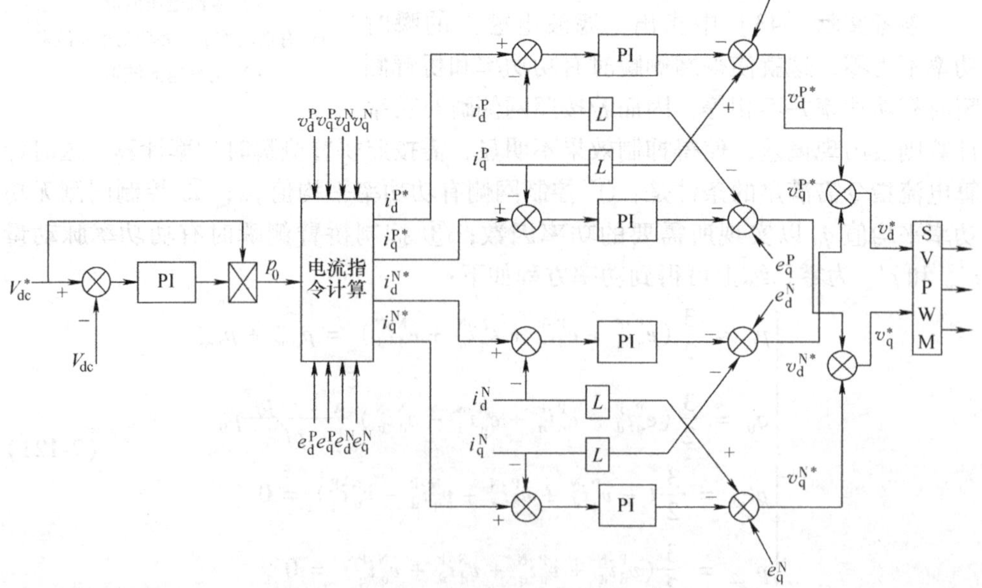

图 7-26　三相 VSR 桥臂侧瞬时功率控制结构

采用网侧瞬时功率算法和桥臂侧瞬时功率算法的控制响应对比如图 7-27 所示。图 7-27 中，开始阶段采用网侧瞬时功率算法，之后切换为桥臂侧瞬时功率算法。显然，算法切换后，桥臂侧瞬时有功功率脉动和直流侧电压中的二次纹波均得到了明显抑制。

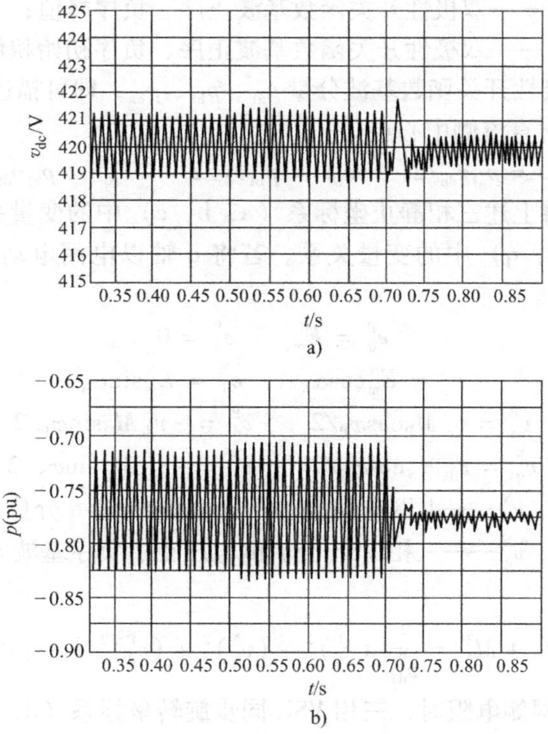

图 7-27　桥臂侧瞬时功率算法与网侧瞬时功率算法对比

a）算法切换前后直流侧电压的响应　b）算法切换前后桥臂侧瞬时有功功率

4. 电网不平衡时三相 VSR PWM 线性控制范围

当电网不平衡时，若只讨论电网电动势基波正序、负序分量，则三相电网电动势表达式为

$$\begin{cases} e_a = E_m^P\cos\omega t + E_m^N(\omega t + \alpha_N) \\ e_b = E_m^P\cos(\omega t - 120°) + E_m^N\cos(\omega t + 120° + \alpha_N) \\ e_c = E_m^P\cos(\omega t + 120°) + E_m^N\cos(\omega t - 120° + \alpha_N) \end{cases} \tag{7-123}$$

式中　E_m^P、E_m^N——正、负序基波电动势峰值；

α_N——负序基波电动势初始相位角。

若只考虑双极性开关函数 $p(\omega t)$ 中正、负序基波分量，则

$$\begin{cases} p_{a1} = M_P\cos(\omega t + \varphi_P) + M_N\cos(\omega t + \varphi_N) \\ p_{b1} = M_P\cos(\omega t - 120° + \varphi_P) + M_N\cos(\omega t + 120° + \varphi_N) \\ p_{c1} = M_P\cos(\omega t + 120° + \varphi_P) + M_N\cos(\omega t + 120° + \varphi_N) \end{cases} \tag{7-124}$$

式中　p_{a1}、p_{b1}、p_{c1}——双极性开关函数三相基波分量；

M_P、M_N——双极性开关函数基波正序、负序峰值；

φ_P、φ_N——双极性开关函数基波正序、负序初始相位角。

显然，由双极性开关函数基波分量p_{a1}、p_{b1}、p_{c1}，即可描述三相 VSR 交流电压基波分量（相对直流侧中心点0′）

$$v_{a0'} = p_{a1}v_{dc}/2 \qquad v_{b0'} = p_{b1}v_{dc}/2 \qquad v_{c0'} = p_{c1}v_{dc}/2 \tag{7-125}$$

由坐标变换不难将上述三相静止坐标系（a，b，c）中的变量关系转换成两相同步旋转坐标系（d，q）中的变量关系。若将 q 轴以电网电动势基波正序定向，则

$$e_q^P = E_m^P \qquad e_d^P = 0 \tag{7-126}$$

$$e_q^N = E_m^N\cos\alpha_N \qquad e_d^N = E_m^N\sin\alpha_N \tag{7-127}$$

$$v_q^P = v_{dc}M_P\cos\varphi_P/2 \qquad v_d^P = -v_{dc}M_P\sin\varphi_P/2 \tag{7-128}$$

$$v_q^N = v_{dc}M_N\cos\varphi_N/2 \qquad v_d^N = -v_{dc}M_N\sin\varphi_N/2 \tag{7-129}$$

式中　e_d^P、e_q^P，e_d^N、e_q^N——电网电动势正、负序基波 d、q 分量；

v_d^P、v_q^P，v_d^N、v_q^N——三相 VSR 交流侧电压正、负序基波 d、q 分量。

显然

$$M_P^2 + M_N^2 = \frac{2}{v_{dc}^2}[(v_q^P)^2 + (v_q^N)^2 + (v_d^P)^2 + (v_d^N)^2] \tag{7-130}$$

当忽略三相 VSR 网侧电阻时，三相 VSR 同步旋转坐标系（d，q）稳态模型方程为

$$\begin{bmatrix} 0 \\ 0 \\ 0 \\ 0 \end{bmatrix} = \begin{bmatrix} 0 & -\omega & 0 & 0 \\ \omega & 0 & 0 & 0 \\ 0 & 0 & 0 & \omega \\ 0 & 0 & -\omega & 0 \end{bmatrix} \begin{bmatrix} i_q^P \\ i_d^P \\ i_q^N \\ i_d^N \end{bmatrix} + \begin{bmatrix} -\frac{1}{L} & 0 & 0 & 0 \\ 0 & -\frac{1}{L} & 0 & 0 \\ 0 & 0 & -\frac{1}{L} & 0 \\ 0 & 0 & 0 & -\frac{1}{L} \end{bmatrix} \begin{bmatrix} v_q^P - e_q^P \\ v_d^P - e_d^P \\ v_q^N - e_q^N \\ v_d^N - e_d^N \end{bmatrix} \tag{7-131}$$

若研究抑制三相 VSR 交流负序电流时的单位功率因数控制策略，并参考式(7-100)、式（7-126）、式（7-131）易求出稳态时的相关关系式为

$$i_q^P = \frac{2}{3}\frac{p_0}{e_q^P} \qquad i_d^P = i_d^N = i_q^N = 0 \tag{7-132}$$

$$v_q^N = e_q^N \qquad v_d^N = e_d^N \tag{7-133}$$

$$v_q^P = e_q^P \qquad v_d^P = \frac{2}{3}\frac{\omega L P_0}{e_q^P} \tag{7-134}$$

显然，当考虑正序、负序线性 PWM 控制时，在坐标系（d，q）中，双极性开关函数最大基波幅值必须满足

$$M_{max} = M_P + M_N \leqslant m \tag{7-135}$$

式中　m——取决于 PWM 的最大调制系数。

当采用 SPWM 控制时，$m=1/2$；而采用 SVPWM 控制时，$m=1$。

联立式（7-130）、式（7-132）~式（7-135），并考虑到 $M_P + M_N = \sqrt{M_P^2 + M_N^2 + 2M_P + M_N} \leqslant \sqrt{2\left(M_P^2 + M_N^2\right)}$，易求解得当电网不平衡，且三相 VSR PWM 线性调制时，其直流侧电压需满足的约束条件为

$$v_{dc} \geqslant \frac{2}{m}\left[\sqrt{(E_m^P)^2 + \left(\frac{2}{3}\frac{\omega L p_0}{e_M^P}\right)^2} + (E_m^N)^2\right] \tag{7-136}$$

可见，当电网不平衡时，为了确保三相 VSR 不平衡控制策略的线性 PWM 控制，三相 VSR 直流侧电压 v_{dc} 必须适当提高。电网不平衡度越高，电网电动势负序分量峰值越大，就需要三相 VSR 直流侧电压 v_{dc} 越高。

第 8 章　电流型 PWM 整流器（CSR）的建模及控制

8.1　三相 CSR 建模

8.1.1　三相 CSR 一般数学模型的建立

三相 CSR 一般数学模型是根据 CSR 电路拓扑结构，并在三相静止坐标系（a，b，c）中，利用电路基本定律（基尔霍夫电压、电流定律）对 CSR 建立的一般数学描述，三相 CSR 拓扑结构如图 8-1 所示。

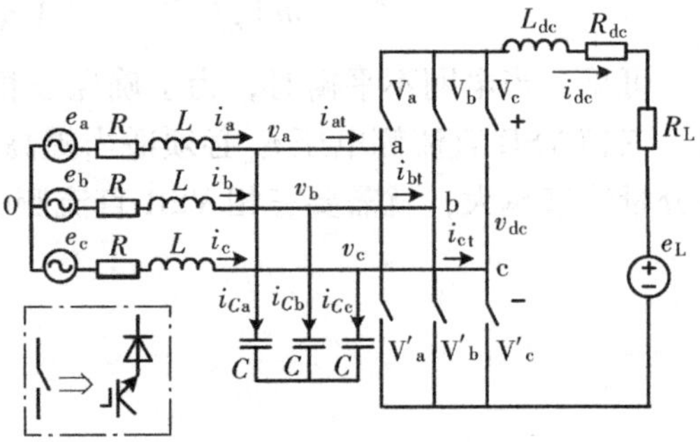

图 8-1　三相 CSR 拓扑结构

与 VSR 建模类似，对三相 CSR 一般数学模型的建立，通常有如下假设：

1）电网电动势为三相平稳的纯正弦波电动势（e_a，e_b，e_c）。

2）交流、直流侧滤波电感 L、L_{dc}均是线性的，且不考虑饱和。

3）开关损耗已折合到 CSR 直流侧，且包含在 R_{dc}之中。

4）为描述 CSR 能量的双向传输，三相 CSR 其直流侧由负载电阻 R_L 和负载电动势 e_L 串联表示。

由图 8-1 并根据基尔霍夫电压、电流定律，可直接写出三相 CSR 一般数学模型为

$$\begin{cases} L\dfrac{di_a}{dt} = e_a - v_a - i_aR \\ L\dfrac{di_b}{dt} = e_b - v_b - i_bR \\ L\dfrac{di_c}{dt} = e_c - v_c - i_cR \end{cases} \tag{8-1}$$

$$\begin{cases} C\dfrac{\mathrm{d}v_{\mathrm{a}}}{\mathrm{d}t} = i_{\mathrm{a}} - i_{\mathrm{at}} \\ C\dfrac{\mathrm{d}v_{\mathrm{b}}}{\mathrm{d}t} = i_{\mathrm{b}} - i_{\mathrm{bt}} \\ C\dfrac{\mathrm{d}v_{\mathrm{c}}}{\mathrm{d}t} = i_{\mathrm{c}} - i_{\mathrm{ct}} \end{cases} \tag{8-2}$$

$$L_{\mathrm{dc}}\frac{\mathrm{d}i_{\mathrm{dc}}}{\mathrm{d}t} = v_{\mathrm{dc}} - i_{\mathrm{dc}}(R_{\mathrm{dc}} + R_{\mathrm{L}}) - e_{\mathrm{L}} \tag{8-3}$$

式中 $e_k(k = \mathrm{a,b,c})$——三相电网相电动势瞬时值；
$v_k(k = \mathrm{a,b,c})$——三相 CSR 交流侧相电压瞬时值；
$i_k(k = \mathrm{a,b,c})$——三相 CSR 网侧相电流瞬时值；
L_{dc}、R_{dc}——直流侧滤波电感参数；
C、L、R——交流侧滤波电容、电感、电阻；
v_{dc}——三相 CSR 直流输出电压瞬时值；
R_{L}、e_{L}——负载等效电阻及电动势；
$i_{k\mathrm{t}}$（k=a，b，c）——三相 CSR 交流侧相电流瞬时值。

式（8-1）~式(8-3) 虽然全面描述了三相 CSR 交流侧、直流侧及负载的瞬态电路特性，但仍然没有揭示三相 CSR PWM 及相关瞬态特性。

为了在三相 CSR 一般数学模型中体现 PWM 开关状态对三相 CSR 瞬态电路特性的影响，引入三值逻辑开关函数 σ_k，且定义

$$\sigma_k = \begin{cases} 1 & \text{上桥臂通} \\ 0 & \text{上桥臂全通或全断} \\ 1 & \text{下桥臂通} \end{cases} \quad (k = \mathrm{a,b,c}) \tag{8-4}$$

要实现三相 CSR 电流 PWM 控制，任何瞬间上、下桥臂各只能有一个功率开关管导通。三相 CSR 功率开关管开关状态与开关函数取值的对应关系见表 8-1。

表 8-1　三相 CSR 功率开关管开关状态及开关函数

V_{a}	V'_{c}	V_{b}	V'_{a}	V_{c}	V'_{b}	($\sigma_{\mathrm{a}}\ \sigma_{\mathrm{b}}\ \sigma_{\mathrm{c}}$)
●	●	○	○	○	○	(1 0 −1)
○	●	●	○	○	○	(0 1 −1)
○	○	●	●	○	○	(−1 1 0)
○	○	○	●	●	○	(−1 0 1)
○	○	○	○	●	●	(0 −1 1)
●	○	○	○	○	●	(1 −1 0)
●	○	○	●	○	○	(0 0 0)
○	●	○	○	●	○	(0 0 0)
○	○	●	○	○	●	(0 0 0)

注：●—“通”；　○—“断”。

由表 8-1 和图 8-1 分析得

$$\begin{cases} i_{\mathrm{at}} = \sigma_{\mathrm{a}} i_{\mathrm{dc}} \\ i_{\mathrm{bt}} = \sigma_{\mathrm{b}} i_{\mathrm{dc}} \\ i_{\mathrm{ct}} = \sigma_{\mathrm{c}} i_{\mathrm{dc}} \end{cases} \tag{8-5}$$

$$v_{\mathrm{dc}} = v_{\mathrm{a}}\sigma_{\mathrm{a}} + v_{\mathrm{b}}\sigma_{\mathrm{b}} + v_{\mathrm{c}}\sigma_{\mathrm{c}} \tag{8-6}$$

将式（8-5）、式（8-6）代入式（8-1）~式（8-3），得基于开关函数描述的三相 CSR 一般数学模型为

$$\begin{cases} L\dfrac{\mathrm{d}i_k}{\mathrm{d}t} = e_k - v_k - i_k R \\ C\dfrac{\mathrm{d}v_k}{\mathrm{d}t} = i_k - \sigma_k i_{\mathrm{dc}} \qquad (k = \mathrm{a、b、c}) \\ L_{\mathrm{dc}}\dfrac{\mathrm{d}i_{\mathrm{dc}}}{\mathrm{d}t} = \sum\limits_{k=\mathrm{a,b,c}} v_k\sigma_k - i_{\mathrm{dc}}(R_{\mathrm{dc}} + R_{\mathrm{L}}) - e_{\mathrm{L}} \end{cases} \tag{8-7}$$

三相静止坐标系（a，b，c）中的三相 CSR 开关函数模型结构如图 8-2 所示。

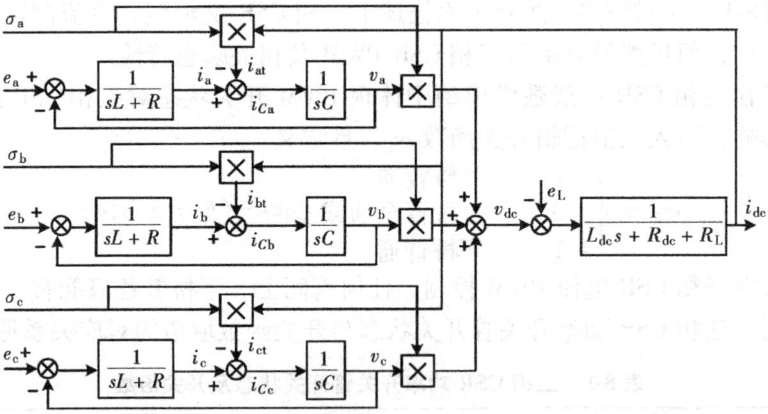

图 8-2　三相静坐标系（a，b，c）中的三相 CSR 开关函数模型结构

基于开关函数描述的三相 CSR 一般数学模型是对 CSR PWM 功率开关管开关瞬态过程的准确描述，比较适合于 CSR 的控制系统仿真。然而，这类基于开关函数描述的 CSR 一般数学模型，由于包含了 PWM 功率开关管开关过程的高频分量，因而难以用于控制系统分析及控制器设计，为此必须对上述模型进行简化。简化方法之一就是忽略 PWM 功率开关管开关过程的高频分量，且只考虑相应模型的低频分量。当 CSR PWM 开关频率远高于电网基波频率时，这种简化方法在工程设计中是合理的。

具体简化思路就是利用傅里叶级数，将三相 CSR 三值逻辑开关函数 $\sigma_k(k=\mathrm{a},\mathrm{b},\mathrm{c})$ 展开，从而使三相 CSR 一般数学模型分解成低频、高频模型两部分。当 $\sigma_k(k=\mathrm{a},\mathrm{b},\mathrm{c})$ 只取其基波分量，并代入三相 CSR 一般数学模型时，即得三相 CSR 低频模型。这种三相 CSR 低频模型以 PWM 占空比取代原来的三值逻辑开关函数，因而特别适合用于三相 CSR 控制系统动、静特性分析及控制器设计。然而，由于三相 CSR 低频数学模型是建立于三相静止坐标系（a，b，c）之中，因此 CSR 交流侧变量均为交流量，这样就使系统特性分析及设计复杂化。但若将三相 CSR 低频数学模型建立于两相同步旋转坐标系（d，q）之中，稳态时的 CSR 交流侧基波变量均转化为直流量，从而使系统特性分析及设计得以简化，以下讨论三相 CSR dq 模型的建立。

8.1.2 三相 CSR dq 模型的建立

与三相 VSR dq 模型建立类似，首先考虑将三相静止坐标系（a，b，c）转换为两相静止坐标系（D，Q）。若采用“等量”坐标变换，则

$$\begin{bmatrix} x_{\mathrm{a}} \\ x_{\mathrm{b}} \\ x_{\mathrm{c}} \end{bmatrix} = \begin{bmatrix} 1 & 0 \\ -\dfrac{1}{2} & -\dfrac{\sqrt{3}}{2} \\ -\dfrac{1}{2} & \dfrac{\sqrt{3}}{2} \end{bmatrix} \begin{bmatrix} x_{\mathrm{Q}} \\ x_{\mathrm{D}} \end{bmatrix} \tag{8-8}$$

式中　$x_k \in \{e_k,\ i_k,\ v_k,\ \sigma_k\}$　　$(k=\mathrm{a},\ \mathrm{b},\ \mathrm{c})$

$x_i \in \{e_i,\ i_i,\ v_i,\ \sigma_i\}$　　$(i=\mathrm{D},\ \mathrm{Q})$

将式（8-8）代入式（8-7），化简得两相静止坐标系（D，Q）中的三相 CSR 开关函数模型为

$$\begin{cases} L_{\mathrm{dc}}\dfrac{\mathrm{d}i_{\mathrm{dc}}}{\mathrm{d}t} = \dfrac{3}{2}(\sigma_{\mathrm{Q}}v_{\mathrm{Q}} + \sigma_{\mathrm{D}}v_{\mathrm{D}}) - i_{\mathrm{dc}}(R_{\mathrm{dc}} + R_{\mathrm{L}}) - e_{\mathrm{L}} \\ L\dfrac{\mathrm{d}i_{\mathrm{Q}}}{\mathrm{d}t} = e_{\mathrm{Q}} - v_{\mathrm{Q}} - i_{\mathrm{Q}}R \\ L\dfrac{\mathrm{d}i_{\mathrm{D}}}{\mathrm{d}t} = e_{\mathrm{D}} - v_{\mathrm{D}} - i_{\mathrm{D}}R \\ C\dfrac{\mathrm{d}v_{\mathrm{Q}}}{\mathrm{d}t} = i_{\mathrm{Q}} - \sigma_{\mathrm{Q}}i_{\mathrm{dc}} \\ C\dfrac{\mathrm{d}v_{\mathrm{D}}}{\mathrm{d}t} = i_{\mathrm{D}} - \sigma_{\mathrm{D}}i_{\mathrm{dc}} \end{cases} \tag{8-9}$$

式中　σ_{Q}、σ_{D}——坐标系（D，Q）中三值逻辑开关函数的 Q、D 分量。

两相静止坐标系（D，Q）中的三相 CSR 开关函数模型结构如图 8-3 所示。

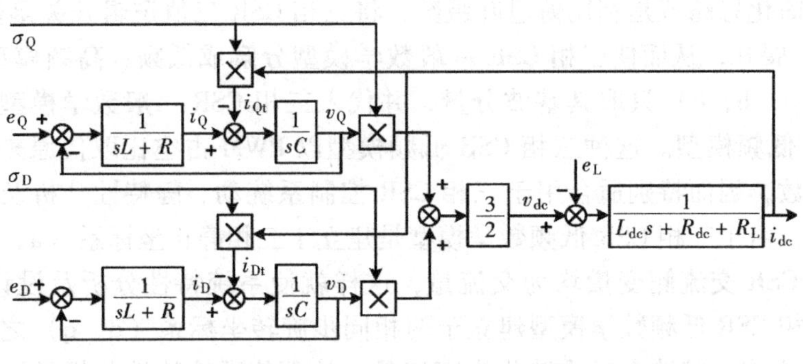

图 8-3　两相静止坐标系（D，Q）中的三相 CSR 开关函数模型结构

为了将两相静止坐标系（D，Q）变换成两相同步旋转坐标系（d，q）以获得三相 CSR dq 模型，可以在复平面上构造一复矢量

$$\boldsymbol{X}_{DQ} = x_Q - jx_D \qquad \boldsymbol{X}_{DQ} \in \{\boldsymbol{E}_{DQ}, \boldsymbol{I}_{DQ}, \boldsymbol{V}_{DQ}, \boldsymbol{\sigma}_{DQ}\}$$

式中　$\boldsymbol{E}_{DQ}$——坐标系（D，Q）中三相电网相电动势复矢量；

$\boldsymbol{I}_{DQ}$——坐标系（D，Q）中三相 CSR 网侧相电流复矢量；

$\boldsymbol{V}_{DQ}$——坐标系（D，Q）中三相 CSR 交流侧相电压复矢量；

$\boldsymbol{\sigma}_{DQ}$——坐标系（D，Q）中三值逻辑开关函数复矢量。

将式（8-9）写成复矢量形式，即得

$$\begin{cases} L_{dc}\dfrac{di_{dc}}{dt} = \dfrac{3}{2}\mathrm{Re}\{\boldsymbol{V}_{DQ}\bar{\boldsymbol{\sigma}}_{DQ}\} - i_{dc}(R_{dc} + R_L) - e_L \\ L\dfrac{d\boldsymbol{I}_{DQ}}{dt} = \boldsymbol{E}_{DQ} - \boldsymbol{V}_{DQ} - \boldsymbol{I}_{DQ}R \\ C\dfrac{d\boldsymbol{V}_{DQ}}{dt} = \boldsymbol{I}_{DQ} - i_{dc}\boldsymbol{\sigma}_{DQ} \end{cases} \tag{8-10}$$

式中　$\bar{\boldsymbol{\sigma}}_{DQ}$——$\boldsymbol{\sigma}_{DQ}$的共轭复矢量。

设初始状态下，坐标系（D，Q）与坐标系（d，q）重合，即 q 轴与 Q 轴重合、d 轴与 D 轴重合。当坐标系（d，q）以电网基波角频率 ω 同步旋转时，引入旋转因子 $e^{j\varphi}$。则同步旋转坐标系（d，q）中的复矢量 $\boldsymbol{X}_{dq}$可表示为

$$\boldsymbol{X}_{dq}e^{j\varphi} = \boldsymbol{X}_{DQ} \qquad \varphi = \int\omega dt \qquad (\omega = 2\pi f) \tag{8-11}$$

式中　$\boldsymbol{X}_{dq} \in \{\boldsymbol{E}_{dq}, \boldsymbol{V}_{dq}, \boldsymbol{I}_{dq}, \boldsymbol{\sigma}_{dq}\}$；

$\boldsymbol{E}_{dq}$、$\boldsymbol{V}_{dq}$、$\boldsymbol{I}_{dq}$、$\boldsymbol{\sigma}_{dq}$——坐标系（d、q）中电网相电动势、CSR 交流侧相电压、网侧相电流、三值逻辑开关函数复矢量。

将式（8-11）代入式（8-10），即得三相 CSR 坐标系（d，q）复矢量模型方程为

$$\begin{cases} L_{dc}\dfrac{di_{dc}}{dt} = \dfrac{3}{2}\mathrm{Re}\{\boldsymbol{V}_{dq}\bar{\boldsymbol{\sigma}}_{dq}\} - i_{dc}(R_{dc}+R_L) - e_L \\ L\dfrac{d\boldsymbol{I}_{dq}}{dt} + j\omega L\boldsymbol{I}_{dq} = \boldsymbol{E}_{dq} - \boldsymbol{V}_{dq} - \boldsymbol{I}_{dq}R \\ C\dfrac{d\boldsymbol{V}_{dq}}{dt} + j\omega C\boldsymbol{V}_{dq} = \boldsymbol{I}_{dq} - i_{dc}\boldsymbol{\sigma}_{dq} \end{cases} \tag{8-12}$$

式中　$\bar{\boldsymbol{\sigma}}_{dq}$——$\boldsymbol{\sigma}_{dq}$的共轭复矢量。

另外，式（8-12）中各复矢量可表示为

$$\begin{cases} \boldsymbol{E}_{dq} = e_q - je_d \\ \boldsymbol{I}_{dq} = i_q - ji_d \\ \boldsymbol{V}_{dq} = v_q - jv_d \\ \boldsymbol{\sigma}_{dq} = \sigma_q - j\sigma_d \end{cases} \tag{8-13}$$

将式（8-13）代入式（8-12），并分解 d、q 分量，得三相 CSR 在两相同步旋转坐标系（d，q）中的数学模型为

$$\begin{cases} L_{dc}\dfrac{di_{dc}}{dt} = \dfrac{3}{2}(v_q\sigma_q + v_d\sigma_d) - i_{dc}(R_{dc}+R_L) - e_L \\ L\dfrac{di_q}{dt} + \omega Li_d + Ri_q = e_q - v_q \\ L\dfrac{di_d}{dt} - \omega Li_q + Ri_d = e_d - v_d \\ C\dfrac{dv_q}{dt} + \omega Cv_d = i_q - i_{dc}\sigma_q \\ C\dfrac{dv_d}{dt} - \omega Cv_q = i_d - i_{dc}\sigma_d \end{cases} \tag{8-14}$$

两相同步旋转坐标系（d，q）中，三相 CSR 开关函数模型结构如图 8-4 所示。

8.1.3　三相 CSR dq 模型的改进

考察式（8-14）所描述的三相 CSR dq 模型，虽然这种 dq 模型将坐标系（a，b，c）中的三相基波交流量转换成坐标系（d，q）中的两相直流量，但由

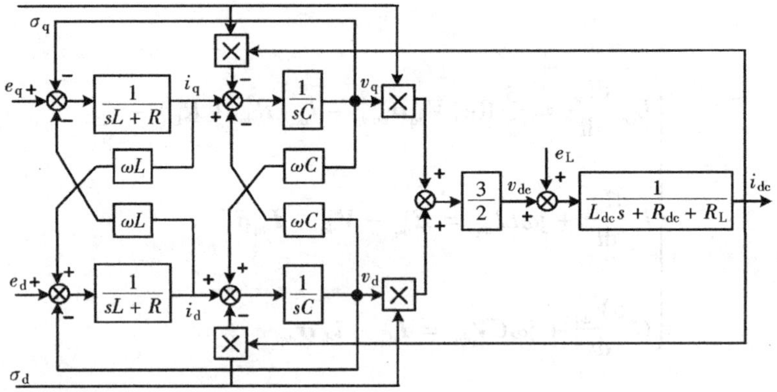

图 8-4　两相同步旋转坐标系（d，q）中的三相 CSR 开关函数模型结构

于方程中存在两变量的乘积项（$i_{dc}\sigma_q$，$i_{dc}\sigma_d$），因而三相 CSR dq 模型仍具有非线性特性。另外，在三相 CSR 控制系统设计中，常需求取三相 CSR 网侧电流 i_d、i_q 与直流侧电流 i_{dc} 间的动态关系。实际上，当忽略三相 CSR 桥路损耗时，其交流侧有功功率 p_{ac} 应与直流侧有功功率 p_{dc} 相平衡，即

$$p_{ac} = p_{dc} \tag{8-15}$$

当采用“等量”坐标变换时，则

$$p_{ac} = \frac{3}{2}e_d i_d + \frac{3}{2}e_q i_q \tag{8-16}$$

$$p_{dc} = v_{dc}i_{dc} = L_{dc}i_{dc}\frac{di_{dc}}{dt} + (R_{dc} + R_L)i_{dc}^2 + i_{dc}e_L \tag{8-17}$$

若 $e_L = 0$，则联立式（8-15）～式（8-17）并求解，得

$$L_{dc}\frac{di_{dc}^2}{dt} = -2(R_{dc} + R_L)i_{dc}^2 + 3e_d i_d + 3e_q i_q \tag{8-18}$$

显然，i_d、i_q 与 i_{dc} 间的动态方程亦呈现非线性特性，为了克服上述非线性特性，可以引入新变量将非线性模型线性化，令

$$\begin{cases} i = i_{dc}^2 \\ u_d = e_d - v_d \\ u_q = e_q - v_q \\ i_{id} = i_{dc}\sigma_d - \omega C e_q \\ i_{iq} = i_{dc}\sigma_q - \omega C e_d \end{cases} \tag{8-19}$$

将式（8-19）代入式（8-14）、式（8-18），得改进的三相 CSR dq 模型如下：

$$
\begin{cases}
L_{\mathrm{dc}}\dfrac{\mathrm{d}i}{\mathrm{d}t} = -2(R_{\mathrm{dc}}+R_{\mathrm{L}})i + 3e_{\mathrm{d}}i_{\mathrm{d}} + 3e_{\mathrm{q}}i_{\mathrm{q}} \\
L\dfrac{\mathrm{d}i_{\mathrm{d}}}{\mathrm{d}t} = -(R_{\mathrm{dc}}+R_{\mathrm{L}})i_{\mathrm{d}} + \omega L_{\mathrm{dc}}i_{\mathrm{q}} + u_{\mathrm{d}} \\
L\dfrac{\mathrm{d}i_{\mathrm{q}}}{\mathrm{d}t} = -\omega L_{\mathrm{dc}}i_{\mathrm{d}} - (R_{\mathrm{dc}}+R_{\mathrm{L}})i_{\mathrm{q}} + u_{\mathrm{q}} \\
C\dfrac{\mathrm{d}u_{\mathrm{d}}}{\mathrm{d}t} = -i_{\mathrm{d}} + C\omega u_{\mathrm{q}} + i_{\mathrm{id}} \\
C\dfrac{\mathrm{d}u_{\mathrm{q}}}{\mathrm{d}t} = -i_{\mathrm{q}} - C\omega u_{\mathrm{d}} + i_{\mathrm{iq}}
\end{cases}
\tag{8-20}
$$

显然，当 e_{d}、e_{q}、ω、R_{dc}、R_{L}、C 不变时，式（8-20）为一组线性微分方程，这有利于三相 CSR 控制系统设计。

8.2 三相 CSR dq 模型的动、静态分析[13,14]

8.2.1 三相 CSR dq 等效电路描述

与三相 VSR dq 模型的动、静态分析方法类似，首先将三相 CSR 拓扑结构按串联方式分成若干个子电路，如图 8-5 所示。利用三相静止坐标系（a，b，c）与两相同步旋转坐标系（d，q）间的坐标变换，将每个三相子电路变换成坐标系（d，q）下的两相子电路，然后适当连接，即获得三相 CSR dq 等效电路。

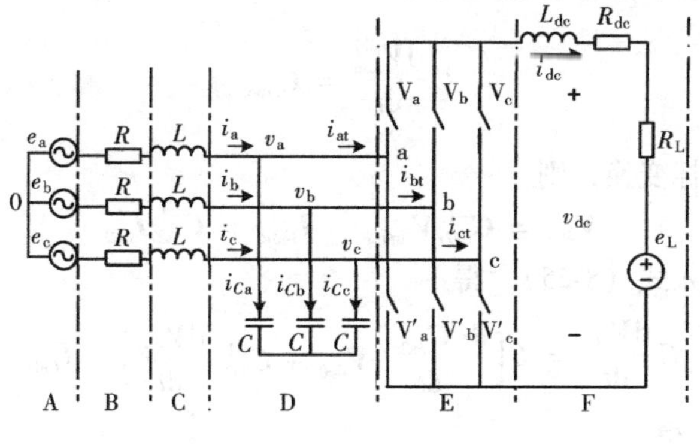

图 8-5 三相 CSR 及子电路划分

A—三相电动势子电路 B—三相电阻子电路

C—三相电感子电路 D—三相电容子电路

E—三相电流型逆变桥子电路 F—直流负载子电路

参见 3.1.3.2 节，其中子电路 A、B、C、D 已经讨论过。而子电路 F 已是单个直流支路，则无需进行坐标变换。下面着重研究子电路 D、E 的坐标变换及等效电路描述。

1. 三相电容子电路（子电路 D）dq 变换

设三相静止坐标系（a，b，c）中，三相对称电容电压、电流为

$$\boldsymbol{V}_{abc} = [v_a, v_b, v_c]^T \qquad \boldsymbol{I}_{Cabc} = [i_{Ca}, i_{Cb}, i_{Cc}]^T \tag{8-21}$$

经坐标变换后，坐标系（d，q，0）中三相对称电容电压、电流为

$$\boldsymbol{V}_{dq0} = [v_q, v_d, v_0]^T \qquad \boldsymbol{I}_{Cdq0} = [i_{Cq}, i_{Cd}, i_{C0}]^T \tag{8-22}$$

式中　v_0、i_{C0}——电容电压、电流的零轴分量。

若采用等功率正交坐标变换，则变换矩阵为 $\boldsymbol{C}_{3s2r}$，且

$$\boldsymbol{C}_{3s2r} = \sqrt{\frac{2}{3}}\begin{bmatrix} \cos(\omega t+\varphi) & \cos(\omega t-120^\circ+\varphi) & \cos(\omega t+120^\circ+\varphi) \\ \sin(\omega t+\varphi) & \sin(\omega t-120^\circ+\varphi) & \sin(\omega t+120^\circ+\varphi) \\ \frac{1}{\sqrt{2}} & \frac{1}{\sqrt{2}} & \frac{1}{\sqrt{2}} \end{bmatrix} \tag{8-23}$$

式中　φ——旋转坐标系（d，q）中 q 轴与静止坐标系（a，b，c）中 a 轴间的初始相位差。

由于 $\boldsymbol{C}_{3s2r}$ 为正交变换矩阵，因此

$$\boldsymbol{C}_{3s2r}^T = \boldsymbol{C}_{3s2r}^{-1} \tag{8-24}$$

对于三相对称系统，其电容电压满足

$$C\frac{d\boldsymbol{V}_{abc}}{dt} = \boldsymbol{I}_{Cabc} \tag{8-25}$$

引入同步旋转坐标变换，则

$$\boldsymbol{V}_{abc} = \boldsymbol{C}_{3s2r}^{-1}\boldsymbol{V}_{dq0} \qquad \boldsymbol{I}_{Cabc} = \boldsymbol{C}_{3s2r}^{-1}\boldsymbol{I}_{dq0} \tag{8-26}$$

将式（8-26）代入式（8-25），得

$$C\frac{d\boldsymbol{V}_{abc}}{dt} = C\left[\frac{d(\boldsymbol{C}_{3s2r}^{-1})}{dt}\boldsymbol{V}_{dq0} + \boldsymbol{C}_{3s2r}^{-1}\frac{d\boldsymbol{V}_{dq0}}{dt}\right] = \boldsymbol{I}_{Cabc} \tag{8-27}$$

化简式（8-27），得

$$C\frac{d\boldsymbol{V}_{dq0}}{dt} = -C\boldsymbol{C}_{3s2r}\frac{d(\boldsymbol{C}_{3s2r}^{-1})}{dt}\boldsymbol{V}_{dq0} + \boldsymbol{C}_{3s2r}\boldsymbol{I}_{Cabc} = -C\omega\begin{bmatrix} 0 & 1 & 0 \\ -1 & 0 & 0 \\ 0 & 0 & 0 \end{bmatrix}\boldsymbol{V}_{dq0} + \boldsymbol{I}_{Cdq0} \tag{8-28}$$

将式（8-28）分解，得

$$\begin{cases} C\dfrac{\mathrm{d}v_q}{\mathrm{d}t} = -\omega C v_d + i_{Cq} \\ C\dfrac{\mathrm{d}v_d}{\mathrm{d}t} = \omega C v_q + i_{Cd} \end{cases} \tag{8-29}$$

由于三相对称，则零轴分量关系为

$$C\frac{\mathrm{d}v_0}{\mathrm{d}t} = i_0 = \frac{i_a + i_b + i_c}{3} = 0 \tag{8-30}$$

式（8-29）表明，三相对称电容子电路可以采用回转器来表示，如图 8-6 所示。

2. 电流型三相逆变桥子电路（子电路 E）dq 坐标变换

在讨论三相电流型逆变桥 dq 等效变换前，首先必须将功率开关管电路简化成等效变压器模型电路。而等效变压器模型电路实际上是以开关占空比取代开关函数的一种低频等效模型电路，这是由于开关占空比描述了开关函数一个开关周期的平均特性。相关内容请参阅 3.1.3.2 节。

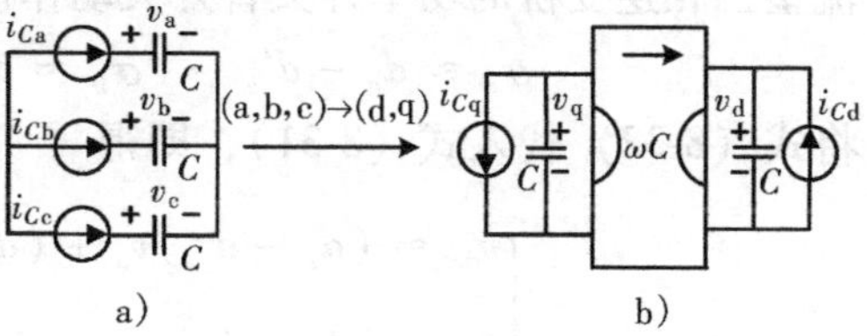

图 8-6　三相电容子电路 dq 变换
a）坐标系（a，b，c）三相电路
b）坐标系（d，q）两相电路

设与电流型三相逆变桥上、下桥臂每个功率开关管对应的 PWM 占空比分别为 d_a、d_b、d_c、d'_a、d'_b、d'_c。由三相 CSR 一般数学模型，易得电流型三相逆变桥等效变压器模型电路，如图 8-7 所示。

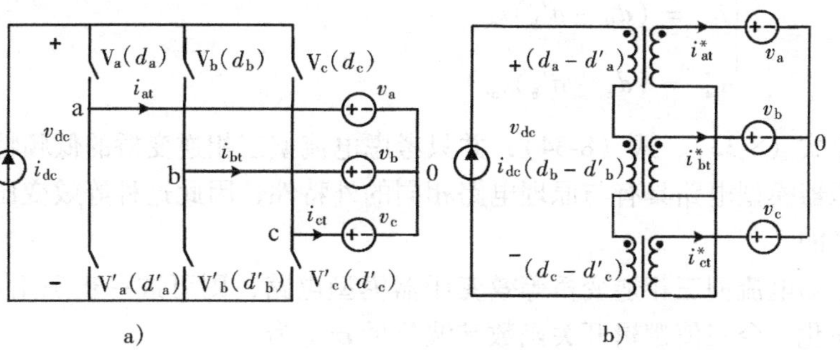

图 8-7　电流型三相逆变桥及其等效变压器模型电路
a）电流型三相逆变桥原理电路　b）电流型三相逆变桥等效变压器模型电路

那么，如何证明上述等效变压器模型电路的正确性呢？实际上，只需证明图 8-7 中模型电路与原理电路外特性等效即可。

首先研究图 8-7a 所示的电流型三相逆变桥原理电路，由开关函数模型知

$$\begin{cases} v_{dc} = \sigma_a v_a + \sigma_b v_b + \sigma_c v_c \\ i_{at} = \sigma_a i_{dc} \\ i_{bt} = \sigma_b i_{dc} \\ i_{ct} = \sigma_c i_{dc} \end{cases} \tag{8-31}$$

式中　σ_a、σ_b、σ_c——与三相对应的三值逻辑开关函数。

当开关频率远高于电网基波频率时，若忽略 PWM 高频分量，则可用相应的开关占空比来取代三值逻辑开关函数，以获得与开关函数对应的低频特性。由电流型三相逆变桥的功率开关管开关动作模式（见表 8-1）易得

$$\sigma_a \approx d_a - d'_a \qquad \sigma_b \approx d_b - d'_b \qquad \sigma_c \approx d_c - d'_c \tag{8-32}$$

将式（8-32）代入式（8-31），即得

$$\begin{cases} v_{dc} \approx (d_a - d'_a)v_a + (d_b - d'_b)v_b + (d_c - d'_c)v_c \\ i_{at} \approx (d_a - d'_a)i_{dc} \\ i_{bt} \approx (d_b - d'_b)i_{dc} \\ i_{ct} \approx (d_c - d'_c)i_{dc} \end{cases} \tag{8-33}$$

再讨论图 8-7b 所示等效变压器模型电路，则

$$\begin{cases} v^*_{dc} = (d_a - d'_a)v_a + (d_b - d'_b)v_b + (d_c - d'_c)v_c \\ i^*_{at} = (d_a - d'_a)i_{dc} \\ i^*_{bt} = (d_b - d'_b)i_{dc} \\ i^*_{ct} = (d_c - d'_c)i_{dc} \end{cases} \tag{8-34}$$

对比式（8-33）、式（8-34），并只考虑电流型三相逆变桥的低频特性，显然等效变压器模型电路具有与原理电路相同的外特性，因此这种等效变压器模型电路是正确的。

若已知电流型三相逆变桥等效变压器模型电路，则可进一步采用 dq 坐标变换进行简化。令三值逻辑开关函数基波分量 $\boldsymbol{\sigma}_{1abc}$ 为

$$\boldsymbol{\sigma}_{1abc} = \begin{bmatrix} (d_a - d'_a) \\ (d_b - d'_b) \\ (d_c - d'_c) \end{bmatrix} = m\begin{bmatrix} \cos(\omega t + \varphi_2) \\ \cos(\omega t + \varphi_2 - 120°) \\ \cos(\omega t + \varphi_2 + 120°) \end{bmatrix} \tag{8-35}$$

式中　φ_2——三值逻辑开关函数基波分量初始相位角；

m——PWM 的调制比。

由电流型三相逆变桥 PWM 原理，且只考虑其低频特性，则

$$\boldsymbol{I}_{\mathrm{abct}} = i_{\mathrm{dc}}\boldsymbol{\sigma}_{1\mathrm{abc}} \qquad v_{\mathrm{dc}} = \boldsymbol{\sigma}_{1\mathrm{abc}}^{\mathrm{T}}\boldsymbol{V}_{\mathrm{abc}} \tag{8-36}$$

式中 $\boldsymbol{I}_{\mathrm{abct}} = [i_{\mathrm{at}},\ i_{\mathrm{bt}},\ i_{\mathrm{ct}}]^{\mathrm{T}}$

$\boldsymbol{V}_{\mathrm{abc}} = [v_{\mathrm{a}},\ v_{\mathrm{b}},\ v_{\mathrm{c}}]^{\mathrm{T}}$

引入同步旋转坐标变换后，式（8-36）化得

$$\boldsymbol{C}_{3\mathrm{s}2\mathrm{r}}\boldsymbol{I}_{\mathrm{abct}} = i_{\mathrm{dc}}[\boldsymbol{C}_{3\mathrm{s}2\mathrm{r}}\boldsymbol{\sigma}_{1\mathrm{abc}}] = i_{\mathrm{dc}}\boldsymbol{\sigma}_{1\mathrm{dq}0} = \boldsymbol{I}_{\mathrm{dq}0\mathrm{t}} \tag{8-37}$$

$$v_{\mathrm{dc}} = \boldsymbol{\sigma}_{1\mathrm{abc}}^{\mathrm{T}}\boldsymbol{V}_{\mathrm{abc}} = \boldsymbol{\sigma}_{1\mathrm{abc}}^{\mathrm{T}}\boldsymbol{C}_{3\mathrm{s}2\mathrm{r}}^{-1}\boldsymbol{V}_{\mathrm{dq}0} = [\boldsymbol{C}_{3\mathrm{s}2\mathrm{r}}\boldsymbol{\sigma}_{1\mathrm{abc}}]^{\mathrm{T}}\boldsymbol{V}_{\mathrm{dq}0} \tag{8-38}$$

式中 $\boldsymbol{I}_{\mathrm{dq}0\mathrm{t}} = [i_{\mathrm{qt}},\ i_{\mathrm{dt}},\ i_{0\mathrm{t}}]^{\mathrm{T}}$

$\boldsymbol{V}_{\mathrm{dq}0} = [v_{\mathrm{q}},\ v_{\mathrm{d}},\ v_{0}]$

$i_{0\mathrm{t}}$，v_0——交流侧电流、电压的零轴分量。

将式（8-23）代入式（8-37）、式（8-38）计算得

$$\begin{cases} i_{\mathrm{qt}} = i_{\mathrm{dc}}[\sqrt{3/2}m\cos(\varphi_2-\varphi)] \\ i_{\mathrm{dt}} = -i_{\mathrm{dc}}[\sqrt{3/2}m\sin(\varphi_2-\varphi)] \\ v_{\mathrm{dc}} = v_{\mathrm{q}}[\sqrt{3/2}m\cos(\varphi_2-\varphi)] - v_{\mathrm{d}}[\sqrt{3/2}m\sin(\varphi_2-\varphi)] \end{cases} \tag{8-39}$$

由此，不难构造出电流型三相逆变桥等效变压器 dq 模型电路，如图 8-8 所示。

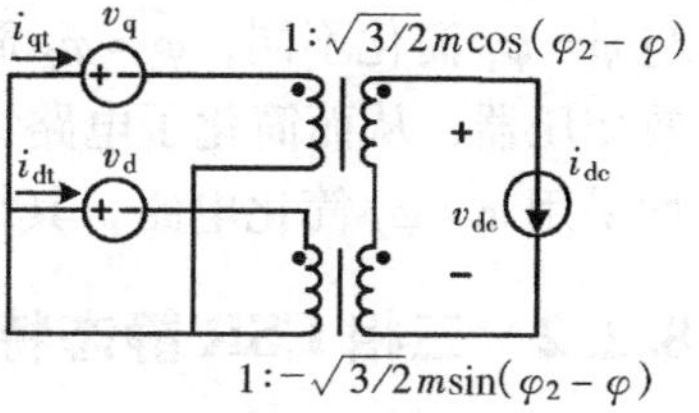

图 8-8 电流型三相逆变桥等效变压器 dq 模型电路

另外，设三相电网电动势为

$$\boldsymbol{E}_{\mathrm{abc}} = \begin{bmatrix} e_{\mathrm{a}} \\ e_{\mathrm{b}} \\ e_{\mathrm{c}} \end{bmatrix} = \begin{bmatrix} E_{\mathrm{m}}\cos(\omega t+\varphi_1) \\ E_{\mathrm{m}}\cos(\omega t+\varphi_1-120^\circ) \\ E_{\mathrm{m}}\cos(\omega t+\varphi_1+120^\circ) \end{bmatrix} \tag{8-40}$$

式中 φ_1——电网电动势初始相位角。

经坐标变换，即得电网电动势 d、q 分量 e_{d}、e_{q} 为

$$\begin{cases} e_{\mathrm{d}} = -\sqrt{3/2}E_{\mathrm{m}}\sin(\varphi_1-\varphi) \\ e_{\mathrm{q}} = \sqrt{3/2}E_{\mathrm{m}}\cos(\varphi_1-\varphi) \end{cases} \tag{8-41}$$

综上分析，并对上述各子电路 dq 等效模型电路按顺序进行适当连接，则可得三相 CSR 等效变压器 dq 模型电路，如图 8-9 所示。

实际上，若选定某一特定的旋转坐标变换初始相位角 φ，图 8-9 所示三相 CSR 等效变压器 dq 模型电路可进一步得以简化。显然，有两种 φ 选定值，即 $\varphi=\varphi_1$ 或 $\varphi=\varphi_2$。

当 $\varphi=\varphi_1$，即当旋转坐标变换初始相位角 φ 等于电网电动势初始相位角 φ_1 时，由于 $e_{\mathrm{d}} = -\sqrt{3/2}E_{\mathrm{m}}\sin(\varphi_1-\varphi) = 0$，因此图 8-9 电路得以简化。不过这种

简化只是使原三相 CSR 等效变压器 dq 模型电路中少了一电动势源，而没有简化电路结构。

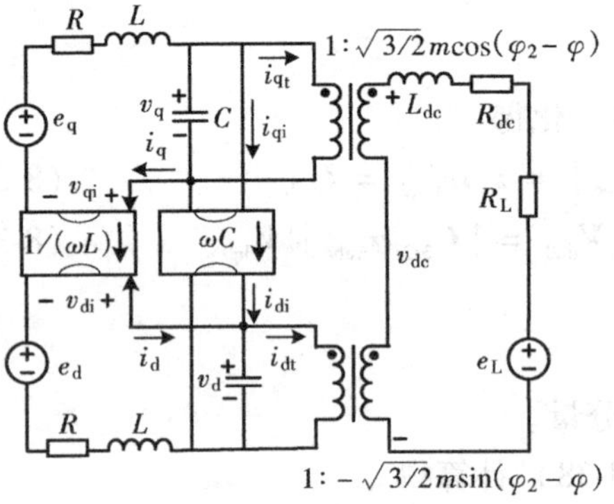

图 8-9　三相 CSR 等效变压器 dq 模型电路

$e_q=\sqrt{3/2}E_m\cos(\varphi_1-\varphi)$

$e_d=-\sqrt{3/2}E_m\sin(\varphi_1-\varphi)$

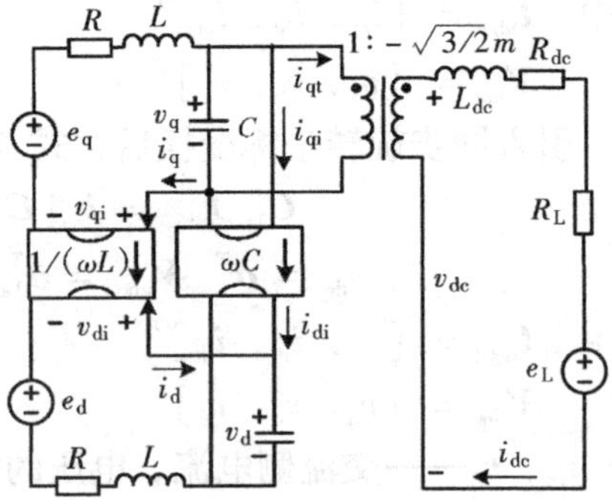

图 8-10　$\varphi=\varphi_2$ 简化时的三相 CSR 等效变压器 dq 模型电路（$\theta=\varphi_1-\varphi_2$）

$e_q=\sqrt{3/2}E_m\cos\theta\quad e_d=-\sqrt{3/2}E_m\sin\theta$

当 $\varphi=\varphi_2$，即当旋转坐标变换初始相位角 φ 等于三相 CSR 交流侧基波电流初始相位角 φ_2 时，由于 $-\sqrt{3/2}m\sin(\varphi_2-\varphi)=0$，因此图 8-9 电路亦得以简化。与 $\varphi=\varphi_1$ 简化不同，$\varphi=\varphi_2$ 简化使原三相 CSR 等效变压器 dq 模型电路少了一等效变压器，从而简化了电路结构。因此，以下关于三相 CSR 静、动态特性分析，均采用 $\varphi=\varphi_2$ 简化电路，其结构如图 8-10 所示。

8.2.2　三相 CSR 静态特性分析

三相 CSR 静态特性，是指三相 CSR 运行于某一稳态工作点时的传递特性。为方便分析，令稳态工作点为 $\bar{x}$，且 $\bar{x}\in(\bar{E}_m,\bar{i}_q,\bar{i}_d,\bar{\theta},\bar{m},\bar{v}_{dc},\bar{v}_q,\bar{v}_d,\bar{\omega})$，其中 $\theta=\varphi_1-\varphi_2$。另外，由于三相 CSR 等效变压器 dq 模型电路忽略了 PWM 谐波分量，即只考虑了基波分量，因此当三相 CSR 在某一工作点稳态运行时，其三相 CSR 交流侧 dq 变量均为直流量。这样，当利用三相 CSR 等效变压器 dq 模型电路分析三相 CSR 静态特性时，只需将等效电路中的电容开路、电感短路即可。为进一步简化分析，当忽略三相 CSR 交流侧等效电阻 R，且暂不考虑负载电动势 e_L 的作用

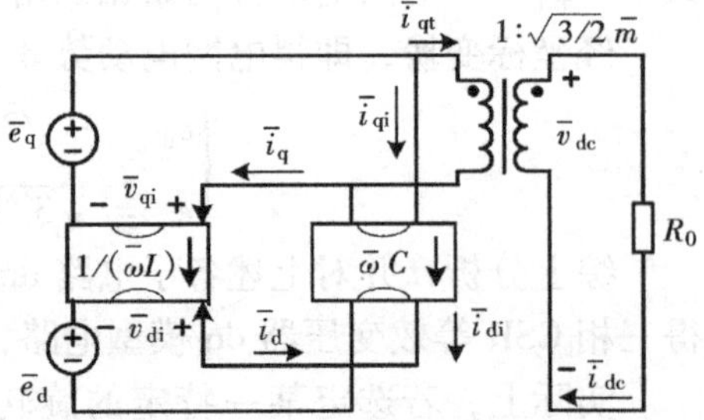

图 8-11　$\varphi=\varphi_2$ 简化时三相 CSR 静态等效变压器 dq 模型电路

$\bar{e}_q=\sqrt{3/2}\bar{E}_m\cos\bar{\theta}\quad \bar{e}_d=-\sqrt{3/2}\bar{E}_m\sin\bar{\theta}$

$\bar{\theta}=\varphi_1-\varphi\quad R_0=R_{dc}+R_L$

时，三相 CSR 静态等效变压器 dq 模型电路如图 8-11 所示。

为方便求解稳态工作点电流、电压关系，参照 3.1.3.3 节将其中回转器、变压器电路等效变换成受控源电路，如图 8-12 所示。

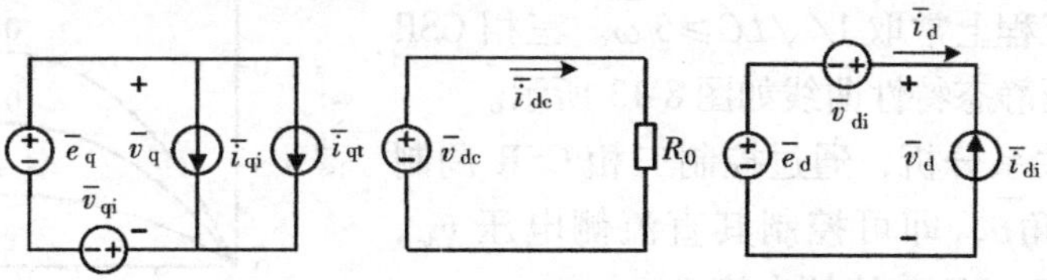

图 8-12　$\varphi=\varphi_2$ 简化时三相 CSR 静态等效受控源 dq 模型电路

$\bar{e}_q=\sqrt{3/2}\bar{E}_m\cos\bar{\theta}$　$\bar{e}_d=-\sqrt{3/2}\bar{E}_m\sin\bar{\theta}$　$\bar{i}_{qt}=\bar{i}_{dc}\sqrt{3/2}\bar{m}$　$\bar{i}_{qi}=\bar{v}_d\bar{\omega}C$

$\bar{i}_{di}=\bar{v}_q\bar{\omega}C$　$\bar{v}_{di}=\bar{i}_q\bar{\omega}L$　$\bar{v}_{qi}=\bar{i}_d\bar{\omega}L$　$\bar{v}_{dc}=\bar{v}_q\sqrt{3/2}\bar{m}$　$\bar{\theta}=\bar{\varphi}_1-\bar{\varphi}_2$

由图 8-12 分析，并根据基尔霍夫电流、电压方程，求得相关稳态工作点电流、电压关系如下：

$$\bar{v}_q=\sqrt{\frac{3}{2}}\cdot\frac{\bar{E}_m\cos\bar{\theta}}{1-\bar{\omega}^2CL}\tag{8-42}$$

$$\bar{v}_d=\sqrt{\frac{3}{2}}\cdot\frac{\bar{E}_m}{1-\bar{\omega}^2CL}\left[\frac{3}{2}\frac{\bar{\omega}L\bar{m}\cos\bar{\theta}}{(1-\bar{\omega}^2LC)R_0}-\sin\bar{\theta}\right]\tag{8-43}$$

$$\bar{i}_q=\sqrt{\frac{3}{2}}\cdot\frac{\bar{E}_m}{1-\bar{\omega}^2CL}\left[\frac{3}{2}\frac{\bar{m}^2\cos\bar{\theta}}{(1-\bar{\omega}^2LC)R_0}-\bar{\omega}C\sin\bar{\theta}\right]\tag{8-44}$$

$$\bar{i}_d=-\sqrt{\frac{3}{2}}\cdot\frac{\bar{\omega}C\cos\bar{\theta}}{1-\bar{\omega}^2LC}\bar{E}_m\tag{8-45}$$

$$\bar{v}_{dc}=\frac{3}{2}\cdot\frac{\bar{m}\cos\bar{\theta}}{1-\bar{\omega}^2LC}\bar{E}_m\tag{8-46}$$

$$\bar{i}_{dc}=\frac{\bar{v}_{dc}}{R_0}=\frac{3}{2}\cdot\frac{\bar{m}\cos\bar{\theta}}{1-\bar{\omega}^2LC}\frac{\bar{E}_m}{R_0}\tag{8-47}$$

式中　R_0——直流侧等效电阻，$R_0=R_{dc}+R_L$。

由上述关系式可分析三相 CSR 静态特性如下：

1. 直流侧受控电压源特性

由式（8-46）可看出，三相 CSR 直流输出电压与直流侧等效电阻 R_0 无关。当 $\bar{E}_m$、$\bar{\omega}$、L、C 参数一定时，直流电压 $\bar{v}_{dc}$ 受调制比 $\bar{m}$ 以及相位角 $\bar{\theta}$（$\bar{\theta}=\bar{\varphi}_1-\bar{\varphi}_2$）控制，可见三相 CSR 直流电压 $\bar{v}_{dc}$ 呈现出受控电压源特性。

理论上，当$\overline{\omega}^2LC=1$，即交流侧滤波器谐振角频率（$1/\sqrt{LC}$）等于电网电动势基波角频率$\overline{\omega}$时，三相CSR交流侧电压将发生电压谐振。为了抑制其交流电压谐振，滤波器谐振频率设计应远大于电网基波频率，工程上常取$1/\sqrt{LC}\geqslant 5\overline{\omega}$。三相CSR直流输出电压静态特性曲线如图8-13所示。

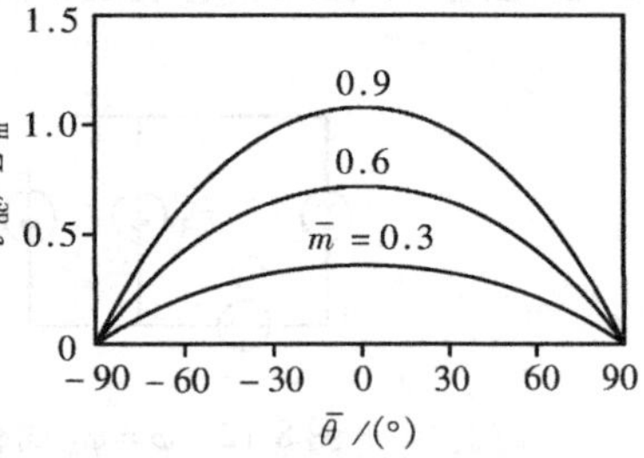

图8-13 三相CSR直流输出电压$\overline{v}_{dc}$静态特性

$\overline{\theta}_1=\overline{\varphi}_1-\overline{\varphi}_2$

从静态关系分析，通过控制三相CSR调制比$\overline{m}$和相位角$\overline{\theta}$，即可控制其直流侧电压v_{dc}，从而控制三相CSR直流侧电流i_{dc}。

2. 有功、无功功率

根据坐标系（d，q）中有功及无功功率定义，若采用“等功率”坐标变换，则

$$\begin{cases} p=\overline{e}_q\overline{i}_q+\overline{e}_d\overline{i}_d \\ q=\overline{e}_q\overline{i}_d-\overline{e}_d\overline{i}_q \end{cases} \tag{8-48}$$

式中 p、q——三相CSR交流输出有功、无功功率。

联立式（8-41）、式（8-44）、式（8-45）、式（8-48），求得有功功率p为

$$p=\frac{3}{2}\frac{(E_m\cos\overline{\theta})^2}{1-\overline{\omega}^2LC}Y \tag{8-49}$$

式中

$$Y=\frac{3}{2}\frac{\overline{m}^2}{1-\overline{\omega}^2LC}\frac{1}{R_0} \tag{8-50}$$

而无功功率q为

$$\begin{aligned} q&=\frac{3}{2}\frac{\overline{E}_m^2}{1-\overline{\omega}^2LC}(Y\cos\overline{\theta}\sin\overline{\theta}-\overline{\omega}C) \\ &=p\tan\overline{\theta}-\frac{3}{2}\frac{\overline{\omega}C\overline{E}_m^2}{1-\overline{\omega}^2LC} \end{aligned} \tag{8-51}$$

值得注意的是，当参数$\overline{\omega}$、C、$\overline{E}_m$、L一定时，三相CSR交流输出无功功率q与有功功率p及相位角$\overline{\theta}(\overline{\theta}=\varphi_1-\varphi_2)$有关。当$p=0$且$q<0$时，三相CSR输出超前的容性无功功率，而在有功功率p一定的条件下，通过相位角$\overline{\theta}$的控制，使三相CSR网侧既可以产生超前的容性无功功率，也可以产生滞后的感性无功功率，甚至可获得单位功率因数控制（$q=0$）。图8-14示出了不同PWM调制比$\overline{m}$以及相位角$\overline{\theta}$条件下的某三相CSR有功功率p、无功功率q的静态特性曲线。

3. 功率因数λ及单位功率因数控制

根据功率因数定义，有

$$\lambda=\frac{p}{\sqrt{p^2+q^2}} \tag{8-52}$$

式中　λ——三相 CSR 网侧功率因数。

将式（8-49）~式（8-51）代入式（8-52），得

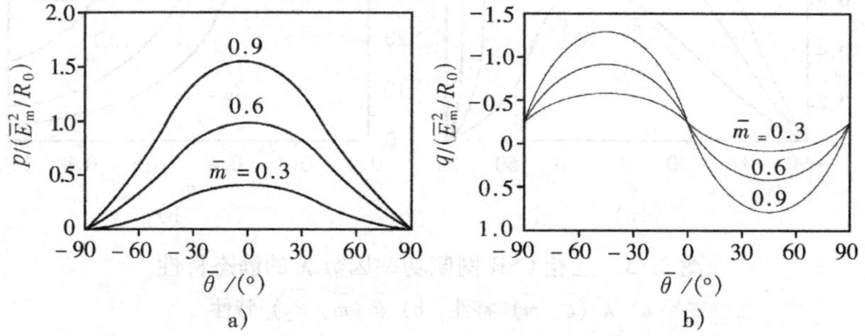

图 8-14　三相 CSR 网侧有功功率 p、无功功率 q 的静态特性

a）有功功率 p 静态特性　b）无功功率 q 静态特性

$$
\begin{cases}
\lambda = \dfrac{\cos^2\overline{\theta}}{\sqrt{\left(\dfrac{\overline{\omega}C}{Y}\right)^2 - \dfrac{\overline{\omega}C}{Y}\sin(2\overline{\theta}) + \cos\overline{\theta}}} \\
Y = \dfrac{3}{2}\cdot\dfrac{\overline{m}^2}{1-\overline{\omega}^2 LCR_0}
\end{cases}
\tag{8-53}
$$

要获得单位功率因数控制，必须使 $q=0$，由式（8-51）得

$$
Y\cos\overline{\theta}\sin\overline{\theta} - \overline{\omega}C = 0
$$

因此，三相 CSR 单位功率因数控制条件为

$$
\begin{cases}
\overline{\theta} = \dfrac{1}{2}\arcsin\left(\dfrac{2\overline{\omega}C}{Y}\right) \\
Y = \dfrac{3}{2}\dfrac{\overline{m}^2}{1-\overline{\omega}^2 LC}\dfrac{1}{R_0}
\end{cases}
\tag{8-54}
$$

换言之，若 $Y<2\overline{\omega}C$，则无法实现三相 CSR 单位功率因数控制。显然，当 R_0 足够大，且式（8-54）条件无法满足时，则三相 CSR 不能实现单位功率因数控制。

图 8-15 示出了三相 CSR 功率因数静态特性曲线，其中图 8-15a 表明，只有当 $\overline{\theta}>0$，即 $\varphi_1>\varphi_2$ 时，单位功率因数控制方能实现。不过当 $60°<\overline{\theta}\leqslant 90°$时，理论上还可以实现单位功率因数控制，但此时功率因数变化受相位角 θ 波动影响极大，因而难以稳定运行。一般取 $0°<\overline{\theta}<45°$这一相位角区间作为单位功率因数相位角控制范围。图 8-15b 表示某三相 CSR 不同直流侧电阻条件下实现单位功率因数控制时的相位角 $\overline{\theta}$ 与调制比 $\overline{m}$ 之间的静态关系。图中曲线表明，随着 R_0 增大，同一相位角 $\overline{\theta}$ 条件下，实现三相 CSR 单位功率因数时所需的调制比 $\overline{m}$ 就越大。

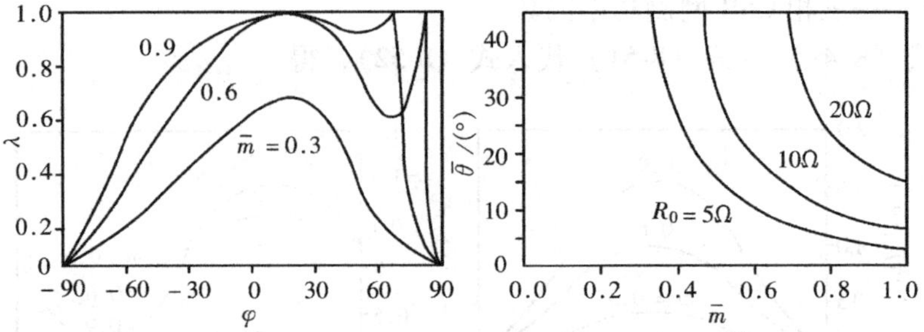

a) b)

图 8-15 三相 CSR 网侧功率因数 λ 的静态特性

a) λ（$\bar{\theta}$，$\bar{m}$）特性 b) $\bar{\theta}$（$\bar{m}$，R_0）特性

8.2.3 三相 CSR 动态特性分析

针对三相CSR数学模型的非线性特性，可以采用稳态工作点附近的微偏扰动线性化方法使其模型线性化。与静态特性分析类似，首先讨论三相CSR动态等效模型电路的建立，然后求解其动态特性关系。

将图 8-10 所示 $\varphi=\varphi_2$ 简化时的三相 CSR 等效变压器 dq 模型电路中的回转器、变压器电路等效变换成受控源电路，如图8-16所示。

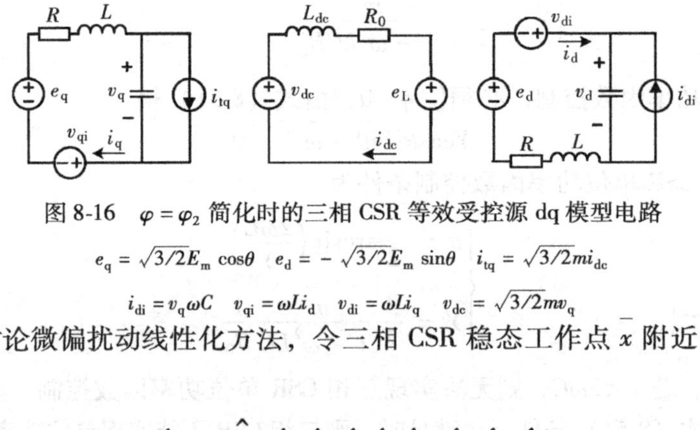

图 8-16 $\varphi=\varphi_2$ 简化时的三相 CSR 等效受控源 dq 模型电路

$e_q=\sqrt{3/2}E_m\cos\theta$ $e_d=-\sqrt{3/2}E_m\sin\theta$ $i_{tq}=\sqrt{3/2}mi_{dc}$

$i_{di}=v_q\omega C$ $v_{qi}=\omega Li_d$ $v_{di}=\omega Li_q$ $v_{dc}=\sqrt{3/2}mv_q$

为了讨论微偏扰动线性化方法，令三相 CSR 稳态工作点 $\bar{x}$ 附近的微偏扰动为 $\hat{x}$，且

$$\begin{cases}\hat{x}\in(\hat{E}_m,\hat{i}_q,\hat{i}_d,\hat{\theta},\hat{m},\hat{i}_{dc},\hat{v}_q,\hat{v}_d,\hat{\omega})\\ \bar{x}\in(\bar{E}_m,\bar{i}_q,\bar{i}_d,\bar{\theta},\bar{m},\bar{i}_{dc},\bar{v}_q,\bar{v}_d,\bar{\omega})\end{cases}\tag{8-55}$$

对图 8-16 中的各受控源在稳态工作点 $\bar{x}$ 附近作微偏扰动，并进行线性化，即得

$$\begin{aligned}\hat{e}_q&=\sqrt{3/2}\cos\bar{\theta}\hat{E}_m-\sqrt{3/2}\sin\bar{\theta}\bar{E}_m\hat{\theta}\\&=A_{11}\hat{E}_m+A_{12}\hat{\theta}\end{aligned}\tag{8-56}$$

式中

$$\begin{cases} A_{11} = \sqrt{3/2}\cos\bar{\theta} \\ A_{12} = -\sqrt{3/2}\sin\bar{\theta}\hat{E}_{\mathrm{m}} \end{cases} \tag{8-57}$$

$$\begin{aligned} \hat{E}_{\mathrm{d}} &= -\sqrt{3/2}\sin\bar{\theta}\hat{E}_{\mathrm{m}} - \sqrt{3/2}\bar{E}_{m}\cos\bar{\theta}\hat{\theta} \\ &= A_{21}\hat{E}_{m} + A_{22}\hat{\theta} \end{aligned} \tag{8-58}$$

式中

$$\begin{cases} A_{21} = -\sqrt{3/2}\sin\bar{\theta} \\ A_{22} = -\sqrt{3/2}\bar{E}_{\mathrm{m}}\cos\bar{\theta} \end{cases} \tag{8-59}$$

$$\begin{aligned} \hat{v}_{\mathrm{qi}} &= \bar{\omega}L\hat{i}_{\mathrm{d}} + \bar{i}_{\mathrm{d}}L\hat{\omega} \\ &= A_{31}\hat{i}_{\mathrm{d}} + A_{32}\hat{\omega} \end{aligned} \tag{8-60}$$

式中

$$\begin{cases} A_{31} = \bar{\omega}L \\ A_{32} = \bar{i}_{\mathrm{d}}L \end{cases} \tag{8-61}$$

$$\begin{aligned} \hat{v}_{\mathrm{di}} &= \bar{\omega}L\hat{i}_{\mathrm{q}} + \bar{i}_{\mathrm{q}}L\hat{\omega} \\ &= A_{41}\hat{i}_{\mathrm{q}} + A_{42}\hat{\omega} \end{aligned} \tag{8-62}$$

式中

$$\begin{cases} A_{41} = \bar{\omega}L \\ A_{42} = \bar{i}_{\mathrm{q}}L \end{cases} \tag{8-63}$$

$$\begin{aligned} \hat{i}_{\mathrm{tq}} &= \sqrt{3/2}\bar{m}\hat{i} + \sqrt{3/2}\bar{i}_{\mathrm{dc}}\hat{m} \\ &= A_{51}\hat{i}_{\mathrm{dc}} + A_{52}\hat{m} \end{aligned} \tag{8-64}$$

式中

$$\begin{cases} A_{51} = \sqrt{3/2}\bar{m} \\ A_{52} = \sqrt{3/2}\bar{i}_{\mathrm{dc}} \end{cases} \tag{8-65}$$

$$\begin{aligned} \hat{i}_{\mathrm{di}} &= \bar{\omega}C\hat{v}_{\mathrm{q}} + \bar{v}_{\mathrm{q}}C\hat{\omega} \\ &= A_{61}\hat{v}_{\mathrm{q}} + A_{62}\hat{\omega} \end{aligned} \tag{8-66}$$

式中

$$\begin{cases} A_{61} = \bar{\omega}C \\ A_{62} = \bar{v}_{\mathrm{q}}C \end{cases} \tag{8-67}$$

$$\begin{aligned} \hat{v}_{\mathrm{dc}} &= \sqrt{3/2}\bar{m}\hat{v}_{\mathrm{q}} + \sqrt{3/2}\bar{v}_{\mathrm{q}}\hat{m} \\ &= A_{71}\hat{v}_{\mathrm{q}} + A_{72}\hat{m} \end{aligned} \tag{8-68}$$

式中

$$\begin{cases} A_{71} = \sqrt{3/2}\bar{m} \\ A_{72} = \sqrt{3/2}\bar{v}_{\mathrm{q}} \end{cases} \tag{8-69}$$

综合式（8-56）～式（8-69），可得 $\varphi=\varphi_2$ 简化时的三相 CSR 微偏扰动等效受控源 dq 线性模型电路，如图 8-17 所示。

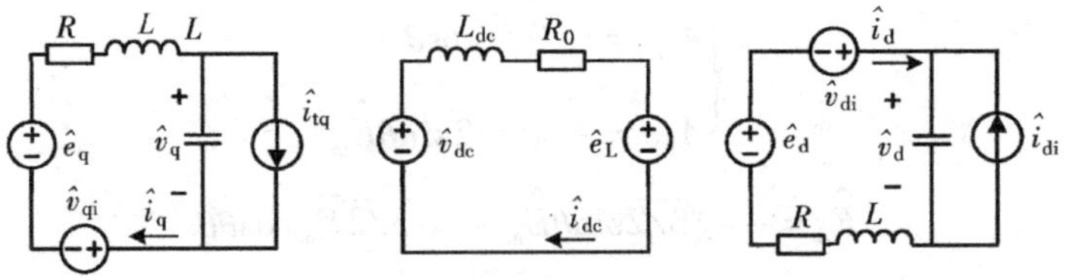

图 8-17　$\varphi=\varphi_2$ 简化时的三相 CSR 微偏扰动等效受控源 dq 线性模型电路

根据拉氏变换及图 8-17，列出频域电路方程如下：

$$\hat{i}_{dc}(s)=\frac{\hat{v}_{dc}(s)-\hat{e}_L(s)}{L_{dc}s+R_0}=Y_L(s)[\hat{v}_{dc}(s)-\hat{e}(s)] \tag{8-70}$$

式中

$$Y_L(s)=\frac{1}{L_{dc}s+R_0} \tag{8-71}$$

将式（8-68）代入式（8-70），得

$$\hat{i}_{dc}(s)=Y_L(s)[A_{71}\hat{v}_q(s)+A_{72}\hat{m}(s)-\hat{e}_L(s)] \tag{8-72}$$

又因为

$$\hat{v}_q(s)=\hat{e}_q(s)-\hat{v}_{qi}(s)-\hat{i}_q(s)(R+sL) \tag{8-73}$$

将式（8-56）、式（8-60）代入式（8-73），得

$$\hat{v}_q(s)=A_{11}\hat{E}_m(s)+A_{12}\hat{\theta}(s)-A_{31}\hat{i}_d(s)-A_{32}\hat{\omega}(s)-\hat{i}_q(s)(R+sL) \tag{8-74}$$

将式（8-74）代入式（8-72），得

$$\begin{aligned}\hat{i}_{dc}(s)=Y_L(s)[&A_{71}A_{11}\hat{E}_m(s)+A_{71}A_{12}\hat{\theta}(s)-A_{71}A_{31}\hat{i}_d(s)-\\&A_{71}A_{32}\hat{\omega}(s)-A_{71}\hat{i}_q(s)+A_{72}\hat{m}(s)-\hat{e}_L(s)]\end{aligned} \tag{8-75}$$

由图 8-17 分析得

$$\begin{aligned}\hat{i}_d(s)&=Cs\hat{v}_d(s)-\hat{i}_{di}(s)\\&=Cs[\hat{v}_{di}(s)+\hat{e}_d(s)-\hat{i}_d(s)(R+Ls)]-\hat{i}_{di}(s)\end{aligned} \tag{8-76}$$

由式（8-75）化简，得

$$\hat{i}_d(s)=\frac{1}{[1+Cs(R+Ls)]}[Cs\hat{v}_{di}(s)+Cs\hat{e}_d(s)-\hat{i}_d(s)] \tag{8-77}$$

将式（8-62）、式（8-58）、式（8-66）代入式（8-77），得

$$\begin{aligned}\hat{i}_d(s)=\frac{1}{[1+Cs(R+Ls)]}[&CsA_{41}\hat{i}_q(s)+(CsA_{42}+A_{62})\hat{\omega}(s)\\&+CsA_{21}\hat{E}_m(s)+CsA_{22}\hat{\theta}(s)-A_{61}\hat{v}_q(s)]\end{aligned} \tag{8-78}$$

将式（8-73）代入式（8-78），得

$$\hat{i}_d(s)=a_{11}\hat{i}_q(s)+a_{12}\hat{\omega}(s)+a_{13}\hat{E}_m(s)+a_{14}\hat{\theta}(s) \tag{8-79}$$

式中

$$\begin{cases} a_{11} = \dfrac{A_{61}(Cs+R)+CsA_{41}}{1+Cs(R+Ls)-A_{61}A_{31}} \\ a_{12} = \dfrac{CsA_{42}+A_{62}+A_{61}A_{32}}{1+Cs(R+Ls)-A_{61}A_{31}} \\ a_{13} = \dfrac{CsA_{21}-A_{61}A_{11}}{1+Cs(R+Ls)-A_{61}A_{31}} \\ a_{14} = \dfrac{CsA_{22}-A_{62}A_{12}}{1+Cs(R+Ls)-A_{61}A_{31}} \end{cases} \tag{8-80}$$

从图 8-17 分析得

$$\hat{i}_{\mathrm{q}}(s) = Cs\hat{v}_{\mathrm{q}}(s) + \hat{i}_{\mathrm{tq}}(s) \tag{8-81}$$

联立式（8-64）、式（8-74）、式（8-81），得

$$\hat{i}_{\mathrm{q}}(s) = a_{21}\hat{i}_{\mathrm{d}}(s) + a_{22}\hat{\omega}(s) + a_{23}\hat{E}_{\mathrm{m}}(s) + a_{24}\hat{\theta}(s) + A_{51}\hat{i}_{\mathrm{dc}}(s) + A_{52}\hat{m}(s) \tag{8-82}$$

式中

$$\begin{cases} a_{21} = \dfrac{-CsA_{31}}{1+Cs(Ls+R)} \\ a_{22} = \dfrac{-CsA_{32}}{1+Cs(Ls+R)} \\ a_{23} = \dfrac{CsA_{11}}{1+Cs(Ls+R)} \\ a_{24} = \dfrac{CsA_{12}}{1+Cs(Ls+R)} \end{cases} \tag{8-83}$$

将式（8-82）代入式（8-79），并化简得

$$\hat{i}_{\mathrm{d}}(s) = a_{31}\hat{\omega}(s) + a_{32}\hat{E}_{\mathrm{m}}(s) + a_{33}\hat{\theta}(s) + a_{34}\hat{i}_{\mathrm{dc}}(s) + a_{35}\hat{m}(s) \tag{8-84}$$

式中

$$\begin{cases} a_{31} = \dfrac{a_{11}a_{22}+a_{12}}{1-a_{11}a_{21}} \\ a_{32} = \dfrac{a_{11}a_{23}+a_{13}}{1-a_{11}a_{21}} \\ a_{33} = \dfrac{a_{11}a_{24}+a_{14}}{1-a_{11}a_{21}} \\ a_{34} = \dfrac{A_{51}}{1-a_{11}a_{21}} \\ a_{35} = \dfrac{A_{52}}{1-a_{11}a_{21}} \end{cases} \tag{8-85}$$

再将式（8-84）代入式（8-79），并化简得

$$\hat{i}_{\mathrm{q}}(s) = a_{41}\hat{\omega}(s) + a_{42}\hat{E}_{\mathrm{m}}(s) + a_{43}\hat{\theta} + a_{45}\hat{i}_{\mathrm{dc}}(s) + a_{46}\hat{m}(s) \tag{8-86}$$

式中

$$\begin{cases} a_{41} = \dfrac{a_{31} - a_{12}}{a_{11}} \\ a_{42} = \dfrac{a_{32} - a_{13}}{a_{11}} \\ a_{43} = \dfrac{a_{33} - a_{14}}{a_{11}} \\ a_{44} = \dfrac{a_{34}}{a_{11}} \\ a_{45} = \dfrac{a_{31}}{a_{11}} \end{cases} \tag{8-87}$$

联立式（8-86）、式（8-84）、式（8-75），并化简得

$$\hat{i}_{dc}(s) = G_{\hat{E}_m}(s)\hat{E}_m(s) + G_{\hat{\theta}}(s)\hat{\theta}(s) + G_{\hat{\omega}}(s)\hat{\omega}(s) + G_{\hat{m}}(s)\hat{m}(s) + G_{\hat{e}_L}(s)\hat{e}_L(s) \tag{8-88}$$

式中

$$\begin{cases} G_{\hat{E}_m}(s) = \dfrac{Y_L(s)(A_{71}A_{11} - A_{71}A_{31}a_{32} - A_{71}a_{42})}{1 + (A_{71}a_{45} + A_{71}A_{31}a_{34})Y_L(s)} \\ G_{\hat{\theta}}(s) = \dfrac{Y_L(s)(A_{71}A_{12} - A_{71}A_{32}a_{33} - A_{71}a_{43})}{1 + (A_{71}a_{45} + A_{71}A_{31}a_{34})Y_L(s)} \\ G_{\hat{\omega}}(s) = \dfrac{-Y_L(s)(A_{71}A_{31}a_{31} + A_{71}A_{32} + A_{71}a_{41})}{1 + (A_{71}a_{45} + A_{71}A_{31}a_{34})Y_L(s)} \\ G_{\hat{m}}(s) = \dfrac{Y_L(s)(A_{72} - A_{71}a_{46} - A_{71}A_{31}a_{35})}{1 + (A_{71}a_{45} + A_{71}A_{31}a_{34})Y_L(s)} \\ G_{\hat{e}_L}(s) = \dfrac{-Y_L(s)G_{\hat{e}_L}(s)}{1 + (A_{71}a_{45} + A_{71}A_{31}a_{34})Y_L(s)} \end{cases} \tag{8-89}$$

式（8-88）、式（8-89）即为三相 CSR 微偏扰动线性化动态传递特性方程，且

$$\begin{cases} G_{\hat{E}_m}(s) = \left.\dfrac{\hat{i}_{dc}(s)}{\hat{E}_m(s)}\right|_{\hat{\theta}=\hat{\omega}=\hat{m}=\hat{e}_L=0} \\ G_{\hat{\theta}}(s) = \left.\dfrac{\hat{i}_{dc}(s)}{\hat{\theta}(s)}\right|_{\hat{E}_m=\hat{\omega}=\hat{m}=\hat{e}_L=0} \\ G_{\hat{\omega}}(s) = \left.\dfrac{\hat{i}_{dc}(s)}{\hat{\omega}(s)}\right|_{\hat{E}_m=\hat{m}=\hat{e}_L=\hat{\theta}=0} \\ G_{\hat{m}}(s) = \left.\dfrac{\hat{i}_{dc}(s)}{\hat{m}(s)}\right|_{\hat{E}_m=\hat{\omega}=\hat{\theta}=\hat{e}_L=0} \\ G_{\hat{e}_L}(s) = \left.\dfrac{\hat{i}_{dc}(s)}{\hat{e}_L(s)}\right|_{\hat{E}_m=\hat{\omega}=\hat{\theta}=\hat{m}=0} \end{cases} \tag{8-90}$$

显然，上述动态分析方法尽管可以定量求解某一扰动对三相 CSR 输出直流电流的影响，但其计算过程过于复杂，不易在设计中应用，因此有必要对图 8-17 进一步简化。

在三相 CSR 控制系统设计中，由于其直流侧储能电感远大于交流侧滤波电感，因此设计控制系统时，直流侧控制系统的截止频率远低于交流侧控制系统的截止频率。换言之，由于交流侧动态响应远快于直流侧动态响应，因此当分析三相 CSR 直流侧动态响应时，可近似认为其交流侧已进入稳态。这样，只需将图 8-17 中交流侧电感短路、电容开路，即可获得 $\varphi=\varphi_2$ 简化时近似的三相 CSR 微偏扰动等效受控源线性模型电路，如图 8-18 所示（忽略交流侧电阻 R）。

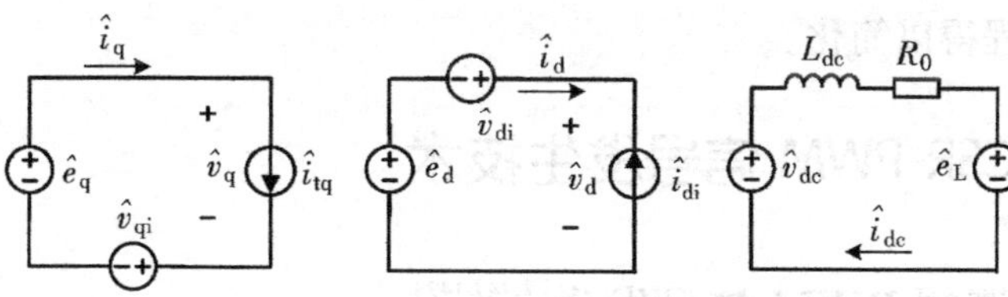

图 8-18　$\varphi=\varphi_2$ 简化时的三相 CSR 近似微偏扰动等效受控源线性模型电路

由图 8-18 及式（8-68），得频域方程为

$$\hat{v}_{dc}(s)=A_{11}\hat{v}_q(s)+A_{72}\hat{m}(s)=A_{71}[\hat{e}_q(s)-\hat{v}_{qi}(s)]+A_{72}\hat{m}(s) \quad (8\text{-}91)$$

将式（8-60）代入式（8-19），得

$$\begin{aligned}\hat{v}_{dc}(s)&=A_{71}[\hat{e}_q(s)-A_{31}\hat{i}_d(s)-A_{32}\hat{\omega}(s)]+A_{72}\hat{m}(s)\\&=A_{71}[\hat{e}_q(s)+A_{71}A_{31}\hat{i}_{di}(s)-A_{71}A_{32}\hat{\omega}(s)]+A_{72}\hat{m}(s)\end{aligned} \quad (8\text{-}92)$$

联立式（8-66）、式（8-56）、式（8-68）、式（8-92），并计算得

$$\hat{v}_{dc}(s)=B_{11}\hat{E}_m(s)+B_{12}\hat{\theta}(s)+B_{13}\hat{\omega}(s)+A_{72}\hat{m}(s) \quad (8\text{-}93)$$

又由于

$$\begin{aligned}\hat{i}_{dc}(s)&=\frac{\hat{v}_{dc}(s)-\hat{e}_L(s)}{L_{dc}s+R_0}=Y_L(s)\hat{v}_{dc}(s)-Y_L(s)\hat{e}_L(s)\\&=G_{E_m}(s)\hat{E}_m(s)+G_{\hat{\theta}}(s)\hat{\theta}(s)+G_{\hat{\omega}}(s)\hat{\omega}(s)+\\&\quad G_{\hat{m}}(s)\hat{m}(s)+G_{\hat{e}_L}(s)\hat{e}_L(s)\end{aligned} \quad (8\text{-}94)$$

式中

$$
\begin{cases}
G_{\hat{E}_m}(s) = \left.\dfrac{\hat{i}_{dc}(s)}{\hat{E}_m(s)}\right|_{\hat{\theta}=\hat{\omega}=\hat{m}=\hat{e}_L=0} = \dfrac{Y_L(s)A_{71}A_{11}}{1-A_{31}A_{61}} \\
G_{\hat{\theta}}(s) = \left.\dfrac{\hat{i}_{dc}(s)}{\hat{\theta}(s)}\right|_{\hat{E}_m=\hat{\omega}=\hat{m}=\hat{e}_L=0} = \dfrac{Y_L(s)A_{71}A_{12}}{1-A_{31}A_{61}} \\
G_{\hat{\omega}}(s) = \left.\dfrac{\hat{i}_{dc}(s)}{\hat{\omega}(s)}\right|_{\hat{E}_m=\hat{m}=\hat{e}_L=\hat{\theta}=0} = \dfrac{Y_L(s)A_{71}(A_{62}-A_{32})}{1-A_{31}A_{61}} \\
G_{\hat{m}}(s) = \left.\dfrac{\hat{i}_{dc}(s)}{\hat{m}(s)}\right|_{\hat{E}_m=\hat{\theta}=\hat{\omega}=\hat{e}_L=0} = Y_L(s)A_{72} \\
G_{\hat{e}_L}(s) = \left.\dfrac{\hat{i}_{dc}(s)}{\hat{e}_L(s)}\right|_{\hat{E}_m=\hat{\theta}=\hat{\omega}=\hat{m}=0} = -Y_L(s)
\end{cases}
\tag{8-95}
$$

显然，计算过程得以简化。

8.3 三相 CSR PWM 信号发生技术

8.3.1 三值逻辑 PWM 信号发生[7,147-149]

8.3.1.1 二、三值逻辑转换

对于三相电压型PWM整流器（VSR），其控制常采用二值逻辑 PWM 技术，即对同一桥臂，或上侧功率开关管导通，或下侧功率开关管导通，而不存在同一桥臂上、下侧功率开关管同时导通，或同时关断的情况。若以双极性二值逻辑开关函数 p 加以描述，则

$$
p = \begin{cases} 1 & \text{上侧管导通，下侧管关断} \\ -1 & \text{下侧管导通，上侧管关断} \end{cases} \tag{8-96}
$$

然而，对于图 8-1 所示的三相电流型 PWM 整流器（CSR），若要实现其交流侧电流的 PWM 控制，则任一瞬间上、下侧桥臂各只有一个功率开关管导通，且不存在同一侧桥臂（上侧或下侧）同时有两个功率开关管导通的情况。这样，若研究三相 CSR 同一桥臂上、下侧功率开关管的通、断情况，则存在上侧管导通而下侧管关断、下侧管关断而上侧管导通、上下侧管全导通或全关断共计四种情况，定义三值逻辑开关函数 σ，则有

$$
\sigma = \begin{cases} 1 & \text{上侧管导通，下侧管关断} \\ 0 & \text{上、下侧管全导通或全关断} \\ -1 & \text{下侧管导通，上侧管关断} \end{cases} \tag{8-97}
$$

那么三值逻辑 PWM 信号如何发生呢？对于二值逻辑 PWM 控制，其 PWM 信号发生最常用方法是采用三角载波 PWM 方案。若在三角载波 PWM 二值逻辑信号发生方法基础上，产生适用于三相 CSR 的三值逻辑 PWM 信号，则可使三值逻辑 PWM 信号发生简单化。下面讨论三值逻辑 PWM 信号产生过程。首先研究二

值逻辑到三值逻辑的转换。

要实现三相 CSR 交流侧电流的 PWM 控制，则三值逻辑开关函数 σ_j（$j=$a，b，c）必须满足

$$\sum_{j=\mathrm{a,b,c}} \sigma_j = 0 \tag{8-98}$$

将双极性二值逻辑开关函数 p_j（$j=$a，b，c）与三值逻辑开关函数 σ_j（$j=$a，b，c）联系起来，并满足式（8-98），则可令

$$\sum_{j=\mathrm{a,b,c}} \sigma_j = \frac{1}{2}\sum_{k=\mathrm{a,b,c}} (p_j - p_k) = 0 \qquad (k \neq j) \tag{8-99}$$

实际上，由式（8-99）进一步展开，则

$$\begin{aligned}\sum_{j=\mathrm{a,b,c}} \sigma_j &= \frac{1}{2}[(p_\mathrm{a} - p_\mathrm{a}) + (p_\mathrm{b} - p_\mathrm{b}) + (p_\mathrm{c} - p_\mathrm{c})] \\ &= \frac{1}{2}[(p_\mathrm{a} - p_\mathrm{b}) + (p_\mathrm{b} - p_\mathrm{c}) + (p_\mathrm{c} - p_\mathrm{a})] \\ &= \sigma_\mathrm{a} + \sigma_\mathrm{b} + \sigma_\mathrm{c}\end{aligned} \tag{8-100}$$

显然，三值逻辑开关函数 σ_j（$j=$a，b，c）可由双极性二值逻辑开关函数 p_j（$j=$a，b，c）的线性组合来描述，即

$$\sigma_\mathrm{a} = \frac{1}{2}(p_\mathrm{a} - p_\mathrm{b}) \quad \sigma_\mathrm{b} = \frac{1}{2}(p_\mathrm{b} - p_\mathrm{c}) \quad \sigma_\mathrm{c} = \frac{1}{2}(p_\mathrm{c} - p_\mathrm{a}) \tag{8-101}$$

将式（8-101）写成矩阵形式，即

$$\begin{bmatrix}\sigma_\mathrm{a} \\ \sigma_\mathrm{b} \\ \sigma_\mathrm{c}\end{bmatrix} = \frac{1}{2}\begin{bmatrix}1 & -1 & 0 \\ 0 & 1 & -1 \\ 1 & 0 & 1\end{bmatrix}\begin{bmatrix}p_\mathrm{a} \\ p_\mathrm{b} \\ p_\mathrm{c}\end{bmatrix} \tag{8-102}$$

表 8-2 给出了二、三值逻辑关系及其相关状态值。

表 8-2　二、三值逻辑转换及状态

二值逻辑 $p_\mathrm{a}\ p_\mathrm{b}\ p_\mathrm{c}$	三值逻辑 $\sigma_\mathrm{a}\ \sigma_\mathrm{b}\ \sigma_\mathrm{c}$	上侧管状态 $V_\mathrm{a}\ V_\mathrm{b}\ V_\mathrm{c}$	下侧管状态 $V'_\mathrm{a}\ V'_\mathrm{b}\ V'_\mathrm{c}$	三值逻辑状态序号
+1 +1 −1	0 +1 −1	○●○	○○●	#1
+1 −1 +1	+1 −1 0	●○○	○●○	#2
+1 −1 −1	+1 0 −1	●○○	○○●	#3
−1 +1 +1	−1 0 +1	○○●	●○○	#4
−1 +1 −1	−1 +1 0	○●○	●○○	#5
−1 −1 +1	0 −1 +1	○○●	○●○	#6
−1 −1 −1	0 0 0	●○○	●○○	#7（#0）
		○●○	○●○	#8（#0）
+1 +1 +1		○○●	○○●	#9（#0）

注：○—功率开关管关断；　●—功率开关管导通。

可见，三值逻辑 PWM 有 9 种开关状态组合，其中#7 ~ #9 是“零状态”开关组合。

8.3.1.2 三值逻辑 PWM 状态切换

以三相 CSR SPWM 控制为例，讨论一个正弦波调制信号周期中三值逻辑 PWM 状态的切换。

就二值逻辑 PWM 状态切换而言，一个正弦波调制信号周期中，每隔 60°其状态切换模式发生变化。这是因为，对于三相对称正弦波信号，其幅值大小关系每间隔 60°改变一次。另外，当 PWM 开关频率与正弦波频率相比足够高时，一个 PWM 开关周期中的调制信号幅值可近似不变。图 8-19 分析了一个正弦波信号

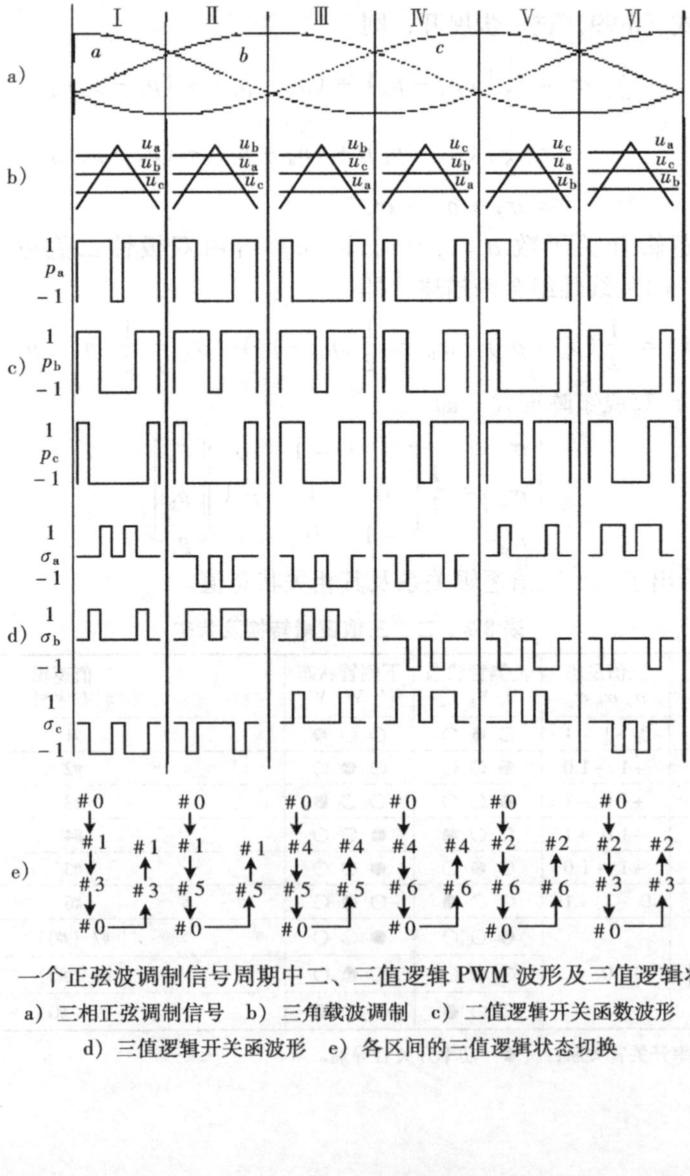

图 8-19 一个正弦波调制信号周期中二、三值逻辑 PWM 波形及三值逻辑状态切换

a）三相正弦调制信号 b）三角载波调制 c）二值逻辑开关函数波形

d）三值逻辑开关函波形 e）各区间的三值逻辑状态切换

周期中，三值逻辑状态的变化。

从图 8-19 中可看出，每 60°区域，三值逻辑状态在两个非零状态值与一个零状态值间来回切换。一个正弦波调制信号周期中，每个非零状态值在 120°区域相间出现。然而，由于零状态值分布于整个正弦波周期之中，并且共有 3 个零状态值（#7 ~ #9），这就需要进一步研究不同 60°区域零状态值的选取。为便于分析，将一个正弦波周期每隔 60°分区，并记为区域Ⅰ ~ Ⅵ。

考虑区域Ⅰ时的情况，此时三值逻辑在#1、#3、#0 状态值间切换。图 8-19 中，由于#1、#3 状态值所表示的三相 CSR 开关状态中 V'_c 始终导通，为了确保在#0、#1、#3 状态值间切换时只有一对功率开关管发生状态变化，因此区域Ⅰ时的零状态值应取#9。区域Ⅰ中三值逻辑 PWM 开关切换如图 8-20 所示。

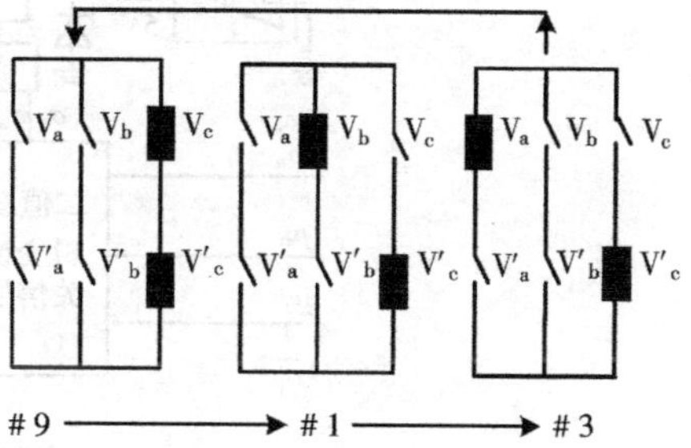

图 8-20　区域Ⅰ中三值逻辑 PWM 开关切换

同理，可分析区域Ⅱ ~ Ⅵ三值逻辑 PWM 状态值切换时#0 状态值的选取。一个正弦波调制信号周期中，所有状态值的切换及#0 状态取值如图 8-21 所示。

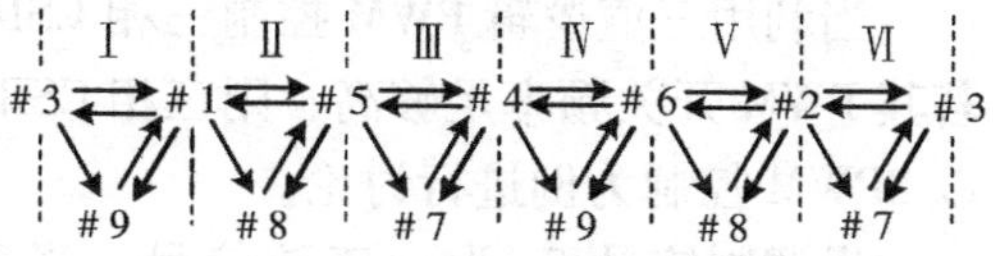

图 8-21　一个正弦波周期中三值逻辑 PWM 状态切换及#0 状态取值

显然，必须设置零状态取值的逻辑判别单元，一旦#0 状态有效，逻辑单元将根据正弦波调制信号的不同区域，分别输出不同的零状态值（#7 ~ #9），其电路结构如图 8-22 所示。

从图 8-22 分析，区域Ⅰ ~ Ⅵ识别信号（$Y_0 \sim Y_5$）是通过对三相电网线电动势极性信号（$X_0 \sim X_2$）译码获得的。由于Ⅰ－Ⅳ、Ⅱ－Ⅴ、Ⅲ－Ⅵ每两个区域共用 1 个零状态值（#9、#8、#7），因而区域识别信号 $Y_0 \sim Y_5$ 两两通过与非门，并产生与零状态对应的开关信号#9*D* ~ #7*D*。另一方面，二值逻辑开关函数信号（$p_a \sim p_c$）须二、三值逻辑转换获得三值逻辑开关函数信号（$\sigma_a \sim \sigma_c$），而通过 σ_a、σ_b、σ_c 的“或”信号选通译码器，即只有当 $\sigma_a = \sigma_b = \sigma_c = 0$ 时，译码器输出才有效，否则输出无效（全高电平）。这说明只有在零状态时，#9*D*、#8*D*、#7*D* 信号方才有效。最终，将与三值逻辑 PWM 非零状态对应的开关信号（D_a、D'_a、D_b、D'_b、D_c、D'_c）与零状态取值信号（#9*D*，#8*D*，#7*D*）分别相“或”，即获得与三相 CSR 功率开关管对应的驱动信号（V_a、V'_a、V_b、V'_b、V_c、V'_c）。

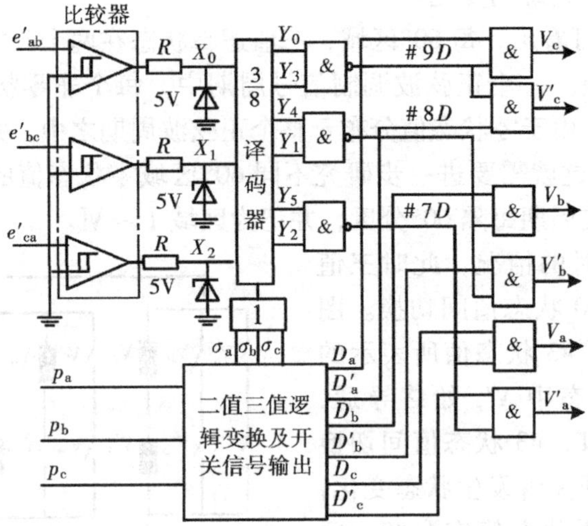

图 8-22　零状态判别及信号输出

V_a、V_b、V_c、V'_a、V'_b、V'_c—功率开关管驱动信号　e'_{ab}、e'_{bc}、e'_{ca}—线电动势检测信号

8.3.1.3　三相 CSR 调制信号预处理

当利用三值逻辑 PWM 控制三相 CSR 交流侧电流时，与电网基波频率相比，若其 PWM 开关频率足够高，则三相 CSR 主电路具有线性电流放大特性，以下仍以 SPWM 控制为例进行讨论。

设调制信号 S_{mj} 为一正弦信号，当 PWM 开关频率足够高时，与三角载波 PWM 相关的双极性二值逻辑开关函数 p_j 可表示为

$$p_j = KS_{mj}(t) + p_{hj}(t) \qquad (j = a,b,c) \tag{8-103}$$

式中　K——比例增益；

$p_{hj}(t)$——开关函数 p_j 的高频分量。

由于三相 CSR 主电路交流侧设有 LC 滤波环节，分析时可忽略式（8-103）中的 $p_{hj}(t)$。

根据三相 CSR 电流 PWM 控制规律及三值逻辑开关函数定义，易得三相 CSR 交流侧输出电流 $i_j(t)$ 为

$$i_j(t) = \sigma_j i_{dc} \quad (j = a,b,c) \tag{8-104}$$

联立式（8-102）~式（8-104），求得

$$\boldsymbol{I}_{abc} = A\boldsymbol{C}\boldsymbol{S}_2 \tag{8-105}$$

式中

$$A = \frac{Ki_{dc}}{2} \tag{8-106}$$

$$\boldsymbol{I}_{abc} = [i_a(t), i_b(t), i_c(t)]^T \tag{8-107}$$

$$S_2 = [S_{ma}(t), S_{mb}(t), S_{mc}(t)]^T \tag{8-108}$$

$$C = \begin{bmatrix} 1 & -1 & 0 \\ 0 & 1 & -1 \\ -1 & 0 & 1 \end{bmatrix} \tag{8-109}$$

式（8-105）表明，三相 CSR 逆变桥路可由一个△联结的受控电流源（$AS_{ma}(t)$、$AS_{mb}(t)$、$AS_{mc}(t)$）等效，如图 8-23 所示。

那么，如何根据三相 CSR 的电流线性放大特性生成对应的调制波信号 $S_{mj}(j=a, b, c)$？这就必须对调制信号进行预处理。

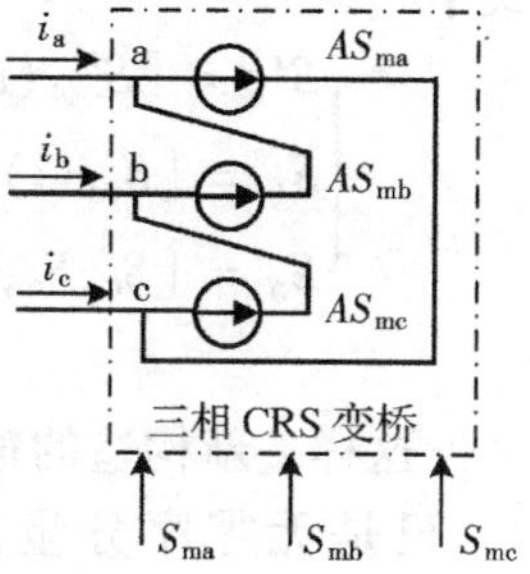

图 8-23　三相 CSR 逆变桥受控电流源等效电路

针对图 8-23 所示三相 CSR 逆变桥的受控电流源等效电路，设置调制信号预处理环节，使预处理环节的输入信号 $S_{mk}(k=1, 2, 3)$ 能分别控制三相 CSR 交流侧输出电流 $i_j(t)(j=a, b, c)$。

设输入信号矩阵 S_1 为

$$S_1 = [S_{m1}(t), S_{m2}(t), S_{m3}(t)]^T \tag{8-110}$$

当预处理变换矩阵为 D，则调制信号矩阵 S_2 可表示为

$$S_2 = DS_1 \tag{8-111}$$

将式（8-111）代入式（8-105），得

$$I_{abc} = ACDS_1 \tag{8-112}$$

当设置调制信号预处理环节，且使 $I_{abc}=AS_1$ 时，则可由输入信号 $S_{mk}(k=1, 2, 3)$ 直接控制三相 CSR 交流侧电流 I_{abc}。这就要求 $D=C^{-1}$成立，但由于矩阵 C 的秩小于 3，因此矩阵 C 不可逆。若将矩阵 D 的秩降低，且定义

$$D = \frac{1}{3}C^T \tag{8-113}$$

将式（8-109）、式（8-113）代入式（8-112），化简得

$$I_{abc} = AS_1 - S_0 \tag{8-114}$$

式中

$$\begin{cases} S_0 = [S_0, S_0, S_0]^T \\ S_0 = \dfrac{S_{m1}(t) + S_{m2}(t) + S_{m3}(t)}{3} \end{cases} \tag{8-115}$$

显然，当 $S_0=0$ 时，$S_0=[0, 0, 0]^T$，则式（8-114）可化简为

$$I_{abc} = AS_1 \tag{8-116}$$

这表明，若调制信号预处理环节输入信号为三相对称信号，即无零序分量时，则采用该输入信号可直接控制三相 CSR 交流侧电流。以下就三相 CSR 网侧不同的联结方式（△、Y）分别进行讨论。

1. 网侧丫联结

当网侧采用丫联结时，只要调制信号预处理环节的输入信号中不含零序分量，则式（8-116）控制得以实现。由于实际控制信号中可能含有零序分量，为此必须构造一个新的输入变量 $\boldsymbol{S}'_1$，且

$$\boldsymbol{S}'_1 = \boldsymbol{S}_1 - \boldsymbol{S}_0 \tag{8-117}$$

式中

$$\begin{cases} \boldsymbol{S}'_1 = [S'_{m1}(t), S'_{m2}(t), S'_{m3}(t)]^{T} \\ \boldsymbol{S}_1 = [S_{m1}(t), S_{m2}(t), S_{m3}(t)]^{T} \\ \boldsymbol{S}_0 = [S_0, S_0, S_0]^{T} \end{cases} \tag{8-118}$$

这样，新构造的输入变量 $S'_{mk}(t)$（$k=1, 2, 3$）已是无零序分量的三相对称量，因此 $\boldsymbol{S}_2 = \boldsymbol{D}\boldsymbol{S}'_1$。三相 CSR 网侧丫联结时的调制信号预处理环节结构如图8-24所示。

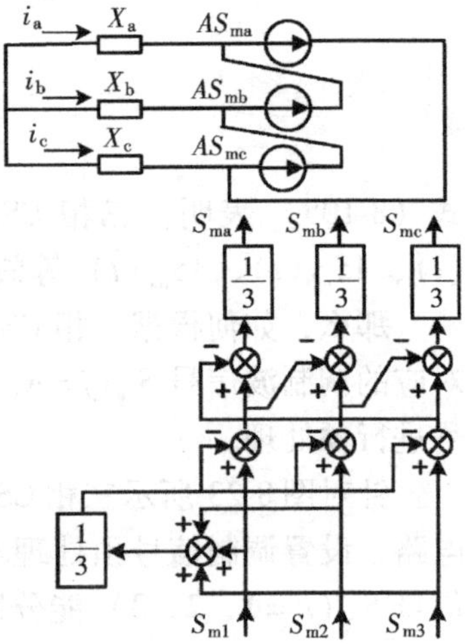

图 8-24　三相 CSR 网侧丫联结时的调制信号预处理环节

2. 网侧△联结

当网侧采用△联结时，设三相 CSR 网侧交流回路相电流矩阵为 $\boldsymbol{I}_{uvw}$，而线电流矩阵为 $\boldsymbol{I}_{abc}$，则

$$\boldsymbol{I}_{abc} = \boldsymbol{C}\boldsymbol{I}_{uvw} \tag{8-119}$$

式中

$$\begin{cases} \boldsymbol{I}_{uvw} = [i_u(t), i_v(t), i_w(t)]^{T} \\ \boldsymbol{I}_{abc} = [i_a(t), i_b(t), i_c(t)]^{T} \\ \boldsymbol{C} = \begin{bmatrix} 1 & -1 & 0 \\ 0 & 1 & -1 \\ -1 & 0 & 1 \end{bmatrix} \end{cases} \tag{8-120}$$

将式（8-119）与式（8-112）相减，得

$$\boldsymbol{C}(\boldsymbol{I}_{uvw} - \boldsymbol{A}\boldsymbol{D}\boldsymbol{S}_1) = \boldsymbol{C}(\boldsymbol{I}_{uvw} - \boldsymbol{A}\boldsymbol{S}_2) = [0,0,0]^{T} \tag{8-121}$$

由于矩阵 $\boldsymbol{C}$ 不满秩，为直接控制 $\boldsymbol{I}_{uvw}$，则必须使下式成立：

$$\begin{cases} i_u(t) + i_v(t) + i_w(t) = 0 \\ S_{ma}(t) + S_{mb}(t) + S_{mc}(t) = 0 \end{cases} \tag{8-122}$$

式（8-122）表明，去除零序分量的三相对称信号可直接控制 $\boldsymbol{I}_{uvw}$。对于控制信号矩阵 $\boldsymbol{S}_3$，为使调制信号矩阵 $\boldsymbol{S}_2$ 中的变量为三相对称量，则需满足

$$\boldsymbol{S}_2 = \boldsymbol{S}_3 - \boldsymbol{S}'_0 \tag{8-123}$$

式中

$$
\begin{cases}
\boldsymbol{S}_3 = [S_{mu}(t), S_{mv}(t), S_{mw}(t)]^{T} \\
\boldsymbol{S}_2 = [S_{ma}(t), S_{mb}(t), S_{mc}(t)]^{T} \\
\boldsymbol{S'}_0 = [S'_0, S'_0, S'_0]^{T} \\
\boldsymbol{S'}_0 = \dfrac{S_{mu}(t) + S_{mv}(t) + S_{mw}(t)}{3}
\end{cases}
\tag{8-124}
$$

值得注意的是，如果以△联结的三个交流电动势回路中含有零序电流 i_0，则此时网侧电流不可控。因此，含有零序电流时的三相 CSR 网侧△联结时电流控制方程为

$$
\boldsymbol{I}_{uvw} = A\boldsymbol{S}_3 + \boldsymbol{I}_0 \tag{8-125}
$$

式中 $\boldsymbol{I}_0 = [i_0, i_0, i_0]^{T}$

$\boldsymbol{S}_3 = [S_{mu}(t), S_{mv}(t), S_{mw}(t)]^{T}$

三相 CSR 网侧△联结时，调制信号预处理环节如图 8-25 所示。

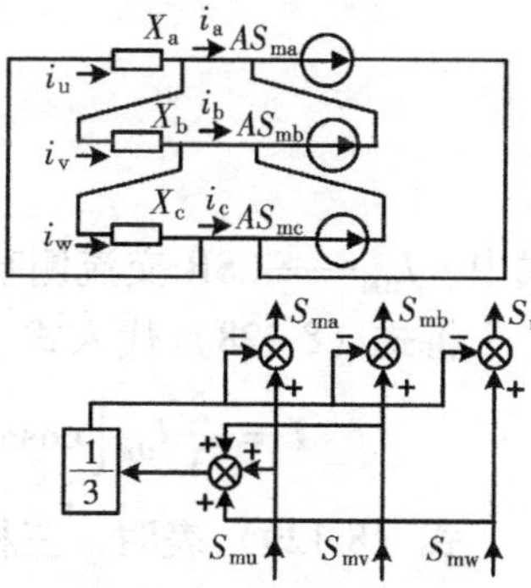

图 8-25　三相 CSR 网侧△联结时调制信号预处理环节

综合以上分析，由于采用了三值逻辑 PWM 控制，三相 CSR PWM 信号发生要比三相 VSR PWM 信号发生复杂，其主要包括调制信号预处理、PWM 二值逻辑生成、二三值逻辑转换、零状态判别及状态信号分配等几个主要部分，其总体结构如图 8-26 所示。

8.3.2　三值逻辑空间矢量 PWM 信号发生

以上阐述了三相 CSR 三值逻辑 PWM 信号发生技术，这种信号发生技术实际上是基于三角载波 PWM 的信号发生模式。与三相 VSR 类似，还可以采用空间矢量 PWM（SVPWM）技术实现三相 CSR PWM 控制。

8.3.2.1　三相 CSR 电流空间矢量的定义

设三相 CSR 交流侧电流瞬时值分为 i_{at}、i_{bt}、i_{ct}，当采用“等量”坐标变换时，可将三相静止坐标系（a，b，c）变换成两相静止坐标系（α，β），且坐标系（α，β）中的三相 CSR 交流侧电流瞬时值可表达为

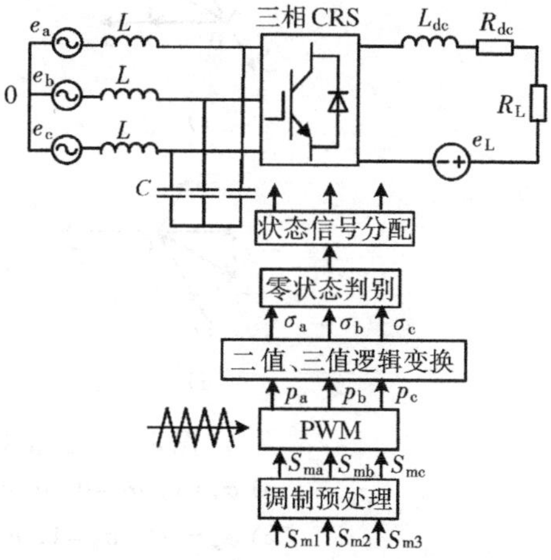

图 8-26　三相 CSR PWM 信号发生环节

$$\begin{bmatrix} i_{\alpha t} \\ i_{\beta t} \end{bmatrix} = \frac{2}{3}\begin{bmatrix} 1 & -\frac{1}{2} & -\frac{1}{2} \\ 0 & \frac{\sqrt{3}}{2} & -\frac{\sqrt{3}}{2} \end{bmatrix}\begin{bmatrix} i_{at} \\ i_{bt} \\ i_{ct} \end{bmatrix} \tag{8-126}$$

其中，α 轴与 a 轴重合。

式（8-126）同样也可由复平面（α，β）电流矢量描述，即

$$\boldsymbol{I} = i_{\alpha t} + \mathrm{j} i_{\beta t} = \frac{2}{3}\left(i_{at} + i_{bt}\mathrm{e}^{\frac{2\pi}{3}\mathrm{j}} + i_{ct}\mathrm{e}^{\frac{4\pi}{3}\mathrm{j}}\right) \tag{8-127}$$

若只考虑三相 CSR 交流侧对称基波电流，且令

$$\begin{cases} i_{at} = I_{t1m}\cos\omega t \\ i_{bt} = I_{t1m}\cos\left(\omega t - \dfrac{2\pi}{3}\right) \\ i_{ct} = I_{t1m}\cos\left(\omega t + \dfrac{2\pi}{3}\right) \end{cases} \tag{8-128}$$

式中　I_{t1m}——CSR 交流侧基波电流峰值。

将式（8-128）代入式（8-127），得

$$\boldsymbol{I} = \frac{2}{3}I_{t1m}\left[\cos\omega t + \cos\left(\omega t - \frac{2\pi}{3}\right)\mathrm{e}^{\frac{2\pi}{3}\mathrm{j}} + \cos\left(\omega t + \frac{2\pi}{3}\right)\mathrm{e}^{\frac{4\pi}{3}\mathrm{j}}\right] \tag{8-129}$$

式（8-129）表明，三相对称基波电流可以由一空间同步旋转矢量描述。

再研究一下三相 CSR 空间矢量的构成。由于三相 CSR 采用三值逻辑 PWM 控制，则由表 8-1 可得不同开关函数（$\sigma_a, \sigma_b, \sigma_c$）组合的电流空间矢量，其构成如图 8-27 所示。

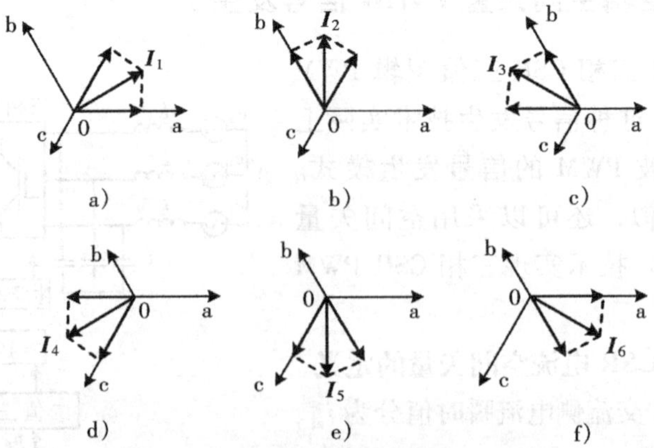

图 8-27　三相 CSR 空间电流矢量的构成

a) $\sigma_a = 1$，$\sigma_b = 0$，$\sigma_c = -1$　b) $\sigma_a = 0$，$\sigma_b = 1$，$\sigma_c = -1$

c) $\sigma_a = -1$，$\sigma_b = 1$，$\sigma_c = 0$　d) $\sigma_a = -1$，$\sigma_b = 0$，$\sigma_c = 1$

e) $\sigma_a = 0$，$\sigma_b = -1$，$\sigma_c = 1$　f) $\sigma_a = 1$，$\sigma_b = -1$，$\sigma_c = 0$

显然，除图8-27以外的开关函数组合均为零状态组合，由于对应电流矢量的模为零，故称为零电流矢量。

由于任一功率开关管导通时流入功率开关管的电流幅值均为i_{dc}，则由图8-27，易得三相CSR空间电流矢量的模值为

$$|\boldsymbol{I}_k| = \frac{2}{\sqrt{3}}i_{dc} \qquad (k = 1,\cdots,9) \qquad (8\text{-}130)$$

因此，三相CSR空间电流矢量分布如图8-28所示。

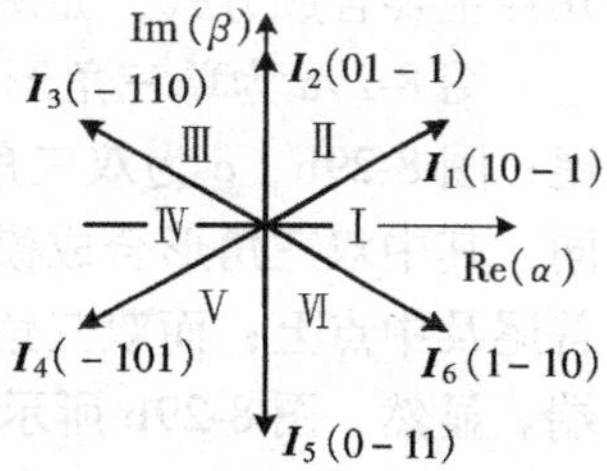

图8-28 三相CSR空间电流矢量分布

由图8-28及式（8-130），三相CSR空间电流矢量可描述为

$$\boldsymbol{I}_k = \begin{cases} \dfrac{2}{\sqrt{3}}i_{dc}e^{j\left(\frac{k\pi}{3}-\frac{\pi}{6}\right)} & (k = 1,\cdots,6) \\ 0 & (k = 7,8,9) \end{cases} \qquad (8\text{-}131)$$

8.3.2.2 电流矢量的合成与调制

通过上述分析与研究，获得了三相CSR空间电流矢量$\boldsymbol{I}_k$的空间分布。为了使三相CSR空间电流矢量PWM控制获得给定的电流波形，必须构造一个指令电流矢量$\boldsymbol{I}^*$。如实现三相CSR正弦波电流控制时，其指令电流矢量为一个以角速度为ω^*、模长为I_{1m}^*的空间旋转电流矢量（其中，ω^*为参考电流基波角频率，I_{1m}^*为参考电流基波峰值）。

与三相VSR空间电压矢量调制类似，三相CSR空间电流矢量调制就是利用三相CSR空间电流矢量$\boldsymbol{I}_k(k=1, \cdots, 9)$进行相应的矢量合成，使合成矢量等于指令电流矢量$\boldsymbol{I}^*$。若指令电流为三相对称正弦波电流，则对应的指令电流矢量运动轨迹必为圆形轨迹，在一定开关频率条件下，合成电流矢量的运动轨迹为多边形准圆轨迹。显然，当PWM频率越高，实际电流也就越逼近指令电流。以下具体研究空间电流矢量合成的定量关系。

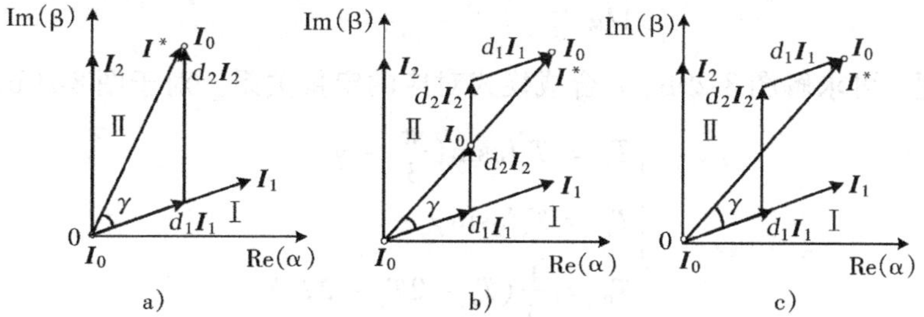

图8-29 电流矢量的合成

a）单三角形合成模式 b）双三角形合成模式一 c）双三角形合成模式二

如图 8-29 所示，若设指令电流矢量 $\boldsymbol{I}^*$ 位于区域Ⅱ。利用区域Ⅱ的两边界矢量 $\boldsymbol{I}_1$、$\boldsymbol{I}_2$，即可合成矢量 $\boldsymbol{I}^*$。根据合成模式及零矢量位置的不同，可分成以下几种主要合成方式，如图 8-29 所示。

图 8-29a 为单三角形合成模式，该模式零矢量一般平均施加于指令矢量的首尾；图 8-29b、c 为双三角形合成模式一、二，两者对零矢量的施加方式略有不同，其中双三角形合成模式一将零矢量均分三点，且分别施加于指令电流矢量的首尾及中点上；而双三角形合成模式二则仍将零矢量施加于指令电流矢量首尾两端。显然，图 8-29b 所示合成模式的电流谐波成分最低，但开关频率相对较高；而图 8-29a 所示合成模式的开关频率相对较低，但电流谐波成分相对较高。

设电流矢量合成过程中的 $\boldsymbol{I}_1$、$\boldsymbol{I}_2$、$\boldsymbol{I}_0$ 各段矢量施加时间分为 T_1、T_2、T_0，且 PWM 周期为 T_s。现以图 8-29a 合成模式为例计算定量关系，由三角形正弦定理得

$$\frac{|\boldsymbol{I}^*|}{\sin\dfrac{2\pi}{3}} = \frac{|d_2\boldsymbol{I}_2|}{\sin\gamma} = \frac{|d_1\boldsymbol{I}_1|}{\sin\left(\dfrac{\pi}{3}-\gamma\right)} \tag{8-132}$$

式中　γ——矢量 $\boldsymbol{I}^*$ 与 $\boldsymbol{I}_1$ 间夹角；

$$\begin{aligned} d_1 &= \frac{T_1}{T_s} \\ d_2 &= \frac{T_2}{T_s} \\ |\boldsymbol{I}_1| = |\boldsymbol{I}_2| &= \frac{2}{\sqrt{3}}i_{dc} \end{aligned} \tag{8-133}$$

联立式（8-132）、式（8-133），并解得

$$\begin{cases} T_1 = T_s I_M \sin\left(\dfrac{\pi}{3}-\gamma\right) \\ T_2 = T_s I_M \sin\gamma \\ T_0 = \dfrac{1}{2}(T_s - T_1 - T_2) \\ I_M = \dfrac{|\boldsymbol{I}^*|}{i_{dc}} \end{cases} \tag{8-134}$$

同理，可求解图 8-29b、c 合成模式对应的定量关系。对于图 8-29b，有

$$\begin{cases} T_1 = T_s I_M \sin\left(\dfrac{\pi}{3}-\gamma\right) \\ T_2 = T_s I_M \sin\gamma \\ T_0 = \dfrac{1}{3}(T_s - 2T_1 - 2T_2) \\ I_M = \dfrac{|\boldsymbol{I}^*|}{i_{dc}} \end{cases} \tag{8-135}$$

对于图 8-29c，有

$$\begin{cases} T_1 = T_s I_M \sin(\dfrac{\pi}{3} - \gamma) \\ T_2 = T_s I_M \sin\gamma \\ T_0 = \dfrac{1}{2}(T_s - 2T_1 - T_2) \\ I_M = \dfrac{|\boldsymbol{I}^*|}{i_{dc}} \end{cases} \tag{8-136}$$

以上对三相 CSR 电流矢量的合成进行了定量计算，那么零矢量又该如何具体确定呢？零矢量的选取有三种可能，即 $\boldsymbol{I}_0=\boldsymbol{I}_7$、$\boldsymbol{I}_0=\boldsymbol{I}_8$、$\boldsymbol{I}_0=\boldsymbol{I}_9$。与三值逻辑 SPWM 信号发生中零状态的判别类似，零矢量的确定也应以一个开关周期中的功率开关管切换次数最少为准则，即每一个切换过程中只有一对功率开关管通断。仍以图 8-29 所示的区域Ⅱ为例，由于区域Ⅱ的边界矢量分别为 $\boldsymbol{I}_1(1\quad 0\quad -1)$、$\boldsymbol{I}_2(0\quad 1\quad -1)$，因此当在区域Ⅱ进行矢量合成时，三相 CSR c 相下侧管始终导通，这样这一区域的零矢量应选 $\boldsymbol{I}_0=\boldsymbol{I}_9$。同理可分析其他区域矢量合成时的零矢量选择，见表 8-3。

表 8-3　不同区域时零矢量的选取

区域	Ⅰ	Ⅱ	Ⅲ	Ⅳ	Ⅴ	Ⅵ
零矢量	$\boldsymbol{I}_7$	$\boldsymbol{I}_9$	$\boldsymbol{I}_8$	$\boldsymbol{I}_7$	$\boldsymbol{I}_9$	$\boldsymbol{I}_8$

值得注意的是，当合成矢量从某一区域进入另一区域时，首次进入新区域的矢量合成过程中的零矢量仍选上一区域时的零矢量。

表 8-4 列出了图 8-29c 所示矢量合成模式时，各区域矢量切换顺序。

表 8-4　双三角形合成模式一及矢量切换

区 域	首次零矢量	矢 量 切 换
Ⅰ	$\boldsymbol{I}_8$	$\boldsymbol{I}_6\ \boldsymbol{I}_1\ \boldsymbol{I}_7\ \boldsymbol{I}_1\ \boldsymbol{I}_6\ \boldsymbol{I}_7$
Ⅱ	$\boldsymbol{I}_7$	$\boldsymbol{I}_1\ \boldsymbol{I}_2\ \boldsymbol{I}_9\ \boldsymbol{I}_2\ \boldsymbol{I}_1\ \boldsymbol{I}_9$
Ⅲ	$\boldsymbol{I}_9$	$\boldsymbol{I}_2\ \boldsymbol{I}_3\ \boldsymbol{I}_8\ \boldsymbol{I}_3\ \boldsymbol{I}_2\ \boldsymbol{I}_8$
Ⅳ	$\boldsymbol{I}_8$	$\boldsymbol{I}_3\ \boldsymbol{I}_4\ \boldsymbol{I}_7\ \boldsymbol{I}_4\ \boldsymbol{I}_3\ \boldsymbol{I}_7$
Ⅴ	$\boldsymbol{I}_7$	$\boldsymbol{I}_4\ \boldsymbol{I}_5\ \boldsymbol{I}_9\ \boldsymbol{I}_5\ \boldsymbol{I}_4\ \boldsymbol{I}_9$
Ⅵ	$\boldsymbol{I}_9$	$\boldsymbol{I}_5\ \boldsymbol{I}_6\ \boldsymbol{I}_8\ \boldsymbol{I}_6\ \boldsymbol{I}_5\ \boldsymbol{I}_8$

8.3.3　三相 CSR PWM 电流利用率讨论

前两节分别介绍和研究了三相 CSR 两种 PWM 信号发生技术，即基于三角载波调制和空间电流矢量调制的三值逻辑 PWM 波形发生技术。与三相 VSR PWM 类似，空间电流矢量 PWM 与三角载波 PWM 相比，前者有开关损耗低、谐波分量少、动态响应快等优点。相对于三相 VSR 空间矢量 PWM 电压利用率高这一特点，三相 CSR 空间矢量 PWM 也具有电流利用率高等特点。以下就三相 CSR 两种 PWM 方式的电流利用率作进一步的研究和比较。

8.3.3.1 三角载波 PWM 电流利用率

设三相 CSR 直流侧电流为定值 I_{dc}，根据三值逻辑 PWM 控制规律，三相 CSR 交流侧电流 $i_{kt}(k=a,\ b,\ c)$ 可表示成

$$i_{kt} = \sigma_k I_{dc} \qquad (k = a,b,c) \tag{8-137}$$

式中 $\sigma_k(k=a,\ b,\ c)$——三值逻辑开关函数。

所谓三相 CSR PWM 电流利用率 η_1 是指 CSR 交流侧电流 $i_{kt}(k=a,\ b,\ c)$ 的基波峰值 I_{t1m} 与直流电流 I_{dc} 比值的百分数，即

$$\eta_1 = \frac{I_{t1m}}{I_{dc}} \times 100\% \tag{8-138}$$

显然，求取电流利用率 η_1 的关键在于三相 CSR 交流侧电流基波峰值 I_{t1m} 的求取。

首先，讨论三相 CSR a 相交流侧电流 i_{at}，显然

$$i_{at} = \sigma_a I_{dc} = \frac{1}{2}(p_a - p_b)I_{dc} = \frac{p_a I_{dc}}{2} - \frac{p_b I_{dc}}{2} \tag{8-139}$$

式中 p_a、p_b——双极性二值逻辑开关函数。

显然，p_a、p_b 只取 +1 或 −1 值。由式（8-139），三相 CSR a 相电流是由与 a、b 两相相应的基于二值逻辑的 PWM 差值所构成。首先，研究式（8-139）中 $p_a I_{dc}/2$ 项的基波分量。

由于 p_a 为二值逻辑开关函数，则 p_a 可由三角载波 PWM 生成，如图8-30所示。

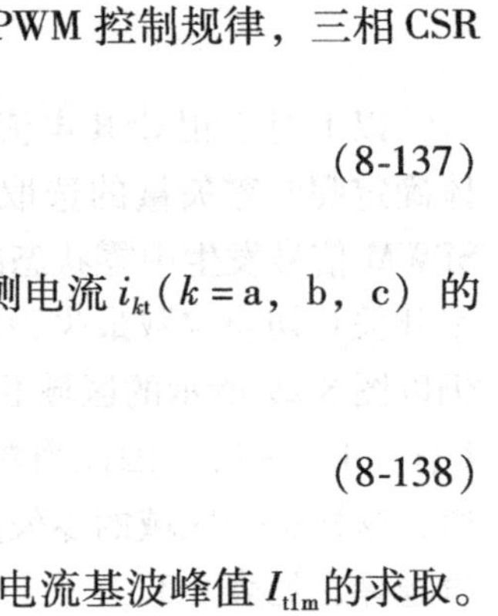

图 8-30 三角载波 PWM 信号的发生

u_t—三角载波信号

u_{ma}—a 相调制波信号

ω_s—PWM 开关角频率

图 8-30 中，考虑三角波两个负峰值之间为一个载波周期，另外设调制波信号 u_{ma} 与三角载波信号 u_t 的交点相位角分别为 θ_1 和 θ_2，显然 $p_a I_{dc}/2$ 可描述为

$$\frac{1}{2}p_a I_{dc} = \begin{cases} \dfrac{I_{dc}}{2} & (\omega_s t \leqslant \theta_1 \text{ 或 } \omega_s t \geqslant \theta_2) \\ \dfrac{-I_{dc}}{2} & (\theta_1 < \omega_s t < \theta_2) \end{cases} \tag{8-140}$$

将式（8-140）展开成傅里叶级数，得

$$\frac{1}{2}p_{\rm a}\,i_{\rm dc} = \frac{i_{\rm dc}}{2}\left[\frac{1}{2}a_0 + \sum_{n=1}^{\infty}(a_n\cos\omega_{\rm s}t + b_n\sin\omega_{\rm s}t)\right] \tag{8-141}$$

式中

$$\begin{cases} a_n = \dfrac{1}{\pi}\displaystyle\int_{-\pi}^{\pi}p_{\rm a}\cos n\omega_{\rm s}t{\rm d}(\omega_{\rm s}t) \\ b_n = \dfrac{1}{\pi}\displaystyle\int_{-\pi}^{\pi}p_{\rm a}\sin n\omega_{\rm s}t{\rm d}(\omega_{\rm s}t) \end{cases} \quad (n = 0,1,2,\cdots) \tag{8-142}$$

将式（8-142）代入式（8-141），得

$$\begin{cases} a_0 = \dfrac{2}{\pi}(\pi + \theta_1 - \theta_2) \\ a_n = \dfrac{2}{n\pi}(\sin n\theta_1 - \sin n\theta_2) \quad (n = 1,2,\cdots) \\ b_n = \dfrac{2}{n\pi}(-\cos n\theta_1 + \cos n\theta_2) \end{cases} \tag{8-143}$$

设三角载波信号 $u_{\rm t}$ 为

$$u_{\rm t} = \begin{cases} 1 + \left(\dfrac{2}{\pi}\right)\omega_{\rm s}t & (-\pi \leqslant \omega_{\rm s}t < 0) \\ 1 - \left(\dfrac{2}{\pi}\right)\omega_{\rm s}t & (0 \leqslant \omega_{\rm s}t < \pi) \end{cases} \tag{8-144}$$

式中　$\omega_{\rm s}$——PWM 开关角频率。

令 a 相调制波为正弦波，且

$$u_{\rm ma} = m\sin(\omega_{\rm s}t + \varphi) \tag{8-145}$$

式中　m——调制比（$0 \leqslant m \leqslant 1$）。

当 $\omega_{\rm s}t = \theta_1$、$\omega_{\rm s}t = \theta_2$ 时 $u_{\rm t} = u_{\rm ma}$，这样由式（8-145）、式（8-144）可得

$$\begin{cases} \theta_1 = \dfrac{\pi}{2}[m\sin(\omega_{\rm s}t + \varphi) - 1] \\ \theta_2 = -\dfrac{\pi}{2}[m\sin(\omega_{\rm s}t + \varphi) - 1] \end{cases} \tag{8-146}$$

联立式（8-146）、式（8-143）并计算，得

$$\begin{cases} a_0 = 2m\sin(\omega_{\rm s}t + \varphi) \\ a_n = \dfrac{4}{n\pi}\sin\left\{\dfrac{n\pi}{2}[a\sin(\omega_{\rm s}t + \varphi) - 1]\right\} \quad (n = 1,2,\cdots) \\ b_n = 0 \end{cases} \tag{8-147}$$

联立式（8-147）、式（8-141），则

$$\frac{1}{2}p_{\rm a}I_{\rm dc} = \frac{I_{\rm dc}}{2}m\sin(\omega_{\rm s}t + \varphi) + \frac{I_{\rm dc}}{2}\sum_{n=1}^{\infty}\frac{4}{n\pi}\sin\left\{\frac{n\pi}{2}[m\sin(\omega_{\rm s}t + \varphi) - 1]\right\}\cos n\omega_{\rm s}t \tag{8-148}$$

若 b 相调制波信号为 $u_{mb}=m\sin(\omega_s t+\varphi-2\pi/3)$，则同理求得

$$\frac{1}{2}p_b I_{dc} = \frac{I_{dc}}{2}m\sin\left(\omega_s t+\varphi-\frac{2\pi}{3}\right)+$$

$$\frac{I_{dc}}{2}\sum_{n=1}^{\infty}\frac{4}{n\pi}\sin\left\{\frac{n\pi}{2}\left[m\sin\left(\omega_s t+\varphi-\frac{2\pi}{3}\right)-1\right]\right\}\cos\omega_s t \tag{8-149}$$

联立式（8-148）、式（8-149）可求得三相 CSR a 相电流基波分量为

$$\begin{aligned} I_{at1} &= \frac{I_{dc}}{2}m\sin(\omega_s t+\varphi)-\frac{I_{dc}}{2}m\sin\left(\omega_s t+\varphi-\frac{2\pi}{3}\right) \\ &= \sqrt{3}m\left(\frac{I_{dc}}{2}\right)\sin\left(\omega_s t+\varphi+\frac{\pi}{6}\right) \end{aligned} \tag{8-150}$$

式（8-150）表明，三相 CSR 交流侧基波电流峰值 $I_{t1m}=\sqrt{3}\times(I_{dc}/2)$，则三相 CSR 三角载波 PWM 电流利用率为

$$\eta_{i1} = \frac{I_{t1m}}{I_{dc}}\times 100\% = \frac{\sqrt{3}}{2}\times 100\% \approx 86.6\% \tag{8-151}$$

这一结论与三相 VSR 三角载波 PWM 电压利用率相同。

8.3.3.2 三相 CSR 空间电流矢量 PWM 电流利用率

当三相 CSR 采用空间电流矢量 PWM 控制时，若以图 8-29a 矢量合成模式为例进行研究。设 $\boldsymbol{I}^*$ 位于区域Ⅱ，且矢量 $\boldsymbol{I}$ 与 $\boldsymbol{I}^*$ 夹角为 γ，则两个有效矢量 $\boldsymbol{I}_1$、$\boldsymbol{I}_2$ 的施加时间 T_1、T_2 分别为

$$\begin{cases} T_1 = T_s I_M \sin\left(\frac{\pi}{3}-\gamma\right) \\ T_2 = T_s I_M \sin\gamma \end{cases} \tag{8-152}$$

式中

$$I_M = \frac{|\boldsymbol{I}^*|}{I_{dc}} \tag{8-153}$$

由于调制过程必须满足

$$T_1 + T_2 \leqslant T_s \tag{8-154}$$

则将式（8-152）代入式（8-154），得

$$I_M\sin\left(\frac{\pi}{3}-\gamma\right)+I_M\sin\gamma \leqslant 1 \tag{8-155}$$

化简式（8-155），并考虑式（8-153），则有

$$|\boldsymbol{I}^*| \leqslant \frac{I_{dc}}{\cos\left(\frac{\pi}{6}-\gamma\right)} \tag{8-156}$$

若对于任一相位角 γ，式（8-156）均要成立，则 $|\boldsymbol{I}^*|$ 须取式（8-156）右边下限值，且

$$|\boldsymbol{I}^*| \leqslant I_{dc} \tag{8-157}$$

式（8-157）表明，当三相 CSR 采用空间电流矢量 PWM 控制时，其交流侧电流基波峰值 I_{t1m} 最大取值为 I_{dc}，因此该调制方式时的电流利用率为

$$\eta_{i2} = \frac{I_{t1m}}{I_{dc}} \times 100\% \leqslant \frac{I_{dc}}{I_{dc}} \times 100\% = 100\% \tag{8-158}$$

显然，电流空间矢量 PWM 比三角载波 PWM 电流利用率高，且

$$\frac{\eta_{i2}}{\eta_{i1}} = \frac{1}{0.866} \times 100\% \approx 115.5\% \tag{8-159}$$

式（8-159）说明，三相 CSR 空间矢量 PWM 与三角载波 PWM 相比，其电流利用率提高了近 15.5%。

8.3.4 低电压应力三值逻辑 PWM 信号发生

以上阐述的两种三值逻辑 PWM 信号发生技术，主要是从三相 CSR PWM 控制角度，研讨了 PWM 信号的具体发生方法及相关特点，但并没有研究任一换相过程及功率开关管的电压应力。若换相过程不属自然换相过程，则必然导致较大的功率开关管换相电压应力。首先以锯齿波载波三值逻辑 PWM 为例进行讨论。

由于三值逻辑开关函数 σ_k（k = a，b，c）是双极性二值逻辑开关函数 p_k（k = a，b，c）的线性组合，即三相 CSR 交流侧电流表达式为

$$\begin{cases} i_{at} = \sigma_a i_{dc} = \dfrac{1}{2}(p_a - p_b) i_{dc} \\ i_{bt} = \sigma_b i_{dc} = \dfrac{1}{2}(p_b - p_c) i_{dc} \\ i_{ct} = \sigma_c i_{dc} = \dfrac{1}{2}(p_c - p_a) i_{dc} \end{cases} \tag{8-160}$$

而式（8-160）中的三值逻辑开关函数，既可以通过以上讨论的二值、三值逻辑变换环节产生，也可以直接采用锯齿波载波调制而获得。

图 8-31 示出了三相 CSR 三值逻辑的锯齿波载波 PWM 过程。图中，u_t 为锯齿波函数，u_{ma}、u_{mb}、u_{mc} 为三相 CSR a、b、c 相调制波函数。当调制频率足够高时，一个调制周期中 u_{ma}、u_{mb}、u_{mc} 近似不变。

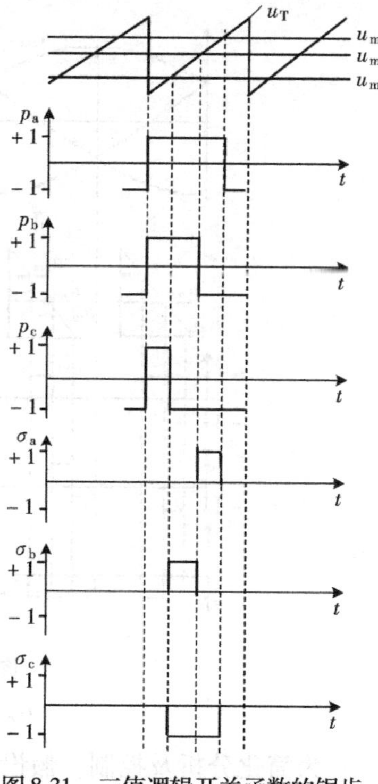

图 8-31　三值逻辑开关函数的锯齿波载波 PWM 信号生成

从图 8-31 可看出：由于 $\sigma_a = (p_a - p_b)/2$，因此 σ_a 波形实际上即为 a、b 相调制波在锯齿波斜线段所截单位幅值脉宽波形，其调制规律可描

述为

$$\sigma_a = \begin{cases} +1 & (u_{mb} < u_t < u_{ma}) \\ -1 & (u_{ma} < u_t < u_{mb}) \\ 0 & （其他） \end{cases} \tag{8-161}$$

同理，可分析得出 σ_b、σ_c 的调制规律如下：

$$\sigma_b = \begin{cases} +1 & (u_{mc} < u_t < u_{mb}) \\ -1 & (u_{mb} < u_t < u_{mc}) \\ 0 & （其他） \end{cases} \tag{8-162}$$

$$\sigma_c = \begin{cases} +1 & (u_{ma} < u_t < u_{mc}) \\ -1 & (u_{mc} < u_t < u_{ma}) \\ 0 & （其他） \end{cases} \tag{8-163}$$

图 8-32 描述了一个正弦调制波周期中各区域的三值逻辑开关函数 σ_k（k = a，b，c）发生规律。图中，将一个正弦调制波周期分成 6 个均等区域（Ⅰ ~ Ⅵ），每一个区域中调制波信号 u_{ma}、u_{mb}、u_{mc} 的幅值大小排列顺序一致，因此每一个区域中的 σ_k 发生规律一致。

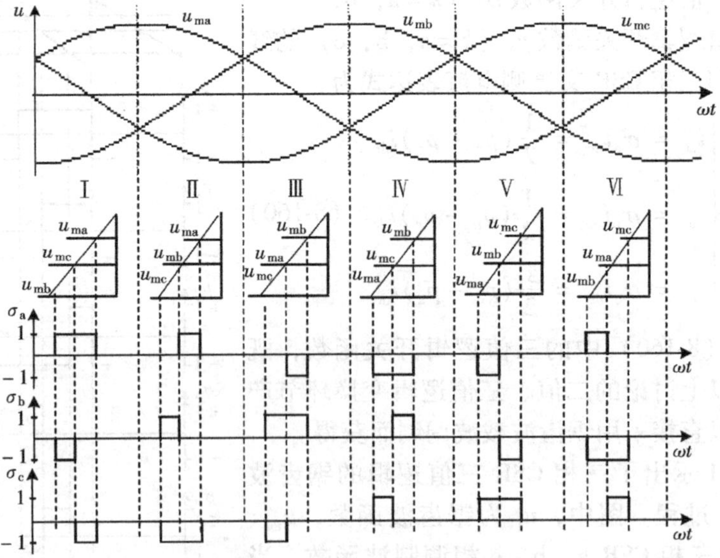

图 8-32　一个调制波周期中 σ_k（k=a，b，c）的发生规律

为简化分析及控制，假设调制过程中 σ_k =0 时的开关状态由直流侧旁路功率开关管导通而获得，如图 8-33 所示。

从图 8-33 可看出，要实现自然换相，上侧管必须由三相 CSR 交流侧较低电位的功率开关管向较高电位的功率开关管换相；而下侧管必须由三相 CSR 交流侧较高电位的功率开关管向较低电位的功率开关管换相。当以图 8-32 所示基于锯齿波载波的 PWM 信号发生规律通断三相 CSR 功率开关管时，只有区域Ⅱ、Ⅳ、Ⅵ中的调制满足自然换相条件，且换相功率开关管电压应力较低；而区域Ⅰ、Ⅲ、Ⅴ中的调制则不满足自然换相条件，从而使换相功率开关管电压应力较高。现以Ⅰ、Ⅱ两区域的换相过程为例分析如下：为简化分析，令三相 CSR 交流侧电压 v_k（k=a，b，c）为正弦波电压，且图 7-32 中正弦波调制信号 u_{mk} 与 v_k（k=a，b，c）同相。若调制功率开关管在区域Ⅰ换相，且 V_a 导通期间发生 V'_b 关断而 V'_c 导通的换相过程，由于区域Ⅰ中 $v_b < v_c$，因此 V'_b 向 V'_c 的换相过程不满足自然换相条件，从而无法实现功率开关管的自然换相。若调制功率开关管在区域Ⅱ换相，且 V'_c 导通期间发生 V_b 关断而 V_a 导通的换相过程，由于区域Ⅱ中 $v_a > v_b$，因此 V_b 向 V_a 的换相过程满足自然换相条件，故功率开关管自然换相得以实现，同理可分析区域Ⅲ～Ⅵ中的功率开关管换相过程。

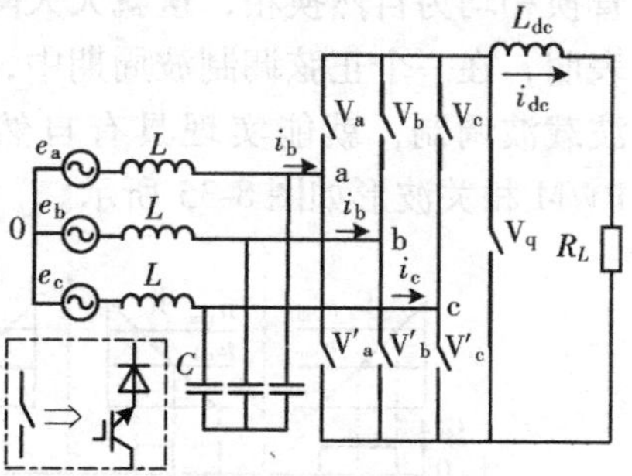

图 8-33　具有直流旁路功率开关管的三相 CSR 主电路

那么如何改进 PWM 过程中的功率开关管换相顺序，从而使区域Ⅰ的 PWM 也满足自然换相条件呢？区域Ⅰ中的 PWM 过程不满足自然换相条件的原因是，在 V_a 导通期间，V'_b 先导通而 V'_c 后导通。若在 V_a 导通期间，V'_c 先导通而 V'_b 后导通，则就能满足自然换相条件。换言之，在一个 PWM 周期中，只要保持各功率开关管导通的时间不变，变更相应功率开关管的导通顺序是不会影响 PWM 基波分量的。显然，采用另一种负斜率锯齿波载波调制就可以实现功率开关管导通顺序的变更，如图 8-34 所示。

从图 8-34 可看出，图 8-34b 的负斜率锯齿波载波 PWM 满足自然换相条件，且与开关函数 σ_k（k = a，b，c）对应的 PWM 脉宽不变。同理，对于原本采用正斜率锯齿波载波 PWM 且不满足自然换相条件的区域Ⅲ、Ⅴ，只需采用负斜率的锯齿波载波 PWM 就可满足自然换相条件，从而使一个调制波周期所有功率开关

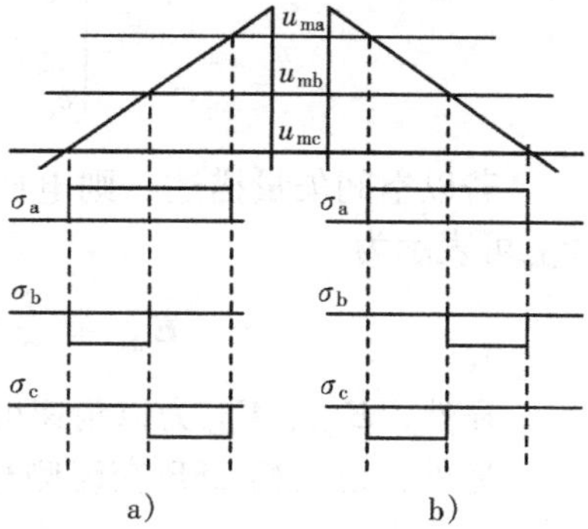

图 8-34　正、负斜率锯齿波载波三值逻辑 PWM 控制

a）正斜率锯齿波载波调制

b）负斜率锯齿波载波调制

管换相均为自然换相，这就大大降低了换相功率开关管的电压应力。进一步研究表明，在一个正弦调制波周期中，只要采用每隔1/6周期正、负斜率交替的锯齿波载波调制，就能实现具有自然换相的三相CSR低电压应力PWM控制。其PWM相关波形如图8-35所示。

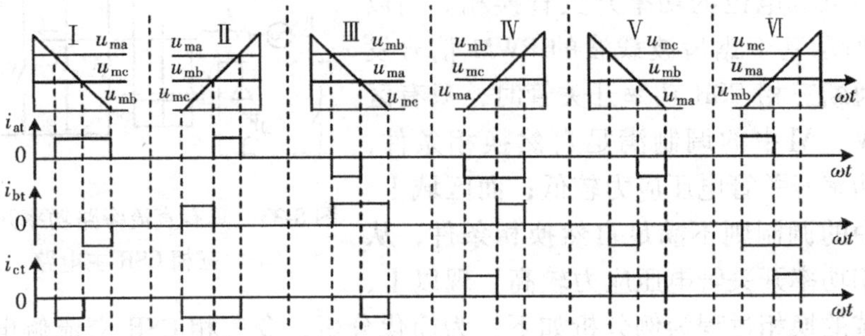

图8-35 满足自然换相条件的正、负斜率锯齿波载波三值逻辑PWM相关波形

实际上，对于空间电流矢量三值逻辑PWM过程，也存在功率开关管换相不满足自然换相条件的问题。为简化分析，忽略三相CSR交流侧滤波电感压降，则

$$e_k \approx v_k \quad (k = \mathrm{a,b,c}) \tag{8-164}$$

式中 e_k——三相CSR电网相电动势；

v_k——三相CSR交流侧基波相电压。

$$\begin{cases} e_\mathrm{a} = E_\mathrm{m}\cos\omega t \approx v_\mathrm{a} \\ e_\mathrm{b} = E_\mathrm{m}\cos\left(\omega t - \dfrac{2\pi}{3}\right) \approx v_\mathrm{b} \\ e_\mathrm{c} = E_\mathrm{m}\cos\left(\omega t + \dfrac{2\pi}{3}\right) \approx v_\mathrm{c} \end{cases} \tag{8-165}$$

若以空间矢量描述，则电网电动势矢量 $\boldsymbol{E}_\mathrm{abc}$ 以及三相CSR交流侧电压矢量 $\boldsymbol{V}_\mathrm{abc}$ 可表示为

$$\boldsymbol{E}_\mathrm{abc} = \frac{2}{3}(e_\mathrm{a} + e_\mathrm{b}\mathrm{e}^{\frac{2\pi}{3}\mathrm{j}} + e_\mathrm{c}\mathrm{e}^{\frac{4\pi}{3}\mathrm{j}}) \approx \boldsymbol{V}_\mathrm{abc} \tag{8-166}$$

显然，$\boldsymbol{E}_\mathrm{abc}$、$\boldsymbol{V}_\mathrm{abc}$ 为以角速度 ω 旋转的空间矢量。

另外，设三相CSR交流侧相电流指令为正弦波电流指令，且

$$\begin{cases} i_\mathrm{at}^* = I_\mathrm{tm}^*\cos(\omega t + \theta) \\ i_\mathrm{bt}^* = I_\mathrm{tm}^*\cos\left(\omega t - \dfrac{2\pi}{3} + \theta\right) \\ i_\mathrm{ct}^* = I_\mathrm{tm}^*\cos\left(\omega t + \dfrac{2\pi}{3} + \theta\right) \end{cases} \tag{8-167}$$

式中　$i_{kt}^*(k=a, b, c)$ ——三相 CSR 交流侧相电流指令；

I_{tm}^*——$i_{kt}^*(k=a, b, c)$ 的峰值；

θ——$i_{kt}^*(k=a, b, c)$ 初始相位角。

显然，三相 CSR 交流侧相电流指令矢量可描述为一以角速度 ω 旋转的空间电流矢量，即

$$\boldsymbol{I}_{abct}^* = \frac{2}{3}(i_{at}^* + i_{bt}^* e^{j\frac{2\pi}{3}} + i_{ct}^* e^{j\frac{4\pi}{3}}) \tag{8-168}$$

为简化分析，首先讨论 $\theta=0$ 时的情况，即 $\boldsymbol{I}_{abct}^*$、$\boldsymbol{E}_{abc}$ 同步旋转且同相，如图 8-36 所示。

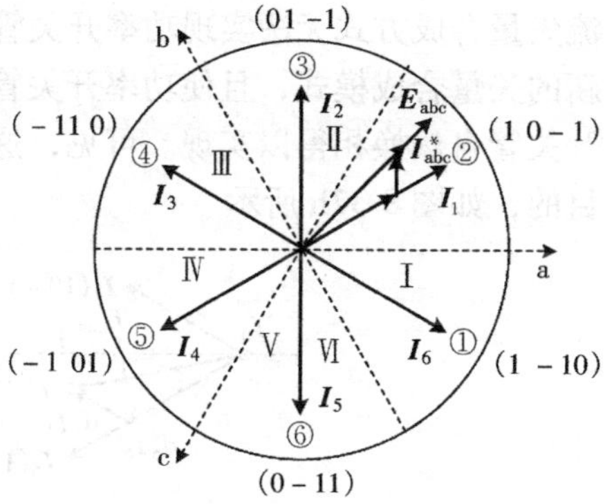

图 8-36　空间电流、电动势矢量及分区（$\boldsymbol{I}_{abct}^*$与 $\boldsymbol{E}_{abc}$同相）

图 8-36 中，区域Ⅰ～Ⅳ为以三相 CSR 空间电流矢量 $\boldsymbol{I}_k(k=1\sim6)$ 为边界的自然分区；①～⑥为电网电动势矢量 $\boldsymbol{E}_{abc}$的自然分区。在任一 $\boldsymbol{E}_{abc}$的自然分区中，三相电网电动势的幅值大小排序不变。现以①、②两区域为例分析电流矢量的合成与功率开关管换相。当电流矢量合成采用图 8-29a 中的单三角形模式，且零矢量（$\boldsymbol{I}_7\sim\boldsymbol{I}_9$）由三相 CSR 直流侧旁路功率开关管导通生成时，其矢量合成及换相状态见表 8-5。

表 8-5　$\boldsymbol{I}_{abct}^*$、$\boldsymbol{E}_{abc}$在区域①、②中电流矢量合成及换相

①		②	
$e_a > e_c > e_b$		$e_a > e_b > e_c$	
Ⅵ	Ⅰ	Ⅰ	Ⅱ
I_0（×，×，×） I_5（V'_a，×，V_c） I_6（V_a，V'_b，×）	I_0（×，×，×） I_6（V_a，V'_b，×） I_1（V_a，×，V'_c）	I_0（×，×，×） I_6（V_a，V'_b，×） I_1（V_a，×，V'_c）	I_o（×，×，×） I_1（V_a，×，V'_c） I_2（×，V_b，V'_c）
$V_c \to V_a$	$V'_b \to V'_c$	$V'_b \to V'_c$	$V_a \to V_b$
能自然换相	不能自然换相	能自然换相	不能自然换相

注：×—对应功率开关管关断；V_a、V_b、V_c、V'_a、V'_b、V'_c—对应功率开关管导通。

显然，自然换相条件在不同 $\boldsymbol{E}_{abc}$矢量区域不能全部得以满足。如当 $\boldsymbol{I}_{abct}^*$、$\boldsymbol{E}_{abc}$同相，且处于区域①中的Ⅰ区和区域②中的Ⅱ区时，自然换相条件不能满足。同理，可分析 $\boldsymbol{I}_{abct}^*$、$\boldsymbol{E}_{abc}$处于其他区域中的矢量合成及换相情况，结果见表 8-6。

表 8-6　不同区域中的换相情况

E_{abc}、I^*_{abct}	①		②		③		④		⑤		⑥	
区域	Ⅵ	Ⅰ	Ⅰ	Ⅱ	Ⅱ	Ⅲ	Ⅲ	Ⅳ	Ⅳ	Ⅴ	Ⅴ	Ⅵ
自然换相	√	×	√	×	√	×	√	×	√	×	√	×

注：√—能自然换相；　×—不能自然换相。

那么如何实现电流矢量 PWM 控制时的三相 CSR 功率开关管全区域的自然换相呢？以 I^*_{abct}、E_{abc}同相且处于区域①中Ⅰ区时的情况进行分析，显然原有的电流矢量合成方式无法实现功率开关管自然换相，如图 8-37a 所示。但是，若采用新的矢量合成模式，且使功率开关管导通顺序由 $V'_b \to V'_c$ 变成 $V'_c \to V'_b$ 时，功率开关管自然换相得以实现。可见，这只需将合成电流矢量顺序变更一下即可达到目的，如图 8-37b 所示。

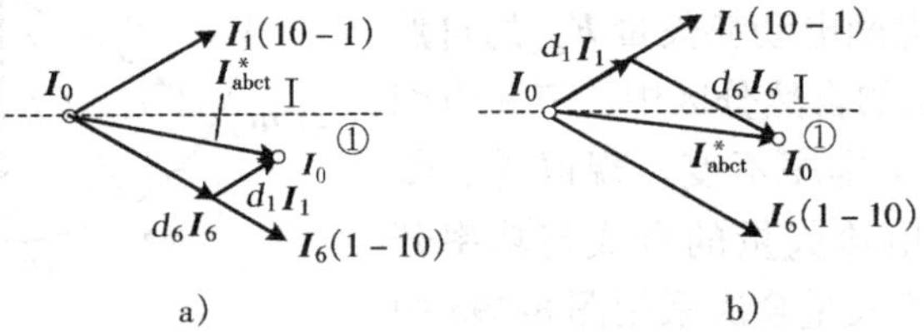

图 8-37　不同电流矢量 I^*_{abct}的合成及换相

a）合成模式一　b）合成模式二

d_1、d_6—PWM 占空比

同理，分析 I^*_{abct}、E_{abc}同相，且处于其他区域时的情况，可以得出同样的结论，即变更原本不能自然换相区域中电流矢量合成的顺序就能实现功率开关管的自然换相。

以上讨论了 I^*_{abct}与 E_{abc}同相时的情况，若 I^*_{abct}与 E_{abc}同步，但不同相，则必须分别根据 E_{abc}所在区域①～⑥中的 e_a、e_b、e_c 瞬时值的大小以及 I^*_{abct}所在区域Ⅰ～Ⅵ中电流矢量 I_k（$k=0$，…，6）的合成模式来确定电流矢量的合成顺序，从而使 CSR PWM. 满足自然换相条件，表 8-7 示出了 I^*_{abct}处于Ⅰ区而 E_{abc}处于区域①～⑥时的功率管自然换相合成模式。

表 8-7　I^*_{abct}处于区域Ⅰ而 E_{abc}处于不同区域时的自然换相合成模式

①	②	③	④	⑤	⑥
$e_a>e_c>e_b$	$e_a>e_b>e_c$	$e_b>e_a>e_c$	$e_b>e_c>e_a$	$e_c>e_b>e_a$	$e_c>e_a>e_b$
I_1（1 0 −1）	I_6（1 −1 0）	I_6（1 −1 0）	I_6（1 −1 0）	I_1（1 0 −1）	I_1（1, 0, −1）
I_6（1 −1 0）	I_1（1 0 −1）	I_1（1 0 −1）	I_1（1 0 −1）	I_6（1 −1 0）	I_6（1, −1, 0）
$V_c' \to V_b'$	$V_b' \to V_c'$	$V_b' \to V_c'$	$V_b' \to V_c'$	$V_c' \to V_b'$	$V_c' \to V_b'$

同理，可分析$\boldsymbol{I}^{*}_{abct}$处于其他电流矢量区域，且$\boldsymbol{E}_{abc}$处于不同区域时的功率开关管自然换相电流合成模式。

将上述电流矢量合成模式列成表格，并存入微处理器的内存中，就可以在线确定电流矢量PWM控制时的CSR功率开关管自然换相矢量合成模式，以实现三相CSR低电压应力PWM控制，从而降低功率开关管损耗，并提高CSR运行可靠性。

8.4 电流型PWM整流器（CSR）控制系统设计

8.4.1 单相CSR控制系统设计

8.4.1.1 单相CSR间接电流控制

1. 基于交流侧电容电压滞环控制的间接电流控制

单相CSR主电路拓扑结构如图8-38所示。

从图8-38所示的单相CSR主电路拓扑结构分析，单相CSR有两个被控变量：直流侧电流i_{dc}和网侧电流i_s。i_{dc}的控制目标主要是要求CSR直流侧提供恒定的直流电流，为此要求i_{dc}控制具有良好的抗扰性能；而i_s的控制目标主要是实现CSR网侧正弦波电流控制，甚至要求其功率因数可控，因此网侧电流i_s的控制更侧重电流的跟随性能。那么，如何协调CSR交、直侧电流控制，以获得较为理想的控制性能呢？

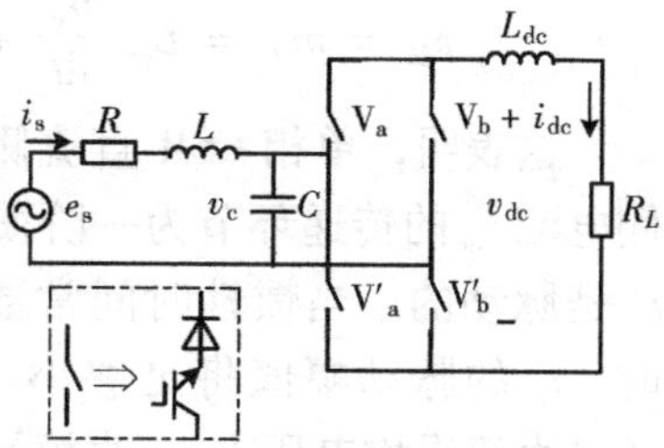

图8-38 单相CSR主电路拓扑结构

首先，研究单相CSR间接电流控制。所谓单相CSR间接电流控制，是指通过控制单相CSR交流侧电容电压或交流侧电流基波的幅值与相位，从而间接控制单相CSR网侧电流，这一控制策略与电压型PWM整流器（VSR）的间接电流控制相类似。那么，单相CSR交流侧电容电压如何控制呢？首先定义单相CSR双极性二值逻辑开关函数p

$$p = \begin{cases} +1 & V_a, V'_b \text{ 管导通} \\ -1 & V'_a, V_b \text{ 管导通} \end{cases} \tag{8-169}$$

根据这一定义，单相CSR交流侧电流方程为

$$C\frac{dv_C}{dt} = i_s - pi_{dc} \tag{8-170}$$

当$i_{dc} > |i_s|$时，p取值不同时的电容电压变化率各异，即

$$\begin{cases} \dfrac{dv_C}{dt} = \dfrac{1}{C}(i_s - p_s i_{dc}) > 0 & p = -1 \\ \dfrac{dv_C}{dt} = \dfrac{1}{C}(i_s - p_s i_{dc}) < 0 & p = +1 \end{cases} \tag{8-171}$$

这表明，通过对 p 的控制，可以直接控制单相 CSR 交流侧电容电压，进行间接控制其网侧电流。显然，采用滞环控制策略，即根据控制要求设定电容电压指令值 $v_C^*(t)$ 及其滞环宽度 V_w，就可以实现电容电压 $v_C(t)$ 的快速跟踪控制。而滞环宽度 V_w 的设定，主要依赖于单相 CSR 功率开关管的上限开关频率。基于开关函数 p 描述的单相 CSR 直流侧电压为

$$v_{dc}(t) = pv_C(t) \tag{8-172}$$

单相 CSR 电容电压滞环控制时的相关波形如图 8-39 所示。

考虑式（8-172），则单相 CSR 直流侧电压方程为

$$v_{dc} = pv_C = L_{dc}\frac{di_{dc}}{dt} + i_{dc}R_L \tag{8-173}$$

这表明，单相 CSR 直流侧电压 v_{dc} 到直流侧电流 i_{dc} 的传递环节为一阶惯性环节。显然，i_{dc} 是脉动的。当惯性时间常数 L_{dc}/R_L 足够大时，i_{dc} 的脉动幅值将足够小。另外，还可以通过直流平均电压 V_{dc}、直流平均电流 I_{dc} 及功率平衡关系来建立单相 CSR 交、直流侧的定量关系。如图8-39所示，考察 t_0 时刻附近一个开关周期（$\Delta t_1 + \Delta t_2$）中的直流电压平均值 V_{dc} 为

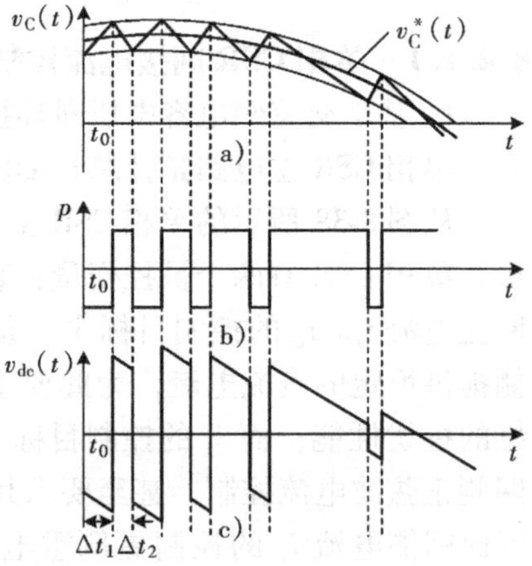

图 8-39　单相 CSR 交流侧电容电压滞环控制相关波形

a）电容电压 $v_C(t)$　b）开关函数 p

c）直流侧电压 $v_{dc}(t)$

$$V_{dc} = \int_0^{\Delta t_1 + \Delta t_2} \frac{v_C(t)}{\Delta t_1 + \Delta t_2} dt = v_C(t_0)\left(\frac{\Delta t_2 - \Delta t_1}{\Delta t_2 + \Delta t_1}\right) \tag{8-174}$$

上式中，令一个 PWM 开关周期中 $v_C(t)$ 近似不变。当 L_{dc} 足够大时，单相 CSR 直流侧电流 i_{dc} 近似不变，且

$$i_{dc} \approx I_{dc}$$

式中　I_{dc}——直流侧电流平均值。

忽略桥路损耗，且令交流侧电容电压跟踪电压指令 v_C^*，则由单相 CSR 交、直流侧的能量平衡关系，得

$$V_{dc}I_{dc} = v_C^*\left(i_s - C\frac{dv_C^*}{dt}\right) \approx V_{dc}i_{dc} \tag{8-175}$$

以上讨论说明，单相 CSR 交流侧电流的间接控制关键在于其交流侧电容电压 v_C

的控制，那么如何产生电容电压指令信号 v_C^* 呢？

设单相 CSR 网侧电动势 e_s 及电流 i_s 分别为

$$\begin{cases} e_s = E_{sm}\sin\omega t \\ i_s = I_{sm}(t)\sin(\omega t + \varphi) \end{cases} \tag{8-176}$$

式中　　φ——网侧功率因数角；

E_{sm}、$I_{sm}(t)$——网侧电动势、电流峰值，稳态时令 $I_{sm}(t) = I_{sm}^*(t)$ 而指令电流峰值 $I_{sm}^*(t)$ 由直流电流环调节器输出决定。

单相 CSR 交流侧电压方程为

$$v_C(t) = e_s - Ri_s - L\frac{di_s}{dt} \tag{8-177}$$

将式（8-176）代入式（8-177），求解得

$$v_C(t) = A(t)\sin\omega t + B(t)\cos\omega t \tag{8-178}$$

式中

$$\begin{cases} A(t) = E_{sm} - \left[L\dfrac{dI_{sm}^*(t)}{dt} + RI_{sm}^*(t)\right]\cos\varphi - \omega LI_{sm}^*(t)\sin\varphi \\ B(t) = -\left[L\dfrac{dI_{sm}^*(t)}{dt} + RI_{sm}^*(t)\right]\sin\varphi - \omega LI_{sm}^*(t)\cos\varphi \end{cases} \tag{8-179}$$

显然，要实现式（8-178）所描述的单相 CSR 网侧电流控制，CSR 交流侧电容电压指令值 $v_C^*(t)$ 为

$$v_C^*(t) = A(t)\sin\omega t + B(t)\cos\omega t \tag{8-180}$$

采用电容电压滞环控制的单相 CSR 间接电流控制原理电路如图 8-40 所示。

可见，这种单相 CSR 间接电流控制策略实际上是一种基于 v_C 闭环的 i_s 开环控制策略。

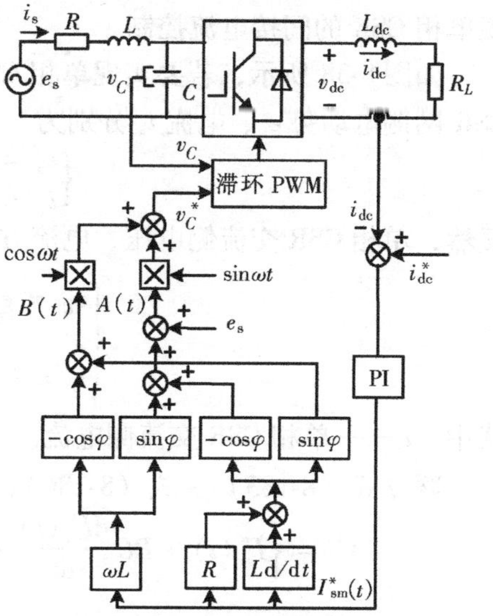

图 8-40　采用电容电压滞环控制的单相 CSR 间接电流控制原理电路

当设计单相 CSR 直流电流外环时，若 PWM 开关频率足够高，且 L_{dc} 足够大，则 v_C 闭环控制的系统带宽远宽于直流电流外环控制的系统带宽。因此，在直流电流外环设计时，可将 v_C 内环响应看成稳态过程。这样，电流调节器输出相当于控制了电容电压基波有效值 V_C。若设电网电动势及网侧电流有效值为 E_s、I_s，且直流侧电流、电压平均值为 I_{dc}、V_{dc}，若忽略桥路损耗，并令交流侧功率因数角为 φ'，则由单相 CSR 交、直流侧功率平衡原理得

$$I_s V_C \cos\varphi' = I_{dc} V_{dc} \quad 或 \quad V_{dc} = \frac{I_s}{I_{dc}} V_C \cos\varphi' \tag{8-181}$$

当网侧电感压降足够小，且考虑单位功率因数控制时，则

$$I_s V_C \approx I_s E_s \approx I_{dc} V_{dc} = I_{dc}^2 R_L \quad 或 \quad I_s \approx \frac{I_{dc}^2}{E_s} R_L \tag{8-182}$$

若电流外环采用 PI 调节器，稳态时有

$$i_{dc} = i_{dc}^* = I_{dc} \tag{8-183}$$

式中　i_{dc}^*——直流侧电流指令。

联立式（8-181）～式（8-183），易得 CSR 直流侧电压平均值 V_{dc} 为

$$V_{dc} \approx \left(\frac{i_{dc}^*}{E_s} R_L\right) V_C \tag{8-184}$$

由此不难得出单相 CSR 间接电流控制时的电流外环控制结构，如图 8-41 所示

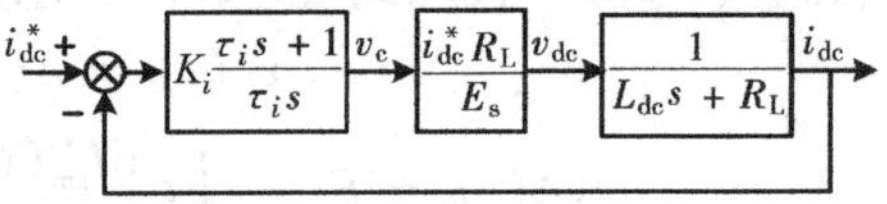

图 8-41　单相 CSR 直流电流外环控制结构

显然，直流电流控制系统整定可按“典型系统”或“对称最佳整定”方法设计电流调节器参数 K_i、τ_i。

2. 基于单相 CSR 交流侧电流的间接电流控制

以上研究了基于单相 CSR 交流侧电容电压滞环控制的间接电流控制。实际上，还可以设计更为简单的单闭环间接电流控制，即由直流电流环调节器输出单相 CSR 网侧电流指令，并通过相关运算求出对应的单相 CSR 交流侧电流指令，而单相 CSR 交流侧电流基波分量是 PWM 电流调制信号的线性放大，因此可以实现单相 CSR 的间接电流控制。

如图 8-38 所示，若要实现单相 CSR 单位功率因数正弦波电流控制，令单相 CSR 网侧电动势 e_s、电流 i_s 分别为

$$\begin{cases} e_s = E_{sm} \sin\omega t \\ i_s = I_{sm}(t) \sin\omega t \end{cases} \tag{8-185}$$

显然，单相 CSR 交流侧电压、电流方程为

$$\begin{cases} v_C = e_s - R i_s - L \dfrac{di_s}{dt} \\ i_t = i_s - C \dfrac{dv_C}{dt} \end{cases} \tag{8-186}$$

式中　i_t——单相 CSR 交流侧电流。

联立式（8-183）～式（8-186），解得交流侧电流指令 i_t^* 为

$$i_t^* = \left\{ I_{sm}^*(t) + RC \frac{dI_{sm}^*(t)}{dt} + LC\left[\frac{d^2 I_{sm}^*(t)}{dt^2} - \omega^2 I_{sm}^*(t)\right] \right\} \sin\omega t + \left[R\omega C I_{sm}^*(t) - \omega C E_{sm} + 2\omega CL \frac{dI_{sm}^*(t)}{dt} \right] \cos\omega t \tag{8-187}$$

式中　$I_{sm}^*(t)$——单相 CSR 网侧电流峰值指令。

显然，当 C、R、L、ω 参数一定时，若按式（8-187）指令信号对单相 CSR 进行 PWM 电流控制，则可实现单相 CSR 单位功率因数正弦波电流控制。然而，由于式（8-187）中存在二阶微分项，因此实现较为困难。为此，控制系统设计时可忽略二阶微分项。当 PWM 开关频率足够高，且单相 CSR 直流电感 L_{dc} 足够大时，在滤除网侧电流峰值指令信号噪声后，一阶微分环节 $dI_{sm}^{*}(t)/dt$ 是可以实现的。基于交流侧电流的单相 CSR 间接电流控制原理电路如图 8-42 所示。

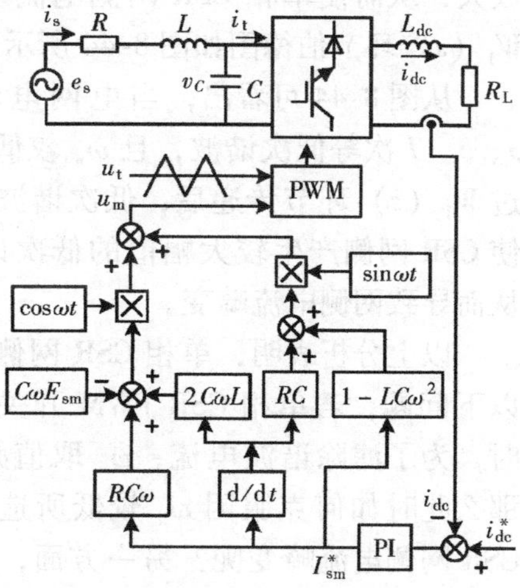

图 8-42 基于交流侧电流的单相 CSR 间接电流控制原理电路

图中，网侧电流峰值指令 I_{sm}^{*} 由直流电流环调节器输出，因而这实际上是一种基于指令电流的 CSR 网侧电流开环控制策略。

为分析单相 CSR 交流侧动态响应，根据图 8-42 可将 CSR 交流侧传递结构分解成两个部分，如图 8-43 所示。

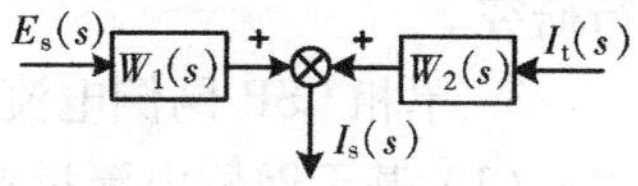

图 8-43 单相 CSR 交流侧传递结构

图中，$E_s(s)$、$I_s(s)$、$I_t(s)$ 分别为 e_s、i_s、i_t 的拉氏变换量。

分析单相 CSR 交流侧各环节传递函数，有

$$W_1(s)=\frac{Cs}{LCs^2+RCs+1} \tag{8-188}$$

$$W_2(s)=\frac{1}{LCs^2+RCs+1} \tag{8-189}$$

$$I_s(s)=W_1(s)E_s(s)+W_2(s)I_t(s) \tag{8-190}$$

由式（8-188）得单相 CSR 交流侧系统的自然振荡频率 ω_n 与阻尼比 ξ 分别为

$$\omega_n=\frac{1}{\sqrt{LC}} \tag{8-191}$$

$$\xi=\frac{R}{2}\sqrt{\frac{C}{L}} \tag{8-192}$$

可见，若要使网侧 LC 滤波器取得一定的高频衰减特性，ω_n 应足够低，即当 L 一定时，C 应足够大。虽然增加网侧电阻 R 可以增加系统阻尼，但同时损耗亦增加，这显然不可取。另一方面，随着 LC 滤波器滤波电容 C 的增大，系统阻尼亦将增大。但 C 过大时，过小的 ω_n 将使网侧低次谐波电流通过 LC 滤波器得以

放大，从而使单相 CSR 网侧电流发生畸变。W_1（s）环节伯德图如图 8-44 所示。

从图 8-44 可看出，当电网电动势含有 3、5、7 次等低次谐波，且 ω_n 较低时，则通过 W_1（s）环节传递后，低次谐波电动势会使 CSR 网侧产生较大幅值的低次谐波电流，从而导致网侧电流畸变。

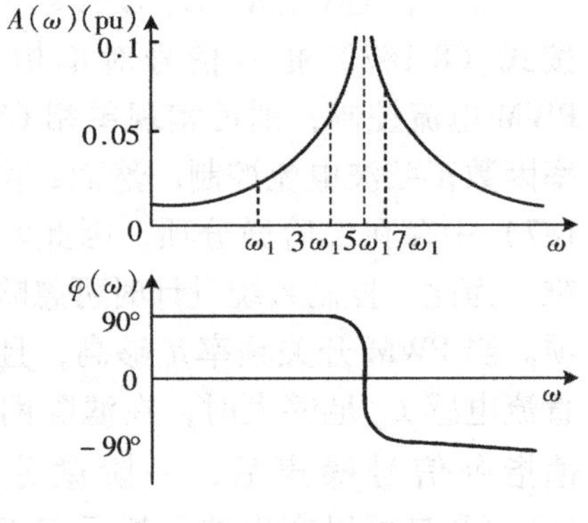

图 8-44　W_1（s）环节伯德图

以上分析表明，单相 CSR 网侧控制存在以下问题，若单相 CSR PWM 开关频率不高时，为了滤除谐波电流，ω_n 取值必然较低，那么此时如何克服因 ω_n 较低所造成的单相 CSR 网侧电流畸变呢？另一方面，为了避免网侧电流畸变，ω_n 应尽量取高值，这就意味着，若网侧电感一定时，滤波电容取值应相应较小，然而随着电容取值的减小，系统阻尼将下降，严重时会引起单相 CSR 交流侧电压振荡。那么，如何有效地抑制振荡，并确保 CSR 网侧电流波形品质呢？以下就单相 CSR 系统进行研究。

3. 单相 CSR 网侧电流谐波及振荡的抑制

(1) 基于网侧电流反馈的低次电流谐波抑制

当单相 CSR PWM 开关频率较低时，为有效滤除网侧 PWM 谐波电流，LC 滤波环节的自然振荡频率 ω_n 必然取值较低，此时若网侧电感 L 一定，则电容 C 取值较大。因此，当电网电动势含有低次谐波时，单相 CSR 网侧电流会发生畸变，即存在一定幅值的低次谐波电流。为此，可适当增加自然振荡频率 ω_n。当网侧电感 L 一定时，为增加 ω_n，则必须减小电容 C。随着电容 C 的减小，CSR 交流侧谐波电压峰值必然增大。那么，如何在不改变滤波器参数 L、C 条件下提高 CSR 网侧低次谐波的抑制能力呢？为此可引入基于网侧电流反馈的单相 CSR 网侧低次谐波电流抑制控制策略。这种控制策略最显著优点就是，在不改变网侧滤波器参数 L、C 的条件下，通过电流反馈增加了系统的自然振荡频率，从而有效地抑制了 CSR 网侧电流的低次谐波。其控制原理电路如图 8-45 所示。

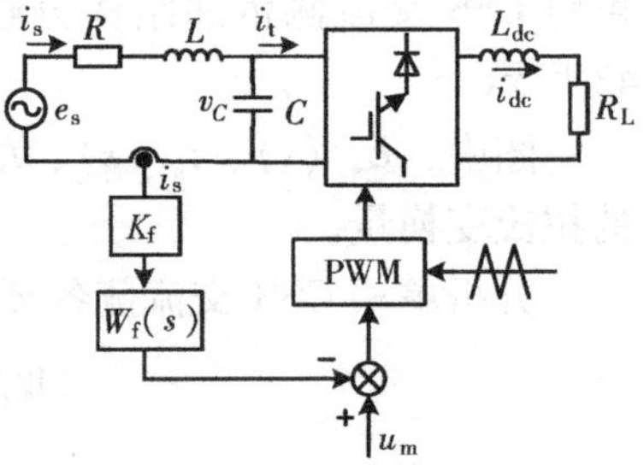

图 8-45　基于网侧电流反馈的单相 CSR 网侧电流低次谐波抑制原理电路

图 8-45 中，K_f 为电流反馈比例增益；$W_f(s)$ 为陷波器传递函数。为简化分析，先不考虑陷波器的作用，即令 $W_f(s)=1$。引入网侧电流反馈后，将式（8-190）改写为

$$I_s(s) = W_1(s)E_s(s) + W_2(s)[I_t(s) - K_f I_s(s)] \tag{8-193}$$

化简得

$$I_s(s) = \frac{W_1(s)}{1 + K_f W_2(s)} E_s(s) + \frac{W_2(s)}{1 + K_f W_2(s)} I_t(s) \tag{8-194}$$

这样，网侧电流反馈使单相 CSR 交流侧传递环节发生变化，如图 8-46a 所示。

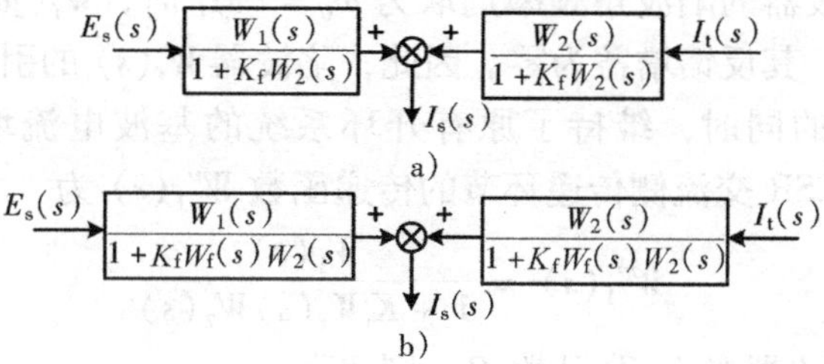

图 8-46　采用网侧电流反馈时控制的单相 CSR 交流侧传递结构

a) $W_f(s) = 1$　b) $W_f(s) \neq 1$

由图 8-46 及式（8-188）、式（8-189）容易求解

$$W'_1(s) = \frac{W_1(s)}{1 + K_f W_2(s)} = \frac{Cs}{LCs^2 + RCs + 1 + K_f} \tag{8-195}$$

显然，$W'_1(s)$ 的阻尼比 ξ' 和自然振荡频率 ω'_n 分别为

$$\omega'_n = \sqrt{\frac{1 + K_f}{LC}} \tag{8-196}$$

$$\xi' = \frac{R}{2}\sqrt{\frac{C}{L(1 + K_f)}} \tag{8-197}$$

比较式（8-196）、式（8-191），得

$$\omega'_n = \omega_n \sqrt{1 + K_f} > \omega_n \tag{8-198}$$

这表明，网侧电流反馈增加了 $E_s(s)$ 到 $I_s(s)$ 传递环节的自然振荡频率，从而有效地抑制了单相 CSR 网侧低次谐波电流。实际上，当只考虑网侧低次谐波电流分量时，式（8-188）、式（8-195）可近似为

$$W_1(s) \approx Cs \tag{8-199}$$

$$W'_1(s) \approx \frac{Cs}{1 + K_f} \tag{8-200}$$

可见，对低次谐波分量而言，引入网侧电流反馈控制，可使相应的低次谐波幅值降低为 $1/(1 + K_f)$。

然而，这一控制策略在低次电流谐波幅值降低为 $1/(1 + K_f)$ 的同时，也使基

波电流幅值同样降低为 $1/(1+K_f)$。为了使基波幅值不衰减，可在反馈通道中引入陷波器 $W_f(s)$，且

$$W_f(s)=\frac{s^2+\omega_0}{s^2+\dfrac{\omega_0}{Q}s+\omega_0^2} \tag{8-201}$$

式中 ω_0——陷波角频率；

Q——品质因数。

这样，当陷波器的陷波角频率选取为 $\omega_0=2\pi f_1$ 时，$W_f(j\omega_0)=0$，这意味着对基波电流而言，其反馈增益为零。因此，陷波器 $W_f(s)$ 的引入，使低次谐波电流得到有效抑制的同时，维持了原有开环系统的基波电流增益。引入陷波器 $W_f(s)$ 后的单相 CSR 交流侧传递环节的传递函数 $W''_1(s)$ 为

$$W''_1(s)=\frac{W_1(s)}{1+K_fW_f(s)W_2(s)} \tag{8-202}$$

适当选取陷波器的品质因数 Q，则 $W''_1(s)$ 环节的伯德图如图 8-47 所示。

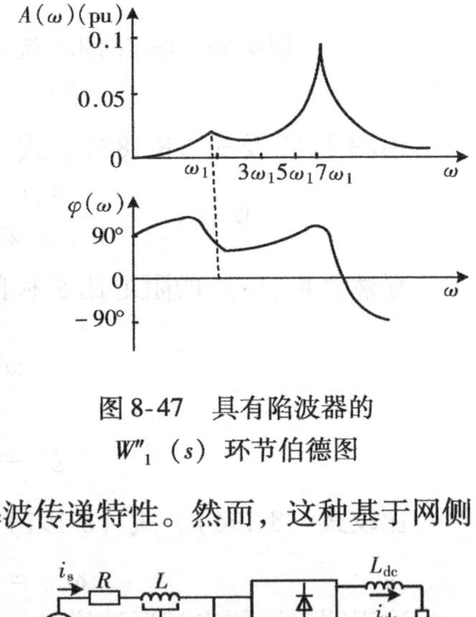

图 8-47 具有陷波器的 $W''_1(s)$ 环节伯德图

显然，上述控制策略使单相 CSR 网侧电流的低次谐波得到明显抑制。

（2）基于单相 CSR 网侧电感电压反馈的网侧电流振荡抑制 以上分析表明，当 PWM 开关频率不高时，若电网电动势含有低次谐波，为抑制单相 CSR 网侧电流低次谐波，在不改变网侧滤波器参数条件下，可以利用网侧电流反馈控制等效提高系统的自然振荡频率。特别是，陷波器的引入，使 CSR 网侧低次谐波电流得到衰减的同时，并没有改变其基波传递特性。然而，这种基于网侧电流反馈控制在提高系统自然振荡频率的同时，还等比例地减小了系统阻尼比［见式 (8-197)］，严重时，CSR 网侧电流将发生振荡。为抑制单相 CSR 网侧电流振荡，可引入基于单相 CSR 网侧电感电压反馈的控制策略。这种控制策略的最显著特点就是，在不改变系统自然振荡频率 ω_n 的条件下，相对提高了系统阻尼比 ξ，从而有效地抑制了单相 CSR 网侧电流的振荡。其控制原理电路如图 8-48 所示。

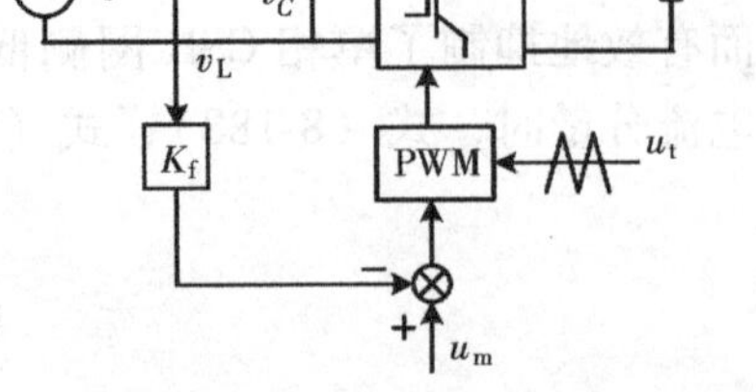

图 8-48 基于网侧电感电压反馈的单相 CSR 网侧电流振荡抑制原理电路

类似前面分析，引入电感电压反馈后，式（8-190）可改写为

$$I_s(s) = W_1(s)E_s(s) + W_2(s)[I_t(s) - K_f V_L(s)] \tag{8-203}$$

式中　K_f——电感电压反馈比例增益。

$V_L(s)$——单相 CSR 网侧电感电压。

当忽略电感内阻时

$$V_L(s) = sLI_s(s)$$

将其代入式（8-203），并简化得

$$I_s(s) = \frac{W_1(s)}{1 + K_f W_2(s) sL} E_s(s) + \frac{W_2(s)}{1 + K_f W_2(s) sL} I_t(s) \tag{8-204}$$

将式（8-188）、式（8-189）代入式（8-204），得

$$I_s(s) = \frac{Cs}{LCs^2 + (RC + K_f L)s + 1} E_s(s) + \frac{1}{LCs^2 + (RC + K_f L)s + 1} I_t(s) \tag{8-205}$$

此时，系统自然振荡频率和阻尼比分别为

$$\omega'_n = \frac{1}{\sqrt{LC}} = \omega_n \tag{8-206}$$

$$\xi' = \frac{1}{2}\left(R\sqrt{\frac{C}{L}} + K_f\sqrt{\frac{L}{C}}\right) \tag{8-207}$$

将式（8-206）、式（8-207）与式（8-191）、式（8-192）对照可看出，引入单相 CSR 网侧电感电压反馈后，在不改变系统的自然振荡频率条件下，却增大了系统阻尼比，且随着反馈比例增益 K_f 的增加，其系统阻尼比亦增加。换言之，通过调整 K_f，可以使系统取得“最佳”阻尼比（如 $\xi = 0.707$），从而在系统振荡得到抑制的同时，确保了动态响应的快速性。

以上对单相 CSR 电流控制系统存在的主要问题（网侧电流低次谐波、振荡）进行了研究，并提出了不同的反馈控制策略。实际上，当单相 CSR 网侧电阻 R 很小时，即使单相 CSR PWM 开关频率较低，即 C 取值较大时，系统阻尼比仍然可能较小，因此网侧电流亦可能振荡。这样，对于 PWM 开关频率不高的单相 CSR 电流控制，可同时引入电流反馈和电感电压反馈，从而使系统能同时抑制网侧电流低次谐波及振荡。

8.4.1.2　单相 CSR 直接电流控制

1. 控制系统组成

上述讨论了单相 CSR 间接电流控制，虽然利用简单的控制算法实现了 CSR 网侧电流控制，但这类间接控制算法依赖于 CSR 主电路参数，一旦这些参数变化，则必然影响网侧电流的控制性能。为此，通过网侧电流的闭环跟随控制，实现单相 CSR 网侧电流的直接控制。

由于闭环控制不仅对指令具有跟随性，而且对含在控制环内的扰动（包括参数扰动）有一定的抑制作用，因而相对于间接电流控制而言，其网侧电流控制的动、静态性能得到改善。

单相 CSR 直接电流控制系统结构如图 8-49 所示。

由图 8-49 可看出，这实际上是一个双闭环控制系统。外环是直流电流控制环，其目的一般是保持 i_{dc} 恒定。外环调节器的输出为单相 CSR 网侧电流峰值指令 I_{sm}^*，将 I_{sm}^* 与同步信号（单位幅值正弦波）相乘，即得网侧电流指令信号 i_s^*，由 i_s^* 及 i_s 组成网侧电流控制环，其目的是要求网侧电流 i_s 跟踪指令电流 i_s^*。值得注意的是，这种网侧电流内环控制与图 8-45 所示的网侧电流反馈控制的目的和结构有所不同，后者是为了抑制 CSR 网侧电流低次谐波，并且反馈环结构中没有设置调节器，因此实质上它只是一种局部反馈控制，其作用只是改造了单相 CSR 网侧传递对象，并不进行电流的跟踪控制。而图 8-49 所示的网侧电流内环控制，由于其结构中设置了电流调节器，因而不仅实现了网侧电流的跟踪与调节，而且也改造了直流电流外环的控制对象，从而改善了直流电流外环控制系统的动态性能。

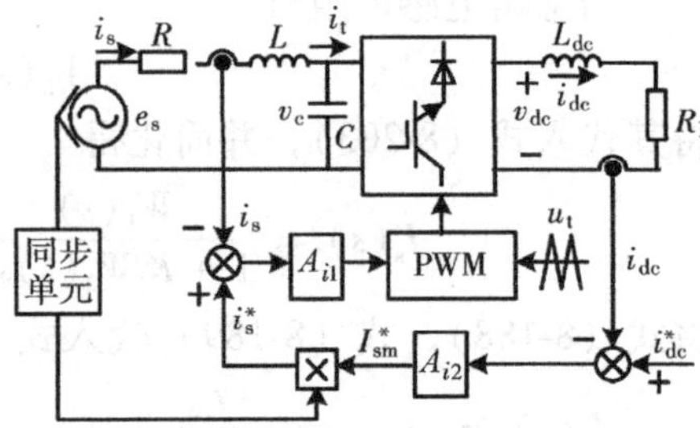

图 8-49　单相 CSR 直接电流控制系统构成

A_{i1}，A_{i2}—电流内、外环控制器

2. 控制器设计

当 PWM 开关频率远高于单相 CSR 电网基波频率时，若忽略单相 CSR 交流侧电流 i_t 中的谐波分量，即只考虑其基波分量，此时对应图 8-49 控制系统的传递结构如图 8-50 所示。

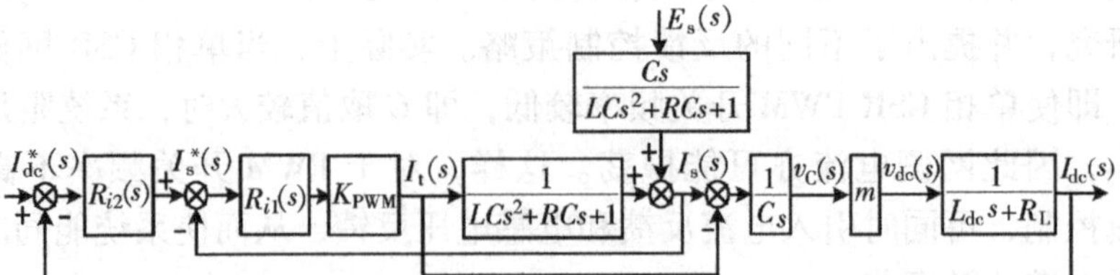

图 8-50　单相 CSR 直接电流控制闭环传递结构

$R_{i1}(s)$、$R_{i2}(s)$—电流内、外环控制器 A_{i1}、A_{i2} 的传递函数

K_{PWM}—单相 CSR PWM 比例增益　m—调制比

当电网电动势稳定时，可忽略电网电动势 $E_s(s)$ 扰动对控制系统的动态影响，此时图 8-50 得以简化。简化后的结构如图8-51所示。

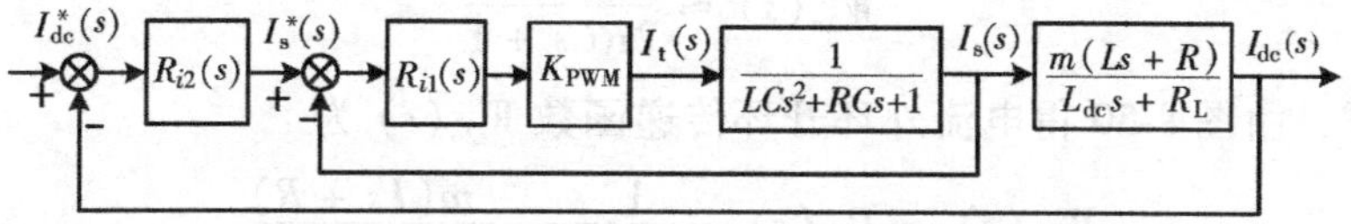

图 8-51　忽略 $E_s(s)$ 扰动时的简化双环传递结构

（1）电流内环控制器设计　首先，对电流内环进行简化。若合理设计单相 CSR 交流侧滤波参数，即使 $LC\omega_{c1}^2 \ll 1$ 成立，那么

$$\frac{1}{LCs^2+RCs+1} \approx \frac{1}{RCs+1} \tag{8-208}$$

式中　ω_{c1}——电流内环截止频率。

为了使电流内环获得良好的电流跟随性能，电流内环控制系统可按典型 I 型系统整定。针对一阶惯性对象，电流内环控制器 $R_{i1}(s)$ 可采用积分调节器，即

$$R_{i1}(s) = \frac{1}{\tau_1 s} \tag{8-209}$$

式中　τ_1——电流内环控制器积分时间常数。

由图 8-51 分析，电流内环开环传递函数 $W_{1o}(s)$ 应为

$$W_{1o}(s) = \frac{K_{PWM}}{\tau_1 s(RCs+1)} \tag{8-210}$$

当取系统阻尼比 $\xi=0.707$ 时，有

$$\tau_1 = 2K_{PWM}RC \tag{8-211}$$

联立式（8-211）、式（8-209），得电流内环控制器传递函数 $R_{i1}(s)$ 为

$$R_{i1}(s) = \frac{1}{2K_{PWM}RCs} \tag{8-212}$$

（2）电流外环控制器设计　针对上述控制器设计，电流内环闭环传递函数 $W_{1c}(s)$ 为

$$\begin{aligned} W_{1c}(s) &= \frac{K_{PWM}}{\tau_1 RCs^2+\tau_1 s+K_{PWM}} \\ &= \frac{1}{2(RC)^2s^2+2RCs+1} \end{aligned} \tag{8-213}$$

若单相 CSR 交流侧电阻 R 较小，则

$$2(RC)^2\omega_{c2}^2 \ll 1 \tag{8-214}$$

式中　ω_{c2}——电流外环截止频率。

显然，电流内环闭环传递函数得以简化，即

$$W_{1c}(s) \approx \frac{1}{2RCs+1} \tag{8-215}$$

这样，由图 8-50 得电流外环开环传递函数 $W_{2o}(s)$ 为

$$W_{2o}(s) = R_{i2}(s)\frac{1}{2RCs+1}\frac{-m(Ls+R)}{L_{dc}s+R_L} \tag{8-216}$$

式中 $R_{i2}(s)$——电流外环控制器传递函数；

m——调制比。

针对单相 CSR 直流电流外环控制要求，控制系统应取得良好的抗扰性能，因此电流外环控制系统可按典型Ⅱ型系统整定。

显然，$R_{i2}(s)$ 可采用 PI 调节器设计，即

$$R_{i2}(s) = \frac{K_2(\tau_2 s+1)}{\tau_2 s} \tag{8-217}$$

式中 K_2——PI 调节器比例增益；

τ_2——PI 调节器超前时间常数。

将式（8-217）代入式（8-216），得到采用 PI 调节器整定的电流外环开环传递函数 $W_{2o}(s)$为

$$W_{2o}(s) = \frac{K_2(\tau_2 s+1)}{\tau_2 s}\cdot\frac{1}{2RCs+1}\cdot\frac{-mR\left(\frac{L}{R}s+1\right)}{R_L\left(\frac{L_{dc}}{R_L}s+1\right)} \tag{8-218}$$

当单相 CSR 直流电感足够大，即（L_{dc}/R_L）$\omega \gg 1$ 时

$$\frac{-mR\left(\frac{L}{R}s+1\right)}{R_L\left(\frac{L_{dc}}{R_L}s+1\right)} \approx \frac{-mR\left(\frac{L}{R}s+1\right)}{L_{dc}s} \tag{8-219}$$

另一方面，当 L/R 较小时，可利用小时间常数的合并进行系统简化，简化后的电流外环开环传递函数 $W_{2o}(s)$ 为

$$W_{2o}(s) \approx \frac{-K_2 mR}{\tau_2 L_{dc}}\frac{\left(\tau_2+\frac{L}{R}\right)s+1}{s^2(2RCs+1)} \tag{8-220}$$

若采用典型Ⅱ型系统设计，且中频带宽 $h=5$，则电流外环 PI 调节器参数可整定为

$$\begin{cases}\tau_2 = 10RC - \dfrac{L}{R}\\ K_2 = -\dfrac{3L_{dc}}{25mR^2C}\left(10-\dfrac{L}{R^2C}\right)\end{cases} \tag{8-221}$$

8.4.2 三相 CSR 控制系统设计

8.4.2.1 基于三相 CSR 交流侧指令电流的间接电流控制系统设计

对于三相 CSR 控制系统设计，仍先考虑一相变量之间的关系。这样，三相 CSR 控制系统设计便转化成单相 CSR 控制系统的设计，因而单相 CSR 控制系统设计的有关方法仍适用于三相 CSR 控制系统设计。三相 CSR 主电路拓扑结构如图 8-1 所示。

若要求三相 CSR 实现网侧单位功率因数正弦波整流控制，则对于网侧 a 相回路，应有

$$\begin{cases} e_a(t) = E_m \sin\omega t \\ i_a(t) = I_m \sin\omega t \end{cases} \tag{8-222}$$

式中 $e_a(t)$、$i_a(t)$——三相 CSR 网侧 a 相电动势、电流瞬时值；

E_m、I_m——三相 CSR 网侧 a 相电动势、电流峰值。

若 PWM 开关频率足够高，且忽略 a 相网侧电阻，则三相 CSR a 相交流侧电压基波稳态值 $v_a(t)$ 为

$$v_a(t) = -\omega L I_m \cos\omega t + E_m \sin\omega t \tag{8-223}$$

由于三相 CSR 交流侧 a 相电流 $i_{at}(t)$ 为

$$i_{at}(t) = i_a(t) - i_{Ca}(t) \tag{8-224}$$

式中 $i_{Ca}(t)$——三相 CSR 交流侧 a 相滤波电容电流瞬时值。

联立式（8-222）~式（8-224），得交流侧 a 相指令电流 $i_{at}^*(t)$ 为

$$i_{at}^*(t) = I_m^*(1-\omega^2 LC)\sin\omega t - E_m \omega C \cos\omega t \tag{8-225}$$

考虑到三相 CSR 采用三值逻辑 PWM 控制，若网侧采用Y联结，则对应的相调制信号相位必须滞后线调制信号相位 π/6。这样，当要求三相 CSR 实现网侧单位功率因数正弦波电流整流控制时，其 a 相电流调制信号指令 $u_{ma}^*(t)$ 为

$$\begin{aligned} u_{ma}^*(t) &= I_m^*(1-\omega^2 LC)\sin\left(\omega t - \frac{\pi}{6}\right) - E_m \omega C \cos\left(\omega t - \frac{\pi}{6}\right) \\ &= K_1 I_m^* \sin\left(\omega t - \frac{\pi}{6}\right) - K_2 \cos\left(\omega t - \frac{\pi}{6}\right) \\ &= \frac{\sqrt{3}}{3E_m} K_1 I_m^* [e_a(t) - e_c(t)] + \frac{1}{E_m} K_2 e_b(t) \end{aligned} \tag{8-226}$$

式中 I_m^*——a 相网侧电流峰值指令；

$$K_1 = 1 - \omega^2 LC \qquad K_2 = E_m \omega C \tag{8-227}$$

显然，上述针对三相 CSR 网侧电流的控制是一种基于交流侧指令电流的间接电流控制策略，其中，I_m^* 由直流电流调节器输出给定，其控制系统结构如图 8-52 所示。

图 8-52 所示的三相 CSR 控制系统中，其直流侧电流 i_{dc} 的控制过程可分析如下：

稳态时 $i_{dc}=i_{dc}^*$，若发生扰动，则控制过程如下：

$$\begin{cases} i_{dc}\uparrow \rightarrow I_m^*\downarrow \rightarrow i_{kt}\downarrow i_{dc}\downarrow \\ i_{dc}\downarrow \rightarrow I_m^*\uparrow \rightarrow i_{kt}\uparrow \rightarrow i_{dc}\uparrow \end{cases} \quad (k=a,b,c)$$

为抑制直流电流 i_{dc} 波动对三相 CSR 网侧电流控制的影响，图 8-52 中采用了基于 i_{dc} 前馈的变载波幅值的补偿控制。当 i_{dc} 变化时，其控制过程如下：

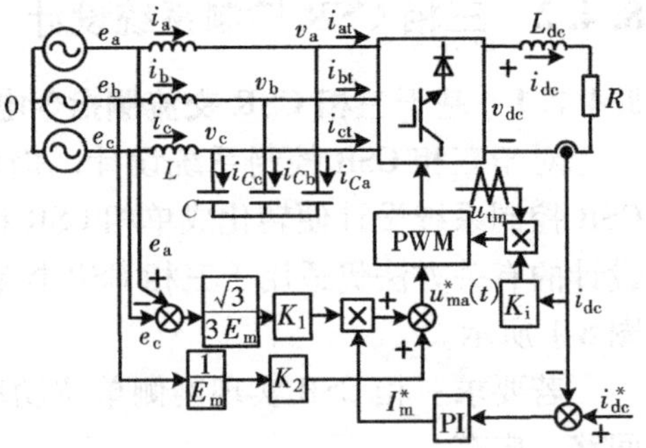

图 8-52　基于三相 CSR 交流侧指令电流的间接电流控制系统 a 相控制结构

$$\begin{cases} i_{dc}\uparrow \rightarrow u_{tm}\uparrow \rightarrow m\downarrow \rightarrow \sigma_{k1}\downarrow \rightarrow i_{kt}\downarrow \rightarrow i_{dc}\downarrow \\ i_{dc}\downarrow \rightarrow u_{tm}\downarrow \rightarrow m\uparrow \rightarrow \sigma_{k1}\uparrow \rightarrow i_{kt}\uparrow \rightarrow i_{dc}\uparrow \end{cases} \quad (k=a,b,c)$$

式中　u_{tm}——PWM 载波峰值；

σ_{k1}——三值逻辑开关函数基波分量（k=a，b，c）；

m——PWM 的调制比；

i_{kt}——三相 CSR 交流侧电流（k=a，b，c）。

另外，上述三相 CSR 网侧电流控制并没有采用网侧电流闭环控制，其实质上是一种三相 CSR 网侧电流的间接控制。而直流电流环控制器设计可参见单相 CSR 控制系统设计。

与单相 CSR 间接电流控制类似，上述三相 CSR 间接电流控制易受主电路参数变化影响，且当电网电动势畸变时，同样会使三相 CSR 网侧电流含有低次谐波，严重时，动态过程甚至导致网侧电流振荡。为此，可采用状态反馈控制策略，以改善三相 CSR 网侧电流的动态性能。

8.4.2.2　三相 CSR 状态反馈控制系统设计

三相 CSR 交流侧每相等效电路如图 8-53 所示。为简化分析，忽略三相 CSR 交流侧电流 i_{jt}（j=a，b，c）的谐波分量，即只考虑 i_{jt}（j=a，b，c）的基波分量。

图 8-53　三相 CSR 交流侧每相等效电路（j=a，b，c）

从其交流侧等效电路分析，三相 CSR 网侧电流 i_j（j=a，b，c）的控制是通过交流侧电流 i_{jt}（j=a，b，c）的 PWM 以及 LC 滤波实现的。而 LC 滤波环节在滤除网侧电流谐波的同时，可能会引起网侧电流畸变，甚至使动态过程电流振荡。为此，就图 8-53 所示的等效电路建立状态变量模型，以进行状态反馈控制。若选取电感电流 $i_j(j=\mathrm{a,\ b,\ c})$ 及电容电压 $v_j(j=\mathrm{a,\ b,\ c})$ 为状态变量，则三相 CSR 交流侧每相等效电路的状态空间模型方程为

$$\begin{bmatrix}\dfrac{\mathrm{d}i_j(t)}{\mathrm{d}t}\\ \dfrac{\mathrm{d}v_j(t)}{\mathrm{d}t}\end{bmatrix}=\begin{bmatrix}-\dfrac{R}{L} & -\dfrac{1}{L}\\ \dfrac{1}{C} & 0\end{bmatrix}\begin{bmatrix}i_j(t)\\ v_j(t)\end{bmatrix}+\begin{bmatrix}0\\ -\dfrac{1}{C}\end{bmatrix}i_{j\mathrm{t}}(t)+\begin{bmatrix}\dfrac{e_j(t)}{L}\\ 0\end{bmatrix}\qquad (j=\mathrm{a,b,c}) \tag{8-228}$$

设电网电动势为稳定的正弦基波电动势，并令等效电路的稳态工作点变量为 $\bar{i}_j(t)$、$\bar{v}_j(t)$、$\bar{i}_{j\mathrm{t}}(t)$，工作点附近的微偏扰动变量为 $\hat{i}_j(t)$、$\hat{v}_j(t)$、$\hat{i}_{j\mathrm{t}}(t)$，显然

$$\begin{cases}\hat{i}_j(t)=i_j(t)-\bar{i}_{\mathrm{s}j}(t)\\ \hat{v}_j(t)=v_j(t)-\bar{v}_j(t)\\ \hat{i}_{j\mathrm{t}}(t)=i_{j\mathrm{t}}(t)-\bar{i}_{j\mathrm{t}}(t)\end{cases}\qquad (j=\mathrm{a,b,c}) \tag{8-229}$$

考虑式（8-228）中工作点微偏扰动，则相应的微偏扰动模型方程可描述为

$$\begin{bmatrix}\dfrac{\mathrm{d}\hat{i}_j(t)}{\mathrm{d}t}\\ \dfrac{\mathrm{d}\hat{i}_j(t)}{\mathrm{d}t}\end{bmatrix}=\begin{bmatrix}-\dfrac{R}{L} & -\dfrac{1}{L}\\ \dfrac{1}{C} & 0\end{bmatrix}\begin{bmatrix}\hat{i}_j(t)\\ \hat{v}_j(t)\end{bmatrix}+\begin{bmatrix}0\\ -\dfrac{1}{C}\end{bmatrix}\hat{i}_{j\mathrm{t}}(t)$$

$$(j=\mathrm{a,b,c}) \tag{8-230}$$

显然，电网电动势扰动项得以去除，式（8-230）可简记为

$$\frac{\mathrm{d}\hat{\boldsymbol{x}}_j(t)}{\mathrm{d}t}=\boldsymbol{A}\hat{\boldsymbol{x}}_j(t)+\boldsymbol{B}\hat{u}_j(t)\qquad (j=\mathrm{a,b,c}) \tag{8-231}$$

式中

$$\begin{cases}\hat{\boldsymbol{x}}_j(t)=[\hat{i}_j(t),\hat{v}_j(t)]^{\mathrm{T}}\\ \hat{u}_j(t)=\hat{i}_{j\mathrm{t}}(t)\\ \boldsymbol{A}=\begin{bmatrix}-\dfrac{R}{L} & -\dfrac{1}{L}\\ \dfrac{1}{C} & 0\end{bmatrix}\\ \boldsymbol{B}=\begin{bmatrix}0 & \dfrac{1}{C}\end{bmatrix}^{\mathrm{T}}\end{cases}\qquad (j=\mathrm{a,b,c}) \tag{8-232}$$

当采用零价保持器，且考虑变量的计算延迟时，对式（8-231）离散化[148]后得

$$\begin{cases}\hat{\boldsymbol{x}}_j(t_{k+1})=\boldsymbol{G}\hat{\boldsymbol{x}}_j(t_k)+\boldsymbol{H}\hat{u}_j(t_k)\\ \hat{Y}(t_k)=\boldsymbol{C}\hat{\boldsymbol{x}}_j(t_k)\end{cases} \tag{8-233}$$

式中　$t_k = kT_s$（T_s 为采样周期）。

$$\begin{cases}\hat{\boldsymbol{x}}_j(t_k) = [\hat{i}_j(t_k), \hat{v}_j(t_k), \hat{i}_{jt}(t_{k-1})]^{\mathrm{T}} \\ \hat{u}_j = \hat{i}_{jt}(t_k) \\ \boldsymbol{G} = \begin{bmatrix} \mathrm{e}^{\boldsymbol{A}T_s} & \boldsymbol{H}_1 \\ 0 & 0 \end{bmatrix}_{3\times 3} \\ \boldsymbol{H} = \begin{bmatrix} \boldsymbol{H}_2 \\ 1 \end{bmatrix}_{3\times 1} \\ \boldsymbol{C} = [100]_{1\times 3} \\ \boldsymbol{H}_1 = \mathrm{e}^{\boldsymbol{A}(1-m)T_s}\int_0^{mT_s}\mathrm{e}^{\boldsymbol{A}s}\mathrm{d}s\boldsymbol{B} \\ \boldsymbol{H}_2 = \int_0^{(1-m)T_s}\mathrm{e}^{\boldsymbol{A}s}\mathrm{d}s\boldsymbol{B}\end{cases} \tag{8-234}$$

式中　mT_s——计算延迟时间（$0 < m \leqslant T_s$）。

由于以上离散化考虑了变量的计算延迟，则系统的状态空间维数由二维增加到三维。状态变量除第 k 次网侧电流扰动量采样值 $\hat{i}_j(t_k)$ 以及第 k 次电容电压扰动量采样值 $\hat{v}_j(t_k)$ 以外，还包括了交流侧电流扰动量的第 $k-1$ 次采样值 $\hat{i}_{jt}(t_{k-1})$。

由于式（8-233）描述的三相 CSR 交流侧等效电路的状态变量模型是完全可控的，因此引入状态反馈，且将系统的极点配置在 s 左半平面所希望的位置上，则可以得到满意的动态特性。

考虑 a 相 PWM 控制信号第 k 次采样值 $u_{ma}(t_k)$，且

$$u_{ma}(t_k) = \bar{u}_a(t_k) + \hat{u}_a(t_k) \tag{8-235}$$

式中　$\bar{u}_a(t_k)$——a 相 PWM 控制信号第 k 次采样值稳态分量；

$\hat{u}_a(t_k)$——a 相 PWM 控制信号第 k 次采样值动态分量。

考虑到 CSR 的电流 PWM 线性调制特性并令 CSR 的 PWM 增益为 1，不难理解

$$\bar{u}_a(t_k) = \bar{i}_{at}(t_k) \quad \hat{u}_a(t_k) = \hat{i}_{at}(t_k)$$

式中　$\bar{i}_{at}(t_k)$、$\hat{i}_{at}(t_k)$——三相 CSR a 相交流侧电流第 k 次采样值稳态、动态分量。

从式（8-235）分析，a 相 PWM 控制信号包括稳态分量 $\bar{u}_a(t_k)$ 和动态分量 $\hat{u}_a(t_k)$ 两部分。其中，稳态分量可以采用间接电流控制策略产生控制信号，而动态分量则由状态反馈控制产生相应的控制信号。因此，令动态分量 $\hat{u}_a(t_k)$ 为

$$\hat{u}_a(t_k) = -[k_1, k_2, k_3]\hat{\boldsymbol{x}}_a(t_k) \tag{8-236}$$

式中　k_1、k_2、k_3——状态反馈增益；

$$\hat{\boldsymbol{x}}_a(t_k) = [\hat{i}_a(t_k), \hat{v}_a(t_k), \hat{i}_{at}(t_{k-1})]^{\mathrm{T}} \tag{8-237}$$

联立式（8-236）、式（8-237），并考虑式（8-229），且令 CSR PWM 增益为 1，则有

$$\hat{u}_a(t_k) = \hat{i}_{at}(t_k) = k_1[\bar{i}_a(t_k) - i_{sa}(t_k)] + k_2[\bar{v}_a(t_k) - v_a(t_k)] + k_3[\bar{i}_{at}(t_{k-1}) - i_{at}(t_{k-1})] \tag{8-238}$$

观察式（8-238）不难理解，对于网侧 i_a（t），相当于采用了比例控制。为降低稳态误差，可以引入网侧电流 i_a（t）的积分控制，因此式（8-236）改进为

$$\hat{u}_a(t_k) = -[k_1, k_2, k_3]\hat{\boldsymbol{x}}_a + k_4 g(t_k) \tag{8-239}$$

式中

$$\begin{aligned} g(t_k) &= g(t_{k-1}) - \hat{i}_a(t_k) \\ &= g(t_{k-1}) + [\bar{i}_a(t_k) - i_a(t_k)] \end{aligned} \tag{8-240}$$

将式（8-239）代入式（8-233），得离散闭环系统状态方程

$$Z\begin{bmatrix}\hat{\boldsymbol{x}}_j \\ \hat{u}_j\end{bmatrix} = \begin{bmatrix}\boldsymbol{G} & \boldsymbol{H} \\ 0 & 0\end{bmatrix}\begin{bmatrix}\hat{\boldsymbol{x}}_j \\ \hat{u}_j\end{bmatrix} + \begin{bmatrix}0 \\ 1\end{bmatrix}\boldsymbol{W}_j \quad (j = a,b,c) \tag{8-241}$$

式中　$\boldsymbol{W}_j$——状态反馈输入

$$\boldsymbol{W}_j = [s_1 \quad s_2]\begin{bmatrix}\hat{\boldsymbol{x}}_j \\ \hat{u}_j\end{bmatrix} = -K_s\begin{bmatrix}\hat{\boldsymbol{x}}_j \\ \hat{u}_j\end{bmatrix} \quad (j = a,b,c) \tag{8-242}$$

其中　$K_s = -$［s_1、s_2］，且希望配置的系统极点 s_1、s_2 为

$$\begin{cases} s_1 = [k_1, k_2, k_3][\boldsymbol{I} - \boldsymbol{G}] - k_4\boldsymbol{CG} \\ s_2 = \boldsymbol{I} - [k_1, k_2, k_3]\boldsymbol{H} - k_4\boldsymbol{CH} \end{cases}$$

式中　$\boldsymbol{I}$——单位矩阵。

对于所希望的闭环系统极点由 Ackermann 公式可得[148]

$$K_s = -[s_1\ s_2] = [0001]\boldsymbol{C}_t^{-1}\det[\boldsymbol{\lambda I} - \bar{\boldsymbol{G}}] \tag{8-243}$$

并且

$$\bar{\boldsymbol{G}} = \begin{bmatrix}\boldsymbol{G}\ \boldsymbol{H} \\ 0\ 0\end{bmatrix}$$

$$\boldsymbol{C}_t = [\boldsymbol{H}\ \boldsymbol{GH}\ \boldsymbol{G}^2\boldsymbol{H}\ \boldsymbol{G}^3\boldsymbol{H}]$$

运算并化简上述等式，得状态反馈增益为

$$[k_1, k_2, k_3, k_4] = (K_s + [0001])\begin{bmatrix}(\boldsymbol{G} - 1) & \boldsymbol{H} \\ \boldsymbol{CG} & \boldsymbol{CH}\end{bmatrix}^{-1} \tag{8-244}$$

为了取得三相 CSR 网侧单位功率因数整流控制，利用间接电流控制，可获得 PWM 控制信号的稳态分量 $\bar{u}_j$（t_k），即

$$\bar{u}_j(t_k) = \bar{i}_{jt}(t_k) = [I_m^*(t_k)(1 - \omega^2 LC)]\sin(\omega t_k - \theta_j) + \{\omega C[E_m - RI_m^*(t_k)]\}\cos(\omega t_k - \theta_j) \quad (j = a,b,c) \tag{8-245}$$

式中　$I_m^*(t_k)$——指令电流峰值的第 k 次采样值；

θ_j——相位角，$\theta_a=0$、$\theta_b=2\pi/3$、$\theta_c=4\pi/3$。

采用状态反馈控制的三相 CSR 控制系统 a 相控制原理电路如图 8-54 所示。

8.4.2.3　三相 CSR 空间矢量 PWM（SVPWM）控制系统设计

1. 网侧电流开环的 SVPWM 控制系统设计

仍以图 8-53 所示的三相 CSR 交流侧等效电路进行研究。令 $\boldsymbol{I}_s$ 为网侧电流矢量；$\boldsymbol{I}_C$ 为电容电流矢量；$\boldsymbol{I}_t$ 为交流侧电流矢量；$\boldsymbol{E}_s$ 为电网电动势矢量，则有

$$\boldsymbol{E}_s = R\boldsymbol{I}_s + L\frac{d}{dt}\boldsymbol{I}_s + \frac{1}{C}\int \boldsymbol{I}_C dt \tag{8-246}$$

$$\boldsymbol{I}_s = \boldsymbol{I}_C + \boldsymbol{I}_t \tag{8-247}$$

由上述方程联立得

$$\boldsymbol{E}_s = R\boldsymbol{I}_s + L\frac{d}{dt}\boldsymbol{I}_s + \frac{1}{C}\int (\boldsymbol{I}_s - \boldsymbol{I}_t) dt \tag{8-248}$$

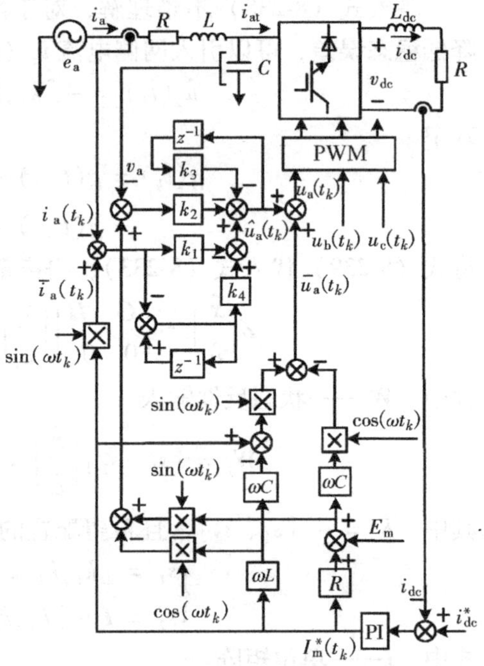

图 8-54　三相 CSR 状态反馈控制系统 a 相控制原理电路

为了简化控制系统设计，引入坐标变换，即将两相静止坐标系（α、β）中的旋转矢量 $\boldsymbol{X}_{\alpha\beta}$ 转化为旋转坐标系（d、q）中的静止矢量 $\boldsymbol{X}_{dq}$，且

$$\begin{cases}\boldsymbol{X}_{dq} = x_d + jx_q \\ \boldsymbol{X}_{\alpha\beta} = \boldsymbol{X}_{dq}e^{j\omega t}\end{cases} \tag{8-249}$$

式中　$\boldsymbol{X}_{\alpha\beta} \in (\boldsymbol{E}_s、\boldsymbol{I}_s、\boldsymbol{I}_t、\boldsymbol{I}_c)$；

x_d、x_q——矢量 $\boldsymbol{X}_{dq}$ 的 d、q 分量；

$x_d \in \{e_{sd}, i_{sd}, i_{td}\}$；

$x_q \in \{e_{sq}, i_{sq}, i_{tq}\}$。

三相 CSR 网侧电流矢量如图 8-55 所示，对于三相 CSR 网侧电流开环的 SVPWM 控制，其关键在于导出 CSR 交流侧电流矢量指令 $\boldsymbol{I}_t^*$。

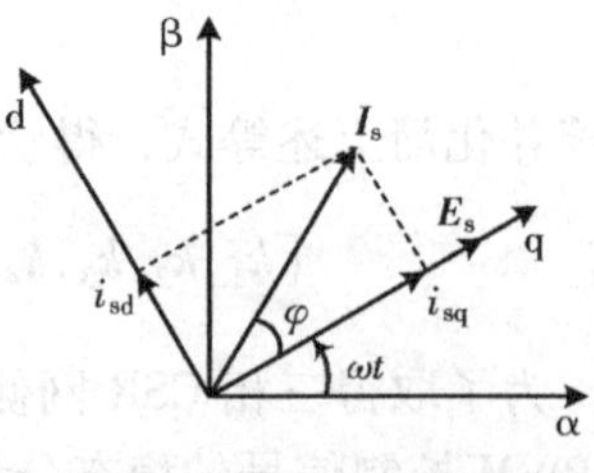

图 8-55　三相 CSR 网侧电流矢量

φ—网侧超前功率因数角

图 8-55 中，坐标系（d，q）中的 q 轴按电网电动势矢量 $\boldsymbol{E}_s$ 定向，因此矢量 $\boldsymbol{E}_s$ 的 d 轴分量 $e_{sd}=0$。

将式（8-249）代入式（8-248），计算并化简得三相 CSR 交流侧电流矢量 $\boldsymbol{I}_t$ 的 q、d 分量表达式为

$$i_{tq} = RC\left(\frac{di_{sq}}{dt} - \omega i_{sd}\right) - C\frac{de_{sq}}{dt} + LC\left(\frac{d^2 i_{sq}}{dt^2} - 2\omega\frac{di_{sd}}{dt} - \omega^2 i_{sq}\right) + i_{sq} \quad (8\text{-}250)$$

$$i_{td} = RC\left(\frac{di_{sd}}{dt} + \omega i_{sq}\right) - C\omega e_{sq} + LC\left(\frac{d^2 i_{sd}}{dt^2} + 2\omega\frac{di_{sq}}{dt} - \omega^2 i_{sd}\right) + i_{sd} \quad (8\text{-}251)$$

式中　i_{tq}、i_{sq}、e_{sq}——矢量 $\boldsymbol{I}_t$、$\boldsymbol{I}_s$、$\boldsymbol{E}_s$ 的 q 轴分量；

i_{td}、i_{sd}——矢量 $\boldsymbol{I}_t$、$\boldsymbol{I}_s$ 的 d 轴分量。

分析式（8-250）、式（8-251），若电网电动势稳定，则

$$C\frac{de_{sq}}{dt} = 0 \quad (8\text{-}252)$$

当已知网侧电流矢量指令 $\boldsymbol{I}_s^*$（i_{sq}^*、i_{sd}^*）时，考虑到式（8-252），则三相 CSR 交流侧电流矢量指令 $\boldsymbol{I}_t^*$，即 i_{tq}^*、i_{td}^* 分别为

$$i_{tq}^* = (-RC\omega i_{sd}^* - LC\omega^2 i_{sq}^*) + \left(RC\frac{di_{sq}^*}{dt} + LC\frac{d^2 i_{sq}^*}{dt^2} - 2LC\omega\frac{di_{sd}^*}{dt}\right) + i_{sq}^* \quad (8\text{-}253)$$

$$i_{td}^* = (RC\omega i_{sq}^* - LC\omega^2 i_{sd}^* - C\omega e_{sq}) + \left(RC\frac{di_{sd}^*}{dt} + LC\frac{d^2 i_{sd}^*}{dt^2} + 2LC\omega\frac{di_{sq}^*}{dt}\right) + i_{sd}^* \quad (8\text{-}254)$$

由式（8-253）、式（8-254）可以看出：i_{tq}^*、i_{td}^* 方程式均有三个部分组成，即稳态补偿项、动态补偿项及网侧电流指令项。若令稳态补偿项为 i_{comsq}^*、i_{comsd}^* 而动态补偿项为 i_{comtq}^*、i_{comtd}^*，则

$$i_{comsq}^* = -RC\omega i_{sd}^* - LC\omega^2 i_{sq}^* \quad (8\text{-}255)$$

$$i_{comsd}^* = RC\omega i_{sq}^* - LC\omega^2 i_{sd}^* - C\omega e_{sq} \quad (8\text{-}256)$$

$$i_{comtq}^* = RC\frac{di_{sq}^*}{dt} + LC\frac{d^2 i_{sq}^*}{dt^2} - 2LC\omega\frac{di_{sd}^*}{dt} \quad (8\text{-}257)$$

$$i_{comtd}^* = RC\frac{di_{sd}^*}{dt} + LC\frac{d^2 i_{sd}^*}{dt^2} + 2LC\omega\frac{di_{sq}^*}{dt} \quad (8\text{-}258)$$

实际上，稳态补偿项 i_{comsq}^*、i_{comsd}^* 提供了网侧稳态无功补偿，从而使网侧功率因数按指令进行控制，其网侧超前功率因数角指令 φ^* 为

$$\varphi^* = \arctan\frac{i_{sd}^*}{i_{sq}^*} \quad (8\text{-}259)$$

而对于式（8-257）、式（8-258）描述的动态补偿项 i_{comtq}^*、i_{comtd}^*，其主要作用在于抑制网侧电流振荡。然而，由于动态补偿项中存在二阶微分项，因而很难实现，当忽略二阶微分项时，其动态补偿项分别为

$$i_{comtq}^* \approx RC\frac{di_{sq}^*}{dt} - 2LC\omega\frac{di_{sd}^*}{dt} \quad (8\text{-}260)$$

$$i_{\text{comtd}}^{*} \approx RC\frac{\mathrm{d}i_{\text{sd}}^{*}}{\mathrm{d}t} + 2LC\omega\frac{\mathrm{d}i_{\text{sq}}^{*}}{\mathrm{d}t} \tag{8-261}$$

为了减少噪声，微分环节可由准微分环节代替，准微分环节传递函数为

$$G_{\text{d}}(s) = \frac{\tau_1 s}{(1+\tau_2 s)(1+\tau_3 s)} \tag{8-262}$$

准微分环节 $G_{\text{d}}(s)$ 的幅频特性如图 8-56 所示。

从准微分环节幅频特性看出，其峰值频率 f_{x} 以下呈现出微分特性，而峰值频率 f_{x} 以上呈现出低通滤波特性，一般常取 $f_{\text{x}}=f_{\text{s}}$（$f_{\text{s}}$ 为 PWM 开关频率）。

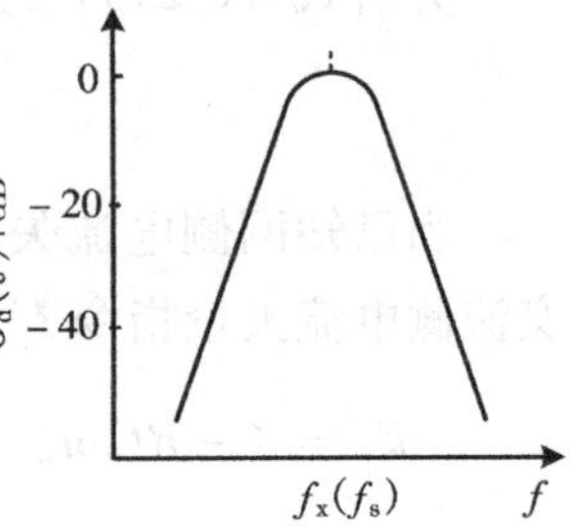

图 8-56 准微分环节幅频特性

综合以上讨论，i_{tq}^{*}、i_{td}^{*} 可描述为

$$\begin{cases} i_{\text{tq}}^{*} = i_{\text{sq}}^{*} + i_{\text{comsq}}^{*} + i_{\text{comtq}}^{*} \\ i_{\text{td}}^{*} = i_{\text{sd}}^{*} + i_{\text{comsd}}^{*} + i_{\text{comtd}}^{*} \end{cases} \tag{8-263}$$

这样，三相 CSR 交流侧电流矢量指令 $\boldsymbol{I}_{\text{t}}^{*}$ 可为

$$\begin{cases} |\boldsymbol{I}_{\text{t}}^{*}| = \sqrt{(i_{\text{tq}}^{*})^2 + (i_{\text{td}}^{*})^2} \\ \varphi^{*} = \arctan\dfrac{i_{\text{sd}}^{*}}{i_{\text{sq}}^{*}} \end{cases} \tag{8-264}$$

当矢量 $\boldsymbol{I}_{\text{t}}^{*}$ 已知时，可按 8.3.2.2 节电流矢量合成方法实现三相 CSR 网侧电流开环的 SVPWM 控制。

2. 网侧电流闭环的 SVPWM 控制系统设计

为了使三相 CSR 网侧电流控制获得更好的动、静态响应，可以采用网侧电流闭环的 SVPWM 控制。由三相 CSR 交流侧矢量关系得

$$\boldsymbol{E}_{\text{s}} = L\frac{\mathrm{d}\boldsymbol{I}_{\text{s}}}{\mathrm{d}t} + \boldsymbol{V} \tag{8-265}$$

$$C\frac{\mathrm{d}\boldsymbol{V}}{\mathrm{d}t} = \boldsymbol{I}_{\text{s}} - \boldsymbol{I}_{\text{t}} \tag{8-266}$$

式中 $\boldsymbol{V}$——三相 CSR 交流侧电压矢量，$\boldsymbol{V} = [v_{\text{a}}\ v_{\text{b}}\ v_{\text{c}}]^{\text{T}}$。

由式（8-265）、式（8-266），得三相 CSR 状态方程为

$$\frac{\mathrm{d}}{\mathrm{d}t}\begin{bmatrix}\boldsymbol{I}_{\text{s}} \\ \boldsymbol{V}\end{bmatrix} = \begin{bmatrix} 0 & -\dfrac{1}{L} \\ \dfrac{1}{C} & 0 \end{bmatrix}\begin{bmatrix}\boldsymbol{I}_{\text{s}} \\ \boldsymbol{V}\end{bmatrix} + \begin{bmatrix} 0 \\ -\dfrac{1}{C}\end{bmatrix}\boldsymbol{I}_{\text{t}} + \begin{bmatrix}\dfrac{1}{L} \\ 0\end{bmatrix}\boldsymbol{E}_{\text{s}} \tag{8-267}$$

当 PWM 开关频率远高于电网电动势基波频率时，可以认为在一个 PWM 周期中，$\boldsymbol{E}_{\text{s}}$、$\boldsymbol{I}_{\text{t}}$ 近似不变，因此式（8-267）可离散化为

$$\begin{bmatrix} \boldsymbol{I}_{\mathrm{s}}(k+1) \\ \boldsymbol{V}(k+1) \end{bmatrix} = \begin{bmatrix} \cos\theta_{\mathrm{n}} & -\dfrac{1}{X_L}\sin\theta_{\mathrm{n}} \\ X_C\sin\theta_{\mathrm{n}} & \cos\theta_{\mathrm{n}} \end{bmatrix} \begin{bmatrix} \boldsymbol{I}_{\mathrm{s}}(k) \\ \boldsymbol{V}(k) \end{bmatrix} + \begin{bmatrix} 1-\cos\theta_{\mathrm{n}} \\ -X_C\sin\theta_{\mathrm{n}} \end{bmatrix} \boldsymbol{I}_{\mathrm{t}}(k) + \begin{bmatrix} \dfrac{1}{X_L}\sin\theta_{\mathrm{n}} \\ 1-\cos\theta_{\mathrm{n}} \end{bmatrix} \boldsymbol{E}_{\mathrm{s}}(k) \tag{8-268}$$

式中 $X_C = 1/\omega_{\mathrm{n}}C$;

$X_L = \omega_{\mathrm{n}}L$;

$\theta_{\mathrm{n}} = \omega_{\mathrm{n}}T_{\mathrm{s}}$;

$\omega_{\mathrm{n}} = 1/\sqrt{LC}$。

由于三相 CSR 交流侧 LC 滤波环节是典型的二阶环节，因此离散系统的采样控制至少需二拍过渡过程方可结束，若将三相 CSR 网侧电流控制系统设计成最少拍控制系统，则[180]

$$\boldsymbol{I}_{\mathrm{s}}(k+1) = \boldsymbol{I}_{\mathrm{s}}^{*}(k)\mathrm{e}^{\mathrm{j}2\theta} \tag{8-269}$$

式中 $\boldsymbol{I}_{\mathrm{s}}^{*}$——三相 CSR 网侧电流矢量指令；

θ——ωT_{s};

ω——电网电动势基波角频率。

针对三相 CSR 交流侧电流的 PWM 控制，其交流侧电流矢量指令 $\boldsymbol{I}_{\mathrm{t}}^{*}$ 可由稳态分量和动态分量两部分构成，即

$$\boldsymbol{I}_{\mathrm{t}}^{*}(k) = \bar{\boldsymbol{I}}_{\mathrm{t}}(k) + \hat{\boldsymbol{I}}_{\mathrm{t}}(k) \tag{8-270}$$

式中 $\bar{\boldsymbol{I}}_{\mathrm{t}}(k)$——交流侧电流矢量 $\boldsymbol{I}_{\mathrm{t}}(k)$ 的稳态分量；

$\hat{\boldsymbol{I}}_{\mathrm{t}}(k)$——交流侧电流矢量 $\boldsymbol{I}_{\mathrm{t}}(k)$ 的动态分量。

稳态时，矢量 $\boldsymbol{V}$、$\boldsymbol{I}_{\mathrm{s}}$ 的稳态分量 $\bar{\boldsymbol{V}}$、$\bar{\boldsymbol{I}}_{\mathrm{s}}$ 为

$$\begin{cases} \bar{\boldsymbol{I}}_{\mathrm{s}}(k+1) = \mathrm{e}^{\mathrm{j}\theta}\bar{\boldsymbol{I}}_{\mathrm{s}}(k) \\ \bar{\boldsymbol{V}}(k+1) = \mathrm{e}^{\mathrm{j}\theta}\bar{\boldsymbol{V}}(k) \end{cases} \tag{8-271}$$

联立式（8-268）、式（8-271），可求解 $\boldsymbol{I}_{\mathrm{t}}(k)$ 的稳态分量 $\bar{\boldsymbol{I}}_{\mathrm{t}}(k)$ 为

$$\bar{\boldsymbol{I}}_{\mathrm{t}}(k) = \left[\frac{(\cos\theta_{\mathrm{n}} - \cos\theta)(1+\mathrm{e}^{\mathrm{j}\theta})}{(1+\cos\theta)(\cos\theta_{\mathrm{n}} - 1)}\right]\bar{\boldsymbol{I}}_{\mathrm{s}}(k) + \mathrm{j}\left[\frac{\sin\theta\sin\theta_{\mathrm{n}}(1+\mathrm{e}^{\mathrm{j}\theta})}{2X_L(1+\cos\theta)(\cos\theta_{\mathrm{n}} - 1)}\right]\boldsymbol{E}_{\mathrm{s}}(k) \tag{8-272}$$

若电网电动势稳定，并考虑稳态工作点附近的微偏扰动，式（8-268）可化简为

$$\begin{bmatrix} \hat{\boldsymbol{I}}_{\mathrm{s}}(k+1) \\ \hat{\boldsymbol{V}}(k+1) \end{bmatrix} = \boldsymbol{P}\begin{bmatrix} \hat{\boldsymbol{I}}_{\mathrm{s}}(k) \\ \hat{\boldsymbol{V}}(k) \end{bmatrix} + \boldsymbol{Q}\hat{\boldsymbol{I}}_{\mathrm{t}}(k) \tag{8-273}$$

式中 $\hat{\boldsymbol{I}}_{\mathrm{s}}$、$\hat{\boldsymbol{V}}$、$\hat{\boldsymbol{I}}_{\mathrm{t}}$——矢量 $\boldsymbol{I}_{\mathrm{s}}$、$\boldsymbol{V}$、$\boldsymbol{I}_{\mathrm{t}}$ 在稳态工作点的微偏扰动矢量；

$$\begin{cases} \boldsymbol{P} = \begin{bmatrix} \cos\theta_n & -\dfrac{1}{X_L}\sin\theta_n \\ X_C\sin\theta_n & \cos\theta_n \end{bmatrix} \\ \boldsymbol{Q} = \begin{bmatrix} 1-\cos\theta_n \\ -X_C\sin\theta_n \end{bmatrix} \end{cases} \tag{8-274}$$

利用式（8-274）计算 $[\boldsymbol{PQ},\ \boldsymbol{Q}]^{-1}\boldsymbol{P}^2$，并由状态反馈控制综合最少拍系统，得 $\boldsymbol{I}_t(k)$ 的动态分量 $\hat{\boldsymbol{I}}_t(k)$ 为

$$\hat{\boldsymbol{I}}_t(k) = \left[\frac{1-2\cos\theta_n}{2(1-\cos\theta_n)}\ \ \frac{2\cos\theta_n+1}{2X_C\sin\theta_n}\right][\hat{\boldsymbol{I}}_s(k)\ \ \hat{\boldsymbol{V}}(k)]^{T} \tag{8-275}$$

然而，由于实际离散控制系统中存在计算及采样延迟，因此式（8-275）中的 $\hat{\boldsymbol{I}}_s(k)$、$\hat{\boldsymbol{V}}(k)$ 必须由 $\hat{\boldsymbol{I}}_s(k-1)$、$\hat{\boldsymbol{I}}_t(k-1)$、$\hat{\boldsymbol{V}}(k-1)$ 估计获得，由式（8-273）得

$$\hat{\boldsymbol{V}}(k) = \frac{X_L}{\sin\theta_n}\hat{\boldsymbol{I}}_s(k-1) - \frac{X_L}{\tan\theta_n}\hat{\boldsymbol{I}}_s(k) + \frac{X_L(\cos\theta_n - 1)}{\sin\theta_n}\hat{\boldsymbol{I}}_t(k-1) \tag{8-276}$$

$$\hat{\boldsymbol{I}}_s(k) = 2\cos\theta_n\hat{\boldsymbol{I}}_s(k-1) - \hat{\boldsymbol{I}}_s(k-2) + (1-\cos\theta_n)\hat{\boldsymbol{I}}_t(k-1) + (1-\cos\theta_n)\hat{\boldsymbol{I}}_t(k-2) \tag{8-277}$$

联立式（8-270）、式（8-272）、式（8-275）~式（8-277），即可获得三相 CSR 交流侧电流矢量控制指令 $\boldsymbol{I}_t^*(k)$，从而实现了三相 CSR 网侧电流闭环的 SVPWM 控制。

8.4.2.4 电网不平衡条件下的三相 CSR 控制系统设计

对于三相 CSR，其直流侧输出电压可描述为

$$v_{dc} = \boldsymbol{\sigma V} \tag{8-278}$$

式中 $\boldsymbol{V} = [v_a,\ v_b,\ v_c]^{T}$

$\boldsymbol{\sigma} = [\sigma_a,\ \sigma_b,\ \sigma_c]^{T}$

其中

$$\sigma_j = \begin{cases} 1 & \text{上侧管导通} \\ 0 & \text{上、下侧管全通或全关断} \\ -1 & \text{下侧管导通} \end{cases} \qquad (j=a,\ b,\ c)$$

若忽略三相 CSR 网侧电感压降，则

$$\boldsymbol{V} = [v_a\ v_b\ v_c]^{T} \approx \boldsymbol{E}_s = [e_a\ e_b\ e_c]^{T} \tag{8-279}$$

当三相电网不平衡时，则 $\boldsymbol{V}$（$\boldsymbol{E}_s$）含有正序和负序分量，即

$$\boldsymbol{V} = \boldsymbol{V}^{P} + \boldsymbol{V}^{N} \tag{8-280}$$

式中 $\boldsymbol{V}^{P}$、$\boldsymbol{V}^{N}$——三相 CSR 交流侧电压正序、负序分量，且令

$$\boldsymbol{V}^{\mathrm{P}}=\begin{bmatrix}v_{\mathrm{a}}^{\mathrm{P}}\\v_{\mathrm{b}}^{\mathrm{P}}\\v_{\mathrm{c}}^{\mathrm{P}}\end{bmatrix}=\begin{bmatrix}V_{\mathrm{m}}^{\mathrm{P}}\sin(\omega t+\gamma)\\V_{\mathrm{m}}^{\mathrm{P}}\sin\left(\omega t-\dfrac{2\pi}{3}+\gamma\right)\\V_{\mathrm{m}}^{\mathrm{P}}\sin\left(\omega t+\dfrac{2\pi}{3}+\gamma\right)\end{bmatrix}\tag{8-281}$$

$$\boldsymbol{V}^{\mathrm{N}}=\begin{bmatrix}v_{\mathrm{a}}^{\mathrm{N}}\\v_{\mathrm{b}}^{\mathrm{N}}\\v_{\mathrm{c}}^{\mathrm{N}}\end{bmatrix}=\begin{bmatrix}V_{\mathrm{m}}^{\mathrm{N}}\sin(\omega t+\beta)\\V_{\mathrm{m}}^{\mathrm{N}}\sin\left(\omega t+\dfrac{2\pi}{3}+\beta\right)\\V_{\mathrm{m}}^{\mathrm{N}}\sin\left(\omega t-\dfrac{2\pi}{3}+\beta\right)\end{bmatrix}\tag{8-282}$$

其中　γ、β——交流侧正、负序电压初始相位角。

因此，电网不平衡时的三相 CSR 直流侧电压 v_{dc} 为

$$v_{\mathrm{dc}}=\boldsymbol{\sigma}\boldsymbol{V}=\boldsymbol{\sigma}(\boldsymbol{V}^{\mathrm{P}}+\boldsymbol{V}^{\mathrm{N}})\tag{8-283}$$

若开关函数 $\boldsymbol{\sigma}$ 中不含负序分量，并且只考虑 $\boldsymbol{\sigma}$、$\boldsymbol{V}$ 基波分量时，v_{dc} 一定含有 2 次谐波。为了消除 v_{dc} 中的 2 次谐波，开关函数 $\boldsymbol{\sigma}$ 中必须适当含有负序分量。令 $\boldsymbol{\sigma}=\boldsymbol{\sigma}^{\mathrm{P}}+\boldsymbol{\sigma}^{\mathrm{N}}$，并代入式（8-283）中得

$$v_{\mathrm{dc}}=(\boldsymbol{\sigma}^{\mathrm{P}}+\boldsymbol{\sigma}^{\mathrm{N}})(\boldsymbol{V}^{\mathrm{P}}+\boldsymbol{V}^{\mathrm{N}})=\boldsymbol{\sigma}^{\mathrm{P}}\boldsymbol{V}^{\mathrm{P}}+\boldsymbol{\sigma}^{\mathrm{P}}\boldsymbol{V}^{\mathrm{N}}+\boldsymbol{\sigma}^{\mathrm{N}}\boldsymbol{V}^{\mathrm{P}}+\boldsymbol{\sigma}^{\mathrm{N}}\boldsymbol{V}^{\mathrm{N}}\tag{8-284}$$

式中　$\boldsymbol{\sigma}^{\mathrm{P}}$、$\boldsymbol{\sigma}^{\mathrm{N}}$——开关函数 $\boldsymbol{\sigma}$ 中的正、负序分量。

将 $\boldsymbol{\sigma}^{\mathrm{P}}$，$\boldsymbol{\sigma}^{\mathrm{N}}$ 展开成傅里叶级数得

$$\boldsymbol{\sigma}^{\mathrm{P}}=\begin{bmatrix}\sum_{m=1}^{\infty}A_m^{\mathrm{P}}\sin(\omega t+\alpha)\\\sum_{m=1}^{\infty}A_m^{\mathrm{P}}\sin\left(\omega t-\dfrac{2\pi}{3}+\alpha\right)\\\sum_{m=1}^{\infty}A_m^{\mathrm{P}}\sin\left(\omega t+\dfrac{2\pi}{3}+\alpha\right)\end{bmatrix}\tag{8-285}$$

$$\boldsymbol{\sigma}^{\mathrm{N}}=\begin{bmatrix}\sum_{m=1}^{\infty}A_m^{\mathrm{N}}\sin(\omega t+\lambda)\\\sum_{m=1}^{\infty}A_m^{\mathrm{N}}\sin\left(\omega t+\dfrac{2\pi}{3}+\lambda\right)\\\sum_{m=1}^{\infty}A_m^{\mathrm{N}}\sin\left(\omega t-\dfrac{2\pi}{3}+\lambda\right)\end{bmatrix}\tag{8-286}$$

将式（8-281）、式（8-282）、式（8-285）、式（8-286）代入式（8-284），并分别求出其中各项如下：

$$\sigma^{P}V^{P}=\sum_{m=1}^{\infty}\frac{A_{m}^{P}V_{m}^{P}}{2}\{\cos[(m-1)\omega t+m\alpha-\gamma]-\cos[(m+1)\omega t+m\alpha+\gamma]+\cos[(m-1)\omega t-(m-1)\frac{2\pi}{3}+m\alpha-\gamma]-\cos[(m+1)\omega t-(m+1)\frac{2\pi}{3}+m\alpha+\gamma]+\cos[(m-1)\omega t+(m-1)\frac{2\pi}{3}+m\alpha-\gamma]-\cos[(m+1)\omega t+(m+1)\frac{2\pi}{3}+m\alpha+\gamma]\} \quad (8\text{-}287)$$

$$\sigma^{N}V^{N}=\sum_{m=1}^{\infty}\frac{A_{m}^{N}V_{m}^{N}}{2}\{\cos[(m-1)\omega t+m\lambda-\beta]-\cos[(m+1)\omega t+m\lambda+\beta]+\cos[(m-1)\omega t-(m-1)\frac{2\pi}{3}+m\lambda-\beta]-\cos[(m+1)\omega t+(m+1)\frac{2\pi}{3}+m\lambda+\beta]+\cos[(m-1)\omega t-(m-1)\frac{2\pi}{3}+m\lambda-\beta]-\cos[(m+1)\omega t-(m+1)\frac{2\pi}{3}+m\lambda+\beta]\} \quad (8\text{-}288)$$

$$\sigma^{P}V^{N}=\sum_{m=1}^{\infty}\frac{A_{m}^{P}V_{m}^{N}}{2}\{\cos[(m-1)\omega t+m\alpha-\beta]-\cos[(m+1)\omega t+m\alpha+\beta]+\cos[(m-1)\omega t-(m+1)\frac{2\pi}{3}+m\alpha-\beta]-\cos[(m+1)\omega t-(m-1)\frac{2\pi}{3}+m\alpha+\beta]+\cos[(m-1)\omega t+(m+1)\frac{2\pi}{3}+m\alpha-\beta]-\cos[(m+1)\omega t+(m+1)\frac{2\pi}{3}+m\alpha+\beta]\} \quad (8\text{-}289)$$

$$\sigma^{N}V^{P}=\sum_{m=1}^{\infty}\frac{A_{m}^{N}V_{m}^{P}}{2}\{\cos[(m-1)\omega t+m\lambda-\gamma]-\cos[(m+1)\omega t+m\lambda+\gamma]+\cos[(m-1)\omega t-(m+1)\frac{2\pi}{3}+m\lambda-\gamma]-\cos[(m+1)\omega t+(m+1)\frac{2\pi}{3}+m\lambda+\gamma]+\cos[(m-1)\omega t-(m+1)\frac{2\pi}{3}+m\lambda-\gamma]-\cos[(m+1)\omega t-(m-1)\frac{2\pi}{3}+m\lambda+\gamma]\} \quad (8\text{-}290)$$

分析式（8-287）~式（8-290）不难看出，直流侧电压 v_{dc} 产生 2 次谐波的根源来自 $\boldsymbol{\sigma}^{P}\boldsymbol{V}^{N}$、$\boldsymbol{\sigma}^{N}\boldsymbol{V}^{P}$ 项，而 $\boldsymbol{\sigma}^{P}\boldsymbol{V}^{P}$、$\boldsymbol{\sigma}^{N}\boldsymbol{V}^{N}$ 项则不产生 2 次谐波。因此，要消除 v_{dc} 中的 2 次谐波，则必须满足

$$\boldsymbol{\sigma}^{N}\boldsymbol{V}^{P}+\boldsymbol{\sigma}^{P}\boldsymbol{V}^{N}=0 \tag{8-291}$$

当只考虑 $\boldsymbol{\sigma}^{N}$、$\boldsymbol{\sigma}^{P}$ 中的基波分量时，由上述分析并计算推导出当满足以下参数条件时，三相 CSR 直流输出电压 v_{dc} 中不含 2 次谐波分量即

$$\alpha=\gamma \qquad \lambda=\beta \qquad A_1^{N}=-\left(\frac{V_m^{N}}{V_m^{P}}\right)A_1^{P} \tag{8-292}$$

式中 A_1^{P}、A_1^{N}——开关函数基波正序、负序峰值。

从式（8-292）可看出，要消除电网不平衡时的三相 CSR 直流输出电压中的 2 次谐波电压，关键在于对其交流侧正序、负序电压 $\boldsymbol{V}^{P}$、$\boldsymbol{V}^{N}$ 的准确检测，以下将讨论 $\boldsymbol{V}^{P}$、$\boldsymbol{V}^{N}$ 的检测。

设三相电网不平衡时，三相 CSR 交流侧电压为

$$\begin{cases}v_a(t)=\sqrt{2}V_a\sin(\omega t+\varphi_a)\\ v_b(t)=\sqrt{2}V_b\sin(\omega t+\varphi_b)\\ v_c(t)=\sqrt{2}V_c\sin(\omega t+\varphi_c)\end{cases} \tag{8-293}$$

式中 V_a、V_b、V_c——三相交流侧电压有效值；

φ_a、φ_b、φ_c——三相交流侧电压初始相位角。

因此，三相 CSR 交流侧电压正、负序复矢量可定义成[181]

$$\boldsymbol{V}^{P}=V_{\alpha}^{P}+\mathrm{j}V_{\beta}^{P}=\frac{2}{3}[v_a(t)+\boldsymbol{a}v_b(t)+\boldsymbol{a}^2v_c(t)] \tag{8-294}$$

$$\boldsymbol{V}^{N}=V_{\alpha}^{N}+\mathrm{j}V_{\beta}^{N}=\frac{2}{3}[v_a(t)+\boldsymbol{a}^2v_b(t)+\boldsymbol{a}v_c(t)] \tag{8-295}$$

式中 $\boldsymbol{a}$——$\mathrm{e}^{\mathrm{j}\frac{2\pi}{3}}$。

当采用微处理器进行采样控制时，第 k 个采样周期中，三相 CSR 交流侧电压正序复矢量中的 V_{α}^{P}、V_{β}^{P} 可计算如下[181]：

$$V_{\alpha}^{P}(k)=\frac{2}{3}[v_a(k)-v_b(k)]+\frac{1}{3}[v_b(k)-v_c(k)] \tag{8-296}$$

$$V_{\beta}^{P}(k)=\frac{1}{\sqrt{3}}[v_b(k)-v_c(k)] \tag{8-297}$$

由于负序复矢量是正序复矢量的共轭复矢量，则

$$V_{\alpha}^{N}(k)=V_{\alpha}^{P}(k) \tag{8-298}$$

$$V_{\beta}^{N}(k)=-V_{\beta}^{P}(k) \tag{8-299}$$

以上复矢量实际上是建立在静止坐标系（α，β）中的旋转矢量，将其进行

坐标变换，易得同步旋转坐标系（d，q）中正序电压第 k 次采样值 $V_q^P(k)$、$V_d^P(k)$ 为

$$V_q^P(k) = \frac{1}{k+1}\sum_{i=1}^{k}\left[V_\alpha^P(i)\sin(i\omega T_s) - V_\beta^P(i)\cos(i\omega T_s)\right] \tag{8-300}$$

$$V_d^P(k) = \frac{1}{k+1}\sum_{i=1}^{k}\left[V_\alpha^P(i)\cos(i\omega T_s) + V_\beta^P(i)\sin(i\omega T_s)\right] \tag{8-301}$$

式中　T_s——采样周期。

而三相 CSR 交流侧正序复矢量的模 V_m^P 及相位角 γ 分别为

$$V_m^P(k) = \sqrt{\left[V_q^P(k)\right]^2 + \left[V_d^P(k)\right]^2} \tag{8-302}$$

$$\gamma(k) = \arctan\left[\frac{V_d^P(k)}{V_q^P(k)}\right] \tag{8-303}$$

根据正、负序复矢量的共轭关系，容易求得 $V_m^N(k)$、$\beta(k)$。

当 γ、β、V_m^P、V_m^N 已知时，以式（8-292）算法控制开关函数 $\boldsymbol{\sigma}$，即可获得电网不平衡时三相 CSR 无 2 次谐波时的直流侧电压响应。

8.4.3　三相 CSR 主电路参数设计

三相 CSR 主电路参数主要包括交流侧 LC 滤波参数及直流侧储能电感参数两类。以下分别阐述这两类参数设计思路及其定量关系。

8.4.3.1　三相 CSR 交流侧 *LC* 滤波参数设计

由于三相 CSR 交流侧电路的对称性，因此可以一相为例进行研究，三相 CSR 一相交流侧等效电路如图 8-57a 所示。

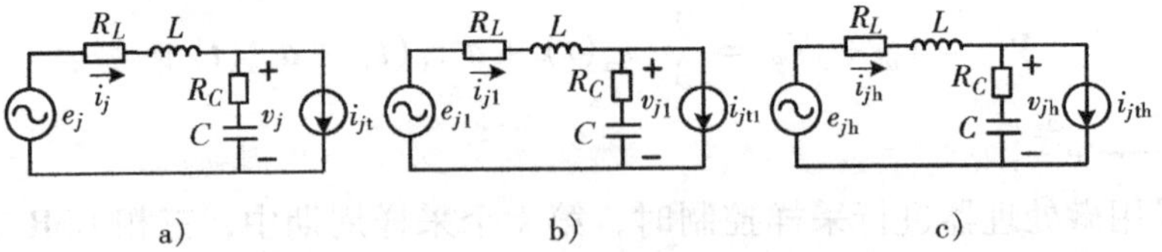

图 8-57　三相 CSR 一相交流侧等效电路

a）交流侧等效电路　b）交流侧基波等效电路　c）交流侧谐波等效电路

e_{j1}、i_{j1}、v_{j1}、i_{jt1}—交流侧基波电量　e_{jh}、i_{jh}、v_{jh}、i_{jth}—交流侧谐波电量

当三相 CSR 采用 PWM 控制时，其交流侧电流 i_{jt} 为

$$i_{jt} = \sigma_j i_{dc} \quad (j = a,b,c) \tag{8-304}$$

式中　σ_j——三值逻辑开关函数。

由于 σ_j 中含有谐波分量，因而三相 CSR 交流侧电流 i_{jt} 中亦含有谐波分量。为了滤除 i_{jt} 中的谐波分量，并使三相 CSR 网侧电流谐波总畸变率 THD_i 满足一定

的性能指标要求，三相 CSR 交流侧须设置滤波环节。另一方面，三相 CSR 直流侧电压 v_{dc} 为

$$v_{dc} = \sum \sigma_j v_j \qquad (j = a,b,c) \tag{8-305}$$

式中 $v_j(j=a, b, c)$ ——三相 CSR 交流侧电压。

显然，当 v_j 中含有低次谐波分量时，三相 CSR 直流侧电压 v_{dc} 亦含有低次谐波分量，从而在直流电流中产生低次谐波电流。若要获得较为理想的直流电流波形品质，须加大直流侧电感参数设计，这样便增加了损耗；另外，在设计三相 CSR 交流侧滤波环节时，应使其交流侧电压谐波总畸变率 THD_v 满足一定的性能指标要求。

为进一步分析研究谐波电流的传递特性，可将三相 CSR 交流侧一相电路分解成基波电流回路及谐波电流回路，如图 8-57b、c 所示。由图 8-57b 易得三相 CSR 交流侧滤波环节谐波电流传递函数 $G_h(s)$ 为

$$G_h(s) = \frac{I_{jh}(s)}{I_{jth}(s)} = \frac{1 + R_C Cs}{LCs^2 + (R_C + R_L)Cs + 1} \qquad j = (a,b,c) \tag{8-306}$$

式中 R_L、R_C——LC 滤波环节电感支路、电容支路等效电阻；

$I_{jh}(s)$ ——三相 CSR 网侧谐波电流的拉氏变换量；

$I_{jth}(s)$ ——三相 CSR 交流侧谐波电流的拉氏变换量。

可见，三相 CSR 交流侧 LC 滤波环节传递函数呈现二阶传递特性。因此，当设计 LC 滤波环节参数时，首先须确定合理的 LC 滤波器截止频率，以滤除 PWM 谐波，并有效地抑制低次谐波电流。另外，还须使 LC 滤波器具有一定的阻尼比，以抑制网侧电流振荡。

由于 PWM 谐波主要分布在开关频率的整数倍频率附近[72]，且对于不同 PWM 方式其谐波分布及幅值略有差别，但不论采用何种 PWM 方式，其 LC 滤波器设计必须充分考虑 PWM 开关频率点附近的谐波衰减，与此同时，还需确保足够大的基波增益。

另外，LC 滤波器设计还需限制其自然振荡频率 ω_n 处的增益，以抑制电网电动势畸变时的网侧电流中的低次谐波分量。

根据以上 LC 滤波器设计思路，可以定义以下三个不同频率点处的 LC 滤波器幅频增益，即

$$\begin{cases} 20\log\left|\dfrac{I_{jh}(j\omega)}{I_{jth}(j\omega)}\right|_{\omega=\omega_s} = A_1 \\ 20\log\left|\dfrac{I_{jh}(j\omega)}{I_{jth}(j\omega)}\right|_{\omega=\omega_n} = A_2 \\ 20\log\left|\dfrac{I_{jh}(j\omega)}{I_{jth}(j\omega)}\right|_{\omega=\omega_1} = A_3 \end{cases} \tag{8-307}$$

式中　ω_s——PWM 开关角频率；

ω_n——无阻尼自然振荡角频率；

ω_1——基波角频率。

实际上，对于具体的三相 PWM 控制，其 CSR 交流侧电流频谱分布是确定的，图 8-58a 示出了三相 CSR 交流侧电流在开关频率点 ω_s 及滤波器自然振荡频率点 ω_n 上的幅频特性。显然，根据所希望的三相 CSR 网侧电流幅频特性（见图 8-58b），即可求解所需 LC 滤波器的幅频特性，如图 8-58c 所示。

由式（8-306）易得 LC 滤波器自然振荡频率 ω_n 及阻尼比 ξ 分别为

$$\begin{cases}\omega_n = \dfrac{1}{\sqrt{LC}} \\ \xi = \dfrac{R_L + R_C}{2}\sqrt{\dfrac{C}{L}}\end{cases} \tag{8-308}$$

根据式（8-307）相关的性能指标要求，且联立式（8-306）、（8-308），即可求取三相 CSR 滤波器相关参数 L、C、R_L、R_C。

然而，上述 LC 滤波器参数设计并没有考虑三相 CSR PWM 自身的约束，如要使三相 CSR 取得网侧单位功率因数正弦波电流控制，其滤波器电容参数 C 设计值就不能过大，以下具体讨论电容参数 C 的设计。

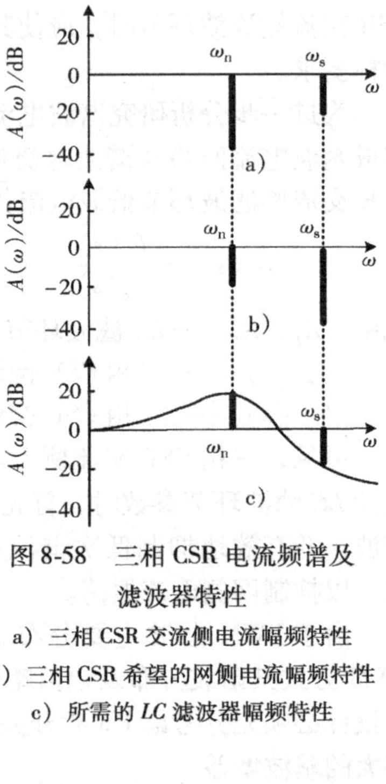

图 8-58　三相 CSR 电流频谱及滤波器特性

a）三相 CSR 交流侧电流幅频特性

b）三相 CSR 希望的网侧电流幅频特性

c）所需的 LC 滤波器幅频特性

考虑同步旋转坐标系（d，q），且 q 轴以 CSR 交流侧基波电压矢量定向，则忽略 PWM 谐波时的三相 CSR 低频模型方程为

$$\begin{bmatrix} i_{tq} \\ i_{td} \end{bmatrix} = \begin{bmatrix} d_q \\ d_d \end{bmatrix} i_{dc} \tag{8-309}$$

$$v_{dc} = \frac{3}{2} d_q v_q \tag{8-310}$$

$$v_d = 0 \tag{8-311}$$

$$[i_{ta}、i_{tb}、i_{tc}]^T = \boldsymbol{T}^T \begin{bmatrix} i_{tq} \\ i_{td} \end{bmatrix} \tag{8-312}$$

式中　i_{td}、i_{tq}、v_d、v_q——三相 CSR 交流侧电流、电压的 d、q 分量；

d_d、d_q——PWM 占空比 d、q 分量；

$\boldsymbol{T}$——坐标旋转变换矩阵；

$$\boldsymbol{T}=\begin{bmatrix}\cos(\omega t) & \cos(\omega t-\frac{2\pi}{3}) & \cos(\omega t+\frac{2\pi}{3})\\ \sin(\omega t) & \sin(\omega t-\frac{2\pi}{3}) & \sin(\omega t+\frac{2\pi}{3})\end{bmatrix} \tag{8-313}$$

显然，上述低频模型中，开关函数已由 PWM 占空比 d_d、d_q 代之。若令三相 CSR 交流侧基波电压 $v_j(j=\mathrm{a},\ \mathrm{b},\ \mathrm{c})$ 近似等于电网电动势 $e_j(j=\mathrm{a},\ \mathrm{b},\ \mathrm{c})$ 即

$$\begin{cases}v_a\approx e_a=E_m\cos\omega t\\ v_b\approx e_b=E_m\cos(\omega t-\frac{2\pi}{3})\\ v_c\approx e_c=E_m\cos(\omega t+\frac{2\pi}{3})\end{cases} \tag{8-314}$$

在以电网电动势矢量为 q 轴定向的同步旋转坐标系中

$$v_q\approx E_m \tag{8-315}$$

由式（8-313）、式（8-309）、式（8-312）求解得三相 CSR 交流侧电流稳态值为

$$\begin{cases}i_{ta}=[D_q\cos(\omega t)+D_d\sin(\omega t)]i_{dc}\\ i_{tb}=[D_q\cos(\omega t-\frac{2\pi}{3})+D_d\sin(\omega t-\frac{2\pi}{3})]i_{dc}\\ i_{tc}=[D_q\cos(\omega t+\frac{2\pi}{3})+D_d\sin(\omega t+\frac{2\pi}{3})]i_{dc}\end{cases} \tag{8-316}$$

式中 D_d、D_q——PWM 占空比 d_d、d_q 的稳态值。

再由式（8-314）、式（8-316）易得三相 CSR 网侧 a 相电流稳态近似表达式为

$$i_a\approx-\omega CE_m\sin\omega t+D_qi_{dc}\cos\omega t+D_di_{dc}\sin\omega t \tag{8-317}$$

显然，i_a 超前 v_a 的相位角为 θ，且

$$\theta=\arctan\frac{\omega CE_m+D_di_{dc}}{D_qi_{dc}} \tag{8-318}$$

若 $\theta=0$，即获得近似的单位功率因数控制，且

$$D_d=\omega C\frac{E_m}{i_{dc}} \tag{8-319}$$

由式（8-310）、式（8-316）得三相 CSR 直流电压稳态值 V_{dc} 为

$$V_{dc}=\frac{3}{2}D_qE_m \tag{8-320}$$

在同步旋转坐标系（d，q）中，PWM 占空比稳态值 D_d、D_q 须满足

$$D_{\mathrm{d}}^2 + D_{\mathrm{q}}^2 \leqslant 1 \tag{8-321}$$

当考虑最大直流电压控制时，其 D_{q} 的最大值为

$$D_{\mathrm{qmax}} = \frac{2}{3}\frac{V_{\mathrm{dcmax}}}{E_{\mathrm{m}}} \tag{8-322}$$

式中　D_{qmax}、V_{dcmax}——D_{q}、V_{dc}的最大值，且

$$D_{\mathrm{d}}^2 \leqslant 1 - D_{\mathrm{qmax}}^2 \tag{8-323}$$

联立式（8-319）、式（8-322）、式（8-323），求得电容 C 上限值为

$$C \leqslant \frac{9E_{\mathrm{m}}^2 I_{\mathrm{dcmin}}^2 - 4p_{\mathrm{e}}^2}{9\omega^2 E_{\mathrm{m}}^4} \tag{8-324}$$

式中　I_{dcmin}——直流侧电流最小值；

p_{e}——三相 CSR 直流侧额定功率。

以上分析表明，为了取得三相 CSR 单位功率因数控制，并使稳态控制满足 $D_{\mathrm{d}}^2 + D_{\mathrm{q}}^2 \leqslant 1$，电容取值不应过大。

另一方面，若三相 CSR 交流侧 PWM 最低次谐波角频率为 ω_{hmin}，当忽略 LC 滤波器电容、电感支路电阻，即 $R_C = R_L = 0$ 时，有

$$\left|\frac{I_{j\mathrm{h}}(s)}{I_{j\mathrm{th}}(s)}\right|_{s=\mathrm{j}\omega_{\mathrm{hmin}}} = \left|\frac{1}{1-\left(\frac{\omega_{\mathrm{hmin}}}{\omega_{\mathrm{n}}}\right)^2}\right| \tag{8-325}$$

式中　ω_{n}——LC 滤波器自然振荡频率

$$\omega_{\mathrm{n}} = \frac{1}{\sqrt{LC}} \tag{8-326}$$

为了抑制 PWM 谐波电流的 ω_{n}，必须满足

$$\omega_{\mathrm{n}} < \frac{1}{2}\omega_{\mathrm{hmin}} \tag{8-327}$$

考虑到 $\omega_{\mathrm{n}} = 1/\sqrt{LC}$，则电容取值下限为

$$C > \frac{4}{\omega_{\mathrm{hmin}}^2 L} \tag{8-328}$$

联立式（8-324）、式（8-328），得 LC 滤波器电容参数 C 的取值范围为

$$\frac{4}{\omega_{\mathrm{hmin}}^2 L} < C \leqslant \frac{9E_{\mathrm{m}}^2 I_{\mathrm{dcmin}}^2 - 4p_{\mathrm{e}}^2}{9\omega^2 E_{\mathrm{m}}^4} \tag{8-329}$$

一旦电容参数 C 值取值范围确定，则根据式（8-308）、式（8-307），即能设计出三相 CSR 网侧滤波器其他相关参数。值得注意的是，对于一定的 ω_{n} 而言，尽可能大的 C 取值将有助于抑制三相 CSR 交流侧电压谐波；另外，从控制系统设计角度并由式（8-308）易知，当 C 取值增大时，滤波器阻尼比 ξ 亦随之

增大，这有助于抑制三相 CSR 网侧电流的振荡。然而，C 取值增大将不利于 CSR 网侧单位功率因数控制。因此，三相 CSR 网侧 LC 滤波器参数设计必须综合考虑各方面因素进行优化设计。

8.4.3.2 三相 CSR 直流储能电感设计

三相 CSR 直流储能电感的作用主要是在滤除 CSR 直流侧谐波电流的同时，使三相 CSR 直流侧具有较大的输出阻抗，即使其呈现电流源特性。

一般而言，三相 CSR 直流储能电感设计应考虑两方面的因素：其一，直流电感 L_{dc} 必须足够大，从而使三相 CSR 直流侧具有较大的输出阻抗，以抑制直流电流的脉动；其二，为使三相 CSR 直流电流 i_{dc} 具有足够快的动态电流响应，直流电感 L_{dc} 的取值须受到限制，以下具体进行讨论。

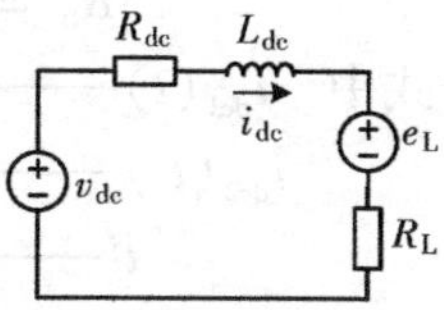

图 8-59 三相 CSR 直流侧等效电路

考虑三相 CSR 直流侧带反电动势负载时的一般情况，此时直流侧等效电路如图 8-59 所示。

显然，三相 CSR 直流回路方程为

$$v_{dc}(t) - e_L(t) = L_{dc}\frac{di_{dc}(t)}{dt} + i_{dc}(t)(R_{dc} + R_L) \tag{8-330}$$

式中 e_L、R_L——直流负载电动势及电阻；

L_{dc}、R_{dc}——直流侧储能电感及等效电阻。

要求解 $i_{dc}(t)$，则必须已知 $v_{dc}(t)$、$e_L(t)$。为简化分析，令直流负载电动势恒定不变，即

$$e_L(t) = E_L = 常数 \tag{8-331}$$

根据三值逻辑 PWM 控制规律，三相 CSR 直流侧电压 $v_{dc}(t)$ 的开关函数描述为

$$v_{dc}(t) = \sum_{j=a,b,c}\sigma_j v_j = \sigma_a(t)v_a(t) + \sigma_b(t)v_b(t) + \sigma_c(t)v_c(t) \tag{8-332}$$

若在单位功率因数控制稳态条件下，$v_j(t)$ $(j = a,b,c)$ 为正弦基波相电压，且基波相电压峰值为 V_m，这时可以考虑以一个幅值为 $\sqrt{3}V_m$ 且占空比固定的单极性 PWM 电压调制波近似取代 $v_{dc}(t)$，如图 8-60 所示。

实际上，由于 $v_{dc}(t)$ 的瞬时值不大于交流侧线电压峰值 $\sqrt{3}V_m$，因此以 $\sqrt{3}V_m$ 取代的 $v_{dc}(t)$ 的近似处理，提高了直流储能电感的设计要求。显然，这种近似处理是合理的。

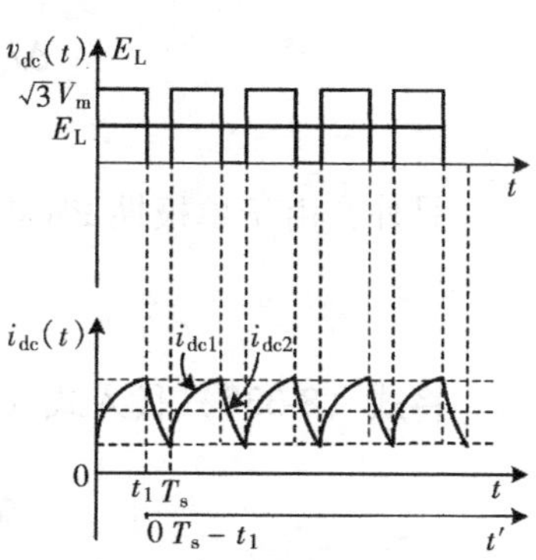

图 8-60 直流侧电压 $v_{dc}(t)$、电流 $i_{dc}(t)$ 稳态调制波形

从图 8-60 可看出，由于 $v_{dc}(t)$ 波形呈现 PWM 波形，因此当直流侧储能电感 L_{dc} 一定时，其直流

电流 i_{dc}是脉动的。为此，L_{dc}应足够大，以抑制 i_{dc}的脉动。一个 PWM 开关周期 T_s 中的直流回路方程为

$$\begin{cases}\sqrt{3}V_m = R_0 i_{dc1}(t) + L\dfrac{di_{dc1}(t)}{dt} + E_L & (0 \leqslant t \leqslant t_1)\\ 0 = R_0 i_{dc2}(t') + L\dfrac{di_{dc2}(t')}{dt'} + E_L & (0 \leqslant t' < T_s - t_1)\\ R_0 = R_{dc} + R_L\end{cases} \tag{8-333}$$

式中　$i_{dc1}(t)$——第一时间区间（$0 \leqslant t \leqslant t_1$）直流侧电流瞬时值；

$i_{dc2}(t')$——第二时间区间（$0 \leqslant t' < T_s - t_1$）直流侧电流瞬时值；

t'——坐标平移后的新时间坐标值（$t' = t - t_1$）。

由电路原理易知，稳态时第一时间区间电流终值 $i_{dc1}(t_1)$ 等于第二时间区间电流初值 $i_{dc2}(0)$，而第二时间区间的电流终值 $i_{dc2}(T_s - t_1)$ 等于第一时间区间的电流初值 $i_{dc1}(0)$，即

$$\begin{cases}i_{dc1}(t_1) = i_{dc2}(0)\\ i_{dc2}(T_s - t_1) = i_{dc1}(0)\end{cases} \tag{8-334}$$

联立式（8-333）、式（8-334），可求解直流电流脉动量 Δi_{dc} 为[1]

$$\Delta i_{dc} = i_{dc1}(t_1) - i_{dc1}(0) = \frac{\sqrt{3}V_m}{R_0}\left[\frac{(1 - e^{-t_1/T_1})(1 - e^{-(T_s - t_1)/T_1})}{1 - e^{-T_s/T_1}}\right] \tag{8-335}$$

式中　T_1——三相 CSR 直流回路时间常数

$$T_1 = \frac{L_{dc}}{R_0} \tag{8-336}$$

当 PWM 开关频率足够高，即 $T_s \ll T_1$ 时，可利用 $e^{-x} \approx 1 - x$（x 很小时）对式（8-335）近似处理得

$$\Delta i_{dc} \approx \frac{\sqrt{3}V_m}{R_0}\left[\frac{\dfrac{t_1}{T_1}\cdot\dfrac{(T_s - t_1)}{T_1}}{\dfrac{T_s}{T_1}}\right] \tag{8-337}$$

另外，由于单极性 PWM 占空比 d 为

$$d = \frac{T_1}{T_s} \tag{8-338}$$

将式（8-338）代入式（8-337），得

$$\Delta i_{dc} \approx \frac{\sqrt{3}V_m}{R_0}\cdot\frac{d(1-d)T_s}{T_1} \tag{8-339}$$

令 $d(\Delta i_{dc})/d(d) = 0$，当 PWM 占空比 $d = 0.5$，即 $t_1 = 0.5T_s$时，得到三相 CSR 直流电流脉动量最大值。其电流脉动量最大值为

$$\Delta i_{\mathrm{dcmax}}=\frac{\sqrt{3}V_{\mathrm{m}}T_{\mathrm{s}}}{4R_0T_1}=\frac{\sqrt{3}T_{\mathrm{s}}V_{\mathrm{m}}}{4L_{\mathrm{dc}}} \tag{8-340}$$

因此，当允许的最大电流脉动量为 $\Delta i_{\mathrm{dcmax}}^*$ 时，直流电感 L_{dc} 应足够大，且

$$L_{\mathrm{dc}}>\frac{\sqrt{3}T_{\mathrm{s}}V_{\mathrm{m}}}{4\Delta i_{\mathrm{dcmax}}^*} \tag{8-341}$$

另一方面，为了使直流侧电流 i_{dc} 获得足够快的动态响应，应使

$$T_1=\frac{L_{\mathrm{dc}}}{R_0}<t_{\mathrm{r}}^* \tag{8-342}$$

式中　t_{r}^*——阶跃响应时的上升时间指标值。

因此

$$L_{\mathrm{dc}}<t_{\mathrm{r}}^*R_0 \tag{8-343}$$

综合以上分析，求得三相 CSR 直流侧储能电感的取值范围为

$$\frac{\sqrt{3}T_{\mathrm{s}}V_{\mathrm{m}}}{4\Delta i_{\mathrm{dcmax}}^*}<L_{\mathrm{dc}}<t_{\mathrm{r}}^*(R_L+R_{\mathrm{dc}}) \tag{8-344}$$

从式（8-344）看出，要减小 L_{dc} 取值，应增加 PWM 开关频率或降低交流侧电压峰值 V_{m}。

另外，对于三相 CSR 直流侧储能电感设计，若要满足直流电流脉动幅值指标，直流电流阶跃响应上升时间 t_{r}^* 指标须满足以下约束：

$$t_{\mathrm{r}}^*(R_L+R_{\mathrm{dc}})>\frac{\sqrt{3}T_{\mathrm{s}}V_{\mathrm{m}}}{4\Delta i_{\mathrm{dcmax}}^*}$$

即

$$t_{\mathrm{r}}^*>\frac{\sqrt{3}T_{\mathrm{s}}V_{\mathrm{m}}}{4(R_L+R_{\mathrm{dc}})i_{\mathrm{dcmax}}^*} \tag{8-345}$$

第 9 章　PWM 整流器中的锁相环技术

9.1　锁相环技术概述

锁相环，顾名思义，其基本功能是跟踪、锁定交流信号的相位，且在必要时还可提供有关信号的频率和幅值信息。在 PWM 整流器控制中，为实现其网侧有功、无功功率控制，需动态获取电网电压相位信息，这样就要求采用锁相环对电网电压进行锁相。在实际应用时，特别是在大规模新能源并网发电场合，常常要求 PWM 整流器适应非理想电网环境（三相不平衡、相位突变、电压跌落或骤升、频率变化、谐波污染）的运行，这对相应的锁相环控制提出了更高的技术性能要求。可见，锁相环技术作为 PWM 整流器控制技术的核心之一，其性能直接影响到 PWM 整流器的并网控制性能。

鉴于锁相环在 PWM 整流器控制中的重要性，越来越多的学者对其进行了研究，提出了诸多锁相环的控制与设计方案，从而使锁相环的性能也不断地得到改善和提升。

从实现方式上看，锁相环一般可分为硬件锁相环和软件锁相环，而软件锁相环的技术思想一般来源于硬件锁相环；从应用场合看，锁相环又可分为三相锁相环和单相锁相环；而从控制结构上看，锁相环一般可分为开环锁相环和闭环锁相环。

开环锁相环方案主要有以下几种：

1）过零鉴相的开环锁相环[150]。基于过零鉴相的开环锁相环的基本原理是实时检测电源电压的过零点和频率，根据检测的过零点和频率信息来跟踪电压的相位，进而实现锁相功能。虽然基于过零鉴相的锁相环是结构最为简单的一种开环锁相技术，但由于电网电压每个周期只有两个过零点，而通过两个电压过零点时间差运算的锁相显然限制了锁相环的响应速度。另外，电网电压本身的畸变以及检测电路中的各种干扰信号均会影响过零点的准确检测，从而使锁相产生相位偏差，严重时会导致锁相环的输出信号产生振荡。

2）基于低通滤波器（LPF）的开环锁相环[151,152]。基于 LPF 的开环锁相环的基本原理是利用常见的低通滤波器滤除电网中的谐波干扰，然后对信号进行标幺化处理，从而得到电网电压的相位。该方法利用低通滤波器滤除电网中的谐波干扰，以提高开环锁相准确度。然而在其中的低通滤波器设计时，由于需要在滤波器的鲁棒性和动态响应的快速性之间做出折中的选择，因此这种基于 LPF 的开环锁相性能在实际应用中也受到一定的限制。

3）基于空间矢量滤波器（SVF）的开环锁相环[151-153]。SVF 是一种用于空间矢量滤波的低通滤波器，它是基于电网电压的 αβ 分量相互关系的基础上提出的。SVF 方案通过估算下一个周期的电网电压模型，并进行标幺化处理，从而得到电网电压的相位。基于 SVF 的开环锁相环在稳态情况下不会产生任何相位滞后，但其主要缺点是对电网电压频率变换以及三相电网的不平衡较为敏感，因此也限制了实际应用。

4）基于扩展卡尔曼滤波器（EKF）的开环锁相环[151]。基于 EKF 的开环锁相环由于其算法是建立在具有充分的状态空间模型并能反映状态矢量变化的基础之上的，因而其性能在理论上有较好的改善。然而，在各种电网畸变情况下，基于 EKF 的开环锁相环难以准确地设计滤波器，使之适应状态矢量的变化。另外，该法同样不能解决三相电网不平衡带来的问题，而且卡尔曼滤波器庞大的计算量也限制了该方法的应用。

5）基于加权最小二乘法估计（WLSE）的开环锁相环[154]。基于 WLSE 的开环锁相环的基本原理是将估计的电压值与实际电压值进行比较，并利用加权的最小二乘法来使得其偏差最小，达到锁相的目的。该方法不但可以抑制不平衡系统中的负序分量的影响，而且能够提高对频率变化的鲁棒性。但当电网频率变化时，基于 WLSE 的开环锁相环的动态响应时间较长，并且当存在电网噪声和畸变时，其锁相环系统的鲁棒性也受到影响。

总之，开环锁相环方案一般存在锁相准确度不高、响应慢、对系统频率变化和三相电压不平衡较敏感等问题，不适宜应用于电网频率变化快、畸变严重以及动态响应要求高的场合。

为有效提高锁相环的锁相准确度和快速响应性，一般需采用闭环锁相环技术，闭环锁相环方案主要有：

1）基于乘法鉴相器的锁相环[155]。该锁相环的基本原理是将输入信号与估计信号相乘，之后通过滤波器滤除其二倍频分量，以得出输入输出信号的相位差信号，经过 PI 调节控制其相位差为 0，从而实现锁相。但在这种锁相环中，为较好的滤去二倍频分量，加入的滤波器使得锁相环的带宽受限，因而锁相速度必然受到限制。

2）单同步坐标系软件锁相环（Single Synchronous Reference Frame Software Phase Locked Loop——SSRF-SPLL）[156-158]。该锁相环利用估计出的相角信息对实际三相电网电压进行同步坐标旋转变换得出电压矢量的无功分量，并对无功分量进行 PI 调节，使其为 0，此时估算相角等于实际相角，从而实现三相电压的锁相。该锁相方法能有效地适用于电网平衡时频率、相位及幅值检测，其动态及稳态响应性能较好。但是，当三相电网电压不平衡时，SSRF-SPLL 得到的电压正序分量的相位存在较大的2次谐波，难以取得令人满意的性能。

3）基于对称分量法的单同步坐标系软件锁相环[159]。该锁相环首先通过对称分量法将三相不平衡电压中的正序分量分解出来，然后再将正序分量作为上述SSRF-SPLL锁相环的输入，从而实现三相电压的锁相。该锁相环能有效地抑制电网电压中负序分量所导致的2次谐波分量的影响，然而，锁相环中采用了全通滤波器，由于滤波器的参数无法改变，从而使锁相环在电网频率变化时不能准确产生电压的正、负序分量，故该锁相方法的频率适应性相对不足。

4）基于双同步坐标系的解耦软件锁相环（Decoupled Double Synchronous Reference Frame Software Phase Locked Loop——DDSRF-SPLL）[160]。针对三相不平衡电网电压，DDSRF-SPLL采用基于正、负序的双同步坐标系结构，实现了正、负序的解耦，从而实现对三相不平衡电网电压的锁相。由于SSRF-SPLL能在电网电压不平衡时获得较好的动态性能，并能准确检测出正、负序电压的幅值和频率，因而DDSRF-SPLL具有良好的电网适应性。

5）基于双二阶广义积分器的软件锁相环（Double Second Order Generalized Integrator Software Phase Locked Loop——DSOGI-SPLL）[161]。该锁相环通过基于二阶广义积分器的自适应滤波器来实现三相电网电压正、负序分量的检测计算，并在此过程中对电网电压的谐波分量进行了滤除，该方法能在电网电压平衡和不平衡条件下准确地获取电网电压正、负序分量的相位、幅值及频率信息，因此也具有较好的电网适应性。

上述阐述表明，以上闭环锁相方案除乘法器鉴相法外，大都采用了基于同步旋转坐标系的锁相控制方案，而对于单相电网电压的锁相[162]，由于单相电网电压信号不存在构成同步旋转坐标系的两相正交电压信号，因此上述基于同步旋转坐标系的三相电网锁相控制策略一般并不适用于单相电网锁相环的控制。为此，在设计单相锁相环时可构造一个虚拟的正交信号，再借鉴基于同步旋转坐标系的三相锁相环控制原理，实现单相电网电压的锁相控制。

当然，除了基于构造虚拟正交信号的单相锁相环方案外，还有基于自适应原理的单相锁相环[162,163]及基于P-Q理论的单相锁相环[164]等。单相闭环锁相环方案主要有：

1）基于延迟法构造虚拟两相的单相锁相环[165]。该法利用延迟的方法构造虚拟的正交相，但该法实现准确延时的前提是必须已知周期T，而设计锁相环的目的是跟踪未知的输入频率，此外利用延时法构造虚拟两相存在周期值的延迟，且动态响应较慢，故这种方案实际应用较少。

2）基于微分法构造虚拟两相的单相锁相环[166]。该法采用微分的方法来构造虚拟的正交相，但当电网电压存在谐波分量时，此时由于微分法并不能准确地构造出准确的两相正交项，因此必须要在环路中加入滤波器来滤除谐波，这样就会使得锁相环的带宽变窄，进而影响到锁相环的动态响应。

3）基于P-Q理论的单相锁相环。该锁相环采用了乘法鉴相原理，即利用估计的相角信息构造虚拟电流，再与输入电压相乘得到虚拟的无功功率，经低通滤波器获得虚拟的无功功率平均值，由于虚拟的平均无功功率是与实际相位与估计相位之差成正比，因此通过PI调节，使虚拟的无功功率为0，即可实现锁相。这种锁相环结构简单，但由于采用了低通滤波器，造成了系统信号的延迟，且在电压跌落、相位突变情况下动态响应较慢。

4）基于Park反变换的单相锁相环[167-170]。该锁相环对输入电压和内部变换得到的信号进行变换，将得到的无功分量通过PI调节，使得无功分量为0，从而实现锁相。该法同样面临着电网电压非理想情况下难以准确快速响应的问题，且滤波器的设计比较困难。

5）基于二阶广义积分器的单相锁相环[170,171]。由于基于二阶广义积分器的自适应滤波器，在实现产生与原信号相位相同及相位相差90°的两相正交信号的同时，能消除原信号中的谐波分量，故该法能在不理想的电网条件下准确而快速地实现获取电网电压信息的功能。

本章首先介绍了基于过零鉴相的开环锁相技术和基于乘法鉴相的闭环锁相技术，之后讨论了几种典型的三相及单相软件锁相环方案，最后阐述了锁相环控制器的参数整定问题。

9.2 基本锁相环的结构与原理

基本锁相环的实现方法主要包括开环锁相法中的过零鉴相法和闭环锁相法中的乘法鉴相法，以下主要介绍这两种方法。

9.2.1 过零鉴相法——基本开环锁相法

过零鉴相法是一种较为简单的开环锁相方法，其基本原理是通过实时检测电网电压的过零点和频率信息来跟踪电网电压的相位，进而实现锁相。其原理框图如图9-1所示。

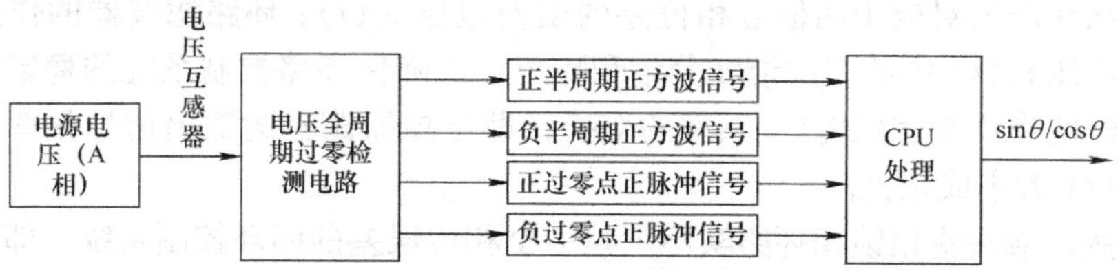

图9-1 过零鉴相法原理框图

以一相电网电压为例，当电网电压经电压互感器处理后，通过过零检测电路实时检测电压过零点，并分别在电压正、负半周及正、负过零点发出正方波和正脉冲信号，提供给 CPU 作为电网电压的同步基准信号，使系统实时跟踪电网电压频率的变化。

实现过零鉴相必须满足两个条件：

1）信号的周期和采样周期成整数倍关系；

2）采样点的时间间隔应当保持严格一致性。

这种方法的原理和结构都比较简单，但由于电网电压每个周期只有两个过零点，这就限制了锁相环的锁相速度，而且电网电压本身的畸变以及检测电路中的各种干扰信号可能会使得过零点难以准确地被检测，甚至在过零点处导致过零信号的振荡。另外，当三相电网电压不平衡时，这种方法无法通过某一相过零点的信息来获取电网电压正序分量的相位信息。因此，这种过零鉴相法只适合于电网电压平衡且频率较为稳定的系统中。

9.2.2 乘法鉴相法——基本闭环锁相法[155]

9.2.2.1 乘法鉴相锁相环的基本构成

基本闭环锁相法其闭环控制回路一般由鉴相器（PD）、环路滤波器（LF）和压控振荡器（VCO）组成，其控制结构如图 9-2 所示。图 9-2 中，输入信号为 $v_i(t)$，输出信号为 $v_o(t)$，将 $v_o(t)$ 直接反馈到输入端，经环路的自动反馈控制后，使输出信号的角频率等于输入信号的角频率，此时输出、输入信号的相位差达到一个固定的稳态相差，即环路达到“锁定”状态，从而实现锁相。

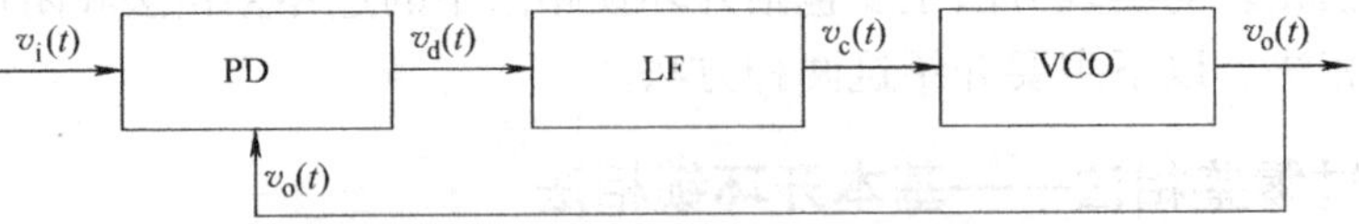

图 9-2　基本闭环锁相环控制结构

图 9-2 中，鉴相器采用乘法器，构成基于乘法鉴相器的闭环锁相环。其中：乘法鉴相器的作用是将压控振荡器的输出信号 $v_o(t)$ 与输入信号 $v_i(t)$ 进行相位比较，从而产生对应于两信号相位差的误差电压 $v_d(t)$；环路滤波器的作用是滤除误差电压 $v_d(t)$ 中的二次谐波分量和噪声，以确保环路控制系统的稳定性；压控振荡器的作用是完成电压/频率的变换，即压控振荡器的输出信号频率与误差电压 $v_d(t)$ 大小成正比。

显然，乘法鉴相锁相环路实际上是一个相位误差的闭环控制系统。即通过比较输入信号与压控振荡器输出信号之间的相位差，产生一个对应于两个信号相位差的误差电压，该误差电压经滤波处理后去调整压控振荡器的输出频率（相位)。当环路锁定时，输入信号与压控振荡器输出信号的频率差为零，此时相位差为不再随时间变化的定值，且误差电压也为一定值。

为了进一步对基本闭环锁相环作定量分析，下面先简述基于乘法鉴相锁相环中乘法鉴相器、环路滤波器和压控振荡器的三个基本单元的基本功能及数学模型。

1. 乘法鉴相器

乘法鉴相器是基本闭环锁相环中实现相位比较的单元，乘法鉴相器通过输入信号 $v_i(t)$ 与输出信号 $v_o(t)$ 的相乘实现相位比较，并输出一个对应于两信号相位差的误差电压信号 $v_d(t)$。

鉴相器的具体电路很多，有模拟电路，也有数字电路，其输出特性有正弦形、锯齿形及三角形等多种特性形式。通常采用正弦形特性进行原理分析，即鉴相器输出信号 $v_d(t)$ 与相位差 θ_e 间的关系为

$$V_d(t) = V_d\sin\theta_e(t) \tag{9-1}$$

显然，任何一个理想的乘法器都可以作为有正弦形特性的鉴相器，这种以乘法器实现的鉴相器称为乘法鉴相器，其结构如图 9-3 所示。

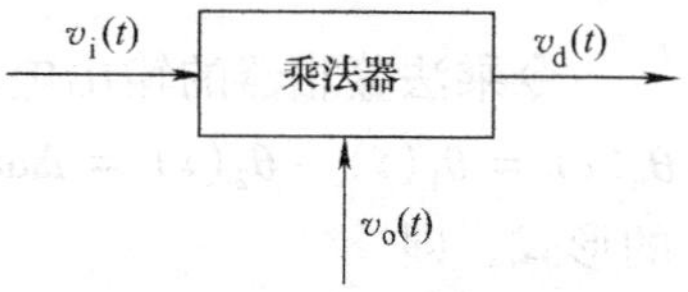

图 9-3　以乘法器构成的鉴相器结构

输入信号 $v_i(t)$ 和压控振荡器的输出信号 $v_o(t)$ 分别加在乘法器的两个输入端上，设输入信号为

$$v_i(t) = V_i\sin[\omega_i t + \theta_i(t)] \tag{9-2}$$

式中　V_i——输入信号的振幅；

ω_i——输入信号的角频率；

$\theta_i(t)$——输入信号以其 $\omega_i t$ 为参考的瞬时相位角。

另外，压控振荡器的输出信号为

$$v_o(t) = V_o\cos[\omega_o t + \theta_o(t)] \tag{9-3}$$

式中　V_o——压控振荡器输出信号的振幅；

ω_o——压控振荡器固有振荡频率；

$\theta_o(t)$——压控振荡器输出信号以其 $\omega_o t$ 为参考的瞬时相位角。

动态情况下，两信号的频率不同，为简化运算，常以 ω_o 为参考频率，重新定义输入信号的瞬时相位，即

$$[\omega_i(t) + \theta_i(t)] = \omega_o t + [(\omega_i - \omega_o)t + \theta_i(t)] = \omega_o t + \theta_1(t) \tag{9-4}$$

式中，$\theta_1(t) = (\omega_i - \omega_o)t + \theta_i(t) = \Delta\omega_o t + \theta_i(t)$；

$\Delta\omega_o t$——压控振荡器的固有频差。

与上类似，输出信号的瞬时相位可写成

$$\omega_o t + \theta_o(t) = \omega_o t + \theta_2(t) \tag{9-5}$$

式中，$\theta_2(t) = \theta_o(t)$。

采用以上新的相位定义后，输入、输出信号可分别写成

$$\begin{cases} v_i(t) = V_i\sin[\omega_o t + \theta_1(t)] \\ v_o(t) = V_o\cos[\omega_o t + \theta_2(t)] \end{cases} \tag{9-6}$$

输入、输出信号经乘法鉴相器之后的输出电压信号 $v_d(t)$ 为

$$\begin{aligned} v_d(t) &= K_m v_i(t) v_o(t) = K_m V_i\sin[\omega_o t + \theta_1(t)]V_o\cos[\omega_o t + \theta_2(t)] \\ &= \frac{1}{2}K_m V_i V_o\sin[2\omega_o t + \theta_1(t) + \theta_2(t)] + \frac{1}{2}K_m V_i V_o\sin[\theta_1(t) - \theta_2(t)] \end{aligned} \tag{9-7}$$

式中 K_m——乘法器的比例系数（1/V）。

由式（9-7）可以看出，等式右边含有 $2\omega_o$ 的正弦项（二次谐波），若设置一具有低通特性的环路滤波器将其中的二次谐波滤除，则乘法器的输出电压信号可简化为

$$v_d(t) = \frac{1}{2}K_m V_i V_o\sin[\theta_1(t) - \theta_2(t)] \tag{9-8}$$

令乘法鉴相器的输出电压振幅 $V_d = K_m V_i V_o/2$，而两相乘电压的瞬时相位差 $\theta_e(t) = \theta_1(t) - \theta_2(t) = \Delta\omega_o t + \theta_i(t) - \theta_o(t)$，那么式（9-8）就可写成式（9-1）的形式，即

$$v_d(t) = V_d\sin\theta_e(t) \tag{9-9}$$

若设式（9-9）所对应正弦曲线的过零点处的斜率为 K_d，则 K_d 称为鉴相器的灵敏度或鉴相器的线性化增益系数（V/rad），其数值为

$$K_d = \left.\frac{\mathrm{d}v_d}{\mathrm{d}\theta_e}\right|_{\theta_e=0} = \left.\frac{\mathrm{d}}{\mathrm{d}\theta_e}(V_d\sin\theta_e)\right|_{\theta_e=0} = V_d \tag{9-10}$$

式（9-10）表明，K_d 在数值上与鉴相器的输出电压振幅 V_d 相等。因此式（9-1）又可写成以下形式：

$$v_d(t) = K_d\sin\theta_e(t) \tag{9-11}$$

显然，式（9-11）就是鉴相器的数学模型，其结构如图 9-4 所示。

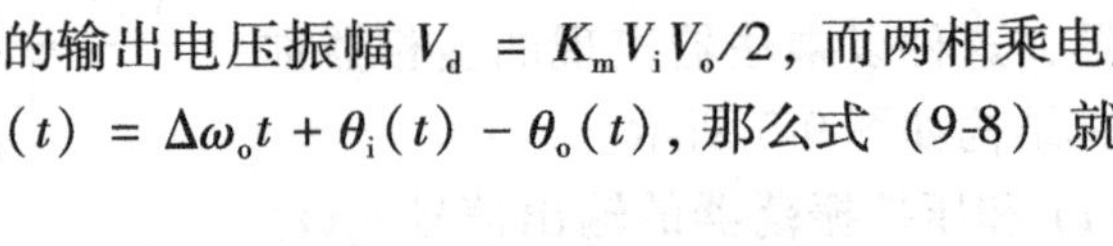

图 9-4 正弦鉴相器的模型结构

2. 压控振荡器

压控振荡器是振荡频率 $\omega_v(t)$ 受控制电压 $v_c(t)$ 控制的振荡器，即是一种电压-频率变换器。无论采用何种振荡电路以及何种控制方式的振荡器，其压控振

荡器特性总可以用瞬时频率 ω_v 与控制电压 v_c 的特性曲线来描述。若以特性曲线的中点为静态工作点，并以此点作为坐标原点，则得压控振荡器的 $\omega_v - v_c$ 特性曲线如图 9-5 所示。图 9-5 上，坐标原点处的角频率是未加控制电压（即 $v_c = 0$）而仅有静态偏压时的振荡角频率 ω_o（称 ω_o 为固有振荡角频率）。而振荡频率 ω_v 则以 ω_o 为中心，并随控制电压 v_c 的变化而变化，显然，$\omega_v - v_c$ 特性曲线在较大的范围内成线性关系。

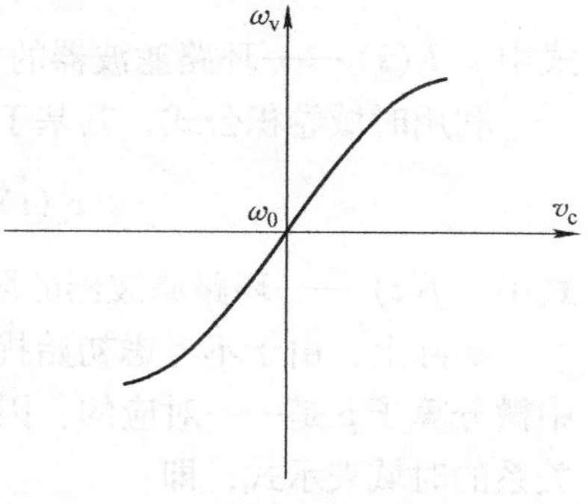

图 9-5　压控振荡器特性曲线

在 $\omega_v - v_c$ 特性曲线的线性范围内，特性曲线可表示为

$$\omega_v(t) = \omega_o + K_0 v_c(t) \tag{9-12}$$

式中　K_0 ——压控振荡器的控制灵敏度或增益系数［rad/（v·s)］。

在锁相环路中，压控振荡器输出对鉴相器起作用的不是瞬时角频率，而是它的瞬时相位，此瞬时相位可由式（9-12）求得，即

$$\int_0^t \omega_v(t) d(t) = \omega_o t + K_0 \int_0^t v_c(t) \mathrm{d}t \tag{9-13}$$

比较式（9-13）与式（9-5）可知，以 $\omega_o t$ 为参考的输出瞬时相位为

$$\theta_2(t) = K_0 \int_0^t v_c(t) \mathrm{d}t \tag{9-14}$$

显然，式（9-14）就是压控振荡器相位控制特性的数学模型。为分析方便，式（9-14）中的积分运算采用微分算子 $p = \mathrm{d}/\mathrm{d}t$ 的倒数来表示，即

$$\theta_2(t) = K_0 \frac{v_c(t)}{p} \tag{9-15}$$

可见，压控振荡器在锁相环路中起了一次积分作用，即压控振荡器实际上是锁相环路中的固有积分环节，其模型结构如图 9-6 所示。

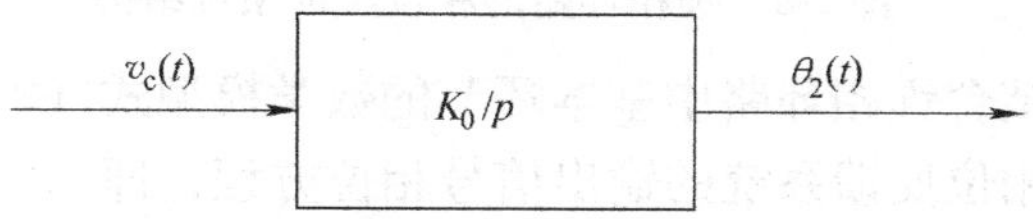

图 9-6　压控振荡器模型

3. 环路滤波器

环路滤波器主要用来滤除鉴相器输出信号中二次谐波分量和噪声，其通常采用线性滤波器设计。由于线性滤波器的输出信号 $v_c(t)$ 与输入信号 $v_d(t)$ 间的关系可用一个常系数线性微分方程表示，若不考虑滤波器的初始扰动，则基于频域表述的环路滤波器的输出、输入关系为

$$V_{c}(s) = F(s)V_{d}(s) \tag{9-16}$$

式中 $F(s)$ ——环路滤波器的传递函数。

利用时域卷积公式，其基于时域表述的环路滤波器输出、输入关系为

$$v_{c}(t) = \int_{0}^{t} v_{d}(\tau) f(t-\tau) \mathrm{d}\tau \tag{9-17}$$

式中 $f(t)$ ——环路滤波器的脉冲响应函数。

实际上，由于不考虑初始扰动，则传递函数中的拉普拉斯算子 s 和微分方程中微分算子 p 是一一对应的，因此可使用微分算子来描述环路滤波器输出、输入关系的时域表示式，即

$$v_{c}(t) = F(p)v_{d}(t) \tag{9-18}$$

以时域描述的环路滤波器的模型结构如图 9-7 所示。

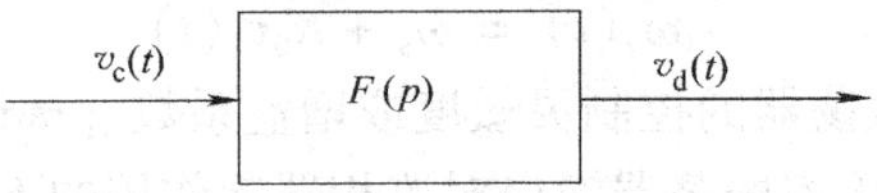

图 9-7 环路滤波器的时域模型结构

9.2.2.2 乘法鉴相法锁相环路的基本相位方程

将图 9-4、图 9-6、图 9-7 所示的锁相环路中三个基本环节的模型图，按照图 9-1 所示的闭环控制结构连接起来，就构成了锁相环路的相位反馈系统，其结构如图 9-8 所示。由图 9-8 看出，系统给定值是输入信号的相位 $\theta_1(t)$，系统所受调节值是压控振荡器的输出信号相位 $\theta_2(t)$。由于输出相位直接加到鉴相器上进行相位比较，因此锁相环路的相位反馈系统可以看成是单位反馈系统。

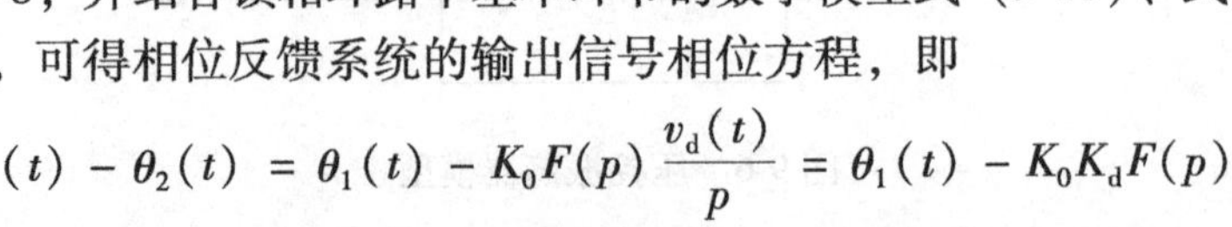

图 9-8 锁相环路的相位反馈系统结构

由图 9-8，并结合锁相环路中基本环节的数学模型式（9-11）、式（9-15）及式（9-18），可得相位反馈系统的输出信号相位方程，即

$$\theta_{e}(t) = \theta_{1}(t) - \theta_{2}(t) = \theta_{1}(t) - K_{0}F(p)\frac{v_{d}(t)}{p} = \theta_{1}(t) - K_{0}K_{d}F(p)\frac{1}{p}\sin\theta_{e}(t) \tag{9-19}$$

对式（9-19）两端微分，可得锁相环路的基本相位方程为

$$\frac{\mathrm{d}\theta_{e}(t)}{\mathrm{d}t} + K_{0}K_{d}F(p)\sin\theta_{e}(t) = \frac{\mathrm{d}\theta_{1}(t)}{\mathrm{d}t} \tag{9-20}$$

锁相环路的基本相位方程是分析锁相环路各种性能的基础，针对式（9-20）

表示的基本相位方程，有以下几点值得注意：

1）基本相位方程与图9-8所示的锁相环路的相位反馈系统相对应。基本相位方程完整地描述了输入信号与压控振荡器输出信号之间的相位差 $\theta_e(t)$ 从环路闭合的那一瞬间起的时域变化关系。解这一微分方程，可以确定环路工作的全部性能。

2）基本相位方程给出了环路输入瞬时相位 $\theta_1(t)$ 与输出瞬时相位 $\theta_2(t)$ 之间的关系，而并不是给出了输入电压 $v_i(t)$ 与输出电压 $v_o(t)$ 之间的关系。由于锁相环路实际上是一个基于相位的闭环系统，因此只要研究锁相环路的基本相位方程，就能获得这个系统的完整性能。

3）基本相位方程是非线性微分方程，其阶数取决于环路滤波器的 $F(p)$。

4）基本相位方程是在不考虑干扰作用并且内部参数为常数的条件下导出的。显然，实际系统中存在的干扰、噪声以及参数漂移对锁相环的环路控制性能有一定的影响。

9.2.2.3　锁相环路的锁定问题

当锁相环路输入一个频率和相位不随时间变化的信号时，即 $v_i(t)=V_i\sin(\omega_i t+\theta_i)$，由于 ω_i 与 θ_i 是不随时间变化的量，则由式（9-4）微分得

$$\frac{d\theta_1(t)}{dt}=\omega_i-\omega_o=\Delta\omega_o \tag{9-21}$$

将式（9-21）代入基本相位方程式（9-20），得

$$\frac{d\theta_e(t)}{dt}+K_0K_dF(p)\sin\theta_e(t)=\Delta\omega_o \tag{9-22}$$

显然，由式（9-22）即可解出锁相环路闭环后的瞬时相位差 $\theta_e(t)$ 随时间变化的规律。进一步考察式（9-22），左边第一项是瞬时相差 $\theta_e(t)$ 对时间的微分，表示环路的瞬时频差；左边第二项是闭环后压控振荡器受控制电压作用而产生的频率变化 $\omega_v-\omega_0$，称之为控制频差。

式（9-22）表明，在锁相环路闭环后的任何时刻，瞬时频差与控制频差的代数和总是等于固有频差 $\Delta\omega_o$。假如通过环路的控制作用，能够使式（9-22）左边第二项的控制频差逐渐变化至固有频差 $\Delta\omega_o$，则此时式（9-22）左边第一项的瞬时频差将趋向于零，即有

$$\lim_{t\to\infty}\frac{d\theta_e(t)}{dt}=0 \tag{9-23}$$

因此，锁相环路的瞬时相差 $\theta_e(t)$ 则趋向于一个固定的值，并一直保持下去，这样可以认为锁相环路进入锁定状态。

在进入锁定状态之后，压控振荡器的输出信号与环路输入信号之间存在一个固定的稳态相位差，但输出信号与输入信号间没有频差，即 $\omega_v-\omega_o=\Delta\omega_o=$

$\omega_i - \omega_o$，所以有 $\omega_v = \omega_i$，即压控振荡器的频率被锁定在输入信号的频率上，这是锁相环的一个重要特性。

当满足式（9-23）时，$\theta_e(t)$ 为固定值，鉴相器的输出 $K_d\sin\theta_e(t)$ 为一恒定的直流信号，将 $p = j\omega = 0$ 代入 $F(p)$，可得到环路滤波器对直流信号的传输特性，即

$$K_0K_dF(0)\sin\theta_{e\infty} = \Delta\omega_o \tag{9-24}$$

式中 $\theta_{e\infty}$——$\theta_e(t)$ 在时间趋向无穷大时的稳态值，且 $\theta_{e\infty} = \arcsin\Delta\omega_o/[K_0K_dF(0)]$，[其中，$K_0K_dF(0)$ 为环路的直流总增益（1/s)]。

稳态误差 $\theta_{e\infty}$ 的作用就是使环路在锁定时仍维持鉴相器有一固定的电压 $K_d\sin\theta_{e\infty}$ 输出。此电压通过环路滤波器加到压控振荡器上，通过锁相环路的闭环控制将压控振荡器的频率调整到与输入信号频率的同步状态。实际上，在环路滤波器之后加入 PI（比例积分）单元，就可以实现稳态零相差的锁相控制，其中的比例项主要用于改善锁相环路动态调节的快速响应性。

对于频率和相位不变的输入信号，锁相环路能够实现锁定，这也是对锁相环路的基本要求；而对于频率和相位不断变化的输入信号，应使压控振荡器的频率和相位不断跟踪输入频率和相位的变化，使锁相环路处于“跟踪状态”。换言之：锁相环路的“锁定状态”是针对频率和相位固定的输入信号而言的；而锁相环路的“跟踪状态”则是针对频率和相位变化的输入信号而言的；若锁相环路既不处于“锁定状态”，又不处于“跟踪状态”，则锁相环路处于“失锁状态”。

以上介绍的基于乘法鉴相器的锁相环一般采用硬件加以实现，但由于硬件锁相环主要由模拟电路构造而成，且模拟电路参数的温度漂移对实际的锁相准确度有一定的影响，另外，模拟电路在控制系统设计上缺乏一定的灵活性，从而使锁相环综合性能的提高存在一定的困难。随着数字信号处理器（DSP）、现场可编程门阵列（FPGA）等高速处理芯片的发展，基于硬件锁相原理的软件锁相技术（Software Phase-Locked Loop——SPLL）由于采用了高性能的数字控制技术，从而有效提高了锁相系统的性能，另外软件锁相技术可以采用多种控制来获得锁相信号的幅值、相位和频率等信息，从而使相应的控制系统获得了更多的控制自由度和灵活度，可见软件锁相环技术已经取代传统硬件锁相环技术而成为锁相环技术的主流，因此在介绍了基本锁相环原理的基础上，本章以下将主要介绍一些典型的三相、单相软件锁相环方案。

9.3 三相锁相环技术

三相锁相环技术是在上述基本的锁相环控制思路基础上，对三相系统进行静

止坐标系到旋转坐标系的变换，利用旋转坐标系的同步锁定来实现三相锁相环的控制。三相锁相环的技术难点在于解决非理想电网时（如三相不平衡等）的锁相问题，以下依据不同的技术性能介绍几种典型的基于软件实现的三相锁相环方案。

9.3.1 单同步坐标系软件锁相环

单同步坐标系软件锁相环（SSRF-SPLL），采用了单一的同步坐标系锁相控制结构，一般适用于电网电压平衡时的相位、频率及幅值的检测。

当电网电压平衡时，电网电压只存在正序分量，此时，两相静止 αβ 坐标系和同步 dq 坐标系中的实际电压矢量和锁相环输出电压矢量位置如图 9-9 所示。

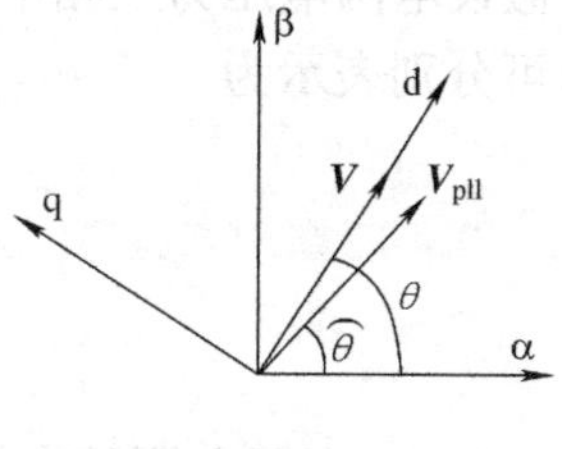

图 9-9　SSRF-SPLL 矢量图

V—实际电压矢量

V_{pll}—锁相环的输出电压矢量

θ—实际电压矢量的矢量角度

$\hat{\theta}$—锁相环输出的电压矢量角度

图 9-9 中，实际电压矢量以同步坐标系中的 d 轴定向，显然当锁相环处于准确锁相时，V_{pll}和V应该是完全重合的，即 $\hat{\theta}=\theta$。而在电网电压相位突变瞬间，矢量 V_{pll}和 V 位置必将产生差异，为此必须采取适当的闭环控制以使锁相环的输出满足 $\hat{\theta}=\theta$。SSRF-SPLL 的基本控制结构原理如图 9-10 所示。

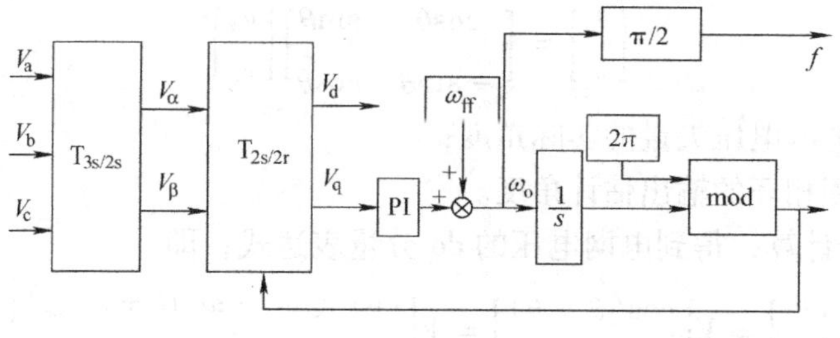

图 9-10　SSRF-SPLL 控制结构原理框图

$T_{3s/2s}$—三相静止 abc 坐标系到两相静止 αβ 坐标系的变换

$T_{2s/2r}$—两相静止 αβ 坐标系到同步旋转 dq 坐标系的变换

ω_o—V_{pll}的旋转角速度　ω_{ff}—检测电压的额定频率

mod—相位角 θ 的周期取为 2π

图 9-10 中，首先对电网电压进行 Clark 变换（abc→αβ）和 Park 变换（αβ→dq）变换，即将三相静止 abc 坐标系的电压变量变换成两相同步旋转 dq 坐标系的电压变量，这种变换的优势在于能将三相静止 abc 坐标系的中正弦量变换成两相同步旋转 dq 坐标系中的直流量。在同步旋转坐标系中，根据锁相环工作的

基本性能要求，即必须使矢量 $\boldsymbol{V}_{\mathrm{pll}}$、$\boldsymbol{V}$ 完全重合才能实现相位锁定，显然只要通过闭环控制，使 $v_q=0$ 即可实现锁相。实际上，在图 9-10 所示的 SSRF-SPLL 结构中，将 v_q 输入 PI 调节器，当频率锁定时，v_q 必为一直流量，由于 PI 调节器具有直流无静差调节特性，因此通过对 v_q 的 PI 调节，即可使 v_q 趋于零，从而实现锁相。而将 PI 调节器的输出与实际电网额定频率相叠加以获得锁相环的输出频率。

为进一步理解 SSRF-SPLL 原理，可简单分析如下。

假设电网电压为三相平衡电压，并令 A 相电压的初始相位为 0，则三相电网电压可分别表示为

$$
\begin{aligned}
v_a &= \sqrt{2}V\cos(\omega_1 t)\\
v_b &= \sqrt{2}V\cos(\omega_1 t - 2\pi/3)\\
v_c &= \sqrt{2}V\cos(\omega_1 t - 4\pi/3)
\end{aligned}
\tag{9-25}
$$

式中　V——电网电压的有效值；

ω_1——电网电压角频率。

首先，将三相电网电压由三相静止 abc 坐标系变换到两相静止 αβ 坐标系，再以 d 轴定向将两相静止 αβ 坐标系变换到同步旋转 dq 坐标系，可以分别得到

$$
\begin{bmatrix} v_\alpha \\ v_\beta \end{bmatrix} = \frac{2}{3}\begin{bmatrix} 1 & -1/2 & -1/2 \\ 0 & \sqrt{3}/2 & -\sqrt{3}/2 \end{bmatrix}\begin{bmatrix} v_a \\ v_b \\ v_c \end{bmatrix} = V\begin{bmatrix} \cos\theta \\ \sin\theta \end{bmatrix} \tag{9-26}
$$

$$
\begin{bmatrix} v_d \\ v_q \end{bmatrix} = \begin{bmatrix} \cos\hat{\theta} & \sin\hat{\theta} \\ -\sin\hat{\theta} & \cos\hat{\theta} \end{bmatrix}\begin{bmatrix} v_\alpha \\ v_\beta \end{bmatrix} \tag{9-27}
$$

式中　θ——电网电压矢量的实际角度；

$\hat{\theta}$——锁相环的输出估计角度。

经进一步计算，得到电网电压的 dq 分量表达式，即

$$
\begin{bmatrix} v_d \\ v_q \end{bmatrix} = V\begin{bmatrix} \cos(\theta - \hat{\theta}) \\ \sin(\theta - \hat{\theta}) \end{bmatrix} = V\begin{bmatrix} \cos[(\omega_1 - \omega_o)t + \varphi_{\mathrm{error}}] \\ \sin[(\omega_1 - \omega_o)t + \varphi_{\mathrm{error}}] \end{bmatrix} \tag{9-28}
$$

式中　ω_o——锁相环的估计频率；

φ_{error}——电网电压矢量实际相角与锁相环估计相角的初始相位差。

由式（9-28）分析可知，假设同步旋转 dq 坐标系以 d 轴定向，当频率没有锁定（$\omega_o \neq \omega_1$）时，则 v_q 为一个交流分量；而当频率锁定而相位没有锁定（$\omega_o = \omega_1$、$\varphi_{\mathrm{error}} \neq 0$）时，则 v_q 为一个直流分量，其直流分量大小与 φ_{error} 成正比；而当频率、相位完全锁定（$\hat{\theta} = \theta$、$\omega_o = \omega_1$、$\varphi_{\mathrm{error}} = 0$）时，此时 $v_d = V$ 且 $v_q = 0$。

根据上述规律，只要通过图 9-10 所示的基于 v_q 输入的 PI 调节控制，即可实现 SSRF-SPLL 控制，从而实现锁相。

显然，在理想电网电压情况下，设计一个具有高带宽的 SSRF-SPLL，可以准确而且快速地实现锁相，并输出电网电压的频率和幅值信息。而当电网电压中含有谐波时，则可以通过适当降低 SSRF-SPLL 系统带宽来抑制谐波的干扰，而且由于系统本身存在两个积分环节，因而对高频分量有较强的抑制作用，因此，采用 SSRF-SPLL 方案，一般不需要增设滤波环节。实际上，通过参数的优化设计，可使 SSRF-SPLL 在具有较好的高频滤波特性的同时，还具有较好的实时性。图 9-11 ~ 图 9-14 给出了 SSRF-SPLL 的稳态性能和暂态（电压跌落、相位突变、频率偏移）特性。

图 9-11 ~ 图 9-14 所示的 SSRF-SPLL 稳态、暂态性能表明：这种 SSRF-SPLL 不但能够在稳态情况下准确锁相，并检测电压幅值、频率，而且在相位突变、电压跌落以及频率大范围变化等暂态情况下也能准确锁相，并检测电压幅值、频率。另外，SSRF-SPLL 的动态调整时间小于 0.5ms，因此具有较好锁相快速响应性。

以上讨论均以三相电网电压平衡为前提，然而当电网电压不平衡时，SSRF-SPLL 就难以取得令人满意的效果，下面将对电网电压不平衡情况进行简要的分析。

当电网电压不平衡时，三相电网电压包括正序、负序和零序电压，则三相电网电压可以表示为

$$
\begin{aligned}
v_{\mathrm{a}} &= V^{+1}\cos(\omega t) + V^{-1}\cos(-\omega t + \varphi^{-1}) + V^{0}\cos(\omega t + \varphi^{0}) \\
v_{\mathrm{b}} &= V^{+1}\cos(\omega t - 2\pi/3) + V^{-1}\cos(-\omega t - 2\pi/3 + \varphi^{-1}) + V^{0}\cos(\omega t + \varphi^{0}) \\
v_{\mathrm{c}} &= V^{+1}\cos(\omega t - 4\pi/3) + V^{-1}\cos(-\omega t - 4\pi/3 + \varphi^{-1}) + V^{0}\cos(\omega t + \varphi^{0})
\end{aligned}
\tag{9-29}
$$

其中，上标中的“+1”、“-1”、“0”分别表示正序、负序和零序。

如果忽略零序分量，通过 Clark 变换，电网电压矢量在 αβ 静止坐标系中可以表示为

$$
\boldsymbol{v}_{\alpha\beta} = \begin{bmatrix} v_{\alpha} \\ v_{\beta} \end{bmatrix} = V^{+1} + V^{-1} = V^{+1}\begin{bmatrix} \cos(\omega t) \\ \sin(\omega t) \end{bmatrix} + V^{-1}\begin{bmatrix} \cos(-\omega t + \varphi^{-1}) \\ \sin(-\omega t + \varphi^{-1}) \end{bmatrix} \tag{9-30}
$$

从式（9-30）可以看出，电压矢量包括两部分：其中正序分量以角速度 ω 逆时针旋转，而负序分量则以角速度 ω 顺时针旋转。此时电网电压矢量的幅值和相位可分别表示为

$$
|\boldsymbol{V}| = \sqrt{(V^{+1})^{2} + (V^{-1})^{2} + 2V^{+1}V^{-1}\cos(-2\omega t + \varphi^{-1})} \tag{9-31}
$$

$$
\theta = \omega t + \arctan\left(\frac{V^{-1}\sin(-2\omega t + \varphi)}{V^{+1} + V^{-1}\cos(-2\omega t + \varphi^{-1})}\right) \tag{9-32}
$$

由式（9-31）、式（9-32）可明显看出，在电网电压不平衡情况下，电网电

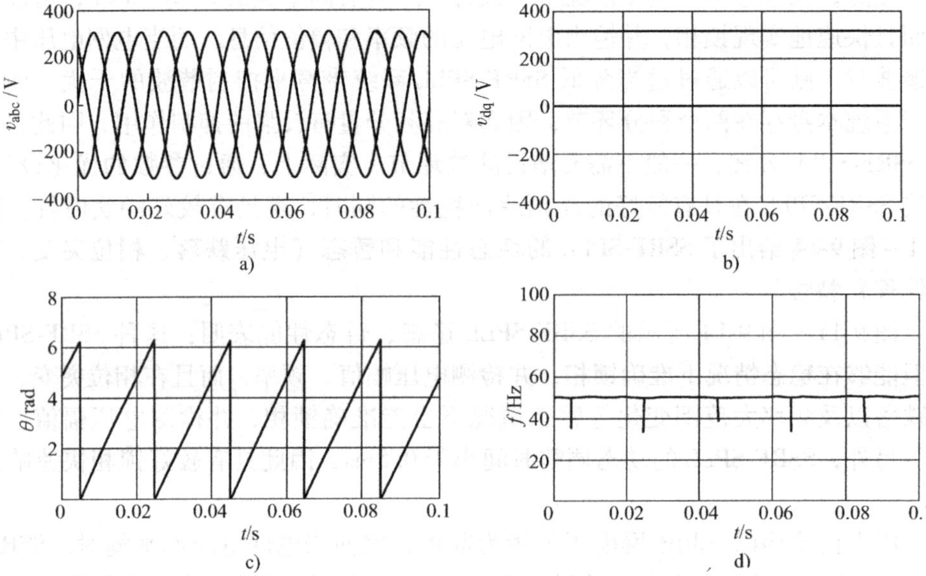

图 9-11　SSRF-SPLL 的稳态性能

a）电网电压　b）v_d 和 v_q 的值　c）锁相环输出角度　d）锁相环估计频率

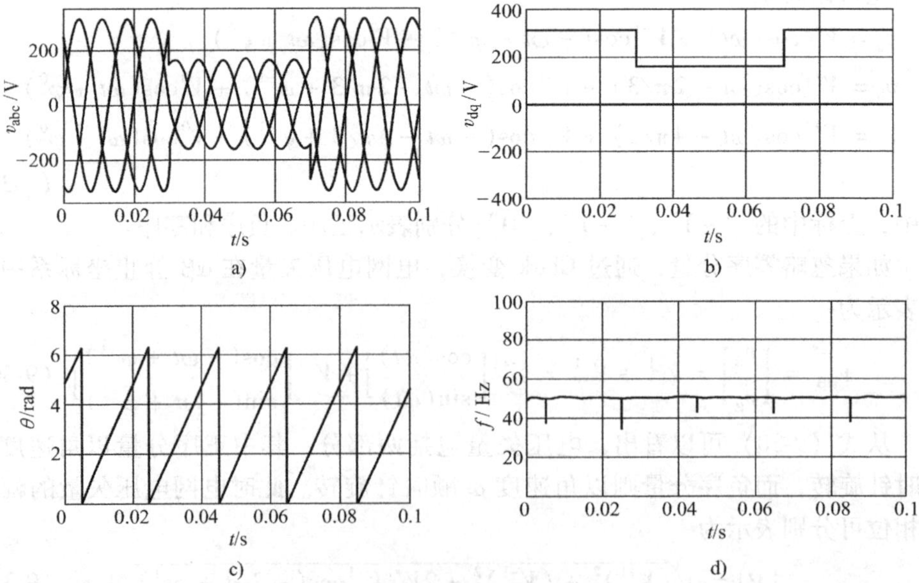

图 9-12　SSRF-SPLL 在电压跌落时的暂态性能

a）电网电压　b）v_d 和 v_q 的值　c）锁相环输出角度　d）锁相环估计频率

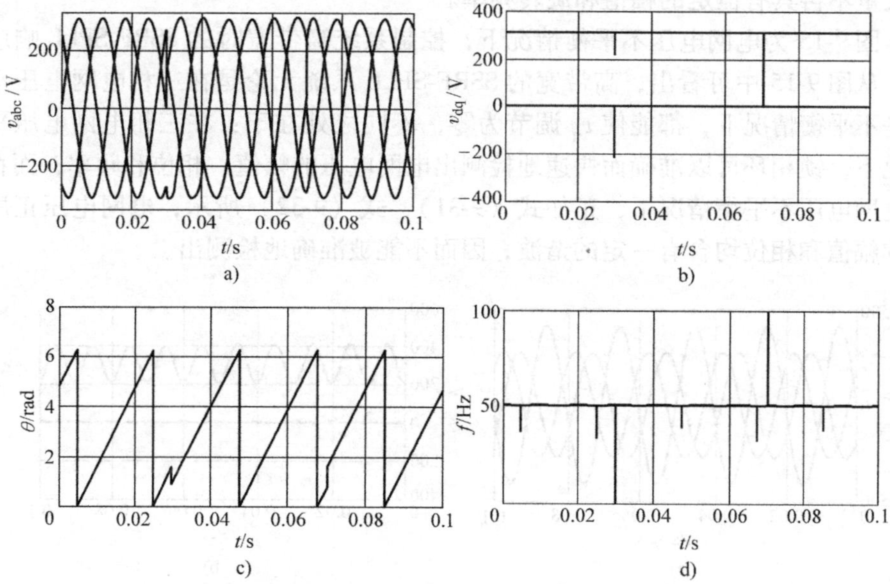

图 9-13　SSRF-SPLL 在相位突变时的暂态性能

a）电网电压　b）v_d 和 v_q 的值　c）锁相环输出角度　d）锁相环估计频率

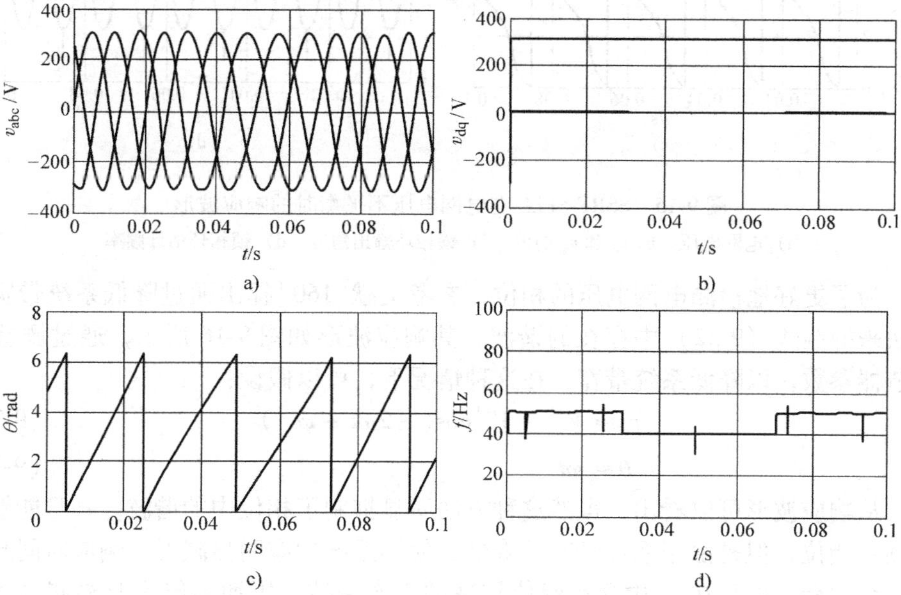

图 9-14　SSRF-SPLL 在频率变化时的暂态性能

a）电网电压　b）v_d 和 v_q 的值　c）锁相环输出角度　d）锁相环估计频率

压矢量不再具有恒定的幅值和旋转频率。

图 9-15 为电网电压不平衡情况下，控制系统高带宽时的 SSRF-SPLL 响应波形。从图 9-15 中可看出，高带宽的 SSRF-SPLL 系统无论是在三相电网电压平衡还是不平衡情况下，都能使 v_q 调节为零，不同之处在于：在三相电网电压平衡情况下，锁相环可以准确而快速地检测出电网电压的幅值、相位和频率；而在三相电网电压不平衡情况下，正如式（9-31）、式（9-32）所示，电网电压正序分量的幅值和相位均含有一定的谐波，因而不能被准确地检测出。

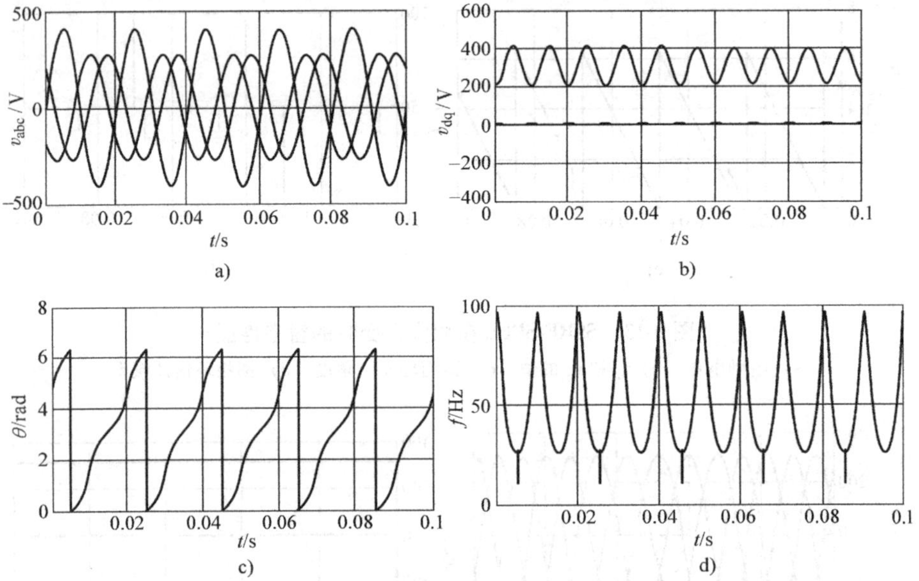

图 9-15　SSRF-SPLL 在电网电压不平衡时的响应波形

a）电网电压　b）v_d 和 v_q 的值　c）锁相环输出角度　d）锁相环估计频率

为了更好地检测电网电压的相位，参考文献[160]提出通过降低系统带宽的方法来抑制式（9-32）中存在的谐波，其响应波形如图 9-16 所示，通过调整 PI 调节器参数，以降低系统带宽，在这种情况下，可以假设：

$$v_d \approx V^{+1} + V^{-1}\cos(-2\omega t + \varphi^{-1}) \tag{9-33}$$

$$\theta \approx \omega t \tag{9-34}$$

从响应波形可以看出，虽然这种方法明显抑制了相位中的谐波，并且能够大致锁定相位，但是由于系统带宽的降低，使得系统响应明显减慢，响应时间超过了一个周期，而且在 v_d 中含有幅值较高的 2 次谐波，因而不能实时检测电网电压的幅值。为了抑制电网电压中负序分量的影响，参考文献[142]采用了利用低通滤波器滤除 v_d、v_q 中谐波的方法。从图 9-17 所示的响应波形可以看出，采用低通滤波器后，虽然锁相环能够比较好地锁定相位，但是检测到的电压幅值依然含有一定的谐波。另外，低通滤波器的引入显著降低了系统的响应速度，因此难以满足锁相环对锁相准确度和快速响应性要求较高的应用场合。

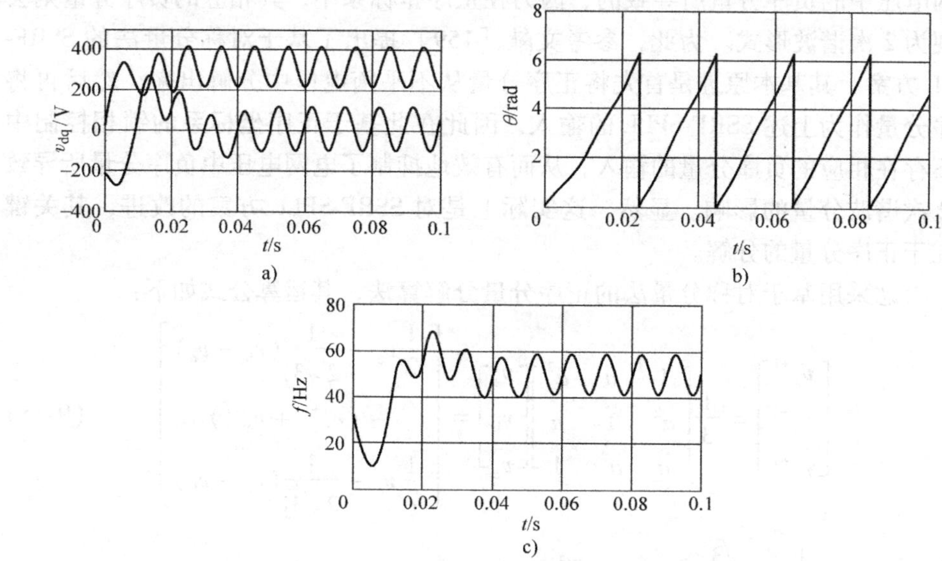

图 9-16　SSRF-SPLL 在电网电压不平衡时的低带宽的响应波形

a）V_d 和 V_q 的值　b）锁相环输出角度　c）锁相环估计频率

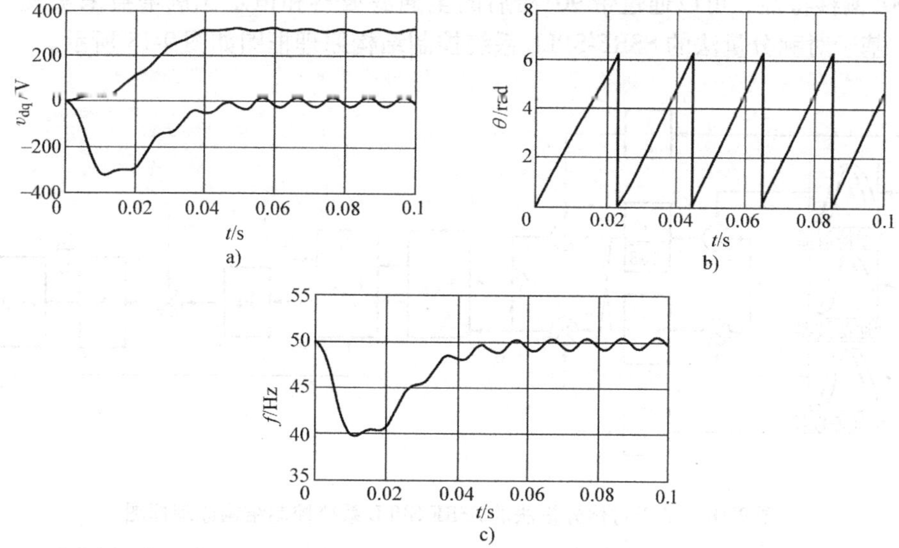

图 9-17　SSRF-SPLL 在电网电压不平衡时的带低通滤波器的响应波形

a）v_d 和 v_q 的值　b）锁相环输出角度　c）锁相环估计频率

9.3.2 基于对称分量法的单同步坐标系软件锁相环

上述讨论表明，SSRF-SPLL 方案在电网电压不平衡情况时存在的不足主要是电网电压中的负序分量所导致的，因为在正序坐标系中，其相应的负序分量则会表现为 2 次谐波形式。为此，参考文献［159］提出了基于对称分量法的 SSRF-SPLL 方案。其基本原理是首先将正序分量从不平衡电压中分解出来，然后再将正序分量作为上述 SSRF-SPLL 的输入，因此在此基于正序坐标系的锁相控制中将不存在相应的负序分量的输入，从而有效地抑制了电网电压中负序分量所导致的 2 次谐波分量的影响。显然，这实际上是对 SSRF-SPLL 方案的改进，其关键就在于正序分量的分解。

考虑采用基于对称分量法的正序分量分解算法，其运算公式如下：

$$\begin{bmatrix} v_a^{+1} \\ v_b^{+1} \\ v_c^{+1} \end{bmatrix} = \frac{1}{3}\begin{bmatrix} 1 & a & a^2 \\ a^2 & 1 & a \\ a & a^2 & 1 \end{bmatrix}\begin{bmatrix} v_a \\ v_b \\ v_c \end{bmatrix} = \begin{bmatrix} \frac{1}{2}v_a - \frac{1}{2\sqrt{3}\mathrm{j}}(v_b - v_c) \\ -(v_a^{+1} + v_c^{+1}) \\ \frac{1}{2}v_c - \frac{1}{2\sqrt{3}\mathrm{j}}(v_a - v_b) \end{bmatrix} \tag{9-35}$$

式中　$a = -\frac{1}{2} + \mathrm{j}\frac{\sqrt{3}}{2}$ 或 $a = \mathrm{e}^{\mathrm{j}2\pi/3}$。

为了实现上述正序分量的分解运算，考虑到复变量中虚部（j）相对于实部的 90°偏移特性，可以通过带 90°滞后的全通滤波器和恒定比例增益来实现。这样，基于对称分量法的 SSRF-SPLL 系统控制结构原理框图如图 9-18 所示。

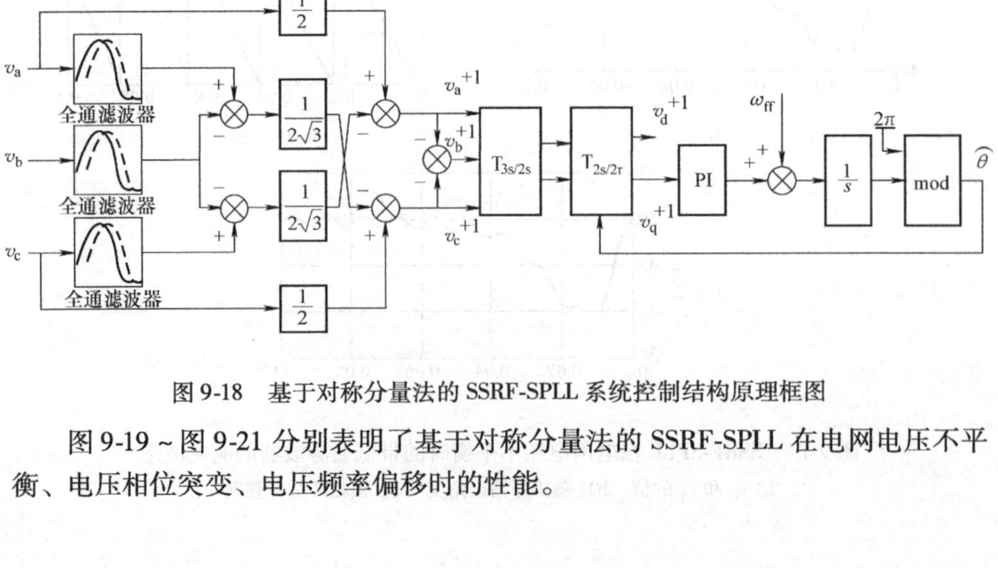

图 9-18　基于对称分量法的 SSRF-SPLL 系统控制结构原理框图

图 9-19 ~ 图 9-21 分别表明了基于对称分量法的 SSRF-SPLL 在电网电压不平衡、电压相位突变、电压频率偏移时的性能。

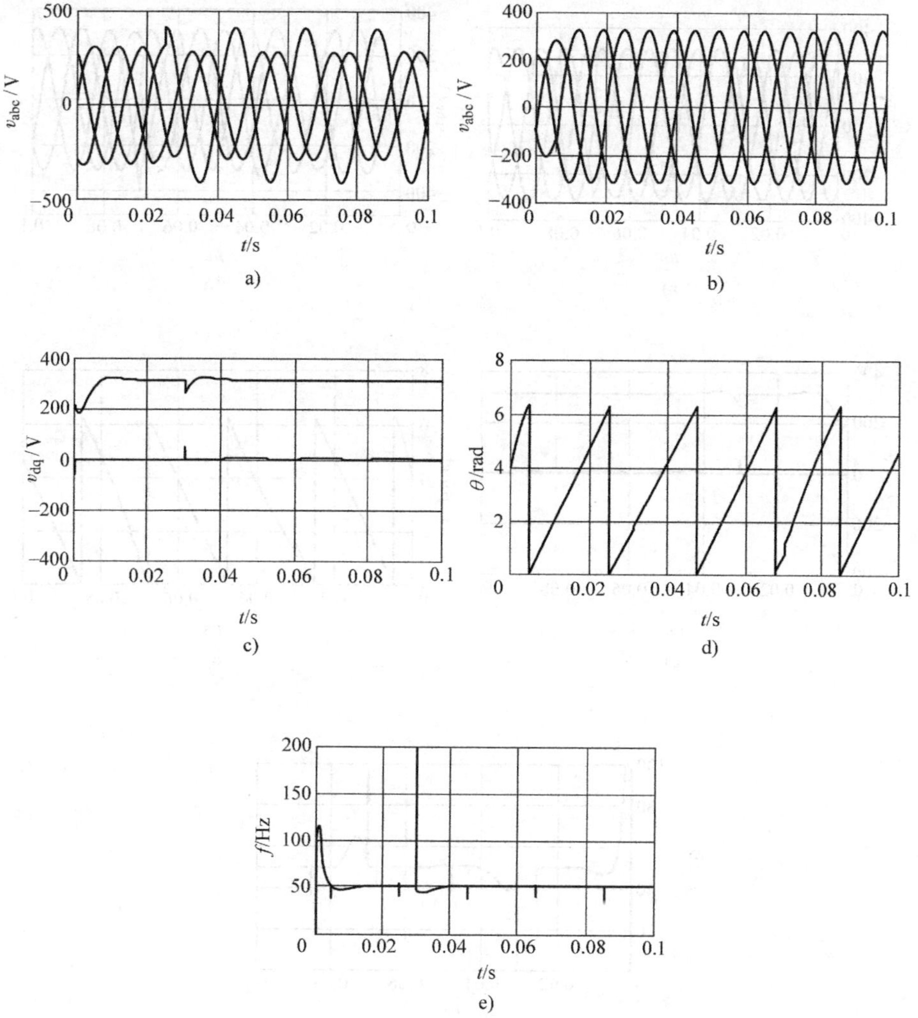

图 9-19　基于对称分量法的 SSRF-SPLL 在电网电压不平衡时的响应波形

a）三相不平衡电网电压　b）分解得到的电网电压正序分量

c）v_d 和 v_q 的值　d）锁相环输出角度　e）锁相环估计频率

由图 9-19 ~ 图 9-20 可看出，基于对称分量法的 SSRF-SPLL 可以抑制不平衡电压中负序分量的影响，相对于常规的 SSRF-SPLL 有了针对性的改进，但是这种方法仍然有以下固有的一些缺点：

1）从图 9-21 可看出，当电网电压的频率发生变化时，对输入电压进行实时 90°的偏移是较为困难的。这是因为在基于对称分量法的 SSRF-SPLL 系统中，全通滤波器的参数无法根据频率的变化而进行相应的调整，因此当频率发生变化

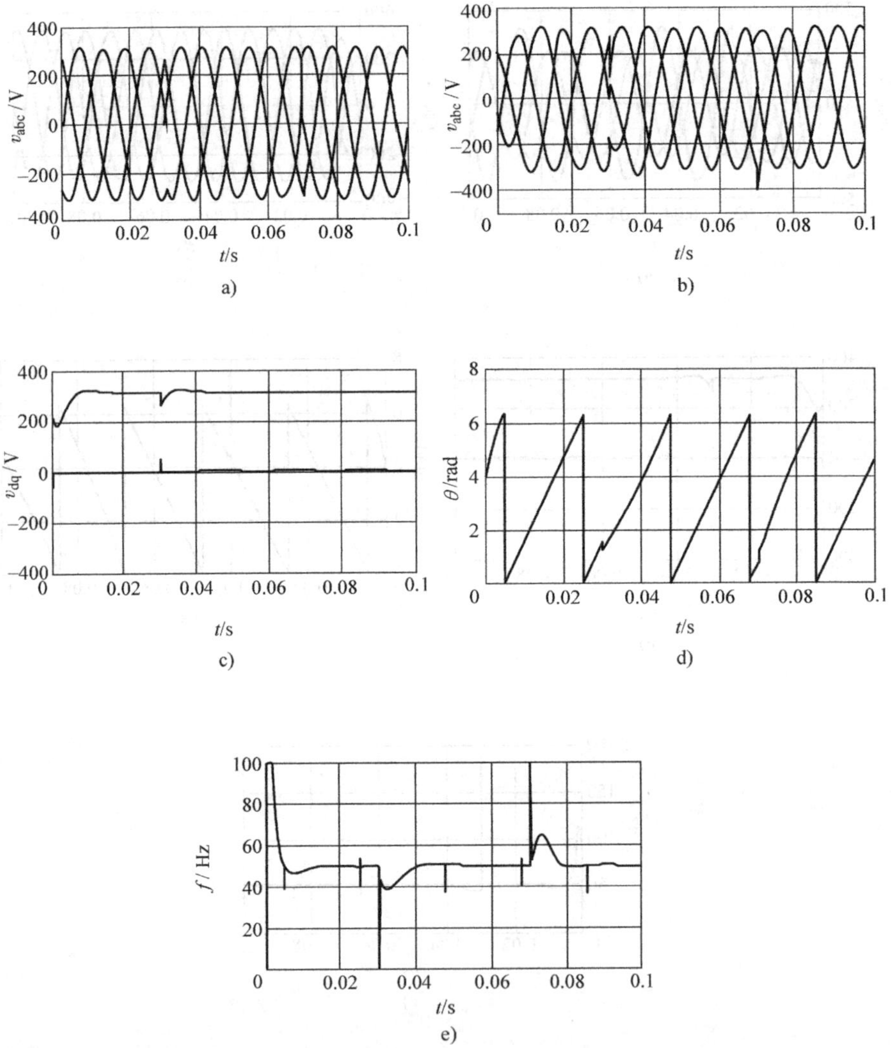

图 9-20　基于对称分量法的 SSRF-SPLL 在相位突变时的响应波形

a）相位突变的电网电压　b）分解得到的电网电压

c）v_d 和 v_q 的值　d）锁相环输出角度　e）锁相环估计频率

时，基于对称分量法的 SSRF-SPLL 难以准确检测电网电压的相位、频率以及幅值，可见，基于对称分量法的 SSRF-SPLL 其对频率的适应性比较差。

2）由于基于对称分量法的 SSRF-SPLL 需对三相电网电压进行 90°的偏移，因此对于 50Hz 的电网来说，当电网电压的相位或者幅值等发生突变时，整个锁相环至少需要 5ms 的响应时间，这对某些要求比较高的应用场合，显然是难以

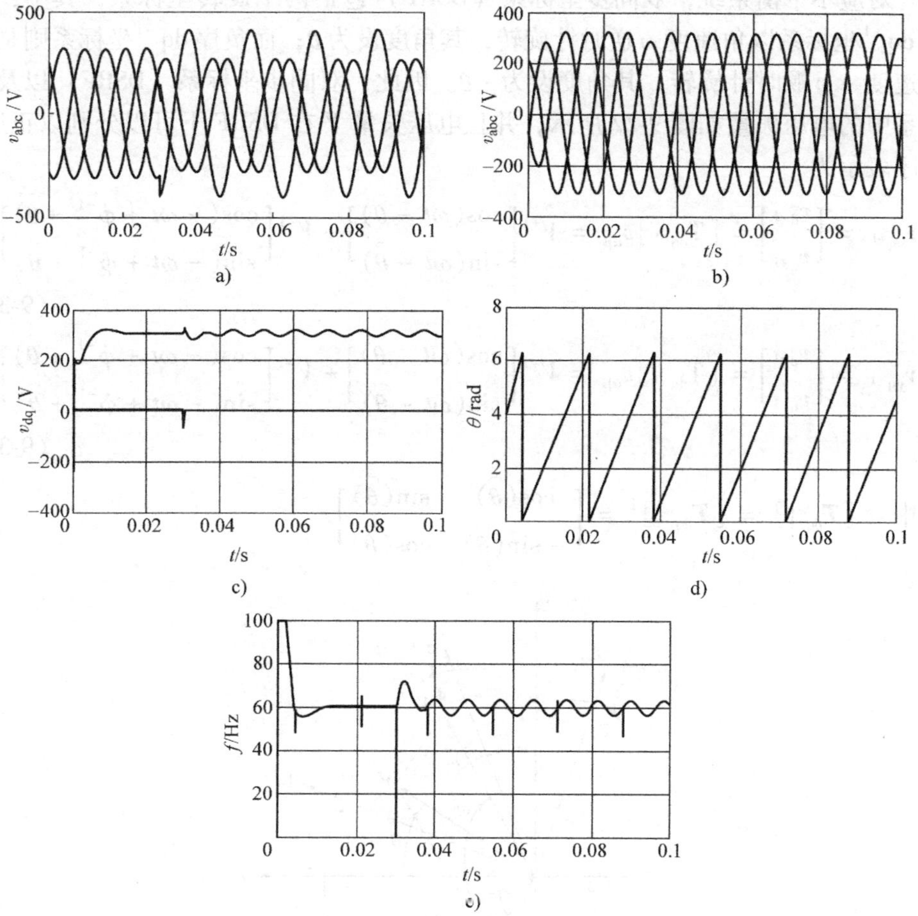

图 9-21　基于对称分量法的 SSRF-SPLL 在频率变化时的响应波形

a）三相不平衡且频率变化的电网电压　b）分解得到的电网电压

c）v_d 和 v_q 的值　d）锁相环输出角度　e）锁相环估计频率

满足需求的。

9.3.3　基于双同步坐标系的解耦软件锁相环

为了解决基于对称分量法的 SSRF-SPLL 中全通滤波器设计所带来的不足，针对三相电网电压不平衡时的锁相问题，参考文献［160］提出了基于双同步坐标系的解耦软件锁相环（DDSRF-SPLL）方案。这种 DDSRF-SPLL 方案采用了基于正、负序双同步坐标系的 SPLL 系统结构，由于采用了正序、负序的解耦算法，从而有效地克服了频率变化对锁相环性能的影响。对 DDSRF-SPLL 的系统原理分析如下。

对应不平衡系统，双同步坐标系（DSRF）包括两个旋转坐标系，其中：正序 dq^{+1} 坐标系以角速度 $\widehat{\omega}$ 逆时针旋转，其角度设为 $\widehat{\theta}$；而负序 dq^{-1} 坐标系则是以角速度 $-\widehat{\omega}$ 顺时针旋转，其角度设为 $-\widehat{\theta}$。因此，双同步坐标系（DSRF）以及坐标系中的电压矢量如图 9-22 所示，并且电压矢量 $\boldsymbol{V}$ 在 DSRF 下可以分别以正序、负序表示为

$$\boldsymbol{v}_{dq^{+1}} = \begin{bmatrix} v_{d^{+1}} \\ v_{q^{+1}} \end{bmatrix} = [\mathrm{T}_{dq^{+1}}] v_{\alpha\beta} = V^{+1}\begin{bmatrix} \cos(\omega t - \widehat{\theta}) \\ \sin(\omega t - \widehat{\theta}) \end{bmatrix} + V^{-1}\begin{bmatrix} \cos(-\omega t + \phi^{-1} - \widehat{\theta}) \\ \sin(-\omega t + \phi^{-1} - \widehat{\theta}) \end{bmatrix} \tag{9-36}$$

$$\boldsymbol{v}_{dq^{-1}} = \begin{bmatrix} v_{d^{-1}} \\ v_{q^{-1}} \end{bmatrix} = [\mathrm{T}_{dq^{-1}}] v_{\alpha\beta} = V^{+1}\begin{bmatrix} \cos(\omega t + \widehat{\theta}) \\ \sin(\omega t + \widehat{\theta}) \end{bmatrix} + V^{-1}\begin{bmatrix} \cos(-\omega t + \phi^{-1} + \widehat{\theta}) \\ \sin(-\omega t + \phi^{-1} + \widehat{\theta}) \end{bmatrix} \tag{9-37}$$

式中 $[\boldsymbol{T}_{dq^{+1}}] = [\boldsymbol{T}_{dq^{-1}}]^{\mathrm{T}} = \begin{bmatrix} \cos(\widehat{\theta}) & \sin(\widehat{\theta}) \\ -\sin(\widehat{\theta}) & \cos(\widehat{\theta}) \end{bmatrix}$。

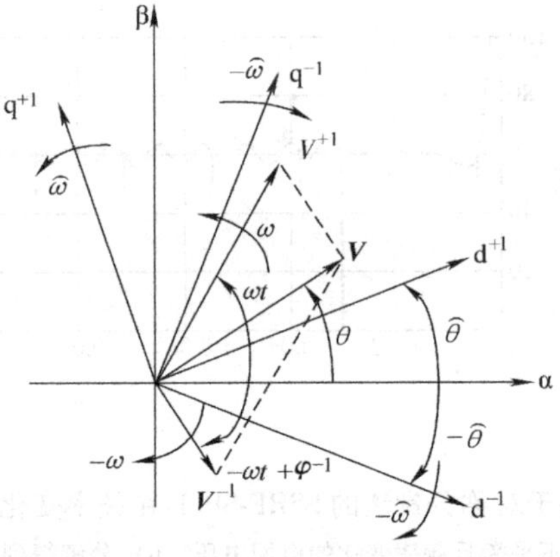

图 9-22 双同步坐标系及坐标系中的电压矢量

借鉴以上单同步坐标系的锁相控制结构，通过双同步坐标系各自独立的闭环调节，并适当地配置调节器参数，即可达到 $\widehat{\theta} \approx \omega t$ 的目的，在这种情况下，可以假设：$\sin(\omega t - \widehat{\theta}) \approx \omega t - \widehat{\theta}$、$\cos(\omega t - \widehat{\theta}) \approx 1 - ((\omega t - \widehat{\theta})^2/2)$ 及 $(-\omega t - \widehat{\theta}) \approx -2\omega t$。而在这种假设条件下，对式（9-36）、式（9-37）进行线性化后可得

$$\boldsymbol{v}_{dq}{}^{+1} \approx V^{+1}\begin{bmatrix} 1 - ((\omega t - \widehat{\theta})^2/2) \\ \omega t - \widehat{\theta} \end{bmatrix} + V^{-1}\begin{bmatrix} \cos(-2\omega t + \varphi^{-1}) \\ \sin(-2\omega t + \varphi^{-1}) \end{bmatrix} \tag{9-38}$$

$$\boldsymbol{v}_{dq}{}^{-1} \approx V^{+1}\begin{bmatrix} \cos(2\omega t) \\ \sin(2\omega t) \end{bmatrix} + V^{-1}\begin{bmatrix} \cos(\varphi^{-1}) \\ \sin(\varphi^{-1}) \end{bmatrix} \tag{9-39}$$

在式（9-38）和式（9-39）中，dq^{+1}坐标系和dq^{-1}坐标系中的直流分量与电网电压中正序、负序分量的幅值密切相关，而其中的2次谐波分量是由于正序分量和负序分量在与之旋转方向相反的坐标系中分解造成的。这些谐波可以简单地看成是锁相环在检测正序、负序分量幅值过程中所受到的扰动。由前面的分析可知，简单通过滤波方式来抑制这种扰动，难以达到令人满意的效果。基于以上观点，参考文献［143］提出了基于双同步坐标系下解耦网络的锁相环方法。

为了方便引入解耦网络，首先假设任意一个电压矢量包括正、负序分量两部分，它们分别以角速度 $n\omega$ 和 $m\omega$ 旋转，其中 n、m 分别表示正、负序，而 ω 则表示基波电网频率。由此电压矢量可由正、负序分量表示为

$$\boldsymbol{V}_{\alpha\beta} = \begin{bmatrix} V_\alpha \\ V_\beta \end{bmatrix} = V_{\alpha\beta}{}^{n} + V_{\alpha\beta}{}^{m} = V^n\begin{bmatrix} \cos(n\omega t + \varphi^n) \\ \sin(n\omega t + \varphi^n) \end{bmatrix} + V^m\begin{bmatrix} \cos(m\omega t + \varphi^m) \\ \sin(m\omega t + \varphi^m) \end{bmatrix} \tag{9-40}$$

式中　φ^n 和 φ^m ——正序电压矢量和负序电压矢量的初始相位角。

假设正序、负序两个旋转的坐标系分别用 dq^n 和 dq^m 来表示，而 $n\hat{\theta}$ 和 $m\hat{\theta}$ 则分别表示正、负序两个旋转坐标系的相位角度，其中 $\hat{\theta}$ 表示锁相环的输出角度。

如果能够做到完全锁相，即有 $\hat{\theta}=\omega t$，则式（9-40）中的电压矢量在 dq^n 和 dq^m 坐标系中可分别表示为

$$\begin{aligned} \boldsymbol{v}_{dq^n} = \begin{bmatrix} v_{d^n} \\ v_{q^n} \end{bmatrix} &= V^n\begin{bmatrix} \cos\varphi^n \\ \sin\varphi^n \end{bmatrix} + V^m\cos(\varphi^m)\begin{bmatrix} \cos(n-m)\omega t \\ -\sin(n-m)\omega t \end{bmatrix} + \\ & V^m\sin(\varphi^m)\begin{bmatrix} \sin(n-m)\omega t \\ \cos(n-m)\omega t \end{bmatrix} \end{aligned} \tag{9-41}$$

$$\begin{aligned} \boldsymbol{v}_{dq^m} = \begin{bmatrix} v_{d^m} \\ v_{q^m} \end{bmatrix} &= V^m\begin{bmatrix} \cos\varphi^m \\ \sin\varphi^m \end{bmatrix} + V^n\cos(\varphi^m)\begin{bmatrix} \cos(n-m)\omega t \\ \sin(n-m)\omega t \end{bmatrix} + \\ & V^n\sin(\varphi^n)\begin{bmatrix} -\sin(n-m)\omega t \\ \cos(n-m)\omega t \end{bmatrix} \end{aligned} \tag{9-42}$$

从式（9-41）和式（9-42）可看出，dq^n 坐标系中振荡量的幅值是由 dq^m 坐标系中的平均值所决定的，而 dq^m 坐标系中振荡量的幅值是由 dq^n 坐标系中的平均值所决定的。为了抑制 dq^n 坐标系中的振荡，可引入图9-23所示的解耦单元。同理，为了抑制 dq^m 坐标系中的振荡，也采用同样的结构，只是将 n 和 m 调换即可。

由图9-23可知，为了各个解耦单元的正确运行，需要采用一种合理的结构来计算 $\bar{v}_d{}^n$、$\bar{v}_q{}^n$、$\bar{v}_d{}^m$ 和 $\bar{v}_q{}^m$ 的值，为此可采用图9-24所示的解耦网络，图中引入了一简单的一阶低通滤波器，其传函为

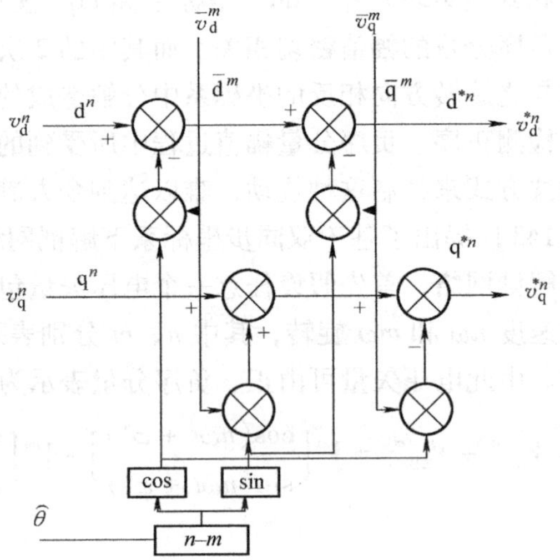

图 9-23　dq^n 坐标系的解耦单元

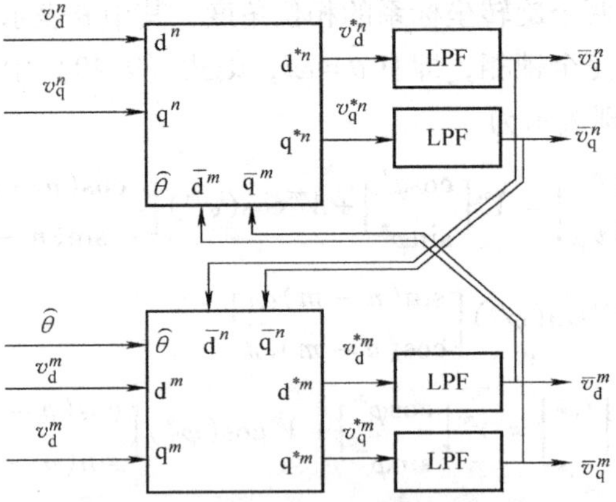

图 9-24　dq^n 和 dq^m 坐标系的解耦网络

$$LPF(s) = \frac{\omega_f}{s + \omega_f} \tag{9-43}$$

对于图 9-24 所示的解耦网络，定义如下：

$$\begin{cases} v_1 = \cos[(n-m)\omega t] \\ v_2 = \sin[(n-m)\omega t] \end{cases} \tag{9-44}$$

则解耦网络可以表示为下式：

$$\overline{V}_d^{\,n}(s) = \frac{\omega_f}{s + \omega_f}\left[V_d^{\,n}(s) - V_1(s) * \overline{V}_d^{\,m}(s) - V_2(s) * \overline{V}_q^{\,m}(s)\right] \tag{9-45a}$$

$$\overline{V}_{\mathrm{q}}^{\,n}(s) = \frac{\omega_f}{s+\omega_f}[V_{\mathrm{q}}^{\,n}(s) - V_1(s) * \overline{V}_{\mathrm{q}}^{\,m}(s) + V_2(s) * \overline{V}_{\mathrm{d}}^{\,m}(s)] \quad (9\text{-}45\mathrm{b})$$

$$\overline{V}_{\mathrm{d}}^{\,m}(s) = \frac{\omega_f}{s+\omega_f}[V_{\mathrm{d}}^{\,m}(s) - V_1(s) * \overline{V}_{\mathrm{d}}^{\,n}(s) + V_2(s) * \overline{V}_{\mathrm{q}}^{\,n}(s)] \quad (9\text{-}45\mathrm{c})$$

$$\overline{V}_{\mathrm{q}}^{\,m}(s) = \frac{\omega_f}{s+\omega_f}[V_{\mathrm{q}}^{\,m}(s) - V_1(s) * \overline{V}_{\mathrm{q}}^{\,n}(s) - V_2(s) * \overline{V}_{\mathrm{d}}^{\,n}(s)] \quad (9\text{-}45\mathrm{d})$$

式中　$*$ 表示 s 域内的卷积运算。

然后，将式（9-45）变换到时域，则有

$$\dot{\overline{v}}_{\mathrm{d}}^{\,n} = \omega_f(v_{\mathrm{d}}^{\,n} - \overline{v}_{\mathrm{d}}^{\,n} - v_1\,\overline{v}_{\mathrm{d}}^{\,m} - v_2\,\overline{v}_{\mathrm{q}}^{\,m}) \quad (9\text{-}46\mathrm{a})$$

$$\dot{\overline{v}}_{\mathrm{q}}^{\,n} = \omega_f(v_{\mathrm{q}}^{\,n} - \overline{v}_{\mathrm{q}}^{\,n} - v_1\,\overline{v}_{\mathrm{q}}^{\,m} + v_2\,\overline{v}_{\mathrm{d}}^{\,m}) \quad (9\text{-}46\mathrm{b})$$

$$\dot{\overline{v}}_{\mathrm{d}}^{\,m} = \omega_f(v_{\mathrm{d}}^{\,m} - \overline{v}_{\mathrm{d}}^{\,m} - v_1\,\overline{v}_{\mathrm{d}}^{\,n} + v_2\,\overline{v}_{\mathrm{q}}^{\,n}) \quad (9\text{-}46\mathrm{c})$$

$$\dot{\overline{v}}_{\mathrm{q}}^{\,m} = \omega_f(v_{\mathrm{q}}^{\,m} - \overline{v}_{\mathrm{q}}^{\,m} - v_1\,\overline{v}_{\mathrm{q}}^{\,n} - v_2\,\overline{v}_{\mathrm{d}}^{\,n}) \quad (9\text{-}46\mathrm{d})$$

综合式（9-43）~式（9-46），可以得出状态空间方程为

$$\dot{\boldsymbol{x}}(t) = \boldsymbol{A}(t)\boldsymbol{x}(t) + \boldsymbol{B}(t)\boldsymbol{v}(t) \quad (9\text{-}47\mathrm{a})$$

$$\boldsymbol{y}(t) = \boldsymbol{C}\boldsymbol{x}(t) \quad (9\text{-}47\mathrm{b})$$

式中

$$\boldsymbol{x}(t) = \boldsymbol{y}(t) = \begin{bmatrix} \overline{v}_{\mathrm{d}}^{\,n} \\ \overline{v}_{\mathrm{q}}^{\,n} \\ \overline{v}_{\mathrm{d}}^{\,m} \\ \overline{v}_{\mathrm{q}}^{\,m} \end{bmatrix}$$

$$\boldsymbol{v}(t) = \begin{bmatrix} V^n\cos\varphi^n \\ V^n\sin\varphi^n \\ V^m\cos\varphi^m \\ V^m\sin\varphi^m \end{bmatrix}$$

$$\boldsymbol{A}(t) = -\boldsymbol{B}(t)$$

$$\boldsymbol{C} = \boldsymbol{I}$$

$$\boldsymbol{B}(t) = \omega_{\mathrm{f}}\begin{bmatrix} 1 & 0 & \cos((n-m)\omega t) & \sin((n-m)\omega t) \\ 0 & 1 & -\sin((n-m)\omega t) & \cos((n-m)\omega t) \\ \cos((n-m)\omega t) & -\sin((n-m)\omega t) & 1 & 0 \\ \sin((n-m)\omega t) & \cos((n-m)\omega t) & 0 & 1 \end{bmatrix}$$

由状态空间模型可以看出，这是一个多输入、多输出变量的系统。为了简化

分析，这里假设 $n=1$，$m=-1$，则电压矢量分解到 dq^{+1} 和 dq^{-1} 两个旋转坐标系上。简化后整个锁相环控制系统原理框图如图 9-25 所示。

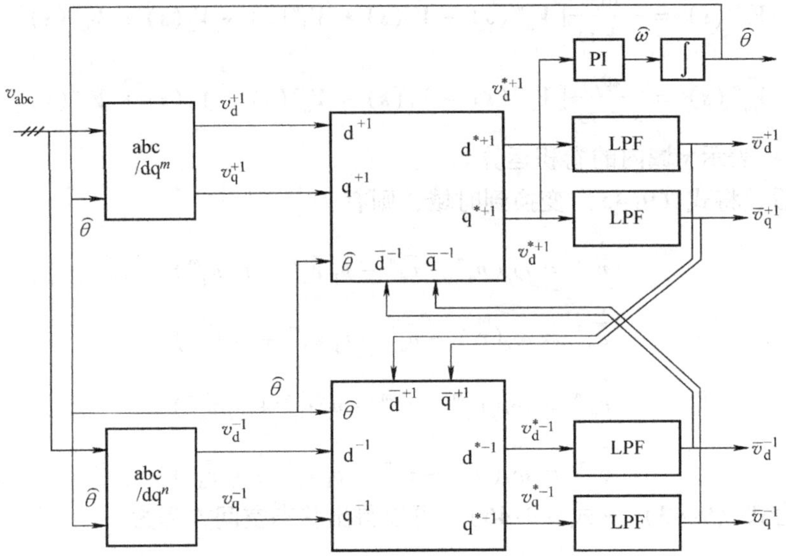

图 9-25 DDSRF-SPLL 的原理框图

上述 DDSRF-SPLL 系统中的一阶滤波器，其截止角频率 ω_f 的设计应满足一定的要求。为便于分析，这里假设 $\varphi^{+1}=0$、$\varphi^{-1}=0$，以此可求出正序分量幅值计算的阶跃响应表达式为

$$\bar{v}_d^{+1} = V^{+1} - \left\{ \begin{aligned} & V^{+1}\cos(\omega t)\cos(\omega t\sqrt{1-k^2}) - \\ & \frac{1}{\sqrt{1-k^2}}[V^{+1}\sin(\omega t) - kV^{+1}\cos(\omega t)]\sin(\omega t\sqrt{1-k^2}) \end{aligned} \right\} e^{-k\omega t} \tag{9-48}$$

式中 k——一阶滤波器的截止角频率 ω_f 与系统基波角频率 ω 的比值，$k=\omega_f/\omega$。

从式（9-48）可看出，其中的振荡分量以指数形式衰减，经过一段与 k 参数相关的稳定时间后，就得到了电压矢量的正序分量幅值。具体 k 的取值范围可以参见参考文献[160]。

DDSRF-SPLL 的动态响应波形如图 9-26～图 9-29 所示。

从图 9-26～图 9-29 可看出：

1）当电网电压不平衡时，在稳态情况下，DDSRF-SPLL 不但可以准确检测出正序电压的相位，而且能够检测出电网中正、负序分量的幅值以及电压频率。但是由于锁相环中含有一阶滤波环节，这在一定程度上影响了系统的动态响应，从而使调整时间在 5～10ms 之间。

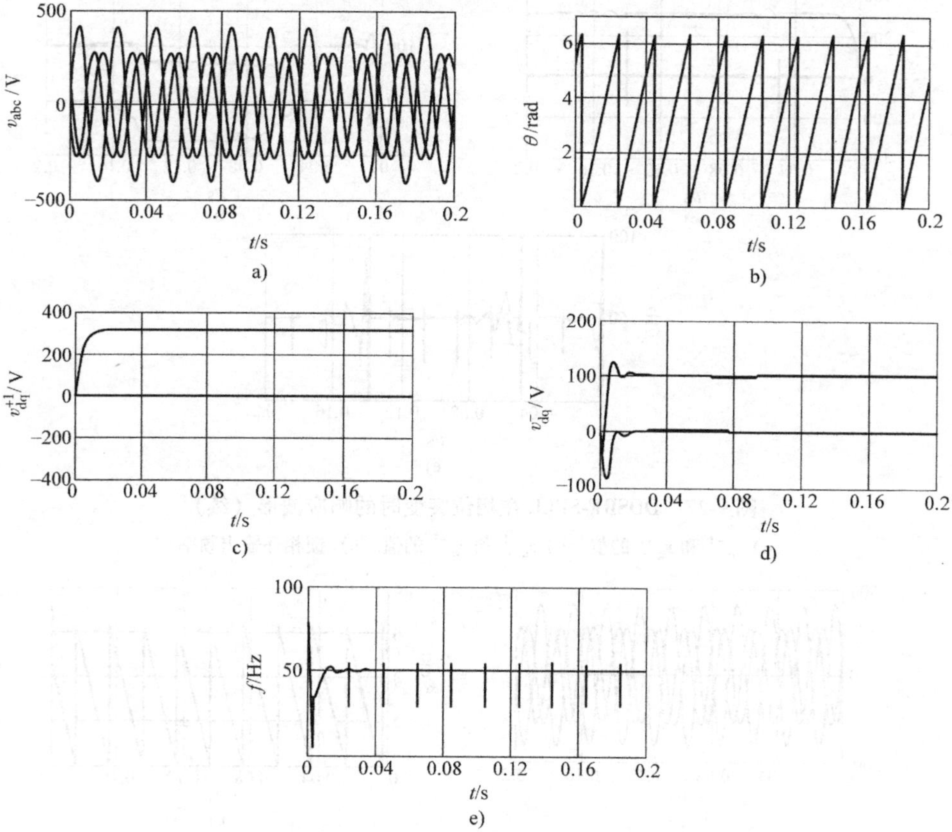

图 9-26 DDSRF-SPLL 在三相电网电压不平衡时的响应波形

a）电网电压 b）锁相环输出角度 c）$v_d{}^{+1}$ 和 $v_q{}^{+1}$ 的值

d）$v_d{}^{-1}$ 和 $v_q{}^{-1}$ 的值 e）锁相环输出频率

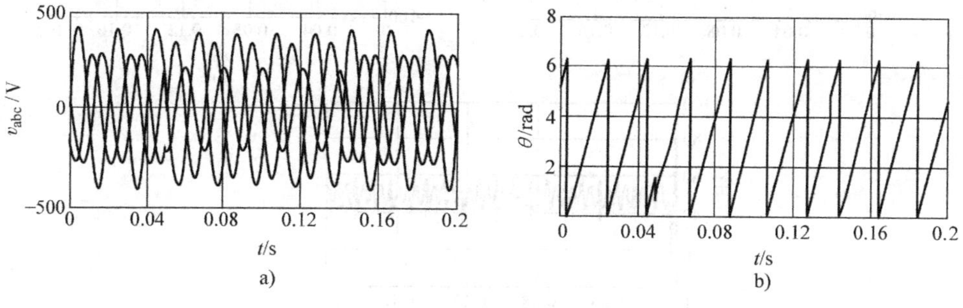

图 9-27 DDSRF-SPLL 在相位突变时的响应波形

a）电网电压 b）锁相环输出角度

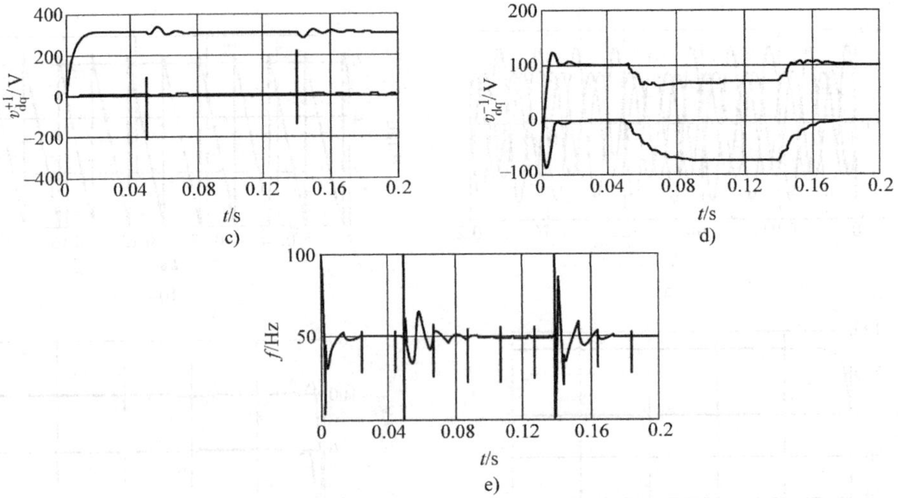

图 9-27　DDSRF-SPLL 在相位突变时的响应波形（续）

c）$v_d{}^{+1}$ 和 $v_q{}^{+1}$ 的值　d）$v_d{}^{-1}$ 和 $v_q{}^{-1}$ 的值　e）锁相环输出频率

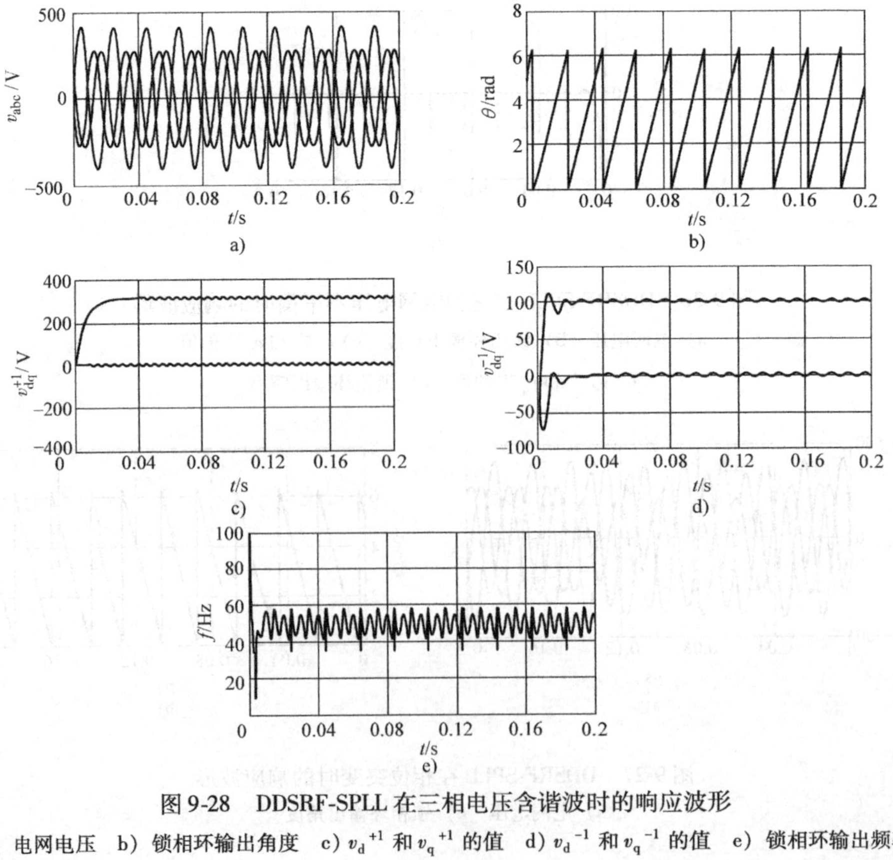

图 9-28　DDSRF-SPLL 在三相电压含谐波时的响应波形

a）电网电压　b）锁相环输出角度　c）$v_d{}^{+1}$ 和 $v_q{}^{+1}$ 的值　d）$v_d{}^{-1}$ 和 $v_q{}^{-1}$ 的值　e）锁相环输出频率

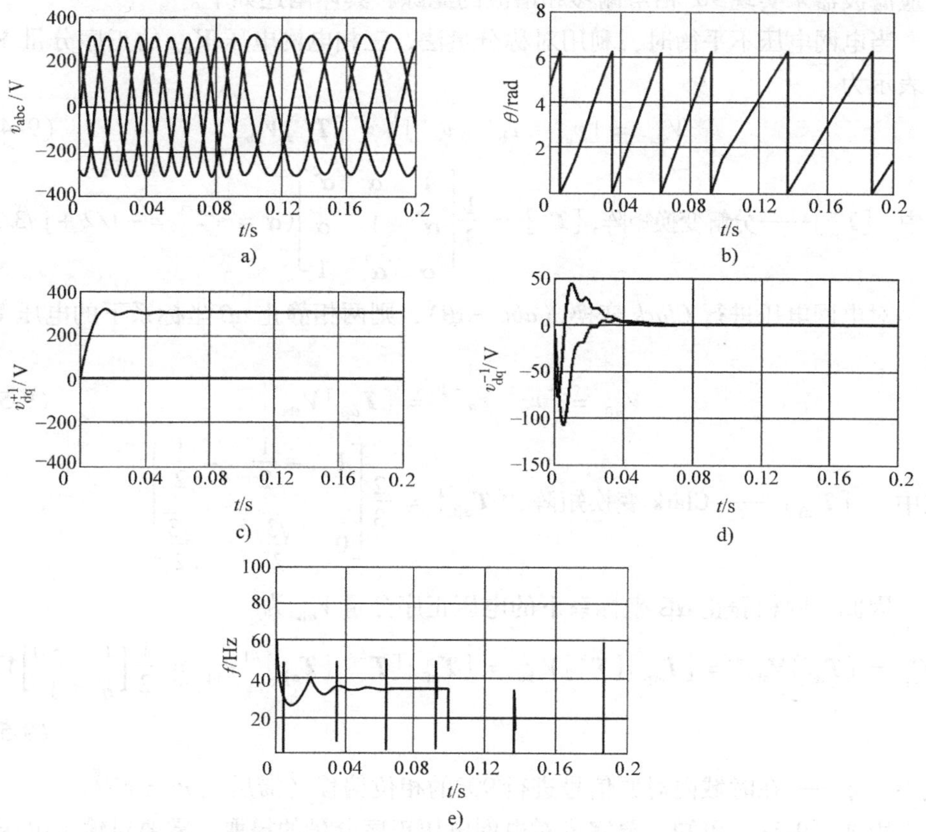

图 9-29　DDSRF-SPLL 在频率变化时的响应波形

a）电网电压　b）锁相环输出角度　c）v_d^{+1} 和 v_q^{+1} 的值　d）v_d^{-1} 和 v_q^{-1} 的值　e）锁相环输出频率

2）当电压相位突变时，锁相环能在 10ms 以内重新锁定相位。

3）当电网电压含有一定谐波时，由于锁相环结构中含有滤波器，能对谐波起到很好的抑制作用，但这时的频率估计受到影响，含有较大幅值的谐波，需要另加滤波器进行滤波。

4）当电网电压发生频率变化时，即使发生大范围的频率变化，如图 9-29a 所示，频率由 30Hz 瞬间变为 20Hz，锁相环的准确度丝毫不受影响，表现出良好的频率适应性。

9.3.4　基于双二阶广义积分器的软件锁相环

为了更好地解决电网电压不平衡时的锁相问题，并使锁相环对电网电压谐波不敏感，参考文献[161]提出了基于双二阶广义积分器的软件锁相环（DSOGI-PLL）方案。DSOGI-PLL 方案的基本出发点是通过构建基于二阶广义积分器的自适应滤波器来实现90°相角偏移和谐波的滤除，具体阐述如下。

当电网电压不平衡时，利用对称分量法，三相电网电压 $\boldsymbol{V}_{abc}$ 的正序分量 $\boldsymbol{V}^+_{abc}$ 可表示为

$$V^+_{abc} = [v_a{}^+ \quad v_b{}^+ \quad v_c{}^+]^T = [\boldsymbol{T}^+]\boldsymbol{V}_{abc} \tag{9-49}$$

式中 $[\boldsymbol{T}^+]$——分解变换矩阵，$[\boldsymbol{T}^+] = \dfrac{1}{3}\begin{bmatrix} 1 & \alpha & \alpha^2 \\ \alpha^2 & 1 & \alpha \\ \alpha & \alpha^2 & 1 \end{bmatrix}(\alpha = e^{j2\pi/3} = -1/2 + j\sqrt{3}/2)$

对电网电压进行 *Clark* 变换（*abc*—*αβ*），则两相静止 *αβ* 坐标系下的电压 $\boldsymbol{V}_{\alpha\beta}$ 为

$$\boldsymbol{V}_{\alpha\beta} = [v_\alpha \quad v_\beta]^T = [\boldsymbol{T}_{\alpha\beta}]\boldsymbol{V}_{abc} \tag{9-50}$$

式中 $[\boldsymbol{T}_{\alpha\beta}]$——Clark 变换矩阵，$[\boldsymbol{T}_{\alpha\beta}] = \dfrac{2}{3}\begin{bmatrix} 1 & -\dfrac{1}{2} & -\dfrac{1}{2} \\ 0 & \dfrac{\sqrt{3}}{2} & -\dfrac{\sqrt{3}}{2} \end{bmatrix}$

因此，两相静止 αβ 坐标系下的电压正序分量 $V^+_{\alpha\beta}$ 为

$$\boldsymbol{V}^+_{\alpha\beta} = [\boldsymbol{T}_{\alpha\beta}]\boldsymbol{V}_{abc}{}^+ = [\boldsymbol{T}_{\alpha\beta}][\boldsymbol{T}^+]\boldsymbol{V}_{abc} = [\boldsymbol{T}_{\alpha\beta}][\boldsymbol{T}^+][\boldsymbol{T}_{\alpha\beta}]^{-1}\boldsymbol{V}_{\alpha\beta} = \frac{1}{2}\begin{bmatrix} 1 & -q \\ q & 1 \end{bmatrix}\boldsymbol{V}_{\alpha\beta} \tag{9-51}$$

式中 q——在时域内对原信号进行90°的相位偏移（滞后），$q = e^{-j\frac{\pi}{2}}$。

由式（9-51）可知，要完成对电网电压正序分量的提取，需要对输入电压信号进行90°相角偏移，以此获得两相正交电压信号。一般而言，这种基于正弦信号的90°相角偏移可以采用周期延迟、微分以及全通滤波器等方案，然而这些方案对频率的变化响应较慢，尤其是微分方案对电压谐波较敏感，为此可采用基于二阶广义积分器（SOGI）的90°相角偏移方案来产生两相正交信号，这一方案不仅可以实现对输入电压信号的90°相角偏移，还可以滤除高次谐波。DSOGI-PLL的方案的系统控制结构框图如图9-30所示。

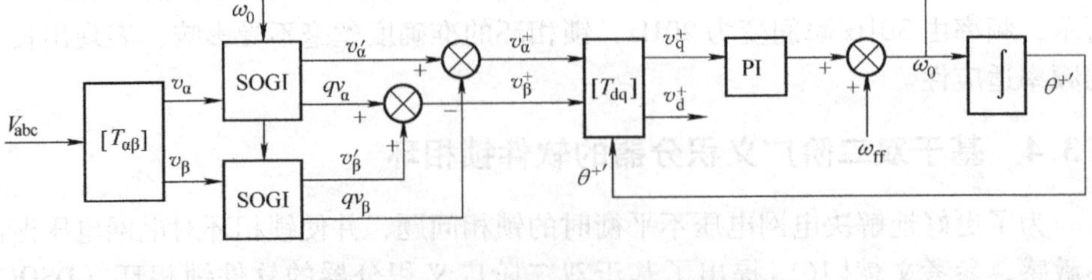

图9-30 DSOGI-PLL系统控制结构框图

图 9-31 中的 SOGI 单元是基于二阶广义积分器的正交发生器，其主要是通过构建基于内模原理的自适应滤波器来达到这一目的的，对其讨论如下：

由内模原理可知：要实现对某一频率正弦给定信号的无静差控制，则要求控制系统开环传递函数中必须包含正弦信号的 s 域模型，以使控制系统在某一频率处的控制增益在理论上趋于无穷大，从而实现对某一频率正弦给定信号的无静差控制。众所周知，常规意义上的积分器，可以实现对恒定直流信号的无静差控制，而对于可实现某一频率正弦给定信号的无静差控制的调节单元，由于正弦信号的 s 域模型为二阶谐振环节模型，因此一般称这一二阶谐振环节为二阶广义积分器（Second Order Generalized Integrator——SOGI）。基于 SOGI 的自适应滤波器[174]就是根据内膜原理提出来的，其结构框图如图 9-31 所示。

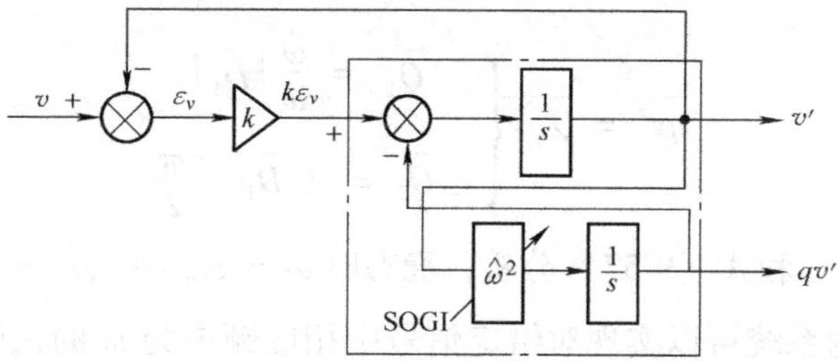

图 9-31　基于二阶广义积分器（SOGI）的自适应滤波器

由图 9-31 可知，其中 SOGI 的传递函数为

$$\frac{v'}{k\varepsilon_v}(s)=\frac{s}{s^2+\hat{\omega}^2} \tag{9-52}$$

$$\frac{qv'}{k\varepsilon_v}(s)=\frac{\hat{\omega}^2}{s^2+\hat{\omega}^2} \tag{9-53}$$

显然，式（9-52）和式（9-53）在时域分别对应的函数为 $\cos(\hat{\omega}t)$、$\sin(\hat{\omega}t)$，而 $\cos(\hat{\omega}t)$、$\sin(\hat{\omega}t)$ 在相位上刚好相差 90°，从而可构建两相正交坐标系。再由内模原理不难理解，由于在图 9-31 所示的控制系统中含有频率为 $\hat{\omega}$ 的正弦信号 s 域模型，因此系统可以实现对给定信号中相应频率为 $\hat{\omega}$ 的正弦信号的无静差跟踪。若 SOGI 的谐振频率能随输入信号频率 $\hat{\omega}$ 自适应变化时，则图 9-31 中的 SOGI 可使系统的输出 v' 无静差地跟踪给定信号 v 中频率为 $\hat{\omega}$ 的正弦信号。当输入信号中含有谐波时，由于输出信号只跟随输入的基波信号，因此从输入、输出传递特性上看，图 9-31 所示的系统实际上是一种基于 SOGI 的自适应滤波器，其输出两相信号相互正交，即构成了一种基于二阶广义积分器的正交信号发生器（Second Order Generalized Integrator-Quadrature Signal Generator——SOGI-QSG）。

为分析系统特性，SOGI-QSG 的传递函数为

$$D_1(s)=\frac{v'}{v}(s)=\frac{ks}{s^2+ks+\hat{\omega}^2} \tag{9-54}$$

$$Q_1(s)=\frac{qv'}{v}(s)=\frac{k\hat{\omega}}{s^2+ks+\hat{\omega}^2} \tag{9-55}$$

若将频率为 ω 的正弦信号 v 表示为矢量 $\overline{\boldsymbol{v}}$ 的形式，则由式（9-54）和式（9-55）得到系统的幅频和相频特性如下：

$$\overline{\boldsymbol{v}'}=\overline{D_1}\,\overline{\boldsymbol{v}}\begin{cases}|\overline{D_1}|=\dfrac{k\omega}{\sqrt{(\hat{\omega}^2-\omega^2)^2+(k\omega)^2}}\\ \angle\overline{D_1}=\arctan\left(\dfrac{\hat{\omega}^2-\omega^2}{k\omega}\right)\end{cases} \tag{9-56}$$

$$\overline{q\boldsymbol{v}'}=\overline{Q_1}\,\overline{\boldsymbol{v}}\begin{cases}|\overline{Q_1}|=\dfrac{\hat{\omega}}{\omega}|\overline{D_1}|\\ \angle\overline{Q_1}=\angle\overline{D_1}-\dfrac{\pi}{2}\end{cases} \tag{9-57}$$

由式（9-56）和式（9-57）分析，稳态时 $\hat{\omega}=\omega$，则 $|\overline{D_1}|=|\overline{Q_1}|=1$，这表明图 9-31 所示的系统可以实现对给定信号中相应频率为 $\hat{\omega}$ 的正弦信号的无静差跟踪。另外，由式（9-57）中矢量$\overline{\boldsymbol{v}'}$、$\overline{q\boldsymbol{v}'}$的相角关系 $\angle\overline{Q_1}=\angle\overline{D_1}-\pi/2$ 不难看出，qv' 总是比 v'滞后 90°，并与 k、$\hat{\omega}$、ω 无关，即输出信号 v' 和 qv' 正交。

再由式（9-54）不难看出，$D(s)$ 实际上为二阶带通滤波器，而二阶带通滤波器典型传递函数可表示为

$$D(s)=A_0\frac{\dfrac{\hat{\omega}}{Q}s}{s^2+\dfrac{\hat{\omega}}{Q}s+\hat{\omega}^2} \tag{9-58}$$

式中 A_0——滤波器的零频增益；

$\hat{\omega}$——谐振角频率；

Q——品质因数。

比较式（9-54）和式（9-58）不难分析，式（9-54）对应的品质因数为

$$Q_{D1}=\frac{\hat{\omega}}{k} \tag{9-59}$$

由式（9-59）可知：系统的品质因数不仅与参数 k 有关，还与 SOGI 的谐振频率 $\hat{\omega}$ 有关。换言之，当 k 一定时，系统的品质因数会随着输入信号频率的波动而发生变化，显然这会影响控制系统的动态特性。为了克服这一不足，提出了一种 SOGI-QSG 的改进方案[171]，其控制结构如图 9-32 所示。

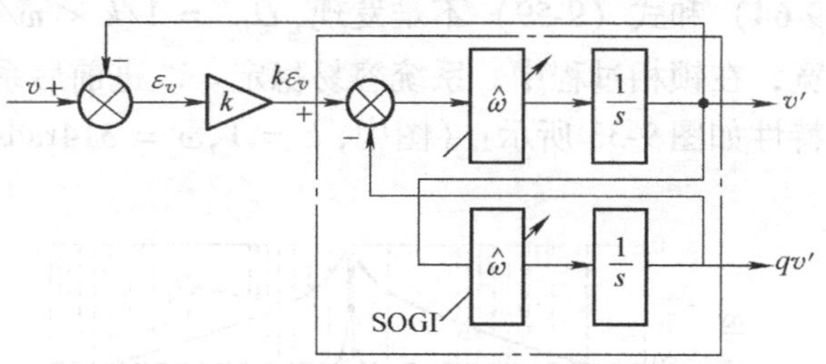

图 9-32　SOGI-QSG 改进方案

图 9-32 所示的改进的 SOGI-QSG 系统的传递函数为

$$D_2(s)=\frac{v'(s)}{v(s)}=\frac{k\hat{\omega}s}{s^2+k\hat{\omega}s+\hat{\omega}^2} \tag{9-60}$$

$$Q_2(s)=\frac{qv'(s)}{v(s)}=\frac{k\hat{\omega}^2}{s^2+k\hat{\omega}s+\hat{\omega}^2} \tag{9-61}$$

若频率为 ω 的正弦信号 v 可以表示为矢量 $\bar{v}$ 的形式，则由式（9-60）、式（9-61）可计算出图 9-32 所示的系统的幅频和相频特性如下：

$$\overline{v'}=\overline{D_2}\,\bar{v}\begin{cases}|\overline{D_2}|=\dfrac{k\hat{\omega}\omega}{\sqrt{(k\hat{\omega}\omega)^2+(\omega^2-\hat{\omega}^2)^2}}\\ \angle\overline{D_2}=\arctan\left(\dfrac{\hat{\omega}^2-\omega^2}{k\hat{\omega}\omega}\right)\end{cases} \tag{9-62}$$

$$\overline{qv'}=\overline{Q_2}\,\bar{v}\begin{cases}|\overline{Q_2}|=\dfrac{\hat{\omega}}{\omega}|\overline{D_2}|\\ \angle\overline{Q_2}=\angle\overline{D_2}-\dfrac{\pi}{2}\end{cases} \tag{9-63}$$

由式（9-62）和式（9-63）分析可知，稳态时 $\hat{\omega}=\omega$，则 $|\overline{D_2}|=|\overline{Q_2}|=1$，这表明图 9-32 所示的系统亦可实现对给定信号中相应频率为 $\hat{\omega}$ 的正弦信号的无静差跟踪。另外，由式（9-63）中矢量 $\overline{\boldsymbol{v}'}$、$\overline{q\boldsymbol{v}'}$ 的相角关系 $\angle\overline{Q_2}=\angle\overline{D_2}-\pi/2$ 不难看出，qv' 总是比 $\boldsymbol{v}'$ 滞后 90° 并与 k、$\hat{\omega}$、ω 无关，即输出信号 v' 和 qv' 正交。需要注意的是，当二阶广义积分器的谐振频率 $\hat{\omega}$ 与电网电压频率 ω 不相等时，二阶广义积分器输出信号的幅值和相位均会出现跟踪误差，为此可将锁相环得到的频率作为二阶广义积分器的谐振频率，这样二阶广义积分器还实现了频率自适应的功能。

比较式（9-58）和式（9-60），不难得出与 $D_2(s)$ 对应的品质因数为

$$Q_{D_2}=\frac{1}{k} \tag{9-64}$$

显然，改进后系统 $v'(s)$、$v(s)$ 之间的带通滤波特性的品质因数与 $\hat{\omega}$ 无关。

另外，比较式（9-64）和式（9-59）不难发现，$Q_{D_2} = 1/k < \hat{\omega}/k = Q_{D_1}$，改进后系统的通频带较宽，在锁相过程中，系统容易稳定。改进前后系统 $v'(s)$ 与 $v(s)$ 之间的带通滤波特性如图 9-33 所示：（图中，$k = 1, \hat{\omega} = 314\text{rad/s}$）

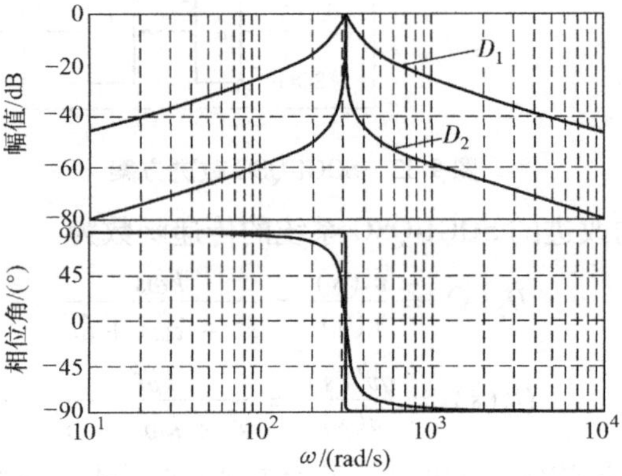

图 9-33 SOGI-QSG 改进前、后 $D_1(s)$ 与 $D_2(s)$ 的伯德图比较

改进后系统 $v'(s)$ 与 $v(s)$ 之间的频率特性（$D_2(s)$）虽与 $\hat{\omega}$ 无关，但会随着系统增益 k 的变化而变化，如图 9-34 所示。

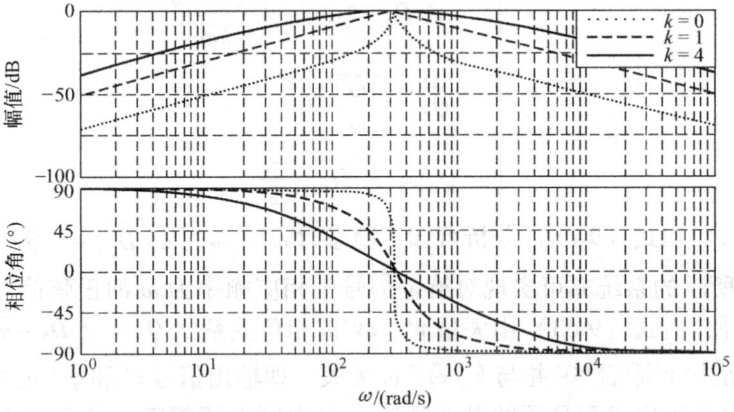

图 9-34 频率响应特性（伯德图）$v'(s)/v(s)$ 与系统增益 k 的变化关系

由伯德图上可见，k 值越小，滤波效果越好，但是响应速度变慢。折中考虑滤波效果与响应时间，选取 $k=\sqrt{2}$。

由于二阶广义积分器具有良好的带通滤波特性，即使在电压畸变等非理想情况下，SOGI-QSG 系统仍具有较好的稳态性能和动态性能，如图 9-35 所示。

这样，SOGI-QSG 仅在实现对输入电压信号的正交分相，而且还实现了频率自适应以及对输入信号的滤波功能。显然，以此构建的 DSOGI－PLL 应具有良好的动态性能。

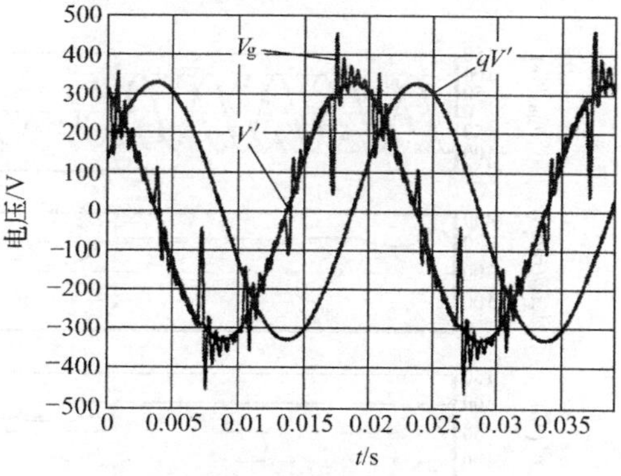

图 9-35　电网电压畸变时 SOGI-QSG 的输出响应

为研究电网不平衡时的 DSOGI－PLL 响应，给出了在电网电压不平衡情况下的电压跌落、频率突变及其含有低次谐波时的 DSOGI－PLL 响应波形，如图 9-36～图 9-38 所示。

依次分析图 9-36～图 9-38 所示的 DSOGI－PLL 响应波形，可以看出：

1）当电网电压出现三相不平衡跌落时，DSOGI－PLL 能快速且准确地获取电网电压正序分量的频率和相位信息；

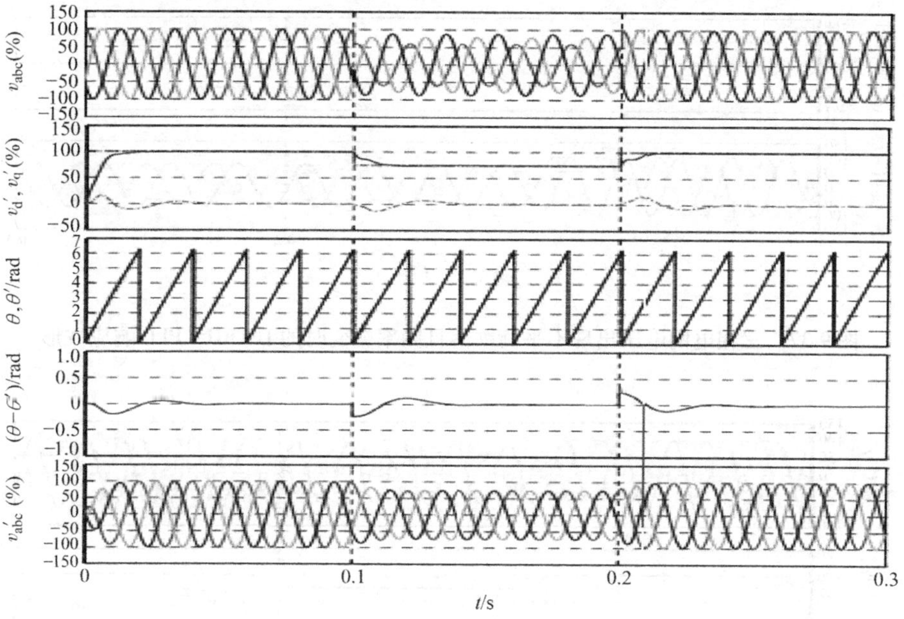

图 9-36　三相电网电压出现不平衡跌落时的 DSOGI－PLL 响应波形

2）当电网电压出现三相不平衡跌落同时伴随着频率突变（50Hz 变成 40Hz）时，DSOGI－PLL 依旧能快速准确地获取电网电压正序分量的频率和相位信息；

3）当电网电压出现三相不平衡跌落且同时含有低次谐波时，DSOGI－PLL 依旧能快速准确地获取电网电压正序分量的频率和相位信息。

可见，DSOGI－PLL 不仅能在三相电压不平衡电网中快速准确地获取电网正

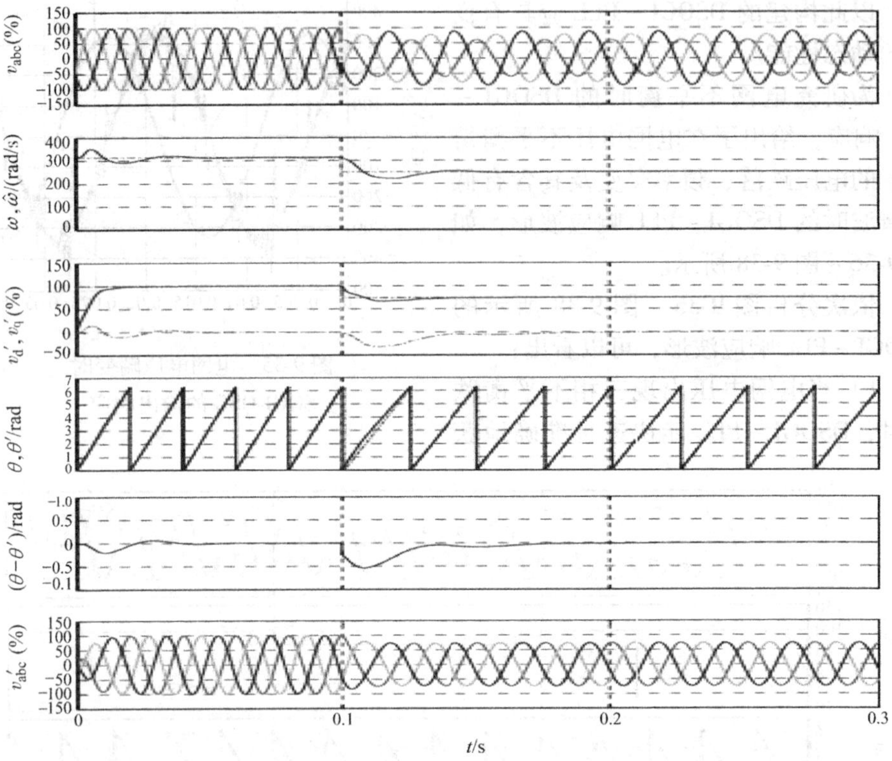

图 9-37　三相电网电压出现不平衡跌落且频率突变时的 DSOGI－PLL 响应波形

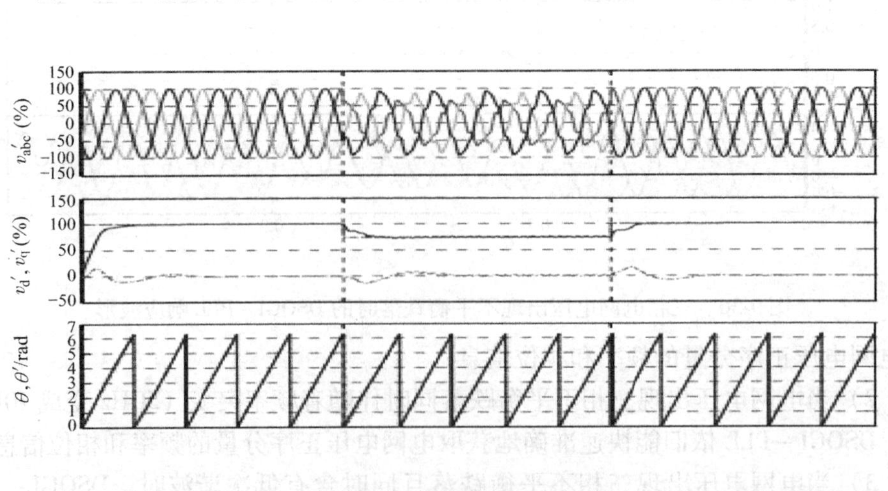

图 9-38　三相电网电压出现不平衡跌落且含有低次谐波时的 DSOGI－PLL 响应波形

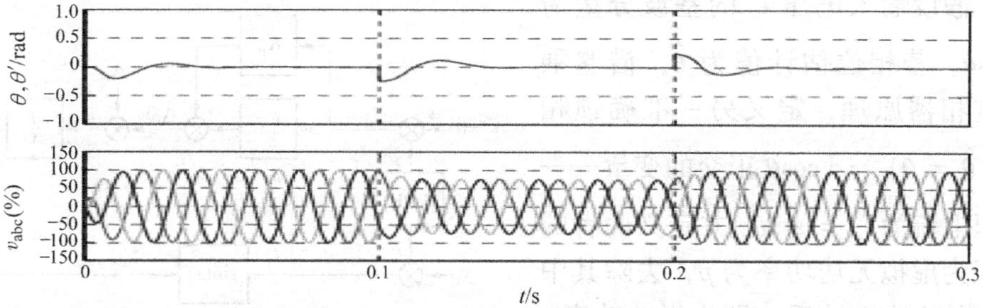

图 9-38　三相电网电压出现不平衡跌落且含有低次谐波时的 DSOGI－PLL 响应波形（续）

序分量的频率和相位信息，而且还可以抑制谐波对系统输出的影响，并且具有良好的频率自适应特性。

实际上，若要或得出电网电压的正、负序分量各自的频率和相位信息，可以对 DSOGI－PLL 进行扩展，即实现对电网电压正、负序锁相[173]。

9.4　单相软件锁相环技术

一般而言，锁相环设计的关键是鉴相器（PD）的设计，而单相锁相环鉴相器的设计有两种基本的设计思路：其一是基于单相变量的设计思路；其二是基于两相正交变量的设计思路。基于单相变量的锁相环设计，主要是通过类似乘法鉴相方案或者是通过基于输入信号重构的自适应鉴相方案来实现单相锁相环控制；而基于两相正交变量的锁相环设计，主要是通过一定的算法由输入信号u_α 构造出两相静止坐标系下的另一相正交信号 u_β，由u_α、u_β 作为输入信号，再借鉴三相锁相环的同步旋转坐标锁定原理实现锁相环控制。以下分别对此加以讨论。

9.4.1　基于单相变量的单相锁相环方案

9.4.1.1　基于虚拟平均无功鉴相的单相锁相环

首先回顾一下乘法鉴相锁相环的基本思路，即构造两正交变量并输入乘法器，再通过具有积分环节的控制环路使乘法器输出的平均值（滤除 2 次谐波）为零，从而实现锁相控制。可见在常规的基于乘法鉴相的锁相环中，其鉴相单元为乘法器，而乘法器的输入则为两正交变量，实际上借鉴乘法鉴相锁相环的基本思路，可以直接构建一个闭环锁相环路，即以两正交变量乘积的平均值为给定变量，并令该给定变量为零构建闭环系统，同样也可实现锁相控制。而给定变量即两正交变量乘积的平均值可以通过定义虚拟平均无功功率来获得，显然这实际上是一种基于虚拟平均无功鉴相的单相锁相环实现思路，其锁相环控制系统结构如图 9-39 所示。

假设输入电压 e_i 的基波分量为 $V\cos\theta$，若相位估计值为 $\hat{\theta}$，借鉴乘法鉴相器原理，定义另一准确锁相时（$\hat{\theta}=\theta$）与 $V\cos\theta$ 正交的变量——虚拟电流为 $i_s=\sin\hat{\theta}$，并定义两者的乘积为虚拟无功功率为 p，去除其中必有的 2 次谐波后，即为无功功率 p 的平均值，记为 $\bar{p}$。与乘法鉴相器锁相原理一致，当通过闭环控制使 $\bar{p}=0$ 时，即虚拟电流 i_s 与输入电压的基波分量正交，从而实现相位锁定，具体分析如下。

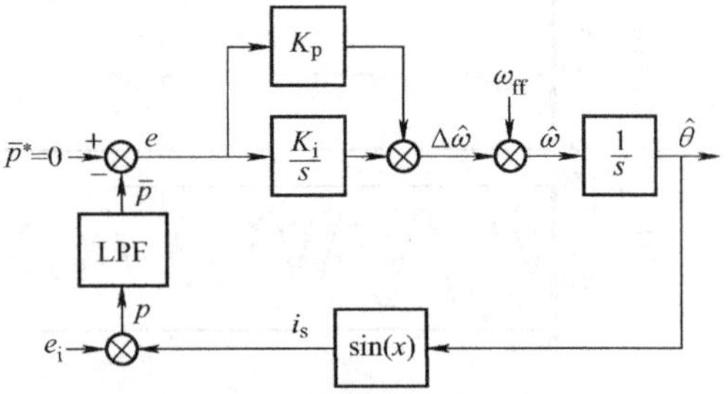

图 9-39 基于虚拟平均无功鉴相的单相锁相环控制结构

图 9-39 中虚拟无功功率 $p(\hat{\theta},\theta)$ 的表达式为

$$p=V\cos\theta\sin\hat{\theta} \tag{9-65}$$

利用三角函数公式，式（9-65）可以表示为

$$p=\frac{V}{2}\sin(\hat{\theta}-\theta)+\frac{V}{2}\sin(\hat{\theta}+\theta) \tag{9-66}$$

采用低通滤波器对式（9-66）中的无功功率交流量进行滤波，可以得到无功功率的平均值 $\bar{p}$。

稳态时考虑：$\theta=\omega t+\varphi$、$\hat{\theta}=\hat{\omega}t+\hat{\varphi}$、$\hat{\omega}\approx\omega$，其中上标“^”表示对应的估计值。显然，对于足够小的相位偏差 $\varphi-\hat{\varphi}$，则有

$$\bar{p}=\frac{V}{2}(\hat{\theta}-\theta) \tag{9-67}$$

从式（9-67）可看出，若控制平均无功功率 $\bar{p}$ 为零，则在稳态情况下，$\hat{\theta}$ 将等于输入电网电压相位 θ。

这种锁相环结构比较简单，然而由图 9-39 可看出，由于采用了低通滤波器以获取平均无功功率，因此导致了系统较大的控制延迟。实际上，还要考虑电网因素的影响：若输入电网电压为理想正弦信号，则只需要考虑将式（9-66）中的 2 次谐波滤除即可。若电网电压为非理想情况，则情况较为复杂。事实上，根据式（9-66），某一个阶次为 n 且幅值为 V_n 的谐波分量都将会产生两项阶次为 $n+1$、幅值为 $V_n/2$ 的鉴相输出信号。这表明，低次谐波分量（1～2）Hz 会在鉴相输出信号中产生基波频率附近的分量，显然这就增加了低通滤波器设计的难度。

为研究基于虚拟平均无功鉴相的单相锁相环动态性能，给出了在电网电压相位角突跳、频率波动、谐波注入、电压跌落时的锁相环动态响应波形，如图 9-40 所示。

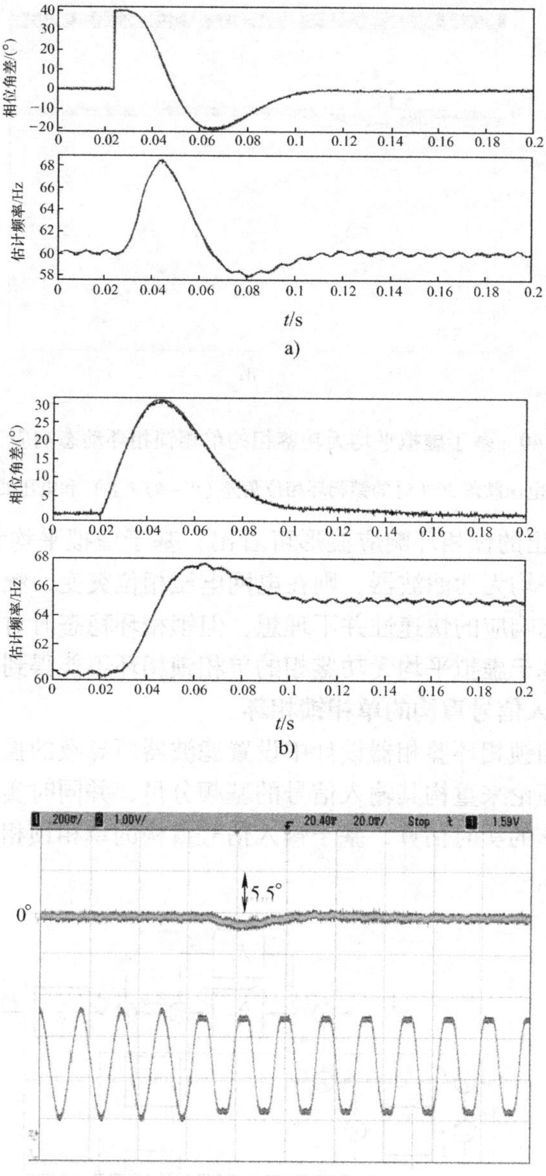

图 9-40　基于虚拟平均无功鉴相的单相锁相环动态响应

a）相位角突跳 40°时锁相环相位角差（$\theta-\hat{\theta}$）（上）和估计频率 $\hat{\omega}$（下）的响应

b）频率增长 +5Hz 时锁相环相位角差（$\theta-\hat{\theta}$）（上）和估计频率 $\hat{\omega}$（下）的响应

c）电网电压中注入 15% 的 3 次谐波电压时的锁相环相位角差（$\theta-\hat{\theta}$）（上）和电压波形（下）

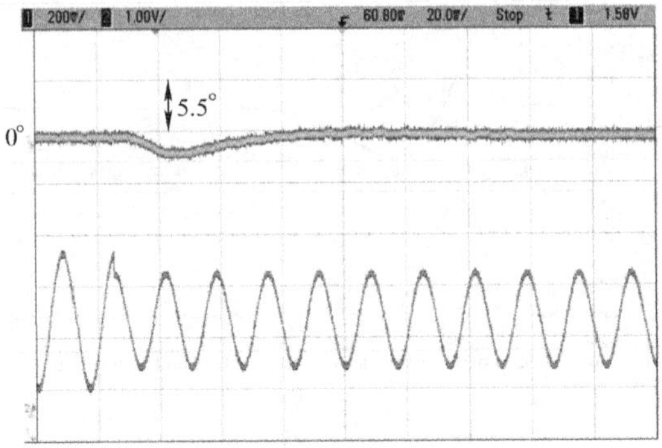

d)

图 9-40　基于虚拟平均无功鉴相的单相锁相环动态响应（续）

d）电网电压跌落 30% 时的锁相环相位角差（$\theta-\hat{\theta}$）（上）和电压波形（下）

从图 9-40 给出的锁相环响应波形可看出，基于虚拟平均无功鉴相的单相锁相环，由于存在平均无功滤波器，则在电网电压相位突变、频率变化以及电压跌落等情况下的动态响应的快速性并不理想，但锁相环稳态时对电网谐波电压不敏感。另外，这种基于虚拟平均无功鉴相的单相锁相环不能得到电网的幅值信息。

9.4.1.2　基于输入信号重构的单相锁相环

为了克服单相锁相环鉴相器设计中设置滤波器所导致的控制延迟，可以考虑采用自适应滤波理论来重构其输入信号的基频分量，并同时实现对输入信号的幅值、相位角及频率的实时估算，基于输入信号重构的单相锁相环方案锁相控制结构如图 9-41 所示。

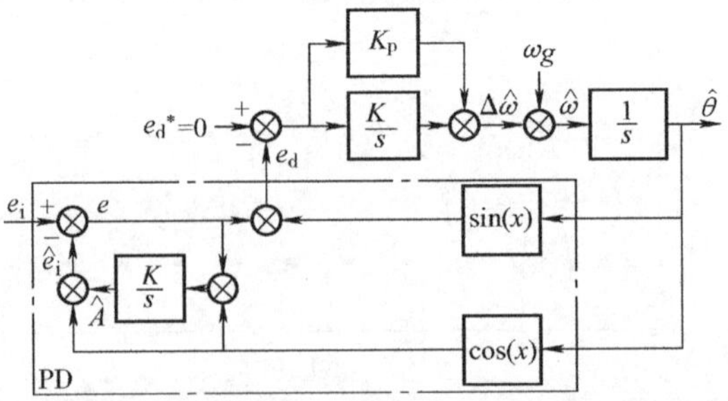

图 9-41　基于输入信号重构的单相锁相环方案锁相控制结构

图 9-41 中线电压幅值的估算值 $\hat{A}$ 的收敛速度可由增益 K 控制。假设理想电网情况，即设输入电压 $e_i = V\cos\theta$，则根据图 9-41 系统中鉴相器（PD）的结构，可写出其中鉴相器（PD）的输出量 e_d 的函数表达式：

$$e_{\mathrm{d}} = \frac{V}{2}\sin(\hat{\theta} - \theta) + \frac{V}{2}\sin(\theta + \hat{\theta}) - \frac{\hat{A}}{2}\sin 2\hat{\theta} \tag{9-68}$$

考虑到 $\hat{\theta} = \hat{\omega}t + \hat{\varphi}$、$\theta = \omega t + \varphi$，且稳态时 $\hat{\omega} \approx \omega$，$\hat{A} \approx V$，则式（9-68）可以化简为

$$e_{\mathrm{d}} \approx \frac{V}{2}(\hat{\varphi} - \varphi) \tag{9-69}$$

显然，其中相位角差 $(\hat{\varphi} - \varphi)$ 可不经任何延时而从鉴相器输出端直接得到。

对于式（9-69）推出的鉴相器（PD）输出信号中的的 2 次谐波分量 $(V/2)\sin(\theta + \hat{\theta}) - (\hat{A}/2)\sin 2\hat{\theta}$，一旦系统进入稳态，即 $\hat{A} \approx V$ 而 $\widehat{\theta} \approx \theta$ 时，该分量将会自行消失。换言之，鉴相器（PD）输出信号中的 2 次谐波分量仅存在于系统的暂态过程中，并且由于 $(V/2)\sin(\theta + \hat{\theta})$ 与 $(\hat{A}/2)\sin 2\hat{\theta}$ 两项的抵消作用，有效地抑制了暂态过程中的 2 次谐波分量幅值。若以相位角 φ 作为输入量，忽略鉴相器的动态过程，即相位差 $\hat{\varphi} \approx \varphi$ 足够小时，则基于输入信号重构的单相锁相环的闭环传递函数近似为

$$\frac{\hat{\phi}(s)}{\phi(s)} = K_{\mathrm{V}} \frac{sK_{\mathrm{P}} + K_{\mathrm{i}}}{s^2 + sK_{\mathrm{V}}K_{\mathrm{P}} + K_{\mathrm{V}}K_{\mathrm{i}}} \tag{9-70}$$

式中 K_{V}——鉴相器的稳态增益，$K_{\mathrm{V}} = V/2$。

显然，锁相环控制调节器的增益应根据式（9-70）设置，以便满足对系统闭环动态性能及抗扰性能的要求。

为研究基于输入信号重构的单相锁相环动态响应，给出了在电网电压的相位角突跳、频率波动、谐波注入以及电压跌落时的锁相环动态响应波形，如图 9-42 所示。

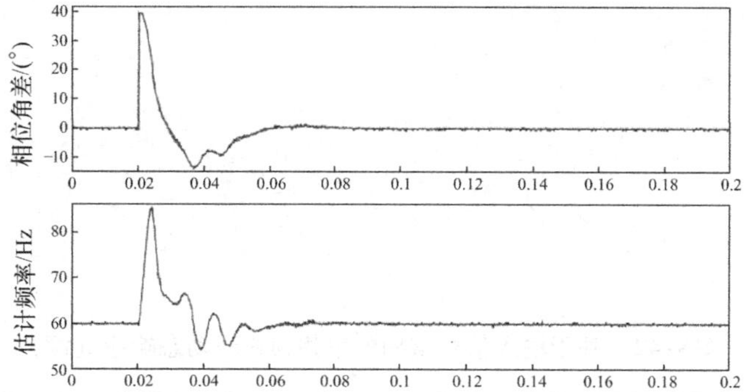

a)

图 9-42　基于输入信号重构的单相锁相环动态响应

a）相位角突跳 40°时锁相环相位角差 $(\theta - \hat{\theta})$（上）和估计频率 $\hat{\omega}$（下）的响应

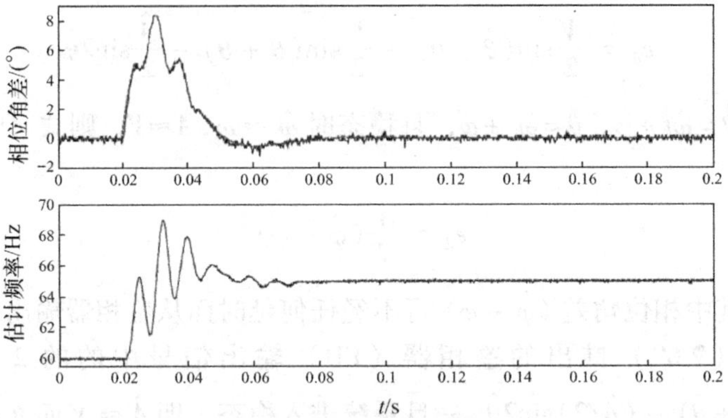

b)

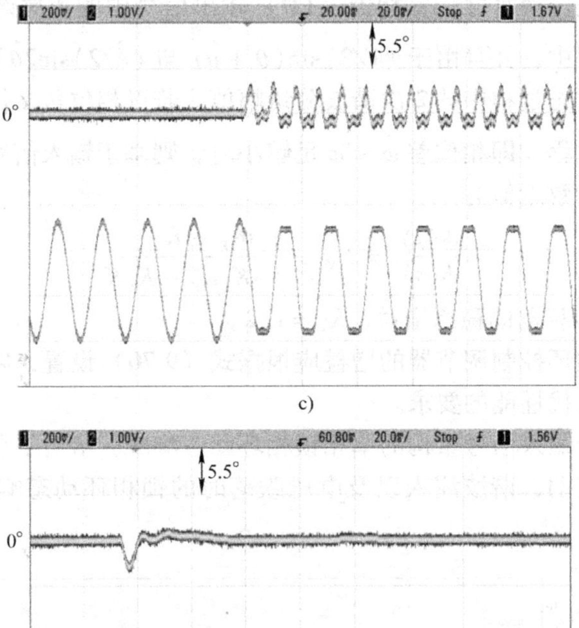

c)

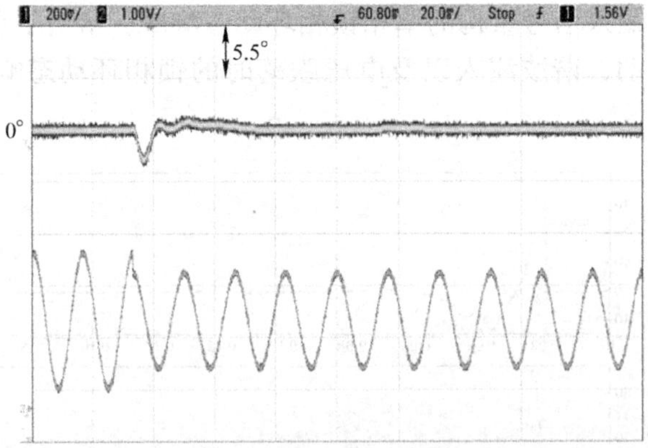

d)

图 9-42　基于输入信号重构的单相锁相环动态响应（续）

b）频率增长 +5Hz 时锁相环相位角差（$\theta-\hat{\theta}$）（上）和估计频率 $\hat{\omega}$（下）的响应

c）电网电压中注入 15% 的 3 次谐波电压时的锁相环相位角差（$\theta-\hat{\theta}$）（上）和电压波形（下）

d）电网电压跌落 30% 时的锁相环相位角差（$\theta-\hat{\theta}$）（上）和电压波形（下）

由图 9-42 所示的基于输入信号重构的单相锁相环的响应波形可看出：基于输入信号重构的单相锁相环具有较好的动态快速性。然而，当电网电压含有 3 次谐波时，其锁相环的相位输出信号中含有 2 次谐波，因此该锁相环方案对电网电压谐波较敏感，为此可以根据实际应用设置输出滤波器，而输出滤波器的引入，则又会影响系统的响应快速性。

9.4.2 基于两相正交变量的单相锁相环方案

基于两相正交变量的单相锁相环设计的关键在于针对输入信号的虚拟正交信号的获得，由此虚拟正交信号即可采用三相锁相环的基于同步坐标系的锁相环控制策略，以实现单相锁相环的控制，这就是基于虚拟两相鉴相器的单相锁相环方案的基本思路。以下根据虚拟两相鉴相器构造方法的不同，介绍几种典型的基于虚拟两相鉴相器的单相锁相环方案。

9.4.2.1 基于延迟法虚拟两相的单相锁相环

基于延迟法虚拟两相的单相锁相环方案采用了图 9-43 所示的基于 90°延迟的虚拟两相方案。

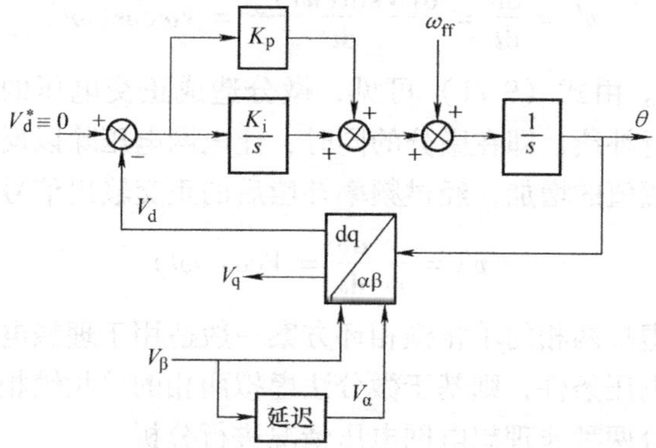

图 9-43　基于延迟法虚拟两相的单相锁相环控制结构

图 9-43 中的 90°延迟模块用来产生与输入电网电压信号 v_β 相差 90°的电压信号 v_α，并构成静止正交坐标系，再通过 Park 变换得到同步旋转坐标系中的虚拟电压矢量的 d、q 分量 v_d、v_q，当通过闭环控制使 $v_d=0$ 时，输入信号得以锁相。

基于延迟法虚拟两相的单相锁相环方案需要通过延迟 90°单元将电网电压延迟 90°，以获得虚拟的 v_α 信号，这显然降低了锁相环的响应速度，尤其当电压发生电压跌落以及相位突变等情况。另外，此种锁相环方案在输入电压畸变的情况下，将会将谐波引入到控制环路中，从而降低了控制环的锁相控制性能。

从延迟单元的设计角度看，若要实现延迟 90°，就要延时 $T/4$ 的时间，显然要能够实现正弦信号准确延迟 90°的前提是已知正弦信号的周期 T（或频率），而锁相环控制的目的本身就是跟踪未知的输入频率，因此当频率变化时，实际上无法准确实现延迟 90°，因此，利用延迟法虚拟两相的单相锁相环方案存在动态性能差的问题。

9.4.2.2 基于微分法虚拟两相的单相锁相环方案

当考虑理想电网时，即不存在谐波电压，电网电压可以用正弦量来表示，而对一个正弦量进行微分，则可以产生与之正交的余弦信号，以此构成基于微分法虚拟两相的单相锁相环方案，其锁相环控制结构如图 9-44 所示。

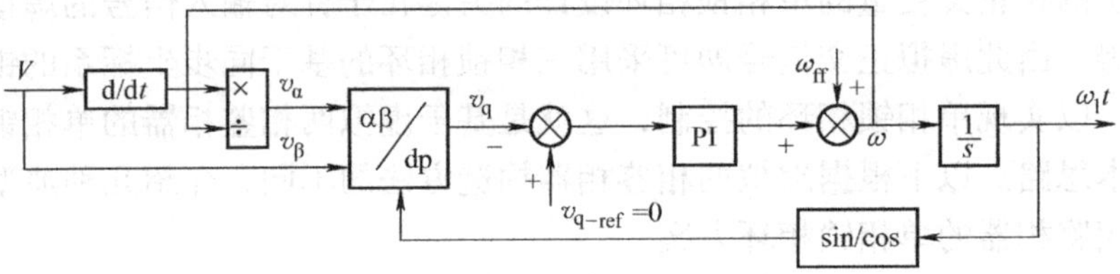

图 9-44 基于微分法虚拟两相的单相锁相环控制结构

设理想电网电压为 $v = V\sin(\omega t)$，若直接对 v 微分，即有

$$v' = \frac{dv}{dt} = \frac{d[V\sin(wt)]}{dt} = V\omega\cos(\omega t) \tag{9-71}$$

令 $v_\beta = v_s$、$v_\alpha = v'$。由式（9-71）可见，微分造成正交电压的幅值增大了 ω 倍，为此可对频率进行补偿，即在微分的同时，让电网电压除以反馈频率 ω，这样就避免了正交电压幅值的增加，经过频率补偿后的正交输出信号为

$$v' = \frac{1}{\omega}\frac{dv}{dt} = V\cos(\omega t) \tag{9-72}$$

基于微分法虚拟两相的单相锁相环方案一般适用于理想电网电压条件。而若考虑非理想电网电压条件，则基于微分法虚拟两相的单相锁相环方案存在不可避免的缺陷，以下分两种非理想电网电压情况进行分析：

（1）电网电压存在阶跃　当电网电压突然加入一恒定值时，即 $v = \begin{cases} 0 & t = 0^- \\ V & t = 0^+ \end{cases}$，此时的正交量 $u' = u_\alpha = \infty$，即无法构成虚拟两相。

（2）电网电压存在谐波　考虑电网电压中含有 3、5 次谐波，此时表达式为

$$v_s = V\sin(\omega t) + V_3\sin(3\omega t) + V_5\sin(5\omega t)$$

若对其进行微分计算，则输出量 v 为

$$v = v_\alpha = \frac{1}{\omega}\frac{du_s}{dt} = V\cos(\omega t) + 3V_3\cos(3\omega t) + 5V_5\cos(5\omega t) \tag{9-73}$$

可见，当电网电压中含有谐波时，则虚拟两相 v_α、v_β 中也含有了同次谐波，因此此时的 v_α 与 v_β 已不是标准的正交变量，为此必须要在环路中加滤波环节，

以实现锁相环对基波信号相位的跟踪。显然，由于滤波环节的延迟，这种基于微分法虚拟两相的单相锁相环方案也存在与乘法鉴相锁相环方案一样的不足。

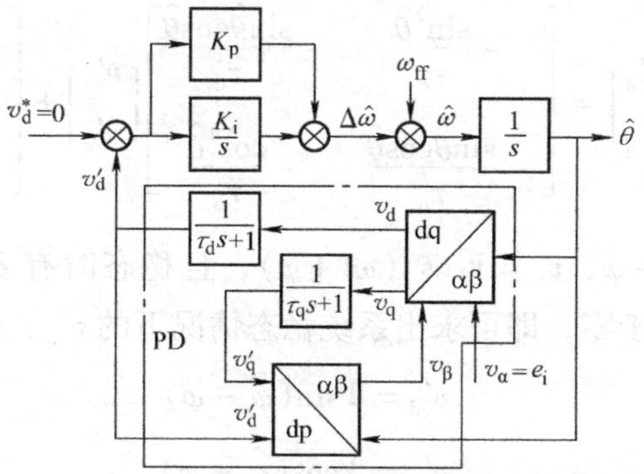

图 9-45　基于 Park 反变换虚拟两相的单相锁相环控制结构

9.4.2.3　基于 Park 反变换虚拟两相的单相锁相环方案

基于 Park 反变换虚拟两相的单相锁相环是由基于三相同步旋转坐标系的锁相环技术衍生而来的。其中的鉴相器（PD）环节采用了 Park 反变换来虚拟两相信号，其锁相环控制结构如图 9-45 所示。输入电网电压信号 v_α 和内部变换产生的信号 v_β 作为 Park 变换的输入信号，为了提高系统稳定性，将 Park 变换后的 d、q 分量 v_d 和 v_q 进行滤波，再将滤波器输出的 d、q 分量 v'_d 和 v'_q 输入 Park 反变换单元进行反变换以获得 v_β，而 v'_d 则作为锁相环鉴相器（PD）的输出信号。

上述 Park 变换和 Park 反变换可以表示为

$$\begin{bmatrix} v_d \\ v_q \end{bmatrix} = \begin{bmatrix} \cos\hat{\theta} & \sin\hat{\theta} \\ -\sin\hat{\theta} & \cos\hat{\theta} \end{bmatrix} \begin{bmatrix} v_\alpha \\ v_\beta \end{bmatrix} \tag{9-74}$$

$$\begin{bmatrix} v_\alpha \\ v_\beta \end{bmatrix} = \begin{bmatrix} \cos\hat{\theta} & -\sin\hat{\theta} \\ \sin\hat{\theta} & \cos\hat{\theta} \end{bmatrix} \begin{bmatrix} v'_d \\ v'_q \end{bmatrix} \tag{9-75}$$

式中　v'_d 和 v'_q ——式（9-74）Park 变换后的 v_d 和 v_q 信号的滤波输出信号；

$\hat{\theta}$ ——相位估计值。

如果对 v_d 和 v_q 信号的滤波采用一阶滤波器，则有

$$v'_d(s) = \frac{v_d(s)}{\tau_d s + 1} \tag{9-76}$$

$$v'_q(s) = \frac{v_q(s)}{\tau_q s + 1} \tag{9-77}$$

式中　τ_d 与 τ_q ——一阶滤波器时间常数。

联立式（9-74）~式（9-77），可得

$$\frac{\mathrm{d}}{\mathrm{d}t}\begin{bmatrix} v'_d \\ v'_q \end{bmatrix} = \begin{bmatrix} -\dfrac{\sin^2\hat{\theta}}{\tau_d} & -\dfrac{\sin\hat{\theta}\cos\hat{\theta}}{\tau_d} \\ -\dfrac{\sin\hat{\theta}\cos\hat{\theta}}{\tau_q} & -\dfrac{\cos^2\hat{\theta}}{\tau_q} \end{bmatrix}\begin{bmatrix} v'_d \\ v'_q \end{bmatrix} + \begin{bmatrix} \dfrac{\sin\hat{\theta}}{\tau_d} \\ \dfrac{\cos\hat{\theta}}{\tau_q} \end{bmatrix} v_\alpha \tag{9-78}$$

考虑到 $\hat{\theta} = \hat{\omega}t + \hat{\varphi}$、$v_\alpha = V\cos\ (\omega t + \varphi)$，且稳态时有 $\hat{\omega} \approx \omega$，此时将式（9-78）中的微分项等于零，即可求出系统稳态情况下的 $\bar{v}'_d$、$\bar{v}'_q$ 表达式为

$$\begin{aligned} \bar{v}'_d &= V\sin(\hat{\varphi} - \varphi) \\ \bar{v}'_q &= V\cos(\hat{\varphi} - \varphi) \end{aligned} \tag{9-79}$$

式中　$\bar{v}'_d$ 和 $\bar{v}'_q$——Park 变换的稳态值。

由式（9-79）可看出，若通过闭环控制使 $\bar{v}'_d = 0$，则可使 $\hat{\varphi} = \varphi$，即实现单相电压的锁相控制。

在基于 Park 反变换虚拟两相的单相锁相环设计中，其中的一阶滤波器设计对锁相环的动态性能有一定影响，具体讨论如下：

令时间常数 $\tau_q = \tau_d = \tau$，写出两相静止坐标系变量 v'_α 和 v'_β 的微分形式，得

$$\frac{\mathrm{d}}{\mathrm{d}t}\begin{bmatrix} v'_\alpha \\ v'_\beta \end{bmatrix} = \begin{bmatrix} -1/\tau & \mathrm{d}\hat{\theta}/\mathrm{d}t \\ -\mathrm{d}\hat{\theta}/\mathrm{d}t & 0 \end{bmatrix}\begin{bmatrix} v'_\alpha \\ v'_\beta \end{bmatrix} + \begin{bmatrix} 1/\tau \\ 0 \end{bmatrix} v_\alpha \tag{9-80}$$

式中，当 $\hat{\omega} \approx \omega$ 时，$\mathrm{d}\hat{\theta}/\mathrm{d}t$ 为常数。

式（9-80）便为一个正弦信号激励下的单输入单输出线性时不变系统，其特征方程 $\det(\lambda I - A) = 0$，即

$$\lambda^2 + \lambda/\tau + \hat{\omega}^2 = 0 \tag{9-81}$$

进而推出取决于 τ 和 $\hat{\omega}$ 的特征根为

$$\lambda_{1,2} = -\frac{1}{2\tau} \pm \frac{1}{2}\sqrt{\frac{1}{\tau^2} - 4\hat{\omega}^2} \tag{9-82}$$

分析式（9-82）可知，在平衡条件 $\hat{\omega} \approx \omega$ 附近，图 9-45 所示的鉴相器（PD）环节总是渐近稳定的，讨论两种情况：①如果 $\tau^{-1} \gg 2\hat{\omega}$，也就是当 τ 非常小时，系统将会产生一对实数极点，即 $\lambda_1 \approx \tau^{-1}$、$\lambda_2 \approx 0$，并且 λ_2 将作为小时间常数来主导系统动态性能。②如果 $\tau^{-1} \ll 2\hat{\omega}$，系统将产生一对实部很小的复数共轭极点，系统响应非常慢，并且是振荡的。

因此，考虑系统动态性能的快速响应性要求，一般则可以令 $1/\tau \approx 2\omega$，即一阶滤波器的截止频率等于电网频率的两倍。

然而，基于 Park 反变换虚拟两相的单相锁相环方案同样面临着非理想电网电压情况下难以准确快速响应的问题。假设电网电压中含有谐波次数为 n、幅值为 V_n 的谐波电压，根据分析，同样可以得出鉴相器（PD）的输出信号中会出现幅值为 $V_n/2$、谐波次数为 $n\pm1$ 的谐波分量，因而同样会导致滤波器设计上的困难。

为研究基于 Park 反变换虚拟两相的单相锁相环动态响应，给出了电网电压相位角突跳、频率波动、谐波注入以及电压跌落时的锁相环动态响应波形，如图 9-46 所示：

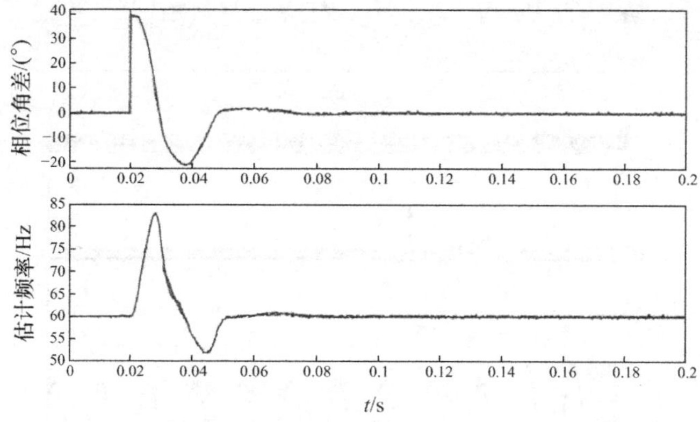

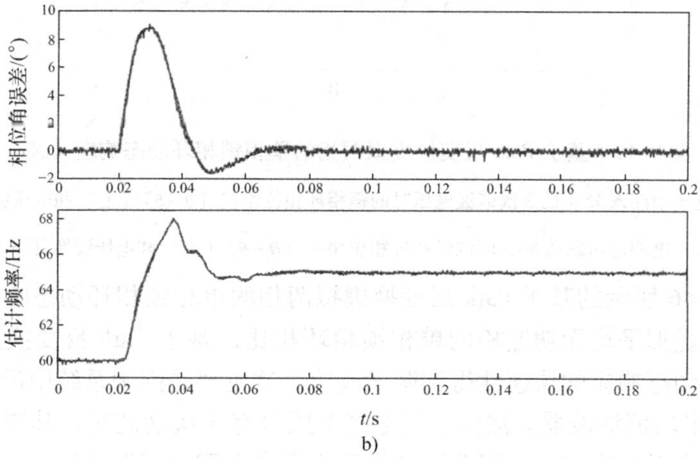

图 9-46　基于 Park 反变换虚拟两相的单相锁相环动态响应

a）相位角突跳 40°时锁相环相位角差（$\theta-\hat{\theta}$）（上）和估计频率$\hat{\omega}$（下）的响应

b）频率增加 +5Hz 时锁相环相位角差（$\theta-\hat{\theta}$）（上）和估计频率$\hat{\omega}$（下）的响应

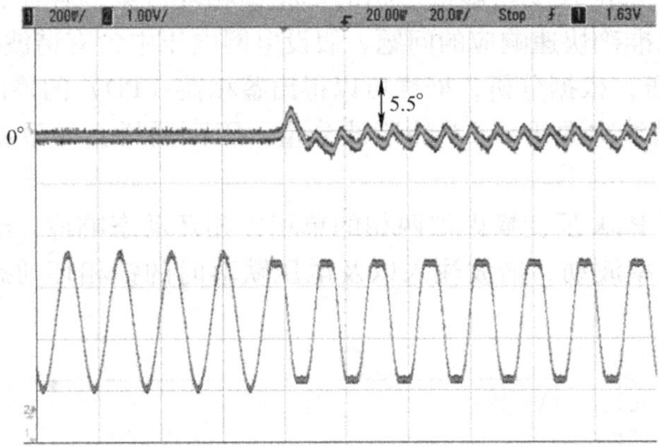

c)

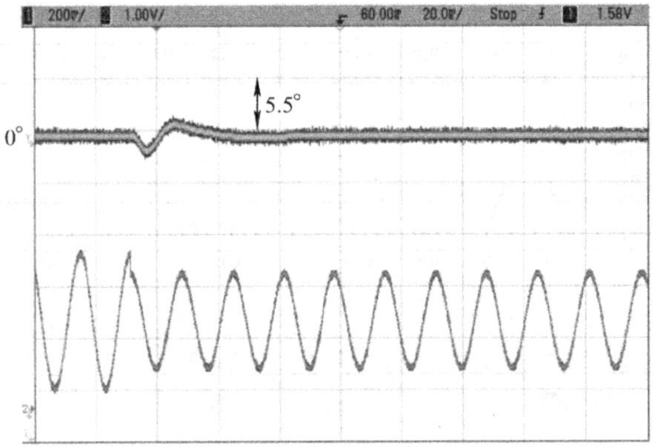

d)

图 9-46 基于 Park 反变换虚拟两相的单相锁相环动态响应（续）

c）电网电压中注入 15% 的 3 次谐波电压时的锁相环相位角差（$\theta-\hat{\theta}$）（上）和电压波形（下）

d）电网电压跌落 30% 时的锁相环相位角差（$\theta-\hat{\theta}$）（上）和电压波形（下）

从图 9-46 所示的基于 Park 反变换虚拟两相的单相锁相环动态响应波形可看出：与基于虚拟平均无功鉴相的单相锁相环相比，基于 Park 反变换虚拟两相的单相锁相环动态响应的快速性得到明显改善，这主要是因为系统中没有设置滤除 2 次谐波的平均值滤波器。然而，当电网电压含有 3 次谐波时，其锁相环的相位输出信号中含有 2 次谐波，因此该锁相环方案对电网电压谐波较敏感。

9.4.2.4 基于二阶广义积分器虚拟两相的单相锁相环

为了在取得单相锁相环动态响应快速性的同时，有效提高锁相环对电网电压的适应性（如对电网电压谐波的不敏感），与三相 DSOGI-PLL 类似，可以考虑采用基于二阶广义积分器的正交信号发生器（SOGI-QSG）方案，从而能无静差地提取输入信号的基波分量，并产生虚拟的正交分量。其 SOGI-QSG 方案的控制结构如图 9-47 所示，详细分析见三相 DSOGI-PLL 一节相关内容，这里不再赘述。

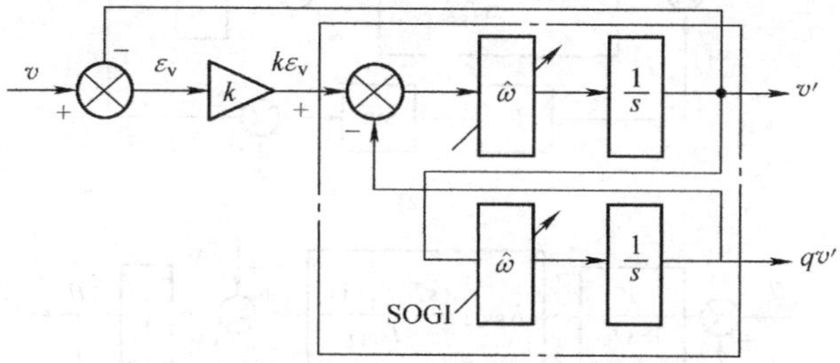

图 9-47　基于二阶广义积分器的正交信号发生器控制结构

9.5　锁相环控制器参数的整定

在锁相环控制系统中，其控制器参数的整定直接影响锁相环的动、静态性能，而本章介绍的各种锁相环，除相应的坐标变换以及正交信号发生外，其反馈控制环具有相似的基本结构，并且其控制器大都采用 PI 调节器，以下以单同步坐标系软件锁相环（SSRF－SPLL）为例，讨论其控制器的参数整定问题。

在 SSRF－SPLL 系统中，有

$$\begin{bmatrix} v_d \\ v_q \end{bmatrix} = V\begin{bmatrix} \cos(\theta - \hat{\theta}) \\ \sin(\theta - \hat{\theta}) \end{bmatrix} = V\begin{bmatrix} \cos\Delta\theta \\ \sin\Delta\theta \end{bmatrix} \tag{9-83}$$

若采用 $v_q = 0$ 的闭环控制，当控制器采用 PI 调节器时，若令调节器传递函数为 $K_{SPLL}(sT_{SPLL}+1)/sT_{SPLL}$，则 PLL 系统的控制模型结构如图 9-48a 所示，由于反馈通道中存在正弦变量，因而具有非线性特性。因此为方便参数整定，首先对图 9-48a所示的控制模型进行工作点附件的微偏线性化处理。

实际上，当考虑工作点附件的系统特性时，由于 $\Delta\theta$ 较小，即 $\sin(\Delta\theta) \approx \Delta\theta$。因此，图 9-48a 所示的控制模型得以线性化，即 PLL 系统可以当做线性控制系统来处理，并简化为单位反馈系统，另外，考虑与采样延迟对应的等效惯性时间常数 T_s（如取 $T_s = 100\mu s$），则 PLL 系统线性化控制模型结构如图 9-48b 所示。

图 9-48b 所示的 PLL 系统线性化控制模型结构的开环传递函数 $H_0(s)$ 为

$$H_0(s) = \left(K_{SPLL}\frac{sT_{SPLL}+1}{sT_{SPLL}}\right)\left(\frac{1}{1+sT_s}\right)\left(\frac{V}{s}\right) = \frac{a_1 s + a_0}{s^2(a_3 s + a_2)} \tag{9-84}$$

式中，K_{SPLL}、T_{SPLL}分别为 PI 调节器的增益和积分时间常数，且

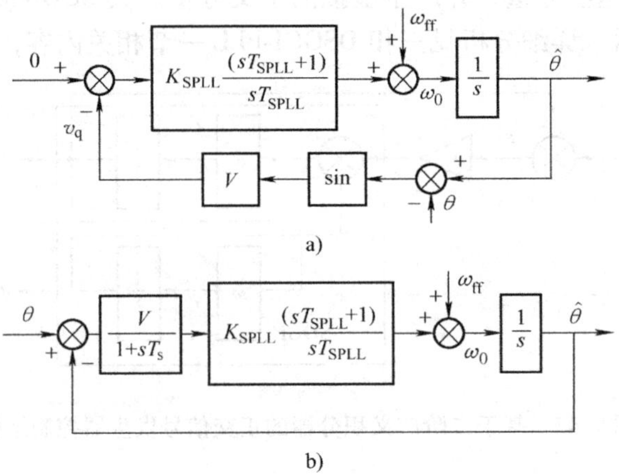

图 9-48　PLL 控制模型结构

a）PLL 控制模型结构　b）PLL 线性化控制模型结构

$$\begin{cases} a_0 = VK_{SPLL} \\ a_1 = VK_{SPLL}T_{SPLL} \\ a_2 = T_{SPLL} \\ a_3 = T_sT_{SPLL} \end{cases} \tag{9-85}$$

显然，式（9-84）为一个典型二型系统，其参数整定参见 3.2 三相 VSR 控制系统设计中的设计方案Ⅱ。

第 10 章　PWM 整流器应用

10.1　高功率因数整流器（HPFR）[176-179]

10.1.1　概述

高功率因数整流器（High Power Factor Rectifier——HPFR）是 PWM 整流器最基本的应用之一。其主要特点是在满足整流器直流输出响应指标的同时，实现整流器网侧高功率因数正弦波电流控制，甚至可使电能双向传输。当功率因数为 ±1 时，又称这种整流器为单位功率因数整流器。与装设谐波及无功补偿装置相比，高功率因数整流器的广泛应用是从根本上减少电网污染，以及改进整流器自身性能的更为积极有效的方法。

通常工程应用中的高功率因数整流器有以下几种设计方案。

1. 基于晶闸管相控整流器的多重化设计[176]

这种方案将几个桥式相控整流电路多重连接，并采用移相触发控制，从而减少了整流器的网侧谐波电流，并提高了整流装置的功率因数。这种方案适用于大功率整流装置。严格地说，这种设计方案并不是真正意义上的高功率因数整流器，只是采用了多重化技术，减少了网侧谐波电流，进而提高了整流器的网侧功率因数。

2. 多重脉波二极管整流设计

二极管整流器，由于不进行相控，因而其网侧功率因数应优于晶闸管相控整流器。而二极管整流器由于输出直流电压（电流）不能调节，因而只应用于整流电压（电流）无需调节的场合。对于大功率整流装置，常采用典型的 12 脉波二极管整流电路。为了进一步减少大功率二极管整流器网侧谐波电流，并提高功率因数，新型的大功率 24 脉波二极管整流电路已设计成功[177]。这种新型设计方案可在典型的 12 脉波二极管整流电路基础上，选取最佳平衡电抗器抽头，以达到输入线电流等效 24 脉波的效果。然而，这类二极管整流器也是通过减少网侧谐波电流来提高整流器的功率因数。

3. 基于斩波器的二极管整流设计

这种设计方案是在普通的二极管整流桥路与直流储能环节（电容）之间加入单管高频斩波器，从而可以实现网侧单位功率因数正弦波电流控制，由于网侧功率因数及电流可控，因而这种整流器设计方案是一种真正意义上的高功率因数整流器[178]。这种高功率因数整流器适用于小功率整流电路，如开关电源中的AC/DC环节。然而，基于斩波器的二极管整流电路无法实现电能的双向传输。

4. 采用PWM整流器拓扑结构的高功率因数整流设计[19]

采用PWM整流器拓扑结构的高功率因数整流器设计方案，利用PWM斩波控制技术，不仅能实现整流器网侧单位功率因数正弦波电流控制，而且可实现电能的双向传输，因而是一种性能优越，且很有发展前途的新型整流器。这类新型的高功率因数整流器目前较适用于中、小功率整流器设计，随着大功率电力电子器件的发展，基于PWM整流器拓扑结构的高功率因数整流器有取代大功率相控及二极管整流器的趋势。

以下主要研究基于电压型PWM整流器（VSR）拓扑结构的高功率因数整流器控制策略。

10.1.2 高功率因数整流器最优控制

为了使基于VSR的高功率因数整流器获得优良的整流输出性能，其控制系统常采用电压外环及电流内环的双环控制策略，控制系统结构如图10-1所示。图中采用了同步旋转坐标系控制结构，其中电压外环用于控制整流器的输出电压，而电流内环则实现整流器网侧单位功率因数正弦波电流控制。由于同步旋转坐标变换已将三相对称的交流量变换成同步旋转坐标系中的直流量，因此电流内环采用PI调节器即可取得无静差调节。在同步旋转坐标系控制结构中，直流电压调节器输出形成有功电流指令 i_q^*，而无功电流指令 i_d^* 可直接设定，若需获得单位功率因数控制性能，则 $i_d^*=0$。可见，若要高功率因数整流器获得较好的动、静态性能，其关键在于电流内环（i_q、i_d）的控制设计。

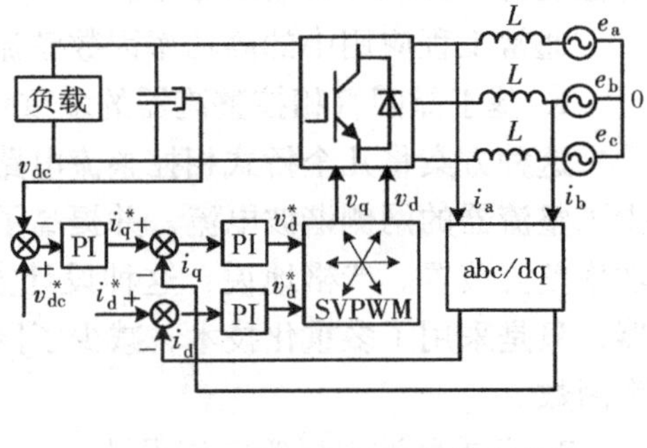

图10-1 高功率因数整流器控制结构

设同步旋转坐标系（d，q）中，电网电动势以q轴定向，则高功率因数整流器dq模型电压方程为

$$\begin{cases} E_m = L\dfrac{di_q}{dt} + \omega L i_d + v_q \\ 0 = L\dfrac{di_d}{dt} - \omega L i_q + v_d \end{cases} \tag{10-1}$$

式中 E_m——电网电动势峰值；

v_q，v_d——整流器交流侧电压 q、d 分量；

i_q，i_d——整流器网侧电流 q、d 分量；

L——整流器网侧电感。

若取得单位功率因数控制，则 $i_d=0$。当无功电流 i_d 具有较快的动态响应时，在讨论 i_q 控制过程中，近似认为 i_d 响应已进入稳态，即

$$\begin{cases} v_d \approx \omega L i_q \\ \dfrac{di_q}{dt} \approx \dfrac{E_m - v_q}{L} \end{cases} \tag{10-2}$$

从式（10-2）分析，当 $i_d=0$ 时，若要使有功电流 i_q 获得较快的动态响应，则 di_q/dt 应有足够大的控制范围，从而确保整流器直流电压外环的控制性能，因此 $(E_m - v_q)/L$ 的控制范围应足够大。当 VSR 高功率因数整流器的 E_m、L 确定后，有功电流的响应完全取决于交流侧控制电压 v_q。当采用空间电压矢量控制时，为确定 v_d、v_q 的控制范围，可以用等面积圆来等效电压矢量构成的正六边形的面积，如图 10-2 所示。显然

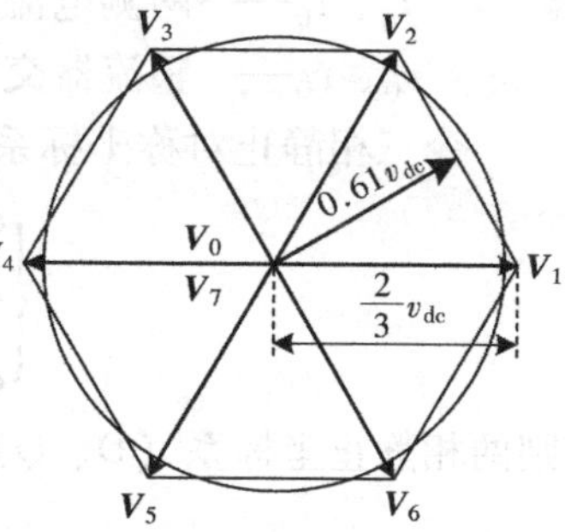

图 10-2　电压矢量控制范围

$$\begin{cases} v_D^2 + v_Q^2 = v_d^2 + v_q^2 \leqslant V_{max}^2 \\ V_{max} = \sqrt{\dfrac{2}{\pi\sqrt{3}}} v_{dc} \end{cases} \tag{10-3}$$

式中　v_D、v_Q——两相静止坐标系（D、Q）中整流器交流侧控制电压；

V_{max}——电压矢量控制最大幅值。

由式（10-2）、式（10-3）易得

$$|v_q| \leqslant \sqrt{V_{max}^2 - (\omega L i_q)^2} \tag{10-4}$$

显然，v_q 的控制范围受到 V_{max} 及 i_q 的制约。当 V_{max} 一定时，i_q 越大，v_q 的控制范围越小。而较小的 v_q 控制范围，必然使 i_q 的动态过程变慢，进而影响整流器直流电压的动态响应，因此须进一步改进。由式（10-1）得 i_q 的变化率为

$$\frac{di_q}{dt} = \frac{E_m - \omega L i_d - v_q}{L} \tag{10-5}$$

为了获得有功电流 i_q 的快速响应，di_q/dt 应有足够大的控制范围。式（10-5）表明，当 v_q 的控制范围受限时，可以利用 i_d 的控制，使 $(E_m - \omega L i_d - v_q)/L$ 具有足够的控制范围。显然，这种控制策略无法满足动态过程中的单位功率因数控制，即 $i_d \neq 0$。然而，就高功率因数整流器的控制功能而言，动态过程中，i_q 的控制性能比 i_d 的控制性能更显得重要。针对上述控制思路，须寻求一种时间

最优控制策略，即在有限的控制电压约束条件下，使 i_q 的动态响应时间最短，从而使整流器获得较为理想的直流输出性能。

考虑两相静止坐标系（D、Q）中的高功率整流器电压方程

$$\begin{cases} e_Q = L\dfrac{di_Q}{dt} + v_Q \\ e_D = L\dfrac{di_D}{dt} + v_D \end{cases} \tag{10-6}$$

式中 e_Q、e_D——电网电动势的 Q、D 轴分量；

i_Q、i_D——网侧电流的 Q、D 轴分量；

v_Q、v_D——整流器交流侧电压的 Q、D 轴分量。

令三相静止对称坐标系（a，b，c）中电网电动势为

$$\begin{cases} e_a = E_m\cos(\omega t + \varphi_0) \\ e_b = E_m\cos(\omega t + \varphi_0 - 120°) \\ e_c = E_m\cos(\omega t + \varphi_0 + 120°) \end{cases} \tag{10-7}$$

则两相静止坐标系（D、Q）中电网电动势为

$$\begin{cases} e_Q = E_m\cos(\omega t + \varphi_0) \\ e_D = -E_m\sin(\omega t + \varphi_0) \end{cases} \tag{10-8}$$

式中 φ_0——电网电动势初始相位角。

联立式（10-6）、式（10-8），得

$$\begin{cases} \dfrac{di_Q}{dt} = \dfrac{E_m}{L}\cos(\omega t + \varphi_0) - \dfrac{1}{L}v_Q \\ \dfrac{di_D}{dt} = -\dfrac{E_m}{L}\sin(\omega t + \varphi_0) - \dfrac{1}{L}v_D \end{cases} \tag{10-9}$$

若要取得单位功率因数正弦波电流控制，整流器网侧电流（i_Q、i_D）与电网电动势（e_Q，e_D）应同相，即坐标系（D、Q）中的电流控制指令 i_Q^*、i_D^* 为

$$\begin{cases} i_Q^* = I_q^*\cos(\omega t + \varphi_0) \\ i_D^* = -I_q^*\sin(\omega t + \varphi_0) \end{cases} \tag{10-10}$$

式中 I_q^*——两相同步旋转坐标系（d，q）中的电流指令（电网电动势以 q 轴定向）。

对式（10-10）两边微分，即得

$$\begin{cases} \dfrac{di_Q^*}{dt} = -\omega I_q^*\sin(\omega t + \varphi_0) \\ \dfrac{di_D^*}{dt} = -\omega I_q^*\cos(\omega t + \varphi_0) \end{cases} \tag{10-11}$$

令两相静止坐标系（D、Q）中状态变量 x_Q、x_D 为

$$\begin{cases} x_Q = i_Q^* - i_Q \\ x_D = i_D^* - i_D \end{cases} \tag{10-12}$$

稳态条件下，联立式（10-9）、式（10-11）、式（10-12）即得

$$\begin{cases} \dfrac{dx_Q}{dt} = -\dfrac{E_m}{L}\cos(\omega t + \varphi_0) - \omega I_q^* \sin(\omega t + \varphi_0) + \dfrac{1}{L}v_Q \\ \dfrac{dx_D}{dt} = \dfrac{E_m}{L}\sin(\omega t + \varphi_0) - \omega I_q^* \cos(\omega t + \varphi_0) + \dfrac{1}{L}v_D \end{cases} \tag{10-13}$$

所谓高功率因数整流器的时间最优控制，就是确定交流侧电压 v_D、v_Q 的控制算法，并在最短时间内使状态变量 $x_Q = x_D = 0$。

根据最优控制理论[179]，可以构造上述问题的哈密顿函数 H 为

$$H = 1 + \left[-\frac{E_m}{L}\cos(\omega t + \varphi_0) - \omega I_q^* \sin(\omega t + \varphi_0) + \frac{v_Q}{L}\right]P_Q + \left[\frac{E_m}{L}\sin(\omega t + \varphi_0) - \omega I_q^* \cos(\omega t + \varphi_0) + \frac{v_D}{L}\right]P_D \tag{10-14}$$

式中　P_Q、P_D——伴随变量。

由于 $v_Q^2 + v_D^2 = v_q^2 + v_d^2 \leqslant V_{max}^2$，则由伴随变量描述的整流器控制电压 v_Q、v_D 满足

$$\begin{cases} v_Q = -V_{max}\dfrac{P_Q}{\sqrt{P_Q^2 + P_D^2}} \\ v_D = -V_{max}\dfrac{P_D}{\sqrt{P_Q^2 + P_D^2}} \end{cases} \tag{10-15}$$

且伴随变量满足

$$\begin{cases} \dfrac{dP_Q}{dt} = \dfrac{\partial H}{\partial x_Q} = 0 \\ \dfrac{dP_D}{dt} = -\dfrac{\partial H}{\partial x_D} = 0 \end{cases} \tag{10-16}$$

显然，伴随变量 P_Q、P_D 为常量。因此，可由式（10-15）求得整流器交流侧控制电压 v_Q、v_D。对式（10-13）两边积分，则

$$\begin{cases}x_{\mathrm{Q}} = x_{\mathrm{Q0}} - \dfrac{E_{\mathrm{m}}}{\omega L}[\sin(\omega t + \varphi_0) - \sin\varphi_0] + I_{\mathrm{q}}^*[\cos(\omega t + \varphi_0) - \cos\varphi_0] + \dfrac{1}{L}v_{\mathrm{Q}}t \\ x_{\mathrm{D}} = x_{\mathrm{D0}} - \dfrac{E_{\mathrm{m}}}{\omega L}[\cos(\omega t + \varphi_0) - \cos\varphi_0] - I_{\mathrm{q}}^*[\sin(\omega t + \varphi_0) - \sin\varphi_0] + \dfrac{1}{L}v_{\mathrm{D}}t\end{cases} \tag{10-17}$$

式中　x_{Q0}、x_{D0}——状态变量初始值。

令 $i_{\mathrm{Q0}}^* = i_{\mathrm{Q}}^*(0)$、$i_{\mathrm{D0}}^* = i_{\mathrm{D}}^*(0)$、$i_{\mathrm{Q0}} = i_{\mathrm{Q}}(0)$、$i_{\mathrm{D0}} = i_{\mathrm{D}}(0)$，则

$$\begin{cases}x_{\mathrm{Q0}} = i_{\mathrm{Q0}}^* - i_{\mathrm{Q}}(0) = I_{\mathrm{q}}^*\cos\varphi_0 - i_{\mathrm{Q0}} \\ x_{\mathrm{D0}} = i_{\mathrm{D0}}^* - i_{\mathrm{D}}(0) = -I_{\mathrm{q}}^*\sin\varphi_0 - i_{\mathrm{D0}}\end{cases} \tag{10-18}$$

将式（10-18）代入式（10-17），得

$$\begin{cases}x_{\mathrm{Q}} = -i_{\mathrm{Q0}} - \dfrac{E_{\mathrm{m}}}{\omega L}[\sin(\omega t + \varphi_0) - \sin\varphi_0] + I_{\mathrm{q}}^*\cos(\omega t + \varphi_0) + \dfrac{1}{L}v_{\mathrm{Q}}t \\ x_{\mathrm{D}} = -i_{\mathrm{D0}} - \dfrac{E_{\mathrm{m}}}{\omega L}[\cos(\omega t + \varphi_0) - \cos\varphi_0] - I_{\mathrm{q}}^*\sin(\omega t + \varphi_0) + \dfrac{1}{L}v_{\mathrm{D}}t\end{cases} \tag{10-19}$$

令状态变量 x_{Q}、x_{D} 由初始状态（x_{Q0}，x_{D0}）到状态（0，0）的最小时间为 $t_{\min}$，则将 $x_{\mathrm{Q}}(t_{\min}) = x_{\mathrm{D}}(t_{\min}) = 0$ 代入式（10-19），即得整流器交流侧控制电压指令 v_{Q}^*、v_{D}^* 为

$$\begin{cases}v_{\mathrm{Q}}^* = \left\{i_{\mathrm{Q0}} + \dfrac{E_{\mathrm{m}}}{\omega L}[\sin(\omega t_{\min} + \varphi_0) - \sin\varphi_0] - I_{\mathrm{q}}^*\cos(\omega t_{\min} + \varphi_0)\right\}\dfrac{L}{t_{\min}} \\ v_{\mathrm{D}}^* = \left\{i_{\mathrm{D0}} + \dfrac{E_{\mathrm{m}}}{\omega L}[\cos(\omega t_{\min} + \varphi_0) - \cos\varphi_0] + I_{\mathrm{q}}^*\sin(\omega t_{\min} + \varphi_0)\right\}\dfrac{L}{t_{\min}}\end{cases} \tag{10-20}$$

式（10-20）可改写成

$$\begin{cases}v_{\mathrm{Q}}^* = L\dfrac{i_{\mathrm{Q0}} - i_{\mathrm{Q}}^*(t_{\min})}{t_{\min}} + \dfrac{\int_0^{t_{\min}} e_{\mathrm{Q}}\mathrm{d}t}{t_{\min}} \\ v_{\mathrm{D}}^* = L\dfrac{i_{\mathrm{D0}} - i_{\mathrm{D}}^*(t_{\min})}{t_{\min}} + \dfrac{\int_0^{t_{\min}} e_{\mathrm{D}}\mathrm{d}t}{t_{\min}}\end{cases} \tag{10-21}$$

式（10-21）右边第一项为动态分量，表示对指令电流的跟踪；右边第二项为稳态分量，表示用于平衡电网电动势的平均值。

为了取得时间最优控制，整流器交流侧控制电压须满足

$$v_{\mathrm{Q}}^2 + v_{\mathrm{D}}^2 = V_{\max}^2 \tag{10-22}$$

联立式（10-21）、式（10-22），即可求解 $t_{\min}$。

另外，对控制过程网侧电流必须加以限制，即

$$i_Q^2 + i_D^2 \leqslant I_{max}^2 \tag{10-23}$$

式中 I_{max}——网侧电流最大峰值。

当采用数字控制器设计时，利用第 n 次电流采样值，便可预测出第 $n+1$ 次电流采样值，即

$$\begin{cases} i_Q(n+1) = i_Q(n) + \dfrac{e_Q(n) - v_Q^*(n)}{L}T_s \\ i_D(n+1) = i_D(n) + \dfrac{e_D(n) - v_D^*(n)}{L}T_s \end{cases} \tag{10-24}$$

式中 T_s——采样周期。

当 $i_Q^2(n+1) + i_D^2(n+1) > I_{max}^2$ 时，则必须重新确定整流器交流侧控制电压指令 $v_Q^*(n)$、$v_D^*(n)$，从而使网侧电流限制在 I_{max} 值以内。此时，实际上已是一种准最优控制，其电压指令 $v_Q^*(n)$、$v_D^*(n)$ 由下列方程约束：

$$\begin{cases} i_Q^2(n+1) + i_D^2(n+1) = \left[i_Q(n) + \dfrac{e_Q(n) - v_Q^*(n)}{L}T_s\right]^2 + \\ \qquad\qquad\qquad\qquad\qquad\quad \left[i_D(n) + \dfrac{e_D(n) - v_D^*(n)}{L}T_s\right]^2 = I_{max}^2 \\ v_Q^{*2}(n) + v_D^{*2}(n) = V_{max}^2 \end{cases} \tag{10-25}$$

图10-3 给出了采用同步旋转坐标系 PI 调节器控制时的整流器动态响应曲线，即由整流运行状态阶跃变至有源逆变运行状态时的动态响应曲线。图 10-4

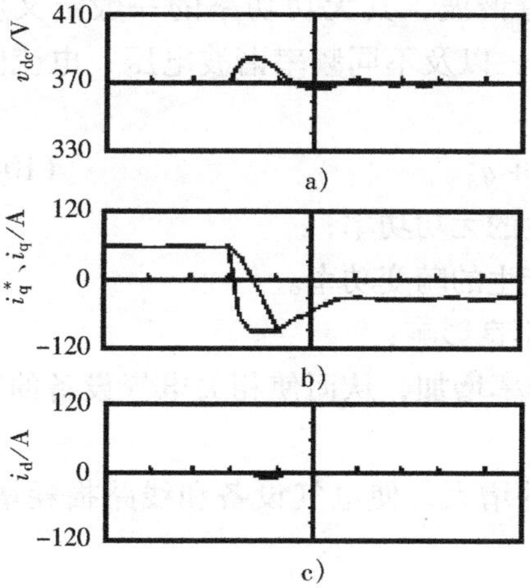

图 10-3 基于 PI 调节器控制的整流器动态响应曲线

a) v_{dc} 响应曲线 b) i_q^*、i_q 响应曲线 c) i_d 响应曲线

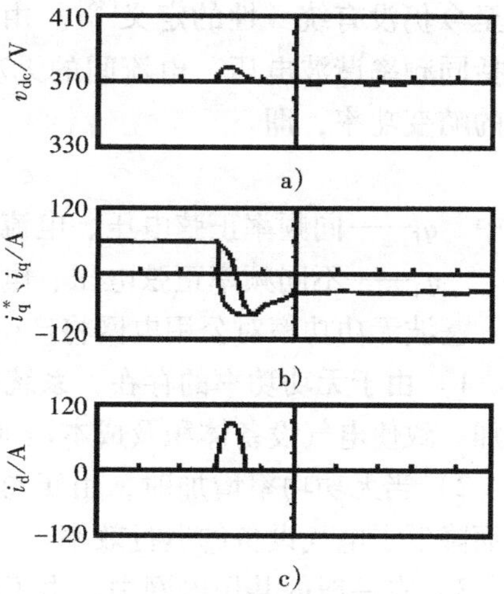

图 10-4 基于最优控制的整流器响应曲线

a) v_{dc} 响应曲线 b) i_q^*、i_q 响应曲线 c) i_d 响应曲线

则给出了采用最优控制策略时，同一动态过程中的整流器动态响应曲线。对比两者动态响应曲线可知，采用最优控制策略时，虽然在动态过程中有一定的无功电流 i_d，但整流器直流侧电压的波动却得到抑制。

10.2 静止无功发生器（SVG）[75,182]

10.2.1 概述

众所周知，无功功率描述了电路网络能量交换的幅度，其本身并不表示所消耗的功率。一般来说，无功功率包括基波无功功率和谐波无功功率。

所谓基波无功功率是指正弦电路中，若负载是线性的，则电路中的电压和电流均为正弦波，此时电路中的无功功率定义为

$$q = VI\sin\varphi = S\sin\varphi \tag{10-26}$$

式中 q——无功功率；

S——视在功率；

φ——功率因数角；

V、I——电压、电流有效值。

谐波无功功率是指含有谐波的非正弦电流中的无功功率，关于谐波无功功率至今仍没有统一性的定义[45]。由于含有谐波，其无功功率的一般定义应当包括同频率谐波电压、电流间的无功功率，以及不同频率谐波电压、电流间产生的畸变功率，即

$$q^* = q_f^2 + q_d^2 \tag{10-27}$$

式中 q_f——同频率正弦电压、电流间产生的无功功率；

q_d——不同频率正弦电压、电流间产生的畸变功率。

基波无功功率对公用电网将产生以下不良影响：

1）由于无功功率的存在，系统视在功率增加，从而使相关电气设备的容量增加，致使电气设备体积及成本增加。

2）当无功功率增加时，由于总电流的增大，使电气设备和线路损耗增加，从而降低了电气设备的运行效率。

3）在一般的共用电网中，由于线路电阻远低于线路电抗，因而电网电压的变化几乎与无功功率成正比，即

$$\Delta V \approx \frac{X_s q}{V} \tag{10-28}$$

式中 ΔV——电网电压变化量；

X_s——线路电抗；

V——电网电压。

特别是，当冲击性无功负载投切时，会使电网电压产生剧烈波动，从而严重影响电网的供电质量。

而谐波无功功率的危害，主要体现为谐波对电网及负载的影响，有关谐波问题将在10.3节中详述。本节将只讨论基波无功功率及补偿。

目前，无功补偿的主要目的仍是为了提高电网功率因数及稳定电网电压。当然，无功补偿还可以减少电压闪变、降低过电压以及提高电力系统的静态和动态稳定性等。

为了降低无功补偿装置的容量，通常使补偿后的电压调整率在2%~5%间波动，图10-5表示了理想及实际的无功补偿器电压—电流特性。

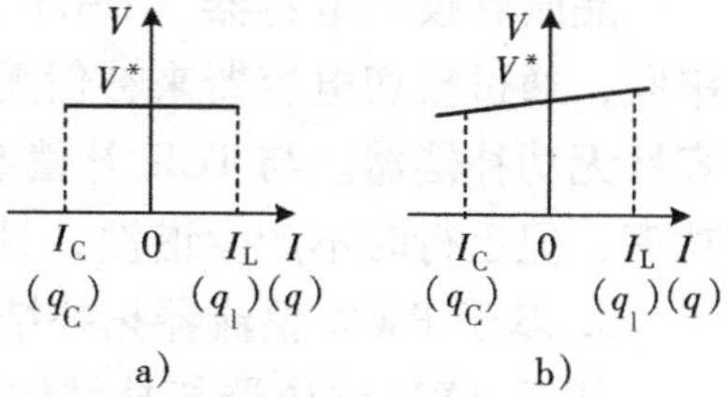

图10-5 无功补偿器电压—电流特性
a）理想特性 b）非理想特性

显然，图10-5a为理想的恒压补偿特性，而图10-5b为允许电压变化的倾斜特性。进一步研究表明，当无功补偿器连接点电压的变化为系统电源电压变化量的一半时，其所需补偿器容量为理想补偿器容量的一半。因此，在设计无功补偿器时，应在补偿器容量及其电压调整率间进行折中考虑。

工程上应用的无功补偿器主要包括旋转无功补偿器和静止无功补偿器。旋转无功补偿器主要以同步调相机为代表，而同步调相机实际上就是在过励或欠励状态下运行的同步电机，它既能发出容性无功，也能发出感性无功，因而同步调相机能对变化的无功功率进行动态补偿。然而，这种旋转无功补偿器运行噪声大、效率低、动态响应慢且维护困难，20世纪70年代以来已逐渐被静止无功补偿器取代。

静止无功发包括饱和电抗器（Saturated Reactor——SR）补偿装置、基于晶闸管控制的静止无功补偿装置（Static Var Compensator——SVC）以及采用PWM整流器拓扑结构的静止无功发生器（Static Var Generator——SVG），现分述如下：

1. 饱和电抗器（SR）补偿装置

饱和电抗器利用铁心的饱和进行无功补偿，其主要特点是动态响应快。与同步调相机相比，虽然饱和电抗器属静止补偿器，但其损耗和噪声仍较大。另外，由于饱和电抗器不能分相调节和补偿负载的不平衡以及自身存在的非线性等问题，因而未能推广使用。

2. 基于晶闸管控制的静止无功补偿装置（SVC）

静止无功补偿装置（SVC）常指基于晶闸管控制的静止无功补偿装置，主要包括晶闸管控制电抗器（Thyristor Controlled Reactor——TCR）补偿装置以及晶闸管投切电容器（Thyristor Switched Capacitor——TSC）补偿装置，另外，SVC还包括一些混合型的补偿器，如 TCR + TSC 补偿装置等。

晶闸管控制电抗器（TCR）补偿装置就是采用两个反并联的晶闸管与电抗器相串联，通过触发延迟角的变化来控制电抗器支路中的无功电流，从而进行无功补偿。单独的 TCR 补偿装置由于只能吸收感性无功，因此常与并联电容器配合使用，以吸收容性无功，这种复合型补偿装置被称为 TCR + FC 型 SVC。TCR 补偿装置的主要特点是能进行连续的无功补偿，其主要缺点是补偿过程会产生谐波。

晶闸管投切电容器（TSC）补偿装置利用两个反并联晶闸管与补偿电容器相串联，通过投切电容器来补偿无功功率。显然，TSC 补偿装置是一种分级可调的容性无功补偿器。与 TCR 补偿装置相比，TSC 补偿装置虽然不能连续调节无功功率，但运行时不产生谐波，且损耗较小，因此仍然获得了广泛应用。

3. 基于 PWM 整流器拓扑结构的静止无功发生器（SVG）

基于 PWM 整流器拓扑结构的静止无功发生器（SVG）是新一代的静止无功补偿装置，通过 PWM 技术调节桥路网侧电流幅值和相位从而补偿无功功率。由于 PWM 整流器四象限运行特性，SVG 能实现无谐波连续的动态无功补偿。

理论分析表明，若忽略 PWM 开关过程，并考虑三相平衡系统，基于 PWM 整流器拓扑结构的 SVG 网侧与直流侧之间没有无功能量传递，因此理论上直流侧无须设置无功储能元件。但实际的系统中，由于在 PWM 开关过程中存在高频开关谐波和无功，SVG 直流侧仍需设置一定的储能元件（电容、电感），但所需储能元件的容量远比 SVG 能提供的无功容量要小，这样便大大降低了储能元件的体积和成本。

与 PWM 整流器网侧电流控制相似，SVG 网侧电流亦可采用间接的幅相电流控制以及直接电流跟踪控制。当采用直接电流跟踪控制时，SVG 网侧电流将获得较好的动态性能。从拓扑结构上看，SVG 实际上是直流侧无负载的 PWM 整流器，与一般 PWM 整流器控制要求不同，SVG 更强调网侧无功电流的控制性能。

10.2.2 SVG 非线性解耦控制

从主电路结构看，基于 VSR 拓扑结构的 SVG，实际上就是一台无直流负载的 PWM 整流器。为了描述 SVG 主电路的损耗，系统设计时，仍将 SVG 直流侧接入一个等效的损耗电阻 R_L。

在同步旋转坐标系（d，q）中，基于 VSR 的 SVG dq 模型方程为

$$\frac{\mathrm{d}i_d}{\mathrm{d}t}=\omega i_q+\frac{1}{L}e_d-\frac{1}{L}s_d v_{dc} \tag{10-29}$$

$$\frac{\mathrm{d}i_q}{\mathrm{d}t} = -\omega i_d + \frac{1}{L}e_q - \frac{1}{L}s_q v_{dc} \tag{10-30}$$

$$\frac{\mathrm{d}v_{dc}}{\mathrm{d}t} = \frac{1}{C}(s_d i_d + s_q i_q) - \frac{v_{dc}}{R_L C} \tag{10-31}$$

式中 s_d、s_q——二值逻辑开关函数 d、q 分量；

R_L——SVG 直流侧等效损耗电阻；

i_d、i_q——SVG 网侧电流 d、q 分量；

e_d、e_q——电网电动势的 d、q 分量；

v_{dc}——SVG 直流侧电压。

从式（10-29）~式（10-31）可看出，SVG dq 模型中存在两个变量的乘积（$s_d i_d$、$s_q i_q$），且 d、q 分量相互耦合，因此基于 VSR 的 SVG 模型为一多输入多输出非线性耦合模型。为了使 SVG 获得良好的动态补偿性能，关键在于无功电流分量 i_d 的控制。以下研究一种非线性解耦控制策略，其目的是使 SVG 的 d、q 分量解耦，并使系统获得良好的线性控制特性。

为了使 SVG 的 d、q 分量获得线性控制特性，采用输入输出线性化控制策略[183]。其基本思路为，构造一个新的输入变量 u_d、u_q，使其与输出变量 i_d、i_q 之间呈现线性解耦特性。由 SVG 主电路拓扑结构分析，由于其交流侧每相只存在一个储能元件（电感 L），则可令新输入变量 u_d、u_q 与输出变量 i_d、i_q 间由一阶线性微分方程描述，且 d、q 分量无耦合，即

$$\frac{\mathrm{d}i_d}{\mathrm{d}t} + k_1 i_d = k_1 u_d \tag{10-32}$$

$$\frac{\mathrm{d}i_q}{\mathrm{d}t} + k_1 i_q = k_1 u_q \tag{10-33}$$

式中 k_1——比例系数。

为了满足上述线性方程的控制律，将式（10-32）、式（10-33）分别代入式（10-29）~式（10-31），得

$$\begin{cases} \omega i_q + k_1 i_d + \dfrac{1}{L}e_d - \dfrac{1}{L}s_d v_{dc} = k_1 u_d \\ -\omega i_d + k_1 i_q + \dfrac{1}{L}e_q - \dfrac{1}{L}s_q v_{dc} = k_1 u_q \end{cases} \tag{10-34}$$

由式（10-34）解得 SVG 非线性解耦控制律为

$$\begin{cases} s_d = \dfrac{L}{v_{dc}}\left[-k_1 u_d + \left(k_1 i_d + \omega i_q + \dfrac{e_d}{L}\right)\right] \\ s_q = \dfrac{L}{v_{dc}}\left[-k_1 u_q - \left(-k_1 i_q + \omega i_d - \dfrac{e_q}{L}\right)\right] \end{cases} \tag{10-35}$$

再由式（10-32）、式（10-33）的拉氏变换易求得

$$\frac{I_d(s)}{U_d(s)} = \frac{I_q(s)}{U_q(s)} = \frac{k_1}{s + k_1} \tag{10-36}$$

式中　$I_d(s)$、$I_q(s)$——网侧电流 i_d、i_q 的拉氏变换量；

$U_d(s)$、$U_q(s)$——u_d、u_q 的拉氏变换量。

式（10-36）表明，若按式（10-35）的非线性解耦控制律控制 SVG，其电流内环控制对象为一阶惯性环节，且 i_d、i_q 可独立控制。

考虑到 SVG 交流侧与直流侧的瞬时功率平衡，即

$$v_d i_d + v_q i_q = C v_{dc} \frac{dv_{dc}}{dt} + \frac{v_{dc}^2}{R_L} \tag{10-37}$$

式中　v_d、v_q——SVG 交流侧电压 d、q 分量

$$v_d = s_d v_{dc} \quad v_q = s_q v_{dc} \tag{10-38}$$

若电网电动势按 q 轴定向，则 $e_d = 0$，当考虑“等功率”坐标变换，此时 SVG 网侧有功功率 p_s 及无功功率 q_s 可表述为

$$\begin{cases} p_s = e_q i_q \\ q_s = -e_q i_d \end{cases} \tag{10-39}$$

其中，SVG 的有功功率 p_s 主要是为了补偿主电路损耗，并维持 SVG 直流侧电压的稳定，因此 SVG 有功功率 p_s 的控制主要由直流电压控制环完成，而无功功率 q_s 须独立闭环控制，以补偿无功功率。SVG 控制系统结构如图 10-6 所示。

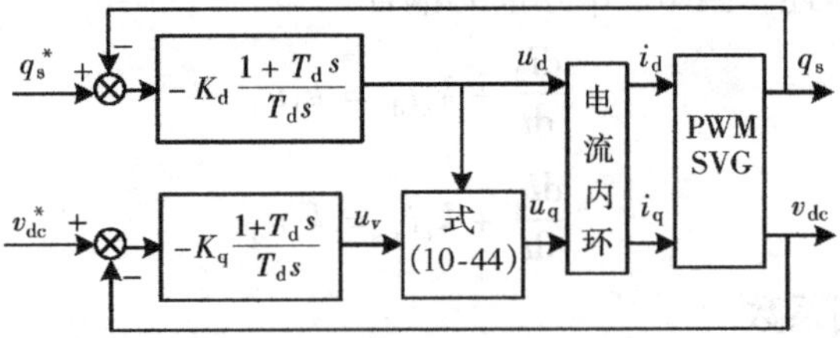

图 10-6　SVG 控制系统结构

当无功功率闭环采用 PI 调节器，且考虑式（10-36）及式（10-39）时，无功功率控制环闭环传递函数为

$$\frac{q_s(s)}{q_s^*(s)} = e_q K_d \frac{1 + T_d s}{1 + e_q K_d + e_q K_d T_d s} \tag{10-40}$$

式中　$q_s^*(s)$——无功指令；

K_d——无功调节器比例增益；

T_d——无功调节器超前时间常数。

式（10-40）表明，基于 VSR 拓扑结构的 SVG 无功闭环控制系统是一阶线性系统，因此可按动态指标确定 K_d、T_d 参数。

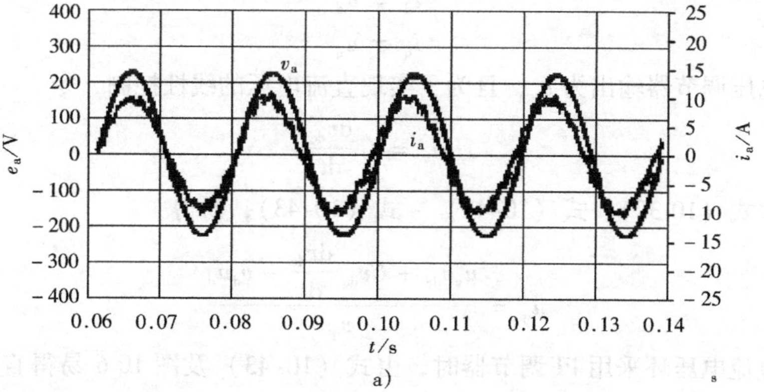

a)

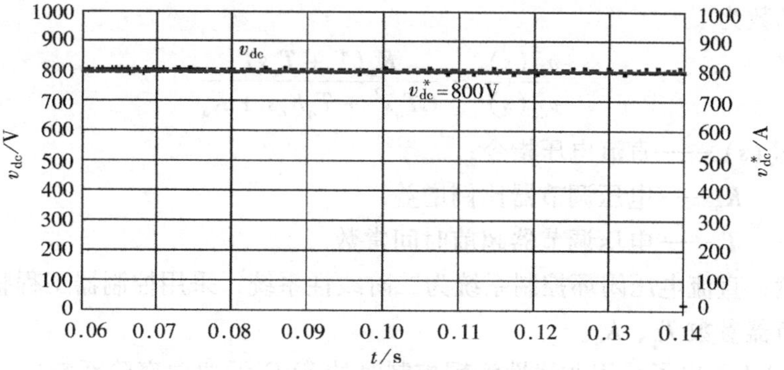

b)

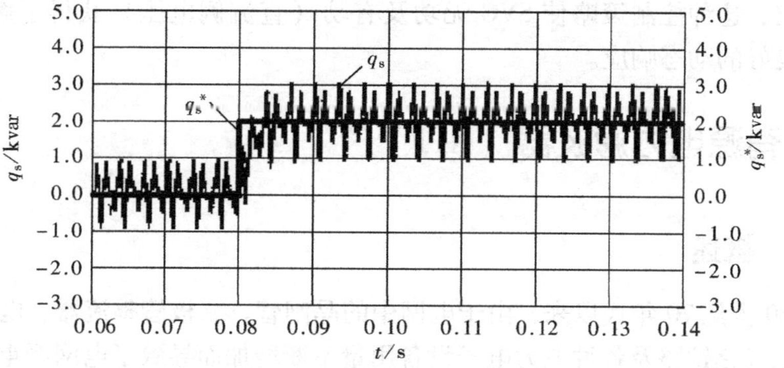

c)

图 10-7　SVG 无功功率阶跃响应

a）网侧电动势、电流波形　b）直流侧电压波形　c）无功功率响应

为了取得 SVG 无功及有功的独立控制，需进一步设计直流电压控制环。当直流电压环的截止频率远低于电流环的截止频率时，在设计直流电压环时，可近似认为电流响应已进入稳态，由式（10-32）、式（10-33）易得稳态时的电流控制关系为

$$i_d = u_d \tag{10-41}$$

$$i_q = u_q \tag{10-42}$$

设直流电压调节器输出为 u_v，且为了实现直流电压的线性控制，令

$$u_v = C\frac{dv_{dc}}{dt} \tag{10-43}$$

联立式（10-37）、式（10-41）~式（10-43），易得

$$u_q = \frac{u_v v_{dc} + Cv_{dc}\dfrac{dv_{dc}}{dt} - v_d u_d}{v_q} \tag{10-44}$$

当直流电压环采用 PI 调节器时，由式（10-43）及图 10-6 易得直流电压闭环传递函数为

$$\frac{v_{dc}(s)}{v_{dc}^*(s)} = \frac{K_q(1 + T_q s)}{CT_q s^2 + T_q K_q s + K_q} \tag{10-45}$$

式中 $v_{dc}^*(s)$——直流电压指令；

K_q——电压调节器比例增益；

T_q——电压调节器超前时间常数。

显然，直流电压闭环控制系统为二阶线性系统，采用控制器工程整定法容易确定调节器参数 T_q、K_q。

图 10-7 示出了采用非线性解耦控制时的 SVG 无功功率阶跃响应。从响应波形可看出，这种控制策略使 SVG 无功及有功（直流侧电压）获得了解耦控制，并取得良好的动态响应。

10.3 有源电力滤波器（APF）[75,184]

10.3.1 概述

自 20 世纪 70 年代以来，由于电网中的晶闸管、二极管整流器、电弧炉、变频器、电气化铁路及各种电力电子设备用量不断增加而导致了电网严重污染，这主要是因为这些负载的非线性、冲击性和不平衡的用电特性造成的。因此，用于谐波抑制的有源电力滤波技术已成为电力电子及电工领域的研究热点之一。

与静止无功发生器（SVG）相似，有源电力滤波器（Active Power Filter——APF）亦是从外部入手，采用实时补偿技术来改善电网的供电质量。但 SVG 是一种基波补偿器，而 APF 则是一种谐波补偿器。随着 APF 技术的发展，新型的 APF 兼有谐波消除及无功补偿功能。与传统的无源电力滤波器相比，APF 主要有以下突出优点：

1）可对频率和大小都变化的谐波以及变化的无功功率进行补偿，且对补偿对象的变化有极快的响应；

2）同时补偿谐波及无功功率，且可连续补偿无功功率；

3）受电网阻抗的影响不大，不容易和电网发生谐振；

4）由于能跟踪电网频率的变化，故补偿特性不受电网频率变化的影响；

5）既可对一个谐波和无功源单独补偿，也可对多个谐波和无功源集中补偿。

根据有源电力滤波器接入电网方式的不同，可按以下进行分类：

- 有源电力滤波器
  - 并联型
    - 单独使用方式
    - 与 *LC* 滤波器混合使用方式
  - 串联型
    - 单独使用方式
    - 与 *LC* 滤波器混合使用方式

串联型、并联型有源电力滤波器具有对偶性。并联型有源电力滤波器主要用于补偿具有电流源特性的谐波源，典型的如直流侧为阻感负载的整流电路；而串联型有源电力滤波器主要用于补偿具有电压源特性的谐波源，典型的如电容滤波型整流电路。显然，并联型有源电力滤波器应具有电流源特性，它向电网注入补偿电流，并抵消谐波产生的谐波电流，使电网电流为正弦波。因此，利用 PWM 整流器的网侧电流可控制特性，可以设计出基于 PWM 整流器拓扑结构的并联型有源电力滤波器。本节主要研究并联型有源电力滤波器及其控制策略，图 10-8 示出了并联型有源电力滤波器的控制框图。

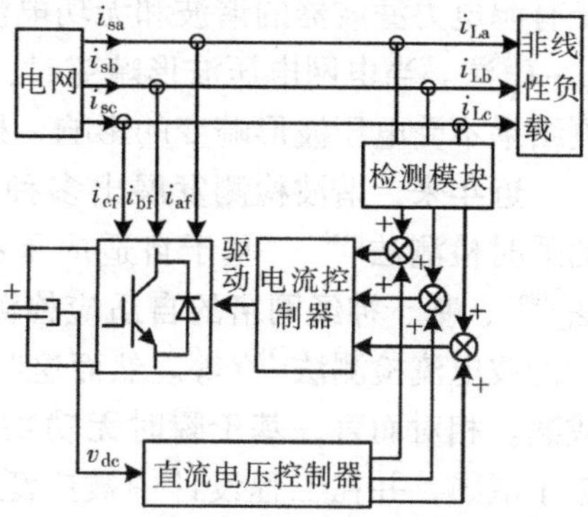

图 10-8　并联型有源电力滤波器控制框图

图 10-8 中，i_{sa}、i_{sb}、i_{sc}为电网电流；非线性负载为谐波源，如各类电力电子装置等；i_{La}、i_{Lb}、i_{Lc}为负载侧电流（含谐波、无功分量）；检测模块的作用是实时检测出负载电流中的谐波及无功电流，并将其反极性后作为有源电力滤波器的指令电流 i_{af}^*、i_{bf}^*、i_{cf}^*；最终由电流控制器控制并联型 APF 的网侧电流 i_{af}、i_{bf}、i_{cf}，从而补偿电网电流中的谐波及无功功率。可见，并联型有源电力滤波器的技术关键在于检测模块算法及电流控制策略，以下具体加以研究。

10.3.2　谐波检测

有源电力滤波器（APF）所采用的谐波电流检测方法决定了谐波电流的检测准确度，进而影响 APF 的电流补偿效果。因此，谐波检测技术已成为 APF 领域研究热点之一。谐波检测环节一般不需要分解出各次谐波分量，而只需检测出谐波电流或基波无功电流或两者之和。在三相电流不对称时，应能检测出除基波正序有功分量之外的谐波电流之和。一般来说，谐波检测有如下几种方法：

1. 带阻滤波器法

使用带阻滤波器将基波电流滤除，从而得到谐波电流作为补偿对象。该方法优点是算法结构简单，但只能检出谐波，且理想的带阻滤波器在工程上不易实现。

2. 频率分析法

采用离散傅里叶变换（DFT）或快速傅里叶变换（FFT）对谐波进行分析，并将其分解成谐波代数和的形式。该方法一般只能离线计算，不适用于动态检测及补偿。

3. 基于瞬时无功功率理论的补偿电流检测法[75]

该方法以瞬时无功功率理论为基础，通过坐标变换和相应的计算得出了适用于有源电力滤波器的谐波和无功电流的实时检测方法。该方法主要有 p－q 法和 I_p-I_q 法。当电网电压波形畸变时，p－q 法的检测结果有误差，而 I_p-I_q 法的检测结果不受电压波形畸变的影响，检测结果较为准确。

近年来，谐波检测发展出多种新方法，如基于鉴相原理的瞬时检测法[185]、基于自适应干扰对消原理的自适应检测法[186]、基于神经网络的自适应检测法[187,188]和基于小波变换的谐波电流检测法[189]等。然而这些新方法在工程应用上并不成熟。相对而言，基于瞬时无功功率理论的补偿电流检测已趋于成熟，并在工程设计中被广泛采用，以下简述基于瞬时无功功率理论的 I_p-I_q 谐波检测法。

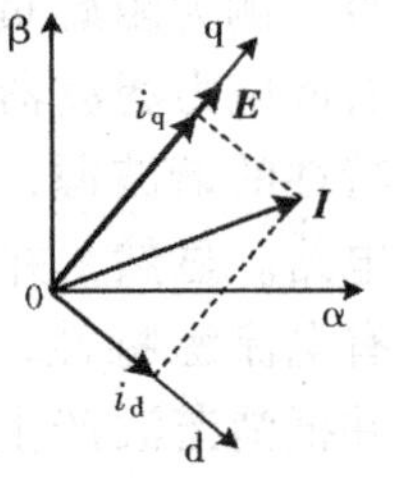

图 10-9　瞬时无功、有功电流分解

首先定义瞬时有功电流 i_q 和瞬时无功电流 i_d，如图 10-9 所示。定义两相同步旋转坐标系（d、q），且 q 轴（有功轴）与电网电动势矢量 $\boldsymbol{E}$ 重合，d 轴（无功轴）滞后 q 轴 90°。显然，电流矢量 $\boldsymbol{I}$ 在 q 轴及 d 轴上的投影分别为需检测的有功电流 i_q 和无功电流 i_d。

I_p-I_q 谐波检测法的基本原理框图如图 10-10 所示。

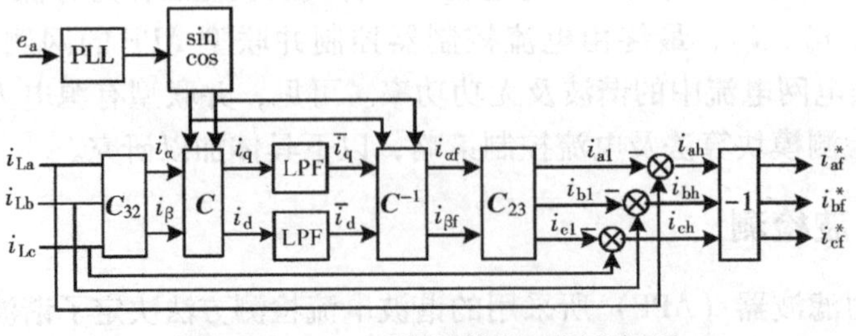

图 10-10　I_p-I_q 谐波检测法原理框图

图中

$$
\begin{cases}
\boldsymbol{C} = \begin{bmatrix} \sin\omega t & -\cos\omega t \\ \cos\omega t & -\sin\omega t \end{bmatrix} \\
\boldsymbol{C}_{32} = \sqrt{\dfrac{2}{3}} \begin{bmatrix} 1 & -\dfrac{1}{2} & -\dfrac{1}{2} \\ 0 & \dfrac{\sqrt{3}}{2} & -\dfrac{\sqrt{3}}{2} \end{bmatrix} = \boldsymbol{C}_{23}^{\mathrm{T}} \\
\boldsymbol{C}^{-1} = \boldsymbol{C}^{\mathrm{T}}
\end{cases}
\tag{10-46}
$$

从图 10-10 中可看出，通过坐标变换可将静止坐标系（a，b，c）中的基波电流变换成旋转坐标系（d，q）中的直流电流。若坐标系（a，b，c）中的电流含有谐波，则在坐标系（d，q）下亦含有谐波。若以低通滤波器（LPF）滤去谐波分量后，即输出直流电流分量 $\bar{i}_d$、$\bar{i}_q$，再通过逆坐标变换，可将直流电流 $\bar{i}_d$、$\bar{i}_q$ 还原成基波电流（i_{a1}、i_{b1}、i_{c1}）。将电网电流 i_{La}、i_{Lb}、i_{Lc} 与基波电流 i_{a1}、i_{b1}、i_{c1} 相减，即可获得所含的谐波电流信号 i_{ah}、i_{bh}、i_{ch}，将谐波电流信号反极性后即可作为有源电力滤波器的补偿电流指令信号 i_{af}^*、i_{bf}^*、i_{cf}^*。

当要检测谐波和无功电流之和时，只要断开图 10-10 中的 i_d 计算通道；如果只需检测无功电流，则只要对 i_d 进行反变换即可。

进一步研究表明[75]，$I_p - I_q$ 谐波检测法的检测结果不受电网电压波形畸变的影响，但该法只适用于三相三线制电路，当用于三相四线制电路谐波检测时，需减去电路中的零序分量。

10.3.3 采用滑模控制的 APF 电流控制策略

对于 APF 而言，在谐波及无功电流准确检测条件下，其补偿性能则主要取决于 APF 网侧的电流响应。为此，研究一种采用滑模控制的 APF 电流控制策略。

10.3.3.1 滑模控制及其原理

滑模控制（Sliding Mode Control）又称为变结构控制（Variable Structure Control）。它最早由前苏联学者在 20 世纪 50 年代提出，并引起了广大学者的关注。滑模控制之所以逐渐受到重视，主要在于它的鲁棒性，即滑模控制系统对被控对象的模型误差、对象参数的变化以及外部扰动具有较强的不敏感性。另外，动态响应快也是滑模控制的突出优点。对于电力电子变流装置，如 PWM 整流器等，由于本身的变结构及参数时变特性，采用滑模控制可望取得良好的动态性能。国外学者早在 20 世纪 80 年代就开始了这方面的研究，已发表了大量研究论文[190,191]，而近几年国内学者也开展了这方面的研究，取得了一定进展[192,193]。滑模控制原理可简述如下：

设一非线性系统

$$\dot{\boldsymbol{x}} = \boldsymbol{f}(x,t) + \boldsymbol{B}(x,t)\boldsymbol{\mu} \tag{10-47}$$

式中　$\boldsymbol{\mu} \in R^m$；

$\boldsymbol{x} \in R^n$；

$t \in R$。

通常，选取滑模函数 $\boldsymbol{S}(x)$（$\boldsymbol{S} \in R^m$）为

$$\boldsymbol{S} = \boldsymbol{C}x \tag{10-48}$$

式中　$\boldsymbol{C}$——$m \times n$ 矩阵，其元为 $\boldsymbol{C}_{ij}(i = 1,2\cdots,m;j = 1,2,\cdots,n)$。

滑模控制的基本要求可概括为：

（1）存在性　适当选择滑模函数 $\boldsymbol{S}$，使控制系统在滑模面 $\boldsymbol{S}=0$ 上的运行渐近稳定，且动态性能较好。

（2）可达性　确定控制作用 $\boldsymbol{\mu}$，使所有运动轨迹于有限时间内到达滑模面。

显然，采用滑模控制策略设计系统时，应首先确定系数矩阵 $\boldsymbol{C}$，并使系统在滑模面 $\boldsymbol{S}=0$ 上渐近稳定，且动态性能良好；再求取控制作用 $\boldsymbol{\mu}$，使所有运动轨迹于有限时间内到达滑模面。

定义一个李亚普诺夫函数

$$\boldsymbol{V} = \frac{1}{2}\boldsymbol{S}^2 \tag{10-49}$$

显然，若 $\boldsymbol{S} \neq 0$，则 $\boldsymbol{V} > 0$，又

$$\dot{\boldsymbol{V}} = \boldsymbol{S}\dot{\boldsymbol{S}} = \boldsymbol{S}\boldsymbol{C}\dot{\boldsymbol{x}} = \boldsymbol{S}(\boldsymbol{C}\boldsymbol{f} + \boldsymbol{C}\boldsymbol{B}\boldsymbol{\mu}) \tag{10-50}$$

由李亚普诺夫稳定性理论，如果有控制作用，则

$$\boldsymbol{\mu} = \begin{cases} \boldsymbol{\mu}^+ & \boldsymbol{S} > 0 \\ \boldsymbol{\mu}^- & \boldsymbol{S} < 0 \end{cases} \tag{10-51}$$

使 $\dot{\boldsymbol{S}} < 0$，则系统渐近稳定，$\boldsymbol{S}$ 将渐进收敛至平衡点。因此，滑模控制可达性条件为

$$\boldsymbol{S}\dot{\boldsymbol{S}} < 0 \tag{10-52}$$

当 $\dot{\boldsymbol{S}}=0$ 条件满足时，可引入等效控制 $\boldsymbol{\mu}_{\text{eq}}$ 如下：

联立式（10-47）、式（10-48），得

$$\dot{\boldsymbol{S}} = \boldsymbol{C}\boldsymbol{f} + \boldsymbol{C}\boldsymbol{B}\boldsymbol{\mu} \tag{10-53}$$

则控制 $\boldsymbol{\mu}$ 为

$$\boldsymbol{\mu} = -[\boldsymbol{C}\boldsymbol{B}]^{-1}\boldsymbol{C}\boldsymbol{f} + [\boldsymbol{C}\boldsymbol{B}]^{-1}\dot{\boldsymbol{S}} \tag{10-54}$$

根据 $\boldsymbol{\mu}_{\text{eq}}$ 定义

$$\dot{\boldsymbol{S}} = \boldsymbol{C}\boldsymbol{B}(\boldsymbol{\mu} - \boldsymbol{\mu}_{\text{eq}}) \quad (\boldsymbol{\mu} \neq \boldsymbol{\mu}_{\text{eq}}) \tag{10-55}$$

式（10-55）表明，$\dot{\boldsymbol{S}}$ 的正负可通过 $\boldsymbol{\mu} - \boldsymbol{\mu}_{\text{eq}}$ 的正负进行判别。

10.3.3.2　基于滑模的电流环设计

并联型 APF 主电路可采用电压型 PWM 整流器（VSR）拓扑结构设计，控制系统由电压环、电流环双环构成。电压环的作用是稳定 VSR 直流侧电压，而电

流环一方面补偿谐波和无功电流，另一方面也需补偿与电压环输出对应的有功电流。

由三相 VSR dq 坐标模型

$$\frac{\mathrm{d}i_{\mathrm{d}}}{\mathrm{d}t}=\frac{e_{\mathrm{d}}}{L}+\omega i_{\mathrm{q}}-\frac{R}{L}i_{\mathrm{d}}-\frac{v_{\mathrm{dc}}}{L}\mu_{\mathrm{d}} \tag{10-56}$$

$$\frac{\mathrm{d}i_{\mathrm{q}}}{\mathrm{d}t}=\frac{e_{\mathrm{q}}}{L}-\omega i_{\mathrm{d}}-\frac{R}{L}i_{\mathrm{q}}-\frac{v_{\mathrm{dc}}}{L}\mu_{\mathrm{q}} \tag{10-57}$$

$$\frac{\mathrm{d}v_{\mathrm{dc}}}{\mathrm{d}t}=\frac{3}{2C}(i_{\mathrm{d}}\mu_{\mathrm{d}}+i_{\mathrm{q}}\mu_{\mathrm{q}})-\frac{i_{\mathrm{dc}}}{C} \tag{10-58}$$

式中 L、R——VSR 网侧电感、电阻；

v_{dc}——VSR 直流侧电压；

μ_{d}、μ_{q}——控制输入。

定义滑模函数 S_{d}、S_{q}

$$S_{\mathrm{d}}=i_{\mathrm{d}}-i_{\mathrm{d}}^{*} \tag{10-59}$$

$$S_{\mathrm{q}}=i_{\mathrm{q}}-i_{\mathrm{q}}^{*} \tag{10-60}$$

式中 i_{d}^{*}、i_{q}^{*}——i_{d}、i_{q} 指令。

按滑模控制要求，控制输入 μ_{d}、μ_{q} 的选择必须依据可达性条件，即

$$S_{\mathrm{d}}\dot{S}_{\mathrm{d}}<0 \tag{10-61}$$

$$S_{\mathrm{q}}\dot{S}_{\mathrm{q}}<0 \tag{10-62}$$

令 $\dot{S}_{\mathrm{d}}=\dot{S}_{\mathrm{q}}=0$，即可求得等效控制 μ_{eqd}、μ_{eqq} 及其关系为

$$\frac{\mathrm{d}i_{\mathrm{d}}}{\mathrm{d}t}=\frac{\mathrm{d}i_{\mathrm{d}}^{*}}{\mathrm{d}t}=\frac{e_{\mathrm{d}}}{L}+\omega i_{\mathrm{q}}-\frac{R}{L}i_{\mathrm{d}}-\frac{v_{\mathrm{dc}}}{L}\mu_{\mathrm{eqd}} \tag{10-63}$$

$$\frac{\mathrm{d}i_{\mathrm{q}}}{\mathrm{d}t}=\frac{\mathrm{d}i_{\mathrm{q}}^{*}}{\mathrm{d}t}=\frac{e_{\mathrm{q}}}{L}-\omega i_{\mathrm{d}}-\frac{R}{L}i_{\mathrm{q}}-\frac{v_{\mathrm{dc}}}{L}\mu_{\mathrm{eqq}} \tag{10-64}$$

式中 μ_{eqd}、μ_{eqq}——等效控制 μ_{eq} 的 d、q 分量。

由式（10-56）减去式（10-63），式（10-57）减去式（10-64），得

$$\frac{\mathrm{d}i_{\mathrm{d}}}{\mathrm{d}t}-\frac{\mathrm{d}i_{\mathrm{d}}^{*}}{\mathrm{d}t}=\frac{v_{\mathrm{dc}}}{L}(\mu_{\mathrm{eqd}}-\mu_{\mathrm{d}})=\dot{S}_{\mathrm{d}} \tag{10-65}$$

$$\frac{\mathrm{d}i_{\mathrm{q}}}{\mathrm{d}t}-\frac{\mathrm{d}i_{\mathrm{q}}^{*}}{\mathrm{d}t}=\frac{v_{\mathrm{dc}}}{L}(\mu_{\mathrm{eqq}}-\mu_{\mathrm{q}})=\dot{S}_{\mathrm{q}} \tag{10-66}$$

依据可达性条件，即由式（10-61）、式（10-62）得

$$S_d(\mu_{eqd} - \mu_d) < 0 \tag{10-67}$$

$$S_q(\mu_{eqq} - \mu_q) < 0 \tag{10-68}$$

为了使系统运动轨迹到达滑模面，控制 μ_d、μ_q 必须满足下列约束条件：

$$\text{sgn}(\mu_d - \mu_{eqd}) = \text{sgn}(S_d) \tag{10-69}$$

$$\text{sgn}(\mu_q - \mu_{eqq}) = \text{sgn}(S_q) \tag{10-70}$$

当采用电压矢量 PWM 控制时，三相 VSR 有 8 条电压矢量与之对应，如图 10-11a所示。电流环滑模控制器设计的任务就是，从图 10-11a 中的矢量 $\boldsymbol{B} \sim \boldsymbol{G}$ 中选出满足可达性条件［式（10-69）、式（10-70）］的控制电压矢量。应当注意的是，受 8 个控制电压矢量的限制，在 αβ 平面内控制 μ_d、$\mu_q \in [-2/3, 2/3]$。

为方便控制，将坐标系（d，q）的原点沿 $\boldsymbol{\mu}_{eq}$ 移至 $\boldsymbol{\mu}_{eq}$ 的终点，得到坐标系（d′，q′）。这样 $\mu_d - \mu_{eqd}$、$\mu_q - \mu_{eqq}$ 的符号可直接由控制状态点在坐标系（d′、q′）的位置确定。图 10-11b 示出了 μ_{eqq}、μ_{eqd} 均为正且 $S_d > 0$、$S_q > 0$ 时的控制电压矢量选择。

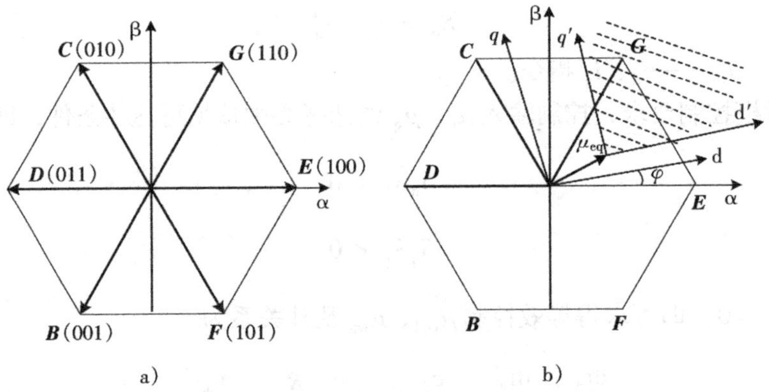

图 10-11　控制电压矢量及其选择

a）电压矢量分布　b）控制矢量选择

由图 10-11b 分析，当 $\varphi \in [-\lambda, 2\pi/3 - \gamma]$ 时，$\boldsymbol{G}$（1、1、0）落在坐标系（d′、q′）第一象限，且满足可达性条件［式（10-61）、式（10-62）］，此时控制输入应选 $\boldsymbol{\mu} = \boldsymbol{G}$（1，1，0）。其中定义

$$\begin{cases} \gamma = \arccos\left[\dfrac{3}{2}\mu_{eqd}\right] \\ \lambda = \arcsin\left[\dfrac{3}{2}\mu_{eqq}\right] \end{cases} \tag{10-71}$$

同理，可求出当 φ 在一个周期变化时控制矢量的选取准则，见表 10-1。

表 10-1 基于滑模控制的控制矢量选择

S_d, S_q / φ	$S_d>0$ $S_q>0$	$S_d>0$ $S_q<0$	$S_d<0$ $S_q>0$	$S_d<0$ $S_q<0$
$[-\lambda,\ 2\pi/3-\gamma]$	***G***	***E***	***D***	***B***
$[\pi/3-\lambda,\ \pi-\gamma]$	***C***	***G***	***B***	***F***
$[2\pi/3-\lambda,\ 4\pi/3-\gamma]$	***D***	***C***	***F***	***E***
$[\pi-\lambda,\ 5\pi/3-\gamma]$	***B***	***D***	***E***	***G***
$[4\pi/3-\lambda,\ 2\pi-\gamma]$	***F***	***B***	***G***	***C***
$[5\pi/3-\lambda,\ 7\pi/3-\gamma]$	***E***	***F***	***C***	***D***

对表 10-1 研究发现，随着等效控制 μ_{eqd}、μ_{eqq} 的变化，参数 λ、γ 随之变化，从而引起表 10-1 中 φ 的划分区间相应变化。当 $\pi/3-\gamma+\lambda>0$ 时，两个相邻区间有重叠区域；当 $\pi/3-\gamma+\lambda<0$ 时，两个相邻区间不连续，这样会导致控制信号紊乱，影响电流环的动态特性。

为了克服上述不足，可对表 10-1 进行修正，即得表 10-2，其中参数 $k=(\gamma+\lambda)/2$。

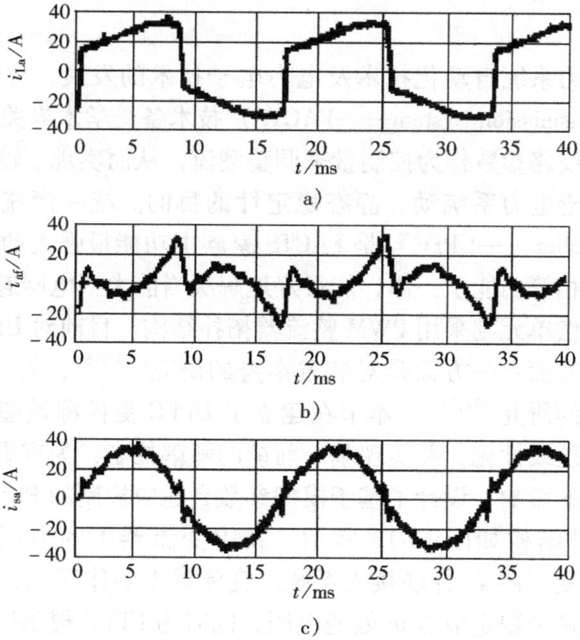

图 10-12 谐波电流及 APF 补偿波形

a) 非线性负载电流 b) APF 网侧电流 c) 补偿后电网电流

表 10-2　修正后的控制矢量选择

S_d，S_q / φ	$S_d>0$ $S_q>0$	$S_d>0$ $S_q<0$	$S_d<0$ $S_q>0$	$S_d<0$ $S_q<0$
$[\pi/6-k, \pi/2-k]$	***G***	***E***	***D***	***B***
$[\pi/2-k, 5\pi/6-k]$	***C***	***G***	***B***	***F***
$[5\pi/6-k, 7\pi/6-k]$	***D***	***C***	***F***	***E***
$[7\pi/6-k, 3\pi/2-k]$	***B***	***D***	***E***	***G***
$[3\pi/2-k, 11\pi/6-k]$	***F***	***B***	***G***	***C***
$[11\pi/6-k, 13\pi/6-k]$	***E***	***F***	***C***	***D***

图 10-12 示出了非线性负载谐波及 APF 补偿波形。从图中可看出，由于滑模控制策略使 APF 电流环取得了良好的动态特性，因而使 APF 很好地抑制了谐波。加入 APF 后，电网电流已几乎为正弦波电流。

10.4　统一潮流控制器（UPFC）[194-198]

10.4.1　概述

随着现代电力系统自动化技术及电力电子技术的发展，柔性交流输电系统（Flexible AC Transmission System——FACTS）技术备受学术界关注。FACTS 的核心技术是将传输线路参数作为控制量来调整潮流，从而实现了输电能力的高效灵活控制，达到改善电力系统动、静态稳定性的目的。统一潮流控制器（Unified Power Flow Controller——UPFC）是 FACTS 家族中功能最强大的装置，并集串联和并联补偿及移相等功能于一体，能很好地解决当前大型电网遇到的动、静态问题，其中并联补偿单元则采用 PWM 整流器拓扑结构。目前对 UPFC 的研究很多，主要集中在两个方面：一方面是对装置本身的研究[195,196]，另一方面是对 UPFC 建模及控制策略的研究[197,198]。本节在建立了 UPFC 受控源模型基础上，以微偏线性法将控制系统线性化，并实现基于前馈的解耦控制，为克服工作点波动对控制系统动态性能的影响，设计了基于模糊参数自适应控制的 PI 调节算法。

UPFC 的拓扑结构如图 10-13 所示。其中变流器 1 为电压型 PWM 整流器（VSR），且通过变压器 T_1 并联接入系统。变流器 1 的作用是，通过控制电流 I_1 的有功和无功分量来稳定节点 m 处的电压，同时为 UPFC 提供恒定直流电压。变流器 2 为电压型 PWM DC/AC 逆变器，且通过变压器 T_2 串联接入系统。变流器 2 的作用是，通过控制输出电压幅值和相位角来改变线路的等效参数（阻抗、相位角等），从而控制线路的有功和无功潮流，以提高线路传输能力。

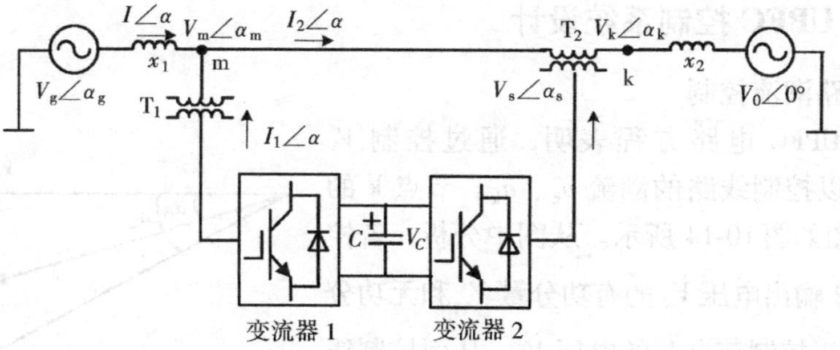

图 10-13 UPFC 拓扑结构

考察图 10-13 可以得出流过节点 k 的有功功率 p_k 和无功功率 q_k 及节点 k 的电压方程为

$$p_k = \frac{V_k V_0}{X_2}\sin\alpha_k \tag{10-72}$$

$$q_k = \frac{V_k^2}{X_2} - \frac{V_k V_0}{X_2}\cos\alpha_k \tag{10-73}$$

$$V_k\angle\alpha_k = V_m\angle\alpha_m + V_s\angle\alpha_s \tag{10-74}$$

式中 $V_k\angle\alpha_k$——节点 k 电压相量；

$V_m\angle\alpha_m$——节点 m 电压相量；

$V_s\angle\alpha_s$——逆变器 2 输出基波电压相量；

X_2——无穷大电网侧母线电抗。

忽略变流器 1、2 的功率损耗，则 UPFC 的输入功率等于输出功率。由此可得节点 m 的电流方程和直流侧电容电压微分方程为

$$\frac{V_g\angle\alpha_g - V_m\angle\alpha_m}{jX_1} + I_1\angle\alpha_1 = \frac{V_m\angle\alpha_m + V_s\angle\alpha_s - V_0\angle\alpha_0}{jX_2} \tag{10-75}$$

式中 $V_g\angle\alpha_g$——发电机电压相量；

$V_0\angle\alpha_0$——无穷大系统电压相量；

X_1——发电机侧母线电抗。

$$p_C = \frac{1}{2}C\frac{dv_C^2}{dt} = p_m - p_k = -V_m I_1\cos(\alpha_m - \alpha_1) - p_k \tag{10-76}$$

式中 p_m——UPFC 输入功率，$p_m = -V_m I_1\cos(\alpha_m - \alpha_1)$；

p_C——直流电容吸收功率，$p_C = (1/2)\ C dv_C^2/dt$。

由式（10-72）~式(10-76) 可以看出，通过控制节点 k 的电压 $V_k\angle\alpha_k$，就可以控制流过节点 k 的有功功率 p_k 和无功功率 q_k；而控制 $I_1\angle\alpha_1$，就可以控制节点 m 的电压幅值 V_m 和 UPFC 直流电容电压 v_C。

10.4.2 UPFC 控制系统设计

1. 线路潮流控制

上述 UPFC 电路方程表明，通过控制 $V_k \angle \alpha_k$ 就可以控制线路的潮流 p_k、q_k。节点 k 的电压相量图如图 10-14 所示。从图中分析，若控制变流器 2 输出电压 $\dot{V}_s$ 的有功分量 $\dot{V}_{sq}$和无功分量 $\dot{V}_{sd}$就可以控制节点 k 的电压 $\dot{V}_k$，从而控制线路潮流 p_k、q_k。当系统采用 PI 调节器控制时，结合图 10-14 和式（10-72）~式（10-74）可以得到图 10-15 所示的 UPFC 线路潮流控制系统结构。图中，V_{kq}、V_{kd}分别为$V_k \angle \alpha_k$的有功、无功分量幅值，且 $V_{kq} = V_k \cos\alpha_k$、$V_{kd} = V_k \sin\alpha_k$；$V_{sq}$、$V_{sd}$分别为 $V_s \angle \alpha_s$ 的有功、无功分量幅值，且 $V_{sq} = V_s \cos\alpha_s$、$V_{sd} = V_s \sin\alpha_s$。

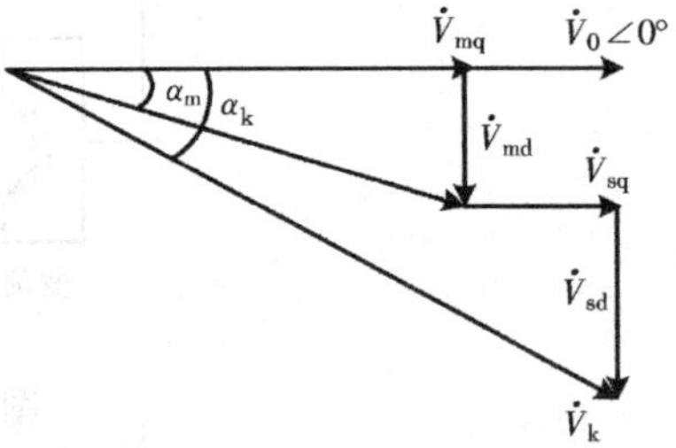

图 10-14 节点 k 处电压相量图

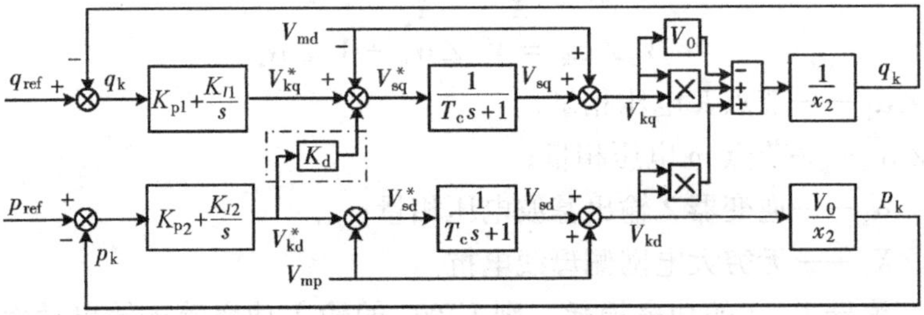

图 10-15 UPFC 潮流控制系统结构

2. 潮流控制系统的线性解耦控制

由图 10-15 分析，潮流控制系统是一个非线性耦合控制系统，因此若采用线性控制器设计方案，首先必须对系统线性化。设工作点值 $X_A \in (q_A, V_{kdA}, V_{kqA}, V_{mA}, V_{CA}, V_{1dA}, V_{1qA})$，微偏量 $\hat{X} \in (\hat{q}, \hat{V}_{kd}, \hat{V}_{kq}, \hat{V}_m, \hat{v}_C, \hat{I}_{1q}, \hat{I}_{1d})$，并对式（10-73）采用基于工作点（$X_A$）的微偏线性化处理得到

$$\hat{q} = \frac{2V_{kqA} - V_0}{X_2}\hat{V}_{kq} + \frac{2V_{kdA}}{X_2}\hat{V}_{kd} \tag{10-77}$$

由于潮流控制系统的耦合特性，节点 k 处的无功功率 q_k 同时受到 V_{kd}和 V_{kq}的影响。为了使系统能对节点 k 的有功功率和无功功率进行独立控制，可采用基于前馈的解耦控制方案，如图 10-15 点划线部分所示。通过前馈控制器引入补偿量 $K_d V_{kq}$以抵消 V_{kq}对系统无功控制的影响，从而获得系统的解耦控制特性。K_d为前馈控制增益，进一步计算得

$$K_d = \frac{2V_{kdA}}{2V_{kqA} - 1} \tag{10-78}$$

图 10-16 为微偏线性化前馈解耦潮流控制系统结构图。图中

$$W_{1A} = \frac{2V_{kqA} - V_0}{X_2} \quad W_{2A} = \frac{V_0}{X_2} \tag{10-79}$$

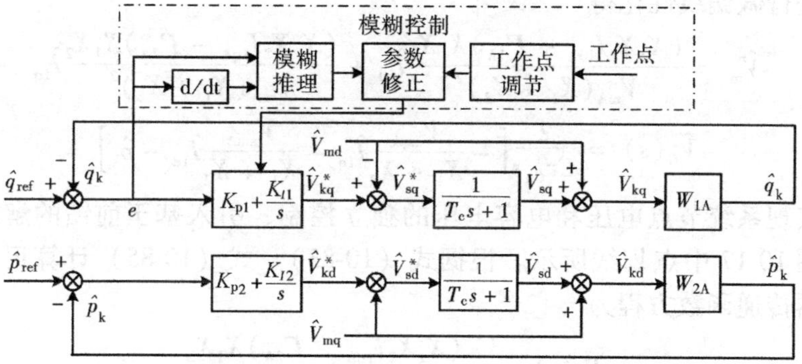

图 10-16　微偏线性化前馈解耦的潮流控制系统结构

3. 节点电压 V_m 和电容电压 v_C 控制

简化式（10-75）并消去相位角 α_m，可得节点 m 的电压 V_m 表达式为

$$\begin{aligned} V_m &= \sqrt{\frac{(X_1X_2I_{1d} + X_1V_{sq} - X_1V_0 - X_2V_{gq})^2 + (X_1X_2I_{1q} - X_1V_{sd} + X_2V_{gd})^2}{(X_1+X_2)^2}} \\ &= \sqrt{\frac{(X_1X_2I_{1d} + \Gamma_1)^2 + (X_1X_2I_{1q} - \Gamma_2)^2}{(X_1+X_2)^2}} \end{aligned} \tag{10-80}$$

式中　$\Gamma_1 = X_1V_{sq} - X_1V_0 - X_2V_{gq}$；

$\Gamma_2 = X_1V_{sd} - X_2V_{gd}$；

$I_{1q} = I_1\cos\alpha_1$；

$I_{1d} = I_1\sin\alpha_1$；

$V_{gq} = V_g\cos\alpha_g$；

$V_{gd} = V_g\sin\alpha_g$。

另外，简化式（10-76）可得

$$\frac{1}{2}C\frac{dv_C^2}{dt} = -\frac{V_{mq}I_{1q} + V_{md}I_{1d}}{X_1 + X_2} - p_k \tag{10-81}$$

$$V_C(s) = \frac{2}{CV_Cs}\left[-\frac{V_{mq}I_{1q} + V_{md}I_{1d}}{X_1 + X_2} - P_k\right] \tag{10-82}$$

式中　$V_C(s)$ ——v_C 的拉氏变换量。

分析上述方程不难理解，通过控制 I_{1d}、I_{1q}就可以控制节点 m 的电压 V_m 和电

容电压 v_C。若采用 PI 调节器，则节点电压 V_m 和电容电压 v_C 控制系统结构如图 10-17所示。

4. 节点电压幅值 V_m 和电容电压 V_C 解耦控制

从图 10-16 和式（10-80）、式（10-82）可知，节点 m 的电压 V_m 和电容电压 V_C 控制呈现非线性耦合特性，为使系统能对节点电压和电容电压进行独立控制，须对图 10-16 所示的系统进行解耦。首先，对式（10-80）、式（10-82）在其工作点处进行微偏线性化得

$$\hat{V}_m = \frac{(X_1X_2I_{1dA} + \Gamma_{1A})X_1X_2}{V_{mA}(X_1 + X_2)^2}\hat{I}_{1d} + \frac{(X_1X_2I_{1qA} - \Gamma_{2A})X_1X_2}{V_{mA}(X_1 + X_2)^2}\hat{I}_{1q} \tag{10-83}$$

$$\hat{V}_C(s) = \frac{2}{Cv_{CA}s}\left[-\frac{V_{mqA}}{X_1 + X_2}\hat{I}_{1q} - \frac{V_{mdA}}{X_1 + X_2}\hat{I}_{1d} - \hat{p}_k\right] \tag{10-84}$$

为实现系统节点电压和电容电压的独立控制，引入基于前馈的解耦控制策略，如图 10-17 中点划线所示。根据式（10-83）、式（10-85）计算可得前馈解耦控制器传递函数方程为

$$F_1(s) = -\frac{(X_1X_2I_{1qA} - \Gamma_{2A})X_1X_2}{V_{mA}(X_1 + X_2)^2} \tag{10-85}$$

$$F_2(s) = \frac{2}{Cv_{CA}s}\frac{V_{mdA}}{X_1 + X_2} \tag{10-86}$$

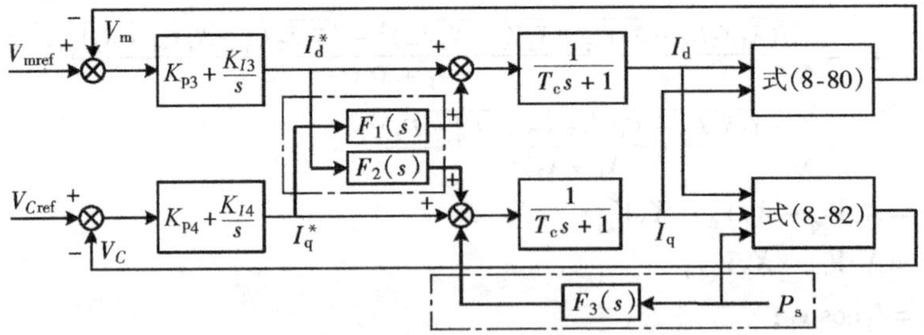

图 10-17　基于前馈解耦的节点电压和电容电压控制系统结构

为简化系统设计，采用 p_k 的静态前馈补偿，以削弱 p_k 对 V_s 的影响，图 10-17 中点划线所示 p_k 前馈补偿传递函数方程为

$$F_3(s) = \frac{X_1 + X_2}{V_{mqA}} \tag{10-87}$$

补偿后的对象方程为

$$\hat{V}_m = \frac{(X_1X_2I_{1dA} + K_{1A})X_1X_2}{V_{mA}(X_1 + X_2)^2}\hat{I}_{1d} = W_{3A}\hat{I}_{1d} \tag{10-88}$$

$$\hat{V}_C(s) = -\frac{2}{Cv_{CA}s}\frac{V_{mqA}}{X_1+X_2}\hat{I}_{1q} = \frac{1}{W_{4A}s}\hat{I}_{1q} \tag{10-89}$$

式中 $W_{3A} = \dfrac{(X_1X_2I_{1dA}+K_{1A})\ X_1X_2}{V_{mA}\ (X_1+X_2)^2}$

$$\frac{1}{W_{4A}} = -\frac{2}{Cv_{CA}}\frac{V_{mqA}}{X_1+X_2}$$

综合以上分析，得出微偏线性化的节点电压 V_m 和电容电压 v_C 解耦控制结构，如图 10-18 所示。

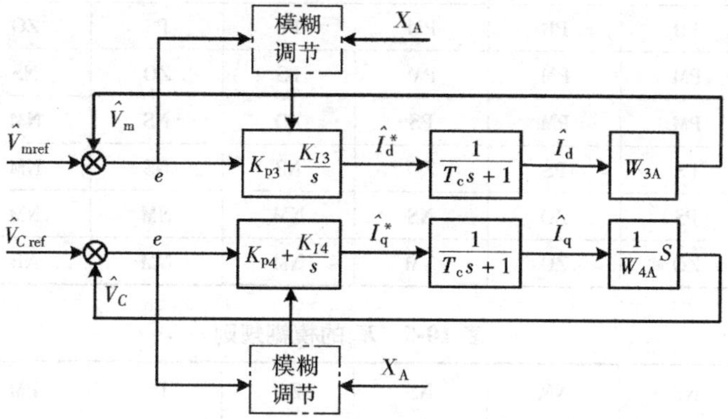

图 10-18 微偏线性化的节点电压、电容电压解耦控制结构

5. 采用模糊参数自适应算法的 PI 调节器整定

由于系统采用了基于工作点的微偏线性化前馈解耦控制，因而 PI 调节器参数应随工作点变化而变化，为此采用模糊参数自适应 PI 调节器控制。根据模糊控制规律，得出系统不同工作点的调节器参数基准值 K_{PiA}、K_{IiA}（$i=1,2,3,4$）。以直流电压控制系统为例，其调节器参数基准值 K_{PiA}、K_{IiA} 的模糊控制规则，见表 10-3。

表 10-3 系统工作点模糊规则

I_{IqA}	0.4~0.63	0.63~0.79	0.79~0.96	0.96~1.15	1.15~1.35	1.35~1.57	1.57~1.71
K_{PiA}	PSSS	PSS	PS	PM	PB	PBB	PBBB
K_{IiA}	PSSS	PSS	PS	PM	PB	PBB	PBBB

注：表中由小到大排列为 PSSS、PSS、PS、PM、PB、PBB、PBBB。

PI 调节器参数 K_{PiA}，K_{IiA} 基准值是在某一特定工作点区间内求得的，为满足系统的动态和静态响应要求，可以根据不同的误差 e 和误差变化率 $\dot{e}$ 对 PI 调节器参数进行修正，以构成模糊参数自适应 PI 调节控制器。同样，以直流电压控制系统为例，PI 调节器参数的修正量 ΔK_{Pi} 和 ΔK_{Ii} 的模糊规则见表 10-4 和表 10-5。根据表 10-4 和表 10-5，就可以确定在不同 e 和 $\dot{e}$ 下的调节器修正量 ΔK_{Pi} 和 ΔK_{Ii}，从而得到 PI 调节器的整定参数 K_{Pi} 和 K_{Ii} 为

$$K_{Pi} = K_{PiA} + \Delta K_{Pi}, K_{Ii} = K_{IiA} + \Delta K_{Ii} \tag{10-90}$$

表 10-4　K_{Pi} 的模糊规则

ΔK_{Pi} \ $\dot{e}$ / e	NB	NM	NS	ZO	PS	PM	PB
NB	PB	PB	PM	PM	PS	ZO	ZO
NM	PB	PB	PM	PS	PS	ZO	NS
NS	PM	PM	PM	PS	ZO	NS	NS
ZO	PM	PM	PS	ZO	NS	NM	NM
PS	PS	PS	ZO	NS	NS	NM	NM
PM	PS	ZO	NS	NM	NM	NM	NB
PB	ZO	ZO	NM	NM	NM	NB	NB

表 10-5　K_{Ii} 的模糊规则

ΔK_{Ii} \ $\dot{e}$ / e	NB	NM	NS	ZO	PS	PM	PB
NB	NB	NB	NM	NM	NS	ZO	ZO
NM	NB	NB	NM	NS	NS	ZO	ZO
NS	NB	NM	NS	NS	ZO	PS	PS
ZO	NM	NM	NS	ZO	PS	PM	PM
PS	NM	NS	ZO	PS	PS	PM	PB
PM	ZO	ZO	PS	PS	PM	PB	PB
PB	ZO	ZO	PS	PM	PM	PB	PB

10.5　可再生能源并网发电[199-203]

10.5.1　概述

随着全球经济的飞速发展，人类对能源的需求越来越多。而地球不可再生能源，如石油、煤炭等，随着过量开发利用也日趋短缺，并造成了较为严重的污染。为此，研究和开发洁净可再生能源（如太阳能、风能等）已提到议事日程。可以预计，可再生能源大规模应用将是 21 世纪人类社会发展进步的一个重要标

志。然而，要实现这一目标，首先必须完成可再生能源由补充能源向替代能源过渡，即使可再生能源由边远无电地区的独立供电向有电地区的常规并网电方向发展，这将大大提高可再生能源的利用率。要实现可再生能源的并网发电，其中并网逆变装置尤为关键，为实现基于“绿色电能变换”技术的可再生能源的并网发电，并网逆变装置可采用PWM整流器拓扑结构的设计方案。

太阳能光伏发电是太阳能利用的一种重要形式，是采用太阳电池将光能转换为电能的发电方式，而且随着技术不断进步，光伏发电有可能是最具发展前景的发电技术之一。太阳光伏发电由于不受能源资源、原材料和应用环境的限制，具有最广阔的发展前景，是各国最着力发展的可再生能源技术之一。2009年全球太阳电池的产量约10GW，而同年中国产量超过4GW，份额超过40%。可见全球和中国的太阳电池产量保持了高速的增长。欧洲联合研究中心（JRC）对光伏发电的未来发展作出如下预测：2020年世界太阳能发电的发电量占世界总能源需求的1%，2050年占到20%，2100年则将超过50%。2009年6月，欧洲光伏工业协会（EPIA）公布了《Set for 2020》，对光伏发电的目标分三种情景，并对2020年欧洲的光伏累计装机容量进行了分析和预测。基本发展模式：100GW；加速发展模式：200GW；理想发展模式：400GW；分别占欧洲电力总需求量的4%，6%和12%。美国太阳能工业协会（SEIA）在哥本哈根会议上宣布，美国到2020年光伏发电将提供全部电力需求的10%，光伏发电到2020年将提供67.6万个工作岗位，每年减排3.8亿t二氧化碳，累计装机容量将达到350GW。2010年7月，美国参议院批准通过了10年内在美国推广1000万套太阳能系统的法案，称之为“千万屋顶计划”。2009年日本公布了《PV2030 Plus》，将规划目标在2004年《PV2030》的基础上重新做出调整，将预期的商业化目标和技术突破的目标提前了3~5年，计划到2017年将效率指标提高到20%以上，发电成本下降到14日元/kWh（相当于0.95元/kWh），2025年效率提高到22%，发电成本下降到7日元/kWh（相当于0.48元/kWh）。在中国，光伏产业迅速发展，国家先后出台一系列政策支持这一产业的发展：2009年7月21日，财政部、科技部、国家能源局联合发布了《关于实施金太阳示范工 金太阳工程的通知》，决定综合采取财政补助、科技支持和市场拉动方式，加快国内光伏发电的产业化和规模化发展。三部委计划在2~3年内，采取财政补助方式支持不低于500MW的光伏发电示范项目，据估算，国家将为此投入约100亿元财政资金。2011年8月1日，国家发改委发布了《关于完善太阳能光伏发电上网电价政策的通知》，统一的标杆电价必将加快我国太阳能光伏发电平价上网时代的到来。

太阳能光伏发电有离网型和并网型两种工作方式。过去，由于太阳电池的生产成本居高不下，光伏发电多数被用于偏远的无电地区，而且以户用及村庄用的中小系统居多，都属于离网型用户。但是近年来，光伏产业及其市场发生了极大的变化，开始由边远农村地区逐步向城市并网发电、光伏建筑集成以及大型荒漠光伏并网发电的方式快速迈进，太阳能已经全球性地由“补充能源”向下一代“替代能源”过渡。统计资料表明，近几年世界光伏并网发电市场发展迅速，光伏并网发电在光伏行业中的市场比例也从1996年的10%上升到2009年的90%以上。据不完全统计，截至2009年年底，我国建成容量超过200kW光伏并网电站项目近20个（装机容量约为17MW）；而未来几年内，我国10MW以上级特大型光伏电站建设计划项目约有30项，其中百兆瓦以上级特大型光伏电站建设计划项目约为12项，装机容量接近4GW。目前国际著名企业，如壳牌、BP及西门子太阳光伏发电集团等均投入巨资研究与开发太阳能光伏并网系统。作为并网控制核心的并网逆变装置也备受学术界的关注[201,202]。

另一方面，并网运行的风力发电技术是20世纪80年代兴起的一项新能源技术，受到了世界各国的高度重视，并迅速实现了商品化、产业化。截至2010年年底，全球风力发电量达430TWh，占全球电力总供应量的2.5%。该数值大于世界第六大经济体——英国（6000万人口）的总年度用电需求。2010年中国风能市场发展迅猛，新增装机容量18.9GW，占全球总增容量的50.3%，并且风能发电量已占全国总发电量的1.2%。随着电力电子及控制技术的发展，风力发电技术的发展也极为迅速，其单机容量从初期的数十千瓦级发展到目前的兆瓦级机组；控制方式从单一的定桨距失速控制向全桨叶变距和变速控制发展。在变速控制技术中，基于PWM整流器的交-直-交风力发电机并网发电系统将使系统获得优良的动态性能，从而改善了变速风力发电机组的供电质量。

总之，PWM整流器技术在太阳能、风能的并网发电系统中有着良好的应用前景，因此有必要与可再生能源的应用技术相结合进行研究。

10.5.2 光伏并网逆变器及其控制

20世纪80年代，日本学者S. Nonaka等率先研制成功一种基于电流型PWM整流器（CSR）拓扑结构的光伏阵列并网逆变器[168]，这种并网逆变器较好地适应了光伏电池类似电流源的特性，取得了较好的控制性能。但由于采用了电流型逆变主电路，使主电路及控制电路相对较复杂，同时直流侧电感也降低了系统运行效率。20世纪90年代以来，随着电力电子器件性能及变流控制技术的发展，电压型PWM整流器（VSR）技术逐趋成熟。与CSR相比，VSR具有结构简单、控制方便、主电路损耗低等优点，因此基于VSR拓扑结构的太阳光伏并网逆变器及控制技术已成为光伏并网发电系统的核心技术之一。

1. 光伏并网系统的体系结构[204-213]

根据光伏阵列的不同分布以及功率等级，可以把光伏并网系统体系结构分为六种：集中式、串型、多支路、主从结构、交流模块式和直流模块式。下面分别对这六种结构进行介绍。

（1）集中式结构[207]　所谓集中式结构，如图 10-19 所示，就是将所有的光伏组件通过串并联构成光伏阵列，并产生一个足够高的直流电压，然后通过一个并网逆变器集中将直流转换为交流，并把电能输入电网。集中式结构是 20 世纪 80 年代中期光伏并网发电系统中最常用的结构形式，一般用于 10kW 以上较大功率的光伏并网系统。其主要优点是系统只采用一台并网逆变器，因而结构简单，且逆变器效率较高。但从 90 年代开始，随着一大批光伏并网系统的实施与投运（例如德国的 1000 个屋顶计划等），也发现了集中式结构存在以下缺点：

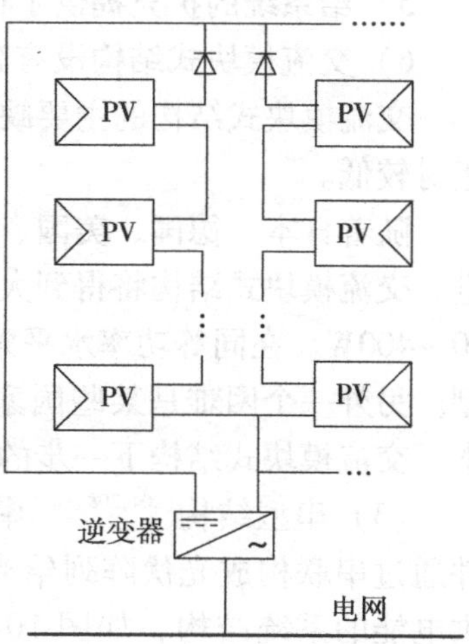

图 10-19　集中式结构

1）阻塞和旁路二极管使系统损耗增加；

2）抗热斑和抗阴影能力差，系统功率失配现象严重；

3）光伏阵列的特性曲线出现复杂多波峰，单一的 MPPT（最大功率点跟踪）难以实现良好的最大功率点跟踪；

4）这种结构需要相对较高电压的直流母线，将并网逆变器与光伏阵列相连接，不仅降低了安全性，同时也增加了系统成本；

5）系统扩展和冗余能力差。

虽然存在以上不足，但随着光伏并网电站的功率越来越大，集中式结构由于其输出功率可达到兆瓦级，单位发电成本低，适合用于光伏电站等功率等级较大的场合，因此这种结构仍然具有一定的应用价值。

（2）交流模块式结构[207,210,211]　交流模块式结构称为模块集成变换器（Module integrated converter——MIC），最早是由 Kleinkauf 教授于 20 世纪 80 年代提出的，交流模块式结构是指把并网逆变器和光伏组件集成在一起作为一个光伏发电系统模块，如图 10-20 所示。交流模块式结构与集中式结构相比，具有以下优点：

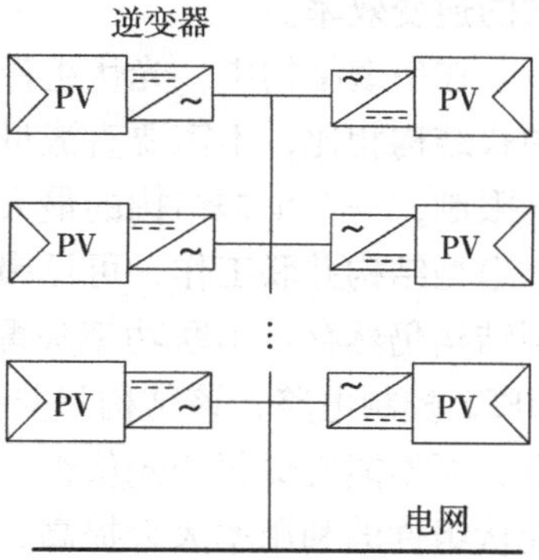

图 10-20　交流模块式结构

1）无阻塞和旁路二极管，光伏组件损耗低；

2）无热斑和阴影问题；

3）对每个模块可独立地进行 MPPT 设计，最大程度地提高了系统的发电效率；

4）每个模块独立运行，系统扩展和冗余能力强；

5）给系统的扩充提供了很大的灵活性和即插即用性；

6）交流模块式结构没有高压直流母线，增加了整个系统工作的安全性；

交流模块式结构的主要缺点是：由于采用小容量逆变器设计，因而逆变效率相对较低。

随着日本、德国、美国、意大利等国家光伏屋顶计划、建筑一体化计划的推进，交流模块式结构将得到大量的应用。交流光伏模块的功率等级较低，一般为50~400W。在同等功率水平条件下，交流模块式结构的价格远高于其他结构类型。另外一个困难是某些国家要求逆变器必须与电网隔离，这将进一步增加成本。交流模块式结构下一步的发展主要集中于降低价格。

（3）串型结构[204,208]　串型结构是指光伏组件通过串联构成光伏阵列给光伏并网发电系统提供电能的系统结构，如图10-21所示。该结构于20世纪90年代中期在市场中出现。它综合了集中式和交流模块式两种结构的优点，一般串联光伏阵列输出电压在150~450V之间，甚至更高，功率等级可达数千瓦。

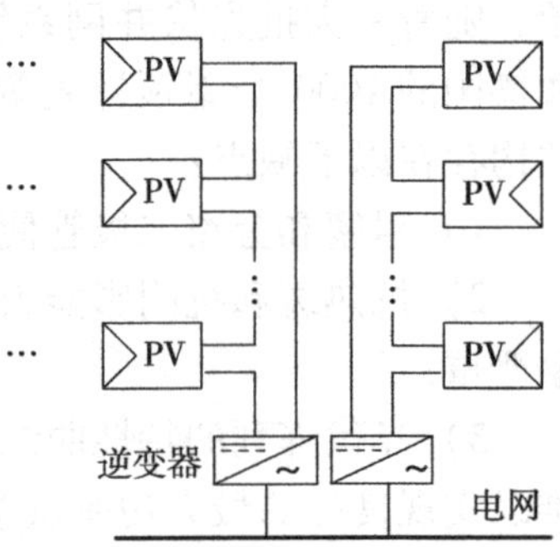

图10-21　串型结构

与集中型结构相比，串型结构具有以下优点：

1）串型结构中，由于阵列中省去了阻塞二极管，阵列损耗下降；

2）抗热斑和抗阴影能力增加，可进行多串MPPT设计，运行效率高；

3）系统扩展和冗余能力增强。

串型结构存在的主要不足在于，系统仍有热斑和阴影问题，另外，逆变器数量增多，扩展成本增加，且逆变效率相对有所降低，但逆变效率仍高于交流模块式的逆变效率。

在串型结构中，光伏组件串联构成的光伏阵列与并网逆变器直接相连，和集中式结构相比，不需要直流母线。由于受光伏组件绝缘电压和功率器件工作电压的限制，一个串型结构的最大输出功率一般为数千瓦，如果功率较大，则可将多个串型结构并联工作，可见串型结构具有交流模块式结构的集成化模块特征。串型结构仍然存在串联功率失配和串联多波峰问题。由于每个串联阵列配备一个MPPT控制电路，该结构只能保证每个光伏组件串的输出达到当前总的最大功率点，而不能确保每个光伏组件都输出在各自的最大功率点，与集中式结构相比，光伏组件的利用率大大提高，但仍低于交流模块式结构。

(4) 多支路结构[205,209] 多支路结构是由多个 DC/DC 变换器、一个 DC/AC 逆变器构成。它综合了串型结构和集中式结构的优点，具体实现形式主要有两种：并联型多支路结构和串联型多支路结构，如图 10-22 所示。20 世纪 90 年代后期，多支路结构被大量采用，该结构提高了光伏并网发电系统的功率，降低了系统单位功率的成本，提高了系统的灵活性，已成为光伏并网系统结构的主要发展趋势。

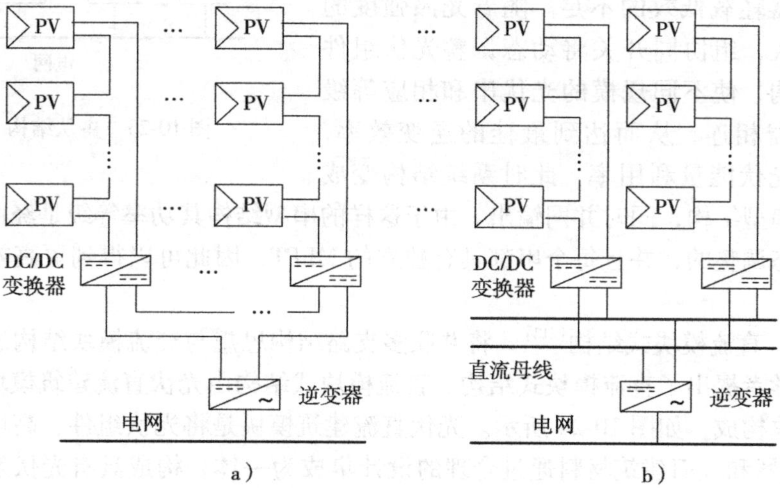

图 10-22 多支路结构
a）串联多支路结构 b）并联多支路结构

多支路结构的主要优点包括：

1）每个 DC/DC 变换器及连接的光伏阵列拥有独立的 MPPT 电路，类似于串型结构，所有的光伏阵列可独立工作在最大功率点，最大限度地发挥了光伏组件的效能；

2）集中的并网逆变器设计使逆变效率提高、系统成本降低、可靠性增强；

3）多支路系统中，某个 DC/DC 变换器出现故障，系统仍能维持工作；并能通过增加与逆变器连接的 DC/DC 变换器的数目实现系统功率的扩展，具有良好的可扩充性；

4）多支路系统能很好地协调各个支路，逆变器的额定功率不再像单支路并网逆变器被限定在较小的定额，逆变器额定功率不再受限；

5）适合具有不同型号、大小、方位、受光面等特点的支路的并联，适合于光伏建筑一体化形式的分布式能源系统应用。

(5) 主从结构[204,205] 主从结构是一种新型的光伏并网发电系统体系结构，如图 10-23 所示，也是光伏并网系统结构发展的趋势。它通过控制组协同开关，来动态地决定在不同的外部环境下光伏并网系统的结构，以期达到最佳的光伏能量利用效率。

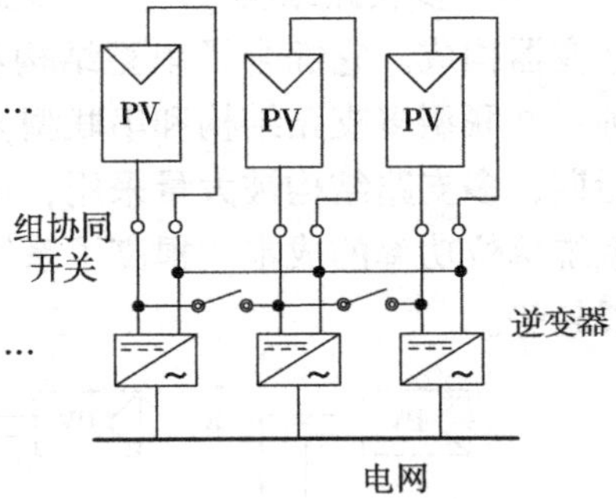

图 10-23　主从结构

当外部光照强度较低时，控制组协同开关使所有的光伏组件或光伏串只和一个并网逆变器相连，构成为集中式结构，从而克服了逆变器轻载低效的不足。随着光照强度的不断增大，组协同开关将动态调整光伏组件的串结构，使不同规模的光伏串和相应等级的逆变器相连，从而达到最佳的逆变效率，以提高光伏能量利用率，此时系统结构变成了多个串型结构，同时并网输出。由于这样的串型结构其功率等级是经由组协同开关动态调整的，并且每个串都具有独立的 MPPT，因此可以得到更高效率的功率输出。

（6）直流模块式结构[212]　将并联多支路结构思想与交流模块结构思想相结合，有学者提出了直流模块式结构。直流模块式结构由光伏直流建筑模块和集中逆变模块构成，如图 10-24 所示。光伏直流建筑模块是将光伏组件、高增益 DC/DC 变换器和表面建筑材料通过合理的设计集成为一体，构成具有光伏发电功能的、独立的、即插即用的表面建筑元件。集中逆变模块的主要功能是将大量并联在公共直流母线上的光伏直流建筑模块发出的直流电能逆变为交流电能，且实现

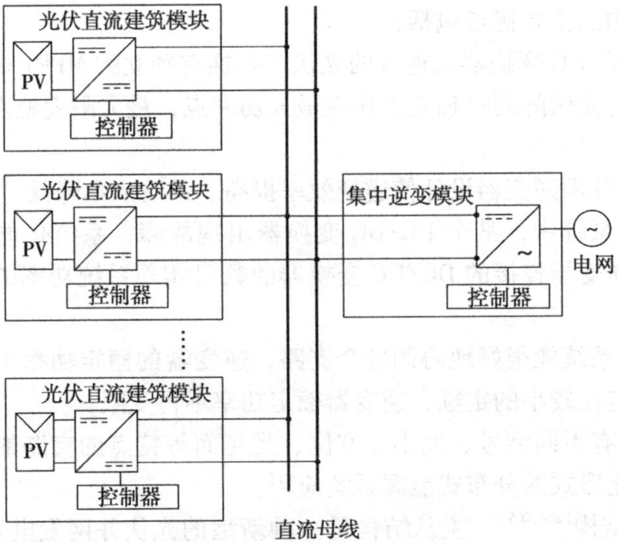

图 10-24　直流模块式结构

并网功能，同时控制直流母线电压恒定，保证各个光伏直流建筑模块正常并联运行。

直流模块式结构的主要特点是每一个光伏直流建筑模块具有独立的 MPPT 电路，能保证每个光伏组件均运行在最大功率点，最大限度地发挥了光伏组件的效能，且能量转化效率高；具有很高的抗局部阴影和抗组件电气参数失配的能力，适合在具有不同大小、安装方向和角度特点的建筑物中应用；采用模块化设计，系统构造灵活，给系统的扩充提供了很大的灵活性和即插即用性；易于标准化，适合批量化生产，降低系统成本等。

2. 光伏阵列特性及最大功率点跟踪（MPPT）

光伏阵列是由多个太阳电池组合而成，硅太阳电池阵列具有图 10-25a 所示的伏安特性，可见光伏阵列具有“电流源”特性。在不同的日照射强度下，它与负载特性 L 的交点（如 a、b、c、d、e 等）为当前的工作点。然而这些工作点并不正好落在阵列可能提供的最大功率点（如 a′、b′、c′、d′、e′）上，这就不能充分利用在当前日照射下阵列所能提供的最大功率。如果采用适当的控制方法，使光伏阵列一直工作在最大功率点，这时光伏阵列能量利用率将最大，这一技术称为最大功率点跟踪（MPPT）技术。进一步研究表明，影响最大功率的主要因素除材料工艺外，还有环境温度，以常规单晶硅太阳电池为例，当环境温度每升高 1℃时，其开路电压下降率约为 0. 35% ~0. 45%[203]。

由于光伏阵列的最大功率点是一个变量，因此可以采用自寻优算法进行最大功率点跟踪。这种算法利用对阵列当前输出电压、电流的检测得到当前阵列输出功率，再将其与前一时刻阵列功率相比较，并舍小存大不断检测比较、寻优，最终使光伏阵列工作在最大功率点上。根据 VSR 的控制要求，可采用基于电压增量的寻优算法，如图 10-25b 所示。

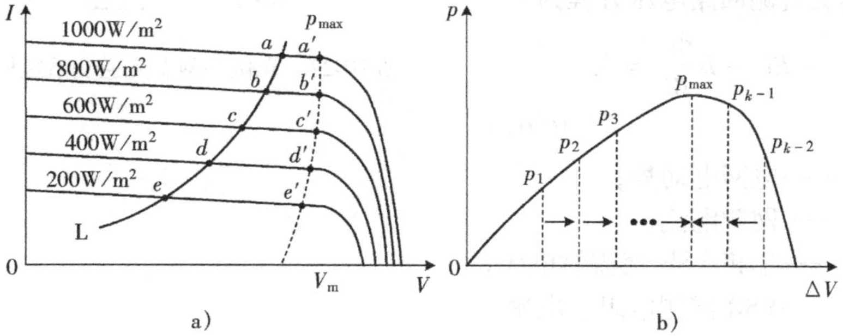

图 10-25　光伏阵列伏安特性及 MPPT 寻优

a）伏安特性　　b）MPPT 寻优

适用于微处理器离散控制的 MPPT 寻优算法流程如图 10-26 所示。

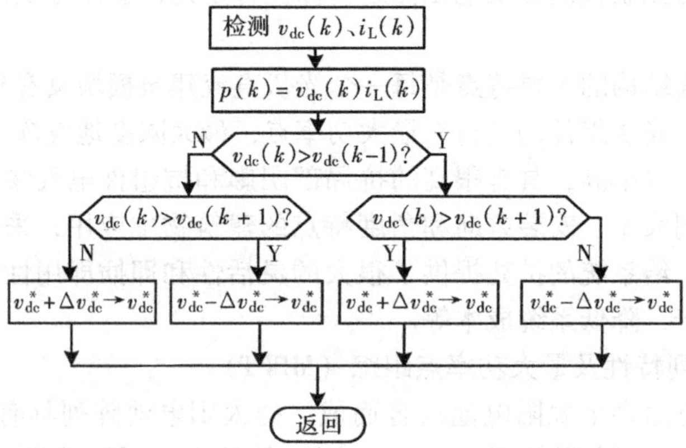

图 10-26 采用电压增量的 MPPT 寻优算法流程

3. 系统构成及控制策略

光伏并网发电逆变系统构成如图 10-27 所示。实际上，该系统是一个工作在馈能逆变状态下的 VSR。为了最大限度地利用太阳能，光伏阵列直流侧电压指令 v_{dc}^* 由最大功率点跟踪（MPPT）单元产生。一般来说，光伏并网系统常采用单相 VSR 拓扑结构。为了降低开关应力，以下讨论一种加入“零矢量”的单相 VSR 电流预测控制算法。

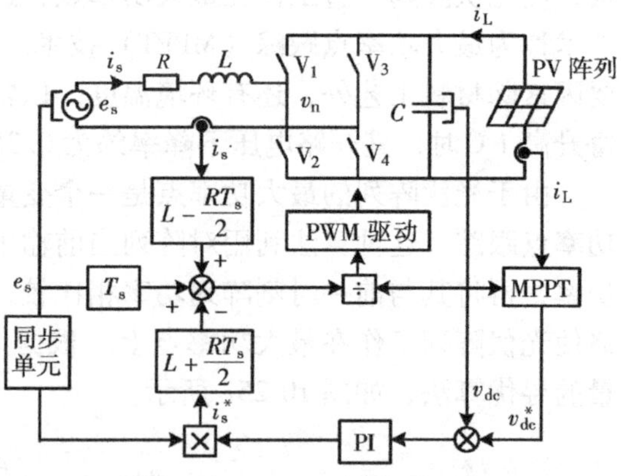

图 10-27 光伏并网发光逆变系统构成

如图 10-27 所示，对于单相 VSR，其交流侧回路电压方程为

$$e_s-Ri_s-L\frac{di_s}{dt}=v_n \tag{10-91}$$

式中 e_s——电网电动势；

i_s——网侧电流；

v_n——单相 VSR 交流侧电压；

R、L——VSR 网侧电阻、电感。

若定义三值逻辑开关函数 σ 为

$$\sigma=\begin{cases}0 & V_1、V_3\text{ 或 }V_2、V_4\text{ 通}\\ 1 & V_1、V_4\text{ 通}\\ -1 & V_2、V_3\text{ 通}\end{cases} \tag{10-92}$$

显然，由开关函数 σ 描述的 VSR 交流侧电压 v_n 为

$$v_n = \sigma v_{dc} \tag{10-93}$$

式中 v_{dc}——VSR 直流侧电压。

当 $\sigma=0$ 时，$v_n=0$，即所谓的“零矢量”，将式（10-93）代入式（10-91），并两边在 t_k、t_k+T_s 时段上积分，即得

$$\int_{t_k}^{t_k+T_s} e_s \mathrm{d}t - \int_{t_k}^{t_k+T_s} Ri_s \mathrm{d}t - L[i_s(t_k+T_s) - i_s(t_k)] = \int_{t_k}^{t_k+T_s} \sigma v_{dc} \mathrm{d}t \tag{10-94}$$

式中 T_s——PWM 载波周期；

t_k——第 k 次开关周期起始时刻。

为了在单相 VSR PWM 控制中降低功率开关管应力，可以在 PWM 载波周期中对称加入“零矢量”，以平滑电流冲击，如图10-28所示。

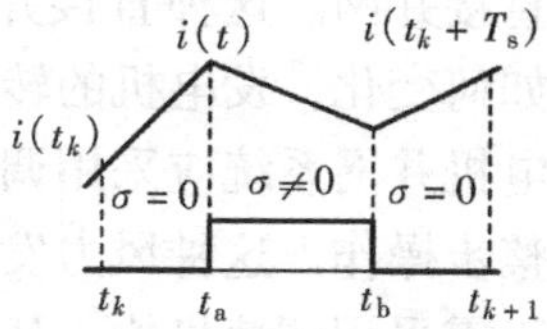

图 10-28　加入“零矢量”调制的电流跟踪

当 PWM 开关频率较高时，可以认为在 t_k、t_k+T_s 时段 e_s、v_{dc} 近似不变，则

$$\int_{t_k}^{t_k+T_s} e_s \mathrm{d}t \approx T_s e_s(t_k) \tag{10-95}$$

$$\int_{t_k}^{t_k+T_s} \sigma v_{dc} \mathrm{d}t = \int_{t_a}^{t_b} \sigma v_{dc} \mathrm{d}t = (t_b - t_a)\sigma v_{dc}(t_k) \tag{10-96}$$

式中 t_a、t_b——$t_k \sim t_k+T_s$ 周期中 $\sigma\neq0$ 起止时刻。

取 $i_s \approx [i(t_k) + i(t_k+T_s)]/2$，则

$$\int_{t_k}^{t_k+T_s} Ri_s \mathrm{d}t \approx \frac{RT_s}{2}[i(t_k) + i(t_k+T_s)] \tag{10-97}$$

令某一开关周期从 t_k 开始到 t_k+T_s 结束，电流预测控制的条件为

$$i_s(t_k+T_s) = i_s^*(t_k) \tag{10-98}$$

式中 $i_s^*(t_k)$——t_k 时刻电流指令值；

$i_s(t_k+T_s)$——t_k+T_s 时刻电流采样值。

如果通过上述 PWM 控制，使实际电流在 t_k+T_s 时刻跟上指令电流，即满足式（10-98）条件，则可实现 VSR 电流预测跟踪控制。联立式（10-94）~式（10-98），得

$$(t_b - t_a)\sigma = \frac{1}{v_{dc}(t_k)}\left[T_s e_s(t_k) - \left(L + \frac{RT_s}{2}\right)i_s^*(t_k) + \left(L - \frac{RT_s}{2}\right)i(t_k)\right] \quad (\sigma\neq0) \tag{10-99}$$

显然，“零矢量”调制时间为 $[T_s - (t_b - t_a)]$。当 $(t_b - t_a)\sigma > 0$ 时，V_1、V_4 管导通；而 $(t_b - t_a)\sigma < 0$ 时，V_2、V_3 管导通。当采用加入“零矢量”调制的单相 VSR 预测电流跟踪控制时，网侧电流将在一个 PWM 开关周期跟踪指令电流，同时“零矢量”也限制了电流变化率，并降低了功率开关管应力。其控制系统

结构如图 10-27 所示。

10.5.3 风力发电机并网及其控制

1. 风力发电机的并网运行

目前常见的风力发电机并网运行分为同步发电机与异步发电机并网运行两大类。

在常规的同步发电机并网运行中，风力机驱动同步发电机，并使同步发电机直接并网。这种直接并网的同步发电机，不论发电机的转矩（风力机的转矩）如何变化，发电机的转速应恒定不变，否则发电机将与电网解列。为此，同步发电机并网系统应采用调速机构，以维持发电机转子转速不变，并且需进行同步与整步操作。这种风力发电机并网系统称为恒速恒频系统。同步发电机并网系统由于需采用调速机构，从而增加了系统的复杂性。当风能大幅波动时，作用在转子上的转矩极不稳定，调速机构的调速性能也很难达到同步发电机所要求的调速准确度，这就是国外风力发电机组很少采用同步发电机的原因[184]。

与同步发电系统相比，风力发电机采用常规的异步发电机并网运行时，风力机驱动异步发电机，并使异步发电机直接并网。此时，由于异步发电机可利用转差来调节转矩，因此对风力发电机组的调速准确度要求不高，且无需同步及整步操作，只需转速接近同步转速时就可并网发电。显然，采用异步发电机的风力发电机不仅控制简单，且由于并网后不会产生振荡和失步，因此运行非常稳定。

然而，采用异步发电机直接并网的风力发电机并网发电系统也存在一些特殊问题，如：

1）直接并网时会产生冲击；

2）并网发电过程需进行无功补偿；

3）电力系统频率波动可能使发电机改变运行状态（电动运行）。

可见，采用异步发电机直接并网的风力发电机并网系统必须严格监视，并采用相应的有效措施，才能保障风力发电机的安全运行。

由于上述直接并网的恒速恒频风力发电系统的发电机转速固定，因此只能在某一特定风速运行时，才能达到最佳的功率运行点，当风速改变时，风力机就会偏离最佳功率运行点，导致发电量下降，另外异步风力发电机组输出的功率因数较低，一般需要电容器组进行无功补偿。为了最大限度地利用风能，提高风力发电机组性能，变速恒频风力发电机组得到了快速发展，并成为风力发电的主流。在变速恒频风力发电系统中，由于风力机可在大范围的风速变化时保持高效运行，因此高性能的电力电子变换装置必不可少。目前，实现变速恒频风力发电的方案有异步发电机全功率系统、永磁同步直驱全功率系统以及异步双馈系统等，其系统结构如图 10-29 所示。其中，异步双馈系统由于可采用较小功率（30%风力机功率）的电力电子变换器，目前已成为变速恒频风力发电的主流，而永磁同步直驱全功率系统由于采用高效发电机并且省略了齿轮箱，因而是变速恒频风力发电系统的发展方向。在变速恒频风力发电系统中的电力电子变换器大都采用了发电机侧变换器与网侧变换器“背靠背”的运行模式，显然，其中的网侧变换器均采用了 PWM 整流器设计。

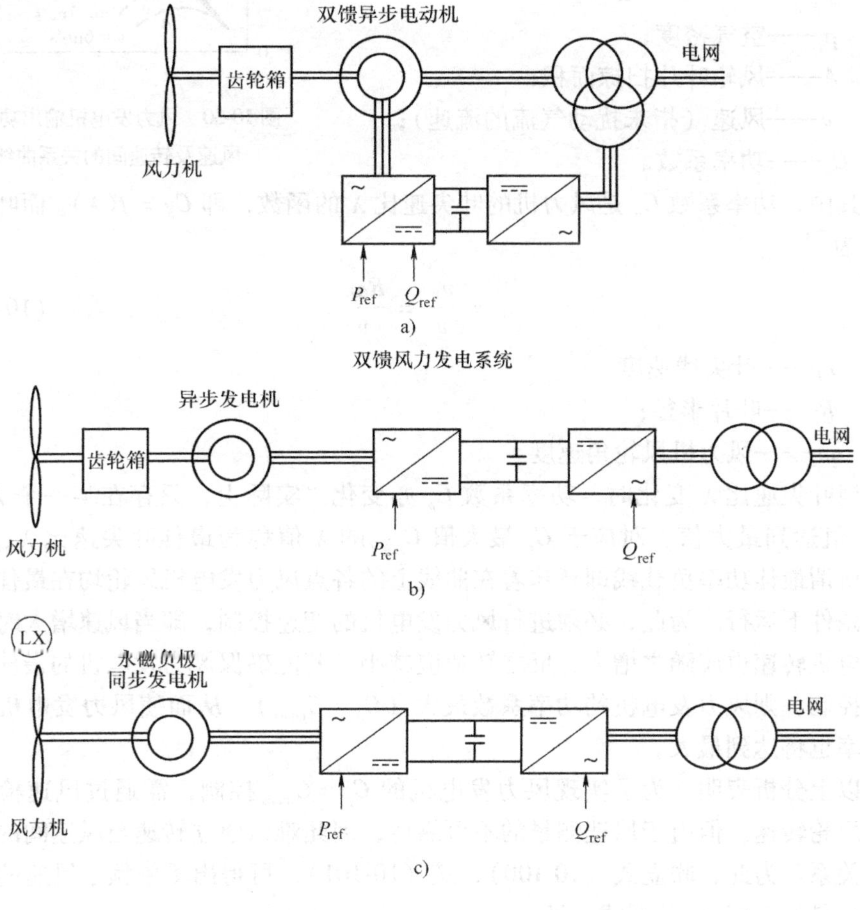

图 10-29　变速恒频风力发电系统

a）双馈风力发电系统　b）感应发电机的全功率风力发电系统（有齿轮箱）

c）永磁同步直驱风力发电系统（无齿轮箱）

2. 最佳功率负载线及其跟踪控制

不同风速下，风力发电机的输出功率与转速的关系特性曲线如图 10-30 所示。对应每一风速特性曲线中，均有一个最大输出功率点，如 a、b、c、…、f、g 等。将这些点连成曲线，就得到风力发电机的最佳功率负载线，如图 10-30 中虚线所示。为了最大限度地利用风能，应使风力发电机运行在“最佳功率负载线”上。

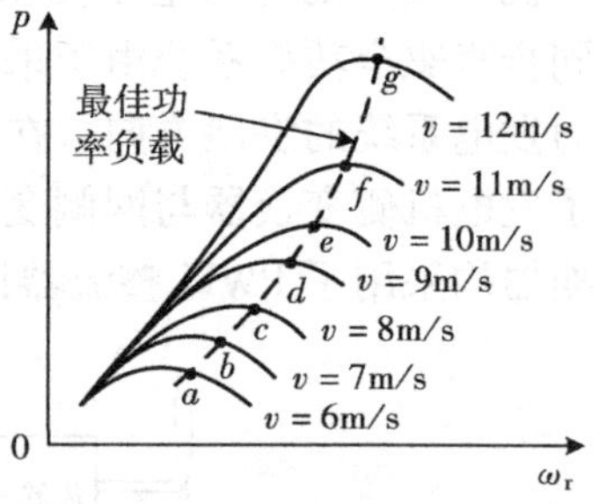

图 10-30　风力发电机输出功率与风速及转速间的关系曲线

根据风力发电机的相关理论，风力发电机的输出功率 p 为

$$p = \frac{1}{2}\rho A v^3 C_p \qquad (10\text{-}100)$$

式中　ρ——空气密度；

A——风轮叶片扫掠面积；

v——风速（指未扰动气流的流速）；

C_p——功率系数。

其中，功率系数 C_p 是风力机的叶尖速比 λ 的函数，即 $C_p = f(\lambda)$。而叶尖速比 λ 为

$$\lambda = \frac{v_{\mathrm{T}}}{v} = \frac{R\omega_{\mathrm{r}}}{v} \qquad (10\text{-}101)$$

式中　v_{T}——叶尖线速度；

R——叶片半径；

ω_{r}——风力机风轮角速度。

当叶尖速比 λ 变化时，功率系数 C_p 亦变化。实际上，只存在某一个 λ 值，使 C_p 值达到最大值。对应于 C_p 最大值 $C_{p\max}$ 的 λ 值称为最佳叶尖速比 λ_{opt}。因此，所谓最佳功率负载线即意味着在曲线上的各点风力发电机风轮均在最佳叶尖速比条件下运行。为此，必须进行风力发电机的变速控制，即当风速增大时，风力发电机转速也应随之增大，反之转速应减小。若能确保风力发电机的最佳叶尖速比控制，则风力发电机的功率系数最大（$C_p = C_{p\max}$），从而使风力发电机的输出功率也将达到最大。

以上分析表明，为了实现风力发电机的 $C_p = C_{p\max}$ 控制，需通过风速检测来控制风轮转速。但由于风速测量的不可靠性，因此难以建立转速与风速间的直接对应关系。为此，联立式（10-100）、式（10-101），可得出不依赖于风速的风力发电机最佳功率 p_{opt} 关系式，即

$$p_{\mathrm{opt}} = \frac{1}{2}\rho A C_{p\max}\left(\frac{R}{\lambda_{\mathrm{opt}}}\omega_{\mathrm{r}}\right)^3 \qquad (10\text{-}102)$$

可见，最佳功率 p_{opt} 与角速度 ω_{r} 的三次方成正比。考虑到机械强度，即输出功率的限制，变速风力发电机组应分区控制运行，即分为变速区运行、恒速区运行和恒功率区运行。

所谓变速区，是指当风轮转速低于最高转速时，风力发电机风轮变速，以跟踪最佳功率负载线，从而获得最大风能；当风轮转速调至最高转速时，风力发电

机进入恒转速区运行，此时随着风速增大，发电机转速保持恒定，但功率仍将增大；随着功率不断增大，发电机和变流装置将达到功率上限，这时风力发电机进入恒功率区运行，即随着风速增大，发电机转速降低，这时 C_p 值减小，从而保持功率不变。以下着重讨论变速区的最佳功率负载线的跟踪控制。

忽略发电机及交-直-交变流器损耗，发电机输出电功率为

$$p_o = T_e\omega_o \approx v_{dc}i_{dc} \approx \sum_{j=a,b,c} i_j v_j \tag{10-103}$$

式中 T_e——发电机电磁转矩；

ω_o——同步角频率；

v_{dc}、i_{dc}——交-直-交变流器直流侧电压、电流；

i_j、v_j——风力机发电系统网侧相电流、相电压瞬时值。

显然，可以通过发电机输出功率 p_o 的检测比较、寻优来实现最佳功率负载线的跟踪控制。

由式（10-103）可看出，输出功率 p_o 的控制可通过调节发电机转矩来实现。最佳功率负载线的跟踪控制流程如图 10-31 所示。

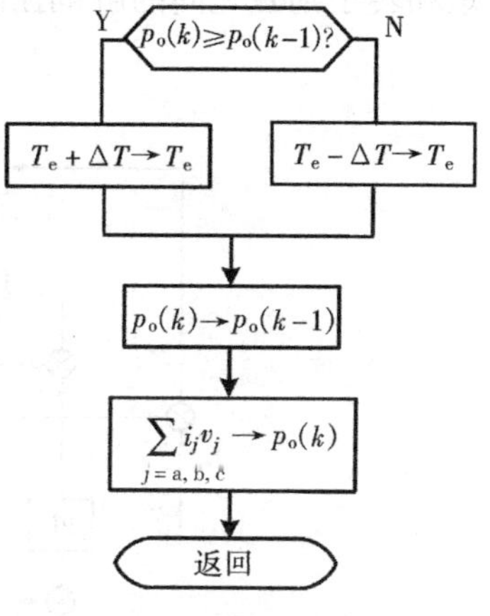

图 10-31　最佳功率负载线的跟踪控制流程

3. 变速恒频双馈风力发电变流器及其控制

变速恒频双馈风力发电，由于可采用较小容量变换器，因而获得了广泛应用，并成为大功率风力发电的主流。变速恒频双馈风力发电系统中的变换器采用图 10-29a 所示的背靠背结构。其中：转子侧变换器提供可变电压和频率的发电机励磁控制，而网侧变换器则一方面稳定直流侧电压，另一方面实现转子电能的并网控制。当发电机处于亚同步运行状态时，转子侧变流器向发电机转子提供励磁电流的同时，网侧变换器则由电网输入有功功率；当发电机处于超同步运行状态时，转子侧变流器向发电机转子提供励磁电流的同时，网侧变流器则向电网输出有功功率。可见，双馈风力发电系统中的背靠背变换器实现了双馈发电机能量在网侧和转子侧的双向流动。

一般而言，双馈发电机一般采用基于定子磁链定向的矢量控制。对于大功率双馈风力发电机而言，其定子接在工频 50Hz 的大电网上，而定子绕组的电阻比其电抗小很多，定子绕组上的压降可以忽略不计，因此定子磁链与定子电压矢量近似互相垂直。当把 dq 坐标系的 d 轴定向在定子磁链上时，则定子相电压矢量比磁链矢量滞后 90°，即与 q 轴的负方向重合，且定子磁链的 q 轴分量为零。如果定子磁链保持恒定，则研究双馈发电机在同步 dq 坐标系下的数学模型即可获

得双馈发电机基于定子磁场定向的矢量控制规律，其双馈发电机并网发电的控制结构如图 10-32 所示。由图 10-32 可看出，双馈发电机的矢量控制结构采用了双闭环控制策略，内环为电流环，外环为速度环。在速度环中，转速给定是由最大风能捕获算法决定的，速度调节器的输出作为转子转矩电流调节器的给定，而转子励磁电流调节器的给定是由发电机的励磁及相应的无功补偿量所决定的。值得注意的是，在大多数兆瓦级双馈风力发电系统中，最大风能捕获一般均采用功率曲线法，即风力机控制系统根据当前的风轮转速直接通过风力发电机的功率曲线给出转矩指令，这种情况下，无需采用速度环。另外，根据双馈发电机矢量控制规律，当定子磁链 Ψ_1 保持恒定时，发电机的电磁转矩与转矩电流 i_{rq} 成正比，转子励磁由励磁电流 i_{rd} 决定。当定子侧被控制为单位功率因数时，发电机的励磁电流全部由转子提供。图 10-32 中的 v_{rdc}、v_{rqc} 为消除转子电压、电流交叉耦合的补偿项，在经过前馈补偿消除了交叉耦合项后，通过调节转子电压的 d 轴分量和 q 轴分量，即可分别控制发电机的转子磁链和电磁转矩，从而实现发电机电磁转矩和转子励磁之间的解耦控制。

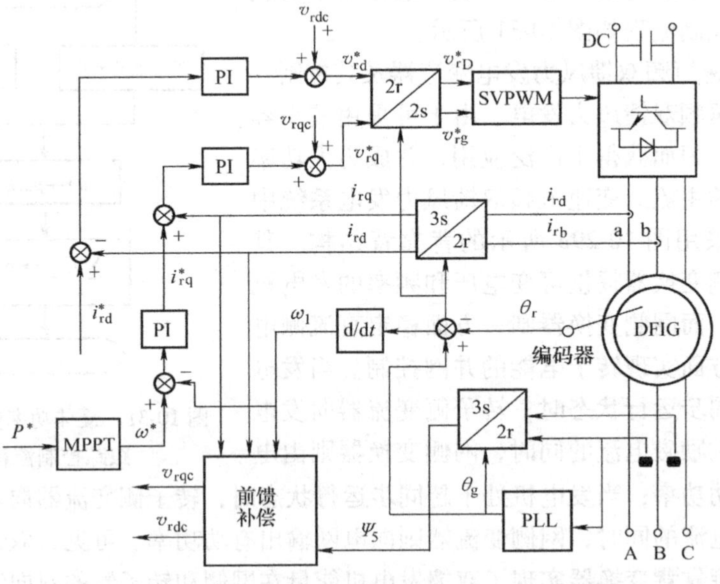

图 10-32 双馈发电机并网发电控制结构

i_{rd}—转子 d 轴电流反馈 i_{rq}—转子 q 轴电流反馈 v_{rdc}—转子 d 轴前馈补偿

v_{rqc}—转子 q 轴前馈补偿 ω_{sl}—转差角速度 ψ_1—定子磁链 θ_r—转子角度 θ_g—电网角度

网侧 PWM 整流器总体上采用多环控制，即直流电压外环用于稳定直流侧电压，而电流内环则用于控制网侧有功、无功电流。由于采用了 *LCL* 滤波器设计，因此为稳定控制系统，可采用基于电容电压为反馈变量的有源阻尼控制策略，其中的电容电压一般可以采用估算获得，即可以省略电容电压传感器。网侧变换器的拓扑与控制结构如图 10-33 所示。

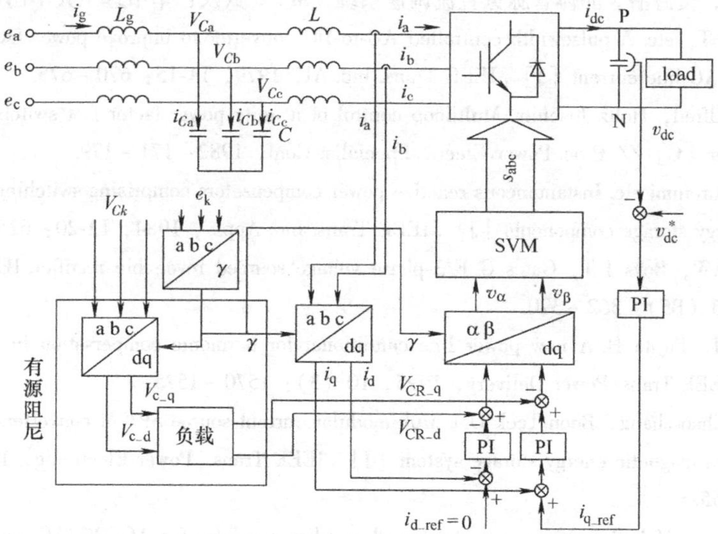

图 10-33 网侧变换器的拓扑与控制结构

i_{dc}—网侧 PWM 整流器直流侧电流 v_{dc}—直流母线电压 v_{dc}^*—直流母线电压指令

$i_k(k=a,b,c)$—PWM 整流器网侧相电流 $i_{Ck}(k=a,b,c)$—输出滤波电容电流

$e_k(k=a,b,c)$—电网相电动势 $V_{Ck}(k=a,b,c)$—输出滤波电容电压

load—背靠背转子侧变换器直流等效负载

参考文献

[1] 王离九，黄海潜．晶体管脉宽直流调速系统［M］．武汉：华中理工大学出版社，1988.

[2] Kataoka T, etc. A pulsewidth controlled AC-to-DC converter to improve power factor and waveform of AC line current [J]. IEEE Trans. Ind. AI, 1979, IA-15: 670-675.

[3] Busse Alfred, Holtz Joachim. Multiloop control of a unity power factor fast switching AC to DC converter [C] //. Proc. Power Electr. Specialist Conf, 1982: 171-179.

[4] Akagi Hirofumi etc. Instantaneous reactive power compensators comprising switching devices without energy storage components [J]. IEEE Trans. Ind. Appl., 1984, IA-20: 625-630.

[5] Green AW, Boys J T, Gates G F. 3-phase voltage sourced reversible rectifier. IEE proceedings 1988, 6 (B5): 362-370.

[6] Akagi H, Fujita H. A new power line conditioner for harmonic compersation in power systems [J]. IEEE Trans. Power Delivery, 1995, 10 (3): 1570-1575.

[7] Zhong-Chao zhang, Boon-Teck Ooi. Multimodular current-source SPWM converters for superconducting a magnetic energy storage system [J]. IEEE Trans. Power Electronic, 1993, 8 (3): 250-255.

[8] Thomas G, Habetler. A space vector-based rectifier regulator for AC/DC/AC convertors [J]. IEEE Trans. Power Electronics, 1993, 8 (1): 30-36.

[9] Boon Teck Ooi, Xiao Wang. Voltage angle lock loop control of the boost type PWM converter for HVDC application [J]. IEEE Trans. Power Electronics, 1990, 5 (2): 229-235.

[10] Fujita H, Watanabe Y, Akayi H. Control and analysis of a unified power flow controller [C] //. IEEE/PELS PESC'98, 1998: 805-811.

[11] Wu R, Dewan S B, Slemon G R. Analysis of an ac to dc voltage source converter using PWM with phase and amplitude control [J]. IEEE Trans. Ind. Appl., 1991, 27: 355-364.

[12] Wu R, Dewan S B, Slemon G B. A PWM AC-to-DC converter with fixed switching frequency [J]. IEEE Trans. Ind. Appl., 1990, 26: 880-885.

[13] Chun T Rim, Dong Y Hu, Gyu Hcho. Transformers as equrvalent circuits for switches: General Proofs and D-Q Transformation-Based Analyses [J]. IEEE Trans. Ind. Appl., 1990, 26 (4): 777-785.

[14] Hengchun Mao, Dushan Boroyerich, Fred C Y Lee. Novel reduced-order small signal model of a three-phase PWM rectifier and its application in control design and system analysis [J]. IEEE Trans. Power Electronics, 1998, 13 (3): 511-521.

[15] Ma Hao, Mao Xingyun, Xu Dehong. Parameter identification of DC/DC power electronic circuit based on hybrid system model [J]. Proceedings of the CSEE, 2005, 25 (10): 50-54.

[16] Dixon J W, Ooi B T. Indirect current control of a unity power factor sinusoidal current boost type three-phase rectifier [J]. IEEE Trans. Power Electronics, 1998, 35: 508-515.

[17] 杨德刚，刘润生，赵良炳．三相高功率因数整流器的电流控制［J］．电工技术学报，

2000 (2): 83 - 87.

[18] Marian P. Kazmierkowski, Luigi Malesani. Current control techniques for three-phase voltage-source PWM converters [J]. A Surrey. IEEE Trans. Ind. Electronics, 1998, 45 (5): 691 - 703.

[19] Habetler T G. A space vecter-based rectifier regulator for AC/DC/AC converters [J]. IEEE Trans Power Electron, 1993 (8): 30 - 36.

[20] 董晓鹏，王兆安. PWM 整流器的改进周期平均模型的研究 [C] //. 第九届全国电气自动化电控系统学术年会论文集. 北京：机械工业出版社，1998.

[21] Ooi B T, Salmon J C, Dixon J W, et al. A three phase controlled current PWM converter with leading pwoer factor [J]. IEEE Trans. Ind. Appl., 1987, IA-23: 78 - 84.

[22] Dixon J W, Kullcarni A B, Nishimato M, et al. Characteristics of a controlled-current PWM rectifier-inverter link [J]. IEEE Trans. Ind. Appl., 1987, IA-23: 1022 - 1028.

[23] 张兴，张崇巍. PWM 可逆变流器空间电压矢量控制技术的研究 [J]. 中国电机工程学报，2001 (10): 102 - 105.

[24] 张兴. 采用新型 PWM 控制的变频调速系统 [J]. 电气传动，1997 (3): 21 - 24.

[25] 曾江，焦连伟，倪以信，等. 有源滤波器定频滞环电流控制新方法 [J]. 电网技术，2000 (6): 1 - 8.

[26] Shied J-J, Pan C-T, Cuey Z-J. Modelling and design of a reversible three-phase switching mode rectifier [J]. IEE Proc. Electr. Power Appl, 1997, 144 (6): 389 - 396.

[27] 张加胜，郝荣泰. 一类新型 PWM 可逆整流器 [J]. 电工技术学报，1998 (10): 37 - 41.

[28] Ching-Tsai Pan, Jenn-Jong Shieh. New space-vector control strategies for three-phase step UP/Down AC/DC converter [J]. IEEE Trans. Ind. Electronics, 2000, 47 (1): 25 - 35.

[29] 詹长江，韩郁，赵良炳，等. 基于电压空间矢量 PWM 脉宽调制方式的新型三电平高频整流器研究 [J]. 电工技术学报，1999 (2): 60 - 64.

[30] Lin B-R, Hou Y-L. High-power-factor single-phase capacitor clamped rectifier [J]. IEE Proc. Electr Power Appl, 2001, 48 (2): 214 - 224.

[31] Bakari Mwinyiwina, Zbigniew Wolanski, Boon-Teck Ooi. Microprocessor-implemented SPWM for multiconverters with phase-shifted triangle carriers [J]. IEEE Trans. Ind. Appl., 1998, 34 (3): 487 - 494.

[32] Hengchun Mao, Dushan Boroyevich, Silva Hiti. Review of High-Performance three-phase power factor correction circuits [J]. IEEE Trans. Ind. Electronics, 1997, 44 (4): 437 - 445.

[33] 王长永，刘雷，张仲超. 电流型组合变流器相移 SPWM 技术的研究 [J]. 电力电子技术，1999 (4): 43 - 45.

[34] Toshihiko Noguchi, Hiroaki Tomiki, Seiji Kondo. Direct power control of PWM converter without power source voltage sensors [J]. IEEE Trans. Ind. Appl., 1998, 34 (3): 473 - 479.

[35] Kwon B-H, Youm J-H, Lim J-W, et al. Three-phase PWM synchronous rectifiers without line-voltage sensor [J]. IEE Proc. Electr. Power Appl., 1999, 146 (6): 632 - 636.

[36] Ibrahim D Hassan, Richard M Bucci, Khin T. 400MW SEMS power conditioning system development and simulation [J]. IEEE Trans. Power Electronics, 1993, 8 (3): 237 - 249.

[37] Hasan Komürcügil, Osman Kükrer. Lyapunov based control for three-phase PWM AC/DC voltage source converters [J]. IEEE Trans. Power Electronics, 1998, 13 (5): 801 - 813.

[38] Hasa Komürcügil, Osman kükrer. Control strategy for single-phase PWM ac/dc voltage-sorece converters based on lyapunov's direct methed [J]. Int. J. Electrnics, 2000, 87 (12): 1485 - 1498.

[39] Luis Moran, Phoivos D Ziogas, Geza Joos. Design aspects of synchronous PWM rectifier-inrerter systens under unbalanced input voltage conditions [J]. IEEE Trans. Ind. Appl., 1992, 28 (6): 1286 - 1293.

[40] Vincenti D, Jin H. A three phase regulated PWM rectifier with on-line feedforward input unbalance correction [J]. IEEE Trans. Ind. Electronics, 1994, 41: 526 - 532.

[41] Hong-seok Song, Kwanghee Nam. Dual current control scheme for PWM converter under unbalanced input voltage conditions [J]. IEEE Trans. Ind. Electronics, 1999, 46 (5): 953 - 959.

[42] Suh Y S, Tijeras V, Lipo T A. A nonlinear control of the instantaneous power in dq synchronous frame for PWM AC/DC converter under generalized unbalanced operating conditions [C] //IEEE-IAS Annu Meeting, Pittsburgh, PA, 2002: 1189 - 1196.

[43] Suh Y S, Lipo T A. Modeling and analysis of instantaneous active and reactive power for PWM AC/DC converter under generalized unbalanced network [J]. IEEE Transactions on Industrial Electronics, 2006, 21 (3): 1530 - 1540.

[44] Yin Bo, Ramesh Oruganti, et al. An Output - Power - Control Strategy for a Three - Phase PWM Rectifier Under Unbalanced Supply Conditions [J]. IEEE Transactions on Industrial Electronics, 2008, 55 (5): 2140 - 2151.

[45] Pekik Argo Dahono. A Control Method to Damp Oscillation in the Input LC Filter of AC-DC PWM Converters [C] //Power Electronics Specialists Conference, 2002, IEEE 33rd Annual Cairns, Australia, 23 - 27 June 2002, 4: 1630 - 1635.

[46] 刘芳. LCL-VSR 的控制与设计 [D]. 合肥：合肥工业大学，2008.

[47] Pekik Argo Dahono, Yogi Rizkian Bahar, Yukihiko Sato, et al. Damping of transient oscillations on the output LC filter of PWM Inverters by using a Virtual Resistor [C] //2001 4th IEEE International Conference on Power Electronics and Drive System, 2001: 403-407.

[48] Blasko V, Kaura V. A novel control to actively damp resonance in input LC filter of a three phase voltage source converter [J]. IEEE Transactions on idustry Applications, 1997, 33 (2): 542 - 550.

[49] Liserre M, Dell'Aquila A, Blaabjerg F. Genetic algorithm - based design of the active damping for an LCL - filter three - phase active rectifier [J]. IEEE Transactions on Power Electronics, 2004, 19 (1): 76 - 86.

[50] Malinowski M, Szczygiel W, Kazmierkowski M P et al. Sensorless Operation of Active Damp-

ing. Methods for Three - Phase PWM Converters [C] //IEEE ISIE 2005, June 20 - 23, 2005, Dubrovnik, Croatia

[51] Malinowski M; Bernet S. A Simple Voltage Sensorless Active Damping Scheme for Three - Phase PWM Converters With an LCL Filter [J], IEEE Transactions on Industrial Electronics, Volume: 55, Issue: 4.

[52] Liserre M., Dell'Aquila A., Blaabjerg F. Genetic algorithm - based design of the active damping for an LCL - filter three - phase active rectifier [J]. IEEE Transactions on Power Electronics, 2004, 19 (1).

[53] Erika Twining, Holmes D G. Grid current regulation of a three - phase voltage source inverter with an LCL input filter [J]. IEEE Transactions on Power Electronics, 2003, 18 (3).

[54] Zmood D N, Holmes D G, Bode G H. Frequency - Domain Analysis of Three - Phase Linear Current Regulators [J]. IEEE Transactions on industry applications. 2001 (37): 601 - 610.

[55] Noguchi T, Tomiki H, Kondo S, et al. Direct Power Control of PWM Converter Without Power-SourceVoltage Sensors [J]. IEEE Transactions on industry applications. 1998, 34 (6): 473 - 479.

[56] 徐小品，黄进，杨家强．瞬时功率控制在三相 PWM 整流中的应用 [J]．电力电子技术，2004.

[57] Malinowski M S. Sensorless Control Strategies for Three - Phase PWM Rectifier [D]. Warsaw University of Technology, 2001.

[58] Duarte J L, Van Zwam A, Wijnands C et al. Renference Frames Fit for Controlling PWM Rectifiers [J]. IEEE Transactions on industrial electronics. 1999 (46): 628 - 630.

[59] Malinowski M, Kazmierkowski M P, Hansen S, et al. Virtual - flux - based direct power control of three - phase PWM Rectifiers [J]. IEEE Transactions on power electronics. 2001 (37): 1019 - 1027.

[60] Park S Y, C. L. Chen, J. S. Lai, et al, Admittance compensationin current loop control for a grid - tie LCL fuel cell inverter [J]. IEEE Trans. on Power Electron, 2005, 23 (4): 1716 - 1723, Nov.

[61] Wang Xuehua, Ruan Xinbo, Liu Shangwei, et al. Full Feedforward of Grid Voltage for Grid - Connected InverterWith LCL Filter to Suppress CurrentDistortion Due to Grid Voltage Harmonics [J]. IEEE Transactions on Power Electronics, 2010, 25 (12): 3119 - 3127.

[62] Wu B. High-Power Converters and AC Drives [M]. John Wiley & IEEE Press, 2006.

[63] Qiu A M, Li Y W, Wu B, et al. High Performance Current Source Inverter Fed Induction Motor Drive with Minimal Harmonic Distortion [C] //Power Electronics Specialists Conference, 2007. PESC 2007. IEEE, 2007: 79 - 85.

[64] Xiao Y, Wu B, Rizzo S. C., et al. A novel power factor control scheme for highpower GTO current - source converter [J]. IEEE Transactions on, Industry Applications, 34: 1278 - 1283, 1998, vol.

[65] Li Y W, Wu B, Xu D, et al. Space Vector Sequence Investigation and Synchronization Meth-

ods for Active Front – End Rectifiers in High – Power Current – Source Drives [J] IEEE Transactions on Industrial Electronics 2008, 55: 1022 – 1034.

[66] Naguib M F, Lopes L A C. Harmonics reduction in low switching frequency space vector modulated current source converters [C] //Power Electronics Specialists Conference, 2008. PESC 2008. IEEE, 2008: 1434 – 1440.

[67] Li Yun Wei, Wu B, Zargari N, et al. Damping of PWM Current – Source Rectifier Using a Hybrid Combination Approach [J]. IEEE Transactions on Power Electronics, 2007, 22 (4): 1383 – 1393, July.

[68] Wu B, Pontt J, Rodriguez J, et al. Current-Source Converter and Cycloconverter Topologies for Industrial Medium – Voltage Drives [J]. IEEE Transactions on Industrial Electronics, 2008, 55 (7): 2786 – 2797.

[69] Dai J, Xu D, Wu B. A Novel Control Scheme for Current-Source-Converter-Based PMSG Wind Energy Conversion Systems [J]. IEEE Transactions on Power Electronics. 2009, 24 (4): 963 – 972.

[70] Dai J. Current Source Converters for Megawatt Wind Energy Conversion Systems [D]. Ryerson University, 2010.

[71] 许广锡，陈报生．新型多电平多电压制高压大功率变换器应用技术的研讨［C］//第九届全国电气自动化电控系统学术年会论文集．北京：机械工业出版社，1998.

[72] 黄俊，王兆安．电力电子变流技术［M］．北京：机械工业出版社，1994.

[73] 陈伯时．电力拖动自动控制系统［M］．北京：机械工业出版社，1997.

[74] Ye Y, Kazerani M, Quintana V H. A novel modeling and control method for three-phase PWM converters [C] //. PESC. 2001 IEEE 32th Annual. 2001, 1: 102 – 107.

[75] 王兆安，杨君，刘进军．谐波抑制和无功功率补偿［M］．北京：机械工业出版社，1998.

[76] 蔡宣三，龚绍文．高频功率电子学（直流—直流变换部分）［M］．北京：科学出版社，1990.

[77] 王孝武．现代控制理论基础［M］．北京：机械工业出版社，1998.

[78] 张兴，张崇巍，孙本新．采用电流寻优的 MPPT 光伏阵列并网逆变器的研究［J］．太阳能学报，2001 (3): 306 – 310.

[79] 田树苞．基于二次型性能指标的最优控制在调速系统中的应用——双闭环可控硅调速系统速度调节器的设计计算［J］．电气传动，1988 (6).

[80] 李齐．二次型指标设计中 Q 阵的仿真寻优及其在调速系统中的应用［J］．自动化学报，1983 (2).

[81] Hidehiko sugimoto, Sigeo Morimoto, Masao Yano. A high performance control method of a voltage-type PWM converter [C] //IEEE PESC'88 RECORD, 1988: 360 – 368.

[82] Wernekinck E, Kawamura A, Hoft R. A high frequency AC/DC converter with unity power factor and minimum harmonic distortion [J]. IEEE Trans. Power Electronics, 1991, 6: 364 – 370.

[83] Hasan Kömürcügil, Osman kükrer. A novel current control method for three-phase PWM AC/DC voltage-source converters [J]. IEEE Trans. Ind. Electronics, 1999, 46 (3): 544-553.
[84] 张加胜. 滞环控制变流器的开关频率研究 [J]. 电工电能新技术, 1998 (1): 54-57.
[85] 李友善、自动控制原理 [M]. 北京: 国防工业出版社, 1980.
[86] 杨旭, 王兆安. 准固定频率滞环 PWM 电流模式控制方法的研究 [J]. 电源世界, 2001 (1): 5-8.
[87] 刘陵顺, 姜忠山, 王亭. PWM 逆变器死区效应的补偿 [J]. 电源技术应用, 2000 (12): 649-651.
[88] 刘凤君. 开关死区对 SPWM 逆变器输出电压波形的影响 [J]. 电源技术应用, 2000 (12): 645-648.
[89] 詹长江, 陈坚. PWM 高频整流器系统的死区效应分析 [J]. 电力电子技术, 1999 (3): 5-7.
[90] 苗骞. 可并网正弦波 PWM 高效光伏逆变器的研究 (DC-AC) 部分 [D]. 济南: 山东大学, 2006.
[91] 涂方明, 王志飞, 孙巍. UPS 电源输出变压器的偏磁分析 [J]. 船电技术, 2004 (3).
[92] 叶智俊, 严辉强, 余运江. 一种简单的逆变器输出直流分量消除方法 [J]. 机电工程, 2007 (9): 24.
[93] 李剑, 康勇, 陈坚. DSP 控制 SPWM 全桥逆变器直流偏磁的研究 [J]. 电源技术应用, 2002 (5).
[94] 郭小强, 邬伟扬. 并网逆变器直流注入控制策略研究 [C] //中国电工技术学会电力电子学会第十一届学术年会论文集. 杭州, 2008.
[95] Lin Ma, Fen Tang, Fei Zhou, et al. Leakage current analysis of a single-phase transformerless PV inverter connected to the grid. Sustainable Energy Technologies [C] //ICSET 2008. IEEE International Conference, 2008.
[96] Oscar Lopez, Remus Teodorescu, Francisco Freijedo. Eliminating ground current in a transformerless photovoltaic application [C] //Power Engineering Society General Meeting, 2007: 1-5.
[97] 孙龙林. 单相非隔离型光伏并网逆变器的研究 [D]. 合肥: 合肥工业大学, 2009.
[98] Schmidt H, Burger B, Chr Siedle. Gefahrdungspotenzial transformator loser Wechselrichter-Fakten und Geruchte, 18 Symposium Photovoltaische Sonnenenergie, Staffelstein, Germany 2003. Roberto Gonzalez, Jesus Lopes, Poblo Sanchis, High-Efficiency Transformerless Single-phase Photovoltaic Inverter [C] //EPE-PEMC 2006: 1895-1900.
[99] Roberto González, Jesús López, Pablo Sanchis, et al. Transformerless Inverter for Single-Phase Photovoltaic Systems [J]. IEEE Transactions on Power Electronics, 2007, 22 (2): 693-697.
[100] Fritz Schimpf, Lars E Norum. Grid connected Converters for Photovoltaic State of the Art, Ideas for Improvement of Transformerless Inverters [C] //NORPIE/2008, Nordic Workshop on Power and Industrial Electronics, 2008.

[101] 感应电动机传动用逆变器的 PWM 改进方法. [C] //: 国际电力电子学会会议论文集. 西安整流器研究所，天津电气传动设计研究所，译. 北京：国防工业出版社，1987.

[102] Okayama H，et al. Large capaeity large high performance three - level GTO inverter systems for steel main rolling mill drives [C] //IEEE Proc. IAS Ann. Meet. Conf. Res，1996：174 - 179.

[103] 张兴. 电压型逆变器不同导电型电压矢量控制研究 [J]. 电气传动，1992 (3)：2 - 7.

[104] 张纯江，张金泉，孙孝峰. 空间矢量 PWM 波形的谐波仿真研究 [J]. 燕山大学学报，2000 (2)：141 - 144.

[105] Blasko V. Analysis of a Hybrid PWM based on modified space-vector and triangle-comparison methods [J]. IEEE Trans，on IA，1997，33 (3)：756 - 764.

[106] 熊健，康勇，张凯，等. 电压空间矢量调制与常规 SPWM 的比较研究 [J]. 电力电子技术，1999 (1)：25 - 28.

[107] 张兴. 新型脉宽调制 (PWM) 优化控制方案的研究 [C] //第七届全国电气自动化电控系统年会论文集. 苏州，1994：169 - 174.

[108] Michael J Ryan，Robert D Lorenz，Rik W De Doncker. Modeling of multileg sine-wave inverters：A Geometric Approach [J]. IEEE Trans. Ind. Electromics，1999，46 (6)：1183 - 1191.

[109] Byung-Duk Min，Jang-Hyoun Youm，Bong-Hwan Kwon. A space vector modulation based hysteresis current controller for the PWM rectifier with voltage link [J]. Int. T. Electronics，1999，86 (3)：363 - 377.

[110] Bong-Hwan kwon，Tae-Wookim，Jang-Hyoun Yown. A novel SVM-based hysteresis current controlled [J]. IEEE Trans. on PE，1998，13 (2)：297 - 307.

[111] Wuest D，Jenni F. Space vector based current schemes for voltage source inverters [C] //Industry Application Society Annual Meeting，Record of 1993 IEEE：986 - 992.

[112] Malesani L，Tenti P. A novel hysteresis control method for current-controlled voltage-source PWM inverters with constant modulation frequency [J]. IEEE Trans. on IA，1990，26 (1)：88 - 92.

[113] Zmood D N，Holmes D G，Bode G H. Frequency-Domain Analysis of Three-Phase Linear Current Regulators [J]. IEEE Transactions on industry applications，2001 (37)：601 - 610.

[114] Malinnowski M S. Senesorless Control Strategies for Three-Phase PWM Rectifier [D]. Warsaw University of Technology. Ph. D. Thesis，2001.

[115] Duarte J L，Van Zwam A，Wijnands C，et al. Reference Frames Fit for Controlling PWM Rectifiers [J]. IEEE Transactions on industrial electronics. 1999 (46)：628 - 630.

[116] 张星. 一种能消除直流偏置和稳态误差的电压型磁链观测器 [J]，电工电能新技术，2006，25 (1)：39 - 43.

[117] 魏冬冬．异步电机直接转矩控制策略比较与实验研究［D］．合肥：合肥工业大学，2008.

[118] Noguchi T，Tomiki H，Kondo S，et al. Direct Power Control of PWM Converter Without Power-Sorce Voltage Sensors ［J］．IEEE Transactions on Industry Application，1998，34（6）：473－479.

[119] 徐小品，黄进，杨家强．瞬时功率控制在三相PWM整流中的应用［J］．电力电子技术，2004.

[120] Malinowski M，Kazmierkowski M P，Hansen S，et al. F. Virtual-flux-based direct power control of three-phase PWM rectifiers ［J］．IEEE Transactions on power electronics，2001（37）：1019－1027.

[121] Mariusz Malinowski，Marian P Kazmierkowski，Andrzej Trzynadlowski. Direct power control with virtual flux estimation for three-phase PWM rectifiers ［J］．Proceedings of the 2000 IEEE International Symposium on Industrial Electronics，2002（2）：442－447.

[122] Malinowski M，Kazmierkowski M P. Simulation study of virtual flux based direct power control for three-phase PWM rectifiers ［C］//26th Annual Conference of the IEEE on Industrial Electronics Society，2000，4：2620－2625.

[123] Mariusz Malinowgki，Marian P KaZmier Kowski. DSP implementation of direct power control with constant switching frequency for three-phase PWM rectifiers ［C］//28th Annual Conference of the IEEE Industrial Electronics Socirty，2002.

[124] Mariusz Malinowski，Marek Jasin′ski，Marian P Kazmierkowski. Simple direct power control of three-phase PWM rectifier using space-vector modulation（DPC-SVM）［J］．IEEE Transactions on Industry Applications，2004，51（2）：447－454.

[125] Mariusz Malinowski，Marian P Kazmierkowski. Direct power control of three-phase PWM rectifier using space vector modulation-simulation study ［C］//Proceedings of the 2002 IEEE International Symposium on Industrial Electronics. 2002（4）：1114－1118.

[126] Mariusz Malinowski，Marques G，Cichowlas M，et al. New direct power control of three-phase PWM boost rectifiers under distorted and imbalanced line voltage conditions ［C］//IEEE International Symposium on industrial electronics. 2003（1）：438－443.

[127] Su Chen. Direct Power Control of Active Filter with Averaged Swithing Frequency Regulation ［J］．IEEE Transaction on Power Elactronics. 2004：1187－1190.

[128] Pekik Argo Dahono. A Control Method to Damp Oscillation in the Input LC Filter of AC-DC PWM Converters ［C］//Power Electronics Specialists Conference，IEEE 33rd Annual Cairns，Australia，2002（4）：1630－1635.

[129] 刘芳．LCL-VSR的控制与设计［D］．合肥：合肥工业大学，2008.

[130] Dahono P A. A control method for DC-DC converter that has an LCL output filter basedon new virtual capacitor and resistor concepts ［C］//Proc. of PESC′04，2004，1：36－42.

[131] Mariusz Malinowski，Marian P. Kazmierkowski，Frede Blaabjerg. Direct power control for three-phase PWM rectifier with active filtering function ［C］//IEEE APEC′03，USA，

2003, 2: 913 -918.

[132] Blasko V, Kaura V. A novel control to actively damp resonance in input LC filter of a three phase voltage source converter [J] . IEEE Transactions on idustry Applications, 1997, 33 (2): 542 -550.

[133] Liserre M, ell'Aquila A D., F Blaabjerg. Stability improvements of an LCL-filter based three-phase active rectifier [C] //Power Electronics Specialists Conference, PESC 2002, 2002, 3: 1195 -1201.

[134] 谭理华. 风力发电网侧 LCL-VSR 及其电压跌落控制的研究 [D] . 合肥: 合肥工业大学, 2010.

[135] Liserre M, ell'Aquila A D, Blaabjerg F. Genetic algorithm-based design of the active damping for an LCL-filter three-phase active rectifier [J] . IEEE Transactions on Power Electronics, 2004, 19 (1): 76 -86.

[136] 林渭勋. 电力电子技术基础 [M] . 北京: 机械工业出版社, 1990.

[137] Malinowski M, Szczygiel W, Kazmierkowski M P, et al. Sensorless Operation of Active Damping. Methods for Three-Phase PWM Converters [D] . IEEE ISIE Dubrovnik, Croatia, 2005: 20 -23.

[138] Liserre M, Blaabjerg F, Hansen S. Design and Control of an LCL-filter Based Active Rectifier [C] //Conf. Rec. 36th IAS Ann. Meeting, Chicago (USA), 2001.

[139] Liserre M, Blaabjerg F, Hansen S. Design and control of an LCL-filter-based three-phase active rectifier [J] . IEEE Trans. on Industrial Applications. 2005, 41 (5): 1281 -1291.

[140] Wang TC, Ye Z H, Sinha G, et al. Output Filter Design for a Grid-interconnected Three-Phase Inverter [C] //Proc. of PESC'03, 2003, 2: 779 -784.

[141] Marco Liserre, Antonio Dell'Aquila Frede Blaabjerg. Design and Control of a Three-phase Active Rectifier Under Non-ideal Operating Conditions [J] . IEEE, 2002: 1181 -1188.

[142] Karshenas H R, Saghafi H. Basic criteria in designing LCL filters for grid connected converters [C] //Proc. of IEEE ISIE, Montreal Quebec, Canada. 2006, 7: 1996 -2000.

[143] 陈伯时. 电力拖动自动控制系统 [M] . 3 版. 北京. 机械工业出版社, 2010.

[144] Lang Y, Xu D, Hadianamrei S R, et al. A novel design method of LCL type utility interface for three-phase voltage source rectifier [C] //Proc. Of 36th IEEE PESC, 2005: 313-317.

[145] Pederseu K, Blaabjerg F. An ideal PWM-VSI inverter using only one current sensor in the DC-link [C] //Proceed of PEVD'94. 1994: 458 -464.

[146] 郭群岭, 张湘南, 王强, 等. 不对称补偿控制研究现状综述 [J] . 华中电力, 2000 (1): 14 -17.

[147] Hombu M. at al. A current source GTO inverter with sinusoidal inputs and outputs [C] // Conf. Rec 1985 Annu Meet, IEEE Ind. Appl. Soc: 1033 -1039.

[148] Wang X, Ooi B. Real time multi-DSP control of three phase current-source unity power factor PWM rectifier [J] . IEEE Trans. Power Electronics, 1993 (8): 295 -300.

[149] José Espinoza, Geza Joos. On -line generation of gating signals for current source converter to-

pologies [C] //Conference Records ISIE'93: 674 -678.

[150] 朱连成. 无锁相环电压全周期过零检测电路的仿真与设计 [J]. 现代电子技术, 2007 (9).

[151] Svensson J. Synchronization Methods for Grid - connected Voltage Source Converters [J]. IEE Proc. Inst. Elect. Eng. Generation, Transmission, Distribution, 2001, 148 (5): 229 -335.

[152] Masoud Karimi-Ghartemani, Reza Iravani M. A Method for Synchronization of Power Electronic Converters in Polluted and Variable-Frequency Environments [J]. IEEE Transactions on Power Systems, 2004, 19 (3): 1263 -1270.

[153] Adrian Timbus, Remus Teodorescu, Frede Blaabjerg, et al. Synchronization Methods for Three Phase Distributed Power Generation System [C] //An Overview and Evaluation, Proc. of PESC'05, 2005: 2474 -2481.

[154] Song H-S, Nam K. Instantaneous Phase-Angle Estimation Algorithm under Unbalanced Voltage-Sag-Conditions [R]. Proc. Inst. Elect. Eng. Generation, Transmission, Distribution. 2000, 2147: 409 -415.

[155] 陈世伟. 锁相环路原理及应用 [M]. 北京: 兵器工业出版社, 1990: 19 -23.

[156] Changjiang Zhan, Fitzer C, Ramachandaramurthy V k, et al. Software Phase - Locked Loop Applied to Dynamic Voltage Restorer (DVR) [C] //Proc. IEEE Power Eng. Soc. Winter Meeting. Conf., Vol. 3: 1033 -1038.

[157] Se-kyo Chung. A Phase Tracking System for Three Phase Utility Interface Inverters [J]. IEEE Transactions on Power Electronics, 2000, 15 (3): 431 -438.

[158] Hilmy Awad, Jan Svensson Bollen M J. Tuning Software Phase - Locked Loop for Series - Connected Converters [J]. IEEE Transactions on Power Delivery, 2005, 20 (1): 300 - 308.

[159] Sang-Joon Lee, Jun-Koo Kang, Seung - Ki Sul. A New Phase Detecting Method for Power Conversion Systems Considering Distorted Conditions in Power System [C] //Proc. Industry Applications Conf., 34th IAS Annu, Meeting, Vol. 4, 1999: 2167 -2172.

[160] Pedro Rodriguze, Josep Pou Joan Bergas. Decoupled Double Synchronous Reference Frame PLL for Power Converters Control [J]. IEEE Transactions on Power Electronics, 2000, 22 (2): 584 -592.

[161] Rodriguez P, Teodorescu R, Candela, et al. New Positive - sequence Voltage Detector for Grid Synchronization of Power Converter under Faulty Grid Condition [C] //Power Electronics Specialists Conference, 2006. PESC, 06. 37th IEEE.

[162] Karimi-Ghartemani M, Iravani M R. A nonlinear adaptive filter foronline signal analysis in power system: Applications [J]. IEEE Trans. on Power Del., 2002, 17 (2): 617 -622.

[163] Rodriguez P, Luna A, Ciobotaru M, et al. Advanced grid synchronization system for power converters under unbalancedand distorted operating conditions [C] //in Proc. 32nd IEEE Int. Conf. Ind. Electron, Control, Instrum. (IECON), Nov. 2006: 5173 -5178.

[164] Santos Filho R M, Seixas P F, Cortizo P C, et al. Comparison of Three Single - Phase PLL

Algorithms for UPS Applications [J]. IEEE Transactions on Industrial Electronics, 2008, 55 (8).

[165] Sakamoto S, Izumi T, Yokoyama T, et al. A new method for digital PLL control using estimated quadrature two phase frequency detection [C] //in Proc. PCC, Apr. 2002: 671 -676.

[166] 袁庆庆，戴鹏，符晓，等. 单相电力锁相环技术综述 [J]. 变频器世界，2010 (7): 43 -45.

[167] Arruda L N, Filho B J C, Silva S M, et al. Wide bandwidth single and three - phase PLL structures for grid - tied PV systems [C] //in Proc. 28th IEEE Photovoltaic Spec. Conf., 2000: 1660 -1663.

[168] Arruda L N, Silva S M, Filho B J C. PLL structures for utility connected systems [C] //in 36th Conf. Rec. IEEE IAS Annu. Meeting, Sep. 2001, vol. 4: 2655 -2660.

[169] Silva S M, Lopes B M; Filho B J C; et al. Performance Evaluation of PLL Algorithms for Single - phase Grid - connected Systems [C] //Industry Applications Conference, 2004. 39th IAS Annual Meeting. Conference Record of the 2004 IEEE, 2004, vol. 4: 2259 -2263.

[170] Ciobotaru M, Teodorescu R, Blaabjerg F. Improved PLL structures for single-phase grid inverters [C] //Proc. Int. Conf. PELINCEC, Oct. 2005, CD-ROM.

[171] Ciobotaru M, Teodorescu R, Blaabjerg F, A new single - phase PLL structure based on second order generalized integrator [C] //Proc. 37thIEEE PESC, Jun. 2006: 1511 -1516.

[172] 李彦栋. 动态电压恢复器锁相及控制方法的研究 [D]. 西安：西安交通大学，2004.

[173] 邵文昌. 风力发电网侧变流器控制策略研究 [D]. 合肥：合肥工业大学，2009.

[174] Rodríguez P, Luna A, Candela I, et al. Grid Synchronization of Power Converters using Multiple Second Order Generalized Integrators [C] //Proc. IEEE Ind. Electron. Conf. (IECON'08), nov, 2008: 755 -760.

[175] Ciobotaru M, Teodorescu R, Blaabjerg F. A New Single - Phase PLL Structure Based on Second Order Generalized Integrator [C] //Power Electronics Specialists Conference, 2006. PESC'06. 37th IEEE, Jun. 2006: 1 -6.

[176] 日本电气学会电力半导体变流方式调研专门委员会. 电力半导体变流电路 [M]. 王兆安，等译. 北京：机械工业出版社，1993.

[177] Sewan Choi, Prasad N Enjeti, Derek A Paice. New 24-pulse diode rectifier systems for utility interface of high power AC motor drivers [C] //IEEE APEC Proc. 1996: 925 -931.

[178] Chen T C, Pan C. T. Modeling and design of a single phase AC to DC convertor [J]. IEE Proceedings-B 1992, 139 (5): 465 -470.

[179] 解学书. 最优控制理论与应用 [M]. 北京：清华大学出版社，1986.

[180] 蔡尚峰. 自动控制理论 [M]. 北京：机械工业出版社，1982.

[181] Andria G, Salvatore L, Inverter drive signal processing via DFT and EKF [J]. IEE Proceedings, 1990, 137 (2): 111 -119.

[182] José R Espinoza, Géza Joós, Luis Morán. Decoupled control of the active and reactive power in three-phase PWM rectifiers based on non-Linear control strategies [C] //PESC'99, IEEE

30th Aunual. 1999, 1: 131 - 136.

[183] Rioual P, Pouliquen H. Non linear control of PWM rectlfier by state feedback linearization and exact PWM control [C] //PESC'94, IEEE 25th Annual. 1994, 2: 1095 - 1102.

[184] 鞠建永. 基于滑模控制的并联型有源电力滤波器研究 [D]. 合肥: 合肥工业大学, 2002.

[185] 余健明, 同白前. 瞬时谐波电流检测方法的动静态特性分析 [J]. 电力电子技术, 1999 (2): 15 - 17.

[186] 戴朝波, 林海雪, 雷林绪. 两种谐波电流检测方法的比较研究 [J]. 中国电机工程学报, 2002 (1): 80 - 84.

[187] 高大威, 孙孝瑞, 陈宇. 一种谐波和无功电流检测的新方法 [J]. 现代电力, 2000 (1): 65 - 68.

[188] 高大威, 孙孝瑞. 基于神经元网络的用于有源电力滤波器的电流检测 [J]. 电网技术, 2000 (1): 72 - 75.

[189] 吴军基, 刘皓明, 孟绍良, 等. 小波滤波器在电力系统谐波检测中的应用 [J]. 电力系统及其自动化学报, 1999 (Z1): 50 - 53.

[190] Pompeo Marino, Francesco Vasca. Sliding mode control for three phase rectifiers [C] // IEEE PESC'95, 1995: 1033 - 1039.

[191] Sever Guffon, Aaron Sarinana Toledo, Seddik Bacha, et al. Inderect sliding mode control of a three-phase active power filter [C] //IEEE PESC'98, 1998: 1406 - 1414.

[192] 张兴, 鞠建永, 张崇巍. Boost-Buck 型 DC/DC 变换器的滑模控制 [J]. 合肥工业大学学报: 自然科学版, 2001 (4): 507 - 511.

[193] 王江, 王家军, 王先来, 等. 电力电子开关变换器的滑模控制 [J]. 电机与控制学报, 2000 (3): 188 - 192.

[194] Zhang xing, XuPo, Zhang Chong-wei, et al. Forward-feed decoupling based UPFC and converter system design [C] //2002 International conference on Power System Technology Proceedings. Kunming China. 2002, 4: 2269 - 2274.

[195] Schauder C D, Hamai D M, Edris A, et al. Operarion of the Unified Power Flow Controller (UPFC) under proctical constraints [J]. IEEE Trans. Power Delivery, 1998, 13 (2): 630 - 639.

[196] MoriKa Y, Mishima Y, Nakachi Y. Implementation of unified power flow controller and verification for transmission capatility improvement [J]. IEEE Trans. Power Systems, 1999, 14 (2): 575 - 581.

[197] Zhang Liangdong, Cen Wenhui, Liu Wei. Model and control of UPFC [J]. Automation of Electric Power System, 1998, 22 (1): 36 - 39.

[198] Xie hau, Mei Sheng Wei, Xu Zheng, et al. Nonlinear control for UPFC to improve transient stability of power systems [J]. Automation of Electric Power system, 2001, 25 (19): 1 - 5.

[199] 叶杭冶. 风力发电机组的控制技术 [M]. 北京: 机械工业出版社, 2002.

[200] 王斯成, 董路影. 我国太阳能光伏发电市场发展与国际挑战 [C] //第五届全光伏技

术学术研讨会论文集．中国光电技术发展中心，1998：136－140.

［201］Katsuya Hirachi，Masao Yamanaka，Tomoakl Takada，et al. Feasible dvelopments of utility-interactive multi-functional bidinectional converter for Solar Photovoltaic Generating System incorporating storage batteries［C］//PESC'95，IEEE 26 th Annual，1995，1：536－541.

［202］张兴，张崇巍，曹仁贤．光伏并网逆变器非线性控制策略的研究［J］．太阳能学报，2002（6）：770－773.

［203］余世杰，何慧若，曹仁贤．光伏水泵系统中 CVT 及 MPPT 的控制比较［J］．太阳能学报，1998（4）：394－398.

［204］Calais M，Myrzik J，Spooner T，et al. Inverters for single－phase grid connected photovoltaic systems－An overview［C］//IEEE PESC Conference Proceedings，2002：1995－2000.

［205］Myrzik J M，Calais M. String and module integrated inverters for single－phase grid connected photovoltaic systems － a review［C］//Power Tech Conference Proceedings，2003（8）.

［206］Soeren Baekhoej Kjaer，John K Pedersen，Frede Blaabjerg. A review of single－phase grid－connected inverters for photovoltaic modules［J］. IEEE Transactions on Industry Applications，2005，41（5）：1292－1306.

［207］Kleinkauf，W，Sachau，J，Hempel，H. Developments in inverters for photovoltaic systems［C］//11th E. C. Photovoltaic Solar Energy Conference，Montreux，Switzerland，1992.

［208］J. Myrzik M，Calais String. Module integrated inverters for singlephase grid connected photovoltaic systems－a review［C］//2003 IEEE Bologna Power Tech. Conference Proceedings，Jun. 23－26 2003，2.

［209］Mike Meinhardt，Gunther Cramer. Multi－String－Converter with Reduced Specific Costs and Enhanced Functionality［J］. Solar Energy，2000，69（1－6）.

［210］Kleinkauf W，et al. Photovoltaic Power Conditioning/Inverter Technolegy［C］//10th European Photovoltaic Solar Energy Conference，Lisbon，Portugal，1991.

［211］H. Oldenkamp de Jong I J. AC modules：past，present and future［R］. Workshop Installing the solar solution，Hatfield，UK，January 1998：22－23.

［212］刘邦银，梁超辉，段善旭．直流模块式建筑集成光伏系统的拓扑研究［J］．中国电机工程学报，2008（7）.

［213］张兴，曹仁贤，等．太阳能光伏并网发电及其逆变控制［M］．北京：机械工业出版社，2011.

［214］Prasad N Enjeti，Phoivos D Ziogas，James F lindsay. A current source PWM inverter with instantaneous current control capability［J］. IEEE Trans. on Ind. Appl.，1991，27（3）：582－588.

［215］Malesani L，Mattavelli P，Tomasin P. High-performance hysteresis modulation technique for active filter［J］. IEEE Trans. on PE，1997，12（5）：876－884.

［216］Malesani L，Matterelli P，Tomasin P. Improved constant-frequency hysteresis current control of VSI inverters with simple feed forward and bandwidth prediction［C］//IEEE IAS Amu. Meet Conf. Rec. Orlando，1995：2633－2639.

[217] 沈安文，万淑芸，王离九，等．PWM 整流器的输入电流谐波分析及参数确定［J］．电力电子技术，1998（3）：4－6.

[218] 张兴．蓄电池充、放电装置中的 PWM AC/DC 变流器设计［J］．电工电能新技术，2002（1）：79－80.

[219] Vladimir Blasko，Vikram Kaura. A new mathematical model and control of a three-phase AC-DC voltage source converter［J］. IEEE Trans. Power Electronics，1997，12（1）：116－123.

[220] 何新霞，张加胜，王平．电压型 PWM 可逆整流器建模与系统仿真［J］．石油大学学报，1999（3）：93－95.

[221] 郑颖楠，王炎，邬伟扬，等．单位功率因数可逆变流器数学模型［J］．电子学报，1999（5）：115－117.

[222] 刘万顺．电力系统故障分析［M］．北京：水利电力出版社，1986.

[223] Suttichai Saetieo，Rajesh Devaraj，David A Torrey. The design and implementation of a three-phase active power filter bused on sliding mode control［J］. IEEE Trans. Ind. Appl，1995，31（5）：993－999.

[224] Azeddine Draou，Yukihiko Sato，Teruo Kataoka. A new state feedback based transient control of PWM AC to DC voltage type converters［J］. IEEE Trans. Power Electronics，1995，10（6）：716－724.

[225] Riese M. Phase current reconstruction of a three-phase voltage source inverter-fed drive using sensor in DC link［C］//Proceeding of PCIM'96，1996：95－101.

[226] Jong-WooChoi，Seung-KiSul. New current control concept——minimum time current control in the three-phase PWM converter［J］. IEEE Trans. Power Electronics，1997，12（1）：124－131.

[227] Fukuda S，et al. Current source rectifier/inverter system with sinusoidal current［C］//Conf. Rec. 1988 Annu. Meet，IEEE Ind. Appl Soc：909－914.

[228] Bakari M M M winyiwiwa，Patricia M Birks Boon-Teck Ooi. Delta-modulated buck-type PWM converter［J］. IEEE Trans. Ind Appl，1992，28（3）：552－557.

[229] Mika Salo，HeiKki Tuusa. A vector controlled current-source PWM rectifier with a novel current damping method［J］. IEEE Trans. Power Electron，2000，15（3）：464－469.

[230] Hayashi Y，et al. A novel control of a current-sounce active filter for AC power system harmonic compensation［J］. IEEE Trans. Ind. AI. 1981，IA-27：380－384.

[231] Malinowski M，Kazmierkowski M P，Trzynadlowski A M. A Comparative Study of Control Techniques for PWM Rectifiers in AC Adjustable Speed Drives［J］. IEEE Transactions on power electronics. 2003：1390－1396.

[232] Mariusz Cichowlas，Mariusz Malinowski，Marian P. Kazmierkowski，et al. Active filtering function erent line voltage conditions［J］. IEEE Transactions on Poner power electronics，2005，52（2）.

电力电子新技术系列图书目录

- 矩阵式变换器技术及其应用　孙凯、周大宁、梅杨编著
- 逆变焊机原理与设计　张光先等编著
- 宽禁带半导体电力电子器件及其应用　陈治明、李守智编著
- 开关电源的实用仿真与测试技术　陈亚爱编著
- 交流电动机直接转矩控制　周扬忠、胡育文编著
- 新能源汽车与电力电子技术　康龙云编著
- 电力电子技术在汽车中的应用（第 2 版）　王旭东、余腾伟编著
- 脉冲功率器件及其应用　余岳辉、梁琳、彭亚斌、邓林峰编著
- 开关稳压电源的设计和应用（第 2 版）　裴云庆、杨旭、王兆安编著
- 太阳能光伏并网发电及其逆变控制（第 2 版）　张兴、曹仁贤、张崇巍编著
- 高频开关型逆变器及其并联并网技术　孙孝峰、顾和荣、王立乔、邬伟扬编著
- 电力半导体器件原理与应用　袁立强、赵争鸣、宋高升、王正元编著
- PWM 整流器及其控制　张兴、张崇巍编著
- 机车动车牵引交流传动技术　郭世明编著
- 电压源换流器在电力系统中的应用　同向前、伍文俊、任碧莹编著
- 高压直流输电原理与运行（第 3 版）　韩民晓、文俊等编著
- 现代整流器技术——有源功率因数校正技术　徐德鸿、李睿、刘昌金、林平编著
- 高性能级联型多电平变换器原理及应用　周京华、陈亚爱编著
- 新能源并网发电系统的低电压穿越　耿华、刘淳、张兴、杨耕编著
- 电力电子新器件及其制造技术　王彩琳编著
- 船舶电力推进系统　汤天浩、韩朝珍主编
- 异步电机无速度传感器高性能控制技术　张永昌、张虎、李正熙编著
- 电压型 PWM 整流器的非线性控制（第 2 版）　王久和著
- 高压 IGBT 模型应用技术　龚熙国编著
- 无功补偿理论及其应用　程汉湘编著
- 双馈风力发电系统的建模、仿真及控制　凌禹著
- LED 照明驱动电源模块化设计技术　刘廷章、赵剑飞、汪飞编著
- 统一电能质量调节器及其无源控制　王久和、孙凯、张巧杰编著
- 绝缘栅双极型晶体管（IGBT）设计与工艺　赵善麒、高勇、王彩琳等编著
- 电力电子装置中的典型信号处理与通信网络技术　李维波编著
- 电力电子装置中的信号隔离技术　李维波编著
- 三端口直流变换器　吴红飞、孙凯、胡海兵、邢岩著
- 风力发电系统及控制原理　马宏伟、李永东、许烈、等编著

- 电力电子装置建模分析与示例设计　李维波编著
- 碳化硅功率器件：特性、测试和应用技术　高远、陈桥梁编著
- 光伏发电系统智能化故障诊断技术　马铭遥、徐君、张志祥编著
- 单相电力电子变换器的二次谐波电流抑制技术　阮新波、张力、黄新泽、刘飞等著
- 交直流双向变换器　肖岚、严仰光编著